国家重大出版工程项目

畜禽饲料与饲养学

(第5版)

Livestock Feeds and Feeding

(Fifth Edition)

[美]Richard O. Kellems(杨伯翰大学)
[美]D. C. Church(俄勒冈州立大学)

姜成钢　张　辉　译
孟庆翔　主审

中国农业大学出版社

EISBN:0130105821

著作权合同登记图字:01-2004-2383

Library of Congress Cataloging-in-Publication Data

Kellems, Richard O.
Livestock feeds and feeding / Richard O. Kellems, D.C. Church.–5th ed.
p. cm.
Includes bibliographical references.
ISBN 0-13-010582-1
1. Feeds. 2. Animal feeding. 3. Animal nutrition. I. Church, D.C. II. Title.

SF95 .K3296 2002
636.08'4–dc21 00-068801

Executive Editor: Debbie Yarnell
Associate Editor: Kimberly Yehle
Production Editor: Lori Dalberg, Carlisle Publishers Services
Production Liaison: Eileen O'Sullivan
Director of Manufacturing & Production: Bruce Johnson
Managing Editor: Mary Carnis
Manufacturing Buyer: Ed O'Dougherty
Marketing Manager: Jimmy Stephens
Senior Design Coordinator: Miguel Ortiz
Cover Art: Cows Feeding from Trough, Dwight Ellefsen/Omni-Photo Communications, Inc.; Grazing Horses, PhotoDisc, Inc.
Interior Design: Carlisle Communications, Ltd.
Composition: Carlisle Communications, Ltd.
Printing and Binding: Courier Westford

Prentice-Hall International (UK) Limited, *London*
Prentice-Hall of Australia Pty. Limited, *Sydney*
Prentice-Hall Canada Inc., *Toronto*
Prentice-Hall Hispanoamericana, S.A., *Mexico*
Prentice-Hall of India Private Limited, *New Delhi*
Prentice-Hall of Japan, Inc., *Tokyo*
Pearson Education Asia Pte. Ltd., *Singapore*
Editora Prentice-Hall do Brasil, Ltda., *Rio de Janeiro*

Prentice Hall

10 9 8 7 6 5 4 3 2 1
ISBN 0-13-010582-1

译　者

姜成钢　张　辉

主　审

孟庆翔

校对(按姓氏拼音排序)

董晓玲　都　文　高　巍　郭望山

何文娟　李艳玲　孟庆翔　乔富强

魏吉安　魏曼琳　张淑枝　张元庆

张志强　赵金石　赵芸君

编著者

Mark S. Aseltine
Dairy Nutritionist and Management Consultant
Modesto, California
B.S. California Polytechnic State–San Luis Obispo
M.S. and Ph.D. Oregon State University

Jan Bowman
Beef Cattle Nutritionist
Animal and Range Sciences
Montana State University
B.S., M.S., and Ph.D. University of Missouri

D.C. Church
Professor, Emeritus
Oregon State University
B.S. Kansas State University
M.S. University of Idaho
Ph.D. Oklahoma State University

Gary L. Cromwell, Ph.D.
Professor of Animal Science Department
University of Kentucky

Glenn C. Duff
Ruminant Nutritionist
Superintendent
Clayton Livestock Research Center
New Mexico State University
B.S. Northwest Missouri State University
M.S. University of Arkansas
Ph.D. New Mexico State University

Danny G. Fox
Cornell University
Ithaca, NY
B.S., M.S., and Ph.D. Ohio State University

Michael L. Galyean
Thorton Distinguished Professor
Department of Animal Science and Food Technology
Texas Tech University
B.S. New Mexico State University
M.S. and Ph.D. Oklahoma State University

David Schingoethe
Professor of Dairy Science
South Dakota State University
B.S. and M.S. University of Illinois
Ph.D. Michigan State University

Harold W. Harpster
Penn State University
University Park, PA
B.S. and M.S. Pennsylvania State University
Ph.D. Michigan State University

Diane A. Hirakawa
Senior Vice President Research and Development
IAMS Company
B.S., M.S., and Ph.D. University of Illinois at Urbana-Champaign

Ed Huston, Ph.D.
Professor of Animal and Range Sciences
Texas Agricultural Experiment Station at San Angelo

Richard O. Kellems
Animal/Dairy Nutritionist
Brigham Young University
B.S. Brigham Young University
M.S. and Ph.D. Oregon State University

Rodney Kott
Extension Sheep Specialist
Montana State University
B.S. and M.S. Texas A&M University
Ph.D. New Mexico State University

Laurie Lawrence
Equine Nutritionist
University of Kentucky

Luc Maertens
Institute for Small Stock Husbandry
Merelbeke, Belgium
B.S. Ghent University
Ph.D. Ghent University

William B. Roush
Penn State University
University Park, PA
B.S. and M.S. Brigham Young University
Ph.D. Oregon State University

Bok Sowell
Beef Cattle Nutritionist
Range Science Department
Montana State University

中文版序

《畜禽饲料与饲养学》第5版简体中文译本在中国农业大学肉牛研究中心教师和研究生的共同努力下终于面世了。该书是由美国俄勒冈州立大学 D. C. Church 教授和杨伯翰大学 Richard O. Kellems 博士编著，由美国畜禽饲料与饲养领域众多专家合作完成的。D. C. Church 教授所编写的《反刍动物消化生理和营养》系列著作受到世界各国读者的广泛使用与好评。在瘤胃微生物消化、矿物质营养、粗饲料利用等领域，Richard O. Kellems 博士所进行的卓有成效的工作，也已经受到了同行的关注。

随着人们对食品安全、环境污染以及动物福利的日益关注，传统的畜禽饲料与饲养科学所研究的重点正在发生改变。人们对于现代畜禽饲养和饲料特性及其加工方法方面知识的需求也越来越迫切。国内虽然出版了一些相关著作，但限于各种原因，广大读者对于国外相关著作的了解还相对较少。本书内容涵盖了饲料营养物质、饲料原料、矿物质、维生素、添加剂和饲料加工及饲粮配制等内容，并对各种畜禽的现代饲养管理实践进行了详细论述。同时，本书还以附表的形式给出了各种饲料营养特性及不同动物的营养需要指南。无论是对于从事畜禽营养研究的专家学者、在校大学生和研究生，还是对于从事畜禽生产实践的企业家，本书所提供的有关当今世界畜禽生产系统中最新饲料营养和管理方面的信息都是不可多得的。同时，本书对于我们全面了解世界畜禽饲料与饲养实践，也具有极高的参考价值。

本书的主要翻译工作是由我的两名硕士研究生姜成钢和张辉同学在一个假期内完成的，然后由肉牛研究中心部分研究生校对，最后由我完成审稿和统稿工作。该书的成功翻译，凝结了肉牛研究中心师生的共同劳动，同时也是对动物营养学领域一代年轻学者知识水平和翻译能力的一次考验与锻炼。看到年轻一代在译校本书过程中所表现的准确的语言理解能力、较高的学术水平和紧密的合作精神，我感到由衷的欣慰。鉴于译校者的水平有限，加之时间仓促，书中错译、误译之处在所难免。

需要指出的是，本书原版的计量单位是英美制。在翻译过程中，如果将其转换为国际单位制，势必要涉及大量数值的转换。因此，我们在译文中保留了原书的计量单位形式。考虑到国内读者对一些单位（如蒲式耳）不十分熟悉，在书中以注解的形式给出了它们与国际单位的换算关系。

感谢中国农业大学动物科技学院动物营养与饲料科学系全体教师和学生对于本书翻译的积极鼓励。本书的成功翻译出版，也成为中国农业大学出版社与美国培生教育出版集团（Pearson Education）又一成功合作的典范。我祝愿，在动物营养与饲料科学领域，有更多更好的译著面世。

是为序。

中国农业大学肉牛研究中心　孟庆翔

2005年12月

原书序言

本书旨在为读者提供有关畜禽饲养原理方面的知识。自上一版以来,科学知识、世界政治、国际关系、食品安全和其他许多领域都发生了巨大的变化。许多新的世界市场得以开放。提高生产效率以便使畜产品在新的市场竞争中获得一席之地,已成为越来越大的挑战。由于饲养成本通常是生产经营成本中最大的单项投入,因此,对于那些即将从事畜牧生产的人来说,必须更好地理解动物营养和饲养学科的知识。

本书简要地回顾了现代畜牧生产发展的历史。为全世界提供安全、营养的食物,已成为全球现代农业发展的驱动力,同时动物福利和赢利能力也是重要的考虑因素。遗传学的许多进展,包括转基因动物的发展以及对环境的关注,已经对畜禽生产者产生了冲击。更好地理解畜禽饲养和管理对畜牧生产体系和环境的影响,已变得越来越重要。

本书将为读者提供有关动物营养学、畜牧生产体系和饲料原料利用方面的基本知识。在动物生产各论部分,我们将讨论各种动物特有的管理和饲养规范。附录中给出了各类动物的饲料原料的特性和营养需要指南。我们真诚地希望,读者能从本书中获取有关家畜饲养过程所运用的原理和管理实践的知识。

在此,我们谨对新墨西哥州立大学 Tammy May 教授和得克萨斯农工大学 Kingsville 校区的Doreen Kinkel 博士对本书意见的宝贵回馈和建议表示由衷的感谢。

Richard O. Kellems
D. C. Church

目　录

第 1 篇
导论

INTRODUCTION

第 1 章　家畜饲养学
Livestock Feeding

作者:Richard O. Kellems 和 D. C. Church
译者:姜成钢
校对:赵金石和李艳玲

几个世纪以来,家畜的饲养和生产发生了显著的变化。在美国和世界其他地区,居民的生活方式已由游牧为主转向耕种,进而转变为都市生活为主。最初的居民通常是游牧猎人和采集食物者,他们徒步从一地迁移到另一地;后来他们开始驯养动物,比如马,或者建造船只,这使得他们的自由流动性更大,从而可以在更广阔的地域里采集食物。随着时间的推移,他们的生活方式向耕种转变,开始以种植农作物和驯养家畜作为他们食物和肉类的来源,而对狩猎的依赖性减弱。其结果是,人们不再完全依赖狩猎和采集来供应食物,而更依赖于他们所生产的产品。原始的生产方式需要人们花费大部分时间来生产足够的食物满足生存需要。随着人口的增长,社区规模扩大了,从事食物生产的人数减少,并开始出现其他类型的职业,从而使从事食物生产的人口比例下降。今天,美国以不到 2%的人口就生产出了其他人所需的足够食物。如同在美国和其他发达国家一样,随着生产系统由自给自足向大规模专业化经营方式的转变,在如何饲养家畜方面发生了巨大变化。在当今世界的不同地区,仍然存在着处于不同农业过渡阶段的人口。

随着这些变化的发生,关于如何饲养家畜的知识也逐渐增加。最初,个体生产者很可能与其他人交流其经验。例如,他们的动物吃了某种植物长得好,而吃了其他植物则会患病或死亡。这样的结果,很可能导致人们以不同的方式饲养动物和提高动物的生产性能。有关家畜饲养的大部分专业知识,主要是在过去的 150 年间通过世界范围内开展的无数科学试验所获得的。政府建立公共机构(在美国的赠地大学和世界其他地区的研究中心)帮助农业部门建立知识库,以便支持饲养企业生产安全、充足的食物。最初,极少的私人赞助机构或个人从事此方面研究,但如今,越来越多的私人公司在从事此方面研究,试图开发出提高生产效率的产品或生产系统,然后可以在市场上销售。在美国和其他发达国家,畜牧生产系统发展到了非常高的水平。随着时间的推移,尽管动物营养和饲养科学已取得了显著的进步,但是我们的认识还不全面,而且新的发展仍然继续。

随着全世界人口的增长和生活水平的继续提高,人们对动物产品的需求也将持续增长。对家畜饲养企业和营养学家的挑战是如何提高饲料原料转化成动物产品的效率,这包括利用更多的可替代饲料原料,如作物秸秆和其他农副产品,以便能为人类提供充足的动物产品。尽管在过去几十年间耕种的土地面积变化不大,但农作物的产量却有了显著地提高(表 1-1)。在同一时期,动物产品的生产也呈现出类似的增长规律。食物和饲料产量每年受以下因素的影响:政府的政策调节、产品价格和未来的预期价格、环境条件(尤其是天气)、各种投入如肥料、设备、劳动力和资金利用率等。当前的挑战是,如何更有效地利用现有自然资源,以确保为全世界人口提供充足的食物。

本书将为读者提供有关现代畜牧生产的饲养和营养实践的基础知识,特别是提供给读者有关营养物质消化利用、不同营养物质的功能、不同饲料的营养价值、饲料加工对营养物质利用的影响、不同家畜种类的特殊营养需要和实际饲养实践、日粮配合的基础知识等。

表 1-1 全世界原粮产量($\times 10^6$ t)

年份	粗粮[a]	
	t/hm^2	总量
1966—1967	1.61	508.9
1976—1977	2.02	692.0
1986—1987	2.45	822.4
1994—1995	2.76	858.4
1998—1999	2.86	894.4

资料来源:Grain World Market and Trade Report，USDA. Oct. 1999[1]。

[a]原粮由玉米、高粱、大麦和燕麦组成。

1 成功饲养家畜的基础

W. O. Atwater[2]早在1878年就概述了有关经济地饲养家畜的基本原则：

正确饲喂家畜不仅仅是添加多少干草、谷物和块根的问题，而是它们中究竟含有多少水分、淀粉，面筋等的问题。为了经济地利用饲料，我们必须将日粮混合均匀，使各种营养物质的数量满足动物维持和特定生产目的的需要……。我们还必须考虑：饲料原料的化学组成是什么？每100磅(45.4 kg，译者注)，干草、苜蓿、马铃薯、粗饲料中含有多少磅营养物质？在这些不同的饲料成分中有多少是可消化的和有营养作用的？这些食物成分在畜牧业经济中的作用是什么？…不同动物，如公牛、母牛的生命维持和产肉、产奶等生产所需的各种营养物质的数量是多少？最后，不同种类饲料应如何混合和饲喂，才能使可消化物质尽可能充分地被消化、利用，并尽量减少浪费。

Atwater 100多年前发表的这个观点绝大部分仍适用于今天的家畜饲养。除了Atwater概括的因素以外，营养知识又取得了许多新进展。营养物质利用与其他因素(如疾病、寄生虫、饲料中的有毒物质)间的互作关系也已阐明。例如，现在我们知道，为了提高动物生产性能使营养物质的利用达到最佳，驱除体内寄生虫从成本上是划算的。已经证明，管理措施，例如增加饲喂次数，在很多情况下是划算的；并且这种措施可以使动物最大限度地摄入营养物质，进而提高动物的生产性能。许多饲喂家畜的饲料中含有抗营养因子，如大豆中的胰蛋白酶抑制剂。如果将没有失活的大豆饲喂家禽，会降低动物的生产性能；但是用一定量的这种大豆饲喂牛却没有不良反应。我们已经知道如何使这些抗营养因子失活的技术，并且知道饲喂此种饲料对哪类家畜没有毒害作用。随着遗传背景的不断改善，不同种类家畜的营养需要也将发生变化。日产奶45 kg的奶牛营养需要与日产奶10 kg的奶牛营养需要明显不同。同理，7周龄即达到上市体重和12周龄才达到上市体重的肉仔鸡的营养需要也完全不同。随着现代生物技术的迅猛发展，新产品如牛生长激素(BST)的应用，将改变动物对营养物质的利用，进而改变动物的营养需要。所以，家畜饲养学是一个动态的和持续变化的学科，而且随着营养知识的继续增加，它的科学性更强，而艺术性弱化。

家畜的遗传进展使得饲料中营养物质转化为动物产品的效率不断提高。表1-2显示了家禽饲料转化效率的动态变化，这是人们对营养认识的深化和遗传进展带来的动物生长效率提高的结果。如今饲养更少的奶牛就可以生产出更多的牛奶，产奶的生产效率明显提高(表1-2)。高产动物单位增重需要较少的饲料，主要原因在于动物采食的营养物质用于维持的部分减少，并且缩短达到预期上市体重的时间。用于维持的营养物质主要是能量，而动物产品的主要成分是蛋白质。因此，随着动物遗传潜力的增加，同日粮其他营养成分浓度一样，日粮蛋白质水平也必须同步增加。随着动物遗传背景的进展，动物营养需要量也将不断改变。

表 1-2　美国家禽每磅增重所需的饲料量和每头奶牛产奶量及年总产奶量的动态变化

年份	家禽每磅增重所需的饲料	产奶量 (lb/(头·年))	年总产奶量 (100 万 lb)
1965	3.3	8 522	127 000
1976	3.2	10 354	115 458
1986	3.0	13 031	143 667
1994	2.8	15 704	150 704
1999	2.6	17 771	162 711

资料来源：USDA, Agricultural Statistics, 2000[3]。

2　饲料消耗量对日粮营养浓度的影响

饲料消耗量对日粮营养物质的特性（specification）有显著影响。饲料消耗量受许多因素的影响，如环境温度、湿度和应激。当饲料消耗量发生改变时，需要对饲养方案进行调整。在饲料消耗量减少10%的情况下，为了达到预期的生产性能，就需要提高日粮营养物质的浓度，以弥补饲料消耗量的不足。例如，当日粮粗蛋白含量为 10%时，如果饲料消耗量减少 10%，那么日粮粗蛋白含量就必须提高到11.1%（10%/0.9=11.1%CP）才能保证动物摄入相同量的粗蛋白。

另外，随着农作物生产规范和作物遗传基础的改变，饲料营养物质的含量也出现了变化。增加农作物产量通常导致植物微量元素含量下降，所以，为了满足动物的营养需要，就必须强化这些微量元素的含量。在一个种植三种作物地区种植的苜蓿与种植 7 或 8 种作物地区所种植的苜蓿相比，其营养物质含量可能有差异。气候条件能影响农作物的营养特性，尤其是实行旱地耕作的作物。浇灌和施肥也能改变农作物的营养特性。耕种通常能影响饲料的营养物质含量。例如，过量施用粪肥和化肥，往往会增加农作物中硝酸盐的含量，这可能对利用其饲喂的家畜造成毒害作用。

对饲喂家畜的许多种农作物进行遗传改良，提高了这些农作物的消化率，且减少了抗营养因子的含量。例如，苜蓿的遗传改良显著增加了粗蛋白含量，降低了酸性洗涤纤维（纤维素和木质素）的含量，进而增加了苜蓿产能成分的消化率。植物育种学家的工作，使供许多家畜使用的农作物中抗营养因子含量大大减少。对油菜籽的改良降低了其中致甲状腺肿物质的含量，这是作物遗传改良使抗营养因子成功减少的另一个例子。这一改变如此之大，以至于改良后的品种改称为卡诺拉（canola）。卡诺拉的种植主要作为油料作物生产，榨油后的残渣可以作为卡诺拉菜粕出售。上述这些变化可以通过化验室的分析检测出来。但是，为了能在不同饲养方案中有效地优化利用这些饲料，畜牧饲养工作者要求进一步改善各种饲料的营养特性。

Atwater 阐明了动物对各种营养物质都有特定的需要量。通常以日粮中营养物质的浓度来表示动物的营养需要，而非日粮中特定营养物质的数量。例如，肉牛肥育场的肥育阉牛日粮粗蛋白营养需要可以表示为 11%，但是更精确的方法是：将需要量具体化为达到某一生产性能时，每天需要的粗蛋白或者是氨基酸的具体数量，由此可以考虑动物饲料消耗量的差异。假如阉牛采食 10 kg 含 11%粗蛋白的日粮，那么它每天就摄入 1.1 kg 粗蛋白。为了使另一群每天采食 9 kg 日粮的牛摄入相同水平的粗蛋白，那么日粮粗蛋白含量就需要增加到 12.2%（10×0.11=1.1 kg CP/9 kg×100=12.2% CP）。由于不同动物群间饲料消耗量的差异，所以将营养需要量表示为具体数量而非日粮含量（%）已变得越来越普遍。

许多加工方法（制粒、粉碎、切短等）和管理手段（饲喂次数、光照制度等）正在被用来改变动物的采食量和日粮中特定营养物质的浓度。从事现代家畜饲养的人们必须认识到饲料加工和管理对家畜生产性能的影响。例如，粗饲料经过切短或粉碎并经过制粒后饲喂家畜，其采食量在一定情况下将大大提高；这表明，粗饲料可以替代更多谷物用于饲喂家畜，并保持相同的生产性能。谷物籽实经压扁和粉碎处理后，营养物质利用率显著提高。通过各种加工处理，许多抗营养因子失活，可以使其他营养成分得到有效的利用。已经开发了一些可以改变饲料物理特性的加工技术，能够控制不同营养物质在理想的消耗量范围。这些技术产品包括：食盐舔块、糖蜜舔块、高蛋白质舔块和液体补充料等。当家畜自由接触（如放牧）这些产品时，其物理形态将限制某些营养物质的消耗量。

日粮配方师必须知道各种饲料中存在哪些有害成分。例如，某些品种棉花的棉籽粕中含有很高含量的棉酚。棉酚对单胃动物（犊牛、猪、家禽）具有毒害作用，因此，棉籽粕在这些动物日粮中必须限量使用或禁用。在肥育牛日粮配制中，假如有相同营养成分含量的菜籽粕和卡诺拉可供选择的话，那么配方师应该知道，菜籽粕中含有较高含量的影响动物生产性能的葡萄糖异硫氰酸盐，因此应该优先选择卡诺拉菜籽粕作为蛋白质来源。

了解各种饲料的营养成分含量和饲喂特性，有助于日粮配制或饲料标签值的评价。例如，用低赖氨酸含量的玉米配制仔猪开食料就无法满足其赖氨酸的需要，因此必须添加高赖氨酸含量的蛋白质补充料，如豆粕或合成赖氨酸。由于苜蓿中钙的生物利用率较低，所以，当日粮中的钙大部分来源于苜蓿时，就必须增加日粮中钙的添加水平。

随着用于农业生产的耕地面积不再增加和在一些地区甚至减少，目前更加迫切地需要研究在畜牧生产中，如何有效地利用人类食品加工的副产品；有效利用所有光合作用产生的资源的工作，也显得越来越重要。一些国家，如美国，谷物的价格合理适当，因此，谷物将继续用来饲喂家畜。但是，在其他一些国家，谷物用于饲喂家畜并不经济，有必要更多地使用农副产品。

当然，我们有必要简要了解一下补充饲料有哪些？由于特定的原因，这些饲料的使用量较少，或是主要用于弥补其他营养成分的不足。合成氨基酸和维生素就是一个突出的例子。我们也有必要对那些普遍使用的非营养性添加剂（如药物、抗生素、激素等）有一个基本的了解。

最后，我们必须考虑不同来源营养物质的成本，这点非常重要。饲料成本是畜牧生产所有环节中的最主要支出，通常占饲养总成本的50%～75%。显而易见，单一饲料或日粮成本，是企业盈利或破产的决定因素。

前面的章节侧重于影响家畜饲养因素的介绍，初学者需要全面理解。有关这些因素和概念的内容，将在其他章节做更为详细的讨论，以便大家加深理解。

参考文献

1. USDA. 1999. *Grain world market and trade report* (Oct).
2. Atwater, W. O. 1877—1988. *Report of work of the Agricultural Experiment Station*. Middletown, CT: Agricultural Experiment Station.
3. USDA. 2000. *Agricultural Statistics*. U. S. Government Printing Office, Washington, DC, 20 402.

第 2 章　胃肠道和营养物质利用

The Gastrointesinal Tract and Nutrient Utilization

作者：Richard O. Kellems 和 D. C. Church
译者：姜成钢
校对：赵金石和董晓玲

本章简要介绍了驯养家畜的各种不同类型的消化道解剖结构和生理特点。对于从事家畜饲养和管理的个人来说，对胃肠道(GI)及其将所采食的各种饲料中的养分转化成可以被动物利用的过程的了解至关重要。饲养管理能影响营养物质的消化率和饲料的利用率，进而影响经营企业的经济效益和动物福利，因此对深刻理解这些过程极为重要。关于某些特殊家畜的内容在本书第 3 部分和相关书籍(1,2)中都有详细介绍。

胃肠道对动物来说至关重要，动物通过胃肠道可以将蛋白质、碳水化合物、脂类、维生素、矿物质等复杂的营养物质转化成能被动物吸收和利用的形式。消化和吸收是与这一转化过程有关的术语。消化是指将饲料中复杂的营养物质转化成能被动物吸收形式的过程。消化依赖以下全部或部分过程：通过咀嚼(chewing 或 mastication)作用或胃肠道肌肉的收缩作用改变饲料的物理结构；通过消化道分泌物的作用，如胃中盐酸的化学作用，或进入小肠的胆汁(由肝脏分泌)的作用，胃肠道中酶的消化作用等，都是消化过程所必需的；一些动物通过瘤胃和大肠中微生物区系对消化过程发挥重要作用等。各种消化过程的最终目的，是将日粮中复杂的营养物质转化成可以被动物吸收的形式。

吸收是指已消化的营养物质进入胃肠道细胞内(细胞膜)的过程。不同营养物质的吸收具有特定的生理机制，如被动吸收(营养物质从高浓度流向低浓度)，或主动吸收(营养物质逆浓度梯度被泵入细胞内)。营养物质一旦被吸收，它们就从消化道被转运到动物体的不同组织被动物代谢和利用，发挥不同的生理功能。

1　各种消化系统分类

常见各种家畜胃肠道所存在的巨大差异与动物通常所采食和利用的日粮类型有关。动物采食日粮的类型通常可以反映其胃肠道的类型。根据胃肠道的类型，可以将动物分为几类：主要采食植物性饲料的动物为草食动物(herbivore)，以其他动物为食的动物为肉食动物(carnivore)，既采食植物性饲料又采食动物性饲料的动物为杂食动物(omnivore)。还可以将动物继续分为几个亚类，如捕食鱼的鸟类，专吃昆虫的鸟类，以及采食果实的鸟类等等。

也可以根据动物消化生理特点进行分类，通常分为单胃动物和反刍动物，其中单胃动物通常也称为一个胃的动物(或非反刍动物)。猪是杂食性单胃动物的一个例子，既能采食植物性饲料，又能利用动物性饲料(图 2-1)；家禽(肉用仔鸡、产蛋鸡、火鸡)也是杂食性动物，它们有发达的前肠(由三部分组成，替代了通常的胃)和相对简单的肠道(图 2-2)；狗和猫则是肉食性单胃动物；马和骡是单胃动物，但它们是草食性动物，它们的大肠容积大且发达，这就使得它们能够非常有效地消化植物性饲料。兔子同样也是草食性单胃动物的代表，具有发达的大肠(图 2-3)。反刍动物能消化和利用植物性饲料，因而被归为草食性动物，其中包括牛、绵羊、山羊、鹿、麋鹿及其他许多野生种类。

不同动物的胃肠道各部分形状和容积相差甚远。以猪为例，其胃的容积相对较大，成年猪胃容积达6～8 L，接近胃肠道总容积的30%。

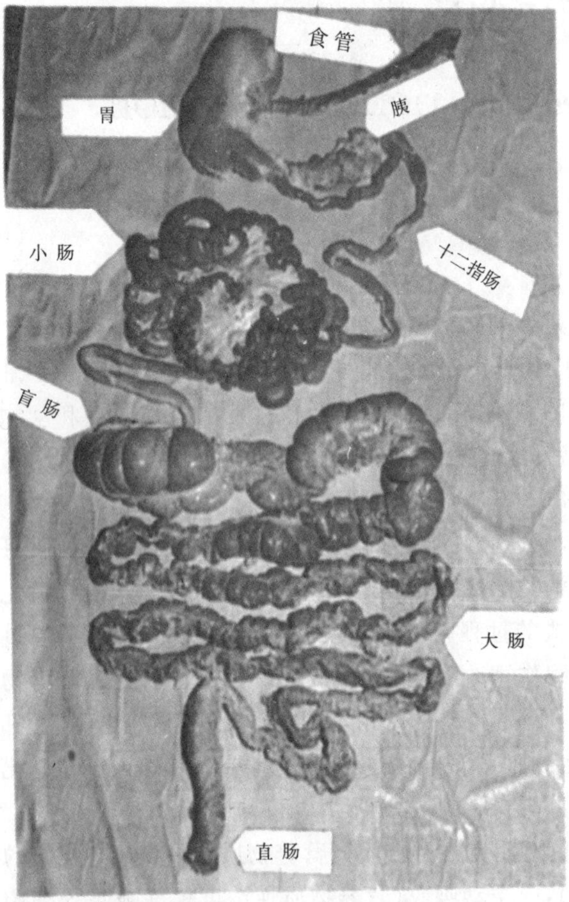

图 2-1　猪的消化道组成

图片由 D. C. Church 提供。

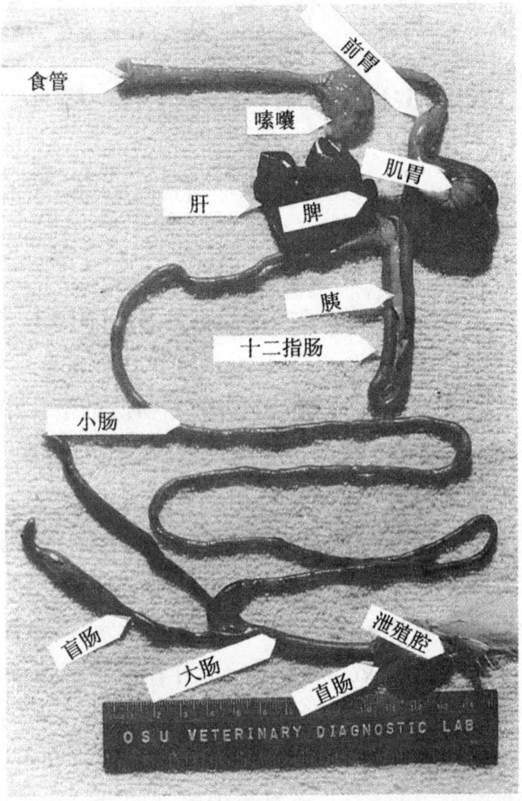

图 2-2　鸡的消化道组成

图片由俄勒冈州立大学兽医诊断学实验室 Don Helfer 提供。

2　消化道的特点和功能

尽管不同家畜消化道各解剖学区段的体积大小不同，使得动物具有各自的独特性，但它们的解剖学结构和器官仍具有共同的特征和基本相似的消化功能。本节将简述与大多数胃肠道区段有关的作用过程。在本章的后面，我们还将讨论反刍动物胃肠道与单胃动物胃肠道的特殊差异。有关胃肠道各区段具体功能的更详尽介绍，可以参阅相关的其他资料[3]。

2.1　口腔

哺乳动物和禽类的胃肠道起始于口腔和与其相关的结构（喙、齿、唇和舌），它们用于动物获取和咀嚼饲料。口腔的主要功能，是在饲料进入消化道被消化转变成动物可以吸收和利用的形式之前对饲料进行预处理。不同动物的采食方式差别极大。牛是草食动物，它在采食时先用舌头将饲料裹住，然后拉进口中；而同样是草食动物的羊，则是用唇选择性地采食饲料。由于羊的择食性更强，所以当采食与牛相同的饲料时，尤其是在放牧饲养时，羊所采食饲料的营养物质含量更高。在咽下饲料前，牛和羊都只是进行有限地咀嚼，随后再将其逆呕回口腔，再咀嚼（咀嚼反刍的饲料），这一过程称为反刍（rumination）。

草食动物如马，一方面，具有将植物饲料咬断的切齿和可以磨碎植物纤维的臼齿，其中臼齿表面平滑。通过双颌的纵向和横向运动，马可以有效地将纤维性植物饲料撕碎。另一方面，反刍动物没有上切齿，因而依靠上齿板和下切齿来咬断植物。杂食动物如猪，主要用切齿将饲料咬成多个碎片，在吞咽前用臼齿进行咀嚼，因而很少用到舌。禽类没有牙齿，它们用喙和爪将饲料撕裂到能够吞咽的程度。对于肉食性动物，例如犬，它们的牙齿可用于撕开肌肉和骨头，而锋利的臼齿则用于将骨头咬碎，并进行有限地咀嚼。

在咀嚼的过程中，位于口腔两侧的三个成对的唾液腺将分泌的唾液掺入到饲料中。在吞咽之前，饲料在口腔中与唾液混合形成食团（bolus），食团被唾液（起润滑作用）包裹后被动物所吞咽。唾液还具有其他一些功能，如保持口腔湿润、对味觉的辅助作用、提供消化酶、缓冲作用等。在饲料的初始消化过程中，所有这些功能都具有重要作用。

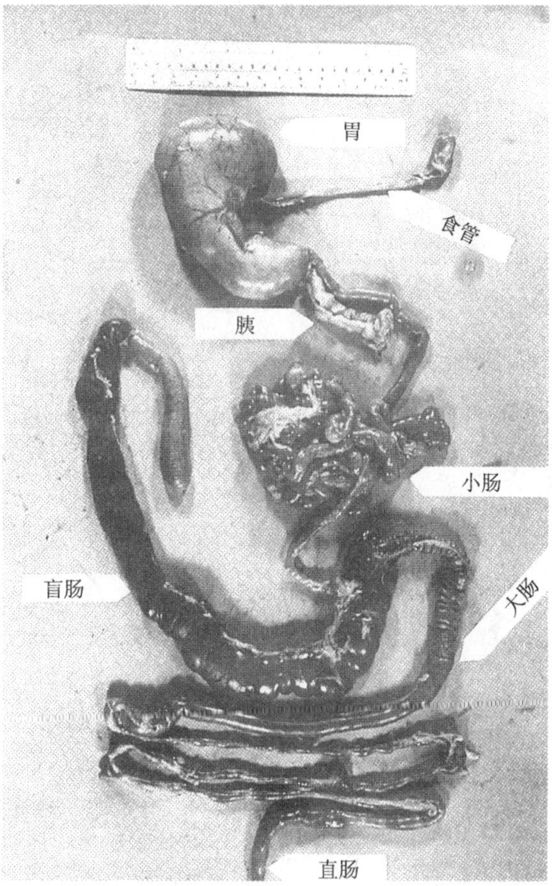

图 2-3　兔的消化道组成

图片由 D. C. Church 提供。

2.2　食管

食管是胃肠道起始部的一段管道，食团通过食管由口腔转运（或吞咽）至胃肠道。中枢神经控制着食管肌肉层的收缩；食团经过食管转运到单胃动物的胃或反刍动物的网-瘤胃（reticulorumen）。在单胃动物中，食管肌肉的这种受控收缩可以将食团转移到胃；而在反刍动物中，食团可以双向运动。将食团从反刍动物网-瘤胃转移到口腔的过程称为反刍。反刍过程使动物重新咀嚼逆呕出来的饲料，有助于采食的纤维性饲料成分的消化。不同种类动物的食管长度差异很大。

2.3　胃（腺胃）

由于胃表面分布着一些特定的分泌组织，它们分泌多种与消化有关的物质，所以通常将胃称为腺胃。对于不同动物和胃的不同部位来说，这些组织的相对比例相差极大。这也部分地解释了为什么动物消化不同日粮成分，特别是蛋白质成分的能力不同的原因。如图 2-4 所示，不同动物间胃不同部位的相对比例存在显著差异。尽管不同动物间胃肌层的比例差异最大，但是它们通常都能正常发育。胃肌层的收缩会使食团与来自胃的不同部位组织所产生的分泌物相混合，由此开始了饲料的消化过程。

胃的分区如下：胃的第 1 个区是无腺体区，这里没有消化液的分泌，也不能吸收营养物质。第 2 个区是贲门区，上面分布着主要分泌黏蛋白的上皮细胞。第 3 个区是胃底腺区，分布着三种类型的细胞，即分泌盐酸（HCl）的壁细胞、分泌黏蛋白的颈主细胞（neck chief cells）和分泌胃蛋白酶原、凝乳酶、脂肪酶的体主细胞（body chief cells）。进入胃的饲料刺激盐酸和消化酶的分泌；胃肌层的收缩使 HCl 和消

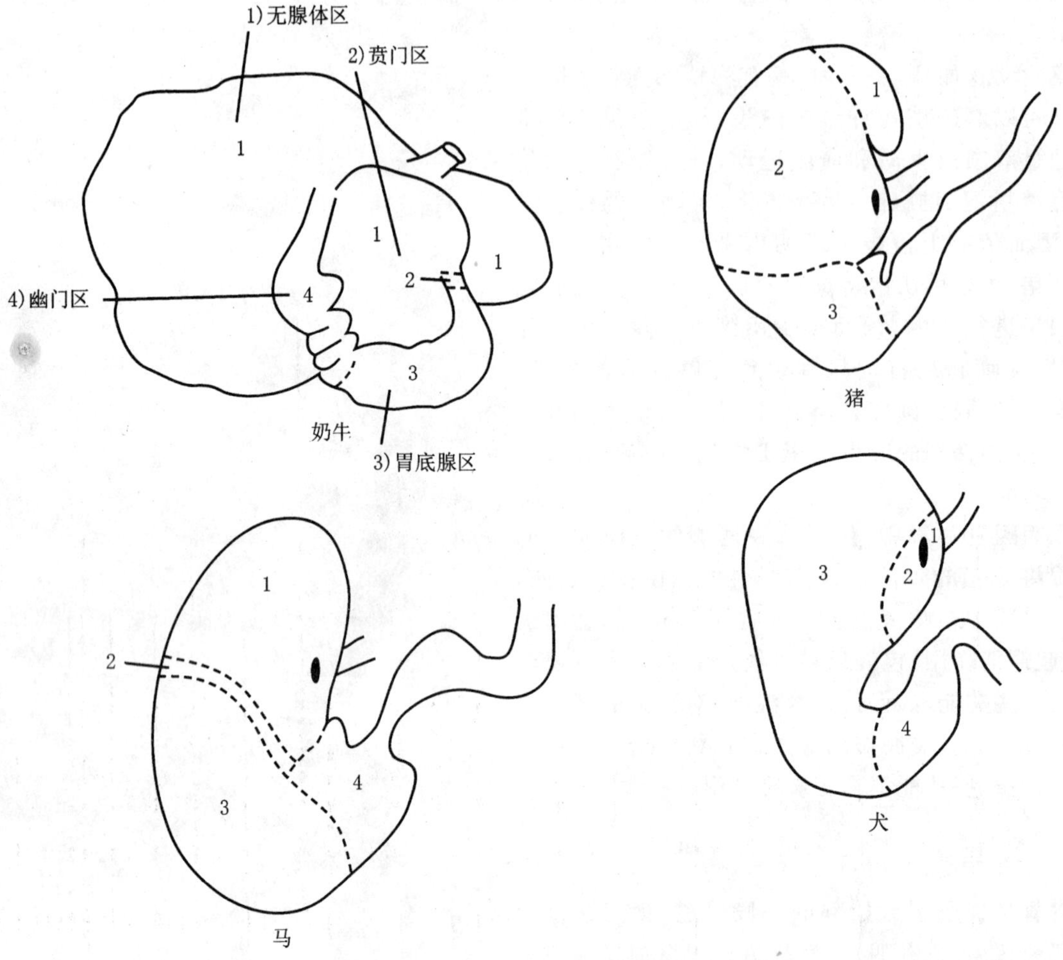

图 2-4 各种动物腺胃的组织类型

化酶与摄入的饲料相混合，使饲料酸化（pH 2～2.5），并开始消化过程。黏蛋白覆盖在胃的表面，避免胃内组织被胃内其他组织分泌的消化液所消化。胃的第 4 个区只有颈主细胞和体主细胞。当动物采食饲料后，连锁性地引起各组织进行分泌，胃蛋白酶原转变成胃蛋白酶（活性形式），所以动物只消化摄入的饲料，而不消化胃的上皮层。当胃内缺少饲料时，胃就不产生盐酸，胃蛋白酶原也不会转变成胃蛋白酶，进而避免了胃组织本身被消化。这种部分消化的混合物称为食糜（chyme）。它是一种黏稠状的酸性物质。

2.4 小肠

酸性食糜进入小肠，小肠是消化道内酶消化的主要场所。小肠由三部分组成：第 1 部分是十二指肠，其后是空肠和回肠。在十二指肠，酸性食糜的 pH 值被肝中产生的胆盐中和至 6.8～7.0。大多数动物的胆汁储存在胆囊（马没有胆囊）中。当十二指肠中有饲料存在时，胆汁通过胆管排出到十二指肠。除了中和作用外，胆汁还参与脂肪的乳化，这是日粮脂肪被动物消化和吸收所必需的。胰腺产生的消化酶进入十二指肠参与蛋白质、碳水化合物和脂肪的消化。十二指肠表面组织还分泌其他酶，主要是在消化道后段参与蛋白质和碳水化合物转变成动物可以吸收的氨基酸和单糖（简单糖）的过程。小肠表面被覆的指状突起称为微绒毛（图 2-5）。微绒毛极大地增加了小肠的表面积和吸收效率。当微绒毛部位出现溃疡时，胃肠道消化和吸收养分的能力会降低。

小肠肌层中肌肉的收缩使摄入的饲料继续混合，并将其推向消化道后段。当食糜进入空肠和回肠后，酶继续发挥消化作用。不同动物小肠各区段的相对长度不同。空肠和回肠段也是单胃动物胃肠道营养物质吸收的主要场所。

2.5 大肠

大肠由盲肠、结肠和直肠组成。通常，动物采食的饲料中大部分营养物质在进入大肠之前已经被消化和吸收。微生物消化是大肠的主要消化方式。微生物种群在回肠中开始增殖，并在盲肠和结肠中数量继续增加。具体的微生物种类和数量取决于流出小肠的未消化饲料的组成，并随日粮类型和动物种类的不同而变化。在盲肠和大肠中，有机酸和其他有机化合物（如氨）被吸收。结肠的长度、直径、肠袋大小在不同动物间差异很大。草食动物（如马和兔）大肠的体积（图 2-3）较大，其中马和兔的盲肠体积大，是微生物发酵的主要场所。大肠能够吸收和重吸收大量水分，这似乎是盲肠和具有大的（或长的）肠袋的结肠[3]的主要功能。在粪便排出之前，粪便中水分被吸收的数量在不同动物（如牛和羊）间差别很大。食糜中未消化的成分随后通过直肠排出。

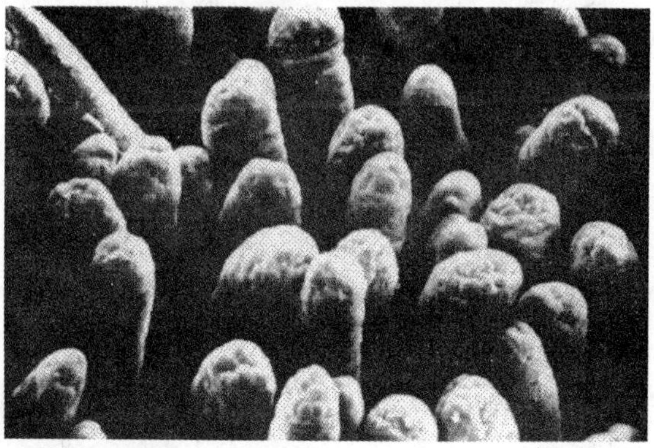

图 2-5　仔猪肠绒毛的扫描电子显微照片

承蒙美国农业部农业研究局的全国动物疾病中心（地点：艾奥瓦州埃姆斯市）的 H. Moon 惠赠。

2.6 胃肠道的其他功能

除了消化和吸收等主要功能外，胃肠道还是动物排泄那些需要清除的化合物的主要路径。植物、微生物及添加给动物的药物中含有许多种有毒的化合物，肝脏是这些化合物解毒的最活跃的场所。除了已解毒的化合物外，肝脏还排出许多矿物元素。这些化合物通常随胆汁一道排出。取决于动物情况和日粮水平的不同，大肠也存在矿物质的净排出（net excretion）现象，尤其是钙、镁和磷。

胃肠道的另一个重要功能是肠道微生物合成一些特殊的营养物质。这些微生物能够合成水溶性维生素和其他许多必需的有机化合物，如氨基酸、蛋白质、各种碳水化合物和某些脂类等。一般认为，在回肠以后的区段营养物质（如维生素）吸收数量很有限。对一些动物，特别是啮齿类动物（如兔和鼠）来说，这种吸收功能的缺乏可以通过食粪癖而获得补偿。食粪癖是指动物采食自己粪便的习性。通过食粪可以使微生物发酵产生的必需营养物质重新进入胃肠道，得以消化和吸收。兔和鼠会产生夜粪，它来源于盲肠，维生素含量很高，而且可能还含有必需氨基酸。这一习性使得动物在采食没有足够数量维生素和必需氨基酸的日粮时仍能存活。根据微生物合成是在瘤胃还是在大肠（前吸收或后吸收位点），或者动物有无食粪癖的情况，可以将某些营养物质从动物营养需要中完全排除掉。如反刍动物对水溶性维生素的需要。

3 禽类

在禽类中（图 2-2），嗉囊（crop）、前胃（proventriculus）和肌胃（gizzard）取代了其他单胃动物中的简单胃，尽管不同禽类间差别很大，例如大部分食昆虫或食鱼的禽类没有嗉囊。当有嗉囊时，摄入的饲料直接进入嗉囊。作为饲料的临时储存场所，许多禽类的嗉囊具有很强的膨胀能力。禽类的腺胃与其他单胃动物的胃相似，能分泌胃液（如黏蛋白、HCl 和胃蛋白酶原）。

胃肠道的下一区段是肌胃，它的特征是具有坚韧的肌肉层，可以行使收缩功能。当饲料中含有大量沙砾(小石头)时,肌胃能够磨碎摄入的饲料,这与其他单胃动物口腔的咀嚼作用相类似。禽类的小肠相对较长,其后是两条较大的盲肠和非常短的大肠。与哺乳动物有独立的粪、尿排泄管不同,禽类的尿液和粪便在排泄前混在了一起。

4 反刍动物

反刍动物胃肠道的胃区段有很大不同。反刍动物的胃有4个室(compartment):网胃(reticulum)、瘤胃(rumen)、瓣胃(omasum)和皱胃(abomasum)(图2-6)。少数反刍动物的胃只有3个室,如骆驼及相关动物,可以归类为拟反刍动物(pseudoruminants)。摄入的饲料在前胃进行充分的微生物发酵。在进行典型的胃和小肠消化之前,大部分摄入的饲料(60%~75%)都要经过微生物发酵;微生物发酵是区别于典型单胃动物消化的系统。

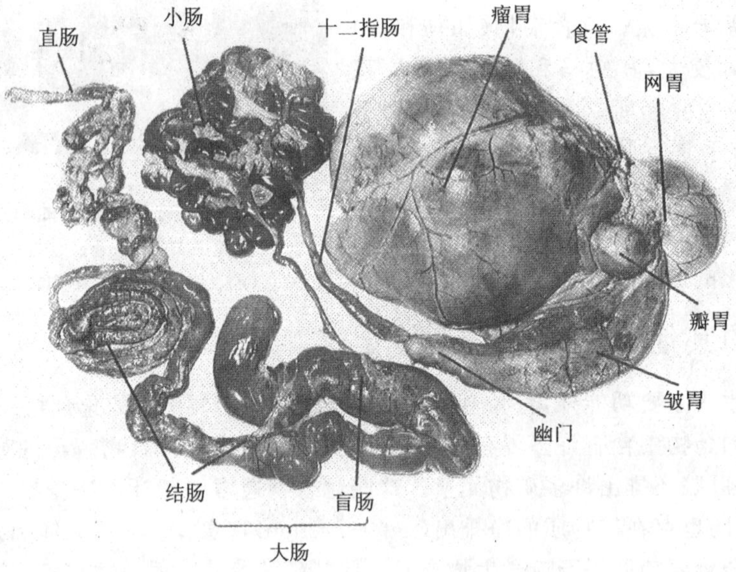

图2-6 羊的消化道图片

承蒙澳大利亚联邦科工研究组织(堪培拉市)惠赠。

与胃肠道其他部分相比,反刍动物4个胃室的容积很大。例如,猪胃及其内容物占猪体重的4%;然而,羊和牛的胃及其内容物占其体重的25%~28%。若以占胃肠道总重的比例表示,猪胃约为总重的14%,而羊和牛的胃分别为总重的37%和45%。

反刍动物胃的前3个室被覆着一类与正常吸收表面无关的细胞层(复层扁平上皮)。绝大多数哺乳动物的胃肠道外表面都被覆着与此类型相同的组织。由于这一层组织只有1~2个细胞厚,所以,营养物质可以在这里吸收。

反刍动物胃的第1室是网胃,具有独特的蜂窝状外形。在胃的这一部位,钉子或铁丝等尖锐物体可能穿透胃的表层,引起创伤性胃炎(hardware disease),使胃肠道内容物进入腹腔。胃的第2室是瘤胃,是4个胃室中最大的一个,表面被覆着称为乳头(papillae)的舌状突起;乳头下分布着发达的毛细血管系统,这使其可以有效地吸收养分。随动物的不同以及瘤胃部位的不同,乳头的密度分布和大小也不同。瘤胃中有几个粗壮的肉柱将瘤胃分成几个囊。这些肌肉有节律的收缩,导致摄入瘤胃中的食糜混合和分层,最终粗糙的纤维饲料逆呕回口腔,被动物再咀嚼。胃的第3室是瓣胃,它是一个球形的器官,具有大小不一的叶片伸向腔内,以防止大的饲料颗粒离开瘤胃进入皱胃。胃的第4室是皱胃,具有与单胃动物腺胃相同的功能。同其他草食动物一样，反刍动物的小肠与单胃动物相似，大肠则比杂食性动物大得多，但是比马或兔的小。

对那些需要再咀嚼的采食饲料进行逆呕倒嚼(regurgitation)的过程称为反刍(rumination)。反刍是动物将摄入的粗糙饲料在网胃中聚集形成食团，然后经食管将其推送回口腔进一步咀嚼的过程。反刍动物每天用于反刍的时间在8 h或更长，其反刍时间的长短依日粮的性质而定。与采食高精料或细粉碎的饲料相比，反刍动物采食粗糙的纤维饲料所需的反刍时间更长。

嗳气(eructation或belching of gas，气体排出)是另一个反刍动物所特有的而且十分重要的过程。微生物在瘤胃发酵产生大量的气体(主要是CO_2和CH_4)，它们必须被清除出去，否则动物将发生瘤胃臌气(bloat)。嗳气是通过分布在瘤胃中的肌层的收缩来完成的。肌层收缩将气体压入网胃，然后进入食管，食管扩张并使气体与肺中吸入的气体相混合，最后通过鼻孔呼出。当瘤胃中产生泡沫，特别是动物采食了豆科植物(紫苜蓿、三叶草等)或高精料日粮时，通常发生瘤胃臌气。如果泡沫出现在食管进入瘤胃的区段，泡沫就会抑制嗳气过程。嗳气可以防止动物将泡沫吸入肺中而引起肺炎。在一些饲养条件下，如牛采食了大量苜蓿，瘤胃臌气就是一个很严重的问题，会导致生产性能的下降和大量死亡。

网-瘤胃中的微生物和反刍动物间存在着互相受益的共生关系(对宿主动物和微生物种群双方都有益的一种关系)。网-瘤胃由网胃和瘤胃组成。反刍动物的网-瘤胃为微生物的活动和生存提供了一个非常适宜的环境。网-瘤胃中湿润的环境、维持在一个相当窄范围的温度、动物采食的饲料为微生物生长提供底物，以及消化终产物的不断清除等条件，使得网-瘤胃成为微生物生长的理想场所。

网-瘤胃中生长着很多种类的细菌，典型的细菌数量为$2.5\times10^{10}\sim8\times10^{10}$/mL。除细菌外，在饲喂各种饲料的动物网-瘤胃中还可分离到35种或更多的纤毛原虫。原虫的数量差别很大，但是通常的数量为$(2\times10^4\sim5\times10^5)$/mL。原虫的体积远大于细菌，因此，尽管它们的数量较少，但它们在网-瘤胃中的原生质量与细菌相似。

网-瘤胃中的微生物类型由动物采食的饲料类型所决定。如果采食的是纤维素和半纤维素含量高的粗饲料日粮时，那么消化这些底物的相应微生物数量将增加。当采食的是高谷物日粮时，消化淀粉的微生物将增加，并达到最高浓度。通常，在采食高精料(谷物-淀粉)日粮后2～3 h和采食高粗料(纤维素-半纤维素)日粮后4～5 h，网-瘤胃微生物的数量将达到最大值。动物的日粮采食量水平影响微生物的数量。当饲料采食量高时，微生物数量高；当饲料采食量低时，微生物的数量也下降。微生物发酵时产生挥发性脂肪酸、氨和其他产物，这些消化终产物被瘤胃壁不断吸收，从而保持瘤胃微生物生长的理想环境。

微生物种群在网-瘤胃中的旺盛生长，极大地影响了宿主动物的营养需要。纤维饲料如干草和青贮饲料被瘤胃微生物消化的效率比在大肠或盲肠中高。由于动物不能产生相应的酶，所以纤维素和半纤维素只能被微生物产生的酶所消化。另外，细菌能利用简单形式的氮，如氨或尿素，来合成细胞蛋白质。这就减少了动物对高品质日粮蛋白的依赖性，使动物利用尿素等化合物来代替日粮蛋白质。微生物的另一个好处是，它们可以合成除维生素A、维生素D、维生素E外的足够数量的其他维生素。因此，除极少数情况外，动物可以不依赖日粮来供应这些维生素。

瘤胃中的水分和pH值的恒定部分是通过大量分泌唾液而得以维持的，成年母牛每天可分泌150升或更多的唾液。唾液中含有大量碳酸氢钠，可以起到缓冲液的作用，中和瘤胃中产生的酸，有助于维持适宜的瘤胃pH值。唾液对于维持网-瘤胃中微生物的适宜水分含量也很重要。

微生物发酵的主要缺点是：当日粮能量不足时，氨基酸组成平衡的大量高品质日粮蛋白质被部分降解生成氨，用于重新合成微生物蛋白质(中等品质蛋白质)。这种日粮蛋白质品质降低的过程是一种浪费。易降解碳水化合物，如糖和淀粉，可以被反刍动物迅速完全地降解为挥发性脂肪酸(乙酸、丙酸和丁酸等)，挥发性脂肪酸被吸收，作为反刍动物能量的主要来源。尽管挥发性脂肪酸容易被动物组织利用，但是它们的利用效率低于原始的碳水化合物在小肠中消化和吸收的利用效率，并且在微生物发酵过程中，摄入的能量有多达8%～10%被转变成甲烷，然后通过嗳气排出，无法为动物所利用。瘤胃发酵的总结果是反刍动物能利用简单和低品质的日粮成分存活，并且比单胃动物生长得更好，但是它们利用高品质日粮成分的效率比单胃动物差。反刍动物采食日粮的类型和对饲料消化方式的这些差异，说明了为什么反刍动物饲料转化效率比单胃动物低的原因。反刍动物的饲料转化效率（生产单位产品消耗的饲料重）通常是单胃动物的两倍或更多。

在刚刚出生时，反刍动物瘤胃没有功能，而是依赖真胃和小肠的消化来提供营养物质。反刍动物在解剖学上的独特之处是，它具有被称作为网胃沟（或食管沟）的结构。当幼年反刍动物吮吸或喝奶时，网-瘤胃沟关闭，形成一连接食管和真胃的管道，这使得乳汁躲过网-瘤胃而直接经瓣胃进入真胃被消化。因此，采食的乳汁躲过了瘤胃微生物的发酵作用。当动物开始采食固体饲料（干草或谷物）时，网胃和瘤胃开始发育，在羊羔8周龄和牛6～9月龄时，其功能发育完全。

5 胃肠道类型和所需日粮类型的关系

前面关于胃肠道结构和功能的讨论，说明了为什么不同动物利用不同类型日粮的效率会有差异的原因。例如，禽类胃肠道相对短而简单，无法在大肠实现充分的发酵作用；尽管在盲肠确有发酵作用存在，但是与许多其他动物相比，其程度弱得多，所以禽类无法有效地利用日粮中的大量植物纤维物质。对多数通过采食来提供自身所需营养物质的禽类而言，必须喂给纤维含量相对较低、而易消化碳水化合物（如淀粉）含量中等或稍高的日粮。为了使家禽的饲料采食量和饲料效率达到最大，就要避免使用高纤维饲料成分（如苜蓿干草）。

杂食动物（如猪）的胃肠道比禽类胃肠道能利用更多的纤维，但比草食动物的要少。一些粉碎的豆科植物可以用于成年猪的风干日粮中，或是将其在牧场上放牧提供部分维持生命的需要。野猪除了能利用草本植物外，还能利用坚果和块茎，但是它们的生产效率远低于经济可行的商品猪生产。

作为非反刍草食动物的例子，马能够依靠比猪所需要的品质低得多的植物饲料进行生存，并具有良好的生长表现。役用马显然需要较高水平的日粮能量摄入，这可以通过饲喂较高品质的干草来达到，但通常也需要喂给一些谷物。

反刍动物能够很好地适应主要由植物纤维组成的日粮。尽管可以给牛饲喂高精料日粮，但是如果持续任意长的时间（如几个月），动物将会出现消化功能紊乱，对饲养管理水平的要求也要显著增加。除了近年来有谷物过剩的情况外，通常都是给牛和其他反刍家畜饲喂那些对家禽、猪和人类来说营养价值相对较低的高纤维日粮、牧草或粗饲料。目前的趋势显示，向这种饲养制度的回归是必要的。尽管更多使用粗饲料将会降低动物的生产效率，但是这将减少动物本身消化的问题，并使整个农业资源的总体利用更为有效。

本章小结

对不同家畜胃肠道差异的认识，将帮助我们理解为什么不同动物利用不同类型日粮在有效性方面存在差异。例如，凡是能利用大量粗饲料的动物，或具有可以进行前胃微生物发酵（反刍动物）的胃，或具有能进行胃后微生物发酵（马或兔）的大肠。杂食动物（如猪）的消化道较简单，因此它们消化植物纤维性碳水化合物的能力有限。胃和小肠结构简单的动物（如家禽），则必须喂给高度可消化和含有高品质营养物质的日粮。

胃肠道是一个独特的系统。通过胃肠道，动物可以行使如下功能：消化采食的饲料、吸收必需的营养物质用作不同的机体功能、保存水分、合成动物必需的维生素和其他营养物质。

参考文献

1. Church, D. C. 1988. *The ruminant animal*. Englewood Cliffs, NJ: Prentice Hall.

2. Pond, W. G., D. C. Church, and K. R. Pond. 1995. *Basic animal nutrition and feeding*. 4th ed. New York: Wiley.
3. Swenson, M. J., and W. O. Reece, eds. 1993. *Dukes' physiology of domestic animals*. 11th ed. Ithaca, NY: Cornell University Press.

第 3 章　营养物质代谢和饲养标准
Nutrients: Their Metabolism and Feeding Standards

作者：Richard O. Kellems 和 D. C. Church
译者：姜成钢
校对：赵金石和赵芸君

营养学是重要的生物学科之一。营养(nutrition)定义为动物摄入和吸收饲料成分用于促进其生长、泌乳、绒毛生产和修复磨损或损伤组织的一系列过程。有关营养学的知识非常广泛。本章将为读者提供有关各种营养物质的功能、饲养标准、评价饲料的分析方法的综述，使读者熟悉相关的专业术语。有关这些具体论题的更深入阐述，还可参阅本章末所列的参考文献。

1　水

水通常为人们所忽视，且在家畜饲粮配制中不作为一种营养物质来考虑。由于水构成动物无脂体重的 71%～73%，因此对动物极其重要。水在动物的许多重要功能方面，如消化、运输养分、排泄废物、调节体温中，起着关键作用。尽管未列出关于家畜水的需要量，但是一般认为，应给动物提供充足优质能自由饮用的水；否则，其生产性能和健康将受到影响。

1.1　功能

水与许多重要的生理功能有关。它可作为许多不同生物系统的溶剂。采食的饲料与水混合后，使得水溶性的消化道分泌物将食物转变成可以被动物吸收和利用的终产物。水是体内通过血液和其他体液将各种物质运输到代谢场所的介质。水还在动物体内代谢废物的转运过程发挥作用；这种代谢废物通过排尿和粪便的途径得以清除。由于水在蒸发时吸收大量的热量(由液体转变成气体)，可用以动物降低体温。

1.2　来源

动物可以通过许多不同的途径获得水分。饮水是最基本的来源。通常的做法是让动物在任何时间都能自由地接触饮水，因此需要设计相应的设施。动物采食的饲料中含有不同数量的自由水(free water)，占动物摄入水量的很大部分。自由水仅指在化学上未与饲料结合而存在于饲料中的水分。饲料的自由水含量差异很大。例如，大部分风干饲料(谷物、干草等)含 9%～13%的自由水。玉米青贮是饲料中自由水含量较高的一个例子，其含水量在 65%～75%。因此，当动物每天采食 20 磅[①]玉米青贮时，可摄入 13～15 磅或 1.5～1.8 加仑的水。另一来源是代谢水(metabolic water)，它是化学结合水，而且是营养物质或体组织在动物体的细胞内经分解代谢(主要是氧化)所释放的水。一些动物，如沙漠中的啮齿类，可以通过代谢水来满足自身对水的需要，因此它们只需摄入很少的饮用水即可生存。不同营养

---

① 1 磅＝0.454 kg；1 加仑＝3.785 L。

物质的代谢水产生量(每克营养物质代谢产生水的克数)不同,碳水化合物是 0.6,蛋白质是 0.4,脂肪是 1.0。一般来讲,干燥环境中的动物通过饮水以外的途径获取的水分占总水需要量的比例较湿润环境中的动物为高。

1.3　水的丢失

机体中水的丢失可以有多种不同的途径:尿、粪、皮肤失水和泌乳。肾脏通过尿液排出大量的水分。某些动物通过肾脏浓缩尿液来保存机体的水分;其他动物则产生非常稀的尿液,由此增加水的排泄。通常,与习惯于在水分充足地区生长的动物相比,在水分较少地区生长的动物更有可能浓缩尿液。当饲喂含高蛋白(尿素产生量的上升增加了尿液的排泄)、高矿物盐、高纤维的饲粮以及采食量增加时,水的排泄量也增加。如果水的供应受限,饲料采食量也会下降,而且这种下降要先于水成为限制因素的影响。当水摄入量减少时,饲料采食量和生产性能都将下降,尤其是高产动物更为明显。

不同动物通过粪便排出的水量不同。当采食相同的饲粮时,牛通过粪便排出大量的水,而羊和其他产生球状粪便的动物则通过大肠对水的重吸收作用生成较干燥的粪便来保存水分。通常粪便的含水量可以反映采食饲粮中水分的含量。例如,牛采食高水分牧草(春季)比采食较干牧草(夏季和秋季)所产生的粪便水分含量高。

水的蒸发损失(皮肤和肺)在温暖或燥热的环境中大幅度提高,因为动物在其可以生存的范围内必须靠增加蒸发量来维持体温。空气流动的加快增加了水分的蒸发损失,因此,也就提高了水的需要量。然而,高的湿度使蒸发损失减少,从而也就使动物借此降低自身体温的能力下降。

由于乳中含有大量的水,因此泌乳动物对水的需要量较高。例如,日产奶 100 磅的奶牛每天从奶中排出大约 87 磅水。当未供应质优量足的饮水时,奶牛的产奶量将显著下降。

1.4　水质

水质通常影响饲料采食量和动物健康。随着水质的下降,水和饲料摄入量通常都会减少。优良水质通常定义为固体可溶物含量小于 2 500 mg/L (0.25%)的水。根据固体可溶物的类型不同,动物的最大耐受数量是 15 000 mg/L (1.5%),但通常在该水平下,水的适口性不佳,动物生产水平可能降低。水中某些矿物盐(如硝酸盐、氟和其他重金属)的含量水平可能在影响适口性之前就已对动物产生了毒害作用。水中硝酸盐含量水平在 100～200 mg/L 对动物具有潜在的毒性,而 1 g/L 含量水平的硫酸盐可能会造成动物腹泻。一些可能影响适口性或有毒的物质,如病源微生物、藻类和原虫、烃类、农药和许多工业化学制品,有时也会在水源中存在。

水中通常含有的矿物质包括:氯(Cl)、钠(Na)、钙(Ca)、镁(Mg)、硫酸盐和碳酸氢盐。水中所含的矿物质种类取决于土壤的类型和水源。动物对碱性水(可溶性盐)的耐受力取决于各种因素,如水的需要量;动物的种类、年龄、生理状况;季节和饲粮中总盐含量等。通常,当水中 NaCl 含量超过 1%时,我们就不再认为它是优质水,因为这个含量水平是牛、羊所能耐受的不引起生产性能降低的最高限度。一些动物,如仔鸡和猪,无法耐受此水平的盐浓度。因此,如果水质有问题,必须对水进行检测,尤其对于奶牛、肉仔鸡、产蛋鸡和猪的生产至关重要。

1.5　水作为矿物来源

水作为营养物质来源通常容易被忽视,尤其是溶解在水中的矿物质。不同水源之间的矿物含量差别极大。假如采用矿物含量的平均值,计算表明,牛可从水中获得其 NaCl 需要量的 20%～40%,Ca 需要量的 7%～28%,Mg 需要量的 6%～9%和 S 需要量的 20%～45%。因此,在配制矿物添加剂时,必须考虑到水中矿物成分的供应问题，尤其是在固体可溶物含量高的地区。

1.6 需要量

不同动物对水的需要量差别很大，且与饲喂的饲粮类型和所处的环境条件有关。给动物提供足量且质量合格的饮水至关重要。在第13至第23章，我们将对不同动物水的需要量内容进行详细的论述。

2 碳水化合物

家畜饲料中主要的成分是碳水化合物。碳水化合物被认为是可再生资源，因为当碳水化合物被动物采食后，它可以转变成CO_2，而CO_2又被植物重新用于光合作用，形成碳水化合物。植物合成许多不同种类的碳水化合物。大部分植物碳水化合物的结构单元是葡萄糖，它是大多数碳水化合物的主要亚单位(subunit)。植物体中的碳水化合物占饲料干物质的70%以上，而在谷物中则多达80%以上。碳水化合物是饲粮(或饲料)中能量的来源或主要成分，但动物对碳水化合物的具体需要量尚未明确给出。

2.1 碳水化合物的类型

碳水化合物在化学上由碳(C)、氢(H)、氧(O)组成。最简单的碳水化合物是单糖，含有5或6个碳原子，即通常提及的糖。含有5个碳原子的单糖称为戊糖；含有6个碳原子的称为己糖。两个单糖相结合即为二糖，3个或更多的单糖相连接即为多糖。饲料中各种碳水化合物的例子列于表3-1。

葡萄糖(也称右旋糖)和果糖是饲料中最常见的简单糖(单糖)。它们在动植物组织中以单糖形式存在，但浓度很低。果糖在动物体内转变为葡萄糖，因此可以葡萄糖形式参与代谢。

植物体中二糖(含两个单糖单元的糖)和多糖(含许多单糖单元的糖)的浓度比单糖高。蔗糖(即通常的食用糖)由葡萄糖和果糖组成，其存在于糖用甘蔗或甜菜等植物中。乳糖(乳中的糖)含有葡萄糖和半乳糖，仅存在于乳中。麦芽糖含两个葡萄糖亚单位，是淀粉消化分解后的中间产物。

淀粉和纤维素是植物中含量最高的两种多糖。淀粉存在于谷物、块茎和其他根茎中。纤维素则大量存在于粗饲料中。淀粉和纤维素都是由葡萄糖亚单位通过不同的化学键连接而成。淀粉可被动物产生的酶所消化，但纤维素只能被消化道中的微生物产生的酶所消化。

其他碳水化合物，如树胶、果胶和半纤维素，在植物体中以不同的数量存在。同纤维素一样，这些化合物也被消化道中的微生物所消化，它们消化后并非分解为单糖，而是转变成有机酸，是草食动物和反刍动物的主要能量来源。

表3-1 植物碳水化合物的组成

单糖(由1个糖分子组成)		
戊糖(含5个碳原子的糖)		
阿拉伯糖		
核糖		
木糖		
己糖(含6个碳原子的糖)		
果糖		
半乳糖		
葡萄糖		
甘露糖		
二糖(由2个单糖分子组成)		
纤维二糖	葡萄糖-葡萄糖[a]	
乳糖	葡萄糖-半乳糖[a]	
麦芽糖	葡萄糖-葡萄糖[a]	
蔗糖	葡萄糖-果糖[a]	
多糖(含有许多单糖单元的分子)		
戊聚糖(含戊糖)		
阿拉伯聚糖		阿拉伯糖[a]
木聚糖		木糖[a]
己聚糖(含己糖)		
纤维素		葡萄糖[a]
糖原		葡萄糖[a]
菊粉		果糖[a]
淀粉		葡萄糖[a]
混合多糖		
树胶		戊糖和己糖
半纤维素		戊糖和己糖
果胶		戊糖和己糖

[a]糖所含的亚单位。

2.2　吸收和代谢

饲粮碳水化合物必须被转变成简单糖(单糖)后才能被单胃动物所吸收。淀粉酶(amylase)能将淀粉转变成麦芽糖,但一些动物的唾液中淀粉酶的含量非常低。淀粉酶是单胃动物中消化碳水化合物的主要酶,它由胰腺产生,并分泌到小肠的十二指肠区段。其他能水解二糖的酶由十二指肠的黏膜层产生。不同动物产生的碳水化合物消化酶数量差异很大。因此,一些动物可以饲喂高碳水化合物饲粮,而另一些动物则需要很少的碳水化合物。当饲粮中碳水化合物的数量超过动物的消化能力时,动物就会发生腹泻,这是因为未消化的碳水化合物到达大肠后被微生物所消化,产生的副产物引起水吸收进入胃肠道,从而导致腹泻的发生。

单糖一旦产生,就会迅速被小肠吸收。一些研究表明,葡萄糖和半乳糖的吸收比一些戊糖如木糖和阿拉伯糖快。大部分单糖在被转运到动物各组织代谢提供能量之前被转变成葡萄糖。动物体内以碳水化合物形式储存的能量很少。但是,一些葡萄糖可被转变成糖原,作为动物肌肉过量活动时快速动员的能量来源。糖原也用于维持血糖水平在一个相对窄的范围内。

哺乳动物不具备产生消化包括纤维素、半纤维素和饲料其他纤维组分在内的碳水化合物的酶的能力。这些碳水化合物的消化通过瘤胃和大肠中微生物的作用来完成。胃肠道中许多微生物能消化纤维性碳水化合物。马在单胃动物中消化高纤维饲粮的能力最强,猪和兔次之,家禽、狗和猫只能消化饲料中极少的纤维成分。

刚出生的幼龄反刍动物在消化功能上属于单胃动物。当它们开始采食固体饲料后,细菌和原虫在瘤胃中的数量逐渐增长。微生物的消化产物(挥发性脂肪酸)促进了瘤胃的发育成熟,并逐步具备消化复杂碳水化合物(如纤维素和半纤维素)的能力。大部分碳水化合物的消化在胃肠道的这一部位进行。厌氧微生物消化淀粉、糖(易消化碳水化合物)、纤维素和其他多糖,产生 CO_2、水、热量和挥发性脂肪酸(主要是乙酸、丙酸和丁酸)。挥发性脂肪酸被瘤胃壁和/或胃肠道所吸收,为动物提供能量来源。高纤维饲粮产生较多的乙酸,而高谷物饲粮产生较多的丙酸。当饲喂高谷物(淀粉)饲粮时,大量淀粉未经消化就通过瘤胃,并随后在小肠中消化。反刍动物分泌入小肠的淀粉酶和其他酶的数量很少,这就限制了反刍动物小肠消化淀粉的能力。

反刍动物是草食动物中消化纤维性碳水化合物(纤维素和半纤维素)效率最高的动物。这些碳水化合物通常在瘤胃中存留一段时间,牛饲喂的稻草可存留 6～10 d,但高品质粗饲料(如苜蓿干草)存留的时间较短。无论如何,粗饲料在瘤胃中会存留足够长的时间,供微生物所消化。微生物消化和反刍过程的咀嚼作用,共同使饲料颗粒大小减小到可以通过瘤胃的程度。

木质素是纤维性饲料中的一种化合物,它显著影响动物消化纤维素和半纤维素的能力。木质素不是碳水化合物,而是一种与植物细胞壁成分连接的不能消化的多酚化合物。植物中木质素的含量随植物的成熟而增加,这是随植物老化其消化率下降的主要原因。木质素含量在茎部高于叶部。

3　蛋白质

除水之外,蛋白质在所有生命有机组织和动物体中的含量最高。所有活细胞都能合成蛋白质,没有蛋白质的合成,生命就不会存在。不同的组织内有数千种蛋白质。蛋白质从不溶性的蛋白质(如羽毛、发、毛、蹄)到高溶解性的蛋白质(如血浆球蛋白),种类变异很大。蛋白质属于大分子物质,其质量从 35 000 Da 到几十万个道尔顿①。蛋白质在动物体内有许多独特的功能,从保护机体(毛发、皮肤)、消化食物(酶)、在动物细胞内进行养分代谢(酶)、促进生长(激素)到防御微生物入侵(免疫球蛋白)等。

---

①　原文为:蛋白质重量从 35 000 g 到几十万克,有误;译者注。

蛋白质是氨基酸(amino acid)连接而成的长链。氨基酸是氨基($-NH_2$)和羧基($-COOH$)共同连接在一个碳骨架上而构成的化合物。蛋白质的理化特性由其氨基酸顺序以及不同的氨基酸与其他化合物间的连接所决定。例如,一些蛋白质含有矿物质(如含铁的血红蛋白);乳中的一种蛋白质(酪蛋白)含有大量磷。其他的蛋白质可能还含有碳水化合物(糖蛋白)或者脂类(脂蛋白)。

蛋白质的合成是由位于动物细胞核中的遗传物质所控制的。这些遗传物质通常是指DNA(脱氧核糖核酸),它代代相传,并赋予后代以独特的特征。DNA控制着动物体内所有蛋白质的合成过程。在合成特定的蛋白质时,DNA规定氨基酸以何种顺序连接。假如由于某些原因不能提供给动物足够的氨基酸,那么细胞就不能合成蛋白质。细胞蛋白质合成所需的氨基酸,由饲粮或由胃肠道消化过程所提供。

现有超过200种自然存在的化合物被归为植物和动物来源的氨基酸。动植物中大部分蛋白质仅由约20种氨基酸所组成。为了合成这些蛋白质,植物或动物需要氨基酸的来源。动物和植物合成蛋白质时在所需氨基酸方面的主要区别在于:植物能利用无机氮源(如氨(NH_2)、硝酸盐或其他含氮化合物)合成其所需的氨基酸;许多微生物也具备这种能力;但是高等动物不能合成其各种组织所需的所有氨基酸。因此,对大多数动物而言,必须提供一些直接来源的氨基酸。

3.1 氨基酸的来源

饲粮氨基酸分为两类:必需氨基酸(必要的)和非必需氨基酸(或不是必要的)。必需氨基酸是指动物不能产生足够数量用以满足自身需要的那些氨基酸;非必需氨基酸是指动物组织可以合成足够数量的那些氨基酸。两类氨基酸列于表3-2中。

为确定不同物种(如鼠、小白鼠、狗、猪和仔鸡)的氨基酸需要量,人们进行了大量试验。进行这些试验时,采用了不含氨基酸的纯合饲粮,如淀粉、糖、脂肪(猪油和玉米油)、纯合维生素和矿物质;然后再加入不同水平的单一氨基酸。试验结果用于制定这些动物的氨基酸需要量标准。随着各种动物具有不同氨基酸需要量的各类遗传品系的不断培育,这一过程也将不断继续。例如,研究表明,在满足一些动物最大生长的饲粮中必须添加精氨酸,而在这些动物的维持时则不需要添加;犊牛在两种情况下都不需要添加。由于在一些情况下一种或几种氨基酸是必需的,或者在饲粮中添加时有额外效果(对生长或生产),所以一些作者更愿意将氨基酸以必需、半必需、非必需的形式列出。半必需氨基酸是指动物在特定的情况下,可以合成足量用以满足动物自身需要的氨基酸。表3-3列出了这些半必需氨基酸。

表3-2 必需和非必需氨基酸

必需氨基酸	非必需氨基酸
精氨酸	丙氨酸
组氨酸	天冬氨酸
异亮氨酸	瓜氨酸
亮氨酸	胱氨酸
赖氨酸	谷氨酸[a]
蛋氨酸	甘氨酸[a]
苯丙氨酸	羟脯氨酸
苏氨酸	脯氨酸[a]
色氨酸	丝氨酸
缬氨酸	酪氨酸
牛磺酸[b]	

[a]除必需氨基酸外,家禽最佳生长所需的氨基酸。
[b]猫所需的额外氨基酸。

不同饲料的氨基酸含量有很大差异,这一差异与这些饲料中存在不同类型的蛋白质有关。实际饲粮中最有可能缺乏的氨基酸为赖氨酸、蛋氨酸和色氨酸。由于谷物饲料(如玉米和买罗高粱)中这些氨基酸的含量很低,所以,在以谷物作为主要能量来源的饲粮中,通常需要考虑添加这些氨基酸含量较高的蛋白质原料(如豆粕)。如果动物缺少合成蛋白质所需的某种特定氨基酸,这种蛋白质就无法合成,那么这种氨基酸就称为限制性氨基酸。限制性氨基酸是指那些供给量不足以满足动物蛋白质合成的氨基酸。例如,当玉米是饲粮的主要成分时,赖氨酸最有可能是该饲粮的限制性氨基酸。因此,当蛋白质分子延长需要赖氨酸时,玉米饲粮无法提供赖氨酸用于蛋白质的继续延长,那么蛋白质的合成过程就将停止。假如提供的赖氨酸水平增加,那么蛋白质的延长得以继续,直到另一种氨基酸成为限制性氨基酸;然后蛋白质的合成又停止,限制蛋白质合成的这种氨基酸就成为限制性氨基酸。这一过程周而复始,直到提供的氨基酸平衡达到理想模式，没有一种氨基酸限制蛋白质合成。

反刍动物和一些草食动物对饲粮氨基酸的需要与单胃动物有所不同。原因是在胃肠道中，主要是瘤胃和大肠中的微生物合成微生物蛋白，后者能被消化，为动物提供能被其消化吸收和利用的氨基酸。微生物能利用简单化合物（如尿素或氨和碳水化合物）经微生物消化生成的有机酸，来合成必需和非必需氨基酸。反刍动物能依靠不含蛋白质但含有能转化为微生物蛋白质的氮源的饲粮进行生存。有证据表明，瘤胃中产生的微生物蛋白无法为高产奶牛提供足够的赖氨酸和蛋氨酸，因此，必须通过饲粮氨基酸来提供[2]。

表 3-3　氨基酸分类

必需氨基酸	半必需氨基酸	非必需氨基酸
异亮氨酸	精氨酸	丙氨酸
亮氨酸	胱氨酸	天冬氨酸
赖氨酸	甘氨酸	瓜氨酸
蛋氨酸	组氨酸	谷氨酸
苯丙氨酸	脯氨酸	羟脯氨酸
苏氨酸	酪氨酸	丝氨酸
色氨酸		
缬氨酸		
牛磺酸[a]		

[a]猫的必需氨基酸。

3.2　蛋白质饲料的营养价值

动物必须要能将饲粮蛋白质转变成能被吸收的氨基酸。通常，饲喂动物的蛋白质原料的消化率在 75%～80%之间。单胃动物胃（分泌 HCl、胃蛋白酶）和小肠（具有糜蛋白酶、胰蛋白酶等）中的消化液可以将饲粮蛋白质转化为氨基酸。氨基酸能在小肠的前段吸收，通过血液转运到细胞中，用于合成各种蛋白质。动物消化各种蛋白质的能力差异很大。除非经过适宜的处理，羽毛、蹄及与之类似的蛋白质消化速度很慢，因此，它们作为蛋白质来源的价值相对较低。另一方面，豆粕中的蛋白质几乎可以完全转变为氨基酸，并且是高度可消化的。许多植物源性蛋白中含有各种影响蛋白质利用的抑制因子（见第 6 章）。

蛋白质的生物学价值（BV）取决于两个因素：(a)动物的消化过程将蛋白质转变为氨基酸的程度；(b)消化后得到的氨基酸组成与动物氨基酸需要相比的平衡性。相对生物学价值可以简单地定义为采食的氨基酸在动物体内沉积部分的比例。随着沉积量的增加，蛋白质来源的生物学价值也提高。

氨基酸能在小肠内迅速吸收。吸收的氨基酸的平衡性影响所饲喂蛋白质的生物学价值。动物需要特定种类的氨基酸合成细胞蛋白质，以维持其机体功能在一个理想的状态。如果所吸收氨基酸的平衡性无法满足动物的需要，那么蛋白质的合成将会减少，动物的生产性能将受到制约，蛋白质的生物学价值也会降低。如果吸收的氨基酸组成与动物需要的氨基酸相似，那么蛋白质的生物学价值就高。蛋白质中可利用氨基酸的比例影响其生物学价值，尤其是必需氨基酸的比例。以整个鸡蛋的蛋白生物学价值为 100，那么肌肉蛋白为 72～79，谷物籽实来源蛋白为 50～65，明胶蛋白为 12～16。

评定蛋白质有效性的其他方法还有净蛋白效率比（protein efficiency ratio; PER）和净蛋白价值（net protein value; NPV）。PER 可定义为采食单位重量蛋白质所获得的动物体增重克数，而 NPV 反映的是动物的生长效率，它通过饲喂试验蛋白质饲粮组和同期饲喂无蛋白饲粮对照组的体氮沉积比较来度量。NPV 也可以通过将蛋白质消化率乘以生物学价值的方法来计算。有关蛋白质利用评定的更多信息，可在其他资料中查到[1]。

通过各种饲料的混合来改善最终饲粮中氨基酸的平衡性，就是利用了不同饲料中氨基酸组成不同的特点，这也称作饲料间的联合效应（associative effect）。通常，饲料的混合就是在利用这一联合效应的作用，即可用最经济的价格获得具有理想氨基酸平衡的饲粮。因此，有必要对常用饲料的必需氨基酸水平有一定的了解。

当动物吸收了过量的氨基酸时，它们会被代谢，并作为能量来源。当发生这种情况时，氨基（NH_2）从氨基酸上脱掉（去氨基）后转交给其他的碳架，形成非必需氨基酸，或是转变成尿素从尿中排出。剩余的碳架则被用于生成可被体组织所利用的能量。

一般而言，蛋白质的品质对反刍动物不像对单胃动物那样重要。在瘤胃中，饲粮蛋白质的很大比例被瘤胃微生物水解成氨基酸，其中的一大部分又进一步降解成有机酸、氨和CO_2。瘤胃中的游离氨被细菌用来合成其自身功能所必需的新氨基酸。同时，细菌又被原虫所吞食，原虫也同样进行着蛋白质降解和重新合成的过程。最后，细菌、原虫和未降解蛋白质统统进入后段肠道，被转变成氨基酸，并吸收。细菌、原虫蛋白质的生物学价值通常比卵和乳中的高品质蛋白质低，但是又高于许多植物性来源的蛋白质，因此，瘤胃微生物有降解高品质蛋白质和提高低品质饲粮蛋白质的趋势。这一过程可使反刍动物将非蛋白化合物(如尿素)转变成微生物蛋白质，而微生物蛋白质再转变成各种氨基酸。关于这一论题的更多信息，可参阅第6章。

3.3 饲粮蛋白质需要量

单胃动物和禽类的饲粮蛋白质需要量是指必需氨基酸的需要量。关于所有主要饲料原料的氨基酸组成的信息很多，但是化学分析无法给出某一种特定氨基酸可被消化和吸收的数量。因此，需要量(在许多附表中已列出)通常以总蛋白质的数量表示，同时附加了某些限制性氨基酸的数据。

就饲粮浓度而言，幼龄动物和快速生长动物的蛋白质需要量总是最高的。蛋白质需要量随着动物生长速度的下降而降低。成年动物在维持情况下需要量最低，妊娠时需要量开始增加，泌乳或产蛋高峰期需要量显著增加。在第13至第23章我们还将对此进行更详细的阐述。

3.3.1 饲粮蛋白质缺乏

蛋白质缺乏可由一种或多种原因造成：(a)一种或多种氨基酸供应限制；(b)饲粮蛋白质水平不足。蛋白质缺乏的症状包括生长速度减慢和氮沉积下降、饲料采食量降低和利用率下降、初生重降低且通常幼畜死亡率提高、泌乳量或产蛋量下降，以及公畜和母畜不育等。动物表现出来的症状的严重程度通常与蛋白质缺乏的程度有关。从实际情况来看，蛋白质的缺乏在幼年、快速生长动物和泌乳母畜或产蛋鸡中最明显。蛋白质缺乏通常还伴随一种或多种其他营养素的缺乏和能量不足，尤其是草食动物。

亚临床(无法通过动物检查诊断出来)缺乏症在许多国家都比较常见。一个原因是蛋白质是价格较高的饲料成分，家畜饲养者通常尽可能地降低饲喂饲粮的蛋白质水平和品质。有时乳蛋白质的缺乏可以通过血液蛋白水平的降低、生长速度的下降等指标监测出来，但是，要确认动物蛋白质的缺乏通常很难。血液尿素氮有助于评价动物的蛋白质状况。只有在赖氨酸缺乏时才会出现特定的缺乏症状。黑羽火鸡赖氨酸缺乏时主翼羽出现白斑。

3.3.2 饲粮蛋白质过量

在自然生活环境中生长的草食动物通常只有在春季(或热带的雨季早期)植被生长茂盛的时候才会出现蛋白质过量。对于舍饲家畜，鉴于蛋白质补充料的成本较高，很少出现这种问题。很多研究表明，过量采食蛋白质没有明显的不良作用，尤其是在蛋白质品质好而且过量采食的时间不很长时。有些证据表明，饲粮蛋白质过量时奶牛受精力可能会下降[6]。

在动物可以摄入足量水的情况下，过量蛋白质对单胃动物的毒性似乎不是问题。只有在将非蛋白氮错误地掺入饲粮时才会出现问题。

当饲粮碳水化合物(如淀粉或糖)数量不足时，用尿素或其他非蛋白氮饲喂反刍动物会造成动物的中毒或死亡。通常这种情况在动物采食低质粗饲料、瘤胃pH值相对较高时更易发生。在这种情况下，尿素被迅速地水解成氨，而氨则迅速吸收，致使氨的浓度超过肝脏解毒能力，动物出现中毒或死亡。当动物没有完全适应尿素或饲料没有正确混合时，动物过量采食尿素也可能发生中毒。

4 脂类

脂类(脂肪)是一类不溶于水而溶于有机溶剂(苯、醚等)的有机化合物。植物和动物中含有许多种不同的脂类化合物,它们都承担着重要的生化或生理功能。化学意义上的脂类包括从脂肪和油到复杂的固醇类。糖脂由碳水化合物和脂类结合而成,是正常细胞活动所必需的。脂蛋白是重要的细胞成分。磷脂是含有磷和脂肪酸的化合物,是细胞膜的组成成分。固醇是从诸如维生素 D 到胆固醇的一类化合物,同样也参与维持动物生命活动的重要功能。脂肪是浓缩型能量的储存形式。当完全燃烧时,1 g 脂肪产生的能量(9.45 kcal)是等量碳水化合物产生能量(4.1 kcal)的 2.25 倍。

从营养角度来讲,脂类和脂肪可用来提供能量和作为饲粮中必需脂肪酸的来源。脂肪由不同长度脂肪酸与一分子甘油连接而成。脂肪酸由 2～24 个碳原子组成的碳链构成。当碳原子上所有的键都被氢占据时,称这种脂肪酸为饱和脂肪酸。假如存在一个或多个双键,则这种脂肪酸称为不饱和脂肪酸。根据在室温下它们物理性状的不同,可以将脂肪分为脂肪和油。在室温下油是液体,而脂肪是固体。通常油由短链或不饱和脂肪酸组成,而脂肪则由饱和或较长链的脂肪酸组成。脂肪中一些最常见的脂肪酸列于表 3-4。

表 3-4　各种脂肪酸

脂肪酸	缩写[a]	缩写[a]	脂肪酸
饱和酸		硬脂酸	C18:0
乙酸	C2:0	花生酸	C20:0
丙酸	C3:0	二十四烷酸	C24:0
丁酸	C4:0	不饱和酸	
己酸	C6:0	棕榈油酸	C16:1
辛酸	C8:0	油酸	C18:1
癸酸	C10:0	亚油酸	C18:2
月桂酸	C12:0	亚麻酸	C18:3
肉豆蔻酸	C14:0	花生四烯酸	C20:4
棕榈酸	C16:0		

[a] 以乙酸为例,C2 表明含有两个碳原子,:0 表示没有双键。

动物组织中的大部分脂肪酸是直链的,且含有偶数碳原子,这是由于脂肪酸在动物体内的合成中,脂肪酸延长的代谢过程是每次加入两个碳原子,因此,碳链长度总是偶数。奇数碳原子脂肪酸或支链脂肪酸通常由微生物产生。反刍动物胃肠道中的微生物作用常常导致其体脂肪含有这些类型的脂肪酸。植物和动物中的脂肪通常是甘油三酸酯形式,但是也发现一些甘油二酸酯(两分子脂肪酸与甘油连接),同时甘油上还连接一分子半乳糖(单糖)。

4.1　消化和代谢

单胃动物消化脂肪的主要场所是小肠。胆汁和胰脂酶的共同作用使饲粮脂肪消化。胆汁由肝脏产生,并分泌进入十二指肠,其主要功能是乳化脂肪,使其表面积增加,从而增加与脂肪酶的接触。胰腺产生的脂肪酶能够水解甘油三酯,产生脂肪酸和甘油。脂肪酸和甘油与胆汁形成复合物,然后被吸收。一旦进入胃肠道表层的组织,它们就重新转变成甘油三酯,并被运输到动物细胞中代谢。长链脂肪酸通过淋巴系统转运,淋巴系统在到达心脏前与血液系统汇合。短链脂肪酸通过血液循环系统转运。消化过程产生的脂肪酸吸收率非常高。例如,一项用鸡评价不同脂肪吸收率的研究结果如下:大豆油,96%;玉米油,94%;猪油,92%;牛脂,70%;鱼油,88%。通常,油(室温条件下为液体)的吸收比脂(室温条件下为固体)更完全。足量的脂肪对脂溶性维生素(A,D,E,K)吸收也是必需的。

动物利用脂肪合成其机体所需的各种化合物,或以脂肪沉积的形式储存在机体内。动物储存脂肪作为能量储备,以便在能量采食不足时动员储备脂肪用作能量来源。脂肪代谢的终产物是 CO_2、水、热量和 ATP(三磷酸腺苷)。当动物为了获得其需要的能量而代谢大量的脂肪时,可能出现导致能量代谢过程关闭的异常情况,并产生酮体。假如产生的酮体适量,它可以被组织进一步代谢,用作能量来源;但是过量的酮体对动物有害,并可以在尿、乳和肺中检测出。

反刍动物体内的微生物区系能够改变饲粮脂肪酸的组成。普通饲料中的脂肪以一般含量水平(2%～8%)摄入时,大部分为不饱和脂肪酸。在瘤胃微生物的作用下,大部分不饱和脂肪酸转变成饱和脂肪酸。饲喂高水平的饲料脂肪或经过瘤胃保护处理的脂肪,可以避免饱和化的发生。即使动物从饲粮摄入的脂肪量很低时,动物体内仍能合成大量的脂肪。正常情况下,在饲粮能量摄入量超过动物完成机体功能所需能量的时候,多余的能量被转变成脂肪储存起来,即机体的脂肪合成。脂肪合成的机制相对复杂。简言之,就是过量碳水化合物或蛋白质生成的二碳单位结合形成脂肪酸,后者再与甘油连接,形成甘油三酯,并储存在动物的脂肪组织中。

4.2 必需脂肪酸

必需脂肪酸是指动物需要,但其自身无法合成足够数量来满足需要的脂肪酸。单胃动物的必需脂肪酸需要量约为饲粮的1%。哺乳动物的两种必需脂肪酸是亚油酸(C 18:2)和亚麻酸(C 18:3)。两种酸都含有18个碳原子,并且有2或3个双键。由于其第1个双键位于从碳链末端数起的第6个碳上,所以是ω-6(欧米咖-6)脂肪酸。鱼和一些水生动物需要的必需脂肪酸是第1个双键位于从碳链末端数起的第3个碳上的ω-3(欧米咖-3)脂肪酸。例如,亚麻酸既可以是C 18:2ω-6,也可以是C 18:2ω-3脂肪酸,它们可以分别作为哺乳动物和鱼类的必需脂肪酸来源,但它们是不同的脂肪酸。脂肪酸之所以重要,是因为它们是构成细胞膜脂-蛋白结构所必需的,同时脂肪酸对细胞内行使正常生化功能所需的前列腺素、激素样化合物的结构也很重要。必需氨基酸采食不足引起的缺乏症在猪、仔鸡、犊牛、狗、鼠和豚鼠中已得到了证实。缺乏症包括皮肤呈鱼鳞状变化和尾部坏死、生长和繁殖性能下降、水肿、皮下出血、仔鸡被毛粗糙等。令人不解的是,当给成年反刍动物饲喂不含脂肪的纯合饲粮时却没有出现缺乏症状,原因可能是瘤胃微生物能合成足量的必需脂肪酸。

从饲养的角度看,必需脂肪酸的缺乏在畜禽中除了家禽以外并不常见。幸运的是,必需脂肪酸在动物饲粮的大部分常用饲料原料中分布很广。玉米油和大豆油都是亚油酸和亚麻酸的良好来源。

4.3 体脂肪组成

单胃动物的体脂肪沉积通常能反映动物所采食饲粮脂肪的类型和数量。多年来,已知沉积脂肪中的脂肪酸组成反映了动物采食的脂肪组成。假如喂给动物不饱和脂肪,那么沉积脂肪的不饱和度就会增加,并且随不饱和脂肪在饲粮中的水平增加,还会进一步增加其在沉积脂肪中的数量。人们已经知道,如果将油喂给家禽和猪,那么胴体脂肪会变得不饱和、松软,且熔点降低,从而显著改变其加工特性。如果喂给鱼油,那么在肉中也将出现鱼油的腥味。

反刍动物饲粮中脂肪的微小变化不会明显影响其沉积体脂肪中脂肪酸的组成,这主要归因于瘤胃微生物对饲粮脂肪的影响。然而,可以通过饲喂保护脂肪来改变脂肪组织和乳脂肪中脂肪酸的组成。

5 矿物质

矿物质是饲粮中的无机组分,是不能通过化学反应分解或合成的固态晶体成分。饲粮矿物质可以根据其在动物体中的含量分类。常量矿物质或主要矿物质是指动物体中含量超过100 mg/kg的元素,包括钙(Ca)、磷(P)、氯(Cl)、镁(Mg)、钾(K)、钠(Na)和硫(S)。微量矿物质或痕量矿物质是指动物体内数量低于100 mg/kg的元素,包括铬(Cr)、钴(Co)、铜(Cu)、氟(F)、铁(Fe)、碘(I)、锰(Mn)、钼(Mo)、镍(Ni)、硒(Se)、硅(Si)和锌(Zn)。

家畜胴体中灰分含量(总矿物质含量)大约是占胴体重的3.5%。骨骼中矿物质含量最高,用以维持骨骼的强度。Ca,P和Mg是骨中主要的矿物质。骨骼中还含有其他矿物质,如Na,Zn,Mo和Mn。

钙和磷分别约占动物体中总矿物质的 46%和 29%。K,S,Na,Cl 和 Mg 共占 24%,而必需微量元素未占到总矿物质的 0.3%。钙是蛋壳的主要成分。

大部分矿物质也与动物体内复杂的生物化学反应有关。与酶活性有关的矿物质有 Ca,Mg,Fe,Co,Mn,Mo 和 Zn。铁是血液中血红蛋白和肌肉中肌红蛋白的组成成分。钴是维生素 B_{12} 的结构成分。碘是甲状腺激素的组成成分。其他矿物质,如 Ca,K,Mg 和 Na,与神经系统的活动有关。Na,K,Cl 与动物体液的渗透压和 pH 值调节有关。前面仅概述了矿物质所涉及的一些功能,有关它们功能的更完整的叙述可参考其他资料[7]。

5.1 吸收和代谢

饲粮矿物元素转变为离子(游离形式),并且通过主动或被动方式从胃肠道吸收。主动吸收(active absorption)是指矿物元素通过肠壁由肠腔泵入肠细胞的吸收过程。主动吸收的矿物质元素包括 Ca,P 和 Na。通常主动吸收是逆浓度梯度进行的,即矿物质由低浓度被泵到高浓度,在这一过程中要消耗能量。然而,大部分矿物质的吸收是以被动吸收(passive absorption)方式进行的,即元素通过胃肠道表层从高浓度流向低浓度。因此被动吸收的数量受到饲料中和体内元素浓度的很大影响。

矿物元素主要以离子形式吸收。消化糜中的一些成分可能与矿物质结合(螯合),使其不能被动物吸收。植酸、草酸盐和脂肪都能结合某些矿物元素,因此降低了其对动物的可利用性。矿物质有时会干扰其他必需元素的利用。例如,过量的钙就是一个明显的例子,因为它能干扰磷和锌的吸收。

其他一些因素也能影响矿物质的吸收效率。幼龄动物吸收矿物质的效率高于高龄动物。因此,即使高龄动物的细胞对矿物质的需要量较低,但由于吸收量较少,所以需要增加饲粮中的矿物质含量。矿物元素的存在形式(有机和无机)和肠道的 pH 值,也影响吸收。

5.2 需要量和缺乏症

附表中列出了各种动物的矿物元素需要量。在第 13 章至第 23 章给出了有关各种家畜矿物元素需要量的相关信息。这部分内容在其他参考书中也有更深入的论述。

家畜饲粮中最容易出现缺乏或不平衡的常量元素有 Ca,Mg,Na 和 P。不同动物缺乏的临床表现和症状也不相同,所以,这里对这些表现只进行概括性的讨论。Ca 和 P(或维生素 D)的缺乏或不平衡(钙磷比超出(1∶1)~(7∶1)的范围)可以导致幼畜的佝偻病,表现为骨盐沉积不足,腿弯曲和关节肿大。在老龄动物中,则表现为矿物质从骨中溶解,引起骨质疏松,即骨中的矿物质含量减少,骨头变得多孔,脆弱并易于骨折。中度和严重的磷缺乏很常见,尤其是放牧家畜。经常导致动物形成异食癖,表现为动物咀嚼骨头、石头、木板和其他一些异物。磷缺乏对繁殖和生长具有明显的影响。盐(NaCl)是饲喂最广泛的矿物质。当不饲喂盐并且土壤和饮水中钠含量不足时,就会出现缺乏症。临床表现是,动物对盐极度渴望、憔悴、精神委靡和生产性能差。钾在粗饲料中的含量很高,所以只有当饲喂高水平的谷物时才会出现钾的缺乏。钾的缺乏症状与钠的缺乏相似。镁的缺乏在大多数家畜中都不常见。在早春或晚冬的寒冷或阴天的天气,或是在类似的光照和温度的条件下,多种因素可以妨碍镁的正常利用,从而导致镁缺乏。植物含有大量的镁,但是它是以动物不能利用的方式连接的,因此,也会发生镁的缺乏,称作草痉挛或缺镁性痉挛。镁缺乏的症状包括过度兴奋、痉挛,甚至严重时出现昏迷和死亡。成年动物更容易受影响,尤其是泌乳母畜。

关于微量元素方面,仔猪容易缺铁。缺铁是由于铁在新生仔猪的体储中数量低,而仔猪生长迅速和乳中铁含量又不足所导致的。缺铁的后果是动物贫血(血中血红蛋白含量不足),它使动物不能将所需的氧气运输到体组织中(见第 13 章)。对于鸡和其他家禽,可能出现锰的缺乏,其表现是锰缺乏症,即跗关节肿大变形,以致禽类行动困难。依据饲料的不同,大多数动物都会出现碘缺乏。碘缺乏造成甲状腺肿,即甲状腺变大。一些类型的土壤中缺乏钴,从而导致生长在这种土壤中的植物也缺钴。由于钴是维

生素 B_{12} 的结构成分，所以钴的缺乏会造成维生素 B_{12} 的缺乏，并且没有钴，维生素 B_{12} 就不能合成，动物将出现生长迟缓和精神委靡。在一些情况下，也可能出现铜的缺乏，或者由于钼或硫的含量过高抑制铜的利用，而导致铜缺乏。铜缺乏的典型症状是毛发褪色（比正常的毛发颜色浅），后肢部分瘫痪和随动物年龄不同而出现一些其他表现。硒缺乏在许多土壤含硒量低的地区出现，是家畜饲养中的一个严重问题，尤其是放牧家畜。硒缺乏的临床症状是营养性肌肉发育不良（白肌病），这种病主要发生于幼龄动物。由于钙-磷盐的沉积增加，动物的一些肌肉发白。动物变得非常痛苦，并且肌肉收缩困难。由于肌肉使用程度减少，肌肉开始出现退化。严重硒缺乏的新生动物死亡率很高。锌缺乏也相对常见，并且当采食的饲粮中钙水平高时，这种缺乏会加剧。锌缺乏导致角质化不全，出现痒病、皮肤粗糙病变的皮炎症状。

所有这些矿物元素缺乏症或早或晚都会影响动物的生产性能（生长、泌乳、产蛋等），尽管动物的外观表现未受影响。在一些情况下，可能出现多种营养素的同时缺乏，如蛋白质-能量、能量-矿物质或能量-维生素。营养素的轻度缺乏很难察觉，因为其对动物的影响只是使动物的生产性能降到正常期望的生产性能以下。在这种情况下，需要经过训练有素的人员来仔细察觉问题的所在。

5.3 毒性

作为一条通则，矿物质中毒的问题远不如矿物质缺乏严重。碱含量高的水可能会引起中毒，但是在有良好水源供应的情况下动物通常都不会摄取这些水。在常量元素中，氯化钠可能引起家禽和猪的中毒，但是其他动物通常不存在这种问题。

在微量元素中，给动物饲喂足量的含氟磷矿石一段时间（几个月或几年）后，氟就会达到中毒剂量。采食生长在含高氟矿石矿井下风口处的植物可导致氟中毒。氟中毒可导致骨骼变大、疏松、牙齿比正常的磨损快、行走困难、总生产性能变差。铜中毒可能在幼龄动物中发生，尤其是饲喂了为其他动物所配制的矿物质补充料时。例如，将给牛配制的矿物质补充料错误地饲喂羊一段时间，羊就会产生铜中毒。铜中毒损伤肝脏，并破坏血红细胞，导致较高的死亡率。当植物生长在含硒量高的土壤中，或是由于一些植物对硒的富集能力，两种情况下都可能引起硒中毒，表现为马的蹄型变长、尾毛和鬃毛脱落、行走困难等。

6 维生素

维生素是动物组织需要量很小的有机物质。所有的维生素都是动物组织所必需的，但是，一些动物可以在自身组织中合成某些维生素，或者可以利用胃肠道中的微生物合成维生素。因此，不同的动物对饲粮中维生素的需要也不同。例如，人类、豚鼠、猴和一些其他动物需要维生素 C（抗坏血酸），但是大多数动物却不需要，因为它们能够合成足量的维生素 C 来满足自身的需要。

维生素分为水溶性和脂溶性两种。水溶性维生素有维生素 C（抗坏血酸）和 B 族维生素，后者包括：硫胺素（B_1）、核黄素（B_2）、烟酸、吡哆醇（B_6）、泛酸、叶酸、氨基苯甲酸（PABA）。脂溶性维生素有：维生素 A（视黄酸或维甲酸）或其前体胡萝卜素；维生素 D（也有多种形式）；维生素 E 或 α-生育酚；维生素 K（有多种活性形式）。

6.1 功能

水溶性维生素的主要功能是作为酶的辅酶（是酶的活性所必需的物质）。脂溶性维生素不作为酶的辅酶，但是参与其他重要的机体功能。例如，维生素 A 与视觉和上皮细胞（被覆在身表和体腔的表面）完整性的维持有关。维生素 D 与钙的吸收和骨盐的沉积有关。维生素 E 则作为代谢的抗氧化剂。维生素 K 为血液的正常凝固所必需。

6.2　组织分布

大部分维生素的主要储存场所是肝脏，只有少量是储存在肾脏、脾脏和其他组织器官中。大部分维生素以与特定蛋白质结合的形式储存。组织中储存的维生素以维持血液中水平相对恒定所必需的速率释放。

由于乳通常是新生动物食物的惟一来源，所以乳中存在的维生素十分重要。初乳中维生素含量特别高，从而确保幼龄哺乳动物在生命早期就能摄入足量的维生素。

6.3　吸收和代谢

维生素主要在小肠吸收。B 族维生素和维生素 K 可由单胃动物的大肠和反刍动物的瘤胃和大肠中的微生物合成。由于反刍动物能在瘤胃中产生并在肠道中吸收足量的维生素，因此，除一两种例外，反刍动物对饲粮维生素没有需要。

单胃动物吸收由胃肠道中合成的维生素的能力依据维生素和动物种类的不同而异。维生素 K 的合成和吸收效率非常高，因此，除家禽以外动物几乎不可能缺乏。另一方面，在小肠中能合成泛酸和维生素 B_{12}，但是这两种维生素只有很少被吸收，因此，需要在单胃动物饲粮中添加这两种维生素。猪能从肠道中吸收足够的叶酸满足自身的大部分需要，但家禽不能吸收而是完全依赖饲粮中添加的叶酸。在小肠的前段，脂溶性维生素的吸收效率低于水溶性维生素。当胃肠道中有饲粮脂肪和足量的胆汁时，脂溶性维生素的吸收效率更高。

许多维生素是以无活性的形式摄入的，而随后转变为维生素的活性形式。维生素 D 是一种独特的维生素，它在植物体中以前体物麦角固醇的形式存在，必须经紫外线照射在动物的皮肤中转变成维生素 D_2（胆钙化醇）的形式才具有活性。大部分哺乳动物能利用维生素 D_2，但是维生素 D_3（7-脱氢胆固醇）对禽类的活性更高，它是禽类饲粮中维生素 D 的来源。在动物体内，维生素 D_2 和维生素 D_3 都是在肝脏中转变为活性更高的形式，随后又在肾脏代谢生成另一种化合物（1，25-二羟胆钙化醇）；1，25-二羟胆钙化醇参与 Ca 的代谢和吸收。

植物产生多种不同的类胡萝卜素色素，但只有其中小部分可以转变为维生素 A。植物生成的各种胡萝卜素作为维生素 A 的主要前体。胡萝卜素在小肠或肝脏中转变为维生素的活性形式。

6.4　维生素缺乏症

维生素缺乏的许多表现是相似的。这些表现包括：食欲缺乏（厌食）、生长缓慢、皮炎、虚弱和共济失调。一些维生素缺乏造成一些特殊的症状[1,2]。例如，维生素 A 缺乏引起多种类型的视觉丧失，包括夜盲、色盲和完全失明。维生素 D 缺乏造成骨质疏松和相关的骨病症，而维生素 K 缺乏则引起组织出血。如果烟酸缺乏，则出现舌、唇和嘴的病变。

在生产条件下，维生素缺乏症状通常由于动物种类和动物年龄的不同而不同。反刍动物主要需要考虑维生素 A 的缺乏，可能也会出现维生素 E 的缺乏，在一些特殊的情况下出现维生素 D 的缺乏。猪饲养场必须注意饲粮中核黄素、烟酸、泛酸、维生素 B_{12}、胆碱、维生素 A、维生素 D、维生素 E 的添加。家禽饲养场则必须关注除抗坏血酸、肌醇和对氨基苯甲酸（PABA）以外的所有维生素的添加。

7　饲粮能量

从数量的角度来看，能量是动物饲粮中需要量最高的营养素。用于配制各种动物饲粮的饲养标准正是以能量为基础，附加考虑蛋白质或氨基酸、必需脂肪酸、维生素和矿物质的需要量。动物从其所采食的饲粮有机成分中获得能量。这些有机成分被动物所消化和吸收，并随后在动物细胞中氧化。由于单位能量的成本相对较低，所以，碳水化合物常用作动物主要的能量来源。动物采食不同的有机化合物产生的能量不同，因此，有必要在此讨论一下用于描述能量的术语。

7.1　术语

能量是指做功的能力。在营养学中，能量是指营养物质在体内完全氧化所产生的热量，或者体内所损失的能量。世界不同地区所使用的度量能量的单位不同：卡，英国热能单位(BTUs)，或焦耳。在美国，动物营养中的能量常用卡(cal)、千卡(kcal)和兆卡(Mcal)表示。欧洲国家使用焦耳。1卡是将1 g水温度升高1摄氏度所需的热量(=4.185 5 J，焦耳)。1千卡等于1 000卡，1兆卡(或热姆)等于1 000千卡或1 000 000卡。

用于描述饲料能量价值的术语有很多种。图3-1列出了用于描述饲料能量含量的各种术语。下面给出饲料中各种能量术语的定义。

7.1.1　总能(*GE*)

总能是指饲料完全氧化(燃烧)所产生的热量。用于测量总能的器具称作氧弹测热器。首先将已知重量的样品置于氧弹测热器内，然后往测热室中通入氧气，以使样品充分氧化。饲料总能的量决定其总能量含量，但是与可以被动物利用能量的数量相关性很小。例如，玉米、谷物和木材的总能含量非常相似，但是它们被动物用作能量来源的方式完全不同。

7.1.2　消化能(*DE*)

消化能是对饲料被动物采食后表观吸收的能量部分的度量。消化能是由采食的总能减去粪能。消化能不是动物所吸收能量的严格度量，因为粪便中有一部分能量来自于消化道表面的脱落组织细胞，而不是未消化的饲料。消化能可通过消化试验而相对容易地测定出来。试验中喂给动物已知量的待评定饲粮成分，并收集粪便，最后测定出饲料中总能含量和粪能。$DE = GE-$粪能。到目前为止，已制定了许多动物的消化能值，并在美国和世界各地广泛应用。

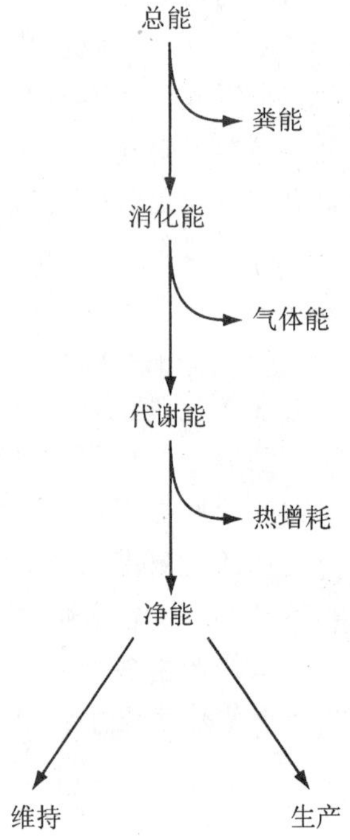

图3-1　能量术语剖分流程图

7.1.3　代谢能(*ME*)

代谢能是将采食的消化能减去尿和可燃气中的能量损失。除了收集粪便外，还要收集尿和损失的气体，并测定其能值。在估计可被动物利用的能量时，代谢能比消化能稍准确，但是其测定成本较昂贵。代谢能是禽类饲粮配制中常用的能量术语，在欧洲国家进行其他家畜的饲粮配制也常使用代谢能。

7.1.4　净能(*NE*)

净能是将ME减去瘤胃发酵和组织代谢所损失的能量。这一能量术语最准确地预测了能量能被动物用于维持和生产的数量。只有少数一些饲料的净能值已进行了测定，附表中的净能值是用公式计算所得。动物处在最适温区(不需要通过营养物质代谢(氧化)来升高或降低体温的环境温度范围)以外测定的净能值与处在最适区内测定的值是不同的。然而，净能值广泛地用于各种反刍动物的饲粮配制。净能以维持净能(NE_m)、生长净能(NE_g)和泌乳净能(NE_l)的形式给出。

7.1.5 总可消化养分(TDN)

总可消化养分是一种应用多年、用以估计饲料能量含量的方法。这种方法总计了饲料中所有的可消化部分。将饲料喂给动物，测定组成饲料的各不同组分的含量，再测定各种成分最终在粪中的损失量。在此基础上，可以确定该饲料可消化的数量。TDN 通过以下几项合计计算而得：TDN＝可消化粗蛋白质＋可消化粗纤维＋可消化无氮浸出物（淀粉和糖）＋2.25×可消化醚浸出物（粗脂肪）。醚浸出物乘以 2.25 是为了校正其能量值，并可以反映其较高的能量数量（脂肪＝9.1 cal/g，碳水化合物＝4.1 cal/g）。TDN 的主要不足是，与 *ME* 或 *NE* 数值相比，TDN 方法可能高估粗饲料的能量价值。不过，TDN 方法仍然被广泛应用。一些营养学家认为其和 ME 或 NE 法一样准确，尤其是用于配制处在最适温区以外动物的饲粮时。TDN 方法与消化能测定方法很相似，但在美国，目前消化能和代谢能方法的使用更为普遍。

7.2 影响能量代谢的因素

能量利用是一个复杂的论题，它超出了本书的讨论范围。但是有必要澄清一些观点，使读者熟悉能量利用这一论题。在能量消化和代谢过程中，损失最大的是粪便中能量的损失。这反映了饲粮中动物无法消化的成分。饲粮中的这一成分极大地影响粪便的产生量。例如，一般单胃动物采食的饲粮比草食动物的易消化，因此，能量的消化率通常较高。幼畜，尤其是哺乳动物的幼畜，采食的饲粮比成年家畜的更易消化，所以消化率也更高。给家禽或猪饲喂高品质的饲粮，有 85％或以上的可被消化；反之，在另一极端的情况下，给反刍动物饲喂低质饲粮（如稻草），仅有不到 35％被消化。在一些动物中，饲料采食量也影响饲粮成分的消化率。对反刍动物来说，消化率随饲粮采食量的增加（外流速度增加）而下降，但在其他动物上这种影响却很小。干扰正常胃肠功能的因素，如痢疾、有毒物质和寄生虫感染，也通常导致消化率下降。在各种动物中，可以通过实施合适的饲喂和饲料加工方法，来提高营养物质的消化率。

影响能量利用的另一些损失有代谢损失。反刍动物通过尿液和胃肠道中微生物产生的甲烷所损失的能量，可占到总能的 10％，而这部分损失在大多数单胃动物中则要少得多。取决于采食水平、饲粮品质和其他一些因素，能量吸收后的损失差异很大。胃肠道微生物发酵产生热量（发酵热）。这部分热量可被用于维持体温；但如果产生过多的热量，动物则无法通过化学方式，如合成脂肪，来储存这部分能量；所以，只能散失掉这部分能量，从而造成能量损失。营养物质氧化时也产生热量，称为热增耗。蛋白质（氨基酸）代谢的热增耗最高，其次是碳水化合物和脂肪。发酵热可用来温暖身体，但不能被储存。因此，当动物处于热应激状态时，发酵热和热增耗对动物都是不利的。

能量需要量受许多因素的影响：动物年龄、种类、活动量、生产水平、环境条件、营养缺乏及诸多其他因素。然而，对于健康动物来说，其能量需要量与体表面积直接相关，这是因为热量的散失或获得与暴露的体表面积成比例。如果给动物体重一个分数幂（常用 0.75），那么，就可对体重和体表面积的关系做出很好的估测，这个体重称为代谢体重[1,3]。这种方法可用于准确计算体重差异很大的各种动物（大至大象和小至蜂鸟）的能量需要量。

各种管理规范可以影响动物的体表面积，进而改变热量损失的速率。例如，剪毛后的绵羊增加了对冷应激的敏感性，但减少了热应激。冬季的毛发覆盖可以起到隔热的作用，皮下的厚脂肪层也具有同样的效果。在干燥地区，给动物喷水可以加快蒸发和带走热量，有助于减少动物的热应激。

所有恒温动物（维持体温恒定的动物）都有自己的适宜温度范围。在这个温度范围内，动物不需要通过增加营养物质的氧化来增加或降低本身的体温。适中温区受湿度的影响很大，因为当湿度高时体表和肺的蒸发散热会显著下降，所以，动物就无法将多余的热量散发出去。另一方面，在寒冷气候条件下，风可增加热量损失，导致动物需要产生更多的热量来维持体温。在炎热、干燥的环境中，风有助于增加热量的蒸发散失。通常，活动或者采食量的增加，能增加机体的产热，而使动物感到舒适的温度降低。将动物浸没在冷水中，会大大增加机体热量损失的速率。如果动物长时间浸没在冷水中，体温会下降到动物无法生存的温度以下。

某些饲料（如稻草）的热增耗很高。所以，在寒冷天气给牛饲喂稻草将产生更多的热增耗，有助于动物维持体温。假如牛在处于热应激时喂给稻草，就会导致过量的热量累积，动物必须以某种方式排出这部分热量，否则，其体温就会上升。

7.3　能量缺乏

随着季节的变化和食物供应的改变，许多野生动物经历着能量过剩、充足和缺乏的交替时期。这种情况在自由放牧的家畜中也可能发生，但由于畜主能提供补充饲料，所以其缺乏程度不如野生动物那样严重。而在舍饲饲养时，动物不会出现这种情况。

当能量缺乏时，动物必须动用体内能量储备来维持生命，其结果导致体脂丢失、失重和瘦弱。能量缺乏对动物有不利影响。由于重吸收和流产而使妊娠中止，产蛋量和产奶量可能急剧下降，受精力也可能明显降低等等。能量缺乏还经常伴随其他营养物质的缺乏，或由其他营养物质的缺乏而引起能量缺乏；但是，对机体能量需要的过度重视，又可能妨碍对其他营养物质缺乏症的发现。

8　饲养标准

饲养标准或饲养指南规定了各种动物为行使不同功能对营养物质的需要量，而且已经发展成为适用于各种重要家畜种类的标准。这些标准的使用，可追溯到19世纪的早期。经过多年的努力，这些标准日臻完善；直到今天，各种家畜营养物质需要量的确定已经达到了相当的准确程度，尤其是生长鸡和生长猪。尽管在一些情况下动物的营养需要的确仍然无法做到非常准确，但一些已确定的家畜营养需要量要比人类的营养需要量更为完善。这主要是由于一个最简单的原因，即人类不能应用自身进行试验，以收集到非常良好的定量数据。

在美国，应用最广泛的标准是由国家科学院下属的国家科学研究委员会（NRC）[4]各专业委员会发布的营养需要量标准。这些标准（见附表）每隔几年就修订和重新颁布一次。在英国，现行的标准是由农业研究委员会（ARC）[3]制定的。其他国家也建立有旨在更新动物营养需要量信息和制定营养需要推荐量标准的类似机构。

8.1　饲养标准中使用的术语

饲养标准中的营养物质通常以每天所需要的数量或占饲粮的百分比来表示。前者用于动物采食确定数量的饲粮，而后者更经常用于动物不限量饲喂（libitum）或自由采食的情况。各种营养物质的含量多数以重量、百分比或ppm（百万分之一）来表示。一些维生素（维生素A、维生素D、维生素E）常常以“国际单位”表示。蛋白质的需要量常以粗蛋白（CP）（根据饲料中氮的含量来计算）为指标。当具备了足够的各种氨基酸量数据时，单胃动物可用可消化蛋白质（DP）表示。消化能的需要量有多种不同的表示法。在NRC中，家禽使用 ME；猪使用 DE，ME 或 TDN；羊使用 DE，ME 和 TDN；生长牛和肥育牛使用 NE_m，NE_g 和 ME，TDN。在奶牛中使用 DE，ME，TDN，NE_m 和 NE_g 表示能量需要量，其中泌乳牛使用 NE_l。ARC中几乎完全使用 ME，表示能量的单位是MJ（兆焦），而不是Mcal（兆卡）。其他的欧洲饲养标准是以淀粉价、斯堪地那维亚饲料单位等为基础。不管所使用的单位如何，饲养标准都是基于对动物需要量的估测，而且具有以各种饲料成分在各种条件下所进行的多个试验研究数据作为依据。

8.2　饲养标准的缺陷

制定饲养标准的方法不在本书的讨论范围之列，更深入的内容可参阅参考文献[1,3,4]。饲养标准为营养学家配制特定动物的饲粮或估计其需要量提供了有用的基础信息。饲养标准只能作为动物营养需要量的指南，而不能提供精确的动物营养物质需要量。NRC 的推荐量是根据委员会认定的特定动物在特定年龄、体重和生产状况下平均群体所需要的最小营养物质需要量而制定的。一些早期的版本称为供给量，并且还提供了一个在最小需要量之上的额外量。众所周知，即使是在一个相对均一的群体中，动物的需要量变化也很大。例如，对于特定情况下的特定动物而言，饲粮蛋白质摄入可以满足大部分动物的需要；但是，对于一些生长快速的动物来说可能会出现不足，而对另一些生长速度较慢的动物可能已经过量。鉴于我们目前的生产方式，NRC 推荐量是最可行的饲养基础。在现行的制度中，生产力差的动物就应当予以淘汰，而生产水平高的动物则应给以额外的供给量，使其遗传潜力得以发挥。

除已知品种间营养物质代谢有差异外，从发表的文献中可明显地得出，管理和饲养方法也可以改变动物的营养需要量和营养物质利用效率。另外，现行的大多数推荐量标准均未考虑在恶劣气候条件下动物采食量增加或在泌乳期采食量减少的情况（基础）。气候可能对营养物质需要量有很大的影响。例如，最近的数据表明，在无遮荫棚条件下饲养的妊娠母牛代谢率比有遮荫棚的妊娠母牛高出 18％～36％。

NRC 所列出的肉牛 NE_m，NE_g 和泌乳奶牛的 NE_l 值仍需进一步商榷。阅读一下各版本 NRC 的饲料成分表就会发现，它几乎列出了每种饲料的 NE 值，但读者必须知道这些数值是通过其他能量值（如 TDN，DE 或 ME）计算出来的估计值。仅有少数饲料实际测定了 NE 值。与原始数据相比，这些数据的准确性不是增加了，而很可能是减小了。

推荐量中未给出在各种应激条件（如疾病、寄生虫、损伤、温度或湿度）下的营养物质供给量。在制定饲养标准时，也并非总是考虑添加剂、激素或饲料调制方面的有益作用。因而，很多变量可改变营养物质的需要量和营养物质的利用率，而这些变量通常并未纳入饲养标准之中。

8.3　营养物质的不同功能

本章的余下部分将对各种生产功能对营养需要的影响做简要的讨论，以使读者更好地理解动物生长、肥育、繁殖、泌乳和使役对营养需要的影响。

8.3.1　维持

维持是指动物处于机体能量（或其他营养物质）既不损失也不增加的状况。生产动物仅在少数时候可达到真正的维持状态。成年种公畜在非繁育季节可近似或非常接近于维持状态，而繁殖母畜则在停乳后和妊娠之前的几天或几周内大幅度增加了营养物质需要量。维持通常作为评价动物营养需要的参照点（reference point），所以也为日粮配制提供基础。

维持的营养需要量最低。在放牧条件下，与粗饲料生长旺盛时期的能量消耗相比，在一年中的干旱期或冬季，动物必须通过迁徙来采食到足够满足其自身需要的植物性饲料，从而消耗大量的能量，这就使得这两个时期中动物的维持需要量明显不同。

8.3.2　生长和发育

生长是以体重的增长来度量的，通常在动物生命的早期生长最快。用体重增长的百分比来表示的生长，在动物达到性成熟前，这个数值通常非常高，但在性成熟后开始呈加速下降的趋势，直到动物达到成年体重。随着动物的生长，不同的组织器官以不同的速度生长，这些生长的差异影响着动物的营养物质需要量。激素水平的下降，有可能导致动物生长速度的下降。由于生理上的限制，幼畜不可能通过持续维持单位体重下较高水平的采食量来维持该水平的生长速率。

幼畜单位体重或单位代谢体重（体重的 0.75 次幂）的营养需要量最大。这种需要量随着动物生长速度的下降和接近成年体重而逐渐下降。幼龄哺乳动物的营养需要量很高，所以必须饲喂消化率极高的饲粮才能达到最大的生长速率。随着幼龄哺乳动物的生长，由于其采食饲粮中的大部分不是来自母乳，因此，饲粮的总体品质在下降，其采食饲料成分的消化率降低，随之生产效率也下降。

营养缺乏的症状在幼畜很快表现出来，尤其是当幼畜在生命早期还依赖于从子宫获得组织储备时。除少数例外，新生动物的组织储备不足以提供较长时间的生长需要。幼畜采食的母乳或饲料中一些必需营养物质可能不足，所以，除非饲喂给动物含这些营养物质充足的饲料，否则动物将出现营养缺乏。仔猪就是这样的例子。新生仔猪的铁储备很少，且体储很快耗尽；同时，由于乳中铁含量不足，因此，若不补充或注射铁，仔猪常出现贫血。新生动物出生后需要尽快地吃到初乳。初乳不仅可以提供必需的营养物质，同时也能提供免疫球蛋白，从而将母畜抵抗各种疾病的免疫力传递给后代。

从生产的角度来讲，当动物处于最大生长速度时，它的单位体增重的营养需要量最小，总体饲料转化效率最高(总产品除以总的饲料消耗)。然而，净效率(总产品除以维持以上的营养需要)可能变化不大。因为动物摄入的营养物质中仅有很小部分用于维持，而大部分用于生长，所以，随着生长速度的加快，饲料转化效率也随之提高。在一些情况下，人们并不渴望追求最大体增重，而且这样也不经济。例如，当希望在幼龄阶段就卖掉一直靠喂乳长大的小牛(veal calf)时，追求小牛的最大生长速度是经济的。而在另一方面，当该犊牛用作后备母牛时，其生长速度低于最大生长速度则更符合要求，而且可以节省饲养成本。

当动物的生长速度受限后，可能会导致动物的生长受到永久性阻碍。使幼畜在一段时期内机体能量储备不增长是有可能的，然后如果其他营养物质供应充足，动物还可继续生长。动物由于能量限制而处于一段时间的低于正常速度的生长；随后，当重新饲喂正常饲粮时，动物能够以比正常生长速度更快的速度生长。这种现象称为补偿生长(compensatory growth)。例如，给越冬时的小犊牛喂给能量不足的饲粮，当春季回到草场或在肥育场中重新采食营养物质充足的饲粮时，其最初阶段的体增重速度非常快。全期的饲料转化效率，尤其是达到特定增重量的饲料转化效率，则会更高。然而，如果饲粮成本过高，那么饲喂廉价的饲料，降低其生产性能，延缓家畜的出栏时间，则可能更经济。

8.3.3 泌乳

除了持续的高强度运动外，高水平产奶需要高水平的营养物质摄入量。高产奶牛或山羊每年通过产奶产出的干物质量是其体重的4～5倍，而有些动物可高达7倍。由于高产奶牛的产奶量非常高，所以，在泌乳高峰期，奶牛不可能通过采食足量的饲料来阻止体重的损失。

大部分家畜的乳含水量为80%～88%，因此水是维持正常泌乳的重要营养物质。在泌乳期间，所有营养物质的需要量都增加，且与生产水平直接相关。乳成分可来自动物饲粮，也可来自体组织的动员。尽管乳的主要成分是脂肪、蛋白质、乳糖(乳中的糖)和以Ca和P为主的灰分，但所有已知的营养物质在乳中都有一定量的存在。

动物种间和种内个体间的产奶量差异很大。奶牛的产奶高峰通常出现在分娩后60～90 d，然后以每月8%～10%的速度下降。在达到产奶高峰的同时，奶牛营养需要量也达到了高峰，但通常饲料的采食高峰会有一个滞后期。因此，在高产奶牛饲粮摄入不足期间，必须动员体储能量和蛋白质。已证明，乳的组成，尤其在反刍动物中，受所饲喂的饲粮组成的影响。乳脂尤其如此，其次是蛋白质和乳糖。通常随饲粮纤维水平的提高，乳汁率也增加。然而，单胃动物饲粮的改变对乳成分的影响较小。

与限制泌乳母牛(及其他任何可能的动物)水或能量摄入导致产奶量的明显下降相比，蛋白质的限制对产奶量的影响较小，尤其是当这种受限的持续时间较短时。尽管矿物质的缺乏对乳成分没有明显影响，但可导致泌乳动物体内储存的矿物质迅速耗尽。长期的钙耗竭，可导致骨骼出现疏松和脆弱。在泌乳期间，微量元素如Cu,Fe和Se的需要量增加，甚至超过其在乳中所分泌的水平，这是因为这些微量元素是乳成分产生过程中的辅助因子。泌乳期间营养物质缺乏的影响，通常会延续到妊娠期和下一个泌乳期。

8.3.4　繁殖

通常认为，动物在繁殖期间的营养需要不如在快速生长和高产奶阶段的营养需要重要，但它确实比维持需要重要。如果在配种前发生营养物质的缺乏，可能导致动物的不育、繁殖力下降、不发情、不受精或无法维持妊娠。

已经多次试验证明，生长期能量或蛋白质饲喂量不足，将导致性成熟延迟。与能量摄入量适量的动物相比，能量摄入不足和过量都会导致繁殖力的下降。在两者中，又以摄入过量对生育力的危害更大。

对大多数动物而言，满足妊娠期最后 1/3 阶段的能量需要更为重要。胎儿组织的营养物质沉积规律表明，在总营养物质需要量中，仅有很小的部分用于胎儿组织的生长，即使是在妊娠后期也是如此。这些差异可能与在妊娠期间其他身体机能的增加有关。妊娠动物的代谢率比非妊娠动物要高，因此其用于维持代谢过程的需要量也较高。妊娠母牛的基础代谢率是其同卵双生的非妊娠母牛的 1.5 倍。幸运的是，动物在妊娠期间食欲增大，这就可以使其在与非妊娠动物采食相同饲粮的情况下，通过增加采食量来获取更多的营养物质。

妊娠期间营养摄入不足对母畜有多种不同的影响，这取决于动物的种类、营养缺乏的程度、具体缺乏的营养物质和妊娠所处的阶段。与胎儿发育前期相比，胎儿发育后期的蛋白质供应显得更为重要，Ca、P 和其他矿物质、维生素也是如此。在轻度缺乏的情况下，胎儿组织比母体组织优先利用营养物质，因此母畜可能动员体储来孕育胎儿。然而，当营养严重缺乏时，将出现部分营养物质的耗竭，发生胎儿吸收、流产、畸形、死胎、弱胎或轻体重的幼畜。营养物质缺乏通常对母畜有长期的影响。当母畜组织中某些重要营养物质出现耗竭时，幼畜组织储备通常很低，且初乳中营养物质浓度降低和产奶量减少。与营养充足的母畜相比，其幼畜存活的可能性较低。

8.3.5　使役

动物研究表明，使役(身体运动)使动物对能量的需要增加，并且与工作量的大小成正比。饲粮碳水化合物是哺乳动物的能量来源，并且其利用效率比脂肪和蛋白质高。在运动期间，马对饲粮蛋白质的需要量仅有很少增加。但由于肌肉活动量的增加，动物氮的排泄量也增加。

使役中动物的大量排汗将增加 Na 和 Cl 的丢失，从而增加动物对 Na 和 Cl 的需要。P 是许多产能反应中的重要营养物质，因此动物在使役时应增加 P 的摄入量。同样，随着活动的增加，也应增加与能量代谢有关的维生素 B 组的摄入量，特别是硫胺素、烟酸、核黄素的摄入量，当然在这方面还有待进一步研究。

9　评定饲料养分含量的方法

读者有必要对分析和描述饲料养分含量的常用方法和术语有一些了解。此处只给出有关该论题的简单综述。有关该论题更详尽的描述，读者可参阅参考文献[9]。

近年来，用于营养物质分析的仪器已有了显著的改进，其中大部分已实现了自动化。因此，进行分析试验可更快捷和更廉价。下面将讨论描述饲料营养成分的常用术语。

概略养分分析(proximate analysis)是饲料样品分析最常用的分析方法。概略养分分析由一系列用于测定饲料营养特性的分析方法所组成，包括干物质、粗蛋白、醚浸出物、粗纤维、粗灰分和无氮浸出物。下面将介绍这些不同的分析方法。

9.1　干物质(DM)

水对动物是一种有用的物质，它是饲料的稀释剂。因此，大部分饲料都要进行水分含量的分析，且其他营养物质或以干物质(DM)为基础或以自然状态(as - is)为基础来表示。干物质的测定采用样品在不同种类烘箱中烘干的方法进行。使用微波炉可以加快烘干进程。旧的测定方法是用烘箱将样品在60～105℃下烘干，根据被烘干样品的性质，需要 24 h 或更长的时间。

9.2 粗蛋白(CP)

蛋白质水平是通过称为凯氏定氮法的方法测定的，该方法测定的是饲料中氮的含量，而不管其来源如何。将饲料样品在热的浓硫酸中消化。在此过程中，浓硫酸将碳化合物全部转变为CO_2，而氮则滞留下来，随后测定溶液中氮的数量，并以百分数的形式表示。这一方法的原理是基于所有蛋白质都含有氮。然而，并非所有含氮物质都是蛋白质。大部分饲料的蛋白质平均含氮量是16%，但由于各种蛋白质的氨基酸组成不同，其含氮量也有一定变化。因此，通过将氮的百分含量乘以 6.25(100/16＝ 6.25)就可测定出饲料的粗蛋白含量。这也是为什么有些由含氮化合物而不是由蛋白质组成的饲料其粗蛋白含量大于 100%的原因。例如，尿素不含蛋白质，但它的含氮量接近 46%，其粗蛋白含量将是 287.5%(46% N×6.25＝287.5% CP)。

凯氏定氮法中的氮可能来自尿素、不溶性蛋白质(如未经蒸煮处理几乎完全不消化的羽毛)或高质量的乳蛋白。凯氏定氮法只能对饲料的含氮量进行测定，而无法表明蛋白质的质量高低。此方法的应用已有 100 多年的历史，且为人们所熟知，它的优点是快速和可重复。

假如需要更精确的关于饲料蛋白质含量的信息，则可通过选择其他不同种类的分析方法来实现。氨基酸自动分析方法已经出现，但这些方法费时，且费用昂贵。用于分析蛋白质类型、蛋白质溶解度及那些与其他成分结合而不能被动物利用的蛋白质的分析方法也已经建立。

9.3 醚浸出物(EE 或粗脂肪)

粗脂肪是饲料经二乙醚或其他有机溶剂或一些溶剂组合(如氯仿和普通酒精)浸提出来的产物。将少许饲料样品置于特制的容器中，让溶剂浸过样品以去除脂肪和其他可溶于醚的物质。醚浸出部分含有许多不属于真脂肪的其他物质。例如，大部分植物叶片表面覆盖一层蜡质，它能溶于醚，但它并不是脂肪，且基本上不被动物消化，对动物也没有营养价值。与粗蛋白分析一样，应用此种方法测定的粗脂肪只能定量，而不能定性。此种方法也不能给出有关脂肪酸组成的信息。测定脂肪酸和醚浸出物(EE)中其他成分的方法[9]也已经建立起来。

9.4 粗纤维(CF)

粗纤维分析法建立于许多年以前。这一方法是将已知量的粉碎饲料样品(通常已先经过脂肪抽提)在弱酸中煮沸(回流冷却)、过滤，然后在弱碱溶液中煮沸，过滤烘干，剩余的残渣即为 CF。此方法试图模拟动物胃和小肠的消化过程。这一方法估计的是饲料样品中不易消化的部分，包括纤维素、半纤维素、木聚糖、木质素和纤维性碳水化合物中的其他成分。这一方法有很多缺点，如耗时、工作量大，且重复性不好，所测结果仅对某些饲料适用。对某些饲料适用性不好的原因是，一些半纤维素经化学处理后并不溶解，而且如果蛋白质与木质素或其他不溶性化学物质结合后，会被计算在粗纤维的组分里。遗憾的是，大多数政府管理机构仍然要求在商品饲料标签中标出粗纤维的含量(第 10 章)。

9.5 灰分(ash)

无机矿物质含量是以灰分含量测定形式来表示的，灰分的测定是通过在 350～600℃下焚烧饲料，直到样品中除金属氧化物或杂质(如沙石和土壤)外没有其他物质存留。由于此方法不能提供矿物质的定性信息，所以无法测定具体的矿物质成分。运用其他方法，如原子吸收分光光度法，可以测定单个元素的含量。由于微量元素的浓度非常低，使得分析结果的准确性下降，因此，一些微量元素的测定结果也不很精确。

9.6　无氮浸出物(NFE)

这部分成分含量不是通过实验室方法测定出来的，而是计算值。NFE 是对易利用碳水化合物(糖、糊精、淀粉)含量的估计值。下面的公式可用于计算饲料样品中 NFE 的含量。

NFE＝100－(粗蛋白＋粗脂肪＋粗纤维＋灰分)

使用这一方法是因为当时还没有快速简便的分析淀粉的方法。由于分析淀粉必须将其水解成糖，因此，就必须对糖进行分析。

对于谷物和其他糖和淀粉含量高的饲料而言，NFE 值是估计其可利用碳水化合物成分的可靠指标，但它的结果对半纤维素含量高的饲料来说不适用。

9.7　中性洗涤纤维(NDF)和酸性洗涤纤维(ADF)

由于这种方法更准确地确定了植物体中碳水化合物的成分，所以该方法正被越来越广泛地应用于取代 CF 法。这种测定方法并不是概略养分分析法的一部分。这种利用洗涤剂的分析方法克服了粗纤维分析中的一些问题。饲料用适当的中性洗涤剂浸提后，溶解在溶液中的物质主要是细胞内容物，因此，饲料被分成细胞内容物和细胞壁两部分。中性洗涤纤维和细胞壁物质是同义词。细胞内容物(含蛋白质、脂类、糖、淀粉、果胶和其他物质)中的大部分可溶物能被各种动物充分利用，而细胞壁物质则主要是由纤维性碳水化合物、木质素、热损害蛋白质和二氧化硅组成。随后残留物用酸洗涤溶液浸提，该过程可除去半纤维素，而留下其他所有成分。半纤维素的消化率介于淀粉、糖和纤维素的消化率之间，NDF 和 ADF 的方法更准确地反映了饲料能被动物消化的程度。

9.8　能量

饲料的能量含量是用称为氧弹测热器的仪器来测定的。将少量已知重量的样品置于氧弹测热器中，充入一定压力的氧气。将测热器置于一个装有已知体积水的容器中，点燃样品，然后测定水温的变化。这样就可以测定样品中的能量含量。为了准确地估计能量被动物利用的效率，还必须进行动物消化试验。

本 章 小 结

为了实现动物的高产，需要提供充足的优质水源。有时水中可能含有过多的矿物质、盐或其他杂质，假如它们的含量高到一定程度，将损害动物的生产性能。饮水也是一些矿物质的重要来源，通过饮水可以减少饲粮中所需要提供的矿物质数量。

除了肉食性动物外，碳水化合物是构成多数动物饲粮的主要组成成分，但是并没有制定出家畜具体的碳水化合物需要量。单胃动物和反刍动物可以非常有效地利用糖和淀粉。纤维性碳水化合物，如纤维素和半纤维素，只能通过胃肠道中微生物的消化来加以利用；动物不能产生消化这些化合物所需的酶。

动物需要饲粮来源的氨基酸(蛋白质)或氮。反刍动物能在很大程度上利用非蛋白氮，但单胃动物需要足量的必需氨基酸。动物组织通常可以合成足量的用于蛋白质合成的其他氨基酸。

动物饲粮中脂类含量通常很少。尽管只有两种脂肪酸是必需脂肪酸，但是使用正常饲料原料进行日粮配制时，必需脂肪酸缺乏的情况很少见。

动物饲粮需要含有许多种矿物元素。常量元素中可能出现不足的有 Ca，P 和 Mg；微量元素中 Cu，Fe，I，Mn 和 Zn 最易在饲粮中出现不足。一些饲粮也可能有维生素缺乏的问题。对大多数动物而言，维生素A常常不足。在一些情况下,维生素D也可能缺乏。水溶性维生素(B族维生素)在家禽饲粮中最容易缺乏,因此,在家禽饲粮中需要考虑添加这些重要的营养物质。

动物能量供给不足的情况经常发生,尤其是放牧动物。但是,对于圈养动物来说,通常不存在这个问题。能量的利用受其他营养物质缺乏和饲料加工工艺的显著影响。

饲养标准规定了不同种类家畜在不同年龄或不同生产情况下的营养物质需要量。随着努力改进饲养标准的新研究项目的进行,饲养标准将会不断修订。大部分饲养标准都存在很多缺陷,但是它们仍然是配制饲粮时预测动物营养需要量的最有用的基础。本章讨论了常用的饲料营养分析方法,同时也指出了有关它们测定准确度的一些问题。

参考文献

1. Pond, W. G., D. C. Church, and K. R. Pond. 1995. *Basic animal nutrition and feeding*. 4th ed. New York: Wiley.
2. Church, D. C., ed. 1988. *The ruminant animal*. Englewood Cliffs, NJ: Prentice Hall.
3. ARC. 1980. *The nutrient requirements of ruminant livestock*. London, UK: Agr. Res. Council, Commonwealth Agric. Bureaux.
4. NRC. *Nutrient requirement of domestic animals*. Washington, DC: National Academy Press. Publications are available on all domestic animals, including cats, dogs, laboratory animals, warm and coldwater fishes, nonhuman primates, minlk, and foxes.
5. NRC. 1980. *Mineral tolerance of domestic animals*. Washington, DC: National Academy Press.
6. Church, D. C., ed. 1979. *Digestive physiology and nutrition of ruminants. Vol. 2: Nutrition.* 2nd ed. Corvallis, OR: O & B Books.
7. Swenson, M. J., and W. O. Reece, eds. 1993. *Dukes' physiology of domestic animals*. 11th ed. Ithaca, NY: Cornell University Press.
8. Underwood, E. J. 1981. *The mineral nutrition of livestock*. 2nd ed. London, UK: Commonwealth Agric. Bureaux.
9. AOAC. 1995. *Official methods of analysis*. 16th ed. Washington, DC: Assoc. of Official Analytical Chemists.

第 2 篇
畜禽饲料学

FEEDS FOR LIVESTOCK

第 4 章　饲料
Feedstuffs

作者:Richard O. Kellems 和 D. C. Church
译者:姜成钢
校对:魏吉安和张元庆

全世界可用于动物饲养的饲料(feedstuff)多种多样,而某一特定地区的饲料种类如何,与当地的种植条件有关。在动物所用的饲料中,有很多是人类食品生产的副产品。即使不考虑粗饲料和谷物品种的差异,目前已有超过 2 000 种产品被划归到动物饲料中。

鉴于饲料的数目如此繁多,在本章我们只能对它们的分类做一总体介绍。本书第 5、第 6、第 7 章将分别对某些饲料进行详细介绍。有关各种不同饲料对某一具体动物的适用性及动物对其利用情况,将在第 13 到第 25 章中具体讨论。

我们还可以从文献中查到有关饲料营养成分的更多信息(虽然并不十分完整)。迄今为止,至少有 4 本英文书籍几乎完整地给出了饲料营养成分组成的数据资料。第 1 本是 NRC 出版物[1],它给出了北美洲和其他气候温和地区使用的饲料数据。第 2 本有关这方面信息的书是在犹他州(Utah)出版的书[2]。第 3 本书描述了拉丁美洲地区饲料的信息,由佛罗里达大学[3]出版。第 4 本书由 FAO[4]出版,它给出了热带地区饲料的信息。除此之外,许多有关畜牧的教科书也包括了各种饲料的信息。在 NRC 和 ARC 以及其他国家的有关饲养指南出版物中,也往往有常用饲料的信息表。本书附表 1 到附表 7 中也包含了这方面的信息。

1　饲料分类

饲料可以被定义为任何有用的日粮(ration)组分。大部分饲料提供了动物所需的一种或多种营养物质,如能量、蛋白质、矿物质或维生素。一些饲料成分不仅提供营养物质,而且还起着改变日粮特性的作用,如某些饲料具有乳化脂肪、增加体积(减小密度)或抗氧化作用;有些饲料作为调味剂、增色剂、香味剂等,可以改善饲料的适口性。药物组分则一般不包括在饲料之列。在描述饲料的资料信息中,多数都给出了饲料的国际饲料编号,表明了这种饲料的种类。国际饲料分类系统将饲料分为 8 大类。国际饲料分类标示码(international feed identification number;IFN)的第 1 位表示饲料所归属的类型。这 8 种类型分别是:①干燥粗饲料;②草地和草原牧草;③青贮粗饲料;④高能量精饲料;⑤蛋白质饲料;⑥矿物质饲料;⑦维生素饲料;⑧添加剂饲料。因此,通过饲料的国际饲料分类标示码可以获得该饲料的一些基本信息。

除了第 4 和第 5 类饲料的划分需要做一些补充说明外,其他类型的饲料归入某一特定种类的理由是显而易见的。归为第 4 类的饲料其 TDN(总可消化养分)必须超过 70%,且粗纤维含量小于 18%。但是,有时 TDN 含量超过 70%的饲料也不能归为第 4 类。例如,带穗青贮玉米的 TDN 含量高于 70%,但是仍被归为青贮饲料(IFN=3)。编号"5"代表蛋白质饲料类。凡粗蛋白(CP)含量(干物质基础)≥20%的饲料,均属于蛋白质饲料类。通常,任何粗蛋白含量高于 20%的饲料被归为蛋白质饲料,但仍有一些例外。例如,将粗蛋白含量为 23%的苜蓿干草仍归为粗饲料类(IFN=1)。总之,国际饲料分类系统根据饲料样品的特性对其进行了适当的分类。每种饲料类型还包括很多亚类。下表是NRC所列的饲料分类[1]。

国际饲料编号

1. 粗饲料类
    - 干燥牧草和粗饲料
        - 干草
            - 豆科牧草(苜蓿)
            - 禾本科-豆科混播牧草
            - 非豆科牧草
    - 秸秆和秕壳
    - 饲用作物、玉米秸
    - 其他粗纤维含量高于18%的饲料
        - 玉米穗轴
        - 棉籽壳、棉籽榨油厂废料
        - 碾米厂副产品
        - 谷物外壳和外皮
        - 甘蔗渣
        - 木材造纸副产物
2. 草地、草原植物和青绿饲料
    - 放牧植物
        - 生长植物
        - 休眠植物
    - 青刈饲料
    - 罐头果品和粮食作物副产物
3. 青贮饲料和半干青贮
    - 玉米、高粱
    - 禾本科、禾本科-豆科、豆科牧草
    - 其他青贮料
4. 能量饲料(粗纤维＜18%且TDN含量＞70%,但粗蛋白质含量＜20%)
    - 谷物
    - 谷物加工副产品
    - 甜菜渣和柑橘渣
    - 各类糖蜜
    - 谷物籽实加工副产品
    - 动物脂肪、海产品脂肪和植物油
    - 块根块茎(新鲜或青贮)
    - 其他
5. 蛋白质补充饲料(粗蛋白含量＞20%)
    - 家畜、家禽和海产品来源饲料
    - 乳及其副产品
    - 豆科籽实
    - 脱水豆科植物
    - 谷物加工副产物
    - 啤酒和酒精厂副产品
    - 单细胞蛋白(细菌、酵母、海藻)
    - 非蛋白氮(尿素、氨、双缩脲等)
6. 矿物质补充料
7. 维生素补充料
8. 非营养性添加剂
    - 抗微生物药、抗真菌药、抗生素
    - 抗氧化剂
    - 活菌制剂
    - 缓冲剂
    - 着色剂和调味剂
    - 乳化剂
    - 酶制剂
    - 激素类
    - 药物
    - 其他

在饲料商业贸易中,饲料标签要使用统一的集合名词(第10章),而不是一长串的饲料名称。因此,了解商业中的饲料名词与国家科学研究委员会(NRC)[1]中所列术语间的区别很有必要。下面列出的是经美国饲料控制官协会(AFCO)批准的可以用于标注或饲料标签中的统一名词。

动物性蛋白产品可能包括以下一种或多种:

干燥动物血粉
动物副产品粉
乳酪(浓缩)
乳酪(干燥)
酪蛋白
酪蛋白(干燥水解)
干奶酪硬皮
蟹粉

牧草制品包括以下的一种或多种:

苜蓿叶粉
苜蓿草粉(脱水)
苜蓿干草(粉碎)
苜蓿草粉(晒干)
海岸狗牙草干草
整株玉米(脱水)
脱水青贮(青贮颗粒)
亚麻植物产品

鱼类加工副产品
鱼肝和鱼腺粉
鱼粉
鱼浓缩蛋白
鱼下脚粉
浓鱼汁
干鱼汁
肉屑水解物
毛粉水解物
皮革粉水解物
禽杂碎水解物
禽羽毛水解物
肉骨粉
脱脂肉骨粉
肉粉
脱脂肉粉
肉汁(干燥)
乳清蛋白(干燥)
乳粉(干燥全脂)
全乳蛋白(干燥)
家禽副产物
家禽副产物粉
家禽孵化场副产品
虾粉
脱脂乳(浓缩)
脱脂乳(浓缩发酵)
脱脂乳(干燥)
脱脂乳(干燥发酵)
乳清(浓缩)
乳清(浓缩发酵)
乳清(浓缩水解)
乳清(干燥)
乳清(干燥水解)
乳清制品(浓缩)
乳清制品(干燥)
乳清液(浓缩)
乳清液(干燥)

碎牧草
胡枝子粉
胡枝子茎粉
大豆秧干粉

谷物产品可能包括以下的一种或多种,它们的正常形态如下:整粒、粉碎、破碎、破碎筛出物、蒸汽压片、粗磨、烘烤或热处理。

大麦
玉米
饲用玉米粉
粒用高粱
混合饲用燕麦
燕麦
稻谷(整粒粉碎、精米粉碎、碎糠、破米或碎米)
稻谷(带壳褐色)
黑麦
黑小麦
小麦

植物蛋白产品可能包括以下一种或多种:

海藻粉
菜豆
可诺拉油菜籽粉
椰子粕
棉籽瓦饼
棉籽片饼
棉籽粕
棉籽粕(低棉酚)
棉籽(整粒压扁)
古柯粉
亚麻籽粕

花生粕
豌豆

高粱粉(含部分风选物,已糊化)
小麦麸

菜籽粕
红花籽饼粕
大豆浓缩蛋白
全脂大豆饲料
大豆(粉碎)
大豆(热压)
大豆粕
大豆粕(粗磨)
大豆粉
大豆瓣
葵花粕
葵花粕(脱壳)
酵母(活性干燥)
酵母(来自啤酒)
酵母(培养产品)
酵母(干燥)
酵母(来自粮食酿酒)
酵母(来自糖蜜酿酒并干燥)
酵母(初步干燥)
酵母(来自圆孢酵母并干燥)

谷物加工副产品包括以下的一种或多种:

风选次等谷物
干啤酒糟
荞麦麸
浓缩白酒糟残液
带胚芽和皮层的玉米浆发酵浓缩物
玉米皮
玉米粉
玉米胚芽粕(湿法和干法加工)
玉米蛋白饲料
玉米蛋白粉
玉米碎(corn grits)
干酒精糟
含可溶物酒精糟
酒精糟可溶物
小麦粉
高粱胚芽饼
高粱胚芽粕
高粱粗粉
饲用小麦粉
小麦胚芽粕
小麦胚芽粕(脱脂)
细麸皮
小麦粗麸
低等小麦粉
小麦次粉

粗饲料产品包括以下的一种或多种:

甜杏核皮(粉碎)
苹果果胶渣(干燥)
苹果榨汁渣(干燥)
甘蔗渣
大麦皮
大麦加工厂副产品
甜菜渣(干燥)
荞麦皮
柑橘粉(干燥)
柑橘渣(干燥)
柑橘核粕
玉米轴粉
玉米茎秆髓层
棉籽壳
亚麻秸副产品
玉米苞叶
大麦发芽后的空壳
燕麦皮
燕麦加工厂副产品
燕麦加工厂副产品(去皮燕麦)
花生壳
稻壳
稻谷加工厂副产品
黑麦麸
大豆皮
大豆榨油厂饲料(豆皮与其他产品)
大豆榨油厂下脚料(豆皮与其他产品)
向日葵壳
稻草(粉碎)
番茄渣(干燥)

高粱糠(高粱碾米厂饲料)
玉米淀粉加工厂下脚料
麦芽根
脱壳燕麦
饲用燕麦粉
圆型大麦副产物
花生仁外皮
全脂稻米糠
细稻米糠
黑麦麸
高粱粉(已糊化)

糖蜜产品包括以下的一种或多种：

甜菜糖蜜
甜菜糖蜜(干燥产品)
甜菜渣(干燥并含糖蜜)
甘蔗糖蜜
柑橘糖蜜
浓缩糖蜜(发酵残液)
糖蜜(制酒精后的浓缩残液)
糖蜜(制酒后的干燥残液)
糖蜜酵母(浓缩残液)
淀粉糖蜜

根据饲料所含有的主要营养物质,IFN 将饲料分类,而 AFCO 的列表[5]则主要是根据饲料来源进行分类。这两种饲料分类方法适用于不同的情况。IFN 分类常用于配制动物日粮,而 AFCO 分类则可满足商业上饲料标记或饲料标签中要求必须列出的饲料成分。因此,对于从事家畜饲养和管理的人员来说,了解这两种不同的分类方法很有必要。

2　饲料营养价值评定

评定家畜饲料营养价值的方法有很多。所有这些方法的最终目的是评定各种饲料中所含营养物质在动物不同生理状态(维持、生长等)的利用情况,以及饲料中是否含有影响动物生产性能的抗营养因子。本部分将对其中的一些评定方法进行讨论。

2.1　化学分析

化学分析法就是将饲料中各种成分分为几大类(水、碳水化合物、蛋白质、脂类、矿物质、维生素),并估计各组分在饲料中的含量。在本书第 3 章已经详细叙述了相关的各种化学分析方法。

在评定某种具体的营养物质(如某种维生素或矿物质)时[6],可以使用多种不同的化学分析方法。在饲料评定中,概略养分分析法(proximate analysis)或其改进法最为常用。尽管这种方法受到很多营养学家的批评,但它仍然是目前使用最广泛的方法。概略养分分析法也经常与其他分析方法共同使用,尤其是为了提高某一具体饲料中碳水化合物组分的分析精度时,更是如此。

化学分析法的最大问题是,该法无法估计动物对饲料的实际利用情况,这是因为动物对不同方法评定的不同饲料成分的利用情况不同,并且不同种类或不同年龄群的动物对饲料的利用情况也会不同。虽然我们已经建立了预测动物对饲料利用情况(第 7 章)的各种公式,但事实上,这些公式经常不能很准确地进行预测。因此,为了准确评定饲料的饲喂价值,仍然有必要使用一些费用昂贵且费时的传统方法。

2.2　消化和平衡试验

消化试验要求测定一段时间内饲料的采食量和粪便排出量,这种方法可以测定饲料中所含各种营养物质或养分的消化率。消化率的计算公式是:

$$消化率=\frac{动物采食某养分的量-粪中该养分的排出量}{动物采食某养分的量}\times 100\%$$

这一公式得出的数值是饲料中某一特定营养物质的表观消化率。所谓“表观”是指该方法测定的并不是动物的真消化率,因为即使在不采食饲料的情况下,动物也会有组织细胞的脱落,及其各种内源物质排出到胃肠道的情况发生。

各种常用饲料都已经进行了动物的消化试验测定。在动物对饲料的利用和代谢环节中,最大的损失部分是由于消化不完全所造成,而这种损失程度的大小取决于动物种类、饲喂水平和饲料加工方法。在操作正确的前提下,消化试验对饲料营养价值的评定比化学分析法更准确。由于动物消化道内原物质的影响,消化试验所得出的饲料消化率结果往往略低于其真实消化率(真消化率)结果。另一方面,如果饲粮中的有机物变成了气体,尤其是在反刍动物体内转变为甲烷,而在消化试验中却没有计算这部分气体损失时,就会高估饲料的营养价值。

与消化试验不同,平衡试验在计算营养物质的损失量时考虑了尿液、呼吸及皮屑脱落的损失,因此,可以更为精确地度量采食量和营养物质排泄量,同时也使得营养物质存留量的测定更为准确。例如,当给肉用阉牛饲喂尿素时,因为尿素能够完全被动物消化吸收,所以粗蛋白(含氮部分)的消化率接近100%。但是,如果日粮中能量供应不足时,氮就会生成氨,而非转变为微生物蛋白质。当瘤胃中氨过量时,就会被吸收进入肝脏,并在肝脏中转变为尿素,然后随尿排出,这样就导致氮的净存留量接近于零。反之,如果日粮中能提供足够的能量供微生物利用氮源合成其微生物蛋白质,进而转变为氨基酸后被动物吸收,用于组织的合成,则氮的净存留量可以高达50%~70%。氮存留量的结果受动物所处的状态影响很大:失重时表现为负影响,增重时表现为正影响,维持状态时氮存留处于平衡状态。参考文献[7,8]提供了有关消化试验和平衡试验的更多信息。

2.3 饲养试验

饲养试验广泛用于对饲料的营养价值、日粮营养水平、添加剂及饲料加工方法等的评价。饲养试验可用于评价幼畜的生长、产蛋量、毛的生长及其产奶量。通常配制的饲粮需要满足动物最大生产性能的要求,所以,必须在接近实际饲养条件情况下对饲料进行评价。饲养试验也可用于对成年动物处于维持或妊娠阶段较少营养物质需要量时的饲料营养价值评定。

典型的饲料(如一种新蛋白质补充料)营养价值评价试验是用不同梯度的该饲料替换饲粮中已知数量的蛋白质补充料。例如,在肉仔鸡饲粮中,可以用另一种蛋白质补充料来替换不同量的豆粕(25%,50%,75%或100%),然后用这种饲粮饲喂肉仔鸡,记录其生长和饲料转化效率;也可以记录一些其他数据,如胴体品质或动物整体健康状况。这种试验能很快发现新产品的饲养效果。从试验中我们很容易知道,动物是否采食含有这种待测成分的饲粮?试验日粮对动物生产性能(体增重)是否有显著的影响?以及饲喂这种饲粮对动物是否有不良影响?通常,用少量未知成分替换饲粮中的标准成分可得到令人满意的效果,但是,若全部替换,则往往造成不良的生产性能。这种情况虽然并不总会发生,但是也比较常见。

其他试验也可以评价必需营养物质对动物的影响。当饲粮中不添加必需营养物质时,动物的生产性能可能很差;当添加后其生产性能出现显著增长;当继续提高添加量时,则动物生产性能的增加通常会逐渐减少,以至停止;当添加量过多时,甚至出现生产性能下降。通过在试验饲粮中添加不同梯度的必需营养物质水平,就可以确定其在饲粮中的最佳添加水平。

针对不同的试验目的,设计不同的试验,因此其试验结果也不同。在做饲养试验之前,先做消化或平衡试验可能更为合理。但是,人们通常首先做饲养试验,有时甚至是在化学分析之前就做饲养试验。因为动物对试验的反应可能受其他因素的影响,尤其是在测定生产性能参数(如生长或产奶量)时,因此饲养试验常常受到人们的批评。饲养试验本身不能提供解释上述生产性能差异的原因,解释这些差异通常需要进行进一步的其他试验。

2.4　外观评价

许多饲料通过其外观就可以知道其大体的营养价值。例如，粗饲料（如苜蓿），通过肉眼观察其颜色，就可以知道其加工处理（干燥）是否合适，而处理的合适与否对饲料的饲喂价值有显著影响。我们可以通过看或嗅来检查饲料是否发霉，或通过观察叶的数量或茎秆的粗细来区分饲料的质量差异，这些质量差异对饲料的饲喂价值都会有影响。另外，还可以检查饲料中可能存在的有害杂草或其他植物。通过嗅，通常可以对干草的品质做出合理的评价。尽管这些方法都不是理想的定量评价方法，它们在实践中仍然非常有用。

对于谷物或其他精饲料，我们可以观察其是否有干瘪籽粒、混杂其他谷物、杂草籽粒、霉菌或外源物质等（如毛发、矿物杂质、土壤、啮齿动物的粪便等影响饲喂价值的杂质）。对于经过加工的饲料，我们有时候可以观察到压扁谷物的压扁程度较差，或者颗粒精料中的粉末（细粉碎物料）含量过高，或者粉料的质地太细且粉尘太多。肉眼评价是非定量的，但它是迅速评定饲料加工及饲料（或饲粮）一般特性的有效方法。

2.5　了解栽培规范的意义

掌握农作物生长和土壤中施肥状况的一般知识，有助于洞察一些饲料中潜在的营养问题。例如，假如知道某一作物种植在某一缺乏特定矿物质的地区，并且这种缺乏没有通过施用肥料（P 肥或 K 肥）获得纠正，那么可以预见这种植物中这些营养物质的含量会很低。或者假如这种作物是来自于土壤中某种矿物元素水平很高的地区，那么可以预见到这些矿物质（如硒或钼）可能会对动物造成潜在的毒性。假如氮肥施用量很高，并且植物又缺水，则可以预见到在植物中可能会有有毒的硝酸盐的累积。

作物收割时所处的成熟阶段不同，其相关的饲喂价值也不同。例如，大多数禾本科植物的饲喂价值随植物的成熟而迅速下降。因此，干草如果在成熟时收割，其饲喂价值要比在成熟前收割低。

其他的一些因素也可能影响某些饲料的饲喂价值。饲料是否用过杀虫剂？或是否有过虫害？饲料储存多长时间？饲料在储存期间是否有过发热的现象及其他影响因素，这些信息都可以用来提供评价这些饲料饲喂价值的参考。

2.6　饲料成本

在任何商业化经营中，都必须充分考虑配制日粮时所选用的饲料成本。当然，这并不意味着每当饲料价格改变时，日粮组成就要做巨大的变动。通常，负责日粮配制的人员应掌握很多饲料价格方面的信息，以便在配制日粮时根据市场价格变化进行替换。例如，玉米和买罗高粱都可以用作家禽日粮的主要能量饲料，究竟使用哪一种饲料更为合适，要取决于它们的市场价格。这一点在其他章节中还将详细讨论，在此处只做简要介绍。

通常，饲料成本并不是终年不变的。对于每年收获一次的作物，其价格通常是在收获时最低，随后价格一直趋于上升，直到下一次收获。这种价格增长的规律通常不是由通货膨胀造成的，而是由储存和额外加工处理费用的增加造成的。另一个原因是，谷物或干草的水分含量在储存期间通常会有一定程度的下降。为了获得相同的收入，生产者就需要提高价格。随着饲料种植地（或加工地）与饲料使用地之间距离的增加，饲料成本也增加。在美国，通常是以印第安纳州为标准给豆粕定价。因此，如果使用者所在地靠近印第安纳州，那么运输费用就低；如果使用者所处的地域是加利福尼亚，那么运输成本将占到货物价格的很大比例。

2.7 饲料能值的估测

饲料的实际能量含量通常并不是测定的，而是通过估测得来的。饲料能量的估计测值通常是用概略养分分析方法所得的结果计算而来的。各种能量价值（DE，ME，NE，TDN）的计算有不同的公式。图7-9给出了用以估测干草TDN含量所用公式的例子。提供分析服务的实验室可以提供他们所使用的公式。各种NRC出版物的动物各论部分和参考文献[9]中有关于这一内容的补充信息。

3 几组主要饲料的营养成分含量

此处简要介绍了几组主要饲料的营养成分相对含量（表4-1）。除了脂肪和一些矿物质补充料外，所有饲料都可同时为动物提供几种营养物质。但是，通常它们又分别作为其中某一种营养物质的最重要来源。例如油粕类（豆粕、棉籽粕等）、植物蛋白和动物蛋白类（肉骨粉、血粉等）主要用作蛋白质和氨基酸的来源。然而，这些产品同时也能提供数量不等的能量、矿物质和维生素。

表4-1 主要几组饲料的营养物质含量

饲料分组	蛋白质	能量	相对价值[a]				容积
			矿物质		维生素		
			常量	微量	脂溶性	水溶性	
优质干草	+++	++	++	++	+++	+	+++
低质干草	+	+	+	+	−	−	++++
谷物	++	+++	+	+	+	+	+
谷物麸类	++	++	++	++	+	++	++
饲用脂肪	−	++++	−	−	−	−	−
糖蜜	+	+++	++	++	−	+	−
发酵产品	+++	++	+	++	−	++++	+/−
油料籽实蛋白质	+++	+++	++	++	+	++	+
动物性蛋白质	++++	+++	+++	+++	++	+++	+

[a]相对值以+（提供的）或−（不提供的）数目表示。任何产品的饲用价值（营养物质含量和可利用性）取决于很多因素，这将在第5章到第9章中讨论。

4 饲料成分的变异性

认识动物饲料间的变异也很重要。曾经有过这样的情况：在日粮配方不变情况下，只是日粮中某一成分更换成另外一批饲料来源，动物的生产性能就发生了极大改变。这种事例在文献中不胜枚举，但从事动物饲养的人却往往认识不到这个问题。

表4-2中所列的是一个有关买罗高粱和玉米的质量变异情况的很好例子。这些数据描述的是得克萨斯州一个大型肉牛肥育场所接收的各等级买罗高粱和玉米所占的比例。“1级”谷物的质量最好，“样品级”的谷物籽粒重小，而且破碎籽粒所占的比例大。可惜的是，关于谷物等级与饲料营养品质间关系的资料还没有记载。谷物等级与饲料营养品质间的差异可能很小，但另一角度看也可能很大。外源物质的存在，可能会降低饲料的营养价值。在使用某些方法（如蒸汽压片）加工饲料时，由于其他因素（如破碎的谷物或小籽粒）的存在，可能会使获得均一饲料产品的难度增加。

表 4-2　得克萨斯州一肉牛肥育场接收的谷物的等级(以各等级荷重所占的百分数表示)

等级	月份					
	4 月	5 月	6 月	7 月	8 月	9 月
买罗高粱						
1	5	4	2	1	1	1
2	40	44	41	55	41	41
3	37	40	54	38	51	40
4	6	5	3	4	4	9
5	0	0	0	0	0	0
样品级	12	7	0	2	3	9
	100	100	100	100	100	100
玉米						
1	6	1	4	4	0	0
2	31	32	40	21	9	0
3	21	20	13	21	25	5
4	13	12	15	18	10	14
5	12	12	15	18	10	14
样品级	17	24	13	21	52	69
	100	100	100	100	100	100

资料来源:Fleming [8]。

“1 级”谷物的籽粒重最高,“样品级”谷物有许多破损的籽粒。

关于买罗高粱的另一个质量变异的例子如图 4-1 所示。这些数据是由亚利桑那州一个肉牛肥育场搜集的。图中显示了买罗高粱蛋白质和淀粉含量的巨大变化,及其与蒲式耳重量间的相关关系。从图中可以看到,蛋白质含量(绝干基础)从最低 7.4%到最高 16%之间变动;淀粉含量则从最低 55.6%到最高 80%之间变动。这两种重要营养物质含量的巨大变化,必然会影响买罗高粱的营养价值。

表 4-3 显示的是豆科-禾本科混播牧草质量变异的一个例子。从表中可以看到,所列的很多营养物质含量具有很大变异。作者指出,由于能量含量(以 TDN 表示)的变异相对较小,营养学家也许应该更多地关注一些其他的营养物质,而不是能量。例如,粗蛋白含量的差异为 7.5 倍,很多常量元素的差异约为 10 倍,而大部分微量元素的差异达到 45 倍。

这些例子清楚地表明,将教科书上的饲料营养物质含量平均值用于配制动物日粮时,可能会产生误导。在没有准确的分析数据时,除了到饲料原产地去寻求更准确的分析值外,别无他途。

表 4-3　豆科-禾本科混播牧草中营养物质含量的变异范围(干物质基础)

营养物质	平均	范围	相差倍数
TDN(%)	59.4	51～71.1	1.4
粗蛋白质(%)	16.4	5.5～40.3	7.5
钾(%)	2.26	0.42～9.63	22.9
钙(%)	1.02	0.01～2.61	261.0
磷(%)	0.29	0.07～0.74	10.6
镁(%)	0.22	0.07～0.75	10.7
硫(%)	0.23	0.04～0.38	9.5
锰(mg/kg)	48.1	6.0～265	44.2
铁(mg/kg)	222	10.0～2 599	259.9
铜(mg/kg)	13.1	2.0～9.2	46.0
锌(mg/kg)	27.2	8.0～300	37.5

资料来源:Adams [11]。

每蒲式耳亚利桑那买罗高粱重量与蛋白质干重的关系

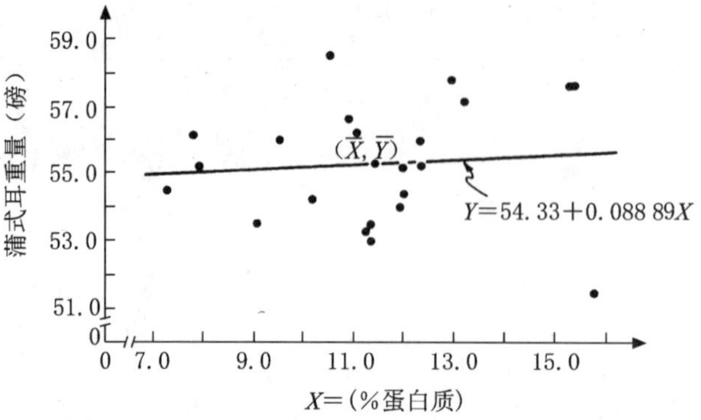

蒲式耳重量=54.33+0.088 89 蛋白质　R^2=0.012

每蒲式耳亚利桑那买罗高粱重量与淀粉干重的关系

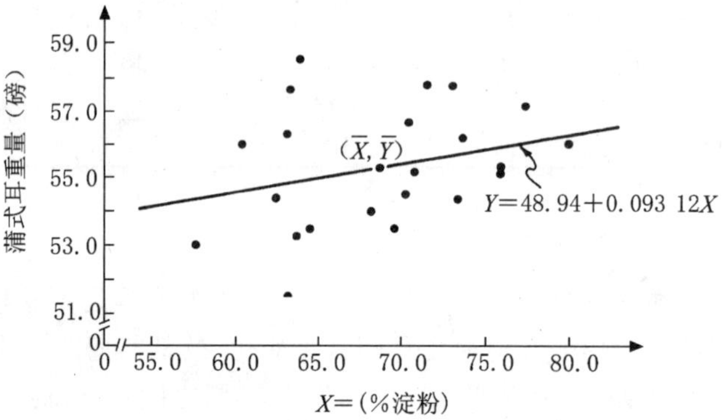

蒲式耳重量=48.94+0.093 12 淀粉　R^2=0.095

图 4-1　买罗高粱的蒲式耳重量与其蛋白质和淀粉含量间的关系

资料来源：Cardon[10]。

5　影响饲料品质的其他因素

许多环境因素可以造成饲料在收获前、收获中或收获后的储存期间发生损坏，并使饲喂价值降低。因此，读者有必要了解这些影响因素。

高湿和降雨将延误已收割的用于制作干草的粗饲料的干燥处理。如果收割后的干燥处理被延误，尤其是在温度相对高的情况下，植物组织中的酶还会继续保持其活性（参看第7章干草和青贮制作部分）。这将导致一些糖的代谢消耗以及一些氨基酸转变成非蛋白氮，进而使干草所含的蛋白质和可利用碳水化合物含量减少，饲喂价值也随之降低。饲料经常会出现发热的现象，尤其是当粗饲料堆垛过紧时，将使部分碳水化合物与蛋白质发生化学反应，转变为动物不能利用的形式。在阳光下暴晒，会使绿色植物组织中的胡萝卜素（维生素A的前体）迅速破坏。上述所有的因素，都将使饲料的营养价值发生一定程度的损失。

谷物和其他作物在收获前或储存期间可能受到昆虫、啮齿类、鸟类以及其他动物的破坏。储存的谷物被啮齿类动物的粪便、尿液、毛发和其他外源物质污染后，其适口性降低，并且增加了传播疾病的可能性。如果害虫或其幼虫在饲料中存在的数量大到一定程度，那么，这种损害将会非常严重。通常，可以在储存饲料之前，对料仓进行清理，或使用各种抑制昆虫侵害的化学药剂进行处理，以防止这种情况的发生。

霉菌和其他真菌

通常在温度和水分适当的条件下，所有饲料都是各种霉菌和真菌的良好培养基。一些霉菌会产生对动物有害的毒素。尽管可以观察到霉菌的生长，但是这并不表明是否有霉菌毒素的存在，而只是表明了饲料的储存不当。有时在没有明显的霉菌存在时，毒素水平可能已经达到了能引发动物致病的程度。

已经证明，在适当条件下，有100多种不同的霉菌能在饲料中生长，并且其中许多都能产生毒素（霉菌毒素）。这些毒素中有大约20种已被证明能影响动物的生产性能。霉菌的生长需要四个基本条件：水分、合适的温度、合适的底物（生长所依赖的物质）和充足的氧气。只有在分离培养的条件下，霉菌毒素才能被确切地检测出来[12]。对动物最重要的影响可能是亚临床中毒（即未表现急性的症状），造成生产性能降低（体增重下降、产奶量降低等）、繁殖性能受损以及对疾病的免疫力下降等。一些州或地区要求对某些易受污染的饲料进行霉菌毒素检测，并且在饲料运出时要附带表明霉菌毒素含量的证明。

当作物仍在田间生长时，真菌就可能已经在其中生长了。例如，在大麦、小麦和其他谷物及某些禾本科植物中，都发现有疥癣菌（镰刀菌）的生长。这些真菌引起籽粒变白、干瘪，并且常常为桃红色霉菌所覆盖。这种霉菌能产生两种毒性很强的霉菌毒素：玉米赤霉烯酮（zearalenone）和呕吐毒素（vomitoxin）。玉米赤霉烯酮干扰动物的发情周期，呕吐毒素则引起动物呕吐。与猪和家禽相比，牛受这两种毒素的影响较小。谷物，尤其是黑麦，也可能受麦角菌（一种能导致很多临床症状的真菌）的侵害[13]。

来自霉菌和其他真菌的很多毒素具有热稳定性，在制粒工艺所需的温度下以及其他方法的加工下仍能保持活性。控制霉菌的惟一可靠的方法，是降低饲料的水分，从而防止其生长。在高水分饲料中，使用一些霉菌抑制剂（例如丙酸）的效果很好。当饲料受霉菌感染后，通常很难使其继续适合作为动物的饲料。用无水氨处理玉米和棉籽粕，已被证明是一种破坏霉菌毒素的有效方法，并且已经在一些霉菌生长严重的地区得到了普遍应用。

如果在储存时饲料水分含量很高，那么霉菌将可能引起严重的经济损失。为了保证饲料的安全储存，大部分饲料的水分必须低于14%。在某些情况下，饲料的水分含量在10%或更低时也会发生霉变。当然，也有例外的情况。糖蜜由于其含糖量高，使得其渗透压很高，从而使霉菌无法存活。因此，尽管在糖蜜的表面可能有霉菌的生长，但是，糖蜜作为一种高水分饲料，并不会发霉变质。如果饲料制粒或压片后没有冷却，或加工过程中所加的水没有除去，那么，由于水分在料仓中冷凝，饲料储存几天后就会发生霉变。

大多数霉菌在温度达到冰点时就无法生长。霉菌生长的最适温度是20～30℃之间。温度高于50～55℃，将使大多数霉菌失活。有资料表明，当谷物加热到温度达50～55℃时，念珠曲霉（*Aspergillus candidus*）和黄曲霉（*A. flavus*）是优势菌群。当高于这一温度时，嗜热（喜热）真菌成为优势菌群，随后是能在70～75℃情况下生长的嗜热细菌。霉菌侵害、饲料成分氧化和长期发热的共同作用，将使饲料的营养价值大大降低（表7-12），同时也会造成火灾隐患。

霉菌的生长需要氧气，这也是为什么霉菌在饲料表面和边缘部位生长较多的缘故。在青贮过程中，易发酵碳水化合物在细菌的作用下快速发酵使氧气消耗殆尽，从而降低了霉菌生长的可能性。pH值的下降（酸度增加）也起到防腐的作用。

霉菌产生的毒素能引起一系列临床症状，轻则皮肤产生光敏反应，重则死亡。新的诊断试剂盒出现后，使现场确定特定饲料是否含有霉菌毒素的工作变得更为简便。一些霉菌毒素在紫外线照射下能发出荧光，然而，很多其他的无毒物质也能发出荧光。饲养员也许会问：霉变的饲料是否还能饲喂动物？其实，各种动物对某种霉菌毒素的敏感性差异很大。通常，幼畜要比老龄动物更敏感。

《饲料添加剂纲要》[14]中建议，被霉菌侵害的饲料是否能用于饲喂，应根据以下几点确定：①造成损坏的霉菌类型:酵母、枯萎病或霉菌;②根据破坏的程度:霉变少于10%时,可用可不用;霉变10%~50%,肯定有危险;霉变大于50%,不能利用;③饲喂家畜的年龄和种类:同种家畜,幼龄和快速生长期动物最易受毒素的不良影响;种畜所受影响一般不严重,但正在发育中的胚胎可能受损;在各种动物中,受影响的程度渐次下降的顺序为:鲑鱼、鸭、鹅、火鸡、仔鸡、鱼、猪及其他单胃动物、牛、羊;④动物对霉菌毒素的易感性;⑤霉变饲料的营养价值估计值减去使用它可能产生的不良影响值所得的差额与使用优质饲料的成本进行比较;⑥根据以往的经验进行判断;也可以送饲料样品到相关实验室进行分析,或者直接接受可能发生的霉菌毒素中毒的影响。

6 饲料加工术语

以下是在饲料加工中常用的术语。其中很多术语将在随后相关章节中讨论各种饲料营养特性时用到。这些术语是由美国饲料控制官协会(AFCO)[5]所定义的。

添加剂(Additive) 添加到基础混合饲料或饲料的某一组分中用以满足动物特定需要的某种单一成分或多种成分的混合物。其使用量通常很小,并且需要认真仔细地处理和混合。

抗生素(Antibiotics) 一类药物。它们通常由活的微生物合成,在适当的浓度下能抑制其他微生物的生长。

人工干燥(Artificially dried) 通过非自然的方法除去饲料中水分的加工过程。

除尘(Aspirated, aspirating) 利用空气除去饲料中谷壳、尘土或其他轻质物质的方法。

平衡(Balanced) 日粮或饲料配制术语。以动物营养领域公认的权威机构(如NRC)制定的在某一特定生理状态下动物的营养需要推荐量为基础,将所有动物体必需的营养物质以正确的量和比例添加入日粮或饲料的过程。使用的营养物质推荐量,应对特定的动物种类及其使用的目的,如维持或维持加生产(生长、妊娠、脂肪沉积、泌乳、产蛋、产毛、产羽或使役),进行严格规定。

混合(Blending) 将两种或多种饲料混合(的过程)。但并不代表原料的均匀分散。

压块(Blocked, blocking) 将单一或混合饲料压制成块状饲料的过程。

饲料块(Blocks) 压制成块状,且具有足够黏性保持其形状的一种饲料形态,该饲料块的重量大于2磅,通常为30~50磅。

商标名(Brand name) 用于标识某个经销商经销的商品饲料,使之与其他经销商相区别的任何文字、名称、符号或图案,或者它们的组合。

副产品(By-product) 主要产品之外的次级产品。

饼或粕(Cake) 一种物理形态。将谷物籽实、肉或鱼压榨除去油、脂肪或其他液体之后所剩的物质。

载体(Carriers) 一种有助于添加的饲料成分均匀地组合到饲料中的可食物质。活性颗粒吸附、渗入或附着在这种物质上,由此起到该物质对活性颗粒进行物理性承载的作用。

秕壳(Chaff) 颖、苞叶或其他籽粒的外壳,以及在脱粒或加工过程中从籽粒上分离出来的其他部分。

清杂(Cleaned, cleaning) 使用过筛、吸风或磁力分离,或其他方法除去杂质的过程。

清理物(Cleaning) 从谷物中除去的秕壳、杂草种子、尘土以及其他杂质。

剪切(Clipped, clipping) 除去整粒谷物末梢的过程。

商品饲料(Commercial feed) 均一饲料法规(Uniform Feed Bill)规定,商品饲料是指用于销售的所有动物饲料或与动物饲料相混合的物质。但下列物质除外:(A)选项A——完整籽粒及由籽粒直接加工后未经混合的产品。选项B——未混合或未加工的整粒谷物籽实。(a)未粉碎的干草、稻草、秸秆、青贮饲料、玉米穗轴、苞叶和外皮;(b)未与其他物质混合的干草、稻草、秸秆、青贮饲料、玉米穗轴、苞叶和外皮。(B)未与其他物质混合的单一化合物。

全价饲料(Complete feed) 营养充足的动物饲料。根据一定的配方配制,可作为动物的惟一饲料来源进行饲喂。除了饮水外,动物无需采食其他物质就能起到维持生命和促进生产的作用。

浓缩料(Concentrate) 一种需与其他饲料混合使用借以提高总营养物质平衡水平的饲料。也可以经进一步稀释和混合后,用于生产补充饲料或全价饲料。

浓缩(Condensed, condensing) 除去水分以使饲料成分浓稠的过程。

调制(Conditioned, conditioning) 在进一步加工之前,为使一种饲料成分或几种饲料成分的混合物达到预定的水分和/或温度而进行的处理过程。

蒸煮(Cooked, cooking) 在有水分的情况下进行加热处理,以改变饲料理化特性或起到杀菌作用的过程。

冷却(Cooled, cooling) 通过空气流动降低饲料温度的过程,通常也起到干燥作用。

破碎(Cracked, cracking) 通过破碎和碾压的共同作用,使饲料颗粒体积减小的过程。

破碎(Crumbled, crumbling) 使颗粒饲料体积减小成为小颗粒的过程。

破碎料(Crumbles) (物理形态)将饲料破碎后形成的小颗粒形态。

饲料块(Cubes) (物理形态)见颗粒饲料(Pellets)。

牧草压块(Cubes, range) (物理形态)见颗粒饲料(Pellets)和牧草压块饲料(Range cubes)。

脱壳(Dehulled, dehulling) 除去谷物或其他籽粒外壳的过程。

脱水(Dehydrated, dehydrating) 用热处理方法除尽饲料中所含水分的过程。

饲粮(Diet) 动物采食的饲料或饲料的混合物,包括水。

稀释剂(Dilute) (物理形态)一种可食用的物质。其与营养物质和/或添加剂混合后,可以降低这些物质的浓度,并使之在饲料中更容易混合均匀,从而提高饲料的适口性和安全性。(它也是一种载体)。

均一化(Dressed dressing) 用打碎或筛分等方法从固体饲料和/或液体饲料中去掉块状物使之结构均一的过程。

干燥(Dried, drying) 除去饲料中的水或其他液体的过程。

药物(Drug) 根据联邦食品与药品管理局(FDA)所定义的可用作饲料添加物的药物,包括:(a)一种用于诊断、治疗、缓解、处理或预防人类或其他动物疾病的物质;或(b)对人类或其他动物体的结构(structure)或功能(function)发挥功用的非食物性物质。

粉尘(Dust) 通常是指谷物清理或粉碎过程中产生的干燥的粉末状微小颗粒。

乳化剂(Emulsifier) 一种能使油和脂肪在液体中呈悬浮状态的物质。

蒸发(Evaporated, evaporating) 通过蒸发或蒸馏使饲料浓缩、密度增加的过程。

膨化(Expanded, expanding) 使淀粉在一定的水分、压力和温度作用下发生糊化的加工过程。饲料经过挤压,由于压力的突然减小,而使体积增大。

机械榨油(Extracted, mechanical) 通过加热和机械挤压方式除去物料中脂肪或油的加工过程。类似的术语有:螺旋榨油(expeller extracted)、液压榨油(hydraulic extracted)和"传统工艺榨油(old process)"。

溶剂浸提(Extracted, solvent) 通过使用有机溶剂来除去脂肪和油的过程。类似的术语有:新式工艺榨油(new process)。

挤压(Extruded) 饲料在压力作用下被挤压推出模孔的过程。

饲料(Feed(s)) 食于动物采食的可食物质,在动物饲粮中提供能量和/或营养物质。

饲料添加剂浓缩料(Feed additive concentrate) 根据FDA定义,饲料添加剂浓缩料是一种可以经过进一步稀释后用于生产全价饲料(或饲料添加剂补充料)的制品。在没有稀释的情况下,它不适于用作补充料或供动物自由采食。该浓缩料中除一些常见的饲料外,还含有一种或多种添加剂。因此,10～100磅浓缩料经过适当稀释之后,可生产出1 t全价饲料。由于可能对动物健康造成危害,或者担心利用动物生产的人类食品中可能有添加物残留量超过规定的安全水平的问题,采用自由采食或饲料补充料的方式给动物饲喂添加剂浓缩料是不安全的。

饲料添加剂预混料(Feed additive premix) 根据FDA定义,饲料添加剂预混合料是指一种必须在饲料添加剂浓缩料、饲料添加剂补充料或全价饲料中稀释后才能安全使用的制品。它含有一种或多种高浓度的添加剂,100磅此种添加剂预混料经过适当稀释后,可生产1 t全价饲料。如果添加剂预混料所含的添加剂添加水平未进行过动物安全性研究,并且动物采食了未经稀释的添加剂预混料后被用于生产人的食品,该添加物在食品中的残留量有可能会超过规定的安全水平。

饲料添加剂补充饲料(Feed additive supplement) 根据FDA定义,饲料添加剂补充饲料是含有一种或多种添加剂的用作动物饲粮的制品,它的用途包括:(a)经过进一步稀释和混合后,用于生产全价饲料;(b)作为其他饲料的补充饲料,可不经稀释直接饲喂;(c)与饲粮中其他单独供应的饲料成分一道供动物自由采食。注意:在严格按照正确方法饲喂的情况下,饲料添加剂补充料对动物是安全的,并且不会在利用动物生产的人类食品中造成超标的残留量。

饲料分级(Feed grade) 考虑到适合动物采食的分级方法。

混合饲料(Feed mixture) 见配合饲料(Formula feed)。

饲料原料(Feedstuff) 见饲料(Feed(s))。

粉末(Fines) 一种物理形态,指任何能够通过其直径小于特定的最小颗粒料直径的筛孔的物质。

压片工艺(Flaked, Flaking) 一种加工过程,见压扁(Rolled)。

压片饲料(Flakes) 饲料的一种物理形态,指利用压片工艺将原料压制或切割成扁平的片状饲料,加工前的蒸汽调制过程可有可无。

面粉(Flour) 谷物和其他作物籽实或某些饲料产品经碾磨得到的松软、细腻、过筛的粉末。主要由胚乳中的淀粉和面筋所组成。

食物(Food(s)) 用在动物中时与饲料同义。见饲料(Feeds)。

配合饲料(Formula feed) 将两种或两种以上的饲料按一定的规格要求经指定加工工艺进行加工混合而成的饲料。

自由采食(Free choice) 一种饲喂体系。在这种体系下,动物可以在没有人为限制的情况下随意采食组成饲粮的单一或多种饲料成分。

糊化(Gelatinized, gelatinizing) 通过水分、热量和压力(有时还使用机械切割)的共同作用,使饲料淀粉颗粒完全破坏的过程。

谷物(Grain) 来自禾本科谷类作物的籽粒。

公认为安全的(GRAS) 短语"Generally Recognized as Safe"的缩写。即由那些有资格评定饲料预期使用安全性的专家所公认为安全的物质。

粗粉料(Grits) 指谷物经过粗磨除去麸皮和胚并过筛后的均匀颗粒。

去壳谷粒(Groats) 去除谷壳后的谷粒。

粉碎(Ground, grinding) 通过撞击、铡切或摩擦过程,使饲料颗粒体积减小的过程。

热处理(Heat processed, heat processing) 在有压力或无压力条件下,用高温对饲料进行加工处理的方法。

皮层(Hulls) 谷物或其他籽粒的外壳。

饲料成分(Ingredient, feed ingredient) 指组成商品饲料中某种单一原料成分或复合成分,或混合料的组成成分。

粗磨(Kibbled, kibbling) 对挤压前或挤压过程中经焙熟的挤压饲料或面团进行破碎或压碎处理的过程。

粉料(Mash) 一种物理形态,指各种粉状饲料的混合物。类似术语:粉状饲料(mash feed)。

碎料(Meal) 一种物理形态,指经粉碎或其他方法处理后所形成的小颗粒物质。

加药饲料(Medicated feed)　任何含有药物成分的饲料，其目的是为了治疗、缓解、处理或预防除人类以外的动物疾病，或对除人类以外的动物机体的结构和功能产生作用。

微量成分(Microingredients)　通常是指需要量很小的以毫克、微克或百万分之一(ppm)进行计量的维生素、矿物质、抗生素、药物和其他物质。

粮食加工厂副产品(Mill by-product)　随粮食加工主产品一起获得的附带产品。

饲料厂粉尘(Mill dust)　在饲料和饲料成分的加工处理过程中产生的微小的饲料颗粒。

饲料厂下脚料(Mill run.)　饲料厂生产饲料过程中产生的未经分级、检查的附带产品。

矿化(Mineralize, mineralized)　在饲料或混合物中添加无机矿物质化合物的过程。

混合(Mixing)　通过搅拌使两种或两种以上的物质达到一定的分散度的过程。

籽粒抛光(Pearled, pearling)　一种工艺过程，指用机器将去皮谷物制成小的光滑颗粒的过程。

软颗粒饲料(Pellet, soft)　一种物理形态，类似术语：高糖蜜颗粒(high molasses pellets)。软颗粒饲料含有充足的液体，需要迅速喷粘粉料并冷却。

制粒(Pelleted, pelleting)　对成堆的饲料施压，使其强行通过模腔的加工工艺。

颗粒(Pellets)　通过机械制粒方法得到的呈颗粒状的饲料。类似术语有：颗粒饲料(pelleted feed)，硬颗粒饲料(hard pellet)。

预混料(Premix)　一种或多种微量组分与稀释剂和/或载体混合后组成的均一的混合物。预混料的使用使微量组分在大量的混合物中均匀分布。

预混合(Premixing)　各种饲料成分与稀释剂和/或载体的初步混合过程。

产品(Product)　一种或多种物料经化学或物理方法加工处理后生产出来的物质。

蛋白质(Protein)　一类由各种氨基酸组成的化合物。

微粉碎(Pulverized, pulverizing)　见粉碎(Ground，grinding)。

草原用饼或粕(Range cake)　见饼或粕(cake)。

草原用草饼饲料(Range cubes)　用于地面上直接饲喂的小块状饲料。类似术语：草原用干草块(Range wafer)。

日粮(Ration)　指 24 h 内饲喂一头动物的饲料总量。

压扁(Rolled, rolling)　通过对辊间的挤压作用来改变饲料颗粒形状或大小的加工工艺。这一过程通常需要在一定的温度和其他条件下进行。

粗筛(Scalped, scalping)　利用过筛法去除饲料中大颗粒物质的过程。

粗破碎料(Scratch)　一种物理形态，指整粒的、破碎的或粗切的谷物籽实料。类似术语：粗破碎谷物(scratch grain)、粗破碎饲料(scratch feed)。

筛分(screening)　用筛子将不同大小的颗粒分开的过程。

自饲喂(Self-fed)　一种可用于动物连续自由采食饲料的饲喂系统。采食的饲料成分可以是单一的，也可以是混合的。

分离(Separating)　将饲料按粒度、形状或密度分离的过程。

磁选(Separating, magnetic)　利用磁性引力除去饲料中铁器的过程。

过筛(Sizing)　见筛分(Screened，screening)。

蒸汽处理(Steamed, steaming)　用蒸汽处理饲料成分以改变其理化性质的过程。类似术语：蒸煮(steam cooked)、蒸汽提取(steam rendered)、蒸汽罐处理(tanked)。

补充饲料(Supplement)　与其他饲料一起使用，用以改善营养平衡状况或总体营养价值的饲料。可以：(a)不经稀释而直接作为其他饲料的补充饲料；(b)与其他单独供给的日粮成分一起供动物自由采食；或(c)进一步稀释用于生产全价饲料。

软化处理(Tempered, tempering)　见调制(Conditioned，conditioning)。

烘烤(Toasted) 用火、煤气或电加热使饲料褐变,随后干燥或烘干的工艺过程。

微量元素(Trace minerals) 动物需要很微量的矿物质成分(每磅饲料中以毫克计,甚至更少)。

维生素(Vitamins) 一种作为酶系统成分而发挥功能的有机物,它参与体内能量转移过程,并对机体的代谢起调控作用。

干草块或草饼(Wafer) 一种物料的物理形态,指由纤维性饲料制成的块状饲料。其外形通常是直径或横断面直径大于其长度。

制作干草块(Wafered, wafering) 将纤维性饲料压制成块状的加工过程,压制成的形状通常是横断面直径大于其长度。

本章小结

饲料的种类可以根据其在日粮中提供的主要营养物质(如能量、蛋白质或粗纤维)不同来划分,也可以根据其来源来划分。后一种方法被饲料生产企业普遍使用。饲料的组成差异很大,尤其是那些加工过程未经标准化的饲料。评定饲料饲喂价值的方法很多,包括化学组分分析法在内的实验室化学分析法是一种常用的方法,该方法所得的分析结果可用于各种公式对相关的饲喂价值进行预测。如果希望得到更准确的数据,我们可以应用包括消化试验和饲养试验在内的动物试验法。土壤中矿物质含量和施肥的差异对饲料中营养物质的含量也有很大影响。另外,饲料营养物质含量还受储存期间的性质变化以及其他因素侵害的影响。当饲料中水分含量过高时,霉菌和细菌对饲料的破坏作用十分严重。

文中给出了美国饲料控制官协会(AFCO)规定的饲料加工业中使用的术语。其中很多术语将在后面的章节中用到。

参考文献

1. NRC. 1982. *United States-Canadian tables of feed composition*. 3rd ed. Washington, DC: National Academy Press.
2. Fonnesbeck, P. V., et al. 1984. *IFI tables of feed composition*. Logan, UT: International Feedstuffs Institute, Utah Agr. Expt. Sta.
3. McDowell, I. R., et al. 1974. *Latin American tables of feed composition*. Gainesville, FL: Dept. of Animal Sci., Univ. of Florida.
4. Gohl, B. 1975. *Tropical feeds*. Rome: Food and Agr. Organ. of the United Nations.
5. AFCO. 2000. *Official publication* 2000. Washington, DC: Amer. Feed Control Officials.
6. AOAC. 1995. *Official methods of analysis*. 16th ed. Washington, DC: Assoc. of Official Analytical Chemists.
7. Pond, W. G., D. C. Church, and K. R. Pond. 1995. *Basic animal nutrition and feeding*. 4th. ed. New York: Wiley.
8. Fleming, B. 1975. *Beef* 11(6): 60.
9. Fonnesbeck, P. V., M. F. Wardeh, and L. E. Harris. 1984. *Bulletin*. 508. Logan, UT: Utah Agr. Expt. Sta.
10. Cardon, B. P. 1975. Personal communication.
11. Adama, R. S. 1975. *Feedstuffs* 47(22):22.
12. Wilcox, R. A. 2001. In: *Feed additive compendium*. Minnetonka, MN: Miller.
13. Church, D. C. 1979. *Digestive physiology and nutrition of ruminants*. *Vol. 2*: *Nutrition*. Corvallis, OR: O & B Books.
14. In: *Feed additive compendium*. 2000. Minnetonka, MN: Miller.

第 5 章　高能量饲料
High-Energy Feedstuffs

作者:D. C. Church 和 Richard O. Kellems
译者:姜成钢
校对:魏吉安和李艳玲

能量饲料是指直接饲喂或添加到日粮中主要用以提高动物能量采食量或增加日粮能量浓度的饲料。能量饲料包括各种谷物、面粉加工副产品、植物根茎块茎、液体饲料(如糖蜜和以糖蜜为主的混合物)、脂肪和油脂以及其他各种产量较少或只在某些特定地区生产的植物和动物性产品。

能量饲料以可溶性碳水化合物(糖和/或淀粉)或脂肪和油脂的形式提供能量。高能饲料之所以称之为高能,是因为其单位干物质的可利用能(消化能、代谢能或净能)含量与大部分粗饲料相比要高得多。换言之,尽管秸秆和谷物之间的总能(通过在氧弹式测热器中燃烧测得)差异不大,但是动物采食能量饲料比采食相同重量的粗饲料所获得的能量要多得多。

虽然我们可以根据可利用能的多少在能量饲料中添加几种蛋白质饲料,但是能量饲料本身的蛋白质含量通常低于中等水平。因此,我们只考虑那些粗蛋白含量小于 20%、且能量含量高的饲料。

根据日粮类型和动物种类的不同,能量饲料占动物日粮总量的大部分。除了提供日粮能量来源外,能量饲料中还含有氨基酸、矿物质和维生素。在配制日粮时,必须考虑这些营养物质的作用。

1　谷物

谷物来自禾本科植物(Gramineae),种植禾本科植物主要是为了获得其籽粒,它们为动物和人类提供了所需的大量谷物。表 5-1 显示了 1991—1992 年、1995—1996 年和 1998—1999 年间的小麦、玉米和饲用原粮(通常包括燕麦、大麦和高粱)的全球估计产量。从表中我们可以发现,10 年间谷物的产量呈现增长的趋势。在 1998－1999 年间,用于饲料的谷物占谷物总产量的 46%。假如把此期间的水稻(它很少用于动物饲料)产量也包括在内,那么,谷物用于饲料的数量占到当年谷物总产量的 36%。

表 5-1　全球小麦、玉米和原粮的产量及其用于饲料的数量($\times 10^6$ t)

项目	作物年份		
	1991—1992	1995—1996	1998—1999
小麦			
产量	488.2	485.9	547.5
消费量	523.9	518.7	549.6
玉米			
产量	487.3	527.8	586.4
消费量	486.5	549.1	584.0
饲用原粮[a]			
产量	804.9	836.0	889.4
消费量	805.4	864.6	919.8

资料来源:USDA[1]。

[a] 主要包括燕麦、大麦和高粱。

表5-2显示了1986年、1990年和1999年度美国的谷物和许多其他能量饲料的使用量，其中很多是谷物加工的副产品。需要注意的是，在1986年，用于饲料的玉米数量为1.198亿t，而同年饲用谷物的总量为1.599亿t。玉米占饲用谷物的比例最大，世界平均水平约60.5%，美国达到了74.9%。其他饲用原粮(高粱、燕麦、大麦)在谷物中所占的相对比例在下降，部分原因是玉米产量与其他谷物相比在过去50年间有更多的增长。但在任何情况下，与美国相比，世界其他地区用作动物饲料的谷物总量都要少得多。随着燃料和肥料成本的增长以及人口的增长，可以预见，在美国，将来用作动物饲料的谷物总量也会相对减少。

表5-2 美国饲喂家畜的谷物及其副产品数量($\times 10^6$蒲式耳[a])

项目	作物年份		
	1986	1990	1999
饲喂的谷物			
玉米	8 255	7 934	9 437
高粱	938	573	595
燕麦	384	357	146
大麦	608	422	282
谷物总量	10 155	9 286	10 460

资料来源：USDA[2]。

[a]1蒲式耳 = 35.238 L。

当然，这些用于"饲料"的谷物中有一部分可以作为人类的食物，或者用于生产各种其他工业产品。例如，玉米可以制成膨化玉米、玉米片、玉米粒、玉米面、玉米淀粉、玉米汁、威士忌酒等等其他供人类食用的产品，但以这种方式消费的玉米比起用在动物饲料中的量还实在很少。在美国，虽然在价格和货源供应允许的情况下，人们会将一定量的小麦用作动物饲料，但是种植小麦和大米主要还是供人类食用。尽管大麦和燕麦都是良好的饲料，但它们的产量低于其他饲用谷物，因此，这两种作物作为饲料来源变得越来越不重要了。大麦在啤酒酿造业中普遍用于制作麦芽，而燕麦在畜牧行业以外的用量则很少。其他的谷物，如谷子和黑麦，虽然在欧洲和亚洲广泛用于饲料，但在北美洲的用量却很有限。高粱在美国主要用作动物饲料。小麦与黑麦的杂交品种——黑小麦用作饲料的量也很少。几种最常见的饲用谷物籽实如图5-1所示。

1.1 谷物销售和分级

按照美国的商务惯例，除高粱外的谷物都以传统的计量单位"蒲式耳"来进行买卖。但在全国范围内也有一定的差别，如在西部以吨出售更普遍，但在中部则是以"蒲式耳"为单位来报价。

大部分用作人类食物(或者供出口)的谷物都通过大型终端批发市场进行交易，并且按照美国农业部制定的标准划分等级出售。美国农业部也负责发布等级规定的详细信息。最新修订的分级标准包括小麦、玉米、大麦、燕麦、黑麦、高粱、黑小麦、亚麻、大豆和混合谷物。就动物饲料而言，有相当一部分饲喂给动物的谷物并没有分级。然而，在本章对这一问题进行简要的讨论仍然很有必要。

其他在获得谷物样品后，我们可以使用如图5-2所示的小型装置来测定其蒲式耳重量。如要对谷物进行分级，可用适当的筛子将其分为样品和杂质；杂质包括杂草的种子和茎、谷壳、秸秆、其他谷粒、沙砾、尘土以及其他任何应当从样品中去除的物质。对筛分后的样品则需要根据各种评价标准进行评定。对玉米来说，这些标准包括每蒲式耳的重量、破碎籽粒和杂质的重量、被霉菌等侵害的籽粒的重量以及受热损坏的籽粒的重量。常见谷物不同等级标准的上下限如表5-3所示。对玉米来说，除了表中所列的等级外，还有一些特殊的等级，如长满象鼻虫的玉米(weevily corn)或者"特别低劣"的玉米，它的含义是每千克玉米谷粒中含猪屎豆属(*Crotalaria* spp.)象鼻虫的谷粒数超过2个。尽管表中没有列出所有

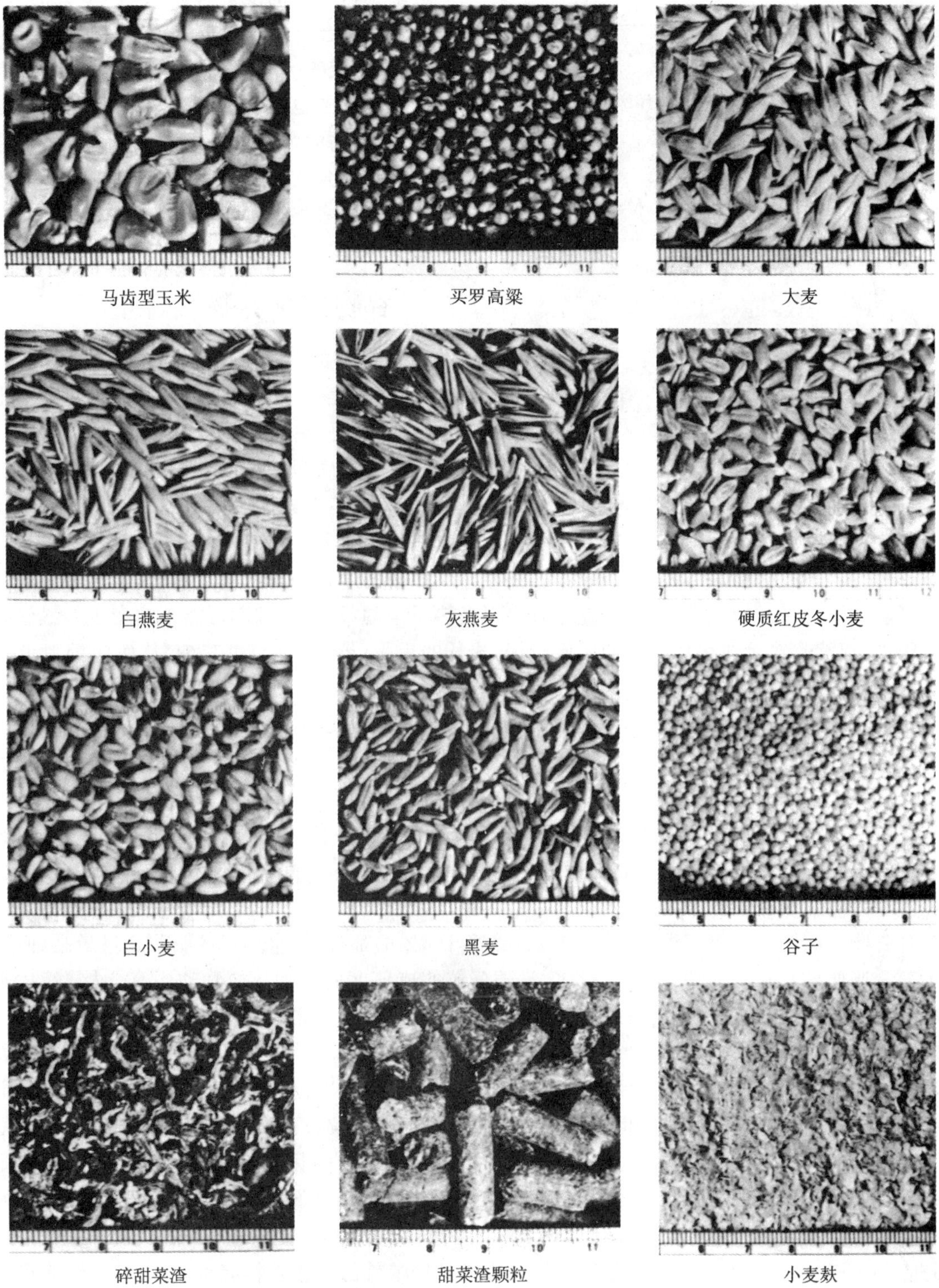

图 5-1　用作饲料的谷物籽实及其副产品

详细内容，但这些评价标准同样也适用于其他谷物。随着蒲式耳重量的增加，谷物的能量含量和淀粉含量也增加，而纤维含量则减少。因此，人们通常根据蒲式耳重量来给谷物定价。

图 5-2 用于测定谷物蒲式耳重量的小型称量装置

由于谷物饲料的变异性很大，许多大的买家，如肉牛肥育场就会以蒲式耳重量较轻、破残籽粒或杂质过多、有霉味或酸味等理由进行压价。谷物饲料的水分含量变化范围也很大。新收获谷物的水分含量常常很高；当谷物的水分含量超过15%时，大部分肥育场和收购商都会压价。这种做法有它的道理，因为水分太高的谷物除非作为高水分谷物来储存和利用，否则不利于保持饲料的品质。

1.2 谷物的营养物质含量

谷物饲料的营养物质含量一般如表5-4所示。各谷物间的化学组成差异很小，因此，要通过化学组成的差别来区分它们往往是很困难的。

尽管通常认为谷物的营养物质变异要比粗饲料小，但仍有许多因素能影响其营养物质的含量，从而影响它们的饲喂价值。例如，土壤肥力和施肥状况、品种、株间距离、天气、降水、虫害以及疾病等，都能影响植物的生长和籽粒产量，所以教科书上的营养物质含量可能毫无意义。例如小麦，假如成熟时出现炎热干旱的天气，籽粒就可能干瘪变小。尽管其蛋白质含量很高，但淀粉含量往往比正常的要低，每蒲式耳的重量（容积密度）也减少，从而使饲喂价值大大降低。

尽管饲用谷物的粗蛋白含量相对偏低（大部分在8%～14%之间），有一些甚至低于这个数值，尤其是小麦，但有一些谷物则较高，有的粗蛋白可高达22%。高粱的粗蛋白含量变异尤其大。通过植物育种的选育，对增加或降低蛋白质含量非常有效。

籽粒中85%～90%的含氮化合物是以蛋白质形式存在的，但各种谷物间的蛋白质可溶性和氨基酸组成间存在很大差异。就单胃动物而言，大部分谷物的赖氨酸、色氨酸（玉米）和苏氨酸（高粱和大米）含量偏低，或者不足，而对家禽来说，蛋氨酸则常常不足。

各种谷物的脂肪含量差别很大，从低于1%到高于6%的都有，通常燕麦的脂肪含量最高，而小麦最低。大部分脂肪储存在籽粒种胚中。脂类含量随籽粒的成熟度而增加。植物油中富含棕榈酸、亚油酸和油酸；后两种是不饱和酸，它们往往会很快酸败，尤其在谷物加工之后。

除了谷壳外，谷物中的碳水化合物主要是淀粉。淀粉占玉米籽粒的72%，但是燕麦中淀粉含量很低，只有41%（表5-4）。淀粉以不同形状和大小的颗粒形式存在于植物（图5-4）的胚乳（图5-3）中。随着植物的成熟，淀粉颗粒体积增加，但是数量并不改变。淀粉颗粒被包埋在致密的蛋白质基质和蛋白体中，后者的厚度和体积随植物的成熟度而增加[4]。不同谷物淀粉的化学组成也有一定的差别。淀粉是由葡萄糖分子构成的长链多聚体，主要有两种类型。直链淀粉是一条线性的直链分子，而支链淀粉则具有许多支链。不同种类和品种的谷物所含的支链淀粉长度也不同。这两种淀粉的化学性质有一定差异，因此不同谷物中两种淀粉相对含量的差异会影响其饲喂价值。在谷物淀粉中，通常直链淀粉的含量是21%～28%，但在玉米、小麦、高粱、大麦和燕麦淀粉中的含量为22%～23%，在水稻淀粉中是27%，而在蜡质玉米和高粱淀粉中的含量则高达100%。谷物中的其他碳水化合物包括各种单糖以及其他大分子碳水化合物（如糊精和戊聚糖），它们总共占籽粒干物质含量的6%～10%。

纤维素是大麦和燕麦等谷物籽粒细胞壁和外壳中的主要成分。纤维素也是葡萄糖分子的聚合体，其葡萄糖分子间的结合键对细菌或酶的作用具有更大的抗性（见第3章）。与谷物（如玉米）表面的蜡质一样，谷物外壳所含的木质素也是降低其利用价值的一个因素。

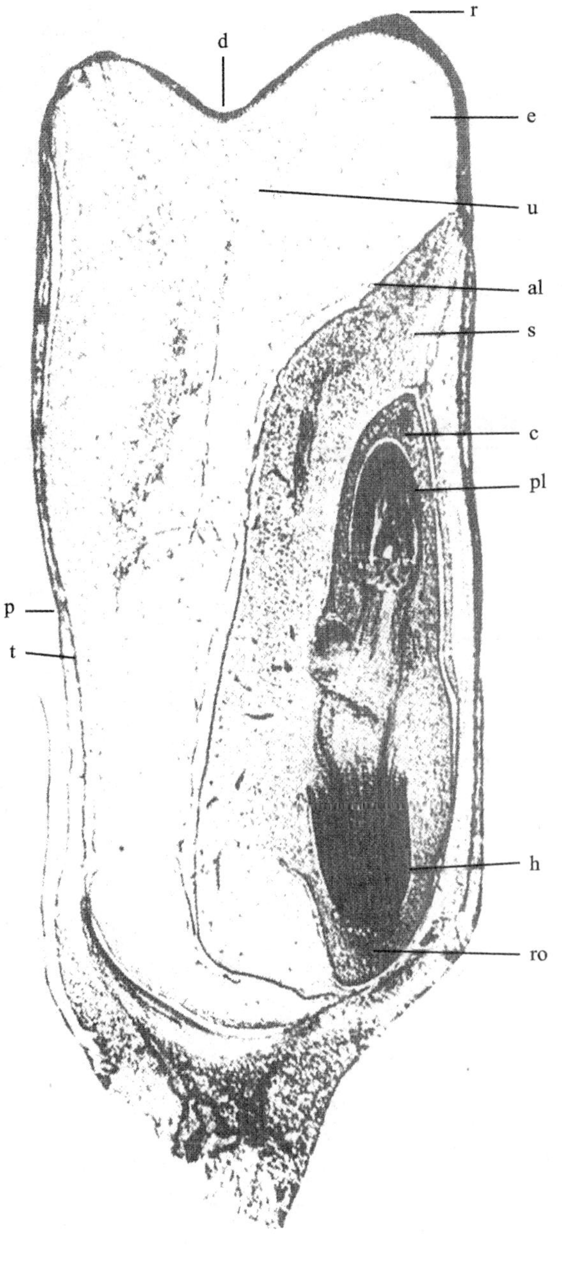

图 5-3　接近成熟的马齿型玉米谷粒的纵切面

图中显示凹陷区(d)、花柱残迹(r)、胚乳(e)、未成熟胚乳的非灌浆区(u)、糊粉(al)、盾片(s)、胚芽(pl)、下胚轴和胚根(h)、外中皮或真籽粒层(t)和果皮(p)。胚芽组成了整个黑区的部分,包括片(s)、胚芽鞘(c)、根冠(ro)。承蒙美国农业部惠赠。

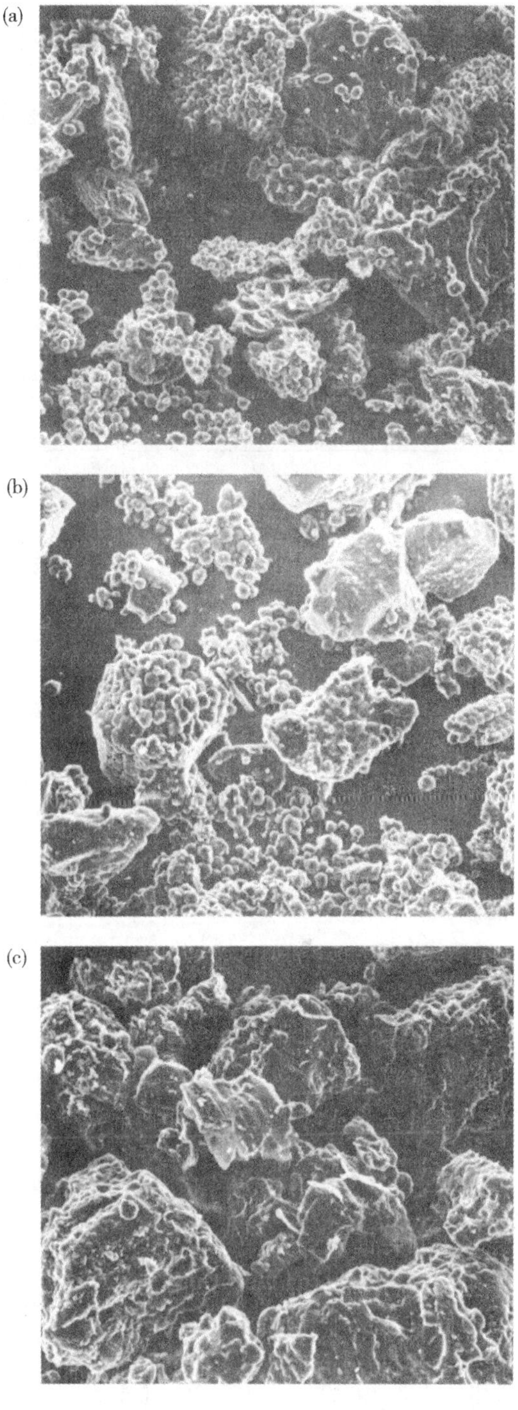

图 5-4　谷物淀粉的电子显微镜照片

图中:(a)粉碎玉米;(b)买罗高粱;(c)小麦。注意:在(c)中没有发现单个淀粉颗粒。承蒙堪萨斯州立大学 L. H. Harbers 惠赠

籽粒外壳对谷物的饲喂价值有很大影响。为了使动物能有效利用谷物,在饲喂前必须将谷壳或籽粒外壳做一定程度的破裂处理。对牛尤其如此,因为牛不像其他动物一样能对谷物进行彻底的咀嚼。大麦和燕麦由于外壳较厚,有时称为粗糙的谷物。稻壳由于二氧化硅含量很高,所以几乎完全不能

消化。

就矿物质含量而言，谷物含钙量普遍较低。虽然磷的含量相当高，但很多是以植酸磷复合物的形式存在，因此，单胃动物对其生物学利用率很低。谷物中微量矿物质的含量通常处于临界值。

对于维生素含量，大部分谷物是维生素E的良好来源。但是，谷物中维生素D和大部分B族维生素的含量较低(见附表4)。各种谷物加工副产品中B族维生素和维生素E水平较高。除了黄玉米外，谷物的胡萝卜素含量都很低。

由于饲喂的动物不同，或是由于谷物品质的变异性，尽管谷物的消化率有所不同，但一般来说，谷物的消化率很高。在谷物比较评定一节中，我们已经给出了这方面的许多信息。

以下是某些特定谷物和一些高能饲料的补充资料。谷物副产品中粗蛋白质含量低于20%的将在这一章中讨论，高于20%的将在第6章讨论。

表5-3 美国饲料谷物等级和等级要求

谷物及等级	最低要求(%)		最大限度(%)							
			损伤颗粒							
	重量(lb)[a]/蒲式耳	完整谷物	总量	热损伤粒	外源物	破损粒	干瘪粒	其他籽粒[b]	小麦以外的来源	总缺陷
大麦										
美国1级	47.0	97.0	2.0	0.2	1.0	4.0	10.0	0.5		
2级	45.0	94.0	4.0	0.3	2.0	8.0	15.0	1.0		
3级	43.0	90.0	6.0	0.5	3.0	12.0	25.0	2.0		
4级	40.0	85.0	8.0	1.0	4.0	18.0	35.0	5.0		
5级	36.0	75.0	10.0	3.0	5.0	28.0	75.0	10.0		
样品级[c]		—	—	—	—	—	—	—		
玉米										
美国1级	56.0		3.0	0.1		2.0				
2级	54.0		5.0	0.2		3.0				
3级	52.0		7.0	0.5		4.0				
4级	49.0		10.0	1.0		5.0				
5级	46.0		15.0	3.0		7.0				
样品级[c]		—	—	—		—				
燕麦										
美国1级	36.0	97.0		0.1	2.0			2.0		
2级	33.0	94.0		0.3	3.0			3.0		
3级	30.0	90.0		1.0	4.0			5.0		
4级	27.0	80.0		3.0	5.0			10.0		
样品级[c]		—		—	—			—		
黑麦										
美国1级	56.0		2.0	0.2	3.0				1.0	
2级	54.0		4.0	0.2	6.0				2.0	
3级	52.0		7.0	0.5	10.0				4.0	
4级	49.0		15.0	3.0	10.0				6.0	
样品级[c]	—		—	—	—				—	
高粱，所有等级										
美国1级	57.0		2.0	0.2		4.0[d]				
2级	55.0		5.0	0.5		8.0				
3级	53.0		10.0	1.0		12.0				

续表 5-3

谷物及等级	最低要求(%)		最大限度(%)							
			损伤颗粒							
	重量(lb)[a]/蒲式耳	完整谷物	总量	热损伤粒	外源物	破损粒	干瘪粒	其他籽粒[b]	小麦以外的来源	总缺陷
4 级	51.0		15.0	3.0		15.0				
样品级[c]	—		—	—						
黑小麦										
美国 1 级	48.0		2.0	0.2	2.0	5.0[e]			1.0[f]	5.0
2 级	45.0		4.0	0.2	4.0	8.0			2.0	8.0
3 级	43.0		8.0	0.5	7.0	12.0			3.0	12.0
4 级	41.0		15.0	3.0	10.0	20.0			4.0	20.0
样品级[c]	—		—	—	—	—		—	—	—

资料来源:USDA[3]。

[a]请注意:法定的蒲式耳重量针对的是 1 级玉米;低等级的无论其所占的体积多少,都要求每蒲式耳玉米的重量要有 56 磅。

[b]大麦样品中为黑大麦;燕麦样品中为野生燕麦。

[c]样品等级包括没有达到其他等级所列标准的所有谷物。除异味或霉味、酸味或发热的谷物外,对于特定的谷物可能还有其他的标准。全部细节可以参阅下面所列的参考书。

[d]杂质、破损粒和其他谷物。

[e]干瘪籽粒。

[f]除小麦或黑麦外。

表 5-4 主要谷物的一般成分(干物质基础)

项目	玉米		小麦		带壳稻谷	黑麦	大麦	燕麦	买罗高粱	黑小麦
	马齿型	O-2	硬质冬小麦	软质冬小麦						
粗蛋白质(%)	10.4	12.6	14.2	11.7	8.0	13.4	13.3	12.8	12.4	14.0
醚浸出物(%)	4.6	5.4	1.7	1.8	1.7	1.8	2.0	4.7	3.2	4.6
粗纤维(%)	2.5	3.2	2.3	2.1	8.8	2.6	6.3	12.2	2.7	4.0
粗灰分(%)	1.4	1.8	2.0	1.8	5.4	2.1	2.7	3.7	2.1	2.0
无氮浸出物(%)	81.3	76.9	79.8	82.6	75.6	80.1	75.7	66.6	79.6	75.4
总糖(%)	1.9		2.9	4.1		4.5	2.5	1.5	1.5	
淀粉(%)	72.2		63.4	67.2		63.8	64.6	41.2	70.8	
必需氨基酸(干物质%)										
精氨酸	0.45	0.86	0.76	0.64	0.63	0.6	0.6	0.8	0.4	0.4
组氨酸	0.18	0.44	0.39	0.30	0.10	0.3	0.3	0.2	0.3	0.2
异亮氨酸	0.45	0.40	0.67	0.44	0.35	0.6	0.6	0.6	0.6	0.3
亮氨酸	0.99	1.06	1.20	0.86	0.60	0.8	0.9	1.0	1.6	0.4
赖氨酸	0.18	0.53	0.43	0.37	0.31	0.5	0.6	0.4	0.3	0.3
苯丙氨酸	0.45	0.56	0.92	0.57	0.35	0.7	0.7	0.7	0.5	0.3
苏氨酸	0.36	0.41	0.48	0.37	0.25	0.4	0.4	0.4	0.3	0.2
色氨酸	0.09	0.16	0.20	0.12	0.12	0.1	0.2	0.2	0.1	0.2
缬氨酸	0.36	0.62	0.79	0.56	0.50	0.7	0.7	0.7	0.6	0.3
蛋氨酸	0.09	0.17	0.21	0.19	0.20	0.2	0.2	0.2	0.1	0.07
胱氨酸	0.09	0.22	0.29	0.34	0.11	0.2	0.2	0.2	0.2	0.2
矿物质(干物质%)										

续表 5-4

项目	玉米		小麦		带壳稻谷	黑麦	大麦	燕麦	买罗高粱	黑小麦
	马齿型	O-2	硬质冬小麦	软质冬小麦						
钙	0.02	0.05	0.06	0.09	0.06	0.07	0.06	0.07	0.04	0.1
磷	0.33	0.24	0.45	0.34	0.45	0.38	0.35	0.30	0.33	0.34
钾	0.33	0.30	0.56	0.44	0.25	0.52	0.63	0.42	0.39	0.4
镁	0.12		0.11	0.11	0.11	0.13	0.14	0.19	0.22	

资料来源：NRC 出版物。

1.2.1 玉米(corn,学名 *Zea mays*)

玉米(Indian corn)，通常在北美之外的国家指的是玉蜀黍(maize)。在美国，有时也称玉米为金黄色的谷物(golden grain)。这是因为，在玉米生长良好的地区，它在单位土地上生产的消化能数量比其他任何谷物作物都要多。在一些小田块中已经实现了每英亩玉米产量超过 400 蒲式耳(10 t 以上[①](每公顷 t))。除了产量高外，玉米也是一种所有家畜都喜食的消化率高、适口性好的饲料，在饲喂家畜时极少出现营养问题。

根据玉米籽粒的特征，常将其分为 7 类：马齿型(dent)玉米、硬粒型(flint)玉米、粉质(flour)玉米、甜玉米(sweet)、爆裂型(pop)玉米、蜡质(waxy)玉米和有稃(pod)玉米。其中有重要商品价值的玉米是马齿型玉米、甜玉米和爆裂型玉米。同爆裂型玉米一样，甜玉米的含糖量很高，主要是供人类食用。马齿型玉米是主要的饲用玉米品种，其中大部分是由四元杂交体系培育出的品种(图 5-5)。根据特定地区的环境或生长季节长短的不同，人们培育了很多不同的杂交品种。因此，作为一种主要的作物，玉米比过去有了更广阔的地域适应性。

图 5-5 高产杂交玉米地

承蒙美国农业部惠赠。

马齿型玉米颗粒的图解如图 5-3 所示。胚乳的主要成分是淀粉，占玉米籽粒的 85%，种胚和盾片占 10%，种皮和其他部分占 5%。这些不同的部分在后面有关谷物加工副产品部分还要提到。

人们对玉米的化学组成已有了非常详尽的研究，表 5-4 给出了这方面的部分数据；详细结果可以在其他资料(如参考文献 5)中找到。就蛋白质含量而言，约 73%的蛋白质存在于胚乳中，剩下的大部分(24%)存在于种胚中。种胚中的蛋白质由谷蛋白、白蛋白和其他蛋白质共同组成，品质较好。胚乳中的主要蛋白质是玉米醇溶蛋白，它是一种不易溶于水的蛋白质，这种蛋白大约占到玉米籽粒总蛋白量的一半。在玉米醇溶蛋白中，有几种必需氨基酸

① 原文为 11 t 以上。

(特别是赖氨酸和色氨酸)的含量很低。因此,对单胃动物来说,玉米蛋白中这些氨基酸的含量不足。为了获得充分的生产性能,就需要额外添加。表 5-5 清楚地说明了这一点。另外,如果玉米作为日粮的主要成分,那么由于色氨酸(烟酸的前体)和烟酸含量低,将最终导致烟酸的缺乏,造成单胃动物的糙皮病。试验表明,施用氮肥能增加玉米的蛋白质含量(表 5-6),但同时由于蛋白质中玉米醇溶蛋白相对含量的增加,蛋白质品质也随之下降了。

表 5-5　用玉米、玉米中添加足量蛋白质或一些试验玉米品种饲喂猪的生产性能比较

处理	蛋白质(%)	日增重(g)	饲料/增重比
玉米+大豆粕	16.0	520	2.16
玉米	9.6	91	8.94
高赖氨酸玉米(Opaque-2)	9.4	310	3.32
高赖氨酸-高蛋氨酸玉米(Floury-2)	9.9	91	6.63
玉米+大豆粕	12.0	248	3.17
高赖氨酸玉米+大豆粕	12.0	455	2.59
高赖氨酸-高蛋氨酸玉米+大豆粕	12.0	323	3.14

资料来源:Pond 和 Maner[6]。

黄玉米除含有相当数量的维生素 A 前体和玉米黄质外,其他成分与白玉米几乎相同。然而,黄玉米还含有一种对家禽业很重要的黄色色素——叶黄素,它有助于禽类表皮和蛋黄的着色。因此,美国的饲养业中通常优先使用黄玉米;这就使得目前美国白玉米产量很少,尽管在其他国家它的使用很广泛。白玉米通常用来制作供人类食用的玉米粉。

玉米除了钙含量很低外,其他营养物质的含量与别的谷物(见前言部分)大致相同。

目前已经分离得到玉米的几种具有可遗传性状的突变种,正在进行进一步的研究。其中一种称作欧帕克 2 号(Opaque-2 或高赖氨酸玉米)的品种特别重要,因为它富含赖氨酸,并且其他必需氨基酸的含量也很高,这是由于这种玉米的醇溶蛋白含量减少,而谷蛋白(一种在胚乳和种胚中都存在的蛋白质)含量增加的缘故。因此,利用这种突变种可以使玉米蛋白品质得到改善。在不给家畜添加额外蛋白质的情况下,利用这种突变种可以大大改善单胃动物的生产性能(表 5-5)。然而,欧帕克 2 号玉米在反刍动物中并没有显示出其特别的价值。欧帕克 2 号玉米的产量还不能与常规玉米相媲美,并且其价格也没有因为成分的特殊而增加。因此,玉米生产者并没有因为种植这种玉米而获得显著增加的收益。

表 5-6　施氮肥水平对玉米籽粒粗蛋白含量(干物质基础)的影响

施氮肥(lb)/hm^2	粗蛋白(%)	
	农场 1	农场 2
0	8.1	9.1
60	10.2	9.8
100	10.1	10.2
180	11.4	10.3
340	12.2	10.6

资料来源:Sunde[7]。

第 2 个重要的突变种是福罗利 2 号玉米(Floury-2)。尽管它也富含赖氨酸和其他必需氨基酸,但是对比试验显示,它的品质不如欧帕克 2 号玉米优秀(表 5-5)。还有其他一些试验性突变种,包括高油玉米(high fat)、高直链淀粉玉米(high amylose)、甜质 2 号玉米(sugary-2)和棕色叶脉玉米(brown midrib)。

在美国,如今利用机械收割饲用玉米。这种收割方式可以在田间同时完成采穗和脱粒(图 5-6)两道工序。这样只能收割很少一部分玉米穗轴,从而减小了成品的体积。这一收获方式还决定了已经改变的饲养规范,尤其是肥育猪和肥育牛,因为过去普遍的做法是将玉米籽粒饲喂肥育猪,而将粉碎的玉米籽粒和玉米穗轴粉饲喂肥育牛。有关加工方法的其他信息,将在第11章关于动物饲养各论的章节中进行讨论。

图 5-6 现代谷物联合收割机正在进行收割和脱粒的连续工序作业

经 Deere 和 Co.,Moline,IL 特许引用。

在第4章中提到了饲料的损坏和发霉问题。玉米也会遭受霉菌、黑粉病、枯萎病和其他疾病的侵害。最近的一些证据表明,过去曾对玉米造成严重危害的某些枯萎病,并不会造成玉米营养品质的破坏,但是,如果将这些玉米收割用作青贮饲料,这些问题就会造成玉米籽实和粗饲料产量的下降。

1.2.2 高粱(grain sorghum,学名 *Sorghum vulgare*)

用于生产籽粒的高粱有几个品种(全部为粒用高粱),主要包括:买罗高粱(milo)、卡佛尔高粱(kafirs)、甜高粱(sorgo),漆树高粱(sumac)、谷粒芦粟高粱(hegari)、矮红高粱(dargo)、非洲芦粟(feterita)和篱竹高粱(cane)。其他非籽粒型高粱包括:饲用高粱、苏丹草和秸秆型高粱(broomcorn)。买罗高粱(图5-7)在美国干旱地区最受欢迎,因为它的植株矮,适合联合收割机收割作业。美国最近几年培育的杂交品种(主要是买罗高粱和卡佛尔高粱的杂交种)高粱产量更高,大大增加了单位土地面积的产量。全世界高粱的主产地有美国、印度、中国和阿根廷,其他国家(主要是非洲国家)也有少量生产。

图 5-7 在堪萨斯州西部正在生长的买罗高粱

与大多数其他粮食作物相比,各品种高粱都具有很好的耐受炎热和干旱的能力。另外,高粱能抵抗各种害虫(如根虫和玉米螟)的侵害,并且能适应各种类型的土壤。因此,在玉米或其他粮食作物无法很好生长的地区,高粱都可以很好生长。但在玉米生长良好的地区,高粱的单位面积产量却低于玉米。各品种高粱的籽粒都比较小[(2.5~3.5)×4 mm],而且质地相对较硬,因此,通常需要一些加工处理后才能很好地被家畜采食利用(详见第11章)。

高粱籽粒的化学组成与玉米相似,它的平均蛋白质含量约为11%(干物质基础),但是与玉米相比它的变异性更大。高粱含有一种能溶于醇的蛋白质——高粱醇溶蛋白,它与玉米中的玉米醇溶蛋白相似。一般认为,高粱中赖氨酸和苏氨酸含量低,但是用火鸡和仔鸡所做的一些研究表明,蛋氨酸是第一限制性氨基酸[8]。高粱的其他营养物质含量与玉米相似,但淀粉的含量比玉米低,且变异也更大。

20世纪60年代初,随着杂交种的引入,植物育种学家鉴定和培育了不同类型的高粱。目前正在使用的包括:普通型、抗鸟害型(bird-resistant)、蜡质型和杂黄胚乳(heteroyellow endosperm)型高粱。牛和羊对不同类型高粱的粗蛋白和淀粉的消化率如表5-7所示。在与其他类型高粱进行的几乎所有对比中,褐色高粱和抗鸟害型高粱(单宁含量高)的消化率都相当低,并且饲喂这种高粱的家畜生产性能也很低。与传统栽培的非黄色品种高粱相比,杂黄胚乳型高粱的饲喂价值普遍得到了提高。与非蜡质型高粱相比,蜡质型高粱显示出了更高的饲料转化效率。蜡质型谷物的淀粉属于高消化率的淀粉,而且谷物淀粉的消化率通常与其中直链淀粉的含量成反比[9]。

表5-7 牛和羊对不同类型高粱粗蛋白和淀粉的消化率(%)

高粱类型	羊		牛	
	CP	淀粉	CP	淀粉
普通型	71.9	90.4	46.3	76.0
抗鸟害型	61.4	82.6	23.9	60.0
蜡质型	71.6	87.3	62.1	75.7
异蜡质型	68.4	90.4	57.7	84.4
杂黄胚乳型	73.4	89.0	51.8	76.9

资料来源:Rooney 和 Pflugfelder[9]。

尽管一些数据显示,对猪和家禽来说,高粱籽实的营养价值与玉米相等或稍高于玉米,但大部分饲养试验结果都表明,高粱的饲喂价值总是低于玉米。高粱的淀粉颗粒与蛋白质的交联比玉米多,这可能影响一些家畜对高粱的利用。但通过适当的加工处理,大部分高粱的饲喂价值可以接近玉米。

有关高粱的其他研究表明,重质高粱(每蒲式耳的重量)的饲喂价值高于轻质高粱(纤维含量高的高粱)。通过不同程度的发芽、脱色或霉变等方法对高粱进行模拟破坏性处理,研究发现,这种处理的高粱对羊的适口性下降,其原因可能与粉尘有关;但是,处理的高粱籽实与优质籽实间的消化率差异并不大

1.2.3 大麦(barley,学名 *Hordenum vulgare* 或 *H. distichon*)

大麦在欧洲和气候寒冷、干燥的北美洲广泛种植。尽管有少量大麦用作人类的食物(其中很大部分以制作麦芽的形式用于啤酒酿造业),目前大部分大麦用于饲喂家畜。即便如此,大麦也只占饲喂家畜的谷物总量的4.8%[1]。

大麦总蛋白质(11%~16%)和赖氨酸、色氨酸、蛋氨酸、胱氨酸的含量都比玉米高(表5-4),但在很多情况下,大麦对反刍动物的饲喂价值远远低于玉米和高粱。其中部分原因是大麦的淀粉含量低(50%~60%),而纤维素含量较高,所以消化能含量低。

对马和反刍动物来说,大麦的适口性更好,尤其是饲喂前将大麦经过蒸汽压片处理。尽管作为肥育牛日粮主要成分时,大麦比其他谷物更易造成瘤胃臌气,但是饲喂大麦很少出现消化问题。大麦作为猪日粮中惟一的谷物来源时,往往很难达到最佳的日增重或饲料转化效率,并且由于其纤维水平过高,在家禽日粮中只能少量使用。用不同品种的大麦饲喂仔鸡,其生产性能有很大差异。

外壳含量较少的大麦品种其营养价值与小麦或玉米大致相同,因此比较适合于饲喂猪和家禽,然而,这种品种的大麦产量很小。珍珠麦(pearled barley)是一种去除掉外壳和大部分麸皮后的大麦,其饲养价值很高,但主要是用作人类的食品。

用来制作麦芽的大麦种植面积很大。这类大麦蛋白质含量、单位蒲式耳重通常都高于饲用大麦品

种(表5-8)。尽管用于饲喂肥育牛时饲料转化效率会有略微提高,但在日增重方面并未表现出特别地提高。请注意,在有灌溉条件和旱地条件下种植的大麦在营养组成和饲喂家畜时的生产性能都有一定的差别。来自同一试验站的其他数据表明,肥育牛日增重随大麦蒲式耳重的降低而下降,轻质大麦饲料转化效率也较低。这一结果在表5-8所示的另一项研究中得到了证实。

表5-8 两种不同类型大麦的营养成分和饲喂阉牛的生产性能比较,以及饲喂轻质、中等或重质大麦阉牛的生产性能

项目	大麦类型[a]			
	2排籽粒麦芽大麦		6排籽粒饲用大麦	
	灌溉	旱地	灌溉	旱地
大麦营养成分				
粗蛋白(%)	12.7	12.5	10.6	12.4
粗纤维(%)	4.5	4.4	6.7	6.9
钙(%)	0.05	0.07	0.06	0.04
磷(%)	0.45	0.47	0.38	0.31
重量(g/L)	702	698	625	634
阉牛生产性能				
日采食量(kg DM)	9.9	9.3	10.0	9.9
日增重(kg)	1.15	1.12	1.13	1.09
饲料:增重比	8.61	8.30	8.85	9.08

项目	饲喂大麦重[b]		
	轻质	中等	重质
大麦营养成分			
粗蛋白(%)	16.1	15.3	11.1
酸性洗涤纤维(%)	9.0	5.8	5.5
重量(g/L)	469	554	666
阉牛生产性能			
干物质采食量(kg)	9.34	9.15	8.89
日增重(kg)	1.62	1.72	1.69
饲料:增重比	5.80	5.32	5.26

[a]来自Hinman[11]肥育牛日粮由81%蒸汽压片大麦、10%切碎苜蓿干草、7%玉米青贮和2%维生素-矿物质补充饲料组成。

[b]来自Grimson等[43]大麦占日粮干物质85%,剩余成分为大麦青贮和维生素-矿物质混合物。

比普通大麦赖氨酸含量高出25%的一种高赖氨酸大麦很可能成为非反刍家畜的重要能量饲料来源。然而,在一些高赖氨酸大麦中,其他必需氨基酸的含量较低。因此,就各种氨基酸总体水平而言,这些大麦还达不到人们所期望的高赖氨酸大麦水平。

1.2.4 燕麦(*Avena sativa*)

尽管燕麦在美国的饲用谷物中处于第3位,但在1999年它的用量只占所有饲用谷物的17%(表5-2)。燕麦的产量没有其他谷物高,而且由于具有坚硬的外壳,未经加工处理的燕麦饲喂价值较低。世界上大部分燕麦的种植主要集中在北欧和北美,其中只有约5%用作人类的食物。

美国市场上有三个主导燕麦品种。白燕麦主要在玉米种植带和北部平原地区种植,在燕麦总产量中占主要部分。红燕麦种植在南部,而灰燕麦则种植在太平洋沿岸的西北部。

燕麦蛋白质含量很高(11%~14%),并且它的氨基酸组成是所有谷物中最理想的。各种谷物的氨基酸组成按优劣排序通常是燕麦第一,随后是大麦、小麦、玉米、稻谷、黑麦、高粱和粟类。然而,燕麦中蛋氨酸、组氨酸、色氨酸和赖氨酸的含量仍然较低。燕麦外壳平均占整粒重量的 28%，因此，燕麦在家禽饲料中使用不多。轻质燕麦外壳重占总重的 45%。因此，蒲式耳重量大的燕麦更适合用来饲喂家畜，因为蒲式耳重量与燕麦的外壳含量呈反比。

除外壳重量外，外壳本身中难以消化的纤维素含量也很高（粗纤维占 31%）。因此，整粒燕麦的纤维含量是所有谷物中最高的，而淀粉含量则是最低的。即使经过粉碎，燕麦籽粒的体积仍然很大。因此，当家畜日粮中燕麦用量很高时，生产性能高的家畜将无法达到最大采食量。燕麦有防止幼猪胃溃疡的功能，这是因为燕麦外壳中含有一种溶醇因子，可起到保护作用。对于成猪，燕麦同常用来饲喂肥育猪，因为使用它可以限制能量摄入量，从而防止猪背部脂肪的过度沉积（见第 13 章）。燕麦是马和反刍动物种畜的理想饲料，也是其幼畜的理想补充料。然而，燕麦无法为快速生长阶段的肥育牛提供足够的能量。

有一些品种燕麦的外壳含量较低，但这些品种的种植量很少。去壳后（全粒除去外壳）的燕麦饲喂价值与玉米相当，或优于玉米，但是用于饲喂家畜时没有价格优势。

1.2.5　小麦（*Triticum* spp.）

同稻谷一样，通常小麦也是供人类食用的，并且目前几乎所有培育的品种都以提高面粉品质为目的，而不是以提高其动物的饲喂价值为目的。不过，近年来也培育出一些饲用小麦品种。小麦是一种多用途的作物，它能适应各种环境条件。世界小麦总产量可以和稻谷相比，并且小麦在全世界的不同地区都有种植（图 5-8）。

图 5-8　在西北部太平洋沿岸收割小麦的谷物联合收割机在作业

小麦分为硬质和软质两种。每种类型中又有冬小麦和春小麦之分。冬小麦通常在秋季种植，而春小麦则在春季种植（这些地区的冬季较寒冷）。软质小麦有白小麦和红小麦两种。硬质和软质小麦的主要区别在于，硬质小麦的蛋白质含量高（13%～16%），并且含有较多的谷蛋白和醇溶蛋白，它们对于制作面包所需的黏性非常重要。白小麦的蛋白质含量较低(8%～11%)，通常用于糕点生产以及不需高麸质水平面包的制作，或者与硬质小麦混合生产面粉。

小麦的氨基酸组成优于玉米，特别是赖氨酸、色氨酸、蛋氨酸、胱氨酸和组氨酸。通常，软质小麦的必需氨基酸含量较低(干物质百分比)，但是在以上所列的那些氨基酸中，除色氨酸外，它们在软质小麦中的含量都高于玉米。

小麦的适口性对大多数家畜来说都非常好。作为能量来源，多数对比研究显示，饲喂小麦的家畜增重速度比饲喂玉米的家畜慢，而增重的饲料转化效率则通常较高。但在一些情况下，与饲喂玉米相比，饲喂小麦含量很高日粮的肥育牛皮下脂肪含量少，而大理石纹含量则无差异(表5-9)。给禽类饲喂大量粉碎小麦容易在喙部形成糊状食团。与其他谷物相比，小麦更容易造成反刍动物的酸中毒，因此，适宜的方法是使家畜在一段时间内逐步适应小麦饲粮。很多营养学家建议，在肥育牛日粮中小麦的含量不要超过50%，而肥育羊则更少。

表5-9　用含黑小麦、玉米和小麦的饲粮饲喂肥育牛的生产性能比较

项目	谷物[a]		
	玉米	小麦	黑小麦
日采食量(kg)	10.4	9.1	9.1
日增重(kg)	1.33	1.25	1.13
料重比	7.81	7.24	8.02
胴体大理石纹评分	7.5	8.1	7.8
校正膘厚(cm)	1.26	0.97	1.04

资料来源：Reddy等[13]。

[a]日粮为74%的谷物、15%的棉籽壳、10%的棉籽粕和1%的食盐。

假如小麦种植农场主和面粉加工者的看法正确的话，饲喂"新型"小麦可能给家禽和其他家畜的饲养带来问题。然而，至今还没有这方面的试验数据。如果这种问题确实存在，原因可能与小麦中淀粉颗粒的溶解以及在淀粉颗粒周围存在蛋白质基质的交联有关。

在一些潮湿地区，由于天气的原因常造成小麦的倒伏(植物倒下平铺在地上)。假如小麦收割不及时就有可能发芽，这样就无法用于面包的制作，从而导致市场价格降低。然而，出芽比例很高的小麦籽粒似乎对饲喂价值并没有影响。即使有影响，其程度也不大(表5-10)。但这种发芽的小麦很可能会发霉，霉菌在某些条件下会降低小麦的饲喂价值。

表5-10　肥育牛饲粮中小麦、发芽小麦和大麦的生产性能比较

项目	谷物种类[a]		
	大麦	小麦	发芽小麦
饲料采食量(kg/d)	9.44	9.16	9.08
日增重(kg)	1.32	1.30	1.29
饲料∶增重比	7.15	7.05	7.05

资料来源：Preston等[14]。

[a]饲粮包含以下含量的蒸汽压片谷物：大麦组，77%大麦；小麦组，50%小麦和27%大麦；发芽小麦组，50%小麦(其中58%为发芽小麦)和27%大麦；剩下的部分为10%禾本科-豆科混播牧草、10%补充料和3%甘蔗糖蜜。

1.2.6　黑小麦

黑小麦由小麦和黑麦杂交而成。黑小麦的养分含量(表5-4)与硬质小麦或黑麦相似，但纤维含量较高。黑小麦的氨基酸(如赖氨酸、蛋氨酸和胱氨酸)组成不太理想。对非反刍动物来说，黑小麦的饲喂价值与玉米相似。最近的数据显示，在添加赖氨酸后，一些黑小麦品种对猪的饲喂价值可以与玉米-豆粕饲粮相当。值得注意的是，在表 5-11 中，用黑小麦＋赖氨酸或玉米－豆粕饲粮饲喂肥育猪时，增重速度、饲料转化效率和背膘厚度非常接近。在一项比较玉米和黑小麦饲喂价值的研究中，把这两种谷物分别作为半纯合日粮中蛋白质的惟一来源饲喂家畜[16]，在这种情况下（可能并不具有全价日粮的特性），玉米的消化能是 4.08 kcal/g，两个品种黑小麦的消化能值分别是 3.77 和 3.56 kcal/g，各自的代谢能值分别是 3.66，3.19 和 3.12 kcal/g。黑小麦对肥育牛的饲喂价值略低于小麦，且饲料转化效率也低（表 5-9）。和其他谷物一样，黑小麦易受麦角菌的侵害（麦角菌是一种能毁坏部分籽粒的有毒真菌）。目前，黑小麦没有广泛用作饲用谷物。

表 5-11　肥育猪玉米-大豆日粮和黑小麦日粮的比较

项目	日粮	
	玉米-大豆	黑小麦＋赖氨酸
增重(kg)	35.9	35.2
平均日增重(kg)	0.92	0.90
料重比	3.23	3.30
平均背膘厚(cm)	2.82	2.87

资料来源：Hale　和 Utley[15]。

表 5-12　黑麦和大麦饲喂泌乳奶牛的价值比较

项目	谷物来源[a]		
	大麦	25%黑麦	50%黑麦
干物质采食量(kg/d)			
混合精料	10.9	10.3	10.4
总量	20.6	19.4	19.1
FCM 产量(kg/d)	21.6	21.3	19.8

资料来源：Sharma 等[17]。

[a]精料含 80%谷物，其中 5%为燕麦，剩下的为大豆粕、糖蜜和矿物质。

1.2.7　黑麦（*Secale cereale*）

黑麦在北欧是一种重要的用于制作面包的谷物。它的成分与硬质小麦相似，但蛋白质含量可能稍高。通常认为，黑麦的适口性比其他多数谷物差，并且比小麦更易受麦角菌的感染。通常不用黑麦饲喂家禽，即使使用时其用量也很少。用家禽所做的研究表明，黑麦至少含有两种有害因子：一种是存在与麸皮中的抑制食欲因子；另一种是全粒都含有的生长抑制因子[16]。有数据表明，黑麦对仔猪的饲喂价值是玉米的 80%[6]。

对反刍动物来说，通常饲喂大量黑麦不但适口性不好，而且很难咀嚼。然而，用泌乳奶牛（表 5-12）进行的研究表明，即使黑麦在混合精料中含量高达 25%，也不会发生任何问题，并且对标准乳产量也没有影响。然而，来自同一实验室的研究表明，给 6～18 周龄犊牛饲喂含 60%黑麦的开食料时，犊牛日增重和饲料采食量均下降。将黑麦烘烤后饲喂，可以使生产性能恢复到添加黑麦前的水平。最近用牛进行的研究表明，为了避免对生产性能的影响，黑麦在日粮中的用量应限制在 40%以下。

1.2.8　稻谷（*Oryza sativa*）

稻谷在世界上很多地区都有种植。尽管大多数稻谷种植在水分充足、生长旺盛期能进行灌溉的地区，但也有适于旱地种植的品种。稻谷通常是供人食用的。据稻谷委员会统计，世界各地种植的稻谷超过 40 000 种。作为食用谷物，由于价格较高，通常稻谷并不适于作饲料。但有时价格非常便宜的带壳稻谷（未经碾磨的）也可以用来饲喂家畜。粗谷的粗蛋白、粗纤维和粗脂肪含量分别为 8%，9%和 1.7%（表 5-4）。稻谷外壳重量约占整粒重量的 25%。这些外壳本身几乎完全不能消化，因此，大大降低了稻谷的可利用能值。

1.2.9　谷子

谷子（黍类）主要作为人类食物，种植于亚洲和西非地区。有不同的谷子品种，其中包括很多小籽粒的品种。在美国种植的一种饲用谷子同高粱相似,称为黍(*Panicum milliaceum*)。据报道,它的饲喂价值介于燕麦和玉米之间。在一些国家种植的谷子,例如狗尾草谷子(*Setaria italica*)、珍珠谷(*Pennisetum glaucum* 或 *typhoideum*)、日本谷子(*Echinochloa crusgalli*)或指形穗谷子(*Eleusine coracana*),多数用作人类的粮食,在一些地区也用作粗饲料和鸟食,或用于酿造啤酒。除了上述提到的用途外,谷子并不是家畜饲料的主要来源。

2 谷物的相对饲喂价值

尽管已经给出了大量有关谷物营养价值的信息,仍然有一些补充信息需要说明。谷物是畜禽主要的能量饲料来源,因此,能量含量可作为比较谷物饲喂价值的最重要的依据。通常将玉米作为谷物比较的标准。如表5-13所示,如果将玉米的相对饲喂价值设为100,那么其他谷物的饲喂价值通常要比这个值低。表中数据反映出各种谷物间粗纤维含量的差异以及由于谷物纤维较高而引起的消化率的降低。这可以通过去除燕麦和大麦等谷物外壳后剩余部分(燕麦的去壳谷粒和珍珠麦)的消化率提高而得到证实。另外,随着纤维含量的增加,淀粉和其他可利用碳水化合物的含量会减少(表5-4)。脂肪含量对能值有一定的影响,并且不同谷物的直链淀粉和支链淀粉的利用也可能存在差异。已有证据表明,与不成熟谷物相比,瘤胃微生物更易消化成熟谷物中的淀粉颗粒。谷物的相对饲喂价值也可能受各种饲料加工方法的影响,因为一些谷物经加工后饲喂价值的提高程度会高于其他谷物(见第11章)。

表5-13 其他谷物粗蛋白和代谢能与玉米比较的相对值

谷物	粗蛋白质	代谢能		
		反刍动物	猪	家禽
玉米	100	100	100	100
大麦	124	96.2	88.6	74.5
粟(或黍)	118	96.2	89.0	86.5
买罗高粱	114	98.8	96.3	96.7
燕麦	122	87.1	80.9	75.0
黑小麦	161	96.2	91.2	92.2
黑麦	127	96.2	89.3	78.6
小麦[a]	132	101.5	97.4	94.8

资料来源:NRC[18]。

[a]硬质红皮冬小麦。

玉米和买罗高粱的蛋白质含量比其他饲用谷物低。因此,从相对值来看,它们不是高蛋白饲料来源。由于玉米的赖氨酸含量低,且色氨酸含量比大多数谷物低,因此玉米蛋白质的品质较低。

对饲用谷物的研究已进行了许多年,但这方面的报道仍然层出不穷。表5-14给出了一些数据,这些数据来自三份有关猪的研究。数据说明了比较评定的问题。在前两个实验中,给猪饲喂待测谷物和基础日粮(基础饲粮中除能量外其他必需营养物质都是过量的)。在第3个试验中给猪饲喂谷物加矿物质及维生素补充料。比较而言,最后一个试验可以更好地评定谷物对能量和氨基酸的贡献,而前两个试验则仅能评定谷物能量的贡献。根据我们目前对谷物养分含量和家畜需要量的知识可以知道,仅用谷物来饲喂家畜是不合理的,而且在没有添加合适补充饲料的情况下来评定谷物的饲喂价值更是不合理的。

表 5-14　谷物对猪的相对价值

量度	谷物种类						参考文献编号
	玉米	燕麦	小麦	大麦	黑小麦	买罗高粱	
日增重[a](g)	293	259					19
饲料转化率	1.17	1.36					
消化能(kcal/g)	3.43	2.84					
日增重[a](g)			251	230			20
饲料转化效率			1.25	1.27			
消化能(kcal/g)			3.82	3.76			
消化能[b](kcal/g)	3.80		3.71	3.38	3.60		21
消化能(kcal/g)	3.84	3.18	3.86	3.52		3.82	NRC

[a]每日除了饲喂相当于体重 3%的基础日粮外，平均饲喂相当于体重 1.5%的谷物。除了能量，所有的营养物质都被认为超过了需要量。

[b]除了饲喂的谷物外，只补充矿物质和维生素。

3　谷物加工副产品

在进行面粉加工和其他各种食品或工业产品的生产过程中，谷物会产生大量副产品，这些副产品可在饲料行业中使用。美国饲料控制官协会负责发布这些副产品的官方信息(包括产品名称、数量、性状描述)[19]。附表 1 上列出了所有这些产品及其养分含量的基本数据。因此，此处将不再详述更多内容。官方的描述在多数情况下给出的是最小值。

谷物加工方法有干法和湿法两种(加工饲用谷物的粉碎、压扁和其他方法以外的加工方法)。干法主要是为了磨去外壳(如大麦和稻谷)或除去籽粒的外层，使其暴露出胚乳(主要含淀粉)，以便于面粉生产。湿法主要用于将玉米或高粱(少数情况下)加工生产淀粉、糖、糖浆或油脂等人类食品的工序。谷物加工所用的各种方法示于图 5-9。上述加工方法得到的几种副产品都可用作家畜的饲料。

3.1　小麦加工副产品

小麦加工面粉后的副产品约占整粒小麦的 28%，其余部分用于制作人类食用的面粉。通常小麦加工后的副产品按纤维含量递减的顺序进行分类和命名：大麸皮、中麸皮(middling)、小麸皮或面粉厂下脚料(mill run)、次粉(shorts)、饲用粗面粉(red dog)和小麦胚芽粉(wheat germ meal)。其中各自的产量取决于不同的加工方法和小麦品种。在美国，配合饲料厂约使用 90%的小麦加工副产品，其中最大的用户为家禽业。小麦加工副产品饲料的主要营养指标如表 5-15 所示，以下是对它们的简要描述。

表 5-15　小麦加工后饲料的常规指标

小麦面粉厂加工副产品	最小蛋白含量(%)	最小脂肪含量(%)	最大纤维含量(%)
大麸皮	13.5～15	2.5	12.0
中麸皮	10～14	3	9.5
小麸皮	14～16	2	9.5
次粉	14～16	3.5	7
饲用粗面粉	13.5～15	2	4

资料来源：AFCO 1995[19]。

小麦麸或大麸皮(wheat bran)是干净和粗磨的小麦经常规商业化加工方法脱壳处理后小麦谷粒的外皮。小麦麸的外观为片状，约占小麦加工副产品的 45%。小麦中麸皮(wheat middling)是小麦谷粒外皮中紧靠种仁的那一层，包括外皮内的颗粒层(糊粉层)、胚乳和大麸皮颗粒，其外观为褐色细粉。中

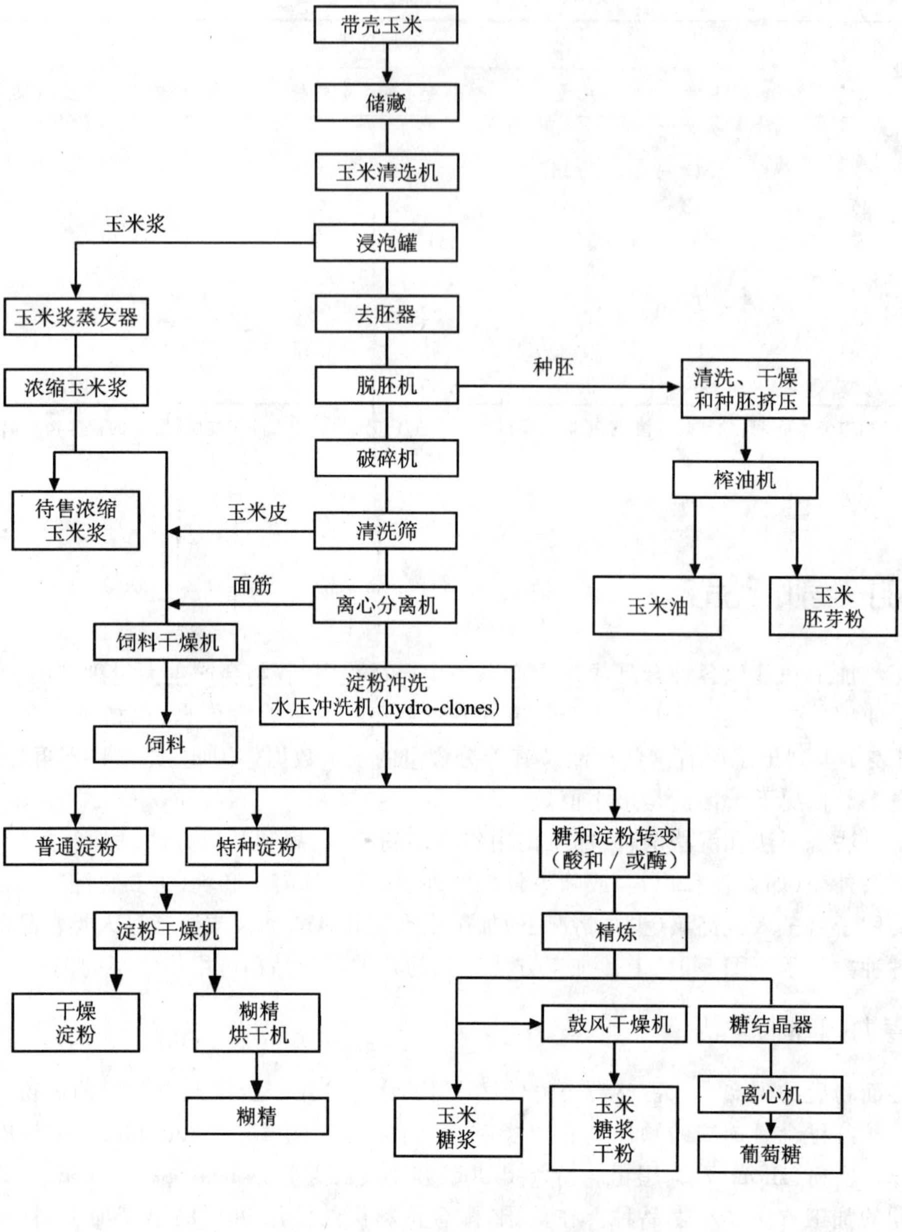

图 5-9　玉米湿法加工工艺示意图

如图所示：湿法加工主要是用于淀粉、糖和糖浆的生产。

加工过程中所得的其他饲料成分是生产过程的副产品。

麸皮通常占小麦总加工副产品的 40%。在硬质红色春小麦中，限制性氨基酸是赖氨酸和苏氨酸。小麦的小麸皮或面粉厂下脚料(wheat mill run)是大麸皮和中麸皮的混合物。次粉(shorts)包括大麸皮、种胚、面粉和尾料等各种混合物的细粉，其中面粉含量高于中麸皮，其外观更像浅褐色的小麦细粉。饲用粗面粉(red dog)含有加工尾料和一些大麸皮的细颗粒、种胚和面粉，比其他加工后的饲料含有更多的面粉成分。饲用粗面粉呈浅灰色，且夹杂一些小的褐色大麸皮颗粒，它仅占小麦总加工副产品的 4%。小麦胚芽(wheat germ)被归为蛋白质补充料，这将在第 6 章中讨论。尽管各种面粉加工副产品应该是标准化产品，但并不能经常做到标准化。因此，它们的成分变异程度往往要大于表 5-15 所示的结果。

小麦加工副产品饲料，尤其是小麦麸，是一种容积相对较大并且有轻泻作用的饲料。但是，只要添加比例不高(在饱饲牛饲粮中超过 40%～50%时，由于颗粒过细将降低家畜的采食量)，它的适口性都很好。尽管小麦加工副产品饲料的赖氨酸、蛋氨酸和其他必需氨基酸往往相对缺乏，但是，其蛋白质含量通常超过小麦本身，并且蛋白质品质也较好。

由于小麦加工副产品饲料的容积大，所以容易限制家畜的采食量。当它在饲粮中的添加量过高时，家畜的能量摄入量就无法达到最大。小麦加工副产品饲料的能值并没有进行很好地测定。已有的数据表明，反刍动物对小麦加工副产品饲料能量的利用要优于单胃动物。如表 5-16 所示，在第 1 个试验中用中麸皮代替 30%（重量计）玉米，第 2 个试验的肥育日粮中用中麸皮代替 60%玉米（未列出），猪的生长情况均良好。中麸皮占饲粮的比例为 20%时，蛋白质利用率最高，而占 40%时，代谢能的利用效率最高。小麦加工副产品饲料的总代谢能值估计为 2.99 kcal/g，略低于 NRC 中 3.25 kcal/g 的结果[18]。在一份最近的有关泌乳奶牛的研究报道中，给奶牛饲喂 60%水平的精料，试验 1 中精料含有 20%或 40%的中麸皮，试验 2 中精料中含 40%～60%的中麸皮（使用通过计算的等能量饲粮），结果采食含 40%中麸皮饲粮的奶牛生产性能没有变化，而采食含 60%中麸皮日粮的奶牛则产奶量有所下降。

表 5-16　增加粗粉水平对生长-肥育猪生产性能的影响

项目	粗粉替代玉米的百分比			
	0	10	20	30
日增重(kg)	0.65	0.66	0.67	0.66
日采食量(kg)	1.82	1.85	1.85	2.00
饲料：增重比	2.79	2.81	2.72	3.12
背膘厚(cm)	2.7	2.6	2.7	2.6

资料来源：Erickson 等[20]。

小麦加工副产品饲料也是大部分水溶性维生素的良好来源，但烟酸除外，它几乎完全不能提供烟酸。小麦加工副产品饲料含钙量很低，但是磷、镁和锰的含量较高。大部分磷以植酸磷形式存在，其中只有部分可被单胃动物所利用。一些数据显示，热处理能增加磷的利用率。小麦加工后饲料中各种微量元素的含量也常常高于未加工的小麦。

大多数小麦加工副产品饲料用于饲喂家禽、猪和奶牛。小麦麸是处于繁殖期的各种反刍动物和马的优良饲料来源。

3.2　玉米加工副产品

玉米干法加工的主要产品是玉米粉（corn meal）、玉米碎（hominy grits）或者玉米面粉（corn flour）（用于饲料）。玉米加工副产品饲料包括玉米杂（hominy feed）①玉米面粉和玉米麸。玉米杂是黄玉米或白玉米中玉米麸、玉米胚芽和少部分淀粉的混合物，或是加工人类食品珠状玉米片（pearl hominy）、玉米碎或玉米粉过程中上述几种成分的混合物，其粗脂肪含量不得低于 4%。人们也常称这种副产品玉米碎副产品（corn grits by-product）。就容积而言，玉米杂是最重要的饲料。玉米杂也可经溶剂浸提后出售，这种情况下的玉米杂中脂肪含量很低。玉米杂是单胃动物和反刍动物的优质能量饲料来源，被认为优于或至少相当于整粒玉米。玉米面粉是玉米粉碎后体积细小、坚硬和耐磨的籽实部分，不含或含有少量的玉米麸或种胚。玉米麸是玉米籽粒的外皮层，不含或含有少量的淀粉或种胚。糊化玉米面粉是由玉米种胚经过糊化并细磨后的产品，其粗纤维含量不超过 1%。玉米种胚由于粗蛋白质含量很高，被划归为蛋白质补充料。

如图 5-9 所示，湿法加工生产出不同的产品。100 kg 玉米用湿法加工后得到的各种副产品平均产量如下：珍珠样淀粉 62.5 kg，玉米油 2.86 kg，动物饲料 34.6 kg。用淀粉可以制得约 71 kg 糖浆或

① 玉米杂含有玉米麸、玉米种胚和淀粉等成分；译校者注。

49 kg 精制玉米糖[22]。当然，淀粉、玉米糖、糖浆和玉米油主要是供人类食用。除了下面在液体饲料部分即将讨论的淀粉糖蜜和液化玉米等制品外，玉米湿法加工所获得的其他饲料，如玉米蛋白饲料(gluten feed)、玉米蛋白粉(gluten meal)、玉米胚芽粉(corn germ meal)、浓缩发酵玉米浸出物(condensed fermented corn extractives)和水解玉米蛋白粉(hydrolyzed corn protein)，它们统统被归为蛋白质补充料，这将在第6章中进一步讨论。

3.3 其他谷物加工副产品

同玉米一样，对一些高粱也进行湿法加工。高粱加工后的能量饲料主要是高粱碎(grain sorghum grits)，它是一种不含或含有很少高粱糠或种胚的硬质片状物。含胚高粱加工副产品饲料(germ sorghum millfeed)是高粱糠、种胚和部分高粱淀粉的混合物，或者是加工高粱碎、高粱精粉和高粱粗面粉等产品过程中产生的混合物。含胚高粱加工副产品饲料的粗脂肪含量不能低于5%，粗纤维含量不能高于6%。

大麦加工副产品包括大麦壳(barley hulls)、珍珠大麦加工副产品(pearl barley by-product)和大麦面粉厂副产品(barley mill by-product)，其中大麦壳是一种粗饲料，珍珠大麦加工副产品是大麦精加工过程的全部副产品，而大麦面粉厂副产品由大麦壳和大麦中麸组成，是大麦加工面粉过程的全部剩余物。

同大麦加工方法一样，燕麦加工方法主要是将种皮从麦粒(籽粒的内层)表面分离出去。去壳燕麦粒(oat groats)是指除去外壳后光净的燕麦粒。去壳燕麦粒既可供人食用，也可作为家畜的饲料。饲用燕麦粉(feeding oat meal)是采用压扁或碾碎工艺处理去壳燕麦产生的产品，由破碎的压扁去壳麦粒(broken rolled oat groats)、去壳麦屑(oat groat chips)和燕麦去壳过程的细粉部分(floury portions of groats)所组成，其中只在最后一部分中含有商品化加工过程所不可避免产生的燕麦壳细粉。饲用燕麦粉的粗纤维含量不能超过4%。燕麦皮或燕麦麸(oat hulls)是利用无壳燕麦加工人类食品过程的副产品，主要是燕麦的外皮。燕麦加工副产品(oat mill by-product)是加工去壳麦粒的副产品，主要由燕麦麸和去壳燕麦的细颗粒所组成，粗纤维含量不超过22%。去皮燕麦副产品(clipped oat by-product)是去皮燕麦继续加工的副产品，可能含有从燕麦皮末端脱落下来的麸质、空麸、未成熟轻质燕麦粒和灰尘。去皮燕麦副产品中燕麦麸的含量不能过高。

稻谷加工也主要是除掉谷粒上的壳和种皮。米糠(rice bran)包含稻谷的种皮或糠麸层、种胚以及在常规碾米过程产生的一些谷壳、谷粒碎屑、碎米，或制作啤酒过程产生的稻谷酒糟和碳酸钙等，其粗纤维含量不能超过13%。米糠也可用溶剂浸提法生产米糠粕(solvent extracted rice bran)。稻谷抛光米糠(rice polishing)是对去壳谷粒进行抛光加工过程的副产品。上述两种产品都是脂肪含量较高(脂肪浸提的米糠除外)的优质饲料，但是如果脂肪不经过稳定化处理，则极易氧化。其他副产品还有稻谷加工副产品(rice by-product fraction)，它是细粉碎稻壳经过筛和风选处理后的产品。这种产品由通过80目筛的粉碎稻壳、海绵状薄壁组织和少量稻米粉、种胚、种皮和稻谷淀粉所组成，主要用于饲料制粒加工过程的助剂(pelleting aid)。它的粗蛋白质含量不少于5%，粗脂肪含量不低于1.5%，而粗纤维含量则不超过25%。稻壳(rice hulls)也是副产品之一，但是如果不经过蒸汽加热处理或添加化学制剂进行处理，它的消化率极低，作为饲料的营养价值很小。

黑麦加工的副产品包括黑麦麸皮(rye mill run)和黑麦中麸(rye middings)。黑麦麸皮是常规黑麦粉加工的副产品，主要含黑麦籽粒的外皮和黑麦种胚的下脚料以及少量黑麦粉和糊粉层，其粗纤维含量不能超过9.5%。黑麦中麸由黑麦饲料(rye feed)和黑麦粗粉(rye red dog)及黑麦粉常规加工过程的部分产物组成，其粗纤维含量不能超过8.5%。上述两种副产品的生产数量很少。

大部分燕麦、大麦、稻谷和黑麦加工副产品饲料的粗纤维含量都较高，或比其相应的谷物本身高。尽管谷物加工副产品饲料的蛋白质含量高于谷物本身，但对单胃动物来说，它们的蛋白品质并不好。

谷物筛出物(grain screenings)是谷物或籽粒清理时分离出来的杂质。它们可能含有破碎籽粒，大量的杂草籽粒和其他物质，其成分变化可能非常大。在商业上使用时，必须对谷物筛出物进行详细标识，如谷物筛出物、混合筛出物和谷壳或尘土等。

4　高碳水化合物液体饲料

4.1　糖蜜和类似的液体饲料

糖蜜是制糖生产的主要副产品。制糖的主要原料是甘蔗，同时还包括甜菜、柑橘、淀粉和木材。根据含糖量的不同，糖蜜可分为多种不同类型。糖蜜中含糖量可借助折光仪来测定，它与干物质的百分含量非常一致。通常将商业用糖蜜(甘蔗制糖产物)的含水量校正到 25%左右。糖蜜经干燥处理后可以混入干燥的饲粮中，但其成本相当高。

许多制糖企业正在采用新的榨糖工艺，因此液体副产品的成分也在发生变化。例如，很多甜菜不再用来生产甜菜糖蜜，而是生产浓缩分离物副产品(concentrated separator by-product)。甘蔗糖蜜的含糖量必须不低于 43%，并且浓度必须不低于 79.5°白利糖度(brix)，而甜菜糖蜜的总含糖量必须不低于 48%，最小浓度同甘蔗糖蜜一样，应不低于 79.5°白利糖度。柑橘糖蜜是干燥柑橘渣加工制得的部分脱水汁液，其总含糖量必须不低于 45%，且浓度不低于 71°白利糖度。淀粉糖蜜是利用淀粉加工葡萄糖的副产品，所用的淀粉是将玉米或高粱用酶和/或酸水解法制得。淀粉糖蜜的总含糖量不低于 50%，且总固形物含量不低于 73%。半纤维素浸出物是木材加工过程的副产品。它是在没有酸、碱或盐的情况下，木材经高温高压处理后的浓缩可溶物质。半纤维素浸出物含有五碳糖和六碳糖，且总碳水化合物含量不低于 55%。木质素磺酸盐(lignin sulfonate)是在用亚硫酸处理木材将其转变为木浆的过程中由于磺酸化和水解作用将木质素溶解的产物。根据所用方法的不同，木质素磺酸盐可能存在水溶性钙、钠或铵盐。根据用途的不同，木质素磺酸盐可以作为液态的盐溶液出售，也可以作为浓缩或干燥品出售。

甘蔗糖蜜或赤糖糊(blackstrap)作为饲料，尤其是反刍动物饲料，已经得到广泛应用。仅在美国，每年甘蔗糖蜜和甜菜糖蜜的使用量就已超过 250 万 t；在生产糖蜜的欧洲和其他地区(亚热带或热带)，糖蜜也被大量使用。世界上每年甘蔗糖蜜和甜菜糖蜜的产量达 1 000 万 t。由于使用了更有效的制糖方法，目前生产的糖蜜中含糖量比以前的少。世界上主要糖蜜出口国家(1995)有巴基斯坦、泰国、印度尼西亚、菲律宾和巴西。

令人遗憾的是，世界上还没有关于糖蜜或其他变异性很大的产品的标准分析方法。无疑，不同糖厂生产的糖蜜成分差异很大。在一份来自荷兰的论文中[23]，作者引用了不同糖蜜的下列分析数据：甜菜糖蜜灰分含量6.9%～11.6%，粗蛋白质含量 4.7%～14.0%；甘蔗糖蜜灰分含量 8.7%～12.3%，粗蛋白质含量 4.1%～6.5%。甜菜糖蜜各成分的消化率为：有机物 86%～94%，粗蛋白质 34%～71%，NFE 91%～98%；蔗糖蜜各成分的消化率为：有机物 84%～91%，粗蛋白质 0～60%，NFE87%～93%。各种来源糖蜜养分含量的比较值可以在文献上找到。例如，NRC 出版物中给出的关于肉牛的甜菜糖蜜、甘蔗糖蜜和柑橘糖蜜的 TDN 值分别为 79%、72%和 75%。绵羊 NRC 给出的甜菜糖蜜和蔗糖蜜的 TDN 值分别为 77%和 79%。

表 5-17 所示的是荷兰对甘蔗糖蜜和甜菜糖蜜的分析数据。以有机物质基础计算，甜菜糖蜜和甘蔗糖蜜的总糖含量大约分别为 75%和 73%。甜菜糖蜜总糖量中有约 90%是蔗糖，而只有少量的是果糖和葡萄糖。甘蔗糖蜜总糖量中约 60%是蔗糖，30%是果糖和葡萄糖。两种糖蜜总糖中约 10%的成分还未确认。作者认为，在未知成分中有一部分是不可发酵的非糖物质，这种物质可能是由普通还原糖和含氮化合物共同形成的一种还原性物质。甜菜糖蜜中有约 35%的氮来源没有测定，而甘蔗糖蜜中大部分氮源并不是氨基酸。

不同糖蜜间灰分含量差异很大，这些灰分主要有K，Ca，Cl和硫酸盐。甘蔗糖蜜通常是大部分微量元素的良好来源，但维生素含量中等或偏低。毫无疑问，引起糖蜜灰分（和其他成分）差异的部分原因是制糖工艺的不同。甘蔗的成熟度、类型、品质、土壤肥力、收割制度以及加工方式，都对甘蔗糖蜜的成分有影响。

不论糖蜜的来源如何，它的甜味使得很多家畜都对它有所青睐。另外，作为制粒加工的黏结剂和作为药物或其他添加剂的载体，糖蜜可减少饲料粉尘的产生。作为含蛋白质的液体补充饲料的介质，糖蜜与其他氮源混合，可以提高饲料的含氮量（第6章）。与其他谷物相比，糖蜜的低成本价格也很有竞争力。

表5-17　蔗糖蜜和甜菜糖蜜的主要成分

项目（%）	糖蜜来源	
	甜菜	甘蔗
干物质	80.3	78.8
灰分	8.0	12.6
粗蛋白质	14.8	5.9
甜菜碱	5.2	0.1
氨基酸	7.0	2.2
己烷浸提物	0.3	0.3
粗纤维	0.1	0.3
NDF	—	—
总糖	69.5	63.9
蔗糖	66.0	44.0
果糖	1.0	13.0
无水糖醛酸	19.8	15.1
氨	0.1	0.1

资料来源：Steg和Van Der Meer[23]。

由于糖蜜在日粮中的添加水平超过15%～25%时容易造成消化功能紊乱、腹泻和家畜生长性能下降，或是加工过程存在问题（如黏稠度增加）等，糖蜜产品的应用还比较有限。腹泻主要是由于多数糖蜜产品中几种无机盐含量较高所造成，与糖蜜中的糖无关，因为猪和反刍动物都可以利用相当数量的其他形式的糖。给猪或反刍动物饲喂大量灰分含量较低的优质（high test）糖蜜，并不会造成特别的问题，但可用来饲喂家畜的优质糖蜜数量并不多。在一些情况下，给牛饲喂大量糖蜜会造成糖蜜中毒，症状与一种烟酸缺乏症（大脑皮质坏死）很相似，表明这种状况就是由于脑组织对碳水化合物代谢异常所造成的数据还很有限[24]。

很多数据表明，甘蔗糖蜜和甜菜糖蜜可以替代优质谷物作为能量来源，但是必须限量饲喂（小于饲粮10%）。当饲喂量逐渐增加时（表5-18），家畜生产性能和饲料利用效率趋于下降。同时，很多资料也表明，限量饲喂半纤维素浸提物（表5-18所示两例）的效果与饲喂甘蔗糖蜜相当。有关淀粉和柑橘糖蜜的资料很少，但作为能量来源，它们似乎与其他来源的糖蜜相当。

表5-18　饲喂糖蜜或其他液体能量饲料的家畜生产性能比较

处理	日采食量（kg DM）	日增重（kg）	产奶量（kg/d）	饲料：增重比	消化能（%）
大麦日粮，肥育阉牛[a]					
对照（无糖蜜）	10.1	1.13		8.98	
9.6%糖蜜	10.4	1.12		9.08	
14.4%糖蜜	10.0	1.03		9.69	
高玉米日粮，肥育阉牛[b]					79.2
+10%甘蔗糖蜜	9.3	1.36		6.83	83.8
+10%半纤维素浸提物	9.1	1.30		7.00	79.6
+10%试验木糖浆	9.2	1.35		6.80	84.1
棉籽壳粗饲料，泌乳母牛[c]					
无糖蜜	20.0		20.8		
8%蔗糖蜜	20.5		20.9		
8%半纤维素浸提物	20.9		20.8		
玉米、燕麦日粮，肥育羊[d]					
对照	1.4	0.24		5.8	
5%浓缩大豆可溶物	1.5	0.24		6.1	

续表 5-18

处理	日采食量 (kg DM)	日增重 (kg)	产奶量 (kg/d)	饲料：增重比	消化能 (%)
10%浓缩大豆可溶物	1.5	0.23		6.4	
15%浓缩大豆可溶物	1.5	0.21		7.2	

[a]来自 Heinemann 和 Hanks 的资料[25]。基础日粮含 53.4%大麦和 22.9%甜菜渣。加糖蜜处理时，大麦和甜菜渣的饲喂量分别减少 10%和 20%。

[b]来自 Crawford 等的资料[26]。基础日粮含有 81%玉米。饲喂液体饲料前，液体饲料应与基础日粮混合。

[c]来自 Vernlund 等的资料[27]。玉米粉由糖蜜或半纤维素浸提物代替。

[d]来自 Perry 等的资料[28]。玉米粉由浓缩大豆可溶物(condensed soy solubles)代替。

其他含糖量中等或较高的液体饲料还有浓缩大豆可溶物，它是用水和酸洗涤大豆粉或大豆压片的副产品。浓缩大豆可溶物含粗蛋白质 6%～7%、蔗糖 33%、57%总可溶性碳水化合物(干物质基础)。如表 5-18 所示，当羔羊饲粮中的用量低于 10%时，它可以作为玉米的理想替代物。

液化玉米产品(liquefied corn product)是玉米经蒸煮和酶处理制得的产品，这一过程没有损失任何营养成分。液化玉米产品的固形物含量不应低于 30%。以干物质基础计，粗蛋白质含量为 8%～9%。但目前这种产品的产量和使用量并不多。

含可溶性或可发酵碳水化合物较少的其他液体产品还有链霉素可溶物提取液(extracted streptomyces solubles)、浓缩糖蜜可溶物(condensed molasses solubles)和柑橘浓缩糖蜜可溶物(citrus condensed molasses solubles)。链霉素可溶物浸提液是生产链霉素的副产品，其粗蛋白含量为 17%～19%(干物质基础)。浓缩糖蜜可溶物是生产朗姆酒(rum)或酒精的副产品。它的产量很有限，灰分含量很高，粗蛋白质含量为 16%～19%(干物质基础)。以上两种产品都能在反刍家畜饲料中限量使用[29,30]。柑橘浓缩糖蜜溶解物是酒精发酵的残余物，粗蛋白质含量为 10%～12%(干物质基础)。当它在牛饲粮中添加量接近 20%时，饲料转化效率下降，但增重速度并不下降；在羊饲粮中的含量为 20%时，与 10%的含量或不添加时相比增重速度减慢，并且粗蛋白消化率也降低。

4.2　液态奶副产品

干乳酪生产或乳清生产中可产生几种液体副产品，包括鲜乳清、酸乳清、浓缩乳清和脱水(干燥)乳清。乳清是液态奶制作干酪过程中除去酪蛋白和乳脂后剩下的液体部分。乳清中保留了奶中的大部分乳糖、矿物质和水溶性蛋白质。乳清通过蒸发除去水后得到的产品称为浓缩乳清(或乳清浓缩物)。浓缩乳清出售时必须在标签中标明总乳清固形物的最低百分含量。典型乳清产品的固形物为 40%～50%，粗蛋白质(干物质基础)和乳糖含量分别为 10%～13%和 55%～70%。制作脱水乳清要求将乳清干燥至水分含量低于 10%。这就使得这一产品更加昂贵，但是远距离运输的成本却得到降低。液体乳清和浓缩乳清均需采取保护措施，否则将很快变质。

浓缩乳清作为营养物质来源已经用于制作牛的液体补充饲料以及猪和家禽的配合饲料，同时它还可以提高饲料的适口性和质地。长期以来，干燥乳清一直用作家禽和仔猪的幼畜饲料以及幼年反刍动物的代用乳。液体乳清由于干物质含量低(4%～5%)，在应用上问题较多。不过，当畜牧场附近有液体乳清供应时(运输成本最小)，它可很好地利用。这在表 5-19 中有所阐明。表中的数据表明，高产奶牛平均每天采食 54 L 液体乳清，它的精料采食量减少，但总干物质采食量和产奶量有一定增加。Schingoethe[33]指出，猪从液体乳清中获取的干物质超过日粮干物质总量的 20%时就可能发生腹泻，而反刍动物这个数值只要不超过 30%就不会影响生产性能。在牛的日粮中添加少量乳清或乳清副产品，常常能改善牛对营养物质的利用，从而使增重和饲料转化效率得到提高。在不会显著降低奶牛精料采食量的情况下，添加乳清还可以预防乳脂率的下降。

其他乳清副产品有浓缩乳清可溶物(condensed whey solubles)和浓缩乳清副产品(condensed whey-product)。浓缩乳清可溶物是将乳糖加工过程中除去乳清蛋白和部分乳糖后的乳清残留物进行蒸发制得的副产品,其固形物含量为40%~50%,粗蛋白含量约为10%,乳糖含量为60%~70%(干物质基础)。浓缩乳清副产品是将除去一部分乳糖的乳清进行蒸发后得到的残留物,其干物质含量为44%~48%,粗蛋白质含量为15%~16%,乳糖和乳酸含量分别为60%和70%。这两种产品的使用方法与浓缩乳清相类似。

表 5-19 液体(鲜)乳清在高产奶牛饲养中的利用

项目	饲粮处理	
	对照	饲喂乳清
日采食量		
液体乳清(l)		54.1
乳清 DM(kg)		2.45
精料 DM(kg)	16.4	14.7
干草 DM(kg)	3.2	3.6
总 DM(kg)	19.8	20.7
产奶量(kg FCM/d)	25.0	27.2
FCM 乳/饲料 DM 比	1.27	1.31

资料来源:Pihchasov 等[32]。精料主要由高粱、大麦、玉米和小麦麸组成,并添加蛋白质、矿物质和维生素。精料、乳清和干草(中等品质的野豌豆-燕麦)供奶牛自由采食。显示的数据为70~75 d泌乳阶段。

5 由副产品转化的干燥饲料

5.1 甜菜渣

甜菜渣是糖用甜菜经制糖后剩下的残渣。

一些靠近甜菜加工厂的饲养场可以饲喂湿甜菜渣。不过,大部分饲用甜菜渣是经过烘干加工,并且在烘干前常常添加了甜菜糖蜜。甜菜渣作为泌乳奶牛日粮的成分很受欢迎,可以经切碎或制成颗粒后出售。它的物理质地同粗饲料相似,但甜菜渣比粗饲料更易消化,并且适口性更好。尽管作为精料它的粗纤维含量过高(16%),但是这种纤维很容易消化,其部分原因是由于其中木质素含量低。最近利用羊所做的消化试验和利用奶牛所做的泌乳试验研究表明,当甜菜渣在全价饲粮中的用量不超过70%时,它能提供与玉米一样多的能量。常见的甜菜渣可消化能值比大部分谷物都要低很多。

5.2 柑橘渣和柑橘粉

柑橘副产品是由生产柑橘汁后剩下的残渣制得的。残渣经切碎或粉碎后,挤压除去汁液,最后烘干。挤压前可能会加入氢氧化钙。干柑橘粉是干柑橘渣经筛分后的更细颗粒,其蛋白质含量较低(5%~8%),纤维含量较高(11%~12%),钙含量可能较高。来自反刍动物的试验数据表明,柑橘渣的适口性较好,日粮中的用量可以接近50%~60%。干柑橘粉的纤维很容易消化,并且其能量数值接近一些谷物。然而,已有试验结果表明,大量饲喂(如3~4 kg/d)柑橘粉可引起乳脂异味,但是每天饲喂2 kg 则没有影响[34]。

5.3 面包房烘干产品(dried bakery product)

面包房烘干产品是由回收的(未用过的或不新鲜的)面包和其他食物(如糖果、不可食用面粉、滞销的坚果)等制成的饲料。这些原料经混合和粉碎后生产出的饲料粗蛋白质含量为9%~12%,脂肪10%~15%,粗纤维含量低。由于每个季节、甚至每天的原料变化很大,因此,它的营养物质含量变化很大。尽管面包房烘干产品的供应量较小,但是由于可消化能含量很高(大部分来自淀粉、蔗糖和优质脂肪),所以它是一种非常好的饲料。它能被猪很好地利用,是配制幼畜饲粮的首选原料。它也是一种很受欢迎的泌乳奶牛饲粮原料。

5.4 木薯粉

木薯(*Manihot esculenta*)是一种热带根用作物,名称有木薯(*cassava*)、丝兰属植物、木薯淀粉、木薯(*tapioca*)和树薯(*mandioca*)等多种,是一种在热带地区有着很大潜在重要性的家畜饲料。在试验田中,它的产量可达 75～80 t/(hm^2 · a),比稻谷、玉米及其他适于热带生长的谷物要高得多。

尽管木薯是一种严格意义上的热带植物,但在美国和欧洲有大量的脱水木薯粉用于饲喂家畜。木薯根的水分含量约 65%,蛋白含量 1%～2%,纤维含量 1.5%,脂肪含量 0.3%,灰分含量 1.4%,无氮浸出物含量 30%。因此,它的干物质大部分是可利用碳水化合物。干燥木薯的能值与其他根类作物和块茎的能值相当,在添加蛋白质补充料弥补其低蛋白质含量的情况下,可以替代生长肥育猪日粮中的全部谷物。木薯也可以作为妊娠和泌乳母猪日粮的主要能量来源。木薯可以被反刍动物很好地利用,但对单胃动物来说,木薯茎叶的纤维含量过高。

新收获木薯的根和叶中氢氰酸(一种剧毒物质)含量可能很高。在 70～ 80℃的烤炉中烘干、用水煮沸或晒干,都能有效地减少氢氰酸的含量。目前,干木薯产品的主要来源是东南亚国家。

6 块根和块茎

用于饲喂家畜的根类作物包括芜菁(turnips)、专用甜菜(mangolds)、芜菁甘蓝(swedes)、饲用甜菜(fodder beets)、胡萝卜(carrots)和欧防风根(parsnips),在北欧国家尤其如此。块根和块茎作为家畜饲料时,可以根据饲喂的需要从地里挖取,或者直接让家畜在地里采食。这些饲料体积过大,限制了它们在猪或家禽饲料中的使用,因此它们大部分是用来饲喂牛羊。

块根作物的特点是水分含量高(75%～90%),纤维(5%～11%;干物质基础)和粗蛋白(4%～12%)含量较低。这些作物往往钙和磷含量较低,但钾含量较高。它们的碳水化合物含量在占干物质 50%～75%之间变动,其中主要成分是极易消化的蔗糖。可能由于甜菜中蔗糖含量高,那些不适于饲喂专用甜菜或饲用甜菜(两者均为 *Beta vulgaris*)的家畜(羊和牛)往往会发生消化不良。

一些块根作物,尤其是芜菁,可以实行轮作栽培体系。在一些地区,它们在小粒谷类作物收获后种植,可以获得很高的产量。收获后可用作秋季和初冬的放牧饲料。牛和羊在放牧采食芜菁的同时若能进行适当的补饲,将很快学会吃光埋在地下的植物根部。

在商业化种植马铃薯的地区,过剩的或是剔出的白马铃薯(*Solanum tuberosum*)通常用来饲喂牛和羊。马铃薯的消化能含量(干物质基础)很高,它们几乎完全来自淀粉。马铃薯的水分含量为 78%～89%,粗蛋白含量低,且品质差,钙的含量通常较低。饲喂生马铃薯的猪和鸡生长速度慢,但是通过蒸煮处理可以将淀粉的消化率提高至与玉米淀粉相当的程度。马铃薯,尤其是马铃薯芽,含有有毒化合物龙葵碱。因此,饲喂生马铃薯或马铃薯青贮时,有可能出现问题。肥育牛日粮中常常使用剔出的马铃薯,饲喂量可达干物质采食量的一半。生长猪在添加一定量的蛋白质补充料的同时饲喂蒸煮马铃薯,能获得满意的生产性能,但是,用量通常应限制在总饲粮的 30%或更少。

在过去的 20 年中,北美洲用于加工的马铃薯数量增长了 3 倍多,一些地区用于饲喂家畜的各种马铃薯加工副产品也增加了。据估计,在加工过程中,约有 35%经过预加工的马铃薯被废弃。马铃薯粉(potato meal)是加工厂留下的马铃薯残渣经干燥后的生粉(raw meal)。马铃薯泥(potato slurry)是马铃薯用于加工人类食品后剩下的高水分产品,其中含有大量马铃薯皮。马铃薯滤饼(potato filter cake)是加工马铃薯的污水经真空过滤后回收的残渣,约占马铃薯加工残渣的 20%。马铃薯片(potato flakes)是马铃薯经蒸煮、捣碎和烘干后剩下的残渣。马铃薯渣(potao pulp)是马铃薯经冷水浸提淀粉后剩下的副产品。各种马铃薯生粉的营养价值与剔出的生马铃薯大致相同。最近的研究表明,马铃薯滤饼可以取代牛饲粮中的大麦,且能量消化率没有显著降低。用马铃薯滤饼替代日粮中 15%大麦时,提高了能量的消化率。然而,饲喂量更高(45%和60%)时,家畜的饲料采食量明显下降[35]。

表5-20中显示了用马铃薯副产品所做的两个不同试验的数据。在用马铃薯粉所进行的试验中,用马铃薯粉替代了泌乳奶牛精料混合料中的部分玉米和大豆粕。马铃薯粉的粗蛋白含量为8.45%,脂类和淀粉的含量分别是4.72%和65%。由于某些原因,马铃薯粉在精料混合料中含量达15%时,会导致奶牛干物质采食量下降,但是对产奶量和乳脂的影响在统计学上可忽略不计。在第2个试验中,饲喂马铃薯加工后的废弃物(含60%皮和废渣、30%生马铃薯筛渣和10%蒸煮包装废弃物),它的干物质含量为24%~28%,粗蛋白含量为4.1%~6.6%(干物质基础),pH值为3.6~4.2。用马铃薯加工废弃物代替高水分玉米(干物质基础),可使乳脂率下降。但在使用等量的马铃薯废弃物时,除产奶量外其他指标没有统计学差异。因此,这两个研究结果肯定了先前的工作,认为泌乳或肥育牛能很好地利用少量到中量的马铃薯废弃物,但如果用量达到饲粮干物质40%~50%或更多时,动物的生产性能将会下降。

表5-20 马铃薯加工副产品对奶牛产奶量的影响

	马铃薯来源						
	马铃薯粉,日粮[a]中百分率			加工废物,日粮[b]中百分率			
	0	15	30	0	10	15	20
干物质采食量(kg/d)	19.8	18.6	19.5	18.2	19.0	18.3	18.7
产奶量(kg/d)	27.5	26.8	28.0	27.2	26.1	25.6	27.4
4%FCM(kg/d)				24.2	22.8	22.8	23.4
乳脂(%)	3.33	3.41	3.30	3.31	3.20	3.20	3.01

[a]数据来自Schneider等[36]。

[b]数据来自Onwubuemeli[37]。

马铃薯加工副产品粉(现在称马铃薯干粉)在一些地区有生产。它包括食品生产的残留物,如颜色不佳的炸薯条、全马铃薯、马铃薯皮、炸土豆片和马铃薯渣等。这些残渣经混合后加入石灰石,然后加热烘干制得马铃薯干粉。通常,各种马铃薯产品的营养价值与生马铃薯或经蒸煮的精选马铃薯基本相当,这取决于它的烘干方式(或烘干与否)。然而,炸土豆片加工业的残渣由于脂肪含量较高,其能值也相应地增加了。

很多加工厂并不对废弃物进行烘干处理。肥育牛场经营者收集废物,并将其储存在窖中是很普遍的做法。在温暖和炎热的天气里,如果没有将这些废弃物及时地喂给家畜,由于它的水分含量很高,将发生剧烈发酵,从而造成最初进入窖中的淀粉严重损失(60%~70%上下)。目前,马铃薯已经成功地用来和其他很多饲料混合制作青贮。

7 脂肪和油

尽管很多家畜需要饲粮来源的必需脂肪酸(第3章),但通常天然饲料中提供的量已经足够,因此,除非饲喂低脂肪的能量饲料,否则没有必要添加。然而,在商品饲料配方中,常常使用饲用脂肪。日粮中添加脂肪有几个原因。在从营养角度来说,由于脂肪不含蛋白质、矿物质和维生素(即使有,也很少),所以,脂肪是一种专门的能量来源,而且是高度可消化的能量来源(尤其是对于单胃动物)。可消化脂肪提供的能量约是可消化淀粉或糖所提供能量的2.25倍,因此,脂肪可用来增加日粮的能量浓度。脂肪常常可以通过减少粉尘和增加适口性来改善日粮品质。脂肪还能增加脂溶性营养物质(如脂溶性维生素)的吸收。然而,脂肪也可能在肠道中形成不溶的Ca或Mg的脂肪酸盐,并降低P的吸收。有证据表明,脂肪能减少反刍动物的瘤胃臌气。添加脂肪可对加工机械产生润滑作用,因此,脂肪对于饲料加工是有益的。现在,在肥猪和奶牛饲料中脂肪的用量有了很大增加。

饲用脂肪有很多不同的来源。动物性脂肪主要来自屠宰场或其他为餐馆和食品业进行屠宰加工的部门。也有一些来自将不可食用动物组织加工成动物油的炼油厂。然而，来自不同炼油厂的原料成分差异很大。在饲料交易中，脂肪通常由供货方或混料员或代理商提供。混料员买进所有的脂肪，然后对其进行加工和混合。他们通常将脂肪成品以带有商标的商品形式或加入配合饲料中出售。代理商出售的脂肪是从炼油厂或精炼厂购进的，尽管很多代理商用自己的卡车发货，但他们不对脂肪进行任何加工。

除了动物脂肪外，餐馆的脂肪或油脂已成为回收的饲用脂肪的主要部分。这些脂肪可能是很多种动物或植物烹饪用油脂的混合物。另一种重要的植物成分是酸化植物油的皂角。这种物质主要是植物油精炼工序第 1 步中除去的游离脂肪酸。使用这种脂肪安全性好，并且能被家畜很好地利用，因此，其每年在饲料中的用量接近 100 000 t。其他的脂肪，如猪油、高级牛油和优质植物油（玉米油、红花油、大豆油、棉籽油、花生油及其他），由于过于昂贵而没有在饲料中使用，只是用于食品业或其他工业。

饲养业中还没有统一的饲用脂肪规格描述和分类标准。下面给出的是饲用脂肪的建议分类，表 5-21 中给出了更详细的推荐种类划分。

表 5-21　饲用脂肪的建议品质指标

饲用脂肪类别	品质指标(%)					
	最低总脂肪酸量	最大游离脂肪酸量	最大水分量	最大杂质量	最大未皂化物量	最大总 MIU
家畜	90	15	1	0.5	1	2
家禽	90	15	1	0.5	1	2
混合饲料级动物脂肪	90	15	1	0.5	1	2
动物植物混合脂肪	90	30	1	0.5	3.5	5
饲料级植物脂肪	90	30	1.5	1.0	4.0	6

资料来源：Rouse[38]。以下指标适用于所有脂肪。

- 脂肪必须按生产商推荐的水平添加，用合格的饲料或食用抗氧化剂进行稳定化处理。脂肪必须通过 20 h 的 AOM 稳定性测试，使过氧化物小于 20 毫克当量(meq)(相当于 20 毫摩尔，译者注)。
- 产蛋鸡、种鸡或肉仔鸡日粮中的脂肪不应含有棉籽皂角或其他棉籽副产品。
- 混合脂肪只应含有牛脂、动物脂、禽脂和酸化的植物皂角。添加其他任何副产品都应让买主知道，并征得其同意。
- 必须确认脂肪中任何 PCB 和杀虫剂的残留量都在州或联邦机构所规定的许可限度内。
- 家禽日粮中的脂肪必须经伯-李二氏试验(Liebermann-Burchard)证明对仔鸡水肿因子的免疫反应为阴性。
- 脂肪中的矿物质、重金属或其他杂质不应超过痕量水平。
- 在每批货物中，供应商都应尽可能提供结构均一的脂肪。可以对购入脂肪的最小或最大碘价进行测定。检测碘价可以确定产品的脂肪结构是否均一。
- 供应商应附研究数据，以支持其所公布的 *ME* 值。

(1)动物脂肪：包括由牛肉或猪肉副产品炼制的脂肪。这些原料主要是肉品加工厂的下脚料或超市包装肉时剔除的下脚料。可以根据脂肪中脂肪酸的滴定值(titer；是反映硬度的指标，即水解脂肪开始凝固时的温度)对其分类，脂肪酸滴定值为 40 或高于 40 时，为动物脂肪；而脂肪酸滴定值在 40 以下为植物脂肪；脂肪酸滴定值低，表明不饱和脂肪酸或多不饱和脂肪酸的含量高。

(2)禽类脂肪：包括完全来自家禽下脚料的脂肪。

(3)混合饲用动物脂肪：包括牛脂、动物脂、家禽和餐馆油脂的混合物。

(4)动植物混合脂肪：包括第 3 类中的饲用动物脂肪混合物和植物脂肪。

(5)饲用植物脂肪：包括植物油、酸化植物油皂角和其他植物油精炼厂的副产品。

官方发布的饲用脂肪的名称(1995)包括：动物脂肪(animal fat)、植物脂肪或植物油(vegetable fat or oil)、饲料级水解脂肪或水解油(hydrolyzed fat or oil, feed grade)、饲料级脂肪产品(fat product, feed grade)、玉米胚芽油(corn endosperm oil)、脂肪的酯化物(esters of fats)、长链脂肪酸钙盐(calcium salts of long-chain fatty acids)、水解蔗糖聚酯(hydrolyzed sucrose polyesters)、饲料级植物油精炼脂类(vegetable oil refinery lipid, feed grade)、饲料级玉米浆不溶物(corn syrup insolubles, feed grade)。

由于其来源不同，尽管脂肪的类型有很大差异，但品种规范通常规定脂肪的总脂肪酸含量不低于90%，未皂化物质不超过2.5%，不可溶物不高于1%。同时，饲用脂肪应不含有毒物质或动物不喜欢的物质。水分对脂肪是有害的，它使脂肪变得不稳定，并且是不必要的稀释剂。脂肪中有时可能残存一些溶剂，这些溶剂可能会引起爆炸。未皂化物质主要是一些烃(一些加工中使用的溶剂)、蜡和焦油，它们没有食用价值，即使有，也很小。其他的未皂化物质包括胆固醇、胆固醇酯和一些磷脂。在有毒物质中，多氯联苯(polychlorinated biphenyle)有时会产生不良后果。

脂肪容易发生氧化，并出现腐臭，从而使适口性降低，并导致消化和营养问题。因此，对饲用脂肪的要求，首先是能抗氧化。饲用脂肪中几乎都要添加抗氧化剂，尤其当脂肪储存很长时间或混合脂肪不用来立即饲喂家畜时。抗氧化剂同时还可以防止饲料中某些维生素的损失，特别是维生素E和维生素A。

如果表5-21所列的建议标准以这种形式或类似形式得以确定，那么，就需要使用者或一些公正的质量控制实验室大力监督，来保证建议的执行。在考察来自炼油厂的40份样品时，这一点表现得尤为突出(表5-22)。其中一些样品可能很好，而其他则大大超出表5-21所建议的范围。颜色、气味和表5-21所列的其他化学因素，也能反映脂肪的品质。腐臭、变味或适口性差的脂肪，显然不能作为理想的饲料原料。

尽管家畜在生理允许限度内能采食足够的能量来满足自身的需要，但是，添加少量或中等水平的脂肪可以改善适口性，从而增加总能量摄入量。仔猪补充料中常常添加5%～10%的脂肪，但是，通常更多脂肪是添加在肥育猪日粮中。较高的脂肪水平可能会改变体脂的特性，尤其对于非反刍动物，因为非反刍动物日粮中的脂肪酸往往未经改变就可沉积下来。当脂肪作为能量饲料在价格上与谷物相比有竞争优势时，家禽日粮中脂肪添加量可以达到2%～5%。当脂肪添加量超过10%～12%时，常常引起饲料采食量的急剧下降，所以，为了获得预期的采食量，应增加日粮中其他营养物质的浓度。

表5-22 来自40个炼油厂的饲料级脂肪分析

成分	平均值	范围
水分和挥发性(%)	0.44	0.01～1.99
不溶物(%)	0.21	0.01～2.97
未皂化物(%)	0.68	0.24～3.48
总MIU(%)	1.33	0.48～7.33
游离脂肪酸(%)	6.50	0.70～36.81
毛细管熔点(℃)	39.8	27.8～45.3
FAC颜色	25	11～45
20 h过氧化物值	105.2	1.5～340

资料来源：Boehme[39]。

反刍动物代用乳中脂肪的添加量很高。根据代用乳用途的不同，脂肪添加量可以在10%～30%范围内变化。采食干饲料的反刍动物对高脂肪添加水平的耐受力比单胃动物差。脂肪添加量超过7%～8%时，往往造成消化不良、腹泻和饲料采食量大幅度下降。实践中，在肥育牛日粮中添加2%～4%的脂肪比较合适。泌乳奶牛日粮中有时添加一些脂肪，但在其他情况下很少使用脂肪。

目前，奶牛饲养企业给产奶牛饲喂高油籽粒，如全脂大豆和全棉籽，是一种流行的做法。这些籽粒富含脂肪和蛋白质，在日粮中添加能在一定程度上增加乳脂率(第15章)。这些籽粒也可以经过挤压加工用来饲喂单胃动物。在饲喂单胃动物前，油料作物籽粒必须经过一些加工处理来破坏抗营养因子(见第6章)。

脂肪在使用时(特别是在计算机进行日粮配制中)遇到的一个问题是，目前所认为的脂肪对反刍动物的饲喂价值(能量含量)存在很大分歧[40]。饲料成分表中所列的能量含量似乎并不符合逻辑。例如，NRC(1996)发布的肉牛营养需要认为脂肪的消化率为79%，能量水平如下：TDN 177%；ME 6.41 kcal/g；NE_m 值和 NE_g 值分别为4.75 kcal/g和3.51 kcal/g。作者认为，与成年反刍动物相比，幼年反刍动物或其他处于哺乳期的哺乳动物所用能值应不同，因为通常幼畜消化脂肪更完全，并且它们所采食的脂肪消化率也更高。有一份报告提供了肥育牛不添加或添加4%黄油的试验数据[41]。两个比较屠宰试验和一个消化试验的结果表明，这种脂肪产品的能值如下：NE_m 6.20 kcal/g；NE_g 4.53 kcal/g。这些数据似乎比其他引自饲料成分表中的数据更合理。

8　泔水

用于大规模饲喂家畜的泔水主要来自餐馆、旅馆、食品市场和其他大规模食品加工单位的废弃物。在美国，饲喂泔水的动物主要局限于猪，并且其饲养地点位于每天都能进行泔水收集的大城市中心附近。为了防止诸如沙门氏菌病、旋毛虫病和肺结核等疾病的传播，美国的很多州都要求泔水必须蒸煮到一定温度才能饲喂。然而，偶尔也有人因为吃了喂过泔水的猪产的肉而得了旋毛虫病，这些猪肉通常来自那些没有通过检验的屠宰加工场。

研究数据表明，泔水在添加了能量和蛋白质后可以很好地用于肉用猪的饲喂。如果泔水的水分过高，也会导致家畜生产性能下降。饲喂泔水的猪脂肪比饲喂谷物的猪软，所以在肥育最后阶段，家畜日粮中通常不使用泔水。

9　其他能量饲料

还有其他很多用于饲喂家畜的能量饲料原料在本章中没有提及。这些原料中的大部分是食品工业副产品，或少量与食品工业无关的产品。在加利福尼亚试验站出版的关于副产品和非常规饲料的出版物中列出了其中的一些产品[42]。需要注意的是它们只限于局部地区，而且这些产品没有可靠的家畜试验的数据。

本章小结

饲用谷物（玉米、大麦、高粱、燕麦、黑小麦、谷子）是家畜能量饲料的主要来源。谷物和各种谷物加工副产品为家畜提供了易消化的淀粉和其他含量较少的碳水化合物。总之，各种饲用谷物的蛋白质含量中等，钙含量低，磷含量中等，维生素和矿物质的含量差异很大。各种类型的糖蜜可用于饲喂家畜，其他的液体副产品也可以饲喂家畜，但其供应量较少。它们在配制商品饲料或液体补充饲料中都有广泛使用。

尽管将谷物用于家畜会造成人和家畜对谷物的竞争，但家畜采食这些能量饲料的生产水平和生长效率与采食粗饲料或其他高纤维饲料相比要高得多，这也给人类提供了更多数量的动物产品。

其他产量较大的能量饲料来源有面粉加工的各种副产品，其中主要来自小麦，也有少量来自稻谷、大麦、高粱和黑麦。玉米加工副产品的利用量也很大，不过其中一部分被划为蛋白质补充料。虽然谷物加工副产品饲料的蛋白质或纤维含量有时经过了标准化，但是它们的变异仍然很大。糖蜜（主要是制糖业的副产品）的使用量也相当大。柑橘汁生产和一些木材加工过程中也产生一些糖蜜。诸如糖蜜等液体饲料在饲料配制中有很多用途，或者添加氮素后直接作为蛋白质补充料。其他的副产品饲料有甜菜渣、柑橘渣、柑橘粉以及面包房干燥产品。一些块根、块茎类饲料可直接饲喂家畜。另外，作为食品工业的废弃物，马铃薯也是很好的能量来源。（人类）不可食用的脂肪和油在很多猪、家禽和牛的现代肥育日粮中都有使用。在一些地区可以使用一定量的泔水和其他食品加工副产品。

参考文献

1. USD A. 2000. *World grain situation and outlook*. Foreign Agr. Ser. Cir. (November). Washington, DC: USDA.

2. USD A. 2000. *Feed situation and outlook report*. (March). Washington, DC: USDA.

3. USDA. 1987. *The official United States standards for grain*. Washington, DC: Federal Grain Inspection Service.

4. Subramanyam, M., C. W. Deyoe, and L. H. Harbers. 1980. *Nutr. Rept. Internat.* 22:657,667.

5. Kent, N. 1983. *Technology of cereals*. Oxford, UK: Pergamon Press.

6. Pond, W. G., and J. H. Maner. 1984. *Swine production and nutrition*. Westport, CT: AVI.
7. Sunde, M. L. 1971. *Hatch* (February). Madison, University of Wisconsin Poultry Dept.
8. Luis, E., and T. Sullivan. 1984. *Poultry Sci*. 61:321.
9. Rooney, L. W., and R. L. Plugfelder. 1987. *J. Animal Sci*. 63:1607.
10. Lichtenwalner, R. E., et al. 1979. *J. Animal Sci*. 49:183.
11. Hinman, D. D. 1979. *Proc. West. Sec. Amer. Soc. Animal Sci*. 30:49.
12. Misir, R., W. C. Sauer, and R. Cichon. 1984. *J. Animal Sci*. 59:1011.
13. Reddy, S. G., M. L. Chen, and D. R. Rao. 1975. *J. Animal Sci*. 40:940.
14. Preston, R. L., D. C. Rule, and W. E. McReynolds. 1980. *Proc. West. Sec. Amer. Soc. Animal Sci*. 31: 269.
15. Hale, O. H., and P. R. Utley. 1985. *J. Animal Sci*. 60:1272.
16. Misir, R., and R. R. Marquardt. 1978. *Can. J. Animal Sci*. 58:717.
17. Sharma, H. R., et al. 1981. *J. Dairy Sci*. 64:441.
18. NRC. 1982. *United States-Canadian tables of feed composition*. 3d ed. Washington, DC: National Academy Press.
19. AFCO. 1995. *Official Publication. Amer. Feed Control Officials*. Washington, DC: AFCO.
20. Erickson, J. P., et al. 1985. *J. Animal Sci*. 60: 1012.
21. Adeola, O., et al. 1986. *J. Animal Sci*. 63: 1854.
22. Anon. 1972. *Millfeed manual*. Chicago: Miller's National Federation.
23. Steg, A., and J. M. Van Der Meer. 1985. *Animal Feed Sci. Tech*. 13:83.
24. Lora, J., et al. 1978. *Tropical Animal Prod*. 3:19.
25. Heinemann, W. W., and E. M. Hanks. 1977. *J. Animal Sci*. 45:13.
26. Crawford, D. F., W. B. Anthony, and R. R. Harris. 1978. *J. Animal Sci*. 46:32.
27. Vernlund, D. S., et al. 1980. *J. Dairy Sci*. 63:2037.
28. Perry, T. W., et al. 1976. *J. Animal Sci*. 42:1104.
29. Randel. P. F., and B. Vallejo. 1982. *J. Agr. Univ. P. R*. 66:11; Vallejo, B., and P. F. Randel. 1982. *J. Agr. Univ. P. R*. 66: 44.
30. Potter, S. G., et al. 1985. *J. Animal Sci*. 60:839.
31. Chen, M. C., et al. 1981. *J. Animal Sci*. 53:253.
32. Pihchasov, Y., et al. 1982. *J. Dairy Sci*. 65:28.
33. Schingoethe, D. J. 1976. *J. Dairy Sci*. 59:556.
34. Bartsch, D. B., and R. B. Wickes. 1979. *Austrilian J. Exp. Agr. Animal Husb*. 19:658.
35. Stanhope, D. L., et al. 1980. *J. Animal Sci*. 51:202.
36. Schneider, P. L., et al. 1985. *J. Dairy Sci*. 68:1738.
37. Onwubuemeli, C., et al. 1985. *J. Dairy Sci*. 68:1207.
38. Rouse, R. H. 1986. In: *Feed Mgmt*. 38(2):18.
39. Boehme, W. R. 1978. Personal communication. Des Plaines, IL: Fats & Proteins Res. Foundation.
40. Church, D. C., ed. 1979. *Digestive Physiology and nutrition of ruminants. Vol. 2: Nutrition*. 2d ed. Corvallis, OR: O & B Books.
41. Zinn, R. A. 1988. *J. Animal Sci*. 66:213.
42. Grimson, R. E., et al. 1987. *Can. J. Animal Sci*. 67:43

第 6 章　蛋白质补充饲料
Supplemental Protein Sources

作者:Richard O. Kellems 和 D. C. Church
译者:姜成钢
校对:高巍和赵芸君

对于家畜,尤其是幼畜、快速生长和成年家畜(如高产奶牛),蛋白质是饲粮(例如蛋白质含量可能较低或缺乏的饲粮)中的关键营养物质,它是生产和销售的大部分畜产品(肉、乳、毛等)的主要组成成分。任何实际的饲养制度都必须确定最佳的蛋白质使用量,因为蛋白质补充饲料通常要比能量饲料昂贵得多,任何情况下蛋白质的浪费都会使生产成本增加。另一个考虑是,过量饲喂蛋白质将增加粪和尿中氮的排泄量,从而造成环境污染。

饲粮蛋白质的需要随家畜种类和年龄的不同差异很大。单胃动物和幼年哺乳反刍动物(反刍前的动物)饲粮中必须提供必需氨基酸,因此,蛋白质品质就显得十分重要,因为蛋白质品质是蛋白质提供必需氨基酸(维持机体正常的蛋白质合成所必需)能力的量度。反刍动物饲粮蛋白质的需要实际是满足瘤胃微生物需要和满足供给肠道足够可消化必需氨基酸所需蛋白质数量的组合。高产反刍动物能将大量未在瘤胃消化和代谢的摄入蛋白质排入小肠。与生产水平较低、饲料采食量少的反刍动物相比,饲粮蛋白质的品质就显得更为重要。本章随后将就这一论题进行更详细地论述。

很多能量补充饲料(除脂肪、淀粉、精制糖外)都能提供蛋白质,但是除维持状态的成年家畜外,通常都不足以满足家畜总的蛋白质需要。因此,各种家畜饲粮中通常都需要补充蛋白质。

美国国家科学研究委员会(NRC)严格定义:蛋白质补充饲料是粗蛋白质(干物质基础)含量在 20% 或 20%以上的饲料。蛋白质来源种类很多,有动物蛋白质、海产蛋白质、植物蛋白质和微生物蛋白质,还有通过化工合成生产的非蛋白氮,如尿素、双缩脲等。以下将对许多常用蛋白质补充饲料进行评述。

在饲料配方中选择使用何种蛋白质,受几个不同因素的影响,其中最主要的是一个地区蛋白质补充饲料的可提供数量和成本。很多蛋白质资源在某些地区的供应数量很有限,而其他蛋白质资源则在全国甚至全世界范围内都有供应。

就单胃动物而言,另一个重要因素是氨基酸的含量和有效性。氨基酸含量已经很好地得以确定,但是可利用性的信息却很少。目前已经得到了所有常用蛋白质补充饲料氮素消化率的数据。但是这些信息并不完整,因为它没有提供各种关键氨基酸利用率的信息。这类数据必须使用装有小肠瘘管和/或小肠血管插管的动物测定氨基酸的小肠吸收率才能获得。已经表明,小肠灌注酪氨酸能增加生长阉牛的后腿氨基酸摄入量[1]。给去势公犊牛补充不可降解蛋白质,能提高蛋白质的摄入和存留[2]。氨基酸一旦被吸收后,通常是在转运到各种组织之前即在组织中被代谢。

同样,尿素等氮源的消化率数据几乎没有实际价值。这是因为这些化合物在瘤胃中高度可溶,并能迅速地转变成氨被吸收,因此其消化率很高。氨一旦被吸收,即在肝中转变成尿素,并通过尿排出体外,而并不在家畜体内存留。因此,在这种情况下,蛋白质消化率并不是衡量蛋白质利用的最好指标。

目前,动物营养学家(借助饲粮配方软件)正在由简单地将饲料氨基酸含量与家畜需要量相匹配的做法,转向使用校正氨基酸的消化率。目前已经有了各种饲料原料的氨基酸消化率数据,并且正在被用来配制饲粮[3]。这些数值比先前使用的数值要低。

另一个重要因素是蛋白质补充饲料中存在不符合需要的化合物或有毒化合物。特别是对于植物性蛋白质，这是一个问题，但有时对于一些动物性蛋白质来说也同样存在问题。在后面部分，我们还将详细讨论这一问题。

最后(但并不是最不重要)一个因素是其他营养物质的含量。在动物饲粮中通常要以各种方式添加磷，而很多蛋白质原料本身就是优质的磷源。

饲料相对营养价值是饲料所提供的所有营养物质的总和。

1 蛋白质资源

饲料行业制造和利用或直接出售给畜牧企业的主要植物蛋白质资源如表6-1所示。这些数据清楚地表明大豆粕是主要的植物性蛋白质资源。如表中所示，在1997—1998年间。它提供了全世界植物性蛋白质资源总量的63.8%。同时，棉籽粕的用量明显下降了。其中部分是因为棉花产量的下降。但是，部分也与使用方式的改变有关，因为全棉籽已经成为奶牛饲粮中一种很受欢迎的饲料原料。花生粕的用量也已经下降，而向日葵籽粕的用量呈现增加趋势。在表中没有列出红花籽粕的数据(没有统计数字)。玉米淀粉渣和谷物蛋白粉的产量有很大增长，这反映了用于湿法加工玉米的数量的增加。同样，酒精糟(DDG)的用量也显著增长。无疑这一增长部分反映了酒精产量的增长；然而，过去肥育场普遍坐落于酒精厂附近，以便可以就近利用酒精糟。因此，这种使用量的增长部分反映了使用方法的转变，与10年前相比，苜蓿粉(其中大部分经过脱水)的产量下降了一半。

动物蛋白质资源包括羽毛粉以及几种来自家禽屠宰场和孵化场的产品。另外，许多其他较少的植物和动物性产品在本章的后面部分还将对它们做一定的描述。总的来说，表6-1中所列的植物性蛋白质资源饲喂量比1991年大约增长了12.7%。

2 植物性蛋白质饲料

2.1 油料籽实饼粕(oilseed meals)

油料籽实饼粕是由各种含油量很高的油料作物籽实(见表6-1)的加工所制得。各种籽实都具有很重要的营养或工业用途。种植大豆、花生和向日葵的主要目的，是生产相应的籽实，它们全部用于生产人类食品行业中使用的食用油。棉籽是一种严格意义上的棉花生产的副产品，但是棉籽油被广泛应用于食品行业和其他用途。亚麻过去用于提供生产亚麻布的纤维，亚麻籽则用来炼油(亚麻油)，用作油漆中的干性油和其他工业用途。如今人们对亚麻布的需求与合成纤维出现前相比，已经大幅度下降，其他类型的油漆和清漆的生产也减少了亚麻油的需要量。

表6-1 世界上用于饲料的加工蛋白质资源($\times 10^6$ t)

来源	作物年	
	1991—1992	1997—1998[a]
油饼粉		
大豆[b]	73.2	84.2
棉籽	13.3	11.9
干椰肉	1.6	1.7
花生	4.8	5.2
向日葵	8.6	9.8
油菜籽粉	15.6	19.2
油籽总量	117.1	132

资料来源：USDA[4]。

[a] 部分预测。

[b] 包括用作食用大豆产品和运输到美国境内的大豆。

油料籽实饼粕富含蛋白质(表6-2)；除带壳红花籽粕外，表中所示饼粕的蛋白质含量都在40%或以上。油料籽实饼粕在销售前要用外壳或其他原料稀释以对粗蛋白含量进行标准化。尽管油料籽实饼粕的营养价值比优质动物蛋白质饲料低，但是它的真蛋白氮含量很高(±90%)，这些氮通常具有很高的可消化性，并且生物学价值介于中等与优良之间。油料籽实饼粕的粗

表 6-2　不同类型蛋白质资源的数据(干物质基础)[a]

资源	典型干物质(%)	粗蛋白质(%)	醚浸提物(%)	ADF(%)	TDN(%)	灰分			
						灰分(%)	Ca(%)	P(%)	Mg(%)
植物来源									
CP 含量范围(20%～30%)									
精选海军豆	90	25.0	1.6	6	83	4.6	0.17	0.60	0.15
干啤酒糟	92	26.0	7.2	23	66	4.1	0.29	0.54	0.15
椰子粕(溶剂提取)	92	23.1	2.7	24	74	7.3	0.18	0.66	0.39
玉米酒精糟可溶物(干燥)	93	28.9	5.7	6	88	7.2	0.38	1.47	0.69
玉米蛋白饲料	90	27.5	2.8	10	82	8.6	0.45	0.89	0.32
麦芽根	92	28.0	1.6	20	68	6.7	0.26	0.84	0.23
红花籽饼粉(机械浸提)(湿法/带壳)	91	22.8	7.6	45	57	4.2	0.28	0.79	0.36
小麦胚芽粕	90	28.1	10.2	5	95	5.8	0.06	1.16	0.28
CP(含量 30%以上)									
苜蓿籽实筛下物	90	34.4	10.9	15	86	5.6			
干啤酒酵母	93	48.3	0.8	4	78	7.7	0.14	1.54	0.25
玉米蛋白粉	90	48.0	2.4	5	87	3.9	0.15	0.45	0.05
棉籽粕(41% CP,溶剂浸提)	92	44.8	2.3	20	75	6.9	0.17	1.31	0.61
亚麻籽粕(溶剂浸提)	90	40.7	1.1	13	82	6.4	0.43	0.95	0.66
菜籽粕(溶剂浸提)	92	44.0	1.2	13	71	7.8	0.72	1.01	0.50
大豆粕(溶剂浸提)(44% CP)	89	49.6	1.4	10	81	6.8	0.36	0.75	0.30
向日葵粕(溶剂浸提)	93	50.3	1.2	30	65	6.3	0.40	1.10	0.81
动物来源									
血粉	89	89.6	1.1	—	68	4.9	0.31	0.25	0.25
羽毛粉	90	87.4	2.9	1	63	3.8	0.20	0.75	0.21
肉粉(55% CP)	93	59.3	7.8	27	32	6.9	8.19	4.31	0.29
肉骨粉(50% CP)	93	54.0	9.2	2	70	35.6	9.93	4.75	1.22
海产来源									
蟹粉	95	31.6	2.3	9	27	31.0	18.95	1.57	0.92
鱼粉(鲱鱼)	93	77.4	10.7	1	75	11.2	2.15	1.07	0.19
鱼汁(干燥)	94	69.9	9.9	1	79	15.8	1.36	1.80	0.29
乳品来源									
酪乳(干燥)	93	34.2	5.6	—	86	10.8	1.07	0.73	0.10
脱脂乳(干燥)	94	36.0	1.1	—	86	8.5	1.25	1.03	0.11

[a]数值来自 NRC 出版物。

蛋白质中平均有 9%来自于核酸蛋白质,而鱼粉是 8.8%,肉骨粉是 3.5%,酵母是 14%～20%。人们对核酸氮饲喂反刍动物的营养价值还存在疑问,可能会造成一些问题。

大部分饼粕的胱氨酸和蛋氨酸含量很低,赖氨酸含量通常也很低,并且变异程度大(表 6-3;附表 4);但是豆粕的赖氨酸含量是个例外。饼粕的能量含量变化很大。表 6-2 中显示饼粕的 Ca 含量通常较低。大部分饼粕的磷含量较高,尽管其中一半或一半以上是以单胃动物不能很好利用的植酸磷形式存在。饼粕中 B 族维生素含量介于低和中等之间,胡萝卜素和维生素 E 的含量较低。

目前油料籽实的榨油方法主要有三种:螺旋压榨(screw press 或 expeller process)、直接浸提法(direct solvent)和预压浸提法(prepress solvent)。螺旋压榨法是将油料籽实粉碎烘干后蒸煮 15～20 min,然后用不同螺距的螺杆将其挤压通过模孔。这一过程产生的高温可能造成蛋白质溶解性和生物学价值的降低。为了使一些抗营养因子(见后面部分)失活,通常只需要短时间适度加热。如果加热时间过长或温度过高,那么碳水化合物(葡萄糖)与氨基酸之间就可能发生反应(棕色反应),使葡萄糖和一些氨基酸间发生键合。发生棕色反应后,氨基酸有效性降低,因为葡萄糖和氨基酸间的连接键在肠道中无法被完全消化,结果蛋白质的生物学价值显著降低。其中所涉及的氨基酸主要是赖氨酸,其次还有精氨酸、组氨酸和色氨酸。同样的反应也会发生在棉籽饼(或粕)的棉酚与赖氨酸之间。幸运的是,榨油厂已经很好地认识到了这些问题,因此,现在生产的大部分饼粕的品质比以前更高、更均一。

表6-3　几种重要的蛋白质补充饲料粗蛋白质和必需氨基酸含量[a]

项目	脱脂奶粉	肉粉	鲱鱼鱼粉	玉米蛋白粉,溶剂浸提	棉籽粕,溶剂浸提	去皮红花籽粕,溶剂浸提	大豆粕,溶剂浸提	干啤酒酵母
干物质(%)	94.3	88.5	93.0	90.0	91.0	90.0	89.1	93.7
粗蛋白(%)	36.0	55.0	77.4	48.0	45.5	46.5	52.4	47.8
必需氨基酸(%)								
精氨酸	1.23	3.0	4.5	1.6	4.6	4.1	3.8	2.3
胱氨酸	0.48	0.4	0.9	0.7	0.7	0.8	0.8	0.5
组氨酸	0.96	0.9	1.6	1.0	1.1	1.1	1.4	1.2
异亮氨酸	2.45	1.7	3.5	2.6	1.3	1.9	2.8	2.2
亮氨酸	3.51	3.2	5.7	7.3	2.4	2.8	4.3	3.4
赖氨酸	2.73	2.6	6.2	0.9	1.7	1.4	3.4	3.2
蛋氨酸	0.96	0.8	2.3	1.1	0.5	0.8	0.7	0.7
苯丙氨酸	1.60	1.8	3.1	3.2	2.2	2.1	2.8	1.9
苏氨酸	1.49	1.8	3.2	1.6	1.3	1.5	2.2	2.2
色氨酸	0.45	0.5	0.9	0.2	0.5	0.7	0.7	0.5
缬氨酸	2.34	2.2	4.1	2.4	1.9	2.6	2.8	2.5

[a]各成分含量以干物质为基础。数据来自NRC出版物。

溶剂浸提饼粕通常是在低温下用正己烷或其他溶剂进行浸提。采用低温浸提时,通常在溶剂的回收阶段对饼粕进行加热。加热是抗营养因子失活所必需的条件。经常使用的是一种称作预压榨溶剂浸提的组合方法。油料籽实中的油经改进的压榨方法部分提取后再用溶剂浸提。预压榨浸提法可以最大限度地提取籽实中的脂肪,而压榨法提油率较低。溶剂浸提法制得的饼粕的蛋白氮的溶解度比其他两种方法的高。

除了高蛋白饼粕(40%±CP)外,很多蛋白质补充饲料的粗蛋白质含量在20%～30%之间(表6-2;附表1、附表2、附表4)。这类饲料有豆科作物(豌豆、菜豆属),一些加工副产品(如玉米面筋粉、胚芽粉、整粒棉籽、酒精和啤酒制作副产品)以及其他蛋白质饲料(如椰子粉或干椰子肉,一种在某些热带国家非常重要的蛋白质饲料资源)。这些低蛋白饼粕的蛋白质消化率和生物学价值通常比高蛋白饼粕低。另外,它们的纤维含量通常比油饼粉低,而能量值则较低。一些常用饼粕如图6-1所示。

2.1.1　大豆饼粕(soybean meal)

全脂大豆(*Glycine max*)含油量15%～21%,通常在制备大豆饼粕时用溶剂提取。大豆饼粕经过烘烤可以提高蛋白质的生物学价值;可以通过大豆皮添加的稀释作用,可以使其蛋白质含量标准化为44%或50%(风干基础)。在美国,大豆饼粕是一种很受欢迎的饲料原料。它的产量很大,并且还在持续增长,这是因为它的适口性好,高度可消化,并且能量价值高(表6-2),饲喂各种家畜都能获得极好的生产性能。用于饲喂单胃动物时,蛋氨酸是大豆饼粕中第1限制性氨基酸(表6-3),并且它的B族维生素含量也较低。总的来说,大豆饼粕是最佳的植物性蛋白质饲料原料,它是仔鸡和猪饲粮中的标准蛋白质来源。

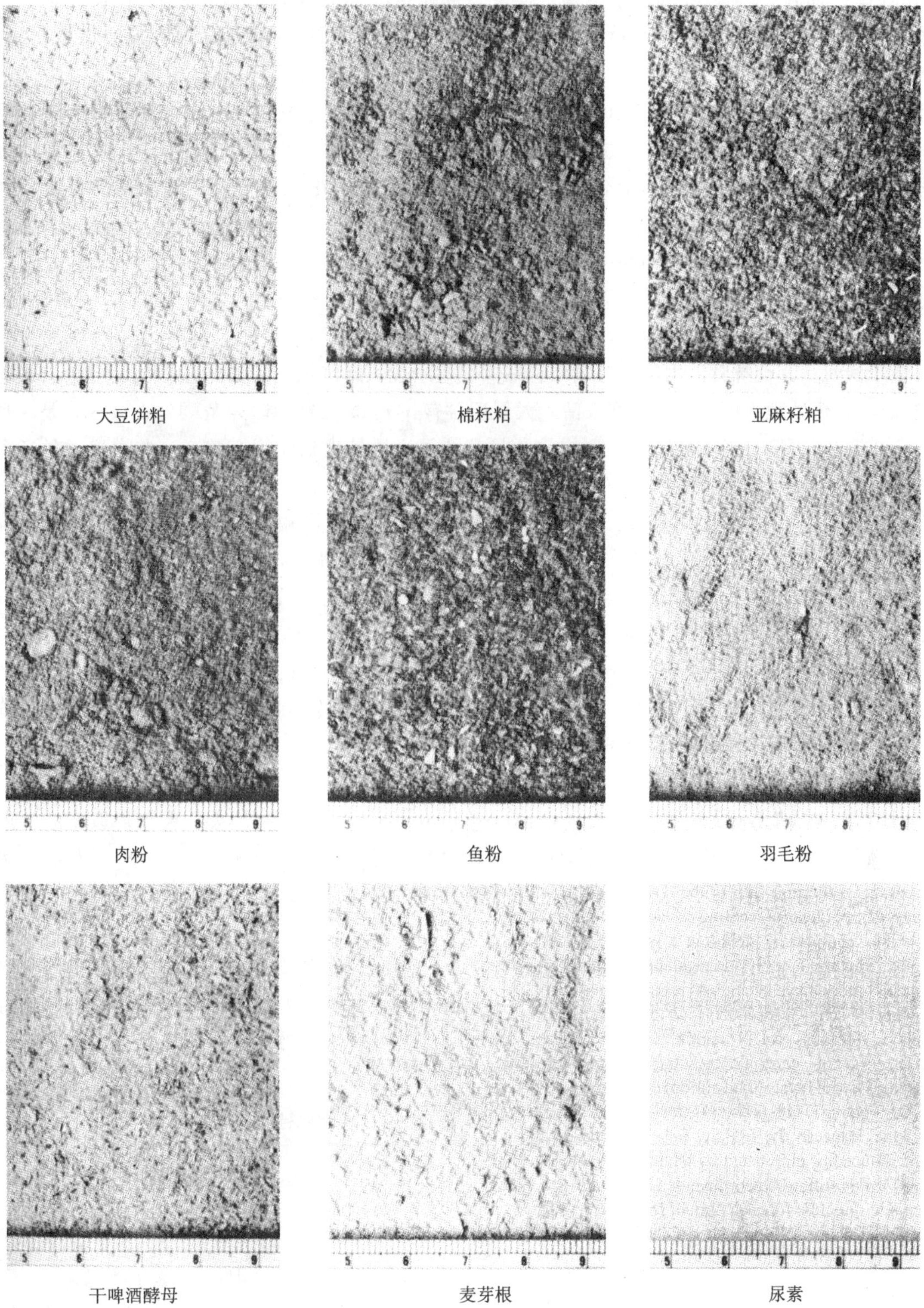

图 6-1　常见蛋白质补充饲料样品外观

与很多其他油料籽实饼粕和高蛋白植物籽实一样，大豆饼粕含有许多有毒、刺激性或抑制作用的物质。因此，生大豆的营养价值比热处理大豆或大豆饼粕低。例如，仔鸡在 8～12 周龄时采食含生大豆饲粮，会出现生长抑制。但是，它们的最终增重速度与饲喂热处理大豆的鸡相等。羊、猪和犊牛也受生大豆中抑制因子的影响。产蛋母鸡饲喂生大豆的产蛋性能和受精率与饲喂热处理大豆的母鸡相当，但是前者的蛋黄中血斑点较多。

生大豆能导致家畜胰腺肿大、脂肪吸收降低。热处理，尤其是加压蒸煮，能有效去除生大豆中的大部分抑制因子。抑制因子能抑制蛋氨酸和胱氨酸（或两者共同）的利用率。但是，与饲喂热处理大豆的禽类相比，饲粮中添加这些氨基酸并不能恢复它们的生产性能。在饲喂生大豆的家畜饲粮中添加抗生素，可以提高家畜的生产性能。

大豆中至少含有4种对胰蛋白酶（或糜蛋白酶）活性有抑制作用的复合物（抗胰蛋白酶因子）。这些因子（不限于大豆）降低了饲料蛋白质的消化率，同时也增加了N和S的排出。热处理可以使这些因子失活。在大豆饼粕中有一种致甲状腺肿因子，长期高水平使用大豆饼粕能导致一些家畜甲状腺肿大，特别是饲粮中碘含量较低时。其他抗营养因子还有皂甙和在实验室中能引起红细胞凝集的蛋白质。但后者很容易被胃蛋白酶失活，热处理则可以使两者都失活。大豆还含有5,7,45-三羟（基）异黄酮（genistein），是一种植物来源的雌激素，它可能与某些情况下大豆饼粕所具有的很高诱导生长作用有关。一些大豆饼粕还含有较高水平的植酸，它们可能干扰Zn和P的利用。

溶剂浸提去皮大豆粕有时也用于饲喂家畜。去皮工艺使大豆饼粕蛋白质含量增加，纤维含量减少。一些未经浸提的全脂大豆经适当热处理（110℃，3 min）和粉碎处理后，也可用于饲喂家畜。这种产品在饲料工业中称作全脂大豆粉（full-fat soybean meal），官方名称为粉碎的挤压全脂大豆（ground extruded whole soybean）。全脂大豆的粗蛋白质含量约为38%，脂肪含量为18%，纤维含量为5%。由于含油量高，故其能量含量也较高。已经开发出农场使用的热挤压装置，它在较小规模内使用似乎是可行的。这些全脂大豆粉用于奶牛饲养受到一定的欢迎，在猪和家禽饲粮中也可以适量使用。热处理大豆可以替代生长肥育猪玉米-豆粕饲粮中的全部豆粕。

大豆粕粉（soy flour）是粉碎、去皮的浸提大豆粕经粉碎筛分后的细粉。它常常用在代用乳中用来替代部分乳蛋白。食品行业中的大豆浓缩蛋白（soy protein concentrate）是去皮大豆提取脂肪并用水滤掉水溶性非蛋白成分后制得的产品。它的粗蛋白质含量应不低于70%（干物质基础）。大豆浓缩蛋白可以加工成丝状物，所以它可以作为食品加工的蛋白质填充物，以及生产质地类似肉类纹理的某些产品。

大豆饼粕和其他蛋白质的比较饲养试验如表6-4和表6-5所示，其中表6-4是猪和家禽的例子，表6-5是反刍动物的例子。需要注意的是，尽管一些数据表明，在一些情况下将大豆饼粕与其他蛋白质配合使用可以稍稍提高动物的生产性能（增重速度、饲料转化效率或产奶量），但饲喂单一大豆饼粕总能获得满意的生产性能。

表6-4 饲喂不同来源蛋白质饲料的猪和家禽对比饲养试验的最新例子

对比	日增重	日采食饲料	饲料：增重比	参考文献编号
生长-肥育猪（25～95 kg）				
大豆粕[a]	0.68 kg	2.11kg	3.08	5
4%血粉	0.71	2.11	2.98	
6%血粉	0.69	2.05	2.96	
8%血粉	0.60	1.90	3.21	
大豆粕	0.74	2.55	3.40	2
血粉-肉粉	0.72	2.40	3.33	

续表 6-4

对比	日增重	日采食饲料	饲料：增重比	参考文献编号
大豆粕-血粉	0.73	2.33	3.16	
大豆粕-肉粉	0.76	2.45	3.22	
生长-肥育猪(18～98 kg)				
大豆粕(SBM)	0.85	2.35	2.79	6
SBM＋无腺体棉籽				
粉碎	0.82	2.27	2.27	
挤压	0.82	2.79	2.78	
生长猪(5.4 kg,0～28 d)				
6%喷雾干燥血浆蛋白	310	538	574 g/kg	7
4%喷雾干燥血浆蛋白＋2.94%鲱鱼粉	305	520	583	
2%喷雾干燥血浆蛋白＋5.88%鲱鱼粉	308	523	588	
0%喷雾干燥血浆蛋白＋8.82%鲱鱼粉	256	476	552	
仔鸡(饲喂 2 周)[b]			重/料	
去皮大豆粕	226 g/2 周		0.75	8
挤压全脂大豆	241		0.80	
挤压赤小豆	178		0.68	
1/3 菜豆＋2/3 大豆	221		0.78	
2/3 菜豆＋1/3 大豆	228		0.75	
幼火鸡,从 7 d 饲喂到 42 d				
大豆粕	1.79 kg 增重		0.66	9
大豆粕-鱼粉[c]	1.87		0.65	
大豆粕-菜籽粕[c]	1.79		0.63	
菜籽粕-鱼粉[c]	1.89		0.63	

[a]基础饲粮含 17.5%的大豆粕;指定水平的血粉(新工艺)替代等量的蛋白质,并且玉米比例相应增加。

[b]赤小豆经过挤压处理,菜豆和大豆混合物也同样处理。在此处所显示的数据中,所有饲粮都添加了蛋氨酸。

[c]在所有可能的组合中,鲱鱼粉以 0,60 或 120 g/kg;菜籽粕以 0,150,300 g/kg 的水平添加。只显示总平均值。

表 6-5　羔羊、肉牛和泌乳奶牛饲喂不同蛋白质来源饲料的生产性能比较试验

对比	日增重(g,kg)	日采食饲料(kg)	料肉比	参考文献号码
肥育羊(高比例高粱)				
棉籽粕	289 g	1.48	5.29	10
大豆粕	290	1.38	4.76	
胶豆粉(guar meal)	200	1.22	6.10	
血粉	250	1.37	5.48	
羽毛粉	250	1.39	5.56	
尿素	260	1.41	5.42	
肥育羊(高粱-棉籽壳饲粮)				
棉籽粕	227	1.84	8.11	11
向日葵粕	256	1.91	7.46	
棉籽-向日葵	246	1.96	7.97	

续表 6-5

对比	日增重(g,kg)	日采食饲料(kg)	料肉比	参考文献号码
肥育羊,高粗饲料颗粒				
苜蓿-大麦颗粒	210	1.95	9.29	12
+10%精选菜豆	200	1.89	9.45	
+20%精选菜豆	160	1.79	11.19	
肥育羊,高玉米-玉米穗轴饲粮				
大豆粕	289	1.86	6.6	13
血粉	250	1.90	7.6	
肉骨粉	210	1.65	7.9	
脱水苜蓿	250	2.06	8.2	
肥育羊,高粗饲料颗粒				
棉籽粕	390	2.35	6.0	14
鱼浆(liquefied fish)-尿素	370	2.26	6.1	
尿素	380	2.29	5.9	
生长-肥育肉用阉牛				
菜籽粕	1.49 kg	10.91	7.30	15
羽毛粉	1.50	10.49	6.97	
尿素	1.51	10.69	7.09	
生长牛(高玉米青贮饲粮)				
尿素	0.79 kg	5.93	7.6	16
大豆粕	0.94	6.33	6.8	
血粉	0.95	6.35	6.7	
肉骨粉	0.89	6.20	7.0	
脱水苜蓿	0.94	6.69	7.1	
肥育阉牛(高玉米饲粮)				
尿素	1.27	7.76	6.13	13
大豆粕	1.33	8.13	6.13	
湿玉米蛋白饲料	1.38	8.80	6.37	
干玉米蛋白饲料	1.35	9.46	7.01	
肥育牛(高玉米饲粮)[a]				
大豆粕	1.25	7.97	6.4	13
血粉	1.33	8.29	6.2	
肉骨粉	1.36	8.41	6.2	
肥育牛(中等谷物饲粮)				
棉籽粕-尿素	1.72	9.9	5.8	17
棉籽粕-羽毛粉	1.72	10.1	5.8	
羽毛粉-尿素	1.72	9.4	5.5	
生长牛(高水分玉米-玉米青贮[b])				
大豆粕	0.98	6.32	6.4	18
大豆粕-羽毛粉	0.99	6.29	6.4	
大豆粕-毛发粉	0.99	6.67	6.7	
肥育牛(粉碎玉米粒,玉米穗轴粉)				
大豆粕-尿素	1.05	7.2	6.9	19
甘蓝粉-尿素	1.03	7.1	6.9	

续表 6-5

	日干物质采食量(kg)	FCM/d (kg)	乳脂率 (%)	参考文献号码
泌乳奶牛				
玉米青贮(苜蓿-牧草干草,精料)				
大豆粕[c]	17.8	20.7	3.96	20
向日葵粕[c]	17.9	20.5	3.87	
玉米青贮(苜蓿干草,精料)				
基础饲粮[d]	17.3	22.3	3.52	21
+整粒棉籽[d](1.9 kg/d)	18.1	25.1	3.57	
对照[e]	18.0	24.1	3.66	21
整粒棉籽[e]	18.4	25.4	3.70	
等能量的其他产品[e]	18.5	24.4	3.60	
尿素处理玉米青贮(苜蓿-牧草干草,精料)				
大豆粕[f]	19.3	21.2	3.8	22
托尔(Tower)菜籽粕[f]	19.1	23.1	3.9	
图里特(Turret)菜籽粕[f]	18.7	20.7	3.9	
干草-精料饲粮				
棉籽粕	21.0	36.7	3.52	23
菜籽粕(低葡糖异硫氰酸盐)	20.8	38.5	3.54	
玉米青贮(苜蓿青贮,玉米粒青贮)				
大豆粕	20.1	26.2	3.45	24
湿啤酒糟	20.1	28.9	3.22	
干啤酒糟	22.3	29.4	3.09	
玉米青贮(苜蓿块,精料)				
大豆粕	19.7	33.3	3.74	25
75% ESB,25% CGM[g]	19.2	29.4	3.58	
50% ESB,50% CGM[g]	18.8	29.3	3.59	
25% ESB,75% CGM[g]	19.6	32.0	3.81	
玉米青贮[苜蓿干草,精料(全价饲粮)[h]]				
大豆粕	19.3	27.2	2.98	26
热处理大豆粕	20.1	29.0	2.89	
挤压全脂大豆	20.5	28.5	2.63	
玉米青贮(玉米饲粮)				
大豆粕	24.2	31.6	3.48	27
+脱水苜蓿	23.8	31.0	3.58	
+脱水苜蓿+尿素	24.0	30.7	3.63	
玉米青贮(苜蓿干草,精料)				
玉米(大豆粕)	20.1	29.9	3.06	28
玉米[大豆粕+鹰嘴豆(chickpea)]	20.0	30.4	3.09	
鹰嘴豆	20.6	31.1	3.28	

[a]所有饲粮含有 0.2%尿素。

[b]羽毛粉或毛发粉提供所饲喂饲粮一半的补充蛋白质。

[c]当饲喂向日葵粕时,精料中压扁燕麦较多而玉米较少,以使纤维含量等价。

[d]饲喂时,整粒棉籽替代等量精料,试验期 56 d。

[e]奶牛饲喂时采用了拉丁方设计,以便每头奶牛能采食每种饲粮 4 周。对照饲粮同前一试验(d)。饲喂整粒棉籽时,用其替代 20%的精料。对于能量等价饲粮,需要饲喂额外的精料,以便能量(*ME*)与整粒棉籽饲粮等价。

[f]菜籽粕替代大豆粕和稻草。托尔菜籽粕是一种低葡糖异硫氰酸盐新品种，其中葡糖异硫氰酸盐含量托尔为 20.5 μmol/g，而图里特为 36.2 μmol/g)。奶牛饲喂 8 周。

[g]饲喂挤压大豆(ESB)和玉米蛋白粉(CGM)饲粮的奶牛精料组成不同；精料中添加脂肪，以平衡 ESB 中较高含量的脂肪。

[h]所有蛋白质补充饲料的饲喂都有补加和未补加蛋氨酸两种形式，此处显示的结果为没有添加蛋氨酸的处理。

2.1.2 棉籽饼粕(cottonseed meal)

棉花植物(*Gossypium* spp.)生长在炎热地区，因此，在许多大豆无法生长的地区，都有棉籽饼粕(CSM)的生产，特别是在南美、北非和亚洲的一些地区。棉籽饼粕的蛋白质品质好，尽管由于加工工艺的不同可能存在一定的变异。在美国，大部分棉籽饼粕的粗蛋白质标准化为 41%(饲喂状态基础)，但有时也有粗蛋白质为 44%和 48%的产品。

棉籽饼粕蛋白质中胱氨酸、蛋氨酸和赖氨酸含量较低，钙和胡萝卜素的含量也较低。尽管棉籽饼粕对反刍动物适口性较好，但是对猪和家禽的适口性却较差。与大豆饼粕相比，棉籽饼粕的使用范围受各种抗营养因子的较大限制，然而它在家畜饲料中的使用仍然很广泛。

棉籽含有一种黄色素，也称为棉酚(gossypol)，对单胃动物，尤其是仔猪、仔鸡和犊牛具有较强的毒性。棉籽中的大部分棉酚是游离棉酚(易除去)。但是，这些游离棉酚经热处理可形成各种复合物，包括棉酚-赖氨酸复合物，导致赖氨酸的利用率降低。预压浸提饼粕中的结合棉酚(bound gossypol)含量往往最高，而螺旋压榨饼粕中的游离棉酚含量则最高。研究表明，游离棉酚是棉酚的有毒形式。一般认为，对产蛋鸡、肉仔鸡和猪来说，游离棉酚含量(占总饲粮比例)分别低于 40，80 和 100 ppm 时没有影响。饲粮中添加铁盐，如硫酸亚铁，可以降低或消除棉酚对猪和家禽的毒性。推荐在肉仔鸡饲粮中每 ppm 游离棉酚额外添加 1～2 ppm 铁，而产蛋鸡饲粮中额外添加的铁和游离棉酚之比应为 4∶1。较早的研究表明，棉酚能在反刍动物瘤胃中失活。反映家畜体内棉酚水平的最佳指标是血浆棉酚含量。血浆棉酚含量低于 5 μg/mL 被认为是安全的[29]。已经表明，棉酚能使血红蛋白数量减少，红细胞脆性和血浆中总蛋白质数量增加，并且使家畜在炎热环境温度下的呼吸速率加快。尽管家畜饲喂高水平棉籽饼粕时在肝和血浆中能检测到棉酚，但是在奶牛的乳中却没有发现棉酚。棉酚也能降低家畜的采食量。饲喂大量的整粒棉籽也能使家畜血清和肝组织中出现少量的棉酚，以及在脂肪组织和乳脂中出现少量的环丙烯脂肪酸。这些试验结果表明，棉酚并没有像先前认为的那样在瘤胃中全部被瘤胃微生物代谢，而是有一些未经代谢就通过了瘤胃。

棉酚由棉籽中的腺体产生，通过遗传改良可以使腺体的体积减小，或将腺体去除。尽管无腺体棉籽制成的饼粕对仔猪的效果不好，但是采食这种饼粕的家禽却表现出了良好的生产性能。一些地区有低棉酚和/或经生物学测试安全的棉籽饼粕供应。生物学测试是将棉籽饼粕饲喂母鸡观察其反映，这显然增加了饲料成本。

饲喂高水平棉籽饼粕也会造成蛋品质的问题。棉酚能使蛋黄变为绿色。棉籽饼粕中的一种脂肪酸(苹婆酸)能使储存的鸡蛋蛋白变成桃红色。显然这两种情况中的任何一种都是我们所不希望看到的。鉴于此，建议在饲喂家禽时，使用直接浸提或是预压浸提的棉籽饼粕。由于上述抗营养因子的存在，棉籽饼粕在单胃动物中的使用量，通常应限制在总蛋白质饲料的 25%以下。

近几年用整粒棉籽饲喂泌乳奶牛已经很普遍。有证据(表 6-5)表明，整粒棉籽通常对乳脂率和标准乳产量的提高有促进作用，对泌乳量也有一定的刺激作用。关于利用棉籽饼粕和其他蛋白质补充饲料饲喂反刍动物影响其生产性能的例子列于表 6-5。

2.1.3 向日葵籽饼粕(sunflower meal)

种植向日葵(*Helianthus annuus*)主要用来生产油和籽实，其主产地是北欧国家和俄罗斯，近几年在加拿大和美国北方一些州也有种植。与种植大豆和棉花相比，种植向日葵需要冷而且干燥的气候。

向日葵(饼)粕的蛋白质含量(去壳者为±50%,干物质基础)很高,但是缺乏赖氨酸,否则它的品质可与大豆饼粕相当。然而,较高的纤维含量(表 6-2)限制了向日葵饼粕在家禽和猪饲料中的应用。如果要在这些家畜中使用,必须要限制它的用量,特别是对于幼畜,或者是使用去皮后的向日葵饼粕。

据认为,饲喂整粒向日葵籽是一种为泌乳山羊提供营养物质的有效方法,因为饲喂整粒向日葵籽没有发生酸中毒和肠毒血症的风险(与其纤维含量高有关)。

2.1.4　花生饼粕(peanut meal)

因为在很多较温暖的地区种植花生(*Arachis hypogaea*)用作人类的食品,所以在许多国家都有大量花生饼粕(在英格兰称落花生饼粕)供应。花生饼粕的蛋白质含量在 45%～55%之间,其品质受加工和饼粕中花生壳数量的影响。花生饼粕中赖氨酸十分缺乏,并且蛋白质的消化率很低,这可能是由于外壳中的单宁所引起。另外,花生容易受霉菌(如黄曲霉)的污染。黄曲霉是一种能产生剧毒物质的真菌,尤其是对幼畜的毒性最大。花生饼粕对猪的适口性很好。利用猪的研究表明,花生饼粕和某些赖氨酸或蛋氨酸含量丰富的饲料共同饲喂时,花生饼粕的营养价值与大豆饼粕相当。

2.1.5　红花籽饼粕(safflower meal)

红花籽(*Carthamus tictoricus*)主要用来生产食用油,它的种植面积正不断增加(但仍很有限)。种植红花的优势是其需水量比种植其他油料植物都低。带壳红花籽饼粕的纤维含量高,而蛋白质含量低。红花籽壳约分别占籽实和红花籽饼粕(粗蛋白质含量 18%～22%)的 40%和 60%。部分去皮饼粕的粗蛋白含量约为 46%,酸性洗涤纤维含量约为 21%。红花籽饼粕蛋白质缺乏含硫氨基酸和赖氨酸。用猪和家禽所做的研究表明,红花籽饼粕只限于提供部分补充蛋白质的需要。红花籽饼粕纤维含量高,这对于反刍动物不是问题,它可以被羊和牛很好地利用(表 6-5)。

2.1.6　亚麻籽饼粕(linseed meal)

亚麻籽饼粕由亚麻籽实(*Linum usitatissimum*)制得。目前,亚麻主要用来生产干性油,但过去亚麻也曾广泛用于生产编织亚麻布用的纤维。亚麻籽饼粕只占北美总植物蛋白质产量的一小部分(表 6-1)。亚麻籽饼粕的粗蛋白含量较低(35%),且缺乏赖氨酸,但是它的含硒量比很多饲料都高,这是因为在美国大部分种植亚麻的土壤中含硒量都比较高。亚麻籽饼粕中含有少量生氰糖甙(产生有毒的氢氰酸)和抗吡哆醇因子。亚麻籽饼粕在反刍动物、马的饲粮中很受欢迎,有时在母猪饲粮中也是如此。但是,由于氨基酸组成差和纤维含量高,并且具有轻泻作用,所以,亚麻籽饼粕在家禽饲粮中很少使用。另外,单位重量亚麻籽蛋白的价格通常比其他油饼类高。

2.1.7　菜籽饼(canola meal)

菜籽饼粕由波兰型油菜籽(*Brassica campestris*)或阿根廷型油菜籽(*B. napus*)制得。油菜生长的气候比大豆或棉花冷,因此,在诸如北欧、亚洲、加拿大、美国的北部一些州和南美的一些较冷的地区,它是一种重要的作物[31]。

溶剂浸提饼粕的粗蛋白质含量(干物质基础)为 41%～43%,并且氨基酸组成良好。菜籽饼粕的赖氨酸含量比大豆饼粕低,但蛋氨酸含量高于大豆饼粕。一般而言,菜籽饼粕适口性要比大豆饼粕差。一些菜籽饼粕中含有很高水平的单宁酸,可能阻碍幼畜的生长。

与芸薹属的其他种类植物一样,油菜籽含有生氰化合物,这是由一组称为葡糖异硫氰酸盐的化合物所引起。尽管葡糖异硫氰酸盐本身没有生物学活性,但它可以被籽实中的酶水解,生成异硫氰酸盐、硫氰酸酯、腈和这些化合物的不同衍生物。幸运的是,已经培育出了波兰型油菜和阿根廷型油菜等两个品种的变种,它们的葡糖异硫氰酸盐含量较低。最近使用奶牛和犊牛进行的饲养试验表明,低葡糖异硫氰酸盐的饼粕除了引起乳中硫氰酸盐含量略微升高外，不会引起其他任何问题[22,32]。表6-4显示了来自火鸡雏的一组试验数据，而表6-5则显示了两个泌乳奶牛试验的数据。因而，假如要用菜籽饼粕大量替代其他蛋白质补充饲料，那么应使用那些葡糖异硫氰酸盐含量低的饼粕。

2.1.8 芝麻饼粉(sesame meal)

芝麻饼粉是芝麻籽实(*Sesame indicum*)榨油后的副产品。虽然在加利福尼亚州芝麻的产量也正在增长，但是，芝麻的主要产地在印度和中国。芝麻饼粕的粗蛋白质含量为38%～48%(干物质基础)，其赖氨酸含量较低，但是蛋氨酸含量较高。单胃动物饲粮中可以有限量地使用芝麻饼粕。很显然，芝麻饼粕中所含的植酸在一些情况下足以影响Zn的利用。

2.1.9 其他油饼粕(miscellaneous oilseed meals)

一些地区还有数量有限的其他油饼类。其中包括巴巴苏仁饼(babassu meal)、蓖麻籽饼(castor seed meal)、海甘蓝饼(crambe meal)(见表6-5)、大麻籽饼(hempseed meal)、池花饼(meadowfoam meal)和芥菜籽饼(mustard seed meal)。就产量而言，这些饼粕目前都不重要，尽管在一些特殊的气候和土壤条件下，其中一些也具有一定的前景。有一些饼粉，如蓖麻籽饼、海甘蓝饼和池花(meadowfoam)饼中含有抗营养因子，需要采取特别的加工或饲喂方法，因此限制了它们在很多家畜饲粮中的使用。

2.2 小结

以上讨论了各种油料饼粕的优点和局限性。这些蛋白质资源几乎可以在所有家畜饲粮中适量使用。对于处于维持状态的家畜来说，其添加量可以高些。一般而言，当基础蛋白质浓缩料的1/4到1/3由较不常用的饼粕类替代时，不会显著影响家畜生产性能，并且通常还能降低动物的生产成本。

3 谷物加工副产品类蛋白质饲料

粗蛋白含量在20%或以上的玉米麸类包括玉米蛋白饲料、玉米蛋白粉和湿法加工生产的浓缩发酵玉米提取物(玉米浆)，以及湿法或干法加工的玉米胚芽饼。高粱加工过程也可生产类似的产品，尽管其数量少得多。在小麦或其他谷物加工面粉过程中，还生产少量的胚芽饼。

市售玉米蛋白粉(corn gluten meal)的粗蛋白水平为41%～60%(风干基础)。它是玉米经提取大部分淀粉和胚芽并分离玉米皮后的残渣。玉米蛋白饲料(corn gluten feed)含有玉米蛋白粉和玉米皮(带或不带发酵浸出物)，其蛋白质含量通常为21%～23%(风干基础)。发酵浸出物(fermented extractives)是玉米加工前浸渍玉米的液体浓缩物，含水量约为50%，蛋白质含量21%～23%。胚芽饼(germ meal)蛋白中总氨基酸的平衡性最好。

各种不同产品的蛋白质与相应谷物本身的蛋白质有一定的相似性，通常是赖氨酸或色氨酸是第1限制性氨基酸，但含硫氨基酸含量较高(表6-3)。蛋白粉在所有家畜饲粮中都有使用，60%蛋白粉在添加叶黄素后不仅可作为家禽饲料的蛋白质来源，而且也可以作为色素(皮肤或蛋黄)来使用。由于玉米蛋白饲料的纤维含量较高，所以在家禽或生长猪饲粮中不常使用。玉米可溶物的高水分含量限制了它在干饲料中的使用。

表6-5中显示了肥育阉牛和泌乳奶牛的对比试验。在这里可能要提到两篇论文[33,34]，其数据表明，玉米蛋白饲料可以作为羊茅干草或天然牧草干草饲粮的良好补充饲料。玉米蛋白饲料或玉米蛋白粉中的蛋白质溶解性与其他产品(如大豆饼粕)不同。

产自高粱的类似产品包括籽粒高粱蛋白饲料(grain sorghum gluten feed)、籽粒高粱蛋白粉(grain sorghum gluten meal)和籽粒高粱胚芽饼(grain sorghum germ cake)或胚芽粕(germ meal)。

4 酒精糟和啤酒糟

在美国，有越来越多的玉米用来生产啤酒和酒精，其中残渣除部分淀粉外，大部分都被回收用作家畜饲料。在酿制波旁威士忌(bourbon whiskey)时，麦芽汁至少要含有 51%的玉米，而更典型的原料则包含 75%玉米，12%黑麦和 13%麦芽[35]。谷物经水蒸煮后冷却，然后加入大麦芽作为水解麦芽糖和糊精的酶的来源，随后加入酵母，最后将此混合物进行发酵，发酵和蒸馏后的固体可以采用不同方式回收和干燥。生产的饲料包括：浓缩和干燥酒精糟可溶物(condensed and dried distillers solubles)、谷物酒精干糟(distillers dried grains)、含可溶物谷物酒糟干糟(distillers dried grains with solubles)。谷物酒精干糟是酒精厂副产品中数量最大的部分。用正式术语来命名谷物时，根据混合物中主要谷物的种类，可以将酒精糟分为玉米酒精糟(corn distillers grain)和黑麦酒精糟(rye distillers grain)等。酿造业中可能还有其他蛋白质补充料，包括：糖蜜酒精糟浓缩可溶物(molasses distillers condensed solubles)或糖蜜酒精糟干燥可溶物(molasses distillers dried solubles)和马铃薯酒精糟干燥残余物(potato distillers dried residue)。

表 6-2 和附表 1 中给出了其中一些产品的分析数据。区分干酒精糟的主要依据是，它的纤维含量较高(11%～13%)，但是由于含有酵母，所有产品的蛋白质含量都在 27%～29%之间。干酒精糟的能值介于中等和高含量之间，但它的 B 族维生素含量很高。谷物中赖氨酸和苯丙氨酸相对缺乏，相比之下，酒精糟中氨基酸的组成更为平衡。就矿物质而言，干酒精糟的 P 和 S 含量高。某些微量元素如 Se 的浓度较高。

来自啤酒酿造业的蛋白质资源包括啤酒干燥谷物糟(brewers dried grains)、干燥废啤酒花(dried spent hops)、麦芽根(malt sprouts)和啤酒酵母(brewers yeast)。麦芽根是在制备麦芽时除去的干燥丝根。啤酒干燥谷物糟(简称啤酒糟)是大麦芽和其他谷物的干燥残渣，这些谷物可以提供发酵所需的麦芽糖和糊精。啤酒酵母是发酵麦芽汁(从麦芽与谷物的混合物中挤出的液体)时所剩的多余酵母。干燥废啤酒花是将加啤酒花的麦芽汁滤出物干燥后得到的副产品。啤酒糟粉(brewers grains meal)是经过特殊处理的干啤酒糟，其粗蛋白含量应不低于 35%，而水分含量应不超过 10%。变性谷物浸出物(converted cereal extractives)由生产麦芽、麦芽汁、浅色啤酒或啤酒废液制得的副产品。

来自于啤酒糟和麦芽根的蛋白质品质优良，蛋白质含量在 26%～29%之间。赖氨酸和蛋氨酸似乎分别是啤酒干燥谷物糟和麦芽根的第 1 限制性氨基酸；各种酿造业副产品中色氨酸含量都相对较高。啤酒酵母粗蛋白含量约为 45%，并且赖氨酸和色氨酸含量丰富。同很多发酵副产品一样，它含有高水平的 B 族维生素。

啤酒糟和麦芽根在单胃动物饲粮中的使用受到它的高纤维含量(分别为 18%～19%和 14%～16%)的限制。啤酒糟和酒精糟以及其他发酵副产品被认为是未知生长因子的良好来源。事实上，是否存在未知生长因子或者各种营养物质的最佳组合还有待验证，但在很多情况下，它们确实产生了喜人的生产效果(表 6-5)。特别是干啤酒糟和酒精糟，它们含有能抵抗瘤胃微生物降解的蛋白质。研究表明，用干啤酒糟和酒精糟饲喂某些氨基酸需要量较高的家畜时已经产生了良好效果。湿啤酒糟和干酒糟(啤酒糟或酒精糟)常用来喂牛，但由于它们的水分含量高，所以只能常规使用，并且就近饲喂。研究结果证明，氨可以作为湿酒糟的保存剂，并且对奶牛的产奶量无任何不利影响[36]。无疑，这比烘干湿酒糟的成本要低得多。

5 其他植物蛋白质资源

椰子饼粉(coconut or copra meal)是椰子(*Cocus nucifera*)肉经提取和干燥后的残余物，在世界很多地区都有供应。它的蛋白质含量低(20%～26%,干物质基础),并且赖氨酸和蛋氨酸相对缺乏。由于加工方法的不同,它的消化率和品质差异很大。在干燥过程中,椰子饼粉容易发霉。椰子饼粉可以作为猪和家禽饲粮的部分蛋白质补充料,但是研究结果都表明,椰子饼粉作为家禽和猪饲粮的主要蛋白质来源时,会降低动物的生产性能。

棕榈仁饼粉(palm kernel meal)是棕榈(*Elaeis guineenis*)籽实提取棕榈油剩余的饼粉,它作为低蛋白饼粉显然有一定的前景。需要注意的是,用作饲料的较好品质的棕榈油是由棕榈的外壳提取的,而不是它的籽实。

尽管精选菜豆(*cull beans*)和各种豌豆(*bean*)通常主要是作为人的食品,但有时也用来饲喂家畜。其中包括肾形豆、花豆、海军豆(*Phaseolus vulgaris*)、蚕豆(*Vici faba*)、利马豆(*P. lunatus*)和各种豌豆,如普通绿豌豆(*Pisum sativum*)、鹰嘴豆(*Cicer arietinum*)、豇豆(*Vigna sinensis*)、木豆(*Cajanus indicus*)、翼豆(*Lotus teragonolobus*)和奥地利紫花豌豆(*Pisum* spp.)。

豌豆和菜豆籽实的粗蛋白含量通常为20%～28%,它们的蛋白质中往往缺乏含硫氨基酸和色氨酸。已经用家畜对菜豆做了详尽的研究,用未经加工(除粉碎外)的菜豆饲喂取得了普遍令人满意的结果,并且各种家畜的生产性能都是如此。表6-5中显示了使用鹰嘴豆饲喂泌乳奶牛的例子。

另一方面,菜豆籽实通常含有抗营养因子,如毒素或胰蛋白酶抑制剂。由于含有毒素并且蛋白质品质差,所以,菜豆籽实在单胃动物饲料中的使用应给予限量,而对它进行热处理是十分值得的。当喂猪时,在100℃下将菜豆籽实蒸汽加工75 min已经足够[62]。而那些蒸汽加工45 min的则出现了采食量下降、腹泻和消化率降低。只要饲喂适量,反刍动物饲粮中的大部分菜豆可以被有效利用(表6-5)。在热带地区,一些豆科粮食作为猪和家禽的完全能量——蛋白饲料很有前景。研究者们在鉴别高产品种和开发经济的方法用来除去或使毒素和抑制剂失活方面,已经开展了很多研究。

在某些地区,常常有一定数量的豆类籽实筛后残余物(legume seed screenings)(如来自苜蓿、三叶草等)。有限的研究表明,它们用作反刍动物饲料可以取得令人满意的效果,但关于将它们用于其他家畜的研究报道则很少。豆类籽实筛后残余物的粗蛋白含量通常在22%～25%。

6 动物性蛋白质饲料

来自于动物组织的蛋白质精料是一种已经使用多年且获得好评的补充饲料。由于这些产品来源于动物,所以它们的氨基酸组成通常与动物的需要相一致。然而,必须认识到,由于相同标签的产品实质上可能来自许多不同的来源,所以它们的品质差异可能很大。另外,品质也可能受加工方法和在蒸煮及干燥中使用的温度是否适宜的显著影响[65]。

6.1 肉粉和肉骨粉

AFCO的动物产品列表包括肉粉(meat meal)、肉骨粉(meat and bone meal)、肉杂粉(meat meal tankage)和肉骨杂粉(meat and bone meal tankage)。肉粉和肉杂粉(tankage)在技术指标上的惟一不同是肉粉中不能添加血粉。肉粉和肉骨粉的区别在于它们的含磷量不同。如果产品的含磷量超过4.4%,那么它就是肉骨粉。对于(上面提到的)所有产品,技术要求规定,不能被胃蛋白酶消化的物质不能超过14%,不能被胃蛋白酶消化的粗蛋白不能超过11%。这些产品由胴体修整废弃物、禁止人类食用的胴体、肝脏、内脏和骨头等加工而成。它们不能含有毛发、蹄、角、皮革修整废物、粪便以及胃内容物等,但是在正常加工过程不可避免掺入的除外。

实践中,肉骨杂粉是干法炼油产生的不可粉碎的物质,而肉粉则是粉碎后剩下的物质[33]。几乎所有的肉骨杂粉和其他类似产品都进入混合机,在混合机中不同成分混合杂一起,然后根据标准肉骨粉的蛋白质和灰分含量要求,按不同比例将它们与肉粉混合。这样就使饲养者得到的产品质量更加均一。

通常通过加入血粉或干燥肉汁的方法对肉粉进行标准化，标准化后的粗蛋白含量为 45%、50%或 53～55%（风干基础）。

很多大型肉类加工企业都加工和生产肉粉和肉骨粉。另外，利用来自农场和肉牛肥育场的死亡家畜，以及来自大规模的肉类批发店、食品经销店、宾馆等废弃的肉骨，通过炼油厂的加工也可能生产这些产品。来自这类炼油厂的产品在品质、蛋白质和灰分含量等方面，往往差异很大。

动物试验数据表明，上述产品的蛋白质中可消化的部分占 81%～87%；对于采食谷物饲粮的猪来说，其限制性氨基酸为赖氨酸、蛋氨酸和苏氨酸[37]；对于家禽来说，蛋氨酸和胱氨酸是第 1 限制性氨基酸[38]。在血粉中异亮氨酸非常缺乏，所以，在蛋白质含量较高的肉粉和肉骨粉中，异亮氨酸也可能是限制性氨基酸。一般认为，肉粉和肉骨粉的蛋白质品质比鱼粉或大豆饼粕低。

除了蛋白质外，肉粉和肉骨粉还含有约 8%脂肪，这部分脂肪的消化能含量很高。在混合肉粉和肉骨粉中，灰分含量通常在 28%到 36%之间，肉粉和肉骨粉中约有 7%～10%的 Ca 和 3.8%～5%的 P；同时还含有大量的 K、Mg 和 Na。因此，肉粉可能是这些矿物质的重要饲料来源。另一方面，矿物质含量在一些情况下可能限制它的使用。同很多动物产品一样，肉粉、鱼粉和发酵产品是维生素 B_{12} 的良好来源，有时甚至是优良来源。

6.2　血粉（blood meal）

血粉是由干燥后的血液经粉碎制得的产品。干燥方法有转鼓式干燥、喷雾干燥、圆盘干燥和瞬间干燥。瞬间干燥是一种较新的工艺，生产的血粉的质量比其他方法的更均一，可利用赖氨酸含量高。血粉蛋白质含量约为 85%，它是除异亮氨酸外各种氨基酸的优良来源。有关仔猪的数据表明，使用较好的干燥方法生产的血粉可利用赖氨酸约为 7%[37]。血粉的矿物质（除 Fe 外）和纤维含量低。

6.3　其他哺乳动物产品（miscellaneous mammalian products）

其他动物性蛋白质补充饲料包括干肉膏（dried meat solubles），它是将经过蒸或热水浸提的洁净、完整的屠宰动物的各部分脱脂水浸出物干燥后得到的产品，其粗蛋白质含量必须不少于 70%。有时还有干燥肝粉（dried liver meal）的供应。大部分干燥肝粉是用患有脓肿、吸虫或其他寄生虫感染或者其他各种原因而废弃的肝脏制得的。腺体粉（glandular meal）是将来自屠宰的哺乳动物的肝脏和其他腺体组织进行干燥而制得的。如果将其中绝大部分水溶性物质除去，可以称为腺体提取物粉（extracted glandular meal）。皮屑肉渣水解物（fleshings hydrolysate）是新鲜肉屑或盐皮屑经酸水解制得的产品，其制备工艺包括脱脂、挤干、中和等过程。如果将其蒸发到固形物含量为 50%时，可以称作浓缩皮屑肉渣水解物（condensed fleshings hydrolysate）。水解毛发粉（hydrolyzed hair）的产量很有限。为了水解毛发中的蛋白质，必须在高压条件下蒸煮较长时间。以这种方法制得的水解毛发粉的粗蛋白含量至少为 80%，可以被反刍动物很好地利用（表 6-5）。动物副产品粉（animal by-product meal）是将动物组织进行蒸汽或炼油处理后用于饲喂家畜的干燥产品。它的确切名称需要根据蛋白质含量来确定。在一些地区，还有水解皮革粉（hydrolyzed leather meal）。为了生产易消化的水解皮革粉，需要进行大量蒸煮过程。

6.4　其他家禽产品（miscellaneous poultry products）

水解家禽羽毛粉（hydrolyzed poultry feather）的产量相对较大。为了使生产的产品易消化，家禽羽毛必须在高压蒸汽条件下蒸煮 30～45 min，其中粗蛋白必须有 75%可被胃蛋白酶所消化。羽毛粉粗蛋白含量可能为 85%～90%，但是对于家禽来说，水解家禽羽毛粉缺乏胱氨酸、蛋氨酸、赖氨酸、组氨酸和色氨酸[38]，所以，必须仔细挑选氨基酸含量与其互补的其他蛋白质饲料。水解家禽羽毛粉是反刍动物的理想蛋白质资源（表 6-5）。

疯牛病（牛海绵样脑病；BSE）在英国的暴发引发了饲料标签和饲养规章的改变。现在肉骨粉、肉粉和一些其他动物副产品都必须标明来源于“反刍动物”或“猪”的字样。新的规章规定，标有“反刍动物”源的副产品可以用于饲喂单胃动物，但是不能饲喂反刍动物。

家禽副产品粉(poultry by-product meal)是由屠宰家禽胴体(羽毛除外)的洁净部分如头、脚、未发育成熟的蛋和肠经粉碎、炼油后制得的产品，其灰分含量不得超过16%，酸不溶性灰分不得超过4%，粗蛋白含量为58%(风干基础)。已经证明，它是鸡的非常理想的蛋白质饲料。

家禽孵化厂副产品(poultry hatchery by-product)是蛋壳、未受精和未孵出小鸡的蛋和淘汰仔鸡经蒸煮、干燥和粉碎后的混合物，其中有的除去了部分脂肪，有的则没有除去。家禽副产品水解混合物(hydrolyzed poultry by-products aggregate)是所有家禽屠宰副产品经热处理后的产品。这种产品如经过酸处理，则需要中和处理。在添加蛋氨酸和赖氨酸的情况下，它是肉仔鸡的理想蛋白质资源。干鸡粪(dried poultry waste)是收集的笼养产蛋家禽干燥排泄物，其粗蛋白含量为25%～28%(干物质基础)，其中约1/3是真蛋白质，剩下的则是非蛋白化合物，如尿酸(禽类通过尿排出)。由于这类产品非蛋白氮和灰分含量高(25%～30%)，所以不适合在单胃动物中使用。但在一些情况下，可以在反刍动物中使用，尤其是在越冬和维持饲粮中。家禽垫草(poultry litter)主要来自肉鸡场，通常含有足够的粗蛋白质，可以作为蛋白质饲料资源。有关它作为羊、牛等反刍动物饲粮的资料很多。它可以与其他产品(如玉米秸秆)一起青贮，或单独青贮后饲喂，或者在晒干或脱水后饲喂。总之，它是一种很廉价的饲喂生长犊牛或处于维持的母羊或者越冬肉牛的氮源。干鸡粪和家禽垫草都能用于饲喂泌乳奶牛。

7 乳制品

尽管全脂奶粉(dried whole milk)被认为是近乎完美的哺乳幼畜的食物，但是它作为家畜饲料的成本过于昂贵。脱脂奶粉(dried skim milk)在家畜饲料中主要是用在代用乳中，有较少量用于仔猪和幼年反刍动物的固体食料，以及一些宠物食品中。

加工过程(转鼓式干燥)中的产热能损害奶粉的品质；因此应优先选择喷雾干燥。代用乳中的劣质奶粉容易导致幼畜腹泻和消化紊乱。

从营养角度看，脱脂奶粉往往缺乏脂溶性维生素和Mg，Mn，Fe和Cu，具体种类取决于家畜种类。通常，它能供给幼畜足量的其他各种矿物质和维生素。

浓缩乳酪(condensed buttermilk)和干燥乳酪(dried buttermilk)通常有供应。由于粗蛋白质含量约为34%(干物质基础)，所以它可以作为蛋白质精料使用。除能量较高外，它的饲养价值与脱脂奶粉相当。一些地区有干酪皮(cheese rind)(制熟干酪时修剪掉的部分)供应，并且据说具有很好的饲养价值。它的粗蛋白含量约为60%。一些地区还有干乳清蛋白浓缩物(dried whey protein concentrate)，其粗蛋白质含量不低于25%。

还有另一些乳制品供应。但通常用它们饲喂家畜是不经济的。当然乳清除外，乳清的粗蛋白含量低于20%，因此不适宜作为蛋白质精料。经常有的产品还有酪蛋白(casein)，它是脱脂乳经过酸或粗制凝乳酶凝集后的固体残余物。同样的还有干燥水解酪蛋白(dried hydrolyzed casein)、干燥全乳乳清蛋白(dried milk albumin)和干燥全脂乳蛋白(dried milk protein)。

8 海产蛋白质饲料

8.1 鱼粉(fish meal)

鱼类蛋白质饲料主要有两类：一类是来自捕获的用于制作鱼粉的产品；另一类是来自用于加工人类食品或工业用途的鱼的残余物。用凤尾鱼(*Engraulis* spp.)、鲱鱼(*Clupea* spp.)和曼哈顿鱼

(*Brevootia tyrannus*)制作的鱼粉占全鱼粉的大多数。这些鱼具有很高的鱼油含量,其中多数在制作成品鱼粉过程中已经除去。除了这些来源外,一些用于加工人类食品的鱼的残余物也可以制作鱼粉。一些加工残余物可以直接(或经粉碎后)饲喂貂、狐狸和其他皮毛动物,也常常用于加工宠物饲料。

鱼粉是指用干净、干燥的没有肢解的全鱼或肢解的鱼组织加工的产品,其中可以部分提取过鱼油或未提取过鱼油。它的水分含量不超过 10%;如果含盐量超过 3%,还必须加以注明具体数量,但含盐量决不能超过 7%。鱼粉的加工方法有几种。用于较大量地饲喂家禽或猪时,鱼粉中不允许含有鱼油(因为肉会出现鱼腥味),因此,应设法除去大部分鱼油。此外,鱼油容易氧化,因此加工厂普遍通过加入抗氧化剂来防止氧化、过热和发霉。令人遗憾的是,如果加工工艺不好,鱼粉的品质仍然变异很大。

优质鱼粉是极好的蛋白质和氨基酸来源(表 6-2 和表 6-3)。鱼粉的蛋白质含量高,并且消化程度高。鱼粉的必需氨基酸含量高,其中包括谷物中普遍缺乏的赖氨酸。此外,鱼粉通常是 B 族维生素和大部分矿物质元素的良好来源。因此,尽管鱼粉的成本通常比除乳以外其他蛋白质饲料高,但它仍然是一种猪和家禽饲料中很受欢迎的原料(表 6-4)。由于鱼粉在瘤胃中不被微生物消化,所以,反刍动物饲粮中也使用一些鱼粉。在代用乳中使用一些脱脂鱼粉似乎也是可行的。

8.2　其他海产蛋白质饲料

尽管鱼粉是海产蛋白质饲料的主体,但是一些地方的市场上还有很多其他产品。鱼残余物粉(fish residue meal)是由加工非鱼油类鱼胶以后的残余物制得的产品。饲料级鱼蛋白精(fish protein concentrate, feed grade)是由那些用于制作人类食用的鱼蛋白精后的残余物制得的产品。鱼肝和腺体粉(fish liver and glandular meal)由鱼的内脏制得,其中至少 50%的干重需要来自鱼肝。浓缩鱼膏(condensed fish solubles)是对加工罐头的残液进行浓缩制得的产品,因此,这种产品的粗蛋白含量至少为 30%(饲喂状态),而鱼膏干燥物(dried fish solubles)必须经过干燥,且粗蛋白含量至少为 60%。人们认为,鱼汁含有高品质的蛋白质,是水溶性 B 族维生素良好的甚至是优良的来源,并且含有“未知生长因子”。

鱼类加工副产品(fish by-products)由未经提取鱼油的鱼组成。干燥鱼蛋白酶解物(dried fish protein digest)是鱼或鱼的碎屑经酶水解后的干燥产物,它必须没有骨头、鳞片和不可消化的固体,其粗蛋白质含量应不低于 80%,水分含量不高于 10%。浓缩鱼蛋白酶解物(condensed fish protein digest)是鱼或鱼屑的浓缩酶解物,其粗蛋白含量不低于 30%。鱼酶解残余物(fish digest residue)是经酶消化后不可分解的残余物(如骨、鳞片等)。

除以上提到的产品外,斯堪的纳维亚人开发了一种称作鱼类青贮饲料(fish silage)的产品。将鱼粉碎后用酸(无机酸和/或蚁酸)处理。经体内酶和酸的共同作用,鱼体转变为一种接近液态的产品,在环境温度下可以保存一段时间。尽管这种产品可能更适合于单胃动物,但是它也可作为反刍动物的饲料[39,40]。液化鱼饲料(liquefied fish)是一种无需脱水就可以利用鱼产品的很有前景的方法。将粉碎的鱼或鱼的残余物用鱼酶液化后,经简单巴氏杀菌,并过滤除去骨头,然后将其酸化至 pH 值约为 4,这样就制得了液化鱼饲料。液化鱼饲料已经用在液体蛋白质补充饲料中,或反刍动物全价饲粮中,并没有产生任何问题(表 6-5)。青贮和液化等两种方法都提供了一种既有利于营养丰富的产品的利用,而又无需高干燥成本的方法。

市场上有时也有加工残余物制成的虾粉(shrimp meal)和蟹粉(crab meal)出售。据说,对于猪来说,虾粉与肉粉相当,但蟹粉对猪的适口性较差。蟹粉在反刍动物饲粮中前景不大。虾粉和蟹粉都含有相当数量的几丁质(构成这些动物甲壳的主要成分),且粗蛋白质含量约为 40%。几丁质由葡萄糖聚合而成,在葡萄糖的第 2 个碳原子上有 N-乙酰基团。尽管葡萄糖分子的连接方式与纤维素的相同,但是瘤胃微生物似乎并不能产生水解几丁质所需的几丁质酶[41]。我们可以预见,在采食甲壳动物的动物胃肠道中可能发现这种酶。这些产品的相对价值可能取决于其中非几丁质残余物的数量。

9 其他蛋白质资源

随着世界蛋白质供应变得越来越紧张，人们正在努力发现和开发用于动物的其他蛋白质饲料资源。潜在的蛋白质饲料资源包括动物废物、植物提取物和单细胞微生物（如海藻、细菌、真菌和酵母）等。下面将就这些饲料资源进行讨论。

家禽粪便（poultry wastes）在前面已经提及。在一些家禽数量多的地区，肉仔鸡垫草（broiler litters）广泛用于越冬成年牛或用作生长犊牛的补充饲料或青贮（第7章）或饲喂处于某一繁殖周期的母羊。笼养蛋鸡废物（cage layer wastes）（风干后）也已经被用来饲喂绵羊或山羊，并且烘干的产品干燥家禽粪便（dried poultry waste）在很多地区已有出售。牛的粪便由于含氮量低，所以无法作为蛋白质饲料利用。然而，它作为制作青贮时的氮源仍有一定前景。可以将新鲜牛粪与其他饲料成分混合后饲喂牛，也可以用它制作青贮（第7章），并且可以将它经筛分除去固体后的液体部分与其他成分混合用来喂牛。尽管有一些猪粪饲喂家畜的试验数据，但是，将猪粪饲喂家畜的意义不大。必须注意的是，要确保粪便中的某些成分（如铜）不会产生问题。

由于苜蓿等作物在单位土地面积上的蛋白质产量很高，所以，从这些作物中提取浓缩叶蛋白（leaf protein concentrates）很有意义。这些干燥后的浓缩物含有40%～47%的优质粗蛋白，尽管一些浓缩物中也含有抗胰蛋白酶活性。已经表明，这一脱水产品可以有效地替代肥育羊饲粮中的大豆饼粕作为蛋白质饲料，并且据说给肥育牛限量饲喂该副产品压块（提取叶汁后的残余物）效果可以与饲喂苜蓿干草相当[42]。

单细胞蛋白质

单细胞蛋白质（single-cell protein, SCP）可以发展成为一种巨大的蛋白质饲料资源用于家畜饲养。一些人甚至认为，鉴于世界人口的增长和植物饲料蛋白质的供应情况，单细胞蛋白质将成为世界范围内家畜的主要蛋白质来源。由于微生物可用来发酵处理诸多废物，如稻草、木材及木材加工废弃物、食品、罐头及食品加工废弃物以及酒精生产的残余物或人类和动物的排泄物，因此，微生物产业的发展前景广阔。

令人遗憾的是，生产和收获微生物蛋白质并非没有成本。几乎在任何情况下，为了达到高效生产的目的，单细胞蛋白质只能存在于相当稀的溶液中，通常固形物含量低于5%。浓缩微生物蛋白质的方法包括过滤、沉淀、凝集、离心以及使用半透膜。这些物质必须经烘干至水分含量约为10%，或者浓缩并酸化以防止损坏，或者必须在新鲜状态下饲喂。为了便于储存而除去大量的水，在多数情况下都是不经济的。

海藻（algae）是很有潜力的蛋白质饲料资源。初步研究结果表明，以单位土地上的潜在蛋白质产量计，淡水培育海藻约为大豆的10倍。海藻约含50%蛋白质，6%～7%纤维，4%～6%脂肪和6%灰分。由于海藻味苦，并且生物学价值低，所以，它在生长猪饲粮中的用量不应超过10%。这类产品的主要问题是如何收获和烘干。

酵母产品用于饲料行业已有多年。它们通常有干酵母（不能发酵的，也就是加热失活的酵母）、活酵母和照射酵母之分。其中，可获得的有干啤酒酵母（brewers dried yeast）和液体啤酒酵母（brewers liquid yeast），都为酵母属（*Saccharomyces* spp.），其粗蛋白质含量（干物质基础）至少为35%。其他非发酵酵母包括：干燥酒精酵母（grain distillers dried yeast）、糖蜜酒精干酵母（molasses distillers dried yeast）和初级干酵母（primary dried yeast）或干酵母粉（dried yeast）等（均为酵母属）。干球拟酵母（torula dried yeast；学名 *Torulopsis* spp.）也用作饲料原料。上述酵母产品的粗蛋白质含量最少应为40%。尽管啤酒酵母和球拟酵母的维生素含量有差异，但总体而言，酵母含有优质的蛋白质，并且富含大部分 B 族维生素。酵母的成本也相对较高，因此，在多数家畜饲料中使用的都不多。适量的酵母是一种很理想的蛋白质补充饲料（表 6-4）。

活性酵母产品包括：活性干酵母（active dry yeast）、酵母培养物（yeast culture）（干燥产品）和糖蜜酵母浓缩液（molasses yeast condensed solubles），后者是除去糖蜜中生长的细胞后剩下的发酵液的浓缩产品。

照射酵母（irradiated yeast）或照射干酵母（irradiated dried yeast）是由紫外线照射的酵母制得的产品。紫外线照射是为了增加酵母中维生素 D_2 的浓度。维生素 D_2 是除家禽外所有家畜利用维生素 D 的理想形式，家禽利用维生素 D_3 比利用维生素 D_2 更有效。它是很多饲料原料中的常见维生素来源。

细菌单细胞蛋白质资源（其中包括真菌）刚刚开始在市场上出现。在欧洲，一种经长期研制的称作普鲁丁（Pruteen）的产品已经在欧洲经济共同体内开始商业化使用[43]。这种单细胞蛋白质是由挑选的能利用甲醇（木醇）的微生物中制得的。据说它含有 71%粗蛋白和 13%脂肪。大量的研究报告表明，这种产品可以用来替代通常用在青年犊牛或羔羊代用乳中大部分脱脂奶粉[44]。在美国，库尔斯啤酒公司（Coors Brewery）销售一种在啤酒厂废水中生长出来的微生物产品。这种产品称作啤酒单细胞蛋白（Brewers SCP）。ITT Rayonier 公司曾一度出售一种称为 Raypro 的干燥单细胞蛋白质，该产品是由依赖造纸厂排出的废水生长的需氧微生物生产的，含有约 50%粗蛋白质（干物质基础）和 10%～13%脂肪。有关这项产品的较有限的数据表明，它是肥育牛或泌乳牛全价饲粮中一些标准蛋白质饲料的理想替代物[45]。其他同样来自造纸厂但经不同方法干燥的制品也已表明是羊或牛理想的蛋白质饲料。

10　非蛋白氮

非蛋白氮（NPN）化合物含氮，但它不由氨基酸组成。有机非蛋白氮化合物包括氨、尿素、酰胺、铵、氨基酸和一些肽。无机非蛋白氮化合物包括很多盐，如氯化铵、磷酸铵和硫酸铵。

尽管一些饲料，尤其是粗饲料和青贮料，含有大量无机 NPN，但从实践的观点看，配合饲料中的 NPN 是指一些添加的物质，主要是尿素，或者用量较少的双缩脲和磷酸铵等化合物。很多研究证据表明，其他很多化合物能用作非蛋白氮，但是目前它们因成本太高而无法用来饲喂家畜。在很多地区，尿素是最廉价的粗蛋白质饲料资源。这也是为什么人们对尿素用于反刍动物饲料十分感兴趣的原因。

NPN，尤其是尿素，主要对有瘤胃机能的家畜有利，这是由于尿素能迅速被水解成氨和 CO_2，而氨又能被瘤胃微生物整合进入微生物蛋白质，然后供宿主利用。因此，家畜本身无法直接利用尿素。在单胃动物中惟一能够将尿素合成蛋白质的微生物存在于肠道的后段，据认为，在这里氨基酸、肽和蛋白质的吸收很低或不吸收。用猪、家禽、马和其他动物的研究表明，这些动物只能利用很少的尿素。

10.1　使用尿素的局限性

在饲料中使用尿素时必须考虑很多因素。只有当有充足的易发酵碳水化合物时，尿素才能用作反刍动物的氮源，或只有这种情况下，尿素才能形成微生物蛋白质。另外更重要的一点是，尿素不能作为采食劣质粗饲料的家畜的理想氮源。这在表 6-6 中的数据中得到了阐明。值得注意的是，虽然给饲喂棉籽壳的阉牛补充尿素取得了很好的效果，但是添加鱼粉或大豆饼粕可以提高增重速度。饲喂大麦秸秆或玉米秸秆的阉牛生产性能很低。在粗蛋白含量 15%的基础补充料中添加尿素，仍无法减少越冬肉牛的越冬失重。无论添加双缩脲或是蛋氨酸羟基类似物（蛋氨酸的替代物），都不能使生产性能改善。这一点可以由文献中的其他很多类似的例子来阐明。尽管文献中报道的反应存在着分歧，但是作者相信，此处给出的这些例子都有典型的代表性。表 6-5 中也给出了其他的一些例子，其中牛的主要粗饲料是玉米穗轴或玉米青贮。添加尿素的生产水平比不上天然蛋白质补充饲料。

自从 20 世纪 40 年代初首次试用以来，有大量关于尿素使用的研究报告。尽管瘤胃中大多数消化纤维素的微生物需要氨,并且体外(实验室)的瘤胃研究也表明,尿素作为惟一的添加氮源时能极大地促进纤维素消化,但是在活体动物中并非如此。在实验室条件下,发酵通常是在不可渗透的容器(玻璃瓶)中进行,尿素和/或氨存留在溶液中可以被微生物利用。在瘤胃中,氨能通过瘤胃壁吸收或者进入下游的胃。在上面的任何一种情况中,细菌都不再能够获得氨,尽管其中有一些最终能通过唾液或在一些情况下通过瘤胃壁循环回瘤胃。当 pH 值升高至 7 或更高时,瘤胃中的氨迅速被吸收。当 pH 为值 6 或更低时,氨的吸收很慢,或者没有氨的吸收。如果给家畜饲喂足量的淀粉使 pH 值降低到这一范围时,那么活体家畜对尿素的利用就很理想。糖,例如糖蜜中的糖,并不能使尿素的利用程度达到最大。

10.2　尿素中毒

尿素对动物是有毒性的,或可能是致死的,这取决于饲喂剂量(采食的量)的大小,以及饲喂的时间。临床中毒症状最快能在采食饲料后 30 min 表现出来,其中包括不安、蹒跚、在腰间乱踢,这时中毒的家畜往往卧地不起。临床症状还有呼吸困难、共济失调、抽搐、流涎等。受致命影响的家畜往往在临死前反喷出瘤胃内容物。中毒的反应通常是全或无,即或者死亡或者恢复,并且恢复后不留后遗症或者后遗症很小。尿素的致死水平受家畜对尿素适应性、家畜没有采食饲料的时间长短、饲粮类型及其他因素的影响。通常,在 30 min 内采食体重达到 40～50 g/100 kg,就可能致命。发生中毒是由于尿素在瘤胃中迅速水解成氨和 CO_2。如果瘤胃液是碱性的(尿素和氨使其变为碱性),那么将会有更多的氨被迅速吸收,导致肝中氨浓度过高。通常肝能将大部分氨转化成尿素而除去,因此毒性降低。氨在外围血液中累积,导致中毒症状的出现。当出现这种情况时,没有实际可行的治疗方法。

只要家畜在发展到中毒的后期之前被发现,可以用食醋(或其他酸)来治疗。食醋能降低氨的吸收率,降低血氨水平,增加在肝中氨转变为尿素的需要量。推荐的做法是给每百磅体重的家畜饲喂 1 加仑食醋和 1 加仑水。有一点需要注意,如果畜群中还有几头家畜没有发生尿素中毒,那么尽快利用足量的食醋来防治尿素中毒,家畜就有可能避免死亡。预防尿素(或氨)中毒意味着要采用良好的饲喂方式:对含尿素的饲料要仔细混合,对尿素含量大的饲料(例如尿素含量高的液体饲料或干燥蛋白质补充饲料)应使家畜有逐渐适应期。

只要家畜管理良好,并且饲料配制和混合得当,尿素能给肥育家畜、奶牛和其他反刍动物提供大量的补充氮源。在实际饲粮中,目前的推荐要求为:由尿素和其他非蛋白氮化合物提供的氮量不能超过总氮水平的 1/3。全价饲料中的尿素添加量应限制在 2%或以下。超过这一水平可能导致饲料适口性的降低,并可能导致采食量的下降。最近一些研究表明,饲喂以尿素为基础的饲粮,可能导致家畜采食间隔缩短。当然与饲喂不含尿素的饲粮相比,奶牛往往对含尿素饲粮的采食更频繁。值得注意的是,作为一项保护买主的措施,很多州都要求在饲料标签中必须标明尿素或其他非蛋白氮的最大添加量。

10.3　提高尿素利用率的方法

为了改善尿素作为蛋白质浓缩料的使用,以及为了增加尿素在饲喂时的多样性,已经开展了大量研究。在第 7 章中给出了几个在青贮中使用尿素或无水氨的不同例子。这似乎是既不增加由于饲喂非蛋白氮而引起问题的可能性,又增加了粗饲料中粗蛋白含量的一种最划算的方法。

市场上至少有两种尿素——谷物挤压混合物产品出售,它们是淀粉糊化尿素(Starea)和金色蛋白料(GoldenPro)。如果挤压过程在合适的温度、水分和压力条件下完成,那么利用这一工艺生产的产品释放氨的速率将比尿素在瘤胃中释放氨的速率慢。很多研究表明,当这些产品用于饲喂奶牛、青年母牛或者越冬肉牛时,都取得了理想的结果。结果通常要优于饲喂谷物-尿素混合物并接近或等于大豆饼粕的价值(在大多数试验如此,而非所有试验)。

尿素也能与其他饲料原料一起使用。由脱水苜蓿粉、尿素、磷酸氢钙、硫酸钠和丙酸盐配制的粗蛋白含量为 100%的饲粮在高产奶牛中获得了很理想的结果。这一饲料产品称为德雷 100 号(Dehy-

100)。用压片大豆皮吸收尿素溶液，似乎也是一种饲喂奶牛的理想方法[49]。将尿素和木薯一起高压蒸煮，也是一条扩大尿素在热带地区使用的途径[50]。在欧洲，用整粒谷物来吸收尿素溶液(50%的尿素-水)用于饲喂羊和牛，是一种相当普遍的做法。此外，人们在努力生产一种经过处理的尿素产品，它释放氨的速度要比没有处理的尿素慢(Slo-release)。尽管一些产品释放尿素的速率较慢，但是采食劣质粗饲料的家畜的生产性能即使有提高，其幅度也不大。来自同一实验室的研究表明，尿素释放速率不是问题。在一个直接将尿素加入瘤胃的试验中，试验的持续时间分别为 24 h 或者 6 h，或者 1 h，3 个时间点对家畜的氮存留都没有影响。因此，与尿素在瘤胃中的水解速度相比，可能还有其他因素对尿素所释放氨的利用影响更大。

10.4 用于氨化的液体饲料

用于反刍动物的两种含氨的液体饲料应引起重视。木质素磺酸盐是造纸业中木材在加热加压条件下与二氧化硫和亚硫酸氢铵反应生产的产品(其他的磺酸盐可以使用亚硫酸氢钠或亚硫酸氢钙制得)。液体经部分蒸发得到含有 50%～55%固体，25%～30%糖或糖醛酸和 15%～25%粗蛋白质的产品。按照美国 FDA 批准的水平(肥育饲料的 4%或磺酸-糖蜜混合物的 11%)使用时，它似乎是一种理想的饲料成分。

经过氨化、发酵和浓缩产生的乳清是另一种重要产品。它是将乳清用德氏乳杆菌(*Lactobacillus bulgaricus*)(将乳糖代谢为乳酸)发酵并持续用氨中和后制得的。该产品约含有 68%的乳酸铵和 69%的粗蛋白质(干物质基础)等价物，干物质含量约为 64%。不同试验站的研究结果表明，与尿素相比，该产品可以被更有效地利用，并且在奶牛饲粮中似乎与大豆饼粕相当。无疑，这提供了另一种大量利用剩余乳清的途径。

10.5 其他 NPN 化合物

尿素浓缩产品——双缩脲，在一定程度已经用作 NPN 饲料成分(表 6-6)。它与劣质粗饲料一起饲喂时的效果，通常要优于尿素。然而，它的成本比尿素高，并且市场上的供应量比尿素少。与尿素相比，双缩脲在水中的溶解性较小，因此引起中毒的可能性要小得多。由于双缩脲会出现在乳中，所以，禁止在泌乳奶牛饲粮中使用双缩脲。

表 6-6 饲喂低质粗饲料和非蛋白氮时牛的反应

项目	日增重(kg)	饲料采食量(kg)		参考文献编号
		粗饲料	补充饲料	
饲喂棉籽壳肉牛				
尿素	0.51	7.92	0.36	47
80%尿素+20%鱼粉	0.59	7.94	0.48	
80%尿素+20%大豆粕	0.71	8.44	0.96	
饲喂切碎大麦秸阉牛				
80%尿素+20%SBM	0.20	4.72	0.21	
饲喂玉米秸秆阉牛				
80%尿素+20%SBM	−0.08	2.98	0.24	
	越冬损失(kg)			
采食天然牧草越冬肉母牛				
15%CP(天然蛋白质)	90.0		1.34	48
30%CP(天然蛋白质)	76.0		1.31	
双缩脲[a]	86.1		1.40	

续表 6-6

项目	日增重(kg)	饲料采食量(kg)		参考文献编号
		粗饲料	补充饲料	
尿素[a]	91.2		1.24	
双缩脲+MHA[a]	88.5		1.32	
尿素+MHA[a]	98.5		1.02	

[a]补充饲料配方的 CP 含量为 30%,其中一半 CP 来源在表中已标出。MHA=蛋氨酸羟基类似物。奶牛饲喂 88 d。

其他很多含氮盐也可以用来替代尿素作为 NPN 的来源。磷酸尿素和异丁基叉二脲似乎可以被很好地利用。此外,很多不同的铵盐已经在实验中使用,这其中包括:氯化铵、碳酸氢盐、乙酸盐、丙酸盐、乳酸盐和硫酸盐以及磷酸铵和磷酸氢二铵(后两者的适口性不好)。已有证据表明,这些化合物中的大部分毒性比尿素低,但是由于成本的原因,它们中的大部分并没有被使用。氯化铵经常用于防治或治疗尿结石用,而磷酸铵和磷酸氢二铵有时用来同时提供氮和磷。

对反刍动物有实际意义的其他惟一 NPN 化合物是蛋氨酸羟基类似物和保护性蛋氨酸。由于它们可以在肝脏转化为蛋氨酸,所以,它们可作为家禽的蛋氨酸来源。它们也被用于泌乳奶牛饲粮中起到提高乳脂率的作用,而且它们在瘤胃中比蛋氨酸更不易降解。已经证明,甜菜碱具有节省蛋氨酸的作用[64]。由于商业化生产赖氨酸的成本较合理,所以,在家禽饲粮中常常添加赖氨酸。

11 液体补充饲料

液体补充饲料(liquid supplements)用于饲喂家畜已经有许多年(±50 年),它主要是用在肉牛中,近来也用在奶牛,也有少量用于羊,而用于马的则很有限。早期的液体补充饲料主要是糖蜜和少量添加剂。很多饲养企业仍然使用一些糖蜜,但是很多来自制糖、造纸和干酪生产的其他液体,而来自涉及各种发酵废液的产品也有应用。各种不同液体补充饲料使用的增加,可能由几个因素所引起,包括:蔗糖糖蜜成本的上涨和甜菜糖蜜供应量的减少;给牛饲喂劣质粗饲料和饲喂糖蜜-尿素为主的液体补充饲料使其生产性能变差;最后一个(但未必是最不重要的)原因就是日益严格的环境法规严禁不加选择地将很多废物倒入下水道,进而进入全国的供水系统中。

如果牛和羊能有规律地采食并利用效率较好,那么,液体补充饲料可以为冬季采食牧草的牛和羊提供必要的营养物质,并带来极大的方便。已经开发出舔轮给料器(lickwheel feeder)来限制家畜的采食量(如图 6-2 所示的例子)。通常,液体补充饲料是以牛 0.23~2.27 kg/d(0.5~5 磅)和羊 50~100 g/d 的预期采食量配制的。令人遗憾的是,随天气、液体补充饲料的适口性、饲料的供应状况、饲料类型以及其他因素的变化,家畜的日采食量也随之变化,很难得到统一的日采食量结果。羊学会使用舔轮给料器比牛要慢,可能是因为羊对甜味的偏好较小。澳大利亚一项使用氚标记糖蜜中水的研究表明,约有一半的羊并没有采食液体补充饲料(血液中氚的浓度很低时也可以检测到),而那些确实采食了补充饲料的羊其采食量差异也很大。可以采用直接将液体饲

图 6-2 用于饲喂液体补充饲料的舔轮给料器

料注入劣质粗饲料的方法，并且已经证明这一方法非常有效。

在围栏饲养条件下，液体饲料也可用来饲喂肉牛、奶牛和羊。因此，根据预定目的的不同配方，可能也要作相应调整。如果用户需要，大多数厂家可以生产添加额外成分或者配方经过调整的定制液体补充饲料。

液体补充饲料的其他主要用途还包括：添加到肥育肉牛或奶牛的全价饲料中，或者是用作饲料顶层的装饰或其余饲料成分。在这种情况下，家畜饲养企业可以控制液体补充饲料的采食量，因此，是否使用液体补充饲料，关系到饲料成分或者是方便的问题。在这些情况下，液体补充饲料可以作为向饲粮中添加少量添加剂的有用载体，因为将微量成分稀释后再加入到饲粮的主体部分，可以得到更均匀的混合物。液体补充饲料也可以改善饲料的适口性。

11.1　液体能量补充饲料

液体补充饲料通常为一种或多种不同类型的糖蜜（在美国通常是蔗糖蜜或甜菜糖蜜），它们用水和其他液体稀释，各种不同的物质存在于悬浮液中。除了糖蜜，其他在液体补充饲料中使用越来越多的液体能量来源还有：半纤维素提取物、木质素磺酸盐、水解谷物、乳清、浓缩乳清、浓缩乳清制品、浓缩分离副产品、浓缩乳清废液、浓缩酒精糟或啤酒糟可溶物、液体链霉素可溶物、混合饲用脂肪等。在某些情况下，还有丙二醇。后一种化合物经代谢后作为能量，同时还作为防腐剂和降低冰点的物质。

11.2　氮源

很多液体补充饲料中都普遍使用尿素，但它的用量和使用频率比几年前要少。尿素通常以饱和尿素溶液添加（含 50%尿素的水溶液）。尽管很多广告宣传的液体补充饲料粗蛋白质含量为 30%～35%，但是液体补充饲料中蛋白质质量分数可达 80%或更多。其他可以作为液体氮源还有：发酵氨化乳清、木质素磺酸铵，经浓缩、发酵的玉米浸出物、浓缩谷氨酸浸提产品（有时也写作浓缩甜菜发酵残液；Dynaferm 或 Manaferm）、浓缩糖蜜发酵残液、啤酒酵母液、浓缩鱼膏或液化鱼废物。通过使用黏土、黄原胶或藻酸盐，已经可以使不溶性物质悬浮于液体补充饲料中。这些制剂通常称为可泵吸干燥添加物。这类混合物称作 fixatropic，即当它没有被泵吸而滞留在水溶液时，会变得非常黏稠；但是，当泵吸后，它又变得非常稀薄，并易于泵吸。

11.3　液体补充料中的其他添加剂

磷酸在液体饲料中有广泛的使用。除了提供磷外，磷酸也能降低黏性，抑制微生物的生长——这在寒冷气候中是一个重要因素。但是，由于它的 pH 值较低，所以通常会限制动物的采食量。多磷酸铵也可作为磷源（同时也是非蛋白氮来源）；一些企业还用磷酸二氢钠和磷酸氢钙作为磷源[51]。

液体补充饲料中也通常添加其他矿物质（如 Mg 和 S）。尽管添加钙较为理想，但是很多钙盐在水溶液中的溶解性低；如果大量添加，则必须配制成悬浮液。一些企业添加的矿物质化合物主要包括：碳酸钙、食盐、氯化钾、氧化镁、硫酸铵、硫酸铜、碳酸氢钠、倍半碳酸钠、碳酸钠和磷酸钙[51]。

根据预期使用目的的不同，维生素 A 的平均添加量约为 30 000 IU/lb（范围为 10 000～100 000 IU/lb）。维生素 D 的平均添加量约为 9 000 IU/lb（范围为 1 500～40 000 IU/lb），维生素 E 约为 12 IU/lb（范围为 4～67 IU/lb）。根据当地需要的不同，液体补充饲料中可以添加很多种微量元素。

在液体补充饲料中添加的非营养性添加剂包括各种抗生素、离子载体、各种激素（如十六次甲基甲地孕酮乙酸盐）、抗氧化剂、醇和风味剂。如果添加的是干燥成分，通常要使用乳化剂和诸如黏土或黏合剂等辅助保持悬浮的物质。

11.4　有关液体补充饲料的研究报告

尽管液体补充饲料已经（并且可能仍然）广泛地作为采食劣质粗饲料（冬季牧草、残茬或收割的粗饲料)的牛的补充料,但是作为主要的氮源,尿素在刺激采食量的增加或者提高总体饲粮消化率方面不如大豆饼粕等干粉状饲料。表6-7中对比了这两类粗蛋白质资源间的相当典型的效果。值得注意的是,与以尿素为基础的液体补充饲料相比,大豆饼粕能刺激家畜采食更多的小麦秸秆,且消化率也较高。同样,当饲喂采食冬季牧草的奶牛时,液体补充饲料中的尿素无论是以干粉或以液体形式添加,以及液体补充料中添加双缩脲,奶牛的冬季失重都比没有尿素的干粉料更大(表6-8)。这些结果在文献中的很多报告里是相当有代表性的。给采食劣质粗饲料的家畜补充非蛋白氮源确实有效果,但是不如饲喂干的补充饲料。与劣质粗饲料相比,它在中等品质粗饲料如棉籽壳或干草中的效果可能更好。

表6-7 饲喂大豆粕或糖蜜-尿素液体补充饲料的牛对稻草采食量和能量消化率的比较

补充水平[a]	补充饲料			
	大豆粕		糖蜜-尿素	
	稻草采食量[a]	能量消化率(%)	稻草采食量[a]	能量消化率(%)
0	43.3	38	43.3	38
1	63.1	55	44.3	43
2	69.6	48	48.4	41
3	72.6	49	50.8	43
4	70.4	52	51.4	38

资料来源:Church 和 Santos[52]。

[a]以 g/kg $BW^{0.75}$表示。

表6-8 冬季草场奶牛饲喂不同氮源补充饲料的采食量和冬季失重结果

补充饲料	补充饲料采食量(kg/d)	冬季失重(kg)
干粉状补充饲料		
SBM-高粱-谷物	1.18	−72
SBM-高粱-尿素	1.33	−92
SBM-高粱-双缩脲	1.23	−92
液体补充饲料		
糖蜜-尿素	1.55	−96
糖蜜-双缩脲	3.08	−117

资料来源:Rush 和 Totusek[53]。

表6-9 尿素添加水平或添加天然蛋白质对自由采食补充饲料的牛生产性能的影响

项目	饲料采食量		
	液体(kg/d)	秸秆(kg/d)	平均日增重(kg)
10 d试验,单独饲喂阉牛[a]			
1.35%尿素,7.5%CP	1.69	3.1	
4.03%尿素,15% CP	2.24	3.5	
9.8%尿素,30% CP	1.1	3.5	
60 d试验,群饲阉牛,20%CP[a]			
6%尿素	1.45	3.2	0.18
5.3%尿素,13.3%LF[b]	1.81	3.1	0.23
60 d试验,群饲阉牛,30%CP[a]			
9.8%尿素	0.69	3.2	0.23
8.5%尿素,20%LF	0.91	3.5	0.37
80 d试验,群饲阉牛,30%CP[c]			
9.8%尿素	0.85	5.2	0.55

续表 6-9

项目	饲料采食量		
	液体(kg/d)	秸秆(kg/d)	平均日增重(kg)
8.6%尿素,3.9%FM[d]	1.10	5.3	0.61
8.6%尿素,7.9%SCP[e]	0.60	5.6	0.59

[a]资料来源:Kellems 等[54]。

[b]LF =液化鱼。

[c]来自:Kellems[55],各试验中的基础粗饲料为黑麦草秸秆。

[d]FM=羽毛粉。

[e]SCP=造纸厂纸浆单细胞蛋白质。

液体补充饲料中的尿素添加量影响采食量,这可以由表 6-9 中的两个试验结果得到阐明。在第 1 个试验中,将尿素添加量从 1.35%增加到 4%,补充饲料和稻草的采食量都增加。将尿素进一步增加到 9.8%,则降低了补充饲料的采食量,但稻草采食量不变。在第 2 个试验中,首先给阉牛饲喂含 6%尿素的补充饲料。当将尿素添加量增加到 9.8%时,补充饲料的采食量减少了一半,这可能是为什么大多数使用大量尿素配制的商品补充饲料粗蛋白含量为 30%的原因。

有关在采食劣质粗饲料的家畜液体补充饲料中添加天然蛋白质来提高生产性能的例子很少。有关这一议题的一些数据如表 6-9 所示,其中部分粗蛋白质由液化鱼、羽毛粉或造纸厂纸浆单细胞蛋白组成。值得注意的是,表中各个试验表明,饲喂黑麦草秸秆和添加天然蛋白质的液体补充饲料的青年牛的日增重有适度改善。

表 6-10 中列举了另外两个试验,给冬季草场上的带犊母牛或周岁母牛饲喂补充饲料。这些牛分别饲喂低粗蛋白含量的或粗蛋白含量为 29%的干补充饲料,或者饲喂由玉米浸出液或发酵氨化浓缩乳清提供部分氮的液体补充料。试验对比发现,添加两种液体氮源的液体补充饲料的动物生产性能至少与饲喂粗蛋白含量为 29%的干补充饲料相当。本结果表明,为了获得充分的生产性能,采食劣质粗饲料的牛需要补充天然蛋白质饲料。

表 6-10 以玉米浸液(CSL)或氨化发酵浓缩乳清(FACW)为基础饲粮的牛对液体补充饲料的反应

项目	补充饲料[a]			
	NC	PC	CSL	FACW
带犊(秋季产犊)母牛,85 d				
补充饲料的 CP 含量(%)	12.9	29.0	16.8	16.0
补充饲料采食量(kg/头)	2.4	2.3	2.1	2.2
棉籽粕采食量(kg/头)	—	—	0.8	0.8
总蛋白质采食量(kg/头)	0.31	0.67	0.68	0.68
母牛体重变化(kg)	−54.4	−2.08	−25.0	−22.5
犊牛体重变化(kg)	31.7	37.7	34.9	36.0
小母牛,周岁龄,85 d				
补充饲料采食量(kg/头)	0.8	0.7	0.7	0.8
棉籽粕采食量(kg/头)	—	—	0.2	0.2
总蛋白质(kg/头)	0.10	0.20	0.20	0.21
体重变化(kg)	−22.4	−4.8	8.0	4.2

资料来源:Wanger 等[56]。

[a]NC=负对照;PC=正对照。NC 补充饲料由 11.5%棉籽粕、41.8%玉米、41.8%高粱和矿物质维生素预混料组成。PC 补充饲料由 66.7%棉籽粕、30.6%玉米和矿物质维生素预混料组成;玉米浸液(CSL)饲粮由 69.9% CSL、27.4%甘蔗糖蜜、1.1% H_2SO_4和矿物质维生素预混料组成;FACW 饲粮由 37.2% FACW、60%甘蔗糖蜜、1% H_2SO_4和矿物质维生素预混料组成。牛每周单独饲喂 6 天。

[b]棉籽粕(CSM)的饲喂水平要保证采食液体补充饲料的牛 CP 采食量与 NC 组相同。

有许多将多种不同液体氮源用于全价饲粮的报道。例如，在一个例子中，给牛饲喂玉米青贮、玉米籽粒和10%液体补充饲料[57]。饲喂的液体补充饲料是木质素磺酸铵-糖蜜、浓缩甘蔗残液-糖蜜-尿素、浓缩甜菜残液-糖蜜-尿素或者糖蜜-尿素。结果发现牛的日增重没有差异。饲喂浓缩甜菜残液的牛干物质采食量较低，而饲喂糖蜜-尿素的最高；然而，那些饲喂甜菜残液和甘蔗残液的牛饲料增重比最佳。在另一个例子中，添加鱼汁使饲喂带穗轴玉米和液体补充料混合饲粮的阉牛生长速度增加[58]。

添加天然蛋白质可能影响液体补充饲料的适口性。无疑，这将在短期内影响家畜的采食量。已经证明，给饲喂液体补充饲料和黑麦草秸秆的牛添加少量来自造纸厂废液生产的单细胞蛋白质、羽毛粉、毛发粉和鱼汁废液，比添加尿素更能促进牛的采食量[59]。其他添加剂，如磷酸，也可能影响动物的采食量。

11.5 当前的液体补充饲料使用

从前面的讨论中很明显地知道，很多物质可以用来满足液体补充饲料的营养要求。有迹象表明，有越来越多的商业化饲料产品含有天然蛋白质。这是鼓舞人心的一步，并且这无疑将导致那些在劣质粗饲料中添加液体补充饲料的家畜饲养者更有效地利用液体补充饲料。

液体补充饲料中一项新的革新是应用一种可泵吸的干燥补充饲料(pumpable dry supplement)。这一术语用来描述约含70%固形物的产品，它看起来似乎更为浓稠。一些可泵吸的干燥产品含有悬浮剂，因此它具有触变的特性，即在静置时容易形成凝胶，而在搅拌或搅动时呈液体状的特性。一些含有黄原胶的悬浮剂产品没有触变性。根据行业内部消息，可泵吸干燥产品目前用于与全价饲料中的饲料成分混合，而不像典型的液体补充饲料一样用于自饲。

12 蛋白质的溶解性和反刍动物瘤胃微生物对蛋白质的降解率

在单胃动物中，可以根据其消化率以及能满足家畜特定氨基酸需要的能力对蛋白质价值进行评定。但在反刍动物，如果希望获得蛋白质的最佳利用，由于在前胃发生微生物发酵，那么使得蛋白质需要量的确定更为复杂。为了获得最佳的蛋白质效率，需要对家畜在各种可能生产情况下瘤胃微生物和宿主动物的营养物质需要量进行分别定量，然后再以饲养标准的形式表示出来，这才是理想的方法。尽管已经提出几个评价体系，但是，由于可变和未知因素太多，所以，除非是在非常特殊的条件下，否则很少可行。

在多数情况下，瘤胃微生物提供的蛋白质可以为处于中等生产力水平的家畜提供组织所需的足够蛋白质。但是，对于青年、快速生长家畜以及高产奶牛来说，情况似乎并非如此，这两类反刍动物对某些氨基酸的需要量可能要高于微生物所能提供的数量。试验已经证明，通过向真胃和十二指肠灌注完整蛋白质或不同氨基酸，可使处于试验条件下的家畜产毛、产奶量或幼畜的生长都出现显著增加。

对于那些对某些限制性氨基酸需要量较高的家畜来说，可以通过给瘤胃微生物提供充足的氮(对瘤胃细菌主要是氨)，并使过量的饲粮蛋白质在肠道中消化吸收来实现氮的高效利用。要实现这一点，饲料中的某些蛋白质必须能逃过微生物的降解，而在肠道中消化。未在瘤胃中降解的可消化蛋白质称为过瘤胃蛋白质(或瘤胃惰性蛋白质)。更符合逻辑的说法，这一术语应该只适用于经过食道沟(主要指牛乳)并且确实通过瘤胃的蛋白质。只有能快速通过瘤胃或不能被瘤胃微生物代谢的蛋白质才能逃脱瘤胃微生物的降解。逃逸蛋白质(escaped protein)、未降解蛋白质、可降解蛋白质、过瘤胃蛋白质等这些概念通常用于肉牛和奶牛的饲粮配制当中。

到达胃肠道后段的蛋白质是瘤胃合成的微生物蛋白质和躲过瘤胃降解的饲料蛋白质的总和。后者受很多因素的强烈影响，其中包括饲料中各组分氮的溶解性、采食饲料颗粒大小（小颗粒通过瘤胃的速度更快，因此在瘤胃中消化数量更少）、瘤胃消化速度（受颗粒大小及对消化抵抗力的影响），以及饲养水平（高饲养水平使得饲料以更快的速率通过瘤胃，从而减少潜在的消化程度）等。

营养学家、饲养企业以及饲料加工厂对于应用关于蛋白质利用的信息来提高反刍动物蛋白质利用效率和更有效地利用添加的NPN饲料非常感兴趣。然而，必须认识到，各种饲料内或饲料间蛋白质各组分的溶解性和利用率存在很大变异。粗饲料和青贮饲料中有31%±15%的氮为NPN，它们可以被瘤胃微生物迅速代谢。有32%±16%的为不溶解的叶蛋白，它们的代谢速度较慢。来自植物其他部分的不溶蛋白质占12%±5%，在瘤胃中的代谢较慢。还有18%±4%的氮不能被微生物所利用，它们大部分与木质素-纤维复合物相结合[60]。一些动物产品中的蛋白质，如角蛋白，除非在湿热条件下经充分的蒸煮使这些蛋白质部分地水解和打断二硫键，否则，它们几乎完全不能被消化。

尽管已经尝试了多种方法测定蛋白质的溶解度（包括用热水或冷水、瘤胃液、缓冲液、碱或酸溶液进行浸提，用胃蛋白酶消化，通过瘤胃瘘管动物将尼龙袋或涤纶袋在瘤胃中悬浮等），但是，从以往结果来看，首要考虑的是将非蛋白氮化合物从蛋白质中区别开来，分别定量测定，这是因为大多数营养学家们相信，所有可溶性非蛋白氮基本上都在瘤胃中代谢掉。需要注意，在表6-11所列的很多常见饲料原料中，总氮中有很大比例为非蛋白氮。大部分饲料原料含有快速降解蛋白质、慢速降解蛋白质、不可利用的蛋白质和其他含氮的非蛋白氮。此外，也有证据表明，一些在缓冲液中不溶的蛋白质可能会在瘤胃中迅速降解，而一些可溶性蛋白质的降解速度则较慢。此外，在不同类型的溶液中，蛋白质的溶解度差异很大。因此，确定蛋白质溶解度，并将其与瘤胃利用程度相联系的方法有待进一步完善。

表6-11　用碳酸氢钠-磷酸盐缓冲液溶解度法测定的各种饲料氮的不同组分

饲料	总粗蛋白质（干物质%）	粗蛋白质部分（总氮%）			
		不溶	可溶	可溶性真蛋白	可溶性NPN
玉米	9.9	88.9	11.1	3.4	7.7
干啤酒糟	27.9	95.9	4.1	1.2	2.9
玉米蛋白饲料	24.0	60.8	39.2	0.2	39.0
甜菜渣	10.2	73.5	26.5	0.7	25.8
玉米蛋白粉	69.0	95.8	4.2	0.5	3.8
燕麦粒	14.0	46.9	53.1	43.5	9.8
含可溶物酒精糟	25.1	88.8	11.3	1.1	10.2
大豆粕（溶剂浸提）	54.8	79.7	20.4	9.1	11.3
菜籽粕（溶剂浸提）	42.3	67.6	32.4	9.4	23.0
花生粕（溶剂浸提）	47.5	67.1	32.9	24.3	8.6
干玉米青贮	7.9	47.8	52.2	4.0	48.2
羊草干草（成熟）	7.1	61.2	38.8	3.3	35.5
猫尾草干草（成熟）	8.1	74.2	25.8	0.8	25.1
苇状羊茅干草（成熟）	11.3	74.1	25.9	0.5	25.4
稻草	3.9	59.2	40.8	6.6	34.2
玉米秸	4.4	57.1	42.9	3.0	39.9

资料来源：Krishnamoorthy等[62]。

粗饲料中蛋白质溶解度通常是在繁茂的未成熟植物中最高，随着植物的成熟而逐渐降低。烘干处理，尤其是加热烘干，常常导致细胞质中蛋白质溶解度的降低，这是由于蛋白质变性的缘故。有时也可能专门通过加热饲料使其某些成分聚合或变性，从而使蛋白质溶解度降低。这一方法通常用来增加大豆饼粕的过瘤胃潜力。热处理能降低蛋白质的瘤胃降解率，部分原因是处理封闭了微生物酶的活性位点，另外的原因是处理降低了蛋白质的溶解度。如果加热过度，还会引起棕色反应（或美拉德反应），造成蛋白质的氨基与碳水化合物间形成复合物，从而导致蛋白质溶解度降低。尽管这种产品未必不能溶解，但是可能完全不被消化。这种产品可以根据其酸性洗涤纤维不溶氮（ADF结合氮）含量的增加而被检测出来。用甲酸、甲醛、单宁、酸、碱或醇处理饲料，也可以起到降低蛋白质溶解度的作用。如果添加不过量，那么，这些化学药品可以抑制瘤胃降解程度，从而保证有足量的蛋白质在小肠内消化。用缓冲溶液测定的很多饲料中氮的溶解性列于表6-12。值得注意的是，这些数值的变化范围为3%（甜菜渣）到63%（玉米浸出物-胚芽粉-麸皮混合物）。如果包括尿素在内，那么它们的变化范围最高可以达到100%。同时还需要注意，随蛋白质溶解度的降低，ADF结合氮的数量通常增加。根据前处理方法的不同，上述两个值都可能变化很大，尤其是经过热处理以后。表6-11中所示的是用碳酸氢钠-磷酸盐缓冲液处理的饲料蛋白质溶解度。在这个例子中，可溶性氮含量在4.1%（干啤酒糟）到53.1%（燕麦）之间变动。然而，除燕麦和花生饼粉外，大部分可溶性物质都被归到可溶性NPN之中。除燕麦和干玉米青贮外，大部分氮都是在这一缓冲液系统中不可溶的氮。

表6-12 饲料中可溶性蛋白质和酸性洗涤纤维结合蛋白质的含量

饲料	总粗蛋白质含量	粗蛋白质（%）	
		缓冲液中可溶部分	ADF结合部分
高溶解度饲料			
玉米可溶物＋胚芽粕和玉米糠饲料	29	63	3
玉米蛋白饲料	22	55	3
黑麦中麸	18	48	2
小麦中麸	18	37	2
小麦面粉	15	40	0.2
溶解度中等的饲料			
燕麦	13	31	5
带胚芽的玉米蛋白饲料	24	32	3
废棉籽产品	22	24	2
玉米皮	11	24	3
大豆粕	52	24	2
大豆加工厂饲料	15	22	14～20
含可溶物的谷物酒精糟	29	19	15
低溶解度饲料棉			
棉籽粕	44	12	3
玉米	10	15	5
干啤酒糟	29	6	13
玉米蛋白粉	66	4	11
甜菜渣	8	3	11
干酒精糟	27	6	19
粗饲料和青贮饲料			
苜蓿干草	15～25	30	10
苜蓿，脱水	17～25	25～30	10～30
苜蓿青贮[a]	17～25	30～60	15～40
玉米青贮[a]	9	30～40	10～30

资料来源：Sniffen等[61]。

[a]高水分青贮的可溶性NPN含量往往较高，而低DM青贮的热损害程度可能较高。

讨论蛋白质溶解度这一问题的主要原因是，它可以帮助我们了解在什么条件下可溶性氮源（如尿素）可以被动物最大程度地利用，以及在何时饲喂瘤胃未降解蛋白质对我们有益。有关这一问题的文献很多,但目前对其并没有阐明清楚,因为各种具有不同蛋白质溶解度的饲粮之间的试验结果是互相矛盾的。在一些情况下,给家畜饲喂含低蛋白溶解度的饲粮时,家畜产奶量较高,或者增重速度或氮存留量都有改善;但在另一些情况下,又没有这样的效果。表 6-13 列举的是一个关于生长犊牛的例子。在这个例子中,与饲喂尿素或大豆饼粕-尿素饲粮的犊牛相比,饲喂添加血粉或肉粉(溶解度均很低)饲粮的动物饲料转化效率都有一定程度的提高,并且单位蛋白质的增重程度更高。在第 15、第 17 和第 18 章还给出了其他例子。

表 6-13　生长犊牛饲喂不同蛋白质溶解度饲粮对生产性能的影响

项目	氮源[a]			
	尿素	SBM-尿素	BM-尿素	MM-尿素
日增重(kg)	0.72	0.81	0.91	0.85
日采食量(kg)	6.20	6.32	6.47	6.06
饲料:增重比	8.36	7.82	7.12	7.10
增重:蛋白比		0.64	1.37	1.38

资料来源:Stock 等[63]。

[a]SBM=大豆粕,BM=血粉,MM=肉粉。

大量研究都集中在阐明饲粮粗蛋白在反刍动物体内的转化问题上。已经开发出奶牛和肉牛的计算机配方系统,它们不仅能够预测饲粮氮源对小肠吸收部位氨基酸库大小的影响,而且还能够预测通过尿和粪排出的氮源数量。这些研究进展已经使奶牛和肉牛氨基酸需要量,而不是饲粮粗蛋白含量,成为进行它们饲粮配制的基础。

本章小结

在现代农业中,浓缩的蛋白质资源是补充高产动物饲粮成分所必需的饲料。有很多种来自植物、粮食加工副产品、啤酒和酒精酿造业、动物和海产来源以及各种其他来源的饲料资源可供使用[65]。对于反刍动物来说,还有很多非蛋白氮饲料资源,并且在一些情况下它们的利用效率很高。各种蛋白质饲料资源在总氮含量、必需氨基酸含量、消化率或溶解度等方面的差异很大。许多植物性饲料资源中含有抗营养因子,其中大部分可以通过加热或利用各种溶液或溶剂使其失活。对于大多数蛋白质资源,反刍动物都能适度甚至大量利用,因此,反刍动物的表现更为灵活。由于纤维或抗营养因子以及必需氨基酸在营养方面起着关键作用,某些蛋白质资源在猪和家禽饲料中的更多使用会受到限制[66]。随着液体补充饲料的发展,它已经能在许多情况下使用。但是,最近的证据表明,给家畜饲喂劣质粗饲料时,液体补充饲料的营养价值可以通过添加天然蛋白质获得改善,而非决定于其中非蛋白氮的来源如何。蛋白质溶解度和瘤胃降解率似乎是决定反刍动物能否有效利用蛋白质的重要因素,但是在很多实际情况下它们的利用程度如何,尚需进一步研究。

参考文献

1. Robinson, T. F., et al. 1996. *J. Animal Sci.* (Suppl. 1):278.
2. Knaus, W. F., et al. 1998. *J. Animal Sci.* 76:1481.
3. Jondreville, C. J., et al. 1995. Eurolysine/ITFC publication France.
4. USDA. 1999. *Feed situation and outlook report*. Econ, Res. Serv. FDS-304 (August). Washington, DC: USDA.
5. Wahlstrom, R. C., and G. W. Libal. 1977. *J. Animal Sci.* 44: 778.
6. La Rue. D. C., et al. 1987. *J. Animal Sci.* 64: 1051.
7. Veum, T. L., et al. 1996. *J. Animal Sci.* 74 (Suppl. 1): 171.
8. Myer, R. O., C. N. Coon, and J. A. Froseth. 1982. *Poultry Sci.* 61:2117.

9. Salmon, R. E. 1982. *Poultry Sci*. 61:2126.

10. Huston, J. E., and M. Shelton. 1971. *J. Animal Sci*. 32:334.

11. Richardson, C. R., et al. 1981. *J. Animal Sci*. 53:557.

12. Doyle, J. J., and C. V. Hulet. 1978. *Proc. West. Sec. Amer. Soc. Animal Sci*. 32:96.

13. Loerch, S. C., and L. L. Berger. 1981 *J. Animal Sci*. 53:1198.

14. Shqueir, A. A., R. L. Kellems, and D. C. Church. 1981. *Proc. West Sec. Amer. Soc. Animal Sci*. 32: 96.

15. Sorensen, S. J., and D. D. Hinman. 1999. *Proc. West. Sec. Amer. Soc. Animal Sci*. 50: 235.

16. Firkins, J. L., L. L. Berger, and G. C. Fahey, Jr. 1985. *J. Animal Sci*. 60: 847.

17. Church. D. C., D. A. Daugherty, and W. H. Kennick. 1982. *J. Animal Sci*. 54:337.

18. Wray, M. I., et al. 1979. *J. Animal Sci*. 48:748.

19. Perry, T. W., et al. 1979. *J. Animal Sci*. 48:758.

20. Schingoethe, D. J., et al. 1977. *J. Dairy Sci*. 60:591.

21. Anderson, M. J., et al. 1979. *J. Dairy Sci*. 62:1098.

22. Papas, A., J. R. Ingalls, and L. D. Campbell. 1979. C. *J. Nutr*. 109: 1129, American Institute of Nutrition.

23. DePeters. E. U., and D. L. Bath. 1986. *J. Dairy Sci*. 69:148.

24. Polan, C. E., et al. 1985. *J. Dairy Sci*. 68:2016.

25. Annextad, R. J., et al. 1987. *J. Dairy Sci*. 70:814.

26. Schingoethe, D. J., et al. 1988. *J. Dairy Sci*. 71:173.

27. Price, S. G. L, D. Satter, and N. A. Jorgensen. 1988. *J. Dairy Sci*. 71: 727.

28. Hadsell, D. L., and J. L. Sommerfeldt. 1988. *J. Dairy Sci*. 71:762.

29. Calhoun, M. C., et al. 1995. *Pacific Northwest nutrition conference*, Seattle, Washington, P. 147.

30. Hawkins, G. E., et al. 1985. *J. Dairy Sci*. 68:2608.

31. Beaulieu, A. D. et al. 1990. *Animal Feed Sci*. Tech. 30:289.

32. Laarveld, B., R. P. Brockman, and D. A. Christensen. 1981. *Can. J. Animal Sci*. 62: 131.

33. Cordes, C. S., et al. 1988. *J. Animal Sci*. 66: 522.

34. Fleck, A. T., et al. 1988. *J. Animal Sci*. 66:750.

35. Anon. Undaed. *Distillers feeds research*. Cincinnati, OH: Distillers Feed Research Council.

36. Johnson, C. O. L. E., and J. T. Huber. 1987. *J. Dairy Sci*. 70: 1417.

37. Parsons, M. J., P. K. Ku, and E. R. Miller. 1985. *J. Animal. Sci*. 60: 1447.

38. Church, D. C., and W. G. Pond. 1988. *Basic animal nutrition and feeding*. 3d ed. New York: Wiley: Scott. M. L., M. C. Nesheim, and R. J. Young. 1982. *Nutrition of the Chicken*. 3d ed. Ithaca, NY: M. L. Scott & Assoc.

39. Raa, J., and A. Gildberg. 1982. *CRC Crit*. Rev., *Food Sci. Nutr*. 16:383.

40. Chirase, N. K., M. Kolopita, and J. R. Males. 1985. *J. Animal. Sci*. 61:661.

41. Ortega, E., and D. C. Church. 1979. *Proc. West. Sec. Amer. Soc. Animal Sci*. 30:302

42. Zinn, R. A. 1988. *J. Animal Sci*. 66:151.

43. Phelps, A. 1982. *Feedstuffs* 54(2):17.

44. Hinks, C. E. 1978. *J. Sci. Fd. Agric*. 29:99.

45. Church, D. C., J. C. Steinberg, and B. N. L. Khaw. 1982. *Feedstuffs* 54(3): 30.

46. Kellems, R. O., M, S. Aseltine, and D. C. Church. 1981. *J. Animal Sci*. 53: 1601.

47. Oltjen, R. R., D. A. Dinius, and H. K. Goering. 1977. *J. Animal Sci*. 45: 1442.

48. Rush. I. G., R. R. Johnson, and R. Totusek. 1976. *J. Animal Sci*. 42: 1297.

49. Peyton, S. C., and H. R. Conrad. 1979. *J. Dairy Sci*. 61: 1742.

50. Schultz, T. A., E. Schultz, and C. F. Chicco. 1972. *J. Animal Sci*. 35: 865.

51. Jimenez, A. A. 1986. *Feedstuffs*. 58(8): 12.

52. Church, D. C., and A. Santos. 1981. *J. Animal Sci*. 53: 1609.

53. Rush, I. G., and R. Totusek. 1976. *J. Animal Sci.* 42:497.

54. Kellems, R. O. E. Ortega-Rivas, and D. C. Church 1981. Unpublished data. Corvallis, O R: Dept. of Animal Sci., Oregon State Univ.

55. Kellems, R. O. 1982. Unpublished data. Corvallis, OR: Oregon State Univ. Dept. of Animal Sci.

56. Wagner, J. J., K. A. Lusby, and G. W. Horn. 1983. *J. Animal Sci.* 57: 542.

57. Wahlberg, M. L., and E. H. Cash. 1979. *J. Animal Sci.* 49: 1431.

58. Velloso, L., er al. 1971. *J. Animal Sci.* 32:764.

59. Ortega-Rivas, E., and D. C. Church. 1981. Unpublished data. Corvallis, OR: Oregon State Univ. Dept. of Animal Sci.

60. Van Soest, P. J. 1982. *Nutritional ecology of the ruminant*. Ithaca, NY: Cornell Univ, Press.

61. Sniffen, C. J., et al. 1980. *Feedstuffs* 52(20): 25.

62. Krishnamoorthy, U., et al. 1982. *J. Dairy Sci.* 65: 217.

63. Stock, K., et al. 1981. *J. Animal Sci.* 53:1109.

64. Rodriguez, J. P., and H. S. Bayley. 1987. *Can. J. Animal Sci.* 67: 803.

65. Kellems, R. O. 1996. *Pacific Northwest nutritional conference*, Seattle, Washington, p. 11.

66. Schutte, J. B., et al. 1996. *Poultry Sci.* 76:321

第7章　粗饲料
Roughages

作者：Richard O. Kellems 和 D. C. Church
译者：姜成钢
校对：魏曼琳和张元庆

所有放牧家畜都是以植物为食，因此，植物对反刍家畜和马属动物非常重要。然而，对于像猪这样一类的家畜，尽管也可以通过采食牧草维持生命，但当它们作为经济动物时，采食这种饲粮的生产性能太低，因而，在当前的经济条件下不可行。家禽消化道的特点决定了其所能采食的纤维饲料的数量远比猪要低得多。植物主要作为草食动物的碳水化合物来源，它们通常被称为牧草（forage）或粗饲料（roughages）。牧草是指可供动物采食的整个植株。粗饲料常常被饲养者和营养学家用来描述那些含有高纤维（纤维素）的饲料原料。野生动物管理者经常使用的另一术语是草本植物（herbage），它是指可以被草食动物作为食物的植物体，不包含籽实和根。牧草和粗饲料这两个术语经常可以互换，用来描述那些含有较高结构性碳水化合物（组成植物坚硬的细胞壁，含有大量纤维素和半纤维素，见第3章）的植物体。

放牧家畜在世界食品供应方面占有非常重要的地位。地球表面积约有1/3是陆地（340亿英亩或137亿 hm^2）。其中，只有3%～4%作为城市和工业用途，而有10%用于耕种。林地约占陆地面积的28%～30%，其中一部分可被动物利用。在陆地总面积中，约有15%是非生产性土地；它们或者是沙漠，或者是陆地被冰川覆盖着的南极和北极。其余的40%由草地组成；相比之下这些土地更适于放牧，而非种植作物。草地（rangeland）由草原（grassland）、热带草原（savannas）、灌木丛林（scrubland）、荒漠草原（desert）、苔原（tundra）、高山植物群（alpine communities）、海岸沼泽（coastal marshes）和湿草甸（wet meadows）组成。由此可以看出，人类所需的物质资料（如食物、纤维、衣物等），只能来自于在大片土地上放牧的驯养畜禽或野生动物。

如果美国西部和世界其他一些地区双重利用的草场管理得当，可以增加草场的家畜和野生动物载畜量，从而为人类提供更多可供消费的动物产品。如何对这些资源进行优化利用，使人们得到更多的益处，还有待于进一步研究。

在美国，约36%的家畜饲料由牧场提供，另有18%为收割、储藏的干草，因此，粗饲料约占美国家畜饲料总量的54%。表7-1概括了近年来美国饲料作物的总收获量。在发展中国家，家畜饲料中粗饲料的比例更高。草场和牧场是一种切实可行，而且可持续发展的土地资源，同时也是提供人类优质食物来源的基地。

表7-1　美国粗饲料收获量（$\times 10^6$ t）总结

	年份			
	1980	1985	1994	1999
所有干草	143.1	149.0	157.0	159.1
苜蓿和苜蓿混播牧草	83.7	85.3	85.9	83.9
其他干草	59.4	63.7	71.1	75.2

资料来源：USDA[1]。

1　粗饲料的性质

对于大多数家畜饲养企业来说，粗饲料是一种大体积（单位体积的重量较小）的饲料。比如，同样重量的玉米（小体积）比苜蓿干草（大体积）所占的空间要小。这可能是界定饲料原料是否为粗饲料的最好方法，而其他任何分类方法都有其局限性。被归为粗饲料的饲料中粗纤维（CF）含量高，其他成分的消化率（如蛋白质和能量消化率）通常较低。NRC[2] 划分粗饲料的标准如下：粗纤维含量超过 18%，总可消化养分（TDN）含量低于 70%。

2　粗饲料之间的主要差异

植物的光合作用有两种基本类型。两种类型的根本区别在于所产生的中间化合物的不同。C3 植物所产生的中间化合物含 3 个碳，而 C4 植物产生的化合物含 4 个碳。C3 植物和 C4 植物的解剖特征不同，因此，它们可以适应不同的气候条件。C4 植物比 C3 植物更耐热，且在高温下比 C3 植物长得好。C3 植物在 0℃时就开始生长，而多数 C3 植物的最佳生长是在 20～25℃之间。C4 植物在 10℃下则生长非常缓慢，在 35～40℃下生长速度最快。当然，在 C3 植物中也有例外。例如，苜蓿的生长适宜范围就比较大（5～30℃）。另一个普遍的特性是，C3 植物的根系进入地表深度比 C4 植物更深，因此能更好适应缺水的环境。温带植物（C3）储存的碳水化合物（如淀粉）通常比 C4 植物多。像苜蓿一样，当 C3 植物开始重新生长时，它们能动用自身储备的碳水化合物。

3　影响粗饲料利用的因素

粗饲料中植物细胞壁含量较高，而且各种饲料间的差异很大。利用中性洗涤纤维（NDF）这个指标来估计饲料原料中细胞壁的含量。细胞壁的主要成分是纤维素、半纤维素、果胶、二氧化硅、木质素以及少量其他成分。随着植物的成熟，这些组分的含量也随之变化，从而使粗饲料的消化率发生改变。木质素是禾本科和豆科（苜蓿、三叶草等）植物的常见成分，它与结构性碳水化合物有联系。木质素被认为是完全不可消化的成分。木质素-纤维素/半纤维素形成的复合物能够阻碍酶对纤维素和半纤维素的消化。木质素也能与某些植物蛋白质相结合。随着禾本科或豆科植物的成熟，它们的木质素含量增加，从而使粗饲料的消化率降低，这是禾本科和豆科植物随成熟过程饲喂价值下降的主要原因。现在已经建立了一整套完整的放牧策略，它使得管理者能够成功地把牧场和草场中的牧草保持在未成熟的状态，从而使其更容易消化，而且具有更高的营养价值。一般而言，适应于温暖或热带气候的禾本科植物的木质素和纤维素含量比生长在冷季的禾本科植物要高。豆科植物的木质素含量往往比禾本科植物高，其中含量最高的部分是茎部。在家畜饲料中，成熟、干燥的谷物秸秆中木质素含量通常最高，其通常达到 10%～15%。

各种粗饲料间蛋白质、矿物质和维生素含量差异极大。豆科植物的粗蛋白含量可高达 25%，但是其中接近 1/3 是非蛋白氮（NPN），而其他粗饲料，如稻草，只含 2%～4%的粗蛋白。各种粗饲料中矿物质含量变异很大，有的含量不足，而有的含量极高。豆科和禾本科植物中含量最高的矿物质是钾，分别为 2.6%～1.5%和 3.6%～1.0%，超过家畜的需要量，并且随着钾肥施用量而增加。豆科植物是钙的良好来源（2.3%～1.1%），而禾本科植物中钙的含量适中（约 0.65%）。镁是另一个在豆科植物（0.51%～0.24%）和禾本科植物（0.22%～0.11%）中含量较高的矿物质。豆科（0.38%～0.18%）和禾本科（0.54%～0.2%）植物中的磷含量中等或偏低。粗饲料中的微量元素含量随植物种类、土壤类型以及施肥方式的不同而变化极大。

粗饲料的营养价值变异很大，枝叶繁茂的幼嫩禾本科植物、豆科植物和高品质青贮饲料的营养价值较好，而秸秆、谷物外壳和枝叶的营养品质很差。一个良好的牧草管理系统的主要目的应该是如何使牧草的营养物质产出量达到最大。在多数情况下这个目标是不可能实现的，因为牧草的产量随季节急剧变化，通常在可利用的牧草达到最大量时，又往往没有足够量的家畜来利用这些牧草。由于大部分地区无法全年种植饲料作物，因此，人们需要储存一部分饲料作物，以便能在冬季牧草不足时饲喂家畜。通常，储存牧草的方法是将它们制成干草或青贮，以满足生产不足时期的牧草供应。还可直接将饲料作物留在草场上，以供家畜在牧草生产不足时期采食，这样的做法通常能降低饲养成本。

牧草的营养价值随其成熟进程不断下降。劣质粗饲料的营养价值通常可通过适当添加补充饲料得以提高。例如，在饲喂秸秆时，粗蛋白通常是营养物质利用的主要限制因素。这是因为，与瘤胃微生物附着在秸秆上消化碳水化合物（纤维素和半纤维素）的同时，其生长也需要氮源或CP，但秸秆无法提供足量的氮源或CP，因此，添加含CP的补充料能改善秸秆的利用效率。

4 牧场和草地牧草

放牧家畜能利用多种不同类型的植物。家畜或野生动物采食的牧草或牧草类型差别很大，从经过改良的灌溉草地牧草到荒漠草原的蒿属植物。植物育种专家一直进行饲料作物（禾本科和豆科植物）的品种改良，以提高其生产力及其功能的多样性。通过实施良好的放牧管理制度和采用改良品种进行补种，草场的家畜和野生动物承载力都得到了极大的改善。牧草可以分为以下几类。

（1）禾本科牧草：禾本科牧草有6 000多个品种。冷季牧草（如猫尾草、早熟禾等）：它们是春季和秋季生长最好的牧草；暖季牧草（如狗牙根、柳枝稷等）：它们在早春生长缓慢，初夏季节生长最旺盛，而在夏季或秋季结籽。

（2）豆科牧草：豆科牧草有14 000多个品种。这些植物可将空气中的氮转变为存在于植物中的含氮化合物。

（3）阔叶草：主要指非木本科的阔叶植物，也有许多不同品种。

（4）嫩枝叶：在一定程度上可被各种动物采食的木本植物，这些动物包括：反刍动物、马属动物、具有选择性采食特点的草食动物（如绵羊、鹿和山羊）等。

4.1 禾本科植物

禾本科植物不仅包括所有放牧家畜利用的野生和栽培品种，而且包括世界上重要的主体农作物——谷物。有很多禾本科植物能在各种土壤类型和气候条件下生长。有关禾本科植物知识的深入论述不是本书的重点，因此，有关该类植物的更多信息，请参阅参考文献[3~7]。禾本科植物的类型很多，不同种类适宜的生长地区不同，从北极的苔原地带延伸到非洲的热带地区。在温带地区生长良好的禾本科植物有：无芒雀麦、羊茅、早熟禾、猫尾草、草芦、黑麦草、冰草、须芒草、柳枝稷、红顶草、鸭茅、巴哈雀稗、地毯草、狗牙根、约翰逊草和毛花雀稗草等。其中一些牧草比另一些牧草更能适应较干燥、较湿润、较热或较冷的条件。这些禾本科植物通常是C3植物。

下列种类的牧草在热带和亚热带地区生长良好：纤毛狼尾草、罗得草、基库尤草、俯仰马唐草、紫黍草、紫狼尾草、苏丹草、象草、青叶金钱草、绿黍草、羊草、夏威夷寇阿荷立草（koa haole）和糖蜜草。它们主要是C4禾本科植物。通常，C4禾本科植物的蛋白质含量比C3植物低，这是家畜采食这些植物后往往出现饲粮蛋白质摄入量不足的原因。通常，它们的碳水化合物中大部分是结构性碳水化合物（纤维素和半纤维素），因此，它们不容易被消化，并且饲养价值也较低。

随温度（寒带、温带、亚热带、热带）、降雨量多少（多雨、潮湿、半干旱或干旱）以及降雨的季节性（夏、冬或无季节性）的不同，适于种植饲用牧草的土地状况差异很大。因此，随所处环境的不同，牧草将处于不同的生长阶段。例如,一种温带禾本科植物在 0℃的低温时开始生长。若水分和其他营养物质充足,它在 20℃时达到最大生长速度,但随着温度的继续升高,其生长将会受到抑制。而对另一种热带禾本科植物来说,只有当温度达到 10～15℃时才开始生长,而当温度达到 30～35℃时具有最大生长速度。

在一些地区,家畜和野生动物随气候条件的改变而迁徙,从而使得牧草品质发生改变。例如,非灌溉草场上牧草的类型和牧草产量随夏季气温的上升而变化,所以,动物通常迁徙或被迁移到气温和各种条件仍适于牧草最佳生长的高海拔地区。在改良牧地,应混播不同品种的禾本科植物,以便在气候条件发生改变时,其中仍有一种植物能保持良好生长。

表 7-2 是世界不同地区牧草产量的估计值。禾本科植物的生产力受到水的供应状况、太阳能接受量和土壤肥沃程度的影响极大。当所有这些条件都处于最佳状态时,禾本科植物的生长速度最大。如果其中一个或多个条件出现不足,生长速度将受到限制。根据土壤类型的不同,化肥中通常含有以下成分的不同组合:氮(N)、磷(P)、钾(K)、钙(Ca)、镁(Mg)、硫(S)以及其他微量营养素。为了确保牧草或家畜生产处于盈利状态,很多牧草管理方案要求使用化肥。化肥中需要提供的营养物质种类受土壤类型和土壤酸度的影响。

表 7-2　世界主要气候带草场年干物质总产量估计值(t/hm^2)

温度	水的供应状况			
	潮湿	湿润	半干旱	干旱
寒带		48	—	—
温带	25	15	9	4
亚热带	120	40	10	4
热带	150	70	12	4

资料来源:Rodin[8]等。

充足的氮肥供应对禾本科植物生长尤其重要。禾本科植物能利用土壤中以硝酸盐或铵的形式存在的氮以满足自身需要。当氮水平从不足到充足时,植物生长速度显著增加。然而,过量使用氮肥将增加氮的流失,氮素渗入土壤并进入地下水,可能对环境造成负面影响。通常化肥的成本限制了氮肥的用量,因而不会造成严重的环境问题。在家畜数量高度集中的地区,动物粪便中排出的氮在土壤中累积,并进入地下水或周围供水系统,这很容易导致环境问题。

土壤中其他营养物质(P,K,Ca,Mg,S)的数量不足,也会阻碍禾本科植物的生长。通常可先做土质化验,然后配制专用的化肥施用到土地上。土壤类型和酸度也会影响需要提供的肥料种类。

影响禾本科植物养分含量的因素

收获后饲喂给家畜的禾本科植物的消化率和饲养价值受其收获时的成熟期影响极大(表 7-3)。未成熟禾本科植物比成熟禾本科植物的消化率高得多,这是因为随着植物的成熟,禾本科植物会沉积更多的结构性碳水化合物(细胞壁成分),且木质素含量增加。由于木质素几乎完全不消化,并且它与细胞壁成分相结合,会降低细胞壁组分的消化率。谷物秸秆便是一个说明成熟禾本科植物低消化率和低饲养价值的有力证据。

通常情况下,应根据不同的生长条件选择不同品种的禾本科牧草品种。例如,饲用高粱可用于炎热地区的牧草生产。苏丹草和约翰逊草在初夏播种,所以经常用它们生产夏末和秋季牧草。另外,猫尾草能够适应寒冷、潮湿的气候,而不适应干旱的条件,所以它在 15～20℃气温条件下生长较好。

谷物常常作为轮作制度中的覆盖作物(cover crops),随后,它在未成熟时即可收获用于制作干草(如燕麦干草、大麦干草等),或青贮(燕麦青贮、大麦青贮等)用以饲喂家畜。例如,在一些地区,种植燕麦或大麦作为苜蓿的覆盖作物,然后在未成熟期时被收割,用来制作干

表 7-3　成熟期对苜蓿消化率的影响

成熟阶段	消化率(%)
蕾前期	66.8
现蕾期	65.0
初花期	63.1
中花期	61.3
盛花期	59.4
晚花期	57.5
完熟期	55.8

资料来源:Holland 和 Kezar[9]。

草或青贮。

4.2 豆科植物

豆科植物的种类仅次于禾本科(多于15 000种)。豆科植物的特点是,附着于根系上的根瘤菌能将大气中的氮转变为能被植物利用的氮,因此,它的生长无需土壤提供氮源。这种共生关系使植物和微生物共同受益,使它们共同生长。相反,禾本科植物为了获得最佳生长,则必须通过化肥获取氮。通常将豆科植物和禾本科植物一起播种,以便禾本科植物能利用豆科植物的固氮作用,从而减少化肥中的氮源需要量和化肥的施用次数,以降低成本。通常,豆科作物又被重新翻入土壤中作为有机肥,这是实现可持续农业的一种很理想的做法。

以下是常用的豆科植物,包括:苜蓿(紫花苜蓿)、瑞士三叶草、箭叶苜蓿、红三叶草、草木樨、白三叶草、牛角花、胡枝子属、绛三叶草、小寇花、塞瑟草(cicermilkvetch)、葛藤、地三叶、羽扇豆、大豆、豇豆和花生等。有些种类的豆科植物能在各种环境中生长,包括非常严寒的地区和炎热的热带地区。

苜蓿(紫花苜蓿)是一种在世界上应用最广泛的豆科牧草。现在已经培育出具有抗病能力且能在各种环境条件(−25～60℃)下生长的苜蓿品种。在美国,生产的干草中有接近55%是苜蓿干草,或苜蓿混播干草。苜蓿最适宜在黏土、沙土等有机物质含量丰富的土壤中生长,并且要求具有较强渗透性的下层土壤,同时需要良好的排灌条件。苜蓿在碱性土壤中也具有良好的生长表现,并且需要大量的碱石灰(lime)。苜蓿在未成熟期收割时粗蛋白质含量和饲养价值均比成熟后收割的高。在未成熟期,如蕾前期或现蕾期,连续收割苜蓿会使苜蓿总产量降低,并使其使用寿命缩短。过度放牧也会缩短植被的寿命。两种情况下寿命的减少都是由于植物根系中碳水化合物(淀粉)的储备减少,从而使苜蓿更易受冻而致死。在苜蓿生长的最初阶段,根部淀粉储备耗尽;随着植物的成熟,其根部的储备重新得以补充。集约式放牧可以有效地利用苜蓿,同时又不减少植被的寿命。新的苜蓿培育品种一方面对早期收获具有很强的适应性,同时也可以生产大量具有较高饲喂价值的干草。在北方干旱地区,苜蓿每年可以收获一次,而在具有灌溉条件的温暖地区,则可收获达9次之多。

随着牧草的成熟,其产量提高,但品质下降,这是由于茎秆增加而叶片减少的缘故。牧草作物(如苜蓿)在不同成熟期收割的变化情况见表7-4。与茎相比,苜蓿叶片的粗蛋白质含量较高,而纤维含量较低。因此,苜蓿在发育未成熟期收割后调制成干草,其营养物质(粗蛋白质和可消化能)含量最高。随着植物的成熟,纤维含量增加,而消化率下降,从而导致干草饲养价值降低。然而,苜蓿早期收割后,常会由于根部储备的碳水化合物耗尽,而可能缩短苜蓿植被的使用寿命。

表7-4 不同收割频率对苜蓿产量、品质、杂草和苜蓿使用寿命的影响

收获			干物质(%)			
成熟期	间隔(d)	产量(t/英亩)	蛋白质	叶片	杂草	植被剩余比例[a]
蕾前期	21	7.5	29.1	58	48	29
现蕾期	25	8.8	25.2	56	54	38
10%开花期	29	9.9	21.3	53	8	45
50%开花期	33	11.4	18.0	50	0	50
100%开花期	37	11.6	16.9	47	0	50

资料来源:Marble[10]。

[a]3年后存留的百分比。

饲喂豆科植物可能引起的问题

饲喂含有大量豆科牧草可能引起反刍动物瘤胃臌气,这是因为豆科植物在消化过程中会在瘤胃生成泡沫,使得家畜瘤胃中的气体无法排出,而在瘤胃中滞留。豆科植物中含有大量易发酵碳水化合物,它们的发酵会在瘤胃中产生气体。豆科植物中还含有可溶性蛋白质,它们似乎会增加瘤胃中稳定泡沫的形成。这些稳定泡沫的存在抑制了嗳气过程,使家畜无法排出气体,从而形成瘤胃臌气。植物育种学家已经培育出能减少瘤胃臌气发生的苜蓿品种。放牧时,采食豆科植物引起瘤胃臌气的可能性要比苜蓿收割后以干草形式饲喂的高。

进行牧场管理能减少瘤胃臌气的发生,或减轻瘤胃臌气的严重程度。通常,家畜第1次放出采食豆科牧草或者由于前段时期饲料摄入不足而突然过量采食时,瘤胃臌气发生的可能性最大。在家畜采食苜蓿之前饲喂粗饲料,诸如秸秆或劣质干草,可以将瘤胃臌气的发生率降到最低。给放牧采食豆科牧草的家畜饲喂消剂,如泊洛沙林(poloxalene;一种瘤胃臌气预防剂或 bloat guard),也可以防止瘤胃臌气的发生。很多豆科植物,如箭叶苜蓿、小寇花和牛角花,不会引起瘤胃臌气。

三叶草中存在的香豆素能引起动物的草木樨中毒(出血病)。原因是香豆素(coumarin)转变成了双香豆素(dicoumarin)后干扰了动物的凝血过程。香豆素有一种特殊的气味,因此香豆素含量较高的植物不易被家畜所接受,这在一定程度上减少了过量采食的可能性。在某种情况下,可引起动物疾病的豆科植物抗营养因子还有胡枝子属和三叶草中的单宁、羽扇豆中的生物碱,以及苜蓿中的皂甙。植物育种学家已经培育出了这些抗营养因子含量相对较低的品种。同时也建立了各种处理方法,用以减少这些抗营养因子的浓度,以克服家畜采食含有这些抗营养因子的饲粮时产生的不利影响。

5 草本植物的化学组成

粗饲料的化学组成复杂,并且受许多不同因素的影响。本文是一些简要的叙述,以便使读者能够对牧草中所含的各种营养物质有一定了解。

5.1 蛋白质和非蛋白氮

牧草中粗蛋白质(CP)或含氮部分由蛋白质和非蛋白氮化合物所组成。蛋白质是氨基酸的长链聚合体。非蛋白氮化合物则由非氨基酸的含氮化合物所组成。

家畜采食的蛋白质转变为氨基酸被吸收,或者在瘤胃中转变为微生物蛋白质,随后被消化、吸收。蛋白质在胃肠道中可能是可溶性的,或者是不溶性的。可溶性蛋白质或非蛋白氮在瘤胃中很快转变为微生物蛋白质。溶解度小的蛋白质在瘤胃中少部分转变为微生物蛋白质,大部分完整地进入真胃和小肠,它们在那里降解为氨基酸,然后在小肠中吸收。表7-5中所示的是两种禾本科植物和两种豆科植物的氨基酸组成。真蛋白的含氮量通常在75%~85%之间,但有时也可能大大地低于这个数量。蛋白氮含量随植物的成熟过程而增加。

表7-5 小麦、黑麦草、红三叶草、苜蓿和豆粕的氨基酸组成(100 g粗蛋白中氨基酸的克数)

氨基酸	小麦[1]	黑麦草[2]	红三叶草[2]	苜蓿[2]	豆粕[1]
赖氨酸[a]	4.68	5.78	6.14	6.35	6.85
组氨酸[a]	1.47	2.26	2.47	2.49	2.09
精氨酸[a]	4.88	6.06	5.97	5.91	7.78
天冬氨酸	7.84	9.53	11.17	11.26	11.20
苏氨酸[a]	4.34	4.78	4.81	4.89	4.17
丝氨酸	3.95	4.30	4.36	4.60	5.46
谷氨酸	10.88	12.35	11.88	11.77	18.68
脯氨酸	5.86	5.28	5.07	5.13	5.00
甘氨酸	4.43	5.78	5.53	5.39	4.52
丙氨酸	6.91	6.95	5.97	6.02	4.49

续表 7-5

氨基酸	小麦[1]	黑麦草[2]	红三叶草[2]	苜蓿[2]	豆粕[1]
缬氨酸[a]	5.47	6.25	6.43	6.15	4.91
异亮氨酸[a]	4.33	4.80	4.94	5.00	4.87
亮氨酸[a]	7.52	8.77	8.89	8.86	7.91
酪氨酸	3.34	4.01	4.48	4.31	4.08
苯丙氨酸[a]	5.17	5.92	5.90	5.96	5.38
胱氨酸	0.54	1.29	0.98	1.25	1.18
蛋氨酸[a]	2.16	2.15	1.76	1.84	1.78
色氨酸[a]	ND	1.81	1.55	2.07	ND

[1]资料来源:Morey 和 Evans[11]。

[2]资料来源:Eppedorfer[12]。

[a]必需氨基酸。

ND=没有测定。

非蛋白氮(NPN)由游离氨基酸(不与蛋白质分子结合)和其他含氮化合物组成。牧草中已经鉴别出超过200种的非蛋白氮化合物。这些化合物并非都存在于一种牧草中,但是这一数字可使我们知道家畜采食牧草时获得的非蛋白氮化合物的多样性。牧草中的非蛋白氮水平受某些条件的影响。生长在盐碱土壤中的牧草,其非蛋白氮含量高。当土壤中缺乏矿物质时,牧草的游离氨基酸含量增加。牧草中硝酸盐水平达到0.07%时,家畜的生产性可能会降低;而当硝酸盐水平达到0.22%时,则可能使反刍动物致命。如果反刍动物对硝酸盐有了一定的适应性,而且进行连续饲喂,那么,它们就能耐受较高水平的硝酸盐。

研究结果表明,其他因素,如光照的持续时间和强度、温度、疾病以及供水不足,也会影响牧草中NPN的含量。禾本科植物的非蛋白氨基酸含量一般比豆科植物少。一些氨基酸、肽、酰胺具有毒性。对于非反刍动物,非蛋白态氨基酸的营养价值比蛋白态氨基酸的低,前者可能只有后者的一半。对于反刍动物,非蛋白态氨基酸的营养价值与蛋白态氨基酸几乎相同。

5.2　碳水化合物

牧草碳水化合物通常分为非结构性和结构性两种。在营养学名词中,非结构性碳水化合物是指容易利用的碳水化合物(包括糖、淀粉和果聚糖)。牧草中的主要游离单糖是葡萄糖和果糖,它们占牧草干物质(DM)含量的1%～3%,二者之间的比例为1∶1。除此之外,大量存在的还有蔗糖,其含量通常为4%～5%(干物质基础),而其他糖含量很少。

淀粉和果聚糖是牧草中最常见的非结构多糖。这些化合物在植物中用来储存能量。它们的含量通常在1%～6%之间,但是,如果夜晚温度比较低,第2天植物叶片光合作用十分强烈,那么,它们的含量就会提高。牧草通常在成熟早期收割,这时牧草中可发酵碳水化合物的含量最高,可使利用它们制作半干青贮料或青贮料时具有较高的产酸能力。豆科植物在体内累积蔗糖和淀粉,其中淀粉是主要的非结构多糖。相反,禾本科植物则存在截然不同的两种糖:即热带和亚热带禾本科植物在营养组织中累积淀粉,而温带禾本科植物则往往更多地累积果聚糖。温带豆科植物和禾本科植物在相同生长期收获时,它们的总非结构碳水化合物含量的差异似乎很小。目前已经了解到,牧草的非结构碳水化合物含量存在季节性差异,但主要的变化表现为果聚糖含量的增加,原因可能与它在茎中的沉积有关。同样,施用氮肥可能导致禾本科植物中果聚糖含量的降低,特别是温带禾本科植物。寒冷天气往往使非结构碳水化合物(尤其是淀粉或果聚糖)含量增加。温度也能影响果聚糖的分子大小;随温度升高,果聚糖分子往往减小。

牧草中的结构性碳水化合物全部为多糖,它们由同种分子或异种分子组成直链或支链聚合体,然后形成非定型或结晶型结构。结构性碳水化合物分为3个主要类型:果胶物质(据认为它在细胞间起黏和剂的作用)、非纤维素聚合体或半纤维素(主要由五碳糖或六碳糖组成)和纤维素(由单糖单位组成的直链聚合体)。后两者相对较难溶解,因而具有抗消化特性,这是由于其单糖之间的化学键(β-1,4 糖苷键)与可溶性碳水化合物(如淀粉的单糖之间)的化学键不同的缘故。β-1,4 糖苷键只能被微生物的消化作用所降解。

不论是在不同植物细胞内、植物体各部位之间(茎中的纤维素尤其高)、或不同植物之间,还是在适应不同气候适应类型的植物之间,上述三种成分的含量均有所不同。豆科植物在生长期间,叶片和茎中半纤维素或果胶含量变化似乎较小,但茎中纤维素含量明显增加。然而,禾本科植物中纤维素含量通常增加,但茎中半纤维素含量增加则较少。热带禾本科植物中各化学成分含量的变化不明显,但是纤维素含量通常比温带的要高很多。

四种暖季温带禾本科植物各化学成分(主要是碳水化合物)的变化情况示于表 7-6。中性洗涤纤维(NDF)含量有明显的差异,其中,7 月 23 日采集的样本 NDF 值最高,之后,由于植物的再生长,这一数值下降,特别是黑麦草和雀麦草。酸性洗涤纤维(ADF)、半纤维素和木质素含量与 NDF 有相同变化趋势,而细胞可溶物含量的情况与此相反。这个例子中的样品来源于放牧强度较强、牧草在大部分时间被采食的牧场。

表 7-6　四种牧草的碳水化合物、木质素和细胞可溶物的季节性变化趋势

种类和化学成分	取样日期				
	4 月 19 日	5 月 3 日	7 月 23 日	9 月 26 日	10 月 24 日
苇状羊茅					
NDF[a]	45.6	56.4	65.7	56.4	54.6
ADF[b]	24.6	30.2	36.5	28.7	30.8
半纤维素					
木质素					
细胞可溶物[c]					
多年生黑麦草					
NDF	42.2	51.0	55.8	53.0	38.3
ADF	22.3	28.3	32.9	24.6	20.4
半纤维素	19.9	22.8	22.9	28.4	18.0
木质素	3.0	3.6	6.4	4.2	3.3
细胞可溶物	57.8	49.0	44.2	47.0	61.7
无芒雀麦草					
NDF	43.9	52.8	63.1	55.4	40.3
ADF	22.8	29.5	37.7	27.1	20.7
半纤维素	21.1	23.4	25.4	28.3	19.6
木质素	3.0	3.5	6.9	4.9	2.8
细胞可溶物	56.1	47.2	36.9	44.6	59.7
鸭茅					
NDF	46.6	56.3	64.3	54.4	47.9
ADF	23.6	30.0	39.8	28.0	24.8
半纤维素	23.3	26.4	25.0	26.4	23.1
木质素	3.4	4.0	6.6	4.3	3.9
细胞可溶物	53.4	43.7	35.7	45.6	52.1

资料来源:Power 等[13]。

[a] NDF=中性洗涤纤维(纤维素+半纤维素+木质素)。

[b] ADF=酸性洗涤纤维(纤维素+木质素)。

[c] 细胞可溶物=100−NDF。

禾本科植物叶片部分含15%～30%纤维素、10%～25%半纤维素和1%～2%果胶。豆科植物叶片部分含4%～10%半纤维素、6%～12%纤维素和4%～8%果胶。茎中纤维含量与禾本科植物相似[5]。

5.3 脂类(或脂肪)

叶片组织中脂类含量在3%～10%之间,并且通常随着植物的成熟程度而下降。叶片脂类由很多种不同成分组成(第3章),其中大部分是半乳糖脂和磷脂;这些成分大部分与叶绿体有关。亚麻酸通常占总脂肪酸60%～75%,其次是亚油酸和棕榈酸。其他脂类(如叶片表面的蜡质)的消化率很低,因此,其营养价值很低。植物一旦收割后,外层的保护性表皮被破坏,不饱和脂类可能氧化变质。

5.4 有机酸

很多有关植物化学组成的报道通常会完全忽略植物中的有机酸。这些酸是植物组织中非常重要的成分,其中大部分是非挥发性酸,它们在植物呼吸作用、氨基酸合成和阴阳离子平衡中发挥重要作用。有机酸在植物体内累积,含量为植物干重的2%～8%。在概略养分分析中,它们是无氮浸出物(碳水化合物)的组分。如果采用NDF和ADF分析法,则有机酸出现在细胞可溶物或细胞内容物中。

苹果酸、柠檬酸、奎尼酸、莽草酸和乌头酸通常是常见牧草(脂肪酸含量较高的划归为脂类的除外)中的主要有机酸类。其他含量较多的有机酸为:琥珀酸、丙二酸、α-酮戊二酸和延胡索酸。在生长旺盛的多年生黑麦草中,奎尼酸、苹果酸和总酸的含量随着植物的成熟和叶片组织的减少而呈正比例下降的趋势变化。根据另一项研究报道,鸭茅和无芒雀麦草中苹果酸和反式乌头酸浓度不随生长期的变化而变化;但是,随禾本科植物的成熟,其中柠檬酸的浓度下降,而莽草酸和奎尼酸的浓度提高。施肥的作用效果随植物的种类和化肥的类型不同而不同。不同基因型羊茅草中有机酸的含量及组成也具有显著的差异[14]。有机酸除了对植物有重要作用外,有证据表明它们也可能是影响牧草风味和适口性的重要因素。植物组织中的其他少量有机化合物对牧草的适口性可能也非常重要[15]。

5.5 矿物质

牧草的矿物质含量差异很大,它反映了土壤中的矿物质水平、施肥情况、植物种类和气候条件的差异。表7-7显示的是禾本科牧草和苜蓿的矿物质组成。如表所示,所有牧草的K含量都很高。豆科植物的显著特点是Ca,Mg,S的含量比禾本科植物高,通常Cu也比禾本科植物高。然而,豆科植物中Mn和Zn的含量则往往比禾本科植物低。

表7-7 禾本科牧草和苜蓿的矿物质含量和范围

矿物质元素	禾本科牧草			苜蓿		
	低	一般	高	低	一般	高
常量元素(DM, %)						
Ca	<0.3	0.4～0.8	>1.0	<0.60	1.2～2.3	>2.5
Mg	<0.1	0.12～0.26	>0.3	<0.1	0.3～0.4	>0.6
K	<1.0	1.2～2.8	>3.0	<0.4	1.5～2.2	>3.0
P	<0.2	0.2～0.3	>0.4	<0.15	0.2～0.3	>0.7
S	<0.1	0.15～0.25	>0.3	<0.2	0.3～0.4	>0.7
微量元素(DM, ppm)						
Fe	<45	50～100	>200	<30	50～200	>300
Co	<0.08	0.08～0.25	>0.30	<0.08	0.08～0.25	>0.3
Cu	<3	4～8	>10	<4	6～12	>15

续表 7-7

矿物质元素	禾本科牧草			苜蓿		
	低	一般	高	低	一般	高
Mn	<30	40～200	>250	<20	25～45	>100
Mo	<0.4	0.5～3	>5	<0.2	0.5～3.0	>5
Se	<0.04	0.08～0.10	>5	<0.04	0.08～0.1	>5
Zn	<15	20～80	>100	<10	12～35	>50

种植条件相同的许多不同种类禾本科植物中矿物质含量具有显著差异。通常，叶片中矿物质含量最高，并且随着成熟程度而下降，但是也有很多例外。同样，施肥对营养期禾本科植物的影响也有很大差别，以至于很难对它做出一个全面准确的结论。

6 影响牧草营养价值的因素

前面已经提到了很多影响牧草养分含量的因素。在一个特定的具有典型的施肥和管理方式的地区，一个最重要的影响因素就是牧草成熟期。在生长季节早期，禾本科植物(尤其是冷季品种)的水分和有机酸含量非常高，且蛋白质含量也超过大多数反刍动物的需要量。结果使得家畜发生腹泻。另外，虽然牧草在未成熟期能量消化率高(70%～85%)，但由于其干物质含量低，家畜很难达到最大能量采食量。

随着植物的成熟，牧草中粗蛋白含量下降，结构性碳水化合物和木质素含量提高，动物可利用碳水化合物的含量减少，并且蛋白质和能量消化率降低(表 7-8)。这些变化受植物种类和生长环境的影响。例如，如果在植物的生长季节，天气迅速从寒冷的春季过渡到炎热的夏季，那么，植物化学成分变化的速度将比天气缓慢升温时快，天气寒冷时植物成熟较慢，尤其是冷季禾本科植物。随植物的成熟和开花，苜蓿化学成分迅速变化，而禾本科植物则较缓慢。奶牛 NRC 公布的苜蓿干草粗蛋白质含量(干物质基础)如下：营养早期 23%，营养后期 20%，早花期 18%，中花期 17%，盛花期 15%。相应的 TDN 含量在 63%～55%之间变动。其中一些差异是由植物成熟后叶片的损失而引起，因为叶片的营养价值比植物其他部分高。随着牧草的成熟，Ca，K，P 和大部分微量元素含量下降。随着植物的成熟，各项营养指标数据变化见表 7-6 和表 7-8。

表 7-8 成熟期对鸭茅化学组成和消化率的影响

参数	成熟期			
	高度 6～7 in，5 月 19 日收割 牧草	高度 8～10 in，5 月 31 日收割 晚期牧草	高度 10～12 in，6 月 14 日收割 早期干草	高度 12～14 in，6 月 27 日收割 成熟干草
组成(%干物质)				
粗蛋白质	24.8	15.8	13.0	12.4
灰分	9.3	6.8	7.1	7.2
醚浸提物	4.0	3.5	3.9	4.2
有机酸	6.3	6.0	5.4	5.0
总碳水化合物[a]	49.9	63.0	64.4	63.1
糖分	2.1	9.5	5.4	2.4
淀粉	1.2	9.5	0.8	0.9
α-纤维素	19.5	19.8	19.1	27.7

续表 7-8

参数	成熟期			
	高度 6～7 in，5月19日收割 牧草	高度 8～10 in，5月31日收割 晚期牧草	高度 10～12 in，6月14日收割 早期干草	高度 12～14 in，6月27日收割 成熟干草
β-和 γ-纤维素	3.4	5.4	3.8	2.5
戊聚糖	15.1	15.8	16.8	18.1
无氮浸出物	35.0	45.7	44.2	41.2
木质素	5.7	5.0	6.2	8.1
粗纤维	26.9	28.2	31.8	35.0
消化率(%)				
干物质	73	74	69	66
粗蛋白质	67	63	59	59
粗纤维	81	77	71	68

资料来源：Ely 等[16]。

[a]总碳水化合物＝(粗纤维＋无氮浸出物)－(木质素＋有机酸)。

表 7-9 表明，禾本科植物粗蛋白质含量随植物的成熟逐渐下降。从表中可以看出，植物的粗蛋白含量从营养期的 17.8%（DM 基础）下降到蜡熟期结籽时的 6.8%。这种下降并非在所有地区都普遍存在，但它阐明了一般的变化规律。此外，能量消化率也随之迅速下降，一般来说，普遍的降幅是每天约 0.5%；但在温暖气候下，一些禾本科植物的下降可达每天 1%多。这种迅速下降导致采食这些牧草的家畜的生产性能在一周或更短的时间内出现下降。

表 7-9　成熟期对禾本科牧草粗蛋白质含量的影响

成熟期	粗蛋白质(DM，%)	
	8 种牧草平均值[a]	雀麦草[b]
营养生长期	17.8	19.5
半数蕾期	12.4	16.5
全部现蕾期	9.5	14.5
1/4 开花期	8.6	10.2
籽粒乳熟期	7.4	8.8
籽粒蜡熟期	6.8	7.4

[a]资料来源：Philips 等[17]，包括：阿尔塔羊茅草、雀麦草、肯塔基蓝草、鸭茅、草芦、红顶草、猫尾草、高燕麦草。

[b]资料来源：van Riper 和 Smith[18]。

禾本科植物消化率的下降，在很大程度上归因于茎和叶鞘比例的变化，其中叶鞘消化率下降的速度比叶片快得多；同时，在成熟的过程中，叶片与茎的比例也随之下降。豆科植物中也有类似的变化规律，但是速度较慢，这是因为茎的木质化程度较小，而且因为叶片的变化较小。豆科植物往往损失较多的叶片，所以，叶片与茎的比例也随着植物的成熟而变化。

成熟期的进程对豆科-禾本科混播牧草的影响如表 7-10 所示。从表中可知，在大约 6 周的时间内，干物质消化率下降了大约 11%。然而，禾本科牧草和豆科牧草在营养生长期变化较慢。如表 7-11 所示，柳枝稷干草（暖季品种）的粗蛋白质含量和粗蛋白消化率在生长季节下降，但是这种变化对消化能变化的影响较小。数据表明，当植物在大致同一个成熟期时，不论它是暖季或冷季品种，其化学组成都没有显著改变。

表 7-10　成熟期对绿色苜蓿-雀麦草粗饲料消化率、采食量和产奶量的影响

苜蓿成熟期	收割日期	DDM[a] (%)	DM 采食量 (lb/d)	DDM 采食量 (lb/d)	产奶量 (lb/d)
蕾前期	5月17日	66.8	34.0	23.0	42.5
现蕾期	5月24日	65.0	33.2	21.6	39.5

续表 7-10

苜蓿成熟期	收割日期	DDM[a] (%)	DM 采食量 (lb/d)	DDM 采食量 (lb/d)	产奶量 (lb/d)
初花期	5 月 31 日	63.1	32.0	20.2	31.4
中花期	6 月 7 日	61.3	30.6	18.8	31.4
盛花期	6 月 14 日	59.4	29.2	17.4	26.5
晚花期	6 月 21 日	57.5	27.8	16.0	23.4
成熟期	6 月 28 日	55.8	26.3	14.7	19.5

资料来源：Hibbs Conrad[19]。

[a]DDM ＝可消化干物质。

表 7-11　柳枝稷干草（暖季品种）的成分随成熟期的变化

收割日期	化学成分（干物质%）			
	粗蛋白质	NDF	ADF	木质素
6 月 23 日	9.4	74.9	43.7	4.7
7 月 16 日	7.5	78.1	42.7	5.2
8 月 9 日	6.2	82.5	50.3	4.9

资料来源：Vona 等[20]。前两次收割为抽穗早期（early head stage）；最后一次收割为初花期（early bloom stage）。

影响牧草饲养价值的主要因素是消化率的下降和外流速度的减慢，这两个因素集中体现在随着牧草的成熟家畜对牧草自由采食量的下降上（表 7-11）。在反刍动物中，这些因素有效地控制了饲料干物质采食量，进而控制了能量采食量。一些矿物质或氮的缺乏也影响自由采食量。通常，氮缺乏可使放牧前牧草的粗蛋白质临界水平下降 7.5%～8%。

令人遗憾的是，目前还没有一种能用于估计自由采食量并将其与消化率相联系的简便可行方法。过去的资料表明，牧草的自由采食量与在酸性胃蛋白酶中可消化的干物质品质有关，并提出了一个预测营养价值指数的系统。这一指数将采食量和消化率联系在了一起。也有其他研究进行了胃蛋白酶溶解性或用真菌纤维素酶消化的工作[21]。尽管可以用这些实验室方法较准确地预测消化率，但是估计采食量仍有困难。有关这一议题的更多信息将在干草评定的章节中进行叙述。现已观察到，具有相同消化率的不同禾本科植物间存在自由采食量的巨大差异。

人们已经认识到，土壤肥力和施肥对牧草产量有显著的影响。此外，植物的化学组成也被认为随施肥方式的不同而改变。但是，这种变化与由成熟期的延长所造成的植物化学组成变化相比要小得多，并且文献中给出的结果间也存在很大差异。由于一些植物对施肥的响应比其他植物明显，所以，施肥可导致混播牧草的营养组成发生明显变化。例如，如果给禾本科-豆科混播牧草施用高水平的氮肥，那么，就可能杀死豆科植物，或者是对禾本科植物的促进作用大于豆科植物。给禾本科植物施用氮肥，往往使牧草中总非蛋白氮和硝酸盐含量提高。施用氮肥也可能增加钾和其他矿物质的含量。

植物施用氮后，其蛋白质消化率有增加的趋势，并且在一些情况下适口性和干物质采食量也可能增加，但是研究结果并不一致。施用化肥后，植物体中大部分矿物质含量增加。同时，施用磷和氮肥可能增加牧草的适口性。研究表明，土壤肥力和/或施肥可能改变牧草的营养物质含量和家畜采食量。

6.1　放牧制度

为了提高动物的生产性能，人们已经提出了各种不同的牧场管理方法。这些制度通常基于连续放牧或某些类型的轮牧。轮牧通常能增加家畜的生产力，但是需要更高的管理水平并且增加了建造栅栏和灌溉系统的成本。

为使连续放牧制度的产出最大，家畜的数量必须与牧场的载畜量相匹配。其中一个问题是牧草生长随生长季节发生改变，因此，春季牧草过剩，而夏季（尤其是在干旱地区）缺乏，这就要求家畜数量随季节变化与牧草的产量相匹配。实践中，通常春季牧草过量，而在生长受限的季节末期又过少。通常将牧草生产过剩时的部分牧草留出来制成干草，用来在冬季饲喂。当牧草过剩时，家畜采食的选择性更强，尤其是在几种牧草混播的草场。家畜往往在牧草适口性好的区域采食，而将适口性较差的留下任其成熟，从而适口性变得更加差。因此，往往出现一些地区的牧草采食强度过大，以致一些优良牧草都被采食掉，从而造成杂草入侵。

已有资料表明，在快速生长期，采用连续放牧制度的动物生产性能与采用其他放牧制度的动物生产性能相当。但在生产力较低的时期，间断放牧土地上单位面积的家畜生产性能通常更高。如果条件允许，每个牧场年放牧时期应尽量不同。每年放牧草场的顺序应轮换，假如每年有三块草场，那么每年初次放牧的草场应不同。这一方法有助于保持较多的牧草种类，尤其是在干旱地区。

从家畜生产力和牧场管理的角度看，应对一些类型的轮牧制度优先选择。牧场的连续使用，对苜蓿或其他大型的直立易落叶的植物不利。此外，杂草往往不能被利用，并且有很大部分的牧草由于踩踏或粪、尿的污染而不能利用。短的、半匍匐类植物则适合长期连续放牧。

轮牧时，牧场的载畜量高，家畜在一块特定草场的放牧时间较短。为了实现牧场的最佳利用，放牧时间不应超过 24 h，但在实际生产中，许多生产者放牧的时间要长得多。当牧草被采食到一个合适的高度后，应将家畜转移到另一个牧场，使第 1 个牧场能休养生息，重新长到合适的高度。

轮牧能使植物在生理上恢复到生长的初期。如果轮牧频率合适，那么植物就能维持在未成熟状态，而且容易消化。轮牧也为植物恢复和累积根部储备提供了时间。轮牧制度下的牧草产量未必比连续放牧高，但是它的可消化能总量比连续放牧高得多，这是由于采食的植物尚未成熟，消化率较高的缘故。当牧场的载畜量较高时(在新西兰，35～75 头奶牛/hm^2)，家畜很少有机会选择性采食，并且总的牧草被采食比例也更高，从而抑制了无法利用的牧草和杂草的滋生。

放牧或收割的频率对牧草的影响与牧草种类及各种环境因素有关。如果利用过度，牧草的产量将大大降低；反之，若利用不充分，牧草产量可能增加，但它的消化率很有可能下降。在一个试验中，频繁地收割牧草——每 2～3 周收割一次时，牧草的消化能含量最高，但是每 5 周收割一次时，尽管此时消化率的最大值有一定程度下降，但是全季节总可消化能产量最高。一些研究表明，集中放牧后给以较长时间的重新生长(3～5 周)，可以获得最大的牧草产量，但是，这种效果取决于季节和牧草种类。集中放牧通常在春季更为合适。虽然一些受欢迎的牧草种类，如黑麦草，可能无法承受频繁的集中放牧，但这样往往能增加混播牧场豆科植物的相对产量。另一种评定牧草管理制度有效性的方法是估计此种管理制度下畜产品的最大产量，例如单位面积土地上的畜产品产量。

如何使牧草的利用最佳，始终是一个难题。采用轮牧制可以在牧草的快速生长时期留出更多的牧草来制作干草。然而，即使用轮牧制，仍然不能最大限度地利用牧草。强迫高产家畜(尤其是奶牛)采食过分成熟、遭踩踏或污染的牧草时，动物的生产性能会迅速下降。在某些情况下，可将畜群分成高、中、低三个生产力水平组。高水平组首先采食，或者是安排泌乳奶牛先采食，而营养需要量小的干乳期奶牛和生长家畜后采食。对于羊来说，有时为了使羔羊有最大的选择性，可以安排它在整个羊群采食之前采食。

条牧法是间断放牧的另一种变通方法。在生产实践中，给家畜限量的牧草，使其在几小时内采食完，可以使用电栅栏来控制，电栅栏每隔几小时移动一次。这种情况下的载畜量通常非常高，因此，牧草消耗速度很快，从而减少了家畜踩踏和污染造成的损失。这种方法几乎可以完全防止动物的挑食，但是需要大量劳动力。放牧前在即将采食的牧场条带喷洒油脂，可以很好地控制瘤胃臌气的发生。

6.2 灌溉牧场

在干旱地区，通过灌溉来提高牧草的产量已经有多年的历史。随着灌溉系统的不断完善，如中心支轴式喷灌系统的应用，一些以前由于地形不平而不适合灌溉的土地(图 7-1)已经得到极大的改善，获得了更多的灌溉机会，但前提是水资源要充足。另一个主要的益处是，可以降低劳动成本。

一般来说,灌溉牧场更适于禾本科-豆科混播牧草。但也有充分的证据表明,单独播种豆科植物(如苜蓿),或施肥良好的禾本科植物(如鸭茅),也能获得很高的产量。获得禾本科和豆科植物的最佳组合较为困难,但是禾本科植物与豆科植物,如苜蓿和白三叶草混播后,常可减少瘤胃臌气的发生。有时,在瘤胃臌气发生严重的地方可以使用牛角花(不引起瘤胃臌气),但种植牛角花比种植其他牧草难度更大。最理想的禾本科植物种类,取决于很多环境因素。理想的种类应当在整个生长季节能够维持高的动物生产水平。

灌溉牧场通常用于高产家畜饲养,如饲喂泌乳奶牛最具优势(图 7-2)。对于周岁阉牛、断奶犊牛、羔羊、奶牛和犊牛以及母羊和羊羔的组合(图7-3),也具有相当的潜力。灌溉牧场用于干奶期奶牛或其他非生产性家畜的饲养,通常不能做到盈利。

图 7-1　旋转一圈能覆盖 160 英亩的中央喷灌系统

图 7-2　奶牛在茂盛的改良草场上放牧

图 7-3　羊在灌溉牧场上放牧

只要正确施肥并且保持合理的载畜量,那么,周岁肉用阉牛在整个放牧季节一般能获得 1 000 kg/hm^{2}的增重量。在理想情况下,每公顷的增重量可高达 1 200 kg。优良牧场上的周岁牛平均日增重应达到 0.7 kg/d,而羊羔则为 0.2～0.3 kg/d。优良牧场上饲养的每头泌乳奶牛应能产奶 15～18 kg/d。

利用高蛋白含量的牧草(尤其是在营养生长阶段的禾本科-豆科混播牧草),或高蛋白质含量的豆科牧草,通常会导致大多数家畜蛋白质摄入过量。如果如同饲喂奶牛一样,在这类饲粮中补加一些提供能量的谷物饲料,将有可能提高生长牛(如 1 岁阉牛)的增重速度,从而使牧草中的蛋白质获得更有效地利用。

7　永久性牧场和草场

美国的永久性牧场和草场(permanent pastures and rangeland)约为 4.05 亿 hm^2,而其他农田面积

为1.42亿 hm^2。世界其他国家也同样存在这种情况，许多国家大部分农田都是草地和牧场。家畜采食的营养物质有一半以上来自草地和牧场(第1章)。因而，草地和牧场是畜牧业的巨大资源。

图7-4简要概括地介绍了各种重要牧草在美国的分布区域。在平原和山区各州，本地牧草品种占优势，而在降雨量较多的中部和东部各州，则是引进牧草(改良品种)占据优势。世界其他国家也有类似的分布特点。

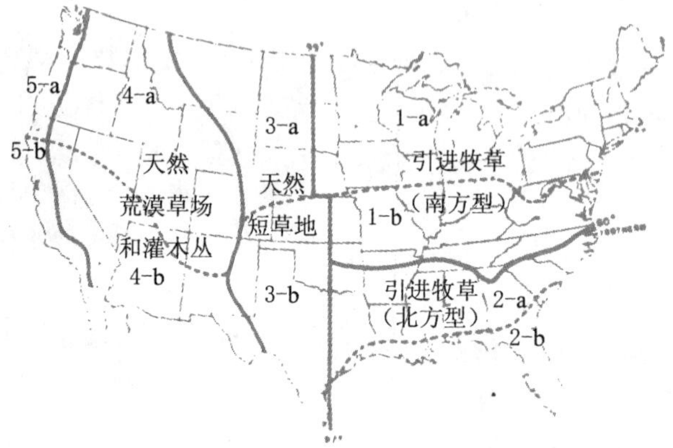

图7-4　美国5个主要牧区及其优势牧草的类型

7.1　天然永久草场

在美国东部各州，很多永久草场有时也被用于种植业。而在遥远的西部，很多地区仍然保留着本地牧草品种，这些草场上生长着很多种牧草。俄克拉荷马州的奥萨格山(osage hill)、堪萨斯州的火石山(flint hills)以及内布拉斯加州的沙山(sand hills)等，都是以本地牧草为主的优良牧场(图7-5)。

图7-5　牛群在堪萨斯州中部火燧山地区当地牧场放牧

有关本地牧草和引进牧草产量比较方面的信息较少。已有资料表明，引进牧草的产量有所增加；但是通常要求对改良品种的栽培和管理技术要优于本地牧草。据估计，约有70%的改良品种需要进行处理，以保持或提高其生产率，并且需要对很多土地进行更好地控制，以防止土壤侵蚀。现有信息还表明，很多湿润地区的土地生产力还有提高的潜力。在美国湿润地区的牧场中，有3/4的土地有很大的改良潜力。诸如追播、撒石灰、施肥以及杂草控制等技术,都能提高生产力[22]。不科学的放牧管理已经造成了其中一些草地退化,导致了杂草的入侵,以及一些适口性和生产力较好的本地牧草的丧失。

7.2 草场

在美国西部的广大地区以及世界其他许多地区,异常干旱的气候限制了牧草的生产,同时也造成了牧草生长出现明显的季节性。在美国,这些地区包括沙漠、贫瘠的林地、高原以及长有各种禾本科植物、阔叶草、灌木和天然树林的草地。这些地区,再加上高山草甸,共同构成了畜牧业发展的主要地区(图7-6)。这些地区的特点是降水量少,植物密度较低,地形不平,并且土壤通常较浅,多为岩石和盐碱化土壤。草场常常长有许多家畜很难利用或者根本无法利用的木本科植物,如红根草属(艾属)。

此外,有毒阔叶植物也是很多地区存在的一个问题。由于草场的生态环境比湿润地区脆弱,所以,牧草和其他动物喜爱采食的植物容易遭受过牧。另外,由于缺水或者晚霜和早霜,牧草的生长季节通常也较短。

图7-6 在美国西部林区的空地上放牧的羊群

已有相当多的研究工作致力于改良干旱地区的牧场以及草场使用的牧草。各地也试种了许多不同品种。同样,总降水量和季节性的降水量是关键限制因素。在降水量8~10 in的地区,广泛种植的是冠状冰草(*Agropyron spicatum*)。在降水量达15 in的地区,蓝茎冰草(*A. smithii*)、中间型冰草(*A. intermedium*)以及西伯利亚冰草(*A. sibiricum*)已经成功种植。在山谷中,种植的是无芒雀麦草(*Bromus inermis*)和鸭茅(*Dactylis glomerata*),而旱地苜蓿(*Medicago* 属)也有少量的种植。

在西部一些地区,以往的过度放牧使得牧场被一些不希望生长的植物所侵袭,或者存在一些很难被动物利用的植物的大量生长,如鼠尾草的生长影响了一些更好牧草的生长。一些地区也采用除草剂、机械除草、火烧以及生物学方法对一些不希望生长的植物进行控制。播种适合的牧草,特别是冰草的方法已经相当成熟,尤其当与控制不良灌木和枝叶类植物的手段相结合时。施肥的方法也已经尝试过,但是仅限于一定的规模。分散供水系统的发展,改善了牧场的利用。水资源不足极大地限制了干旱地区牧草的生长,尤其是在炎热的夏季。显然,有关这个议题的信息还有很多。读者可以参阅参考文献[22],以获得更详细的信息。

7.3 其他饲用植物

很多其他植物在特定情况下也常被用作牧草。例如,油菜和无头甘蓝常被喂给牧场上的绵羊。甜菜和芜菁茎叶常用作家畜的粗饲料。一些地区种植饲用芜菁供牛羊秋季采食,牛羊能很快学会拔芜菁,并吃掉它们。

谷物(如燕麦和大麦),在很多地区可用作冬季牧草。春播一年生牧草,如苏丹草可作为普通冷季和暖季牧草的补充饲料,从而延长放牧期,或更好地满足家畜需要。除此之外,作物残茬(蒿秆、茎秆等)在一些地区也有很多应用。在一些以玉米为主要粮食作物的地区,牛群常常采食玉米收割后留在地里的秸秆。小粒谷类作物收割后留下的秸秆残茬和谷壳,也同样适用于饲喂牛羊。这类作物残茬也可以作为饲粮的主体,喂给其犊牛断奶后的母牛,但为了实现家畜的最佳生产性能,通常需要补充一些蛋白质和矿物质饲料。

7.4 多用途牧场

牧场和草场通常可以为多种动物所利用。若不加以限制，各种草食动物都会采食不同的植物或植物的不同部分。例如，尽管牛可以吃大量的豆科牧草、杂草和少量嫩枝绿叶，但是通常它们会优先选择禾本科植物。牛和麋鹿被称为非选择性草食性动物，而绵羊、鹿和山羊则被称作选择性草食性动物，它们较少采食禾本科植物，而更多采食杂草和嫩枝叶。因而，各种动物间的竞争比人们想象的要小。当有多种动物共同利用牧草资源时，牧草资源的利用反而会达到最大化。随季节和植物成熟期的不同，动物对某种特定牧草的偏好也会改变。在东非，有多达25种食草动物同时放牧。研究表明，只要不发生过度放牧，那么，它们之间似乎可以形成互补。北非和澳大利亚的同类型研究表明，当4种或4种以上动物同时放牧时，可获得最佳效果。草场过度放牧往往促进灌木的生长。同样，灌木的过度采食，也会促进牧草的生长。

除动物对各种植物的天然偏好外，地形、温度及其与水源的距离，都影响家畜能否有效地利用某一特定地区的牧草资源。牛极少在坡度≥45°的地区采食，而羊、鹿、麋鹿和山羊则常在较陡的斜坡上采食。

7.5 饲用植物中的有害物质

很多植物中含有摄入少量就会使草食动物中毒的化合物。除植物的正常代谢产物硝酸盐外，许多科学家认为，自然选择也使得那些含有毒素的植物存活下来，这些毒素能抑制动物对植物的采食。所幸的是，对家畜有高毒性的牧草数量并不多。

大量施肥，尤其同时伴有干旱时，一些禾本科植物（如玉米、小粒谷类作物、高粱）中的硝酸盐也可能是一个问题。高粱往往产生生氰糖苷，它在瘤胃中水解生成氢氰酸。干旱时或霜冻损害后，容易发生这种情况。

多年生黑麦草能产生一种称作黑麦草碱的化合物，它能导致动物发生黑麦草蹒跚病。同其他几种牧草一样，喜湿虉草（*Phalaris*）能产生有毒的生物碱。动物采食被有毒真菌感染的羊茅梗，或采食氟化物蓄积量达到中毒剂量的植物时，也会发生一些疾病。

在禾本科植物之外的草本植物中，芸薹（甘蓝科）常常产生致甲状腺肿物质，而豆科植物常含有具有雌激素效应的化合物（异黄酮）。很多植物能产生剧毒的生物碱，一些植物体蓄积了达到中毒水平的草酸盐，还有一些植物中则含有有毒氨基酸。一些植物，尤其是豆科植物，含有达到中毒水平的铜、钼或硒。植物中的很多有毒化合物如果达到一定摄入量，就可能造成中毒。但是，由于这种采食量通常都很低，并且它们在饲粮中的含量水平变化很大，因此，极少出现问题。急性中毒往往是突发事件，而不是经常现象，但它更容易对家畜造成危害。不过，这一问题也值得注意，尤其在草本植物稀少的情况下，动物往往采食它通常不吃的植物。

8 干草和青贮饲料制作

粗饲料通常被制成干草或青贮饲料保存起来用作家畜饲料。将粗饲料制成干草和青贮饲料来储存，在欧洲已经延续了几个世纪，也许可以追溯到公元前750年[3]。下面，将对干草和青贮饲料的特性进行描述。有关干草和青贮饲料的研究和实用知识很多。相关议题的精彩综述和评述文章可以参阅参考文献[3,5,9]。

8.1 干草及干草制作原理

在美国，每年有超过1.3亿t干草来源于各种牧草作物，它们主要是用作越冬家畜或圈养家畜的饲料。储存这些牧草的方法很多，如散储、打捆、制成干草块和干草颗粒。选择何种形式，主要考虑运输和使用的要求。饲料作物干燥保存的主要方法是制成干草。

在牧草种植过剩时（春季或夏初），可以将过多的牧草收割并制成干草储存起来，以便在牧草供应不足时（冬季）喂给家畜。由于收割牧草需要劳动力和设备的消耗，所以，获得干草中营养物质的成本较让家畜在牧场上直接采食牧草的成本要高。所幸的是，农业工程师已经开发出了能使这一过程全部机械化作业，同时经济上又可行的用于收割和制作干草的机械，而且用于加工和饲喂牧草的机械正在不断获得改进（见图 7-7 和图 7-8）。

图 7-7　A. 对干草进行机械加工的机械；B. 用于捡拾和运输图 A 中所示草捆的设备

图 7-8　用于搬运大型圆草捆的设备

承蒙 Hesston 公司惠赠。

制作干草应该在作物养分含量最高或接近最高时将其收割，以便使单位面积土地提供的最大可消化养分的稳定产量最大。为了制作优质的干草，牧草的水分含量必须降到足够低，以便它的营养价值在储存期间不发生明显改变。最佳的水分含量是 15%～18%，这时可以使叶片的损失降到最低。收割时牧草的水分含量一般在 60%～85%之间。在通常的收割成熟期，禾本科植物的水分含量为 60%～75%，豆科植物的含水量为 70%～75%。制作草捆之前，必须将水分降低到 15%～18%。这一降低水分含量的过程称为晒制。如果制作草捆时，牧草的水分含量高于 20%，就会出现发热和发霉的现象，而造成过多的储藏损失。

8.2　影响干草品质的因素

在牧草的收割、晒制（干燥）和转运进入仓库的过程中，会不可避免地出现一些损失。然而，由于放牧时存在牧草被践踏、被粪尿污染而造成家畜的拒食或者家畜对喜爱的植物进行选择性采食的现象，所以，与自由放牧相比，制作干草可以在单位面积土地上获得更多的营养物质。收获后在田间晾晒的干草数量和质量取决于以下因素：收割时植物的成熟期、晒制时间的长短、制作草捆时的水分含量，以及晒制时的天气情况。牧草的损失是由植物(包括叶片)的物理损失和牧草的不完全回收共同造成的。其他一些不明显的损失包括:植物组织的酶活动造成的损失;干燥过程中的氧化损失;淋洗或者恶劣天气造成的损失。

干草制备的正常损失为20%~40%,但如果收割时条件不理想,也可能超过75%。植物在刚刚收割时,其水分含量相当高,植物中的酶会降解植物组织,同时,由于呼吸过程造成的损失可以达到4%~15%,如果不经晒制降低水分含量,那么这一过程将持续下去。天气条件对损失的程度有显著影响。在干燥、炎热的天气中,这些损失最小;在炎热、潮湿条件下的损失则最大。

另一种损失是由叶片脱落造成的,损失程度对禾本科干草为2%~5%,豆科干草为3%~35%。叶片脱落损失与两个因素有关:植物体的干燥程度和干草加工机械的粗糙程度。因为干燥叶片在田间翻转或打捆时更容易碎裂,所以在植物非常干燥时叶片的损失量会增加。同时,收割牧草的机械剧烈晃动也会使植物体的叶片脱落,导致损失增加。豆科牧草的叶片更易发生脱落损失。淋洗和雨水造成的损失为5%~14%。影响这些损失的主要因素是牧草晒制时的天气条件。如果天气干燥而炎热,那么淋洗的损失可以降到最小,但如果天气多雨且寒冷,那么损失就较高。

通常认为,天气对干草晒制的损害是制作优质干草时最具破坏性的不可控因素。这一损害包括过量暴晒引起的轻微褪色、严重发热和霉变,以致于干草变黑或褪色,几乎不能作为饲料。降雨对刚收割的干草损害不大,但随着晒制时间的延长,损害则变得越发严重。因此,早期收割的干草更有可能遭受天气损害,因为天气较寒冷和潮湿(地面湿润则湿度较大)造成干燥时间的延长,结果增加了天气损害和淋洗的损失。在这种条件下,豆科植物的叶片损失通常更高。

8.3 干草制作过程

干草制作过程包括以下步骤:收割、晒制(干燥)、装填储存。牧草收割时的成熟期和上述任一步骤中所用时间的长短,都会影响干草的品质。以下是对每一步损失的总结。准备储存的干草必须经过干燥。通常,牧草收割后应该在打捆前干燥,但在一些地区由于条件所限,只能在牧草进入仓库后才进行干燥。牧草打捆前干燥所用时间越短,干草的品质就越好。牧草机械加工造成的的损失可达5%~25%。有关每一步骤对干草品质的影响还将进行讨论。

8.4 干燥过程中的变化

只要温度不过高,快速干燥对禾本科牧草的化学成分造成的变化最小。如果在田间的干燥、堆垛或打捆速度较慢,那么,由于植物酶(呼吸)和微生物的生长(尤其是霉菌),以及氧化反应,将使干草质量发生显著变化。因此,开发了压扁机(或调制机)用以压碎苜蓿等植物的茎秆以加速干燥过程。有证据表明,使用这类机械可以减少干草在田间的损失。

干燥过程中的损失与水分含量和环境温度相关。只有植物的水分含量降到40%以下,其中的酶才会停止作用。如果干燥条件良好,呼吸作用造成的损失可能占干物质的2%~9%。如果干燥条件不佳,这一损失则可能增加到15%~18%。这些损失常会被忽视。有几种方法可以减少这些损失。上午收割的牧草的暴晒时间最长,在这期间牧草得以干燥。如果牧草在晚上或下午晚些时候收割,则干燥的效果不大,而且呼吸作用持续时间较长。一项研究表明,新收割的未成熟苜蓿在27℃下干燥时,呼吸作用造成的损失可达干物质的4.5%。较成熟或者凋萎的禾本科草类的呼吸速度约减少一半,但呼吸作用的损失变异极大。人工快速烘干造成的化学组成和营养价值的损失较小,但成本通常太高,所以在大规模的生产中难以实施。

呼吸作用造成损失的植物营养物质主要是可溶性碳水化合物,特别是葡萄糖、果糖和蔗糖。淀粉和果聚糖的损失也已经有报道,可能也有有机酸的损失。干燥过程中常常有一部分氮的损失。这是由于植物蛋白酶的作用所造成的,它导致蛋白态氮的减少和可溶性氮的增加。总氮的损失较可利用碳水化合物的损失少得多。硝酸盐受干燥的影响很小，但高粱、白三叶草以及其他一些牧草中的生氰葡萄糖苷（造成氢氰酸中毒）可在干燥时失去毒性。

对于脂溶性维生素，当禾本科草类在太阳下缓慢干燥时，胡萝卜素（前维生素 A）的损失可高达 80%。肉眼很容易观察到这一点，草本植物的切口在延长干燥时间的后期会变白，其漂白程度与胡萝卜素的损失程度基本一致。快速干燥，尤其是在避光情况下，可以保存植物中所含的大部分胡萝卜素成分（例如脱水干草）。新鲜草本植物的维生素 D 含量非常低。在阳光或紫外光下晒制可使维生素 D 的活性显著增加，这是因为植物甾醇（尤其是叶片中的甾醇）合成了维生素 D，这一过程能持续 6～8 d 之久。在干草干燥过程中，通常也能生成不定数量的维生素 E。

8.5　机械损失

机械损失的程度受收割机械和水分含量的影响，其中大部分是叶片损失。如果处理干草的收割机械很粗糙，那么损失就较大。长方形小草捆的损失为 4%～9%，而大草捆的损失较小。大型圆草捆的损失可高达 10%～15%。翻晒（搂集）的损失可高达 25%。新的采收体系尽量减少了牧草的搂集次数。因为苜蓿叶片约占苜蓿植株重的 50%，含有超过 70%的蛋白质，约 90%的胡萝卜素和超过 60%的可利用能，因此，苜蓿的叶片损失十分重要。叶片损失随着干草打捆时水分含量的减少而增加。现有的新型技术可将牧草在水分较高时进行打捆。一些牧草可以在水分很高时（60%～70%）进行打捆，然后装入袋中用于青贮，这就减少了叶片损失。

8.6　热损害

如果干草打捆时水分含量超过 20%，那么，就可能发生微生物危害。微生物和真菌生长产生热量，引起棕色反应等变化。如果温度超过 440～460°F，则有可能发生自燃。如果制作的干草水分含量过高，那么在仓库中储存时，通常要对其温度进行监测，以确保它不发热和引起自燃。

8.7　储存损失

营养价值的进一步损失主要是由于干草暴露在潮湿的环境中的结果。储存于室内的干草损失量为 5%～10%，而储存于室外的干草的损失量可高达其干物质的 30%～35%。损失量受干草储存条件的影响。储存于高温和高湿地区的干草损失比储存在凉爽、干燥地区的要大。主要损失的营养物质是糖和可溶性碳水化合物。

牧草种植者无法控制气候条件。虽然我们预测天气的能力已经有所提高，但是其中仍有很多不可预知的因素。而优质的干草只有在理想的气候条件下才能制作获得。这是一些地区牧草只能以青贮饲料储存而不是以干草形式储存的原因。只有在无雨且湿度低的情况下，牧草才可能在最短时间内干燥，此时制作的干草才是最佳的。不良的天气延长了干燥时间，从而降低了干草品质。如果干草遭受雨淋，它的蛋白质和碳水化合物的含量就会下降。雨水导致可溶性蛋白质和碳水化合物及其他一些可溶性营养物质流失。而这些成分的营养价值最高，因此干草的品质与遭受雨水的量直接相关。雨水也使由于植物酶活动造成的损失增加。因为只有植物中水分含量降到 40%以下时，植物中的酶才能停止对植物中营养物质（碳水化合物、蛋白质等）的代谢活动。这些酶首先作用于植物中较容易利用的营养物质，而这些营养物质对家畜的营养价值也是最高的。如果收割的牧草暴露在雨水或高湿环境中，那么这些酶就会继续作用，并使干草中易利用营养物质的数量减少。表 7-12 所示的是遭受不同雨水量后干草营养物质的损失量结果。

表 7-12　降雨对现蕾期收割的苜蓿干草损失的影响

损失	无雨	降雨 1 in	降雨 1.65 in	降雨 2.5 in
叶片损失	7.6%	13.6%	16.6%	17.5%
淋洗和酶代谢	2.0%	6.6%	30.1%	36.9%
总计	9.6%	20.2%	46.6%	54.4%

干草遭受 2.5 in 的雨水淋洗时的损失由 2%增加到 37%。叶片损失、淋洗和酶代谢的总损失量从未受雨淋时的低于 10%增加到 2.5 in 雨水淋洗时的 54%。关于在干草打捆过程中通过提高水分含量来模拟降雨所造成的干草营养物质损失的方法是否具有合理性，目前正处于评价之中。已经建立了很多关于加速水分散失的方法，如机械加工、化学处理等，用以缩短干燥时间和提高干草的品质。

过量的水分对干草品质有显著的影响。研究表明，含水量 16%的草捆只有轻微的温度上升，而且几乎没有微生物生长。含水量为 25%的干草储存时，能自我产热使温度升高到约 45℃而出现发霉。含水量超过 40%的草捆变得很热(60～65℃)，且含有大量嗜热真菌[23]。温度升高使蛋白质与碳水化合物形成复合物(棕色反应)，进而使家畜对它们的利用程度降低[24]。储存的干草如果过热，将导致干草变为褐色或黑色，适口性和营养价值也随之降低。表 7-13 所示的是饲喂霉变干草对生长牛的影响。我们发现，给牛饲喂霉变干草尽管没有造成牛的临床中毒症状，但是干草的消化率、牛的日增重和饲料转化效率都较低。给马饲喂霉变干草，可以造成严重的中毒。

表 7-13　饲喂霉变干草对牛有关参数的影响

参数	优质干草	霉变干草
干物质采食量(kg·d)		
干草	7.1	6.5
总量	8.8	8.2
日增重(kg)	0.73	0.61
饲料:增重比	12.0	13.4
瘤胃总 VFA(μmol/mL)	88.0	72.5
瘤胃氨(mg/dL)	23.4	15.5
消化率(%)		
干物质	63.7	53.7
粗蛋白质	76.9	53.0
能量	63.1	54.4

资料来源：Mohanty 等[25]。

保存良好且未受天气损害的干草的化学成分变化很小，即使保存几年，其营养价值损失仍然很小。但如果将干草露天储存，则可能遭受外部损害。损失的程度取决于天气情况、降雨类型和降雨量，以及干草的物理性质。干旱地区的干草露天储存时几乎没有损失，但是在降水量较大地区露天储存的损失则可能很大。

8.8　成熟期对营养价值的影响

用于制作干草的饲料作物的成熟期对它的营养价值和饲养特性有显著影响。如表 7-8 和表 7-10 所示，随着牧草成熟度的增加，其消化率显著下降。表 7-14 表明，苜蓿在 1/10 开花期收割时，它的季节产量、TDN 和蛋白质产量最高。尽管此时 TDN 和蛋白质消化率都不是最高，但单位面积土地的产量已经达到最高。确定牧草的收割时期，不仅必须考虑收割对营养物质产量的影响，而且必须考虑它对家畜生产性能的影响。与用较成熟牧草制作的干草相比，用未成熟牧草制作的干草能改善反刍动物的生产性能。家畜生产性能的下降与饲料成熟度提高造成的家畜采食量下降有关。非反刍动物(如马)在采食劣质牧草时，可以通过食入更多牧草并使其快速通过消化道来补偿牧草的低品质。然而，随着饲料作物的成熟，其纤维含量不断增加，所以，它们在反刍动物的食物流通速度也随牧草品质的下降而下降。所以，瘤胃微生物需要更长的时间来消化这些牧草，从而造成牧草在瘤胃中储留时间的延长，导致动物采食量下降(表 7-15)。由于反刍动物消化纤维饲料所花的时间较长，所以导致采食量的下降。因而，随着牧草品质的下降，家畜营养物质摄入量也随之下降，从而导致家畜生产性能的下降。这在高产家畜(如奶牛)中表现尤为明显。

表 7-14　在 4 个不同成熟期收割的加利福尼亚州苜蓿的 TDN 和可消化蛋白质产量

项目	成熟期			
	现蕾前	现蕾期	1/10 开花期	1/2 开花期
季节产量(kg/hm^2)	13 260	16 430	19 130	19 260
TDN(%)	66.1	60.4	57.2	54.7
TDN 产量(kg/hm^2)	8 765	9 926	10 940	10 533
粗蛋白产量(kg/hm^2)	3 542	3 908	3 947	3 652
粗蛋白消化率(%)	78.8	74.6	72.8	70.3
可消化粗蛋白(kg/hm^2)	2 791	216	2 873	2 567

资料来源：Wier 等[26]。

在未成熟期收割的牧草，其叶片比例高于茎秆。叶片中所含蛋白质和易消化碳水化合物数量高于茎秆，所以更容易被家畜所利用。叶片成分的消化率比茎秆高，因此，在未成熟期收割牧草的营养价值比成熟期收割的高。如表 7-16 所示，随着植物的成熟，其纤维素和木质素含量随之增加，因此茎秆的消化程度降低。

表 7-15　粗饲料的中性洗涤纤维(NDF)含量对干物质采食量的影响

牧草品质	%NDF（干物质基础）	干物质采食量（占体重的百分比）
优质	38	3.16
	40	3.00
	42	2.86
	44	2.73
	46	2.61
	48	2.50
	50	2.40
	52	2.31
	54	2.22

资料来源：Van Soest 和 Mertens[27]。

表 7-16　不同成熟期苜蓿化学组成的变化

收割日期	叶片		茎	
	纤维素	木质素	纤维素	木质素
4 月 22 日	7.1	2.43	11.0	1.80
4 月 28 日	7.0	2.51	10.2	2.10
5 月 5 日	6.9	2.83	15.2	3.76
5 月 13 日	7.1	2.37	16.6	4.73
5 月 22 日	7.1	2.85	22.5	6.77
6 月 4 日	7.6	2.82	23.5	8.79

资料来源：Burritt 等[28]。

干草生产商和家畜饲养企业确定的牧草最佳收割时间有所不同。饲喂未成熟的牧草通常能提高家畜的采食量，改善生产性能，因此，家畜饲养场购买成熟期前收割的粗饲料更为有利。然而，在成熟期前收割牧草对牧草生产商来说意味着产量的减少，而且连续在成熟期前收割牧草将使豆科植物（如苜蓿）的使用寿命缩短。因此，家畜饲养场购买成熟度较低的优质干草时，需要向牧草生产商支付更多的费用。

8.9　相对饲料价值

相对饲料价值（ralative feed value；RFV）是人们提出的一种用来计算干草相对价值的方法，它考虑了受牧草成熟度影响而造成的采食量和消化率的差异。通过这一参数，可以对各种类型的牧草进行比较。规定酸性洗涤纤维（ADF）含量 41%、中性洗涤纤维（NDF）含量 53% 的牧草的相对饲料价值为 100。这一数值的计算公式为：

$$RFV=\frac{\%DDM\times\%DMI}{1.29}$$

其中

$$\%DDM=88.9-(ADF\%\times0.779)$$

$$\%DMI=\frac{120}{\%NDF}$$

RFV没有单位，但是它可以对类似牧草的品质进行比较。RFV值超过100时，表明牧草的品质较好；RFV值低于100时，则表明牧草的品质较差。所以，使用这一方法可以对各种牧草的品质进行比较。粗蛋白质含量不能用来评价牧草CP的利用价值。表7-17列出了一些常规牧草的成熟度与RFV值之间的关系。

表7-17　各种粗饲料的相对饲养价值

粗饲料	CP	ADF	NDF	RFV
牧草，蕾前期	23	28	38	164
苜蓿，现蕾期	20	30	40	152
苜蓿，中花期	17	35	46	125
苜蓿，成熟期	15	41	53	100
雀麦草，营养生长后期	14	35	63	91
雀麦草，晚花期	8	49	81	58
狗牙根，早期	12	32	70	85
狗牙根，晚期	8	43	78	66
羊茅草，营养生长后期	12	36	64	88
羊茅草，开花晚期	10	39	72	76
鸭茅草，营养生长早期	18	31	55	109
鸭茅草，初花期	15	34	61	95
小麦秸	4	34	85	51

资料来源：Holland和Kezar[9]。

9　干草营养价值评定

准确评定干草的营养价值非常困难。但是，通过感官评定和化学分析等方法，可对其营养价值进行合理的评定。这些方法的讨论如下。

9.1　感官评定

感官可以对牧草的下列特性进行评定。通过感官评定可以相当准确地估计牧草的成熟期，尤其是苜蓿。通过评定花蕾、花或者籽粒的相对数量，可以较准确地估计成熟度。随着植物的成熟，不易消化的碳水化合物含量增加，营养物质的消化率下降，造成干草的饲养价值下降。

通过观察叶片的状态以及茎秆的粗细，可以在某种程度上判断干草可利用养分的含量。由于叶片部分的蛋白质含量最高，因此，它与干草的CP含量有直接关系。CP含量与干草中其他成分的消化率也有关系。在未成熟期收割时，干草CP含量最高，而且此时干草的大部分营养物质都是细胞内容物，它们的消化率较高。CP含量与干草的消化率呈正相关。这也是用未成熟牧草制作的干草比用成熟牧草制作的干草营养价值高的原因。

通过干草的颜色也可以对品质进行评定。若干草颜色鲜亮，那么就表示其晒制得当，并且也可以表明其他营养物质（如合成维生素A的前体物——胡萝卜素）的含量。许多因素都会导致干草褪色和饲养价值的下降。如果干草在干燥期间遭受雨淋，那么它将会褪色。雨水使水溶性成分，如糖、蛋白质和淀粉大量流失，从而使干草中易利用成分减少。新收割的牧草中含有的酶可以消耗牧草中的易消化成分，但是，当水分下降到一定数量时，酶就会失活。被雨淋的干草所需干燥时间更长，这样牧草中更多可消化成分被干草内固有的酶所降解，从而使干草的饲养价值降低。暴晒也会影响干草的颜色。同样，颜色也可以表明干草打捆时水分是否过高。如果干草变为暗色，这通常是因为干草在储存时水分过高，并已经发热。通常，水分含量过高时，干草就会发热，造成蛋白质与碳水化合物发生反应。这一反应被称作美拉德反应(Mallard 褐变)。发生这一反应的蛋白质和碳水化合物都无法被家畜利用，从而降低了干草的饲养价值。

干草的气味能部分地表明干草是否发霉、有霉味或者腐烂。霉变会降低干草的适口性和饲喂价值。不正确的晒制也常会使干草产生臭味。实验室分析则通常不能确定干草是否发霉。用这类干草饲喂家畜，经常引起家畜采食量下降，严重时可能使家畜中毒。

干草中有无外源物质，比如杂草或有毒植物的存在，只能通过感官评定才能有效地发现。收割后用于制作干草的饲料作物中有时存在大量的杂草。这些杂草极大地影响了干草的适口性和家畜的生产性能。在某些地区，有毒杂草会侵入用于制作干草的牧场。杂草或有毒植物的存在，大大降低了干草的饲喂价值。

感官评定可以用于估计干草的品质，指示物包括叶片状态、颜色、气味和有无外源物质或霉菌和霉斑。然而，在实践中，干草极少出售，也很少使用这些方法进行等级评定，因为大部分干草不会进入饲料市场，仅限于那些有大量家畜或大量干草的地区才有干草等级评定部门。干草的品质变异很大。因而，人们已经投入了大量工作，致力于开发用于快速定量测定干草营养价值的方法，以便通过它来制定干草的价格。美国很多个州都有牧草分析实验室，牧草的买方和卖方都通过实验室分析结果来决定干草的价格。为了确保不同实验室的分析结果的一致性，人们已经设计出一个非官方的认证方案，来帮助牧草行业。这一方案由全国牧草测定协会(National Forage Testing Association)授权，并且协助其会员为可行的实验方案提供支持。为获得认证，实验室必须对每年送来的标准样品中的 3/4 做出正确分析。分析干草样品的实验室不是必须获得认证，但是这一认证过程有助于分析结果的标准化。

9.2 实验室分析方法

下面讨论常用的干草分析方法。概略养分分析法成为行业标准已经有很多年的历史。中性洗涤纤维(NDF)和酸性洗涤纤维(ADF)常用于干草碳水化合物组分的评价。近红外(NIR)分析方法在许多地区已经取代了概略养分分析法。在干草测定中心，近红外分析可以在几分钟内完成。因而，一个运输大量干草的司机可在很快的时间内得到其所运载干草的分析结果。

9.2.1 干草的采样

第 1 步是采集有代表性的干草样品，送交给实验室分析。通常，20～100 t 或以上的干草仅需提交几百克样品。因此，正确采集能准确代表大量干草的样品显得非常重要。大量的干草可以进行如下划分，如取自同时收割的、相似田块的、相同成熟期的以及相同种类和品种的干草。相似的干草可以进一步细分为如下：禾本科和/或杂草含量较高的、遭受雨淋的、同一田块中因土壤不同对牧草品质有影响的、收割后经不同处理或经额外搂集或晒制时间过长的等。

干草采样时最可靠和最准确的方法是使用钻心采样管或采样探头。用采样探头采集样品得到的结果比用手抓取样品的结果更准确。采样探头必须达 12～8 in，这样才足够刺入到长方形小草捆和大型圆草捆或长方形草捆的中心部位。探头应该装备有切削刀片，以便能轻易地刺透要采样的草捆。样品应储存在密封容器中，并放置在阴凉处，以便能保持水分。图 7-9 所示的是一个典型的牧草评价程序表。

9.2.2 概略养分分析

概略养分分析法可以提供以下指标的信息：水分、粗蛋白、粗纤维、灰分和无氮浸出物。该方法使用的是 100 多年以前在德国 Weede 试验站建立的湿样化学分析法。

(1)水分：样品中的水分含量是指其中的游离水含量。水分含量的测定方法如下：对样品进行称重，

俄勒冈
州立大学

粗饲料分析实验室

俄勒冈州立大学农业化学系
俄勒冈州立可法里斯城，
区号：97331

三州苜蓿联盟

三州苜蓿干草参考分析：

- 样品号：________
- 取样日期：________
- 取样人：________
- 收割编号：________
- 县：________

结果送交：
姓名：________
地址：________
____
电话：________

实验室评定

收样日期 ________　　实验室编号 ________
干物质含量 ________　　水分含量 ________

化学分析：	样品（100%干物质基础）	三州参考值（100%干物质基础）
粗蛋白（CP）	________	18.5%
酸性洗涤纤维（ADF）	________	32.0%
估测值：		
品质系数[1]	________	1.00
参考系数[2]	________	1.00
TDN[3]	________	58.7%

外观评定
（由采样员提供）

- 颜色（鲜绿，浅绿，黄绿，褐色）
- ________%牧草
- ________%杂草
- 损失（雨淋，霉变，霜冻，杂质）
- 数量（吨，捆，包）
- 持叶率（附在茎上的，整叶，不附在茎上的碎叶）
- 加工：打捆，打包，圆捆，切碎，制块，制粒，青刈，半干青贮
- 灌溉方式：漫灌，喷灌，旱地
- 储存：封闭，敞开
- 取样方法：取样管取样，拆捆，堆内切除，晾晒场取样，现场取样

[1] 品质系数：干旱与参考值相比的估计得到的饲用价值
QF=0.919 9+0.013 6(CP)−0.005 4(ADF)

[2] 参考系数：与参考值并经水分含量校正的估计饲用价值
RF=(QF)(DM)−0.011 4

[3] TDN：总可消化养分根据CP和ADF估计得到并经3X维持需要校正
TDN=54.332 08+0.738 7(CP)−0.291 5(ADF)

图7-9　牧草质量评价报告单示例

加热(50～100℃)直至恒重，然后确定样本的损失量——即为样本的水分含量。测定水分含量非常重要，其原因有二：①水分能稀释营养物质的浓度，如果水分超过预期值，将导致购买的单位营养物质成本上升；②如果水分含量过高(>14%～15%)，干草有可能变坏。

(2)粗蛋白质：干草中的蛋白质含量采用凯氏法进行测定。这一方法是通过测定样品的含氮量，然后根据蛋白质一般含氮量得到的转换系数来估计蛋白质的含量。因为该法并没有直接测定蛋白质，因此，称为粗蛋白。

牧草的品质与其粗蛋白含量呈正相关。干草的蛋白质含量变化极大。蛋白质是一种成本较高的饲料营养物质之一，所以，通常干草的价格根据粗蛋白含量来制定。对于青贮饲料等粗饲料，对它含有的可溶性蛋白质进行额外分析也是必要的，因为如果青贮饲料在青贮过程中发热过度，那么它的粗蛋白质消化率可能会显著下降。

(3)粗纤维：粗纤维可以用来估计结构性碳水化合物的含量，而后者又可用来估计半纤维素、纤维素和木质素的含量。粗纤维(CF)由干草中消化程度较低的碳水化合物所组成，它可以影响家畜的生产性能和饲料采食量。粗纤维数量与干草的营养价值呈负相关。当粗纤维含量增加时，干草的营养价值下降。所以，通常将粗纤维含量与粗蛋白质含量结合来计算干草的价格。随着牧草成熟度的增加，它的粗纤维含量增加：这也为估计牧草的成熟度提供了一个很好的方法。

(4)粗脂肪：粗脂肪是指干草中脂肪和脂类的含量。粗脂肪的测定是用有机溶剂(如醚或己烷)浸提出所有可溶于有机溶剂的物质来完成的。脂肪的能值约为碳水化合物和蛋白质的2.25倍，并且脂肪通常很容易消化，所以它对饲料原料的能值有重要影响。干草的脂肪含量相对较少，且变化不大，所以，各种干草之间的粗脂肪含量变化不大。

(5)灰分：灰分是用来估计干草中无机矿物质的含量。样品在高温(500～550℃)下灰化，此时所有的有机物质(含碳物质)完全燃烧。当达到极高的温度时，碳与氧气结合形成CO_2，剩下无机矿物质。灰分含量不能显示其中具体矿物质的种类及数量。为测定干草样品的具体矿物质含量，必须进行另外的测定。灰分含量过高，说明干草可能受到了泥土的污染。

(6)无氮浸出物：无氮浸出物(NFE)估计的是干草中的可溶性成分。无氮浸出物的含量并不是通过化学方法直接测定的，而是用以下方程式计算得来的：

$$NFE\% = 100 - (CP\% + CF\% + 粗脂肪\% + 灰分\%)$$

因此，只要将用概略养分分析法测定的其他所有成分累加，再用100减去其总和即可。如果其中任一分析结果出现错误，那么NFE的值也一定会不正确。

9.2.3 中性洗涤纤维和酸性洗涤纤维

因为NFE和CF中都含有部分半纤维素，因而，评定含有大量半纤维素的饲料对家畜生产性能的影响时，采用CF分析法会存在一些问题。NFE和CF中各成分的消化率差异非常大，它们分别为：半纤维素60%～70%，纤维素40%～50%，木质素0%～10%，糖、淀粉和可溶性蛋白质95%或95%以上。图7-10所示的是各种物质中所含的成分。因此，有必要发明一种更为准确的方法。Van Soest和Goering发明了中性和酸性洗涤纤维法，它可以更准确地预测饲料原料中各成分的消化率。中性洗涤纤维(NDF)可以准确估计细胞壁成分(半纤维素、纤维素、木质素)含量(图7-10)。酸性洗涤纤维(ADF)可以估计纤维素和木质素。NDF和ADF法可以准确地预测饲料原料中半纤维素的数量，从而更准确地估计饲料的消化率。因此，如今在评定干草的饲喂价值时，NDF和ADF的使用更为普遍。

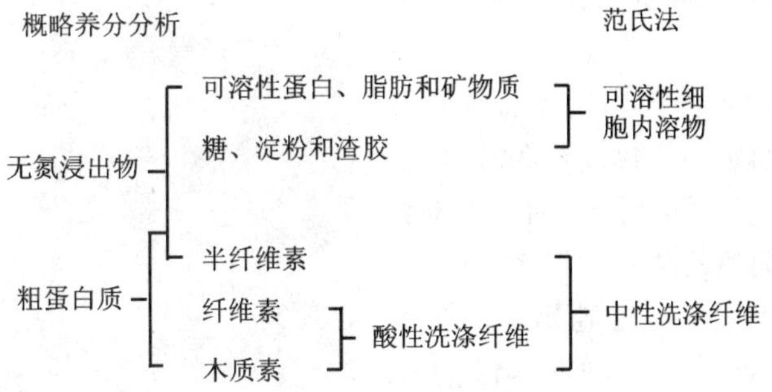

图7-10 饲料组成成分的评价

9.2.4 近红外分析

近红外分析(NIR)是饲料行业采用的一种较新的方法，它可以用于评价饲料的营养成分。近红外分光光度法是一种估测牧草和其他饲料营养成分的快速、低成本的计算机化的方法。与传统的(概略养分分析法和中性、酸性洗涤纤维法)使用化学试剂测定蛋白质、纤维和矿物质含量不同,NIR法使用的是近红外光谱。这种方法非常快速,且无需化学试剂,因此对环境保护更为有利。

近红外分析法需要对样品进行干燥和磨碎处理,处理后的样品置于分光光度计的红外光源中。反射的红外辐射被转变成电信号并经测定后被传输入计算机进行分析。饲料中的各种主要有机成分吸收和反射的红外光谱不同。通过测定反射光谱的差异,使用NIR元件和计算机,就可以计算出饲料中各种成分的含量。这种方法的原理同人眼分辨颜色的能力很相似。光线照射到物体上时,物体吸收某些波长的光,而将其他光反射。眼睛可以对反射光的波长进行检测,然后将信号送入大脑识别出颜色。因为牧草样品中规定的营养物质含量(湿化学法)所对应的反射光谱值已经通过编程存入计算机,所以,可以对特殊的营养成分进行检测。用NIR法对类似的饲料样品进行分析时,计算机比较样品的反射波长,并与前面测试的样品相匹配,从而确定它的营养物质含量。

10 各种高水分牧草

10.1 青刈饲料

青刈饲料(greenchop或soilage)是在田间切碎用于新鲜饲喂家畜(通常是舍饲家畜)的禾本科牧草类(图7-11)。以这种方式利用的作物包括:禾本科牧草、豆科牧草、苏丹草、玉米和饲用高粱及其他一些禾本科草类。

与放牧、制作干草或青贮相比,饲料作物作为青刈饲料饲喂的主要好处在于,它可以使单位面积土地的可消化养分的产量最大。这一方法的优点在于,可以利用制作干草或青贮饲料剩下的牧草,防止它们成熟老化而不能有效利用。此外,与制作干草相比,天气对青刈饲料的影响较小。饲喂青刈饲料的一个很大缺点是,需要每天收割(与放牧相反),并且要经常注意牧草水分含量的变化。

现在,许多成功的大型奶牛场和一些肥育场都在他们的夏季饲养方案中使用各种作物的青刈饲料。开始饲喂青刈饲料时,要在饲粮中逐渐加入,而当青刈饲料供应不足时,则应逐渐停止使用。这种饲养方法在许多畜牧经营企业的应用非常成功,并且现有的机械能够有效地收获新割的或凋萎的牧草(图7-11)。

图7-11 青刈饲料收割机

数据表明,饲喂青刈饲料的肉用阉牛日增重与对草场进行集约化管理(如短期轮牧或者条牧)的体增重基本相同。从表7-18中可以看出,饲喂青刈饲料时,每公顷牛肉产量比饲喂牧草要多得多,并且两种情况下的动物日增重相似。对泌乳奶牛的研究(表7-19)表明,饲喂苜蓿青刈饲料时的产奶量比放牧时略少。数据也表明,青刈饲料的平均粗蛋白质含量比牧草高,而纤维含量比牧草低,这可能说明,在牧场放牧强度比正常情况大时,家畜的选择性下降,而使牧草产量达到最大。其他研究数据指出,与干草或青贮饲料相比,奶牛利用青刈饲料中高水平的粗蛋白更有效。

表 7-18 饲喂不同形式苜蓿的肉用阉牛的生产性能

参数	牧草			
	轮牧	条牧	干草	青刈饲料
日增重(kg)	0.79	0.70	0.61	0.74
每公顷牛肉产量(kg)	564.00	564.00	638.00	821.00
日饲料采食量				
苜蓿(kg)	4.63	4.08	8.80	6.30
燕麦干草(kg)	2.17	2.27	—	1.72
饲料:增重比	8.6	9.1	14.5	10.8

资料来源:Meyers 等[29]。

表 7-19 在 9 周试验期中荷斯坦泌乳奶牛饲喂苜蓿牧草、青刈饲料或干草时的产量比较

参数	牧草	青刈饲料	干草
产奶(kg/d)	24.5	23.3	22.1
乳脂率(%)	2.9	3.2	3.3
无脂固形物(%)	8.2	8.3	8.2
干物质采食量			
牧草(kg)	13.6	13.6	14.7
精料(kg)	5.9	5.4	6.3
草本植物成分			
粗蛋白(%)	18.2	21.0	22.7
粗纤维(%)	33.8	30.5	29.9

资料来源:Stiles 等[30]。

10.2 青贮饲料

青贮饲料广泛地用于饲喂家畜(主要是反刍家畜)在欧洲已有许多年的历史,而在其他许多国家也有 60~70 年的历史了。在美国,机械改良和青贮方法的改进使禾本科植物、豆科植物和其他作物(主要是玉米和高粱)的青贮量大大增长。许多不同类型的高水分谷物和作物残茬可以作为很好的青贮原料。

良好的青贮饲料能够最有效地发挥土地的生产能力,使单位面积土地上生产的饲料资源量达到最大。青贮饲料的适口性好,并且饲喂时浪费少。给肉牛和奶牛饲喂青贮饲料,能获得极好的饲喂效果。在无法干燥的时期(禾本科或豆科植物)或对于干燥后品质变坏的作物(玉米或高粱),青贮是储存高水分谷物的极好方法。

青贮不能提高青贮物质的营养价值,因为在青贮过程中也有营养物质的损失,随后我们将进行讨论。然而,青贮过程中的发酵通常能极大地减少硝酸盐(如果有)的含量。同时,其他有毒化合物,如氢氰酸的数量也将减少。豆科植物经青贮后,减少了反刍动物瘤胃臌气的发生。青贮饲料的最大缺点是体积大、水分含量高、不适合间歇性饲喂。因此,由于经济原因,青贮塔或壕应该建立在靠近青贮饲料饲喂的地点。

10.2.1 青贮设施的类型

青贮饲料由高水分含量的原料经厌氧发酵制得。微生物发酵产生有机酸,而后者随后抑制微生物的生长,将这种方式储存的产品称作青贮饲料。发酵和随后的储存必须在严格厌氧的环境中进行;否则,青贮物料将发生腐败而变成不可食用的物质,通常会变成有毒物质。

厌氧环境是通过青贮塔来实现的。青贮容器可以是垂直的(直立的)塔式结构(图 7-12),也可以是水平的地面青贮堆或青贮壕(图 7-13)。敞开的青贮塔通常用塑料或其他类型的材料封盖,以防暴露于

氧气中造成损失。现在使用的大塑料袋作为青贮容器成本低，且可以灵活地放置在合适的地方(图7-14)。

图 7-12 常用于储存低水分青贮的立式(塔式)厌氧青贮塔

承蒙 Beef 杂志惠赠。

图 7-13 从大型地上式青贮壕取出青贮饲料的场景

这类青贮塔在填装和卸料时能实现高度机械化作业。

承蒙 Beef 杂志惠赠。

10.2.2 青贮饲料的制作

青贮饲料的制作有以下步骤：收割、装填和密封。这一过程需要大量的劳动力和设备。通常在青贮饲料开始制作后，收割和装窖都要连续进行，直到所要青贮的物料收割填充完毕。正确制作的青贮饲料可以无限期地储存而不变质。

图 7-14 塑料袋青贮

虽然这类青贮袋的物料填装较困难，但却具有场地选择灵活的特点。

为使单位土地面积的营养物质产量最高，青贮物料必须在适宜的成熟期收割。同时，合适的水分和可发酵碳水化合物含量也非常关键。青贮的原料必须能为微生物生长提供合适的底物，以便微生物产生足够量的储存青贮物料所必需的有机酸。用可溶性碳水化合物含量较高的物料制作青贮最好，其中碳水化合物可以被微生物用来产生有机酸。如果青贮作物中可溶性碳水化合物含量有限，那么青贮时可以加入一定量的可溶性碳水化合物，如糖蜜和谷物。表 7-20 各作物中总结了常用青贮原料的最佳收割成熟期。在表中所列的成熟期收割作物，可以使这些作物的可消化养分产量达到最大。这些作物在收割时，其中很多作物的含水量都高于理想的含水量，因此，必须使这些作物凋萎(干燥以除去一部分水分)。为了将作物凋萎，在其收割后的切碎和青贮之前，可以将其平放在田间进行晾晒。青贮前需要将物料水分含量降低，以防产生过多的渗出物。

表 7-20 获得最佳青贮特性的收割成熟期

作物	成熟期	水分(%)	切割长度(in)
苜蓿	现蕾中期到 1/10 开花期	凋萎到 50～70	1/4～3/8
玉米青贮	籽粒 1/2～2/3 乳线期	凋萎到 50～75	3/8～1/2
高粱	籽粒蜡熟中期至后期	凋萎到 50～77	3/8～1/2
其他谷物	籽粒乳熟或蜡熟早期	凋萎到 50～75	1/4～1/2
三叶草	1/4～1/2 开花期	凋萎到 50～72	1/4～1/2
禾本科牧草	第 1 根茎抽穗	50～72	1/4～1/2

资料来源：Holland 和 kezar 等[9]。

青贮需要的水分含量取决于青贮类型。如果物料置于密闭、直立的袋中青贮，那么水分含量可以较低(50%～60%)。如果物料放置于地面青贮堆或青贮壕中，那么水分含量应较高(65%～75%)。水分含量较高的青贮物料比那些较干的物料更容易装填，因此更容易将氧气排出，所以，可以在半密闭的青贮塔中进行青贮。

在收割时或者凋萎后将待青贮的物料切碎。这样做可以使物料更容易填装，并能更好地将空气排出，以便能建立厌氧环境。表 7-20 列出了各种常用青贮物料的最佳切碎长度。切碎过程需要额外的动力，因此，物料切得长度太短时，既耗费时间也耗费动力。

填装是制作好青贮饲料的关键。这是从青贮塔中除去氧气的主要途径之一。在地面青贮堆或青贮壕中，可以用拖拉机在物料上部压实。如果青贮的物料切碎长度合适，那么这种方法的效果很好。如果物料的切碎长度不合适或者过于干燥，那么采用此法的青贮饲料中可能残存有空气团，导致物料出现霉变的斑点。

保持厌氧环境非常关键。青贮物料暴露于氧气中后会迅速变质。这是青贮塔必须密封并且保持厌氧状态的原因。保持厌氧环境在直立、密封的青贮塔中容易做到，但在地面青贮堆或青贮壕中则要困难得多。地面青贮堆和青贮壕可以用塑料或其他氧气无法透过的材料密封，以防止暴露的表面发生变质。

10.2.3 青贮过程

微生物发酵开始主要代谢可溶性碳水化合物。首先，需氧微生物开始生长，然后这些需氧微生物被厌氧微生物所代替。需氧发酵将有机(含碳)物质转变成 CO_2 和水，而厌氧发酵则产生有机酸(丁酸、乙酸和乳酸)，使物料酸度增加，直到微生物被全部杀死，并且在较低的酸度下使青贮物料得以保存。pH 值降到 4 或者 4 以下时的酸度能抑制所有微生物的进一步生长。青贮过程中产生的有机酸主要是乳酸和较少量的乙酸和其他酸，如蚁酸、丙酸和丁酸。在多数情况下，乳酸的质量分数能达到 4%～8%。储藏良好的青贮饲料中的丁酸含量很少。可溶性碳水化合物的初始含量与最终产生的乳酸含量有关。青贮物料中每 1%可溶性碳水化合物发酵，大约可以产生 0.3%乳酸。

从能量保存的角度看，人们更愿意在发酵过程中产生乳酸，因为如果葡萄糖转变成乳酸，其能量损失只有 3%。与之相比，葡萄糖转变成丁酸的能量损失为 22%。此外，当乳酸浓度处于保藏所需的高浓度时，它的适口性很好，尤其是与丁酸相比。

植物酶和细菌的作用会产热。发酵的最佳温度是 27～38℃(80°～100°F)。过热现象主要发生在物料没有充分压实而使氧气没有排净的低水分青贮饲料中。这种情况下，不良微生物，如嗜热(喜热)细菌和一些霉菌，会大量生长。过热导致青贮饲料，尤其是其中的含氮化合物的消化率下降。

植物收割后，其中的蛋白质发生迅速且大面积水解，低 pH 值或高干物质含量可以使这种水解过程停止。即使是保藏良好的青贮饲料，它的 NPN 含量也可能占总氮的 40%，甚至更高。最初，大部分 NPN 以氨基酸形式存在，但氨基酸的继续降解使其转变为诸如氨、胺和其他形式的 NPN 化合物。虽然已有证据表明青贮饲料中的水溶性氮是高度消化的，但是在体外人工瘤胃模拟试验中，它似乎不能像尿素一样促进纤维素的消化,并且有证据显示,家畜很难利用青贮饲料中的NPN。

青贮饲料的制作包括了湿物料的厌氧发酵过程。所以,除氧气的不利影响外,干物质含量、pH值、可溶性碳水化合物含量也是影响青贮质量的重要因素。如果青贮物料水分含量过高,可溶性碳水化合物数量不足,或者植物体的缓冲能力很强(尤其是豆科植物),那么物料将不能正常青贮。上述任何情况都可能导致产生劣质青贮饲料。

多数干物质含量在25%～35%的作物都基本上适合制作青贮饲料。水分含量高会促进梭菌的增殖、大量丁酸生成和NPN的进一步发酵,进而导致诸如色胺、组胺的产生。这些胺可能具有毒性,并且能使青贮饲料产生秽臭。由于豆科植物中可溶性碳水化合物含量低,且缓冲能力比禾本科植物强,因而,这种情况在豆科植物中尤为严重;而且,由于其缓冲能力更大,所以pH值降到稳定水平所需要的有机酸数会更多。

表7-21 牧草等粗饲料水分含量的近似估计

物料团块状态	近似水分含量(%)
握后成形,有大量汁液	超过75
握后成形,有很少汁液	70～75
缓慢散开,无汁液	60～70
迅速散开	低于60

资料来源:Shepherd等[31]。

禾本科植物只要可溶性碳水化合物含量高于干物质的15%,就能在干物质含量相当低的情况下成功地进行青贮。可溶性碳水化合物少于10%的草本植物则通常没有足够的发酵能力,因而,不能很好地进行青贮。在有些地区,把豆科植物或禾本-豆科混播植物用作青贮,在进行这样的青贮前,常常需要把草本植物进行一下凋萎处理。凋萎使干物质含量提高,使得保存青贮饲料所必需的有机酸含量减少。表7-21中所示的是一些用于估计绿色草本植物干物质含量的经验数值。

10.2.4 青贮饲料制作中的损失

收割和田间处理物料时会有一些损失。但是,由于用作青贮的物料水分含量相当高,所以这些损失通常很小。如果青贮前物料在田间的存留时间较长,那么植物酶和微生物发酵能使可溶性营养物质,尤其是碳水化合物的含量急剧下降。青贮的另一主要损失可能是储存设施表面和周边的损失,这一损失可能高达干物质的15%～20%。通过用塑料薄膜密封表面,可以使这一损失量显著下降。渗流或渗出物是另一种可能发生的损失。这一损失的量变化非常大,但是在一定程度上与青贮物料的水分含量相关。渗流液中不仅含有水,而且含有其他可溶性营养物质。如果物料水分含量过高,渗流的损失量就会增加。因此,减少渗流损失的一条有效途径,是在物料的水分含量合适时进行青贮。物料的水分含量超过75%将会使渗流损失增加。植物酶的作用和细菌发酵会造成气体的损失,且随着青贮过程的延长,这两种损失也都随之增加。为了使气体损失降到最小,作物必须尽可能快地收割,并进行青贮。

青贮饲料的总体损失量变异很大。如果包括田间损失在内,那么总的损失量可能达到田间干物质含量的15%～25%。图7-15和表7-22中给出了有关这方面的相关信息。

表7-22 苜蓿收割方法一览

方法	近似水分含量(%)	近似收割损失[a](%)	近似储存损失[b](%)	总损失(%)
青刈	75～80	3		3
直接收割青贮	75～80	3	18	21
凋萎青贮	65～70	6	10	16
半干青贮料	50～60	9	4	13
打捆干草	85～90	19	8	27

资料来源:Fiez[32]。

[a]收割损失为近似平均值;管理、天气等影响这一损失。

[b]近似平均损失;储存设施、表面覆盖等能减少这一损失。

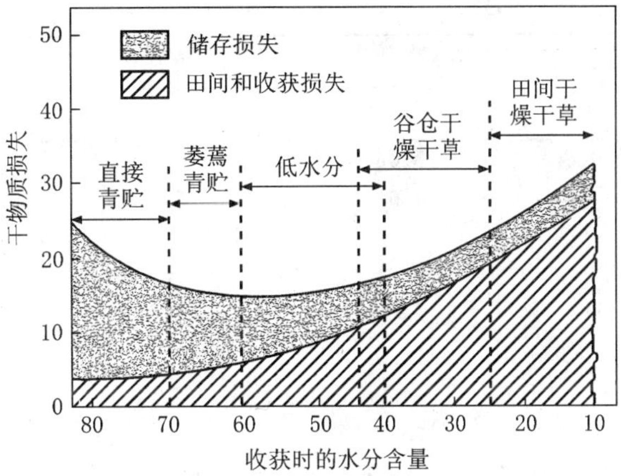

图 7-15　禾本科-豆科混播牧草在不同水分含量及通过替代收割法收割时总的田间、收割和储存损失的估计值

资料来源：Hoglund[43]。

10.2.5　青贮饲料品质评定

没有一种单一的试验可以准确地评定青贮饲料的品质。对于那些对青贮饲料十分熟悉的人来说，闻气味和感官评定都是相对较好的方法，但这些方法不是定量方法。优质的青贮饲料应该没有发霉和霉味及其他一些令人不悦的味道，如氨、丁酸的气味，尤其是在低水分青贮饲料中，应没有焦味或者烟味。青贮饲料的颜色（牧草青贮）应为绿色，而不是褐色或黑色，并且质地应该疏松而不发黏。

应用青贮饲料的 pH 值评价青贮饲料的品质比其他任何化学分析指标都更为普遍。但是，pH 值本身并不可靠，因为牧草青贮饲料的最佳 pH 值取决于青贮物料的干物质含量。通常，好的青贮饲料 pH 值应为 4.2 或者更低，丁酸含量应低于 0.1%，挥发性氮占总氮的比例应小于 11%。

11　青贮饲料的营养特性

饲喂大量青贮饲料所带来的一个问题，这就是家畜的干物质采食量总是低于喂给相同作物制成的干草，这种情况对于豆科植物、禾本科植物或其他草本植物都无一例外。如表 7-23 所示，家畜采食禾本科植物或豆科植物制作的青贮饲料的数量通常随它们干物质含量的增加而提高，但对于玉米或高粱青贮饲料则未必如此。一项研究表明，家畜采食青贮饲料的数量与豆科植物的消化率成正相关，但与禾本科植物（除黑麦草外）的消化率成负相关[33]。这一结果表明，当青贮饲料的水分含量刚好满足青贮饲料保存的需要时，产生的氨和乙酸最少，而且家畜的采食量可达到最大；但当物料水分含量较高时，青贮后氨和乙酸的数量则往往会增加。

表 7-23　苜蓿青贮饲料的干物质对羊的采食量和利用程度的影响

参数	青贮饲料干物质（%）			
	22	40	45	80
青贮饲料 pH 值	4.48	4.49	4.52	5.87
有机酸含量（干物质%）				

续表 7-23

参数	青贮饲料干物质(%)			
	22	40	45	80
乳酸	5.06	4.11	3.19	0.19
乙酸	4.91	3.21	2.88	0.62
总量	10.46	7.53	6.26	1.00
干物质采食量(g/kg $BW^{0.75}$)	49.1	57.3	58.8	63.2
干物质消化率(%)	58.2	60.1	60.0	61.1
N采食量(g/d)	14.9	16.2	18.3	19.6
N存留(g/d)	−0.9	1.0	2.0	2.9
N消化率(%)	70.5	72.2	72.0	70.0
饮水量(g/gDM)	3.5	2.4	2.4	2.2

资料来源:Hawkins[34]。

11.1 禾本科和禾本科-豆科植物混合青贮

如果牧草在最佳生长时期收割,那么禾本科或豆科植物青贮饲料中的粗蛋白和胡萝卜素含量通常较高,而可消化能值为中等水平。禾本科-豆科植物混合青贮的蛋白质含量非常高,以至于不能被大多数反刍动物有效利用。通过在禾本科-豆科植物混合青贮中添加某些形式的能量(谷物),或通过饲喂其他一些低蛋白质的牧草将蛋白质浓度进行适当稀释,可以获得更理想的效果。正如表7-24中的数据所示,禾本科植物在抽穗早期收割已经过了蛋白质含量的最高期,结果可能导致家畜采食量和增重速度与采食禾本科-豆科植物混合青贮相比有一定程度的下降。在玉米青贮饲料中添加尿素后,蛋白与能量比更为合适。因而,饲喂玉米青贮饲料的家畜增重量会更大、更有效。

收割禾本科或者禾本科-豆科混合青贮原料的常见方法是将饲料收割后在田间凋萎,以便青贮前物料的水分含量适当降低。物料水分含量过高将导致较高的渗流损失,并对发酵有不良影响。表7-25比较了利用新鲜(冷冻)牧草、干燥牧草、刚刚收割的(没有凋萎的)和凋萎的牧草制得的青贮饲料的饲喂特性。干燥或者青贮对牧草的消化率影响很小,但使用未经凋萎牧草制成的青贮饲料的消化率比用其他方法制作的青贮饲料消化率偏高。近年来的研究表明,奶牛全价饲粮中牧草青贮的有机物消化率较其原料牧草干草更高,但是青贮饲料和干草饲粮中的蛋白质利用率间没有差异[36]。

表7-24 肉用阉牛饲喂禾本科牧草、禾本科-豆科混播牧草、玉米青贮共126 d的效果比较

参数	青贮饲料来源		
	禾本科	禾本科-豆科混播	加尿素玉米青贮
原料(%DM)	25.8	18.4	24.1
青贮饲料(%DM)	27.4	24.4	27.5
粗蛋白(%DM)	10.9	15.5	13.1
渗流、损坏、呼吸等DM损失(%)	18.4	22.6	5.1
DM消化率(%)	52.2	56.2	69.2
青贮原样采食量(kg/d)	20.3	26.2	23.6
青贮DM采食量(kg/d)	5.6	6.4	6.5
日增重(kg/d)	0.56	0.89	1.05
青贮DM(kg/kg)增重	10.0	7.2	6.2

资料来源:Calder等[35]。

表 7-25　鲜黑麦草与其人工干燥、凋萎和未凋萎后制得青贮饲料的化学组成和消化率比较

测定参数	新鲜牧草	干燥牧草	凋萎青贮饲料	未凋萎青贮饲料
干物质组成				
有机物质(%)	90.8	92.0	92.2	91.7
水溶性碳水化合物总量(%)	9.2	8.4	微量	微量
纤维素(%)	24.2	24.3	25.0	26.8
半纤维素(%)	14.0	13.3	12.9	13.1
粗蛋白质(%)	17.8	18.7	19.3	19.3
总能(kcal/kg)	4.59	4.55	4.46	4.89
消化率(%)				
能量	67.4	68.1	67.5	72.0
纤维素	75.2	75.5	76.5	80.6
半纤维素	59.4	57.7	59.9	63.2
粗蛋白质	75.2	71.0	76.5	76.4

资料来源：Beever 等[37]。

试验中，新鲜牧草经过快速冷冻保存，以便能与其他形式的饲料同时饲喂。

在改进禾本科植物青贮饲料的青贮方法上，人们已经进行了大量研究工作，尤其是欧洲，他们的玉米和高粱青贮不如北美洲应用范围普遍。其中一个研究进展是在青贮中添加甲醛、甲酸或者类似化合物。表 7-26 中所示的是添加甲酸对禾本科青贮饲料成分的影响。从该表可以看出，青贮导致蛋白态氮含量下降，非蛋白态氮含量显著增加，家畜干物质采食量减少。通过添加甲酸可以改善这一状况。甲酸也能保存一部分水溶性碳水化合物，这可能是由于它对发酵青贮饲料的微生物具有选择性抑制作用(但这种选择性对蛋白质没有影响)。在添加不过量的前提下，添加甲酸是提高禾本科和禾本科-豆科混播青贮饲料的有效方法。

表 7-26　新鲜牧草、凋萎牧草和甲酸处理凋萎牧草青贮的化学成分及消化率比较

参数	新鲜牧草	青贮饲料		
		鲜牧草	凋萎牧草	甲酸处理凋萎牧草
组成数据(DM)				
粗蛋白质(%)	14.2	14.4	14.2	15.1
总 N(g/kg DM)	22.7	23.0	22.8	24.2
蛋白态 N(g/kg DM)	14.7	5.4	6.6	7.6
水溶性 N(g/kg DM)	8.0	17.6	16.2	16.6
挥发 N(g/kg DM)	0.9	1.8	1.8	1.6
水溶性碳水化合物(%)	14.0	1.0	4.7	15.1
消化率(%)				
有机物	79.7	80.9	76.8	78.8
粗蛋白	75.2	78.2	72.3	78.4
消耗量(g/kg BW)	11.2	8.5	9.7	12.3

资料来源：Donaldson 和 Edwards[38]。

在青贮原料中接种乳酸菌已经成为一种普遍的生产规范。接种微生物后，能使青贮原料迅速地开始发酵，青贮原料 pH 值快速下降，这样可以减少发酵所需的可溶性碳水化合物的数量。

低水分青贮饲料(水分低于 50%)也称半干青贮(haylage)，是一种适口性很好的饲料，这可能与它的乙酸、氨氮和其他非蛋白氮化合物含量相对较低有关(表 7-26 和表 7-27)。在美国，半干青贮饲料被大量用于饲喂奶牛。尽管其他类型的青贮塔，如塑料青贮袋，也可以成功地制作这类青贮饲料，但相比之下，目前在很多地区，应用厌氧青贮塔可以制作出效果更好的饲料(图 7-14)。

表7-27表明，与低水分青贮饲料相比，家畜更愿意采食干草或高水分青贮饲料，而且低水分青贮饲料的干物质和氮的消化率比干草要低。然而，在低水分青贮饲料中，渗流和植物酶作用带来的损失量较低。

表7-27 第3茬收割的苜蓿作为干草、凋萎牧草、青刈牧草及低水分或高水分青贮饲料的化学组成和营养价值比较

参数	制作干草	凋萎牧草	青刈	低水分青贮	高水分青贮
干物质(%)	92.6	58.1	28.8	59.0	28.1
其他(DM基础)					
粗蛋白(%)	20.6	18.1	19.8	20.4	21.6
纤维素(%)	34.0	33.3	30.3	37.4	37.9
可溶性碳水化合物(%)	7.8	5.2	3.8	2.5	3.7
总氮(%)	3.3	2.9	3.2	3.3	3.4
总氮中可溶性N(%)	31.8	37.2	32.6	51.1	67.0
总氮中NPN(%)	26.0	28.4	22.6	44.6	62.0
挥发性脂肪酸(%)					
乙酸				0.4	4.2
丙酸				0.05	0.14
丁酸				0.002	0.11
pH值				4.7	4.7
干物质采食量(g/(d·kg BW))	25.3			21.8	25.8
消化率(%)					
干物质	64.5			59.0	59.5
氮	77.5			63.0	72.8
纤维素	58.8			60.4	64.3

资料来源：Sutton和Vetter[39]。

凋萎牧草用于制作低水分青贮饲料，青刈饲料用于制作高水分青贮饲料。

当制作不当时，低水分青贮饲料更容易发热而导致青贮饲料褐变，蛋白质消化率降低。如果发热过度，将可能造成火灾。

试验结果表明，给奶牛饲喂半干青贮饲料时，其产奶量通常比饲喂高水分青贮饲料的略高，饲喂半干青贮饲料则通常与饲喂干草相当。研究表明，最大限度地排出(真空压缩)空气后，能使半干青贮饲料的pH值和丁酸含量最低，而乳酸含量达到最高。然而，当这种青贮饲料单独作为泌乳奶牛饲粮时，奶牛的采食量和乳脂率比饲喂排出较少空气的青贮饲料低[33]。有关青贮饲料的资料还不十分完善，例如很多资料中没有给出青贮后所回收的营养物质的量，因此无法对青贮所使用的方法进行评价。即使一种青贮饲料的消化率或粗蛋白含量可能比另一种青贮饲料的高，但是，如果它在收割或青贮期间的损失更大，那么它也不是首选的方法。

11.2 玉米青贮

截至目前，在美国一些玉米生长良好且在玉米生长季节水分供应充足的地区，玉米青贮是最受欢迎的青贮饲料。玉米青贮在世界其他地区也受到越来越多的欢迎，因为除糖用甘蔗和木薯外，玉米是单位土地面积上可消化养分产量最高的作物。而且，玉米可以在一年中任意时间都可以进行机械收获和加工。

制作良好的玉米青贮适口性非常好，它的消化能含量在中高水平之间，但它的可消化粗蛋白含量通常较低或是中等水平，尤其是相对于玉米所含的能量水平而言。玉米青贮含有8%～9%粗蛋白、65%～75%TDN、0.33%钙和0.2%磷(干物质基础)。玉米青贮中谷物平均含量为47%，由带穗整株玉米制作的青贮饲料中谷物含量可高达50%，而由成熟玉米制作的青贮饲料谷物含量更高。通常，高产玉米品种的可消化养分产量最高。然而，如果饲喂青贮玉米时不另外添加能量和蛋白质，那么牛仍然无法实现其最大增长速度和最高产奶量。

青贮不一定总能改善草本植物的适口性。表 7-28 中显示了将新鲜或青贮玉米进行酸化时发生的情况。表中的结果表明，冷冻玉米加酸后导致家畜饲料采食量下降，同种玉米青贮加酸后家畜的采食量也降低(表 7-28)，这表明，加酸本身对适口性有影响。同样，在这一试验中，青贮导致家畜的增重速度下降。在另一研究中，将干物质含量较低和干物质含量较高的两种玉米分别进行冷冻或青贮(表 7-29)。结果表明，青贮导致家畜对干物质含量较低玉米的采食量降低，但对干物质含量较高的玉米则没有影响。在这一例子中，对干物质含量较高的玉米进行青贮没有降低消化率。

表 7-28 青贮和加酸对青年母牛采食冷冻玉米或青贮玉米生产性能的影响

参数	冷冻玉米		青贮玉米	
	+蔗糖	+酸	+蔗糖	+酸
日干物质采食量(%体重)	2.61	2.31	2.46	2.23
日增重	878	775	576	556

资料来源：Willson 等[40]。

添加蔗糖是为了使能量与加酸组相同。乳酸和乙酸的添加量为青贮干物质的 2%和 6%。所有饲粮中尿素和矿物质-维生素混合物的添加量分别为粗饲料干物质的 2%和 5%。

表 7-29 青贮对玉米化学组成和采食量的影响

参数	冷冻玉米		青贮玉米	
	低干物质	高干物质	低干物质	高干物质
干物质(%)	26.3	38.9	27.4	38.1
pH 值	4.6	5.6	3.7	4.0
乳酸(%干物质)	0.9	0.7	8.7	6.4
总 N(%干物质)	1.3	1.4	1.3	1.4
DM 采食量($g/kg\ BW^{0.75}$)	88.2	72.1	84.2	72.0
DM 消化率(%)	a	72.9	75.0	72.5
CP 消化率(%)	a	68.4	69.8	67.8

资料来源：Phillip 和 Buchannan-Smith[41]。

[a]物料不足以测定消化率。

人们已经做了大量试验，研究用于青贮玉米收割的最佳成熟期。表 7-30 给出的是玉米在乳熟期、蜡熟期或 1，2 或 5 个霜冻期后收割用于青贮的结果。青贮饲料在泌乳奶牛饲粮中的添加水平为饲粮干物质采食量的 70%。总结这些试验数据可得出结论：在第 2 个霜冻期后收割玉米最合适；此时玉米的干物质含量高，可以使渗流或渗出物损失降到最低；而且此时的干物质采食量也达到最大，动物的产奶量与饲喂其他青贮饲粮时相同。虽然表中所列项目的消化率没有达到最高，但是这属于正常现象。其他研究通常认为，青贮玉米收割的最佳时间是在籽粒中淀粉沉积将近完成的时候。这个时期可以通过籽粒乳线的位置准确确定。乳线位于玉米籽粒的固相和液相之间(图 7-16)，而且乳线只有到凹陷期才会出现。一些杂交玉米的乳线不像其他品种那样明显。在这种情况下，则必须将籽粒切开才能确定它的位置。也可用牙齿从籽粒的底部咬开籽粒来确定乳线的位置。这个阶段(30%～38%干物质)乳线的特征是，在籽粒与玉米穗轴相连的地方出现一小的黑层。不同干物质含量玉米青贮的营养价值比较如表 7-31 所示。表 7-32 中显示了在不同籽实产量情况下每英亩等量干物质和湿重产量的比较结果。

表 7-30 玉米籽粒成熟期对青贮营养物质组成和泌乳奶牛生产性能的影响

项目	霜冻前		收割时霜冻次数		
成熟期	乳熟期	蜡熟期	第1次	第2次	第3次
收割日期	8月30日	9月7日	9月18日	9月26日	10月17日
干物质(%)					
青贮时	20.8	23.3	25.1	35.5	45.9
饲喂时	23.2	25.7	28.5	34.1	45.0
中性洗涤纤维(%DM)	59.0	58.8	59.4	61.6	65.9
酸性洗涤纤维(%DM)	31.5	28.5	26.0	26.2	28.1
酸性洗涤木质素(%DM)	2.92	2.65	2.68	2.57	3.48
DM采食量(kg/d)	14.5	14.3	15.4	16.5	14.9
4%校正乳(kg/d)	19.6	18.7	18.7	19.7	17.6
表观消化率(%)					
干物质	64.7	64.7	64.3	63.7	61.2
总能	64.9	64.9	63.7	62.6	60.6
粗蛋白质	52.7	49.1	53.3	52.5	48.4
消化能(Mcal/kg)	2.76	2.81	2.72	2.66	2.59
泌乳净能(Mcal/kg)	1.55	1.59	1.52	1.46	1.41

资料来源:St. Pierre 等[42]。

青贮饲料饲喂量为饲粮干物质采食量的7%。

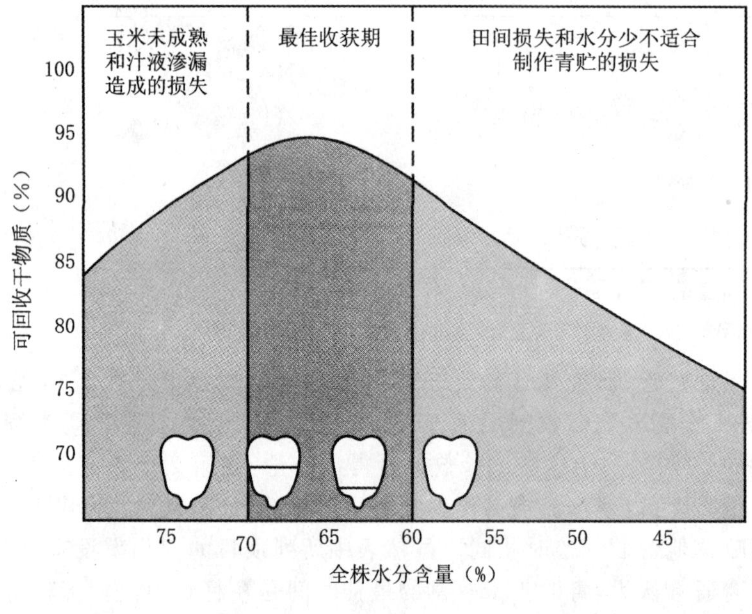

图 7-16 籽实的乳线位置(成熟度)显示了预期的青贮产量

表 7-31 不同干物质含量玉米青贮的价值及其每蒲式耳(bu)重量玉米的不同价格

二级玉米的价格($/bu)	青贮饲料价格($/t)			
	30%DM	35%DM	40%DM	45%DM
1.00	11.54	13.46	15.38	17.30
1.50	14.50	16.92	19.33	21.25
2.00	17.46	20.37	23.28	26.19

续表 7-31

二级玉米的价格($/bu)	青贮饲料价格($/t)			
	30%DM	35%DM	40%DM	45%DM
2.50	20.42	23.82	27.23	30.63
3.00	23.39	27.28	31.18	35.08
3.50	26.35	30.74	35.13	39.52
4.00	29.31	34.19	39.08	43.96

资料来源:Zimmerman[44]。

以青贮饲料含 47%谷物为基础进行计算,谷物的价格如表所示,谷物以外部分的干物质按 $30/t 计算,风干基础。

表 7-32 在不同干物质百分比条件下玉米全株青贮产量与籽粒产量的比较

玉米籽粒产量(bu/ac)	玉米籽粒 DM 产量(lb/ac)	玉米青贮(DM lb/ac)	不同含水量玉米青贮产量(t/ac)			
			30%DM	35%DM	40%DM	45%DM
70	3 332	7 089	11.8	10.1	8.9	7.9
80	3 808	8 102	13.5	11.6	10.1	9.0
90	4 284	9 115	15.2	13.0	11.4	10.1
100	4 760	10 128	16.9	14.5	12.7	11.3
110	5 236	11 140	18.9	15.9	13.9	12.4
120	5 712	12 153	20.3	17.4	15.2	13.5
130	6 188	13 166	21.9	18.8	16.5	14.6
140	6 664	14 179	23.6	20.3	17.7	15.8
150	7 140	15 191	25.3	21.7	19.0	16.9

资料来源:Zimmerman[44]。

随着玉米的成熟,乳线向籽粒下部移动,玉米的成分组成和能值也随之发生改变。表 7-33 显示的是 3 个不同成熟期玉米的组成及其能值变化。

表 7-33 在三个不同成熟期收割的全株玉米青贮的植物组成和能量产量

成熟期	干物质基础				
	谷物(%)	玉米秸(%)	糖(%)	淀粉(%)	TDN(t/ac)
1/3 乳线期	32.4	59.1	9.8	22.2	7.2
2/3 乳线期	41.8	50.2	7.1	28.4	7.8
黑线期	46.1	45.8	6.6	31.0	7.7

资料来源:Holland 和 Kezar[9]。

切碎长度对青贮玉米的质量也有影响。将玉米切得过细,能减少粪中排出的整粒玉米数量。但是,切碎粒度过细也容易导致饲喂高水平玉米青贮饲粮的泌乳奶牛乳脂率下降。给奶牛饲喂粒度过细的玉米青贮时,还容易发生皱胃移位,但饲喂细粒度的玉米青贮对肉牛增重速度的影响似乎很小。

11.3 高粱青贮

高粱有许多种类型,从矮秆的买罗高粱到含谷物较少的高秆饲用高粱。高粱对缺水的耐受性极强,可在无法种植玉米的地区种植。在一些灌溉用水日趋昂贵的干旱地区,高粱的种植面积可能会越来越大。

在相同成熟期收割时,高粱的籽实含量比玉米少,通常收割的高粱植株进入青贮塔时只含有不到 40%的籽粒。正是由于这个原因,高粱青贮的产量和能量含量通常比玉米青贮低。表 7-34 显示的是成熟期对饲用高粱营养价值影响的研究结果。从表中可以看出,随着高粱植株的成熟和干物质含量的增加，粗蛋白含量不断减少。而且，随着成熟期的推移，青贮饲料的消化率也逐步降低。在乳熟后期到蜡熟前期，每公顷高梁的消化能产量达到最大。

表 7-34 成熟期对饲用高粱青贮饲喂价值的影响

	成熟期					
	初花期	盛花期	乳熟期	乳熟末期到蜡熟前期	蜡熟期	蜡熟后期
粗饲料成分						
干物质(%)	23.2	24.6	25.3	28.6	29.6	30.8
粗蛋白(%)	8.4	8.0	7.3	7.0	5.8	5.9
酸性洗涤纤维(%)	35.7	37.5	36.1	33.3	34.0	34.1
青贮饲料成分						
干物质(%)	19.8	23.2	23.7	27.4	27.6	32.3
粗蛋白(%)	9.2	8.3	7.7	7.2	7.1	7.4
酸性洗涤纤维(%)	35.3	36.9	38.5	34.4	37.4	34.4
青贮饲料消化率(%)						
干物质	65.2	57.8	56.9	57.7	50.3	52.1
总可消化养分(TDN)	64.9	57.9	57.1	57.0	50.3	53.5
消化能(Mcal/hm^2)	20 867	26 436	26 720	29 225	25 348	24 152

资料来源：Black 等[45]。

11.4 其他青贮饲料

很多饲料都可以用来制作青贮。比如，用于食品加工的作物，如甜玉米、嫩菜豆和嫩豌豆，它们在罐头工厂被加工之后的废弃物也可用于制作青贮饲料。各种根茎或蔬菜作物残渣，如豌豆藤、甜菜叶、剔出的马铃薯，已经成功地用于加工青贮饲料。这类残渣由于供应量变化大，或者只在短期内有供应，因此，通常很难在新鲜时利用。制作青贮在这一点上则具有优势，物料在青贮后变为质量更加均一的饲料，而且供应数量也更为稳定。

青贮饲料通常由作为覆盖作物的小粒谷类作物制作，并且这类作物需在成熟之前收获。表 7-35 显示的是几种小粒谷类青贮与玉米青贮的比较。小粒谷类青贮的粗蛋白含量比玉米青贮高，尤其是燕麦青贮。在该试验中，小粒谷类青贮的干物质含量显著高于玉米青贮，因而提高了家畜的干物质采食量和日增重，但增重的饲料转化效率较低。由表 7-35 可以看出，采食小粒谷物青贮的家畜日增重较低，尤其是采食燕麦青贮。尽管家畜对玉米、大麦和小麦青贮的采食量基本相同，但是谷物青贮的饲料转化效率较低。现已有试验对燕麦、豌豆、燕麦-豌豆或是大麦-豌豆青贮进行了对比。这些冷季作物的种植与收获可以先于暖季作物，如珍珠粟、高粱或苏丹草。

表 7-35 饲喂小粒谷物青贮和玉米青贮对生长牛影响的比较

参数	青贮饲料[a]				青贮饲料[b]			
	玉米	大麦	小麦	黑小麦	玉米	大麦	小麦	燕麦
青贮饲料组成								
干物质(%)	30.3	42.7	46.4	58.2	37.2	35.7	39.2	30.1
粗蛋白质(%干物质)	8.5	11.0	11.0	10.5	8.3	9.0	11.2	12.6
酸性洗涤纤维(%干物质)					28.9	32.3	36.5	42.3

续表 7-35

参数	青贮饲料[a]				青贮饲料[b]			
	玉米	大麦	小麦	黑小麦	玉米	大麦	小麦	燕麦
动物生产性能								
日增重(kg)	0.82	0.98	0.92	0.92	1.15	1.06	0.94	0.50
日干物质采食量(kg)	5.58	6.42	7.24	8.30	8.68	8.87	8.52	6.64
饲料：增重比	7.15	6.68	8.14	9.11	7.59	8.41	9.10	13.47

[a]资料来源：Himman[47]。进行比较的饲粮组成为 10%苜蓿干草、15%大麦、5%蛋白质-矿物质补充饲料和 70%青贮饲料（干物质基础）。

[b]资料来源：Oltjen 和 Bolsen[48]。牛的饲粮组成为 84%青贮饲料、12%买罗高粱-大豆粕混合物和 4%蛋白质-矿物质补充料。

表 7-36 显示的是分别经过和未经过甲酸处理的玉米青贮和小麦青贮的比较。该研究中，粗饲料和青贮饲料间的蛋白质含量差异很小。玉米青贮组的干物质消化率和干物质采食量都高于小麦青贮，采食玉米青贮的泌乳奶牛产奶量也较高。甲酸处理抑制了两种青贮饲料中乳酸的产生，但提高了蛋白质的消化率，并且有增加采食量的趋势，但对产奶量的影响很小。

表 7-36　甲酸处理对玉米青贮和小麦青贮的影响

参数	玉米		小麦	
	未处理	处理[a]	未处理	处理[a]
青贮饲料				
干物质(%)	32.3	33.1	39.7	41.3
粗蛋白(%干物质)	9.0	9.4	9.3	8.9
青贮饲料成分				
干物质(%)	33.6	33.2	42.8	40.8
粗蛋白(%干物质)	8.4	8.7	8.9	9.0
pH 值	3.5	4.1	4.1	4.6
乳酸(%干物质)	9.1	1.7	4.3	1.3
动物生产性能				
DM 消化率(%)	69.5	73.1	61.4	69.9
CP 消化率(%)	57.6	64.4	57.7	65.7
DM 采食量(%BW)	2.38	2.50	2.11	2.17
校正乳(kg/d)	16.8	16.6	15.0	15.5

资料来源：Baxter 等[49]。

[a]青贮饲料用占其实际重量 0.5%的甲酸处理。

目前，在气温寒冷且相对干燥的地区，向日葵被更广泛地用作青贮作物。种植向日葵的主要目的是收获籽粒，但也能制成合格的向日葵青贮饲料。表 7-37 显示的是向日葵青贮作为奶牛饲料与禾草科-豆科青贮的对比。向日葵青贮的粗蛋白含量与禾本科-豆科青贮相同，并且饲喂两种青贮的奶牛产奶量也一样，但饲喂向日葵青贮的乳脂率较低。向日葵青贮可以作为饲喂高产家畜一种可行的青贮选择类型。

表 7-37 泌乳奶牛采食禾本科-豆科青贮和向日葵青贮的比较

参数	青贮饲料	
	禾本科-豆科	向日葵
青贮饲料成分(DM 基础)		
干物质(%)	25.7	25.3
粗蛋白(%)	12.5	12.9
酸性洗涤纤维(%)	49.7	35.8
钙(%)	1.2	1.6
磷(%)	0.3	0.3
奶牛生产性能		
校正乳(kg/d)	17.5	17.5
乳脂率(%)	3.6	3.2

资料来源：Thomas 等[50]。

在热带地区，每公顷糖用甘蔗的 TDN 产量高达 20 t，因而，糖用甘蔗被誉为是一种极有潜力的家畜饲料。整株糖用甘蔗或是去皮的甘蔗瓤都被建议作为反刍动物的饲料[51]。糖用甘蔗的蔗糖含量非常高，因而具有良好的青贮特性。然而，一项研究表明，糖用甘蔗青贮的消化率很低，部分原因是大量的糖被酵母发酵形成了醇[52]。

用热带牧草制作青贮饲料的研究很少[53]。研究[54]表明，用各种热带牧草都可以制备出质量良好的青贮饲料。在某些具备条件的地方，添加淀粉(如木薯粉)或蛋白质-淀粉(如椰子粉)，有可能提高青贮饲料品质。通常，热带牧草的乳酸含量低，乙酸在饲料养分保存中的作用可能更为重要。通过添加淀粉，可以使乳酸含量增加到接近温带牧草青贮的水平。

12 青贮饲料添加剂

各种青贮饲料添加剂在青贮不同阶段都可以使用，它们可以改善青贮过程，或者提高青贮饲料的终养分含量。添加剂一般有营养性添加剂、保存剂、发酵助剂和微生物制剂。

青贮时，在青贮物料中加入 NPN 和 Ca 源等添加剂，可以提高青贮饲料的养分含量。在缺钙作物(如玉米)中，添加碳酸钙或其他 Ca 源(0.5%～1%)可以提高钙的水平。碳酸钙也能起到缓冲剂的作用，增加青贮过程中酸的产量，尤其是乳酸，从而增加饲料采食量，改善家畜生产性能。

在低蛋白高能量的原料中添加尿素或其他 NPN 源(如无水氨)，可以提高青贮饲料的粗蛋白含量。添加的 NPN 一部分在青贮过程中被转变为微生物蛋白质，但其中大部分以氨的形式存在，少部分则以 NPN 化合物(如酰胺)形式存在。青贮饲料的酸性 pH 值能防止这些 NPN 的损失。青贮饲料中也可以添加其他氮源。例如，在许多试验中已经使用了各种粪便(肉仔鸡垫草、笼养产蛋鸡粪便等)。粪便与青贮物料混合青贮通常会使家畜的饲料采食量下降，但在某些发展中国家，这种做法已被证明是一种增加青贮饲料氮含量的可行方法。对于禾草科-豆科青贮，长期以来一直推荐在其中添加糖蜜或谷物，以提供可发酵碳水化合物来源，尤其是在用于制作青贮的草本植物未经凋萎的情况下。

一些化学制剂可以用于抑制青贮饲料的发酵，尤其是对于水分含量较高的直接收割的青贮原料。这一保存青贮饲料的方法始于欧洲。利用有机酸(如乙酸)的效果非常好，但由于其具有腐蚀性，因此很难操作，且成本较高。在随后的研究中，尝试了甲酸、甲醛、丙酸或这些酸混合物的使用。已经证明，这些化合物可有效抑制草本植物发酵过程中蛋白质和可溶性碳水化合物的降解；然而，使用它们的效果并不比将青贮物料先进行凋萎处理的效果更好[33,55]。酸处理能抑制霉菌生长，并且能减少发酵产热。丙酸已被证明能够有效抑制过于干燥的半干青贮料中霉菌的生长[55]。

亚硫酸氢钠是另一种常见的青贮添加剂。它能有效抑制很多细菌(常用于白酒发酵中以杀死野生酵母和其他微生物)的生长,但它对产乳酸菌的影响似乎较小。研究其在糖用甘蔗青贮制作中的作用效果将具有实际意义。

细菌培养物(通常含有产乳酸菌)作为青贮饲料添加剂已被广泛应用。研究证据表明,由于产乳酸菌群在添加细菌培养物后能够更快建立起来,所以,青贮过程将得到改善,并且最终青贮饲料的质量也会变得更加稳定。细菌培养物对于利用可溶性碳水化合物不足、发酵能力有限的作物(如苜蓿)制作青贮最为有效。

那些能产生诸如纤维素酶、淀粉酶、葡糖淀粉酶或蛋白酶的微生物也可以作为青贮饲料添加剂。将微生物加入青贮饲料后,产生的酶能将复杂的碳水化合物降解成易被产乳酸菌发酵的单糖。当作物中植物糖的量有限而产乳酸菌充足时,酶的贡献率最大。

13　作物副产物

世界许多地区都有大量作物副产物产生,它们通常都是低质粗饲料。这些副产物包括来自于水稻、小麦、大麦及其他各种谷物的秸秆和谷壳。其他副产物还有牧草茎秆、玉米或高粱秸秆、玉米穗轴、棉籽饼壳、轧棉厂废物、各种谷壳类以及其他少量的农业废物。此外,还有大量未收获的诸如禾草类、阔叶类和嫩枝叶类冬季饲料,尤其是在干旱地区。在热带和亚热带地区,还有糖用甘蔗渣、菠萝皮和大量的粗质干草。

表 7-38 总结了许多低质粗饲料的营养成分。很多低质粗饲料的共同特性是粗蛋白含量低。这些原料的纤维素和其他结构性碳水化合物(粗纤维、ADF、NDF)含量高,并且通常高度木质化。可能由于太阳暴晒和雨水淋洗的原因,它们的营养物质含量通常很低。

低质粗饲料的钙含量往往比优质粗饲料低。尤其是豆科植物,它们的磷含量通常很低。其他未列出的矿物质含量一般认为很低。有关矿物质消化率的报道很少,但是它们的消化率一般较低。

植物组织中胡萝卜素(维生素 A 原)含量与植物的绿色高度相关。低质粗饲料(如秸秆)中胡萝卜素含量非常低,维生素 D、维生素 E 以及 B 族维生素的含量也很低。

13.1　低质粗饲料的饲喂

表 7-38 中所示的低质粗饲料通常只能用于饲喂反刍动物,也可少量喂马,以保证其接近动物的维持水平。为了有效地利用粗饲料,通常需要添加一些补充饲料。低质粗饲料的主要缺点是纤维素和木质素含量高,所以消化率较低。同时,这些饲料体积很大(单位容积的重量轻),限制了家畜的采食量,最终结果是家畜对这些饲料的采食量不足以维持其体重。一个限制反刍动物消化功能的因素是,饲料原料必须经充分的咀嚼或消化,以产生足以通过网瓣胃间孔的食糜。为了减小实际体积,这些饲料原料通常都要经过切碎或制粒处理,从而增加外流速度。粗饲料品质对消化率、采食量和瘤胃周转的影响如表 7-39 所示。请注意,随着粗饲料消化率的下降,家畜的采食量也下降,并且瘤胃周转速度(抑制采食量)也下降。

表 7-38　优质和低质粗饲料的组成成分差异

	组成成分								
	CP	CF	ADF	NDF	TDN	NE_m	NE_g	Ca	P
优质									
鸭茅,营养生长早期	18	25	31	55	72	1.64	1.03	0.4	0.4
苜蓿干草,初花期	19	25	35	40	60	1.31	0.65	1.4	0.2
苏丹草干草,盛花期	9	30	40	65	63	1.39	0.75	0.5	0.3

续表 7-38

	组成成分								
	CP	CF	ADF	NDF	TDN	NE_m	NE_g	Ca	P
低质									
禾本科干草,风化	4	38	43	68	46	1.11	0.35	0.4	0.1
干草茎秸	5	41	48	70	44	0.95	0.34	0.5	0.2
燕麦秸	5	40	47	70	46	1.11	0.35	0.2	0.1
小麦秸	4	42	56	85	40	0.86	0.0	0.2	0.08
大麦秸	4	42	57	82	46	0.99	0.11	0.3	0.05
棉籽壳	4	48	67	86	50	1.03	0.22	0.2	0.07
轧棉厂废物	7	34	—	—	44	0.95	0.11	0.3	0.1
玉米穗轴	3	36	39	88	48	1.04	0.20	0.1	0.04
玉米秸	6	35	58	87	50	1.02	0.22	0.5	0.1
甘蔗渣	2	49	59	86	48	1.03	0.19	0.5	0.3
花生壳	7	63	65	74	22	0.77	0.0	0.2	0.07

缩写:CP =粗蛋白质;CF =粗纤维;ADF =酸性洗涤纤维;NDF =中性洗涤纤维;TDN =总可消化养分;NE_m=维持净能;NE_g=增重净能;Ca =钙;P =磷。

表 7-39 粗饲料品质对采食量、消化率和瘤胃周转速度的影响

参数	粗饲料		
	鸭茅干草	大麦秸	玉米秸
粗蛋白(%)	10.1	4.2	4.1
酸性洗涤纤维(%)	40.7	57.0	58.6
消化率(%)			
干物质	60.1	53.8	48.9
粗蛋白	54.1	9.5	12.5
日采食量(kg)			
粗饲料干物质	5.81	3.95	2.27
日瘤胃周转速度	1.30	0.95	0.71

资料来源:Wheeler 等[56]。

牛每天饲喂 1 kg 蛋白质补充饲料。

粗蛋白含量及其利用率也是造成低质粗饲料的瘤胃微生物消化率低的因素。消化细胞壁成分(纤维素和半纤维素)的微生物生长需要充足的可利用氮源。为了维持足够的瘤胃微生物活性,饲料中至少应当有8%的粗蛋白水平,这个数值随蛋白质的溶解性和消化率的不同而变化。反刍家畜能通过唾液和瘤胃壁之间的氮素循环来保存氮源,因此,在瘤胃中能维持足量的氮源供应。这一循环机制在反刍动氮源摄入不足时很有意义。

在低质粗饲料中补充氮源是一种普遍的做法。补充氮源能促进低质粗饲料的消化,从而产生更多的消化能供反刍动物利用。尽管补充料中经常使用非蛋白氮饲料,但饲喂天然氮源(含氨基酸)可以更有助于提高家畜的生产性能(详细内容请参阅第6章)。

由于低质粗饲料体积大、消化率低、蛋白质含量低,通常只限于在越冬或维持饲养和在较年老的家畜(如周岁或以上的牛)中使用。即使对于越冬肉母牛,也需要添加额外的饲料,因为它们采食秸秆或类似饲料时无法维持体重。但是,这些饲料原料用于满足家畜维持状态时营养价值较高,因为它们在瘤胃发酵和机体代谢过程中能够产生更多的热量。在寒冷或严寒环境中,家畜可以利用这些热量维持体温。

即使通过补加蛋白质、维生素和矿物质,青年家畜(如断奶犊牛)也无法采食足够数量的低质粗饲料来满足推荐的增重水平(1～1.25 lb/d)。低质粗饲料可以在青年家畜中限量使用,根据粗饲料的类型和加工方法的不同,用量为 25%～50%。当饲喂低质粗饲料时,通常要求其他饲粮成分具有较高消化率,以确保家畜摄入足量的营养物质。

低质粗饲料成本低,作为高精料饲粮的稀释剂,它可以被动物有效利用。为了维持消化道的正常功能,几乎所有反刍动物和马的饲粮中都需要含有粗饲料。

13.2　低质粗饲料的化学处理

改善低质粗饲料养分含量的方法有加热、蒸汽处理、碱酸处理或蒸汽与化学处理相结合的方法等。已经对这些方法的效果进行了评述。碱处理对粗饲料养分含量的改善程度最大,尤其是考虑到成本时更是如此。NaOH(氢氧化钠)处理似乎能最大程度地提高粗饲料的利用率,且成本最低。已经研究出一种将浓缩 NaOH 溶液直接喷洒到秸秆或其他低质粗饲料上的方法。澳大利亚人在打捆前在谷物秸秆上喷洒 NaOH。将麦秆或玉米秸秆同 NaOH 一同青贮,也已被证明能够显著提高秸秆营养物质的利用程度。

NaOH 处理的效果如表 7-40 所示。请注意,当给牛饲喂的饲粮中含有 15%～25%经过 NaOH 处理的秸秆时,其日增重得到改善,并且饲料转化效率提高,至少部分原因与秸秆消化率从 43%提高到 62%有关。在 20 世纪 70 年代末期和 80 年代早期,在欧洲和其他一些地区,一些商业加工厂利用化学方法加工秸秆和其他类似的原料。然而,其成本相对较高。在秸秆中只添加 4% NaOH 的费用约为 14 美元/t。再加上切碎和压制草块(cubing)的成本,这一方法在大多数地区仍然没有经济可行性。

表 7-40　饲喂含有经 NaOH 处理的黑麦草秸秆饲粮的阉牛生产性能

项目	日增重(kg)	饲料转化效率	日秸秆消耗量(kg)	秸秆 *DE*[a](%)
糖蜜制块	1.32	8.22	2.09	43.2
喷洒 4%干重的 NaOH	1.43	7.49	2.13	61.9

资料来源:作者未发表研究数据。生长饲粮含 25%秸秆、肥育饲粮含 15%秸秆。

[a]消化能,根据给羊饲喂苜蓿干草时的差异测定。

过氧化氢也可用来处理低质粗饲料,表 7-41 显示了用它处理小麦秸的结果。虽然这一方法(将小麦秸浸泡于化学溶液中,然后将其洗净、烘干)能明显而有效地增加 ADF 和纤维素的消化率,但这一方法的经济可行性很差。

表 7-41　饲喂含有经过氧化氢处理小麦秸饲粮的阉牛生产性能

参数	秸秆水平(%饲粮)			
	低		高	
	处理	未处理	处理	未处理
饲粮成分(%)				
粗蛋白	11.0	11.4	10.6	11.8
酸性洗涤纤维	35.2	25.4	52.3	42.8
纤维素	29.8	18.1	42.4	21.8
消化率(%)				
粗蛋白	82.0	74.0	70.8	73.8
酸性洗涤纤维	80.2	41.2	75.8	44.1
纤维素	90.3	46.0	87.3	47.9

资料来源:Kerley 等[57]。

低水平饲粮中含有 33%秸秆,高水平饲粮中含有 70%秸秆。秸秆在过氧化氢、氢氧化钠和盐酸溶液中浸泡 5 h 后漂洗干燥。

使用无水氨似乎是一种更为可行的提高低质粗饲料营养物质利用率的方法。这一方法要求将低质粗饲料堆成垛,并用塑料覆盖密封,然后通入无水氨。无水氨由液态变为气态,渗透进入处理的原料中。根据环境温度和低质粗饲料水分含量的不同,无水氨的反应时间可能需要几周。当温度和水分含量较高时,氨化反应较快。表7-42总结出了一个用无水氨处理低质羊茅草的研究结果。在处理过程中,羊茅草吸收了大量液氮(1.27%~2.67%),使半纤维素和木质素的含量降低,而消化率显著提高。但是,除非与玉米一同饲喂,处理羊茅草对提高动物氮存留的效果影响不大。氨化增加牛采食量的幅度大于羊。

表7-42 氨化处理对低质粗饲料利用率的影响

	粗饲料处理			
	未处理羊茅草,无其他处理	+SBM	氨化羊茅草,无其他处理	+玉米
总N(%干物质)	1.27		2.67	
氨N(%)	0.02		0.39	
半纤维素(%)	30.7		25.5	
木质素(%)	8.1		6.7	
消化率(%干物质)	40.1	38.8	58.6	56.2
摄入氮[g/(头·d)]	7.92	12.84	20.55	24.36
摄入氮中吸收氮的量(%)	49.4	58.1	45.6	49.2
存留氮(g/(头·d))	0.45	0.39	−1.61	1.12
饲料采食量(g/kg $BW^{0.75}$)				
羊	34.0	36.2	45.6	47.0
牛	39.9	49.1	65.4	68.6

资料来源:Buettner等[58]。

氨化处理似乎更适合于一家一户的小规模使用。无水氨是用于给作物施肥的普通农用物资,在多数地区都有供应。与浓缩NaOH相比,无水氨的使用危险更小。通常,氨化粗饲料所增加的消化率比NaOH低,但是氨化所添加的氮能增加家畜对淀粉(谷物)的利用。由于氨没有完全与粗饲料结合,有一部分氨在秸秆加工或者堆垛没有密封的情况下会散失。

近年来,人们已经进行了大量有关低质粗饲料处理的研究。读者要想获得有关这一问题的更多资料,请参阅参考文献[59,60,61]。

本章小结

在自然条件下,粗饲料为草食动物提供了大部分饲料来源。即使在当今高度发达的农业饲养体系中,粗饲料仍然是这些动物最重要的饲粮成分。但是,为了维持肥育肉牛、泌乳奶牛、马和山羊的高水平生产,粗饲料中必须补充其他营养物质。粗饲料中结构性碳水化合物含量高,它们的消化率低于谷物中的淀粉。粗饲料的特点是体积大,这是维持草食动物健康和胃肠舒适度所必需的,但它也限制了动物的采食量和生产水平。优质粗饲料可以为大多数反刍动物提供足量的能量、蛋白质、矿物质和维生素,但如果动物必须长期采食低质粗饲料,就必须添加额外的营养成分。幼龄动物不能采食和成年动物同样多的低质粗饲料。但是,即使是低质粗饲料,也可以适量地用在肥育牛或马的饲粮中;而且,在越冬牛、羊和马的维持饲养时,可以大量使用低质粗饲料。

参考文献

1. USDA. 2000. *Agricultural statistics*(Nov). Washington, DC: USA.

2. NRC. 1982. *United States-Canadian tables of feed composition*. 3d ed. Washington, DC: National Academy Press.
3. Barnes, R. F. , D. A. Miller, and C. J. Nelson. 1995. *Forages*. 5th ed. Ames, IA: Iowa State Univ. Press.
4. Pathak, N. H. 1986. *Forage in ruminant nutrition*. New Delhi: Vikas (distributed by Advent Books, New York).
5. Butler, G. W. , and R. W. Bailey, eds. 1973 . *Chemistry and biochemistry of herbage*. Vols. 1～3. London: Academic Press.
6. Fahey, G. C. , Jr. ed. 1994. *Forage quality, evaluation, and utilization*. Amer. Soc. Agronomy. Crop Sci. Soc. Amer. and Soil Sci. Soc Amer.
7. Minson, D. J. 1990. *Forage in ruminant nutrition*. San Diego, CA: Academic Press.
8. Rodin, L. E. , N. I. Bazilevich, and N. N. Rozov. 1975. In: *Productivity of world ecosystem*. Washington, DC: National Academy of Science.
9. Holland, C. , and W. Kezar. 1990. *Pioneer forage manual-A nutrition guide*. Des Moines, IA: Pioneer Hi-Bred International, Inc.
10. Marble, V. L. 1974. *Fourth California alfalfa symposium*. Univ. of California at Davis.
11. Morey, D. D. , and J. J. Evans. 1983. *Cereal Chem*. 60:461.
12. Eppendorfer, W. H. 1977. *J. Sci. Food Agr*. 28:607.
13. Powell, K. , R. L. Reid, and J. A. Balasko. 1977. *J. Animal Sci*. 46:1 503.
14. Boland, R. L. , et al. 1976. *Corp. Sci*. 16:677.
15. Aderibigbe, A. O. , and D. C. Church. 1982. *J. Animal Sci*. 54:164.
16. Ely, R. E. , et al. 1953. *J. Dairy Sci*. 36:334.
17. Philips, T. G. , et al. 1954. *Argon. J*. 46:361.
18. Van Riper, G. E. , and D. Smith. 1959. *Wisc. Expt Sta. Res. Rpt*. 4.
19. Hibbs, J. W. , and H. R. Conrad. 1974. *Ohio Rpt*. 59(2).33.
20. Vona, L. C. , et al. 1984. *J. Animal Sci*. 59:1 582.
21. Wheeler, J. L. , and R. C. Mochrie, eds. 1984. *Forage evaluation: Concepts and techniques*. CSIRO, Armidale, NSW, Australia and Amer. Forage and Grassland Council, Lexington, KY.
22. USDA. 1995. *Forage production handbook*. Washington, DC: USDA.
23. Gregory, P. H. , et al. 1963. *J. Gen. Microbiol*. 33:147.
24. Weiss, W. P. , H. R. Conrad, and W. I. Shockey. 1986. *J. Dairy Sci*. 69:1 824.
25. Monhanty, G. P. , et al. 1969. *J. Dairy Sci*. 52:79.
26. Wier, W. C. , L. C. Jones, and J. H. Meyer. 1960. *J. Animal Sci*. 19:5.
27. Van Soest, P. J. , and D. R. Mertens. 1985. *Agri-Practice*. Veterinary Publishing Co.
28. Burritt, E. A. , et al. 1984. *J. Dairy Sci*. 67(6)1 209.
29. Meyers, J. H. , G. P. Lofgreen, and N. R. Ittner. 1956. *J. Animal Sci*. 15:64.
30. Stiles, D. A. , et al. 1971. *J. Dairy Sci*. 54: 65.
31. Shepherd, J. B. , C. H. Gordon, and L. F. Campell. 1953. *USDA Bureau Dairy Ind. Bull*. 149.
32. Fiez, E. 1976. In: *Beef* 12(7):20.
33. Waldo, D. R. , J. E. Keys, and C. H. Gordan. 1973. *J. Dairy Sci*. 56:129.
34. Hawkins, D. R. , H. E. Henderson, and D. B. Puser. 1970. *J. Animal Sci*. 31:617.
35. Calder, F. W. , J. W. G. Nicholson, and J. E. Langille. 1976. *Can. J. Animal Sci*. 56:57.
36. Prange, R. W. , et al. 1984. *J. Dairy Sci*. 67:2 308.
37. Beever, D. E. , 1971. *Brit. J. Nutr*. 26:123.
38. Donaldson, E. , and R. A. Edwards. 1976. *J. Sci. Food Agr*. 27:536.
39. Sutton, A. L. , and R. L. Vetter. 1971. *J. Animal Sci*. 32:1256.
40. Willkinson, J. M. , J. T. Huber, and H. E. Henderson. 1976. *J. Animal Sci*. 42:208.
41. Philip, L. E. , and J. G. Buchannan-Smith. 1982. *Can. J. Animal Sci*. 62:259.
42. St. Pierre, N. R. , er al. 1987. *J. Dairy Sci*. 70:108.

43. Hoglund, C. R. 1964. Mich. State Univ. *Agr. Econ.* Publ. 947.
44. Zimmerman, J. E. 1976. In: *Beef* 12(7):20.
45. Black, J. R., et al. 1980. *J. Animal Sci.* 50:617.
46. Jaster, E. H., C. M. Fisher, and D. A. Miller. 1985. *J. Dairy Sci.* 68:2 914.
47. Hinman, D. D. 1982. *Univ. of Idaho Res. Rpt.* 2.
48. Oltjen. J. W., and K. K. Bolsen. 1980. *J. Animal Sci.* 51:958.
49. Baxter, H. D., M. J. Montgomery, and J. R. Owen. 1980. *J. Dairy Sci.* 63:1 291.
50. Thomas, V. M., et al. 1982. *J. Dairy Sci.* 65:267.
51. Preston, T. R., and M. B. Willis. 1974. *Intensive beef production*. 2nd ed. New York: Pergamon Press.
52. King, L., and R. W. Stanley. 1982. *J. Animal Sci.* 54:689.
53. Wilkinson, J. M. 1983. *World Animal Rev.* 45:37.
54. Panditharatne, S., et al. 1986. *J. Animal Sci.* 63:197.
55. Waldo, D. R. 1977. *J. Dairy Sci.* 60:306.
56. Wheeler, W. E., D. A. Dinius, and J. B. Coombe. 1979. *J. Animal Sci.* 49:1 357.
57. Kerley, M. S., et al. 1987. *J. Dairy Sci.* 70:2 078.
58. Buettner, M. R., et al. 1982. *J. Animal Sci.* 54:173.
59. Males, J. R. 1987. *J. Animal Sci.* 65:1 124.
60. Conner, M. C., and C. R. Richardson. 1987. *J. Animal Sci.* 65:1 131.
61. Klopfenstein, T., et al. 1987. *J. Animal Sci.* 65:1 139.

第 8 章　矿物质和维生素补充饲料
Mineral and Vitamin Supplements

作者:D. C. Church 和 Richard O. Kellems
译者:姜成钢
校对:张元庆和董晓玲

1　矿物质补充饲料

矿物质是无机成分,其含量可以通过测定饲料中的灰分来估计(第 3 章)。动物体中矿物质浓度的差异很大:与骨骼系统有关的矿物质(Ca,P,Mg)在动物体中的浓度最高,而作为酶系统辅助因子的矿物质(Se,Cu,Mn,Zn 等)在动物体中的浓度最低。然而,这些微量矿物质对家畜至关重要,在很多情况下,为满足高产家畜的需要并使日粮中各种矿物质达到平衡,日粮中需添加矿物质补充饲料。家畜日粮(或饮水)中需要所有的必需矿物质,但需要补充的矿物质随家畜的种类、年龄、类型和生产水平以及日粮的不同而变化;同时,日粮中的矿物质又受水、土壤和作物种植地区的矿物质含量和作物施肥情况的影响。

通常,矿物质分为常量矿物质和微量矿物质。常量矿物质在动物体中的数量大于 100 ppm,而微量矿物质则小于 100 ppm。人们通常关注的常量矿物质包括:食盐(NaCl),Ca,P,Mg,有时也包括 K 和 S。家畜经常出现缺乏的微量矿物质有 Cu,Fe,I,Mn,Se 和 Zn,反刍家畜也可能出现缺 Co 现象。个别特例除外,其他必需微量矿物质元素(第 3 章)通常不会缺乏。

充足的矿物质元素含量和各种矿物质之间的平衡都是十分重要的指标。一种矿物质的过量,可能影响一种或多种其他元素的利用。例如,过量的钙可能会影响 P,Mg 和 Zn 的利用,过量的铝可能会影响 P 的利用。虽然人们对元素间其他的一些类似的互作已经有一定的了解,但毫无疑问,还有一些其他矿物元素间的互作还没有被人们所认识。即使矿物质元素间没有互作(图 8-1),它们也可能有相当的毒性,所以,在多数情况下,人们对它们在饲料中的最大添加量十分关注[1]。这也是州立法规和联邦法规通常在配合饲料标签法中规定其最大浓度的一个原因(第 10 章)。

供给家畜的矿物质补充饲料必须能被家畜所利用。不同化合物中矿物质的溶解性和可吸收性不同。例如,氧化铁(Fe_2O_3)几乎不溶,因而几乎不能被家畜所利用。参考文献[2,3]给出了大量有关这一问题的信息。

在有可能或者是实际条件允许的情况下,应该通过选择或配比那些能提供能量或蛋白质的可获取的饲料原料来满足家畜的矿物质需要。除脂肪和尿素这两个特例外,多数能量和蛋白饲料在提供基本的有机营养物质的同时还能为家畜提供矿物质。在配制日粮时,尽管基础饲料原料在很大程度上满足了家畜的矿物质需要,通常还需要适当地添加一种或多种矿物质元素的浓缩原料,特别是对于高产家畜。本章后面部分将对这些矿物质来源进行讨论。表 8-1 中列出的是商品矿物质原料,其中经常使用的以星号标出。

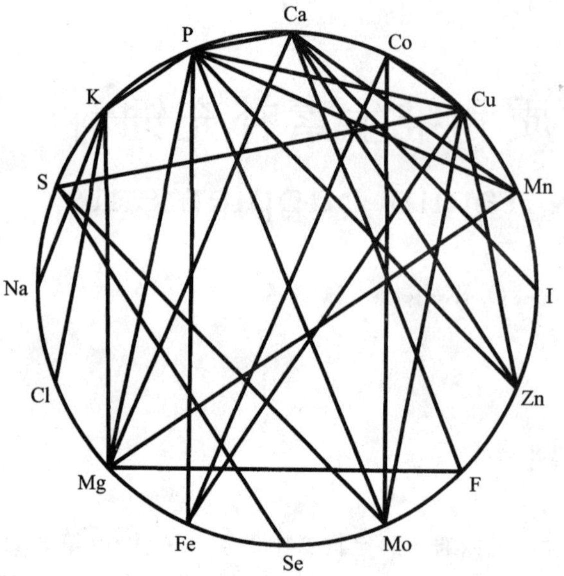

图 8-1 矿物质互作关系

表 8-1 用于饲料补充料或全价料或矿物盐中的矿物质补充料原料

名称,主要元素	名称,主要元素
常量矿物质	微量矿物质[a]
钙	钴
碳酸钙*	醋酸钴
氯化钙	碳酸钴*
葡糖酸钙	氯化钴
氢氧化钙	氧化钴
氧化钙	硫酸钴*
白垩,沉淀	钴-胆碱-柠檬酸复合物
白云灰岩*	
石灰石*	铜
牡蛎或蚌壳*	碳酸铜
	氯化铜
钙-磷	葡糖酸铜
骨炭	氢氧化铜
骨炭,再生	正磷酸铜
骨粉,蒸煮*	氧化铜*
磷酸氢钙*	焦磷酸铜
磷酸一钙	硫酸铜*
磷酸岩	碘
磷酸岩,脱氟*	Iodobenhenate 钙
磷酸岩,软	高碘酸钙*
磷酸三钙	二碘水杨酸
镁	乙二胺二乙基碘*
白云灰岩*	碘化食盐*
碳酸镁	碘酸钾*

续表 8-1

名称，主要元素	名称，主要元素
氢氧化镁	碘化钾*
氧化镁*	碘酸钠
硫酸镁*	碘化钠
	碘化麝香草酚
磷	
磷酸氢二铵*	铁
磷酸一铵*	柠檬酸铁
磷酸，饲料级*	氯化铁
磷酸钠，二碱的	磷酸铁
磷酸钠，单碱的*	焦磷酸铁
磷酸钠，三碱的	氯化亚铁
三聚磷酸钠*	延胡索酸亚铁
磷酸三铵	葡糖酸亚铁
	硫酸亚铁*
钾	碳酸铁*
碳酸氢钾	氧化铁(染色剂)*
氯化钾*	还原铁
硫酸钾	
	锰
钠	醋酸锰
碳酸氢钠*	碳酸锰
氯化钠*	氯化锰
磷酸钠	柠檬酸锰
硫酸钠	葡糖酸锰
	正磷酸锰
氯	氧化锰*
氯化钾	磷酸锰(二碱的)
氯化钠*	硫酸锰*
硫	硒
硫酸铵	硒酸钠*
硫磺(反刍动物)*	亚硒酸钠
常量矿物硫酸盐*	
蛋白质中的有机硫*	锌
	醋酸锌
	碳酸锌
	氯化锌
	氧化锌*
	硫酸锌*

* 商品饲料中最常使用的来源。除了两种硒盐外，这些物质全部被认为是安全的。

[a] 补充料中通常不需要氟、钼、镍等微量元素。

矿物质补充饲料的选择应考虑多方面的因素：单位矿物质元素所需的成本、矿物元素的化学形式(影响矿物元素的生物有效性)、物理形态(尤其是粉碎细度)，以及有无有害杂质等。通常，这些因素对于需要量较大的矿物质更为重要，而对微量元素的影响较小。同时应该注意，除非矿物质原料是经过高度纯化的，否则任何特定矿物质原料的浓度都不会总是恒定的。文中给出的图 8-2 可以使读者对一些

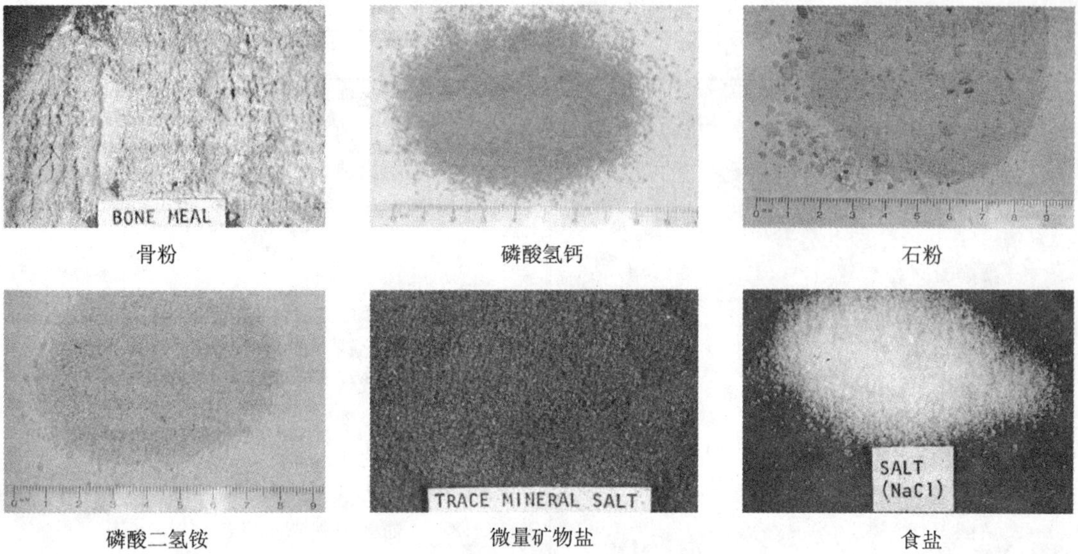

图 8-2　常见矿物质补充饲料样品

矿物质补充饲料的外观有一定的了解。

1.1　食盐(NaCl)

普通食盐，即纯的氯化钠，是家畜日粮中最常见的矿物质补充饲料。食盐具有适口性好、家畜喜食的独特性。因而，向饲料中添加食盐，能使家畜采食足量甚至过量的饲料，以满足动物的需要量。此外，食盐也经常用作其他必需矿物元素或其他物质(如杀虫剂、药物或抗臌气药物)的载体。当家畜摄入一定量的含食盐约40%的混合物时，就可以满足其对其他矿物元素的需要量。

家畜，尤其是泌乳家畜和大量出汗的家畜，通常需要食盐来获得良好的生产性能。食盐的需要量随体液丢失量的增加(例如出汗或者泌乳量增加时)而增加。很多反刍动物和马的商品饲料中常常添加0.5%～1%的食盐，一些浓缩补充饲料中可能含有1%～3%的食盐。家禽和猪饲料中的食盐含量通常为0.25%～0.5%。这个量在多数情况下已经超过了动物的需要量，但比自由采食时摄入的数量少。

食盐经常供家畜自由采食，尤其是对于反刍动物和马，因为它们的需要量可能高于猪或者家禽，并且不同的饲喂方式也决定了家畜适合自由采食。食盐既可以以松散的形式饲喂，也可以以压成舔块饲料的形式饲喂(图8-3)。如果家畜接触舔块饲料受到限制，那么，舔块饲料可能会限制食盐的采食量。但是，通常舔块饲料使用方便，并且不易因雨水和水分的凝结而损失。在一些降雨量高的地方，对松散的食盐需要采取防护措施(图8-4)。

图 8-3　牛正在采食压缩成舔块的食盐

采食过量的食盐对所有家畜可能都不利，尤其是对猪和家禽，因为它们比其他家畜对食盐中毒更加敏感，特别是在水的摄入受到某种限制时。在一些土壤和/或水中含盐量很高的地区，动物可能无需饲喂食盐；即使饲喂，家畜的采食量也不高。

混合于饲料中的食盐应是相当细的晶体、无结块，并能自由流动。碘盐是常见的饲料级食盐，其中添加的碘可以提供极少量（0.007%）的碘。如果使用 KI，则通常要在其中添加稳定剂以保存碘。如果使用的是诸如碘酸钾（KIO_3）或二碘水杨酸这类化合物，那么就无需使用稳定剂。

很多地区提供有微量矿物化的食盐，这些食盐通常是加入了 Co，Cu，Fe，I，Mn 和 Zn 原料的混合物。有时也可能添加硫和镁以及硒，但是硒的添加受到食品及药物管理局（FDA）的严格限制（后面会谈到）。在多数情况下，对动物饲喂微量矿物化的食盐是有充足理由的。只有在当地土壤和粗饲料中某些元素（如铜）含量特别高的极少数情况下，饲喂微量矿物化的食盐才会出现问题。

食盐中除添加微量元素外，还经常加入各种药物。矿化食盐中经常添加乙二胺二乙基碘（EDDI）。EDDI 是一种预防和治疗牛的腐蹄病和牛颚放线菌病的药物，同时也是一种碘（比较差）的来源。抗瘤胃臌气化合物可以与食盐或其他混合物混合。饲喂羊的食盐中常常加入吩噻嗪（phenothiazine）或其他用于控制胃中蠕虫的药物。

图 8-4　能随风转动的食盐-矿物质喂料器

这种喂料器能防止饲料受到天气的影响。

1.2　钙和磷

因为家畜在骨骼生长、泌乳或产蛋时对钙和磷的需要量比对其他很多矿物质的需求量高，而且许多饲料原料中的钙和磷处于临界缺乏状态，因而，许多家畜日粮中通常需要添加钙和磷。由于多数牧草中的磷含量低于钙，所以，草食动物日粮中通常更容易出现磷的缺乏；同样，因为谷物和类似的饲料原料通常是磷的良好来源，但钙的含量很低，因此采食高谷物含量日粮的家畜更容易出现钙的缺乏。

大部分非植物来源的钙可以被各种家畜很好地利用。钙的净消化率可能较低，特别是对于年老家畜，但是，只要颗粒大小和其他的物理因素相似，钙源之间利用的差异很小。然而，磷的情况就不是这样，各种磷源之间的有效性可能差别极大。植物中约有一半的磷与植酸结合，非反刍家畜利用植酸磷的能力很差。尽管反刍动物能很好地利用植酸磷（因为反刍动物瘤胃微生物能产生植酸酶，将植酸钙镁中的磷释放出来使其可以被家畜所利用），但通常认为，非反刍动物只能利用植物中磷的一半。

一些无机磷源间的生物有效性也存在明显差别。家畜能很好地利用磷酸、磷酸一钙、磷酸二钙、磷酸三钙，但是多数家畜对诸如库拉考岛（Curacao Island）岩和胶状（软）磷酸等磷源的利用则较差。一些来自磷酸岩的磷源必须经过脱氟，否则家畜长期采食这种磷源可能会造成慢性氟中毒。表 8-1 中列出了各种钙源和磷源，以下将给出一些常见钙源和磷源的描述。附表 5 中给出了一些常见矿物质补充饲料的分析数据。

磷酸二钙（dicalcium phosphate）是一种较常见的钙和磷的补充饲料。商品磷酸二钙通常由骨骼制得。先用苛性碱溶液处理骨头，再用盐酸溶液处理，然后用石灰沉淀并干燥。其他形式的磷酸二钙是通过将钙的化合物加入到磷酸溶液中得到磷酸二钙沉淀而制得的。由于这些形式的磷酸二钙在消化道中易于溶解，并且氟的含量低，因此是钙和磷的优良来源。它们含有 18%～21%的磷和 25%～28%的钙。尽管对于这些磷源中磷的有效性的测定已经做了相当多的工作，但是有关这方面的信息仍然缺乏。

其他的由骨骼制得的产品有蒸骨粉、骨炭、再生骨炭和骨灰。蒸骨粉是将骨头通过蒸汽蒸煮、粉碎、烘干后制得的。骨炭(骨黑)是将骨头在密闭蒸馏罐中炭化后得到的。再生骨炭是将制蔗糖过程中用于澄清糖溶液后的骨炭反复炭化后得到的产品,骨灰则是将骨头隔绝空气燃烧后所得的骨灰。这些产品中钙和磷的含量有一定的差异,但是它们都是钙和磷的良好来源。在大多数骨产品中,还含有少量的其他必需元素。

其他钙和磷的来源还有磷酸一钙和磷酸三钙,它们是由氧化钙和磷酸混合后制得的盐。磷酸一钙约含20%钙和21%磷,磷酸三钙约含有38%钙和18%磷。脱氟磷酸盐也是一种由磷酸钙制得的低氟产品,其含氟量应少于含磷量的1%。

饲料级磷酸是磷酸的水溶液,其在反刍动物液体补充饲料中广泛使用。它不仅是良好的磷源,而且还具有减小糖蜜黏性的特性。饲料级磷酸中氟、砷和重金属的含量分别不得超过100 ppm,3.2 ppm和1.3 ppm。

磷酸铵是将磷酸通过氨处理后制得的。磷酸一铵至少要含有9%的氮和25%的磷,同时应限制氟、砷和重金属(如铅)的含量。磷酸一铵的适口性比磷酸二铵好,后者至少应含有17%的氮和20%的磷。这些产品在反刍动物饲料中(作为氮源时)的使用量受限制,它们在每天总日粮中所提供的粗蛋白质量分数不得超过2%。瘤胃微生物能同时利用氮和磷。在一些情况下,添加磷而不添加钙或铵可能更为理想。在使用磷酸不方便的情况下,也可以使用磷酸二氢钠、磷酸氢二钠作为磷源。

各类磷酸矿岩也能提供磷。在国内生产的磷酸岩石中,氟含量通常较高,所以必须限制其用量,以防止氟中毒。一些家畜不能很好地利用软磷酸矿岩(也称为胶体磷酸)。

其他广泛使用的钙源通常来源于一些碳酸钙形式,它们是石灰石、贝壳、方解石、白垩粉或白云灰岩中的主要钙盐。有时在含有非蛋白氮的反刍动物日粮中添加硫酸钙(生石膏),以提供反刍动物所需的硫。这些不同的钙源可以被家畜很好地利用,除白云灰岩必须含有至少10%的镁外,其他碳酸盐的钙含量在33%~38%之间。

1.3 其他常量矿物质

家畜日粮中常常需要添加镁源。虽然白云灰岩中镁的含量必须≥10%;然而,它在一些家畜中的利用率不高,因而氧化镁通常是首选的镁源。碳酸镁或者硫酸镁也可以用作动物的镁源。饲喂高精料日粮和在一些其他情况下的反刍动物,需要补充钾。氯化钾、碳酸氢钾或碳酸钾是常用的钾源。反刍动物在一些情况下也需要硫。它可以以硫磺或者阴离子盐,如硫酸盐($MgSO_4$)的形式来提供。

1.4 微量矿物质(微量元素)

家畜日粮中最常添加的微量矿物质有Co,Cu,I,Fe,Mn,Se和Zn;各种微量矿物质来源见表8-1中。就Fe而言,大量氧化铁主要用作诸如微量矿物质化盐这类物质的着色剂,但是其中的铁是微溶于水的,因此是一种较差的铁营养来源。饲料中通常添加的其他铁化合物还有碳酸铁和硫酸亚铁。铜的添加以硫酸盐形式最为常见,但有时也用氧化物、碳酸盐和氢氧化物。试验证据表明,可以给牛投喂装在胶囊中的小铜"针",铜"针"随后能停留在真胃中为牛长期提供铜。家禽日粮中通常需要补充锰。饲料中使用最多的是氧化锰和硫酸锰。只有反刍动物瘤胃微生物合成维生素B_{12}时需要钴。饲料中钴最常见的添加形式是碳酸盐或硫酸盐。在澳大利亚和新西兰的钴缺乏地区,"钴丸"(各种金属化合物经过热处理后形成的小圆柱体)的使用非常广泛。使用投药器投喂"钴丸",成功投喂的"钴丸"能定位于瘤胃腹囊中,并能在腹囊中持续为家畜提供钴达到一年或一年以上。碘是一种活泼的矿物质,它通常是以碘化食盐的形式饲喂家畜,也可以以前面所提到的各种形式饲喂家畜。猪、家禽和反刍动物的日粮通常需要添加锌。最常使用的锌源是氧化锌。

若将微量元素制成预混料,其添加量必须符合多数法规规定的添加量。硒是惟一受美国FDA严格控制的微量元素,这是因为有证据表明,高水平的硒可以致癌;同时低水平的硒有防癌作用。然而,尽管在 20 世纪 50 年代末期就有证据表明硒是必需的营养物质，但是直到 1974 年 FDA 才批准其在某些饲料中使用，而它被批准在其他饲料中的使用要更晚。有关硒的现行规定如下：肉仔鸡、产蛋鸡、种鸡和鸭的全价日粮中添加水平为 0.1 ppm；火鸡日粮中允许添加 0.2 ppm；体重低于 50 lb 的猪日粮中允许添加量是 0.3 ppm；体重超过 50 lb 的猪日粮允许添加量是 0.1 ppm；硒在羊、肉牛和奶牛全价饲料中可以添加 0.3 ppm；在 3 月龄以前的马，每头每天允许添加 1～2 mg，最多不超过 3 mg；超过 3 月龄的马每头每天添加量为 1 mg；规范同时规定，这些马的肉不能用作人类食品。在任何情况下，硒必须由注册生产商以预混料的形式提供，并且所有预混料必须印有下面的声明："警告：请遵照标签说明使用。禁止在饲料中添加高水平的此种含硒预混料。"FDA 规定：羊和牛的食盐—矿物质混合物中硒的添加限度分别是 90 和 120 ppm。

近年来，矿物质螯合物在日粮中的使用日益增加。螯合物是矿物质原子与有机化合物（如血红蛋白）结合形成的化合物。螯合物能防止矿物质在动物胃肠道中形成不溶化合物，从而减少日粮中特定矿物质的需要量，这一论点推动了矿物质螯合物在家畜饲养中的应用。谈到矿物质螯合物是否比无机矿物质能更有效地被家畜利用，研究结果还存在争议[4,5,6]。通常来说，矿物质螯合物的单位成本比普通矿物质高得多。螯合物在含维生素或其他易氧化化合物的预混料中的使用也在增长。矿物质螯合可以减少氧化反应的发生。螯合的方法之一是与可溶性蛋白质作用。可溶性盐与氨基酸和/或部分水解的蛋白质螯合得到金属蛋白。这种成分必须称为具体的金属蛋白，如铜蛋白。金属多糖复合物是可溶性盐与称作特定金属复合物的多糖溶液复合形成的产品。目前市场上有几种不同的产品出售，但是作者不清楚其在饲料行业中的使用量，并且现有的研究证据也很少。

2　天然饲料原料中矿物质的含量变异和利用

前面（表 4-3）已经列出了分析实验室中测得的粗饲料样品的化学组成变异数据。表 8-2 中所示的玉米和大豆饼粉中矿物质含量也是一个例子。这个例子中列出了引自肉牛 NRC[8] 的数值，并且显示了玉米和大豆饼粉样品的分析数值以及数值的变化范围。尽管玉米样品中磷的含量比预期值低，但是其常量元素的平均分析数值与 NRC 的推荐值相当接近。微量元素中，铜的分析数据比 NRC 中所示值低，但是锌的值比 NRC 推荐值高得多。大豆饼粉的钙、镁、铁和锌的分析平均值比 NRC 推荐值要高得多，而钾和铜的数值则比 NRC 推荐值低得多。这些数据清楚地表明，如果家畜饲养者仅依据不适合于他们所在地区或者是他们所用饲喂作物的书面数据让家畜采食最低水平的矿物质，那么饲喂几个月后可能就会出现问题。

表 8-2　来自艾奥瓦州玉米和大豆粕（干物质基础）样品的矿物质含量变异

矿物质	矿物质浓度		
		艾奥瓦州样品[b]	
	NRC[a]	平均值	范围
玉米（56 lb/bu）			
Ca（%）	0.07	<0.01	<0.01～0.18
K（%）	0.53	0.34	0.27～0.42
Mg（%）	0.14	0.17	0.14～0.21
Na（%）	0.02	<0.01	<0.01～0.03
P（%）	0.027	0.30	0.18～0.41
Cu（ppm）	8	2.3	0.3～8.0
Fe（ppm）	91	33.1	21.9～94.8
Mn（ppm）	23	5.2	1.7～21.1

续表 8-2

矿物质	矿物质浓度		
		艾奥瓦州样品[b]	
	NRC[a]	平均值	范围
Se(ppm)	0.07	0.21	0.04～0.66
Zn(ppm)	14	58.7	16.9～147.7
大豆粕(44%)			
Ca(%)	0.40	0.55	0.33～0.82
K(%)	2.22	1.92	1.21～2.37
Mg(%)	0.31	0.48	0.45～0.53
Na(%)	0.04	<0.01	<0.01～0.03
P(%)	0.71	0.75	0.63～0.85
Cu(ppm)	22.4	16.2	11.8～21.6
Fe(ppm)	185	213.6	132.3～326.3
Mn(ppm)	35	36.3	30.6～41.2
Se(ppm)	0.51	0.71	0.28～0.93
Zn(ppm)	57	91.5	59.8～168.3

资料来源：Ewan[7]。

[a]来自肉牛 NRC[8]。

[b]数值代表来自艾奥瓦州农场的 49 个玉米和 16 个大豆粕样品的数据。

除使用饲料原料的矿物质含量存在不正确值的问题外，家畜对饲料中矿物质的吸收量的信息量也严重不足。尽管家畜对一些加工后的矿物质原料的吸收可能达到也可能达不到 100%，但是天然饲料中矿物质的吸收率肯定达不到 100%。对文献的随机抽查结果表明，豆科植物中钙的有效性通常比优质补充料(如骨粉或磷酸氢钙)中的钙的有效性差[9]。Ward 等[10]的数据表明，苜蓿中有 20%～33%的钙以草酸盐形式存在，显然它们无法被反刍动物利用。其他的信息表明，青贮饲料中铜的有效性比干草中的好，并且饲喂大量施用氮肥的粗饲料会导致羊对镁的利用率降低，而对钙的利用率增加。令人遗憾的是，有关这一论题的资料并不多。在对矿物质补充料的研究中，除非使用放射性同位素，否则很难获得某种特定矿物质原料吸收量的信息，原因之一是矿物质元素在动物体内的周转量较大，特别是那些主要从粪中排泄的元素。口服同位素表明，大部分氯、钾、钠、硫和碘经尿液排泄，其他矿物质的大部分(正常排出量)则从粪中排出。不同矿物质可能经胆汁或胰液，或者是通过肠壁(小肠和/或大肠)在瘤胃、真胃或腺胃排出。无论如何，除非得到在胃肠道不同部位的矿物质样品，否则很难测定某种元素的真吸收量。

商品矿物质原料的问题

经常会出现这样的问题：矿物质混合料不能成为常规饲料原料的理想补充饲料，尤其是那些用于提供微量元素的矿物质混合料。也有证据表明，专门的预混料(为特定的肥育场使用而配制的)可能并没有达到预期的目标需要量。表 8-3 中的数据说明了这一问题。这些数据是由 Owens[11]整理的，他使用的基础日粮主要成分是玉米、买罗高粱或小麦、苜蓿干草和玉米青贮，并根据需要添加了大豆饼粉和棉籽饼粉(小麦日粮除外)。根据 NRC 对体重为 600 lb 的阉牛[8]的推荐量(这些数据不一定恰好适合所有家畜)和这些饲料原料的 NRC 矿物质组成值，Owens 计算了各种微量元素可能的最大缺乏量(如表 8-3 所示)，并列出了营养学家配制的专门的混合料对动物需求量的满足程度，或者是按生产商的推荐量饲喂家畜时商品微量矿物质盐满足动物需要的程度。表中的数据表明，矿物质混合料中某些元素低于推荐的目标量，而一些则高于推荐的目标量。其中一种营养学家设计的混合料中碘的含量略微不足，而另一种则没有硒,其他的则有两种或三种矿物质均不足。就商品微量矿物质盐而言,五种混合料中钴的含量都达到或超过了目标需要量,其中有两种中铜和碘的含量充足,其中有一种中铁含量不足,五种混合料中锰和硒的含量都不足,只有一种混合物中锌的含量高于目标需要量。如果这种情况可以代表全国的情况,那么家畜饲养企业今后应该更加谨慎地考虑那些值得关注的家畜的矿物质需要量。饲养企业应该仔细考虑矿物质的来源,因为这是决定成功的潜在因素,而且这种投入与可能获得的经济利益相比成本很小。

表 8-3 典型肥育日粮的矿物质数量,600 磅阉牛的缺乏量和一些预混料和微量矿物质盐提供的矿物质的量

项目	矿物质(ppm)						
	Co	Cu	I	Fe	Mn	Se	Zn
基础日粮[a]							
玉米	0.08	6.20	0.0	45	9	0.07	19
买罗高粱	0.19	11.80	0.03	65	19	0.40	21
小麦	0.15	5.70	0.0	43	31	0.39	39
需要量							
1996 肉牛 NRC	0.1	10.0	0.5	50	20	0.1	30
最大不足	0.2	2.3	0.5	7	31	0.13	11
营养师配制的混合料的矿物质含量							
A	2.1	11.30	1.0	19	10*	0*	43
B	6.0	0.6	1.5	9	15*	0*	30
C	0.3	5.3	0.4*	0*	6*	0*	24
D	1.2	18.7	1.2	73	37	0*	88
E	0.6	7.0	0.8	30	8*	0*	52
F	0.1	6.0	0.4*	10	40	0.2	60
G	0.2	7.8	0.2*	25	25*	0*	67
商品微量矿物盐的矿物质含量[b]							
H	0.2	3.3	0.7	20	25*	0*	1*
I	0.5	2.5	0.5	13	20*	0*	25
J	0.5	1.0*	0.4*	33	3*	0*	1*
K	0.1	0.5*	0.1*	4*	5*	0*	6*
L	0.02	0.1*	0.3*	10	0*	0*	0*

资料来源:Owens[11]。

[a] 日粮计算的基础是:苜蓿和玉米青贮各占饲料干物质的 5%,玉米和买罗高粱日粮中分别添加 3%干物质的棉籽粕和大豆粕,小麦日粮(CP 含量已足够高)中不添加。

[b] 日粮中添加的矿物质的量应参照制造商的推荐量添加 0.5%~1%。

* 潜在缺乏的日粮。

3 维生素来源

几乎所有的饲料原料中都含有维生素。然而,各种植物或动物组织中的维生素含量差异极大。植物组织中的维生素含量受收割、加工和储存条件以及植物种类和植物部位(籽粒、叶片、茎秆)的影响。动物组织中,肝脏和肾脏通常是多种维生素的良好来源。酵母和其他微生物也是维生素的优良来源,尤其是 B 族维生素。

通常,热(尤其是同时暴露于空气中)、光照、氧化条件或滋生霉菌的储存条件,都会引起维生素的破坏。因此,当日粮中由于维生素缺乏而引起动物生产中出现一系列问题时,从实际中找原因比仅关注于饲料原料中的缺乏更科学。目前,常在家禽和猪日粮中添加预混料,以防止维生素缺乏。

通常,由于家畜种类的不同,天然饲料中可能缺乏的维生素有维生素A、维生素D、维生素E、核黄素、泛酸、烟酸、胆碱和钴胺素(B_{12})。猪和家禽在一些情况下也可能缺乏生物素。虽然胃肠道中微生物通常能合成足够量的维生素K,但由于一些饲料添加剂可能抑制维生素K的合成,因而日粮中仍需要添加维生素K。

反刍动物最容易出现维生素A的缺乏,尤其是那些在一定时期内无法采食到绿色饲料的家畜。很多证据表明,β-胡萝卜素可能是影响高产奶牛生育能力的一个重要因子,而且这种缺乏无法通过补充正常量的维生素A来补救。奶牛日粮中补充维生素D和维生素E已经非常普遍,有时在肥育牛日粮中也添加。越来越多的证据表明,烟酸可能是引发酮病的一个因子。由于消化道中的微生物能产生硫胺酶来破坏硫胺素,所以有时会发生诱导性烟酸缺乏(脑灰质软化症),这种情况通常发生在肥育牛上。因此,与早些年用于生产力较低的家畜日粮相比,现在反刍动物日粮中常添加较多的维生素。

日粮中用来补充维生素的原料列于表8-4,附表4中列出了一些饲料原料的维生素含量。附表5A列出了在饲料配方时经常使用的各种维生素,以及来自生产商或者预混料中的维生素的典型浓度。

表8-4　在饲料中所使用的被认可的维生素补充来源

名　称	来　源	食品添加剂修正案中的情况
抗坏血酸	结晶抗坏血酸,商品饲料级	条例582.5013
盐酸甜菜碱	结晶盐酸甜菜碱,商品饲料级	生效日期延长
生物素	生物素,商品饲料级	条例582.5159
泛酸钙	结晶泛酸钙,商品饲料级	条例582.5212
胡萝卜素	精制植物结晶胡萝卜素	条例582.5245
氯化胆碱	氯化胆碱,商品饲料级	条例582.5252
泛酸胆碱	泛酸胆碱,泛酸胆碱	GRAS[a]
黄酸胆碱	黄酸胆碱,商品饲料级	条例573.300
异抗坏血酸	酸或钠盐	GRAS[a]
叶酸	结晶叶酸,商品饲料级	GRAS[a]
环己六醇	维生素B复合物;抗脂肪肝。化学名称:环己六醇。也称作*i*-环己六醇或内旋-环己六醇	条例582.5370
亚硫酸二甲基嘧啶甲萘醌	结晶亚硫酸二甲基嘧啶甲萘醌,商品饲料级	条例573.620
亚硫酸氢钠甲萘醌	甲萘醌和甲萘醌含量少于50%的亚硫酸氢钠甲萘醌的加成物	GRAS[a]
亚硫酸氢钠甲萘醌复合物	甲萘醌和甲萘醌含量少于30%的亚硫酸氢钠甲萘醌的加成物	GRAS[a]
烟酸,尼克酸	结晶尼克酸,商品饲料级	条例582.5530
烟酰胺;尼克酰胺	结晶尼克酰胺,商品饲料级	条例582.5535
盐酸吡哆醇	结晶吡哆醇氯化物,商品饲料级	条例582.5676
对氨基苯甲酸	*p*-对氨苯甲酸,*p*-对氨苯甲酸	GRAS[a]
核黄素	结晶核黄素,商品饲料级	条例582.6596
鲑鱼肝油	从鲑鱼肝中提取的油	非食品添加剂
鲨鱼肝油	从鲨鱼肝中提取的油	非食品添加剂
硫胺素,盐酸硫胺素	结晶硫胺氯化物,商品饲料级	条例582.5875
硫胺素-硝酸盐	结晶硫胺一硝酸盐,商品饲料级	条例582.5878
α-生育酚	α-生育酚,商品饲料级	条例582.5890

续表 8-4

名　称	来　源	食品添加剂修正案中的情况
维生素 A 醋酸盐	维生素 A 醋酸盐，商品饲料级	条例 582.5933
维生素 A 棕榈酸盐	维生素 A 棕榈酸盐，商品饲料级	条例 582.5936
维生素 A 丙酸盐	由可食脂肪酸形成的视黄醇或视黄醇酯	GRAS[a]
小麦胚芽油	由小麦胚芽提取或挤出的油	非食品添加剂

[a]GRAS 是短语"被有资质评定物质使用安全性的专家公认为安全"的缩写。

3.1　脂溶性维生素

绿色和黄色植物是胡萝卜素的最好饲料来源。通常，植物颜色越绿，胡萝卜素的含量就越高。脱水苜蓿叶和苜蓿草粉或晒干的草粉通常可作为商品胡萝卜素（和其他营养物质）的来源。例如，胡萝卜籽油或苜蓿提取物等物质中胡萝卜素的含量更高，同时一些吸收了胡萝卜素的麦麸干燥产品也在饲料中使用。各种植物或动物油中也含有胡萝卜素。

植物中没有维生素 A，维生素 A 只存在于动物组织中。动物产品肝、肾以及鳕鱼和鲨鱼等的鱼肝油是高度浓缩的维生素 A 来源。尽管鱼肝油仍然在商业上使用，但是它们在很大程度上已经被合成维生素 A 所代替。添加到饲料中的维生素 A 通常是以干燥的包被明胶形式出售的，其中添加有抗氧化剂。维生素 A 通常以维生素 A 酯（醇和酸的结合物）的形式出售，常见的有维生素 A 醋酸盐、维生素 A 丙酸盐以及维生素 A 棕榈酸盐。

维生素 A 制剂通常比较稳定，可以添加到多数饲料混合物或液体补充料中。在正常的储存期内，维生素 A 的活性没有大的损失。然而，维生素 A 在加工过程中的损失可能要比一般认为的损失程度大。粉碎等常用加工技术使饲料中维生素的活性损失增加，失活的原因与粉碎过程中产生的热以及粉碎后饲料与氧气的接触面积增大有关。制粒对维生素 A 活性的影响如表 8-5 所示。从表中不难发现，在这个研究中，制粒使维生素 A 的含量下降了 30%～40%。可能使储存饲料的维生素 A 含量下降的其他因素有：储存时间、温度、紫外线和日粮中的微量元素含量。此外，水分或吸湿化合物（如氯化胆碱、尿素或微量成分）的初始浓度都可能降低维生素的含量。为避免维生素破坏，常常在预混料中添加抗氧化剂。采用包被技术（使用乳化剂，抗氧化剂，明胶和糖）保护维生素 A 补充原料[12]可以减小储存时的损失。无论如何，日粮中添加维生素 A 的成本较低，因而，只要有需要添加的可能性，绝不能因经济原因而不添加。

表 8-5　制粒、维生素 A 初始浓度和尿素含量对储存前补充维生素 A 含量的影响

初始维生素 A 数量 (IU/lb)	饲料形式		
	粉状	颗粒	制粒损失(%)
3 000			
0%尿素	4.0±0.2	3.0±0.1	25
3.5%尿素	9.0±0.3	7.0±0.1	22
7.0%尿素	12.0±0.1	7.0±0.2	42
30 000			
0%尿素	23.8±0.2	15.5±0.3	35
3.5%尿素	24.2±0.5	14.5±0.5	40
7.0%尿素	24.5±1.5	14.8±0.2	40
300 000			
0%尿素	260±4.0	164±5.0	37

续表 8-5

初始维生素A数量(IU/lb)	饲料形式		
	粉状	颗粒	制粒损失(%)
3.5%尿素	293±0.5	177±5.0	40
7.0%尿素	235±2.5	154±4.5	34

资料来源:Shields 等[12]。

表示维生素A含量的数值以几千国际单位/磅(IU/lb)表示(90%干物质基础)。

日粮中维生素D的重要来源是晒干的粗饲料、鱼肝油以及经紫外线照射的酵母、植物或动物固醇后合成的维生素D。尽管家畜能通过紫外线照射皮肤上的固醇获得自身所需的全部维生素D,但绝大部分商品饲料中都添加了维生素D。

四足动物能将维生素D_2转化成维生素D_3(第3章),而家禽利用维生素D_2的效率却很低。用于家禽的维生素D需要标准化为国际雏鸡单位(以含晶体维生素D_3的制剂为基础)。在家禽以外的家畜饲料中使用维生素D_3(非维生素D_2)更为有效,这可以降低日粮中维生素D的需要量。维生素D_3存在于天然的家畜产品中,但是植物或酵母产品经照射后制得的维生素D是维生素D_2。非源于鱼类产品的维生素D_3通常来自照射后的动物固醇。

除了被维生素D强化或浓缩的鱼肝油外,具有维生素D活化的动物固醇也可以溶解于油中,或用面粉或其他适宜动物饲喂的细粉所吸收。维生素D_2补充饲料可以购买到,也可以通过照射酵母产品获得。

维生素D在混合饲料中相当稳定。然而,当直接与石灰石、氧化物和一些有机成分混合时,维生素D活性将迅速消失。

维生素E(主要是α-生育酚)存在于大多数常规饲料中,但在植物胚芽或胚芽油中的含量最高,绿色植物、绿色干草或脱水苜蓿草粉中的含量适中。尽管商业上有合成的维生素E浓缩料供应,但胚芽油的使用仍十分广泛。维生素E是抗氧化剂,因此任何导致氧化(热、光、饲料中的微量元素含量高等)的情况都能使其迅速失活。

维生素K广泛分布于绿色植物体中,动物胃肠道中的微生物也能合成维生素K。很多不同化合物都具有维生素K的活性,但通常以天然存在的化合物甲萘醌作为参比标准。维生素K溶于脂肪,它在动物组织或大豆等籽粒中的储存量较高。通常将两种常见的水溶性维生素K——亚硫酸氢钠甲萘醌和甲萘醌二甲基嘧啶亚硫酸氢盐作为饲料补充料。两者在饲料中的稳定性都很好。

3.2 水溶性维生素

动物和鱼类副产品、绿色粗饲料、酵母、发酵产品、乳品副产品、油料籽实粉和一些籽粒通常是水溶性维生素的良好来源。谷物麸层是中高水平水溶性维生素的来源,根和块茎中水溶性维生素含量较低。钴胺素(维生素B_{12})是植物中惟一不存在的必需维生素,只能由微生物合成。因此,酵母及其类似产品是钴胺素的良好来源。动物和鱼类产品,特别是肝脏,是钴胺素的良好来源。动物粪尿中也含有维生素B_{12}。

人类使用的一些商品晶体维生素或维生素混合物由肝脏、酵母或其他的发酵产品制得,但多数维生素是化学合成的,它们更具价格竞争力。合成的水溶性维生素有盐酸硫胺素、核黄素、烟酸或烟酰胺、吡哆醇、抗坏血酸、胆碱和泛酸。在一些特定的情况下,需要特别高含量的维生素时,可以使用这些原料。维生素的补充来源见表8-4,附表7中列出了一些合成维生素产品及其维生素的含量。

本章小结

矿物质补充料是必需矿物质的浓缩来源,它可以为家畜提供所有的必需矿物质。在Ca补充饲料

中，通常使用的钙源的有效性一般认为比天然饲料（如豆科干草）好。钙源有很多种，其中大部分较为廉价。磷源的成本通常较高，且常常与钙结合在一起（例如，在骨粉和其他骨产品以及一些由磷酸岩制得的 Ca-P 盐中）。除一些胶体黏粒外，大部分磷源能被家畜有效地利用。磷酸岩由于含氟过高可能造成动物的氟中毒，所以必须进行脱氟后才能用作矿物质补充料。脱氟磷酸盐和磷酸二钙是最常见的补充饲料。钾的常见矿物质补充饲料是其碳酸盐、碳酸氢盐、氯化物或硫酸盐。锰的常见矿物质补充料是其氧化物、硫酸盐或白云灰岩。食盐是钠和氯的常见补充饲料，而且食盐非常廉价。供给反刍动物的硫可以是任何不同形式，其中包括硫元素。但是非反刍动物需要有机硫源，如蛋氨酸。很多矿物盐可以作为各种微量元素的来源。由于普通碘化钾具有部分挥发性，因此使用时必须添加稳定剂。

天然维生素来源，如胚芽粉、麸皮、优质脱水牧草或豆科产品以及酵母和肝脏粗粉等各种其他产品，通常用作维生素补充料的来源。此外，还有很多饲料级纯度的维生素供应，其价格允许其在常规饲料中使用。很多维生素是化学合成的。一些天然来源的维生素（如鱼肝油）作为维生素 A、维生素 D 和维生素 E 的来源仍有一定的使用，但是，饲料中添加的维生素 K 主要是合成产品。

参考文献

1. Ammerman, C. B., et al. 1980. *Mineral tolerance of domestic animals*. Washington, DC: Nat. Acad. Sci.
2. Church, D. C., ed. 1988. *The ruminant animal*. Englewood Cliffs, NJ: Prentice Hall. (out of print)
3. Underwood, E. J. 1981. *The mineral nutrition of livestock*. 2d ed. Farnham Royal, England: Commonwealth Agr. Bureau.
4. Olson, P. A., et al ,1999. *J. Animal Sci*. 77:522.
5. Nockels, C. F., et al. 1993. *J. Animal Sci*. 71:2 539.
6. Chirase, H. K., et al. 1991. *J. Animal Sci*. 69:4 137.
7. Ewan, R. C. 1986. *Report* AS-580-K. Ames, IA: Iowa State Univ. Dept. Animal Sci.
8. NRC. 1996. *Nutrient requirement of beef*. 7th rev. ed. Washington, DC: National Academy Press.
9. Church, D. C., ed. 1979. *Digestive physiology and nutrition of ruminants*. Vol. 2: Nutrition. 2d ed. Corvallis, OR: O & B Books. (out of print)
10. Ward, G., L. H. Harbers, and J. J. Blaha. 1979. *J. Dairy Sci*. 62:715.
11. Owens, F. N. 1988. *Beef* 24(7):29.
12. Shields, R. G., et al. 1982. *Feedstuffs*. 54(47):22.

第9章 饲料添加剂
Feed Additives

作者:D. C. Church 和 Richard O. Kellems
译者:姜成钢
校对:张元庆和董晓玲

AFCO(美国饲料控制官协会)将饲料添加剂定义为“添加到基础饲料混合物中以达到某种特殊需要的单一成分或几种成分的组合。饲料添加剂的用量通常很小,并且需要仔细地处理和混合”[1]。在实践中,饲料添加剂被定义为非营养性的饲料成分,它能促进家畜生长或其他类型的生产性能,或者提高家畜的饲料利用效率,或者对家畜的健康或代谢有某种益处。正式的联邦定义与此有一定差别(并且具有多重性);有兴趣的读者可以参阅公共法案65.929,以了解更为详尽的信息。

许多常用的饲料添加剂都被列为药物范畴。FDA对药物的定义是“用于诊断、治疗、减轻、处理或预防人或其他动物疾病的物质;或用来影响人或其他动物机体的结构和功能的食品以外的物质”[3]。显然这是一个非常宽泛的定义。

在被列为药物的各类饲料添加剂中,重要的几类包括许多不同的化合物:如抗生素、硝基呋喃和磺胺类化合物(合成的抗菌化合物)、抗球虫剂、驱蠕虫药(抗蠕虫以及其他类型的寄生虫)以及类激素化合物。这些药物将在本章后面部分详细讨论。

自20世纪40年代末期以后,随着抗生素和磺胺药物的发明和商业化生产,饲料添加剂已经在美国和其他许多国家得到了广泛使用。使用添加剂的原因很简单:人们在早期生产中观察到,低剂量添加剂或多或少地连续饲喂,可以明显地改善幼年动物(如雏鸡、仔猪或犊牛)的健康状况和生长,或提高饲料转化效率。近几年来,由于各种原因,政府管理机构和立法机构对饲料添加剂的使用有限制的趋势(特别是在欧洲)。例如,有人提出给动物使用添加剂可能会产生耐药性微生物菌株,这些菌株对人类有更强的致病作用,或者可能对用于治疗人类疾病的抗菌剂产生抗性。但是,这一说法还没有得到证实。

不可否认,饲料添加剂有时确实被滥用。但是,在现代生产方式下,饲料添加剂对家畜生产者确实是极其有益的。集约化程度更高的家畜管理体系和更加密集的家畜饲养,如肉仔鸡、产蛋鸡、生长-肥育猪和肥育牛和羊的饲养,只有大量借助饲料添加剂来控制各种疾病和/或寄生虫才可能实现。有关这方面的详细信息将在本章后面部分介绍。

1 作为药物的饲料添加剂的使用

在美国,药物添加剂的使用和管理是由FDA控制的(或者更确切地说,是FDA内的兽药中心)。FDA的职责是检测药物和加药饲料是否正确标明用途,家畜饲料和动物性食品能否安全食用。联邦法规明确规定,任何动物药物(animal drug)在饲料中使用的前提是,必须有大量的研究能证明此种药物既安全又有效。在一种新型动物使用药物的开发过程中,制造商必须经过大量的测试。他们必须确定药物对使用动物的安全性、药物的有效性、药物对环境的影响、药物对人类的安全性以及药物标签的化学和生产规格。部分数据可以借助研究新型动物药物的许可证(INAD)来采集,许可证允许在实际条件下对那些将要出售的,在动物组织中没有严重残留的化合物进行测试。只有在新型动物药物申请

(NADA)通过批准后，才能进行全面销售。

2　加药饲料的要求

FDA 对加药饲料的要求主要是针对那些使用对人类有危险的药物的加药饲料生产者。对人类有危险的药物的来源是药物预混料，使用药物预混料要求列于 FD-1900 表。FDA 对于未使用对人类有危险的药物的加药饲料生产者的管理比较宽松，FDA 可以免除对他们的强制性检查、确认登记和药物检测。显然，这对那些不使用 FDA 所规定的对人类有危险的药物的生产者具有鼓励性。

所有用于加药饲料的动物药物分为两类，即Ⅰ类和Ⅱ类。表 9-1 中列出了这些药物。到 1989 年 2 月为止，Ⅰ类药物中有 31 种药物及其药物的组合，Ⅱ类药中有 74 种。使用Ⅰ类药物最为安全，不安全性残留的危险也最小，而且肉用动物屠宰前无需休药期。Ⅱ类药物是指那些需要休药期，并至少能在一种动物中以最小剂量被批准使用的药物；或指那些考虑到致癌的担心问题无论是否需要休药期，都必须“无残留”或残留容许量为“零”的药物。

因为饲料生产者不可能将几克药物或微量组分添加到 1 t 饲料中，并且使其分布均匀，因此，生产商提供给饲料生产商的药物或微量组分通常是一些浓缩混合物。药物、维生素和其他添加剂首先在容量为 5～100 lb 的包装容器中稀释后再添加到其他饲料中。这种方法可以确保饲料生产者的使用更安全、更准确。

加药饲料分为 A 型、B 型和 C 型。A 型加药产品所含药物的效价高于 B 型(见Ⅰ类和Ⅱ类效价，表 9-1)。换言之，加入到其他饲料中的是这些药物的浓缩预混合料，即这些药物稀释后的产物。B 型加药饲料是含有药物的可用于进一步混合的加药饲料，仅用于生产另一种 B 型加药饲料或 C 型加药饲料，可由药物成分、A 型加药饲料商品或另一种 B 型加药饲料生产得到。C 型加药饲料是不能用于进一步混合的饲料，可以作为全价饲料或补充饲料喂给动物；或者可以与动物其他饲料共同配合使用供家畜自由采食；或作为家畜总饲粮的补充饲料。它的制备通常是将药物成分、A 型加药饲料商品或 B 型或 C 型加药饲料利用各种配比充分地稀释到经申请许可的新药物使用水平。

在将含有Ⅱ类药物的 A 型饲料混合进动物饲料之前，任何饲料生产商都必须向 FDA 登记。使用Ⅰ类药物或Ⅱ类中 B 型药物的饲料厂则无需登记。这一规定对仅生产供自己家畜使用的加药饲料的单位或个人同样适用。加药饲料的标签要接受严格管理。这将在第 10 章中具体讨论。

表 9-1　B 型饲料中使用的Ⅰ类和Ⅱ类动物药物

药物	最大效价[a]		药物	最大效价[a]	
	g/lb	%		g/lb	%
Ⅰ类药物			Ⅱ类药物(续)		
阿克洛胺	22.75	5.0	洁霉素	10.0	2.2
氯化铵	113.4	25.0	十六次甲基甲地孕酮	2 g/T	0.000 22
乙氧基喹啉安普罗利	22.75	5	莫仑太酒石酸盐	66.0	14.52
亚甲基双水杨酸杆菌肽	25.0	5.5	新霉素	7.0	1.54
杆菌肽锌	5.0	1.1	新霉素	7.0	1.54
斑伯霉素	0.4	0.09	土霉素	10.0	2.2
丁喹酯	9.8	2.2	双硝苯脲二甲嘧啶醇	5.675	1.25
金霉素	40.0	8.8	硝苯胂酸	8.5	1.87
蝇毒磷	6.0	1.3	呋喃西林	10.0	2.2
地可喹酯	2.72	0.6	硝米特	11.35	2.5
敌敌畏	33.0	7.3	磺胺硝苯	13.6	3.0

续表 9-1

药物	最大效价[a]		药物	最大效价[a]	
	g/lb	%		g/lb	%
Ⅰ类药物			Ⅱ类药物(续)		
红霉素(硫氰酸盐酯盐)	9.25	2.04	硝米特	11.35	2.5
苯硫咪唑	4.54	1.0	磺胺硝苯	5.65	1.24
碘化酪蛋白	20.0	4.4	羟硝苯胂酸	2.275	0.5
拉沙里菌素	40.0	8.8	新生霉素	17.5	3.85
莫能菌素	40.0	8.8	吩噻嗪，硫代二苯胺	66.5	14.6
甲基盐霉素	7.2	1.6	哌嗪，对二氮己环	165	40.25
苯丙喹啉酯	1.83	0.4	酒石酸噻吩嘧啶	4.8	1.1
氯硝柳胺	225	49.5	氯苯胍	1.5	0.33
制霉菌素	5.0	1.1	皮蝇磷	27.2	6.0
竹桃霉素	1.125	0.25	羟硝苯胂酸	2.275	0.5
土霉素	20.0	4.4	羟硝苯胂酸	2.275	0.5
青霉素	10.0	2.2	阿克洛胺	11.35	2.5
青霉素	1.5	0.33	羟硝苯胂酸	2.275	0.5
链霉素	7.5	1.65	氯羟吡啶	11.35	2.5
泊洛沙林	54.48	12.0	甲叉双水杨酸杆菌肽	5.0	1.1
盐霉素	6.0	1.3	羟硝苯胂酸	2.275	0.5
泰妙菌素	3.5	0.8	莫能菌素	5.5	1.2
泰乐菌素	10	2.2	磺胺间二甲氧	5.675	1.25
维吉尼亚霉素	10	2.2	磺胺增效剂(5/3)	3.405	0.75
3，5-二硝基邻甲苯酰胺	11.35	2.5	磺胺间二甲氧	85.1	18.75
			磺胺增效剂(5/1)	17.0	3.75
Ⅱ类药物			磺胺乙氧哒嗪	50.0	11.0
安普罗利	11.35	2.5	磺胺甲基嘧啶	18.6	4.0
阿普拉霉素	7.5	1.65	磺胺二甲基嘧啶	10.0	2.2
阿散酸钠	4.5	1.0	金霉素	10.0	2.2
阿散酸	4.5	1.0	青霉素	5.0	1.1
保地诺	17.0	3.74	磺胺二甲基嘧啶	10.0	2.2
保地诺	63.45	14.0	金霉素	10.0	2.2
哌嗪，驱蛔灵	49.85	11.0	磺胺二甲基嘧啶	10.0	2.2
吩噻嗪	263.32	58.0	泰乐菌素	10.0	2.2
卡巴多氧	2.5	0.55	磺胺硝苯	136.	3.0
卡巴腙	16.0	3.74	阿克洛胺	11.2	2.5
氯羟吡啶	11.4	2.5	磺胺硝苯	13.6	3.0
二甲硝咪唑	9.1	2.0	阿克洛胺	11.2	2.5
氨磺磷	5.5	1.21	羟硝苯胂酸	2.715	0.6
苯硫咪唑	8.87	1.96	磺胺喹恶啉	11.2	2.5
痢特灵	10.0	2.2	磺胺噻唑	10.0	2.2
常山酮氢溴化物	0.136	0.3	金霉素	10.0	2.2
潮霉素 B	0.6	0.13	青霉素	5.0	1.1
异丙硝哒唑	2.84	0.63	噻苯咪唑	45.5	10.0
左旋咪唑	113.5	25.0			

资料来源：联邦公报[2]，由 Anon[3] 编辑。

[a] Ⅰ类药物在B型饲料中的最大使用量为全价饲料中许可的连续使用量的200倍。而Ⅱ类药物则为100倍。

3　抗生素

抗生素是由微生物产生的化合物，这些化合物具有抑制其他一些（并非全部）微生物生长或代谢的特性，在一些情况下，它们可能对恒温动物有毒。大多数抗生素的名称以“cin”或“mycin”结尾。所有用于促生长的商用抗生素都是用真菌或细菌发酵生产的。表9-2中列出了目前在家畜中批准使用的抗生素以及这些抗生素所允许使用的动物、抗生素浓度范围、制造商的说明以及屠宰前的休药期（如果需要的话）。

如表9-3所示，给幼年生长家畜饲喂低剂量的抗生素可以有效地促进生长。抗生素的使用往往能使家畜的采食量增加，其部分原因可能是改善了家畜饲料转化效率。饲喂抗生素一般都能改善家畜的生长，特别是在家畜处于不良的环境条件时。每周给肉牛肌肉注射抗生素的效果与每天口服抗生素的效果相同，但是对于奶用动物，肌肉注射的方法不可行。

表9-3　饲喂低剂量抗生素对肉牛的影响

项目	生长—越冬		肥育	
	对照	+抗生素	对照	+抗生素
日增重(kg)	0.56	0.61	1.16	1.24
单位增重的饲料消耗	12.70	12.02	9.85	9.37
家畜数量	5 333		2 354	
采食天数	112		117	
增重改善(%)	8.9		6.7	
饲料转化效率改善(%)	5.4		4.9	

资料来源：Wallance[4]。

连续饲喂抗生素，大部分为70 mg/(头·d)。所用的抗生素有金霉素、土霉素和杆菌肽。

抗生素对生长和饲料转化效率的效果往往随时间、地点和动物种类的不同而变化。例如，在新建的动物设施中，在非常干净的环境中或是在无菌条件下饲养的无菌动物中，使用抗生素就没有效果，或效果很小。因为抗生素通常有助于降低几种腹泻的发生几率，或减缓其严重程度，当幼畜处于大肠埃希氏菌（*E. coli*）或其他致腹泻微生物浓度非常高的环境时，使用抗生素的效果最显著。饲喂很少的抗生素会使家畜的食欲下降。另外，证据表明，使用抗生素可以减少仔鸡、猪或鼠对饲粮中某些氨基酸和B族维生素的需要量，饲粮中这些营养物质的含量越是处于临界水平或最小量，这种有益作用的效果就越好。

抗生素还有许多其他用途，例如预防和控制各种畜禽疾病。许多抗生素已被获准在家畜中连续低剂量使用，这些抗生素可以减少羊的肠毒血症以及肥育牛肝脓肿或未获得初乳的幼畜腹泻的发生。抗生素还可以减少家禽的呼吸系统疾病、非特异性肠炎（蓝冠病）和传染性窦炎的发生率，提高家禽的产蛋量和孵化率。

治疗水平的抗生素经常用于治疗或控制许多常见的疾病或控制胃肠道蠕虫。高于治疗剂量（通常只使用几天）的抗生素对于治疗或控制牛在运输和适应新环境时的应激、治疗牛边虫病、猪细菌性肠炎、家禽呼吸疾病、腹泻、霍乱、禽伤寒、胸部水泡病等疾病都非常有效。在多数情况下，不允许长期使用较高剂量的抗生素。

近年来批准的两种用于牛的抗生素（莫能菌素和拉沙里菌素）非常特殊，它们在生长牛和成年牛上的使用效果都很好。在学术上，它们被列为瘤胃添加剂（rumen additives）。尽管这两种抗生素的作用机制尚不清楚，但是它们能够改变瘤胃发酵类型，增加瘤胃中丙酸的比例，降低甲烷的产量，从而提高生长家畜的增重效率，同时改善采食牧草或粗饲料的犊牛和成年牛的饲料转化效率和增重速度。

莫能菌素和拉沙里菌素最初获准是作为家禽的抗球虫剂（它们在牛和羊中有同样的作用）。尽管只有很少抗生素确实对球虫有效果，但表9-2中所示的大多数抗球虫剂是合成化合物。大概这一基本的差异能够解释这两种化合物的命名方式。这两种抗生素对马属动物都具有很强的毒性。

表 9-2 在美国获准作为饲料添加剂使用的药物

药物名称	家畜	许可剂量水平[a]		声明[b]	休药期
		每吨饲料用量(g)	剂量的其他量度		
抗生素					
阿普拉霉素	猪	150	14 d	DR	
亚甲基双水杨酸杆菌肽	肥育牛		70 mg/(头·d)或 250 mg/(头·d),5 d	LA	
	猪	10～250		GP,FE,DR	
	鸡,火鸡	4～200		GP,FE,EP,NE	
	雉鸡	4～50		GP,FE	
	鹌鹑	5～20		GP,FE	
杆菌肽锌	肥育牛	35～70		GP,FE	
	猪	10～50		GP,FE	
	鸡,火鸡	4～50		GP,FE	
	雉鸡	4～50		GP,FE	
	鹌鹑	5～20		GP,FE	
斑伯霉素	生长猪,肥育猪	2～4		GP,FE	
	肉仔鸡,生长火鸡	1～4		GP,FE	
金霉素	犊牛		0.1～0.5 mg/lb BW	GP,FE,DR	
	肉牛,非泌乳奶牛		70～750 mg/(头·d)	GP, FE, LA, DR,FR,RD,AP	350 mg/(头·d)或 更高 48 h
	肉牛		5 mg/lb BW,60 d	AP	
	奶牛		0.1 mg/lb BW/d	DR,FR,RD	
	羊	20～50		GP,FE	
	种羊		80 mg/(头·d)	弧菌性	
	流产猪	10～400		GP, FE, BE, 钩 端螺旋体病	
	未满周龄马		85 mg/(头·d)	GP,FE	

续表 9-2

药物名称	家畜	许可剂量水平[a]		声明[b]	休药期
		每吨饲料用量(g)	剂量的其他量度		
	貂	20～50		GP,FE,皮张大小	
	鸡,火鸡	10～500		GP,FE,RD,EH,BC	
	鸭	200～400		FC	
红霉素	鸡,火鸡,产蛋禽和种禽	92.5～185		RD	24～48 h
潮霉素 B	猪	12		GW	15 d
	鸡	8～12		GW	3 d
拉沙里菌素钠	牛				
	肥育牛	10～30		GP,FE	
	除泌乳牛外的放牧牛		60～200 mg/(头·d)	GP	
	羊	20～30	15～70 mg/(头·d)	GP	
	鸡,炸用仔鸡	68～113		CC	
洁霉素	猪	20～200		DR,GP	6 d
	肉仔鸡	2～4		GP,FE,NE	5 d
莫能菌素	牛,肥育牛	5～30		GP	
	放牧牛	5～30	用于全价饲料或补充饲料中 25～400	GP	
	仔鸡,肉仔鸡和后备母鸡	90～110		CC	
	火鸡	54～90		CC	
新霉素	牛,绵羊,山羊	70～140		DR,BE,ET(绵羊)	牛 30 d,绵羊 20 d
	代乳料饲喂的幼畜		200～400 mg/gal 混合饲粮	BE,DR	20 d
	猪,马,貂	70～140		BE,DR	
	家禽	70～140		BE	14 d

续表 9-2

药物名称	家畜	许可剂量水平[a]		声明[b]	休药期
		每吨饲料用量(g)	剂量的其他量度		
新生霉素	貂		200 mg/t 湿饲料	BP,FE	
	鸡,火鸡	200～350	5～7 d	胸部水肿	4 d
	鸭	350	5～7 d	家禽霍乱	
制霉菌素	鸡,火鸡	50	连续使用或 100 g/t 使用 7～10 d	作物霉菌病和霉菌性腹泻	
土霉素	牛				
	犊牛,0～12 周龄		0.5～1 mg/lb BW/d	GP,FE	
	饲喂开食料	50～100	0.5～5 mg/lb BW/d		用 MR 饲喂 5 d 或干饲料中 2 g/头
	饲喂代乳料		25～75 mg/(头·d)	DR,FE	
	肥育牛		75 mg/(头·d)	GP,FE	
	肉牛		75～100 mg/(头·d)	LA,DR,RD	
	奶牛		75～100 mg/(头·d)	MP,BT,DR	
	羊	10～20		GP,FE	
		20～100		DR,ET	
	猪	7.5～500		GP,FE,BE	500 g/t 5 d
	貂	25～100		GP,FE,DR	
	兔	10		GP,FE	
	鸡	5～500		FE,RD,GP,CC,BC	200 g/t 3 d
	火鸡	5～200		EP,FE,BC	200 g/t 3 d
青霉素,普鲁卡因	猪	10～50		GP,FE	
	鸡,火鸡	2.4～100		GP,FE,RD,BE,BC	
	雉鸡,鹌鹑	2.4～50		GP,FE	
盐霉素	肉仔鸡	40～60		CC	
链霉素	猪	7.5～75		GP,FE,DR	2 d

续表 9-2

药物名称	家畜	许可剂量水平[a]		声明[b]	休药期
		每吨饲料用量(g)	剂量的其他量度		
	鸡,火鸡	12～180		EP,BC,RD,IS	
泰妙菌素	猪	10～35		GP,FE,DR	2 d
泰乐菌素	肉牛	8～10		LA	
	猪				
	开食料饲养	10～100		GP,FE,DR	
	肥育料饲养	10～40		GP,FE,DR	
	鸡	4～50,或		GP,FE	
		800～1 000 5 d		慢性 RD	
维吉尼霉素	猪	5～100		GP,FE,DR	
	家禽				
	肉仔鸡,后备鸡	5～20		GP,FE,NE,CC	
	火鸡	10～20		GP,FE	
砷制剂					
砷酸或阿散酸钠	猪	45～90		GP,FE,DR	5 d
	鸡,火鸡	90		GP,FE	5 d
硝苯胂酸	鸡,火鸡	170		BH	5 d
羟硝苯胂酸	猪	22.5～67.5		GP,FE,DR	5 d
抗球虫剂					
安普罗利	犊牛		5 mg/kg BW 21 d 或 10 mg/kg 5 d	CC	24 h
	鸡	72.5～113.5		CC	
	火鸡	113.5～227		CC	
	雉鸡	159		CC	

续表 9-2

药物名称	家畜	许可剂量水平[a]		声明[b]	休药期
		每吨饲料用量(g)	剂量的其他量度		
保地诺	鸡,火鸡	340～680		CC	28 d
氯羟吡啶	肉仔鸡,后备鸡	113.5～227		CC	
癸氧喹酯	牛,山羊		0.5/kg BW/d	CC	
	肉仔鸡	27.25		CC	
常山酮氢溴化物	肉仔鸡	2.72		CC	4 d
尼卡巴嗪,双硝苯脲二甲嘧啶醇	鸡	90.5～181		CC	4 d
盐酸氯苯胍	肉仔鸡	30		CC	5 d
硝基呋喃					
呋喃唑酮,痢特灵	母猪,猪	100～300		DR,BE,GP	5 d
	鸡,火鸡	7.5～200		GP,FE,CC,BC,TT	5 d
硝苯胂酸	鸡,火鸡	170		BH	
呋喃西林	肉仔鸡,后备鸡和火鸡	50		CC	5 d
	猪	500		BE	5 d
	貂	100		DR	
磺胺药					
磺胺二甲基嘧啶	猪	100		BE	15 d
磺胺间二甲氧	鸡,火鸡	72.5		FC,细菌感染	
磺胺喹恶啉	兔	159		CC	10 d
磺胺噻唑	猪	100		BE	7 d
其他抗菌药					
卡巴多氧	猪	10～50		GP,FE,DR,BE	10周
二甲硝咪唑	火鸡	136～725		GP,FE,BH	5 d
异丙硝哒唑	火鸡	56.7～227		BP,FE,BH	4～5 d

续表 9-2

药物名称	家畜	许可剂量水平[a]		声明[b]	休药期
		每吨饲料用量(g)	剂量的其他量度		
胃肠道,肺或肾蠕虫药物					
蝇毒磷	牛		0.091 g/100 lb BW 6 d	GW	
	超过 8 周龄鸡	27.2～36.3		GW	
敌敌畏	猪	348～499		GW	
苯硫咪唑	猪		3 mg/kg BW/d 3 d	GW	
	牛		5 mg/kg BW/d	肠道蠕虫	13 d
盐酸左旋咪唑	肉牛,青年奶牛	72.5～725		GW,肺蠕虫	48 h
	猪	725		GW,肺蠕虫	72 h
莫仑太酒石酸盐	牛		0.44 g/100 lb BW	GW	14 d
吩噻嗪	牛,泌乳奶牛除外		0.25 g/100 lb BW 或 2 g/(头・d),用于饲料或食盐中	GW	
	绵羊,山羊		12.5～25 g/d 或 1 g/(头・d),用于饲料或食盐中	GW	
	猪		5～30 g 1 d	GW	
	马,骡		2 g/(头・d) 21 d	GW	
	鸡,火鸡		0.5%～1 g/只 1 d	盲肠蠕虫	
哌嗪,驱蛔灵	猪		水中 0.1%～0.2%或饲料中 0.2%～0.4% 1 d	GW	
	鸡,火鸡		饲料中 0.2%～0.4%或水中 0.1%～0.2% 1 d	GW	
吡喃酒石酸盐	猪	96～800		GW	
噻苯咪唑	牛		3～5g/100 lb BW	GW	3 d

续表 9-2

药物名称	家畜	许可剂量水平[a]		声明[b]	休药期
		每吨饲料用量(g)	剂量的其他量度		
	绵羊,山羊		2～3 g/100 lb BW	GW	30 d
	猪	45～908		GW	30 d
	雏鸡	454	两周	GW	21 d
其他药物					
灭蝇胺	鸡	454		FP	3 d
烯虫酯	牛		22.7～45.4 mg/(100 lb BW·月)	FP	
泊洛沙林	牛		1～2 g/(100 lb BW·d)	BT	
丙二醇	奶牛		产犊前后 0.25～0.5 lb/(头·d)	KT	
Rabon	牛		0.07 g/(100 lb BW·d)	FP	
	猪		0.05 g/(100 lb BW·d)	FP	
	马		0.07 g/(100 lb BW·d)	FP	
	貂		3 mg/(kg BW·d)	FP	
类激素化合物					
十六次甲基甲地孕酮醋酸盐	肉用小母牛		0.025～0.50 mg/(头·d)	GP,FE,ES	48 h

资料来源:原始数据来自联邦公报[2],节选自 Annon[3]。

注:许多化合物获准可以在各种组合中使用,表中没有列出这些组合。许可用量依具体目的而变化。在所有的例子中,所列的声明和警告可能不完整。

[a]剂量以每吨饲料中的克数或单位体重(BW)的量给出。

[b]声明中列出可以改善的内容如下:GP,促生长;FE,饲料转化效率;EP,产蛋量;EH,蛋孵化率;IP,改善色素沉着;MP,产奶量;AP,为了控制或治疗所列的疾病(如边虫病);BC,蓝冠病(非特异感染性肠炎);BE,细菌性肠炎;BH,火鸡黑冠病;CC,球虫病;DR,腹泻;ES,发情抑制;ET,肠原性毒血症;FP,防蝇;FR,腐蹄病;FT,禽伤寒;GW,胃肠道蠕虫;IS,传染性窦炎;KT,酮病;LA,肝脓肿;NE,仔猪副伤寒;RD,呼吸系统疾病。

近年来,关于新型药物用于饲料添加剂的获准申请已经越来越难。尽管有更多的研究工作和资金投入到新型药物的开发中,但是获得批准使用的药物却不多。例如,获准在猪上使用的抗生素只有阿泊拉霉素和泰妙菌素,获准在仔鸡和火鸡中使用的抗生素有制真菌素(用于治疗嗉囊霉菌病和霉菌性腹泻),获准在肉仔鸡中使用的有盐霉素(一种抗球虫剂)。除抗生素外,化合物在不同动物中能否使用,以及许可的使用剂量等,也发生了改变:一些药物已经从列表中删除掉,但增加的化合物却只有几种。

读者可能注意到,在马、兔、绵羊、山羊以及鸭、雉鸡、鹌鹑等家禽中获准使用的抗生素很少。在鹅以及猫、狗等宠物中,还没有抗生素被获准使用。出现这种现象的主要原因是:申请获得许可的成本投入可能比销售该产品所获得的收益还要高。许可程序必须对每种动物的各个不同推荐水平进行审查。因此,如果没有与成本相适应的足够预期销售量,就没有人会申请某种药物的审批许可。许多在牛上获准使用的抗生素已经用羊做了测试,这些抗生素的某些特定的用途在羊上可能非常有效,但是它们在羊中获准使用的却很少,在除牛以外的猪、仔鸡和火鸡中获准使用的抗生素更少。

对于牛来说,饲料中大部分的抗生素是用于犊牛和生长-肥育牛的(表 9-4)。尽管金霉素和土霉素已经在泌乳牛中获准使用,但试验数据表明,这些抗生素在泌乳牛中长期低剂量使用的效果很小,甚至没有。

对于家禽来说,几乎所有肉仔鸡饲料中都有一种或多种抗生素在使用。除高剂量的金霉素和红霉素以及正常剂量的洁霉素、新生霉素和维及霉素外,表 9-2 中所列的大部分抗生素都可以用于产蛋鸡。值得注意的是,不同的抗生素之间或抗生素与其他管制药物间的组合使用,至少需要得到这些抗生素中某一制造商的许可。获准在仔鸡和火鸡中使用的药物组合要比在所有其他家畜中获准使用的总和还要多很多。同时应该注意,在使用抗生素时,如果不遵照所批准的剂量或组合(抗生素之间或抗生素与其他管制药物)进行使用,那么也是违法的。

在猪上使用抗生素(表 9-2)也有年龄或体重的限制,但可能比家禽的限制少。相当多的抗生素已经在猪上获准使用。

表 9-4　饲喂莫能菌素和拉沙里菌素对牛生产性能的影响

处理	生产性能		
	饲料采食量(kg/d)	日增重(kg/d)	饲料：增重比
肥育牛[a]			
对照	8.27	1.09	8.09
莫能菌素	7.73	1.10	7.43
对照	8.89	1.14	8.01
莫能菌素	8.65	1.18	7.43
埋植剂	9.61	1.28	7.63
莫能菌素＋埋植剂	8.97	1.32	6.85
放牧牛[a]			
对照		0.61	
莫能菌素		0.69	
肥育牛[b]			
对照	8.68	0.99	8.75
拉沙里菌素(30 g/t)	8.27	1.02	8.09
拉沙里菌素(45 g/t)	8.09	1.04	7.79
莫能菌素(30 g/t)	8.09	1.03	7.93

[a]数据摘自一篇综述,此综述由在许多不同地方所做的许多不同试验汇总而成。

[b]数据来自 Berger 等[6]。试验中牛(每个处理 48 头)饲喂 60%的高水分玉米 30%的玉米青贮饲粮(干物质基础)。

4 砷制剂

所有的砷制剂都是合成化合物，它包括用于火鸡、仔鸡和猪饲粮中的很多药物（表9-2）。砷制剂是为了控制寄生虫而开发的，但是人们很快发现，其中一些化合物具有同抗生素一样的促生长作用。事实上，这种促生长作用有时与抗生素的促生长作用具有可加性。已经发现，有几种砷制剂具有改善仔鸡、火鸡或猪的生长和饲料转化效率或控制家禽黑冠病和猪腹泻的作用。早些年认为，砷制剂还有其他一些作用，但随着研究的进一步深入，很多较早的有关添加剂的数据被更新和修改了，这些作用就没有再被提及。

砷制剂的缺点是其可能在动物体组织，特别是肝脏蓄积。通常认为，在饲喂水平下的砷制剂是无毒的，但是用作人类食品的动物在屠宰之前，所有的砷制剂都要求有至少5 d的休药期。

5 抗球虫剂

抗球虫剂包括了很多种化合物，其中有大量的合成药物也有一些抗生素。因为现代设施中采用的集约化饲养方式加重了暴发球虫病发生的可能性，因而，这些药物对于家禽生产者非常重要。另外，有证据表明，集约化饲养的羊和牛球虫病正在变得越来越严重。除了表9-2中抗球虫剂标题下所列出的药物外，有几种抗生素——拉沙里霉素、莫能菌素、土霉素、盐霉素和维吉尼亚霉素——据称也能预防或治疗球虫病。同时，一些硝基呋喃和磺胺类药物对于抗球虫也很有效。

6 硝基呋喃类

硝基呋喃类药物是一类抗菌化合物，它对很多微生物疾病都很有效。同其他抗生素一样，持续使用硝基呋喃类药物迄今没有产生抗药性。硝基呋喃经常同其他药物一起使用，尤其是在猪和家禽中。

7 磺胺类

磺胺类药物最早合成于20世纪30年代。早期，一些磺胺药物被广泛用于治疗当时很难治愈的人类疾病。令人遗憾的是，大部分磺胺都存在组织残留问题。可以注射的磺胺药物更为糟糕，它们造成了可食组织中的残留。后来，人们逐步拒绝了把磺胺作为一种饲料添加剂来使用。幸运的是，原来用磺胺药物缓解的疾病，大部分也可以用其他药物得以成功治疗，而这些药物带来的问题很少。

8 控制胃肠道寄生虫的药物

所有家畜都有胃肠道和其他类型蠕虫（肺、肾及其他）的问题。值得庆幸的是，已有很多化合物能够控制这些寄生虫。多数情况下，这些添加剂被用于饲料或饮水中，使用期仅为几天。

9 类激素产生促进剂

目前获准使用的类激素产生促进剂（hormone-like production improvers）只有一种。十六次甲基甲地孕酮乙酸盐（一种合成孕激素）在肉用犊牛中的使用已经相当广泛；它能通过抑制发情来使动物的增重速度更快、增重效率更高。

尽管类激素产生促进剂不是饲料添加剂，但目前已有几种产品可供使用。它们用于耳部皮下埋植，其中包括：已烯雌酚（美国以外的国家使用）、赤霉烯酮（商品名 Ralgro™），赛诺伟格斯（商品名 Synovex™），速肥宝（商品名 Rapid Gain™）和阉牛壮（商品名 Steer-oid™）。据说，赤霉烯酮是一种合成代谢制剂，赛诺伟格斯是雌激素和孕酮的合剂，速肥宝是睾酮和雌激素的合剂，而阉牛壮则是孕酮和雌二醇的合剂。尽管肥育羊对这些生长促进剂需要的剂量很低，但它们多数似乎对肥育羊的使用效果都很好。很多生长-肥育牛都用这些埋植剂进行处理。

各种天然或合成的激素似乎都能增加反刍动物的氮存留和饲料采食量，从而起到提高反刍动物生产水平的作用。类激素生产促进剂通常能提高动物的增重速度、改善饲料转化效率，同时也使脂肪沉积减少。与没有经过类激素处理的相同体重的家畜相比，处理过的家畜的脂肪沉积会减少，胴体等级会提高。

大量证据表明，注射天然生长激素可以大大增加奶牛的产奶量。通常，动物体内的生长激素非常少，借助于现代基因剪接技术可以用细菌生产这些激素（如胰岛素和其他一些药物或“天然”产品）。

生长激素（bst）的使用方法是每 14 d 皮下注射一次。

10 其他特殊用途的添加剂

除在上述Ⅰ类和Ⅱ类药物部分讨论的许多不同化合物和简要提到的埋植剂外，在饲料生产、补充饲料、液体饲料、矿物质或维生素预混合料以及其他特殊用途的产品中还使用很多其他添加剂（表9-5）。这些产品中有许多是用于改善饲料或饲粮组分的加工处理特性、改变风味、防止一些成分变为液体、控制粉尘等。由于这些化合物不是药物，所以它们在饲料厂的使用不受 FDA 的约束。但是，由于这些化合物在饲料中的使用剂量，以及适合在何种类型的饲料中使用，都存在一定的限制。所以，所有使用者都应遵守公认的“优良产品制造规范”。这一规范适用于饲料厂或其他生产和使用这些化学药剂的制造商。

本章小结

饲料添加剂是现代家畜生产中非常重要的组成部分，尤其是在大量的家畜解约化饲养于有限的空间情况下。使用的添加剂中多数属于药物。在美国，所有在家畜生产中使用的药物在一定程度上都受食品及药品管理局（FDA）的管理，任何一种添加剂只有获得 FDA 的许可后，才能用于大规模的常规使用。

抗生素是使用最广泛的饲料添加剂之一。家畜，特别是幼畜，连续低剂量使用抗生素，能加快其生长，提高饲料转化率，并改善家畜的整体健康状况。中等剂量的抗生素可以用来控制某些疾病，而短期内高剂量的使用，可用于治疗疾病。其他抗生素可能对致病微生物，如球虫（一种原生动物）或胃肠道寄生虫都有效。在家畜生产中，已经开发使用的添加剂有砷制剂、硝基呋喃类、抗球虫剂、磺胺类药物及其他特殊用途的添加剂。它们有时可能会在组织中残留（特别是砷制剂或磺胺类药物），因此，用作人类食品的家畜在屠宰之前，需要停药一段时间。已经有两种类激素产品被获准在一些动物中使用。激素或类激素化合物除用于抑制肉用犊牛的发情外，主要是用作肥育牛或羊的皮下埋植剂。生长激素由细菌生产，可在泌乳牛中注射使用。

表 9-5 其他特殊用途的添加剂

名称	食品添加剂修正案中分类归属	限制或局限
硫酸铝	用于糖蜜抗凝胶化作用的制剂	无
大茴香[a]	香料，调料，香精油	无[b]

续表 9-5

名称	食品添加剂修正案中分类归属	限制或局限
硅镁土[a]	抗结块剂和制粒助剂;液体补充饲料悬浮助剂	肥育饲料中不超过2%,补充饲料中不超过1.5%
球状黏土	抗结块剂和制粒助剂	肥育饲料中不超过2.5%
硅酸钙	抗结块剂	不超过2%
硬脂酸钙	抗结块剂	与优良生产规范相符
辣椒,红辣椒[a]	香料,调料	无[b]
硅藻土	惰性载体和抗结块剂	总饲粮中不超过2%
EDTA二钠	微量元素溶解于水溶液	肥育饲料中不超过0.024%
乙基纤维素	干维生素制剂黏合剂或填充物	具体见 Reg. 121.230
茴香[a]	香料,调料,香精油等	无[b]
胡芦巴籽[a]	香料,调料,香精油等	无[b]
姜[a]	香料,调料,香精油等	无[b]
氨化干草素	香料,调料,香精油等	无[b]
柠檬酸铁铵	食盐中抗结块剂	肥育料中不超过0.002 5%
高岭土[a]	抗结块剂	肥育饲料中不超过2.5%
卵磷脂[a]	稳定剂	无[b]
甲基葡萄苷椰子油酯	糖蜜中表面活性剂	糖蜜中不超过0.032%
矿物油	减少饲料或矿物质补充饲料中的粉尘,制粒、制舔块中用于润滑,改善饲料颗粒和舔块的抗水性,防止矿物质盐中微量元素的分离	
谷氨酸单钠[a]	香料,调料	无[b]
微晶高岭石[a]	抗结块助剂,制粒助剂,和非营养性载体	肥育饲料中不超过2%
矿脂或矿物油和矿脂混合物		肥育饲料中不超过0.06%
石蜡	粉尘控制剂	矿物质补充饲料中不超过3%或肥育饲料中不超过0.06%
石油膏	矿物质混合物中粉尘控制剂	矿物质混合物中不超过3%或肥育饲料中不超过0.06%
磷酸	杂项用途和/或通用	无[b]
聚乙二醇(400)二油酸脂(一油酸)	添加到糖蜜中作为加工助剂	糖蜜中不超过0.025%
聚氧乙烯(400)二油酸脂(一油酸)	乳化剂	犊牛代用乳
聚山梨醇酯80	乳化剂	犊牛代用乳
聚山梨醇酯60	乳化剂	犊牛代用乳,矿物质预混料
丙二醇藻酸盐	乳化剂,稳定剂,增稠剂	除121.1015所列的具体食物外,无
叶蜡石	抗结块助剂,混合助剂,制粒助剂或载体	肥育饲料中不超过2%
糖精钠[a]	非营养性甜味剂	无[b]
羧甲基纤维素钠[a]	稳定剂	肥育饲料中不超过2%
乳酸硬脂酸钠[a]	乳化剂和稳定剂	肥育饲料中不超过2%
硬脂酰乳酸钠	乳化剂和稳定剂	无[b]
单硬脂酸山梨聚糖(含或不含聚山梨醇酯60)	家畜饲料矿物质预混合料和饲粮补充饲料中乳化剂	无

续表 9-5

名称	食品添加剂修正案中分类归属	限制或局限
阿兹特克万寿菊粉及其浸提物	提高鸡皮肤和蛋的黄色	充分补充叶黄素和其他类胡萝卜素以达到满意的效果
焦磷酸四钠	分散剂	肥育饲料中不超过 1%
二氧化钛	着色剂	
甲醛尿素[a]	包被用作反刍动物饲料的饲料级尿素	肥育饲料中不超过 1%
黄血盐钠	食盐中抗结块剂	不超过 0.001 3%

来源：饲料工业红皮书[7]。

[a]公认为安全的。

[b]尽管必须遵照优良产品制造规范使用，但没有使用剂量的限制。

参 考 文 献

1. AFCO. 2000. *Official publication*. Washington, DC: Assoc. Amer. Feed Control Officials.
2. Superintendent of Documents. *Federal register*. Washington, DC: Government Printing Office.
3. Anon. 2000. *Feed additive compendium*. Minnetonka, MN: Miller.
4. Wallace, H. D. 1970, *J. Animal Sci*. 31: 1 118.
5. Goodrich, R. D., et al. 1984. *J. Animal Sci*. 58: 1 484.
6. Berger, L. L., S. C. Ricke, and G. C. Fahey, Jr. 1981. *J. Animal Sci*. 53: 1 440.
7. Anon. 2000. *Feed industry red book*. Eden Prairie, MN: Communications Marketing.

第 10 章　饲料法规和标签
Feed Laws and Labeling

作者:Richard O. Kellems 和 D. C. Church
译者:姜成钢
校对:张元庆和董晓玲

为确保人类和动物的健康,有关部门已经制定了与饲料生产和销售有关的规章制度和法规。同时,这些规章制度和法规也确保了商业的有序性,保护了消费者的权益,并且防止了饲料行业的不公平竞争和欺骗行为。1909 年,美国的第 1 部饲料法规开始实施。通常,这些法规由各州的农业部管理。在其他国家,这些法规也可能由其他机构管理。这些机构管理商品饲料、矿物质补充料、液体补充料、预混料或其他补充料的生产和销售。生产商品饲料的公司会受这些法规的约束。饲料法规要具有普遍适用性,以便各受约束单位能遵守相同的规则。法规要求任何违反法规者必须接受法规制裁,否则他们将会被逐出市场。饲料法规中也应当包括将那些违反法规的人公之于众(包括行业中的其他成员)的条款。

美国大部分饲料管理机构是以典型饲料议案(model feed bill)作为法规基础的。典型饲料议案由美国饲料控制官协会(AFCO)制定,并经美国饲料工业协会(The American Feed Industry Association)和宠物食品研究会(Pet Food Institute)认可。AFCO 由北美不同州和国家的商品饲料管理机构的代表组成。AFCO 的基本目标是提供能够制定并实施统一平等的法律、法规、标准和定义的机构以及提供规范动物饲料的生产、标签、分配和销售的强制政策,以达到饲料的安全性、有效性和有益性。典型饲料议案涵盖了大量的内容,如关于适量(appropiate)的定义、饲料商标名称的注册、标签以及其他相应的法规。

某一公司在一特定州销售饲料产品时,必须向所在州的相应机构注册其产品。这通常包括提交标签并交纳每年的费用。州立机构负责饲料产品的监测,确保其与标签上所列的信息相符。统一法律和法规的应用,大大推进了饲料产品在州与州之间的贸易。

1　标签法规

产品标签能为消费者提供产品的相关信息,以便消费者能了解他们所购买的产品。消费者掌握了竞争产品的信息之后,便可做出明智的购买决策。标签法规必须规定必备的、可选的和禁止的信息。对产品性能的虚假宣传与对营养作用的不实宣传一样,能误导粗心大意的消费者。因此,在法规中有必要规定严禁的标签信息。同时,标签也必须能够指导消费者正确地使用产品。说明书应当简单地指出饲料适合的动物种类,也可以提供饲喂次数的详细内容。饲料法规应该确保产品标签中所包含的产品能够正确使用的最基本的信息。

饲料标签中必须要有以下信息:关于如何识别产品,告知购买者和/或消费者关于产品的属性及用途,提供如何使用产品的说明,以及转达关于产品使用过程中的特殊注意事项等。除客户特殊要求的配合饲料外,每个饲料袋上都要求贴有标签,当饲料成批出售时要求出示标签以供检验。不同州之间的标签有细小的差别,但是标签通常都包含以下信息:产品名称和商标名称(如果有的话)、产品用途、保证分析、成分列表、使用说明、警告(如果有的话)、生产商名称和地址以及净重。客户合同饲料(指为特定消费者生产的饲料产品)要附有标签、交货收据或其他运输文件,这些运输文件要包含以下信息:①饲料生产商名称和地址；②购买者名称和地址；③交货日期；④产品名称和商标名称(如果有的话)；⑤混合物中各组分的净重；⑥含药物或其他组分的饲料应有详细的使用说明书，以保证饲料的安全使用；⑦安全、有效地使用饲料所必备的预防措施。

人类食品的标签要求首先列出混合物中含量最高的成分，然后逐次列出含量较少的成分。尽管典型饲料议案没有明确规定这种做法，大多数州立法规也没有这样的要求，但饲料生产商或多或少地遵循了这一惯例。多数饲料生产商使用的是集合饲料(collective feed)名称。这样做的一个原因是，当饲料中的一种或多种成分停止使用时，饲料生产商将不必注册或制作新的标签，同时也避免了生产商列出每种具体成分。常用的饲料有动物蛋白、牧草、谷物、植物蛋白、谷物加工副产品、粗饲料和糖蜜。

通常，饲料标签中的分析保证值一般要求提供特定的信息，这种信息在不同动物之间有一定的差异。表 10-1 中所列的是典型饲料议案所要求的部分信息。除了这些数据外，一些州要求：如果饲料中

表 10-1　2000 年美国饲料控制官协会典型饲料法案规定的不同饲料类型的必需项目

营养物质	奶牛	肉牛	猪	家禽	绵羊	马	鱼	兔
粗蛋白(最小%)	是	是	是	是	是	是	是	是
NPN(最大%)	a	a	否	否	a	否	否	否
赖氨酸(最小%)	否	否	是	是	否	否	否	否
蛋氨酸(最小%)	否	否	否	是	否	否	否	否
粗脂肪(最小%)	是	是	是	是	是	是	是	是
粗纤维(最大%)	是	是	是	是	是	是	是	d
ADF(最大%)	是	否	否	否	否	否	否	否
钙(最小和最大%)	是	是	是	是	是	是	否	是
磷(最小%)	是	是	是	是	是	是	是	是
食盐(最小和最大%)	否	是	是	是	是	否	否	b
钠(最小和最大%)	否	b	b	b	否	否	否	b
镁(最小%)	否	否	否	否	否	否	否	否
钾(最小%)	否	是	否	否	否	否	否	否
铜(最小 ppm)	否	否	否	否	c	是	否	否
硒(最小 ppm)	是	否	是	否	是	是	否	否
锌(最小 ppm)	否	否	是	否	否	是	否	否
维生素 A(IU/lb)	a	a	否	否	a	a	否	a

资料来源：由 AFCO 2000 官方出版物[1]改编而来。

[a]保证维生素 A 含量和来自非蛋白质氮的等价粗蛋白含量，只在添加时有要求。

[b]只有当总钠量超过最大食盐保证值所提供钠含量时才要求钠的保证量。

[c]当绵羊日粮中添加或超过 20 ppm 时要求保证量。

[d]兔日粮要求最小和最大粗蛋白保证量。

使用的粗饲料高于 5%，那么应标出粗饲料的含量。对于液体补充料，除要求给出其他信息外，一些州还要求标出最大水分含量和最小总糖的含量。饲料中使用非蛋白氮原料(NPN)时，必须列出 NPN 的最大含量。过量饲喂 NPN 化合物可能会造成动物中毒，因此，除反刍动物饲料外，其他动物饲料中不添加 NPN 化合物。通常，如果饲料配方中以 NPN 形式存在的粗蛋白质超过 8.75%或者超过总蛋白质的 1/3 时，标签中必须给予充分说明，以保证其安全使用。通常，标签中需要包含预防声明："警告：请按说明使用"。一些州要求，任何含有尿素的配合饲料标签中应有如下声明："仅供反刍动物使用"，或"只能饲喂反刍动物"。

多数动物被细分为不同的类别，这些分类应在标签中列出。以下列出的是猪的不同类别；其他动物也有类似的分类：①哺乳仔猪：2～11 lb；②断奶仔猪：11～44 lb；③生长期幼猪(架子猪)：44～110 lb；④肥育猪：110～242 lb(上市)；⑤青年母猪、母猪、成年公猪；⑥泌乳青年母猪和泌乳母猪。

州与州之间饲料标签的具体差别可参阅《饲料添加剂纲要》[2]。非加药饲料和加药饲料的标签也不同。下表给出了非加药饲料和加药饲料标签的要求：

非加药饲料	加药饲料
商标名称(如果有)和产品名称	商标名称(如果有)和产品名称
用途声明	标明"加药"字样
保证分析	用途声明
成分列表	药物用途声明
使用说明	保证分析
警告(如果有)	成分列表
制造商名称和地址	使用说明
净重	警告(如果有)
	制造商名称和地址
	净重

图 10-1 显示的是一个典型的非加药饲料标签的假设举例。

绿鸟牌肉牛饲料

肉牛补充料

成分分析保证值

粗蛋白(最低)……12%

(其中来自非蛋白氮的粗蛋白质量分数不超过 2.9%)

粗脂肪(最低)…… 2.0%

粗纤维(最高)……10.0%

钙(最低)…… 0.5%

钙(最高)…… 1.0%

磷(最低)…… 0.5%

食盐(最低)……11.0%

绿鸟牌肉牛饲料

肉牛补充料

成分分析保证值

食盐(最高)……13.2%

钾(最低)…… 0.4%

维生素 A(最低)……10 000 IU/lb

原 料 组 成

谷物、植物蛋白质、糖蜜、谷物加工副产品、尿素、维生素 A 补充料、维生素 D-3 补充料、维生素 E 补充料、碳酸钙、磷酸一钙、食盐、一氧化锰、硫酸亚铁、氧化铜、氧化镁、氧化锌、碳酸钴、乙二胺二乙基碘、氯化钾

饲用说明：供放牧肉牛自由采食。作为肉牛补充料，每头每天饲喂 4～6 lb。随时提供新鲜、清洁的饮水

注意事项：请按说明使用。每天注意观察牛的反应，并监测采食量。不要额外饲喂食盐。

绿鸟饲料厂制造

××市，××州，邮编×××××

净重 50 lb(合 22.67 kg)

图 10-1 非加药饲料标签样例

2 加药饲料

加药饲料是指含有一种或多种任何剂量药物的动物饲料，它包含：(a)用于某一动物单一日粮的加药全价饲料；(b)预计要饲喂的动物可以安全地直接采食，并且可以在自由采食的饲养方案中使用的加药补充饲料；(c)在饲喂指定的动物之前，须与其他的饲料原料混合制成补充饲料或全价饲料的加药浓缩料。某些类型添加剂含量较高的商品饲料将被列为药物。

除常规的标签要求外，含有 FDA 法规认定的药物添加剂的产品，还要求在产品名称之后或在其下方标明"加药"字样。加药的目的必须要声明，活性成分的名称和数量也必须列出，同时(FDA 要求时)要包含警告声明，列出动物用作人类食品屠宰之前的最短休药期，同时必须给出正确使用该饲料的说明，以及对误用产品的警告。图 10-2 所示的是典型的加药饲料的标签样例。FDA 要求，所有加药饲料都要贴有标签。如果是袋装，那么每袋都必须有正确的标签。根据客户合同制作的混合饲料与注册饲料一样，要求贴有基本的标签。

对预混料(饲喂前必须以其他饲料原料进行稀释的混合产品)来说，其标签必须标明用于何种配合饲料、混合后的最终药物浓度，及其混合药物的作用。同时，标签中也必须标明使用说明和警告。对于 FDA 规定需要填 1900 表的那些药物(第 9 章)，饲料生产商在销售这些添加药物饲料之前，必须提交这种表格，并要得到 FDA 的许可。

生产加药饲料的饲料生产企业应该熟悉良好制作规范(GMP)的规定。已经制定了不同类型饲料的这类法规，而且在"联邦公报"上公布。生产商必须熟悉这些规范，并且定期采集饲料样品进行分析，测定其中的药物是否在规定的含量范围。

在加药饲料使用过程中有时会出现药物的浓度或其配比超出 FDA 许可的范围，或者饲喂的动物与 FDA 许可列表中的动物不符。当兽医师和/或营养学家为满足客户提出的关于某种加药"特殊混合料"的要求时，可能出现上述问题。任何有意生产或饲喂非法混合料的当事人，都必须追究其法律责任。

绿鸟牌超级猪饲料

加 药

适用于 11～44 lb 断奶仔猪

给猪使用这种全价饲料可减少子宫颈脓肿的发生，治疗细菌性肠炎(由猪霍乱沙门氏菌引起的沙门氏菌病或坏死性肠炎以及弧菌性痢疾)，维持猪发生萎缩性鼻炎时的增重，增加断奶后 6 周龄仔猪的增重率和饲料转化效率

活性药物成分

金霉素……100 g/t
磺胺噻唑……0.011%
青霉素(普鲁卡因青霉素)……50 g/t

成分分析保证值

粗蛋白(最低)……20%
赖氨酸(最低)……1.2%
粗脂肪(最低)……4%
粗纤维(最高)……4%
钙(最低)……0.8%
钙(最高)……1.3%
磷(最低)……0.65%
食盐(最低)……0.35%

食盐(最高)…………………………………………………… 0.5%
硒(最低)…………………………………………………… 0.3 ppm
锌(最低)…………………………………………………… 150 ppm

原料组成

谷物、植物蛋白质、糖蜜、谷物加工副产品、乳清粉、木质素磺酸钙、动物脂肪、维生素A补充料、活性 *D*-动物固醇(维生素D来源)、*L*-赖氨酸、核黄素补充料、氯化胆碱、生物素、硝酸硫胺、盐酸吡哆醇、维生素补充料、甲萘醌、亚硫酸氢钠复合物(活性维生素K来源)、叶酸、乙氧喹(防腐剂)、石灰石粉、磷酸二钙、食盐、硫酸铜、一氧化锰、氧化锌、硫酸铁、碳酸钴、碘酸钙、亚硒酸钠

使用指南

用作体重为11～44 lb断奶仔猪的全价日粮

注意事项:屠宰前停药期为7 d

绿鸟饲料厂制造

××市,××州,邮编×××××净重

50 lb(合22.67 kg)

图10-2 加药饲料标签样例

本章小结

美国大多数州都同意使用典型饲料议案。典型饲料议案的制定,推动了管理饲料生产、销售和标签的法律的一致性。每个饲料包装袋上都要求贴有标签,或者当饲料成批销售时要出示标签供检验。对于某种特定类型的饲料,标签中必须提供其销售所在州所要求的信息。这些信息通常包括:最小粗蛋白、最大粗纤维和灰分(和/或Ca)含量,若有非蛋白氮化合物还应包含非蛋白氮化合物的含量。此外,如果饲料中添加了药物饲料,标签中必须标明其活性成分的名称和含量;如果FDA要求的话,标签中还必须包括警告声明,列出动物作为人类食品屠宰之前所需的休药期,同时标签还必须给出关于误用产品的警告和正确使用饲料的说明。

参考文献

1. Association of Feed Control Officials. 2000. Washington, DC.
2. *Feed additive compendium*. 2000. Minnetonka, MN: Miller.

第 11 章　饲料加工

Feed Processing

作者：Richard O. Kellems 和 D. C. Church
译者：姜成钢
校对：赵芸君和李艳玲

在家畜生产过程中，饲料成本是主要的开支。即使是以放牧为主的绵羊生产，饲料的开支也占其总生产成本的 55%。对家禽而言，75%～80%的数值可能更为确切。因此，很有必要提供足够的饲粮（根据营养成分），即促进采食，又不造成过量的饲料浪费。

饲料加工方法大致包括机械的、化学的或热处理的方法，或者这些方法的组合。微生物发酵也可以包括在内。加入酶制剂可以促进养分的利用，如添加植酸酶可以增加磷的有效性。饲料加工可以改变饲料的物理形态或颗粒大小，以防止损坏，并分离籽粒或植物的特定部分，改善适口性，使各种有毒物质或抗营养因子失活。在某些情况下，饲料加工主要是为了改善饲料的加工性能以便于处理，如将大捆干草切碎或碾碎。

通常，随着生产和饲喂水平的提高，当希望获得最大效率时，饲料的调制方法变得更为重要。饲料加工能通过增加消化率或食糜的流通速度，提高家畜对养分的吸收。这是因为超量饲喂的家畜对饲料的选择性更强，更容易将适口性差的成分挑选出来，或者拒食和浪费它们不喜欢的饲粮。

对于反刍动物，消化率通常随着饲喂水平的增加而下降，这主要是因为饲料在胃肠道中停留时间不足，无法达到最大程度的消化。合理的加工方法可以部分抵消消化率的这种正常下降。

一些大型肥育场必须购买和储存大量的谷物（图 11-1），以便能有充足的供应。这些谷物随后根据需要进行加工。随着家畜生产向集约化发展，饲料加工变得更为重要。这一点对粗饲料特别适用，因为如果要在现有的饲喂设备中使用，许多粗饲料必须经过一定程度的加工，并且当饲喂全价饲粮时，饲料经切碎、制粒或粉碎处理，更易于与其他成分混合。

本章讨论的是加工谷物饲料、粗饲料以及保存高水分谷物饲料的方法，而未涉及将谷物碾磨成面粉、加工油料籽实或宠物饲料的方法。

图 11-1　在亚利桑那州一座大型肉牛肥育场外储存的买罗高粱

大堆的谷物用铁丝网覆盖，以防止飞鸟破坏，这在图中并不明显。

1　谷物加工方法

谷物加工方法可以简单地分为干法和湿法，或常温法和加热法。热处理法是一些方法的必要组成部分，但在另一些方法中却根本不用。同样，在一些方法中添加水分很重要，但在另一些方法中可能是有害的。图 11-2 显示了各种方法加工的谷物，在下面部分列出了各种方法，并加以讨论。

蒸汽压片玉米　　粗压碎玉米　　细压碎玉米

膨化压扁大麦　　蒸汽压片大麦　　粉碎大麦

膨化压扁玉米　　膨化压扁小麦　　膨化压扁高粱

图 11-2　不同方式加工的谷物

1.1　常温加工方法

1.1.1　辊式粉碎机破碎(cracking)和粉碎(grinding)

粉碎机通过紧密固定在一起的表面具有波纹状沟槽的对辊对谷物实施压扁,产生小而又小的碎颗粒(图 11-3 和图 11-4)。对于玉米、小麦或买罗高粱,加工终产品的粒度范围介于破碎的谷粒和相当细的粉末之间。对于带壳的谷粒(如大麦和燕麦),其产品的粒度大小介于扁平的谷粒和较细的粉末之间,但外壳部分不像其他部分一样被粉得很细。对辊式粉碎机产生的粉尘比锤片式粉碎机要少得多。如果粉碎粒度不太细,其物理结构可以被多数动物所接受。对辊式粉碎机不可以用来粉碎粗饲料。

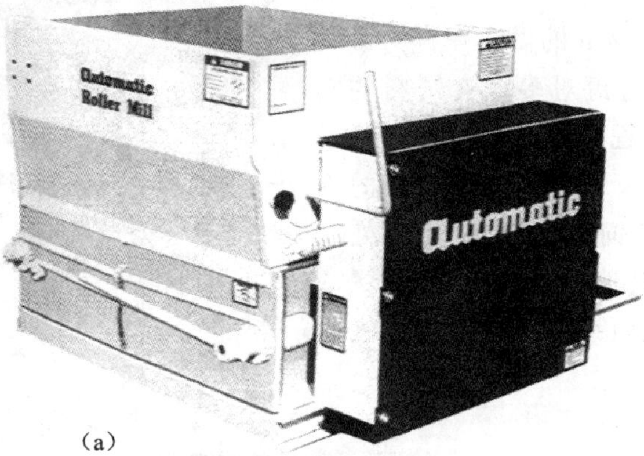

(a)

(b)

图 11-3　(a)一种用于加工谷物饲料的对辊式粉碎机
(b)图示用于物理性压碎谷物的大型对辊,其表面具有沟槽式波纹

承蒙 Automatic Equipment Mfg. Co. ,Pender, NB 惠赠。

1.1.2　粉碎

粉碎是最常见的饲料加工方法,并且是除了浸泡法外最廉价、最简单的方法。市场上有多种粉碎设备供应,所有这些设备都可以对成品颗粒大小进行一定的控制。在北美,锤片式粉碎机可能是最常见的饲料加工设备。锤片式粉碎机(图 11-5)对饲料的加工是借助旋转的金属锤片击打待粉碎的物料并使其通过金属网筛来完成的。产品颗粒度大小可通过改变筛孔的大小来控制。这些粉碎机能粉碎从粗饲料到各类谷物的任何饲料,其产品的颗粒度大小介于碎谷粒到细粉末之间。在这一过程中,可能有很多粉尘的损失,其成品的粉尘比用对辊式粉碎机或其他类型设备粉碎的谷物产品要多。

粉碎通常能提高所有小而硬的籽粒的消化率。它通过破坏籽粒外面的保护层，增加消化液与营养物质内层的接触面积，来提高营养物质利用率。反刍动物更喜欢粗粉碎的谷物，因为它们不喜欢粉碎成很细的粉末，特别是当粉末中有很多粉尘时。对于家禽和猪，粉碎成较细的饲料更为常见。当谷物的采食量较低时，粉碎同其他更昂贵的方法一样，能获得满意的效果。

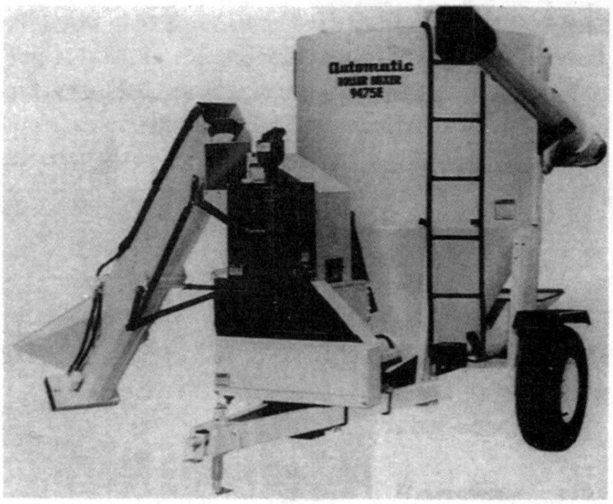

图 11-4 一种饲料加工机械例图

该机械首先压扁谷物，将其与其他饲料原料混合，并将最终混合饲料输送到仓库或运输车

承蒙 Automatic Equipment Mfg. Co., Pender, NB 惠赠。

1.1.3 谷物浸泡(soaked grain)

将谷物在水中浸泡12～24 h的做法一直为家畜饲养者所采用，尤其当你考虑对多采食饲料的动物进行奖赏时。在浸泡过程中，通常需要加热，能够使谷物膨胀、增大、软化，成为适口性很好的产品。当这种产品用于肥育饲粮时，应做压扁处理。很多研究结果表明，与其他加工方法相比，浸泡法没有明显提高饲料转化效率的作用。由于浸泡法要求一定空间，在处理过程会出现问题，还可能使饲料变酸(气温较高情况下)，这些缺点限制了这一方法的大规模使用。

图 11-5 农场中现场使用的移动式粉碎机(锤片式粉碎机)实例

承蒙 Ford New Holland, Inc., New Holland, PA 惠赠。

1.1.4 加水还原法(reconstitution)

加水还原法同浸泡法相类似，它是在饲喂之前，在已成熟和干燥的谷物中加水，使谷物的水分含量上升到25%～30%，然后将其在限制氧气的料仓中储存14～21 d。这一加工方法对高粱和玉米的效果很好，当使用整粒谷物时，它能提高采食高精料饲粮的肉牛增重速度和饲料转化效率。但是，如果在还原前将谷物粉碎，则效果不好。显然，谷物在储存期间会发酵。这种方法的主要缺点是，储存时需要大量的饲料，并且，如果使用了高粱，在饲喂前需要压扁。

1.1.5　高水分谷物

指谷物在水分含量较高(20%～35%)时收获，然后在青贮设备(或是在塑料袋)中储存。谷物如果不用此种方式储存或进行化学处理，就会在天气不很冷的时候发热和霉变。高水分谷物在青贮或饲喂前可以进行粉碎或压扁。在天气条件不允许进行正常田间干燥时，采用这种方法处理谷物不仅非常有用，而且能避免使用昂贵的燃料进行人工干燥。虽然这种方法的储存成本可能相对较高，但高水分谷物能产生良好的肥育牛肥育效果，可以与我们前面讨论过的一些更好的加工方法相媲美。与干谷物相比，这一方法提高了饲料转化效率。当然，在市场上，湿谷物比干谷物更难进行交易。

1.1.6　高水分谷物酸储

近年来，随着燃料成本的增加，人们对取消新收获谷物人工干燥的兴趣日益浓厚。使用酸储大麦或玉米喂猪和使用酸储玉米或高粱喂牛的研究结果都表明，酸储高水分谷物很有发展前景。利用丙酸，或乙酸、丙酸混合物，或甲酸和丙酸混合物与高水分整粒玉米或其他谷物彻底混合(有机酸添加量均为1%～1.5%)，可以防止谷物发霉和腐烂。与使用干燥谷物相比，酸储谷物并不影响家畜的生产性能。

1.2　热处理

近年来，用于热加工谷物或其他产品(比如油料籽实、宠物饲料等)的方法包括蒸汽压扁(steam rolling)和蒸汽压片(steam flaking)、挤压(extruding)、制粒(pelleting)、膨化(popping)、微波加热(micronizing)和烘烤(roasting)。在一些肉牛肥育场，已经尝试了利用高压蒸煮(pressure cooking)和爆裂(exploding)处理谷物的方法。然而，由于设备的成本和维护问题，阻碍了它们的进一步使用。已有的信息表明，微波加热法和烘烤法目前还未采用，膨化法正在逐渐淘汰。以下是有关这些方法的评述。

1.2.1　谷物的蒸汽压扁和蒸汽压片

在 20 世纪 40 年代，蒸汽压扁的方法就已开始使用。这种方法可以部分杀死杂草种子(早期)。蒸汽处理是将蒸汽通入到位于对辊式粉碎机(图 11-6)上方装有谷物的蒸汽调制器的过程。在普通工艺中，谷物在压扁之前只是接受短时间(3～5 min)的蒸汽处理，通常只能恰好软化籽粒，不足以使淀粉颗粒有任何程度的改变。研究结果表明，与干法碾压相比，蒸汽压扁提高了家畜的生产性能，并且能生产较大的压片，产生的粉末也较少，与干法碾压相比改善了饲料的物理结构。这在饲喂高水平谷物饲粮时，不失为一种优势。

表 11-1　加工方法对玉米和高粱淀粉体外消化率的影响[a]

	谷物加工方法				
		蒸汽压片			
	干碾压	34[b]	28[b]	22[b]	SEM[c]
高粱	35.3	52.4	67.5	78.6	2.67
玉米	—	39.7	—	69.0	3.65

资料来源：Theurer 等[3]。

[a]用淀粉葡糖苷酶体外培养，30 min 内淀粉消化成葡萄糖的百分比。

[b]蒲式耳磅数。压片越薄，蒲式耳重就越轻。

[c]平均数的标准误。

谷物蒸汽压片与蒸汽压扁的方法相似，只是谷物在蒸汽调制器内接受蒸汽处理的时间更长(15～30 min)，通常足以使谷物的水分含量上升到 18%～20%，随后谷物在表面经拉丝处理有波纹状的对辊之间进行压制，形成平展的薄片。自从 20 世纪 60 年代以来，谷物蒸汽压片方法就已经在肉牛肥育场广泛使用。已经表明，蒸汽压片能提高谷物饲料饲喂价值 12%～15%[1,2]。谷物压片越薄，每蒲式耳的重量就越轻。表 11-1 表明，谷物压得越薄，淀粉的活体外消化速度就越快。蒸汽压片能够更有效地破坏谷物淀粉颗粒，使产品的物理质地更为理想。就提高增重速度而言，蒸汽压片处理后的玉米、大麦和高粱都有非常好的效果。尽管蒸汽压片改善玉米和高粱饲料转化效率的效果非常明显，但对大麦而言，与蒸汽压扁处理相比，蒸汽压片改善饲料转化效率的效果不明显。

1.2.2 制粒(pelleting)

制粒是先将饲料粉碎，然后进入制粒机，通过压辊的作用，让物料强行通过一个厚厚的高速旋转的带孔环模的过程。在制粒之前，饲料通常要经过一定程度的蒸汽调制，但并非总是如此。颗粒饲料可以制成不同的直径、长度和硬度，其商业化运作已有50余年的历史。与粉料相比，通常所有家畜都喜欢颗粒饲料的物理特性。大部分家禽饲料和猪饲料都经过制粒过程。然而，对于采食高谷物饲粮的反刍动物来说，与其他方法相比，尽管制粒可以改善饲料转化效率，但由于饲料采食量有所降低，其结果并不特别有利。由于家畜可能拒绝采食粉末，因此，将饲粮制粒常常能获得良好的效果。制粒的方法也常用于储存低质的饲料。颗粒料能与压扁的谷物很好地混合，形成全价料或同一质地的饲料。通常将补充饲料如蛋白质浓缩料一道制粒，以便用它们在地面上饲喂动物，或者在多风地区用于减少其他形态饲料的饲喂损失。图11-7显示的是一个制粒机的实例。

图11-6 大型牛场用的大容量对辊式粉碎机

1.2.3 挤压

挤压谷物或其他类型挤压饲料的制作是将饲料通过一个带有旋转螺杆的机器来完成的，旋转螺杆推动饲料强行通过一个锥形头(图11-8)。在这一过程中，饲料被粉碎、加热和挤压，生成一种带状产品。这一工艺通常用来制作各种大小和形状各异的宠物饲料。对于饲喂高谷物饲粮的肉牛，饲喂挤压谷物的效果同其他加工方法处理的谷物相类似。一些挤压机也用来加工饲喂家畜的整粒大豆或其他油籽。热处理可以充分除去大豆或其他豆类籽实中的抗营养因子(第6章)。挤压机也可以广泛应用于加工用于人和宠物的食品，以及加工提取脂肪后的油籽产品。

1.2.4 膨化、微波加热和烘烤

大部分读者都熟悉膨化玉米，它是通过干燥加热使玉米瞬间膨胀(使水从液态变为气态所引起)破坏谷物的胚乳而制成的产品。这一工艺能提高肠道和瘤胃对淀粉的利用程度，但是降低了饲料的密度(单位体积的重量)。因此，膨化饲料在饲喂前通常要进行压扁以减少其体积。微波加热实际上同膨化类似，只是其热量是以红外线能量的形式提供。烘烤是将谷物进行火烤，使谷物直接受热产生一定程度的膨胀，从而使物料具有良好的适口性。这一工艺还未被家畜饲养者所接受。

图 11-7　一种广泛用于精料制粒的制粒机

左方显示的是可快速调换的模具。粗饲料也可以进行制粒，但与其他饲料原料相比，产量降低且成本高。

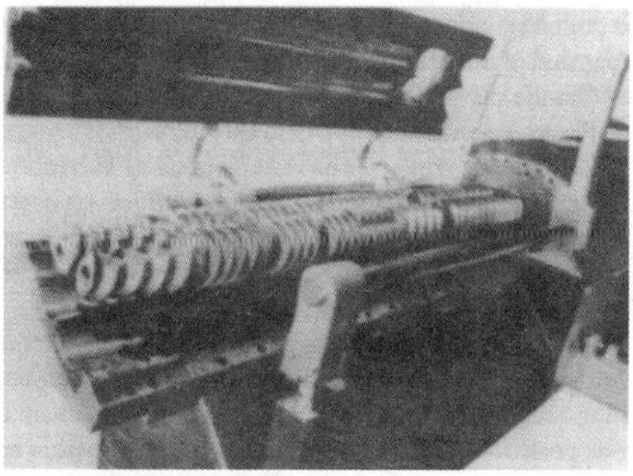

图 11-8　用于加工宠物饲料、一些鱼饲料、油籽饼和人类食品的挤压机的独特部件——旋转螺杆

承蒙 Wenger Mfg. Sabetha，KS 惠赠。

2　粗饲料加工

2.1　粗饲料打捆

打捆仍然是处理粗饲料最常见的方法，尤其适用于进行粗饲料出售或远距离运输的地区。就运输而言，打捆干草与堆于田间的松散干草或者其他不密实的粗饲料相比具有很大的优势。大草捆正变得越来越普遍(图 11-9)。尽管干草打捆的大部分工作可以用机械来完成，但是与许多其他饲料相比，它仍然需要相当多的手工作业。此外，在饲喂过程中可能产生大量的浪费，这取决于饲喂方式(饲槽饲喂，还是地面饲喂)和饲喂水平。超量饲喂的家畜，如奶牛，可能非常挑食，不采食粗糙的茎秆部分。因此，在饲喂打捆干草时，损失量增加的问题总会出现。

图 11-9　正在从车上卸下大捆干草

2.2 粗饲料的切碎和粉碎

切碎或粉碎使粗饲料的实物形态易于机械处理(图 11-10)。这类加工也易于使产品均一化,而且通常还能减少拒食和饲料浪费。现在,许多饲料车都具有在混合厢内切碎干草的功能。然而,粉碎可能增加额外的开支,并且在用锤片式粉碎机粉碎时可能造成大量的粉尘损失。在商业加工厂或肥育场,有时可以通过在粉碎前的草捆上喷洒脂肪和糖蜜来减少粉尘的损失。通常,由于粉碎的干草很多是粉末状的,可能不易被家畜采食。添加糖蜜、脂肪、水或者与湿的饲料(如青贮饲料)混合,通常能提高干草的采食量。对于反刍动物和马,切碎饲料的物理质地比粉碎干草更为理想,但切碎干草不能同粉碎干草一样很好地与其他饲料混合。

图 11-10 桶状粉碎机(tube grinder)工作实例

用它粉碎质地粗糙的粗粉碎非常实用。

2.3 制粒

由于制粒使粗饲料颗粒大小和物理结构都具有理想的特性,所以颗粒饲料通常容易为反刍动物、马和兔所采食,但不应将大颗粒料饲喂给小家畜。粗饲料(如长的干草)在制粒之前必须经过粉碎,与处理谷物的类似过程相比,这一过程显得费时,且成本较高。因此,与其他很多的饲料加工方法相比,此法的加工成本是一项很大的支出。通常制粒能使采食低质粗饲料家畜的生产性能获得最大程度的提高。制粒增加了粗饲料的密度和胃肠道的流通速率。虽然制粒降低了粗饲料的消化率,但由于增加了采食量,家畜吸收的净营养物数量提高了。反刍动物对制粒粗饲料的消化也有一定的不同,由于通过瘤胃的速度加快,因此纤维素的消化程度减少,乙酸产量降低,而在小肠中消化的比例相对更大。

饲喂制粒优质粗饲料的犊牛或羔羊所获得的生产性能(体增重)几乎相当于饲喂高谷物饲粮。然而,应当指出的是,长期饲喂细磨的制粒饲粮可能对瘤胃发育不利。以这种方式饲喂的家畜可能出现瘤胃乳头状突起角化过度,使瘤胃吸收能力下降,家畜的生产性能降低。图 11-11 显示了粉碎和制粒对饲料密度改变的影响。

图 11-11 打捆(左)锤片式粉碎机粉碎(中)和粉碎制粒(右)加工对苜蓿干草容积的影响

每堆均为 5 lb 干草。

2.4 粗饲料压块(cubed roughage)

压块(cubing)是使干草强行通过模具制成各种长度和硬度的方形产品(边长大约 3 cm)的过程。在田间压块的干草无需粉碎,但在压块时通常要在干草上喷水。已经开发出了田间制块机;固定式制块机也可用来将粉碎好的堆垛干草或草捆压块。苜蓿干草能制成良好的苜蓿草块饲料,并且与禾本科干草相比,不容易破碎。

研究数据表明，只要块状饲料不是太硬，就能在养牛生产中获得满意的生产性能。块状饲料通常在奶牛饲养中使用。

2.5　粗饲料的干燥和脱水

这一题目的讨论将很有限。但应当指出的是，美国（表 7-1）生产大量脱水苜蓿草粉，欧洲也生产一些脱水苜蓿。在苜蓿生长不茂盛的北欧，牧草干燥的数量很有限。如图 11-12 所示的设备可用于这一加工目的。

图 11-12　用于饲料干燥和脱水的商品烘干机实例

脱水苜蓿、脱水狗牙根或其他牧草应在蛋白质含量高、纤维含量较低的生长早期（苜蓿未现蕾前）收割。这时产品也会含有很高的胡萝卜素和叶黄素。脱水粗饲料的成本相对较高，因此，它通常只作为胡萝卜素、维生素或未知生长因子的来源在家禽或猪的饲粮中限量使用。脱水粗饲料在其他种类家畜中的使用量很有限。美国生产的脱水苜蓿大部分用于出口。

3　加工对饲料营养价值的影响

非放牧动物的饲料大部分经过热处理和粉碎，还有较少的部分进行制粒。这些方法导致饲料营养价值发生了很大的改变。并且，有相当多的文献都涉及到这一主题，因此，很有必要对这些方法给予特别的关注。

3.1　加热

加热可以用来干燥植物或动物体，使其在没有制冷、防腐剂或者青贮的条件下就可以储存。加热也可用于产品杀菌、改变蛋白质或碳水化合物的化学特性，以及使一些植物毒素失活。

很多年来，人们已经知道在有糖的情况下，过度加热将导致蛋白质（第 6 章）的褐变（maillard 反应）。其结果是赖氨酸（可能还有一些其他的氨基酸）与糖发生反应，致使部分赖氨酸无法被家畜利用。这一反应主要存在于植物蛋白、乳产品以及乳的副产品中（其他大部分的动物蛋白质来源中碳水化合物很少或没有)。

一般数据表明,鱼类或动物蛋白的过度加热将降低其促生长作用的效果。对于植物蛋白质,如谷物,经过适度和短时间的加热,能略微提高反刍动物对蛋白质的利用。但是,热处理对非反刍动物改善的作用很小。然而,对于豆科籽粒,加热能部分分解其中的抗营养因子(第6章),提高蛋白品质。加热也能增加大豆的代谢能值,降低大豆蛋白的溶解度,减少在瘤胃中的降解,而进入小肠中消化。

对于谷物,大量证据表明,加热能使淀粉部分糊化,尤其在有水分的情况下。特别对于采食高谷物饲粮的反刍动物,加热能使其更有效地利用谷物。当加热和加工过程使淀粉颗粒机械性破坏时,更是如此[4]。

对于维生素,任何会增加其暴露于空气(氧)中或延长其暴露于热或光中时间的处理,通常都能导致大部分维生素的破坏。一般脂溶性维生素和硫胺素、泛酸、叶酸以及生物素,特别容易受热破坏。对脱水苜蓿的研究表明,高温能将反式β-胡萝卜素转化成维生素A活性低的化合物。如果温度过高,这种能在家禽皮肤上沉积的重要色素,即叶黄素,也会大量损失。相关资料表明,高温干燥能减少苜蓿中(除维生素E之外的)天然植物抗氧化剂的含量。

对于矿物质,一些证据表明,热加工可能略微改变一些微量元素的有效性,这可能是饲料原料中的天然螯合剂发生改变的缘故。众所周知,过热能使脂肪产生丙烯醛(acreolin),它对大多数家畜都有毒性。在大多数情况下,过度加热也可能导致恶臭气味(rancidity)的增加。

3.2 粉碎和制粒

粉碎在很大程度上使饲料颗粒减小,且使饲料在化学反应和消化液中作用的表面积增加。粉碎的谷物或其他饲料的储存会使一些易被氧化的养分破坏,如不饱和脂肪酸,特别是在饲料中含有铁和锰等微量元素的情况下。

如果在消化道中停留的时间相同,颗粒饲料的消化率通常提高。由于颗粒饲料的实际粒径较小,因此在消化道中流通速率较快,于是饲料的消化率降低;但由于流通速率较快,使家畜采食量增加,因此,即使消化率降低,家畜从饲料中获得的养分数量仍在增加。因家畜吸收了更多的养分,所以生产性能提高了。

很多例子(见后面部分)已经表明,制粒对于猪和家禽是有利的。一些颗粒饲料能改善家畜的生产性能,可能是由于制粒增加了饲粮的密度,使家畜采食量增加。当饲料中含有适口性不好的成分时,制粒通常能掩盖其气味,从而促进家畜的采食。另外,人们认为,制粒过程中的加热,可使饲料中对热不稳定的毒素失活。制粒可以改善猪对玉米中氨基酸的利用。各种研究已经表明,很多饲料,如脱水苜蓿、黑麦、小麦麸、小麦胚芽粉、菜籽饼和紫花豌豆等,经过制粒后,可以在家禽饲粮中使用,并且对生产性能没有显著影响。

即使颗粒饲料重新粉碎,也能与粗小麦粉饲料有相同的效果,但在谷物上的效果不明显。据称,制粒对粗小麦粉的改善是由于提高了其蛋白质的利用率,也可能提高了磷的利用率,同时减小了饲料的体积。但玉米-大豆饲粮的制粒对家禽的价值似乎不大。在蛋白质充足的情况下,制粒玉米-大豆饲粮能改善家禽的生产性能,但在一些情况下出现了蛋白质或赖氨酸水平不足,抑制家禽生长的情况,这表明,加热和制粒降低了蛋白质的可利用性。一些饲料体积减小的影响可能比制粒中加热带来的化学变化或者机械方法造成的细胞破坏的影响要小。显然,与最初的混合粉状饲料相比,家禽更容易吃到重新粉碎后的颗粒料。

4 非反刍动物的饲料加工

本部分主要讨论不同种类畜禽的饲料加工。另外也引用了一些比较研究数据。在讨论具体种类的家畜时,第13章至第23章的作者将给出相关的信息。

4.1 猪

对于谷物或苜蓿干草等粗饲料，粉碎和制粒是加工猪饲料最常用的方法。和其他家畜一样，粉碎通常能提高猪对饲料的消化率，粉碎对老龄猪和手工饲喂猪的生产性能改善较大，因为这些猪对食物的咀嚼能力不如青年猪和自动喂料的猪。

与粗粉碎相比，细粉碎（0.16 cm 筛孔）能改善家畜的饲料转化率（表 11-2），但是饲喂细粉碎饲粮的猪容易发生胃和食管溃疡。因此，多数猪营养学家推荐饲喂中等细度的饲料。粉碎细度对增重速度的影响不显著。

对于玉米基础饲粮（表 11-3），制粒通常能略微提高增重速度，改善饲料转化率。与粉料饲粮相比，家畜对颗粒饲料的采食量会略微下降，饲料的浪费通常也会减少。与其他谷物相比，制粒对高纤维谷物（燕麦、大麦）的改善作用较小。同其他家畜一样，猪更喜欢采食颗粒饲料。制粒对老龄公猪的价值较小，因为它们不需要获得最大的生产率。

其他的饲料制备方法在猪生产中也已经使用，但是没有获得很好的认同。在含有不易被家畜分泌的消化酶消化的成分中添加酶来提高饲料利用率的做法，正变得越来越普遍。其中一个例子是，在单位动物饲粮中添加植酸酶以提高磷的利用率。蒸汽压片和加水还原法处理可能改善猪对饲料的消化率，但对增重的影响很小。液体饲料或湿拌料也曾使用，但没有达到几年前所预测的程度。

表 11-2 粉碎细度对猪生产性能的影响

项目	锤片式粉碎机筛孔大小(cm)		
	0.16	1.27	2.54
试验Ⅰ			
平均日增重(kg)	0.65	0.63	0.63
饲料转化效率	3.19	3.56	3.67
试验Ⅱ			
平均日增重(kg)	0.70	0.71	
饲料转化效率	3.52	3.74	

资料来源：Pickett 等[6]。

表 11-3 玉米基础饲粮制粒对猪生产性能的影响

项目	日增重(kg)	日采食量(kg)	饲料转化效率
生长猪[a]			
粉料	0.725	2.02	2.78
颗粒料	0.745	1.86	2.50
颗粒料的优点(%)	+2.8	−7.9	+10.1
肥育猪[a]			
粉料	0.845	3.10	3.68
颗粒料	0.905	3.00	3.32
颗粒料的优点(%)	+7.1	−3.2	+9.8
全期[b]			
粉料	0.69	2.52	3.71
颗粒料	0.72	2.43	3.42
颗粒料的优点(%)	+4.3	−3.6	+7.8

[a]数据来源：Becker[7]和 Perry[8]。

[b]数据来源：Baird[9]。

在北美，苜蓿通常是猪惟一的粗饲料，因此，猪的粗饲料加工非常简单。除了为限制能量摄入而饲喂高水平的粗饲料外，一般只饲喂少量的脱水苜蓿或粉碎的晒干草，而且通常将它们混入全价饲粮中制粒。

4.2 马

最近有关马这一方面的信息很少[10]。已有的一些报道表明，幼畜或役用马对粉碎或压扁谷物的利用比整粒谷物更有效。压扁或压碎谷物的优点是粉尘少，因而受欢迎。

对于粗饲料，有限的研究数据表明，与打捆干草相比，马对压块或制粒的干草采食量更大。切碎似乎没有特别的优势。禾本科干草和其他产品（如草籽筛下物）常用来喂马。通常，马可以很好地接受颗粒饲料，并且这也是给马饲喂一些适口性不好的粉状饲料的一个可行方法。有限的数据表明，可以给马饲喂颗粒状的全价饲粮。

4.3 家禽

家禽饲料通常包括了各种形式，有细粉料、颗粒料或破碎料（crumble），其中破碎料是饲料先经制粒再用对辊碾压后形成部分破碎的产品。生产破碎料时,破碎前的颗粒饲料粒径较大,因此,与直接生产小粒径的颗粒饲料相比,生产破碎料能节省制粒的成本。

据估计,有70%左右的家禽饲料为颗粒料或破碎料形式。饲喂颗粒饲料和蒸汽热处理饲料的优缺点在前面已经提及。另外,当家禽采食颗粒饲料时,啄食同类和啄毛癖的发生率增加,水的摄入量也增加了。如果在肉仔鸡生产中存在垫草潮湿问题,那么,使用颗粒料将使这种情况恶化。

表11-4和表11-5中的数据表明,与采食粉料的肉仔鸡相比,饲喂颗粒料、破碎料或重新粉碎的破碎料的肉仔鸡增重速度提高,饲料转化效率也有所改善。这种改善已促使颗粒料或破碎料在肉仔鸡生产中的广泛使用。所幸的是,与高纤维饲料的制粒相比,这类饲粮的制粒成本较低。

表11-4 饲喂粉料、破碎料和再粉碎破碎料的肉仔鸡生产性能

项目	粉料	破碎料	再粉碎破碎料
玉米-大豆型饲粮			
平均重(g)	407	471	461
饲料:增重比	2.06	1.90	1.96
玉米-大豆+30%小麦麸			
平均重(g)	388	417	413
饲料:增重比	2.16	2.00	1.97

资料来源:Summers[11]。

表11-5 粉料和颗粒料中玉米、大麦含量对肉仔鸡生产性能的影响

谷物组成(%)		形状	体重(lb)	饲料转化率	饮水量(lb)
玉米	大麦				
100	0	粉料	2.76	2.73	10.8
100	0	颗粒料	2.92	2.56	12.0
50	50	粉料	2.70	2.88	11.5
50	50	颗粒料	2.82	2.60	13.5
0	100	粉料	2.50	3.27	12.9
0	100	颗粒料	2.77	2.82	15.8

资料来源:Arscott等[12]。

如果表11-6中的数据代表了产蛋鸡的大多数饲粮,那么,含高水平谷物的饲粮制粒就没有很大的优势。对于产蛋鸡,制粒的优势更可能体现在使用较高纤维的谷物(如大麦)、以及低密度饲料(如小麦麸或次粉)、或其他对家禽适口性不好的饲料上。

表11-6 玉米或大麦饲粮的制粒对白莱航产蛋鸡的影响

谷物组成	形状	产蛋量(%)	饲料采食量(lb)	每打蛋所耗饲料(lb)	体增重(lb)
玉米	粉料	67.3	68.1	4.00	0.65
	颗粒料	70.8	74.2	4.15	0.82
大麦	粉料	70.8	74.1	4.14	0.48
	颗粒料	69.6	77.2	4.38	0.75

资料来源:Arscott等[13]。

由于在家禽饲粮中很少使用粗饲料,所以适用于猪的评述同样适用于家禽。在大多数情况下,只是少量地使用脱水苜蓿和粉碎的晒制苜蓿。在一些地区,粉碎后的优质脱水牧草也可能使用。

5　用于肉牛的谷物饲料加工

5.1　肥育牛

由于谷物的物理形态易于被机械设备处理，所以肥育牛的谷物加工主要是通过提高消化率和采食量来改善谷物的利用率。谷物利用率的改善可以通过前面讨论过的很多方法来实现，只要将外壳或蜡质种皮破坏，使瘤胃微生物和消化液能更容易、更迅速地与颗粒内部接触即可。为了使谷物的利用效率最大化，通常要求破坏胚乳淀粉颗粒的物理性，并通过热处理、浸泡等方法使淀粉颗粒部分糊化。热处理常常可以改善反刍动物对谷物蛋白质的利用。

一些加工方法也可以用来改善谷物颗粒的粒径，特别是对于一些粒径较小的谷物。适宜的粒径和密度可以促进谷物及时地通过瘤胃。另外，颗粒大小以及有无粉尘也是影响谷物适口性的重要因素。

当谷物（或粗饲料）的采食量很高时，对其进行加工可以预期获得更高的单位成本回报率。通常，尽管加工仍然可能影响消化率和饲料转化率，但随着粗饲料在饲粮中比例的增加，精料物理特性的重要性下降。供给维持饲粮的家畜不可能对附加成本有回报。目前在美国使用的肥育牛典型饲粮中，谷物或其他精料可能占总采食量的 70%～90%。对于这类饲粮，谷物加工的必要性和益处在大多数情况下都能体现出来。

Hale 总结了 1980 年之前的大约 50 个不同的肉牛饲养试验数据。在这些试验中，饲料是采用不同方法加工的玉米和高粱。尽管只是将很多不同试验的数据堆放在了一起（资料并不是很全），但这些数据表明，玉米的各种处理方法（干法压扁、蒸汽压片、高水分储存和青贮、加水还原）对牛的日增重影响很小。蒸汽压片使家畜对养分的利用程度提高，但使饲料转化效率有所降低[3]。家畜对整粒玉米的利用效率与压扁玉米相同，但比蒸汽压片玉米、早期收割（高水分）和加水还原玉米的要低。对于高粱，与干法压扁相比，其他任何加工方法都能改善家畜的日增重，并导致饲料采食量的降低和饲料转化率的提高。

有关谷物加工的数据如表 11-7 所示。但应指出，与先前的相比，过去 10 年中报道的工作不是很多。令人惊奇的是，与其他加工方法相比，有关大麦蒸汽压片的资料很少。已有的数据表明，与干法压扁相比，蒸汽压片能提高家畜的采食量和早期增重速度，但对饲料转化效率无显著影响。

表 11-7　饲喂不同加工方法谷物的肥育牛生产性能

谷物，加工方法	日采食量(kg)，干物质基础	平均日增重(kg)	饲料：增重比	参考文献编号
大麦				
干法压扁	9.44	1.31	7.22	14
蒸汽压片	10.31	1.41	7.32	
大麦				
干法压扁	8.96	1.67	5.41	43
蒸汽压片	9.29	1.69	5.51	
小麦（硬质，红冬小麦）[a]				
整粒	11.53	1.35	8.50	15
干法压扁	9.72	1.32	7.34	
高水分储存	9.81	1.32	7.39	
蒸汽压片	9.90	1.33	7.45	
挤压	9.99	1.30	7.71	
玉米对高粱（含 80%籽实）				
玉米，干法压扁	8.87	1.48	5.99	16

续表 11-7

谷物,加工方法	日采食量(kg),干物质基础	平均日增重(kg)	饲料:增重比	参考文献编号
高粱				
干法压扁	9.00	1.42	6.34	
高水分储存、青贮	9.87	1.42	6.95	
加水还原	9.00	1.52	5.92	
高粱,加水还原(含80%籽实)				
含水分23.5%	9.39	1.39	6.76	16
含水分31.5%	8.81	1.37	6.43	
玉米(添加5%~15%干草)				
整粒	7.37	1.22	6.06	17
破碎	7.81	1.31	5.97	
细粉碎	7.87	1.33	6.00	
50%整粒+50%破碎	7.54	1.33	5.75	
50%整粒+50%细粉碎	7.82	1.33	5.95	
玉米(含66.8%~68.4%玉米)				
全部整粒	7.20	1.18	6.09	18
整粒:压片(75:25)	7.35	1.23	5.95	
整粒:压片(50:50)	6.95	1.12	6.17	
整粒:压片(25:75)	7.01	1.19	5.89	
全部蒸汽压片	6.30	1.05	5.97	
玉米(占饲粮67%)				
整粒	7.01	1.25	5.62	19
整粒,蒸煮	7.59	1.31	5.79	
蒸汽压片	6.71	1.33	5.06	
玉米(占饲粮50.6%)				
干法压扁	6.77	1.19	5.71	20
蒸汽压片	6.41	1.21	5.32	

[a]数据以风干基础表示。

如表 11-7 所示,在加工方法对牛的日增重没有任何影响的谷物中,小麦是典型的一个,干法压扁同其他任何加工方法的效率一样高,且都远远优于整粒小麦。表中对加水还原高粱和其他方法处理的对比表明,加水还原能改善日增重和提高饲料转化效率,这在较早的报道中很典型。表 11-7 中有关玉米的 4 个例子显示了不同加工方法的影响。很显然,在每个例子中都有一些加工方法提高了整粒玉米的价值,改善了日增重和饲料转化效率,其中饲粮中玉米的含量在 50%~80%之间。证据表明,几乎任何破坏谷物籽粒的方法都能改善谷物的利用。在表 11-7 中列出的大多数论文所给出的是有关淀粉或有机物质消化率的数据。这些例子表明,热处理和压片能改善玉米淀粉的消化,高水分储存和加水还原则能改善高粱淀粉的消化。

5.2 其他肉牛饲养情况

可能给生长肉牛(架子牛)饲喂不同数量的谷物,但成年牛的谷物饲喂量是限定的。在任何情况下,粉碎和干法压扁似乎都能达到满意的效果,没有必要去追求更昂贵的加工方法(第 17 章和第 18 章)。饲喂谷物时进行一些加工通常是合适的,因为牛不能对谷物进行有效的咀嚼。已经表明,谷物的蒸汽压片能提高肥育肉牛的生产性能[1,2,37],这可能是由于在瘤胃和整个肠道改善了对淀粉消化的缘故[38,39]。

6 肉牛的粗饲料加工

粗饲料通常要经过切碎或粗粉碎,以便与其他饲粮成分混合。粗饲料经过加工,也能减少浪费及家畜的挑食性。在过去 10 年中,除了有关化学处理或添加氨的信息外,粗饲料方面的材料出版得很少。

表 11-8 显示了较早一些有限的数据。这些数据表明,切碎和粉碎对日增重和饲料转化效率(除非是减少浪费)的影响不大。制粒和压块几乎都能提高增重和饲料采食量,并且能改善饲料转化效率,但是如表 11-8 脚注中所指出的,饲料转化效率的数值可能有偏差。对于生长肉牛,除非为了减少浪费,通常压块或制粒带来的效益不足以支付增加的成本。压块或制粒的粗饲料有时可以用作越冬家畜的补充料。当粗饲料必须在地面上饲喂时,压块和制粒能极大地减少浪费。

表 11-8 粗饲料加工对生长-肥育牛生产性能的影响

项目	日增重 (kg/d)	干物质采食量 (kg/d)	饲料转化效率[a]	参考文献编号
海岸狗牙根				
长草	0.33	4.67[b]	17.0[b]	22
粉碎	0.50	6.07[b]	13.9	
制粒	0.66	6.53	11.3	
牧场干草				
切碎	0.18	4.49	26.8	23
压块	0.14	4.58	33.7	
制粒	0.32	5.58	17.3	
苜蓿干草				
打捆	0.29	4.31	15.1	24
切碎	0.28	4.22	15.1	
制粒	0.78	6.49	8.3	
苜蓿干草				
打捆	0.67	6.14	9.1	25
压块	0.86	6.65	7.8	
半干青贮	0.77	6.79	8.9	
精料-小麦秸饲粮				
15%秸秆,松散	1.05	10.4	9.9	26
15%秸秆,制粒	1.16	10.4	9.0	
30%秸秆,松散	1.05	12.1	11.5	
30%秸秆,制粒	0.98	9.9	10.1	
精料-苜蓿块饲粮				
切碎和压块	1.15	5.85C, 3.27 B[b,c]	8.6[b]	27
田间压块	1.15	6.12 C,3.22 B	8.8	
0.5%[d]大麦	1.14	8.35 C,1.72 B	9.5	
1.0%[d]大麦	1.15	6.08 C,3.31 B	8.8	
1.5%[d]大麦	1.16	3.49 C,4.72 B	7.8	

[a] 饲喂各种块状、颗粒粗饲料或高粗料饲粮的家畜饲料转化效率值往往会出现偏差,因为家畜饲喂这些压缩粗饲料后,其瘤胃和肠道的内容物几乎总会变大。通过用胴体重除以平均屠宰率来校正活体重,或者通过使用空腹体重,可以获得比较增重的真实值。

[b] 饲喂状态。

[c] C 为块状饲料日采食量,B 为大麦日采食量,一般每天饲喂量为体重的 0.5%,1%或 1.5%。

[d] 也饲喂有限数量的玉米青贮。

对于牛，饲料颗粒大小的影响可能不如对其他家畜的影响大。然而，幼畜在采食压块饲料（通常至少1平方英寸）时可能有困难。尤其是当压块饲料非常硬的时候。在一项对7～14周龄的犊牛研究中发现，当犊牛也能采食干草时，牧草颗粒的大小（直径9～18 mm）或密度对其影响很小。虽然犊牛对高密度牧草颗粒的采食量减少了，但作为补偿，犊牛食入了更多的干草[28]。

7　奶牛饲料的加工

饲料加工对奶牛产生的效果可能与生长或肥育牛、羊的不同。通常，给奶牛饲喂高谷物饲粮（谷物超过60%），特别是热处理谷物或经粉碎、制粒或压块的粗饲料，能使瘤胃中乙酸产量减少，从而使乳脂率下降（表11-9）。由于产奶量增加，总的乳脂产量可能并没有下降。然而，当牛奶是以乳脂率为基础进行出售时（一种很不经济的方法），那么就有必要限制热处理谷物或制粒粗饲料的使用。

表11-9　饲料加工对泌乳奶牛产奶量的影响

饲粮，加工方法	日采食饲料量(kg)	日产奶量		乳脂率(%)	参考文献编号
		总量	4%FCM		
精料加工					
苜蓿40%，精料60%					
整粒玉米	14.6	14.1	13.7	3.81	30
对照为玉米粉	14.2	16.0	13.8	3.09	
玉米粉	13.4	15.2	14.5	3.68	
对照为破碎玉米	13.3	14.3	14.1	3.90	
53%～55%精料					
（含80%高粱）					
细粉碎谷物	20.0	28.4	25.6	3.42	31
加水还原谷物	20.3	28.0	25.1	3.34	
精料					
粉状	13.2	17.8	15.0	2.98	32
无蒸汽调制的制粒	12.9	17.9	13.7	2.47	
有蒸汽调制的制粒	13.0	17.4	13.4	2.53	
精料和粗饲料加工					
日粮形态，精料水平%					
粉碎，60%	15.7	24.5	22.7	3.51	33
压块，60%	17.2	21.5	17.3	2.72	
压块，50%	19.4	23.8	20.0	2.90	
压块，40%	19.2	22.6	19.4	3.06	
苜蓿，高比例大麦精料					
颗粒精料，打捆干草	25.9	30.1	31.0	4.19	34
压块日粮[a]	24.7	28.6	25.1	3.28	
颗粒精料，压块干草[b]	22.9	29.3	26.5	3.40	
粗饲料加工					
苜蓿干草饲喂形态					
打捆	17.6	30.4	28.2	3.48	35
打捆＋玉米青贮	17.2	27.3	24.4	3.32	
压块	20.3	32.7	30.7	3.60	
压块＋玉米青贮	21.3	31.8	29.8	3.54	

续表 11-9

饲粮,加工方法	日采食饲料量(kg)	日产奶量		脂率(%)	参考文献编号
		总量	4%FCM		
苜蓿干草饲喂状态					
打捆		20.2	18.7	3.7	36
粉碎		19.9	18.2	3.6	
制粒		19.1	16.1	3.1	

[a]苜蓿干草在田间打捆,然后在固定式压块机上制成压块。

[b]苜蓿干草在田间压块,并和颗粒精料一同饲喂。

当奶牛在挤奶厅采食精料时,颗粒料能极大地加快奶牛的采食速度,尤其是在采食时间有限的情况下。但是一般认为,饲喂奶牛的谷物进行粉碎或压扁处理就已经足够了。在一项研究[29]中发现,各种饲料的采食速率从最高到最低依次为:颗粒料、含颗粒状预混料的粗破碎玉米、破碎的颗粒料、精料粉料。通常使用能切碎并混合高比例粗料的饲料搅拌车以全混合日粮(TMR)形式饲喂奶牛(图 11-13)。

只有当奶牛饲粮中粗饲料含量高且品质较低时,对全价饲粮进行制粒才有优势。粗饲料的制粒或压块通常能使饲料采食量有一定的提高,但产奶量并不一定增加。有关饲料加工效果的数据见表11-9,更深入的讨论详见第 15 章。

图 11-13　采用能切碎和混合高粗料日粮的饲料搅拌车给奶牛饲喂全混合饲粮(TMR)

8　绵羊和山羊饲料的加工

花费很多资金用于成年绵羊或山羊饲料的加工是不可行的。粗饲料的切碎加工仍然可行,因为切碎干草很方便,并且能减少浪费。但是,干草的制粒或压块成本较高,这通常限制了它们的使用。颗粒料通常用于饲喂草原上放牧的母羊,或者冬季产羔羊群的短期内饲喂。制粒可以节省饲料,并且饲喂时无需饲槽。在饲喂谷物时,除粗粉碎、破碎或压扁以外的其他任何加工方法的经济可行性都值得怀疑。对于泌乳山羊,一些少量的数据也表明,与长期饲喂干草相比,饲喂粉碎或制粒干草并没有增加产奶量。

在羔羊肥育场,谷物加工即使能带来一定的益处,但作用也不大。然而,当全价饲粮中含有大量粗饲料时,对其进行制粒是可行的(第 20 章)。采食高粗饲料颗粒料的羊羔长势良好,并且当仅仅饲喂苜蓿颗粒时它们也能获得良好的肥育效果(USDA 分级)。当使用苜蓿干草加 15%～25%的谷物时,通常能获得最大增重,并且随着谷物比例的增加,饲料转化效率也成比例地提高。

几个研究清楚地表明,与饲喂粉碎或切碎的干草相比,饲喂制粒的粗饲料能极大地增加羔羊采食量。在一项研究中发现,羊羔采食牧草颗粒的量比对照组切碎牧草的量多 40%。当可以在切碎禾本科干草和制粒禾本科干草之间进行选择时,羔羊采食的饲料中约 90%是颗粒料[40]。对于羊和其他反刍动物,粗饲料制粒能提高瘤胃流通速率,使小肠中的消化成比例增加。制粒可能降低能量的消化率,但是也能减少蛋白质的降解,使吸收的蛋白质增加[41]。与其他饲喂形式(长的、粉碎的、切碎的)相比,饲喂制粒粗饲料的羔羊能更有效地利用能[42],但这只适用于幼畜或快速生长的家畜,而不适用于成年羊,因为成年羊不需要高水平的能量摄入。应该指出的是,羔羊饲喂制粒或热处理的饲粮时,脂肪容易变软,这可能反映了加工方法影响瘤胃产生的挥发性脂肪酸不同。

9 高水分谷物

正如第 5 章所指出的那样，为了避免谷物在储存时损坏，必须将其干燥到水分含量低于 15%。在一些地区，如果不使用热源，就无法使谷物干燥到可以储存的程度。另外，谷物提前收割可以防止在不利天气时的损失；对于高粱，在一些地区则可以防止由于鸟害造成的损失。

提前收割的玉米或高粱水分含量可在 25%～30%。虽然在这个水分含量时的玉米或高粱收割没有困难，但是要储存则有必要进行干燥、青贮或化学处理。提前收割的另一个优点是，粉碎或压扁谷物所需能量较少，且适口性好。高水分谷物的蛋白质和淀粉部分更易溶解，易被反刍动物完全消化，提高消化速度。高水分谷物的主要缺点是无法保证出售和运输时不变质，并且在收获期储存整季的谷物需要大量的储存设施。

在一些种植高粱的地区，生产者收割整株高粱，然后将其切碎青贮。已经表明，这种方法比高粱成熟后再收获籽粒更为经济。与饲喂蒸汽压片高粱相比，饲喂提前收割并经过青贮的高粱牛生产性能相同[21]。

表 11-7 和表 11-10 中分别列出了使用高水分谷物饲喂肉牛和奶牛的研究数据。通常数据表明，高水分谷物（有时称为早期收获谷物）不可能提高肉牛的增重速度，但只要在储存或饲喂前将谷物进行粉碎或压扁，常常能提高饲料转化效率。研究结果还表明，奶牛对高水分大麦和玉米的利用与干法压扁的相同（在相同干物质基础上比较）。

表 11-10 反刍动物对高水分(HM)谷物或化学处理谷物的利用

项目	每日饲料采食量 (kg DM)	日增重 (kg)	饲料转化效率 储存后储存前	参考文献 编号
肉牛肥育试验				
HM 玉米，高比例玉米青贮				
青贮，粉碎玉米[a]	6.36	1.08	5.93	44
尿素处理整粒玉米	6.24	1.02	6.14	
玉米，玉米青贮，补充饲料				
整粒	9.62	1.07	9.0	45
整粒 HM	9.03	1.00	9.1	
压扁 HM	9.08	1.14	8.0	
NaOH 处理[b]				
整粒	9.40	0.95	9.9	
整粒 HM	9.40	0.93	10.1	
玉米，补充饲料				
整粒	6.8	1.41	4.8	46
HM 玉米				
整粒，酸处理	6.7	1.38	4.8	
压扁，酸处理	6.4	1.33	4.7	
HM 玉米：干法压扁高粱				
（饲粮谷物比例 80%）				
100：0	10.65	1.64	6.49	47
75：25	10.61	1.66	6.39	
50：50	10.84	1.66	6.53	
0：100	11.07	1.58	7.01	

续表 11-10

项目	干物质采食量(kg/d)		产奶量		乳脂率(%)	参考文献编号
	谷物	总量	kg/d	FCM/d		
奶牛饲养试验						
大麦试验						
干大麦	11.3	18.7	23.2	20.8	3.37	48
干大麦,酸处理	11.2	18.7	22.8	21.1	3.53	
HM 大麦						
酸处理	11.1	18.0	21.8	19.8	3.49	49
青贮	10.9	17.7	22.1	20.6	3.53	
玉米,玉米青贮						
干燥玉米	9.8	17.1	25.2	22.1	2.64	49
HM 玉米,粉碎,青贮	9.3	17.2	24.1	23.6	3.09	
苜蓿,精料 30%～70%						
压扁黑麦		19.4	25.0	22.2	3.29	50
NaOH 处理黑麦		20.9	26.0	23.6	3.38	
玉米,玉米青贮,苜蓿干草						
干法压扁玉米		24.0	22.6	21.8	3.76	51
对照为 HM 玉米,压扁,青贮		23.4	22.2	21.3	3.74	
干法压扁玉米		19.9	27.4	26.0	3.67	
对照为 HM 玉米,压扁+1%酸		18.9	27.8	26.1	3.59	
干法压扁玉米		21.0	23.2	22.3	3.75	
对照为 HM 带穗玉米,粉碎+酸		21.0	23.1	22.1	3.75	

[a]饲喂时尿素添加量应与另一处理相同(3.7%)。

[b]NaOH 添加量占玉米干物质的 3%。

在一些情况下,尽管使用高水分玉米或高粱可能更有效,但必须记住,任何发酵都可能导致能量损失和蛋白质溶解度的改变,当然也可能提高 B 族维生素的含量。表 11-11 显示了青贮玉米的损失情况。值得注意的是,干物质的损失量达 4%,另外还有 3%认为是已经变质而不适于饲喂的玉米籽实的损失。在另一个例子[50]中,计算得出高水分玉米在储存期间的干物质损失达 7.5%～13.6%。在大多数试验中,饲料只有在地磅中得到的重量才可用于计算饲料消耗量和饲料转化效率。因此,如果损失已经达到很高水平,说明高水分谷物的处理并不理想。根据所使用的青贮塔(或塑料袋)类型、容积大小和位置等的不同,发酵、渗流及损坏的数量变化很大。这些数据是否有代表性还不得而知,但损失量无疑要高于多数饲养者所知道的数量。图 11-14 显示了一个在商品肥育肉牛场使用的大型青贮壕。

除了青贮外,谷物也可用各种化学药剂来保藏。已经证明,丙酸、丙酸和甲醛的混合物及其类似化合物、异丁酸铵都可以有效地抑制霉菌和细菌的生长。饲喂酸处理谷物的肉牛或奶牛的生产性能与其他储存方法处理的相当。人们(特别是在欧洲)对使用 NaOH 或尿素溶液处理湿谷物也有浓厚的兴趣。已经证明,在水分含量足以引起变质的谷物中添加约 1%的尿素,可以有效抑制细菌和真菌的生长。尿素的另一个优点,是为瘤胃微生物提供可利用氮源。NaOH 也能抑制高水分饲料谷物的变质。几份报道表明,NaOH 能提高牛对整粒谷物的消化率,也能在一定程度上提高饲粮纤维的消化率(可能

表 11-11　高水分玉米青贮的储存损失

营养物质	青贮后回收率(%)[a]
干物质	96.0±1.9
粗蛋白	97.2±2.1
粗纤维	95.5±4.1
醚浸提物	100.5±2.6
无氮浸出物	95.9±1.9
灰分	82.4±2.0

资料来源:Chandler 等[49]。

[a]除了这些损失外,还有 3%的青贮玉米为变质的玉米籽实。

是因为瘤胃 pH 值上升的缘故)。然而其他报道表明,NaOH 处理提高消化率的效果不如破碎或压扁处理,而且后者的机械加工成本也较低。表 11-10 显示了两个用 NaOH 处理谷物的例子。饲喂 NaOH 处理的谷物,并没有改善肉牛的生产性能,但是饲喂 NaOH 处理的黑麦显著增加了奶牛的产奶量。

图 11-14 正在装载高水分玉米青贮

高水分谷物青贮在许多肉牛肥育场得到了广泛使用。在照片中,玉米表面覆盖了一层青贮饲料,目的是以减少水分的散失和防止变质。

已经用高水分玉米、加水还原玉米和加水还原高粱做了一些喂猪的饲养试验。结果表明,加工处理对高单宁高粱的利用程度略有改善,但对其他方面效果不明显。

10 饲料加工和谷物储存的经济学

在过去大约 15 年中越来越高的能源费用,增加了人们对于降低饲料加工成本、获得单位加工或储存成本最大回报率的兴趣。在前面讨论过的大多数方法中,当前花费的燃料成本比谷物价格更高。加工每吨饲料所需矿质燃料(石油、煤、天然气)的成本估计列于表 11-12。显然,当考虑燃料成本时,粉碎是减小颗粒体积的加工方法中最廉价的一种。值得注意的是,干燥那些非常湿的原料,如绿色粗饲料(苜蓿)或生甜菜渣所需的燃料最多。

表 11-12 一些饲料加工方法需要的矿物燃料能量

加工	每吨使用的燃料能量(Mcal)
玉米烘干	240
添加丙酸	200
玉米粉碎	40
玉米制粒	80
玉米蒸汽压片	120
苜蓿脱水和制粒	1 800
甜菜渣烘干	1 750

资料来源:Ward[52]。

表 11-13 的数据证明,任何比粉碎或压扁更精细的

谷物加工方法通常并不能更好地提高牛的日增重，其主要益处可能是在一定程度上提高了饲料转化效率。当然，好的加工方法能促进家畜的采食，而不良的加工则抑制采食。很多报告显示，加工的好坏也显著影响增重速度（见前面的表格）。好的加工方法和实施良好的饲槽管理规范可以减少饲料的浪费。

表 11-13 肉牛饲喂不同方法加工的玉米和高粱的日增重和饲料转化效率

方法	玉米			高粱		
		饲料：增重			饲料：增重	
	增重(lb)	lb	%[a]	增重(lb)	lb	%[a]
干法粉碎或压扁	2.62	5.79	—	2.50	6.09	—
蒸汽压片	2.68	5.36	7.46	2.65	5.60	8.11
加水还原	2.61	5.33	7.97	2.54	5.34	12.32
高水						
分粉碎(青贮)	2.57	5.14	11.14	2.64	5.52	9.35
酸处理	2.68	5.56	3.97	2.45	5.60	8.11

来源：Schake 等[53]。

[a]与干法加工相比，谷物干物质饲料转化效率提高的百分比。

如图 11-13 所示，Schake 和 Bull[53] 根据日增重和饲料转化效率计算了不同加工方法对肥育牛的相对价值。此表是根据得克萨斯州所做的很多试验结果汇编而成的。与饲喂干法粉碎或压扁的谷物相比，蒸汽压片、加水还原及高水分储存的处理都能在一定程度上改善饲料的转化效率。然而，由于设备、动力、储存（高水分储存要求所有谷物一次性购入）等费用较高，最有效的方法未必能使每吨谷物的净价值得到最大体现。在特定条件下，加水还原或蒸汽压片处理的净价值最大。

11 加工对饲料密度的影响

经常会提到饲料加工方法对饲料密度的影响。密度是单位体积的重量，有时指容积密度，与能量密度不同，后者指单位重量的可利用能值。考虑到密度的重要性，有必要给出一些数据和评述。表11-14 给出了一些饲料的密度值。

表 11-14 一些选择饲料的密度

饲料	lb/ft^3	g/L[a]	饲料	lb/ft^3	g/L[a]
苜蓿			谷物副产品(续)		
长干草	2～3	40	硬稻谷粒	42～45	695
切碎干草	4～5	70	黑麦麸	15～20	280
粉碎干草	8～10	145	黑麦中麸	42	670
脱水干草	18～22	320	黑麦次粉	32～33	520
制粒干草	41～43	670	小麦麸	11～16	215
			小麦中麸	18～25	345
其他粗饲料			小麦粗粉	22～28	400
甘蔗渣	7～10	135	小麦粉	32～42	590
粉碎玉米穗轴	17	270			
棉籽壳	12	190	蛋白质补充饲料		
粉碎燕麦壳	11～12	185	细血粉	30	480
粉碎大豆皮	20	320	血粉	39	625
			玉米蛋白饲料	26～33	470
谷物			玉米蛋白粉	32～43	600

续表 11-14

饲料	lb/ft³	g/L[a]	饲料	lb/ft³	g/L[a]
整粒大麦	38～43	650	棉籽粕	37～40	615
粉碎大麦	24～26	400	羽毛粉	34	645
压扁大麦	21～24	360	鱼粉	30～34	510
整粒玉米	45	720	亚麻籽	33～45	625
粗破碎	35	560	肉粉	37	590
细破碎	37～38	600	虾粉	25	400
烘烤	39	625	整粒大豆	46～48	750
蒸汽压片	34	545	粉碎大豆	25～34	470
膨化，压扁	19	305	压榨豆粕	36～40	610
玉米粉和穗轴粉	36	575	大豆粕，*CP* 44%	35～38	585
高粱	40～46	690	大豆粕，*CP* 50%	41～42	665
整粒	38～40	625	向日葵籽	26～38	510
整粒买罗高粱	40～45	680	肉骨粉	49	785
细磨	37	590			
干法压扁	31	495	其他饲料		
蒸汽压片	18	290	干燥利马豆	45	720
整粒，加水还原	40	640	干燥甜菜渣	11～16	215
膨化，压扁	16	255	干啤酒糟	14～15	230
整粒燕麦	25～35	480	浓缩酪乳	31	495
压扁	19～24	345	干燥柑橘渣	20～21	330
破碎	19～25	350	玉米酒精糟，干燥籽实	18～19	295
粉碎	20～25	360	玉米酒精糟，干可溶物	25～26	410
粗稻谷	32～36	545	麦芽根	13～16	230
精米	30	480	糖蜜，79.5°白利糖度	88	1 410
整粒黑麦	43～45	705	食糖	54～56	880
粉碎	39	625	干燥豌豆	48～50	785
整粒小麦	45～52	775	熔化牛脂	54	865
粉碎	38～39	615	尿素	34～42	610
粗破碎	35～38	585	干燥乳清粉	35～46	650
细破碎	38～41	630	干酵母	41	655
蒸汽压片	31～33	510			
			矿物质补充料		
谷物副产品			膨润土	51	815
玉米皮	13	210	骨粉	50～53	830
玉米杂	25～28	425	碳酸钙	75	1 200
谷物筛上物，轻质	22～24	370	石粉	68	1 090
去壳燕麦粒	46～47	745	粉碎牡蛎壳	53	850
燕麦中麸	38	610	粗盐	62～70	1 055
全脂米糠	20～21	345	精盐	70～80	1 200

资料来源：很多数值来自匿名作者[54]，其他来自各种研究论文以及作者未发表的数据。

[a]数值单位为 g/L，重量范围为 lb/ft³，密度（g/L）用平均值来计算，其数值的取舍以 5 为单位。

对于未加工的粗饲料和谷物来说，密度与纤维含量成反比。干草由于纤维含量高于其他大多数饲料，因此，密度比谷物和其他精料低得多。这也与干草的物理特性有关，而不完全因为其纤维含量低。粉碎通常能增加干草及其他粗饲料的密度。制粒和压块能使干草的密度显著增加，但纤维含量并没有改变，即使有改变也很小。

对于谷物，粉碎通常会降低其密度。谷物的制粒和压块能使其密度增加，但是不如粗饲料增加明显。其他加工方法如压片、膨化和烘烤处理，都能降低谷物饲料的密度。

饲料密度的增加，特别是粗饲料密度的增加，有利于在饲喂时的运输、碾碎和加工。粗饲料的制粒和压块除可以显著增加反刍动物的采食量外，对营养上的作用还知之甚少。有关肥育牛的数据表明，一些可显著增加谷物体积、减小密度的加工方法（如膨化），如果在饲喂前不进行压扁（压实），将会降低采食量。但这些方法似乎没有改变消化率，即使有变化也很小。

能量密度广泛地用于日粮配合中。日粮存在一个合适的能量范围值，当超过这个值时（高能饲料），动物的采食量就会下降；而低于这个值时（低能饲料），摄入的能量又会降低。然而，能量密度和容积密度两者间的关系并不十分明确。例如，颗粒苜蓿的消化率可能确实要比粉碎或长干草的低，但干草经制粒后，反刍动物的采食量通常大大增加，增重速度也大大提高。

对于全价饲粮，在特定饲喂条件下，可能明显存在一个最适密度范围。在作者看来，用计算机配制最低成本配方时，用最大或最少纤维含量来代替密度可能是合理的（第 12 章）。

12　氧化饲料

在饲料加工这一章节提及氧化饲料很有必要，因为加工过的饲料比没有进行粉碎、压扁、切碎、制粒以及未处理的谷物（或粗饲料）更容易氧化变质。粉碎或用其他方法破碎的饲料裸露的表面积更大，当暴露在氧气或其他化学物质中可能会产生一定的问题。添加脂肪或金属离子的饲料，特别是全价饲料，比粉碎的谷物和干草更易氧化。因此，饲养者应尽快使用混合饲料，这是因为饲料品质不会随时间的延长而改善，只有相反的可能。

在氧化过程中，不饱和脂肪酸与氧气反应形成过氧化氢的过程产生自由基，它是很多反应的切入点，这些反应产生许多副产物，可以导致饲料分解腐烂。氧化过程的直接产物是醛、酮、酸、酯和聚合脂肪，它们能导致能量降低、味道和气味变坏。过氧化氢能启动脂溶性维生素以及其他易氧化和易破坏的饲料成分（如叶黄素、芳香和风味物质）的氧化过程和破坏作用。在强迫采食一段时间的氧化饲料后，猪和猫可能出现脂肪组织炎，家禽可能出现繁殖力差、孵化率下降，各种家畜（羊、猪、牛、家禽）出现渗出性素质、肌营养不良和组织坏死等问题。肉仔鸡和生长猪中还观察到一些不易察觉的、不太严重的问题，包括增重率下降、体重减轻、饲料转化效率低以及由于饲料中叶黄素的氧化而导致的鸡蛋色素沉着不足等[55]。

通常在饲喂的脂肪中添加抗氧化剂（第 5 章）。在其他饲料成分（如脱水苜蓿）中，可能也添加抗氧化剂；另外，生产者预计不能马上使用的全价饲料也需要添加抗氧化剂。在饲料行业中，经常使用的抗氧化剂包括乙氧基喹啉和二丁基羟基甲苯。

本 章 小 结

对于舍饲家畜，饲料加工是家畜生产的一个重要方面，尤其对于那些生产水平很高的家畜。加工谷物饲料有多种不同的方法。目前，粉碎和制粒广泛应用于肉仔鸡、火鸡、生长-肥育猪和兔饲料的制备，而在其他家畜中应用较少。奶牛可能饲喂一些制粒的精料，肥育肉牛的一部分饲粮可以制粒，牧区牛的蛋白质补充料也可以进行制粒或压块。饲喂其他家畜的饲料通常很少制粒。

对于泌乳奶牛或肉牛，粉碎、压扁和蒸汽压片是令人满意的方法。同样，对于成年猪和马，这些方法也可取得满意的效果。尽管整粒玉米能被肥育肉牛有效利用，但其他谷物还是应该经过一定程度的加工，以提高家畜的利用效率。在饲喂肥育肉牛时，使用加水还原玉米和高粱、高水分谷物（早期收获）通常能提高利用率，但是使用某种特定的加工方法是否具有经济可行性，则取决于燃料和饲料的相对成本以及经营的规模。

干草的加工并不复杂。粉碎或切碎通常能减少浪费以及家畜的挑食，但并不能增加采食量。饲喂大量粉碎、制粒和压块的粗饲料，可能导致奶牛乳脂率的下降。对粗饲料，尤其是低质粗饲料，其制粒或压块处理通常能增加采食量，但是加工所需的动力和时间投入，也使得这一方法的成本相对较高。

参考文献

1. Barajas, R., and R. A. Zinn. 1998. *J. Animal Sci.* 76:1 744.
2. Swingle, R. S., et al. 1999. *J. Animal Sci.* 77:1 055.
3. Theurer, C. B., et al. 1999. *J. Animal Sci.* 77:2 824.
4. Theurer, C. B., et al. 1987. *J. Animal Sci.* 63:1 649.
5. Kohler, G. O., A. L. Livingston, and R. M. Saunders. 1973. In: *Effect of processing on the nutritional value of feeds*. Washington, DC: Nat. Acad. Sci.
6. Pickett, R. A., et al. 1969. *J. Animal Sci.* 28:837.
7. Becker, D. E. 1966. *Merck Agr. Memo.* Vol. 11, No. 1. Rahway, NJ: Merck & Co.
8. Perry. T. W. 1973. In: *Effect of processing on the nutritional value of feeds*. Washington, DC: Nat. Acad. Sci.
9. Baird, D. M. 1973. *J. Animal Sci.* 36:516.
10. NRC. 1989. *Nutrient requirements of horses*. Washington, DC.
11. Summers, J. C. 1974. *Can. Poult. Rev.* 93:44.
12. Arscott, G. H., et al. 1958. *Poultry Sci.* 37:117.
13. Arscott, G. H., et al. 1962. *Oregon Agr. Expt. Sta. Tech. Bul.* 64.
14. Hale, W. H. 1980. In: *Digestive physiology and nutrition of ruminants. Vol* 3: *Practical nutrition*. 2d ed. Corvallis, OR: O & B Books.
15. Prasad. D. A., et al. 1975. *J. Animal Sci.* 41:578.
16. Stock, R. A., et al. 1987. *J. Animal Sci.* 65:548.
17. Turgeon, O. A., Jr., D. R. Brink, and R. A. Britton. 1983. *J. Animal Sci.* 57:739.
18. Lee, R. W., M. L. Galyean, and G. P. Lofgreen. 1982. *J. Animal Sci.* 55:475.
19. Ramirez, R. G., et al. 1985. *J. Animal Sci.* 61:1.
20. Zinn, R. A. 1987. *J. Animal Sci.* 65:256.
21. Huck, G. L. 1999. *J. Animal Sci.* 77:2～74.
22. Cullison, A. E. 1961. *J. Animal Sci.* 20:478.
23. Wallace, J. D., R. J. Raleigh, and W. A. Sawyer. 1961. *J. Animal Sci.* 20:778.
24. Webb, R. J., and C. F. Cmarik. 1957. *Univ. of Illinois Rpt.* 15～40～329, Dixon Springs Sta., IL.
25. Kercher, C. J., W. Smith, and L. Paules. 1971. *Proc. West. Sec. Amer. Soc. Animal Sci.* 22:33.
26. Levy, D., et al. 1972. *Animal Prod.* 15:157.
27. Kercher, C. J., et al. 1978. *Proc. West. Sec. Amer: Soc. Animal Sci.* 29:410.
28. Tetlow, R. M., and R. J. Wilkins. 1978. *Animal Prod.* 27:293.
29. Kertz, A. F., B. L. Darcy, and I. R. Prewitt. 1981. *J. Dairy Sci.* 64:2 388.
30. Moe, P. W., J. F. Tyrrell, and N. W. Hooven. 1973. *J. Dairy Sci.* 56:1 298.
31. Bush, L. J., et al. 1979. *J. Dairy Sci.* 62:1 094.
32. Carpenter, J. R., R. W. Stanley, and K. Morita. 1972. *J. Dairy Sci.* 55:1 750.
33. Dobie, J. B., et al. 1974. *Feedstuffs* 46(6):30.
34. Murdock, R. F., and A. S. Hodgson. 1977. *J. Dairy Sci.* 60:1 921.
35. Anderson, M. J., et al. 1975. *J. Dairy Sci.* 58:72.
36. NRC. 1973. *Effect of processing on the nutritional value of feeds*. Washington, DC: Nat. Acad. Sci.
37. Xiong, Y., et al. 1991. *J. Animal Sci.* 69:1 707.
38. Theurer, C. B., et al. 1996. *Proc. Southwest Nutr. Manage. Conf.* 97.
39. Huntington, G. B., 1997. *J. Animal Sci.* 75:852.

40. Greenhalgh, J. F. D., and G. W. Reid. 1974. *Animal Prod*. 19:77.
41. Beever, D. E., et al. 1981. *Brit. J. Nutr.* 46:357.
42. Thomson, D. J., and S. B. Cammell. 1979. *Brit. J. Nutr.* 41:297.
43. Grimson, R. E., et al. 1987. Can. *J. Animal Sci*. 67:43.
44. Mowat, D. N., P. McCaughey, and G. K. Macleod. 1981. Can. *J. Animal Sci*. 61:703.
45. Anderson, G. D., L. L. Berger, and G. C. Fahey, Jr. 1981. *J. Animal Sci*. 52:144.
46. Macleod, G. K., D. N. Mowat, and R. A. Curtis. 1976. *Can. J. Animal Sci*. 56:43.
47. Stock, R. A., et al. 1987. *J. Animal Sci*. 65:290.
48. Ingalls, J. R., K. W. Clark, and H. R. Sharma. 1974. *Can. J. Animal Sci*. 54:205.
49. Chandler, P. T., C. N. Miller, and E. Jahn. 1975. *J. Dairy Sci*. 58:682.
50. Sharma, H. R., J. R. Ingalls, and J. A. McKirdy. 1983. *Animal Feed Sci. Tech.* 10:77.
51. Voelker, H. H., et al. 1985. *J. Dairy Sci*. 68:2 602.
52. Ward, G. W. 1981. Unpublished data. Ft. Collins, CO: Colorado State Univ.
53. Schake, L. M., and K. L. Bull. 1980. *Texas Agr. Expt. Sta. Tech. Rpt.* 81～1.
54. Anon. 1982. *Feedstuffs* 54(30):136.
55. Calabotta, D. F., and W. D. Shermer. 1985. *Feedstuffs* 57(48):24; Arnold, R. L. 1985. *Feedstuffs* 57(42):30.

第 12 章　日粮配合

Ration Formulation

作者：Harold W. Harpster 和 Danny G. Fox
译者：姜成钢
校对：赵芸君和李艳玲

在 20 世纪，家畜的日粮配合由主要以经验、试差法为基础的"艺术"演变成为一门复杂的科学。随着人们对于营养需要量和饲料技术认识的不断深化，日粮配合过程也呈现出动态和持续的变化。计算机系统的发展，极大地提高了我们同时满足许多营养目标的能力。然而，尽管我们可以依赖计算机，但仍然要督促学生们掌握平衡简单日粮所必需的数学计算过程。这些技术是真正理解应用营养学和充分解释、评价计算机的结果所必需的。

在当今竞争的经济环境中，日粮配合结果除了为特定目标家畜提供平衡日粮外，还有很多的用途。精明的管理者们在实际运用日粮配合结果之前，必须对家畜饲养企业的家畜生产性能和经济表现进行预测。在很多情况下，这些预测对获得经营所需的融资至关重要。他们必须提前制定出饲料预算，并对饲料储藏和加工的要求进行估计。当家畜的生产性能未达到预期结果时，饲料分析和日粮评价对于分析未达到最佳生产性能的原因有着重要的价值。最后，日粮配合有助于确定即将用于生产的饲料成分的市场价格。

在这一章里，我们将从日粮配合的原理和影响家畜需要量以及饲料选择的评价因素方面来考察日粮平衡过程。在运用更复杂的方法和计算机辅助配合之前，要求学生掌握现有的基本计算技术。我们通过对当前几个问题的简要讨论进行总结，以便为将来的日粮配合打下很好的基础。

1　日粮平衡过程

在理论上，如果我们可以将日粮平衡想像为一个简单的"平衡木"，它便不是一个复杂的过程(图 12-1)，其目标就是用适量的饲料营养物质来补偿家畜的需要量。无论当日粮出现过量或缺乏的"不平

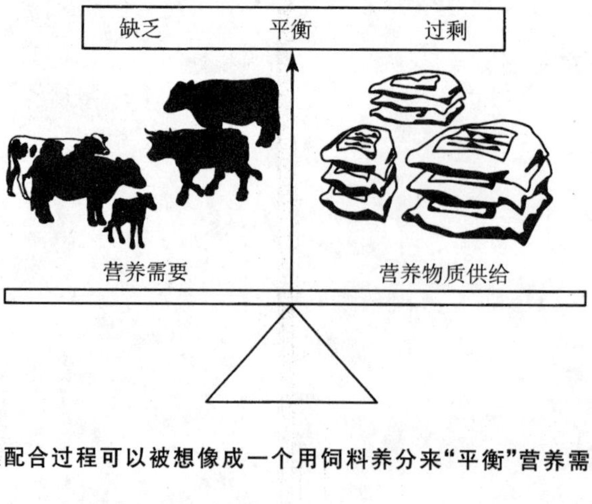

图 12-1　日粮配合过程可以被想像成一个用饲料养分来"平衡"营养需要的简单过程

衡”时，很显然都会造成相应的经济后果，很可能还会有动物福利的问题。显然，整个过程结果的可靠性取决于两“边”所提供的信息（营养需要量和饲料营养价值）。无论家畜品种或是所配制的日粮类型如何，学习动物营养学的学生都应该掌握一些基本的概念和计算类型。

2 营养目标和信息来源

日粮配方师在设计家畜饲养方案时必须敏锐地意识到营养目标是什么。在很多情况下，家畜的营养目标是“最大生产”但是也可能有其他目标。例如，对于奶期的妊娠肉用母牛或活动量低的马，营养目标可能就是维持体重和体况。对于长久不运动的宠物，增进健康和延长寿命而很少关注“生产性能”的日粮则显得尤为重要。最后，对于役用马、赛马和猎狗，日粮主要的营养目标可能是保持役用或运动性能的能力。虽然我们在开始配合过程时总是必须依赖已出版的营养需要量，但是在很多情况下经验非常重要，其中包括家畜对饲喂日粮反应的感官评价。

日粮配合的第1步是获得可靠的目标家畜的营养需要量。在美国，国家科学研究委员会（NRC）是公认的权威来源。该委员会颁布了一系列家畜的营养需要量。这一领域的专家定期地对各种动物已有的研究成果进行汇编，然后对信息进行更新和发布。随着大量关于家畜营养需要量的出版物都附带有储存相应日粮平衡信息的磁盘，个人计算机在日粮配合中日益流行的趋势也渐明显。

其他资料包括相关的出版物和大学的研究结果。在一些情况下，基于“当地情况”这些信息可能会对于现已出版的需要量提供有益的修正。这些资料可能对某一特定州或地区普遍存在的特殊环境、家畜或饲料条件给予说明。

除可靠的家畜营养需要量信息外，精确的饲料营养价值对于日粮配合过程也是必不可少的。NRC营养需要量出版物中主要列出了饲喂特定家畜的常规饲料原料。这些“书面值”列出的仅仅是常见饲料原料预期的平均值，很少与所使用饲料原料的真实营养含量相匹配。因使用书面值而造成的日粮配合的误差程度是变化的。例如，因为粗饲料的养分含量受当地的收获和储藏条件的强烈影响，所以精料成分比粗饲料养分含量的变化小得多。因此，通过饲料检测部门对将要饲喂的实际饲料原料进行分析通常是首选的。正如我们在随后部分将要看到的，由于许多综合日粮配合模型需要一系列详尽的信息，所以这将越加成为一种挑战。不仅需要越来越多的营养含量的信息，而且还要有诸如消化率等描述性的应用数据。

3 配合日粮——手工方法

描述各种家畜营养需要量的方法通常有两种：营养物质数量和家畜每日的营养物质需要量。既然关键因素是特定的营养物质的每日消耗量，为什么需要量也以营养物质数量的形式表示呢？这与实际中家畜的饲养方式有关，以两种方法表示需要量可以方便人们配制日粮。当家畜自由采食（它们可以采食想要的所有饲料）时，我们平衡日粮主要是为了满足推荐的营养物质数量。我们可能无法准确知道每头家畜的确切采食量，但是只要采食量达到表中推荐的最小量，那么，就可以满足营养物质的每日最小需要量。对于上市家畜，由于我们想让它们自由采食饲料以获得最大的生产性能，所以以营养物质浓度为基础平衡日粮是最常见的。在其他情况下（主要是成年家畜或后备母畜），我们可能想限制饲料采食量以防止家畜过肥。在这种情况下，最简单的方法是以每日所需的营养物质量来表示需要量，然后计算所需提供的特定饲料或混合日粮的数量。

羊营养需要量(日粮干物质营养数量)

母羊	体重		日干物质采食量		TDN	总蛋白质
	kg	lb	kg	lb	(%)	(%)
维持	70	154	1.2	2.6	55	9.4

羊每日营养需要量(100%干物质基础)

母羊	体重		日干物质采食量		TDN	总蛋白质
	kg	lb	kg	lb	(kg)	(g)
维持	70	154	1.2	2.6	0.66	113

以 NRC 羊的营养需要量[1]为例,请注意上面的两类表格是如何相联系的。

在第1个表格中,如果家畜采食了1.2 kg含55%TDN和总蛋白质为9.4%的日粮干物质,那么家畜就采食了0.66 kg(1.2×0.55)的TDN和113 g的总蛋白质(1.2×0.094×1 000)。这个量与第2个表格中推荐的量相一致。因此,两种表示需要量的方法相关,且可以为特定目的的日粮配合带来方便。很明显,准确估计预期饲料采食量是必需的。

4 饲料成分值

由于日粮中饲料成分的干物质含量可能差异很大,所以我们通常以干物质基础(DM)平衡日粮。饲料的营养价值或者是以"喂时状态"(风干)为基础或者是以干物质(DM)为基础表示。当使用后一类型的饲料成分表计算饲料中的营养物质含量时,我们必须首先计算饲料中干物质的量。

例:20磅干物质含量为32%的玉米青贮

8%粗蛋白质(DM基础)

20×0.32 =6.4磅干物质×0.08

=0.51磅蛋白质

另一种方法是首先将粗蛋白质含量变换成喂时状态基础:

8%粗蛋白质(DM基础)

×0.32(DM基础)

2.56%粗蛋白质(喂时状态基础)

20 lb青贮玉米×0.0256=0.51 lb粗蛋白质

因此,在计算营养物质含量时单位必须一致(喂时状态的量与以喂时状态为基础的营养物质数量相乘,干物质的量与以干物质为基础的营养物质数量相乘)。通常在配制日粮时首先以干物质为基础,在最后一步将这些量转化为喂时状态基础更为方便。

5 饲料配方和转换

在配制一个特定的日粮时,有以下几类基本的数据处理:

(1)干物质的量转化为喂时状态基础的量

需要10磅干物质,并且饲料干物质含量为30%:

10 磅干物质/0.30 磅干物质每磅喂时状态基础饲料＝33.3 磅(喂时状态基础)

(2)喂时状态的量转换为干物质的量

50 磅喂时状态的青贮玉米，干物质含量为 35%：

50×0.35＝17.5 磅干物质

(3)混合日粮配方——我们已知干物质成分，并想将其转换成喂时状态基础的配方。

例：

饲料	日粮的干物质(%)		饲料的干物质		喂时状态基础		喂时状态基础总量		喂时状态基础(%)
玉米青贮	60	÷	0.35	＝	171.4	÷	225.4	＝	76.1
高水分玉米	30	÷	0.70	＝	42.9	÷	225.4	＝	19.0
补充饲料	10	÷	0.90	＝	11.1	÷	225.4	＝	4.9
总计	100				225.4				100.0

饲料	喂时状态基础(%)		饲料的干物质		干物质基础		各部分的总数		日粮干物质(%)
玉米青贮	76.1	×	0.35	＝	26.64	÷	44.35	＝	60.1
高水分玉米	19.0	×	0.70	＝	13.30	÷	44.35	＝	30.0
补充饲料	4.9	×	0.90	＝	4.41	÷	44.35	＝	9.9
总计	100				44.35				100.0

饲料	喂时状态基础(lb/d)		饲料的干物质		干物质基础		%CP (DM 基础)		(CP/d)
玉米青贮	30	×	0.35	＝	10.5	×	0.08	＝	0.84
高水分玉米	10	×	0.70	＝	7.0	×	0.10	＝	0.70
补充饲料	2	×	0.90	＝	1.8	×	0.40	＝	0.72
总计					19.3 lb				2.26 lb

请注意，混合日粮 DM%是 100 磅 DM÷225.4(喂时状态基础)＝44.3%干物质基础。

(4)混和日粮——知道喂时状态的组成并想转换成干物质基础的配方。

(5)喂时状态基础的饲料营养物质采食量。

请注意，日粮(DM 基础)中%CP 是 2.26/19.3＝11.7%。

6　简单日粮平衡

在很多情况下，只有计算机能够同时满足所有营养物质的需要并且做到成本最低。然而，根据日粮配制时所需的“精细”水平的不同，很多情况下可以使用下列方法。

6.1　试差法(trial and error)

人们必须认识到，手工平衡日粮通常不是一门精确的科学。简单“试差法”可能是最常使用的技术之一。生产者决定给特定的家畜饲喂 x 粗饲料。然后他计算那些粗饲料中提供的营养物质的量。随后，他将这个量与家畜的需要量相比较，并通过试差法(反复检查所缺粗饲料的量)，配制出一个满足家畜需要的谷物/维生素/矿物质混合料。

6.2 皮尔逊四边形法(Pearson’s square)

这是一种使用两种饲料平衡一种营养物质的有用的方法。要求一种饲料营养物质数量必须高于所需的营养物质水平,而另一种饲料营养物质数量则必须低于这一水平。

例 1

用苜蓿干草(17.1%的 CP)和粉碎整穗玉米(9.3%CP)平衡一种粗蛋白质水平为11.5%的日粮。将所需的蛋白质含量置于四边形的中心,饲料的蛋白质含量置于左边。通过四边形的对角线用较大的数字减去较小的数字。最后,将每种饲料的干物质份数转化为干物质百分比。

			干物质份数			干物质(%)
苜蓿干草	17.1		2.2	2.2/7.8	=	28.2
		11.5				
粉碎整穗玉米	9.3		5.6	5.6/7.8	=	71.8
			7.8			100%

检查:28.2(0.171)+71.8(0.093)=11.5%

6.3 代数方程方法

这一方法同皮尔逊四边形法相似,但是对一些学生来说可能更容易。

同前面的例子:

设 x=所需的干草的干物质量

$100-x$=所需的粉碎玉米的干物质量

则

$$0.171(x)+0.093(100-x)=11.5$$

$$0.171x+9.3-0.093x=11.5$$

$$0.078x=2.2$$

$x=28.2$[干草的干物质含量(%)]

$100-x=71.8$[粉碎玉米的干物质含量(%)]

6.4 改良的皮尔逊四边形法

如果决定将两种或更多的饲料“锁定”为固定的比例,那么,可以将皮尔逊四边形法扩展为包括三种或更多种饲料。

例 2

苜蓿干草	20% CP
玉米	10% CP
小麦	12% CP

决定将两种谷物(干物质基础)的比例固定为玉米60%,小麦40%。苜蓿干草和谷物的混合物应如何组合才能使配制的总日粮含15%CP呢?

谷物蛋白质混合物:0.60(10)+0.40(12)=10.8%

在总日粮中占15%的平衡配制:

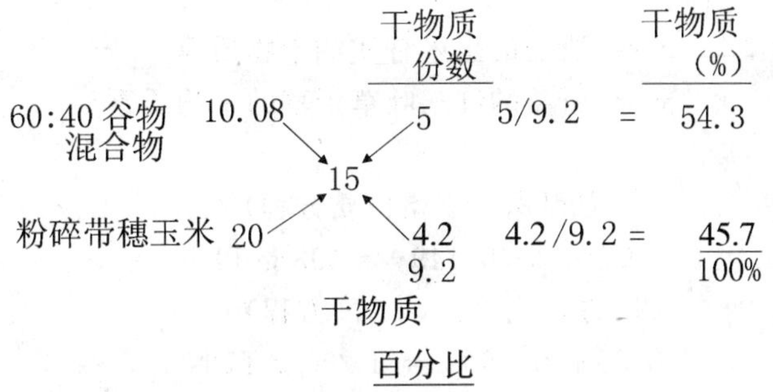

最终的日粮：苜蓿干草　　　　=45.7%

玉米　54.3×0.60 =32.6

小麦　54.3×0.40 =21.7

总量　　　　　　100%

检查：0.457(20) + 0.326(10)+ 0.217(12)=15% CP

干草　　　玉米　　　小麦

6.5　改良的代数方程法

与改良的皮尔逊四边形法所用的相同的一般程序也可以用于计算代数方程式。同前面的例子：

谷物混合物　　　干草

$0.108(x)+0.20(100-x)=15$

$x=54.3$ 谷物混合物

$100-x=45.7$ 苜蓿干草

最终的日粮：　　　45.7%苜蓿干草

54.3×0.60=32.6%玉米

54.3×0.40=21.7%小麦

6.6　联立方程法

计算同时满足每日总蛋白质和总可消化营养物质（每日的营养物质）所需的两种饲料用量时，常常使用联立方程法进行。

例 3

配制一个能满足 50 kg 肥育羊每日总蛋白质(TP)和总可消化营养物质(TDN)需要的日粮。

步骤 1

列出上题中家畜每日营养物质需要量（蛋白质和 TDN）

50 kg 肥育羊的每日需要量

总蛋白质　198 g /d

TDN　1260 g /d

步骤 2

a. 选择两种饲料原料

b. 记录 TP 和 TDN 的值

	玉米籽实	红三叶草干草
TP	10	14.9
TDN	89	59

步骤 3

设

$$x = \text{所需的玉米籽实的干物质重}$$
$$y = \text{所需的红三叶草干草的干物质重}$$

那么

方程式 1 （蛋白质方程）

$$0.10x + 0.149y = 198\ \text{g TP}$$

方程式 2 （TDN 方程）

$$0.89 + 0.590y = 1\,260\ \text{g TDN}$$

步骤 4

解两个联立方程：

$$0.10x + 0.149y = 198$$
$$0.89 + 0.590y = 1\,260$$
$$0.59\,y = 1\,260 - 0.89x$$
$$y = 2\,135.6 - 1.508x$$
$$0.10x + 0.149(2\,135.6 - 1.508x) = 198$$
$$x = 964\ \text{g}(\text{玉米籽实干物质重})$$
$$y = 2\,135.6 - 1.508(964)$$
$$y = 682\ \text{g}(\text{红三叶草干草干物质重})$$

步骤 5

检查：

TP　682(0.149)＋964(0.10)＝198 g TP 供应的

TDN 682(0.59)＋964(0.89)＝1 260 g TDN 供应的

最后一步将干物质的量转换成喂时状态的量。

6.7　代数方程法配制谷物 /矿物质 /维生素混合料

这一方法包括对特定蛋白质含量的谷物日粮的计算，如果需要的话，也可以包括其他营养物质如Ca、P等百分含量的计算。在本讨论中，我们考虑的是蛋白质。基本上我们配制的日粮是100份，或是100%，我们将矿物质和维生素固定为所需要的水平，谷物或能量来源为 x，蛋白质来源为剩下的“浮动”部分减去能量(谷物来源)。

基本公式：

100×%CP＝	x(%CP)＋	97－ x(%CP)＋	1.5(0)＋	1.0(0)＋	0.5(0)
需要的量	谷物	蛋白质	矿物质	食盐	维生素

在前述方程中，我们配制的是100份，左边是%CP的具体值。在等号右边是饲料成分：

(1)固定成分——我们“固定”矿物质混合物为1.5%，食盐为1.0%，维生素预混料为0.5%，每种都不含蛋白质。

(2)谷物——设 x 等于谷物成分(如果谷物的比例固定可以使用几种谷物)。

(3)蛋白质来源——由于3份已经固定，那么，97份中或者是谷物或者是蛋白质，因此(97－x)。

这一方法有几个优点，其中主要的优点是可以灵活使用多种成分。这几种成分可以固定，并且可以使用多种谷物来源。此方法的一个缺点是，在我们的例子中只使用一种营养物质——蛋白质。

为了举例说明，我们假定以下量，同时将糖蜜的量固定为5%：①配制CP含量为18%的谷物日粮；②使用的谷物是玉米(10%CP)和燕麦(13%CP)，它们的比例为2∶1；③使用SBM(50%CP)作为蛋白质来源；④固定糖蜜的量为 5%(3%CP)；⑤矿物质和维生素的固定量同上，公式可以写作：

$$100\times18=1.5(0)+1.0(0)+0.5(0)+5(3)+2x(10)+x(13)+(92.0-3x)(50)$$

矿物质 TM 盐 维生素 糖蜜 玉米 燕麦 SBM

解出 x(燕麦)，得：

$1\,800=15+20x+13x+4\,600-150x$

$117x=2\,815$

$x=24.0$ 燕麦

$2x=48.0$ 玉米

$92-3x=20.0$ SBM

5.0 糖蜜

1.5 矿物质

1.0 TM 盐

0.5 维生素

检查最终混合物的蛋白质水平：

$$24(0.13)+48(0.10)+20(0.50)+5(0.03)+1.5(0)+1.0(0)+0.5(0)=18.07\%\text{CP}$$

燕麦 玉米 SBM 糖蜜 矿物质 TMS 维生素

这一方法可以扩展为包括其他固定成分，如尿素和包括不同比例的其他谷物。最容易混淆的方面可能是，记住固定成分的份数，并将其从 100 中减去，得到蛋白质的量，以及合计 x 的份数，并得出在蛋白质量中的份数(在前一例子中，$92-3x$)。

7 计算饲料营养物质的适宜水平

许多矿物质、维生素和饲料添加剂在家畜日粮中的添加量非常少。准确进行这一过程的计算非常关键。在一些情况下，过量采食微量营养素或饲料添加剂可能对家畜的生产性能产生负面影响，甚至有生命危险。在很多情况下，尤其是药物添加剂，只有得到特别许可的工厂才能加工这些产品。家畜生产者必须购入作为预混合料或全价补充饲料成分的添加剂。对于典型的农场级混合设备，一个可以遵循的良好经验是：任何成分在每吨日粮中的添加水平只要少于 20 磅就绝不要直接添加。这是确保饲料成分的完全混合与分散所必需的。如果每吨中的添加量小于 20 磅，它首先应与载体物质，如粉碎的玉米、大豆饼粉、玉米麸或其他颗粒较小的饲料预混合。

随后部分给出了一个在总日粮中加入所需矿物质的例子。就我们的目的而言，下列转换因子对于计算添加剂日粮中适宜水平的微量营养物质和饲料添加剂非常有用(g=克，%=百分比，lb=磅，ppm=百万分之一，kg=千克，mg=毫克，t=吨，mcg=微克)：

转换

自	到	系数
g/t	%	×0.00 011
g/t	lb/t	×0.0 022
g/t	g/lb	×0. 0005
g/t	mg/lb	×0.5
%	g/t	÷0.00 011
%	ppm	小数点右移四位
mg/kg	mg/lb	÷2.2
mg/lb	g/t	÷0.5

mg/lb	mg/kg	×2.2
mg/lb	mcg/g	×2.2
mg/lb	mg/g	÷454
mg/lb	ppm	×2.2
mcg/g	mcg/lb	÷2.2
mcg/kg	mcg/lb	÷2.2
ppm	g/t	÷1.1
ppm	%	小数点左移四位
ppm	mg/lb	÷2.2

8 日粮评价——工作表法

我们的下一步是将前面给出的一些日粮平衡概念应用于典型的农场。在很多情况下，家畜饲养者并非对典型的最低成本日粮方案中"所有可能的日粮"都感兴趣。相反，他们只是想对当前饲喂的日粮进行评价。这些日粮通常反映了可提供的最经济的饲料，想通过调整得到能有效利用他们自己饲料的最佳饲喂制度。所以，日粮平衡通常涉及到提供必需的营养物质来补充自产的谷物、青贮饲料和干草。

工作表评价技术对所有的畜禽都有用。根据前面的经验，让我们假设在这一部分的所有例子中肉牛饲养者的阉犊牛重为550磅，预期达到接近1 200磅的USDA良好等级。饲料来源是玉米青贮和玉米谷物。生产者想在整个饲养周期内平均使用玉米籽实和玉米青贮，以干物质为基础各为50%。饲养企业要安装称量设备对所有饲料进行称重，并且既可以购入商品蛋白质补充料，也可以自己混合生产。运用这个例子，我们可以对配制日粮以及建立最佳整体饲喂制度的不同方法进行概述。

8.1 平衡日粮所需的信息

正如前面所讨论的，平衡日粮涉及到对一组家畜饲喂的营养物质进行计算，确定这些家畜的营养需要并对日粮进行调整以便饲喂的营养物质与家畜的营养需要相匹配。因此，平衡的日粮意味着家畜采食的营养物质与它的营养需要量相符。平衡日粮要求如下信息：饲料的营养组成；各种饲料的饲喂量；对需要计算需要量的家畜进行描述，主要是体重、生产水平、日增重或泌乳量以及生产的产品中营养物质含量。对于泌乳奶牛，要对乳成分进行常规测定。对于泌乳肉牛，必须根据母牛的体格大小和犊牛的断奶重来估计产奶量。对于生长牛，增重的组成必须根据预期的成年体格大小（后备母牛群）或肥育重（肥育阉牛和小母牛）进行估计。

营养物质需要量是由描述家畜处于各种生理功能（维持、生长、泌乳、妊娠）下的需要量方程计算得出的，并应用于决定需要量的两种方法中的一种，即以营养需要量计算表格的形式，或者以输入信息计算需要量的计算机程序的形式。营养需要量表（日需要量和日粮浓度）和这部分给出的日粮平衡法1（日粮评价和成分替换的方法来平衡日粮）和日粮平衡法2（日粮配合）是使用NRC营养需要量表格来设计的[2,3]。在肉牛生产中，根据食欲给各组牛（架子牛、预饲期、带犊母牛、后背母牛）饲喂高粗饲料日粮或者给它们饲喂（生长肥育牛）高谷物日粮，根据每组平均生产水平补充其他饲料，以维持生产所需的能量水平。奶用和肉用后备母牛饲喂达到目标体重，使它们至少在2岁龄时产犊，并且有充分的体储确保其在全群目标产犊间隔内第2次妊娠。NRC关于生长牛（表12-1和表12-2）和肉用母牛（表12-3和表12-4）营养需要量表就是据此来设计的。表12-1提供了每头生长肥育牛在特定的平均日增重（ADG）速度下的日营养需要量，表12-2提供了生长牛所需各种典型日粮的营养物质质量分数。这两个关于生长牛的表格基本上涵盖了美国肥育青年母牛和阉牛的所有体重范围（肥育体重1 000～1 4000 lb）。表中每一列内三种体型大小的牛在每一体重下其增重的营养物质量相等，因此，也称作等效重量。同时，这些等效重量也表示在饲养期间体重的平均预期差值。例如，成年体重为 1 000 磅的牛初始体重轻 20%，在生长过程中的平均体重轻 20%，在达到肥育或成熟体重时体重轻 20%。表 12-3 和表 12-4 给出了成年体重在 1 000～1 400 磅的成年肉用母牛的三个不同初生重水平时的妊娠营养需要量和该成年母牛在 29 周泌乳阶段三个不同泌乳高峰期的营养需要量。产奶量水平涵盖在 1996 版 NRC 肉牛营养需要中给出的 28 个品种的预期高峰产奶量。泌乳奶牛的饲喂水平支持目标产奶量和乳成分。因此，由 1989 版奶牛 NRC 需要量表格[2]的泌乳奶牛表格（表 12-5 和表 12-6）改编后提供了具体产奶量情况下奶牛的营养物质需要量。在有条件和特定的农场平衡日粮时，应该使用实际的饲料分析值。然而，并不总能得到可靠的饲料生物学价值（净能、降解和非降解蛋白质），尤其是具体生产水平下的饲料生物学价值。因此，需要饲料成分表（附表 50a，b，c）提供能量数值和在实验室分析没有测定的营养物质。

在这一部分我们所要讨论的日粮平衡方法（方法 1、2）将首先使用来自所设计工作表中的数值来计算所饲喂饲料中可利用的营养物质，然后将其与我们正努力为其平衡日粮的家畜营养需要量进行比较。

步骤 1

根据牛的营养需要量确定分组。经验表明，考虑到牛源、劳动强度、设施状况以及日粮平衡性的差异，断奶犊牛大约可以作为三个体重范围进行分类、饲养并有效地管理。在这个例子中，分为以下两组来配制日粮更为实际，即断奶到 799 磅体重和从 800 磅体重到上市体重。

步骤 2

确定饲喂谷物的时间。对于后备母牛群，根据需要饲喂谷物来补充粗饲料以达到目标生长率。为了使后备母牛能准时产犊，后备母牛必须在初情期之前达到最高增重率以保证其适时妊娠，因此，通常在这期间根据需要饲喂谷物。对于泌乳奶牛，由于泌乳早期产奶量最高，可根据需要饲喂谷物，从而对自产的粗饲料进行补充。因此，此时谷物饲喂水平最高。对于生长肥育肉牛，最佳饲养制度是先饲喂高水平粗饲料（能量与全玉米青贮日粮等价），随后在上市前饲喂高谷物日粮至少 100 d，此时粗饲料占总饲喂饲料的 30%～60%（两阶段饲养法）。为了控制酸中毒，高谷物日粮中应含有 10%～15%的粗饲料。然而，一些农民饲养者为了管理方便，更愿意饲喂谷物比例恒定的日粮。这样做将使总饲料转化效率降低 3%～8%，但成功实施这一方案（储藏形式和可提供的饲喂设备、劳动力等）的能力可能更为重要。对于这个例子，我们假设在 800 磅之前饲喂的是全青贮日粮，然后逐渐转变为谷物含量很高、粗饲料含量最少的日粮（15%玉米青贮，85%谷物以及在日粮干物质中的补充饲料）。

步骤 3

为各组制定日粮

8.1.1　方法 1　日粮评价和饲料替换平衡日粮

在没有使用计算机平衡日粮时，这一方法的使用非常普遍。即使是使用计算机平衡日粮，也可以用此处描述的替换法来对日粮进行调整。对饲养企业正在饲喂的日粮能量、蛋白质和矿物质是否充足进行评价，然后根据需要对饲料进行替换，以达到目标日增重。工作表 12-1 展示了这一方法对日粮的评价。使用的预期增重和营养需要量来自表 12-1 和表 12-2。饲养企业在饲喂青贮玉米的同时，每天饲喂 1 lb 大豆粕和 0.1 lb 磷酸氢钙和食盐（50：50）的混合物。饲喂期间动物平均体重是（550＋800）/2＝675 lb。工作表 12-1 表明了如何计算饲喂日粮中营养物质数量的方法，而在工作表后面给出的计算结果表明了如何评价日粮的方法和对营养不足或过量的日粮进行调整的过程。

评价日粮和校正过量和不足的计算方法：

步骤 1

计算日粮中每种成分的各营养物质的量。

工作表 12-1 日粮评价

项目	日粮中饲料,lb (DM/d)				总量	每磅干物质的量
	玉米青贮	大豆粕	磷酸氢钙	食盐		
DM(lb)	16.0	1.0	0.05	0.05	17.1	不足
NE_m(NE_l)/lb	0.74	0.94	0	0	不足	不足
NE_m(NE_l)(Mcal)	11.84	0.93	0	0	12.77	0.746
NE_g/lb	0.47	0.63	0	0	不足	不足
NE_g(Mcal)	7.52	0.63	0	0	8.15	0.476
TDN(%)	70.2	83.8	0	0		
TDN(lb)	11.23	0.838	0	0	12.07	0.706
微生物蛋白质(lb) (13%TDN)	1.46	0.109	0	0	1.569	0.091
CP(%)	9.2	54.0	0	0	不足	不足
CP(lb)	1.472	0.54	0	0	2.01	0.118
降解 CP(%)	76.9	73.5	0	0	不足	不足
降解 CP(lb)	1.13	0.397	0	0	1.53	0.089
非降解 CP(lb)	0.34	0.143	0	0	0.483	0.028
钙(%)	0.31	0.29	22.0	0	不足	不足
钙(lb)	0.049 6	0.002 9	0.011	0	0.063 5	0.003 7
磷(%)	0.27	0.71	19.3	0	不足	不足
磷(lb)	0.043 2	0.007 1	0.009 7	0	0.06	0.003 5

表 12-1 生长牛每日营养需要量[a]

项目	三种不同体重的牛维持需要[b]									
	成年或肥育重为 1 000 lb 牛饲养期间的体重									
	350	400	450	500	550	600	650	700	750	800
NE_m(Mcal)	3.44	3.81	4.16	4.50	4.83	5.16	5.48	5.79	6.10	6.40
MP(g)	170	188	205	222	239	255	270	286	301	316
Ca(g)	5	6	6	7	8	8	9	10	11	11
P(g)	4	4	5	5	6	6	7	8	8	9
	成年或肥育重为 1 200 lb 牛饲养期间的体重									
	420	480	540	600	660	720	780	840	900	960
NE_m(Mcal)	3.95	4.37	4.77	5.16	5.54	5.92	6.28	6.64	6.99	7.34
MP(g)	195	215	235	255	274	292	310	328	345	362
Ca(g)	6	7	8	8	9	10	11	12	13	13
P(g)	5	5	6	6	7	8	8	9	10	10
	成年或肥育重为 1 400 lb 牛饲养期间的体重									
	490	560	630	700	770	840	910	980	1 050	1 120
NE_m(Mcal)	4.43	4.90	5.35	5.79	6.22	6.64	7.05	7.46	7.85	8.24
MP(g)	219	242	264	286	307	328	348	368	387	407
Ca(g)	7	8	9	10	11	12	13	14	15	16
P(g)	5	6	7	8	8	9	10	11	11	12

续表 12-1

ADG(lb/d)	三种不同体重的牛生长净能需要(Mcal/d)									
1.0	1.08	1.20	1.31	1.42	1.52	1.62	1.72	1.82	1.92	2.01
1.5	1.69	1.87	2.04	2.21	2.37	2.53	2.69	2.84	2.99	3.14
2.0	2.32	2.56	2.80	3.03	3.25	3.47	3.69	3.90	4.11	4.31
2.5	2.96	3.27	3.57	3.87	4.16	4.44	4.71	4.98	5.24	5.50
3.0	3.62	4.00	4.37	4.73	5.08	5.42	5.75	6.08	6.40	6.72
3.5	4.28	4.73	5.17	5.60	6.01	6.42	6.81	7.20	7.58	7.96
4.0	4.96	5.48	5.99	6.48	6.96	7.43	7.89	8.34	8.78	9.22
ADG(lb/d)	三种不同体重牛生长的代谢蛋白质需要(g)									
1.0	140	140	141	142	144	146	144	138	132	127
1.5	206	207	208	202	211	213	210	201	192	183
2.0	272	273	273	275	276	278	274	261	249	237
2.5	337	337	338	339	340	342	336	320	305	289
3.0	402	401	402	402	403	405	398	378	359	340
3.5	466	465	465	465	466	467	458	435	412	389
4.0	530	528	527	527	527	529	517	490	464	438
ADG(lb/d)	三种体重牛生长的钙需要(g)									
1.0	13	12	12	11	11	11	10	10	9	9
1.5	19	18	17	17	16	15	15	14	13	13
2.0	25	24	23	22	21	20	19	18	17	16
2.5	31	30	28	27	26	25	24	22	21	20
3.0	37	35	34	32	31	29	28	26	25	24
3.5	43	41	39	37	35	34	32	30	29	27
4.0	48	46	44	42	40	38	36	34	32	31
ADG(lb/d)	三种不同体重牛生长的磷需要(g)									
1.0	5	5	5	5	4	4	4	4	4	4
1.5	8	7	7	7	7	6	6	6	5	5
2.0	10	10	9	9	9	8	8	7	7	7
2.5	12	12	11	11	10	10	10	9	9	88
3.0	15	14	14	13	12	12	11	11	10	10
3.5	17	16	16	15	14	14	13	12	12	11
4.0	20	19	18	17	16	15	15	14	13	12

[a]用 NRC 1996《肉牛营养需要》表格生成的程序制作。

[b]奶牛维持需要量增加 12%。

表 12-2　饲喂不同能量水平的生长牛饲喂期间平均体重的日粮能量质量分数需要量[a, b]

日粮能量质量分数[c]			肥育或成熟重为 1 000 lb 牛饲养期间的平均体重					
			550	600	650	700	750	800
%TDN	NE_m	NE_g	饲养期间干物质采食量(lb/d)					
60	0.61	0.35	16.1	17.2	18.2	19.3	20.3	21.3
70	0.76	0.48	15.7	16.8	17.8	18.8	19.8	20.8
80	0.90	0.61	14.81	5.8	16.8	17.8	18.7	19.6
%TDN	NE_m	NE_g	预期日增重(lb/d)					
60	0.61	0.35	1.77	1.77	1.77	1.77	1.77	1.77
70	0.76	0.48	2.68	2.68	2.68	2.68	2.68	2.67
80	0.90	0.61	3.34	3.34	3.34	3.34	3.34	3.34

续表 12-2

			肥育或成熟重为 1 200 lb 牛饲养期间的平均体重					
			660	720	780	840	900	960
%TDN	NE_m	NE_g	饲养期间干物质采食量(lb/d)					
60	0.61	0.35	18.4	19.7	20.9	22.1	23.3	24.4
70	0.76	0.48	18.0	19.2	20.4	21.6	22.7	23.9
80	0.90	0.61	17.0	18.2	19.3	20.4	21.5	22.5
%TDN	NE_m	NE_g	预期日增重(lb/d)					
60	0.61	0.35	2.00	2.00	2.00	2.00	2.00	2.00
70	0.76	0.48	3.04	3.04	3.04	3.04	3.04	3.04
80	0.90	0.61	3.78	3.78	3.78	3.78	3.78	3.78
			肥育或成熟重为 1 400 lb 牛饲养期间的平均体重					
			770	840	910	980	1 050	1 120
%TDN	NE_m	NE_g	饲养期间预计干物质摄入量(lb/d)					
60	0.61	0.35	20.7	22.1	23.5	24.8	26.1	27.4
70	0.76	0.48	20.2	21.6	22.9	24.2	25.5	26.8
80	0.90	0.61	19.1	20.4	21.6	22.9	24.2	25.3
%TDN	NE_m	NE_g	粗蛋白质需要量(%日粮干物质)					
60	0.61	0.35	10.2	9.7	9.2	8.8	8.4	8.1
70	0.76	0.48	13.0	12.2	11.4	10.8	10.2	9.7
80	0.90	0.61	15.8	14.6	13.6	12.8	12.0	11.3
%TDN	NE_m	NE_g	钙需要量(%日粮干物质)					
60	0.61	0.35	0.36	0.34	0.32	0.30	0.28	0.27
70	0.76	0.48	0.49	0.45	0.42	0.39	0.37	0.34
80	0.90	0.61	0.61	0.56	0.52	0.48	0.44	0.41
%TDN	NE_m	NE_g	磷需要量(%日粮干物质)					
60	0.61	0.35	0.19	0.18	0.17	0.16	0.16	0.15
70	0.76	0.48	0.24	0.23	0.21	0.20	0.19	0.19
80	0.90	0.61	0.29	0.27	0.26	0.24	0.23	0.22

[a]用 NRC 1996《肉牛营养需要》表格生成程序制作。

[b]没有显示的日粮矿物质需要量为:镁(0.10%);钾(0.60%);钠(0.06%～0.08%);硫(0.15%)。

[c]给出的三个能量水平(60%,70%,80%TDN)分别含有 100%,50%～60%,和 10%～15%的粗饲料。

表 12-3 肉牛每日营养需要量[a]

	NE_m(Mcal)	代谢蛋白质(g)	钙(g)	磷(g)
维持需要量				
1 000 BW	9.08	374	14	11
1 100 BW	9.76	401	15	12
1 200 BW	10.41	428	17	13
1 300 BW	11.06	455	18	14
1 400 BW	11.69	481	20	15
妊娠需要量				
70 lb BW				
7 月	1.65	70	10	4
8 月	2.73	120	10	4
9 月	4.27	199	10	4
80 lb BW				
7 月	1.88	80	11	5

续表 12-3

	NE_m(Mcal)	代谢蛋白质(g)	钙(g)	磷(g)
8 月	3.12	137	11	5
9 月	4.88	227	11	5
90 lb BW				
7 月	2.12	90	12	5
8 月	3.51	155	12	5
9 月	5.49	256	12	5
泌乳需要量				
		前 3 个月		
高峰产奶量[b] 10 lb	3.87	216	10	6
高峰产奶量[c] 20 lb	5.93	432	20	12
高峰产奶量[d] 30 lb	8.90	649	30	17
		第 2 个 3 个月		
高峰产奶量[b] 10 lb	1.79	130	6	3
高峰产奶量[c] 20 lb	3.58	261	12	7
高峰产奶量[d] 30 lb	5.37	391	18	10

[a] 用 NRC 1996《肉牛营养需要》表格生成程序制作。

[b] 根据 NRC 1996《肉牛营养需要》在有良好牧草的情况下，1 000～1 200 和 1 400 lb 成年母牛对应的公犊牛体重约为 450，510 和 540 lb。

[c] 根据 NRC 1996《肉牛营养需要》在有良好牧草的情况下，1 000～1 200 和 1 400 lb 成年母牛对应的公犊牛体重约为 520，560 和 600 lb。

[d] 根据 NRC 1996《肉牛营养需要》在有良好牧草的情况下，1 000～1 200 和 1 400 lb 成年母牛对应的公犊牛体重约为 570，610 和 660 lb。

表 12-4　肉牛日粮营养物质数量

	DM 采食量 (lb/d)	TDN (%DM)	NE_m (Mcal/lb)	CP (%DM)	Ca (%DM)	P (%DM)
1 000 lb 母牛						
干奶前期	20.8	49.1	0.44	6.95	0.24	0.15
干奶后期	21.4	55.7	0.54	8.67	0.24	0.15
早期泌乳						
高峰产奶量[b] 10 lb	22.2	55.6	0.54	8.74	0.24	0.17
高峰产奶量[c] 20 lb	24.8	59.7	0.60	10.7	0.31	0.20
高峰产奶量[d] 30 lb	27.3	63.1	0.66	12.3	0.36	0.23
泌乳后期						
高峰产奶量[b] 10 lb	22.1	52.6	0.49	7.54	0.20	0.14
高峰产奶量[c] 20 lb	23.5	55.5	0.54	8.89	0.24	0.17
高峰产奶量[d] 30 lb	25.0	58.0	0.58	10.07	0.28	0.19
1 200 lb 母牛						
干奶前期	23.9	49.3	0.44	7.00	0.26	0.16
干奶后期	24.6	56.2	0.55	8.78	0.25	0.16
泌乳前期						
高峰产奶量[b] 10 lb	25.1	55.0	0.53	8.45	0.24	0.17
高峰产奶量[c] 20 lb	27.7	58.7	0.59	10.2	0.30	0.20
高峰产奶量[d] 30 lb	30.2	61.9	0.64	11.7	0.35	0.22
泌乳后期						
高峰产奶量[b] 10 lb	25.2	52.2	0.49	7.35	0.20	0.14
高峰产奶量[c] 20 lb	26.5	54.8	0.53	8.60	0.24	0.17
高峰产奶量[d] 30 lb	28	57.1	0.56	9.64	0.28	0.18

续表 12-4

	DM采食量 (lb/d)	TDN (%DM)	NE_m (Mcal/lb)	CP (%DM)	Ca (%DM)	P (%DM)
1 400 lb 母牛						
干奶前期	26.8	49.5	0.44	7.04	0.27	0.17
干奶后期	27.6	56.6	0.56	8.88	0.26	0.16
泌乳前期						
高峰产奶量[b]10 lb	27.9	54.6	0.53	8.23	0.24	0.17
高峰产奶量[c]20 lb	30.4	58	0.58	9.88	0.29	0.19
高峰产奶量[d]30 lb	33.0	60.9	0.62	11.26	0.33	0.22
泌乳后期						
高峰产奶量[b]10 lb	28.1	51.8	0.48	7.21	0.20	0.15
高峰产奶量[c]20 lb	29.4	54.2	0.52	8.32	0.24	0.17
高峰产奶量[d]30 lb	30.9	56.3	0.55	9.30	0.27	0.18

[a]用 NRC 1996《肉牛营养需要》表格生成程序制作。干奶前期母牛 7 个月妊娠，干奶后期母牛 9 个月妊娠。

[b]根据 NRC 1996《肉牛营养需要》在有良好牧草的情况下，1 000～1 200 和 1 400 lb 成年母牛对应的公犊牛体重约为 450，510 和 540 lb。

[c]根据 NRC 1996《肉牛营养需要》在有良好牧草的情况下，1 000～1 200 和 1 400 lb 成年母牛对应的公犊牛体重约为 520，560 和 600 lb。

[d]根据 NRC 1996《肉牛营养需要》在有良好牧草的情况下，1 000～1 200 和 1 400 lb 成年母牛对应的公犊牛体重约为 570，610 和 660 lb。

表 12-5 泌乳奶牛营养需要量[a]

体重 (lb)	乳脂 (%)	产奶量 (lb)	DM采食量(lb)	NE_l (Mcal)	RDP (lb)	RUP (lb)	钙 (lb)	磷 (lb)
900	4.5	14.0	20.8	13.39	1.50	0.98	0.085	0.056
900	4.5	29.0	27.4	18.73	2.25	1.51	0.137	0.087
900	4.5	43.0	32.8	23.71	2.95	1.92	0.185	0.117
900	4.5	58.0	37.9	29.04	3.72	2.29	0.237	0.149
900	4.5	74.0	44.5	34.73	4.52	2.81	0.292	0.183
900	5.0	14.0	21.3	13.70	1.54	1.01	0.088	0.058
900	5.0	29.0	28.1	19.36	2.34	1.55	0.144	0.092
900	5.0	43.0	33.7	24.65	3.09	1.97	0.195	0.124
900	5.0	58.0	39.0	30.31	3.90	2.34	0.251	0.158
900	5.0	74.0	46.6	36.35	4.74	2.94	0.310	0.194
1 100	4.0	18.0	24.6	15.86	1.86	1.11	0.102	0.067
1 100	4.0	36.0	32.0	21.87	2.70	1.71	0.160	0.103
1 100	4.0	55.0	38.8	28.21	3.60	2.23	0.221	0.140
1 100	4.0	73.0	44.5	34.22	4.46	2.65	0.279	0.176
1 100	4.0	91.0	54.1	42.22	5.58	3.39	0.359	0.225
1 100	4.5	18.0	25.2	16.25	1.911	1.16	0.70	0.070
1 100	4.5	36.0	32.9	22.65	2.811	1.76	0.169	0.108
1 100	4.5	55.0	40.0	29.41	3 .772	2.29	0.234	0.149
1 100	4.5	73.0	45.9	35.81	4.692	2.72	0.297	0.187
1 100	4.5	91.0	54.1	42.22	5.583	3.39	0.359	0.225
1 300	3.5	23.0	28.6	18.41	2.231	1.27	0.121	0.079
1 300	3.5	47.0	37.6	25.9	3.27	2.00	0.192	0.123
1 300	3.5	70.0	45.1	33.08	4.29	2.59	0.261	0.165
1 300	3.5	93.0	51.7	40.25	5.32	3.09	0.329	0.208
1 300	3.5	117.0	61.2	47.74	6.36	3.88	0.400	0.251
1 300	4.0	23.0	29.3	18.91	2.30	1.31	0.127	0.083

续表 12-5

体重(lb)	乳脂(%)	产奶量(lb)	DM 采食量(lb)	NE_l(Mcal)	RDP(lb)	RUP(lb)	钙(lb)	磷(lb)
1 300	4.0	47.0	38.7	26.92	3.42	2.07	0.204	0.130
1 300	4.0	70.0	46.5	34.60	4.52	2.67	0.277	0.176
1 300	4.0	93.0	54.2	42.28	5.61	3.24	0.351	0.221
1 300	4.0	117.0	64.5	50.29	6.72	4.09	0.428	0.269
1 500	3.0	26.0	31.2	20.12	2.48	1.32	0.132	0.087
1 500	3.0	52.0	40.5	27.66	3.53	2.10	0.203	0.130
1 500	3.0	78.0	48.6	35.21	4.60	2.75	0.274	0.174
1 500	3.0	104.0	55.8	42.76	5.67	3.31	0.345	0.218
1 500	3.0	130.0	64.5	50.30	6.73	4.03	0.416	0.262
1 500	3.5	26.0	32.1	20.69	2.56	1.39	0.138	0.091
1 500	3.5	52.0	41.8	28.80	3.69	2.18	0.215	0.138
1 500	3.5	78.0	50.3	36.91	4.84	2.84	0.292	0.186
1 500	3.5	104.0	57.8	45.02	6.01	3.40	0.370	0.233
1 500	3.5	130.0	68.1	53.14	7.13	4.26	0.447	0.281
1 500	4.0	26.0	32.8	21.25	2.64	1.43	0.144	0.094
1 500	4.0	52.0	43.0	29.93	3.86	2.25	0.228	0.146
1 500	4.0	78.0	78.0	51.93	38.61	5.09	2.92	0.311
1 500	4.0	104.0	60.7	47.29	6.33	3.58	0.395	0.249
1 500	4.0	130.0	71.8	55.97	7.53	4.50	0.478	0.300

[a]改编自 NRC 1989《奶牛营养需要》。需要量包括 900～1 300 和 1 500 lb 体重奶牛每日分别产奶 50,61,72 和 83 lb 的饲料供给量。

表 12-6 奶牛日粮营养数量推荐量[a]

体重(lb)	乳(lb)	NE_l(Mcal)	NE_m(Mcal)	NE_g(Mcal)	粗蛋白(%)	RDP(%)	RUP(%)	NDF(%)	Ca(%)	P(%)	Mg(%)	K(%)
900	14	0.65			12	7.9	4.5	28	0.43	0.28	0.20	0.90
900	29	0.69			15	8.8	5.4	28	0.53	0.34	0.20	0.90
900	43	0.73			16	9.7	5.7	28	0.60	0.38	0.20	0.90
900	58	0.78			17	10.4	6.0	25	0.65	0.42	0.25	1.00
900	74	0.78			18	10.4	6.3	25	0.66	0.41	0.25	1.00
1 100	18	0.65			12.0	7.9	4.5	28	0.43	0.28	0.20	0.90
1 100	36	0.69			15.0	8.8	5.4	28	0.53	0.34	0.20	0.90
1 100	55	0.73			16	9.7	5.7	28	0.60	0.38	0.20	0.90
1 100	73	0.78			17	10.4	6.0	25	0.65	0.42	0.25	1.00
1 100	91	0.78			18	10.4	6.3	25	0.66	0.41	0.25	1.00
1 300	23	0.65			12.0	7.9	4.5	28	0.43	0.28	0.20	0.90
1 300	47	0.69			15.0	8.8	5.4	28	0.53	0.34	0.20	0.90
1 300	70	0.73			16	9.7	5.7	28	0.60	0.38	0.20	0.90
1 300	93	0.78			17	10.4	6.0	25	0.65	0.42	0.25	1.00
1 300	117	0.78			18	10.4	6.3	25	0.66	0.41	0.25	1.00
1 500	26	0.65			12.0	7.9	4.5	28	0.43	0.28	0.20	0.90
1 500	52	0.69			15	8.8	5.4	28	0.53	0.34	0.20	0.90
1 500	78	0.73			16	9.7	5.7	28	0.60	0.38	0.20	0.90

续表 12-6

体重 (lb)	乳 (lb)	NE_l (Mcal)	NE_m (Mcal)	NE_g (Mcal)	粗蛋白 (%)	RDP (%)	RUP (%)	NDF (%)	Ca (%)	P (%)	Mg (%)	K (%)
1 500	104	0.78			17	10.4	6.0	25	0.65	0.42	0.25	1.00
1 500	130	0.78			18	10.4	6.3	25	0.66	0.41	0.25	1.00
干奶牛	—	0.57			12			35	0.39	0.24	0.16	0.65
青年母牛 3～6 月龄			0.77	0.49	16	4.6	8.2	23	0.52	0.31	0.16	0.65
青年母牛 6～12 月龄			0.72	0.44	12	6.4	4.3	25	0.41	0.30	0.16	0.65
青年母牛 >12 月龄			0.63	0.37	12	7.2	2.1	25	0.29	0.23	0.16	0.65

[a]改编自 NRC 1989《奶牛营养需要》。需要量包括 900～1 300 和 1 500 lb 体重奶牛每天分别产奶 50，61，72 和 83 lb 的饲料供给量。

(1)在第二行列出饲喂饲料。

(2)计算各种成分的干物质采食量(喂时状态重×饲料中的%DM)，然后在表中输入各种饲料的量。如果只知道谷物和补充饲料的采食量，那么可以通过将表 12-2 中的预期总干物质采食量减去谷物和补充饲料的量估计粗饲料的干物质采食量。

(3)根据饲料成分表(附录表 50a，b，c)或实际饲料分析值得到饲料的能量值、粗蛋白质%、非降解蛋白质%(100——表格中的瘤胃降解蛋白质 RDP 的百分比)、钙(Ca)%和磷(P)%。使用的饲料能值和蛋白质降解率与高于维持需要的饲料采食量相适应。干奶牛的饲料采食量通常与维持时相同；因此使用 1 倍维持采食量。生长牛在饲喂高粗饲料日粮时，采食量是维持需要的 2 倍，采食高谷物日粮时是维持需要的 3 倍；因此，饲喂高粗饲料日粮时就要使用 2 倍维持采食量；在饲喂高谷物日粮时就要使用 3 倍维持采食量。对于泌乳奶牛，如果是肉用奶牛就使用 2 倍维持采食量，如果是乳牛则使用 3 倍维持采食量。这与采食量水平对瘤胃通过率的影响相适应；采食量水平越高，离开瘤胃的未消化能量和蛋白质就越多。

(4)将各种营养物质的干物质%乘以干物质采食量的倍数。

(5)将各栏中的量累加得到各种营养物质的总量。

(6)将各种营养物质的总量除以总的采食量得到营养物质数量。

步骤 2

使用营养需要量表格确定各生产水平的需要量。在我们的例子中，生长牛在饲喂期间的平均体重大约是 675 lb，因此我们在平衡日粮时使用肥育体重为 1 200 lb 的阉牛在 660 磅时的需要量。除不必计算干奶牛和泌乳奶牛的预期日增重，以下方法可以用于评价各种牛。干奶牛和泌乳奶牛的生产需要量可以根据表格直接确定。对于后备母牛群，目标日增重可以根据(目标体重－当前体重)/达到目标体重的天数来确定。

A. 每日所需的 NE_m＝5.54 Mcal(根据表 12-1)。

B. 维持所需的饲料重(lb)＝每天 NE_m需要量/每磅日粮的 NE_m；$5.54r \div 0.746 = 7.43$。

C. 增重所需的饲料重(lb)＝17.1－7.43＝9.67。

D. 可利用增重净能 NE_g＝9.67×0.476＝4.60 Mcal/d。

E. 预期日增重＝2.75 lb /d(表 12-1 中，对于肥育体重为 1 200 lb 的阉牛在 660 lb 体重时，4.60 Mcal 大约介于 2.5 lb/d 时的 4.16 Mcal 和 3 lb/d 时的 5.08 Mcal 的中间)

F. 产生的微生物蛋白质＝lb TDN×0.13＝1.569 lb，这也是可降解蛋白质的需要量。

G. 可降解蛋白质的平衡＝1.53－1.57＝－0.04 lb/d，由于工作表中表明每磅大豆饼粉含有 0.397 lb 可降解蛋白质，所以每天还需要 0.04/0.397＝0.10 lb 的大豆饼。

H. 来自微生物蛋白质的代谢蛋白质(g/d)＝产生的微生物蛋白质×0.64×454＝1.569×0.64×454＝456 g。

I. 所需的代谢蛋白质＝维持所需的 274 g＋增重所需的 342 g(340 和 403 的中间值)＝616 g/d。

J. 代谢蛋白质平衡＝616－456＝160 g。

K. 非降解饲料蛋白质中 80％是代谢蛋白质；因此，所需的非降解蛋白质＝160/0.8＝200 g。

L. 非降解饲料蛋白质的平衡＝(来自日粮的 0.483 lb×454)＝219 g－200＝＋19 g 或 0.042 lb。由于工作表表明每磅大豆饼粉含有 0.143 lb 非降解蛋白质，因此大豆饼粉可以减少 0.04/0.143＝0.29 lb/d。这个量可由日粮中的能量饲料代替。本例中玉米青贮应增加到 16.3 lb /d。

M. 所需的尿素降解蛋白质为 0.29 lb 大豆饼粉中的降解蛋白质＋当前缺乏的 0.04 lb/％尿素蛋白质效价：((0.29×3.97)＋0.04)/2.81＝0.05 lb/d。因此，玉米青贮应补充 0.71 lb 大豆饼粉和 0.05 lb尿素。日粮经这些调整后，可降解蛋白质与微生物蛋白质接近，且非降解饲料蛋白质满足非降解蛋白质需要。

N. 所需的磷：维持的 7 g＋增重的 11 g＝18 g。

O. 磷平衡：(0.06×454)－18＝27－18＝9 g(过量)。由于磷酸氢钙含 19.3％的磷，因此过量的磷酸氢钙为 9/0.193＝47 g 或 0.1 lb，这是过量饲喂的量。因此，应除去这部分磷酸氢钙，剩下的钙不足部分由石灰石补足。

P. 所需的钙：维持 9 g＋生长 29 g＝38 g。

Q. 钙平衡：日粮中的钙减去磷酸氢钙中的钙，将除去部分－需要量(0.063 5－0.011×454)－38＝14 g。饲料成分表表明碳酸钙含钙 39％，因此，需要 14/0.39＝36 g 或 0.08 lb/d。

R. 钠需要量为 0.08％，食盐含钠 39.3％。因此，(17.1×0.002)/0.393＝0.035/(lb · d)(不考虑日粮组分中的钠含量)。当前量 0.05 lb/d 超过需要量。

平衡日粮时应检查维生素和饲料添加剂水平。维生素水平为 1 000 IU/lb 时，可以满足需要。离子载体应按推荐水平添加。

8.1.2　方法 2　用计算器手工配制日粮

当所有日粮成分要进行称重和/或要配制蛋白质补充饲料时，使用这一方法。配制过程中所有计算使用干物质基础，然后将日粮转化为喂时状态基础。为表明这一方法如何操作，我们将使用表 12-2 中的营养物质数量需要量中的肥育阶段牛配制日粮。饲喂期的平均体重是：800＋1 200/2＝1 000 lb。

步骤 1

使用表 12-2 确定 NE_g水平，所需谷物和粗饲料的百分比。在肥育日粮的例子中，用占干物质 15％的玉米青贮来提供 7％的粗饲料(假定玉米青贮含 50％的玉米)以控制酸中毒。这与表 12-2 中的 80％ TDN 的日粮相对应。请注意，预期干物质采食量是 17 lb/d，预期日增重是 3.78 lb/d(表中假定没有环境应激，且活动量最小)。同样的日粮在典型的肥育条件下，即有泥浆和冷应激的室外泥土围栏和每头约 200 平方英寸的饲养场饲喂时，牛能达到的日增重是 3.3 lb/d(对活动和冷应激的维持需要量校正结果没有显示)。

步骤 2

用简单代数方程平衡日粮蛋白质。

例：设 x＝所需尿素的份数；青贮饲料＝15％或 0.15 份。矿物质为 0.02 份。那么，谷物的份数＝0.83－x。所需的日粮粗蛋白质水平＝11.3％(表 12-2)。将各种成分的份数与％粗蛋白质相乘得到下式：

$$11.3=0.15(9.2)+x(281)+0.83-x(9.8)-270.8x=(1.38+8.13)-11.3$$

$$x=0.0066，或\ 0.66\%（所需的尿素）$$

因此，日粮含有15%的玉米青贮，83%的破碎玉米和2%的矿物质。当用工作表对这一方法进行评价时，破碎玉米的可降解蛋白质含量充足。然而，如果饲喂的是压片或高水分玉米，由于它们在瘤胃中的降解程度较高，所以，蛋白质水平需要在13%才能支持较高的微生物生长。这表明，日粮中所需蛋白质的含量取决于可降解和非降解的蛋白质的需要量。

步骤 3

矿物质的平衡。现在可以将尿素固定，日粮中所需的钙和其他矿物质可根据需要用玉米替代。

工作表 12-2

满足矿物质需要量

原料	%日粮(DM)	Ca(%)	Ca(lb)	P(%)	P(lb)	K(%)	K(lb)
玉米青贮	15.00	0.31	0.032	0.27	0.041	1.22	0.183
破碎玉米	83.10	0.03	0.025	0.32	0.266	0.44	0.366
尿素	0.66	—	—	—	—	—	—
食盐	0.20	—	—	—	—	—	—
石粉	0.90	—	—	—	—	—	—
氯化钾	0.10	—	—	—	—	—	—
维生素A预混料	?	—	—	—	—	—	—
离子载体预混料	?	—	—	—	—	—	—
总计	100.0		0.057	0.307		0.549	

磷超过需要量0.22%

需要碳酸钙：(0.41－0.06)/0.39＝0.9%

需要氯化钾：(0.60－0.549)/0.50＝0.1%

食盐＝0.08/0.393＝0.20%

步骤 4

配制含矿物质和饲料添加剂的补充饲料。包括0.66%尿素，0.9%碳酸钙，0.2%食盐，氯化钾，含100 000 IU维生素A（如果在舍内饲喂，则需要27 500 IU的维生素D）的维生素预混合料和含推荐水平离子载体的离子载体预混合料。根据需要从日粮中拿出玉米作为补充饲料的载体，使其可以在总的日粮中充分地混合。

步骤 5

计算总日粮的喂时状态的配方。

9　使用计算机程序和综合模型平衡日粮

确定最低成本平衡日粮通常要使用计算机程序，这些程序能找出与家畜需要量准确匹配的最低成本的饲料组合。最常见的计算机编程技术称为线性规划(LP)。程序中包含预测家畜需要量和满足此需要量所需的营养物质供应的方程。用户可以对饲料原料的最小和最大量进行限定，并且可以对干物质、能量、蛋白质和矿物质等营养物质设置上、下限。然后，计算机可以找出满足限定条件的最佳饲料组合。

工作表 12-3

配制补充饲料

原料	总的日粮%	补充饲料中的量	水分因子[a]	100 lb 补充饲料(DM 基础)在喂时状态下的量(lb)	100 lb 喂时状态补充饲料中的下的量(lb)[b]
尿素	0.66	22.00	1.00	22.00	21.04
食盐	0.20	6.67	1.00	6.67	6.38
碳酸钙	0.90	30.00	1.00	30.00	28.69
氯化钾	0 .10	3.33	1.00	3.33	3.18
维生素预混料	*	*	1.11		
离子载体预混料	*	*	1.11		
小计	1.86				
%玉米	1.14	38.00	1.12	42.56	40.8
总计	3.00	100.00		104.56	100.0

* 根据需要从预混料中除去的玉米量。

[a] 1/饲料干物质的比例得到喂时状态下的量。

[b] 100 磅补充饲料干物质在喂食状态时各成分含量与其总饲喂量之比。

工作表 12-4

喂时状态日粮配方

	100 lb 日粮中 DM(lb)	水分因子	100 lb 日粮中喂时状态 DM(lb)	100 lb 喂时状态日粮*(lb)
玉米青贮	15.00	3.03	45.45	31.99
玉米籽粒	82.00	1.14	93.48	65.79
补充饲料	3.00	1.05	3.15	2.22
总计	100.00		142.08	100.0

* 第 3 栏中每项原料重量/该栏重量之和。

无论家畜种类或生产水平，线性规划都要求饲料具有确定的生物学价值，如 TDN、代谢能、代谢蛋白质和净能。然而，动物从日粮中得到的营养物质随着动物因素的变动而变化，尤其是采食量水平和环境条件。在确定饲料对某群家畜的生物学价值时，由于家畜、饲料和环境因素互作的复杂性的影响，所以在商业销售中，大多数提供的计算机程序均使用表格化的固定饲料生物学价值。解释这些互作的模型已经建立起来，这使得可以对各种生产情况下的家畜需要量和满足此需要量的营养物质供应量进行计算。1996 年版 NRC《肉牛营养需要》模型水平 2 是 NRC 发布的第 1 个此类模型。这个模型以康奈尔净碳水化合物和蛋白质体系(CNCPS)为基础。我们将利用 CNCPS 4.0 版[4]来讨论在具体生产情况下这一模型在平衡日粮中的应用，CNCPS 4.0 版是此模型的最新版本，它是为各种肉牛和奶牛生产而设计的。

附表 50a，b，c 总结了运用 CNCPS 平衡反刍动物日粮时所需的饲料成分价值。饲喂的各种饲料的各种化学成分可通过实验室测定得到，在特定的农场平衡日粮时，如果条件允许，应该使用实际的饲料分析值。根据饲料化学组成和消化试验数据(水平 1)的关系或通过使用模拟瘤胃消化的瘤胃辅助模型(水平 2)，以饲料的化学和物理特性为基础建立方程，可预测饲料的生物学价值。通过这些方法，附表 50a，b，c 包括这些方法所需的常见粗饲料和精料的化学成分，以及在不同采食量水平下使用模型计算的能量和蛋白质的生物学价值。可用于预测有效能和蛋白质的饲料化学成分是纤维性碳水化合物和非纤维性碳水化合物(分别是 FC 和 NFC)、蛋白质(CP)、脂肪和灰分。在反刍动物中，来自粗饲料的能量和蛋白质的多少，取决于 FC 和 NFC 被瘤胃细菌发酵的程度，以及发酵过程中产生的微生物蛋白质的多少。FC 成分(细胞壁)主要由纤维素、半纤维素和木质素组成，它们在瘤胃中发酵生成能被家畜利用的挥发性脂肪酸。细胞壁通常称为中性洗涤纤维(NDF),它是一种测定细胞壁成分的化学方法的名称。NDF中的一部分是木质素,木质素不能为FC细菌所消化,部分可消化的FC与木质素相结合(平均量为木质素×2.4)。这些不能利用的细胞壁的数量可以根据木质素的化学分析值预测得到。与FC结合的蛋白质称为NDF蛋白质或NDFN,其中大部分能躲过瘤胃的消化。部分躲过瘤胃消化的NDFN不能被动物利用,可以通过一种称为酸性洗涤纤维不溶氮(ADFN)的方法来测定它的数量。NFC成分由糖和淀粉组成,它通常是由100－[(NDF－NDF蛋白质)－CP－脂肪－灰分]估计得到。NFC含量即糖和淀粉的含量,可以根据实验数据估计得到。这一方法将任何可溶性纤维部分都划归在淀粉部分。消化这两种成分的瘤胃菌群可以分为两组:消化纤维成分的细菌(FC细菌)和消化非纤维成分的细菌(NFC细菌)。FC细菌的生长比NFC细菌生长速度慢,且需要氨态氮。NFC细菌生长速度更快,它既可以利用氨氮,也可以利用肽氮来生长。使用这些微生物或类似微生物进行发酵模型的模拟,可以预测瘤胃消化和发酵FC和NFC生成的微生物蛋白质数量。各种饲料的能量和蛋白质的利用程度取决于消化率、瘤胃外流速度和肠道消化率。

CNCPS模型是非线性的。随家畜和饲料特性以及它们的互作的不同,饲料的生物学价值也随之变化。最近,已经为CNCPS模型建立了利用线性规划优化牛日粮的方法[5]。为实现日粮优化的线性化,CNCPS模型首先要生成各种生物学价值指标,用于表示特定家畜日粮配合所需饲料的能量和蛋白质含量。使用的生物学价值有代谢能(Mcal/kg)、代谢蛋白质(%DM)、外流速度(%/h)、细菌生长效率(g/g)和碳水化合物B_2部分的降解速度(%/h)。此外,为了优化瘤胃纤维降解,在优化模型中还包含了瘤胃中氮和肽的平衡。目标函数要使在家畜需要量和饲料有效性限制条件下的日粮成本最低。使用的约束条件是在特定生产水平下家畜的干物质采食量(kg/d)、代谢能(Mcal/kg)、代谢蛋白质(%DM)和有效中性洗涤纤维(%DM)。这些值反过来可以用作线性矩阵的系数。如果这一过程不断重复(迭代法),直至家畜的反应和日粮变化的变异低于可接受的偏差,就得到了此种具体情况下的最佳日粮配方。当前使用的日粮中各种饲料达到这些效率的要求非常重要,因为日粮营养价值取决于饲料的降解率和外流速度之间的互作、饲料组成和饲料采食量。同时,我们也知道,各种饲料的降解率和外流速度取决于这些饲料在日粮中的含量。基于参考文献[2,4,5],在特定的家畜特性、环境条件和饲料组成情况下,CNCPS计算最低成本日粮配方的步骤总结如下:

步骤1

为了估计特定日粮中各种饲料的生物学价值,优化程序的第1步是输入CNCPS所要求的关于家畜的各种信息(家畜特性、环境条件、饲料碳水化合物和蛋白质含量及其它们的消化率、干物质采食量)。

步骤2

以饲料碳水化合物和蛋白质含量及其瘤胃降解率为基础,这一步骤计算CNCPS模型所要求的各种家畜对应的饲料代谢能和蛋白质数值。优化程序使用的是各种饲料的代谢能、代谢蛋白质、外流速度、每克纤维性碳水化合物消化合成的细菌克数和糖的数量,以及利用纤维降解率校正瘤胃pH值计算的碳水化合物B_1消化细菌数量。代谢蛋白质由三部分蛋白质组成:过瘤胃饲料蛋白质、胃肠道吸收的(内源;译校者注)蛋白质和细菌真蛋白质;其中细菌真蛋白来自于瘤胃降解的饲料蛋白质部分。除这些生物学指标外,优化程序还考虑了能维持瘤胃适宜pH值的有效NDF(eNDFj;%DM)指标和各种矿物质指标。优化程序能计算满足纤维分解和非纤维分解细菌所必需的瘤胃氨和肽的浓度。

步骤3

这一步骤根据家畜的营养物质需要量(DMI,*ME*,*MP*,eNDF,Ca和P)和目标函数设定了约束条件。目标函数由一个线性方程表示,依据此方程通过线性规划过程使结果达到最小化(或最大化)。在这个优化程序中,目标函数是使日粮成本最小化。如果是对几种饲养情况(例如不同产奶量水平)进行评价,并且通过饲料成本绘出成本/收益曲线,那么曲线的最低点可以实现最大收益日粮。优化程序利用各种限定的范围(需要量的最大和最小百分比)。设置最小营养需要量约束,可以保证优化日粮能满足家畜的营养需要。由于考虑安全系数，它们可能设置为大于 100%。将最大营养需要设置为营养需要的最低上限，可以保证有可行解和最高的可接受最大值，以防止出现根据饲料有效性和推荐量得出的不能接受的过量饲喂。我们通常将约束设为最小值，以确保能满足 CNCPS 的预测需要量以及最低上限有可行解。对 DMI，*ME*，*MP*，Ca，P、瘤胃氮平衡和瘤胃肽平衡设置最小和最大的约束。由于方程的非线性，内源循环氮量在线性矩阵中无法给予考虑，所以，设置的瘤胃氮平衡的最小约束条件为低于 100%的瘤胃氮需要量，以便给优化日粮中的循环氮留有空间。除这些约束条件外，优化程序还使用了各种饲料用量的上下限。

步骤 4

这一步骤为优化日粮的工作。各种饲料的用量比例是根据多种饲料能满足价格最低和许多约束条件(DMI、能量需要量、蛋白质需要量、矿物质需要量、瘤胃氨和肽的适宜平衡以及对某些饲料的约束)来确定的。

步骤 5

用 CNCPS 模型重新评价优化日粮。对日粮重新优化，直至满足需要量所设的限定。

一个计算实际奶牛群中各组牛的最低成本平衡日粮的例子表明了这一程序的工作过程。例子中 CNCPS 对非优化日粮的评价表明，有几组日粮 *ME* 和 *MP* 过量，而有两组日粮的瘤胃氮源不足。在优化泌乳奶牛日粮时，设置的 DMI，*ME* 和 *MP* 的最大最小约束条件为需要量的 100%。为给循环氮留下一定空间，设置的瘤胃氮的最小和最大约束条件为瘤胃氮需要量的 80%～85%(高产)、80%～90%(中等产量)和 75%～90%(低产)。这些数值表明，内源循环氮提供了泌乳奶牛瘤胃氮需要量的10%～15%。为限制 eNDF 的采食量约占体重 1%，eNDF 的上限为 150%。随着 *ME* 和 *MP* 平衡状况的改善，优化日粮可使高产和平均产量的泌乳奶牛日粮成本分别下降 18%和 13%。

对于干乳期的奶牛，*MP* 和 *ME* 的最小约束均是 100%。*MP* 的最大约束设为 130%，*ME* 的最大约束设为 120%。优化日粮时 DMI 的最大最小约束为实际 DMI 的 100%，瘤胃氮平衡的约束范围是 80%～90%，表明循环氮占瘤胃氮需要量的 10%～20%，这与泌乳奶牛相似。同泌乳奶牛一样，优化日粮比非优化日粮低廉，且有更好的营养平衡。对于距产犊时间较远的奶牛，优化日粮和非优化日粮的成本分别为 1.18 美元/d、1.52 美元/d；而对于接近产犊的奶牛，优化日粮和非优化日粮的成本分别为 1.10 美元/d、1.51 美元/d。

优化空怀母牛和繁殖母牛日粮时，*ME* 和 *MP* 的最小和最大约束分别是 100%和 110%。空怀母牛瘤胃氮平衡的约束设定为 75%～80%，而繁殖母牛则为 80%～95%。因此，空怀母牛的循环氮占瘤胃氮平衡的 20%～30%。而繁殖母牛的瘤胃氮平衡为 108%，表明瘤胃氮过量。为了得到可行解，两组奶牛的 *MP* 需要量的最大约束设为 110%，这是因为来自基础日粮的非降解食入蛋白质(UIP)和微生物产量超过了 *MP* 需要量。为满足预期目标日增重进行优化时，对日粮的初始比例进行微调，以期得到与预期目标日增重相似的增重所需的 *ME*。繁殖母牛优化日粮能满足目标 ADG 的需要，且成本比非优化日粮要低。繁殖母牛饲喂优化日粮的日成本(0.73 美元)比非优化日粮(0.87 美元)低，而空怀母牛两种日粮的成本接近。

10　未来的日粮配合

由于农业的全球化和环境保护的压力，要求北美各农场采取有益于自身可持续发展的各种措施。由于这些压力，可持续发展策略可以定义为在保护环境的同时，寻找一种优化盈利的最完善农场管理制度。为了保持竞争力，我们必须通过饲养家畜生产奶和肉产品，来满足消费者的需要。正在开发的一种模型可以预测饲喂特定日粮家畜肉和奶的组成。这些模型要求对家畜(包括它们的遗传特征)、饲料(包括化学、物理和生物学特性)及饲养家畜的环境进行准确的描述，然后利用模型对饲料消化产生的代谢产物及合成的组织和奶产量进行预测。

正在执行的保护水质的环境法规要求每个农场应具备完善的农场营养素管理方案，并且根据本地土壤化验结果、生长作物种类的不同以及营养物质由于腐蚀或渗流可能进入水体等问题，对施用到各农场的粪便中的营养物质含量进行严格限制。这就要求提高日粮平衡的准确性。所谓畜群营养最佳管理方案，就是在各种生产条件下，尽可能准确地满足动物的营养需要量，而减少营养物质（尤其是氮和磷）的过量饲喂。

10.1　案例研究

为了描述CNCPS系统是如何工作的，我们再次利用CNCPS 4.0版开发的例子，这个版本设计用来开发全群营养管理方案。CNCPS 4.0说明了能量和蛋白质源于饲料，因此需要补充的营养物质的数量随家畜、饲料和与环境因素的互作而不同。这使得CNCPS 4.0的用户可以对特定的家畜、环境和日粮条件下肉牛和奶牛的需要量、生产性能和营养物质排泄量进行预测。这一模型可以应用于多种方面：(a)帮助动物营养学家评价满足各种家畜需要量的日粮，同时使粗饲料和购入的饲料存货相匹配；(b)帮助农场制定作物生产方案，使其能更好地与家畜需要量相匹配；(c)评价不同的饲养方案对环境和财务的影响。

在这个例子中，CNCPS 4.0版[2]应用于实际的奶牛群，如Wang等所述[6,7]。本研究中，在奶牛场使用该模型确定营养和经济上最佳的奶牛群饲养和作物管理方案，并就农场现有的不同选择方案对环境和经济的影响做出评价。

案例中的农场种植了544英亩玉米和519英亩干草作物，以满足农场中300头泌乳奶牛以及干乳牛和后备母牛的粗饲料及部分精饲料的需要。研究者对生产的饲料与家畜需要量是否相配，日粮应如何调整，以及对重新平衡的日粮经济和环境影响做出评价。在日粮重新平衡过程中，作物的英亩数、作物产量和产奶量保持不变，并假定畜群完全采食自产的作物，直至满足其需要量。

在初始日粮中，大部分苜蓿青贮用于饲喂泌乳奶牛组(70%)；然而，在重新平衡的日粮中，只有10%的苜蓿青贮被用于饲喂泌乳奶牛。相反，用于饲喂泌乳奶牛组的玉米青贮从56%转为85%。玉米青贮饲喂泌乳奶牛的这一转变，可以满足泌乳奶牛较高的能量需要。由于玉米青贮的淀粉量比苜蓿青贮更能支持依赖淀粉和糖的细菌的生长，所以，使泌乳奶牛组来自细菌蛋白质的代谢蛋白质增加，这有助于满足泌乳奶牛较高的代谢蛋白质需要量。同时，由于非泌乳奶牛的能量和蛋白质需要量较低，因此，用苜蓿青贮饲喂非泌乳奶牛。然而，结果导致非泌乳奶牛组的N排出量比预期的多，这是因为给非泌乳奶牛饲喂苜蓿青贮使N超过了奶牛的需要量。这个问题可以通过重新平衡日粮得以最小化，因为在非泌乳奶牛的重新平衡日粮中没有使用两种主要的购入蛋白质资源：大豆饼和热处理大豆饼。初始日粮中粗饲料的需要量与农场现有生产量不匹配。在初始日粮中，必须购入玉米青贮和牧草，而苜蓿青贮却过量。然而，在重新平衡日粮时，畜群的粗饲料需要量与农场的粗饲料生产量相匹配。

粗饲料产量提高到农场土壤所允许的最大潜能，可以使N，P，K的物料平衡分别提高29%，51%和100%，同时能使饲料成本的经济回报增加70 579美元。扩大牧草和玉米的种植面积而减少苜蓿的种植面积，使N和K的平衡分别降低19%和29%，使饲料成本的回报增加了39 383美元。通过同时改变4个备选方案（将泌乳奶牛按产奶量分组，改善粗饲料的品质，优化作物产量，利用轮牧），N，P和K平衡分别降低44%，51%和97%，并且使饲料成本回报增加了96 585美元。这些研究表明，改善粗饲料的生产、品质、产量以及优化营养物质在畜群中的分配利用，不仅可以提高农场的盈利性，而且可以减少对水质的危害。此外，他们对通过增加奶牛的单产量和奶牛数量进而提高产奶量的影响做了阐述。通过以上两种措施所引起的产奶量的增加，据预测，可以使N，P和K的平衡分别降低10%，12%和20%，并且使饲料成本回报增加了34 132美元。这是因为每头奶牛的产奶量的增加使维持成本降低。畜群中增加100头奶牛仅使N，P和K的平衡分别增加2%，27%和3%，而根据需要量对奶牛进行分群，以及优化作物生产和轮牧，可以使饲料成本的回报增加 154 和 728 美元。

10.2　最新发展

生物技术和转基因生物(GMOs)日新月异地发展，为减少家畜废物对环境的影响，改善许多饲料的营养组成，提供了令人欣喜的前景。生产具有特殊营养特性的“设计饲料”的能力尤其具有吸引力。

到目前为止，这一技术主要是集中在玉米上，因为玉米是一种非常普遍的家畜饲料。高赖氨酸玉米的赖氨酸含量大约是普通玉米的两倍。鉴于脂类的热密度较高，高油玉米品种的能量水平显然要比普通玉米高。尽管还需要进一步的研究，但是据称已经培育出的许多杂交玉米的植物粗饲料部分的纤维消化率高于普通玉米。

未来可能制约家畜生产的一种营养物质是磷。允许土壤磷水平的严格法规将有望出台。至少两种有关日粮配合的方法可供使用。普通玉米中能被家畜利用吸收的磷约仅占总磷的 32%，已经培育的“高有效磷”(HAP-corn)品种可以将磷的利用率提高至约 63%。在家畜生产的很多领域，配制日粮时的这些成分选择可能非常关键。

在我们日粮配合方案中，特别设计的饲料添加剂可能会发挥越来越重要的作用。在家禽日粮中添加植酸酶或 0.012 5%的 1,25-二羟维生素 D_3，可以使家禽的有效磷需要量减少 0.1%，其净结果是家禽的磷排泄量显著减少，对环境的影响减轻。

家畜生产的未来在很大程度上取决于我们配制可靠的、且无环境污染的日粮的能力。这一目标将日益与设计营养充足的日粮同等重要。

本 章 小 结

大多数商业性家畜饲养企业都普遍认为，饲料成本至少占总生产成本的 60%。显而易见，精准的日粮配合体系非常重要。日粮平衡的发展，体现了我们在理解家畜营养物质利用上的进步。已经建立了几种家畜的综合模型，这些模型整合了日粮配合中家畜、环境和管理的影响。应该注意的是，我们开发和改进这些模型的一个主要益处，是认清我们在知识上的差距，并提供进一步研究的动力。

生物技术领域日新月异的发展将对未来的日粮配合过程产生重大影响，同时需要态度认真的学生形成终生学习的习惯。植物和动物的基因改造已成为现实，它的进一步发展为家畜生产效率的提高提供了振奋人心的机遇。日粮配合模型必须是动态的，并且要反映家畜和饲料原料变化的特性。

必须意识到，尽管有高度复杂的计算机模型，但是，事实上，有三种“类型日粮(即配合的日粮、饲喂的日粮和采食的日粮)”影响着目标家畜的反应。如果饲料制备和混合普遍存在误差，或者目标家畜采食的总日粮数量不足，那么“纸上”配制的最精确的日粮也没有价值。当发现家畜的反应与配制或“纸上”日粮预期的结果不一致时，考虑这些因素对于发现问题的所在就显得尤为重要。

最后，日粮配合的历史主要以家畜生产的经济效率最大化为基础。显然，利润将继续作为一个重要的目标，但是，对环境的关注也日益重要。营养物质管理立法已经开始限制很多地区家畜的生产规模。日粮平衡过程应日益重视家畜排泄和进入环境的营养物质量。在饲料添加剂、转基因饲料和更先进的日粮配合技术方面的巨大进步，为我们展示了这样一个前景——保护环境和家畜饲养企业利润最大化将不再是互相排斥的目标。

参 考 文 献

1. NRC. 1985. *Nutrient requirements of sheep*. Washington, DC: National Academy Press.
2. NRC. 1989. *Nutrient requirements of dairy cattle*. Washington, DC: National Academy Press.
3. NRC. 2000. *Nutrient requirements of beef cattle*. *Update* 2000. Washington, DC: National Academy Press.
4. Fox, D. G. , T. P. Tylutki, M. E. Van Amburgh, L. E. Chase, A. N. Pell, T. R. Overton, C. N. Rasmussen,

L. O. Tedeschi, and V. M. Durbal. 2000. *The Net Carbohydrate and Protein System for evaluating herd nutrition and nutrient excretion: Model documentation.* Animal Science Department Mimeo 212, Cornell University, Ithaca, NY.

5. Tedeschi, L. O., D. G. Fox, L. E. Chase, and S. J. Wang. 2000. Whole herd optimization with the Cornell Net Carbohydrate and Protein System. Ⅰ. Predicting feed biological values for diet optimization. *J. Dairy Sci.* (accepted for publication).
6. Wang, S. J., D. G. Fox, D. J. R. Cherney, L. E. Chase, and L. O. Tedeschi. 2000. Whole herd optimization with the Cornell Net Carbohydrate and Protein System. Ⅱ. Allocating homegrown feeds across the herd for optimum use. *J. Dairy Sci.* (accepted for publication).
7. Wang, S. J., D. G. Fox, D. J. R. Cherney, L. E. Chase, and L. O. Tedeschi. 2000. Whole herd optimization with the Cornell Net Carbohydrate and Protein System. Ⅲ. Application of a linear optimization model to evaluate alternatives to reduce nitrogen and phosphorus balance. *J. Dairy Sci.* (accepted for publication).

第 3 篇
家畜品种

LIVESTOCK SPECIES

第 13 章　猪的饲养
Feeding Swine

作者:Gary L. Cromwell
译者:姜成钢
校对:李艳玲和董晓玲

前言

在美国乃至全世界,养猪生产都是食用动物产业的一个重要组成部分。猪肉是人类食物蛋白的一个重要来源,是世界上消费最广泛的红肉。美国每年每人猪肉消费量是 65~70 lb。如今现代化饲养的猪肉比以前的瘦肉率更高,为消费者广泛接受。

美国大约有 100 000 个农场养猪。大部分猪场位于中西部(玉米带),但东南部(北卡罗来纳州)一些地区也迅猛发展。这些农场的养殖方法从户外饲养到舍饲各不相同。养猪场的规模大小也不等,许多大型农场拥有几千头母猪,每年出栏猪几十万头。许多大型农场都隶属于一些公司,这些公司有自己的饲料加工厂和屠宰加工厂。许多这样的农场采用场地隔离的方式来控制疾病,实施早期断奶,并运用其他一些集约化生产方式。

不考虑经营规模和养猪生产条件,营养和饲养管理是养猪生产中非常重要的方面。从传统上讲,饲料占生产成本的 65%~75%。因此,为了达到高效而经济的饲养效果,对养猪生产者来讲,深入了解猪生长周期中各阶段的营养需要,具备猪饲养所需饲料原料的知识,懂得饲养管理中的关键环节是很重要的。

饲养方案对猪群的生长性能和总体赢利能力有很大影响。只有使用高质量的饲料,才能使猪从出生到上市获得最佳的生长速度和饲料转化效率,而且繁殖猪群才能获得高水平的繁殖性能。

本章阐述了猪的营养需要,列出了用于满足这些需要的饲料原料,并描述了获得最佳生长和繁殖性能的饲养方案。

1　猪的营养需要

猪可以从多种饲料原料中获得营养。历史上,野猪是杂食的,可采食植物性和动物性食物。在我国,很早以前家庭养猪饲喂草料、莱根、橡子、残余剩饭以及任何可以利用的东西。后来,把猪土圈或牧场中舍饲,饲喂早熟玉米、油渣或脱脂乳等。如今,美国的大多数猪都饲养于圈舍中,饲喂营养强化的谷物基础饲粮,其中大部分蛋白补充料是大豆粕。

猪是单胃动物(第 2 章),因此,必须主要依靠含有易消化碳水化合物的饲料来满足其能量需要。粗饲料和其他纤维性饲料中较复杂的碳水化合物(纤维素、半纤维素)只能由微生物发酵来降解。猪没有瘤胃,因此它不能像反刍动物一样有效地利用饲粮中的纤维成分。单胃动物,如猪,依靠饲粮蛋白中的某些必需氨基酸来合成自身的体蛋白。猪不能像反刍动物那样利用低质蛋白质或非蛋白氮(NPN)来合成必需氨基酸。因此,蛋白质中的必需氨基酸的相对量对猪非常重要。

体重3～120 kg(7～265 lb)的猪，包括妊娠和哺乳母猪、繁殖公猪，其各种营养成分的估测需要量列于附表22到27。这些表来自国家科学研究委员会(NRC)最近修订的1998年第10版《猪的营养需要》[1]。生长猪的估测需要量不仅考虑了猪的体重，还考虑了瘦肉生长率、性别(阉公猪、母猪、公猪)、饲粮的能量浓度，以及许多环境因素(温度、拥挤状况等)。妊娠和哺乳母猪的需要量估测值考虑了母猪的体重、妊娠期的目标体增重、预期产仔数、泌乳体重损失、哺育仔猪的数量和增重、环境温度、饲粮的能量浓度和其他因素。NRC运用综合数学公式(模型)估计能量和氨基酸的需要。这些模型包含在一张用户界面友好的压成计算机光盘(CD-ROM)的软件里，并作为NRC出版物的附录，以便营养学家、教育工作者和养猪生产者在各种条件下能更加准确地计算猪的营养需要。

1.1 水

水在自然界如此普通，以至于人们很少想到它是一种营养物质。然而，水是最重要的一类营养物质。猪体组织的80%(新生仔猪)到55%(肥育猪)由水构成。身体需要水进行细胞的水合作用，以及作为营养物质转运和代谢废物排出体外的载体。通过蒸发作用(主要是肺，因为猪不排汗)，水可以散发很多新陈代谢过程中产生的多余热量。水具有润滑关节、保护神经组织、保护胎儿发育环境等作用，并且还是乳汁的主要成分。

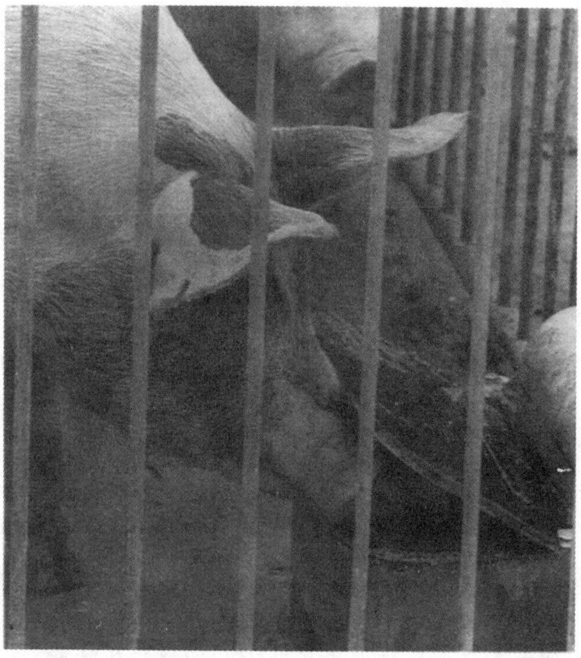

图13-1 猪的防冻碗型自动饮水器

任何年龄的猪都应随时供给新鲜洁净的水。限制水的摄入将导致生长猪生长速率下降，采食量减少，饲料利用率降低，泌乳期母猪泌乳减少。严重的饮水不足，可危及猪的生命。

水的需要量受多种因素的影响，包括环境温度和湿度、饲料中的含水量以及猪的体重。一条有用的指导原则是，每采食1 lb饲料需要2～3 lb(或1～1.5夸脱)的水。泌乳母猪需要更多的水，这是由于其分泌的乳汁含大量的水。

水的供应经常由自动饮水池提供(图13-1)。在寒冷环境下，饮水池需要配备加热器，以防止冻结。在加热的畜舍内或在美国南部温暖的气候条件下，常用乳头型饮水器供水(图13-2)；这些饮水器比较廉价，并且供应的水更清洁。使用杯状饮水器时，至少每20～25头猪配备一个饮水器；使用乳头饮水器时，每15头猪应配备一个。

图13-2 猪的乳头型饮水器

水质也很重要。水应该清洁，并且相对来说没有微生物污染；而且，可能有必要加氯(消毒)。在一些地区，水中含有大量无机盐。总可溶性固形物(TDS)是衡量水中矿物质含量的常用指标。对于理想的水质来说，TDS不能高于1 000 ppm。更高的TDS(2 000～3 000 ppm)会导致腹泻，或者暂时性饮水废绝。应避免使用高于5 000 ppm的水，高于7 000 ppm的水则不能使用。猪能耐受中等程度的硫酸盐，但应该避免硫酸盐含量过高（3 000 ppm或更高）。

1.2 能量

能量不是营养物质，但它是碳水化合物、脂肪和蛋白质在体内代谢的重要终产物。这些营养物质氧化释放的能量用于维持体温（大约 102.5 ℉）或以高能化合物（例如，ATP）的形式，储存用于生长或其他用途。能量用千卡（kcal）或兆卡（Mcal；1 Mcal＝1 000 kcal）来度量。

猪的基本生理过程需要能量，例如呼吸、心跳和肌肉运动。能量也是蛋白合成、脂肪沉积、分泌乳汁和其他活动所必需的。瘦肉组织（主要是大量蛋白质和水）的增长，需要大量能量（蛋白质大概需要 10.6 kcal/g，瘦肉需要 2.3 kcal/g）。脂肪组织的增长也需要消耗能量（12.5 kcal/g），但其中大部分能量存留于脂肪组织中。快速生长仔猪受到的能量限制可能超过蛋白质。

哺乳仔猪的能量来自乳汁中的脂肪和糖（乳糖）。生长猪的能量来源于谷类饲料中淀粉的代谢。仔猪由于小肠中没有足够的淀粉酶和麦芽糖酶（淀粉消化酶），因此不能利用淀粉。超出需要量的蛋白质可作为能量来源，但仅用蛋白质作为能量来源则成本过高。大猪（母猪和肥育猪）可以从纤维（主要是半纤维素）在大肠中经细菌发酵产生的挥发性脂肪酸中获得一部分能量。

猪的能量需要最常见的是以消化能（*DE*）或代谢能（*ME*）表示，偶尔也以净能（*NE*）表示。对于各体重阶段的猪，*ME* 需要量大约是 *NE* 的 96%。猪的能量需要受其体重（它影响维持需要）、瘦肉组织生长或乳汁合成的遗传性能以及圈养场所的环境温度的影响。能量需要直接与代谢体重相关，大约为 110 kcal *DE* / kg $BW^{0.75}$。（代谢体重用计算器计算得到：用体重磅数乘以 0.454；得到的结果求三次幂；然后再开两次平方根。一头体重 100 lb 的猪，其代谢体重的计算方法为：$100\times0.454=45.4$；$45.4\times45.4\times45.4=93\ 577$；$\sqrt{93\ 577}=307$；$\sqrt{307}=17.5$ kg）。因此，一头体重 100 lb 的猪每天维持需量是 $110\times17.5=1\ 925$ kcal *DE*。每天的代谢能需要量是 1 925 kcal 的 96%，即 1 850 kcal。当圈养于舒适的（热平衡）环境中时，生长猪每天总能量需要量是：青年猪为维持需要量的 3.6～3.8 倍，肥育猪为维持需要量的 3.2～3.4 倍。因此，一头体重 100 lb 的猪每天总的能量需要量大约是$1\ 925\times3.6=6\ 930$ kcal *DE*。

处于生长阶段的猪能量需要量随体重的增加而增加。例如，一头体重 200 lb 的猪的 *ME* 需要量（9 700 kcal /d）远远高于 20 lb 的猪（2 000 kcal /d），这是由于其维持需要量较大和体组织（脂肪和肌肉）的生长速度较快。泌乳母猪的 *ME* 需要量（12 500～21 000 kcal/d）比妊娠母猪的需要量（5 900～6 500 kcal /d）要高得多。事实上，高产泌乳母猪每天能产 18～24 lb 的乳（每头哺乳仔猪 2.0～2.4 lb 乳），它们通常不能摄入足够的能量以维持能量平衡，因此，泌乳期间母猪常常失重。

由于需要产热以维持体温，低温环境下猪的能量需要量比高温环境下的高。例如，若达到相同的增重，一头体重 100 lb 的猪在 40℉时每天 *ME* 需要量比 60℉时多 1 200 kcal。饱饲的猪在低温环境下需采食更多的饲料才能满足其增长的能量需要。猪在夏天的饲料转化效率（如饲料：增重比）优于（数值低）冬天就是这个缘故。

图 13-3 显示的是不同体重阶段猪的自由采食量。试验猪饲喂典型的玉米-豆粕饲粮（含1 550 kcal *DE* / lb，1 485 kcal *ME* /lb），并在热平衡环境中饲养。这些估计采食量以 NRC 公式为基础，适用于公猪和母猪 1∶1 混养的猪群。从 65 lb 到上市，公猪的采食量稍高于母猪。

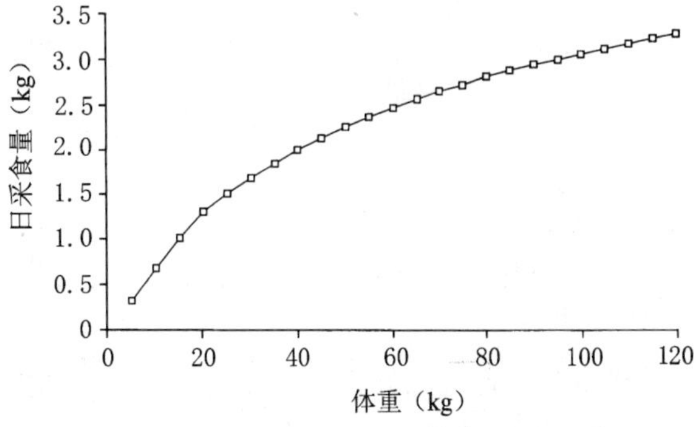

图 13-3 根据 NRC 模型（1）计算的日采食量

体重从 3～120 kg 的猪（公母比 1∶1）在热平衡环境中自由采食含 3 400 kcal *DE*/kg（1 545 kcal *DE*/lb 或 1 480 kcal *ME*/lb）的饲粮。

一般来说，饱饲的猪能摄入足够的饲料以满足其能量需要，这就意味着比起以玉米为基础的中等能量饲粮，猪需要采食更大量的低能量饲料，如燕麦和大麦等谷物来源的饲料。相比之下，如饲喂添加脂肪的高能量饲料，猪的自由采食量就会下降，因为只需要较少的饲料总量就可满足猪的能量需要。因此，饲料转化效率受饲料能量浓度的影响很大。饲喂高能量饲料时饲料：增重比更佳，即单位增重需要较少的饲料。相反，饲喂低能量饲料使单位增重所需的饲料量增加。生长速率也受到能量摄入量的轻微影响，但比饲料：增重比受到的影响程度要小得多。

猪的能量摄入量也可影响胴体品质。通过在饲料中混合高水平的纤维性饲料原料或限制饲料采食量来减少能量摄入，可使生产的胴体瘦肉率更高。在饲料中添加脂肪易使胴体脂肪含量较高。

1.3 蛋白质和氨基酸

体蛋白由22种氨基酸组成。其中约有一半的蛋白存在于肌肉组织，其余的分布于各种器官、消化道、血液和毛发中。人们发现，在酶和体内激素中含有少量的蛋白质，但它们发挥着重要的作用。蛋白质占全身机体组织的15%。猪的胴体含45%～55%的肌肉，其中约22%是蛋白质，因此，全身有7%～9%(胴体的10%～12%)可食用的蛋白质。

为了使猪能快速合成蛋白(或生长)，饲料必须足量提供22种氨基酸中的10种。这10种氨基酸称为必需氨基酸，因为它们不能由猪自身合成，需要从饲料中摄入。其他12种氨基酸只要有足够的氮源就可由猪体自身合成。

赖氨酸通常被认为是猪饲粮中的第1限制性氨基酸。其原因有二：赖氨酸在肌肉中的含量相对较高(约7%)，其需要量大；大多数饲料原料中赖氨酸的含量低。其他氨基酸的需要量常用与赖氨酸的比率关系表示，每种氨基酸与赖氨酸的比值接近在体蛋白中的比率。表13-1显示的是猪三个体重阶段的理想氨基酸比率。理想蛋白质是指所有氨基酸都正好符合猪的需要量的一种理想模式。当然这在实际中是不存在的。

表13-1 三个不同体重类别的猪必需氨基酸理想模式

氨基酸	不同体重类别占赖氨酸的百分比(%)		
	20～45 lb	45～110 lb	10～250 lb
赖氨酸	100	100	100
精氨酸	42	30	18
组氨酸	32	32	32
异亮氨酸	60	60	60
亮氨酸	100	100	100
蛋氨酸+胱氨酸	60	62	64
苯丙氨酸+酪氨酸	95	95	95
苏氨酸	65	67	70
色氨酸	17	18	19
缬氨酸	68	68	68

改编自Baker[2]。

优质的蛋白质来源提供的10种必需氨基酸在数量和比例上都能满足猪的特定需要(生长、繁殖、泌乳)。令人遗憾的是，谷物蛋白质的品质非常差(第7章)。表13-2显示了70 lb生长猪所需的10种氨基酸，其中8种在玉米中都缺乏。如果玉米中不补充足够量的高品质蛋白质资源，如大豆粕，就会造成猪生长缓慢、饲料利用率低、胴体脂肪含量增加和大量饲料的浪费(表13-3)。

表 13-2　生长猪玉米和玉米+豆粕(蛋白质含量 44%)饲粮中可能缺乏的必需氨基酸

项目	玉米	玉米 +豆粕 (75%玉米+25%大豆粕)	需要量[a] (体重 70 lb 的猪)
蛋白质(%)	8.5	17.2[b]	17.4
氨基酸(%)			
精氨酸	0.37	1.08	0.35
组氨酸	0.23[c]	0.46	0.29
异亮氨酸	0.28[c]	0.70	0.49
亮氨酸	0.99	1.58	0.86
赖氨酸	0.25[c]	0.90	0.90
蛋氨酸+胱氨酸	0.36[c]	0.59	0.51
苯丙氨酸+酪氨酸	0.64[c]	1.43	0.80
苏氨酸	0.29[c]	0.64	0.58
色氨酸	0.06[c]	0.20	0.16
缬氨酸	0.39[c]	0.80	0.61

[a]来自 NRC[1]。

[b]猪没有这样的蛋白质需要,但该玉米-豆粕饲粮的蛋白质水平能满足第 1 限制性氨基酸——赖氨酸的需要。

[c]缺乏。

表 13-3　饲喂蛋白质缺乏的饲粮对生长猪生长性能的影响[a]

项目	玉米[b](CP8%)	玉米-大豆粕[b](CP16%)
日增重(lb)	0.37	1.85
日采食量(lb)	2.50	4.83
饲料-增重比	6.76	2.61

[a] 肯塔基州三所大学所做试验的总结,每个处理使用体重为 47～80 lb 的猪 12 头。

[b] 两种饲料均补充矿物质和维生素。

传统上,猪饲料是以粗蛋白含量为基础进行配方设计。人们为各个体重阶段的猪确立了相应的蛋白质水平,以便可以提供充足的第 1 限制性氨基酸(赖氨酸)。当用玉米和大豆粕作为能量和蛋白的主要来源时,该方法非常有效。但使用其他饲料原料时,饲料应根据赖氨酸含量进行配制。表 13-2 说明,在玉米饲粮中补充大豆粕(73%的玉米,25%的大豆粕)使饲粮蛋白质水平达 17.2%,能满足体重70 lb 猪对赖氨酸和其他氨基酸的需要。

体组织中蛋白的维持、胴体和其他体组织的蛋白质沉积都需要氨基酸。因此,猪的每日氨基酸需要量受体重(影响维持需要量)和瘦肉组织(体蛋白)增长速率的影响。用于体蛋白增长的氨基酸需要量远远高于维持需要量。例如,断奶仔猪用于体蛋白增长的赖氨酸需要量大约是维持需要量的 20 倍;而体重 100 lb 和 200 lb 的猪,这个值分别是 10 倍和 5 倍。另外,胴体肌肉是体蛋白的 2.55 倍(1 g 体蛋白=2.55 g 胴体无脂瘦肉组织)。

图 13-4 显示的是体蛋白增长的总体模式。随着猪体重的增加,体蛋白的日增长率也随之增加,体重为 120～150 lb 时达到最大增长率,然后随体重的增加,日增长率逐渐减少。由于大部分氨基酸用于蛋白质沉积,因此氨基酸的日需要量与体蛋白增长的模式大致相同。但是蛋白质增长曲线的高度(图 13-5)主要受猪沉积瘦肉的遗传能力的影响。因此,遗传上具有较高瘦肉生长潜能的猪每天需要的氨基酸比普通猪的多。例如,一头每天瘦肉增加量为 0.80 lb 的猪与每天瘦肉增加量为 0.65 lb 的猪相比,赖氨酸的需要量多 20%。其他因素如健康、性别和环境因素也可影响曲线的高度。

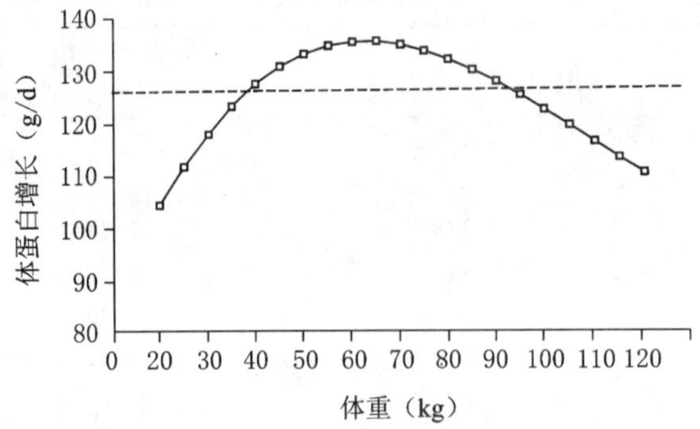

图 13-4 胴体无脂瘦肉平均日增重 325 g(0.72 lb/d)的猪，体重从 20～120 kg(45～265 lb)的体蛋白增长率变化

最大瘦肉增长率出现在体重 50～175 kg(110～165 lb)之间(2.55 g 胴体无脂瘦肉=1 g 全身体蛋白)[1]。

氨基酸需要量表达为占饲粮的百分比更有意义，这可以用每天氨基酸需要量除以每天饲料消耗量来计算。以占饲粮百分比表示的氨基酸需要量随猪体重的增加而降低。图 13-6 显示的是体重 7～45 lb的猪估计的赖氨酸需要量，图 13-7 显示的是体重从 45～265 lb 的猪在三种(高、高-中等和普通)瘦肉生长率下的赖氨酸需要量。可以看出，具有遗传优势的猪其氨基酸需要量较高。

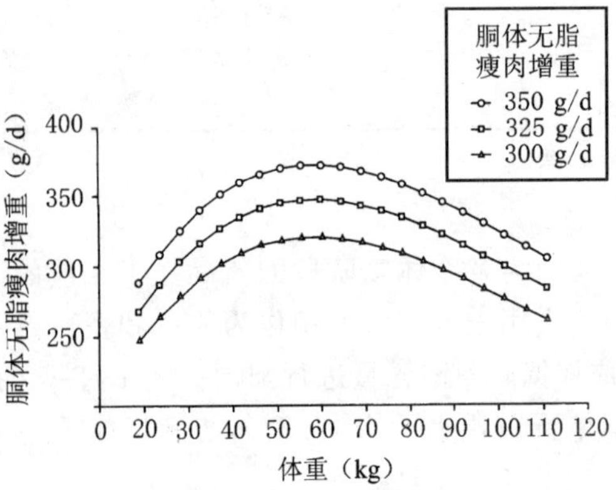

图 13-5 根据 NRC 模型[1]，体重从 20～120 kg (45～265 lb)的猪在高、高-中和中等瘦肉生长率下的胴体无脂瘦肉增长率

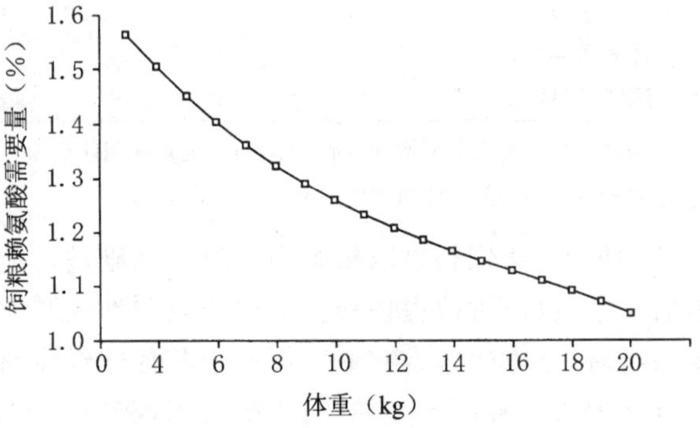

图 13-6 根据 NRC 模型[1]，仔猪体重在 3～20 kg(7～45 lb)的饲粮赖氨酸需要量

猪不能完全消化和吸收饲料蛋白质中的氨基酸。换句话说，完整蛋白质中氨基酸的生物利用率不是 100%，它们大部分在 70%～90%之间。单一饲料原料中氨基酸的生物利用率，可利用猪回肠瘘管来测定小肠末端氨基酸的消失率，称作"回肠消化率"。消化率分为"表观"消化率或"真"消化率。后者对回肠末端的内源性氨基酸进行了校正(如非饲料来源的氨基酸，包括酶、黏液、上皮脱落细胞等)。

本章中讨论的饲料原料的氨基酸需要量和氨基酸含量指的是总氨基酸，而不是可消化氨基酸。然而，许多营养学家现已根据回肠真可消化氨基酸或回肠表观可消化氨基酸来配制饲粮。该方法在处理消化率低于或高于平均值的饲料原料时更准确。各种猪饲料原料单一氨基酸的"真"消化率或"表观"消化率列于附表 28a 和 28b 中。

1.4　矿物质

体内矿物质有许多非常重要的功能。与能量和蛋白质相比，矿物质的需要量非常少。猪饲粮中需要 13 种矿物质(表 13-4)。谷物-大豆粕饲粮中最可能缺乏的是钙(Ca)、磷(P)、钠(Na)和微量元素铁(Fe)、锌(Zn)、碘(I)、硒(Se)。

猪需要量最大的两种矿物质是 Ca 和 P。饲粮中必须含有充足的 Ca 和 P，才能确保形成强壮的骨骼结构。缺乏 Ca 或 P 中的任一种，都会出现骨盐沉积不良，导致腿部变形(软骨病)、跛行或骨折。健康的蹄和腿对于圈养于混凝土或板条地板上的猪尤为重要。P 缺乏可导致生长缓慢或饲料转化效率降低。钙缺乏很少降低生长速度，除非缺乏十分严重。

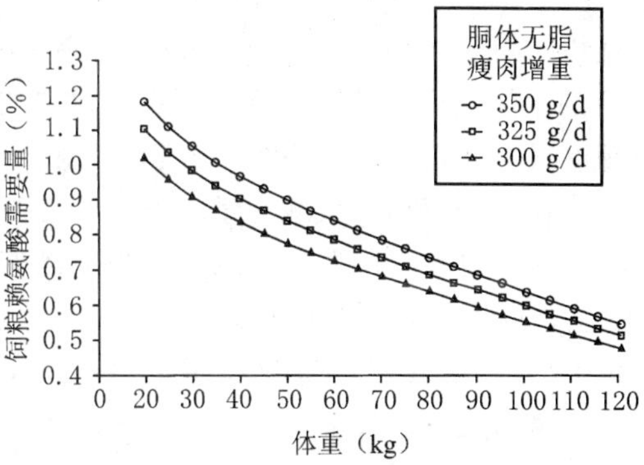

图 13-7　根据 NRC 模型[1]，体重在 20～120 kg(45～265 lb)的生长-肥育猪在高、高-中和中等瘦肉生长率下的饲粮赖氨酸需要量

饲粮中的钙和磷需保持适当平衡。Ca 过量会造成不良后果，尤其是在磷的水平很低时。Ca∶P 的最佳比例是在 1∶(1～1.25)之间。Ca∶P 的最大比例不能超过 1.5∶1。

饲料谷物中 Ca 和 P 都非常缺乏(表 13-4)。此外，谷类和含油种子类饲料中大部分(60%～80%)的磷以植酸磷形式存在，植酸磷是一种有机复合物，它不能被猪很好地利用。玉米和大豆粕中的总磷占饲粮的 0.32%～0.38%，但只有 0.05%～0.07%的磷可被猪利用。估测的总磷需要量考虑了天然饲料原料中大部分磷是不可利用的。

表 13-4　玉米和玉米＋大豆粕(蛋白质含量 44%)对于生长猪可能缺乏的矿物质

项目[d]	玉米	玉米＋大豆粕 (73%玉米＋25%大豆粕)	需要量[a] (体重 70 lb 的猪)
常量矿物质(%)			
钙	0.01[b]	0.09[b]	0.60
磷	0.28[b]	0.37[b]	0.50
有效磷	0.04[b]	0.07[b]	0.23
钠	0.02[b]	0.02[b]	0.10
氯	0.05[b]	0.05[b]	0.08
镁	0.12	0.16	0.04
钾	0.33	0.73	0.23
硫	0.13	0.20	—[c]
微量矿物质(ppm)			
铜	3.0[b]	7.2	4.0
铁	29.0[b]	71.7	60.0
锰	7.0	12.4	2.0
锌	18.0[b]	25.6[b]	60.0
碘	0.03[b]	0.06[b]	0.14
硒	0.07[b]	0.13[b]	0.15

[a] 来自 NRC[1]。

[b] 缺乏。

[c] 需要量未知，但可由蛋氨酸和胱氨酸中的硫提供。

[d] 不同地区种植的玉米其含量不同。

各种饲料原料中的P实际可被猪利用的数量差别很大(表13-5)。许多年来,营养学家们的原则是,认为植物性饲料原料中的P约1/3可被猪利用。但是,现在人们知道,这样单凭经验是不合理的[3]。例如,谷物籽实玉米中P的生物利用率低(12%~14%),高粱、燕麦和大麦的中等(20%~30%),小麦、黑小麦和高水分谷物的很高(46%~53%)。向日葵饼、花生饼、棉籽饼中P的利用率低(1%~12%),大豆粕的中等(23%~31%),大部分动物蛋白质中P的利用率很高(85%~96%)。无机磷酸盐补充料中P的生物利用率比天然饲料原料中的高得多。当所使用的饲料原料P生物利用率与玉米和大豆粕的相差很大时,推荐以有效磷为基础配制猪饲粮。

现在已培育出低植酸含量的遗传改良玉米和大豆,并且它们将很快用于商业化生产。低植酸玉米和低植酸大豆粕的植酸磷含量大约是普通玉米和大豆粕的一半,并且无机磷的含量要高得多[3,4],前者P的生物利用率是后者的几倍(表13-5)。使用低植酸玉米和低植酸大豆粕的主要好处是可减少猪粪尿中排出的P(图13-8)。粪尿中P含量的减少具有重要意义,因为动物废物中过多的P被认为是一种潜在的环境污染源。

表13-5 猪饲料原料中磷的生物利用率

原料	磷的生物利用率(%)[a]	原料	磷的生物利用率(%)[a]
谷物		植物高蛋白饼粕	
玉米,颗粒	12	棉籽饼	1
玉米	14	向日葵饼	3
高粱	20	棕榈仁饼	11
燕麦	22	花生饼	12
大麦	30	堪诺拉菜籽粕	16
高粱,高水分	43	大豆粕,去皮	23
黑小麦	46	大豆粕,44%	31
小麦	50	大豆粕,去皮,低植酸磷	49
玉米,高水分	53	动物高蛋白饼粉,	
玉米,低植酸磷	66	羽毛粉	31
谷物副产品		肉骨粉	85
去壳燕麦	14	脱脂奶粉	91
玉米皮	14	血粉	92
玉米蛋白粉	15	鱼粉	93
米糠	25	乳清粉	96
小麦麸	29	无机磷酸盐	
啤酒糟	33	蒸骨粉	82
煮熟谷物细粉	40	脱氟磷酸盐	87
小麦中麸	41	磷酸一钙	100
玉米蛋白饲料	59	磷酸氢钙	100
含可溶物的酒精糟	76		
其他		植酸酶添加	
大豆皮	78	玉米-大豆粕	15
苜蓿草粉	100	玉米大豆粕+植酸酶	45

资料来源:改编自Cromwell和Coffey[3]。Kentucky大学最近的研究将肉骨粉的价值提高到了85%。低植酸玉米和低植酸大豆粕的值基于Kentucky大学最近的研究。

[a]相对于磷酸一钠或磷酸一钙的可利用率性,假设其值为100。全部数值基于对猪的骨骼和/或骨骼折断强度的斜率分析。

植酸酶作为猪饲粮的添加剂，现已投入商业应用(见本章饲料添加部分)。这种酶能够降解植酸，以提高玉米、大豆粕及其他植物性饲料原料中P的生物利用率。饲粮中使用植酸酶可以降低P的需要量，从而降低猪对P的排泄量。

机体正常生长和功能的发挥也需要Na和Cl。多数饲料中Na的含量很低，Cl也处于临界水平。通过在饲粮中补充0.25%～0.50%的食盐，可以满足这两种矿物质的需要。饲粮中食盐不足将导致猪的采食量和生长速率下降。只要能摄入足够的新鲜水，猪就可以耐受很高含量的食盐(5%～7%)。

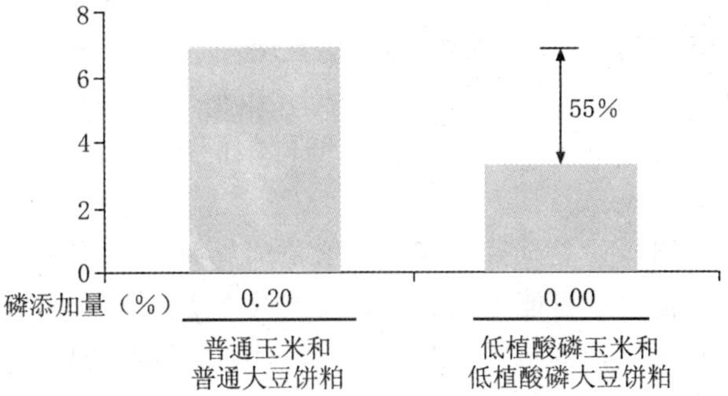

图13-8 给猪饲喂含低植酸玉米和低植酸大豆粕饲粮与常规玉米和大豆粕饲粮时粪便磷的排泄量对比

猪也需要钾(K)、镁(Mg)和硫(S)，但是饲粮中不需要额外补充，这些矿物质在天然饲料原料中的含量很丰富(表13-4)。

锌是猪正常生长和皮毛健康所必需的。锌缺乏会导致生长缓慢和皮毛角化不全、结痂，其外部特征同严重感染螨病类似。饲粮中高水平的Ca会干扰Zn的吸收，因此，如果饲喂高水平的Ca，那么应该提高饲粮Zn的水平。同样，高含量的植酸也往往与Zn结合造成Zn不能被猪利用。因此，谷物-大豆粕(植酸含量高)饲粮对Zn的需要量，要比主要是动物性蛋白来源的饲粮的需要量高得多。可采用下面的原则，谷物-大豆粕饲粮中每含1%的Ca应同时补充100 ppm的Zn。现已证明，药理学水平的Zn(3 000 ppm，Zn的氧化物)可以促进早期断奶仔猪的生长并提高采食量。这一点将在饲料添加剂部分进一步讨论。

猪体内血红蛋白的合成需要铁。Fe缺乏会导致血液中血红蛋白含量下降，通常称为贫血症。如果在出生的第1周未能补充足够的Fe，仔猪就会贫血。白猪发生贫血后，眼、鼻、耳各组织周围出现苍白，而在正常情况下它们应该呈粉红色。严重的贫血可能导致心脏"重击音"或间歇性呼吸。贫血很少造成生长速率下降；事实上，由于生长速率快和体内铁的迅速稀释，一窝中体重最大的仔猪常常最先出现贫血症状。

仔猪容易患贫血有几个原因：初生仔猪生长非常迅速，仅在2～3周内体重就增长3倍，在此期间，母乳是其惟一的食物，但母乳中Fe非常缺乏；猪在出生时体内Fe的储备很低，并且圈养猪几乎没有机会从环境中获得Fe；饲养在土地地面上的猪通常可以从土壤中获得足量的Fe来满足自身的需要。

在3日龄前给仔猪肌肉注射Fe-葡聚糖、Fe-糊精或庚糖酐铁(gleptoferrin)形式的铁100～200 mg或口服预防贫血(图13-9)。较大日龄的仔猪极少出现铁缺乏，因为多数饲料原料中都含有一定量的铁，并且P补充饲料(例如磷酸氢钙和脱氟磷酸盐)中Fe含量很高。

血红蛋白的合成也需要铜，但铜的需要量比铁的低很多。猪极少发生铜缺乏。同锌一样，喂给药理学水平的铜(100～ 250 ppm)也可以促进生长和提高采食量，其效果同饲喂抗生素相似。这一点将在后面饲料添加剂部分论述。

某些地区种植的饲料原料缺碘。此外，许多饲料(大豆、油菜籽、亚麻籽等)含有致甲状腺肿的物质，它能干扰I的吸收或I合成甲状腺素。如果谷物-大豆粕饲粮中I不足，将导致甲状腺肿——甲状腺肿大4～ 5倍。碘的添加很方便，可以通过在饲粮中添加推荐量的碘盐来实现。

猪常常出现硒缺乏。种植于太平洋西北、东北和5大湖周边的一些州的作物硒含量很低，而种植于南达科他，内布拉斯加州和美国西部一些地区的作物硒含量很高。最近对中西部地区15个州的玉米和大豆粕样品的调查表明，玉米中硒的含量可相差15倍(0.02～0.30 ppm)，大豆粕中硒的含量可相差12倍(0.08～0.95 ppm)。

低硒谷物和低硒蛋白质原料的饲粮中如不补充 Se 将导致猪肝脏坏死，心脏衰竭，肌肉苍白和猝死，称为肝营养不良症（hepatosa dietetica）。这个微量元素受 FDA 监管，在猪饲料中的最大添加量为 0.3 ppm。

铬（Cr）是葡萄糖代谢的重要调节剂，它在猪饲粮中需要量可能很低。最近几项调查研究表明，在生长肥育猪饲粮中添加 Cr（以 Cr-甲基吡啶形式），可提高（屠宰后）胴体的瘦肉率[5]。也有证据表明，饲喂甲基吡啶 Cr 可提高母猪的繁殖性能[6]。到目前为止，Cr 的需要量还没有确定。

微量元素混合物中有时有钴（Co），但 Co 不是猪所必需的。Co 的惟一作用是作为维生素 B_{12} 的成分之一，猪饲粮中通常都要添加维生素 B_{12}。

另一种矿物质——氟（F）并不是猪所必需的，而需要注意的是氟在饲粮中的过量添加。过量 F 的摄入往往和饲喂未经加工的高氟磷酸盐有关。过量的 F 可导致牙齿色斑和腐蚀以及骨骼畸形。当氟源是磷酸盐时，猪最多可耐受 225 ppm 的 F；当氟源溶解度较高，例如氟化钠时，它的最大耐受量是 150 ppm。

1.5 维生素

维生素在体内具有很多重要功能。其中的一个重要功能是作为营养物质代谢的辅酶。猪需要 14 种维生素，它们的需要量都很小。谷物和植物蛋白质中的维生素含量很低（表 13-6）。谷物-大豆粕饲粮中最有可能缺乏的是维生素 A、维生素 D、维生素 E 和 B 族维生素，如核黄素、泛酸、尼克酸和维生素 B_{12}。

维生素 A 在黄玉米和绿色植物中以其前体——胡萝卜素的形式存在。但是，玉米中的胡萝卜素不能满足猪的维生素 A 需要。玉米中的一些胡萝卜素不能有效地转化为维生素 A，而且高温或储藏高湿度玉米时使用的有机酸也会破坏很大一部分胡萝卜素。以实践经验来讲，猪饲料中的维生素 A 添加量（以维生素 A 棕榈酸盐形式）应至少是猪需要量的 2～3 倍；首先因为维生素 A 相对廉价，其次维生素 A 在混合饲料中相对不稳定。

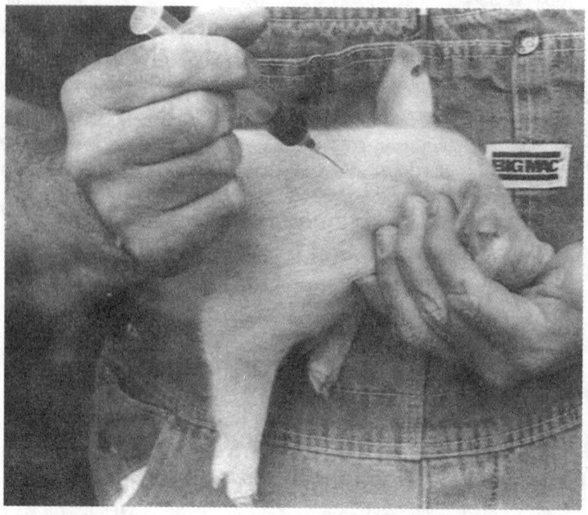

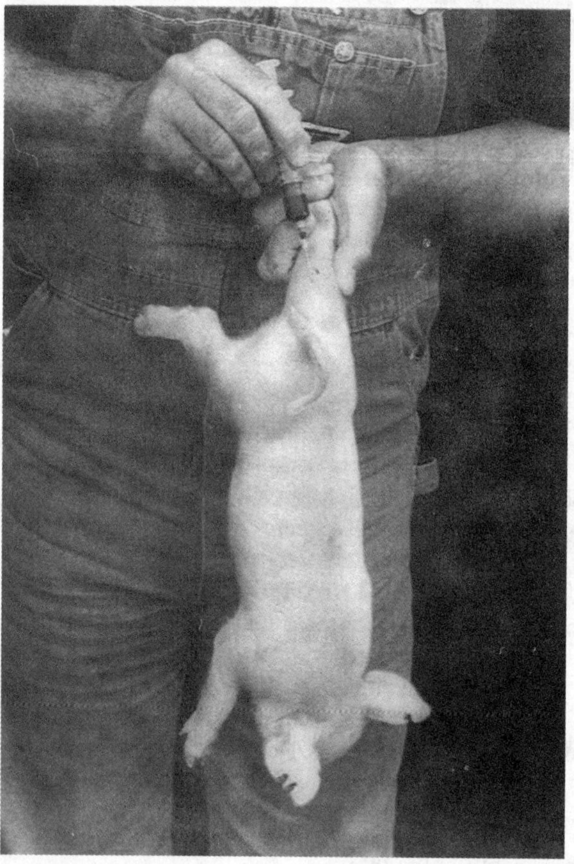

图 13-9 通过在颈部和腿部注射铁溶液预防仔猪贫血

很多常用的猪饲料基本上都缺乏维生素 D。在能晒到太阳时，猪自身可以合成维生素 D；但是，因为许多猪是圈养不能受到阳光的直接照射，因此，饲粮需要补充维生素 D。尽管猪同鸡一样，既可以利用植物中的维生素 D_2，也可以利用动物产品中的维生素 D_3，但是有证据表明，猪利用维生素 D_3 的效率比利用维生素 D_2 的高。

谷物和植物蛋白质中可能含有充足的维生素 E，但是也可能出现缺乏，或处于临界水平。因此，猪饲粮中应添加维生素 E。维生素 E 是饲料中的天然抗氧化剂，缺乏维生素 E 可导致类似于 Se 缺乏症状的出现（肝脏坏死，肌肉苍白等等）。最近已经证明，母猪饲料中添加高水平的维生素 E 可改善繁殖性能[7]。

一些饲料中含有维生素 K，并且猪的后肠微生物也可以合成维生素 K。一般来讲，只要猪能接触到其粪便，那么微生物合成的维生素 K 就可以充分满足其需求。但是，如果给猪饲喂发霉的谷物或其他发霉的饲料，或饲喂含 Ca 过量的饲粮时，猪会出现维生素 K 缺乏。缺乏症状包括凝血时间延长，导致出血过多和淤血。猪常常由于内出血而导致死亡。通过注射维生素 K 或饲料中添加可以克服维生素 K 缺乏。为保险起见，维生素补充料中应含少量的维生素 K。

谷物和植物蛋白质补充饲料中的核黄素、烟酸、泛酸含量很低，而且不含维生素 B_{12}。此外，谷物中的烟酸与其他物质化合后就完全不能被猪利用。这些维生素中的一种或多种缺乏可导致猪生长缓慢。如果缺乏十分严重，猪可出现慢性腹泻。维生素补充料种一般都应含有这 4 种 B 族维生素。

生长猪饲粮中通常不需要添加另外两种 B 族维生素——生物素和叶酸。但是，饲喂小麦或大麦时可能出现生物素缺乏，因为这两种谷物中的生物素利用率比玉米中的低。有证据清楚地表明，饲粮中补充生物素和叶酸可改善母猪的生产性能[8,9]。因此，多数预混料通常都含有这两种维生素。生物素缺乏可导致猪的蹄裂。另一个促进其添加的因素是，生物素对于完全舍饲猪的蹄和腿的健康具有重要意义。

天然饲料原料可以满足生长猪的胆碱需要量，但已有人证明，补充胆碱可以增加妊娠母猪的产仔数[10]。在试验条件下，母猪胆碱缺乏可导致新生仔猪双腿开叉。但是，在一些猪群中补充胆碱并不能完全防止仔猪双腿开叉现象的出现。

表 13-6 对于生长猪玉米和玉米＋大豆粕(44％蛋白质)可能缺乏的维生素

维生素	玉米	玉米＋大豆粕 (73％玉米＋25％大豆粕)	需要量[a] (体重 70 lb 的猪)
脂溶性维生素			
维生素 A(IU/lb)	97[b]	76[b]	590
维生素 D(IU /lb)	—[b]	—[b]	68
维生素 E(IU /lb)	3.8[b]	3.0[b]	5
维生素 K(IU /lb)	—	—	0.2[c]
水溶性维生素(mg/lb)			
维生素 C	—	—	?[d]
B 族维生素			
核黄素	0.6[b]	0.7[b]	1.1
泛酸	2.7[b]	3.8[b]	3.6
有效烟酸	—[b]	3.9[b]	4.6
维生素 B_{12}	—[b]	—[b]	0.005
胆碱	282	523	136
维生素 B_6	2.3	2.3	0.5
硫胺	1.6	1.7	0.5
叶酸	0.07[b]	0.21	0.14
生物素	0.03	0.05	0.02

[a]来自 NRC[1]。

[b]缺乏。

[c]一般微生物合成可满足其需要。

[d]需要量未知。天然原料中含有足够量和/或自身合成可满足需要。

天然饲料原料中的硫胺素(维生素 B_1)和维生素 B_6(吡哆醇)可充分满足猪的需要,饲粮中不必另外添加。猪自身可合成足够的抗坏血酸(维生素 C),很多研究都未发现添加维生素 C 对猪有什么益处。但是在强应激条件下可能是个例外,例如,已经表明,给刚刚断奶的早期断奶仔猪补充维生素 C 偶尔能提高其生产性能。

2 用于猪饲粮的饲料原料

这一部分将更多地描述在美国猪的饲粮中常用的饲料原料。关于饲料原料的细节在这里没列出的已在第 4 到第 10 章或其他出版物中给出[11~14]。

2.1 能量来源

2.1.1 谷物

在美国,饲喂猪的谷物中玉米占 85%以上。玉米对于各体重阶段的猪都是极好的饲料,因为玉米中的可消化淀粉含量高,纤维含量低,适口性好,并且可通过多种方式投喂。出于这些原因,玉米是其他谷物用来比较的标准(表 13-7)。尽管玉米有这些优点,但是它的蛋白质含量低(8.0%~8.5%),赖氨酸(0.25%)和色氨酸(0.06%)非常缺乏(表 13-2),并且如表 13-4,表 13-6 所示,缺乏许多必需的矿物质和维生素。但是如果补充适当的蛋白质、矿物质和维生素弥补其不足,玉米是一种极好的猪饲料。

表 13-7 猪的能量饲料与玉米相比的相对价值及其可替代玉米的最大量

饲料	相对价值[a]	最大替代量[b]
玉米	100	100
脂肪,饲料级	230	5~10
面包房下脚料,干燥	108	50~80
去壳燕麦	101	100[c]
高粱(买罗高粱)	98	100
碎精米	98	100
软质小麦	97	100
木薯	97	50
玉米麸	94	100
豌豆	94	50
黑小麦	93	75
黑麦	89	25
蚕豆	89	50
粗小麦粉	88	30
黍	86	100
大麦	85	100
细米糠	83	100
全脂米糠	83	10
次麦粉	82	30
带可溶物的酒精糟	82	30
燕麦	79	25
甜菜渣	73	10
小麦麸	66	10

续表 13-7

饲料	相对价值[a]	最大替代量[b]
甘蔗糖蜜	59	5
啤酒糟	57	30
苜蓿草粉	48	5
煮熟马铃薯	25	25

[a]以 *ME* 值为基础。

[b]生长-肥育猪饲粮中替代玉米的最大量。母猪饲粮中纤维性饲料原料(燕麦、小麦麸、全脂米糠、苜蓿草粉、甜菜渣)的用量可以是生长-肥育猪的 2～3 倍。

[c]一般只用于仔猪饲粮。由于成本限制,其用量应不高于 10%～20%。

现已发现,几种玉米的遗传突变体的赖氨酸、色氨酸和其他氨基酸含量比普通杂交玉米高(第 5 章)。与普通玉米含 0.25%赖氨酸相比,这些突变品种的赖氨酸含量达 0.30%～0.40%。由于赖氨酸的含量较高,因此只要补充较少的蛋白质即可满足猪的氨基酸需要。令人遗憾的是,多数高赖氨酸玉米品种由于谷粒较软、含粉多,所以其产量较低,收割时易受损害。其他基因改良玉米也正受到养猪业的关注。过去几年来高油玉米已经开始进入商业使用。这种玉米的含油量(6%～8%)是普通玉米含油量(3%～4%)的两倍。在饲粮中添加高油玉米基本上与添加脂肪的作用一样,这将在稍后进行论述。低植酸玉米也即将投入商业化使用。如前所述,由于低植酸玉米中 P 的生物利用率较高,因此,饲喂这种玉米的猪从粪尿中排出的 P 大大减少。

高粱(买罗高粱)种植于南部和西南部各州,是继玉米之后又一常见的用于猪的谷物饲料。对于猪而言,高粱的能量值与玉米相近,其蛋白质和赖氨酸的含量与玉米相同或略低。对于生长肥育猪,高粱的整体饲养价值接近于玉米(表 13-8)。已经培育出一些能抵抗鸟害的高粱品种,但是由于单宁含量高,多数抗鸟害高粱品种的饲养价值比常规品种低很多。美国的高粱主产区很少种植抗鸟害高粱品种。

表 13-8　作为生长-肥育猪能量来源的玉米与小麦、高粱(买罗高粱)和大麦的比较

比较	玉米	其他谷物
玉米与高粱(买罗高粱)[a]		
日增重(lb)	1.60	1.57
饲料∶增重比	3.33	3.44
玉米与大麦[b]		
日增重(lb)	1.76	1.69
饲料∶增重比	3.13	3.45
玉米与小麦[c]		
日增重(lb)	1.67	1.68
饲料∶增重比	3.19	3.17

[a]10 次试验,508 头猪,51～221 lb。

[b]4 次试验,280 头猪,42～225 lb。

[c]15 次试验,984 头猪,47～215 lb。

在美国北部一些州和加拿大,常给猪饲喂大麦。与玉米相比,大麦的纤维含量较高但能量较低;因此其饲养价值较低(表 13-8)。大麦成分和饲养价值变化很大。其中部分是由于大麦中 β-葡聚糖的含量不等造成的。β-葡聚糖是复杂的碳水化合物(葡萄糖聚合体),它可以引起胃肠道内形成凝胶体,从而干扰营养物质的消化吸收。

一般认为,大麦和燕麦的饲养价值分别是玉米的 85%～90%和 75%～80%(表 13-7)。但两者的蛋白质和赖氨酸含量比玉米略高。在生长肥育猪饲粮中,大麦可以代替部分或全部的玉米,但燕麦代替玉米的比例不应超过 25%。母猪饲粮中可以使用较高水平的燕麦。

小麦是一种极好的猪饲料(表13-8),但其作为饲料原料通常过于昂贵。但有时小麦的价格会比玉米低。小麦的能量值与玉米相近,它的蛋白质、赖氨酸和有效P含量高于玉米。当以能量为基础时,小麦的价值略低于玉米(98%),但考虑到小麦的赖氨酸含量时,其价值大约是玉米的105%。而且,以蒲式耳基础计,小麦的价值是玉米的112%,因为每蒲式耳小麦的重量比玉米大(小麦60 lb/蒲式耳,玉米56 lb/蒲式耳)。受疾病、昆虫和霜冻侵害或被野生大蒜鳞茎植物污染而不能加工面粉的小麦,也可以作为极好的猪饲料。小麦可以代替饲粮中部分或全部玉米。

黑麦的能量值很高,但是它的适口性不如其他谷物。而且,黑麦中含有大量果胶(一种复杂的碳水化合物),使其饲喂价值降低。此外,黑麦易受麦角菌(一种真菌)感染,导致母猪流产和生长猪生产性能显著下降。

黑小麦的饲喂价值高于黑麦,但略低于小麦。黑小麦中含胰蛋白酶抑制因子,当黑小麦作为惟一的谷物饲喂猪时,胰蛋白酶抑制因子将降低其饲养价值。现在美国南部培育出了一些黑小麦品种,用这些品种的黑小麦喂猪时,猪表现出了极好的生产性能。

当使用玉米以外的谷物配制饲粮时,要记住,用相同重量的谷物替换玉米,且必须以赖氨酸含量为基础,而不能以蛋白质含量为基础。因为多数谷物的蛋白质含量比玉米高,以蛋白质为基础配制饲粮,会导致饲粮中赖氨酸缺乏。表13-9所示的是以蛋白质为基础而不是赖氨酸为基础配制饲粮引起的猪生产性能的差异。

表13-9 以玉米和小麦为基础的饲粮不同的饲粮配制方法对肥育猪生长性能的影响

饲粮配制方法	玉米	小麦(重量基础)[a]	小麦(赖氨酸基础)[a]	小麦(蛋白质基础)[a]
饲粮中谷物(%)	83.0	83.0	86.0	90.6
饲粮中的大豆粕(%)	14.5	14.5	11.6	6.9
饲粮中的蛋白质(%)	14.0	16.8	15.7	14.0
饲粮中的赖氨酸(%)	0.66	0.74	0.66	0.53
日增重(lb)	1.65	1.69	1.67	1.38
饲料:增重比	3.17	3.18	3.26	3.63

资料来源:Cromwell等[15]。两个试验组,每个处理36头猪,90~217 lb。

[a]饲粮配制方法。

2.1.2 受损作物

谷类作物会因为各种原因而损坏,生长季节降水少是其中之一。遭遇旱灾的谷物重量会比正常的轻,但遭遇旱灾的谷物和正常的谷物在同样的重量基础上饲养价值是相同的。

谷物也会因感染霉菌而损害(第4章)。霉菌能在收获前的田里或储藏后的谷物中生长。没有完全干燥或者储藏于温暖(80~100°F)、潮湿环境中的谷物尤其容易受到霉菌破坏。破碎谷粒或虫害也会造成谷物易受霉菌感染。除谷物外,花生和棉籽(如花生饼和棉籽饼)也易感染某些霉菌。霉菌本身无害,但其产生的毒素(霉菌毒素)对动物有害。

其中,我们关心的一种重要的霉菌毒素是黄曲霉毒素,它由黄曲霉菌(*Aspergillus flavus*)产生。已经鉴定出几种黄曲霉毒素,其中较为常见的四种是B_1,B_2,G_1和G_2。玉米可能感染这种菌,但并不明显发霉。将玉米置于紫外线下(黑光)可以检测出是否有霉菌的存在。有霉菌存在的地方会发出明亮的黄绿色荧光。用荧光法检测出霉菌并不一定说明谷物已经受黄曲霉毒素的污染,必须进行进一步的化学测试才能确定是否含黄曲霉毒素以及黄曲霉毒素的含量。

黄曲霉毒素具有很强的致癌作用,FDA对含霉菌毒素的谷物在各州间的运输做出了特别的限制。低水平(20~50 ppb)的黄曲霉毒素对生长猪没有影响,但高水平的黄曲霉毒素可导致猪增重下降、免疫力下降、血凝时间延长和肝损伤。用于饲喂肥育猪的谷物的黄曲霉毒素的最大含量不得超过 200 ppb，幼畜或种猪不能饲喂含黄曲霉毒素的谷物。

在受黄曲霉毒素污染的饲粮中添加某些沸石或黏土，如水合铝硅酸钠-钙，（商标 Novasil®）和钠盐斑脱土，可以降低黄曲霉毒素毒性[16]。通常将这些化合物添加于饲料原料中，用于提高其流动性或添加到饲料中作为制粒的助剂。显然，沸石吸附黄曲霉毒素，可阻止黄曲霉毒素被动物吸收。

单端孢毒素由镰刀霉菌（*Fusarium fungi*）产生，是一种毒性很强的霉菌毒素。脱氧雪腐镰刀菌烯醇（通常称为呕吐毒素或饲料拒食因子）、T-2 毒素和蛇形菌素均属于此类毒素。采食含这些毒素的谷物，会导致猪采食量下降，生长缓慢，免疫功能下降，神经紊乱和呕吐。已经发现，仅有 5 ppm 的呕吐毒素就能使饲料采食量降低 50%，200 ppm 或更高水平的呕吐毒素则可以使采食几乎全部废绝。猪的呕吐毒素耐受量约为 1 ppm（即使这一水平也能使采食量降低 5%～10%），而 T-2 毒素和蛇形菌素的耐受量目前尚不清楚。

玉米赤霉烯酮，是一种最常见的霉菌毒素，它由粉红镰孢菌（*Fusarium roseum*）和赤霉菌（*Gibberella zeae*）产生。这类化合物具有雌激素的作用，例如使阴门和乳头发红和肿胀，扰乱发情周期，母猪出现假妊娠等。高水平的玉米赤霉烯酮可导致阴道和直肠脱出。生长猪对受污染饲料中玉米赤霉烯酮的耐受量为 20 ppm，种猪的耐受量要低得更多。配种后 7～10 d（也就是胚胎在子宫壁着床时期）是一个尤其危险的时期；如果怀孕母猪在此期间食入了玉米赤霉烯酮，就可能流产，并在很长一段时间内不再发情。

赭曲霉素和橘霉素并不常见，它可能存在于受霉菌感染的大麦或其他小粒谷类作物中。麦角碱是一种生物碱样霉菌毒素，它由真菌产生，可能侵害黑麦和小麦。麦角碱有剧毒，受麦角碱污染的饲料不能喂猪。

如果怀疑谷物或其他饲料中有霉菌毒素，那么应该进行实验室检查，以确定存在何种霉菌毒素及其含量。如果霉菌毒素含量在猪的耐受范围内，就可以用其饲喂肥育猪，但最好不要用受霉菌毒素污染的饲料喂仔猪。建议不要用怀疑受霉菌毒素污染的饲料饲喂后备母猪，而且千万不要用其饲喂妊娠母猪。当用谷物饲喂肥（公）猪时，也可以将受霉菌毒素污染的谷物与未受污染的混合，将霉菌毒素的含量稀释到猪的耐受量范围内。

2.1.3 谷物副产品

与小麦相比，次粉、麸皮和小麦中麸的纤维含量较高，而能量较低，但它们作为猪饲料的原料常常更为经济。饲料生产者愿意在饲料制粒时加入少量（5%～10%）小麦中麸，因为它具有较好的黏性，可以使饲料颗粒坚硬、黏结。由于麦麸具有轻泻性，因此常用于饲喂待分娩母猪。米糠是另一种作为母猪饲料的高纤维饲料。蒸汽压片燕麦（去壳燕麦粒）适口性非常好，是一种极好的仔猪饲料，但由于成本很高，限制了在其他猪饲料中的应用。

2.1.4 精制糖

蔗糖、乳糖以及其他纯糖是仔猪的良好能量来源。早期断奶仔猪能很好利用乳糖，因此乳糖经常用于哺乳仔猪饲粮中。乳清粉是一种奶酪工业的副产品，它的乳糖含量很高（68%），广泛用于哺乳仔猪饲粮和断奶仔猪饲粮中。蔗糖有时用于提高仔猪饲粮的适口性。粗糖，例如甘蔗或甜菜糖蜜，在一些国家有使用，但在美国很少使用。

2.1.5 脂肪

饲料级脂肪可作为猪饲粮的能量来源。根据经验，只有脂肪的成本不超过玉米的 2.5～3 倍时，脂肪作为饲料原料在经济上才可行。表 13-10 表明生长肥育猪饲粮中添加 5%的脂肪，猪的生长速率略微提高，采食量下降，饲料转化效率提高。然而，饲喂脂肪时，猪往往摄入更多的能量，因此背膘厚度通常略微上升。饲粮中添加5%脂肪，背膘可能增加0.1 in。由于添加脂肪后猪的采食量降低，因此，必须提高饲粮的蛋白质含量，以保证每日摄入的赖氨酸和其他氨基酸的量不变。一般来讲，饲粮中每添加1%脂肪，蛋白质的含量就应提高0.2%。

表 13-10 生长-肥育猪饲喂玉米-大豆粕饲粮的脂肪补充量

项目	添加脂肪(%)	
	0	5
日增重(lb)	1.68	1.77
日饲喂量(lb)	5.44	5.22
饲料∶增重比	3.24	2.95
胴体背膘(in)	1.20	1.31
胴体腿-腰比(%)	43.4	42.3

[a]5个试验，每个试验88头猪，57～208 lb。肯塔基大学和内布拉斯加大学。

高温时脂肪的利用效率比中等或较低温度时的利用率更高，这是因为脂肪代谢时产生的热量要比碳水化合物和蛋白质代谢时产生的少。因此，在夏天或在一些炎热的地区，在饲粮中添加脂肪是最有益的。

饲粮中脂肪的最大添加量为6%～7%；脂肪含量过高，会导致饲料在自动给料器中堆积。商品肥(公)猪饲料中常常添加少量(1%～2%)脂肪，用以改善饲料的物理特性，利于制粒，控制饲料厂的粉尘，减少混合饲料中细颗粒的分级。

猪饲料中添加3%～5%脂肪的另一个重要作用就是可以减少圈养肥(公)猪舍中的饲料粉尘。研究表明，减少粉尘、改善圈舍空气质量可以减少圈养肥(公)猪及工作人员的呼吸系统疾病。

给妊娠后期和泌乳早期的母猪饲喂脂肪，可以提高初生仔猪的成活率，尤其是仔猪初生体重较小时[17]。

猪饲料中广泛使用的脂肪有：动物脂肪、白色或黄色油脂、水解动物-植物脂肪(一种肥皂工业的副产品)，或这些脂肪商品的混合物。有时也用液体脂肪(如大豆油)，但它们比固体和半固体脂肪昂贵得多。用于农场混合饲料的大多数脂肪在混合前需要加热。有些脂肪供应商提供加热储存罐，就是用于此目的。

2.1.6 其他能量来源

面包店下脚料、加工过的干食物废弃物(通心面、早餐谷物粉末等)和类似的产品，可作为猪饲料的能量来源。某些根和块茎(马铃薯、洋姜、木薯)也可作为猪饲料的能量来源，其中马铃薯需要经过蒸煮处理，以破坏酶抑制剂使其发挥最大的饲养价值。

2.2 蛋白质来源

为弥补谷物和其他能量饲料中氨基酸的不足，猪饲粮中要添加高蛋白质(>20%)含量的饲料原料。各种蛋白补充饲料的相对价值与其总蛋白质含量和蛋白质中各种必需氨基酸的比例有关(表13-11)。我们可根据蛋白补充饲料的赖氨酸含量粗略地估计它们的相对价值，因为赖氨酸通常是猪饲料中的第1限制性氨基酸。

2.2.1 植物蛋白质

大豆粕是猪饲料的主要蛋白质来源，它占猪饲料中所用蛋白质补充料的90%以上。大豆粕的生物学价值是所有植物性蛋白质中最高的，因此它是其他蛋白质比较的"黄金标准"(表 13-11)。大豆粕中的氨基酸非常平衡，赖氨酸、色氨酸和苏氨酸的含量特别高，而这些氨基酸是谷物中最缺乏的。并且，大豆粕中的赖氨酸和其他氨基酸极易消化。大豆粕的适口性非常好，并且在美国的各主要养猪生产区都很容易得到。大豆粕有两种形式：蛋白含量为 44%的大豆粕和蛋白含量在 48%～50%之间的去皮大豆粕。去皮大豆粕纤维含量低(与大豆粕相比，NDF 是 8.9%比 13.3%；ADF 是 5.4%比 9.4%)，因此更适合仔猪。去皮大豆粕中约含 3.05%的赖氨酸，蛋白含量为 44%的大豆粕中约含 2.85%的赖氨酸。当用大豆粕和玉米混合配制满足不同体重阶段猪的蛋白质推荐量的饲粮时，所有氨基酸的需要量都可以满足。

大豆粕中含有某些抗营养因子，这些因子对初生仔猪的危害尤其大。大豆和大豆粕中有一些低聚糖(棉籽糖、水苏糖、毛蕊花糖)。这些不能消化的碳水化合物会在后肠中过度发酵，造成仔猪的消化紊乱。大豆中还含有免疫活性蛋白、大豆球蛋白、β-伴大豆球蛋白。给仔猪饲喂含高水平大豆粕的饲粮时，肠黏膜就会对这些抗原因子产生过敏，从而导致肠道形态的异常。由于这个原因，通常不推荐在仔猪饲粮中使用高于 20%～25%的大豆粕。大豆浓缩蛋白是大豆经过加工除去或减少这些因子后得到的产品。尽管该产品相当昂贵，但它可用于取代仔猪饲粮中的部分大豆粕。

全脂大豆含 35%～37%的蛋白质和 18%～19%的油。全脂大豆可用于饲喂猪，但必须首先将其加热到 250℉，以破坏抗胰蛋白酶或其他酶抑制剂(第 8 章)。由于这些抑制剂的作用，仔猪不能很好地消化和利用生大豆，尽管年龄大的动物似乎比年龄小的动物更能耐受生大豆。生大豆可以作为妊娠母猪的惟一蛋白质补充饲料，且没有不良作用。

蒸煮或烘烤全脂大豆和大豆粕时必须小心控制，因为过度加热会使一些赖氨酸损失，降低大豆粕的生物学价值。适度烘烤的粉碎全脂大豆可作为极好的猪蛋白质补充饲料。另外，饲喂全脂大豆时，猪还可以利用全脂大豆中的脂肪(先前讨论过)。

棉籽饼的赖氨酸含量比大豆粕的低得多(表 13-11)，而纤维的含量较高。而且棉籽饼中含有棉酚(一种对猪有毒的化合物)。只有低棉酚的棉籽粉(＜0.04%游离棉酚)可以在猪饲料中使用。为消除棉酚的毒性，饲料中应同时添加硫酸亚铁，使饲料中铁的含量与游离棉酚相等。铁可与棉酚结合，从而防止其被吸收。

与大豆粕相比，菜籽饼的赖氨酸含量略低，而纤维含量较高。但当使用称为堪诺拉(Canola)的新品种替代近一半的大豆粕时，它是一种很好的蛋白补充料。Canola 是专门培育的一种抗营养因子含量低的品种(第 6 章)。

表 13-11 各种蛋白质资源的赖氨酸的相对含量[a](喂时水分基础)

饲料原料	蛋白质(%)	赖氨酸(%)	蛋白质中赖氨酸含量(%)	与大豆粕中赖氨酸的相对量[b]	最大添加量(%)[c]
植物蛋白质					
大豆浓缩蛋白	64.0	4.20	6.6	102	5[d]
大豆粕	43.8	2.83	6.4	100	20
大豆粕，去皮	47.5	3.02	6.4	100	20
大豆，热处理	35.2	2.22	6.3	98	25
蚕豆	25.4	1.62	6.3	98	50
豌豆	23.8	1.50	6.3	98	80
Canola 菜籽饼	35.6	2.08	5.8	91	10
棉籽饼	41.4	1.72	4.2	65	8
亚麻籽饼	33.6	1.24	3.7	57	5
花生饼	49.1	1.66	3.4	53	10

续表 13-11

饲料原料	蛋白质(%)	赖氨酸(%)	蛋白质中赖氨酸含量(%)	与大豆粕中赖氨酸的相对量[b]	最大添加量(%)[c]
向日葵饼,去皮	42.2	1.20	2.8	44	8
红花籽饼,去皮	42.5	1.17	2.8	43	8
椰子饼	21.9	0.58	2.6	41	5
芝麻饼	42.6	1.01	2.4	37	5
动物蛋白质					
血球粉,喷雾干燥[e]	92.0	8.51	9.3	144	3[d]
血浆,喷雾干燥[e]	78.0	6.84	8.8	246	6[d]
血粉,喷雾干燥或环形干燥	88.8	7.45	8.4	131	3
脱脂奶粉	34.6	2.86	8.3	129	20[d]
鱼粉,鲱鱼	62.9	4.81	7.6	119	5
乳清粉	12.1	0.90	7.4	116	35[d]
肉粉[e]	54.0	3.07	5.7	88	5
肉骨粉[e]	51.5	2.51	4.9	76	5
水解羽毛粉	84.5	2.08	2.5	38	2
谷物副产品					
小麦麸	15.7	0.64	4.1	63	5
啤酒糟	26.5	1.08	4.1	63	15
小麦中麸	15.9	0.57	3.6	56	15
玉米蛋白饲料	21.5	0.63	2.9	46	10
带可溶物酒精糟	27.7	0.62	2.2	35	20
玉米蛋白粉	60.2	1.02	1.7	26	5
谷物					
大麦	11.3	0.41	3.6	56	—
燕麦	11.5	0.40	3.5	54	—
软质小麦	11.5	0.38	3.3	51	—
玉米	8.3	0.26	3.1	49	—
黑小麦	12.5	0.39	3.1	49	—
高粱	9.2	0.22	2.4	37	—
合成来源					
赖氨酸-盐酸盐	—	78.0	—	—	0.20[f]

[a]饲料原料中的蛋白质和赖氨酸的含量来源于 NRC[1998]。
[b]赖氨酸占原料蛋白质的百分比相对于赖氨酸占大豆粕百分比的比值。
[c]在不降低生长性能的条件下,生长-肥育猪饲料中饲料原料的最大添加量。
[d]用于仔猪饲粮。
[e]尽管赖氨酸的含量高,但这些饲料原料的蛋氨酸、异亮氨酸和/或色氨酸的含量相对较低。
[f]该水平的赖氨酸-盐酸盐可提供 0.156%的赖氨酸。

花生饼的蛋白含量很高,但其赖氨酸含量比大豆粕低得多。它在美国的使用主要限于东南部的花生产区。花生饼很容易受一种称为黄曲霉菌(*Aspergillus flavus*)的真菌的侵害,这种真菌能产生黄曲霉毒素。

在美国,一些在猪饲料中用量较少的其他植物性蛋白质来源还有:向日葵饼、芝麻饼、亚麻籽饼、红花饼和椰子饼。这些植物中的大部分蛋白质品质一般,因为其赖氨酸的含量比大豆粕低得多。

剔出的豌豆和蚕豆是西北太平洋沿岸地区常用的很经济的饲料原料,它们既可作为能量来源也可作为蛋白质来源。一些类型的菜豆(如肾形豆、海军豆、斑豆)和豌豆(豇豆、鸽子豆)使用前需要加热处理，以破坏酶抑制剂，而其他类型的菜豆（野蚕豆、饲用蚕豆、野豌豆）则不需要加热。当这些产品作为蛋白质的主要来源时，有必要补充蛋氨酸。

来自谷物的蛋白质来源，如玉米蛋白粉、酒精糟和干啤酒糟，可提供部分饲用蛋白，但这类蛋白质的生物学价值相当低。它们的氨基酸组成与制备它们的谷物相似。

2.2.2　动物蛋白质

动物蛋白质是赖氨酸和其他氨基酸的良好来源。同时，动物蛋白质的 Ca、P 和 B 族维生素（尤其是维生素 B_{12}）的含量比植物蛋白高得多。然而，动物蛋白质的养分含量差别很大，在脱水和灭菌过程中，很容易受高温破坏。如果干燥的温度和时间控制不当，赖氨酸、色氨酸和其他氨基酸的生物效价可能显著下降。

肉品工业副产品（如肉粉、肉骨粉）的赖氨酸含量高，但色氨酸的含量相对较低。此外，这些产品的色氨酸生物效价往往较低。同时，这些产品的适口性也较差，因此生长猪饲粮中肉品工业副产品的用量不应超过 4%～5%，否则，猪的生长性能将出现下降。如果另外补充色氨酸，那么其用量可以更高些。母猪饲料中的肉品工业副产品可以高达饲粮中全部蛋白质补充料的 1/3。

血粉中的蛋白质（85%～90%）和赖氨酸（7%～8%）含量都非常高。使用旧工艺干燥血粉可造成大量赖氨酸的破坏，而利用新工艺生产的血粉（环形干燥法或瞬间干燥法）可利用赖氨酸的含量很高。血粉的异亮氨酸含量低，而且适口性不好，因此饲粮中血粉的用量不应超过 3%。

把猪和牛屠宰场收集的血液分离成血浆和血细胞，然后适当干燥可以制成两种新产品。喷雾干燥动物血浆是早期断奶仔猪极好的蛋白质来源。除氨基酸含量高外，干燥动物血浆中的球蛋白（包括免疫球蛋白）可在断奶后的关键阶段刺激仔猪生长和提高采食量。尽管该产品十分昂贵，但它在断奶后 7～10 d 的第 1 期仔猪料中使用很普遍。干血细胞一般在第 2 期仔猪饲粮中使用。

鱼粉是猪极好的蛋白质补充料。然而在美国，鱼粉成本较高，限制了它的使用。根据所使用的鱼和加工方法的不同，鱼粉的蛋白质含量差别相当大。一些海产品碎粉，如虾粉，由其残渣制成，它们的营养价值较低。鱼油中的某些长链脂肪酸可使猪肉产生鱼腥味，因此，猪饲料中鱼粉的用量不能超过 6%～7%。最近发现，仔猪饲粮中添加鱼粉或鱼汁，能提高早期断奶仔猪的生长性能。

干的乳产品是极好的蛋白质补充料。它具有适口性好、消化率高、氨基酸非常平衡的优点；然而这些原料价格十分昂贵（尤其是脱脂奶粉）。乳清粉常用于仔猪的前期料，它是一种极好的碳水化合物（乳糖）和蛋白质来源，由于价格昂贵在较大的猪饲料中没有使用。

在乳品加工厂附近，有时可获得低价的液态脱脂奶、酪乳或乳清。尽管这些产品是蛋白质和其他营养物质的极好来源，但由于水分含量过高，仔猪不能摄入足量的干物质。然而，如果运输成本不是太高，且有合适的饲喂设备，这些产品可作为极好的蛋白质补充料。

2.2.3　其他蛋白质来源

已有证据表明，生长于石油和其他废物上的细菌是猪的很好的蛋白补充料。然而，目前单细胞蛋白的生产成本过高，还不能作为饲料原料使用。

2.2.4　合成氨基酸

猪可利用合成氨基酸来满足它们一部分饲粮蛋白质的需要。到目前为止，赖氨酸和蛋氨酸是仅有的经济可行的可在饲料中使用的氨基酸。一般来讲，蛋氨酸在大多数猪饲料中是第 4 限制性氨基酸，因此，在实际的猪饲粮中没有必要补充蛋氨酸。但是含干燥血浆（其蛋氨酸含量低）的仔猪早期饲料是一个例外。已经开发出新的生产色氨酸和苏氨酸的生物技术方法，因此它们在将来使用会更广泛。

市场上销售的氨基酸除蛋氨酸是 *dl*-型外，其他所有的商品氨基酸都是“*L*”型氨基酸（*L*-赖氨酸、*L*-

色氨酸、*L*-苏氨酸)。有几个商业化生产赖氨酸的厂商,其商品形式一般是含78%赖氨酸的赖氨酸-盐酸盐。1999年出现的另一种赖氨酸补充饲料——生物赖氨酸-60(Biolys-60)含赖氨酸47.3%。商品色氨酸和苏氨酸几乎是纯品(含量99%),商品色氨酸还有色氨酸-赖氨酸复合物(Tryptosine;含15%色氨酸和55.3%赖氨酸)。蛋氨酸的商品形式是*dl*-蛋氨酸(纯度99%)和蛋氨酸羟基类似物(一种含88% MHA的液体产品)。以分子量为基础计算,蛋氨酸和MHA等价。

饲粮中添加用赖氨酸-盐酸盐补充0.15%赖氨酸后,谷物-大豆粕饲粮的蛋白水平可降低2个百分点。换句话说,在1 t猪饲料中96 lb的玉米和4 lb的赖氨酸-盐酸盐可以替代100 lb的去皮大豆粕。降低蛋白质含量同时补充赖氨酸,并不降低猪的生长性能。然而,如果蛋白质含量降低过多,那么即使补充额外的赖氨酸也会造成猪生长性能下降。这是因为蛋白质含量降低后,其他氨基酸变成了限制性氨基酸。饲粮蛋白质水平降低4个百分点的同时,添加赖氨酸、色氨酸、苏氨酸和蛋氨酸可以使猪的生产性能达到最佳,但是鉴于目前色氨酸和苏氨酸成本方面的考虑,这种做法尚不可行。

人们对低蛋白饲粮中补充氨基酸产生了新的兴趣,因为这是减少氮排泄的一种有效途径(图13-10)。一些农场没有足够的土地来全部处理这些排泄物,因此减少粪中氮的排泄量对这些农场大有益处。这一点促进了氨基酸补充料的使用,尽管使用氨基酸后饲料成本会上升。补充氨基酸的低蛋白饲粮也可减少猪粪中氨的排出量,减少臭味,从而缓解了另一个潜在的环境问题(图13-11)。

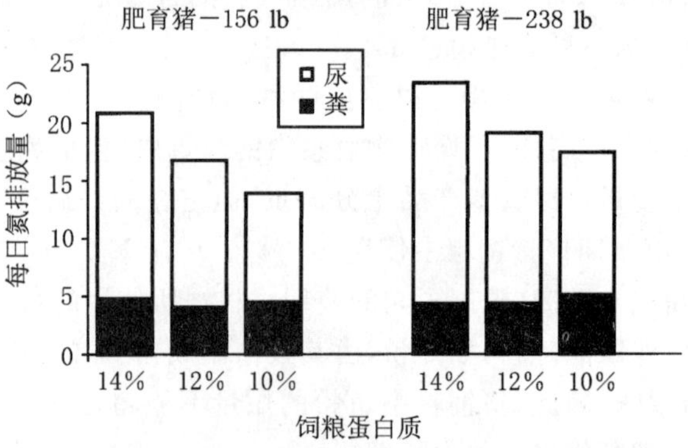

图13-10　饲喂正常的和添加氨基酸的低蛋白饲粮时猪的氮排泄量

试验饲粮为:蛋白质含量为12%的饲粮添加赖氨酸(0.15%);和蛋白质含量为10%的饲粮添加赖氨酸(0.30%)、苏氨酸(0.08%)和色氨酸(0.03%)。

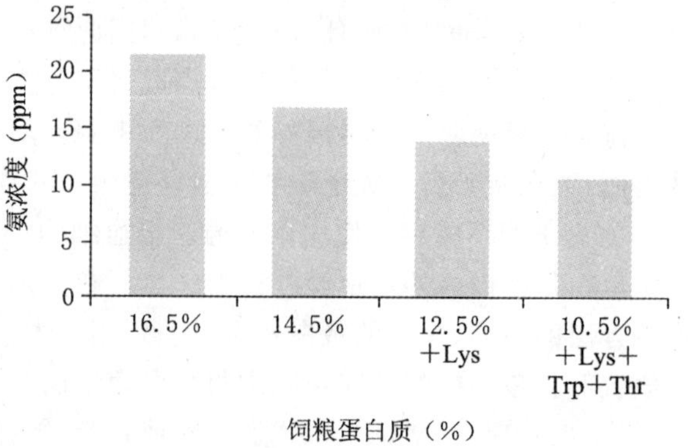

图13-11　饲喂正常的和添加氨基酸的低蛋白饲粮时猪的粪氨挥发量

试验饲粮为:蛋白质含量为12.5%的饲粮添加赖氨酸(0.15%)和蛋白质含量为10.5%的饲粮添加赖氨酸(0.30%)、苏氨酸(0.08%)和色氨酸(0.03%)。

非蛋白氮(NPN)来源,如尿素,对猪没有实际营养价值。

2.3　矿物质来源

大多猪饲料都需要补充矿物质,尤其是主要由植物蛋白构成的饲料。磷酸一钙、磷酸氢钙、脱氟矿石和蒸骨粉都是钙和磷的良好来源,这些资源中的钙和磷利用率很高。高氟矿石磷酸盐、软矿石磷酸盐和肥料级磷酸盐禁止在饲料中使用,因为这些来源中磷的利用性差,且高氟对猪有毒。重质碳酸钙(碳酸钙)是一种普遍使用的钙源。贝壳粉、霰石、白垩粉和石膏也是良好的钙源,但镁含量高的白云灰石由于钙的利用率差,应避免使用。

满足饲粮中Na和Cl的需要量的最实用的方法是在饲料中添加普通食盐。如果添加的碘盐不仅可以满足钠的需求,同时还也能满足猪对碘的需求。

供应必需微量矿物质的混合物通常以预混料的形式加入到猪饲料中。表 13-12 所示的是微量矿物质混合物的例子。添加不同水平(仔猪和母猪饲料 2 lb/t、生长猪饲料 1.5 lb/t、肥育猪饲料 1 lb/t)的该混合物,可满足不同猪的微量矿物质需要。提供微量矿物质的另一种方式是添加微量矿物质盐。

表 13-12　微量矿物质预混料[a]

矿物元素[b]	在预混料中质量分数(%)	饲粮中添加 1 lb 预混料的数量(ppm)
铜	1.0	5.0
碘[b]	0.10	0.50
铁	15.0	75.0
锰	2.0	10.0
硒[c]	15.0	75.0
锌	15.0	75.0

[a]预混料添加量:仔猪早期饲粮、仔猪饲粮、妊娠母猪饲料、泌乳母猪饲料中 2 lb/t,生长猪饲料中 1.5 lb/t,肥育猪饲料 1 lb/t。预混料在与 1 t 饲料混合前应先与 10～20 lb 的玉米混合。

[b]如饲喂加碘盐,则不需要加碘。

[c]在高硒区不需要加硒。

自由采食玉米和蛋白补充料的猪也可自由采食含 50%磷酸氢钙或脱氟磷酸盐、30%重质碳酸钙和 20%微量矿物质盐的矿物质混合物。然而,如果饲粮中提供了适量的矿物质,那么猪就不必自由采食额外的矿物质了。

2.4　维生素来源

苜蓿草粉、发酵副产品和动物蛋白质是许多维生素的良好来源。然而,由于合成维生素相对便宜,所以猪饲粮中通常添加合成维生素。表 13-13 所示的是维生素预混料的一个例子。添加不同水平(1～2 lb/t)的该补充料,可满足不同生长和繁殖阶段猪的需要。

表 13-13　维生素预混料的组成[a]

维生素	在 1 lb 预混料中的用量	每磅饲粮中的含量(每吨饲粮添加 1 lb 预混料)
维生素 A	3 000 000 IU	1 500 IU
维生素 D_2 或 D_3	200 000 IU	100 IU
维生素 E	20 000 IU	10 IU
维生素 K	2 g	1 mg
核黄素	4 g	2 mg
泛酸	12 g	6 mg
烟碱酸	16 g	8 mg
维生素 B_{12}	12 mg	6 μg
生物素	200 mg	100 mg
叶酸	1 000 mg	500 μg
载体(总量 1 lb)	+	

[a]预混料添加量:仔猪早期饲粮、仔猪饲粮、妊娠母猪饲料、泌乳母猪饲料中 2 lb/t,生长猪饲料中 1.5 lb/t,肥育猪饲料 1 lb/t。预混料在与 1 t 饲料混合前应先与 10～20 lb 的玉米混合。

胆碱通常以一种 50%或 60%氯化胆碱补充料(含 37%或 45%的胆碱)形式添加到母猪饲料中。胆碱不应与其他维生素混合在浓缩预混料中,因为胆碱会促使其他维生素的破坏,尤其是维生素 A。

2.5　饲料添加剂

猪饲粮中使用的饲料添加剂包括抗生素制剂(抗生素和化学治疗药)、驱虫药及其他制剂。猪饲料中添加抗生素可促进生长、提高饲料转化效率。并减少发病率和死亡率。抗生素在饲料中普遍使用,低

(治疗以下)水平的抗生素可促生长,中到高(低于治疗)水平的抗生素可预防动物疾病,高(治疗)水平的抗生素可治疗疾病。驱虫药可预防或驱除内寄生虫(如蛔虫、肺线虫),伊维菌素也可用来控制外寄生虫(虱、螨等)。抗生素和驱虫药都是药物,它们的使用受 FDA 管制(第 10 章)。

只有一定种类、一定水平和一定组合的抗生素和驱虫药获准用于猪[18]。为防止抗生素在胴体中残留,一些抗生素需要在屠宰前有一段停药期(第 10 章)。自配料的养猪生产者必须了解抗生素的正确使用方法,并且应按正确的方法混合于饲料中,以防止药物从一种饲料转移到另一种饲料。这一点在混合含磺胺甲基嘧啶的饲料时尤为重要。磺胺类药物带有静电,易在饲料粉尘中聚集。如果没有清理混合机和饲料输送设备,那么可能导致含药物饲料的交叉污染,某种药物(如磺胺甲嘧啶)极少量就可导致猪肉中的残留超标[19]。

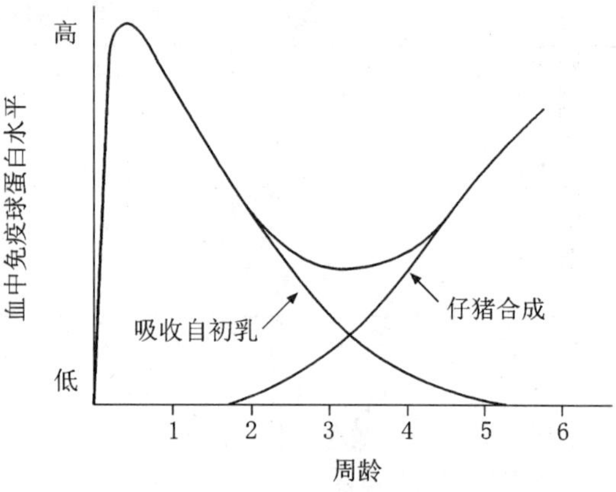

图 13-12　仔猪抗病能力的变化

抗生素对幼龄仔猪最有用。与较大的猪相比,幼龄仔猪对应激和致病微生物更敏感。仔猪从母猪初乳中获得的被动免疫到 3 周龄时基本消失(图 13-12)。由于仔猪不能很好地合成抗体,断奶后其免疫力仍然比较低。在接触到来自母猪和环境的抗原后,仔猪能产生特定的免疫球蛋白防止致病微生物的有害作用。表 13-14 所示的是抗生素对断奶仔猪、生长猪和整个生长-肥育猪阶段的效果。

表 13-14　不同年龄和体重的猪饲喂抗生素的效果[a]

生长阶段	对照组	抗生素	增长率(%)
断奶仔猪阶段(16～55 lb)			
日增重(lb)	0.86	0.99	16.4
饲料∶增重比	2.28	2.13	6.9
生长阶段(37～108 lb)			
日增重	1.30	1.45	10.6
饲料∶增重比	2.91	2.78	4.5
生长-肥育阶段(53～197 lb)			
日增重	1.52	1.59	4.2
饲料∶增重比	3.30	3.23	2.2

资料来源:Hays[21]和 Zimmerman[22]。

[a]该数据来自 1 194 个试验,使用了 32 555 头猪。

表 13-15　饲料中的抗生素对猪繁殖性能的影响

项目	对照组	抗生素[a]
母猪产仔率(%)[b]	75.2	82.1
每窝活仔数	9.9	10.3

资料来源:Cronwell[23];该数据来自 9 个试验,使用了 1 931 头母猪。

[a]大多数情况下,每头母猪每天添加 0.5～1.0 g 抗生素。

[b]产仔母猪数除以繁育母猪数。

表 13-16　母猪分娩前和泌乳期饲粮中的抗生素

项目	对照组	抗生素[a]
每窝的活仔数	9.9	10.2
每窝断奶仔猪数	8.2	8.6
成活率(%)	85.1	86.8

续表 13-16

项目	对照组	抗生素[a]
断奶仔猪平均重(lb)	10.70	10.79

资料来源:Cromwell[23],用 2 338 窝猪所做的 13 个试验的总结。

[a]在产仔前 3～5 d 到泌乳期 7～21 d 饲喂四环素、ASP-250、泰乐菌素、杆菌肽或硫酸铜。

猪的整体健康状况和环境的清洁程度也影响抗生素对猪的效果。通常,疾病越严重,环境卫生越差,管理越不理想,抗生素对猪的效果越好。然而,决不能因此而放弃良好的饲养管理。

已经证明,抗生素对处于繁殖期的经产母猪和后备母猪有益,可提高它们的受胎率和产仔数(表 13-15)。为此,推荐使用高水平(0.5～1 g/d)的可吸收抗生素(如一种四环素)。

抗生素对妊娠母猪没有作用,但通常认为刚刚分娩前后对妊娠母猪有益,因为此时母猪处于高度应激状态。已经证明,抗生素可减少缺乳症和子宫感染的发生率,母猪在分娩后不久偶尔会发生这两种情况。表 13-16 中的数据表明,在泌乳母猪饲粮中添加抗生素,可略微提高仔猪的存活率和断奶重。

有关动物饲料中抗生素的资料可参阅 CAST[20],Hays[21],Zimmerman[22] 和 Cromwell[23] 的综述文章。

饲粮中添加药理水平的铜和锌,可以起到与抗生素类似的促仔猪生长的作用。高水平硫酸铜对断奶仔猪、生长猪和生长-肥育猪的效果如表 13-17 所示。同其他抗生素一样,仔猪对铜的反应最强烈。仔猪饲粮中添加氧化锌以补充 3 000 ppm 的锌(或 8 lb/t 的氧化锌),其效果与高铜相近(表 13-18)。同时国外(美国以外)的一些研究表明,这一水平的氧化锌也有助于控制仔猪腹泻。最近的一项研究表明,同时使用高铜和高锌的效果与单独使用其中一种的效果相同(表 13-18)。高铜使猪粪颜色变得很黑,而高锌则不会。

表 13-17　硫酸铜对断奶和生长-肥育猪生长性能的影响

生长阶段	铜(ppm)[a]		增长率(%)
	0	250	
断奶仔猪阶段(18～44 lb)			
日增重(lb)	0.75	0.84	11.9
饲料：增重比	1.87	1.78	4.5
生长阶段(40～123 lb)			
日增重(lb)	1.47	1.57	6.9
饲料：增重比	2.80	2.70	3.6
生长-肥育阶段(40～205 lb)			
日增重(lb)	1.57	1.62	1.3
饲料：增重比	3.18	3.10	2.5

资料来源:Cronwell[23],23 个断奶仔猪的试验和 18 个生长-肥育猪的试验的总结。试验用了 3～4 周龄断奶仔猪 1 367 头和生长-肥育猪 672 头。

[a]不包括微量矿物质混合物中的铜(6～12 ppm)。

表 13-18　药理水平的锌和铜对 14～39 lb 断奶仔猪生长性能的影响

氧化锌(3 000 ppm 的锌)	—	+	—	+
硫酸铜(250 ppm 的铜)	—	—	+	+
日增重(lb)	0.83	0.93	0.90	0.91
日饲喂量(lb)	1.40	1.52	1.48	1.50
饲料：增重比	1.71	1.64	1.64	1.63

资料来源:Hill 等[24]。来自 1 356 头 22～50 日龄猪的 12 次试验的总结。

所有饲粮中都添加了氯化四环素(200 g/t)。

目前尚不清楚这些矿物质促进仔猪生长的机理。铜和抗生素的作用机理似乎不同，因为同时添加铜和抗生素效果比单独添加铜或抗生素的促生长效果好（表 13-19）。已经证明，给母猪饲喂高铜饲粮可提高仔猪的初生重和断奶重[25]。

表 13-19 铜和抗生素对 15～40 lb 断奶仔猪生长性能的影响

抗生素	—	＋	—	＋
硫酸铜（250 ppm 的铜）	—	—	＋	＋
日增重(lb)	0.57	0.66	0.68	0.75
日饲喂量(lb)	1.19	1.28	1.30	1.40
饲料：增重比	2.10	1.95	1.91	1.84

资料来源：Cromwell[23]。在 6 个试验站对 1 700 头猪所做的 14 次试验的总结。

长时间饲喂高铜（大于 250 ppm）饲粮会造成猪的铜中毒，因此使用硫酸铜作为补充原料时，其在饲料中的含量不应超过 2 lb/t。随着饲喂高铜和高锌而带来的一个潜在环境问题是：猪粪中铜和锌的过量排出。

出于各种目的，有时猪饲料中也添加几种其他的饲料添加剂。它们是微生物添加剂、酶、有机酸、寡聚糖、风味剂、臭味抑制剂、抗氧化剂、颗粒饲料黏合剂、流散剂和胴体品质改良剂。

直接饲喂微生物添加剂常称作“益生素”，包括：嗜酸杆酸菌、粪肠球菌、酿酒酵母及类似的微生物产品。添加这些产品旨在促进肠道内有益微生物的定植，减少有害微生物（如致病性大肠埃希氏菌）的数量。有报道，这些产品对处于高应激状态下的仔猪有益。然而，在研究站进行的大多数对照试验并没有发现添加这些产品具有一致的有益反应。

饲粮中添加某些“益生原（prebiotics）”被认为可能对仔猪有益。其中之一是甘露寡糖（MOS），它来源于酵母细胞壁。MOS 上的特定位点被认为可与致病菌结合，防止致病菌在肠壁上附着和定植。果寡糖（FOS）的结构与 MOS 有相似之处，它的作用是作为有益微生物，如双歧乳杆菌的底物，这些微生物在肠壁上定植从而防止病原的附着和定植。刚断奶仔猪的试验表明 FOS 可促生长，但与 MOS 的促生长效果不一致。

各种酶的混合物可作为饲料添加剂，但多数研究表明，它们对于在美国常用的饲粮不是很有效。有些报道认为，由纤维素酶、半纤维素酶和蛋白酶组成的“鸡尾酒”可提高高纤维饲料的消化率，而这些高纤维饲料在其他国家更为常用。已经证明，在一些情况下，当大麦中 β-葡聚糖含量高而且天然 β-葡聚糖酶含量低时，β-葡聚糖酶可提高大麦的利用率。

猪饲料中添加植酸酶非常有效。该酶（由黑曲霉产生）可降解谷物和油籽饼粉中的植酸磷，使猪可以更好地利用其中的 P（表 13-5），并减少猪粪中 P 的排出量（图 13-13）。由于人们普遍关注猪粪中过量 P 的潜在污染作用，所以对在猪饲料中添加植酸酶越来越感兴趣。在美国，已有 Natuphos 植酸酶可供使用，它是由微生物遗传工程生产的。该产品在几个欧洲国家已经广泛使用，这些国家根据猪粪中 P 的含量来控制其在农田中的使用。如果饲料需要制粒，那么植酸酶必须在饲料制粒后喷涂到颗粒上，因为制粒过程中产生的高温会破坏酶的活性。

已经证明，在早期断奶仔猪饲粮中添加 1%～3% 水平的三种有机酸（柠檬酸、延胡索酸和甲酸）具有很大的益处（表 13-20）。这些酸的作用机制尚不清楚，但是据认为，它们可降低断奶仔猪胃内 pH 值，从而提高胃蛋白酶的活性。低 pH 值也可能有助于减少胃和小肠内有害菌的增殖。

表 13-20 仔猪饲粮中使用酸化剂的作用

项目	基础饲粮	＋酸	增长率(%)
柠檬酸[a]			
日增重(lb)	0.65	0.69	5.2
饲料：增重比	1.88	1.75	7.2

续表 13-20

项目	基础饲粮	+酸	增长率(%)
延胡索酸[b]			
日增重(lb)	0.68	0.71	4.1
饲料：增重比	1.86	1.73	6.9

[a]5 次试验的总结。使用 311 头 19～35 lb 的猪，试验期 24 d。

[b]5 次试验的总结。使用 386 头 20～38 lb 的猪，试验期 27 d。

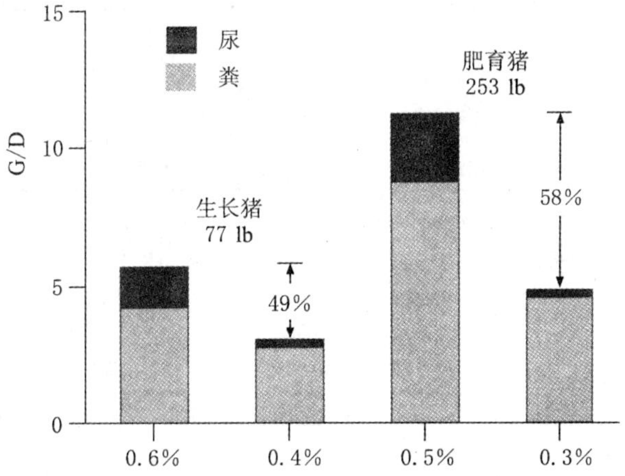

图 13-13　饲喂补充植酸酶的低磷饲粮减少猪的磷排泄量

资料来源：Cater 等[27]。

有时为了提高饲料的适口性或掩盖异味，可加入调味剂。当仔猪可以对饲粮进行选择时，它们通常会选择添加有调味剂的饲粮。但当仔猪无法选择时，饲粮中添加调味剂对猪的生产性能没有促进作用。有些人认为，添加风味剂仅仅是为了让购买饲料的人闻起来香而已。

某些饲料添加剂(如萨洒皂苷，一种丝兰植物的提取物)被认为可降低猪粪的臭味。有些饲料添加剂看来确实可减少猪粪中氨的释放，很明显这是因为它们抑制了猪粪中尿素酶的活性。一些沸石也可减少臭味和氮的挥发。

有时商品饲料制粒前添加斑脱土以提高饲料颗粒的质量。有时也添加其他沸石到某些饲料原料中，以增加流动性。这些化合物都可减少黄曲霉毒素的毒性(先前关于谷物损害的部分)，但 FDA 没有许可它们在这方面的应用。

高脂肪饲料中通常加入抗氧化剂(如乙氧喹、二丁基羟基甲苯)以减少饲料的氧化损害。抗氧化剂也可保护维生素免遭氧化破坏。

最后，饲料中添加某些 β-肾上腺素能激动剂(如川布特罗、塞曼特罗或瘦肉精、莱克多巴胺)可提高瘦肉率。莱克多巴胺最近已被 FDA 取消，而以商品名裴林(Paylean)销售。该产品可提高增重速率和增重效率，同时可提高瘦肉率。人们也已发现，在一些情况下，甜菜碱和肉毒碱可提高瘦肉率。另外，也已证明饲料中以吡啶铬形式添加的微量矿物质铬可提高瘦肉率。

3　饲料加工

3.1　粉碎

谷物饲料在混合成饲粮时必须磨碎。玉米和高粱应粉碎到中等到细末的程度，平均颗粒大小为

575～600 μm。小麦应粉碎得稍粗(平均颗粒大小为675～700 μm)。许多商业实验室在收取适当费用后可以测定粉碎颗粒的大小。粉碎由锤片式粉碎机完成,它使用一个3/16,1/4或3/8的筛子。研究表明,细粉碎玉米比粗粉碎玉米能更有效地被猪利用(表13-21)。然而,由于需要粉碎的时间更长,细粉碎需要更多电能,另外,细粉碎玉米会造成饲料粉末化,导致饲料在喂料器中堵塞。而且,细粉碎玉米使肥育猪发生胃溃疡的几率增加。相反,如果谷物粉碎得太粗,猪会挑选出较大的颗粒,从而造成浪费。如果使用对辊式粉碎机粉碎谷物,那么应将辊子的间距调得较紧些。

表13-21 粉碎细度对生长-肥育猪生产性能的影响

	粗 (>1 000 μm)	中等 (700～900 μm)	细 (<600 μm)
日增重(lb)	1.66	1.75	1.71
饲料∶增重比	3.57	3.51	3.36

资料来源:Wondra等[26]。5个试验使用76～198 lb的猪740头。

3.2 制粒

与饲喂粉料相比,饲喂颗粒的猪增重更快,且饲料转化效率更高(表13-22)。制粒尤其可提高含有大麦、燕麦或其他纤维饲料的转化效率。同时制粒也可降低灰尘,有助于防止饲料的分级和浪费。非常重要的一点是,颗粒饲料必须坚硬,且不易碎。松软的饲料颗粒在进行机械处理时容易破碎,由于饲料颗粒的大小不同,就很难通过调节喂料器(如果可能的话)来防止饲料的浪费。

表13-22 玉米-豆粕或高粱-豆粕饲粮的蒸汽制粒对生长肥育猪生产性能的影响

项目	粉料	颗粒料	改善(%)
日增重(lb)	1.64	1.71	4.3
饲料∶增重比	3.35	3.19	4.8

资料来源:Wondra等[26]及未发表的数据。33个试验的总结,试验使用了98～221 lb的猪3 505头。

3.3 蒸煮与烘烤

谷物经蒸煮或烘烤后饲养价值会提高,但并不足以抵消蒸煮或烘烤带来的成本的增加。超微粉碎可以提高高粱的利用率,但是这一工艺的成本也很高。大豆和某些类型的豌豆和菜豆经烘烤或其他方法加热后饲养价值可以得到大幅度提高。马铃薯在饲喂猪之前必须经过蒸煮。在允许饲喂垃圾饲料的地区,法律要求其必须经过蒸煮,以控制旋毛虫病和其他疾病的传播。

3.4 液体饲料

机械喂料器可以将饲料和水混成糊状,目前市场上有几种这类产品销售。液体饲喂有助于防止饲料浪费,但是极少有证据表明液体饲料可以提高猪的生产性能。因此,液体饲喂方式应作为一种供给饲料的优点来进行评价。饲喂湿料有时可用于提高高温环境中泌乳母猪的采食量。

3.5 高水分谷物

以干物质基础计算,高水分玉米和其他谷物的饲养价值与干燥谷物基本相同。高水分谷物在全价料中可供猪自由采食,或者经粉碎后可与补充料混合。但是,它必须每天制备,否则会在喂料器中发热、损坏或结块。经丙酸处理的高水分谷物能够保存较长时间而不被破坏。当饲喂高水分谷物饲粮时,可以减少磷的添加量;因为高水分谷物中的有效磷是干燥谷物中的3～5倍。

4　饲养管理

4.1　预配种

繁殖后备母猪应该在达到上市体重的猪群中选择，然后将其转移出装配自动饲喂器的圈舍，每天人工饲喂 6～7 lb 饲料。它们应该保持良好的增重状态，但是不能过肥。

后备母猪正常在 7～8 月龄时配种，也能更早配种，但这将导致产仔数减少。如果在配种时后备母猪非常瘦，那么可在配种前 1～2 周通过饱饲来催情。催情补饲可增加排卵数，从而增加产仔数。如果后备母猪经催情补饲处理，那么在配种后应迅速将其饲喂量降低到适度水平(4～6 lb/d)。可以在饲粮中添加高水平的可吸收抗生素(例如 200～300 g/t 金霉素)，以增加受胎率和降低胚胎死亡率(表13-15)。

4.2　妊娠

妊娠母猪的营养需要非常低，尤其是在妊娠的前 2/3 时期。胎儿的发育主要发生在妊娠的最后一个月(图 13-14)。母猪的饲喂水平应该与胎儿和胎盘(约为 44 lb)的生长以及自身增重(30～35 lb)相适应(表 13-23)。后备母猪由于还未达到成熟体重，因此，其饲喂水平应保证其获得更大的体增重(60～65 lb)。经产母猪和后备母猪的目标妊娠增重应分别为 75 lb 和 100 lb。

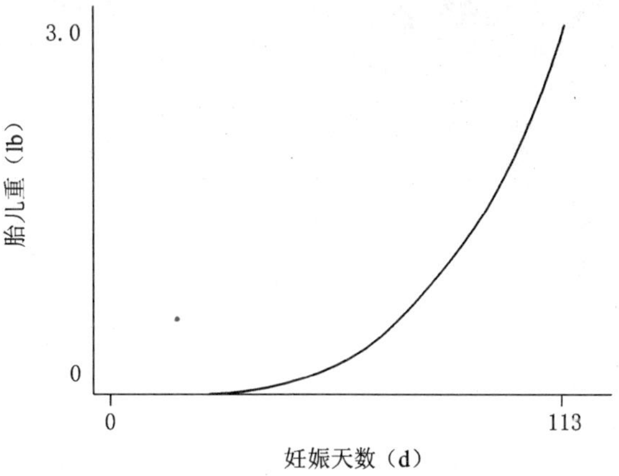

图 13-14　妊娠期胎儿的生长

表 13-23　后备母猪和经产母猪妊娠增重的内容

内容	后备母猪(lb)	经产母猪(lb)	内容	后备母猪(lb)	经产母猪(lb)
猪和胎盘			母猪		
猪(3 lb)	(10 头)30	(12 头)36	子宫	7	8
胎衣	5	5	乳房和血液	8	9
胎水	3	3	肌肉和脂肪	47	14
	38	44		62	31
			总的妊娠增重	100	75

资料来源：改编自 NRC[1] 和 Whittemore 和 Elsley[28]。

过量饲喂和饲喂不足都不可取。过量饲喂既昂贵又浪费，而且母猪过肥可能降低产仔数，增加难产的几率，还可能压死仔猪。如果母猪饲喂不足，可造成仔猪的初生重小且体弱，并且母猪可能没有足够的储备来分泌乳汁满足大窝仔猪的需要。此外，如果断奶时母猪体况过瘦，则不易再次发情。

在温和的气候环境下，6 000～6 800 kcal *ME*/d，即每天 4～4.5 lb 玉米-豆粕饲粮(含 1 500 kcal *ME*/lb)可维持后备母猪和经产母猪的适当增重。如果饲喂低能量饲粮，例如燕麦或大麦，则有必要提高饲喂量。如果母猪圈养于户外且寒冷环境，那么应该将饲喂水平提高到每天 5～6 lb。相反，对于温暖气候中的动物或饲养于密集分娩舍中的独立产床的母猪，饲喂较少的(3～3.5 lb/d)饲料就足以满足其妊娠增重的需要(图 13-15)。

如果母猪不是分圈独立饲养，建议使用专门的饲喂栏(feeding stall)饲喂，以防止一些强壮的猪超量采食饲料(图 13-16)。当动物整群圈养时，应将经产母猪群和后备母猪分开圈养。建议每天饲喂一次。

如果每天的饲喂水平是4 lb，那么推荐饲粮的蛋白质含量为14%，钙和磷含量分别为0.80%和0.65%。如果母猪每天饲喂量少于4 lb，那么应提高营养成分含量，以保证母猪每天最低摄入蛋白质250 g、钙14.5 g和磷11.5 g(表13-24)。母猪既可以饲喂全价混合饲粮，也可以每天饲喂3～4 lb谷物和1 lb全价蛋白质补充料。

图13-15 密集分娩舍中的母猪

图13-16 单独的母猪饲养栏

表13-24 母猪妊娠期间3种饲喂水平下蛋白质、钙和磷的百分比

每天饲喂水平(lb)	饲粮需要量水平(%)[a]		
	蛋白质	Ca	P
3	17	1.10	0.85
4	14	0.80	0.65
5	12	0.65	0.55

[a]这些水平的饲喂量每天为猪至少提供250 g(0.55 lb)蛋白质，14.5 g Ca和11.5 g P。

表13-25是母猪常用饲粮原料的举例。经矿物质和维生素强化的谷物-豆粕饲粮可满足母猪的需要；但是，饲粮中也可以添加某些动物蛋白质、苜蓿草粉或一些副产品饲料原料。

表13-25 妊娠经产母猪和后备母猪的怀孕期饲粮[a]

原料	1	2	3	4	5
玉米或买罗高粱，粉碎	1 616	—	1 147	1 570	1 150
小麦或大麦，粉碎	—	1 635	—	—	—
燕麦，粉碎	—	—	500	—	—
大豆粕(44%)[b]	315	250	285	190	190
肉骨粉	—	—	—	115	—
苜蓿粉	—	—	—	110	—
小麦中麸	—	—	—	—	200
鱼粉	—	—	—	—	40
脂肪	—	50	—	—	—
磷酸氢钙	37	30	36	9	26
碳酸钙，粉碎	16	19	16	—	18
食盐	10	10	10	10	10
维生素混合物	2	2	2	2	2
胆碱混合物(60%氯化胆碱)	2	2	2	2	2

续表 13-25

原料	1	2	3	4	5
微量元素混合物[c]	2	2	2	2	2
总量	2 000	2 000	2 000	2 000	2000

[a]提供 1 400～1 485 kcal/ lb 的 *ME*,12%～15%的蛋白质,0.65%的赖氨酸,0.80%Ca 和 0.65%的 P。饲喂水平为 4 lb/d。

[b]如果使用的是去皮大豆粕,那么使用量减少 10%,并用谷物替代缺少的部分。

[c]见表 13-12 和表 13-13。

经产母猪利用粗饲料的能力比青年母猪强。玉米青贮、半干青贮、苜蓿干草和优质的禾本-豆类牧草都可以作为母猪的部分营养物质来源(图 13-17)。推荐载畜量一般为 8～12 头/英亩。妊娠母猪每天饲喂 12～15 lb 玉米青贮,加上 1 lb 全价补充料,或者自由采食优质苜蓿干草,可以获得良好的繁殖性能。

图 13-17　牧草为母猪提供额外的营养物质

试图为母猪设计的自动饲喂系统已经获得了一定的成功。母猪每 3 d 自由采食 2～4 h,可以获得与人工饲喂相近的体增重和繁殖性能。母猪自由采食较大体积饲粮的效果似乎并不好,除非饲粮中含大量低能量饲料(例如粉碎干草或者木屑)。

近来,人们对在妊娠末期母猪饲粮中添加高水平脂肪产生了兴趣。研究表明,给母猪饲喂脂肪可以略微提高仔猪初生重,并增加成活率。其中部分原因是母猪饲喂脂肪后,初乳和常乳中的脂肪含量提高,产奶量也有略微上升[30]。妊娠末期的母猪饲粮中还可以添加高能量化合物——1,3-丁二醇。同脂肪一样,该化合物可以提高仔猪的成活率。

4.3　分娩

分娩饲粮应该具有轻泻的特性,以防止便秘。便秘是母猪移入产房时经常遇到的问题。饲粮中加入 10%～15%的麦麸或甜菜渣,就可达到轻泻性的目的。此外,添加硫酸镁或者氯化钾 0.75%～1.0%(15～20 lb/t),也可起到软化粪便的作用。这些化学轻泻剂的优点是不会降低饲粮的能量含量。分娩饲粮的示例见表 13-26。

表 13-26　经产母猪和后备母猪产仔和泌乳饲粮[ab]

原料	1	2	3	4	5	6
玉米或买罗高粱,粉碎	1 415	—	1 451	1 220	1 418	1 503
小麦或大麦,粉碎	—	1 187	—	—	—	—
燕麦,粉碎	—	400	—	—	—	—
大豆粕(44%)[c]	420	350	320	415	440	430
肉骨粉	—	—	100	—	—	—
小麦麸	100	—	—	—	—	—
苜蓿粉	—	—	100	—	—	—
小麦中麸	—	—	—	200	—	—
脂肪	—	—	—	100	60	—
氯化钾或硫酸镁	—	—	—	—	15	—
磷酸氢钙	29	26	10	29	35	34
碳酸钙,粉碎	20	21	3	20	16	17

续表 13-26

原料	1	2	3	4	5	6
食盐	10	10	10	10	10	10
维生素混合物[d]	2	2	2	2	2	2
胆碱混合物(60%氯化胆碱)	2	2	2	2	2	2
微量元素混合物[d]	2	2	2	2	2	2
抗生素[e]	+	+	+	+	+	+
总量	2 000	2 000	2 000	2 000	2 000	2 000

[a]提供 1 400～1 580 kcal/lb *ME*,16%～17%的蛋白质,0.80%的赖氨酸,0.80%的 Ca,和 0.65%的 P。产仔前饲喂 4～5 lb/d,产仔后饱饲。这些饲粮适合于哺育 9～10 头仔猪的母猪。当母猪哺育的仔猪数较少(8 头或以下)时,可以通过减少 50～100 lb 的大豆粕,而用谷物代替的方法来降低赖氨酸的饲喂水平。

[b]当母猪哺育的仔猪数较多时(12 或以上),可以额外地用 100 lb 大豆粕代替谷物。这样可以使蛋白质水平增加 2%。

[c]如果使用的是去皮大豆粕,那么使用量减少 10%并用谷物替代所缺的部分。

[d]见表 13-12 和表 13-13。

[e]推荐使用广谱可吸收的抗生素。添加量为 50～150 g/t。

推荐在分娩前和分娩后饲粮中使用高水平的可吸收抗生素。抗生素往往可降低母猪分娩后不久出现的 MMA 症(乳房炎、子宫炎和无乳)发生率。此外,少量抗生素可通过乳汁转移给仔猪。

4.4 泌乳

由于产奶的营养物质需要量很高,因此,母猪在哺乳期间的营养需要比妊娠期间高 3～4 倍。尽管母猪的产奶量受其遗传能力和饲粮的影响,但是影响产奶量的主要因素是母猪所哺育的仔猪数。只要供给充足的饲粮,现代型母猪(modern-type sows)每天产奶 2.0～2.4 lb 可哺育一头仔猪。换言之,哺育 10 头仔猪的母猪每天可产奶 20～24 lb,可在泌乳的第 2 周达到这一水平(图 13-18)。同时,母猪乳汁中的脂肪、蛋白质和总干物质含量比牛奶中高(表 12-27)。

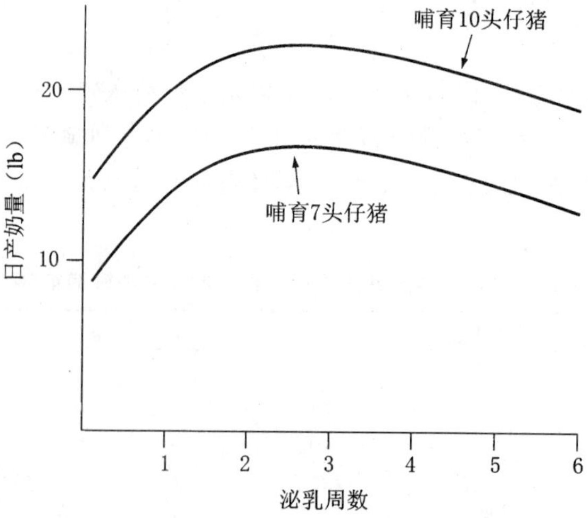

图 13-18 母猪哺育 7 头或 10 头仔猪时的泌乳曲线

资料来源:Toner 等[29]。

表 13-27　母猪和奶牛乳的成分比较

项目	母猪乳(%)	奶牛乳(%)
脂肪	8.0	3.5
蛋白质	5.8	3.3
乳糖	5.4	5.0
灰分	0.8	0.7
总固形物	20.0	12.5

尽管人们认为泌乳母猪对大多数营养物质的日需要量比妊娠母猪高，但是如果需要量以占饲粮的百分比表示时，它们差异不显著。哺育产仔数中等的泌乳母猪饱饲妊娠饲粮就可以满足其营养需要。但是，哺育大窝仔猪(10 头或更多)的高产母猪泌乳期间的蛋白质需要量应提高 2～4 个百分点。研究表明，给泌乳母猪饲喂 16%～18%的蛋白质，可以使产奶量和仔猪增重达到最大而母猪体重的损失最小[31,32]。如果饲喂的蛋白质量较少，母猪只能动用体内储存的蛋白质以合成乳蛋白。但是，长时间过量动用体蛋白对母猪有害。

泌乳期间母猪每天一般能采食 12～16 lb 饲料。如果供给高产母猪的饲料量不足，那么将会导致其体重和体况的过度损失，特别是对于分娩时体况较瘦的母猪。饲喂蛋白质含量过低的饲粮将产生同样的后果。母猪可将体脂肪有效地转化为乳脂，但是不能有效地利用体内储存的蛋白质满足乳蛋白的需要。此外，如果在泌乳期间进行限饲，母猪骨骼矿物质储备将被耗尽，特别是当饲粮中钙和磷处于临界水平时。在泌乳末期或再配种时，矿物质耗尽的母猪可能发生骨折或者瘫痪，特别是对于圈养在一起并发生争斗的母猪。母猪在泌乳期间不能过瘦，否则，断奶后的发情可能延迟。

一些饲养者在分娩后逐渐增加母猪饲料量，直至在 5～7 d 内达到饱饲；其他饲养者则在分娩后立即开始饱饲。上述两种方法都可行。如果产房炎热，那么泌乳母猪的采食量往往会下降。添加的脂肪无论是以 5%～8%的比例混合于饲料中，或者涂于饲料表面，都有助于防止能量采食量的下降。滴注冷却系统(将水滴到猪颈部和肩膀)也有这方面的作用。

对于哺育 8 头或更少仔猪的母猪，通常 14%～15%(0.6%～0.7%的赖氨酸)的蛋白质水平已经足够。而对于哺育 9 头或更多仔猪的母猪，推荐使用 16%～19%的蛋白质(0.75%～1.00%赖氨酸)。对于哺育特别大窝仔猪的母猪，需要更高的蛋白质和赖氨酸水平。

4.5　哺育仔猪

在出生后的最初两周内，仔猪可以从母乳中获得其所需的全部营养物质(图 13-19)。母猪最初分泌的乳(初乳)中免疫球蛋白(抗体)含量特别高。新生仔猪在出生后的最初 12～24 h 内能完整地吸收这些抗体(图 13-12)，这些抗体能给仔猪以被动免疫。新生仔猪完全依靠初乳获得免疫力，未吮吸初乳的仔猪存活机会很小。产后 24～48 h，初乳的成分逐渐改变，最终成为常乳(表 13-27)。

图 13-19　仔猪从母乳中可获得全部营养物质

初生仔猪对蛋白质、矿物质和其他营养物的需要量非常高，但是单一的乳汁可以充分满足这些需要量，因为以干物质为基础计算，乳汁中的蛋白质、能量、钙、磷和其他营养物质的含量非常高(表 13-28)。

表 13-28 按湿重和干物质计算的母猪初乳和常乳的比较

项目	初乳		常乳	
	湿重	干物质	湿重	干物质
总固形物(%)	25	100	20.0	100
蛋白质(%)	15	60	5.8	29
脂肪(%)	5	20	8.0	40
乳糖(%)	4	16	5.4	27
钙(%)	0.05	0.20	0.22	1.1
磷(%)	0.10	0.40	0.16	0.8

铁是乳中惟一缺乏的仔猪所需的营养物质。仔猪出生时体内含铁约 50 mg。它们每天需要 6～8 mg 铁用于合成血色素，乳汁中每天仅能提供 1 mg。因此，如果不补充足量的铁，那么仔猪将在 3～4 d 内出现贫血。补充铁的最简单方法是在 3 日龄之前肌肉注射 100～200 mg 铁(右旋糖苷铁、铁-糊精、或庚糖酐铁(gleptoferrin))。注射的部位可以是腿部或颈部肌肉(图 13-19)。这通常能满足仔猪的需要，直至 2～3 周龄其开始采食干饲料。在圈内地板上洒一些富含铁的饲料(硫酸铁：母猪饲料＝1：9)或者在母猪乳房上刷富含铁的溶液，都是补充铁的有效方法，但这些方法必须每天进行。给母猪饲喂高水平的铁也是仔猪补铁的有效方法。这种做法并不是由于乳中铁的含量提高，而是因为猪圈受到富含铁的母猪粪便的污染。

如果母猪不能正常产乳，那么应将其仔猪转给其他母猪，转移应该在代哺母猪分娩后的 24 h 内进行。推荐从过大的窝中转移几头仔猪给带仔数少的母猪，这一方法可以使仔猪的断奶体重更均匀。可以使用瓶或盘给仔猪饲喂牛奶，但是这一方法非常费力，而且只有达到极好的卫生条件且仔猪首先吮吸了初乳才能成功。母猪乳汁的营养浓度比牛奶高得多，因此，使用牛奶饲喂仔猪时，牛奶中应添加浓缩乳或干代用乳，以使干物质含量提高至 20%(表 13-28)。已经有一种商业化设备可用于仔猪的机械饲喂人工代用乳。

仔猪大约在 2 周龄时开始愿意啃食一些干饲料。如果仔猪在两三周龄时断奶，那么可能不需补饲。但是如果仔猪的断奶年龄更大，那么建议进行矮栏补饲(creep feeding)。仔猪矮栏补饲要饲喂开口料(creep feed)，其适口性应非常好，放置于仔猪容易接触到的地方并保持新鲜。推荐使用商品颗粒开口料，但粉碎的混合饲粮也能使用。因为母猪乳汁可以提供丰富的蛋白质，因此仔猪开口料的蛋白质含量不必过高。但是，一些饲养者认为，给仔猪饲喂与断奶后饲粮组分相同的仔猪补饲料，有助于仔猪适应断奶后的饲粮。

仔猪的断奶期可以从几日龄到 6～8 周龄。断奶也可以更晚，但是此时母猪的产奶量下降，并且母猪在很长的泌乳期内会变得过瘦。仔猪断奶越早，对环境的要求就越苛刻，饲养方案也应该更完善。早期断奶越来越流行，因为这可以使母猪尽早地重新开始产仔，提高母猪每年的产仔数。多数中型到大型生产场采取在 3～4 周龄时断奶做法。现在许多大型饲养场在 1.5～2 周龄断奶，并将仔猪转移至异地保育舍。这一系统被称作早期隔离断奶(SEW)。SEW 的优点是在仔猪的免疫系统接触到母猪抗原激活之前，便与母猪分开。处于较低抗原条件下的 SEW 猪，只要喂养在清洁的异地保育舍，增重就会很快，保育舍应采取全进-全出管理模式。如果猪转入洁净的生长-肥育舍，同异地保育舍一样，也要采取全进-全出的管理模式，那么断奶仔猪表现出的生长速度提高的性能可以延续到猪达到上市体重。

4.6 仔猪断奶

断奶仔猪阶段是从断奶到体重 40～50 lb。在 1.5～2 周龄断奶的仔猪(SEW)体重不到 10 lb，而 3～4 周龄断奶的仔猪断奶重为 12～16 lb。这一阶段的仔猪需要一个温暖干燥且无风的环境。仔猪断奶时的周龄越小，它所处的环境就要越温暖。对于非常小的仔猪，断奶后第 1 周的推荐温度为 90～95℉，断奶后 2～3 周每周可以下降 5℉。这一阶段建议将仔猪饲养在四周围栏而且完全露缝的地板上（图 13-20），这是因为圈舍可以保持温暖，并且仔猪排粪的习惯尚未形成。

断奶仔猪的饲养方案根据断奶周龄的不同而有差异。6 周龄或更大时断奶仔猪使用单一的仔猪料（starter；1.0％赖氨酸）就已足够。3～4 周龄断奶的仔猪一般饲喂两种仔猪料，第 1 种（1.2％赖氨酸）喂至 25 lb，然后用第 2 种（1.0％赖氨酸）喂至 40～50 lb。对于 2～3 周龄断奶的仔猪，通常使用三阶段仔猪料饲喂方案。第 1 阶段仔猪料（1.4％赖氨酸）通常饲喂 7～10 d，至仔猪体重达到 15 lb；第 2 阶段仔猪料（1.2％赖氨酸）饲喂 2 周（体重达到 25 lb）；随后使用第 3 阶段仔猪料（1.0％赖氨酸）喂至体重达到 40～50 lb。在早期隔离断奶方案中，仔猪在 1.5～2周龄断奶，在断奶后的第 1 周内通常使用营养浓度很高的早期乳猪料（1.6％赖氨酸），然后转入三阶段的仔猪饲粮制度。

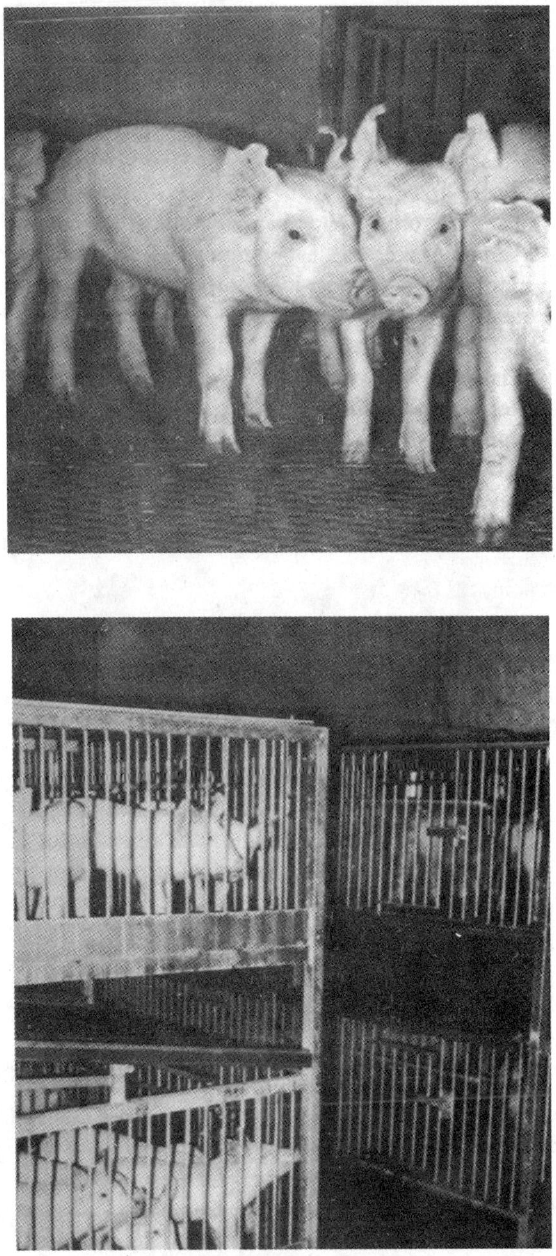

图 13-20　早期断奶仔猪在有围栏的漏缝地板上饲养（上图）和在分层地板上饲养（下图）

在乳猪料（prestarter）和仔猪料（starter diets）中使用了几种独特的原料。在乳猪料和第 1 阶段仔猪料中通常添加高水平的乳清粉（25％～35％），第 2 和第 3 阶段仔猪料中的乳清粉含量（10％～20％）较低。乳猪料中有时使用乳糖和脱脂奶粉。在乳猪料和第 1 阶段饲粮中，大多使用喷雾干燥动物血浆蛋白；第 2 阶段饲粮常使用干燥血粉、干燥血球粉或鱼粉。为防止饲粮中大豆粕（由于它的抗原性）的量过高，经常使用氨基酸（特别是赖氨酸）和/或大豆浓缩蛋白。在商品化仔猪料中，经常添加一些蔗糖和/或调味剂，以促进仔猪采食。但它们是否确实有效尚未确定。乳猪料和仔猪料中的抗生素水平总是很高，而且通常在一个或多个阶段的饲粮中添加药理水平的硫酸铜或氧化锌。各种乳猪料和仔猪料中的原料组成如表 13-29 所示。

表 13-29　常用乳猪料和仔猪料原料组成

原料	乳猪料[a,b]		第 1 阶段仔猪料[a,c]			第 2 阶段仔猪料[a,d]			第 3 阶段仔猪料[a,e]		
	1	2	1	2	3	1	2	3	1	2	3
玉米或买罗高粱（粉碎）	505	594	720	927	750	1 041	1 131	977	1 263	1 295	1 260
燕麦粒（碾压）	—	—	—	—	—	—	—	200	—	—	200
大豆粕（48.5％）	370	440	290	275	390	340	430	415	300	420	405
黄豆浓缩蛋白	—	200	—	100	—	—	—	—	—	—	—
鱼粉	50	—	50	—	—	50	50	—	—	—	40

续表 13-29

原料	乳猪料[a,b]		第1阶段仔猪料[a,c]			第2阶段仔猪料[a,d]			第3阶段仔猪料[a,e]		
	1	2	1	2	3	1	2	3	1	2	3
干燥乳清粉	400	500	400	500	600	400	300	200	300	200	—
干燥脱脂乳粉	—	150	—	—	100	—	—	—	—	—	—
干燥血浆蛋白	150	—	120	80	—	—	—	—	—	—	—
干燥血细胞	—	—	—	—	—	60	—	—	40	—	—
干燥血粉	—	—	—	—	50	—	40	40	—	30	—
乳糖	400	—	300	—	—	—	—	—	—	—	—
蔗糖	—	—	—	—	—	—	—	100	—	—	40
脂肪	60	60	60	60	60	60	—	—	40	—	—
赖氨酸盐酸盐(78%赖氨酸)	4	—	4	4	3	—	—	4	2	—	2
蛋氨酸	2	—	2	2	—	—	—	2	—	—	—
磷酸氢钙	23	20	20	21	21	23	23	34	29	28	26
碳酸钙(粉碎)	14	14	12	15	10	10	10	12	10	11	11
食盐(碘化)	10	10	10	10	10	10	10	10	10	10	10
维生素混合物	2	2	2	2	2	2	2	2	2	2	2
微量元素混合物[f]	2	2	2	2	2	2	2	2	2	2	2
硫酸铜	—	—	—	2	2	2	2	2	2	2	2
氧化锌	8	8	8	—	—	—	—	—	—	—	—
抗生素[g]	+	+	+	+	+	+	+	+	+	+	+
总量	2 000	2 000	2 000	2 000	2 000	2 000	2 000	2 000	2 000	2 000	2 000

[a] 乳猪料和三阶段仔猪料分别含有：1.60%，1.40%，1.20%，1.00%的赖氨酸；21%～25%，19%～20%，19%～20%，16%～18%的蛋白质；0.90%，0.80%，0.80%，0.70%的 Ca；0.75%，0.70%，0.70%，0.65%的 P 和 1 480～1 570 kcal/lb 的 *ME*。

[b] 适用于 1.5～2 周龄断奶仔猪(5～10 lb)，之后饲喂阶段 1(10～15 lb)，阶段 2(15～25 lb)和阶段 3(25～40 lb)仔猪料。

[c] 适用于 2～3 周龄断奶仔猪(10～15 lb)，之后饲喂阶段 2(15～25 lb)和阶段 3(25～40 lb)仔猪料。

[d] 适用于 4～5 周龄断奶仔猪(15～25 lb)，之后饲喂阶段 3(25～40 lb)仔猪料。

[e] 适用于 6～8 周龄断奶仔猪(25～40 lb)。

[f] 见表 13-12 和表 13-13。

[g] 抗生素添加量为 100～250 g/t。

仔猪料可以购买，也可自己配制。商品仔猪料通常经制粒做成小颗粒。在仔猪保育舍中使用小型自饲式保育喂料器(图 13-21)和乳头饮水器的效果很好。应注意保持喂料器清洁，以防止饲料腐败。仔猪如果发生腹泻应及时治疗。管内水位调节器的使用在这一方面非常有用。

图 13-21　自饲式保育喂料器

4.7　生长-肥育猪

图 13-22　生长-肥育猪的 2 种自饲式喂料器

生长-肥育猪阶段是指体重 50 lb 至上市阶段，一般使用自动喂料器给猪饱饲全价混合饲粮（图 13-22）。每四五头猪应有一个喂料器空间。该阶段常用的饲料是用矿物质和维生素充分强化的谷物-大豆粕饲粮。因为生产企业总是试图充分利用建筑空间，并将猪养到较大的屠宰体重，因此，生长-肥育猪过度拥挤的情况很常见。然而，过度拥挤对猪的生产性能有明显的负作用，除非有完全的必要，应该避免这种情况。

通常，猪的不同生长阶段（100～125 lb）对应的玉米-大豆粕或高粱-大豆粕饲粮的饲喂水平也不同。在生长阶段（100～125 lb）时，推荐的蛋白质水平是 16%，肥育阶段（125～250 lb）是 13%～14%。这两个阶段的赖氨酸推荐水平分别为 0.80% 和 0.65%。有些饲养场将生长-肥育期分成三个阶段（体重 50～100 lb，100～170 lb 和 170～250 lb）或更多阶段，以便更好地与猪生长的营养需要一致。当实行分阶段饲养时，在生长阶段早期可以饲喂蛋白质水平较高的饲粮，后期可以饲喂蛋白质水平较低的饲粮。如果在经济上可行的话，可以使用其他的谷物或者蛋白质补充料。表 13-30 和表 13-31 分别为生长猪饲粮和肥育猪饲粮的示例。

表 13-30　生长猪（50～125 lb）饲粮[a,b]

原料	1	2	3	4	5	6	7	8	9
玉米和买罗高粱（粉碎）	1 481	1 446	—	1 240	1 492	1 586	1 304	1 590	1 520
小麦或大麦（粉碎）	—	—	1 525	—	—	—	—	—	—
燕麦（粉碎）	—	—	—	300	—	—	—	—	—
大豆粕（48.5%）	470	—	—	—	—	—	—	—	—
大豆粕（44%）	—	505	430	410	350	290	495	355	365
肉骨粉	—	—	—	—	75	—	—	—	—
小麦中麸	—	—	—	60	—	—	—	—	—
鱼粉	—	—	—	—	—	40	—	—	—
血粉	—	—	—	—	—	40	—	—	—
带可溶物的酒精糟	—	—	—	—	—	—	100	—	—
脂肪	—	—	—	—	—	—	50	—	60
赖氨酸盐酸盐（78%赖氨酸）	—	—	—	—	—	—	—	4	4
磷酸氢钙	21	21	12	23	3	20	20	24	24
碳酸钙（粉碎）	17	17	22	16	9	13	17	16	16
食盐	8	8	8	8	8	8	8	8	8
维生素混合物[c]	1.5	1.5	1.5	1.5	1.5	1.5	1.5	1.5	1.5

续表 13-30

原料	1	2	3	4	5	6	7	8	9
微量元素混合物[c]	1.5	1.5	1.5	1.5	1.5	1.5	1.5	1.5	1.5
抗生素[d]	+	+	+	+	+	+	+	+	+
总量	2 000	2 000	2 000	2 000	2 000	2 000	2 000	2 000	2 000

[a]提供 1 455～1 580 kcal/lb 的 ME，15%～18%的蛋白质，0.90%的赖氨酸，0.65%的 Ca 和 0.55%的 P。

[b]对于高瘦肉生长率的猪(0.8 lb/d 或更高)，可以额外用 100 lb 的大豆粕替代谷物。

[c]见表 13-12 和表 13-13。

[d]抗生素添加量为 50～100 g/t。可以用硫酸铜提供 100～250 ppm 的铜。

表 13-31　肥育猪(125～250 lb)饲粮[a,b]

原料	1	2	3	4	5	6	7	8	9
玉米或买罗高粱(粉碎)	1 632	1 607	—	1 417	1 62	1 541	1 497	120	1 650
小麦或大麦(粉碎)	—	—	1 686	—	—	—	—	—	—
燕麦(粉碎)	—	—	—	200	—	—	—	—	—
大豆粕(48.5%)	325	—	—	—	—	—	—	—	—
大豆粕(44%)	—	350	275	340	275	355	—	230	240
大豆(全脂，烘烤)	—	—	—	—	—	—	460	—	—
肉骨粉	—	—	—	—	70	—	—	—	—
小麦中麸	—	—	—	—	75	—	—	—	—
脂肪	—	—	—	—	—	60	—	—	60
赖氨酸盐酸盐(78%赖氨酸)	—	—	—	—	—	—	—	4	4
磷酸氢钙	19	19	12	19	—	20	18	22	22
碳酸钙(粉碎)	16	16	19	16	10	16	17	16	15
食盐	6	6	6	6	6	6	6	6	6
维生素混合物[c]	1	1	1	1	1	1	1	1	1
微量元素混合物[c]	1	1	1	1	1	1	1	1	1
抗生素[d]	±	±	±	±	±	±	±	±	±
总量	2 000	2 000	2 000	2 000	2 000	2 000	2 000	2 000	2 000

[a]提供 1 325～1 575 kcal/lb 的 *ME*，12%～15%的蛋白质，0.70%的赖氨酸，0.60%的 Ca 和 0.5%的 P。

[b]对于高瘦生长肉率的猪(0.8 lb/d 或更高)，可以额外用 100 lb 的大豆粕替代谷物。

[c]见表 13-12 和表 13-13。

[d]抗生素添加量为 25～50 g/t。

直到最近，生长-肥育猪的饲养方案也仅仅是根据猪的体重来制定，而没有考虑性别、瘦肉生长潜力或健康状况。如今，营养学家已经意识到饲喂生长-肥育猪时需要考虑这些因素。从大约 100 lb 至上市体重，去势公猪的生长速度比肥育小母猪快，而且摄入的饲料也更多。但是，肥育小母猪比去势公猪的饲料转化效率高(饲料：增重比低)而且瘦肉率也高(表 13-32)；因此，它们的蛋白质需要量更高[33]。猪的蛋白质需要量与其瘦肉生长曲线密切相关(表 13-33)，反过来，瘦肉生长曲线受遗传和生长阶段的影响。与瘦肉生长率水平较低的猪相比，高瘦肉生长率的猪氨基酸需要量也高。

表 13-32　肥育去势公猪和肥育小母猪的比较

	去势公猪	小母猪
日增重(lb)	1.88	1.74
日采食量(lb)	6.38	5.65
饲料：增重比	3.39	3.25
眼肌面积(in.^{2})	5.01	5.41
背膘，第 10 肋骨(in.)	1.17	0.98
胴体肌肉(%)	52.8	55.1

资料来源：改编自 Cromwell 等[33]。这些数据基于 12 个试验，这些试验中总共使用了 103～227 lb 的猪 2 318 头。

养猪生产者必须知道猪群的遗传潜力，以便对具有优良遗传潜力的猪的饲粮进行调整。得知生长-肥育的天数并从肉品加工厂获得胴体的数据后，便可确定瘦肉生长速度。例如，假定一群体重 50 lb 的猪经过 100 d 饲养，体重达到 250 lb(增重 200 lb)。如果胴体屠宰单上表明胴体平均产量(热胴体重/活重)为 73%，胴体平均瘦肉率为 54%。那么瘦肉增重为最后的胴体瘦肉磅数减去最初的胴体瘦肉磅数，然后除以从开始至结束的饲养天数。初始的胴体瘦肉率约为活重的 36%。因此，瘦肉增重将是：

(250 lb 最终体重×73%胴体产量×54%胴体瘦肉率＝98 lb)—(50 lb×36%＝18 lb)/100 d；或(98～18)/100；或者 0.80 lb 瘦肉/d。

一般认为，瘦肉组织约含 5%的脂肪，因此，无脂瘦肉的增重应该是 0.80 的 95%，即 0.76 lb 无脂瘦肉/d。这一换算非常重要，因为多数模型(包括 NRC 生长模式)使用无脂瘦肉来估计猪的氨基酸需要。日平均胴体瘦肉增重 0.80 lb(每天 0.76 lb 或 350 g 无脂瘦肉增重)或更高的猪被认为是高瘦肉增长的猪。日瘦肉增重0.70 lb(每天 0.66 lb 或 300 g 无脂瘦肉)被认为是平均水平，那些日瘦肉增重低于 0.70 lb 的猪，则低于平均水平。高瘦肉增重猪饲粮的蛋白质含量应该比平均或低瘦肉增重率猪饲粮的蛋白质含量高 1%～3%(0.10%～0.25%赖氨酸)。具体推荐可使用 NRC 瘦肉生长模型得到。

由于肥育小母猪的瘦肉率高，且采食量低，因此，它们的饲粮蛋白质水平应比去势公猪高。养猪生产者经常将猪按性别分开圈养，而且饲喂肥育小母猪的饲粮蛋白质(赖氨酸水平高 0.15～0.25 个百分点)水平比去势公猪的高 2%～3%。这个过程通常称为性别分离饲养(split-sex feeding)。表 13-33 所示的是对性别分离饲养的猪在平均瘦肉生长潜力和高瘦肉生长潜力下其饲粮蛋白质和赖氨酸的调整。

表 13-33 在不同瘦肉生长率下不同性别猪采用三个饲养方案饲养的饲粮蛋白质和赖氨酸

方案	平均瘦肉增重[a]			高瘦肉增重[b]			平均瘦肉增重[a]			高瘦肉增重[b]		
	混合	去势公猪	肥育小母猪	混合	去势公猪	肥育小母猪	混合	去势公猪	肥育小母猪	混合	去势公猪	肥育小母猪
	(蛋白质，%)[c]						(赖氨酸，%)					
两阶段(lb)												
40～125	17	17	17	19	19	19	0.90	0.90	0.90	0.95	0.95	0.95
125～250	14	13	15	16	15	17	0.70	0.57	0.72	0.80	0.72	0.87
三阶段(lb)												
40～100	16	16	16	18	18	18	0.90	0.90	0.90	0.95	0.95	0.95
100～170	14	13	15	16	15	17	0.80	0.75	0.85	0.80	0.72	0.87
170～250	13	12	14	15	14	16	0.70	0.65	0.75	0.72	0.65	0.80
四阶段(lb)												
40～80	17	17	17	19	19	19	0.90	0.90	0.90	1.00	1.00	1.00
80～130	15	14	16	17	16	18	0.80	0.75	0.85	0.87	0.80	0.95
130～180	14	13	15	16	15	17	0.70	0.65	0.75	0.80	0.72	0.87
180～250	12	12	14	14	14	16	0.60	0.55	0.65	0.65	0.65	0.80

[a]胴体瘦肉增重 0.70 lb/d(胴体无脂瘦肉增重 0.65 lb/d)。

[b]胴体瘦肉增重 0.80 lb/d(胴体无脂瘦肉增重 0.76 lb/d)。

[c]蛋白质水平适用于玉米-豆粕饲粮。

可以从饲料生产商处购买为生长-肥育猪配好的混合料，也可以在农场自配料。固定螺旋式混合机、体积均衡混合机(volumetric proportional mixers)以及拖拉机驱动的便携式粉碎-混合机，都是农场常见的混合方法(第 11 章)。

一些自己混合饲料的大猪生产者常常大批购入大豆粕，在农场中将其与粉碎的玉米和基础混合料混合。基础混合料是指添加到谷物-大豆粕中的矿物质-维生素混合物，以使饲粮营养更全面。现在有含乳成分的特殊基础混合料，它们适于混合在仔猪饲粮中。表13-34为基础混合料的示例。

小型生产者另一个常见的做法是购入商品补充料，然后与谷物混合。这些补充料含有各种蛋白质、矿物质和维生素，并经过合理配制，只要与谷物以适当比例混合，就可以满足仔猪的全部营养需要。表13-35所示的是全价补充料的示例。1份含40%蛋白质的全价补充料与3.2份玉米混合，能达到16%的蛋白质水平；与4.7份玉米混合，可达到14%的蛋白质水平。

表13-34 断奶仔猪、生长和肥育猪以及妊娠和泌乳母猪的基础混合料组成[a,b,c,d]

原料	1	2	3
乳清粉	—	—	241
脱氟磷酸盐	32	—	—
磷酸氢钙	—	26	33
重质碳酸钙	10	16	12
食盐	5	5	10
维生素预混料	1.5	1.5	2
微量元素预混料	1.5	1.5	2
总量(lb)	50	50	300

[a]将50 lb基础预混合料1或2与1 950 lb谷物和豆粕混合可用于饲喂生长肥育猪。饲粮含有0.65%～0.75%的Ca，0.55%～0.65%的P和0.25%的食盐。

[b]将75 lb基础预混合料1或2与1 925 lb谷物和豆粕混合可用于饲喂妊娠和泌乳母猪。饲粮含有0.95%～1.05%的Ca，0.65%～0.75%的P和0.38%的食盐。

[c]将300 lb基础预混合料3与1 700 lb谷物和豆粕混合可用于饲喂断奶仔猪。饲粮含有0.80%～0.95%的Ca，0.70%～0.75%的P和0.50%的食盐。

[d]在断奶仔猪和其他饲粮中适当的时候应添加抗生素。

表13-35 生长-肥育猪和母猪的全价补充料

原料	生长-肥育猪[a]		母猪[b]	
	1	2	1	2
大豆粕(44%)	1 284	—	757	1 202
大豆粕(48.5%)	—	1 341	—	—
肉骨粉	400	200	600	300
苜蓿粉	—	160	500	—
小麦中麸	200	120	—	250
磷酸氢钙	36	85	63	115
碳酸钙(粉碎)	42	56	—	53
食盐	30	30	50	50
维生素混合物[c]	4	4	10	10
胆碱混合物[c]	—	—	10	10
微量元素混合物[c]	4	4	10	10
抗生素[d]	+	+	—	—
总量	2 000	2 000	2 000	2 000

[a]含40%的蛋白质，3.3%的Ca和1.75%的P。将补充料和谷物以1∶3混合可用于饲喂生长猪(50～125 lb)，将补充料和谷物以1∶5混合可用于饲喂肥育猪(125～250 lb)。

[b]含36%的蛋白质，4.0%的Ca和2.25%的P。补充料和谷物以1∶4混合。

[c]见表13-12和表13-13。

[d]抗生素的添加量为100～300 g/t。

另一种饲喂系统是让猪自由采食玉米和商品补充料。与其他谷物相比，这一系统更适于玉米饲喂，但是它需要精细的管理以确保猪只每天摄入 3/4～1 lb 的蛋白质补充料。与小猪相比，这一系统更适合于肥育猪。

机械饲喂系统从商业上讲是可行的，它按规定的时间间隔将饲料分撒在地面上或饲槽内(图 13-23)。使用这一系统时，通常需要采取限饲制度，以防止饲料浪费。限饲猪的采食量为饱饲时的 85%～90%，因此猪增重较慢，达到上市体重的时间更长，但胴体瘦肉率更高。有时(并非总是)限饲能提高饲料转化效率。

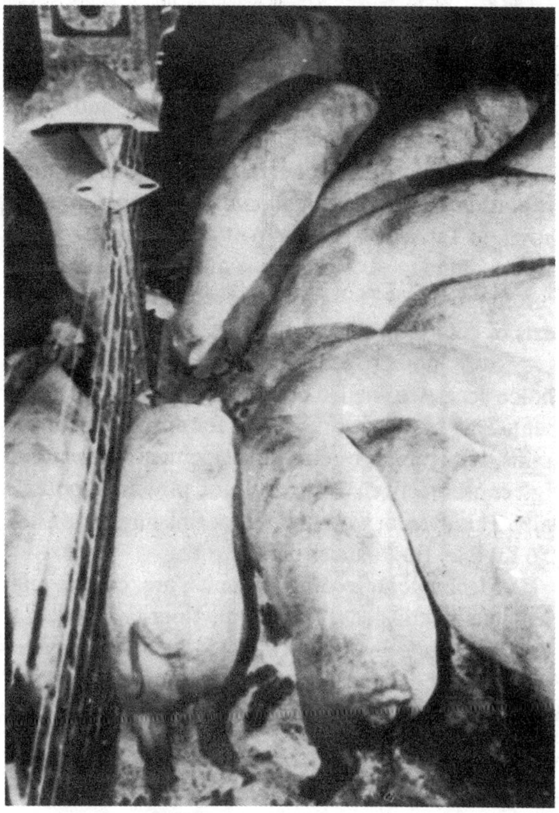

图 13-23　限饲猪的地面饲喂系统

不论使用的是何种饲喂系统，有一点非常重要：自饲式喂料器必须调节适当，以防止饲料浪费。当猪饲养在漏缝地板(slotted floors)上时，这一点尤为重要，因为大量饲料可能漏过板条而毫无察觉地损失掉。

4.8　公猪

人们对繁殖公猪的需要量了解的不多，但是一般假定它与母猪相近。应给公猪每天人工饲喂母猪的妊娠饲粮 4～6 lb。公猪的饲养应保持一定的整齐度，既不能过瘦，也不能过肥。在频繁使用期间，繁殖公猪可能需要一些额外的饲料，以保持良好的体况。

与常规生长-肥育猪饲粮相比，纯种公猪的饲粮蛋白质含量应高出 2%～3%(赖氨酸高出 0.15%～0.25%)，钙和磷含量应高出 0.1%～0.2%。与去势公猪和肥育小母猪相比，公猪生长较快，单位增重耗料少，瘦肉率高，因此它们的营养需要也更高。公猪在世界一些地区(例如澳大利亚和大不列颠联合王国)被作为肉用。但是，一般在肉品会出现异味之前就将其屠宰，这样屠宰重较轻。而且，那些地区的消费者比美国的消费者较能容忍偶尔出现的异味。美国肉品加工厂不屠宰公猪作为肉用。

4.9　饲料需要量

记录表明，在一个管理良好的从产仔到肥育的猪场，每上市 100 lb 猪肉需要消耗 350～375 lb 饲料。生产率高的猪群这一数值可能只有 325 lb 甚至更低。这其中包括繁殖母猪的饲料消耗和仔猪从出生到上市的饲料消耗。

表 13-36 所示的是生产 1 头 250 lb 上市猪的大致饲料需求。产仔的繁殖母猪消耗 15%～25%，80%～85%是由仔猪自身消耗的。农场记录分析表明，猪群饲料转化效率最佳的农场最能盈利。

猪群的饲料转化效率受许多因素的影响。具有瘦肉遗传潜力的猪饲料转化效率比肥猪高，因为生产瘦肉组

表 13-36　生产 250 lb 上市猪所需的总饲料量[a]

阶段	Lb
公猪饲料	10
妊娠母猪饲料	75
泌乳母猪饲料	45
仔猪饲料(15～40 lb)	50
生长猪饲料(40～125 lb)	240
肥育猪饲料(125～250 lb)	430
总计	850[b]

[a]以每头母猪每年产 2.25 窝且每窝 9.0 头上市猪为基础计(每头母猪每年 20 头上市猪)。

[b]猪群饲料转化效率 850/250＝3.40。生长-肥育猪饲料转化效率＝670/210。

织比生产脂肪组织需要的能量少。猪上市时的体重大，对饲料转化效率有负面影响；相反，猪在体重较轻时上市，能提高猪群的整体饲料转化效率。随着猪体重的增加，其增重部分的脂肪比例增加，而瘦肉比例减少。降低饲料转化效率的其他因素是寒冷或环境温度极度炎热、糟糕的圈舍条件、饲料浪费失控、过度拥挤、饲喂劣质饲粮，以及猪群的寄生虫和疾病控制不良。提高母猪群的生产力，例如提高每头母猪每年的上市猪数量，积极淘汰空怀、无生产能力的母猪，也可以提高猪群的整体饲料转化效率。

本章小结

为各个阶段的猪只制定合理的营养方案是养猪盈利所必需的。养猪业目前的趋势，如早期断奶、舍饲、集约生产系统，凸显了实施良好饲养方案的重要性。对于那些在经营中采用高水平管理的生产企业来讲，养猪仍然是一项有利可图的事业。有效的养猪生产将确保随时为人们提供口感好且营养丰富的猪肉。

参考文献

1. NRC. 1998. *Nutrient requirement of swine*. 10th ed. Washington, DC: National Academy Press.
2. Baker, D. H. 1997. *Ideal amino acid profiles for swine and poultry and their applications in feed formulation*. Biokyowa Tech. Rev. —9. BioKyowa, Chesterfield, MO.
3. Cromwell, G. L., and R. D. Coffey. 1993. An assessment of the bioavailability of phosphorus in feed ingredients for nonruminants. *Proc. Maryland Nutr. Conf.*, Baltimore, MD, pp. 146～158.
4. Cromwell, G. L., et al. 1999. *J. Animal Sci.* 77:3262.
5. Page, T. G., et al. 1993. *J. Animal Sci.* 71:656.
6. Hagen, C. D., et al. 2000. *Swine Health and production* 8:59.
7. Mahan, D. C. 1995. *J. Animal Sci.* 72:2870.
8. Tribble, L. R., J. D. Hancock, and D. E. Orr Jr. 1984. *J. Animal Sci.* 59(Suppl. 1):245 (abstr.).
9. Lindemann, M. D., and E. T. Kornegay. 1989. *J. Animal Sci.* 67:459.
10. North Central Region-42 Committee on Swine Nutrition. 1976. *J. Animal Sci.* 42:1211.
11. National Pork Producers Council. 1999. *Pork industry handbook*. Cooperative Ext. Serv., Purdue Univ., W. Lafayette, IN.
12. Pond, W. G., and J. H. Maner. 1974. *Swine production in temperate and tropical environments*. San Francisco, CA: W. H. Freeman.
13. Miller, E. R., D. E. Ullrey, and A. J. Lewis. 1991. *Swine nutrition*. Boston, MA: Butterworth Heinemann.
14. Thacker, P. A., and R. N. Kirkwood. 1990. *Nontraditional feed sources for use in swine production*. Boston, MA: Butterworth.
15. Cromwell, G. L., T. S. Stahly, and H. J. Monegue. 1984. *J. Animal Sci.* 59(Suppl. 1):103(abstr.).
16. Schell, T. C., et al. 1993. *J. Animal Sci.* 71:1226.
17. Pettigrew, J. E. 1981. *J. Animal Sci.* 53:107.
18. *Feed Additive Compendium*. 2000. Minneapolis, MN: Miller Publ.
19. Cromwell, G. L., et al. 1981. *J. Animal Sci.* 53(Suppl. 1):95 (abstr.).
20. Council for Agricultural Science and Technology. 1981. *Antibiotics in animal feeds*. Rpt. No. 88. Iowa Stare Univ., Ames, IA.
21. Hays, V. W. 1981. *The Hays report*. Long Beach, CA: Rachelle Laboratories.
22. Zimmerman, D. R. 1986. *J. Animal Sci.* 62(Suppl. 3):6 (abstr.).
23. Cromwell, G. L. 2000. Antimicrobial and promicrobial agents. In: *Swine nutrition*, A. J. Lewis and L. L. Southern, eds. Boca Raton, FL: CRC Press.
24. Hill, G. M., et al. 2000. *J. Animal Sci.* 78:1010.
25. Cromwell, G. L., H. J. Monegue, and T. S. Stahly. 1993. *J. Animal Sci.* 71:2996.

26. Wondra, K. J., et al. 1996. *Feedstuffs* (January29)68(5):13.

27. Carter, S. D., et al. 1996. *J. Animal Sci.* 74(Suppl. 1): 59 (abstr.).

28. Whittemore, C. T., and F. W. H. Elsley. 1977. *Practical pig production.* Ipswich, Suffolk, England: Farming Press Ltd.

29. Toner, M. S., et al. 1990. *J. Animal Sci.* 74:167.

30. Stahly, T. S., G. L. Cromwell, and H. J. Monegue. 1985. *J. Animal Sci.* 61:1485.

31. Stahly, T. S., G. L. Cromwell, and H. J. Monegue. 1992. *J. Animal Sci.* 70(Suppl. 1): 238 (abstr.).

32. Monegue, H. J., et al. 1993. *J. Animal Sci.* 71(Suppl. 1): 67 (abstr.).

33. Cromwell, G. L., et al. 1993. *J. Animal Sci.* 71:1510.

第 14 章　家禽饲养
Feeding Poultry

作者:W. B. Roush
译者:姜成钢
校对:都文和董晓玲

前言

家禽饲料占每年美国配合饲料总量的 51%[1]。家禽的饲料消耗大约占家禽生产成本的 75%。因此,对于家禽生产者来说,如何有效地配制家禽饲料具有相当重要的意义。然而,生产者必须牢记:饲养并不是一个完全独立的过程,遗传、生理、疾病和环境条件之间的互作关系,也会影响到动物的营养状况。

一般来说,家禽饲养的目的就是:将不可食用的物质转变为可食用的产品;满足禽类的生理需要;最经济地完成过程上述两个过程。

现代养禽业由许多纵向综合型企业组成。也就是说,一个公司可以在最大程度上包含各种行业部门,即从禽类育种到能够提供熟制禽类产品的餐饮企业。

大部分家禽,如肉仔鸡、产蛋鸡和火鸡,都是在限制条件下饲养的。同样,家禽饲养企业作为饲养者要负责管理动物的营养和环境。近 70 年来,动物营养和饲养管理上的研究和进展已经使家禽饲养企业能够把动物从户外饲养改为舍饲。因此,饲养经理人有责任提供能够优化动物生产性能的营养和环境条件。

1　家禽营养需要

饲喂动物是要满足动物对营养物质的需要,而不是只满足其对某种特定饲料成分的需要。这是我们需要牢记的一个重要营养概念。在附录所列的附表 29、附表 31、附表 33、附表 36 中,分别给出了产蛋品种、肉仔鸡、种用青年肉仔鸡和火鸡的估计营养需要和数据来源。尽管营养缺乏症在现代养禽业中并不常见,但也偶有发生。表 14-1 列出了家禽的一些典型缺乏症。

表 14-1　家禽的一些典型缺乏症

营养物质	缺乏症
蛋白质	生长缓慢,出羽不丰满,产蛋量和蛋重不佳
半胱氨酸	仔鸡肌肉萎缩和火鸡肌胃肌肉萎缩
赖氨酸	羽毛退色,羽毛出现横纹及生长停滞
蛋氨酸	羽毛生长不良,产蛋量低,蛋重轻
色氨酸	生长停滞
亚油酸	蛋重下降,皮炎,繁殖和生长不良
维生素 A	共济失调,继发感染,出现大量尿酸盐
维生素 D	佝偻病,蛋壳薄,羽毛退色
维生素 E	雏鸡营养性脑软化病(雏鸡脑脊髓炎),渗出性素质,仔鸡肌肉营养不良

续表 14-1

营养物质	缺乏症
维生素 K	肌肉、黏膜出血
维生素 B_1(硫胺素)	多发性神经炎(头部回缩)
维生素 B_2(核黄素)	鸡麻痹性弯趾症,产出胫骨短、下颚畸形和棒状绒毛的胚胎
泛酸	皮炎(从喙到趾)
生物素	皮炎(从喙到趾)
吡哆醇	抽搐
烟酸	生长缓慢,羽翼不丰满,黑舌病,胫骨短粗症
胆碱	脂肪肝,胫骨短粗症
维生素 B_{12}	生长缓慢,孵化率低
叶酸	仔鸡锰缺乏症,羽毛退色,贫血,颈部呈现 V 字形麻痹(火鸡)
维生素 C	蛋壳薄
Ca	佝偻病,钙化程度差,蛋壳薄
P	佝偻病,钙化程度差,蛋壳薄
NaCl	食欲不振,生长缓慢
I	甲状腺肿
Mg	雏鸡停止生长,精神萎靡随后抽搐、昏迷,甚至死亡
Fe	贫血,羽毛退色
Cu	贫血
Mn	胫骨短粗症
Zn	皮炎,羽毛生长异常,腿和翅膀的长骨缩短,跗关节肿大
Se	渗出性素质
H_2O	脱水,死亡

Waldroup[2]曾指出,重新修订家禽营养需要是必要的。尽管还有这种修订的必要,但必须承认,家禽的营养需要量标准已经比其他许多家畜的标准制定得更加精确了,这是因为家禽类的研究相对容易,而且家禽饲养的经济重要性更大,这也是人们制定动物营养需要量标准的动机之一。

虽然我们很容易把配合饲料中的各种营养成分进行归类,但需切记:饲料中各种营养成分并不是孤立起作用的。实际上,当营养物质达到适当的平衡时,各种营养物质会发挥协同作用,它们共同为动物代谢以及蛋和肉的生产提供营养。但有一点需要注意,即当营养物质添加过量、含有毒素或平衡失调时,一些营养物质会对代谢和蛋、肉的生产产生副作用。家禽的营养需要根据家禽企业的类型而变化。禽类遗传学有了很大的发展,已经研究出了生长迅速和产蛋率高的家禽品种。因此,现代家禽对适宜的营养标准非常敏感。计算机配方设计的发展也使我们能够更加密切地细查营养物质以及它们之间的关系,以便确定营养物质需要量是否充足。NRC 出版物是提供家禽(包括鸡、火鸡、雉、鹌鹑和鸭)营养需要的信息来源之一[3]。

这里需要特别指出的是,家禽饲料中的一些关键营养物质含量需要进行分析。实际上,用于肉仔鸡的所有营养物质都需要严格的实验室分析。对于大群后备鸡来说,需要特别注意的营养指标包括蛋白水平、必需氨基酸含量(例如蛋氨酸、赖氨酸、精氨酸、胱氨酸和色氨酸,这些氨基酸可能是限制性氨基酸)、维生素 A、维生素 D、核黄素、泛酸、烟酸、钙、有效磷、钠(食盐)和锰。

对于商用或孵化生产的成年产蛋鸡,通常要特别注意满足其蛋白质、蛋氨酸、赖氨酸、精氨酸、胱氨酸和色氨酸以及那些产蛋所必需的维生素和矿物质的需要。当其他家养或观赏禽类的营养需要量无法确定时,经常要通过那些与其最相近的家养禽类的需要量来估计。已知的蛋白质需要可以作为基准。

从前面的叙述可知,关注个别营养物质的需要是很重要的。现在人们对精确的营养需要越来越感兴趣。当我们想要知道一般禽类某种特定营养物质的需要量时,就必须清楚这个值是个平均值。由于存在生物学差异(此差异既与饲料成分中的营养物质有关,也与动物的需要量有关),因此,我们有理由考虑降低营养需要量不足的风险[4]。大多数营养物质需要量表格中的推荐量都不包括安全范围(margin of safety),而这个安全系数所代表的是防止由饲料原料不能提供充足营养物质的保险量(insurance)。

Nott 和 Combs[5]建议,将营养物质需要量平均值的标准差减去 0.5,以保证能够满足动物的营养需要。这样,满足营养物质需要的几率为 69%。新的饲料配方技术是建立在一定的几率基础上,以确保营养物质的需要量和几率都能精确地得到满足。例如,当我们为安全系数设计一个线性规划时,如果要求几率是 69%,我们会发现,线性规划程序会进行超配方设计,达到 80%的几率水平。几率限定法(chance-constrained programming)或随机编程法(stochastic programming)等饲料配方方法更能精确地达到所要求的几率,这些方法如今也是可行的。也就是说,当要求的几率为 69%时,最后的计算值会非常接近或者等于 69%。超设计饲料配方是不经济的,这是因为花在营养保险部分的成本太高。

2 饲料成分分类

提供给动物的饲料成分包括氧、水、碳水化合物(能量)、蛋白质(氨基酸)、脂肪(能量)、维生素、矿物质和其他一些被认为没有营养作用的因子(如酶、叶黄素、抗球虫剂、抗生素等)。

2.1 氧和水

氧和水作为营养成分经常会被人们所忽视。对于高度集约化饲养的动物(特别是家禽)来说,氧已经显得越来越重要了。充足的氧供应对于维持动物的最佳生物学功能是必需的。氧在营养物质通过三羧酸(柠檬酸)循环进行氧化的过程中起到很重要的作用。在禽舍中,利用适当的通风设备可以实现充足的氧供应。

对于禽类,无论怎样强调充足的水分供应都不过分。在 1 周龄时,雏鸡体内大约含有 85%的水分。当达到 42 周龄时,母鸡体内大约含有 55%的水分,整个鸡蛋大约含有 65%的水分。水分是保证营养物质消化和电解质平衡以及维持营养物质、氧、激素和代谢废物的转运所必需的物质。水分还具有调节禽类体温的作用。禽类潜在热量的散发是通过肺和气囊蒸发而完成的,这也是禽类散热的一个重要途径。在禽类发生热应激时,蒸发是热量散失的主要方式。水分的摄入是通过重力作用完成的。禽类可以在嘴里吸满水,接着扬起脖子和头,让水通过重力作用进入喉部。因此,人们根据禽类背部的高度来决定饮水系统的高度,这对于方便禽类饮水是非常重要的。

目前,关于家禽的需水量还没有确定的数据。然而我们知道,有许多因素会影响禽类对水的需求量,进而影响人们对水的需要量的确定。这些因素包括:饲粮组成,饲粮物理形式,饲料中的抗营养因子,碳水化合物来源,动物年龄、品种,生长速度或生产率,环境温度,饲料或饮水系统是否被污染,等等。为了估测家禽对水的需要量,附表 39 列出了有关家禽的水分大约需要量。家禽对水的需要量的经验估计值为饲料消耗量的 1.5～2 倍。

2.2 能量

尽管能量不是一类营养物质,但它却是碳水化合物、脂肪和蛋白质在代谢过程中氧化后的产物之一。在饲喂给禽类的饲料中,大约 3/4 的饲料能量用于机体的维持,另外的 1/4 用于生产。通常认为,所有禽类都是为能量而食的。这个概念的重要性在于,饲粮中各种营养成分的设定都与饲料的能量浓度相关。另外,能量需要也要受到禽类所处环境因素的影响,其中环境温度是最主要的因素。

随着环境温度的升高,供能饲料的需求量会减少,饲料消耗量会降低,反之亦然。由于能量和营养物质之间的这种关系,因此必须对生长和产蛋所必需的特殊营养物质进行调整。也就是说,当饲料消耗减少时,饲粮中必需成分的含量就必须提高。增加比率要根据能量水平和营养物质的水平来计算。可以用这种方法计算的重要营养物质是蛋白质和氨基酸，这也引出了“能氮（或氨基酸）比”的概念。附录中表 35 列出了不同体重和产蛋率的母鸡每天所需代谢能的估计值。这些值是以公式为基础的，而此公式中包含了温度、体重变化和日产蛋量。

2.3　蛋白质（氨基酸）

有充分的证据表明，蛋白质营养应该只以必需氨基酸为基础。所列的蛋白质水平主要用来协助描述田间饲料原料的质量，这是因为大多数饲料控制条例都要求具有最低蛋白质水平的数据表。下列氨基酸被认为是禽类的必需氨基酸：苯丙氨酸（phe）、缬氨酸（val）、苏氨酸（thr）、色氨酸（try）、异亮氨酸（ile）、蛋氨酸（met）、组氨酸（his）、精氨酸（arg）、赖氨酸（lys）以及亮氨酸（leu）。简便记忆这些必需氨基酸的方法是记住它们的字头（pvttimhall）①。

在快速生长阶段，甘氨酸和丝氨酸也需要在饲粮中添加[6]。一般来说，在以玉米-豆粕为基础的家禽饲粮中，蛋氨酸是第一限制性氨基酸，而赖氨酸是第二限制性氨基酸。这就是说，在玉米-豆粕饲粮所要求的蛋白质水平下，需要添加这些商业来源的合成氨基酸，才能满足家禽的氨基酸营养需要。

禽类轻度的氨基酸缺乏会导致能量的过度消耗。这个原理在某些肉鸡肥育饲粮中同样适用，即降低饲粮蛋白质水平，会导致脂肪在胴体中的沉积。蛋白质缺乏会使雏鸡由于无法有效利用能量而增加体组织中脂肪的沉积。在这些情况下，饲粮中蛋白质或氨基酸含量不足，不能满足最佳的蛋白质组织生长的需要。因此，饲粮能量就转化成体脂。

伊利诺伊大学的研究者们已经提出了家禽理想氨基酸的概念[7,8]。理想氨基酸比率概念的基础是以赖氨酸作为参比氨基酸，其他必需氨基酸需要量均表示为相对于赖氨酸的百分比。选择赖氨酸作为家禽参比氨基酸的原因是：(a)饲粮赖氨酸仅用于蛋白质生长和维持；(b)在实际的肉仔鸡饲粮中，赖氨酸紧随蛋氨酸之后，作为第二限制性氨基酸；(c)添加合成赖氨酸具有经济可行性；(d)饲料中赖氨酸的分析简单易行；(e)不同饲料、环境、体组成以及其他情况的赖氨酸需要量的数据都很容易获得。表 14-2 列出了肉仔鸡理想氨基酸的比例值。

表 14-2　肉仔鸡 3 个生长期的理想氨基酸比例[a,b]　%

氨基酸	0～21 日龄		21～42 日龄		42～56 日龄	
	占赖氨酸的理想比例	饲粮需要量	占赖氨酸的理想比例	饲粮需要量	占赖氨酸的理想比例	饲粮需要量
赖氨酸	100	1.070	100	0.865	100	0.745
蛋氨酸	72	0.770	75	0.649	75	0.559
苏氨酸	67	0.717	70	0.606	70	0.522
缬氨酸	77	0.824	80	0.692	80	0.596
精氨酸	105	1.124	108	0.934	108	0.805
色氨酸	16	0.171	17	0.147	17	0.127
异亮氨酸	67	0.717	69	0.597	69	0.514
亮氨酸	109	1.166	109	0.943	109	0.812
组氨酸	35	0.375	35	0.303	35	0.261
苯丙氨酸＋酪氨酸	105	1.124	105	0.908	105	0.782

资料来源：Dudley-Cash，1998[12]。

[a]0～21 日龄赖氨酸需要量的数据选自 Han 和 Baker(1993)[9]；21～42 日龄的选自 Han 和 Baker(1994)[10]；42～56 日龄的选自 NRC(1994)；0～21 日龄理想比例选自 Baker 和 Han(1994)[11]；生长后期的理想比例根据预测的维持需要量和维持对总需要量的影响来计算。

[b]该氨基酸的比例适用于公母混养鸡群，饲粮代谢能水平以 3 200 kcal/kg 为基础。

① 各种氨基酸的缩写为译校者所加，译者注。

测定禽类的氨基酸消化率是提高氨基酸利用率和减少营养物质浪费的另一有效途径。氨基酸消化率的结果列于表14-3。

表14-3　家禽饲料原料中几种氨基酸的真消化率数据　　　%

饲料原料(蛋白质)	n	赖氨酸 X	蛋氨酸 X	半胱氨酸 X	精氨酸 X	苏氨酸 X	缬氨酸 X	异亮氨酸 X	亮氨酸 X	组氨酸 X	苯丙氨酸 X
苜蓿(脱水)(17%)[a]	8	59	73	40	82	71	75	77	80	74	78
面包房下脚料(10%)	11	64	85	80	84	72	81	84	86	82	86
大麦籽粒(10%)	24	78	79	81	85	77	81	82	86	87	88
菜豆(田间)(23%)	2	88	78	70	92	85	82	88	90	82	89
血粉(81%～89%)	30	86	91	76	87	87	87	78	89	84	88
菜籽粕(38%)	45	80	90	75	90	78	82	83	87	85	87
酪蛋白(85%)	1	97	99	84	97	98	98	98	99	96	99
椰子粉(25%)	2	58	83	48	85	58	78	78	80	69	84
含可溶物玉米酒精糟(27%)	3	65	84	77	63	72	81	84	89	75	88
玉米蛋白粉(60%)	14	88	97	86	96	92	95	95	98	94	97
带糠玉米蛋白饲料(22%)	15	72	84	65	87	75	83	81	89	82	87
玉米籽粒(8.8%)	24	81	91	85	89	84	88	88	93	94	91
棉籽粕(41%)	5	67	73	73	87	71	78	75	77	69	86
羽毛粉(86%)	31	66	76	59	83	73	82	85	82	72	85
鱼粉(60%～63%)	38	88	92	73	92	89	91	92	92	89	91
动物明胶(88%)	1	94	93	68	96	95	97	95	97	95	97
羽扇豆粉(33%)	2	92	86	88	96	91	91	95	95	91	95
肉粉(50%～54%)	59	79	85	58	85	79	82	83	84	80	84
燕麦籽粒(11%)	11	87	86	84	94	85	88	89	92	93	94
燕麦籽粒(16%)	4	80	90	84	92	83	88	88	88	91	92
花生粕(46%)	1	83	88	78	84	82	88	91	92	83	94
家禽副产品粉(58%)	53	80	86	61	88	80	83	85	85	78	84
稻糠(13%)	7	75	78	68	87	70	77	77	75	82	77
去皮大豆粕(48%)	71	91	92	82	92	88	91	93	92	88	92
芝麻粕(44%)	2	88	94	82	92	87	91	92	91	89	93
高粱籽粒(8.8%)	19	78	89	83	74	82	87	88	94	87	91
去壳向日葵粕(45%)	10	84	93	78	93	85	86	90	91	87	93
小麦麸(16%)	1	72	82	72	79	72	76	79	79	80	84
小麦籽粒(11%～17%)	24	81	87	87	88	83	86	88	91	91	92
小麦次粉(17%)	15	81	80	69	86	79	82	82	84	84	85

资料来源：根据NRC家禽(1994)修订[3]。

注：数值代表饲料中总氨基酸的比例，但是不会在粪和尿中出现。数值根据内源氨基酸数量进行校正。数据主要来自Sibbald(1986)，Green(1987)和Parsons(1990)[13,14,15]。

[a]代表所测饲料原料样品中蛋白质含量的近似平均值。

其他影响因素，如氨基酸之间的互作问题，也应该加以考虑。例如，在饲粮配制中应该考虑添加胱氨酸和酪氨酸来减少饲粮蛋氨酸和苯丙氨酸的需要量。蛋氨酸和苯丙氨酸在代谢中可以转化为胱氨酸和酪氨酸，但胱氨酸和酪氨酸都不能转化为蛋氨酸和苯丙氨酸。并且，如果禽类一直不能合成足量的胱氨酸，那么胱氨酸在某种情况下也是必需的。同样，色氨酸可以减少烟酸的需要量。因此，当饲粮中含有足量的烟酸时，可以减少色氨酸转化为烟酸的数量，从而可以使色氨酸转化为体组织，这是非常明智的选择。与此相似，饲粮中含有足够的蛋氨酸可以减少对胆碱的需要量。因此，根据添加成本，当饲粮蛋氨酸含量较低时，在饲粮中添加更多的胆碱也是可行的。

2.4　维生素

在不考虑饲粮组分(如玉米、豆粕和苜蓿饼粕等)中存在的维生素情况下，饲粮中通常需要添加商业维生素添加剂。在维生素添加剂的制造过程中，维生素的稳定性是关键考虑的因素。一般来说，维生素的水平都要加上一个安全系数或添加量。这些添加量用于弥补饲料加工和储存过程中潜在的破坏损失。在缺乏有关各种维生素添加剂稳定性资料的情况下，推荐的添加维生素保证因素(allowance factor)为：维生素 A，66%；维生素 D 和维生素 E，50%；维生素 K，25%；所有 B 族维生素，15%～20%。

2.5　矿物质

2.5.1　常量矿物质

家禽饲粮中主要的矿物质是钙和磷。石灰石和牡蛎壳是家禽钙的一般来源。蒸汽处理骨粉、寇拉苏磷酸盐、脱氟矿石磷酸盐、磷酸氢钾和磷酸氢钙，一般都作为钙磷的添加来源。

2.5.2　微量矿物质

微量矿物质一般以微量元素添加剂的形式添加。对于家禽，非常重要的矿物质有锰、钾、硫、铜、镁、锌和碘。有时也添加硒，但是添加量在美国和加拿大是严格限制的。大剂量的硒有毒性。

2.6　非营养成分

2.6.1　抗生素和化学治疗剂

抗生素是微生物产生的一种物质，添加到家禽饲粮中可以减少无症状的细菌感染，并且具有促生长、提高饲料转化效率的作用。添加的抗生素包括枯草杆菌、斑伯霉素、金霉素、红霉素、林肯霉素、竹桃霉素、青霉素、泰乐菌素和维吉尼亚霉素。应该注意的是，要限量使用抗生素，以减少产生抗药性的可能性。化学治疗药剂并不是由活体组织产生的，但可以促进生长和提高饲料利用效率。化学治疗药剂包括阿散酸和对氨基苯胂酸。抗生素和化学治疗药剂的使用说明和添加量可以在《饲料添加剂纲要》[16]中查到。

2.6.2　驱虫剂

当发生蠕虫感染时，需要在家禽饲粮中添加驱虫剂。如果禽类接触土壤，蠕虫通常会引起疾病。笼养禽类一般都不会出现这样的问题。哌嗪和潮霉素 B 是常用的蠕虫剂。

2.6.3　抗球虫剂

球虫病是禽类的一种严重的原虫类疾病，以肠炎和腹泻为特征。这种疾病对于平养禽类很常见。为了防治这些疾病，常在饲料中添加抗球虫剂，如氨丙啉和 3,5-二硝基邻甲苯酰胺。

2.6.4　防霉剂

一旦霉菌生长并产生了霉菌毒素，就很难消除或处理那些已经产生的毒素。因此，在可能发霉的饲粮中应该添加防霉剂，例如添加丙酸和山梨酸等。

2.6.5 抗氧化剂

在饲料中添加抗氧化剂可以减少腐臭。经常在饲粮中添加的抗氧化剂包括乙氧喹、二丁基羟基甲苯(BHT)和丁羟基茴香醚(BHA)。添加抗氧化剂对降低饲料的氧化酸败非常重要，因为氧化酸败可能破坏维生素，如维生素A、维生素D、维生素E以及B族维生素等。抗氧化剂通常作为维生素预混料的成分进行添加。

2.6.6 颗粒料黏结剂

对于需要制粒或破碎的饲粮来说，要求添加颗粒料黏结剂。颗粒料黏结剂的作用是增加颗粒料或破碎料的结构完整性。黏结剂的代表产品有膨润土、纤维素制品、木质素衍生物和谷物加工副产品。

2.6.7 叶黄素

叶黄素来自于天然饲料，如玉米、玉米麸饼、苜蓿饼粕。一些营养学家添加商业来源的叶黄素，是从金盏花瓣中提取的。使禽类的皮肤和蛋黄有黄色素沉着是一种市场选择。添加叶黄素对产品并没有营养作用。

2.6.8 酶制剂

适于饲粮添加的酶制剂有无数种，其中包括蛋白酶、葡聚糖酶、淀粉酶、纤维素酶和戊糖酶等。这些酶制剂可以使饲粮中的营养物质更易被利用。例如，当饲用小麦或大麦饲粮时，就要添加酶制剂。在含有美式大麦(western barley)的饲料中添加淀粉分解酶，也具有促生长作用。这种大麦缺乏β-葡聚糖酶，而其他大多数谷物饲料中都存在这种酶。同样，在饲粮中添加植酸酶也可释放磷，从而使那些在饲料中与植酸结合的磷可以被动物利用。

3 家禽饲料原料

在美国，玉米是主要的能量饲料来源，而豆粕是主要的蛋白质饲料来源。在加拿大和美国西部，小麦主要用作饲粮中的能量饲料。在加拿大，油菜籽粕主要用作植物蛋白来源。在欧洲和亚洲，根据市场供应情况可以选用不同种类的谷物饲料和蛋白质饲料。总而言之，用于家禽饲粮中的原料种类比其他大多数动物饲粮要多。

3.1 总的考虑

在选择用于家禽饲粮的饲料种类时，应该考虑一些因素，包括适口性、动物对饲料的行为反应、物理特性等。适口性受饲料水分含量、原料品种和污染物(如霉菌及其毒素)污染的影响。动物的行为变化会影响对饲料的采食。例如，当突然饲喂以整粒大麦作为谷物饲料来源的饲粮时，一直进食整粒玉米或破碎玉米的禽类可能会拒绝采食。禽类也许会根据沙石的光线反射或者不同的颜色来选择饲料。根据这些原理可以促使刚刚孵化出雏的火鸡幼雏进食。饲料的物理特性，例如颗粒大小或者吸水性，都会影响饲料的消耗。

除了上述因素外，选择饲料时还必须考虑饲料对禽类及其产品的生理影响。例如，应该慎重使用那些含有生长抑制因子或其他不良化学药剂的饲料原料，而这些物质在常用的植物蛋白饲料中都有发现。特别是未经加热的豆粕中含有胰蛋白抑制因子，而菜籽粕含有糖甙和致甲状腺肿物质。棉粕中含有棉酚和苹婆酸，这些物质不利于蛋黄和蛋清的着色。

黄玉米和苜蓿中都含有非营养性黄色素(叶黄素),可以有效地强化蛋黄和雏鸡皮肤着色。消费者对着色的家禽及其产品的选择通常有区域性,这取决于用作家禽能量饲料的谷物。例如,在饲喂小麦的地区,家禽的皮肤颜色和蛋黄颜色会比饲喂玉米地区的浅一些。由金盏花瓣制得的商业化叶黄素产品也可以添加到饲粮中,用以增加家禽产品的黄色度。

饲料来源不同,其营养素利用率也各不相同。利用率会受到纤维含量、脂肪含量、氨基酸是否平衡等因素的影响。

能否在市场上买到某种饲料原料,也是必须考虑的因素。如果仅能购买到少量的给定饲料原料,那么,改变饲粮组成以迁就这种成分的利用是不划算的。饲料成本高低一般是决定是否使用这种饲料的重要因素。计算机饲料配方是一种决定如何使用经济可行的饲料原料的有效方法。

3.2　能量饲料

谷物主要是作为能量来源,而能量主要是来自谷物中含有的淀粉。同时谷物也提供一些蛋白质、维生素和矿物质。适于饲喂家禽的高能谷物有玉米、买罗高粱、小麦、稻谷、黑麦和去壳燕麦。中等能量的谷物有大麦和难消化的燕麦。能量较低的谷物有燕麦和斯佩耳特小麦。玉米、买罗高粱、小麦和大麦是用于家禽饲粮的最重要的谷物。小麦加工副产品是家禽的低能饲料来源。通常,谷物的蛋白质含量低,并且缺乏赖氨酸和色氨酸。同时,谷物的钙和有效磷含量低。

植物或动物脂肪也常常和饲用谷物一起用作家禽的能量来源,尤其是当饲粮需要较高的能量水平时。除了提供能量之外,脂肪还为家禽提供亚油酸,而亚油酸是一种对家禽很重要的必需脂肪酸。

3.3　蛋白质饲料

普遍使用的植物蛋白质饲料包括来自于大豆、棉籽、油菜籽、向日葵籽、红花籽和花生加工后的油籽饼粕。一些使用较少的玉米蛋白粉和豌豆粉也可以用作蛋白质补充饲料原料。最重要的植物蛋白质补充饲料原料有大豆粕、油菜籽粕和棉籽粕。

大豆粕是优良的蛋白质来源,其蛋白质含量在 44%~50%之间变动,蛋白质含量提高是由于大豆去皮的原因所致。由于去皮大豆粕的纤维含量低,而蛋白质含量高,因此,它常常用在肉仔鸡饲粮中。大豆粕中可能缺乏蛋氨酸,因此在玉米-大豆粕基础饲粮中需要补充蛋氨酸。但大豆粕是良好的赖氨酸来源。

生大豆中含有胰蛋白酶抑制因子和其他抑制生长的物质。经过适当的热处理可以使这些抑制因子失活。有时在肉仔鸡饲粮中也使用未经浸提的大豆,但是它们必须经过挤压或烘烤加工。

可诺拉油菜籽(Canola meal)是一个新品种,主要种植在气候寒冷的地区,这些地区因气候寒冷而无法生产出高蛋白的油料籽实(如大豆)。与普通油菜籽相比,可诺拉油菜籽中致甲状腺肿物质的含量较低,并且芥酸的含量也相当低,这使得它可以在家禽饲粮中大量使用。可诺拉油菜籽中含有芥子碱,当用可诺拉油菜籽饲喂褐壳蛋鸡时,所产的蛋有鱼腥味和臭味。与大豆粕相比,可诺拉油菜籽的赖氨酸水平较低,但是含硫氨基酸的水平较高。尽管蛋重可能减少 1 g,但是在产蛋鸡的饲粮中可诺拉油菜籽的用量可以高达 8%。

棉籽粕含有 41%~43%的蛋白质,但是由于含有棉酚和苹婆酸,其使用量受到限制。棉酚能抑制雏鸡生长;给产蛋母鸡饲喂棉籽粕会影响蛋黄颜色。目前已经培育出了有毒成分含量较低的棉花品种。但是与棉籽产量相比,这些品种的使用还是很有限的。

在家禽饲粮中,苜蓿粉是维生素、叶黄素和一些蛋白质的来源。苜蓿粉中含有与皂甙有关的有毒物质。当其在饲粮中的含量超过 10%时,会对家禽的生长产生不良影响,并增加雏鸡的死亡率。由于苜蓿粉的纤维含量高,因此在家禽饲粮中的用量通常不超过 7%。

常用的动物蛋白饲料包括鱼粉、肉粉、肉骨粉、家禽副产品粉和水解羽毛粉。除了羽毛粉之外,通常认为这些饲料是氨基酸的优良来源。但是,考虑到成本、来源数量、盐分含量和磷的变异,它们的使用会受到一定的限制。

鱼粉的蛋白质含量为60%～70%，由于其优良的氨基酸组成和含有的未知生长因子，所以在饲粮中的用量通常为2%～5%。但是，饲粮中的鱼粉添加量一般不应超过10%。如果鱼粉超过这一水平，可能会使家禽产品产生鱼腥味。

3.4 补充饲料

维生素、氨基酸和矿物质含量特别丰富的饲料成分常常被列为补充饲料。能够补充重要的维生素的原料包括晒干和脱水的苜蓿粉、玉米蛋白粉、酒精和啤酒副产物、鱼汁及啤酒酵母。合成氨基酸包括蛋氨酸、蛋氨酸羟基类似物、赖氨酸和苏氨酸。目前广泛使用的矿物质补料中含有Ca，P，Na，Mn和Zn。一些常见的矿物质饲料包括寇拉苏磷矿岩、磷酸氢钙、磷酸岩、蒸骨粉、碳酸钙、贝壳粉和食盐。

糖蜜是优良的能量饲料，但是它对家禽有倾泻作用，因此在家禽饲粮中应该限制其使用量，不能超过2%。各种大小的沙石有助于肌胃中饲料和谷物的磨碎。尽管沙石在现代家禽生产中不是必需的，但是当家禽在木条笼中饲养时提供沙石可以防止肌胃阻塞。

除了已知的成分外，一些饲料似乎还含有其他未知生长因子。之所以这么说，是因为一些原料（如鱼汁、鱼粉和肉粉、酒精糟残液干燥物、乳清粉和青绿饲料）确实能够促进生长、提高孵化率，或者在某些情况下提高产蛋量。正是由于这些原因，很多营养学家在家禽饲粮中添加少量的这些原料。这可能是由于这些饲料含有最适或最佳的营养物质组合，或者是由于家禽对这些饲料中的营养物质的利用率更高的缘故。

几种具有刺激作用的非营养性添加剂对提高家禽的生产性能很有效，这些物质可能有利于家禽的肠道变化，从而促进生长和提高饲料转化效率。对于肉仔鸡和上市火鸡，这类添加剂包括抗生素、有机砷制剂和硝基呋喃类。在多数成年家禽中，这些物质确实很有效。但是，它们对于产蛋量的作用变异很大，因此，它们在产蛋家禽饲粮中的使用非常有限。此外，这些添加剂以及其他化合物的使用都要受到食品及药品管理局（FDA）的严格管制。

谷物加工主要包括谷物的粉碎以及所有或部分饲粮的制粒。粉碎后的制粒或压块会使饲料密度增加，从而可以防止原料的分级。当希望通过增加饲料消耗量来提高雏鸡或肉仔鸡的生长时，制粒技术显得尤其重要。制粒的优点包括：由于颗粒饲料都是全价饲料，从而可以使饲料浪费降到最低，并且颗粒饲料适应于自动化设备加工；所需的饲料储存空间和饲槽空间较小；简单易行；使一些饲粮的适口性改善；热处理可以破坏沙门氏菌等。制粒的缺点是：饲料成本增加；加热可能会破坏某些营养物质；异食癖（cannibalism）发生的几率增加；可能出现饲料成分掺假（camouflaging）；在产蛋量不变的情况下饮水量和饲料采食量增加，等等。

在饲喂不同年龄的家禽时，可以使用孔径在0.32～0.95 cm（1/8～3/8英寸）的模具来获得不同粒度大小的饲料颗粒。同时，也必须考虑饲料颗粒的长度，以防止颗粒过长导致家禽无法采食。

4 家禽饲养管理

应当强调的是，在现代家禽生产中，饲料配方通常是由计算机完成的。由于经济状况的变化，在现代家禽企业中，并不推荐使用书本上现成的饲粮配方。目前所提供的用于饲料配方的计算机程序，使得家禽营养学家可以在个人电脑上有效地配制饲粮。

在配制饲粮之前，营养学家需要有关特定家禽类型的营养需要量的信息。另外，在任何饲粮配方程序中都必须了解FDA制定的有关家禽饲料中药物使用的法规和规范。这些法规和规范在每年的和现行的《饲料添加剂纲要》[16]中都有详细的介绍。

计算机模型对于预测原料中的营养物质水平（如能量和氨基酸水平）以及预测不同环境条件下的营

养需要量和家畜饲料采食量是相当重要的。已经证明，近红外反射光谱技术的应用能够有效地为待混合的饲料原料提供实时的营养物质含量。根据饲料概略养分分析结果，可以运用回归方程对氨基酸含量进行估计。人工智能网络技术的进步，一定能够提供有效的方法为实现营养成分的预测提供准确而精确的试验模型[18]。

饲粮配制和饲料加工是由饲料企业通过商业性手段进行的。但是，一些综合性家禽经营企业进行饲料混合也是非常普遍的。

4.1　肉仔鸡

从出雏到 6～8 周龄，或到上市时，对于肉仔鸡采用的是自由采食饲养方式。饲料可以是粉料、颗粒料或破碎料。随着日龄的变化，肉仔鸡蛋白质的需要量也在发生变化，因此，通常采用多阶段饲粮进行饲喂。附表 32 给出了肉仔鸡的典型体重、饲料需要量和能量消耗量。表 14-4 列出了 3 个生长阶段的营养需要量。通常将饲粮按饲喂阶段分为 0～3 周(23%的蛋白质，每千克饲料代谢能为 3 200 kcal)、3～6周(20%的蛋白质，每千克饲料代谢能为 3 200 kcal)和 6～8 周(18%的蛋白质，每千克饲料代谢能为 3 200 kcal)3 个阶段。每日的饲料或是用槽状、管状或桶状的喂料器手工喂料，或是用机械电控的槽状或管状自动喂料设备供应。饮水则是用水斗、杯或乳头饮水器来提供。肉仔鸡饲粮中可能含有抗生素和抗球虫剂，以促进动物生长和控制球虫。

表 14-4　肉仔鸡的营养需要量(以占每千克饲粮的百分比或绝对单位数表示)(90%干物质)

营养物质	单位	0～3 周[a] 3 200[b]	3～6 周[a] 3 200[b]	6～8 周[a] 3 200[b]
蛋白质和氨基酸				
粗蛋白质[c]	%	23.00	20.00	18.00
精氨酸	%	1.25	1.10	1.00
甘氨酸＋丝氨酸	%	1.25	***1.14***	***0.97***
组氨酸	%	0.35	***0.32***	***0.27***
异亮氨酸	%	0.80	***0.73***	***0.62***
亮氨酸	%	1.20	***1.09***	***0.93***
赖氨酸	%	1.10	1.00	0.85
蛋氨酸	%	0.50	0.38	0.32
蛋氨酸＋胱氨酸	%	0.90	0.72	0.60
苯丙氨酸	%	0.72	***0.65***	***0.56***
苯丙氨酸＋酪氨酸	%	1.34	***1.22***	***1.04***
脯氨酸	%	0.60	***0.55***	***0.46***
苏氨酸	%	0.80	0.74	0.68
色氨酸	%	0.20	0.18	0.16
缬氨酸	%	0.90	***0.82***	0.70
脂肪				
亚油酸	%	1.00	1.00	1.00
常量元素				
钙[d]	%	1.00	0.90	0.80
氯	%	0.20	0.15	0.12
镁	mg	600	***600***	***600***
非植酸磷	%	0.45	0.35	0.30
钾	%	0.30	0.30	0.30
钠	%	0.20	0.15	0.12

续表 14-4

营养物质	单位	0～3周[a] 3 200[b]	3～6周[a] 3 200[b]	6～8周[a] 3 200[b]
微量元素				
铜	mg	8	***8***	***8***
碘	mg	0.35	0.35	0.35
铁	mg	80	***80***	***80***
锰	mg	***60***	***60***	***60***
硒	mg	0.15	0.15	0.15
锌	mg	40	***40***	***40***
脂溶性维生素				
维生素 A	IU	***1 500***	***1 500***	***1 500***
维生素 D_3	ICU	200	200	200
维生素 E	IU	10	10	10
维生素 K	mg	0.50	0.50	0.50
水溶性维生素				
维生素 B_{12}	mg	0.01	***0.01***	***0.007***
生物素	mg	0.15	0.15	***0.12***
胆碱	mg	1 300	***1 000***	***750***
叶酸	mg	0.55	0.55	0.50
烟酸	mg	35	30	25
泛酸	mg	***10***	***10***	***10***
吡哆醇	mg	3.5	3.5	***3.0***
核黄素	mg	3.6	3.6	3
硫胺素	mg	***1.80***	***1.80***	***1.80***

资料来源：NRC家禽(1994)[3]。

注意：表中所缺的试验数据根据其他年龄或相关品种的家禽的数据估计得到，并以斜黑体表示。

[a]0～3周、3～6周和6～8周的营养需要量间隔是根据已有的研究数据所确定；但是这些营养需要量常常是在年龄更小的间隔内测定所得，或在重量－采食量的基础上测定。

[b]这是典型的饲粮能量浓度，*ME* 以 kcal/kg 饲粮表示。根据当地原料价格和可提供量可以使用不同的能量值。

[c]肉仔鸡本身对粗蛋白质含量没有要求。但是，为了保证有充足的氮用以合成非必需氨基酸，应该提供充足的粗蛋白质。粗蛋白质的建议需要量是从玉米-豆粕型饲粮中获得的典型数据。

[d]当饲粮中植酸磷含量较高时，钙的需要量可能增加(Nelson，1984)。

4.1.1　肉仔鸡多阶段饲养和单阶段饲养的对比

肉仔鸡的多阶段饲养所用饲粮在很多地方同产蛋母鸡的阶段饲养情况相类似。与单阶段饲养方案相比较，在多阶段饲养方案中，饲粮的能量和蛋白质水平是根据肉仔鸡年龄的变化而变化的。饲粮蛋白质水平可能包含2～3个阶段，在某些情况下可能有4个阶段。第1个阶段称为育雏前期(prestarter)，饲粮蛋白质水平可能为24%。根据饲料制造商推荐量的不同，育雏前期饲粮可能是肉仔鸡最先采食的0.5～1.0 lb饲料。通常根据年龄不同，家禽分别在3～4周和5～6周时转换至不同的饲养阶段。随着饲粮蛋白质含量的减少，能量含量保持不变，或者略有增加。

当肉仔鸡全期采用单阶段饲养时，饲粮蛋白质水平通常比育雏前期或幼雏阶段(starter)饲粮的低，但比肥育后期要高。究竟采用何种方案饲养，取决于原料的价格情况和生产最终产品的经济回报。

对火鸡的蛋白质和能量需要的实验表明，在生长期它们也同样需要多阶段饲粮。表14-5列出了不同年龄火鸡的营养需要量。在种用肉仔鸡和火鸡的饲养中，都采用了根据公母鸡不同的特殊饲粮。

表 14-5　火鸡的营养需要量(以占每千克饲粮百分比或绝对单位数表示)(90%干物质)

营养物质	单位	生长火鸡、公火鸡和母火鸡						种火鸡	
		0～4 周[a]，0～4 周[b]，2 800[c]	4～8 周[a]，4～8 周[b]，2 900[c]	8～12 周[a]，8～11 周[b]，3 000[c]	12～16 周[a]，11～14 周[b]，3 100[c]	16～20 周[a]，14～17 周[b]，3 200[c]	20～24 周[a]，17～20 周[b]，3 300[c]	休产期，2 900[c]	产蛋母鸡，2 900[c]
蛋白质和氨基酸									
蛋白质[d]	%	28.0	26	22	19	16.5	14	12	14
精氨酸	%	1.6	1.4	1.1	0.9	0.75	0.6	0.5	0.6
甘氨酸＋丝氨酸	%	1.0	0.9	0.8	0.7	0.6	0.5	0.4	0.5
组氨酸	%	0.58	0.5	0.4	0.3	0.25	0.2	0.2	0.3
异亮氨酸	%	1.1	1.0	0.8	0.6	0.5	0.45	0.4	0.5
亮氨酸	%	1.9	1.75	1.5	1.25	1.0	0.8	0.5	0.5
赖氨酸	%	1.6	1.5	1.3	1.0	0.8	0.65	0.5	0.6
蛋氨酸	%	0.55	0.45	0.4	0.35	0.25	0.25	0.2	0.2
蛋氨酸＋胱氨酸	%	1.05	0.95	0.8	0.65	0.55	0.45	0.4	0.4
苯丙氨酸	%	1.0	0.9	0.8	0.7	0.6	0.5	0.4	0.55
苯丙氨酸＋酪氨酸	%	1.8	1.6	1.2	1.0	0.9	0.9	0.8	1.0
苏氨酸	%	1.0	0.95	0.8	0.75	0.6	0.5	0.4	0.45
色氨酸	%	0.26	0.24	0.2	0.18	0.15	0.13	0.1	0.13
缬氨酸	%	1.2	1.1	0.9	0.8	0.7	0.6	0.5	0.58
脂肪									
亚油酸	%	1.0	1.0	0.8	0.8	0.8	0.8	0.8	1.1
常量元素									
钙[e]	%	1.2	1.0	0.85	0.75	0.65	0.55	0.5	2.25
非植酸磷[f]	%	0.6	0.5	0.42	0.38	0.32	0.28	0.25	0.35
钾	%	0.7	0.6	0.5	0.5	0.4	0.4	0.4	0.6
钠	%	0.17	0.15	0.12	0.12	0.12	0.12	0.12	0.12
氯	%	0.15	0.14	0.14	0.12	0.12	0.12	0.12	0.12
镁	mg	500	500	500	500	500	500	500	500
微量元素									
锰	mg	60	60	60	60	60	60	60	60
锌	mg	70	65	50	40	40	40	40	65
铁	mg	80	60	60	60	50	50	50	60
铜	mg	8	8	6	6	6	6	6	8
碘	mg	0.4	0.4	0.4	0.4	0.4	0.4	0.4	0.4
硒	mg	0.2	0.2	0.2	0.2	0.2	0.2	0.2	0.2
脂溶性维生素									
维生素 A	IU	5 000	5 000	5 000	5 000	5 000	5 000	5 000	5 000
维生素 D[g]	ICU	1 100	1 100	1 100	1 100	1 100	1 100	1 100	1 100
维生素 E	IU	12	12	10	10	10	10	10	25
维生素 K	mg	1.75	1.5	1.0	0.75	0.75	0.50	0.5	1.0
水溶性维生素									
维生素 B_{12}	mg	0.003	0.003	0.003	0.003	0.003	0.003	0.003	0.003
生物素[h]	mg	0.25	0.2	0.125	0.125	0.100	0.100	0.100	0.20
胆碱	mg	1 600	1 400	1 100	1 100	950	800	800	1 000
叶酸	mg	1.0	1.0	0.8	0.8	0.7	0.7	0.7	1.0
烟酸	mg	60.0	60.0	50.0	50.0	40.0	40.0	40.0	40.0

续表 14-5

营养物质	单位	生长火鸡、公火鸡和母火鸡						种火鸡	
		0～4周[a]，0～4周[b]，2 800[c]	4～8周[a]，4～8周[b]，2 900[c]	8～12周[a]，8～11周[b]，3 000[c]	12～16周[a]，11～14周[b]，3 100[c]	16～20周[a]，14～17周[b]，3 200[c]	20～24周[a]，17～20周[b]，3 300[c]	休产期，2 900[c]	产蛋母鸡，2 900[c]
泛酸	mg	10.0	9.0	***9.0***	***9.0***	***9.0***	***9.0***	***9.0***	16.0
吡哆醇	mg	***4.5***	***4.5***	***3.5***	***3.5***	***3.0***	***3.0***	***3.0***	***4.0***
核黄素	mg	4.0	3.6	***3.0***	***3.0***	***2.5***	***2.5***	***2.5***	***4.0***
硫胺素	mg	2.0	2.0	***2.0***	***2.0***	***2.0***	***2.0***	***2.0***	***2.0***

资料来源：NRC 家禽(1994)[3]。

注意：当表中的试验数据缺少时，可根据其他年龄或相关品种或试验模型中的数值进行估计，并以斜黑体表示。

[a]雄火鸡营养需要量的周龄间隔基础为先前研究的实际年表。火鸡体增重的遗传进展导致了在家禽业中分别提前利用了在0～3周、3～6周、6～9周、9～12周、12～15周和15～18周的营养水平。

[b]母火鸡营养需要的周龄间隔基础为先前研究的实际年表。火鸡体增重的遗传进展导致了在家禽业中分别提前利用了在0～3周、3～6周、6～9周、9～12周、12～14周和14～16周的营养水平。

[c]典型玉米-豆粕饲粮的代谢能(*ME*)近似值以 kcal/kg 饲粮表示。在推荐的营养水平下，这一能量能保证火鸡接近于最大生长，尤其是饲喂颗粒饲料时。

[d]火鸡自身对粗蛋白质没有要求，但为了保证有充足的氮用以合成非必需氨基酸，应该提供充足的粗蛋白质。粗蛋白质的推荐量主要来自于玉米-豆粕型饲粮。当使用合成氨基酸时，粗蛋白质水平可以降低。

[e]当饲粮中植酸磷含量高时，钙的需要量可能增加(Nelson，1984)。

[f]通常认为有机磷会与植酸相结合，因此其有效性有限。

[g]当使用相应水平的钙和磷时，认为此维生素 D 浓度能满足需要。

[h]对于以小麦为基础的饲粮各种需要量可能增加。

4.1.2　成顿饲喂和连续饲喂的比较

已经证明，成顿饲喂(meal feeding)能够提高肉仔鸡的饲料转化效率。肉仔鸡通常拆用自由采食的方式饲喂3周。到第4周时，改为每日饲喂4次(每6 h 饲喂1次)。根据家禽年龄的不同，饲喂的时间间隔不同。成顿饲喂的目的是为了使家禽在下一次饲喂之前有1～2 h的空槽时间。

4.2　后备母鸡群

表14-6给出了不同年龄后备母鸡的建议营养水平。在育雏和生长鸡阶段的能量水平为2 850～2 900 kcal/kg，但根据所饲喂饲料原料的不同和家禽所处环境条件的不同，要有相应的变化调整。为了便于监测的需要，附表30给出了家禽的体重及所对应的饲料消耗量。对于商品化产蛋青年母鸡，每天所需饲料和饮水都采用自由采食方式供应。对于肉仔鸡的后备鸡群，肥育颗粒料适用于先前叙述的任何限饲计划，还要遵从于所用的特殊种鸡群的特殊推荐值。虽然在幼雏饲粮中使用低水平的抗生素效果很理想，但它在成年鸡饲粮中的效果却受到质疑。饲粮中应当添加抗球虫剂，以便使家禽对球虫有一定的免疫力，以便在其生产年限内获得保护作用。

对生长后备母鸡进行限饲有如下原因，即推迟性成熟，使得母鸡的最终体型更大，产蛋期能较早的获得较大的蛋重(对孵化蛋有益)，减少死亡率，并增加后期的产蛋量。

表 14-6 未成年莱航鸡营养需要量(以占每千克饲粮百分比或绝对单位数表示)

营养物质	单位	白壳蛋鸡				褐壳蛋鸡			
		0～6 周，450 g[a] 2 850[b]	6～12 周，980 g[a] 2 850[b]	12～18 周，1 375 g[a] 2 900[b]	18 周到产蛋，1 475 g[a] 2 850[b]	0～6 周，500 g[a] 2 800[b]	6～12 周，1 100 g[a] 2 800[b]	12～18 周，1 500 g[a] 2 850[b]	18 周到产蛋，1 600 g[a] 2 850[b]
蛋白质和氨基酸									
粗蛋白质[c]	%	18.00	16.00	15.00	***17.00***	***17.00***	15.00	14.00	***16.00***
精氨酸	%	1.00	0.83	0.67	0.75	***0.94***	***0.78***	***0.62***	***0.72***
甘氨酸＋丝氨酸	%	0.70	0.58	***0.47***	***0.53***	***0.66***	***0.54***	***0.44***	***0.50***
组氨酸	%	0.26	0.22	0.17	0.20	***0.25***	***0.21***	***0.16***	***0.18***
异亮氨酸	%	0.60	0.50	0.40	0.45	***0.57***	***0.47***	***0.37***	***0.42***
亮氨酸	%	1.10	0.85	0.70	0.80	***1.00***	***0.80***	***0.65***	***0.75***
赖氨酸	%	0.85	0.60	0.45	0.52	***0.80***	***0.56***	***0.42***	***0.49***
蛋氨酸	%	0.30	0.25	0.20	0.22	***0.28***	***0.23***	***0.19***	***0.21***
蛋氨酸＋胱氨酸	%	0.62	0.52	0.42	0.47	***0.59***	***0.49***	***0.39***	***0.44***
苯丙氨酸	%	0.54	0.45	0.36	0.40	***0.51***	***0.42***	***0.34***	***0.38***
苯丙氨酸＋酪氨酸	%	1.00	0.83	0.67	0.75	***0.94***	***0.78***	***0.63***	***0.70***
苏氨酸	%	0.68	0.57	0.37	0.47	***0.64***	***0.53***	***0.35***	***0.44***
色氨酸	%	0.17	0.14	0.11	0.12	***0.16***	***0.13***	***0.10***	***0.11***
缬氨酸	%	0.62	0.52	0.41	0.46	***0.59***	***0.49***	***0.38***	***0.43***
脂肪									
亚油酸	%	1.00	***1.00***	***1.00***	***1.00***	***1.00***	***1.00***	***1.00***	***1.00***
常量元素									
钙[d]	%	0.90	0.80	0.80	2.00	***0.90***	***0.80***	***0.80***	***1.80***
非植酸磷	%	0.40	0.35	0.30	0.32	0.40	0.35	0.30	0.35
钾	%	***0.25***	***0.25***	***0.25***	***0.25***	***0.25***	***0.25***	***0.25***	***0.25***
钠	%	0.15	0.15	0.15	0.15	***0.15***	***0.15***	***0.15***	***0.15***
氯	%	0.15	***0.12***	***0.12***	***0.15***	***0.12***	***0.11***	***0.11***	***0.11***

续表 14-6

营养物质	单位	白壳蛋鸡				褐壳蛋鸡			
		0～6 周，450 g[a] 2 850[b]	6～12 周，980 g[a] 2 850[b]	12～18 周，1 375 g[a] 2 900[b]	18 周到产蛋，1 475 g[a] 2 850[b]	0～6 周，500 g[a] 2 800[b]	6～12 周，1 100 g[a] 2 800[b]	12～18 周，1 500 g[a] 2 850[b]	18 周到产蛋，1 600 g[a] 2 850[b]
镁	mg	600.0	***500.0***	***400.0***	***400.0***	***570.0***	***470.0***	***370.0***	***370.0***
微量元素									
锰	mg	60.0	***30.0***	***30.0***	***30.0***	***56.0***	***28.0***	***28.0***	***28.0***
锌	mg	40.0	***35.0***	***35.0***	***35.0***	***38.0***	***33.0***	***33.0***	***33.0***
铁	mg	80.0	***60.0***	***60.0***	***60.0***	***75.0***	***56.0***	***56.0***	***56.0***
铜	mg	5.0	***4.0***	***4.0***	***4.0***	***5.0***	***4.0***	***4.0***	***4.0***
碘	mg	0.35	***0.35***	***0.35***	***0.35***	***0.33***	***0.33***	***0.33***	***0.33***
硒	mg	0.15	***0.10***	***0.10***	***0.10***	***0.14***	***0.10***	***0.10***	***0.10***
脂溶性维生素									
维生素 A	IU	1 500.0	1 500.0	1 500.0	1 500.0	***1 420.0***	***1 420.0***	***1 420.0***	***1 420.0***
维生素 D_3	ICU	200.0	200.0	200.0	300.0	***190.0***	***190.0***	***190.0***	***280.0***
维生素 E	IU	***10.0***	***5.0***	***5.0***	***5.0***	***9.5***	***4.7***	***4.7***	***4.7***
维生素 K	mg	0.5	***0.5***	***0.5***	***0.5***	***0.47***	***0.47***	***0.47***	***0.47***
水溶性维生素									
核黄素	mg	3.6	1.8	1.8	2.2	***3.4***	***1.7***	***1.7***	***1.7***
泛酸	mg	***10.0***	***10.0***	***10.0***	***10.0***	***9.4***	***9.4***	***9.4***	***9.4***
烟酸	mg	27.0	11.0	11.0	11.0	***26.0***	***10.3***	***10.3***	***10.3***
维生素 B_{12}	mg	0.009	0.003	0.003	0.004	***0.009***	***0.003***	***0.003***	***0.003***
胆碱	mg	1 300.0	900.0	500.0	500.0	***1 225.0***	***850.0***	***470.0***	***470.0***
生物素	mg	***0.15***	***0.10***	***0.10***	***0.10***	***0.14***	***0.09***	***0.09***	***0.09***
叶酸	mg	***0.55***	***0.25***	***0.25***	***0.25***	***0.52***	***0.23***	***0.23***	***0.23***
硫胺素	mg	***1.0***	***1.0***	***0.8***	***0.8***	***1.0***	***1.0***	***0.8***	***0.8***
吡哆醇	mg	3.0	***3.0***	***3.0***	***3.0***	***2.8***	***2.8***	***2.8***	***2.8***

资料来源：NRC 家禽 1994[3]。

注：表中所缺的试验数据可根据其他年龄或相关品种的家禽数据估计得到，并以斜黑体表示。

[a]最终体重。

[b]玉米和大豆粕为主的饲粮的典型能量浓度，以 ME_n kcal/ kg 表示。

[c]仔鸡自身对粗蛋白质没有要求，但为了保证有充足的氮用以合成非必需氨基酸，应该提供充足的粗蛋白质。粗蛋白质的推荐量主要是来自于玉米-豆粕饲粮。当使用合成氨基酸时，粗蛋白质的水平可以降低。

[d]当饲粮中植酸磷含量高时，钙的需要量可能增加(Nelson，1984)。

4.3 产蛋母鸡

母鸡开始产下第 1 枚蛋就标志着它已经开始性成熟(很多品系在 16～18 周龄时达到此阶段),这时需要给家禽提供含有充足水平钙和其他营养物质的产蛋饲粮或种禽饲粮。尽管认为最好使用颗粒饲料,但是使用粉料更为可取。表 14-7 显示了不同采食量的产蛋鸡和种母鸡的营养需要量。当全期采用单阶段饲粮时,蛋白质水平可以为 15%～16%,除非环境温度很高,并且使用高能量饲粮。对于商品蛋禽,无论采用笼养或者是地上散养方式,都应让家禽自由采食。对于大型产蛋家禽,应采用一定程度的限制饲养,限饲的量同家禽的产蛋率、体重和环境温度有密切相关。

表 14-7 莱航蛋鸡营养需要量(以占每千克饲粮百分比或绝对单位数表示)(90%干物质)

营养物质	单位	白壳蛋鸡不同采食量时的饲粮营养浓度需要			母鸡每日需要量(mg 或 IU)		
		80[a,b]	100[a,b]	120[a,b]	日采食 100 g 饲料产白壳蛋的种母鸡	日采食 100 g 饲料的白壳产蛋母鸡	日采食 110 g 饲料的褐壳产蛋母鸡[c]
蛋白质和氨基酸							
粗蛋白质[d]	%	18.8	15.0	12.5	15 000	15 000	16 500
精氨酸[e]	%	***0.88***	***0.70***	***0.58***	***700***	***700***	***770***
组氨酸	%	***0.21***	***0.17***	***0.14***	***170***	***170***	***190***
异亮氨酸	%	0.81	0.65	0.54	650	650	***715***
亮氨酸	%	***1.03***	***0.82***	***0.68***	***820***	***820***	***900***
赖氨酸	%	0.86	0.69	0.58	690	690	***760***
蛋氨酸	%	0.38	0.30	0.25	300	300	***330***
蛋氨酸+胱氨酸	%	0.73	0.58	0.48	580	580	***645***
苯丙氨酸	%	***0.59***	***0.47***	***0.39***	***470***	***470***	***520***
苯丙氨酸+酪氨酸	%	***1.04***	***0.83***	***0.69***	***830***	***830***	***910***
苏氨酸	%	***0.59***	***0.47***	***0.39***	***470***	***470***	***520***
色氨酸	%	0.20	0.16	0.13	160	160	***175***
缬氨酸	%	***0.88***	***0.70***	***0.58***	***700***	***700***	***770***
脂肪							
亚油酸	%	1.25	1.0	0.83	1 000	1 000	1 100
常量元素							
钙[f]	%	4.06	3.25	2.71	3 250	3 250	3 600
氯	%	0.16	0.13	0.11	130	130	***145***
镁	mg	625	500	420	50	50	***55***
非植酸磷[g]	%	0.31	0.25	0.21	250	250	***275***
钾	%	0.19	0.15	0.13	150	150	***165***
钠	%	0.19	0.15	0.13	150	150	***165***
微量元素							
铜	mg	?	?	?	?	?	?
碘	mg	0.044	0.035	0.029	0.010	0.004	***0.004***
铁	mg	56	45	38	6.0	4.5	***5.0***
锰	mg	25	20	17	2.0	2.0	***2.2***
硒	mg	0.08	0.06	0.05	0.006	0.006	***0.006***
锌	mg	44	35	29	4.5	3.5	***3.9***
脂溶性维生素							
维生素 A	IU	3 750	3 000	2 500	300	300	***330***
维生素 D_3	IU	375	300	250	30	30	***33***

续表 14-7

营养物质	单位	白壳蛋鸡不同采食量时的饲粮营养浓度需要			母鸡每日需要量(mg 或 IU)		
		80[a,b]	100[a,b]	120[a,b]	日采食 100 g 饲料产白壳蛋的种母鸡	日采食 100 g 饲料的白壳产蛋母鸡	日采食 110 g 饲料的褐壳产蛋母鸡[c]
维生素 E	IU	***6***	***5***	***4***	***1.0***	***0.5***	***0.55***
维生素 K	mg	0.6	0.5	0.4	0.1	0.05	***0.055***
水溶性维生素							
维生素 B_{12}	mg	0.004	***0.004***	***0.004***	0.008	***0.000 4***	***0.000 4***
生物素	mg	***0.13***	***0.10***	***0.08***	***0.01***	***0.01***	***0.011***
胆碱	mg	1 310	1 050	875	105	105	***115***
叶酸	mg	0.31	0.25	0.21	0.035	0.025	***0.028***
烟酸	mg	12.5	10.0	8.3	1.0	1.0	***1.1***
泛酸	mg	2.5	2.0	1.7	0.7	0.20	***0.22***
吡哆醇	mg	3.1	2.5	2.1	0.45	0.25	***0.28***
核黄素	mg	3.1	2.5	2.1	0.36	0.25	0.28
硫胺素	mg	0.88	0.70	0.60	0.07	***0.07***	***0.08***

注：表中所缺的试验数据可根据其他年龄或相关品种的家禽的数据估计得到，并以斜黑体表示。

[a]每只母鸡每日的饲料采食克数。

[b]以 ME_n 浓度约为 2 900 kcal/kg 饲粮为基础，并且假定产蛋率为 90%(100 只母鸡每日产蛋 90 枚)。

[c]斜体的数值在白壳产蛋鸡的基础上提高 10%，这是因为鸡的体型较大，且每天的产蛋量较多。

[d]产蛋母鸡自身对粗蛋白质没有要求，但为了保证有充足的氮用以合成非必需氨基酸，应该提供充足的粗蛋白质。粗蛋白质推荐量可由典型的玉米-豆粕饲粮满足，当使用合成氨基酸时，粗蛋白质的水平可降低。

[e]白壳蛋鸡氨基酸需要量值中的斜体部分用 Model B 估计(Hurwitz 和 Bornstein，1973)，假定鸡的体重为 1 800 g，蛋重为 47 g。

[f]蛋壳达到最大厚度的需要量可能更高。

[g]在高温时需要量可能更高。

虽然现在多数是以所有营养物质为基础来配制全价饲粮的，但有时也可能遇到需要补钙的情况。如果出现这种情况，应该使用贝壳颗粒或一些其他形式的含钙颗粒让家禽自由采食[19]。

4.3.1 阶段饲养

阶段饲养是一种根据家禽生产阶段确定营养需要量从而增加经济回报的体系。阶段饲养通常与蛋白质的采食量有关，同时能量在这个过程中起调节作用。阶段饲养要求生产者对生产阶段、产蛋率、体重和饲料消耗量的信息作详细记录。饲粮中能量和蛋白质含量、环境温度和管理类型等其他数据也必须记录。一个生产周期通常包括 3 个阶段：第 1 阶段为 20～40 周龄，这一时期母鸡仍处于生长阶段，并且达到产蛋高峰；第 2 阶段为 40 周龄到产蛋率达到 65%；第 3 阶段是从 65%产蛋率到 80 周龄。这 3 个阶段的蛋白质需要量估计分别为 17 g/(只・d)、16 g/(只・d)和 15 g/(只・d)。配制的饲粮应该反映出这一变化。当然，能量需要量受环境温度和饲粮能量水平的影响。这一饲养体系要求配制的饲粮必须满足非常具体的需要。

4.3.2 蛋重的管理

根据禽蛋市场情况，蛋重过大可能对禽蛋经营企业的效益产生负面影响。蛋重受营养、蛋白质的采食量、饲粮某些氨基酸(如蛋氨酸和半胱氨酸)、能量、总脂肪和必需脂肪酸(亚油酸)的影响。增加这些营养物质的含量可以增加产蛋早期的蛋重，而通过降低这些营养物质的含量可以控制产蛋末期的蛋重[20]。管理者应该认真监测鸡群蛋重的变化，因为蛋重对产蛋数可能具有潜在的影响。

4.3.3 鸡群再利用的日粮(flock recycling ration)

这种日粮在强制换羽的家禽中应用得尤其普遍。当产蛋末期家禽开始丧失理想的生产性能时,饲养者利用这一日粮可以提高产蛋率、蛋壳质量和卵清蛋白的含量。应该注意的是,这些因素所产生的效果不会超过换羽前的水平。换羽的原则是减少光照和降低饲料采食量。但是,必须注意饮水量不能减少,尤其是在炎热的季节。

4.4 种禽饲养

对于留作种用的家禽,至少在采集受精蛋4周前,将公鸡引入到母鸡群中。同时,在配制的饲料中应增加脂溶性维生素(如维生素E和维生素K)的含量及水溶性维生素(核黄素、泛酸和钴胺素)、微量元素(锰)的含量。

4.4.1 用于限饲的饲料

为了防止留作种用的大型肉种鸡产蛋阶段过量采食而变成肉仔鸡,人们已经尝试控制其能量采食量的技术,观察特定的肉种鸡的体重状况,并限制其饲料采食量,以防止它们过肥。采用限饲方案时,应该考虑家禽所处的环境条件和家禽的品种,这点十分重要。减缓生长速度除可以减少体内脂肪含量外,还可以减少肉用家禽腹水症和腿病的发生。限饲技术包括在生长阶段限制家禽的采食量。这一方法的成功与否,取决于是否使用高度强化的饲粮,这种饲粮能满足强制限饲情况下家禽的营养需要。

种禽饲粮中重要的营养物质包括硫胺素、生物素、维生素B_{12}、锰和锌等。另外,饲粮中的核黄素、泛酸、吡哆醇和叶酸的含量也应有所增加。

4.4.2 公鸡营养

对公鸡的饲养和管理已经逐渐受到重视。家禽的公母比例为1∶(8～10)。通常公母家禽要分开饲喂,它是通过将公鸡饲槽增高而将母鸡饲槽入口缩小的方法来实现的。公鸡的营养需要量如附表34所示。从收集受精蛋前的4～6周起,公鸡在交配前应接受12～14 h的光照。应该定期对公鸡体重进行检查,已经证明,公鸡体重减少10%～15%会降低种蛋的受精能力。

4.5 火鸡雏、中雏和繁殖种鸡

如附表36所示,蛋白质的需要量随年龄的增长而下降,同时也受性别的影响。雏鸡的蛋白质需要量为28%,到成年种火鸡则下降到14%。另一方面,能量需要量在生长期从2 800 kcal/kg增加到3 300 kcal/kg,而种火鸡则下降到2 900 kcal/kg。大型火鸡的生长率以及饲料和能量消耗量如附表37所示。大型火鸡维持和繁殖期间的体重和饲料消耗量如附表38所示。火鸡在生长和产蛋全期可以饲喂全粉料饲粮。尽管生产者可能认为颗粒饲料更理想,但是仍然推荐使用粉状饲料。在雏鸡饲粮中要求添加抗生素和抗球虫剂,而在大雏饲粮中,这2种添加剂不是必需的。通常,繁殖火鸡饲粮的更换应该在30周龄时,与光照制度的改变一道进行。

4.6 其他家禽

有关鸭、雉鸡、鹅和鹌鹑的研究资料较为缺乏。因此,这些家禽的各种营养需要量目前还是暂时性的。

4.6.1 鸭

鸭的营养需要量如附表41所示。北京白鸭(white pekin duck)的近似体重和饲料消耗量如附表42

所示。通常建议给鸭饲喂颗粒饲粮，这样不仅有利于采食，而且可以使饲料的浪费降到最低。对于鸭雏，饲粮颗粒的大小应为 1/8 英寸，随后可以增加到 3/16 英寸。在前两周，雏鸭应饲喂雏鸭饲粮，随后一直到上市阶段，应该饲喂肥育饲粮。后备种鸭应在预期产蛋期前一个月饲喂大雏饲粮。

4.6.2　鹅

鹅的营养需要量如表 14-8 和附表 40 所示。鹅应采食颗粒饲料。小鹅在出生的前 3 周应饲喂雏鹅饲料，随后饲喂蛋白质含量为 15%～16%的中雏饲料。颗粒大小可以与鸭饲料相似。到 5～6 周龄时，鹅能采食相当比例的牧草。如果多汁饲料供应充足，鹅的饲料可以限制在 1～2 lb(只・周)，一直持续到 12 周龄。从 12 周龄一直到上市，应该让鹅自由采食充足的颗粒饲料。只要 3 周龄开始后的饲养制度能提供蛋白质含量至少 15%的饲料，那么，既可以使用全粉状饲料，也可以采用破碎饲料。到 5～6 月龄时，鹅开始上市出售，这一阶段应该给那些种鹅提供蛋白质含量为 18%左右的繁殖饲粮。这一水平比其他类型种禽的正常需要量高，这是由于鹅喜食粗饲料，而饲粮中的粗饲料部分往往蛋白质含量较低。在没有专用种鹅饲料情况下，可以使用蛋白质含量为 15%～17%的优质种鸡料代替。

表 14-8　鹅的营养需要量(以占每千克饲粮中的百分比或绝对单位数表示)(90%干物质)

营养物质	单位	0～4 周，2 900[a]	4 周后，3 000[a]	种鹅，2 900[a]
蛋白质和氨基酸				
蛋白质	%	***20***	***15***	***15***
赖氨酸	%	1.0	0.85	***0.6***
蛋氨酸＋胱氨酸	%	0.60	0.50	***0.50***
常量元素				
钙	%	***0.65***	***0.60***	***2.25***
非植酸磷	%	***0.30***	***0.3***	***0.3***
脂溶性维生素				
维生素 A	IU	***1 500***	***1 500***	***4 000***
维生素 D_3	IU	***200***	***200***	***200***
水溶性维生素				
胆碱	mg	***1 500***	***1 000***	?
烟酸	mg	***65.0***	***35.0***	***20.0***
泛酸	mg	***15.0***	***10.0***	***10.0***
核黄素	mg	3.8	***2.5***	***4.0***

资料来源：NRC 家禽 1994[3]。

注：对于没有列出的营养物质或没有给出值的，请参考鸡的营养需要(表 4-11)。表中所缺的试验数据根据其他年龄或相关品种的家禽的数据估计得到，并以斜黑体表示。

[a] 饲粮的典型能量浓度，以 ME_n(kcal/kg)表示。

4.6.3　雉鸡

雉鸡的营养需要量如附表 43 所示。该营养需要量与火鸡的相似。饲养的雉鸡主要有 2 种类型：用作餐饮业的雉鸡和用作狩猎的雉鸡。前者饲养主要考虑的是如何提高其肉质；而饲养后者主要考虑的是如何提高其飞行能力。

4.6.4　珍珠鸡

珍珠鸡的饲养方式同火鸡非常相似。它们可以饲喂粉料，也可以饲喂颗粒料。在 6 周龄后开始饲喂中雏饲料。珍珠鸡通常在 14 周龄左右时上市。同雉鸡一样，珍珠鸡的营养需要与火鸡的也非常相似，并且用于饲养火鸡的方法同样也可以用于饲养珍珠鸡。

4.6.5 日本鹌鹑和北美鹑

日本鹌鹑和北美鹑的营养需要量分别如附表44和表14-9所示。俄勒冈州立大学的试验表明，在出雏最初2周内，使用蛋白质含量为28%的火鸡雏饲料，随后在5～6周龄性成熟时使用强化(well fortified)肉仔鸡饲料，这样可以成功地用来饲养日本鹌鹑。对于成年鹌鹑，饲喂蛋白质含量15%～16%的产蛋鸡或种鸡强化饲粮，均能获得良好的饲养效果。

表14-9 北美鹑营养需要量(以占每千克饲粮中的百分比或绝对单位数表示)(90%干物质)

营养物质	单位	0～6周龄2 800[a]	6周龄后2 800[a]	种鹌鹑2 800[a]
蛋白质和氨基酸				
蛋白质	%	***26***	***20.0***	24.0
蛋氨酸+半胱氨酸	%	***1.0***	***0.75***	***0.90***
脂肪				
亚油酸	%	***1.0***	***1.0***	***1.0***
常量元素				
钙	%	0.65	***0.65***	***2.4***
非植酸磷	%	***0.45***	***0.30***	***0.70***
钠	%	***0.15***	***0.15***	***0.15***
氯	%	***0.11***	***0.11***	***0.11***
微量元素				
碘	mg	0.30	***0.30***	***0.30***
水溶性维生素				
胆碱	mg	1 500.0	***1 500.0***	***1 000.0***
烟酸	mg	30.0	***30.0***	***20.0***
泛酸	mg	12.0	***9.0***	***15.0***
核黄素	mg	3.8	***3.0***	***4.0***

资料来源：NRC家禽1994[3]。

注：表中所缺的试验数据可以根据其他年龄或相关品种家禽数据进行估计，并以斜黑体表示。对于没有列出的幼雏-中雏的值，请参考火鸡的需要量。

[a]典型饲粮能量浓度，以ME_n(kcal/kg)表示。

有很多饲养技术可能与家禽饲养有关，也可能无关，但是仍然应当提到这些技术。这些技术包括间歇光照、断喙、剪冠、抱窝雌禽的管理等。有关这一内容的进一步信息，读者可以参考各种有关家禽管理的资料[21,22]。

本章小结

当今，为了生产各种人类使用的产品(肉、蛋、羽毛、血浆等)，适于商品化饲养的家禽种类有很多。在各种畜禽中，家禽的营养需要量制定最为准确。对于各种专门品种、类型和年龄的家禽而言，它们都有具体而准确的营养(氨基酸、饲粮能量、矿物质和维生素)需要量。环境条件对营养物质利用的影响也已经给予了很好的说明。饲料加工和管理技术已经变得高度专业化。自动饲喂体系正在获得广泛的应用。因此，通过饲喂饲料可以获得最佳的生产性能。一些最先进的计算机配方系统正被用于家禽饲粮的配制。提高家禽生产性能的各种饲料添加剂的使用，也已经得到广泛的认同。随着食品需求量的增长，家禽将继续为持续增长的全球人口提供廉价的动物蛋白质来源。

参考文献

1. Muirhead, S., ed. 1999. Feed marketing and distribution. *Feedstuffs*: 6～22.

2. Waldroup, P. W. 1999. Dietary nutrient requirements for chickens and turkeys. *Feedstuffs* 71:66.

3. NRC. 1994. *Nutrient requirements for poultry*. 9th rev. ed. Washington, DC: National Academy Press.

4. Roush, W B, T L Cravener, et al. 1996. Computer formulation observations and caveats. *J. Appl. Poultry Res.* 5: 116.

5. Nott H, and G. F. Combs. 1967. Data processing of ingredient composition data. *Feedstuffs* 14:21.

6. Scott, M. L., M. C. Nesheim, and R. J. Young. 1982. *Nutrition of the chicken*. Ithaca, NY: M. L. Scott and Associates.

7. Baker, D. H. 1997. Ideal amino acid profiles for swine and poultry and their applications in feed formulation. *Bio-Kyowa Technical Review*-9.

8. Emmert, J. L., and D. H. Baker. 1997. Use of the ideal protein concept for precision formulation of amino acid levels in broiler diets. *J. Appl. Poultry Res.* 6:462.

9. Han, Y., and D. H. Baker. 1993. Effects of sex, heat stress, body weight and genetic strain on the lysine requirement of broiler chicks. *Poultry Sci.* 72:701.

10. Han, Y., and D. H. Baker. 1994. Digestible lysine requirement of male and female broiler chicks during the period three to six weeks post hatching. *Poultry Sci.* 73:1739.

11. Baker, D. H., and Y. Han. 1994. Ideal amino acid profile for broiler chickens during the first three weeks post hatching. *Poultry Sci.* 73:1441.

12. Dudley-Cash, W. A. 1998. Digestible amino acid requirements revised and extended for broilers. *Feedstuffs*(July 6, 1998):11:15.

13. Sibbald, I. R. 1986. *The T. M. E. system of feed evaluation: Methodology, feed composition data and bibliography*. Tech. Bull. 1986-4E. Ottawa, Canada: Agriculture Canada.

14. Green, S. 1987. *Digestibilities of amino acids in foodstuffs for poultry and pigs*. Digestibility Rep. 8/87. Commentry, France: Rhone-Poulenc Nutrition Laboratories.

15. Parsons, C. 1990. *Digestibility of amino acids in feedstuffs and digestible amino acid requirements for poultry*. St. Louis, MO: Biokyowa, Inc.

16. Muirhead, S., ed. 1998. *Feed additive compendium*. Minnetonka, MN: Miller Publishing. PP. 1～533.

17. Leeson, S., and J. D. Summers. 1997. *Commercial poultry nutrition* 2d ed. Guelph, Ontario, Canada: University Books.

18. Roush. W. B., and T. L. Cravener. 1997. Artificial neural network predication of amino acid levels in feed ingredients. *Poultry Sci.* 76:721.

19. Nelson, T. S. 1984. *Nutritional requirement, biochemistry, and metabolism of calcium in poultry*. West Des Moines, IA: Nutrition Institute-Minerals, National Feed Ingredients Association.

20. Hurwitz, S., and S. Bornstein. 1973. The protein and amino acid requirements of laying hens: Suggested models for calculation. *Poultry Sci.* 52:1124.

21. North, M. C., and D. Bell. 1990. *Commercial chicken production manual*. 4th ed. New York: Van Nostrand Reinhold.

22. Austic, R. E., and M. C. Nesheim. 1990. *Poultry production*. 13th ed. Philadelphia: Lea and Febiger.

第 15 章　奶牛饲养

Feeding Dairy Cows

作者：David J. Schingoethe

译者：姜成钢

校对：都文和董晓玲

前言

乳和乳制品是美国人膳食的重要组成部分，美国每年人均乳制品的消费量约为 280 kg。乳制品提供了食物中 75%的钙，同时乳制品也是蛋白质、维生素、其他矿物质和能量的重要来源。在一些国家，人均乳制品消费量要比美国高 50%～100%。即使有些国家的人均乳制品消费量没有那么高，但是世界人均乳制品消费量也超过 100 kg。

为了满足人类食品的需求，在美国，大约有 920 万头奶牛，每头每年平均产奶 8 000 kg，多数奶牛场都是高度机械化的(图 15-1)。很多牛群的年平均产奶量超过 12 000 kg/头，一些奶牛的年产奶量超过 30 000 kg。世界年产奶量大约为 38.1 亿 t，其中大部分产自温带地区。

在美国，乳和乳制品销售占全部农场现金收入的 12%，而小牛(veal calf)、奶公牛和其他奶牛的销售占全国农场现金收入的 3%。在乳牛场的总支出部分，饲料成本是需要重点考虑的内容，因为饲料成本通常占奶牛场经营成本的 50%。为了使乳制品生产获利，在价格合理的基础上给奶牛饲喂营养平衡的饲粮是至关重要的。

图 15-1　现代化挤奶大厅的内部结构图

现今奶牛要达到预期的生产水平需要消耗大量的饲料。然而正如表 15-1 所示，在整个泌乳期和干奶期，奶牛的营养需要量变化极大。在产奶高峰期，奶牛的蛋白质和能量需要量是妊娠末期的 3～10 倍。而奶牛的食欲通常滞后于它们的营养需要量，这个事实使得情况变得更加复杂。奶牛饲养方案所面临的挑战是，如何在满足奶牛营养需要情况的同时，使奶牛失重、消化紊乱的程度降到最低，并且保持奶牛的健康。

表 15-1　体重 650 kg 的奶牛在维持、妊娠后期及日产奶 50 kg 时的蛋白质、能量、钙和磷的日需要量

营养物质	状况		
	维持	妊娠后期	产奶高峰期[a]
蛋白质(kg)	0.428	1.120	4.628
NE_l(Mcal)	10.30	13.39	44.8
钙(g)	26	43	174
磷(g)	19	26	110

资料来源：依据奶牛 NRC[9]。

[a]维持的需要量加上产 50 kg 乳脂率为 3.5%乳的营养需要量。

1　泌乳及妊娠周期

图 15-2 给出了在正常泌乳和妊娠周期期间，产奶量、干物质采食量及体重变化的典型关系。在产犊后 6～9 周，产奶量迅速增加，并达到泌乳高峰期(最大)。然而，产后食欲减退，以致到产后 12～15 周才会出现最大干物质日采食量。结果，很多奶牛处于能量负平衡的时间达到 8～10 周，而高产奶牛则可能长达 20 周或更长。奶牛可以通过动用体储来弥补这部分营养的不足。健康状况良好的奶牛在泌乳早期通常失重 90～135 kg，这部分失重足以维持 700～900 kg 产奶量。如果这部分营养物质无法供应，高峰产奶量和总泌乳量可能低于最佳水平。

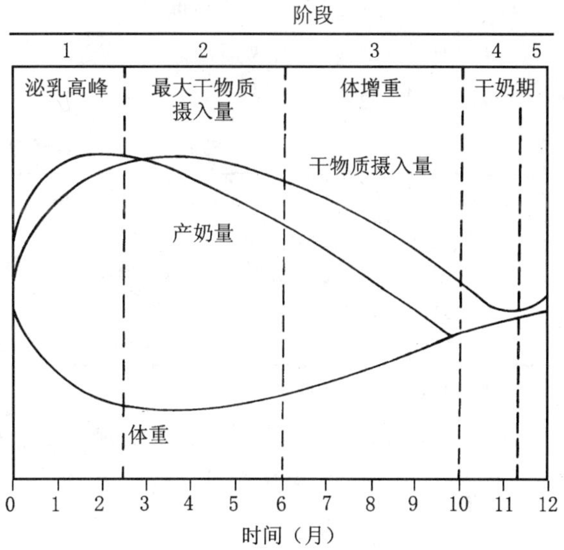

图 15-2　泌乳-干奶周期各阶段奶牛的产奶量、干物质采食量和体重变化

在达到最大干物质采食量以后，采食量水平趋于与产奶量的需要相一致，并且随产奶量的下降而下降。但是，这时的采食量依然滞后，直到奶牛的采食量高于它们在泌乳末期的需要为止。这能够使奶牛恢复泌乳早期丢失的体重。为了获得最佳的能量利用效率，奶牛应在泌乳末期恢复大部分失重。奶牛在干奶期的大部分增重与胎儿的生长有关。

2　阶段饲养方案

如图 15-2 所示，根据不同时期特定的营养考虑，泌乳和妊娠周期可以分为 5 个阶段。第 1 阶段大约为泌乳前 10 周阶段，泌乳高峰期出现在这一阶段，奶牛还需要动用体储来弥补营养物质采食量的不足；第 2 阶段对大多数奶牛来说开始于产后 10 周，并可能持续 12～20 周，这一阶段产奶牛会达到最大干物质采食量，并且营养物质采食量与需要量相平衡；在产奶末期，随着奶牛采食量超过产奶所需的营养需要量而进入第 3 阶段，第 3 阶段是奶牛为下一个泌乳期做准备而恢复体储的主要时期。

如果给奶牛注射牛生长激素(bST)或其他能改变泌乳曲线的类似化合物，那么，这 3 个阶段的划分时间点及相对长度就有可能发生改变。不论是在泌乳周期何时注射 bST，在注射的初期，产奶量都迅速增加，但食欲提高速度不如产奶量增加的速度快，一直到注射后 5～8 周阶段，食欲才会增加。

第 4 阶段和第 5 阶段属于干奶期阶段。一些研究者也将这 2 个阶段合并为一个阶段，但是本书作者宁愿选择将其划分为 2 个阶段。第 4 阶段占干奶期的大部分，是体重的最终恢复阶段，同时还包括乳房腺体组织的修复和更新，为下一个泌乳期做准备。第 5 阶段是产犊前的最后 1～3 周。这个“收尾”时间段常被称为“转换期”。在这一阶段，产奶牛应该开始增加谷物饲料的采食量，以便瘤胃能为产后营养物质采食量的迅速增加做准备。

泌乳和妊娠周期不同阶段的饲养方案将在随后的部分进行讨论。这一讨论将从干奶期或青年母牛的妊娠末期开始，然后是整个泌乳期。许多营养学家将干奶末期作为泌乳期饲养方案的起点，因为这一时期是为泌乳做准备的阶段。

2.1 干奶期和妊娠青年母牛

奶牛需要一个短暂的干奶期进行休息，并为下一个泌乳期做准备。最佳的干奶期为6～8周(表15-2)。如果干奶期少于40 d，乳腺组织就没有足够的时间进行再生性恢复(regeneration)，可能导致下一个泌乳期的产奶量下降。干奶期超过60 d也并不能提高产奶量，反而可能导致奶牛体况过肥和难产，并且增加生产成本。干奶期的过长或过短造成的经济损失估计为，干奶期在60 d以上每头牛3美元/d，在40 d以下2美元/d。

表15-2 干奶期天数对下一泌乳期产奶量的影响

干奶天数(d)	泌乳期产奶量(kg)	干奶天数(d)	泌乳期产奶量(kg)
<39	7 998	70～79	7 852
40～49	8 316	80～89	7 473
50～59	8 375	>90	7 197
60～69	8 106		

注：结果来自对808个牛群中123 181头奶牛的研究[15]。

对于大多数奶牛，突然中断挤奶是最理想的干奶方式。当需要干奶的奶牛产奶量仍然很高时(如超过23 kg/d)，可以在预定的干奶日前一周或更长的时间去掉饲粮中混合的谷物，以使产奶量降低，然后突然中断挤奶。

干奶期是奶牛乳腺组织再生和恢复体况的时期。在干奶期，乳房发生了一些变化，包括快速萎缩、稳态萎缩及初乳生成。在干奶后的前几天内(第1阶段)，乳汁继续分泌，直至快速萎缩开始。在快速萎缩(干奶后的30 d完成)期间，泌乳组织被重吸收。第2阶段(稳态萎缩)没有具体时间，这一阶段乳腺保持塌陷的状态。第3阶段，乳生成是在产前15～20 d，并且包括泌乳开始和初乳分泌[16]。第1和第3阶段表明，干奶期至少需要45～50 d。

干奶牛的饲养方案强调保持奶牛干奶期的体况，这是因为美国农业部的研究[7]已经证明，奶牛在泌乳末期将饲料能量转化为体组织的效率要高于干奶期。产犊时奶牛的体况评分为3.5～4分(1～5分级标准，1分表示过瘦，5分表示过肥)时，对于高产奶量的牛来说，乳脂率和繁殖性能都是理想的。因此，奶牛在干奶期间就应达到良好的产犊体况。干奶期的体增重主要是胎儿生长造成的。胎儿接近2/3的体重是在妊娠最后2个月增长的，可使奶牛增重25～35 kg。当然，如果奶牛在干奶时仍然很瘦，生产者应设法增加牛体的储备，以便为胎儿生长提供营养。

图15-3 分娩前过肥的奶牛

2.1.1 奶牛肥胖

奶牛在干奶期应饲喂充足，以维持或达到良好的体况，但是不能过肥(图15-3)。谷物和/或玉米青贮的过量采食，很可能会引起营养失调，出现奶牛肥胖综合征，这一病症的特征是高血脂和脂肪肝。这些奶牛与正常奶牛相比更容易出现难产、皱胃移位、酮病和其他健康问题。与自由采食玉米青贮的奶牛相比，采食干草和/或半干青贮的奶牛出现这些问题的可能性更小。如果必须饲喂玉米青贮，那么干奶母牛的玉米青贮应该限制饲喂为 9.5～11 kg/d，蛋白质补充饲料（如大豆粕）应饲喂 0.5 kg/d，并提供充分的钙、磷补充饲料，供奶牛自由采食。在所有情况下，干奶母牛都应与泌乳母牛分开，以防止能量摄入过多。

2.1.2　妊娠青年母牛

妊娠青年母牛在妊娠后期的营养需要量比相同体格大小的干奶母牛略高，这是因为它们仍然在增重。为了能继续增重和为胎儿提供养分并不变瘦，在妊娠的最后 3～4 个月内，在给妊娠青年母牛饲喂粗饲料的同时，还需要补饲一定数量的谷物。优质粗饲料能够提供青年母牛妊娠早期所需的所有营养物质。但是，如果粗饲料的品质不佳，或者母牛处于恶劣的环境条件中，为了维持最佳生长率，则需要供给额外的谷物。同干奶母牛一样，小母牛在产犊时应处于良好的体况，但又不能过肥。年龄和体重相似的小母牛，通常采取群饲方式饲喂（图 15-4）。

2.1.3　干奶牛饲粮

与没有妊娠或没有泌乳时相比，妊娠干奶母牛需要更多的蛋白质、能量、钙和磷，但是需要的营养元素没有泌乳时多（表 15-1）。附表 14 和附表 17 介绍了更为详尽的营养需要量和饲粮配方。干奶母牛的营养需要可以仅用粗饲料来满足，而无需谷物。豆科-禾本科干草或玉米青贮都无法单独满足干奶母牛的所有养分需要；可当这 2 种饲料组合后，只需添加维生素和少量的磷就能满足需要。

图 15-4　肥育场群饲的健康小母牛

干奶牛饲粮可能非常简单，但是应考虑到以下问题。饲粮中应至少含有占牛体重 1% 的长茎且干燥的粗饲料。最理想的应当是禾本科干草，因为豆科干草含有过量的钙，而磷的含量又低，这 2 种情况的饲粮都可能增加产乳热发生的比率。应当避免干奶牛自由采食玉米青贮，因为这可能导致能量采食过量，增加皱胃移位和奶牛肥胖综合征的发生率。谷物用量应限制在满足干奶牛能量和蛋白质需要量的水平。钙的采食量应控制在 100 g/d 以下，同时提供充足的磷（大型品种 35～40 g/d）。高水平钙，尤其是当饲粮中缺乏磷时，将增加产乳热的发生率。在寒冷天气下，对于防寒设施极少的圈养奶牛来说，由于维持需要的增加，需要补充额外的能量。

在一些作物中，缺硒地区可能需要补充额外的硒（3～5 mg）。硒缺乏，尤其是在维生素 E 采食量不大时，可能导致胎衣不下。大部分储藏饲料都含有充足的维生素 E，但含量不会过大，通常青绿饲料中维生素 E 含量较高。对于无法接触牧草的奶牛，在整个干奶期添加 1 000 IU/d 维生素 E 是一种较好的保护措施。在干奶期最后 3 周注射硒和维生素 E，或额外添加这 2 种营养物质，可以有效地满足奶牛的需要，同时减少胎衣不下的发生。很多奶牛企业给所有奶牛额外添加维生素 A、维生素 D 和微量元素，以确保这些营养物质不会缺乏。给奶牛添加高于现行 NRC[9] 推荐量 20%～50% 的微量元素，能够弥补产犊前后因干物质采食量的下降而引起的微量元素缺乏。但是，应防止奶牛摄入大量微量元素，尤其是含钠的混合缓冲剂，同时食盐的摄入量应该限制在 28 g/d。高盐摄入可能加重奶牛（尤其是初产母牛）乳房水肿时的体液滞留问题。

2.1.4　围产期（转换期，第 5 阶段）

分娩前的最后 2 周是对奶牛的营养做出调整的时期，这种调整有助于奶牛为分娩以及随后的泌乳做准备。这些营养变化主要是为了使瘤胃微生物区系能适应为产后急剧增加的营养需要所提供的高能饲粮。通常这种调整最好是在现有饲粮中添加少量的全价泌乳饲粮，并逐渐地增加谷物的数量，使分娩时奶牛所采食的谷物达到其体重的0.5%～1%。这种“产前补饲”(steaming up)方法能减少产乳热的发生，因为多数谷物的钙磷比例比豆科牧草理想，并且这一方法能够帮助奶牛在泌乳早期更为迅速地适应高能饲粮，可以减少酮病的发生。

在围产期开始让奶牛采食粗饲料做法是可取的，但是，要持续给奶牛提供相当于其体重0.5%～1%的长干草。这有助于保证饲粮有足够的体积，从而减少发生皱胃移位的可能。对饲粮的改变应逐步地进行，因为饲粮的突然改变可能导致消化功能紊乱，并造成奶牛食欲不良。在产前的24～48 h，多数奶牛都会出现总干物质采食量急剧下降，因此，保证瘤胃的稳定，有助于预防皱胃移位、酸中毒和食欲不良。

产前最后阶段是采取措施以减少分娩前后可能出现几个问题的最佳时机。对于易发产乳热的奶牛，可以考虑在产前几天将钙的摄入量降低到14～18 g/d，这有助于激活动员钙的激素系统，增加肠道中钙的吸收和骨钙的动员。

一些研究[1]表明，给干奶后期奶牛饲喂阴阳离子差(CAD)为负值(含阴离子盐)的饲粮，会减少产乳热的发生率。在这些饲粮中，主要考虑的矿物质是钠、钾、硫和钙。如果使用这一方法，应该将CAD定为每100 g饲粮干物质－15～－10 meq。应该清楚粗饲料中钾的含量，因为这似乎是一个关键因素。饲喂阴离子盐时，将饲粮钙水平提高到150 g/d(含钙1.3%～1.5%)，并平衡饲粮中磷、镁和硫的水平，同时应避免使用含钠的缓冲剂，因为钠的作用与阴离子盐的作用正好相反。最近的研究[3]表明，在骨钙的动员方面，饲喂诸如酸处理大豆粕产品，也能达到同饲喂阴离子盐相同的效果。与阴离子盐不同的是，饲喂酸处理大豆粕不会引起适口性不佳的问题。

对于体况过肥(体况评分为4～5分)、易发酮病且高产的奶牛，应考虑在产前2周每天补喂6 g烟酸，一直持续到泌乳期的前8周。如前面推荐，给干奶后期奶牛增加谷物饲喂量，有助于减少产乳热和酮病的发生。产乳热的减少是由于提供了足够的磷，而酮病的减少则是由于饲粮中供应的能量增加，减少了体脂的动员。在硒缺乏地区，应该将维生素E的摄入量增加到500～1 000 IU/d，硒增加到0.3 ppm，或者是在产前2～3周注射硒和维生素E。

2.2 泌乳高峰期

奶牛从分娩到泌乳高峰期是非常关键的阶段。在这一时期，通常产奶量每增加1 kg，就意味着泌乳期产奶量增加200 kg。然而，因为采食量不能满足营养需要量，所以第1阶段(泌乳高峰期)是一个营养负平衡时期。

泌乳期这一阶段的目标是尽可能快地增加奶牛的采食量，从而尽量缓解营养供应的不足，但不建议饲粮变化太快，那样会导致消化功能紊乱和食欲不良。一旦产犊应激过后，谷物的采食量通常每天可增加0.5～0.7 kg，或者如果饲喂的是全混合日粮，粗精料比可以逐渐降低，最高可降到40∶60。粗精料比在50∶50时较为安全，更高的精料比例可能就无法保证饲粮中18%～19%的最小酸性洗涤纤维水平，并且更可能发生消化功能紊乱。

第1阶段成功的饲喂方案，能使高峰期产奶量达到最大，使奶牛能利用体储作为能量来源减少酮病，并使奶牛在产后8～10周恢复到能量的正平衡。泌乳期这一阶段需要最佳的营养管理。在这一阶段，奶牛最容易对饲料添加剂、特殊的饲料处理和特殊的饲粮配合表现出积极的反应。后面部分列出了一些需要考虑的营养注意事项。

奶牛通过动用体脂可以弥补大部分能量采食量的不足；然而，它们无法动用过多的蛋白质。因此，它们所需的绝大部分蛋白质需要由饲粮提供。当能量采食量与能量需要量相等时，饲粮粗蛋白含量在16%～17%，就能满足多数奶牛的蛋白质需要。然而在泌乳早期，能量摄入无法满足奶牛的能量需要时，则要18%～20%的粗蛋白来满足蛋白质需要。

泌乳早期的奶牛也可能从过（躲过降解的）瘤胃蛋白（见第 6 章和第 15 章）中受益。每 100 kg 体重，产奶量在 5 kg 以下的奶牛，蛋白质需要量可以由瘤胃合成的微生物蛋白质和正常过瘤胃蛋白质得到满足。产奶量超过这一水平的奶牛，可能从过瘤胃蛋白质和/或瘤胃保护氨基酸受益。蛋白质的过瘤胃部分在小肠中能高度消化，并且含有必需氨基酸，这些氨基酸能使奶牛获得良好的生产效果[13]。尽管这些奶牛对 NPN 的利用程度可以通过增加饲粮中可发酵碳水化合物得到一定提高，但总体上这些奶牛不能有效地利用非蛋白氮（NPN）补充料。

增加饲粮能量浓度也更有助于满足泌乳早期奶牛的能量需要，这在一定程度上可以通过提高饲粮中精料的比例来实现。然而，高淀粉-低纤维饲粮更容易造成酸中毒、消化紊乱以及乳脂率下降。饲粮中添加脂肪能增加饲粮能量浓度，同时又保持充足的纤维采食量。脂肪的添加应有限度（见后面部分），但是奶牛每天能轻易地消耗 0.5～0.7 kg 的脂肪，这些脂肪可以增加饲粮的能量浓度。当饲料中添加脂肪时，饲粮钙浓度应增加到饲粮干物质的 0.9%以上，Mg 增加到约 0.3%。

单一缓冲剂，如 $NaHCO_3$（碳酸氢钠）或其与 MgO（氧化镁）的组合，有益于泌乳早期奶牛的健康。添加 100～200 g/d $NaHCO_3$ 或其等价物，对于采食青贮粗饲料，尤其是小颗粒粗饲料和高水平可溶性碳水化合物饲粮的奶牛有利。缓冲剂的主要优点是维持瘤胃 pH 值恒定，从而减少酸中毒和消化紊乱，并增加干物质采食量。

高产奶牛从干奶末期开始添加烟酸，并应一直持续添加。与没有补充烟酸相比，奶牛补充烟酸后采食量的增加更快，并且酮病的发生率降低。

通过饲粮提供至少 2.25 kg 的干燥干草，有助于维持正常的反刍和消化功能，尤其是对于泌乳早期奶牛。如果使用的是切碎或粉碎的粗饲料，应尽量使其长度为 2.5～4 cm 或以上。康奈尔大学的研究表明，饲喂长茎干草的奶牛出现皱胃移位的病例很少，饲喂豆科青贮的奶牛，皱胃移位的发生率略有增加，而玉米青贮作为惟一的粗饲料进行饲喂时，奶牛发生皱胃移位的病例最多[2]。

2.3　最大干物质采食量

为了维持高产奶量，应使奶牛在泌乳期尽早地达到最大干物质采食量。这可以使奶牛在泌乳早期的营养负平衡减到最小，并且使奶牛尽早地由能量负平衡转为能量正平衡。能量正平衡的奶牛受胎率要高于能量负平衡的奶牛，这在奶牛生产中是需要重点考虑的，因为奶牛通常在泌乳阶段进行配种。这一阶段奶牛的体重应保持稳定并开始增重。

大多数奶牛的最大干物质采食量可能达到其体重的 3.5%～4%或者更高，但是也随产奶量和奶牛个体的食欲而变化（附表 16）。产奶量高的奶牛采食量通常也较高，有的奶牛的采食量可能达到其体重的 5%。

这一时期，饲粮中蛋白质含量可能低于泌乳早期的需要量，因为此时奶牛能从饲粮中获取其所需的全部能量和蛋白质。受干物质采食量增加的影响，微生物蛋白质合成量也增加，再加上饲粮蛋白质水平的降低，表明这一时期过瘤胃蛋白的供给量不如在泌乳早期大。然而，我们还是应当维持瘤胃降解蛋白质和碳水化合物的平衡，使营养物质的利用达到最佳。

虽然这一阶段奶牛出现食欲不良的可能性较泌乳早期小，但我们仍应当尽量避免造成奶牛消化不良，或采食量低于其最佳采食量的情况出现。采食足量的纤维仍然很重要，并且谷物的采食量不应超过奶牛体重的 2.5%。增加饲喂次数，尤其是饲喂完全混合饲粮，能使消化不良减到最少，而使干物质采食量达最大。如果全部或者部分谷物采用电子谷物喂料器（图 15-5）饲喂，那么，应限制每一餐谷物采食量在2.25～3.25 kg。如果饲粮湿度过大，那么饲粮中干物质含量可能会限制干物质的采食量。如果饲料水分超过 50%，那么干物质采食量可能因肠道充盈而受限。

2.4 泌乳后期

泌乳后期是最好管理的阶段，因为此时奶牛处于妊娠阶段，养分采食量通常超过需要量，并且产奶量正在下降。这时奶牛开始恢复泌乳早期损失的体重，以便在干奶期能处于良好的体况状态，但我们仍应尽可能地保持一定的产奶量。应当记住，青年牛仍然在生长，因此需要额外的营养物质用于生长和恢复体重。根据常用的饲养指南，2岁龄奶牛用于生长的营养需要是维持需要的20%，而3岁龄奶牛则为10%。

在这一阶段，可以根据产奶量和体况来提高饲料的精粗比，以及利用NPN来降低饲料成本。因为增重所需的能氮比低于产奶的能氮比，所以这个时期所需的饲粮蛋白质数量较少。这一时期奶牛能有效地利用NPN来满足其部分蛋白质需要；而与产奶量较高的泌乳早期相比，过瘤胃蛋白质的有效成本则较低。

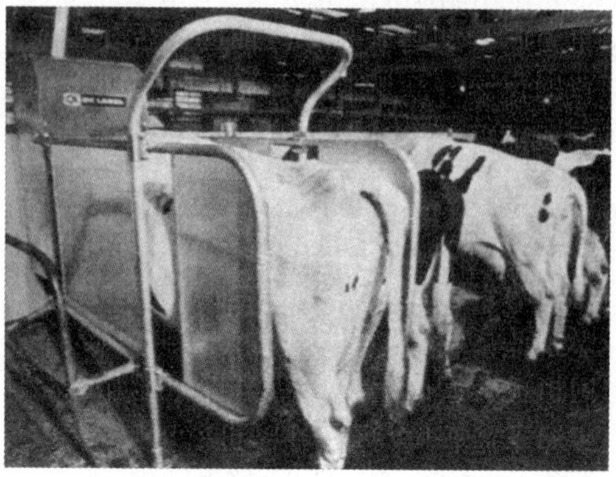

图15-5 当奶牛混合圈养时，使用磁性喂料器可以给奶牛个体提供额外的精料

3 特殊营养需要

在饲喂奶牛时，有一些特定的营养因素必须给予考虑。其中一些适用于所有饲养阶段，而另一些则可能只用在特定的阶段（如泌乳早期）才显得特别重要。

3.1 能量

奶牛生产者最大的挑战之一，就是保证奶牛能摄入足量的能量，尤其是在泌乳早期。实现能量摄入量的增加，可以考虑增加饲粮的能量浓度（通过供给较多的脂肪），增加饲粮中易发酵碳水化合物的数量（提高饲粮的精粗比），或者在一些情况下利用单独饲槽来补饲。

3.1.1 添加脂肪

1 kg脂肪所含的能量大约是1 kg碳水化合物所含能量的2.25倍；因此，用脂肪替换饲粮中一部分碳水化合物（谷物），可以提高饲粮的能量浓度。这样就能提高奶牛的能量采食量，而避免淀粉采食过量或纤维采食不足。

奶牛所能采食脂肪的量通常超过粗饲料和谷物混合物中所含的脂肪量，但是奶牛不能无限量地摄入脂肪。多数粗饲料和谷物中脂肪含量在2%～4%。脂肪含量增加到总饲粮干物质的5%～7%时，对饲料采食量或营养物质利用没有不利影响。然而，当饲粮脂肪含量超过10%时，可能会降低饲料采食量，降低纤维消化率，并引起消化不良[10]。这是因为，过多脂肪酸对瘤胃微生物（特别是纤维分解菌）的生长有抑制作用，并且反刍动物肠道内消化脂肪的能力不如非反刍动物强。通常不饱和脂肪酸造成的问题要大于饱和脂肪酸。

当饲粮代谢能的15%～17%由脂肪提供时，产奶的能量效率最佳，这时脂肪在饲粮干物质中含量为5%～8%[10]。在脂肪含量为2%～4%的奶牛饲粮中，每日添加0.5～0.7 kg的脂肪就能达到这一水平。添加如此数量的脂肪能量可足够支持3.5～4.9 kg的产奶量，或者比相同数量（0.5～0.7 kg）的碳水化合物能多产生2.4～3.3 kg奶。研究者发现，添加脂肪能使产奶量增加2%～12%。

添加脂肪对高产奶牛，尤其是处于泌乳前2～5个月的奶牛的益处最大，这通常意味着奶牛每日可以多产30 kg奶。对于年均产奶量为7 500 kg高产牛群中的高产奶牛，可能会从添加脂肪中获得益处。

饲粮中的额外能量对低产奶牛所起的效果不大，除非它们采食的饲粮数量受限，且质量低劣。饲粮中添加脂肪对处于热应激的奶牛有积极作用。

添加脂肪对产奶量的影响并不总像人们预期的那么理想。但是，增加能量摄入还有其他的益处。饲喂了添加脂肪的奶牛，达到产奶高峰通常比其他奶牛要晚 2 周，但随后它们的产奶量能维持在一个较高的水平。该方面有报道表明，饲粮中添加脂肪能够降低泌乳早期的体重损失，从而提高了繁殖效率，降低酮病的发生率；然而，这些研究中没有给出支持这些观点的确切数据。对一些适口性不好的脂肪，会因为采食量的降低而无法实现能量摄入量的提高。

3.1.2　脂肪来源

表 15-3 列出了几种理想的饲喂泌乳奶牛的脂肪来源。并非所有的脂肪来源都适合饲喂泌乳奶牛。例如，全脂大豆、向日葵籽和全棉籽是理想的脂肪来源。但是，不推荐使用游离脂肪来源，诸如大豆油、向日葵油、棉籽油、玉米油和鱼油等，因为它们对瘤胃发酵可能有不利影响，会导致纤维消化率和乳脂测定值的降低。表 15-3 所列的脂肪来源基本上是惰性脂肪，它们不会显著改变瘤胃发酵。使用各种油籽，如全棉籽、全脂大豆和向日葵籽粒，在提供脂肪的同时，还能提供一些蛋白质和纤维，因此在配制饲粮时应加以考虑。

表 15-3　泌乳奶牛饲粮中脂肪来源　%

来源	组成(%DM)			
	脂肪	粗蛋白质	酸性洗涤纤维	推荐饲喂量(kg/(头・d))
油料籽实				
菜籽	40	20	12	1.5～2.2
全棉籽	23	23	35	2～3
全脂大豆	19	41	6	2～3.6[a]
向日葵籽	30～45	19	16	1.5～2.2
脂肪补充饲料				
牛脂	99	—	—	0.5～0.7
氢化动植物混合脂肪	99	—	—	0.5～0.7
脂肪酸钙盐	85	—	—	0.6～0.8
颗粒脂肪	99	—	—	0.5～0.7

[a] 只有当全脂大豆经过热处理，日饲喂量才能超过 2.3 kg。

全棉籽的脂肪含量很高，同时还含有相当高的蛋白质和可消化纤维，尤其是当全棉籽中仍含有棉绒时。因此，在一些棉籽价格较为合理的地区，它是一种很受欢迎的饲料。棉酚中毒的潜在问题只有在牛每日棉籽采食量超过 3 kg 时才会出现。对于全棉籽饲料加工可能也是一个需要考虑的问题，因为棉籽的流动性不好，会给饲料加工设备造成一些问题。全棉籽最好是储藏在干燥而平展的地面上，并且使用全混合日粮饲喂系统来饲喂。

尽管大豆在饲喂前常常进行碾压处理，但它也可以不经加工就进行整粒饲喂。对大豆进行热处理确有好处，而其他大部分油籽则无需加热处理。大豆所含的几种抗营养因子可以通过加热而破坏(见第 8 章)。如果每日生大豆采食量超过 1.8～2.3 kg，则大豆中的抗营养因子(大豆胰蛋白酶抑制剂)可能干扰蛋白质在肠道中的消化。热处理大豆发生酸败的可能较小，因此它们的储藏时间比粉碎的未加热大豆要长。热处理大豆的适口性常常优于未加热大豆，并且过瘤胃蛋白的比例也高于生大豆。

尽管饲喂前碾压可以略微提高家畜对向日葵籽养分的利用，但是未经加工的向日葵籽也可以用来饲喂奶牛。在美国，大部分向日葵籽粒都是脂肪含量在 40%以上的油料品种；有 5%的向日葵品种脂肪含量约为30%，用于调味品的生产。向日葵籽粒的纤维性外壳很难消化。油菜籽在饲喂前应经过粉碎或破碎，可以提高家畜的利用率。

一些脂肪补充饲料，如牛脂和动植物的脂肪产品，由于在常温处理下不是干燥的或流散的，所以在农场很难使用。钙盐（脂肪的钙皂）和颗粒脂肪是干燥且流散性好的产品，在大多数饲喂系统中都可以很方便地使用。尽管研究表明这些产品在瘤胃中的稳定性比不上油籽类，但这些产品可以用来配制高过瘤胃蛋白含量和满足高产奶量所需的饲粮。

一些营养学家推荐，应当给奶牛提供2种或更多的脂肪来源。但是，本文作者并没有发现有研究表明多种来源的脂肪比相同量的单一来源脂肪更有效。

不同脂肪来源的脂肪酸组成也需要重视。高度不饱和脂肪酸，如植物油，更易于干扰瘤胃发酵，造成乳脂率下降。氢化植物脂肪和动物脂肪由于饱和程度较高，因此在奶牛中引起问题的可能性较小。

在瘤胃中，不饱和脂肪酸发生广泛的氢化作用，这也就说明了为什么奶牛胴体脂肪和乳脂脂肪酸组成实际上不受饲粮脂肪中脂肪酸组成的影响。然而，当奶牛饲喂高度不饱和脂肪酸（如全脂大豆和向日葵籽）时，乳脂的不饱和度可能略微上升[6]。乳脂组成的这种轻微改变，可以用来生产一些更具市场竞争力的乳制品。比如，生产在冷藏温度下更容易涂抹的黄油。然而，如果不饱和脂肪酸完全摆脱瘤胃的氢化作用，那么牛奶可能具有不愉快的油脂氧化气味。

3.1.3 添加脂肪的几点考虑

添加脂肪时有几个问题值得注意。乳蛋白率可能下降0.1%～0.2%，这个问题至今未得到解决[9]。乳脂率通常不受影响，但是它们可能略微下降，尤其是当奶牛摄入高不饱和脂肪时。对于某些脂肪来说，适口性可能是一个问题，而对于某些脂肪产品，在饲料加工中也会出现问题。

添加脂肪时还应当对饲粮中其他养分作出相应调整。将钙的含量提高到饲粮干物质的0.9%以上。钙能与脂肪酸化合形成皂钙，这有助于将脂肪酸对瘤胃纤维消化的不良影响降到最低，但同时也意味着一些钙可能在粪中以皂钙的形式损失。饲粮镁的含量也应当略微增加到超过干物质的0.3%，以保持钙和镁的平衡。粗蛋白含量也需要略有增加，以保证最佳产奶量所需的合适的蛋白质和能量平衡。作为一项规则，每添加0.5 kg脂肪，饲粮粗蛋白应当增加1%。给奶牛提供过瘤胃蛋白质而不是高度水解的蛋白质，可能是保证蛋白质有效利用的途径。这是因为，脂肪代替了非结构性碳水化合物后，可能导致瘤胃微生物能量的减少，从而使瘤胃微生物蛋白质的合成数量减少。

3.1.4 碳水化合物

奶牛的大部分能量是由碳水化合物提供的，但是不同饲料间碳水化合物类型和消化率差别极大。结构性（或纤维性）碳水化合物（如纤维素和半纤维素）在瘤胃中能被消化，而非碳水化合物部分——木质素实际上无法消化。非结构性碳水化合物（如淀粉和糖）在瘤胃和肠道中容易被消化，而一些谷物来源的淀粉在瘤胃中发酵速度比其他形式来源的淀粉要快。饲粮中保持足够数量的结构性碳水化合物，对于保证正常的瘤胃功能是必要的。适当调整瘤胃可降解碳水化合物和粗蛋白质的比例，可以提高瘤胃微生物蛋白质的合成效率和奶牛的能量利用效率。

一些研究者认为，中性洗涤纤维（NDF）与干物质采食量有关。为获得最大的干物质采食量，在配制饲粮时应该达到最佳的NDF用量[9]。理论上，这一原理可能是正确的，然而由于NDF中含有各种纤维性成分，因此不同类型饲料的NDF消化率可能差别极大。因此，我们不能确定哪一百分比的NDF总能使干物质采食量达到最大。通常，NDF含量较高时（多数粗饲料可能高于36%），干物质采食量可能受肠道充盈度（gut fill）的限制，而当NDF含量较低（24%～26%NDF）时，化学稳恒因子（chemostatic factor）又可能限制采食量，并且纤维也不足以维持瘤胃的正常功能。农副产品类纤维来源，如大豆皮，也可饲喂奶牛，但其提供的NDF数量不应超过饲粮NDF含量的20%～30%。

虽然一些研究表明，酸性洗涤纤维（ADF）占干物质的16%～17%时没有观察到乳脂率的下降，但为了避免乳脂率的下降，ADF 通常应至少占干物质的 19%。奶牛采食的粗饲料干物质达到其体重的 1%～1.5%时，通常可以提供一定水平的纤维。纤维的物理形态也是一个影响因素，因为与饲料颗粒度较长的纤维相比，粉碎、细切或制粒的粗饲料引起瘤胃功能紊乱和乳脂率下降的可能性更大。从应用的角度看，以上各种情况通常意味着饲粮粗精比应不小于 40∶60。如果饲粮中全部或大部分粗饲料来源于玉米青贮，由于其非结构性碳水化合物的含量较高，所以精料含量最大可以为 50%～55%。

饲用谷物是饲粮中非结构性碳水化合物的主要来源，所以增加饲粮中谷物的数量，通常能增加易消化碳水化合物的数量，从而增加奶牛的可利用能。然而，并不是所有谷物所提供的瘤胃可发酵能量都是相等的。例如，在瘤胃中，来自于玉米和高粱的淀粉发酵速度通常比来自大麦、燕麦和小麦中的淀粉要慢[4]。干乳清粉或糖蜜中糖的发酵速度甚至更快。瘤胃中碳水化合物发酵速率的增加，会刺激瘤胃微生物蛋白质的合成量增加，进而提高奶牛对蛋白质的利用，并且降低奶牛对过瘤胃蛋白质的需要。

饲用谷物的加工也能影响谷物的消化率和利用率。例如，高水分玉米通常比干燥玉米更容易消化[8]。粉碎、破碎或碾压(或压扁)谷物通常比整粒谷物更容易被奶牛所利用，并且谷物的加工(如蒸汽压片)能够提高消化率，尤其是对于高粱。

瘤胃中碳水化合物和粗蛋白质降解的相互关系对奶牛养分的最佳利用和生产十分重要。理想的情况是，碳水化合物和粗蛋白质的降解率达到平衡，从而微生物蛋白质合成和挥发性脂肪酸的产量达到最佳。即使对于高产奶牛，最大限度地利用瘤胃微生物蛋白也是有利的，只有在瘤胃微生物蛋白产量无法再增加时，才会去利用过瘤胃的蛋白质和过瘤胃能量。

3.2　蛋白质

由于乳固形物的蛋白质含量接近 27%，所以在泌乳开始时，蛋白质需要量的增加比能量的增加要显著[9]。从血液、肝脏和肌肉中只能动员出少量的蛋白质用于合成乳蛋白；因此，实际上所需的全部蛋白质都必须由饲粮来提供。蛋白质的需要实际上是动物组织对氨基酸的需要。氨基酸由微生物蛋白质和躲过瘤胃降解的饲料过瘤胃蛋白质的消化来提供。

在典型的奶牛饲粮中，有相当部分饲粮粗蛋白质被瘤胃微生物分解或降解成氨。为了让瘤胃可降解粗蛋白质对奶牛有价值，必须使氨转变为微生物蛋白质，微生物蛋白质必须在胃肠道中被消化(见第 8 章)。在典型的奶牛饲粮中，瘤胃可降解蛋白质的相对比例大约为 60%，但这一比例与饲料采食量、有机物消化率、饲料类型、蛋白质水平和饲喂制度均有关。

过瘤胃蛋白质和氨基酸

通过给奶牛提供足量的可降解蛋白质和可发酵能量，可以使微生物蛋白质的合成量达到最大，而提供优质的过瘤胃(瘤胃非降解)蛋白质，可以满足奶牛对其余蛋白质的需要，由此可以实现奶牛对蛋白质的最佳利用。微生物蛋白质的合成量随上述因素的变化而变化，但是每日合成量为 2～3 kg。奶牛蛋白质需要的剩余部分必须由过瘤胃蛋白质来提供。过瘤胃蛋白质高于正常比例的饲粮对高产奶牛(通常每 100 kg 体重产奶量在 5 kg 以上)是有利的。

如附表 2 所示，并非所有饲料蛋白质在瘤胃中的降解程度都相同。例如，啤酒糟、酒精糟、玉米蛋白粉、热处理大豆和大多数动物性副产品中蛋白质的降解程度比多数常用饲料蛋白质要低。高水分玉米中蛋白质比干燥玉米的降解率高，禾本科或豆科青贮饲料中的蛋白质降解率高于同种粗饲料的干草。NPN 来源的粗蛋白质，例如尿素，在瘤胃中可以 100%降解。

仅根据瘤胃降解率和非降解率来配制饲粮蛋白质是一种过于简单化的行为。通常，有接近 35%～40%的饲粮粗蛋白质在瘤胃中是不可降解的。然而，过瘤胃蛋白质在消化道后段的消化率以及氨基酸的组成，都是非常重要的因素。然而，遗憾的是，这两者常常是未知的。因此，虽然很多研究表明饲喂过瘤胃蛋白质增加了产奶量，但其他的研究也表明没有增加，有时甚至表现为下降[12]。

为了保证获得良好的效果，在利用过瘤胃蛋白质时有以下几点需要注意：

(1)过瘤胃蛋白质的添加不能以减少瘤胃微生物蛋白合成为前提。如果这样，微生物蛋白的减少量将与过瘤胃蛋白质增加量相同，从而使奶牛无法获得净增重。

(2)一些过瘤胃蛋白质可能在消化道后段和瘤胃中都无法降解，因此，对奶牛没有利用价值。热损害蛋白质和一些副产品蛋白质就属于这一类。

(3)过瘤胃蛋白质(氨基酸混合物)的品质应至少相当于(或者优于)瘤胃微生物蛋白质。在牛饲料中使用的几种过瘤胃蛋白质中，一些必需氨基酸都非常缺乏。除非这些限制产奶量的氨基酸的供应增加，否则即使蛋白质被消化，所吸收的氨基酸数量也很少。在一些情况下，对已知的优质蛋白质进行处理，如热处理大豆粕或加热大豆，对于增加产奶量的效果要明显比在瘤胃中添加很难自然降解的劣质蛋白质好得多。

在饲粮中补充瘤胃保护氨基酸，是增加到达胃肠道可吸收氨基酸的数量并最终增加产奶量的另一有效途径。然而，这一方法要取得成功，必须补充第一限制性氨基酸。有时很难确定何种氨基酸是奶牛的第一限制性氨基酸，因为还无法确定饲料蛋白质中躲过瘤胃降解部分的氨基酸组成，以及微生物蛋白质和过瘤胃蛋白质的比例。对于多数饲粮来说，蛋氨酸、赖氨酸或者其他几种必需氨基酸中的一种，可能是第一限制性氨基酸。以过瘤胃保护形式补充第一限制性氨基酸能提高产奶量[11]；然而，如果此时第二限制性氨基酸迅速成为第一限制性的话，那么补充这种第一限制性氨基酸的效果就很小。在氨基酸缺乏时，补充2～4种氨基酸对产奶量的效果要优于只补充一种氨基酸。然而，在补加限制性氨基酸时，需要与补加优质饲料蛋白质所获得相同效果的相对成本进行比较。技术的进步，可能使瘤胃保护氨基酸的使用在将来成为一种可行的选择。

3.3 维生素

3.3.1 维生素A和维生素D

饲粮中补充维生素通常对产奶量没有直接影响，但在一些情况下，需要考虑补充特定的维生素。即使这种补充可能对产奶量没有直接效果，但许多营养学家建议，为了家畜的健康，应补充维生素A和维生素D，以保证饲粮中这2种维生素的充足。当给奶牛饲喂低质或少量的粗饲料(主要是玉米青贮和胡萝卜素含量低的精料混合料)时，或者是饲喂储藏了数月或更长时间的饲料时，需要给奶牛补充维生素A。

一些报告认为，维生素A的前体β-胡萝卜素对繁殖性能有作用，且这种作用与维生素A的其他形式无关[9]。然而，与之矛盾的研究结果也表明，在推荐补充之前，需要对β-胡萝卜素的生理作用进行研究，并加以阐明。

当奶牛采食经过日晒或暴露于紫外线或阳光下的粗饲料时，没有必要补充维生素D[9]。对于钙摄入量充足的奶牛，补充维生素D可以使奶牛在泌乳早期保持钙的正平衡。在奶牛预产期的前3～5 d开始连续补充高剂量维生素D(如70 000 IU/kg精料)，或注射大剂量维生素D(如20 000 000 IU/d)时，有助于减少产后瘫痪的发生。然而，使用这些方法也要谨慎，因为连续超大剂量使用维生素D超过7 d可能造成维生素D中毒。

3.3.2 维生素E

补充维生素E是为了确保在某些情况下维生素E的充足，但大多数饲料即使在储藏了几个月后也还有足量的维生素E存在。如果牛奶出现了氧化性风味问题，就有必要补充维生素E。当饲粮成分仅为储藏过久的饲料和/或添加脂肪，最有可能发生这样的问题。如果出现牛奶风味问题，每头每日需要通过补充400～1 000 IU的维生素E来解决这一问题。

维生素E和硒有助于降低乳房炎的发生[5]。在干奶期补充维生素E最有效果，但是，在泌乳期补充，也有助于降低乳房炎的发病率及缓解其严重程度。饲粮中Se含量低于0.3 ppm时，补充硒也是有益的。尽管已知维生素E和硒与保护细胞免受自由基的氧化损害有关，但其在乳腺中的确切机制还不十分明确。

3.3.3 B族维生素

B族维生素通常可以由瘤胃微生物合成，并且合成数量超过奶牛的需要量。因此，补充B族维生素或微生物产品(如酵母)来提供B族维生素，既没有必要，也没有好处。但是，也有一些证据表明，补充某些B族维生素有时对奶牛有益。

由于烟酸与能量代谢密切相关，因此补充烟酸通过缓解酮病对处于能量应激状态的高产奶牛的影响可以增加产奶量。在产犊前或产犊后，立即补充烟酸并持续4～10周最为有效。每天6 g/头的烟酸补充水平，可以有效地减少酮病的发生；给患有酮病的奶牛每天饲喂12 g烟酸持续几天，可以降低血液和乳中的酮体含量，并提高产奶量。有几项研究表明，在泌乳早期给采食全天然蛋白质的奶牛每天饲喂6 g烟酸，对产奶量和乳脂率的作用很小[9]。如果在泌乳中期或后期补充烟酸，对奶牛没有意义，并且对饲喂NPN的奶牛也没有作用。

当饲粮中含有足够的粗饲料时，补充胆碱对产奶量没有影响；但当饲粮中纤维水平较低时，能略微增加乳脂率[9]。但是，为了提高家畜的生产性能，可能有必要在奶牛产后为其补充胆碱。

除非饲粮中缺乏钴，否则补充维生素B_{12}和/或钴对奶牛无益[9]。瘤胃微生物合成的活性维生素B_{12}中有10%～12%为钴铵素。钴铵素在放牧家畜的瘤胃中含量最高，而在饲喂高精料饲粮家畜的瘤胃中最低。

3.4 矿物质

大多数饲粮中需要补充一定量的钙、磷和食盐(NaCl)，而根据地区土壤中的矿物质缺乏情况，可能还需要补充一些微量元素。这些矿物质常常可以通过精料混合料中的1%～1.5%的钙磷补充饲料和0.5%～1%的微量矿物盐来提供，并且可以让家畜自由采食这些补充饲料。钙磷补充饲料的来源根据所饲喂的粗饲料的不同而变化，而饲喂的粗饲料也决定了需要补充的钙和磷的量。例如，豆科饲粮中需要补充的主要是磷，这部分磷可以由磷酸氢二钙、磷酸二氢钠或磷酸二氢铵等产品来提供。相反，玉米青贮饲粮可能同时需要补充大量的钙和磷。使用微量元素矿物质混合盐来替代单一NaCl，可以提供所需的微量元素，并且这种方法的成本更低。

3.4.1 钙和磷

因为乳中含有大量钙和磷，所以在泌乳开始后，奶牛对这2种矿物质的需要量大大增加。奶牛如果不能迅速地适应对钙需要的增加，就会导致产乳热。前面已经讨论了通过干奶期饲粮调控来降低发生产乳热的风险。在配制泌乳奶牛饲粮时，应有目的地满足奶牛这2种矿物质的需要；然而奶牛能通过从骨中重吸收钙和磷来弥补短期的不足。事实上，在泌乳期的头3～5个月，许多奶牛都处于钙和磷的负平衡状态。饲粮钙需要量会由于饲粮中高脂肪而略微增加，这是由于高脂肪增加了粪钙的损失。

钙的营养有效性与其来源有关，所以在配制饲粮时应予以考虑[9]。无机来源钙的有效性要高于有机来源钙。在各种有机来源钙中，来自苜蓿的钙，尤其是来自成熟苜蓿的钙，由于其中含钙晶体(如草酸钙)相对不易消化，所以其有效性不如其他来源的钙。对于反刍动物，各种来源磷的有效性也略有差异，但这些差异在配制饲粮时通常没有受到很大重视。

3.4.2 钠和氯

乳中含有大量钠和氯，因此必须在饲粮中提供这2种元素。泌乳奶牛饲粮中钠和氯的推荐量为

0.18%和0.25%，这个量比干奶牛的推荐量高出约80%[9]。如果大部分钠由NaCl来补充，那么氯就会过量。然而，如果饲粮中大部分钠来自其他来源(如$NaHCO_3$)，那么就有必要评价饲粮中氯的状况。

3.4.3 其他矿物质

泌乳奶牛钾的需要量为饲粮干物质的0.8%，通常粗饲料中钾的含量都超过这个值[9]。然而，应激，尤其是热应激，能增加动物对钾的需要量，这可能是由于通过出汗使钾损失增大的缘故。以前认为不会出现钾的缺乏，但是近年来由于饲粮的一些改变导致钾饲喂量的减少，使得出现钾缺乏的可能性增大。尽管大部分粗饲料钾含量都超过奶牛的需要量，但是某些常用的粗饲料来源(如玉米青贮)中含钾量低，而另一些纤维饲料(如棉籽壳、玉米穗轴)以及很多精料中含钾量也很低。因此，如果一些饲粮含有大量精料、玉米青贮以及低钾纤维来源时，动物可能处于钾缺乏的临界状态。

碘和硒是2种在世界很多地区的饲料中都可能缺乏的微量元素。泌乳奶牛碘的需要量高于非泌乳牛，这是因为通常其所摄入的碘有10%或以上在乳中排出[9]。碘通常以碘化食盐的形式来提供，饲粮中碘的充足水平是0.6 ppm；碘化物有时可用来防止腐蹄病。然而，摄入过量的碘可能导致乳中碘的含量急剧增加，这是因为通过泌乳来排除碘是奶牛清除过量碘的主要途径。有必要补充硒化合物使饲粮中硒的含量增加至0.1～0.3 ppm。

3.4.4 缓冲剂

对于采食酸性饲粮的奶牛(尤其是处于泌乳头几个月)，可以通过在饲粮中添加缓冲剂来获益。缓冲剂发挥作用的时段包括：给家畜饲喂高玉米青贮或高湿饲粮(水分超过50%)；饲喂大量谷物(超过体重的2%)；处于热应激；粗饲料和谷物的颗粒过小；泌乳早期奶牛出现食欲不良；乳脂率下降。在这些情况下，添加缓冲剂常常能提高采食量，改善纤维消化率和促进微生物蛋白质的合成，增加乙酸和丙酸比率，缓解食欲不良状况。占饲粮干物质0.75%～1%的$NaHCO_3$或者是1.25%的$NaHCO_3$和MgO的混合物(质量比为3∶1)，都是有效的缓冲剂，类似缓冲剂的相同混合物也有效。

3.5 水

为了保证最理想的产奶量，应给奶牛供应充足的新鲜饮水。水是由自由饮水、饲料水和有机养分氧化产生的代谢水来提供的。奶牛对水的需要量受产奶量、环境温度、湿度、食盐采食量、干物质采食量和其他因素的影响[9]。对于大群奶牛，可能需要提供多个饮水点，因为如果奶牛饮水需要排队等候很长时间，它们可能不会摄入足够的水。在15 m的饲养范围内，应该每20～25头奶牛就有一个饮水点。

4 优化泌乳期饲料采食量

为了达到最理想的饲料采食量，饲料含水量可能是一个需要考虑的因素。饲料含水量对于主要是干草和精料的饲粮通常并不重要，但是对于主要是青贮或新鲜粗饲料，以及其他高水分饲料(比如高水分玉米、湿啤酒糟和液体乳清饲粮)来说是一个限制因素。与青贮饲料或其他发酵饲料相比，新鲜粗饲料中的水分对干物质采食量的影响很小。有限的数据表明，当饲粮中来自青贮饲料的水分超过50%时，干物质采食量下降[9]。这一结果部分是由饲料中的化学物质而不是水分本身所造成的。

每日饲喂次数或者说上料次数，可能影响总干物质采食量。当饲粮成分单独饲喂时，每日至少要饲喂4次，粗饲料和精料轮换饲喂似乎是最理想的方式。频繁饲喂全混合日粮不一定能增加干物质采食量，但是频繁饲喂有助于使瘤胃发酵处于稳态，从而可以防止乳脂率的下降，减少消化紊乱，否则将会降低采食量。在温暖的条件下，为了保持饲料的新鲜度和可口性，需要频繁饲喂湿润的饲料和青贮饲料。

为了达到奶牛最大采食量，高产奶牛每天至少应有 18～20 h 能够接触到饲料。当奶牛接触饲料时，它们可能分 12～22 次来完成其日采食量。在美国，群饲是最普遍的饲养方式，这种方式有助于奶牛接触到饲料（图 15-6）。当粗饲料和精料分开饲喂时，每餐饲喂精料混合物超过 4.5 kg 可能引起酸中毒。目前销售的许多电子谷物喂料器的设计，可以限制奶牛在短时期内的精料采食量，因此有助于在精料和粗饲料分开饲喂时维持瘤胃的稳定。

图 15-6　用混合搅拌车饲喂全混合日粮

5　分群饲养

对于许多中型和大型奶牛群，根据奶牛的不同需要进行分群。各群的奶牛数量需要依据牛群的大小以及现有的设施而定。例如，干奶母牛常常被分为 2 组："早期"干奶母牛和"后期"（围产期）干奶母牛。一些牛群还将早期干奶母牛进一步分为两组：需要恢复体重的奶牛和体况良好的奶牛。

泌乳牛群可以分为 2 组或更多组。根据上文对营养需要的讨论，通常将牛群分为 3 组，即产乳高峰组（泌乳早期）、最大饲料采食量组和体重恢复组。一些奶牛场则更愿意将 2 岁奶牛分为 1 组或多组，而将它们与大龄奶牛分开。这就可以对那些产奶时仍保持继续生长的青年奶牛进行更好的饲养管理。一些奶牛场根据繁殖状况对奶牛分组，将需要配种的奶牛分在同一栏，这有利于发情检查。其他的奶牛场在做分组决策时，则兼顾体况和产奶量。

在将奶牛从一组转移到另一组时，必须谨慎行事，以防止对奶牛造成不应有的应激，而导致产奶量下降。因此，建议以组为单位转移奶牛，而不是转移奶牛的个体，从而减少奶牛在新组中重新建立"位次等级"时的应激。如果将奶牛过快地转换到营养浓度较低的组群，可能导致产奶量下降。

6　饲粮配方示例

表 15-4 中列出了几个泌乳奶牛的饲粮配方。这些饲粮基本能满足体重为 600 kg、每日产 40 kg 3.5%标准乳的奶牛的营养需要。这样的奶牛需要饲喂高蛋白质和高能量饲粮，通常很难做到既满足这些营养需要，又保持饲粮中具有足够的纤维含量。满足低产奶牛的营养需要则简单得多。虽然在不同地区有许多饲料原料可供使用，但为了阐明一些问题，饲粮中使用了一些在许多地区都很有影响的饲料原料。

表 15-4　泌乳奶牛饲粮举例

原料	饲粮（%DM）						
	1	2	3	4	5	6	7
苜蓿	50.0	55.0	—	27.4	50.0	25.0	45.0
玉米青贮	—	—	60.0	27.4	—	25.0	—
高水分玉米	41.2	—	17.2	32.9	—	29.3	35.3
大麦	—	38.0	—	—	42.0	—	—

续表 15-4

原料	饲粮(%DM)						
	1	2	3	4	5	6	7
棉籽粕	—	—	—	—	7.1	—	8.3
全棉籽	—	—	—	—	—	—	10.0
大豆粕	7.7	6.0	20.9	11.1	—	8.7	—
热处理大豆	—	—	—	—	—	10.0	—
磷酸氢钙	0.3	0.5	0.5	0.7	0.4	0.4	0.3
磷酸二氢钠	0.3	—	—	—	—	—	—
碳酸钙	—	—	0.9	—	—	1.0	0.5
微量矿物盐	0.5	0.5	0.5	0.5	0.5	0.5	0.5
MgO	—	—	—	—	—	0.1	0.1
化学组成							
CP(%)	17.0	17.0	17.0	17.0	17.0	18.0	18.0
NE_l(Mcal/kg)	1.67	1.65	1.71	1.69	1.63	1.73	1.70
ADF(%)	17.5	20.0	19.4	18.3	20.8	17.6	20.2
Ca(%)	0.80	0.86	0.64	0.64	0.83	0.90	0.91
P(%)	0.42	0.42	0.43	0.44	0.42	0.41	0.42

饲粮 1 和 3 是极端饲粮的例子，饲粮 1 只含有苜蓿一种粗饲料，而饲粮 3 只含有玉米青贮。因为每千克玉米青贮所含的能量高于苜蓿，所以玉米青贮饲粮在保持较高的粗精比的同时，所提供的能量仍比苜蓿饲粮多。但是，由于玉米青贮所含的蛋白质和钙比苜蓿少，所以玉米青贮饲粮中需要补充更多的蛋白质和矿物质。

饲粮 6 和饲粮 7 是使用热处理大豆或全棉籽添加脂肪的例子。请注意，蛋白质含量由于能量浓度的略微增高而有所增高，钙和镁的含量也有所提高。

本章小结

奶牛干奶期和泌乳期的营养需要量差别极大。前者的需要量仅由粗饲料就可以满足，而后者则需要大量高能量饲料来源；如饲用谷物和脂肪，还需要补充由优质氨基酸组成的过瘤胃蛋白质。目前所面临的一个挑战是，如何配制出纤维含量充足的饲粮，以维持正常的瘤胃功能，从而防止消化功能紊乱和乳脂率的下降。成功的饲养方案是，在泌乳早期，在减少奶牛失重的同时，还要满足奶牛高产奶量的需要，并且不引起消化功能紊乱，保持健康。

参考文献

1. Block, E. 1995. *J. Dairy Sci.* 77:1437.
2. Coppock, C. E. 1974. *J. Dairy Sci.* 57:926.
3. Goff, J. P., and R. L. Horst. 1998. *J. Dairy Sci.* 81:2874.
4. Herrera-Saldana, R., and J. T. Huber. 1989. *J. Dairy Sci.* 72:1477.
5. Hogan, J. S., W. P. Weiss, and K. L. Smith. 1993. *J. Dairy Sci.* 76:2795.
6. Kennelly, J. J. 1996. *Animal Feed Sci.* Tech. 60:138.
7. Moe, P. W., W. P. Flatt, and H. F. Tyrrell. 1971. *J. Dairy Sci.* 54:548.
8. NRC. 1996. *Nutrient requirements of beef cattle*. 7th rev. ed. Washington, DC: National Academy Press.
9. NRC. 1989. *Nutrient requirements of dairy cattle*. 6th rev. ed. Washington, DC: National Academy Press.
10. Palmquist, D. L., and T. C. Jenkins. 1980. *J. Dairy Sci.* 63:1.

11. Piepenbrink, M. S. , et al. 1998. *J. Dairy Sci.* 81:1046.
12. Santos, F. A. P. , et al. 1998. *J. Dairy Sci.* 81:3182.
13. Schingoethe, D. J. 1996. *Animal Feed Sci. Tech.* 60:153.
14. Schingoethe, D. J. 1996. *Animal Feed Sci. Tech.* 60:181.
15. Smith, J. F. , and K. Becker. 1994. *Hoard's Dairyman* 139:780.
16. Smith, K. L. , and D. A. Todhunter. 1982. In: *Proc. 21 st Ann. Mtg.* , p. 97. Arlington, VA: Natl. Mastitis-Council.

第 16 章　奶犊牛和后备青年母牛的饲养
Feeding Dairy Calves and Replacement Heifers

作者:Mark Aseltine
译者:姜成钢
校对:董晓玲和李艳玲

前言

随着美国奶业进入商业化发展规模,就必须将新生犊牛与其母畜分开饲养。在现代经营管理体系下,工业化的设施挤奶使得犊牛不能吮吸母乳。为了更好地利用母畜的产奶遗传潜力,就需要为它们提供特殊的营养和饲养条件。因而,犊牛进行隔离饲养会更有效。

本章概述了从出生经过断奶、初情期、繁殖期,到青年母牛产头胎各个阶段的饲养管理。目前,奶犊牛中的公畜(主要是荷斯坦牛)饲养主要是用于屠宰,来满足特定的市场需要。与过去相比,这个市场的规模已经扩大了。鉴于这个原因,本章将利用一部分来讨论荷斯坦阉公牛用作肉牛饲养的原则。

1　第 1 个关键时期

在探讨奶犊牛的饲养时,出生是个起始点,然而,事实上新生犊牛的健康和精神状态主要取决于母牛在分娩前 60 d 的营养状况。犊牛出生重的大约 70%是在这个阶段形成的,而且母牛必须储存一定的养分用于早期泌乳,因为那时的产乳所需营养超出了母牛消耗饲料所获取的。

母牛和腹中犊牛共用一个供血系统。如果母牛的营养水平低于推荐量,则犊牛出生后缺乏活力。而在这个阶段进行了合理饲养,并对本地流行病原体如轮状病毒、冠状病毒和感染性鼻气管炎等进行过免疫的母牛,将能形成具有优质抗体的初乳。妊娠后期未合理饲喂的母牛,产出的初乳质量较差。

由于新生犊牛不具备完善的免疫体系,而且也不能合成抵抗疾病的抗体,因而出生时能吃到初乳非常重要。初乳不仅能提供新生犊牛所缺乏的抗体,而且它也具有一定的轻泻作用,有助于启动犊牛的消化机能。

通常推荐犊牛在出生后的 12 h 内,最少应采食 2 夸脱(1.89 L)的初乳。不能采食足够初乳的犊牛通常进行强制饲喂,以确保它们采食到相应的初乳量(图 16-1)。

在商业化饲养条件下,奶犊牛很少能从自己的母亲那里获得初乳。当母牛产奶后,其初乳应单独保存以供市场需要。要对初乳进行质量检测,优质的初乳可以直接饲喂或冷藏供以后饲喂。

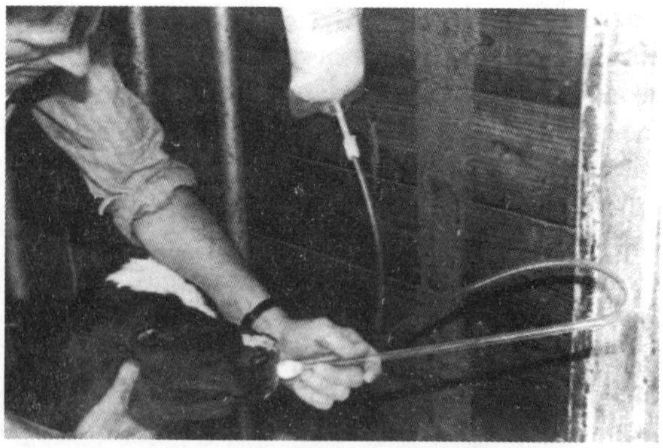

图 16-1　使用食管内喂料器饲喂初乳
承蒙 E. P. Call. 惠赠。

新鲜初乳与冷藏后解冻的初乳或发酵初乳相比，效果没有明显差异。发酵初乳稍呈酸性，因此通常建议在饲喂前与某种缓冲物（如碳酸钠）混合。在一项调查研究中发现，虽然饲喂发酵初乳并没有改变犊牛的增重速度，但提高了初乳的采食量。

初乳中的蛋白质平均含量（14.3%）是常乳的 4 倍，但乳糖含量要低于常乳的平均水平。

在出生后 12 h 内未采食到初乳的犊牛，很难期望其健康强壮或能以正常的速度生长。

2 最初的 60 d

尽管新生犊牛具备反刍动物消化系统的所有器官（网胃、瘤胃、瓣胃和真胃），但它们还没有发育完全，因此，它们的消化过程与单胃动物相似。通常在犊牛体重达到 350～400 lb 时，瘤胃才能发育完全。直到 60 日龄，具有瘤胃机能的微生物（细菌、原虫和真菌）才开始定居瘤胃。这些微生物会产生挥发性脂肪酸（VFA），进而促使瘤胃内的组织发育成熟。因此，给犊牛饲喂牛乳或代用乳（milk replacer）是十分必要的。

当犊牛吸吮母牛的乳头时，它必须扬起头。这种行为刺激了食管沟的闭合，牛乳通过食管沟直接进入网胃和瓣胃，而绕过瘤胃。犊牛低头从桶中饮水以及用奶瓶饲喂时，则不能刺激这种食管沟闭合活动，因此，部分液体就会流入到瘤胃中。

犊牛的饲喂方式越接近自然状态，它们生产性能的改善就越有效。白天的大量饲喂是自然饲喂，但这并非总是有效的。犊牛的饲喂次数越频繁，对它们的生产性能提高越有利。

3 代用乳

当不能利用全乳时，就必须使用代用乳。事实上，在大多数市场条件下，加工好的代用乳价格比等量全乳更为划算。代用乳为固体状，通常推荐的使用比例为：1 lb 干代用乳与 1 加仑水。一般情况下，每日液体代用乳的饲喂量不得超过犊牛体重的 8%。

在某些情况下，病牛舍母牛所产的牛乳可以用来饲喂犊牛。然而，这种乳中可能含有超量的抗生素或其他药物，甚至可能传播疾病。某些产品适合以全乳形式使用，尤其是来自于病牛舍的母牛所产牛乳。这些产品含有腹泻抑制剂，且含有可以降低通过人类不宜食用的牛乳来传播疾病的某些药物。

在饲养犊牛时，代用乳的选择相当重要。至少在前 3 周，应该使用高质量的代用乳。代用乳的质量主要由蛋白和脂肪的含量和类型决定。尽管犊牛到 60 日龄时才具备部分瘤胃机能，但是在健康犊牛达到 3 周龄之后，就可以使用相对较低质量的代用乳。

在评估代用乳质量时，乳源性蛋白质（乳清粉、脱脂乳粉、酪蛋白）要优于植物或其他动物来源的蛋白，如鱼粉蛋白。鱼粉蛋白的一个潜在缺点是它可能含有多不饱和脂肪。即使在含量比较低（1.43%，干物质基础）时也能影响维生素 E 的活性，从而导致退化性肌紊乱，如白肌病。在饲喂鱼粉蛋白的同时补饲维生素 E，可以防止这种情况的发生。也有证据表明鱼粉蛋白饲料中含有硫胺素酶，这种酶对硫胺素（维生素 B_1）有降解作用。当硫铵素的缺乏达到一定水平时，就可能导致中枢神经系统失调，主要症状是不协调。如果不进行治疗，会导致动物死亡。大多数优质代用乳中都添加了硫铵素，添加形式为硝酸硫铵素或盐酸硫铵素。

在常用的代用乳中，大豆是植物蛋白的主要来源。大豆的主要缺点是其蛋白质不像乳蛋白一样在犊牛皱胃中形成凝乳。因为凝乳能减慢其通过消化道的时间，而且可以使皱胃中蛋白酶对其消化更彻底。因此，对于犊牛来说，凝乳的形成是很重要的。

胰蛋白酶是蛋白质消化中所涉及的一种酶。大豆蛋白产品中可能存在一种抑制胰蛋白酶活性的复合物，但是只要对大豆蛋白进行适当的加热处理，这种物质就会失活。在代用乳中使用大豆蛋白的另一个可能的弊端是:这种产品可能含有易过敏物质,可以引起动物生长缓慢和持久性腹泻。大豆蛋白补充料应该用酒精处理,以除掉过敏原;或者用酸沉淀蛋白质,然后再用碱溶解蛋白质。经过这种加工过程所生产出的产品称为大豆粉或大豆分离蛋白。如果大豆产品加工不当,那么其中不可消化的碳水化合物含量就会过高。与利用乳糖的情况不同,犊牛只能利用有限量的淀粉和蔗糖。

代用乳标签成分的检测有助于确定大豆蛋白是否为部分蛋白质的来源。使用大豆蛋白的数量可通过纤维保证量来估计。某些大豆制品的纤维含量高达7%,但代用乳中纤维保证值±0.5%可以作为衡量大豆蛋白不是代用乳蛋白中主要成分的指标。

现在使用的代用乳产品中脂肪含量应保证在10%~20%。在犊牛3周龄之后且处于健康状态时,用高脂肪的代用乳产品没有明显的优势。在低温条件下,可以使用脂肪含量较高(20%)的代用乳。与脂肪含量为10%的代用乳相比,高脂肪含量的代用乳应添加更多的维生素A,谨记这一点是非常重要的。就代用乳来讲,动物性脂肪比植物性脂肪更好。

B族维生素对犊牛的健康起着关键的作用。虽然奶粉和乳清粉是水溶性B族维生素的很好来源,但饲喂含有B族维生素的代用乳也是一个好方法。代用乳中的非乳蛋白含量越高,需要添加的B族维生素数量就越多。大多数代用乳配方的营养物质含量比较接近牛乳,因此很少出现B族维生素的缺乏。

国家科学研究委员会(NRC)对于代用乳的营养浓度推荐值见表16-1。在配制代用乳时,总干物质含量不应超过15%。该推荐表是在2001年出版的。在购买代用乳前,这些推荐值可用于代用乳质量的评定。

表16-1 代用乳的营养成分推荐量

营养物质	推荐浓度	营养物质	推荐浓度
粗蛋白	22.00%(平均)	钴	0.10 ppm
醚浸出物(粗脂肪)	10.00%(最小)	铜	10 ppm
钙	0.70%	锰	40 ppm
磷	0.60%	锌	40 ppm
镁	0.07%	碘	0.25 ppm
钾	0.65%	硒	0.30 ppm
钠	0.10%	维生素A	1 730 IU/lb
硫	0.29%	维生素D	273 IU/lb
铁	100 ppm	维生素E	18 IU/lb

注:这些规格应该按最小量来考虑。许多商用代用乳制品在某些项目中超过NRC的推荐量。

犊牛在3周龄时可饲喂蛋白和脂肪含量低于表中数值的代用乳产品。如果想替换代用乳,应该逐步进行,在彻底更换前应将2种代用乳混合饲喂一段时间。

许多代用乳中添加抗生素,其中以四环素最有效。对于采食过初乳的犊牛,土霉素和金霉素在代用乳中的添加量为100 mg/lb;对于可能未采食过初乳的犊牛,添加量为250 mg/lb。维生素E对于免疫系统机能非常重要,断奶前犊牛的推荐水平高达135 IU/d。

在断奶前犊牛的管理中,腹泻是最主要的问题。为了降低由于过度腹泻所引起的水分过多丢失,一些饲养者降低了代用乳的饲喂量。这种做法是错误的,这只能导致脱水更加严重。对腹泻的犊牛应饲喂通常量的代用乳,并用矿物质溶液补充腹泻时损失的矿物质。

矿物质由粪中排出是很正常的,但在腹泻的情况下,钙和镁的排泄量是正常排泄量的3.7倍,钠和钾的排泄量是正常量的11.3倍,而磷是正常排泄量的4.4倍[8]。过量的矿物质损失会导致酸中毒。腹泻犊牛不仅需要及时补充水分,而且也需补充矿物元素,同时应根据下列腹泻治疗程序中所列的小苏打添加量来医治酸中毒。

除非腹泻是由于饲喂劣质代用乳引起的，否则，最简单的治疗腹泻的办法就是在使用代用乳的同时，按下列比例每天饲喂 2 次。

- 一罐牛肉汤；
- 两茶匙小苏打；
- 一包果胶质；
- 一茶匙人工盐(KCl 和 NaCl 的混合物)；
- 用足量的水溶解成 2 夸脱(1.89 L)。

除饲喂代用乳外，还应将上述混合物喂给犊牛，直到其粪便达到正常稳定情况为止。

4　开食料(犊牛料)

在 1 周龄时应给犊牛饲喂开食料。尽管开始它们可能采食不多，但应使它们能够自由采食。由于犊牛可能会拒绝开食料，所以不能过量饲喂。喂料器中剩余的部分可能会被氧化，导致脂肪酸败，并且在唾液所致的湿气中能够生长霉菌，使得饲料味道变差。在使用一段时间后，应该对料槽进行清理。图 16-2 中显示了饲养犊牛的围栏。在饲喂开食料的同时，也应该给犊牛提供少量优质苜蓿干草。但枝叶茂盛、茎秆优质的苜蓿蛋白质含量高，过多的蛋白质摄入可能会引起腹泻。

图 16-2　大型犊牛饲养场使用的犊牛饲养设施

承蒙 Calico Ranches 公司的 Steve Marks 惠赠。

犊牛开食料中可以使用奶牛饲料常用的原料，但不宜使用颗粒料或粉料。表 16-2 列出了犊牛开食料的养分指标。

表 16-2　开食料营养成分指标(喂时基础)

营养成分	指标	营养成分	指标
粗蛋白	16.0%	磷	0.5%
脂肪	2.5%	NE_m[a]	77 Mcal / cwt
钾	0.7%	NE_g[b]	48 Mcal /cwt
钙	0.6%		

[a] 维持净能；[b] 增重净能。

除了所列的成分外，开食料还应含有微量元素和维生素，其含量应与前面所述的代用乳中的推荐用量相同，抗生素的添加量应为代用乳中推荐量的 1/2。

除干草和代用乳外，犊牛每日能采食约 4 lb 开食料时，就可以开始断奶了。对于断奶犊牛来说，有 2 种方法可以用来停用代用乳：一种是强行停用代用乳，这样犊牛就不得不采食开食料；另一种是在断奶 2 周前逐渐提高代用乳中水的含量，直至最后全部是水为止。

在断奶前，只要犊牛开始有规律地采食并且体质健康时，就应将其从犊牛单舍中转移到群饲栏中，每头犊牛的使用面积最少为 100 平方英尺，且每个畜栏中最多只能养 10 头犊牛。断奶犊牛可转移到较大的群饲栏中，并喂给育成牛饲粮。如果可能，生长犊牛应按体重大小来分群。如果不能实现的话，就应该提供比群饲栏推荐值(100 平方英尺/头)更大的空间。

5 青年母牛

5.1 断奶到配种

如果在断奶前给青年母牛饲喂适当的固体饲料，那么生长期饲粮就能逐步改变，使犊牛在15月龄时达到初情期。表16-3是NRC对配种前青年母牛(日增重为1.85 lb时)的营养物质推荐量。为了使青年母牛在15月龄达到初情期并进行配种，其平均日增重应当达到1.70 lb/d，即体重较轻的青年母牛日增重期望值可小于1.85 lb/d，而年龄偏大和体重较重的青年母牛日增重期望值应达到1.85 lb/d。这项计划的目标是在达到最大生长的同时，脂肪沉积量最少。为了简化饲粮配方，所有的推荐量都以风干重(89%～90%干物质)为基础。将饲喂饲粮转换为风干饲粮的方法将在本章后面部分介绍。这种方法与在母牛饲粮中使用离子载体来提高生长速度的方法相同。推荐量适用于荷斯坦和其他大型品种青年母牛。各品种若以达到成年体重为目标，体型较小的品种青年母牛营养需要较低。

表16-3 每日营养摄入推荐量

营养成分	平均日增重(lb)				
	250	350	500	600	750
粗蛋白(lb)	1.23	1.43	1.70	1.81	2.24
净能					
NE_m(Mcal)	2.98	3.84	5.03	5.76	6.81
NE_g(Mcal)	1.81	2.08	2.48	2.72	3.02
钙(g)	19.00	22.00	23.00	26.00	27.00
磷(g)	11.00	13.00	16.00	19.00	21.00
粗纤维(%)	13.00	13.00	13.00	15.00	15.00

资料来源：NRC. Nutrient Requirements of Dairy Cattle 2001[7]。

表16-4给出了一些典型饲料的平均营养价值。这些信息可用于对比示例饲粮。更多具体的饲料营养价值可以从NRC出版物或当地实验室采集的饲料样本分析中得到。

表16-4 典型营养成分分析(喂时状态)

饲料类型	粗蛋白	NE_m	NE_g	钙	磷
	含量(%)	Mcal/ lb		(%)	
苜蓿干草	16.00	0.51	0.23	1.20	0.22
普通谷物[a]	9.00	0.83	0.53	0.03	0.29
普通谷物青干草[b]	8.50	0.50	0.23	0.35	0.25
玉米青贮(30%DM)	2.20	0.23	0.13	0.10	0.05
低水分苜蓿青贮(30%DM)	6.40	0.21	0.11	0.51	0.12
油粕类	41～44	0.77	0.51	0.16	0.70
玉米蛋白粉	42.00	0.80	0.53	0.16	0.40
石灰石	—	—	—	38.00	—
磷酸二钙	—	—	—	22.00	17.00
尿素	281.00	—	—	—	—

[a] 燕麦、大麦、牧草；

[b] 来自于玉米、大麦、燕麦、高粱。

注：非降解蛋白仅在青年母牛断奶后第1个月内的饲粮中才具有经济效益。

应用于分析的饲料样本应该能代表常用饲料。真正具有代表性的饲料样本应该从大量不同来源的饲料中采集，然后将它们混合均匀得到混合样本。对于储存的饲料，如干草和青贮类，应在料堆的内外、顶部和底部都采样，以减少由于在空气中暴露和日晒引起的差异。

青年母牛或其他牛的饲粮配方设计包括：建立一个示例饲粮，保证饲料总采食量(DM)不超过青年母牛的采食能力(约为活体重的 2.7%)，然后选择符合营养指标的各种当地可以获得的饲料原料。切记：青年母牛生长饲粮中的水分含量不能超过 50%，这包括限制饲粮中青贮和青绿饲料的含量。在青年母牛的青绿牧草中添加干草也是一个好办法。根据推荐量，用计算的营养物质摄入量来确定哪种营养成分对理想的生产性能具有限制作用，便能配制一个试验饲粮。

示例饲粮做好后，应该用表 16-3 或 NRC 出版物中的营养价值来计算营养摄入量。下面的例子可以用来检测一种饲粮能否满足生产目标。这里采用了单个饲料成分组成的饲粮来说明这种方法。

【例】15 lb 的苜蓿将作为全部饲粮来饲喂 500 lb 的青年母牛，以 1.85 lb/d 的日增重作为目标。表 16-4提供了营养分析数据。

(1)粗蛋白含量的计算：15×0.16＝2.40(lb)。

(2)维持净能(NE_m)(表 16-3)的计算：5.03/0.51＝9.86(lb)。

(3)用于增重的苜蓿需要量计算：15.0－9.86＝5.14(lb)。

(4)增重净能(NE_g)的计算：5.14×0.23＝1.18(Mcal)。

(5)钙含量的计算：15×0.012＝0.18(lb)(81.72 g)。

(6)磷含量的计算：15×0.002 2＝0.033(lb)(14.98 g)。

通过上面计算的营养物质日采食量与表中(表 16-3)推荐量相比来评价饲粮。在这个全苜蓿饲粮例子中，评价结论是：

蛋白含量过高；增重净能较推荐值低；钙含量过高；磷含量略低。

从这个结果来看，高蛋白饲料可以用高能量和磷饲料来代替，以便达到合理配制，从而满足设定目标。

为了实现单个营养指标含量的设定值，可以利用表 16-4 列出的营养成分含量高或不足的可选饲料原料营养物质浓度间的差异来调整。

苜蓿(0.23 Mcal/ lb)和玉米(0.53 Mcal/ lb)的增重净能间的差异是 0.33 Mcal/lb。因此，每用 1 lb玉米替代等量的苜蓿时，每磅饲粮将多提供增重净能 0.33 Mcal。

这种方法可以应用于以百分比(或营养能量密度)为基础的饲粮设计。表 16-5 中列出的 2 种全价饲粮就是利用这种试差法(trail and error)来设计的。

表 16-5　未配种青年母牛的示例饲粮和计算的营养物质日采食量及生长性能

饲料种类	平均体重(lb)	
	350(200～500)	600(500～700)
普通谷物	38.0%	15.3%
普通饼粕类(oil meal)	4.7%	1.0%
普通谷物青干草	23.7%	22.5%
苜蓿干草	33.3%	15.3%
玉米青贮	0	45.8%
矿物质预混料[a]	0.3%	0.1%
估计日饲料采食量(lb)	10.50	26.19
粗蛋白(lb)	1.32	1.82
NE_m(Mcal)	3.84	5.76
NE_g(Mcal)	1.60	2.96
钙(g)	25.41	38.49

续表 16-5

饲料种类	平均体重(lb)	
	350(200～500)	600(500～700)
磷(g)	14.38	20.42
干物质(%)	89.29	61.84
粗纤维(%)	19.80	15.80
估计日增重(lb)	1.60[7]	1.85[7]

资料来源:NRC 允许量列表[7]。

[a]含有 50%的磷酸二钙、盐、微量矿物质元素和维生素。增重所需的蛋白质和能量是限制性营养物质。青年母牛以 1.6 lb/d 的增重速度从 200 lb 体重增加到 500 lb,然后再以 1.85 lb/d 的增重速度从 500 lb 体重增加至 700 lb,那么,该青年母牛在整个生长期的平均日增重为 1.70 lb/d。

对于那些应用全混合日粮的奶牛饲养企业,饲料配方中原料比例是以百分比来表示的。每种原料组分的日消耗磅数又是根据体重来计算的。以生长青年母牛为例,其每日风干饲料消耗量约占活重的3%。风干饲料干物质含量假定为 89%。表 16-5 列出了生长青年母牛的示例饲粮,以及估算的日营养物质摄入量和生产性能。

目前,许多商业生产者为各种具体的代谢功能设计了相应的电脑程序,然后应用这些程序配合饲粮。由于实际应用的青年母牛生长饲粮应仅仅包括当地可得到的饲料原料,使用标准化的电脑程序也许并不能节约时间。从 1 种或 2 种本地饲料开始,并计算可能的营养摄入量来找到具体营养成分的缺乏,这样可能会有效。

处于生长阶段的青年母牛对可利用营养物质的利用有一定的顺序,分别是维持、增重、排卵和妊娠。这就是为什么提供给生长期青年母牛饲粮时除需要供给动物正常生长需要外,还必须考虑维持其繁殖性能需要的重要原因。

动物一旦达到配种的目标体重就进行催情补饲(flush)是一项良好管理规范。催情补饲可以增加营养物质摄入量,以确保青年母牛达到供其排卵和妊娠需要的第 3 阶段营养利用水平。

催情补饲是指给那些年龄和体型足够大的母牛增加饲粮营养物质浓度,进而提高所有营养物质的摄入量,从而达到催情的目的。但也有其他饲养管理形式可能用以提高早期妊娠率。在饲粮中添加过瘤胃蛋白饲料就是一种。某些来源的蛋白质饲料不能被瘤胃微生物降解,而是在瘤胃后被水解,或被真胃和小肠中的蛋白水解酶所作用。配制较高水平可降解蛋白的饲粮在青年母牛饲养企业中不容易做到,或者说这种饲粮在实际生产中难以应用。只有在青年母牛重要的首次配种阶段和初产前很短的时间内利用过瘤胃蛋白才是实际和经济的选择。在这 2 个期间,胎儿迅速生长,并且需要为早期泌乳储备一定的营养物质,因为早期泌乳阶段对蛋白质的需求量增加。

在初次配种时,除了通过向青年母牛饲粮中添加过瘤胃蛋白来改变饲粮外,以蛋白盐(proteinate)的形式添加部分微量元素也是一种实用的做法。这些物质通常是氨基酸和微量元素的复合体。蛋氨酸锌就是这样的一个例子。虽然尚未总结出有效数据,但包含蛋白盐在内,它们至少作为部分微量元素添加于配种阶段的青年母牛饲粮中,用于防止可能延迟配种的亚临床症状。蛋白盐最理想的方面是用于应激家畜。由于蛋白盐强化的微量元素(proteinated trace mineral)产品容易获得,所以可以将它们作为一种提高配种率的成分[9]。

当饲料成本中蛋白饲料价格成为价格的主要决定因素时,适当使用尿素来代替部分高蛋白饲料也是值得考虑的措施。尿素蛋白提供量应少于总蛋白摄入量的 1/3。如果能够遵守这个限量,并保证饲粮能量达到推荐的水平,尿素才可以作为瘤胃微生物合成氨基酸的良好氮源。

另一个有助于改善青年母牛生长发育的方法是使用离子载体(见第 10 章)。现在认为,有 2 种离子载体产品可在后备青年母牛饲粮中添加,它们分别是拉沙里霉素和莫能霉素。这 2 种产品都可添加于青年母牛饲粮中，用以提高动物的增重速度，并作为动物生长速度的指示剂。

离子载体不仅能减少由于产生甲烷导致的能量浪费，而且也能减少瘤胃中的氨气产生量，进而储存摄入的蛋白质。使用离子载体的结果是使青年母牛能更有效地利用碳水化合物，节约更多的蛋白质用于生长。与生长速度较慢、性成熟较晚的青年母牛相比，在 15 月龄时达到配种体况的生长青年母牛还可以减少为支持该母牛生长所必需的奶量。

根据许多文献综述，与未饲喂离子载体的肉牛相比，饲喂离子载体的肉牛平均增重率提高了 8%。因此，如果青年母牛的初生体重为 125 lb，配种时体重为 800 lb，那么，添加离子载体的饲粮与未添加离子载体的饲粮相比，动物的生长期可缩短 1 个月左右。

除了有抗生素的作用效果外，离子载体的使用也可作为一种抗球虫剂。球虫病普遍存在，能够导致动物生长速度下降，进而推迟初情期。慢性球虫病还能导致动物免疫机能降低。

许多大学的研究结果表明，给生长青年母牛使用离子载体后，由于犊牛的初产体重较大，从而饲养者可以获得比提前发情和终生生产更大的收益。

5.2　妊娠

当青年母牛怀孕后检查正常时，其饲养管理就应进行改变。配种母牛的营养可分为 2 个阶段：从怀孕到预期产犊前 60 d 和妊娠期最后 60 d。在第 1 阶段，饲粮设计应考虑生长，并避免脂肪的沉积。显然，如果饲喂高能低蛋白饲粮，那么配种母牛就易于在腹下沉积脂肪，这对未来的繁殖性能将有一定的影响[4]。

表 16-6 阐述了生长青年母牛及其分娩后饲粮间的差异。配种母牛营养的第 2 阶段包括从一套推荐量向另一套推荐量的转变。

表 16-6　妊娠期和泌乳期饲粮营养水平推荐示例

营养成分	妊娠期	泌乳期	营养成分	妊娠期	泌乳期
粗蛋白(%)	12.00	17.00	磷(%)	0.24	0.49
净能(Mcal/lb)	0.57	0.76	硫(%)	0.16	0.25
脂肪(%)	3.00	3.00	钾(%)	0.65	1.00
钙(%)	0.39	0.77			

资料来源：NRC，2001[7]。

在妊娠期和泌乳期，钴(0.10 ppm)、铜(10 ppm)、镁(40 ppm)和锌(40 ppm)的推荐量相同。

在许多地区，干物质含量低的牧草或其他饲料原料是配种母牛饲养程序中的一个重要部分。表 16-4中没有包含牧草。牧草的营养成分含量每天都可能发生改变。这种变化与气候(温度、湿度)、牧草品种及其成熟度变化有关。因此，试图使用牧草作为饲料成分之一来准确平衡饲粮是不切实际的。然而，用表 16-7 中所示的可以采食的牧草的分析数值，试验者设计了包含或不包含牧草的示例饲粮，用来阐明使用牧草在青年母牛生长计划中可能产生的结果。

表 16-7　普通牧草分析结果[a]

成分	含量	成分	含量
干物质(%)	31.00	NE_g(Mcal/lb)	0.09
粗蛋白(%)	3.90	钙(%)	0.15
NE_m(Mcal/lb)	0.19	磷(%)	0.10

[a]3 种中花期(既非早春也非晚春季节)牧草的平均值。

表 16-8 显示了配种青年母牛从繁殖到分娩前 60 d 内，以及初产母牛在妊娠最后 60 d 中的日营养需要推荐量。例中假定第 1 组青年母牛的平均体重为 975 lb，而母牛在妊娠末期的平均体重为 1 150 lb。

高水分饲料(例如牧草和青贮类)的消耗量可以通过假定青年母牛的采食能力为其体重3.0%的风干物来估计。为了估计一种干物质为31%的饲粮采食量(牧草平均干物质含量),可将89(风干饲料的平均干物质含量89%)除以31,得到因子2.87。只饲喂干物质含量为31%的饲粮时,奶牛期望的干物质采食量是其体重3%的2.87倍。由于身体的物理性状(体尺和体形)也是影响采食量的一个因素,上述方法只能作为一个粗略的估计。参照表16-9,可见青年母牛妊娠早期和晚期饲粮的示例以及每日营养物质采食量和生产性能的计算。

表16-8 妊娠青年母牛的营养需要量

营养成分	平均体重(lb)		营养成分	平均体重(lb)	
	975	1 150		975	1 150
粗蛋白(lb)	2.60	3.60	磷(g)	21.00	21.00
NE_m(Mcal)	7.97	9.39	钙(g)	29.00	29.00
NE_g(Mcal)(1.7 lb/d)	3.21	3.63			

当饲粮中钙磷比值为2∶1时[6],钙磷吸收最佳。由于大量饲料的利用受到限制,所以该比例很少应用,但应尽力接近。这一点可通过谨慎选择矿物质补充料来获得。

表16-9 青年母牛妊娠早期和末期的饲粮及其每日营养物质采食量和生长性能计算(lb/d,喂时基础)

饲料类型	平均体重(lb)			
	975		1 150	
	A	B	A	B
饲料原料量				
牧草	46.00	0	0	0
玉米青贮	0	35.00	25.00	0
谷物干草	7.50	0	10.00	15.00
苜蓿干草	0	10.00	5.00	7.50
仓储谷物(Barn grain)[a]	0	0	12.00	12.00
牧草补充料[b]	1.00	2.00	0	0
营养物质采食量				
粗蛋白(lb)	2.64	2.70	3.97	4.25
NE_m(Mcal)	7.97	7.97	9.39	9.39
NE_g(Mcal)	2.70	3.63	7.22	6.47
钙(g)	43.65	71.19	62.20	73.55
磷(g)	31.55	22.20	37.91	40.18
生产性能				
计算日增重(lb)	1.40	1.82	1.70+[c]	1.70+[c]

[a] 泌乳牛混合谷物的一般规格:粗蛋白16%;维持净能为80 Mcal/100 lb;增重净能为55 Mcal/100 lb;钙0.10%;磷0.30%,还有添加的矿物质和维生素。

[b] 50%油料籽实:50%谷物。

[c] 每天实际增重(包括生长胎儿)。

在妊娠晚期,青年母牛饲粮中精料类型应该与泌乳期的相似,主要原因如下:

(1)调整瘤胃菌群,增加泌乳饲粮中发酵特定饲料的微生物数量。

(2)增加采食营养物质的储存量,以备早期产奶和生长需要。

(3)为快速形成的胚胎提供不断增加的营养需要量。

从妊娠早期饲粮过渡到产奶的包含谷物的混合饲粮,应该经过几个时期逐步过渡。泌乳饲粮的增加,应该以过渡期当中青年母牛的粪便稳定性和饲料接受程度为基础。

尽管新生犊牛身体含水量达到70%,但约占体重18%的物质是蛋白质,4.5%以矿物元素形式存在。在妊娠最后 60 d 中，母牛需提供犊牛出生时所需钙的 75%[3]。这仅仅是用充足的矿物质和蛋白质为妊娠后期母牛设计饲粮的一个例子，以确保能给犊牛发育和仍在生长的青年母牛提供适当的营养。这对于在第 1 个和第 2 个哺乳期继续生长的大型配种后青年母牛尤为重要。

6　用于生产牛肉的奶用阉牛饲养

据估计，美国每年约产出 400 万头荷斯坦阉牛。它们中一小部分用来屠宰生产小牛肉(veal)，剩余部分则饲喂用于生产商品牛肉。商业化荷斯坦阉牛的饲养一般是在其体重约 350 lb 时开始肥育，在 1 100～1 200 lb 时屠宰。

商品化肉牛饲养者正面临一个问题，那就是供给饲养的肉牛牛群间的杂交。一群肉牛在体形结构(大小、颜色、体型、体重)上可能相似，但不同的遗传和营养背景能引起重要的经济性状的变异，诸如饲料转化效率和胴体质量。

现代奶牛是对单一因素——产奶性状进行多代选择后的结果。而且对奶牛来说，无论它们的地理起源如何，都是在或多或少的标准化条件和饲养程序下成长的。尤其在产奶期，奶牛多数时间被限制饲养，因此不能进行强制选择。体态和生理特征在种群间的差异不大。肉用品种的阉牛其环境、市场和饲料状况变化更多。与之相比，奶用阉牛更具有一致性，组间差异更小。与同等数量的杂交肉牛相比，有经验的奶用阉牛饲养者能够更准确地设计饲粮计划和预测其生产性能。

美国的多数肉牛都来自于少于 30 头的牛群，每个小牛场主在选择后备母牛和购买公牛时都有自己的标准。例如，饲料利用率会影响大多数地区所选择的肉牛类型。载畜量低的牧场选择的肉牛，其成年体重应较低。在这些牧场中，饲料供应有限，使得饲养大型牛很不经济。而气候温和以及相对高的降雨量，可以使牧场能够提供丰富的饲料，因此这些地区的牧场所选择的牛在适应这种气候后，可以获得较大的成年体重。

一般来说，与肉用品种阉牛相比，荷斯坦阉牛的增重速度较快，获得每磅体重所需要的饲料也较少。然而，当以消耗单位能量所获得的增重来衡量时，以荷斯坦为代表的阉牛的生产效率要低于肉用品种阉牛[5]。同时，与一般肉用阉牛相比，荷斯坦阉牛的屠宰率比较低。这是由于荷斯坦牛的胴体比一般的肉牛胴体含有更大比例的骨和较少的脂肪。

饲料利用效率间的差异表明，荷斯坦肉牛与相似体重的肉用品种牛相比，在配制饲粮时，蛋白质含量应更高。由于荷斯坦阉牛摄入营养物质的大部分都用于瘦肉组织和骨骼生长，因此，在它的饲粮设计中，蛋白质百分比应高于肉牛品种阉牛。

尽管肥育荷斯坦阉牛与一般荷斯坦产奶牛的饲养计划差不多，但有 3 种饲养计划是必须考虑的：

(1)在犊牛舍或小群舍中饲养的阉牛与后备青年母牛一起断奶，然后进入肥育阶段。

(2)断奶犊牛在进入肥育饲养前，需要一段现场生长饲养期(on-the-farm growing program)。

(3)在肥育饲养前，断奶犊牛需要进行一段放牧饲养。

表 16-10 是一篇综述文章中所列的生产目标[2]。这些生产目标在多数管理体系都可以达到。

表 16-10　荷斯坦阉牛的生产性能目标

生产性能目标	体重(lb)		
	400(断奶)	400～850	850～1 100
干物质采食量(lb)	7.5	16.0	18.3
饲料转化效率	3.0：1.0	4.9：1.0	7.6：1.0
平均日增重(lb)	2.4	3.3	2.4

该表说明，与轻型牛相比，重型牛每获得 1 lb 增重需要增加更多的饲料给量。现在正努力用补偿生长机制来克服这一不足。在这个计划中，应当对中等体重的阉牛蛋白质采食量进行限制。那么，当饲粮蛋白质浓度增加时，这些牛将会以更快的增重速度进行补偿生长，其生长速度明显快于全期饲喂推荐蛋白水平饲粮的阉牛。

高粗料饲粮能够增加瘤胃的体积和容量，这在青年母牛饲养中是期望得到的结果。但是，在肥育饲养前的荷斯坦阉牛从断奶到体重约 750 lb 的放牧生长阶段，动物的干物质消耗量远远高于其转化为体增重的量。例如，与断奶到屠宰阶段均舍饲的牛相比，来自草地放牧的大型荷斯坦阉牛会消耗更多的饲料，但两者的增重速度却相同，甚至后者更慢。人们试图通过限制饲养途径提高饲料的转化效率。与限饲阉牛相比，虽然自由采食的阉牛增重速度略有提高，但其饲料转化效率较低。限制饲养计划通常是指给牛饲喂占自由采食量 85%的饲料量。

限制饲养的理论似乎合理。然而，荷斯坦阉牛的食欲相对较好。当饲料供给不足时，它们会发生应激和神经紧张。因此，限制饲养应用于荷斯坦阉牛时，可能会降低动物的生产效率。若荷斯坦阉牛来自放牧饲养方式，它们很可能会过量采食。

表 6-11 是生长-肥育荷斯坦阉牛的营养成分限制示例表。该表不特指具体的饲料原料和体重。饲料利用率的与地区差异有关，而且并不是所有的阉牛都在相同体重和营养状况下开始肥育。例如，直接以精料肥育的断奶犊牛是不需要开食料的，而肥育前舍饲的牛不需要过度饲粮。来自放牧方式饲养的牛则需要完整的三步饲养方案。限制饲养的示例表并不是一成不变的，而只是作为利用当地饲料资源和设施的一种模式。

表 16-11 限制饲养的营养示例(100%干物质)

营养物质	起始期	过渡期	肥育期
粗蛋白(%)	17.00	13.50	12.00
NE_m(Mcal/lb)	0.63	0.73	0.93
NE_g(Mcal/lb)	0.93	0.55	0.66
钙(%)	1.00	0.77	0.77
磷(%)	0.33	0.33	0.33
钾(%)	1.10	0.80	0.80
粗纤维最大值(%)	35.00	12.50	7.50

在营养推荐表中没有列出微量元素和维生素的浓度，因为在肥育的所有阶段，动物都采用相同的标准。由于所提供的饲料原料不同，所以用来提供常量元素(钙、磷、钾)和微量元素的矿物质添加剂也不能标准化。如果在一个配方中包含了所有的饲料，并且其能量和蛋白质水平达到了表 16-11 中所规定的限制量，那么就可以在配方中添加一种矿物元素，从而使饲料中的矿物质和维生素浓度达到所推荐的水平。一般建议，饲粮中食盐含量为 0.5%，它将作为所添加矿物质混合物中的一部分。

参考文献

1. Bethard, G. L., et al. 1994. *J. Dairy Sci.* 77: Supplement 1.
2. Chester-Jones, H. 1991. *Holstein Beef Symposium*. Pennsylvania NRAES 44.
3. Ellenberger, H. C., et al. 1950. *Vermont Agric. Exp. Sta. Bull.* 558.
4. Foldager and Sejrsen, 1982. *Proc. 12th World Congr. Diseases of Cattle*, p. 451.
5. Hooven, et al. 1971. *J. Animal Sci.* 34: 1037.
6. Manston, R. 1967. *J. Agric. Sci. Camb.* 78: 263.
7. NRC. 2001. *Nutrient Requirements of Dairy Cattle*. Nat. Research Council.
8. Radostits and Bell, 1970. *Can. J. Animal Sci.* 50: 405-452.

9. Spears, J. W., et al. 1991. *J. Amer. Vet. Assn.* 99: 1731.

10. NRC. 1982. *United States-Canadian Tables of Feed Composition*. 3d rev. ed. Nat. Research Council.

11. Van Nevel, C. J., et al. 1977. *Applied Environmental Microbiology* 34: 251-257.

第 17 章　肉用母牛群的饲养
Feeding the Beef Cow Herd

作者：Jan Bowman 和 Bok Sowell
译者：姜成钢
校对：董晓玲和李艳玲

前言

带犊母牛生产在很大程度上依赖于放牧牧草给犊牛和母牛提供营养。对于许多带犊母牛的生产周期来讲，利用低等至中等质量的牧草即可满足能量和蛋白质的需求。构成肉牛生产基础的牧草，可以来源于本地草场，也可以另行购买。另外，当天气情况限制了牧草或粗饲料的利用时，就可以饲喂储存的饲草（干草）。通常，干草纤维含量高，但蛋白质和能量不足，尤其对于妊娠后期和泌乳的母牛来说（图 17-1），就更不能满足需要了。当牧草质量或数量受到限制时，就需要对动物进行补饲。

影响采食粗饲料类型饲粮的肉牛生产性能的最重要因素是饲粮干物质采食量。在这些类型的饲粮中，粗料在瘤胃中所占据的实际体积将限制动物的采食量。瘤胃中食糜的排出是决定牧草采食量和营养价值的主要过程。瘤胃中饲料的排出主要取决于 2 个过程：瘤胃微生物的消化和食糜从瘤胃的排出。在食糜通过瘤胃之前，瘤胃细菌在饲料颗粒上的附着、消化和体积的减小，对于为动物进一步采食牧草提供所需的空间来说是非常必要的。瘤胃细菌在饲料颗粒上附着的重要意义，不仅在于它关系到粗饲料的消化进而为动物提供营养物质，而且还在于它关系到饲料颗粒度的降低，以便于饲料通过瘤胃。肉牛的消化动力学和外流速度，取决于粗饲料的降解速度、养分利用率和离开瘤胃的未消化残渣的比例，所以它们最终会影响到动物的采食量。

图 17-1　夏季在牧场放牧的海福特带犊母牛

1　生物学周期及营养需要

一头母牛的生物学周期可以分为 4 个阶段：妊娠最初 3 个月、中间 3 个月、最后 3 个月和产后期（表 17-1）。应该使母牛达到最佳生产量而不是最大生产量，因此母牛的营养需要应该以“日”为基础，并考虑每日的需要量。繁殖牛群主要喂给粗饲料，并辅以必要的补充饲料，以满足其特殊的营养需要。

表 17-1　母牛的生物学周期　　d

阶段	时间长度	阶段	时间长度
妊娠最初 3 个月	95	妊娠最后 3 个月	95
妊娠中间 3 个月	95	产后期	80

注：总计 365 d。

妊娠最初 3 个月从受孕开始计算。在最初 3 个月中，如果母牛需要给犊牛哺乳，则需要获取营养满足维持需要和泌乳需要。维持需要随着母畜体重的增长而增加，并且可能因品种类型而不同，成年体重较大的品种维持需要相对较大，而成年体重较小的品种维持需要则相对较小。泌乳的营养需要随产奶量和乳脂率的增加而增加。然而，最初 3 个月的产奶量是下降的，春季出生的犊牛可以采食更多的粗饲料。在最初 3 个月用于胎儿生长的营养需要所占的比重相对较小。

在妊娠的中间 3 个月中，本年内出生的犊牛已经断奶，泌乳的营养需要行将结束。从犊牛断奶到最后 3 个月的开始是肉用母牛的最低营养需要期。在此期间，体况良好的非泌乳牛应以最少量的饲料饲喂。也正是在这个时期，提高瘦弱母牛的体况最容易实现，而且也最经济。

在妊娠的最后 3 个月中，母牛的营养需要由于胎儿的迅速生长而迅速提高。母牛的体重在最后 3 个月中期望以约 0.9 lb/d 的速度增加，但也仅仅可以满足胎儿生长的需要。在该阶段必须密切关注母牛的身体状况。产犊时体况过瘦的母畜更容易发生难产、弱胎、病胎以及产奶量降低的情况。母牛在冬季以及产犊所损失的体重不可超过其体重的 15%。在此期间，由于营养需要的增加，粗饲料的质量显得尤为重要。为了满足母牛产前 60 d 和产后 90 d 的需要，应该储存足够的优质干草。

产后间隔期对母牛来说是一个关键的营养阶段。此期间泌乳的营养物质需要量高，动物的繁殖系统正从产犊过程中恢复。泌乳母牛的饲料采食量比非泌乳母牛高 35%～50%。母牛必须具有良好的体况才能进入下一个生产周期，并在产后 80 d 内再次接受配种并受孕。如果此期间母牛遇到营养应激，那么首先受到影响的即是繁殖性能。在此期间要改善母畜的体况很困难，而且代价昂贵。母牛生物学周期中这一阶段的营养需要比平时要高出 50%(图 17-2)。

图 17-2　处于空怀期的泌乳母牛具有较高的营养物质需要量

1.1　能量需要

维持能量需要是维持动物体能量不增不减所需的饲粮能量。肉牛维持能量需要估计为 77 kcal/$W^{0.75}$(kg)，其中 W 是体重的千克数[1]。因此，维持能量需要随着牛体重的增加而增加。在一定的年龄条件下，与成年体重较小的品种相比，大体型品种牛由于需要支撑较大的代谢量(metabolic mass)以及其生理年龄较小，所以它所需的维持能量更多。动物活动会增加对能量的需要量。母牛在草场上长距离自由放牧时，其能量需要比舍饲条件下的动物高 30%～50%。如果有效环境温度高于或低于牛的热中温区(高或低时就必须增加能量以维持恒定体温的温度区，见表 17-2)，那么牛的能量需要就会增加。

表 17-2　肉用母牛的临界温度　℉

状态	临界温度	状态	临界温度
夏季被毛或湿的被毛	59	冬季被毛	32
秋季被毛	45	严冬被毛	17

在营养平衡的饲粮中，能量最先被考虑用来满足需要的营养素。碳水化合物、脂类和蛋白质都可以为母牛提供能量，而且以重量和成本计时，用于提供能量的饲料是饲粮中的最大部分。能量供给和利用在很大程度上决定了牛对其他营养物质的利用。因此，能量摄入在决定其他营养物质的需要量中十分重要。

1.2 蛋白质需要

瘤胃合成的微生物蛋白质平均提供肉牛所需蛋白质和氨基酸的50%。然而,蛋白质不足对于放牧采食牧草或采食低质干草和稻草的肉牛是最常见的营养缺乏症。当牧草中粗蛋白质含量低于7%时,就没有足够的氨氮供给瘤胃微生物的生长需要。这样会降低牧草的消化,因此限制牧草的采食量。当补给蛋白质时,劣质牧草对消化和采食会产生积极的反应。

1.3 矿物质需要

由于骨骼生长迅速,青年牛的钙、磷需要相对较高。高产奶量和妊娠也会增加母牛对钙、磷的需要。钙、磷不足导致生长动物佝偻病、成年动物软骨症或骨质疏松症,引起以骨骼易断裂为特征的脆骨症。一个急性的钙缺乏症被称之为产后瘫痪或产乳热,它多发于泌乳后不久的高产母牛。豆科牧草中含有较多的钙和较少的磷,而谷物则低钙高磷。利用率高的钙磷饲料原料包括磷酸氢二钙和磷酸氢钙。

瘤胃微生物需要钴来合成维生素 B_{12}。所有品种牛的钴需要量估计为0.1 ppm(表17-3)。牧草中钴含量差异很大,谷物类饲料一般含钴量低,菜籽饼是钴的很好来源。碳酸盐中钴的利用率高,而氧化物、氯化物和硫酸盐中钴的利用率却是一般。

表17-3 肉用母牛的矿物质需要量

矿物质	需要量	范围	中毒水平
钴(ppm)	0.1	0.07~0.11	>5
铜(ppm)	8.0	4~10	>100
碘(ppm)	0.5	0.2~2.0	>50
铁(ppm)	50	50~100	>1 000
镁(%)	0.1	0.05~0.25	>0.4
锰(ppm)	40	20~50	>1 000
钾(%)	0.65	0.5~0.7	>3
硒(ppm)	0.2	0.05~0.3	>2
钠(%)	0.08	0.06~0.15	>10
硫(%)	0.1	0.08~0.15	>0.4
锌(ppm)	30	20~40	>500

资料来源:NRC[1]。

在肉牛饲粮中,10 ppm的铜含量即可满足需要(表17-3)。然而,有资料显示,西门塔尔牛和夏洛来牛对铜的需要高于安格斯牛[2],可能达到15 ppm。高含量的硫和钼会干扰铜的利用,导致铜的缺乏。为了避免钼对铜的干扰,铜钼比例应≥4.5∶1。铜缺乏的征兆是被毛中色素缺乏,关节和腿部疾病及新生犊牛发育畸形,发情推迟,胚胎死亡,黑牛耳朵边缘的毛微红,红牛的则变黄。血清铜水平低于0.6 ppm,就表示为潜在缺乏。肝脏组织切片检查是衡量体内铜状况的良好指标,肝组织中含量低于25 ppm(干物质基础75~90 ppm)认为是铜缺乏。铜的需要量和中毒量范围相对较窄。为抑制池塘中藻类的生长,通常向池塘中加入硫酸铜,这样可能导致动物对铜的摄入量达到中毒水平。牧草是相对较好的铜来源,而谷物中铜的含量一般较低。碳酸铜的利用率较高,而硫酸盐形式的铜利用率中等。

由于土壤中低水平含碘量而导致美国西北地区和大湖地区缺乏碘。碘缺乏症状包括:产弱犊、无毛犊、甲状腺肿、生长缓慢、早期胚胎死亡、流产、隐性发情、胎衣不下和受胎率下降等。使用碘化食盐是供给足量碘的最便捷的方法。

铁在机体氧的转运中非常重要,50 ppm的铁对成年牛已经足够(表17-3)。饲粮中铁的含量高于 1 000 ppm 时会导致铁中毒。粗料较谷物中的含铁量高，油料籽实中含铁量介于两者之间。硫酸亚铁中铁的利用性很高，但氧化铁中的铁几乎不能利用。

产奶增加了对镁的需要量，高水平的钾、磷或钙会干扰镁的利用。镁的缺乏可能导致低镁性抽搐或痉挛。

锰在繁殖激素的合成中起作用，锰的缺乏可能导致公、母畜的繁殖障碍，包括精子合成受损、推迟发情、减少排卵和推迟受孕。血锰水平低于 0.005 ppm 或肝脏中锰水平低于 9～15 ppm(干物质基础)时，则表明潜在锰缺乏。随饲粮中钙和磷的升高，锰的需要量增加。粗饲料中含锰量相对较高，谷物饲料中较低。

尽管钾缺乏在肉牛中不常见，然而饲用高谷物饲粮或者母牛采食冬季劣质的牧草可能出现钾的缺乏。氯化钾是最常用的钾补充源。

硒元素缺乏可导致胎衣不下、流产、产弱犊、早产、不规律发情和生育能力下降。0.2 ppm 的饲粮硒水平就认为是充足的(表 17-3)。肝脏活体组织硒浓度是表明硒水平高低的最好指标，其水平低于 0.2 ppm(湿重基础)时，就认为是硒缺乏。血液中硒水平低于 0.05～0.08 时，也认为是硒缺乏。硒中毒是一个值得注意的问题，尤其是在聚硒植物生长的地方或是在含硒量较高的土壤中，2 ppm 或以上水平的硒是有毒的。

图 17-3　为草场上的放牧母牛供应食盐和矿物质的喂料器

由于多数植物的含钠量较低，在肉牛饲料中补充钠和氯是必要的。自由采食食盐是补充钠和氯的最简单的方法，日采食量范围为 1～4 盎司。在美国西部一些地区，拥有富含盐分的土壤和/或水。水中 7 000 ppm 水平的溶解食盐就被认为是有害的。

饲喂非蛋白氮的肉牛可能从硫元素的补充中获益，因为硫元素能增加瘤胃微生物蛋白质的合成。硫干扰铜和硒的利用。

饲粮中锌的需要量一般为 20～40 ppm。锌缺乏可导致受孕率降低、皮炎和生产性能下降。血液中锌含量低于 0.4 μg/mL，或是肝脏中含量低于 20～40 ppm(80～100 ppm 干物质基础)，就认为是锌缺乏。

近年的研究表明，某些微量元素，诸如铜、锌和锰，在机体的免疫功能中发挥重要的作用。这些微量元素的缺乏，可能损害免疫系统对接种疫苗和疾病组织的反应能力(图 17-3)。这些矿物元素也可能有毒性(表 17-4)。

表 17-4　对肉牛有毒的矿物元素　ppm

矿物质	中毒水平	矿物质	中毒水平
铝	1 000	砷	50～100
溴	200	镉	0.5
氟	20～100	铅	30
汞	2	钼	5～6

资料来源：NRC[1]。

1.4　维生素需要量

反刍动物消化系统中的微生物可以合成维生素 K 和 B 族维生素，满足这些营养物质的大部分需要。当动物暴露在日光下时，维生素 D 在动物的皮肤中合成，晒干的牧草中含有大量的维生素 D、维生素E和β-胡萝卜素。维生素A、维生素D和维生素E的需要量见表17-5。

表17-5 肉牛的维生素需要量

维生素	动物	每千克干物质需要量(IU)
维生素A	肥育牛	2 200
	妊娠母牛	2 800
	泌乳母牛和公牛	3 900
维生素D	所有肉牛	275
维生素E	犊牛	15～60

资料来源:NRC[1]。

肝脏能够储存足够的维生素A,可以满足动物2～4个月的需要。然而,如果饲粮中几乎不含维生素A,那么,肝脏中蓄积的维生素A将很快被消耗殆尽。维生素A缺乏的表现包括被毛粗糙、腹泻、多泪、流产、死胎、受孕率降低和对呼吸道疾病敏感度增加等。优质牧草通常是维生素A的良好来源,而大多数谷物饲料含有的数量相对较少。导致维生素A缺乏的饲粮因素包括饲喂高精料饲粮、成熟和干燥牧草、日晒雨淋的干草、加工过的饲料和储存饲料等。

如果给肉牛饲喂晒干的牧草或是让牛多在阳光下活动,很少发生维生素D缺乏症。

维生素E缺乏症状与硒元素缺乏症的症状很相似,包括犊牛白肌病、胎衣不下和母牛产犊至再次受孕的间隔延长。多数实际应用的饲粮含有充足的维生素E。

维生素K通常由瘤胃微生物合成,肉牛饲料中一般很少需要补充。然而,发霉的甜三叶干草中双香豆素的形成及其对维生素K的拮抗作用可能导致出血。在这种情况下,补充维生素K非常有效。

B族维生素有重要的代谢作用。然而,由于瘤胃微生物的广泛合成,一般不易缺乏。当钴元素缺乏时,才会发生维生素B_{12}缺乏,由于没有足够的钴可用于维生素B_{12}的微生物合成。对以谷物饲喂的肉牛,由于对瘤胃中硫胺酶活性的反应而形成脑灰质炎。

1.5 水的需要量

非泌乳牛的饮水量和干物质采食量的关系一般为3∶1。泌乳牛则每产1 lb奶每日需额外饮水0.1加仑(0.87 lb)。饮水量的限制会降低总干物质采食量,进而导致生产性能下降。高蛋白质饲粮或高盐分,以及高温环境都会增加饮水量(表17-6)。

表17-6 体重为1 200 lb的母牛日均期望饮水量

水温(℉)	饮水量(加仑)	水温(℉)	饮水量(加仑)
＜40	8	70	11～12
50	8～9	80	13～14
60	10	90	15～19

注:每生产1 lb牛奶要加0.1加仑水。

1.6 生长对营养需要量的影响

肉牛的增重速度(通过体增重测定)在犊牛阶段非常迅速,到初情期逐渐下降,然后更加缓慢下降,直至达到体成熟。单位体重或单位代谢体重的营养需要量在犊牛时期最大,在其接近成年时逐渐下降。青年动物单位体重的干物质采食量较高,随着生理年龄的增长而逐渐下降。在增重速度最快时,单位增重的营养需要量最少,营养物质的利用效率最高。

1.7 繁殖对营养需要量的影响

在妊娠期,能量需要用于维持母体组织中脂肪和蛋白质的沉积以及胚胎内脂肪和蛋白质的沉积。

配种前营养物质的缺乏可能导致产犊到发情间隔延长、生育力低、隐性发情或者受孕失败。生长期能量或蛋白质饲喂不足，可能导致性成熟推迟。饲料供应不足或者饲喂过量，特别是在产犊后，都会导致生育力下降。胚胎组织优先于母体组织对营养物质的需求。因此，如果在妊娠阶段营养不足时，母牛的体储备可能会耗竭。

1.8　泌乳对营养物质需要量的影响

泌乳高峰期较其他任何时期所需要的营养物质都多。由于牛乳组分必须通过血液直接提供或者在乳腺中合成，因此所有的营养物质需要均会提高。限制饮水或能量摄入会降低产奶量，但限制蛋白质进食所产生的影响较小。

1.9　体况评分

体况评分是用于评估母牛的体脂储备和监控营养计划实施效果的一种管理工具（表 17-7）。在实际管理条件下，产犊或早期泌乳阶段，母牛可能会失重并损失体况，而在泌乳后期和妊娠的第 1 个或中间的 3 个月，可能会增重。一般来讲，只要母牛不在妊娠后期和产后阶段失重，这种周期性的失重和增重不会降低生产性能。然而，体况评分与繁殖性能之间存在明显的关系（表 17-8，图 17-4）。与中等体况的母牛相比，瘦母牛产后间隔（从产犊到再次配种）较长，且妊娠率较低（图17-5和图 17-6）。表 17-9 显示了使 1 100 lb 妊娠母牛的体况评分从 4 增加到 5 以及从 3 增加到 5 所需的饲料量和日增重。母牛越接近产犊，其体况的改变越困难，且费用越高。因此，在妊娠最后 3 个月内监控体况是非常必要的。

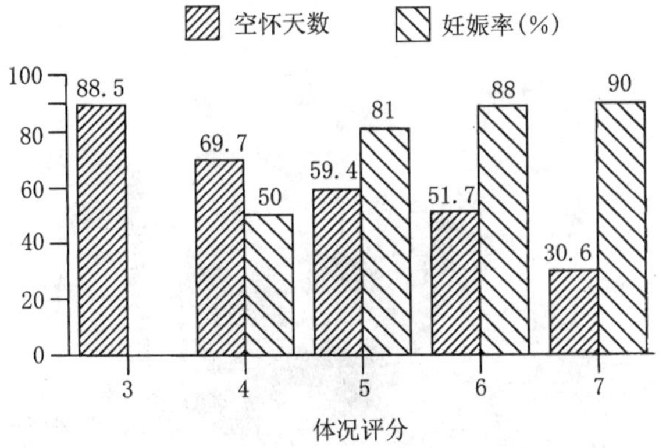

图 17-4　产犊时的体况评分对空怀天数和妊娠率的影响

图 17-5　体况评分为 3 的母牛

表 17-7　肉用母牛的体况评分描述

体况评分(BCS)	描　述
1	消瘦级(emaciated)：极度瘦弱，表现为肩部、肋骨、脊椎、臀部和盆骨的骨架清晰可见，触摸有尖锐感，以尾根部和肋部尤为突出，无可见的脂肪沉积，肌肉组织很少
2	较差级(poor)：轻度消瘦，尾根和肋部骨架尖锐感减轻，但脊椎部触摸仍有尖锐感，后躯有可见的肌肉组织
3	纤瘦级(thin)：单根肋骨仍清晰可辨，但触及无明显尖锐感，在脊骨和尾根部有可触及的脂肪沉积，肋部表面有少量脂肪组织覆盖
4	可接受级(borderline)：单根肋骨不再清晰可辨，脊椎仍能触摸到，但感觉末端浑圆而不尖锐突出，在肋骨和臀部有脂肪组织沉积

续表 17-7

体况评分(BCS)	描述
5	适中级(moderate):整体外观良好。在肋部脂肪沉积多而富有弹性,在尾根部两侧均有脂肪组织覆盖
6	中度偏上级(high moderate):用力方可触及到脊椎,在胸部、肋部和尾根部周围都有脂肪沉积,背腰浑圆
7	良好级(good):体躯丰满,在肋部和尾根部周围的脂肪沉积厚,且富有弹性,在会阴和骨盆周围有脂肪沉积
8	较肥级(fat):体躯非常丰满,且体况过肥,很难触摸到脊椎骨,肋部、尾根部周围和会阴下有大量脂肪沉积
9	过肥级(extremely fat):外观平直呈矩形,尾根部和臀部有脂肪组织覆盖,看不到也几乎触摸不到骨架结构

资料来源:Richards 等[3]。

表 17-8 断奶时母牛体况评分与妊娠率的关系[a]

指标	体况评分				
	<3	4	5	6	>6
母牛数量	3 415	23 811	37 970	26 213	9 654
妊娠率	75.5	85.4	93.8	95.6	95.6

资料来源:Cherni[4]。

[a]9 年资料的总结。

图 17-6 体况评分为 5 的母牛

图 17-7 在冬季牧场上放牧处于妊娠中间 3 个月的母牛

表 17-9 改变体重为 1 100 lb 妊娠肉用母牛体况评分所必需的饲料结构和增重速度

	产前天数(d)					
	120	105	90	75	60	45
BCS 从 4 增加到 5						
所需日增重(lb/d)	0.62	0.71	0.82	0.98	1.23	1.63
饲粮中饲料原料含量(%)						
低质牧草	64	62	—	—	—	—
中等品质牧草	—	—	61	55	48	37
谷物	21	21	18	20	22	25
小麦中麸	15	17	21	25	30	39

续表 17-9

	产前天数(d)					
	120	105	90	75	60	45
BCS 从 3 增加到 5						
所需日增重(lb/d)	1.24	1.40	1.63	1.96	2.44	[a]
饲粮中饲料原料含量(%)						
低质牧草	52	47	—	—	—	
中等品质牧草	—	—	37	25	—	
谷物	24	23	29	33	47	
小麦中麸	24	30	34	42	53	

资料来源：Buskirk 等[7]。

[a]不可能。

1.10　环境对营养需要量的影响

环境通过改变维持需要和饲料采食量影响营养物质需要量(表 17-10)。过高的环境温度对采食量的抑制程度可达到 30%，当然这取决于高温的严重程度。低温环境可提高采食量高达 30%。尤其是在低温时，维持能量需要量增加(表 17-11、图 17-7)。

表 17-10　根据环境条件给出的采食量校正因子[a]

温度(℉)	采食量校正(%)	温度(℉)	采食量校正(%)
>95(夜间不降温)	−35	41～59	3
>95(夜间降温)	−10	23～41	5
77～95	−10	5～23	7
59～77	无	<5	16

资料来源：NRC[8]。

[a]校正时假定牛所处环境没有暴风雨。

表 17-11　体重 1 000 lb 的妊娠母牛由于寒冷而引起的能量采食量增加的估计值

低于临界温度(℉)	每天额外需要的 *ME*(Mcal)	低于临界温度(℉)	每天额外需要的 *ME*(Mcal)
0	0	25	4.5
5	0.9	30	5.4
10	2.0	35	6.4
15	3.2	40	7.3
20	3.6		

2　肉牛粗饲料

肉牛在其生命的一定时期通常依赖于粗饲料维持生长。对自由放牧的肉牛，其饲粮主要由青干草组成[9]。在一定阶段，特别是在春季，肉牛所采食饲粮的 30%～45%为阔叶草[10]。灌木植物也可能组成肉牛饲粮的 25%～40%，这取决于肉牛所处的地理区域[11]。在美国一些湿地地区，肉牛饲养者通常依赖引进牧草(雀麦草、猫尾草、黑麦草、苇状羊茅)给肉用母牛群提供营养物质。在美国西部的干旱和半干旱地区，带犊母牛饲养企业依赖生长在当地的各种牧草、阔叶植物以及灌木为牛群提供粗饲料。而在美国北部高纬度地区的许多肉牛饲养者，则通过将牛从寒冷地区运往温暖地区草场的办法来延长放牧季节。

牧草质量与采食量

牧草的采食量除了受能量需要的影响外，还受粗饲料质量的影响。采食当地劣质或引入牧草（消化率低于50%）的反刍动物采食会明显受到瘤胃充盈度的限制。当牧草的NDF水平高于50%时，消化率降低，从而降低饲料在胃肠道中的流通速度，进而降低粗饲料采食量。当NDF含量较低时，消化率和流通速度都会提高，进而动物可以采食更多的饲料。当肉牛采食劣质牧草时，增加的细胞壁物质含量（NDF）会限制饲料采食量。肉牛对各种牧草的预期采食量见表17-12。

表17-12　肉用母牛对各种牧草的预期采食量

牧草类型	干物质采食量（%*BW*）	牧草类型	干物质采食量（%*BW*）
低质干草	1.0～2.0	春末夏初草场	2.4～2.9
中等质量的干草	1.5～2.5	夏末草场	1.8～2.4
优质干草	2.2～3.3	秋季草场	1.7～2.2
青绿草地牧草	2.0～3.0	冬季草场	1.4～1.8
春季草场	2.7～2.9		

放牧的肉牛通常喜欢选择采食活的牧草，而非干死的牧草。同样，它们会更喜欢选择植物的叶，而非茎；选择幼嫩植物，而非枯黄的植物。对饲料的选择通过影响营养物质采食量，进而影响动物的生产性能。

3　放牧管理

肉牛饲养者面临的最大挑战是降低饲料成本和增加每头存栏牛的利润。该目标的第一步就是，当动物的营养物质需要量很大时，应当最大限度地使用廉价牧草。遗憾的是，在北美大部分地区，很难实现这一步。在生长季节的早期或晚期，有效利用改良草地是协调牧草质量和动物营养需要的一个好办法。决定当地草场或引入草场的最佳放牧强度是获得长期利润的第二步。对任何草场来说，经验是决定放牧强度的惟一公认的方法。有大量专门的放牧制度可以用来增加每英亩面积上的家畜承载量，但是许多体系由于提高了放牧强度，从而降低了个体动物的生产性能。

3.1　改良牧地

引进牧草品种的牧场在整个美国分布广泛，它们为肉牛群提供了比本地牧草质量更好的牧草。在南方，全年生的黑麦草（冷季）有效地满足了肉牛冬季的营养需要，并且减少了蛋白质补充料的使用。在堪萨斯州，建议在肉用母牛饲养中使用引入品种与本地品种为1∶3比例的混合牧草[12]。一般建议，6～7月份采用高粱、苏丹草混合草场，秋季和早冬利用天然草原，而后在深冬季节，则选择在谷物籽实类饲料作物地块上放牧。除本地牧草外，使用有冠冰草和灯芯草野麦可以将7.5个月的放牧季节中单位动物的土地需要从25英亩降低到11英亩。美国西部地区广泛采用有冠冰草作为牧草来满足早春季节泌乳肉用母牛的营养需要。有冠冰草的使用可以防止早春时节本地牧场的使用，因为早春牧场的使用会使喜冷牧草退化。内布拉斯加州的带犊母牛饲养者在春季和晚秋时节会使用喜冷牧草。玉米秸也可以替代本地牧草作为晚秋和冬季的肉牛饲料。

灌溉草场可以为产犊后的母牛提供优质牧草，并且提高了妊娠率。与劣质牧草相比，禾本科牧草和豆科牧草混合使用可以成功地改善家畜的生产性能。由于豆科植物可以为所有植物提供氮源，因此，在草场中引入豆科植物也减少了氮肥的施用量。

3.2　放牧强度

许多研究已经表明，放牧强度对每单位面积和每个动物单位(per animal unit)的带犊母牛的生产力具有影响。随着放牧强度的增加，每头动物的生产性能下降，但是单位面积上的动物生产性能却提高到某一水平(图 17-8)。不管放牧系统如何，动物的个体生产性能和每英亩面积上的动物增重不可能同时达到最大化。长期研究表明，在中等放牧强度下，可以实现每英亩面积的最大资金回报率。

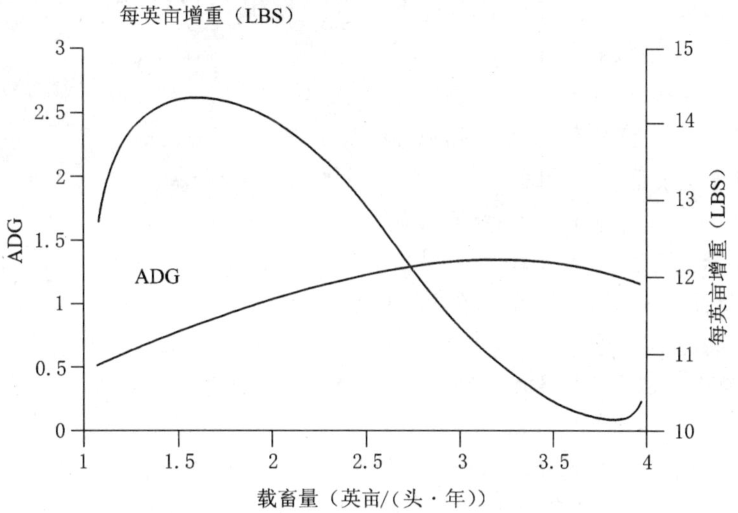

图 17-8　载畜量和牛的增重

放牧强度增加所造成的动物个体生产性能下降，是动物采食量和牧草质量下降引起的。肉牛是择食性动物。当牧场中有大量动物时，最优质的牧草最先被采食，剩下的是劣质的牧草。

高强度放牧的结果是每头家畜的增重量下降，每英亩面积的增重量提高，干物质采食量下降，放牧时间和体能消耗增加，牧草质量下降，营养缺乏症增加，妊娠率降低，产犊率降低，无应急干牧草储备，以及由有毒植物造成的经济损失增加[13]。

4　放牧制度

大多数放牧制度都应该具有通过调整牛群来维持或改善牧场状况的功能。前提是通过逐渐改善牧草状况最终促进载畜量的提高，而且动物生产性能的任何降低都可以通过载畜量的增加来抵消。这一前提已被更多的经验所证明，但缺少研究数据的支持[12,14]。

连续放牧(continuous grazing)是肉牛生产者最常采用的放牧制度(图 17-9)。在整个放牧季节或者全年的某个时期，让动物在同一地区采食。与其他放牧制度相比，采用连续放牧制度时每英亩的动物产量较低，但其维持成本也较低。在这种放牧制度下，要维持动物喜食的植物群落的生长是很困难的，尤其是当放牧强度很大时。但是，如果放牧强度得到控制，连续放牧不仅也可以较好地维持草场状况，而且比其他专门化放牧制度能更好地满足家畜的营养需要[12]。

延迟轮牧制度(deferred rotational grazing system)可以允许植物不经放牧而达到一定的物候期，如开花期或种子成熟期。在一个具有 4 块草场的轮牧区内，让一块草场从春季到夏季节持续闲置。在第 2 年，再让另一块草场在相同时间闲置。4 年以后，使所有的 4 块草场都轮番得到延迟放牧。这种放牧制度最早由太平洋西北地区发展而来，用以防止由于牛的选择性采食而造成疏丛性禾草群落的消失。

有证据表明，这种放牧制度在改进牧场条件方面优于连续放牧制度。延迟放牧制度的一个问题是，它可能使动物个体生产性能的下降，而且造成延迟期间补饲成本的增加。

休闲轮牧制度（rest rotation grazing program）通常包括 3～5 块草场，其中一块草场整年不放牧，而使单个牛群使用其余的草场。在不同年份里，所有草场都有 12 个月的轮换休闲期。这种放牧制度最早形成于加利福尼亚丘陵地带的草场，并广泛应用于美国整个西部地区。休闲轮牧制度下的草场植被优于连续放牧的草场；然而，动物的生产性能通常要低些。由于草场放牧强度增加，动物的选择性降低。随着牧草老化茎叶数量的增加，休闲草场的牧草质量也在下降。

图 17-9 正在夏季牧场上放牧的母牛和犊牛

短期放牧制度（short duration grazing）最开始应用于法国的母牛饲养。随后 Allan Savory 在非洲采用了这一体系，并进而在美国推广。这一制度中有一种在草场中央安装的由车轮驱动的饮水点以及家畜保定设施。通常至少包括 8 个草场，但有些体系也包含多达 40 个小草场。每个草场集中放牧 2～3 d，然后停止放牧几周。这种体系的放牧强度通常大幅度提高（达 2～3 倍）。采用高强度放牧迫使动物采食牧场上所有种类的植物，从而可以避免动物的选择性采食。停止放牧的时间越长，可以使植物群落逐渐恢复。取决于植物生长期的长短，一些草场在植物的整个生长期通常要放牧 2 或 3 次。这种放牧制度特别适用于高生产力土壤类型，在这种土壤类型上生长适口性相当但更耐牧的植物。该体系的最大缺点是，在中等放牧强度下，草场中动物个体生产性能降低。因为在干旱条件下无应急牧草的供应，因此这种制度在干旱和半干旱地区的应用也会有一定问题。而且，如果在停止放牧期植物没有进行再生，那么在随后的放牧期也就没有可利用的牧草了。

5 动物需要、牧草资源和成本

对于带犊母牛饲养企业来说，最大的挑战就是如何提高长期利润回报。只有牧草产量以每年 2～5 倍的速度增长，这一目标才能够实现。每年和每一季节的肉牛价格也有较大幅度的波动。监控利润回报的一个最好途径就是对每头牛进行生产力估测。如果每头牛总的饲料成本降低，但动物的生产性能没有明显改变，那么利润回报额就增加了。降低饲料成本通常是将每年牧草供应量曲线和动物需要量曲线进行最佳匹配的结果。

图 17-10 妊娠末期采食干草的越冬母牛

饲料成本代表了带犊母牛饲养企业每头母牛的最大花费。对一般的带犊母牛饲养企业来说，饲料花费占每头母牛总花费的 60%～80%。美国北部地区大多数饲养企业花大笔钱去购买或生产干草（图 17-10）。一些饲养企业花掉比购买干草更多的钱去制作干草。可以把牛放在草地上直接采食干草，或者在带有便携式电围栏的宽松草丛中采食。早春利用有冠冰草可以降低饲料成本。对一些生产干草的地块可在秋季和冬季进行再次灌溉和放牧，从而降低总干草需要量和冬季的饲料成本。

6　动物营养管理

母牛群的营养管理包括将可利用的饲料资源和动物的需要合理匹配。为了最经济地使用可利用饲草资源，饲养企业应该知道动物的营养特点和牧草的质量。牧草质量包括营养物质含量、利用率、消化率、采食量以及影响动物生产性能的各种因素。

6.1　牧草分析

很难找到一种评价牧草质量的化学分析方法。所以，一般来说，需要对牧草的组成成分进行分析，其指标如下。

(1)粗蛋白：粗蛋白含量与牧草质量呈正相关。

(2)纤维：纤维含量与牧草质量呈负相关。干物质采食量(以占体重的百分数来表示)和肉牛的牧草消化率可以按照如下公式进行计算：

$$干物质采食量=\frac{120}{NDF百分含量}$$

$$干物质消化率=88.9-(0.779\times ADF百分含量)$$

【例如】一头母牛消耗了含 35% NDF 和 25% ADF 的优质紫花苜蓿干草，则估计其每天采食量为(120/35)=3.5%体重，而且这种干草的消化率为[88.9 −(0.779×25)]=69.4%。然而，一头母牛如果采食含 55% NDF 和 35% ADF 的劣质紫花苜蓿干草，则预计其每天采食量为(120/55)=2.2% 体重，这种干草的消化率为[88.9−(0.779×35)]=61.6%。

(3)可利用能量：大多数实验室利用纤维(ADF 或 NDF)含量来估计牧草的可利用能量含量。上面所估计的消化率可作为对肉牛牧草能值或 TDN 的一个粗略的估计。

估计牧草的能量值还可采用其他公式：

豆科牧草	$NE_m=1.044-(0.0123\times ADF百分含量)$
禾本科牧草	$NE_m=1.085-(0.015\times ADF百分含量)$
禾本科牧草－豆科牧草混合物	$NE_m=1.044-(0.0131\times ADF百分含量)$
玉米青贮	$NE_m=1.044-(0.0132\times ADF百分含量)$

一旦计算出牧草的估计采食量和消化率(能量部分)，就可以与肉牛的营养需要进行对比了。考虑下面的例子，一个生产者在用干草(一个牧草的分析示例，见表 7-13)饲喂妊娠最后 3 个月体重为 1 200 lb的母牛，采用实验室分析方法，可以估算出它的干物质采食量。

表 17-13　妊娠最后 3 个月饲喂给 1 200 lb 母牛的牧草分析示例(干物质基础)　%

实验室分析指标	含量	实验室分析指标	含量
干物质	88.0	NDF	65.0
粗蛋白质	8.5	ADF	36.0

$$干物质采食量(占体重百分数)=\frac{120}{牧草中NDF含量}$$

$$=\frac{120}{65}=1.85\%体重$$

这就意味着一头体重 1 200 lb 的母牛平均每天消耗牧草干物质重量：1 200 lb×0.018 5 =22.2 lb。牧草的估计能值(TDN 含量)也可以计算出来。

能值(TDN含量)=88.9-0.779×牧草ADF含量=88.9-(0.779×36)=60.9%TDN

如果母牛每天消耗22.2 lb这样的牧草,那么它每天就消耗了22.2 lb×0.609=13.5 lb TDN。粗蛋白采食量也可同样计算出来:22.2 lb×0.085=1.9 lb粗蛋白。现在该母牛的营养物质采食量就可以与其营养物质需要量进行比较了。

表17-14所示的实验室分析的牧草质量完全可以满足妊娠后期母牛的营养需要。但是,当母牛产犊时,其营养需要量就要增加,表17-15显示此时牧草质量无法满足产犊后期的营养需要,需要提供优质牧草或营养补充料(图17-11)。

表17-14　根据牧草分析值估计的1 200 lb体重母牛在妊娠最后3个月营养物质摄入量和需要量的比较

指标	需要量(lb)	估计采食量(lb)	评价结论
干物质	20.4	22.1	合格
TDN	11.8	13.5	合格
粗蛋白质	1.7	1.9	合格

来源:NRC[1]。

表17-15　根据牧草分析值估计的1 200 lb体重母牛在产后间隔期的营养物质采食量和需要量的比较

指标	需要量(lb)	估计的采食量(lb)	评价结论
干物质	27.6	22.1	缺5.5 lb
TDN	15.2	13.5	缺1.7 lb
粗蛋白	2.1	1.9	缺0.2 lb

来源:NRC[1]。

6.2　补饲

补饲的目的是以一种比较经济的方式,为牧草不足或营养不均衡的母牛提供营养物质。对妊娠末期和泌乳早期的母牛来说,主要的草场牧草富含纤维而缺乏粗蛋白和能量。当牧草数量或质量不足时,补饲对于维持动物理想的生产性能是十分必要的(图17-12)。

图17-11　用低质干草饲喂断奶后母牛

图17-12　给草场上的母牛补饲

补充料广义上可以分为蛋白质补充料和能量补充料。两者均含有蛋白质和能量,所不同的是蛋白质的相对含量不同。蛋白质补充料的蛋白质水平较高,一般是25%或更高。能量补充料中蛋白质浓度较低,通常低于18%。

对大多数在天然草地放牧的母牛来说,蛋白质是第一限制性营养物质。能量当然也可能缺乏,但是通常没有蛋白质缺乏的情况普遍。如果没有蛋白质支持瘤胃微生物的消化功能，那么草地牧草中的可利用能量就没有多大用处。对劣质牧草而言，应该强调补充少量的高蛋白质饲料(25%～40%)。

肉牛每日自由采食的老化牧草量占体重的 1.5%～1.8%(1 100 lb 体重母牛需要 16.5～19.8 lb/d)。这一水平的采食量并不能满足母牛的营养需要。当牧草粗蛋白低于 6%～7%时，补充蛋白质或非蛋白氮(NPN)可以刺激采食量。对采食本地草场牧草的放牧牛来讲，饲喂补充料在成本上不太划算，因为随后的繁殖和犊牛生长并不一定会稳定提高。如果补充料有助于提高采食量和劣质牧草的利用程度，并使肉牛饲养企业更有效地利用牧草资源，那么，这种补充料的使用在经济上就是划算的。

蛋白质补充料通常价格比较昂贵，所以可以通过使用较便宜的非蛋白氮(如尿素)来补充氮源。饲喂尿素可以提高饲草的采食量，但是通常采食量的提高只有在提供糖蜜或其他可利用能源的情况下才会得到实现。其原因也许是由于劣质牧草中能氮比不平衡。如果能量足够，反刍动物瘤胃微生物可以利用尿素合成微生物蛋白质。糖蜜不仅可以提供能量，还可以提供瘤胃纤维分解菌生长所需要的营养物质，如硫和支链脂肪酸。

给放牧牛以手工方式饲喂补充料的传统方法不仅使劳动力成本提高，而且还会潜在地改变动物的采食行为和降低饲料利用效率。使用液体形式或舔块形式饲喂补充料，不但可以降低劳动力成本，而且还可以减少对日常采食行为的影响。包括糖蜜、非蛋白氮和天然蛋白质在内的液体补充料或舔块产品不但可以方便动物自由采食，而且在放牧条件下可能比传统饲喂补充料的方式更有效。不同的研究表明，液体补充料对动物生产性能的影响程度具有很大变异，这可能与补充料配方不同有关。一些研究发现，肉牛对液体补充料还会有不良反应，尤其是当补充料中蛋白质浓度较低时。磷、硫和微量元素的水平以及是否添加了额外的补充成分(如磷酸)，都可能影响动物的生产性能。

为放牧牛提供额外营养的一个主要问题是无法控制每头牛对补充料的采食量，这会导致动物营养需要量和营养物质供给量的不匹配。已经采用几项技术来控制动物对补充料的采食量，但只取得了有限的成功。那些添加了可以改变适口性的食盐和添加剂，或添加改变物理特性的补充料的使用，也产生了不一致的结果。

7 非结构性碳水化合物的补饲

用含有非结构性碳水化合物(NSC)的精料来补充牧草类饲粮，通常会使纤维消化率和牧草的采食量下降。一些研究表明，淀粉对纤维的消化具有副作用。谷物补充料可以降低纤维消化率和牧草的进食量。NSC 的来源和数量有一定的差异。与玉米相比，大麦对纤维消化率产生的副作用更强。这种纤维消化的抑制可能是由于瘤胃挥发性脂肪酸产生造成瘤胃 pH 值降低，进而对纤维分解菌的生长产生了不利影响；或是纤维分解菌优先利用 NSC，从而导致纤维消化的延滞时间延长；或是由于纤维分解菌和淀粉分解菌发生了对营养物质的竞争。当纤维消化率降低时，纤维物质的流通速度也会降低，进而使得采食量降低。当添加 NSC 补充料时，牧草的消化率降低，并且随牧草质量的下降，这种现象将会更加严重。然而，与劣质牧草相比较，在饲喂优质牧草时，补充 NSC 补充料的效果会更加显著。

尽管这种补充料对纤维的消化和采食会产生不利影响，但由于它们可以提高可消化有机物的采食量，并且使瘤胃发酵类型更多地向丙酸发酵模式转换，同时还提高了非降解饲料组分和微生物蛋白质向小肠的流量，因而可以提高动物的生产性能。此外，如果牧草供给不足，用含有淀粉的补充料或同类的牧草代用品来降低牧草的采食量，也是非常有益的。

7.1 副产品补充饲料

像小麦麸、大豆皮和玉米蛋白粉这类副产品，与它们的饲料原料相比，一般包含较多的纤维和较少的淀粉，这就导致了 NSC 与结构性碳水化合物的比率降低。而且，与多数牧草的纤维相比较，副产品的纤维或结构性碳水化合物的消化率很高。

已有结果表明，像大豆皮和小麦麸这类纤维性副产品的添加，可以提高肉牛的采食量和劣质牧草的利用率。当肉牛消耗休眠期草地牧草时，小麦麸的补充可以提高对纤维饲料的采食量和消化率。

7.2 采食行为

牛通常在清早和傍晚采食。温度和其他因素能够改变这种采食方式。通过饲喂补充料打破这种采食方式，可能会降低牧草的采食量，并提高补充料的采食量。因此，如果补充料是人工饲喂，则应选择在牛不积极采食的时间(如每天的正午)进行(图 17-13)。

图 17-13 放牧牛在夏季可能需要行走一段路程才能喝到水

牛是社会性动物，而且个体之间形成了明显的线性社会等级。那些体型高大、年龄长、控制力强的动物，通常比体型小、年龄小、控制力弱的动物采食更多的补充料。这就导致了自由采食补充料的制度不能有效地发挥作用。与那些需要补充料来维持或提高体况的动物相比，体况好的大体型动物由于采食了更多的饲料，因此在饲喂补充料时，应该考虑将青年母牛与其他类型牛分开饲喂。

8 犊牛成活率和母牛营养

产犊前就应该为犊牛提供合适的营养。新生犊牛的死亡可归咎于母牛产前 60 d 的蛋白质缺乏。根据美国西部地区的研究结果，母牛饲粮的低蛋白质水平可以引起弱犊综合征，导致幼犊死亡。产前平均每天采食 21 lb 粗蛋白的牛群没有弱犊产出。采食含粗蛋白水平至少为 10%的干草的牛群，却出现了严重的弱犊问题[15]。

8.1 幼畜补饲

幼畜补饲是为哺乳期犊牛提供补充料的一种饲养行为。补充料包括干草、谷物或混合饲粮。有研究表明，给幼畜补饲可以使犊牛断奶体重多提高 25～40 lb。但也有许多研究发现，幼畜补饲并不总是有利可图的，因为犊牛每增重 1 磅需要 7～11 lb 补充料。所以饲养企业一定要权衡幼畜补饲的收支平衡。

泌乳母牛的牛奶产量在产后 100 d 内通常足够使犊牛生长速度达到最大。此后牛乳产量下降，犊牛必须依赖采食粗饲料来满足其营养需要。这正是大多数企业开始考虑补饲的好时候。当犊牛出售价格相对高于饲料价格时，幼畜补饲就有其经济价值。对于头胎或二胎母牛所产的犊牛及舍饲的母牛和犊牛来说，补饲可能是有益的。当牧草质量很低，而且母牛产奶量下降时，给犊牛补饲会对犊牛增重起到很大的作用。

如果牧场的牧草质量很好，而且犊牛至 1 岁时一直持续放牧，那么给犊牛补充料就不会获利。而且，如果动物过肥，对小母牛的长期生产性能有不良影响。过多的脂肪组织可能会抑制乳房中乳腺组织的形成，增加难产的机会。如果补充料不加控制，那么小体型的犊牛将会过肥。过肥的犊牛在进入肥育场后的前 2～3 个月内增重速度较慢，最终出栏体重也较轻。因此，一些肥育肉牛饲养者喜欢选择没有补饲过的犊牛进行肥育。

补料器应该放在牛床旁边以及有阴凉和水源的地方。如果补料器的位置远离水源或牛床，犊牛就不会经常使用。如果犊牛和母牛饲养在大型草场上，就应使用多个补料器。

在选择幼畜补充料前，带犊母牛饲养企业应该测定草场的牧草质量。补充料的成本和适口性也应当加以考虑。当犊牛每磅体重的价格高于补充料价格 10 倍时，补饲才会获利，因为断奶犊牛每增重 1 lb，平均需要 10 lb 补充料[16]。

许多商业化产品也可以选用。这些产品适口性好，而且原料组成与犊牛的营养需要匹配良好。但应将它们与饲养企业的饲粮成本进行比较。像玉米籽粒和小麦这样的谷物应该破碎后饲喂，而大麦应该作碾压处理，以提高其适口性。犊牛补充料中添加甘蔗糖蜜可以防止粉尘产生，而且还可以提高补充料的适口性。典型的犊牛补充料配方中应该包括 30%破碎玉米，30%破碎燕麦，30%破碎大麦，5%糖蜜和 5%大豆粕。

8.2　断奶

犊牛通常在 6～9 月龄断奶。断奶时，要尽可能让犊牛在母牛的视野和听觉范围之外。而且要使犊牛很容易获得干净的饮水和中高质量的牧草。当进入肥育场时，应当给犊牛使用饲槽，以便缩短适应期。在对饮水和饲料进行加药处理前，犊牛应该消耗占其体重 2%的饲料。经过补饲的犊牛应该继续接受补充料。断奶会使犊牛失重 3%～5%，但经过 1 个月左右的预饲期，犊牛应该增重 30～50 lb。

由于哺乳会推迟母牛的发情，因此早期断奶是一种提高头胎和二胎母牛繁殖性能的管理方法。早期断奶后，犊牛会继续采食牧草或在肥育场饲养。大多数犊牛在 45～60 日龄时瘤胃即可发育完全，理论上可以利用全牧草饲粮来维持生长需要。遗憾的是，如果在早期断奶时牧草质量较差，采食量就会受到限制。那么，犊牛生产性能也会比正常断奶的犊牛低。除非发生紧急情况，否则犊牛 5 月龄之前不应提倡断奶。

8.3　青年母牛的管理

一般不推荐对将要加入配种群的后备青年母牛进行补饲。尽管补饲可以促进生长，但它将会掩盖母牛泌乳的效应，而后者是一个选择母牛的标准。此外，饲喂补充料对促进增重的效果并不十分显著，而且也不会提高后备母牛的价值。

如果青年母牛在 2 岁时第一次产犊，那么在 15 月龄前其体重就应达到成年体重的 60%。适当的断奶后增重速度高低取决于牛的品种类型和环境条件，但是一般的目标增重为 0.75～1.0 lb/d。增重速度慢可能会推迟初情期，速度过快则对以后的繁殖和泌乳不利。青年母牛应该与成年牛群分开管理，这是因为它们需要额外的营养物质支持生长，因此营养需要量较高(图 17-14)。

图 17-14　采食繁茂牧草的后备母牛

春季出生的小母牛在 7～15 月龄期间还未配种，根据其断奶体重和品种类型，第 1 个冬季的增重量应该达到 100～200 lb。怀孕母牛则应在进入第 2 个冬季时体重达到 750～850 lb，而分娩时达到 900～1 000 lb。初产母牛的产后营养管理很重要，因为它们需要营养物质用于泌乳、再次配种和生长。在第 3 个冬季，3 岁龄妊娠母牛失重不应超过体重的 5%～10%。维持良好的体况对妊娠母牛非常重要。饲喂离子载体可以加快初情期的到来，提高青年母牛的繁殖性能。

9　营养失调

9.1　采食牧草导致的瘤胃臌气

采食鲜嫩豆科植物，如紫花苜蓿、白三叶和红三叶草，可以造成食草型瘤胃臌气。造成食草型瘤胃臌气发生率增加的原因包括：动物对食草型瘤胃臌气的易感程度(遗传类型决定)以及采食饲料的数量和速度。

消除食草型瘤胃臌气的最有效办法是进行胃内插管(通常采用一种橡胶软管，直径为3/4～1英寸)，或者在危急情况下用套管针穿刺瘤胃，以减小压力；同时，立即往瘤胃中加入至少1品脱(0.473 L)消泡剂，如植物油。

降低食草型瘤胃臌气发生率的措施包括：将豆科牧草的采食量控制在总牧草采食量的50%以下；饲喂豆科牧草前，先饲喂干饲料；或动物在豆科植物草场上放牧时给以秸秆或干草；在每天采食大量豆科植物(清早或傍晚)后，饲喂1或2次泊洛沙林(poloxalenea，一种消泡沫剂)；不让动物采食带有露水或雨水的豆科植物；除非食草型瘤胃臌气严重，否则不需要把动物赶出苜蓿草地；动物在易造成臌气发生的草地放牧时，需要饲喂离子载体，如莫能菌素；也可以考虑喂给一种含有莫能菌素且释放速度可控的胶囊。

9.2 草痉挛

草痉挛(低镁症)通常在春季多发，它是由于低血镁造成的。含镁量为0.2%或更高的牧草可以降低草痉挛的危险性。草痉挛症多见于哺乳2月龄以内的母牛。凉爽及多雨天气、高水平氮肥和土壤中高钾含量，都会提高草痉挛的发生率。在动物采食鲜嫩牧草的情况下，易发生草痉挛，而采食豆科-禾本科混合牧草时则不易发生。动物直至死亡时，才可观察到明显的临床症状。患病动物表现为兴奋、视力丧失。如果怀疑动物患病，就应该采血样进行检测。每100 mL血清中，正常血镁含量应为2.25 mg，患病动物血镁则低于1.0 mg。曾经患过病的动物第二年更容易患病。如果不立即处理，死亡率甚至可高达100%。

为了防止草痉挛的发生，在早期放牧阶段应该让动物自由采食含有镁的矿物质补充料。动物每天摄入2盎司氧化镁，即可补充足够的镁。但是，氧化镁适口性差，一种含有30%氧化镁、32%磷酸氢钙、30%微量矿物盐和8%谷物产品的混合添加剂可以提高动物的采食量。

9.3 硝酸盐中毒

当食入的硝酸盐量超过了瘤胃转化为氨的能力时，亚硝酸盐就会在瘤胃中蓄积，并吸收入血。血中高亚硝酸盐含量导致血红蛋白转化为无携氧能力的高铁血红蛋白，从而导致动物窒息死亡。燕麦、大麦、小麦、高粱、玉米、苏丹草、约翰逊草、甜三叶、苋菜、猪毛菜、向日葵、地肤(kochia)、旋花属植物、甜菜、马铃薯和胡萝卜是富集硝酸盐的植物性饲料。其他可能造成植物硝酸盐富集的情况还有各种气候应激，例如干旱、霜冻、低温、冰雹的袭击和阴雨天。氮肥增加了植物潜在的硝酸盐水平。幼嫩植物通常含有较高水平的硝酸盐。随着植物的成熟，硝酸盐水平下降。植物接近地面部分的硝酸盐水平最高，所以在离地面较高的地方收割或者留有12英寸左右的断茬，可以降低牧草中硝酸盐的水平。表17-16给出了牧草中硝酸盐的中毒水平。实验室通常用硝酸盐-氮或亚硝酸盐的含量来表示植物中硝酸盐的水平。将硝酸盐转化为硝态氮的系数为0.23。急性硝酸盐中毒的症状主要有：步履蹒跚、震颤、易冲动，以及由于缺氧造成的黏膜发黑。硝酸盐中毒导致的胚胎窒息会引起流产。水也可能是硝酸盐的一个来源，而且也可以在牛体内发生硝酸盐累积(表17-17)。总硝酸盐累积量达到每100 lb体重15～45 g，即可认为是中毒。怀疑发生硝酸盐中毒时应立即咨询兽医师。静脉注射亚甲基蓝制剂(每500 lb体重2 g)，可以将高铁血红蛋白转化为血红蛋白。

表17-16 牛常用牧草中硝酸盐安全饲用水平的推荐意见

硝酸盐-N(ppm)	推荐意见
<1 000(<0.1%)	所有牛可安全饲用
1 000～1 500(0.1%～0.15%)	非妊娠牛可安全饲用。该牧草在妊娠牛饲粮中不得超过总干物质的50%

续表 17-16

硝酸盐-N(ppm)	推荐意见
1 500～2 000(0.15%～0.20%)	该牧草不超过饲粮总干物质的 50%时,可安全饲用
2 00～3 500(0.20%～0.35%)	妊娠牛不能饲用该牧草。非妊娠牛饲粮中不能超过总干物质的 35%～40%
3 500～4 000(0.35%～0.40%)	妊娠牛不能饲用该牧草。在非妊娠牛饲粮中不能超过总干物质 25%
>4 000(>0.40%)	任何牛都不能饲用该牧草

硝酸盐-N 的转换:硝酸盐-N=(硝酸盐×0.23)。

表 17-17　肉牛饮水中的硝酸盐水平的推荐意见

硝酸盐-N(ppm)	推荐意见
<100	对任何牛均无害
100～300	这一水平本身无害,但可能显著增加总硝酸盐的摄入量
>300	可能引起硝酸盐中毒

9.4　羊茅草中毒

羊茅草(fescue)是美国中西部和南部较常见的一种牧草。牛在高羊茅草场上放牧或饲用收获的羊茅干草时,会表现出中毒症状,导致其生产性能下降(图 17-15)。羊茅草中毒症状包括采食量下降、生长速度降低、被毛粗糙、唾液分泌和尿液排出过多、体温升高、呼吸急促、泌乳量下降及繁殖性能降低等。夏季高温可以加重羊茅草中毒的症状,因为这时的动物可能需要更多的时间待在池塘里和阴凉处,而使采食时间减少。动物的一个或两个后肢会表现出疼痛(俗称"羊茅脚"),角和尾巴脱落。中毒症状与一种生长在高羊茅草细胞间的内生植物真菌有关。全美高羊茅样品检测结果显示,近 90%的高羊茅草场存在一定程度的内生植物真菌感染。

图 17-15　表现出羊茅草中毒症状的犊牛

预防羊茅草中毒的方法包括:培育和种植无内生植物真菌的羊茅草品种;用其他种类的冷季牧草代替羊茅草;通过放牧和修剪草场,以使羊茅草尽可能长地保持在营养生长期;不在种子已发芽的羊茅草地上放牧,以避免通过动物造成对羊茅草地的可能感染;在春季利用羊茅草草场,然后将畜群赶到其他草场,秋季再到长有高羊茅的草场上放牧;提早收割羊茅干草;将羊茅与其他饲料(如紫花苜蓿和鸭茅)一起饲喂,以减轻内生植物真菌的影响;将豆科植物或牧草混入高羊茅牧草中饲喂。

9.5　急性肺气肿

这种疾病通常称为哮喘,发生在美国西部地区。当牛群在晚夏或早秋从干旱草地向鲜嫩草地转移时就会发病。许多牧草都有可能引发这种疾病,包括油菜、羽衣甘蓝、紫花苜蓿、芜菁甘蓝、小粒谷类作物及引入牧草和混合牧草等。饲粮类型从干草型向鲜嫩牧草型的突然转变,会引起此类疾病的发作。通常在牛采食鲜嫩牧草或在灌溉草场上种植的牧草 4～5 d 后,需要警惕此病的发作。这种疾病的最初症状是呼吸困难。适当的运动,如移动病畜,会引起严重的呼吸系统疾病。受病痛折磨的动物会伸长脖子、张口呼吸、呼吸困难。身体用力活动就可能导致动物死亡。一般认为,鲜嫩牧草中含有的色氨酸可以转变成一种对肺组织具有很高毒性的化合物,这与急性肺气肿的发病有关。

为了防止动物因患急性肺气肿而造成的死亡损失，似乎应该从放牧管理和离子载体的使用两方面联合入手。防治急性肺气肿是十分重要的，因为对患有急性肺气肿的动物没有有效的治疗方法。应该在数天内逐步地让动物接触鲜嫩草地，而不应该让动物在十分饥饿的状态下实施鲜嫩草地放牧。鲜嫩牧草和干草一道饲喂有助于防止此类疾病的发生。每日用莫能菌素 200 mg，可以防止急性肺气肿的发生。当牛群突然从干草地转移到鲜嫩草地时，每日应检查 2 次急性肺气肿的发病率。应当对病畜进行适当处理，并给予小心照顾，以避免其增加对氧的过度需求。

本章小结

对肉用母牛群进行营养管理时，需要对影响动物需要的因素有一个全面的了解，如品种类型、成年体重、泌乳量、生物学周期及环境条件等，同时还应当了解影响牧草质量和放牧管理的诸多因素。将牛的营养需要量与牧草的产量相匹配，是肉牛饲养企业取得一定利润回报的营养管理关键。

参考文献

1. NRC. 1996. *Nutrient requirements of beef cattle*. 6threv. ed. Washington, DC: National Academy Press.
2. Ward, J. D., J. W. Spears, and G. P. Gengelbach. 1995. *J. Animal Sci*. 73:570.
3. Richards, M. W., J. C. Spitzer, and M. B. Warner. 1986. *J. Animal Sci*. 62:300.
4. Cherni, M. 1995. Personal communication.
5. Hounghton, P. L., et al. 1990. *J. Animal Sci*. 68:1 438.
6. Selk, G. E., et al. 1986. *Okla. Animal Sci. Res. Rept*. MP-118.
7. Buskirk, D. D., R. P. Lemenager, and L. A. Horstman. 1992. *J. Animal Sci*. 70:3 867.
8. NRC. 1987. *Predicting feed intake of food-producing animals*. Washington, D. C: National Academy Press.
9. Sowell, B. F., et al. 1985. *Cattle nutrition in Wyming's Red Desert*. Univ Wyo. Agr. Exp. Stn. Sci. Mono. 45.
10. Streeter, C. L., D. C. Clanton, and O. E. Hoehen. 1968. *Univ. Nebr. Agr. Exp. Sta. Res. Bull*. 227.
11. Rosiere, R. E., R. F. Beck, and J. D. Wallace. 1975. *J. Range Manage*. 28:94.
12. Launchbaugh, J. L., et al. 1978. Grazing management to meet nutritional and functional needs of livestock. In: D. N. Hyder(ed.), *Proc. First Intern. Rangeland Cong*. Denver, CO.
13. Vallentine, J. F. 1990. *Grazing management*. New York: Academic Press.
14. Heady, H. F. 1975. *Rangeland management*. New York: McGraw-Hill Book Co.
15. Bull, R. C., et al. 1983. Nutrition and weakcalf syndrome in beef cattle. CL645. In: *Cow-calf management guide*. Cattleman's Library. Univ. Wyo. Agr. Ext. Serv., Laramie, WY.
16. Lushby, KS., and D. R. Gill. 1992. Creepfeeding. GPE 1550. In: *Great Plains beef cattle handbook*. South Dakota State Univ. Agr. Ext. Serv., Brookings, SD.
17. Thomas, V. M. 1986. *Beef cattle production, an intergrated approach*. Philadelphia: Lea and Febiger.

第 18 章　生长肥育肉牛的饲养
Feeding Growing-Finishing Beef Cattle

作者：M. L. Galyean 和 G. C. Duff
译者：姜成钢
校对：董晓玲和张元庆

前言

肉牛饲养及其相关产业是一个不断发展、充满竞争性的产业。肉牛饲养企业经常要面临在各种管理制度以及不同产品和饲料原料间作出复杂且具有经济可行性的重要决策，这就需要肉牛饲养企业对基础营养学和应用营养学以及饲养管理实践有一个整体全面的了解。约有 65% 的大型肥育场（肥育容量在 1 000 头以上）都聘请了专业营养学家作为顾问，来帮助他们对日常的营养和饲养管理作出决策[1]。

美国的肉牛饲养业主要集中在大平原地区，还有一些是在美国中西部和西部各州。1998 年 1 月 1 日的统计数据显示，亚利桑那州、加利福尼亚州、科罗拉多州、爱达荷州、伊利诺伊州、艾奥瓦州、堪萨斯州、明尼苏达州、内布拉斯加州、俄克拉荷马州、南达科他州、得克萨斯州和华盛顿州的肉牛存栏数大约占整个美国肉牛存栏数的 89%（表 18-1）[2]。而且，在美国整个肉用家畜（牛、猪、羊）产业的 436 亿美元的现金收入中，肉牛产业约占其中的 77%。如果将肉类加工、销售、农产品供应及服务产业考虑在内，肉牛产业每产生 1 美元的收入，就可以为其相关的经济活动带来约 5 美元的附加收入[3]。

表 18-1　1998 年各州的存栏肉牛

州	存栏肉牛[a]（×1 000 头）	州	存栏肉牛[a]（×1 000 头）
阿拉巴马州	10	新泽西州	4
亚利桑那州	225	新墨西哥州	165
阿肯色州	10	纽约州	25
加利福尼亚州	375	北卡罗来纳州	15
科罗拉多州	1 010	北达科他州	80
佐治亚州	12	俄亥俄州	240
爱达荷州	275	俄克拉荷马州	390
伊利诺伊州	330	俄勒冈州	80
印第安纳州	190	宾夕法尼亚州	75
艾奥瓦州	920	南卡罗来纳州	10
堪萨斯州	2 000	南达科塔州	290
肯塔基州	40	田纳西州	25
路易斯安那州	3	得克萨斯州	2 730
马里兰州	18	犹他州	45
密歇根州	225	弗吉尼亚州	40
明尼苏达州	320	华盛顿州	211
密西西比州	5	西弗吉尼亚州	7
密苏里州	120	威斯康星州	145

续表 18-1

州	存栏肉牛[a](×1 000 头)	州	存栏肉牛[a](×1 000 头)
蒙大拿州	110	怀俄明州	95
内布拉斯加州	2 110	其他州[b]	19
内华达州	25	整个美国	13 024

资料来源:USDA-NASS[2]。

[a] 存栏肉牛和犊牛是用于屠宰销售的牛。它们的饲粮是谷物或其他精料,它们被用于生产牛肉,这些牛肉应能达到 USDA 的选择等级或更好。

[b] 其他州,包括阿拉斯加州、康涅狄格州、特拉华州、佛罗里达州、夏威夷州、缅因州、马塞诸塞州、新罕布什尔州、罗得岛州、佛蒙特州。

1 肉牛的类型和生长

肥育牛可来自于美国和墨西哥的各个养牛企业。另外,近年来,美国又引进了许多新型肉牛品种,这就使得肥育牛在体重大小、体型、生长潜能等方面存在很大的差异。由于体重大小和最终成年体重的差异都会影响到肥育牛的营养需要量,所以 NRC[4] 采用了一种标准的缩放尺寸比例的方法,该方法将具有特定膘情的任何最终体重(BW)的牛与一种中等体型的阉牛相比较,进而计算它们的营养需要量。一条重要的经验就是,能产生优级胴体的大型阉牛的活重应超过 1 200 lb;中等体型的阉牛活重应在 1 000~1 200 lb 之间;而小型阉牛的活重则小于 1 000 lb[5]。在肌肉厚度标准中,1 号代表厚,2 号代表适中,3 号代表薄,它们可显示有相似膘情的肉牛间肉骨比例的不同。

在 1989 年,阉公牛的平均屠宰胴体重为 741 lb,肥育小母牛的平均屠宰胴体重为 669 lb,到 1998 年时,它们分别上升到 789 lb 和 724 lb(表 18-2)。假定肉牛的屠宰率为 63%,该数据表明,在过去 10 年中,阉公牛和肥育小母牛的屠宰体重分别增长了约 76 lb 和 87 lb。体重增长的部分原因很可能与大型肉牛的选育有关。另外,在肉牛进入肥育场之前放牧时间的延长管理,埋植程序对成年体重的影响,时而出现的利润的降低,以及由此造成的肉牛存栏时间的延长,或许也是部分原因。随着肥育肉牛的体成熟,其脂肪沉积也会增加,而蛋白质和水的沉积则减少。与单位蛋白质增重相比,单位脂肪增重需要消耗更多的净能(NE_g)[4]。因此,随着动物脂肪沉积的增加,其总的饲料转化效率也会降低。饲料转化效率的降低意味着饲养肉牛利润率的降低。同时,在肉牛肥育成熟后延长其存栏时间,也会增加圈舍占用和贷款利息的成本。

表 18-2 1989—1998 年间经联邦检验屠宰的阉公牛和小母牛数量及其平均胴体重

年份	屠宰数量(×1 000 头)		平均胴体重(lb)	
	阉公牛	小母牛	阉公牛	小母牛
1989	16 094	10 128	741	669
1990	16 160	9 832	741	672
1991	16 316	9 484	757	687
1992	16 730	9 020	760	691
1993	16 840	9 152	747	685
1994	17 651	9 389	776	707
1995	17 887	10 175	769	706
1996	17 400	10 502	766	705
1997	17 172	11 287	764	703
1998	17 101	11 228	789	724

资料来源:USDA-NASS[2]。

人们通过将肉牛分为 3 个年龄等级(犊牛、周岁牛和周岁以上牛)以及 9 个体型(大、中、小)×肌肉厚度(1 号、2 号、3 号)的组合等级,评估这些指标对肉牛达到0.53英寸脂肪厚度所需肥育时间的影响。年龄的增长和体型的减小,均可显著减少肉牛的肥育时间(表 18-3)。周岁以上牛的屠宰体重和胴体重大于犊牛和周岁牛(表 18-3)。体重大小的增长使屠宰体重和热胴体重增加。大型和中型牛的屠宰率高于小型牛。美国农业部(USDA)规定的肉牛肌肉类别并不能稳定地区分不同肉牛的骨肉比,一些肉牛的肌肉厚度可能会被错误地低估[6]。在肌肉厚度组中,具有 1 号和 2 号肌肉厚度的阉公牛达到 0.53 英寸脂肪厚度所需的肥育时间没有差异;但具有 3 号肌肉厚度的阉公牛则需要更长的肥育时间。与具有 1 号肌肉厚度的阉公牛相比,3 号厚度的阉公牛的肌肉厚度还增加了该牛的屠宰体重和热胴体重,而 2 号厚度的阉公牛热胴体重居中(表 18-3)。在每个年龄组中,体型×肌肉厚度的 9 个组合等级的肉牛达到 0.53 英寸脂肪膘厚所需的肥育天数如表 18-4 所示。这些数据与表 18-3 中的结果一致:随着体重的增加,达到 0.53 英寸脂肪膘厚所需的肥育天数也增加;随着动物年龄的增加,所需的肥育天数也会减少。

表 18-3　年龄等级、体重大小、肌肉厚度对牛达到 0.53 英寸脂肪厚度所需的肥育时间、屠宰体重、热胴体重和屠宰率的影响

项目	催肥天数(d)	屠宰体重(lb)	热胴体重(lb)	屠宰率(%)
年龄等级				
犊牛	251[a]	1 134[b]	712[b]	62.6
周岁牛	166[b]	1 181[b]	737[b]	62.2
周岁以上牛	98[c]	1 301[a]	816[a]	62.7
体型大小				
大型	214[a]	1 421[a]	897[a]	63.2[a]
中型	163[b]	1 176[b]	739[b]	62.8[a]
小型	139[c]	1 024[c]	631[c]	61.5[b]
肌肉厚度				
1 号	139[b]	1 181[b]	741[b]	62.7
2 号	156[b]	1 197[a,b]	749[a,b]	62.4
3 号	220[a]	1 239[a]	774[a]	62.5

资料来源:Dlezal 等[6]。

a,b,c同一列中相同指标的最小均方以及在同一项目内具有不同肩标字母者表示差异显著($p<0.05$)。

表 18-4　阉公牛脂肪厚度达到 0.53 英寸所需的饲养天数

体型大小和肌肉厚度	催肥天数(d)		
	犊牛	周岁牛	1 岁以上牛
大型,1 号	235	162	105
大型,2 号	247	194	135
大型,3 号	368	286	189
中型,1 号	196	148	84
中型,2 号	254	142	91
中型,3 号	272	198	78
小型,1 号	185	76	55
小型,2 号	213	92	42
小型,3 号	287	198	100

资料来源:Ritchie 和 Rust[5]报道的 Dolezal 等[6]的数据。

Dolezal 等人的研究没有对所用肉牛的品种进行标准化。现已证明,某些品种肉牛的肌肉脂肪沉积量是饲喂高精料饲粮天数的一个函数。周岁的英国品种杂交阉公牛(安格斯×海福特;约16月龄)在饲喂高精料饲粮时,大约需要112 d即可使肉质达到优级[7]。饲喂天数超过112 d不但不能提高牛排的质量等级和口感,反而会增加多余的脂肪。中等体型的安格斯阉公牛在经过150 d日增重为1.3 lb的生长期后,只需肥育45 d就能生产出优级胴体[8];然而,要达到可接受的嫩度则需要更长的时间。一些大型品种(契安娜)肉牛在存栏128 d之前,其牛肉质量等级一直在增加;此后达到稳定水平[9]。饲喂天数达182 d时并不能生产出优级的肉牛。相反,皮下脂肪增加对质量等级无任何提高效果。

对于每年大量上市屠宰的小母牛(表18-2),饲养者需要了解实足年龄(chronological age)对胴体成熟度评分的影响。利用有史以来以精料饲喂的肉牛来研究胴体成熟度对牛肉口感的影响,进而确定实足年龄和胴体成熟度的关系[10]。结果表明,周岁阉公牛和2岁母牛的牛肉间嫩度差异不足以反映出市场上价格的差别。下面列出的实足年龄组将作为一个管理和淘汰母牛的原则,反映USDA中的每个成熟度等级(A:9～24月龄;B:24～36月龄;C:36～48月龄;D:48～60月龄;E:>60月龄)。

饲养方案和肉牛类型的匹配非常重要[11]。为了给消费者生产出有更有价值的产品,人们已经开发出一套将牛挑选出用于屠宰的方案和/或分类系统。这些努力应该可以增加肉牛产业的盈利,并可能增加肉牛产业的份额。有关这些方案和系统的更多信息,读者可以参考Ritchie和Rust的文章[5]。

2 生长和肥育肉牛生产体系

在美国,肉牛生产体系随地理位置的不同而异,并且受到饲料资源和气候的影响。对于大多数带犊母牛生产体系而言,犊牛在断奶后可以直接进入肥育场,也可进入架子牛饲养场(生长阶段)。带犊母牛饲养企业越来越倾向于把犊牛的所有权保留到整个生长期完成,甚至直至屠宰。

在美国,大多数犊牛在断奶后都要经历一个架子牛饲养期(backgrounding,或称生长期),然后再进入肥育场采食肥育牛饲粮。特别是对于小体型或中体型(断奶时体重小于400 lb)的牛,有必要经历一个骨架生长期(增重速度1.75～2.5 lb/d),以便肥育后能有一个理想的胴体重。通常在饲喂肥育饲粮之前,要将阉公牛饲喂到700～750 lb体重。

饲养生长牛的体系有很多,很难将这些体系进行合理的分类。因此,我们将这些生产体系大体分为两类:集约饲养体系和粗放饲养体系。在集约饲养体系中,犊牛断奶后被直接送入围栏肥育场肥育;而在粗放饲养体系中,断奶犊牛将进行不定时间的放牧,然后在肥育场中用肥育饲粮肥育。随着带犊母牛饲养企业对保留犊牛所有权以及生产附加值高的牛肉产品兴趣的增加,肥育牛饲养企业越来越认识到采用何种生长牛饲养方案对肉牛生产性能影响的重要性。

2.1 集约化饲养体系(intensive system)

与自由采食粗饲料类型饲粮的方式相比,饲喂谷物类型饲粮除了其具有的廉价能量来源可使增重成本降低的明显优势外,还具有减少粪便排出量的优点。与粗饲料饲粮相比,饲喂精饲料具有与之相关的混合和处理设备及其维护成本均比较低的特点。集约化饲养体系的另一个优点是,集约化饲养犊牛的生产效率通常高于粗放饲养体系下的生产效率[12]。然而,与在肥育前有一段时间粗放饲养的肉牛相比,集约化饲养的肉牛可以沉积更多的脂肪,并且在肥育结束的体重也较轻[12]。因此,集约化饲养的最大局限性是某些类型肉牛(例如小体型品种)的胴体重可能较轻。与之相反,大体型肉牛经过集约化饲养,可以为肉品加工业提供体重在合适范围的胴体。

2.1.1 限制性或程序化饲养体系(limit-or programmed-feeding system)

对于肉牛饲养企业来说,限制性或程序化饲养体系是一个替代典型集约化饲养体系中自由采食肥育饲粮的备选方案,即给肥育牛饲喂高精料饲粮,以获取一个特定的或按程序化设定的增重速度。

通过限制性饲喂全精料饲粮，使肉牛的增重速度控制在与饲喂玉米青贮基础饲粮时的增重速度相近。由于限制性饲喂时饲料消化率的提高，因而显著提高了肉牛在生长阶段的饲料转化效率[13]。此外，在生长阶段限制性饲喂全精料饲粮对肥育性能没有不利影响；然而，在生长和肥育阶段全都饲喂高精料饲粮，将会增加肝脓肿的发病率。限制性或程序化饲养体系可以使饲喂动物的饲粮粗饲料水平降低，因此它既具备了集约化饲养体系的优点，同时其肉牛的生产性能也与典型的生长牛或架子牛饲养方案中的生产性能相接近。对限制性或程序化饲养体系的最佳精料水平还没有明确规定；但是，新墨西哥州的一项研究[14]考察了在限制性饲喂生长牛时饲粮精料比例对肥育阶段采食量、平均日增重和饲料转化效率的影响。在限制性饲喂时，给肉牛饲喂 60%，75%或 90%精料水平的饲粮，其增重速度为 2.2～2.25 lb/d。结果表明，生长阶段的精料比例对肥育阶段肉牛生产性能和胴体特性没有太大影响。因此，对于该体系而言，在特定的设备条件下，可以通过选择精料水平来优化肉牛场的饲料加工和管理系统。

2.2　粗放饲养体系(extensive system)

采用以粗饲料为基础的饲粮进行饲喂(粗放式系统)，使肉牛以低水平或中等水平的增重速度(1.75～2.5 lb/d)生长，是肉牛饲养企业的另一种选择。与断奶后直接饲喂肥育饲粮的肉牛饲养体系相比，在粗放饲养体系中饲养的肉牛出栏年龄通常更大，且胴体重更高。这一体系的主要不足，可能是粗饲料和圈舍占用的成本较高。然而，如果让肉牛在草地上放牧饲养，那么饲养的成本就会降低。

2.2.1　利用羊茅草地饲养

很多饲养企业让肉牛在进入商品化肥育场之前在羊茅草地上放牧饲养。其中一些牛会出现热应激和被毛粗糙的表现。在高温或高湿季节放牧时，采食了受植物内寄生真菌感染的羊茅草的肉牛更容易出现这些症状。一般来说，肉牛在晚秋进入肥育场(这种环境条件已经不很普遍)时，生产性能出现下降的可能性会很小。如果阉公牛在放牧时由于采食了受植物内寄生真菌感染的羊茅草而导致了生产性能下降，可以通过使用合成代谢制剂(如 17-β 雌二醇)得到改善[15]；然而，与采食未感染和低感染羊茅草的阉公牛相比，上述阉公牛的生产性能仍然很低。尽管采食受植物内寄生真菌感染的羊茅草的阉公牛生产性能低下，但它们进入肥育场饲养后其生产性能可以得到改善[15]。

2.2.2　利用储备牧草饲养

冬天饲喂储备牧草可以降低劳动力和设备成本。在弗吉尼亚州，从当年 11 月份到次年 4 月份，饲喂储备羊茅干草的肥育牛每日可增重 0.75 lb，每头肥育牛在 36 d 内仅需要 527 lb 的干草[16]。将用作储备干草的羊茅植物与豆科植物混播可以不施氮肥，但会降低牧草的一些产量。因此，在这种情况下饲喂动物可能需要更多的干草。饲喂鸭茅、苜蓿混播干草与饲喂储备羊茅、苜蓿混播干草相比，肉牛的生产性能相近，但是前者所需的饲草储备量更大。

2.2.3　利用冬小麦草饲养

一般来说，采食一年生冬小麦干草的牛肥育性能良好；然而，各种小麦草在遗传基础上是有差异的，肉牛的增重一般约为 2 lb/d。一般来说，小麦品种的选育不是根据动物的生产性能，而是根据其他因素来进行的。俄克拉荷马州的一项研究[17]评定了小麦品种对肉牛生产性能的影响。一般来说，饲喂根据谷物产量所选育品种的小麦草，会降低每英亩的肉牛增重量。获得最大产量的最佳载畜量约为 1.7 英亩/头。肥育性能不受小麦草生长期增长不同的影响。

在某些年份，肉牛在进入小麦草地饲养以前需要在围栏饲养场饲喂一段时间。同时，对刚断奶或新接收的肉牛给予一段时间的接收饲粮(receiving diet)，以防止某些疾病的暴发(见本章后面的讨论)。

当小麦草供应充足时，肉牛进入小麦草地前在围栏饲养场的短期增重速度下降可以得到补偿[18]。

饲喂小麦草的另一个优点是：除需要补充矿物质饲料外，无需添加其他补充饲料就可以使肉牛达到合适的增重。然而，饲喂小麦草还有一个缺点，即它可能造成瘤胃臌气。饲料添加剂，如泊洛沙林（每日每 100 lb 体重饲喂 1～2 g[19]）和离子载体莫能菌素，有助于防止采食小麦草造成的肉牛瘤胃臌气。这些添加剂产品最好添加在某些补充料中，以使肉牛的日摄入量可以达到推荐水平，但不能添加在矿物质补充料中。同时，补饲也可能提高采食小麦草的肉牛的生产性能。给采食小麦草的肉牛补饲约占体重 0.65％的高纤维（大豆皮和小麦中麸为基础的能量补充料）或高淀粉（基于玉米的能量补充料）饲料，可使小麦草地的载畜量提高约 1/3。另外，通过补饲，肉牛的日增重可以增加 0.33 lb，但不受补充料类型的影响[20]。

2.3 生产体系对肉牛生产性能的影响

在肉牛产业的所有环节中，买入肉牛进行肥育是一项非常具有竞争性的工作。一些买主往往花高价购入一些经过限制生长的肉牛。这些肉牛常常会表现出补偿生长，即动物在经过一段时间的限饲后，表现出生长更加迅速且有时饲料转化效率更高的特点。然而，在购买这些牛时，也应考虑限饲的严重程度、限饲的性质以及限饲时间的长短等方面。在生长阶段，限制生长对脂肪增长的影响最大，但不会损害肌肉的发育[21]。通过高粗饲料和低精料饲粮饲喂的限饲，阉公牛的补偿生长必须通过增加干物质（DM）采食量来实现，而且如果在生长阶段给阉公牛饲喂低精料饲粮，还可能会损害其整体肥育性能[21]。

来自俄克拉荷马州[22,23]的一系列研究评价了不同管理方案对肥育阶段肉牛生产性能的影响。这些管理方案是：早期断奶并在 3.5 月龄时进入肥育场；正常断奶并在 7.9 月龄时进入肥育场；正常断奶并在 11.6 月龄进入肥育场之前已经在小麦草地放牧 112 d；正常断奶后在天然草场越冬并在天然草场放牧 68 d（短期放牧），然后在 15.4 月龄时进入肥育场；与短期放牧相同，在 17.4 月龄进入肥育场以前进行放牧，放牧时间为 122 d。在这 5 种管理方案中，肉牛的初始肥育体重分别是 314 lb，540 lb，765 lb，848 lb 和 918 lb。达到相同的膘情（脂肪厚 0.5 英寸）时，年龄较小的阉公牛所需的肥育时间较长（分别为 287 d，198 d，134 d，123 d 和 101 d）。5 种管理方案中早期断奶犊牛组的日增重往往较低（分别为 2.93 lb/d，3.22 lb/d，3.70 lb/d，3.36 lb/d 和 3.02 lb/d）。64％屠宰率校正的屠宰体重分别为 1 154 lb，1 178 lb，1 259 lb，1 259 lb 和 1 222 lb。5 种方案的日均饲料采食量分别是 15.59 lb，18.20 lb，23.35 lb，25.36 lb 和 25.11 lb，饲料增重比分别为 5.33，5.66，6.32，7.55 和 8.36。从产量等级和胴体重来看，年龄较小的肉牛屠宰时体况更肥。此外，年龄较小的肉牛胴体价值更高，因为这些肉牛在本年度胴体价格较高的早些时候即已达到了屠宰体重。

在采用一种饲养程序对肉牛饲养一段时间后，肉牛饲养企业就应该知道还需要饲养多长时间才能获得最佳的生产性能。在俄克拉荷马州的另一项研究中，研究者评估了 105 d，119 d，133 d 或 147 d 的饲养期对英国×大陆阉牛生产性能的影响[24]。结果表明，饲养 119 d 阉牛胴体重校正的日增重最高，而饲料采食量往往随阉牛饲养时间的增加而直线增加。饲养 119 d 的阉牛饲料转化效率优于饲养 147 d 的阉牛。

前面的讨论清楚地表明，对于从断奶到屠宰阶段肉牛的饲养，美国的肉牛饲养者有各种各样的方案。内布拉斯加州的研究者利用计算机模型模拟了断奶后生产体系对不同生物学类型肉牛的生产性能和胴体组成的影响[25]。模型中使用的阉牛来自 16 头公牛与海福特和安格斯母牛杂交得到的 F_1 代杂种，它们分别在 9 种架子牛饲养体系下饲养（最高平均日增重组（1.98 lb）分别饲喂 111 d，167 d 或 222 d；中等平均日增重组（1.1 lb）分别饲喂 200 d，300 d 或 400 d；低平均日增重组（0.55 lb）分别饲喂 300 d 或 400 d；架子牛组饲喂 0 d），肥育阶段的平均日增重分为低日增重组（2.2 lb）和高日增重组（3.0 lb）2 组。研究结果表明，为了生产市场可接受的胴体和零售产品，对于不同基因型的阉牛来说，选择断奶后不同的生产体系具有相当大的灵活性；通过对混合品种牛群在断奶至屠宰阶段进行相似的饲养和管理，能够生产出具有特定组成和质量的胴体。

3　新接收牛的管理

牛呼吸道疾病(BRD)常常造成刚断奶和刚接收牛的死亡，而这种损失会显著影响肉牛饲养的利润。在 100～1 000 头的肉牛肥育场，每年因死亡损失的牛的数量为每 100 头上市牛中就有 1.5～2.7 头[26]。而在这些损失中，有 2/3～3/4 是由呼吸道疾病造成的[26]。造成新接收的体重较轻的牛群(体重小于 400～500 lb)BRD 发病率高的因素有 2 种：第一，断奶和正常交易过程中的应激对免疫系统产生负面影响。此时，各种传染源会侵害动物[27]。第二，应激犊牛的饲料采食量通常很低[28]，较轻体重的肥育牛在到达肥育场后的最初 2 周内，平均体重大约降低体重的 1.5%[29]。低营养物质采食量可能会更进一步损害免疫功能[28]。通过预处理、农场现场免疫、到达肥育场后的营养管理和预防性药物处理，能够减少或消除对新断奶或新接收肉牛健康造成负面影响的因素。

3.1　能量

应激犊牛喜欢采食高精料饲粮，且它们采食高精料饲粮的数量比高粗料饲粮更大。当有几种不同精料水平的饲料可供选择时，应激犊牛在到达肥育场的最初 1 周内应该选择精料水平为 72%的饲粮[30]。与饲喂较低水平的精料相比，饲喂高精料时犊牛的体重恢复更快，且增重成本较低；但饲喂高精料型的接收饲粮可能会增加发病的严重程度(以每头购入犊牛需要接受药物治疗的天数来表示)。在接收犊牛的第 1 周内，除给牛只饲喂 75%精料饲粮外，还饲喂苜蓿或优质禾本科干草，可以消除饲喂高精料接收饲粮对发病的负面影响[31]。对于新接收应激犊牛来说，在接收期的第 1 周内，可以考虑的一个有效接收程序是饲喂含精料 60%以上的饲粮，同时自由采食或限饲一定量的干草(每头动物大约 2 lb/d)。当饲料加工设备有限时，饲喂优质干草和蛋白质补充料也可以满足需要[28]。但是，如果在新牛接收期使用这一方案，可能不会使低增重的犊牛实现完全的补偿生长[31]。表 18-5 所示的是以精料为基础的用于新接收牛的典型接收饲粮配方。

表 18-5　大平原地区典型的以精料为基础的新接收肉牛饲粮配方[a]

原料[b]	干物质含量(%)	原料[b]	干物质含量(%)
苏丹草干草	10	石粉	0.7
苜蓿干草	20	磷酸氢钙	0.5
玉米或买罗高粱	56	食盐	0.3
大豆或棉籽饼	5	尿素	0.5
糖蜜	5	预混料[c]	2

[a]玉米和大豆粕饲粮的近似组成：NE_m 为 83.9 Mcal/100 lb；NE_g 为 55.3Mcal/100 lb；CP 为 14.1%；Ca 为 0.76%；P 为 0.42%；K 为 1.05%。

[b]可选择的粗饲料有玉米青贮或高粱青贮、棉籽壳、轧棉残渣和本地生产的干草。其他谷物或谷物副产品(例如，净玉米麸饲料)可以替代玉米或高粱，其他液体原料(如浓缩的玉米可溶物)可以用糖蜜替代。接收饲粮中脂肪的最大添加量为 2%。

[c]提供所有的维生素和微量元素，见表 18-6 的推荐水平。

3.2　蛋白质

在到达肥育场的最初 1～2 周内，新断奶或新接收犊牛的蛋白质沉积能力很差，这与它们此时的饲料采食量与随后阶段的正常饲料采食量相比较低有关。一般来说，只要是天然饲料，粗蛋白(CP)来自哪里为何并不重要。但是，以玉米青贮为主的接收饲粮则是例外，因为这种饲粮中玉米青贮可能提供大量的瘤胃可降解氮。有研究报道,以玉米青贮为主的接收饲粮中,用血粉作为蛋白质补充饲料较大豆粕更能改善增重速度和增重效率[32]。新墨西哥州的研究人员用应激犊牛(运输19.5 h,体重减少6.8%)对CP含量分别为12%,14%和16%的饲粮进行了比较[33]。在42 d的接收适应期内,随着饲粮CP含量的增加,犊牛日增重和DM采食量呈线性增加。在42 d接收适应期后,所有犊牛都需要饲喂含CP 12%、精料水平为85%的饲粮。那些在接收期饲喂CP水平为12%饲粮,且增重速度较低的犊牛,在随后42 d中出现了补偿生长。因此,接收适应期饲粮CP含量对84 d试验中犊牛的生产性能并没有影响。以干草和其他粗饲料为基础的接收饲粮CP含量至少应为14%。

3.3 矿物质和维生素

应激肉牛对钾的需要量可能增加,但其他矿物质的需要量似乎与非应激动物没有多大差别[34]。然而,由于应激期间采食量低,因此应提高接收饲粮中大部分矿物元素的浓度。微量元素Zn,Cu,Cr和Se对免疫功能可能有影响[35,36],但是它们的确切添加水平还有待于进一步研究。补充B族维生素对新断奶或新接收肉牛的生产性能和健康的影响说法不一致[34,28,36],有的报道称没有效果,而有的报道则称有改善作用。维生素E对免疫系统有影响,在出现感染前使用似乎能刺激免疫反应,但在感染后使用其效果很小,甚至没有效果[34]。一些生产试验研究表明,每头动物每天饲喂维生素E 400～800 IU能提高生产性能,并降低发病率[36,37]。接收饲粮中维生素和矿物元素的建议浓度范围见表18-6。

表18-6 新接收肉牛饲粮中几种主要维生素和矿物质元素的强化水平[a]

项目	最终饲粮中的推荐水平(干物质基础)	项目	最终饲粮中的推荐水平(干物质基础)
维生素A(IU/lb)	1 000～1 200	碘(mg/kg)	0.5～2
维生素E(IU/lb)	30～50	锰(mg/kg)	40～60
钴(mg/kg)	1～2	硒(mg/kg)	0.1
铜(mg/kg)	10～15	锌(mg/kg)	60～120
铁(mg/kg)	50～70		

[a]这些维生素和矿物元素的可能来源参阅NRC[4]。

3.4 饲料添加剂

离子载体常常可以作为抗球虫药物使用,接收饲粮中通常要添加离子载体。在一个试验中,试验牛(250头,初始体重391 lb,从阿肯色州南部拍卖会购买,并用船运到新墨西哥州)分别饲喂4种处理饲粮:(1)对照——无离子载体添加;(2)每吨饲粮干物质添加拉沙里菌素30g(Bovatec®, Roche Animal Nutrition and Health);(3)每吨饲料干物质添加莫能菌素20 g(Rumensin®, Elanco Animal Health);(4)每吨饲粮干物质添加莫能菌素30 g。在28 d的试验期中,与对照组(1)饲粮相比,离子载体的添加降低了饲料采食量,但是处理对日增重和饲料转化效率没有显著影响。在数字上,每吨饲料干物质添加莫能菌素30 g的处理在采食量上比添加拉沙里菌素30 g的要低。3个离子载体处理组都减少了球虫卵囊存在的数量。尽管离子载体对接收饲粮的采食量有负面影响,但可以通过离子载体或莫能菌素的合理选择,来降低其在饲粮中的添加浓度,从而可以将其不利影响降到最低。

3.5 预防性用药

新接收牛的饲料或饮水中常常需要加入抗生素,以降低发病率。新接收牛的饲料或饮水中添加金霉素和土霉素可以有效控制BRD的发病率,特别是在发病率和死亡率低的时候[34]。以每磅体重10 g的剂量给牛添加金霉素饲喂5 d。在饲喂抗生素期间,牛会出现增重;但与此同时,没有饲喂抗生素的牛只体重会下降[39](表18-7)。由此证明,在接近BRD爆发期,使用金霉素是有益的。对单个动物使用预防水平的抗生素进行处理,是降低BRD发生率的另一有效途径。给动物大剂量投药,主要是在其到达或即将到达肥育场时才可使用。这一方案对于那些在经历高度应激、在交易和运输过程中抽搐或者对于来自有健康问题史地区的"高危"牛益处最大。给新接收的应激犊牛使用大剂量的长效土霉素化合物和持续释放的二甲氧基磺胺，可以使犊牛的发病率从对照组犊牛的 63.3%下降到大剂量处理组的 7.1%[40]。对使用新接收的轻体重犊牛做的 3 个试验中，试验牛在运输过程中用磷酸替米考星(tilmicosin phosphate)处理[41]。在第 1 个试验中，大剂量磷酸替米考星对日增重没有影响，但处理使 BRD 发病率从 46.4%下降到 0。在第 2 个试验中，发病率从 32.8%下降到 12.1%。在第 3 个试验中，处理组中包括到达时没有添加药物的(对照)，添加大剂量磷酸替米考星的，或犊牛到达时直肠温度≥103.5℉而给药的。结果显示，在 28 d 的接收期以及随后 28 d 的饲养期中，经磷酸替米考星处理的犊牛，不论其是大剂量给药组，或是基于到达时的直肠温度给药组，其日增重和 DM 采食量都出现了增加。犊牛 BRD 发病率从对照组的 43.6%下降到大剂量给药组的 11.9%，以及基于到达时直肠温度给药组的 12.9%。所以，新接收应激犊牛的单独预防给药可以减少牛 BRD 的发生。随后的研究证明，磷酸替米考星作为预防性给药中的抗生素使用时也很有效。最近一项在新墨西哥州的研究[39]表明，与对照组相比，大部分在运输前或者是到达时用磷酸替米考星处理的阉牛的 BRD 发生率下降，并且与运输前用磷酸替米考星处理的组相比，到达时给药组的 BRD 发生率也下降(表 18-7)。这些结果表明，与到达肥育场时使用磷酸替米考星相比，运输前使用磷酸替米考星并没有明显优势。

表 18-7　运输前和到达后使用大剂量磷酸替米考星和饲喂治疗水平的金霉素对肉用阉牛健康和生产性能的影响[a]

项目	磷酸替米考星(Micotil)处理			SE[b]	对照		金霉素处理		SE[c]
	对照	运输前	到达		1	2	有	没有	
阉牛数量	80	80	80				120	120	
0 d 体重(lb)	391.0	390.9	389.1	2.48			389.5	391.2	2.02
28 d 体重(lb)	473.2	479.0	471.7	3.99	NS	NS	474.8	474.4	3.22
平均日增重(lb)									
0～5 d	5.23	5.45	6.07	0.221	0.10	0.10	5.60	5.57	0.180
5～10 d	−0.37	−0.16	−0.38	0.161	NS	NS	0.10[d]	−0.7[c]	0.131
10～14 d	2.52	3.81	3.71	0.360	0.05	NS	2.97[d]	3.72[c]	0.291
0～14 d	2.49	2.98	3.09	0.119	0.01	NS	2.91	2.80	0.096
14～28 d	3.39	3.31	2.81	0.260	NS	NS	3.20	3.14	0.210
0～28 d	2.94	3.14	2.95	0.130	NS	NS	3.05	2.97	0.105
干物质日采食量(lb)									
0～14 d									
干草	2.04	2.02	2.02	0.108	NS	NS	2.03	2.02	0.015
精料	5.14	5.71	5.42	0.219	NS	NS	5.24	5.60	0.179
总计	7.19	7.73	7.43	0.216	NS	NS	7.27	7.63	0.176
14～28 d	12.33	13.15	12.66	0.348	NS	NS	12.95	12.48	0.284
0～28 d	9.76	10.44	10.05	0.260	NS	NS	10.11	10.05	0.213
饲料：增重比									
0～14 d	2.99	2.65	2.42	0.098	0.01	NS	2.57	2.80	0.080
14～28 d	3.80	4.15	5.02	0.423	NS	NS	4.34	4.31	0.345
0～28 d	3.35	3.33	3.45	0.136	NS	NS	3.32	3.42	0.111
发病率									
BRD 治愈率(%)	40.0	18.7	7.5		0.01	0.05	19.2	25.0	

资料来源：数据来自 Duff 等[39]。

[a]5～10 d 存在 Micotil×金霉素互作。其他时间没有发现 Micotil×金霉素互作($p>0.10$)。

[b]处理平均数的标准误；每个处理 n 为 8 栏。

[c]处理平均数的标准误；每个处理 n 为 12 栏。

[d,e]金霉素处理中同一行的平均数上标字母不同的差异显著（$p<0.10$）。

3.6 周岁犊牛

年龄较大(例如，周岁)或经过预处理的牛由于在运输到肥育场之前已经经历过架子牛饲养或生长牛饲养，虽然它们在运输时可能暴发 BRD，但与体重较轻的牛相比，它们往往能采食较多的饲料，因此一般不容易出现健康问题。一般来说，那些针对体重较轻的肉牛的接收方案中所涉及的营养和管理原则，对于年龄较大或经过预处理的牛也同样有效。一个明显的例外是，由于周岁犊牛的饲料采食量较大，所以它的接收期不需要像较轻体重的刚断奶或新接收牛那么长(即周岁牛从接收饲粮转换到肥育饲粮可能会更快)。正如前面讨论的，对于小体型到中体型的较轻体重肉牛来说，它们可能需要一段以中等速度增重的生长期。在接收期结束之前，通常不应启动生长方案，因此，新牛接收期的重点是保证牛只的健康。

4 开始肥育

“开始肥育(starting cattle on feed)”的阶段是指牛从接收饲粮或生长饲粮过渡到最终的高谷物肥育饲粮的转换期(transition)。这一转换期的性质，取决于给牛只使用的接收和/或生长方案的类型。对于采食以粗饲料为基础的接收饲粮或生长饲粮的牛来说，转换期包括从以粗料为主的饲粮逐步转变为以精料为主的饲粮。对于在限饲或程序化饲养体系下饲喂 85%～90%精料水平饲粮的牛来说，饲粮精料水平只需少许增加或无需递进式增加；然而，可能需要逐渐增加饲粮的给量，直至其给量达到动物的最大自由采食量为止。

对于放牧或饲喂基于粗饲料的生长饲粮的牛，可以通过逐渐提高饲粮精料水平的方式来实现这一转换期。转换期的目标是实现饲粮精料水平的平缓过渡，避免过量采食，防止瘤胃酸中毒和采食量的下降。急性酸中毒对动物的健康和生产性能具有长期的影响，因此必须予以避免[11]。开始肥育的传统方法是饲喂精料水平相对较低(如 40%～50%)的饲粮作为幼畜的起始饲粮。在一些情况下，待肥育牛进入肥育场最初的几天内也可能自由采食干草。对规模在 1 000 头或 1 000 头以上的牛场中刚入场牛所饲喂的饲粮进行调查发现：5.3%肥育场的饲粮精料水平为 0，70.1%肥育场为 1%～55%，13.6%肥育场为 56%～74%，11%肥育场为 75%以上[1]。在饲粮转换期间，通常先饲喂 10%～20%精料水平饲粮，经过 21～28 d 的过渡，逐步增加到最终的高精料(90%以上)饲粮。根据精料水平的增加幅度和肉牛采食模式的不同，牛只对每一次饲粮精料水平的增加都应有 3～7 d 的适应期。如果精料水平变化太快，可能会导致牛只瘤胃酸中毒，从而造成采食量下降，有时还可能需要重新更换回前 1 次的饲粮。

由于大部分商业化肥育场每日饲喂 2 或 3 次，因此另一种让饲粮精料水平缓慢提高的转换方法看来也是有效的，即在精料水平连续递进的饲养方式下提前饲喂下 1 d 的精料。具体来说，也就是在前 1 d的第 2 餐或第 3 餐开始饲喂后 1 d 的精料。而在随后的 1 d，其精料水平连续递进的饲粮中又包含后 1 d 3 次精料饲喂中的 2 次精料，由此经过 3 d 时间即可实现一次完全的精料水平转换。根据牛只采食量的不同，一个步骤可以循环进行几天，也可以让这样的转换连续进行下去。另一精料饲粮转换方法是，先给牛只饲喂适宜精料水平(大约 60%)的起始饲粮，并达到自由采食量。随后以最终的高精料饲粮(精料水平 90%以上)每日逐步替代其中的一部分(例如，每日 10%比例)。与传统饲喂方法中饲粮精料水平突然改变致使精料水平转换曲线呈阶梯式增长的情况相比，上述 2 种方法的饲粮精料水平的转换曲线在理论上更为平滑。

合理的饲槽管理对于启动良好的肉牛肥育至关重要。在转换到更高精料水平饲粮的过程中，应对牛只进行一定程度的限饲，以防止其过度采食。同时应密切监控牛只的采食量，以便确定其是否与预期值相吻合。另外，采用国家科学研究委员会（NRC）[4]所提供的或近期出版物提出的采食量预测方程[42]，也可以确定牛只的采食量是否达到了适宜的目标采食量。

5　饲槽管理

饲槽管理是肥育场中最重要的工作之一。营养专家们常常花费大量时间与他们的肥育场客商们共同研究饲槽管理问题。肉牛一旦开始肥育，饲槽管理方法就不同于转换期饲粮精料水平连续递进的方法。继续密切监控肉牛采食量以确保其采食量达到预期目标是非常重要的。但是，一旦肉牛开始采食最终的高精料饲粮，那么此时饲槽管理的目标就是保证肉牛采食量在肥育时间内保持相对恒定。传统的饲槽检查目标通常被认为是保证牛只"将饲料车卸在饲槽中的最后一口饲料吃完为度"[11]。因此，应尽量保证饲槽在 24 h 的饲喂期限内基本干净或"舔光"的。显然，要确保牛只既不缺乏饲料，又不会由于饲喂量过多而造成饲槽剩料变质，对饲槽进行认真检查尤为重要。近年来，许多营养专家对传统的饲槽检查目标进行了一些调整，要求牛只吃完饲料的净槽时间少于 24 h，这就要求在深夜对饲槽进行检查。同时，这一方法还包括不断地对肉牛的采食量给予刺激，以期增加其采食量。例如，如果一圈舍肉牛在晚间 12 时能采食完饲料，那么第 2 天每头牛的饲料供应量就可以增加 0.5～1 lb。但是，增加饲料后如果有剩余，那么就应该将饲料供给量重新降回到原先的水平。然而，如果 2～3 d 后，圈舍中的牛能够采食完新的饲料量，那么供给它们的饲料量可能再次增加。显然，这一饲槽管理方法要求连续不断地进行饲槽中剩料量读数记录，并且通常每个圈舍还需要配备与计算机联机的记录系统，以协助饲槽检查员的工作。这种精细的饲槽管理系统可以使牛只实现最大采食量，并且每日采食量间的差异最小。

6　肥育饲粮

6.1　肥育饲粮中的粗饲料

高精料肥育饲粮中通常含有少量粗饲料（3%～15%），但是也有一些肥育场使用全精料饲粮。以能量为基础进行计算，粗饲料是肥育饲粮中成本最高的原料之一。然而，粗饲料是肥育饲粮的重要组成成分，对瘤胃功能有重要影响。低粗料饲粮可能引起消化功能紊乱，包括瘤胃酸中毒和肝脓肿。常见的粗饲料来源有苜蓿干草、禾本科干草、青贮饲料（玉米、小麦、牧草）和副产品饲料（棉籽壳或棉籽饼）。

6.1.1　粗饲料水平

肥育饲粮的粗饲料水平能够影响肉牛的生产性能。堪萨斯州的研究表明，以基于蒸汽压片小麦的饲粮饲喂肉牛，5%或 10%粗料水平的饲粮比 0 或 15%粗料水平饲粮增重速度快，饲料转化效率高[43]。另据报道，在 1 岁犊牛高水分玉米和干碾压高粱的饲粮中添加 0，3%，6%和 9%的粗饲料（苜蓿和玉米秸各占 50%的混合青贮），对肉牛 DM 采食量和日增重均有 2 次曲线规律的影响[44]；并且当粗饲料水平为 9%时，阉牛的增重量最大，但当粗饲料水平从 0 增加到 9%时，阉牛增重的饲料转化效率下降。同样，对于以干碾压小麦和干碾压玉米混合料（75 ∶ 25）为基础的饲粮来说，随着粗饲料水平的增加（0，75%和 7.5%），DM 采食量也增加，但饲料增重比直线增加。在干碾压小麦、干碾压玉米和干碾压高粱饲粮中分别添加 7.5%的粗饲料，干碾压小麦饲粮的增重效率得到了改善。在生长-肥育小母牛的整粒玉米饲粮中分别添加 7.5%和 15%的粗饲料[45]，对日增重的影响不显著，但是添加 15%粗饲料组的 DM 采食量有所增加。同时，对于整粒玉米饲粮，随着苜蓿水平从 0 上升到 8%，牛的日干物质采食量直线上升[46]，但是日增重的增加幅度不如饲料采食量增加的幅度大，因此随着粗饲料水平的增加，肉牛增重的饲料转化效率下降。但是,与饲喂0或4%粗饲料的饲粮相比,饲喂8%粗饲料饲粮的牛胴体重更高,因此,饲喂高水平粗料饲粮的牛具有更高的利润回报。

6.1.2　粗饲料来源

粗饲料来源通常与粗饲料添加水平同等重要,并且粗饲料的来源和添加水平与谷物加工存在着互作。粗饲料来源对饲喂高精料饲粮的肉牛生产性能的影响,可能与精料的主要成分——玉米的加工方法有关[47]。在一个试验中,给阉牛分别饲喂粉碎的高水分玉米精料饲粮或干碾压玉米精料饲粮,其中粗饲料来源分别为占饲粮9.2%的苜蓿青贮和11.5%的玉米青贮。无论精料如何,与11.5%比例的玉米青贮粗饲料相比,饲喂9.2%比的苜蓿青贮粗饲料的阉牛具有更高的DM采食量和饲料转化率。但在另一个试验中,给阉牛分别饲喂粉碎高水分玉米和干碾压玉米饲粮作为精饲料的饲粮,粗饲料分别为占饲粮9.2%比例的苜蓿干草和11.5%比例的玉米青贮。与饲喂11.5%玉米青贮相比,饲喂9.2%比的苜蓿干草提高了粉碎高水分玉米作为精饲料的阉牛DM采食量和饲料增重比,但粗饲料来源并未影响饲喂干碾压玉米饲粮的阉牛生产性能。在另外2个试验中,试验饲粮的精料部分分别以整粒干玉米和整粒高水分玉米为基础。在整粒干玉米饲粮组,粗饲料来源对阉牛的生产性能没有影响,但是在整粒高水分玉米饲粮组中,饲喂苜蓿青贮比饲喂苜蓿干草更能改善饲料增重比。在一个生长-肥育小母牛试验[45]中,分别使用苜蓿干草、苏丹草干草和棉籽壳作为粗饲料来源。饲喂苜蓿干草的小母牛饲粮采食量比饲喂苏丹草干草低10.5%,而饲喂棉籽壳的动物饲粮采食量中等,日增重的差异与采食量的差异相一致。为实现对高精料饲粮的优化利用,粗饲料的来源和饲喂水平应当与饲粮的谷物部分进行合理匹配。但是,关于如何将粗饲料与谷物饲料匹配的数据,目前还很有限。

6.1.3　粗饲料对消化和流通速度的影响

添加粗饲料对高精料饲粮的影响,可能与纤维消化及消化食糜外流速度的改变有关。饲粮中粗饲料的增加,降低了谷物在瘤胃中的停留时间[48,49]。粗饲料的来源会影响饲料的消化和流通速度[50],但这些影响会随精料中谷物类型的不同而改变。通过改变粗饲料的来源和水平,可以改变瘤胃中特定饲粮组分的流量,并且为改变营养物质的消化部位提供了方法。但是,真正将这一方法成功地应用到生产实践,还有待于对粗饲料与精料的互作进行进一步的研究。

高谷物(淀粉)饲粮常会将纤维的消化转移到大肠完成,从而减少纤维在瘤胃中的消化[51],但大肠是否能够完全补偿增加的纤维消化负担尚不清楚。随着饲粮粗饲料水平的增加,纤维利用率的降低,可以部分解释饲料转化效率降低的原因。经过高度加工的谷物在瘤胃中可以被大量消化,因此到达大肠的淀粉数量就很少,所以不会对大肠中纤维的补偿消化产生不利影响,进而保证纤维消化的继续进行。对未经加工的谷物的消化而言,由于到达大肠的淀粉比例仍然较高,因此会对纤维的补偿消化产生不利的影响[51]。粗饲料水平和来源还可能影响小肠中淀粉的消化。据报道,与饲喂相同能量水平的精料相比,给犊牛饲喂粗饲料时,胰腺α-淀粉酶活性会有增加。

6.2　谷物、谷物加工和其他饲料原料

6.2.1　来源

供肉牛肥育产业应用的饲料来源受很多因素的影响,其中包括肥育场的位置、可提供的饲料数量、谷物成本、加工设备有无和谷物的适口性。在美国的大平原中西部及北部各州,玉米很容易获得;然而在大平原南部各州,高粱更为常用。在一年中的某段时间,也可以利用小麦或大麦。在某些地区,燕麦是肥育场肉牛饲粮中使用的一种最廉价的原料。

除传统的谷物来源外,近年来随着植物遗传学的发展,还培育出了可能对肉牛生产性能产生影响的

杂交谷物品种。作为普通杂交玉米品种的有效替代物，高赖氨酸玉米可以用于家畜饲养[53]，目前高油玉米也已开始使用。

6.2.2　谷物淀粉和谷物加工

淀粉以颗粒形式存在于谷物胚乳中，不同谷物的淀粉颗粒性质也不相同[54]。淀粉颗粒的内部为一高度结晶的区域（大量支链淀粉），它的外面由一层密度较低、大部分为直链淀粉[54]的无定形区域所包围。同时，淀粉颗粒包埋于蛋白质基质中，从而会减少酶对其攻击和消化，在玉米和高粱中尤其如此。如果提供足够的能量打开淀粉颗粒结晶区域的化学键，那么淀粉就可以发生糊化[54]。机械加工、加热和化学处理都可以使淀粉发生糊化，但这一过程必须有水分的存在。使用加热和水分处理等加工方法（例如，蒸汽压片），可以使淀粉发生广泛的糊化，并使淀粉颗粒破坏。加热也可能使谷物蛋白质变性，进而影响淀粉的消化。

一般来说，与未经加工的谷物相比，糊化谷物在瘤胃和整个消化道中的消化程度更高[55]。谷物加工的优点是可以提高谷物的消化率，其提高的幅度为：高粱＞玉米＞大麦[55]。大麦和小麦即使没有经过加工，在瘤胃中也可以大量被消化。但是，就高粱而言，只有经过一定程度的加工后，才能有效地应用到肉牛饲养中去。容重变化是确定谷物加工程度的一种实用方法。当蒸汽压片高粱的容重从 35 lb/bu① 降低到 18 lb/bu 时，淀粉的酶解和瘤胃降解率（尼龙袋法）就都会得到提高[56]。随蒸汽压片高粱的容重从 34 lb/bu 下降到 22 lb/bu，阉牛的干物质采食量降低；在容重最小时饲料的转化效率达到最佳[57]。容重对加工玉米的影响小于高粱。容重分别为 28 lb/bu，24 lb/bu 或 20 lb/bu 的蒸汽压片玉米对肉牛肥育性能没有影响[58]。谷物淀粉在瘤胃中的消化程度随加工谷物容重的降低而提高，瘤胃 pH 值在谷物容重最低时下降。与未经加工或最低程度加工相比，经蒸汽压片处理和类似加工方法加工的玉米和高粱的饲料转化效率可以提高 7%～10%。尽管加工对大麦和小麦等谷物的作用通常较低，但一定程度的加工可能有助于改善谷物的适口性和物理特性。

谷物的消化速度受其颗粒大小的影响。蒸汽压片、干碾压和高水分玉米的活体内 DM 和淀粉消化率随颗粒度的减小而提高[59]。然而，颗粒度较小的谷物其瘤胃外流速度较快[60]，因此，谷物颗粒度对其在活体内消化部位和消化程度的影响看来是有限的[61]。

在肥育牛饲粮中，通过将不同种类谷物或将不同方法加工的同一种类谷物相混合，可能提供了一种利用各种谷物和不同方法加工谷物所具有的不同消化特性的有效方式，并且也提供了一种降低谷物加工成本的途径。已有报道，将高水分玉米和干燥玉米和高粱混合，会产生互补效应[11]，并且用整粒玉米以最高 25%的比例替代肥育牛饲粮中的蒸汽压片玉米，对日增重和饲料转化效率没有影响[62]。

6.2.3　副产品和其他饲料

副产品饲料在某些情况下由于成本低，所以已经成为肥育牛饲粮中首选的重要饲料原料。常用的副产品饲料有整粒棉籽、啤酒糟、酒精糟、甜菜渣、柑橘渣、大豆皮、小麦中麸、淘汰的等级外土豆和土豆加工副产品等。在美国西南部和墨西哥西北部的肉牛肥育场，通常使用大量整粒棉籽，当然这些副产品的价格有时甚至与一些常用的精料相当[63]。

近来，由于用来生产乙醇的谷物数量大幅度增加，所以肉牛肥育场对谷物副产品的利用数量也随之增加。在美国整个中西部和大平原的饲养区，常常会有酒精糟（干的和湿的）供应，并且它们的价格也很有吸引力。干法工艺可以生产出含有可溶物的干酒精糟（DDGS），而湿法加工会生产出玉米蛋白副产

---

① 1 bu（蒲式耳）= 35.24 L。

品和玉米蛋白粉[64]。由于所使用的加工工艺和谷物原料的不同，所以这些副产品的组成可能也会有差别。因此，测定这些副产品的组成，并建立其与原料来源之间的关系非常重要的。湿玉米蛋白副产品可以在肥育牛饲粮中有效地替代高达25%的干碾压玉米，而对牛的生产性能没有不利影响[65]。内布拉斯加州立大学的研究结果[66]表明，肉牛生长饲粮中的湿玉米蛋白副产品所含的增重净能(NE_g)高于干碾压玉米。此外，谷物副产品的蛋白质含量通常比其谷物原料高，并且它们的淀粉含量也较低，不易造成瘤胃酸中毒，因此特别适合在幼畜饲粮中使用[67]。玉米加工的其他副产品还有湿酒精糟和制酒精馏出物，它们是由生产乙醇的玉米经酵母发酵产生的副产品[68]。这些湿酒精糟作为肥育牛饲粮中的蛋白质和能量来源时，可以被动物有效利用[68]。

近年来，很受欢迎的另一种副产品饲料是大豆皮。当价格合适时，大豆皮可以在肥育肉牛饲养中有效利用。大豆皮含有约50%的酸性洗涤纤维和12.1%的CP，且木质素含量低(2%)[4]。普度大学的研究人员对大豆皮替代肉牛精料饲粮中的玉米进行了评价[69]。在以破碎玉米为基础的肥育饲粮中添加中等含量和高含量的大豆皮，其饲喂价值等于玉米的74%～80%。研究人员进一步建议：在以精料为基础的饲粮中使用20%以上的大豆皮时，考虑到其会导致增重速度下降和饲料采食量增加，并使饲料转化效率降低，因此，应结合其相对于谷物的成本进行评估。

在生长和肥育肉牛饲粮中可以添加各种液体饲料。肥育牛饲粮中通常添加2%～4%的脂肪(牛脂、动物和植物混合脂肪、皂化脂肪)，具体添加水平应根据价格而定；但是，肥育牛饲粮中的总脂肪含量(醚提取物)不应该超过10%。糖蜜和玉米加工业的液体副产品等，也是肥育牛饲粮的常用原料。饲粮中添加液体饲料通常可以降低粉尘，改善适口性。

表18-8是以各种饲料原料为基础的肥育饲粮的例子。肥育饲粮中使用何种原料，取决于饲料原料的成本、可获得数量以及饲喂和加工设施的成本等。

表18-8 肉牛典型肥育饲粮的成分(干物质基础) %

原料	饲料类型		
	加工玉米/干粗饲料	整粒玉米/青贮玉米	干碾压玉米/玉米蛋白副产品
粗饲料			
苏丹草干草	4	—	8
苜蓿干草	6	—	—
玉米青贮	—	10	—
谷物/谷物副产品			
蒸汽压片玉米	74.5	—	—
干碾压玉米	—	—	52.5
整粒玉米	—	71	—
湿玉米蛋白副产品	—	—	35
液体饲料			
糖蜜	5	—	—
浓缩的酒精糟残液	—	4	—
脂肪	3	—	—
补充饲料[a]	7.5	15	4.5

[a] 补充饲料能够提供钙和磷源、尿素和/或天然蛋白质、微量矿物质、维生素和饲料添加剂。表18-9给出了典型的商品补充料的组成。

6.3 肥育牛饲粮中的蛋白质和其他营养物质

6.3.1 蛋白质

在过去 5～10 年间，肉牛肥育产业把饲粮中的 CP 水平提高了。在对 6 位肥育场营养顾问的访问中[70]发现，肥育牛饲粮中 CP 水平变动范围为 12.5%～14.4%，尿素的添加水平占饲粮 DM 的 0.5%～1.5%。这些营养顾问所推荐使用的饲粮粗饲料水平很低（占 DM 的 3%～11%），而且是以高度加工谷物为基础的饲粮。而采用析因法计算的肉牛 CP 需要量表明，根据肥育期体重的不同，体重 700 lb 时开始肥育，并且日增重 3 lb 的肥育肉用阉牛的饲粮 CP 水平为 8.9%～11.7%。Galyean 在他的综述[70]中提到，当饲粮中 CP 水平超过析因法所建议的水平时，肉牛生产性能可以得到提高，特别对于埋植雌激素和乙酸睾酮（trenbolone acetate）（见下面的讨论）的肉牛。如果添加的是瘤胃可降解蛋白质（例如尿素和大豆皮），那么对其生产性能的改善将更稳定，这也是营养专家推荐使用高水平尿素的原因[70]。一般来说，添加瘤胃非降解蛋白质对肥育肉牛生产性能改善的作用并不明显。那些在瘤胃内能快速发酵的高度加工的谷物，可能会增加微生物对瘤胃降解氮素的需要量；而且，蛋白质的需要量也可以通过代谢蛋白质体系[4]来计算。代谢蛋白质体系既考虑了动物的蛋白质需要量，又考虑了瘤胃微生物对氮素的需要量，这样的体系与目前肉牛产业实践的需要相一致。

6.3.2 维生素

肥育牛饲粮中的维生素 A 添加量通常以国家科学研究委员会（NRC）的推荐量为标准[4]（每磅饲粮 DM 约为 1 000 IU）。当添加维生素 A 时，通常不考虑饲粮原料本身所含的维生素 A 数量，而直接使用维生素添加剂来补充动物所需的维生素 A。肥育牛维生素 E 的确切需要量目前尚不清楚，但是正如前面所述，肉牛的接收饲粮和肥育饲粮中常常需要添加维生素 E，添加量为每磅饲粮 DM 添加 6～7 IU。近来的研究[71]也表明，肥育牛饲粮添加高水平的维生素 E，即 300 IU/（头・d）以上，可能有助于保持牛肉产品色泽的稳定。

6.3.3 矿物质

肉牛肥育饲粮中的常量元素（Ca，P，K，S，Mg，Na，Cl）和微量元素（Co，I，Fe，Mn，Se，Zn）的添加量通常需要参照 NRC[4] 提供的标准。NRC 标准中同时给出了矿物质的可能中毒剂量或最大耐受剂量[4]。有机微量元素复合物相对于无机微量元素的优点至今仍存在着很多争议。一些研究认为，有机微量元素复合物的有效性更高，而另一些研究报告则认为，2 种来源的微量元素之间没有显著性差异。一些无机微量元素（例如氧化铜）的有效性很低，因此在饲粮中应避免使用，但是有机微量元素和无机微量元素的确切推荐量还有待进一步研究。

7 合成代谢促进剂和饲料添加剂

7.1 合成代谢促进剂

生长-肥育肉牛可以使用多种促生长埋植剂。目前准许使用的埋植剂有三大类：雌激素、雄激素（乙酸睾酮）和雌激素＋乙酸睾酮。埋植剂不但能提高增重速度和改善饲料转化效率，而且可以使优级（choice）胴体重提高 55～99 lb[72]。埋植剂的主要作用是增加胴体中蛋白质和脂肪的沉积量[72,73]，以雌激素＋乙酸睾酮为基础的埋植剂的使用效果似乎比以单雌激素为基础的埋植剂效果好[73]。同时，促生长埋植剂通常能提高采食量。在 2 个给阉公牛饲喂 60%精料饲粮的试验中，埋植雌二醇安息香酸盐或孕酮提高了干物质采食量4%～16%，提高的范围主要与埋植时间距屠宰时的长短不同有关[74]。未埋植牛的干物质采食量比埋植牛少6%[75]。肥育140～150 d的周岁肉牛一般在肥育开始时进行埋植，60～80 d后进行再次埋植。常见的埋植方法是第1次使用以雌激素为基础的埋植剂，第2次使用以雌激素＋乙酸睾酮为基础的埋植剂。肥育小母牛的第1次埋植常使用以雌激素为基础的埋植剂，而下一次则使用以雄激素为基础的埋植剂。如前所述，这种强制性埋植方法可能会增加饲粮的蛋白质需要量，这可能与日沉积蛋白质的增加有关[76]。

7.2 离子载体

大部分肥育牛都会饲喂离子载体。目前，在舍饲肉牛饲粮中已经获准使用的三类化合物有莫能菌素(monensin)、拉沙里菌素(lasalocid)、莱特洛霉素丙酸盐(laidlomycin propionate; Cattlyst®，Roche Animal and Health)。参考文献[77,78]中总结了离子载体对生长-肥育牛生产性能的影响。一般来说，莫能菌素可以降低采食量，而对日增重几乎没有影响，从而改善了饲料转化效率。与不含离子载体的饲粮相比，给肥育牛饲喂拉沙里菌素后，饲粮采食量通常不变或者提高，且日增重也常常增加，从而使饲料转化效率改善。同样，莱特洛霉素丙酸盐对采食量的影响往往很小，但它可以通过改善饲料转化效率而增加日增重。饲粮组成(例如蛋白质和矿物质)可能会改变肉牛对离子载体的反应。

7.3 其他饲料添加剂

在肉牛肥育产业中，经常会用到很多种其他抗生素饲料添加剂。维吉尼亚霉素(VMax™，Pfizer Animal Health)已经被获准在待宰舍饲肥育牛中使用，它不但可以提高增重速度、改善饲料转化效率，而且可以降低肝脓肿的发生率。班贝霉素(Gainpro ™，Hoechst Roussell Agri-Vet)是一种饲料级抗生素，在待宰舍饲肉牛中使用时，可以提高增重速度，并改善饲料转化效率，在放牧牛中使用可以提高增重速度。泰乐菌素(Tylan®，Elanco Animal Health)常用于降低舍饲牛肝脓肿的发生率。在阉牛和小母牛上，泰乐菌素可以和莫能菌素联合使用，在舍饲肉用小母牛上，它也可以和十六次甲基甲地孕酮乙酸盐或与十六次甲基甲地孕酮乙酸盐＋莫能菌素或拉沙里菌素联合使用。金霉素(CTC)在各类肉牛中的用途很广。一般来说，金霉素不但可以用来预防BRD和边虫病，而且可以促进生长和提高饲料转化率。土霉素是另一种被准许在肉牛饲养中使用的抗生素，它的用途类似于CTC。土霉素也可以和拉沙里菌素联合使用，用于降低舍饲肉牛肝脓肿的发生率。被准许使用的迪克奎诺(decoquinate，一种抗球虫剂)是在肉牛饲养中用于预防球虫病的抗生素；当处于球虫病暴发期或当肉牛与感染球虫病的新接收牛有接触时，常会使用迪克奎诺。十六次甲基甲地孕酮(MGA)可以用来抑制肥育小母牛的发情，从而改善增重和饲料转化效率[11]。小母牛年龄、每头牛的圈舍空间以及埋植剂效应的不同，都可以引起小母牛对MGA反应的差异[11]。当小母牛使用MGA时，在其埋植方案中的最后一次埋植剂常考虑使用以乙酸睾酮为基础的埋植剂。欲了解肉牛饲养中批准使用的全部添加剂情况，可参阅饲料添加剂纲要[19]。

益生素(微生物制剂和生长介质提取物)在反刍动物生产中的应用很广泛。酵母培养物、嗜酸乳酸菌(*Lactobacillus acidophillus*)和粪链球菌(*Streptococcus faecium*)这类活菌培养物，是益生素添加剂中最常见的成分。酵母培养物的主要作用是使食物保鲜，帮助恢复胃肠道功能或提高反刍动物饲料转化效率[79]。有关各种益生素作用的报道结论不太一致。一些试验表明，使用益生素有益，而其他研究结果则表明使用益生素没有作用。更确切地阐明各种益生素对采食量、消化和瘤胃功能的影响程度如何，还有待进一步研究。

肥育牛饲粮中的离子载体、其他饲料添加剂以及维生素和微量元素，常以颗粒补充料的形式添加。这种颗粒补充料也为肥育牛饲粮中添加蛋白质和/或尿素提供了方便。表18-9中给出了这类补充料的例子。

表 18-9　肉牛肥育饲粮中的商业补充料成分及化学组成[a]　%

成分	作为饲料基础的百分比	成分	作为饲料基础的百分比
原料组成		有机物质	67.65
小麦中麸	33.882	粗蛋白(%)	42.00
葵花粕(32%CP)	30.000	NPN(%)	22.00
羽毛粉	6.846	脂肪(%)	1.82
尿素	6.968	粗纤维(%)	9.26
硫酸铵	1.500	钙(%)	5.80
食盐	5.500	磷(%)	0.80
碳酸钙	14.006	镁(%)	0.31
生物磷酸	0.537	食盐(%)	5.59
微量元素预混料[b]	0.350	NE_m(Mcal/100 lb)	49.92
维生素 A/D_3 预混料	0.021	NE_g(Mcal/100 lb)	32.65
维生素 E 预混料	0.013	添加维生素 A(IU/lb)	25 000
瘤胃素 80®	0.287	添加维生素 E(IU/lb)	15
泰乐菌素 100®	0.090	莫能菌素(g/t)	460
化学组成		泰乐菌素(g/t)	180
干物质	92.91		

[a]这个配方在全价饲粮中的添加量为 5%(喂时状态基础)。

[b]微量元素的推荐水平见表 18-6。

8　代谢紊乱

8.1　酸中毒

在肉牛肥育饲粮中添加经高度加工的谷物会引起瘤胃乳酸中毒。急性酸中毒会引起肉牛瘤胃 pH 值急剧下降(4.5 或更低),随后,这些有机酸被吸收入血,进而出现全身中毒症状:四肢僵直,蹄叶炎,严重的瘤胃溃疡,有时甚至死亡。发生亚急性酸中毒的牛随着酸的累积,瘤胃 pH 值会大大降低(5.0～5.5),同时采食量降低。如前所述,为减少酸中毒的发生,应该逐渐增加肉牛饲粮中精料水平。粗饲料中易发酵碳水化合物含量通常比谷物低,因此添加粗饲料可以减少瘤胃酸累积,降低产乳酸菌的增殖。许多粗饲料的内在缓冲能力有助于减缓瘤胃 pH 的下降。良好的饲养管理可以确保牛每日饲料采食量的相对恒定,因此对于防止急性和亚急性酸中毒的发生非常关键。但是,如果每栏有很多牛,那么其中个别牛只仍可能会过量采食。饲粮成分(例如粗饲料或可消化纤维、湿玉米蛋白副产品)和饲料添加剂的不合理使用,也可能引起瘤胃酸中毒。莫能菌素已被证明能够降低采食量的波动,从而减少瘤胃酸中毒的发生[80]。

8.2　肝脓肿

瘤胃中持续的高酸浓度会导致瘤胃角化不全,进而引起瘤胃乳头皱缩和坏死[81]。在上述情况发生的同时,瘤胃绒毛会嵌入瘤胃上皮细胞内,从而为微生物,如坏死梭状杆菌(*Fusobacterium necrophorum*)和化脓放线菌(*Actinomyces pyogenes*)进入门脉系统提供了通道。这些微生物到达肝脏后引起肝脓肿[81]。在美国一些地区,特别是中西部肉牛饲养带和北部大平原地区,肝脓肿的发病率可能很高。与有轻度或无肝脓肿的肉牛相比,发生严重肝脓肿的肉牛增重速度很低,而且增重的饲料转化效率也会下降[82]。感染肝脓肿的牛屠宰后,肝脏不可作为食用。

8.3 瘤胃臌气

在肉牛肥育场中发生的典型瘤胃臌气为泡沫型瘤胃臌气，所形成的泡沫稳定。在某些情况下，也可能发生无气体产生型瘤胃臌气，这是由嗳气不畅因素所导致的继发性瘤胃臌气。以高度可发酵谷物为基础的饲粮和/或细颗粒度谷物饲粮，都可能刺激泡沫形成和大量气体的产生，同时也可能包括一些细菌产生的黏液[83]。急性瘤胃臌气可能引起牛只死亡，并且死亡的牛通常没有早期病症出现。饲喂莫能菌素能降低在灌溉小麦草地上放牧的牛发生瘤胃臌气的比率[84]，并且也可能有助于减少肥育场中瘤胃臌气的发生，其原因可能与莫能菌素影响气体的产生和肉牛采食模式有关。

8.4 其他的代谢性障碍

肥育肉牛可能会偶发脑灰质炎(PEM)。这一疾病的早期特征是失明和肌肉震颤，随后出现气喘和死亡，尸检可以发现明显的特征性大脑损伤[83]。如果在刚开始出现症状时采用静脉注射盐酸硫胺素(维生素 B_1)进行治疗，则患病牛康复的可能性很大。由瘤胃产生的硫胺素酶或硫胺素中间代谢物拮抗物所诱发的硫胺素缺乏可能是 PEM 发病的直接原因[83]；然而，近来的研究表明，饲料或饮水中高水平的硫也可能诱发 PEM 的发生，这是因为高水平硫在瘤胃中会产生硫化氢，并进而吸收入血[85]。

腐蹄病是一种由梭菌属细菌引起的传染性疾病，它能导致蹄部发炎肿胀，严重时出现跛行[83]。当多雨天气、潮湿或肥育场泥泞状况时，腐蹄病发生率会明显增加。腐蹄病的常规治疗方法是抗生素治疗和处理蹄部破损。腐蹄病的预防措施主要是维护好圈舍，以便改善动物泥泞潮湿的环境。给放牧肉牛补充蛋氨酸锌，也可以有效地降低腐蹄病的发生率[86]。专家建议，对于频繁发生腐蹄病的肉牛肥育场，应当饲喂高锌饲粮，或使用含锌的有机复合物。

本章小结

肥育肉牛在体重、体型和生长潜能方面存在很大差异。因此，肉牛饲养企业需要采用多种生长和肥育体系。由于品种类型和前期管理系统不同，进入肥育场的肉牛达到屠宰要求时所需的时间也有差异。刚断奶和/或受到销售和运输应激的肉牛在进行生长和肥育管理之前，需要施加特殊的饲养和管理措施，以保证其达到充足的采食量，从而降低呼吸道疾病的发生率。一旦肉牛开始肥育，那么就必须注意使肉牛从高粗料饲粮开始平稳转换到高精料肥育饲粮。饲槽管理对于肉牛的成功饲养非常关键，任何饲槽管理方案的目标都应当保持每日采食量的恒定，减少瘤胃酸中毒和其他代谢紊乱的发生，进而达到最佳的生产性能。大部分肥育饲粮只含有少量的粗饲料，而主要成分又都是快速发酵的谷物。肥育饲粮的组成随肥育场的位置、原料成本、原料的供应量和饲料加工设施的不同而不同。有多种饲料添加剂可以用于肥育牛饲养，以提高饲料利用效率和减少动物代谢障碍的发生率。

参考文献

1. USDA-APHIS. 1995. *Cattle on feed evaluation. Part I. Feedlot management practice*. Fort Collins, CO: USDA-APHIS-VS NAHMS.
2. USDA—NASS. 1999. Washington, DC: United States Government Printing Office.
3. *The Beef Brief* . 1995. R. Price(ed.). (December). Englewood, CO.
4. NRC. 1996. *Nutrient requirement of beef cattle*. 7th ed. Washington, DC: National Academy Press.
5. Ritchie, H. D. , and S. R. Rust. 1995. *Feedstuffs* 67(43): 12.
6. Dolezal, H. G. , J. D. Tatum, and F. L. Williams. Jr. 1993. *J. Animal Sci*. 71: 2 975
7. Duckett, S. K. , et al. 1995. *J. Animal Sci*. 71: 2 079.
8. Coleman, S. W. , et al. 1995. *J. Animal Sci*. 73: 2 609.
9. Wheeler, T. L. , et al. 1989. *J. Animal Sci*. 67: 142.

10. Shackelford, S. D., M. Koohmaraie, and T. L. Wheeler. 1995. *J. Animal Sci.* 73:3304.

11. Klopfenstein, T. J., R. Stock, and J. K. Ward. 1991. Feeding growing and finishing beef cattle. In: D. C. Church(ed.), *Livestock feeds and feeding*, 3d ed., pp. 258—277. Englewood Cliffs, NJ: Prentice-Hall.

12. Lewis, J. M., et al. 1990. *J. Animal Sci.* 68:2517.

13. Loerch, S. C. 1990. *J. Animal Sci.* 68:3086.

14. Gunter, S. A., M. L. Galyean, and K. J. Malcolm-Callis. 1996. *Prof. Animal Sci.* 12: 167～175.

15. Beconi, M. G., et al. 1995. *J. Animal Sci.* 73:1576.

16. Allen, V. G., J. P. Fontenot, and D. R. Notter. 1992. *J. Animal Sci.* 70:588.

17. Horn, G., G. Krenzer, D. Bernardo, and B. McDaniel. 1994. *Okla. Agr. Exp. Sta.*, 939: 151.

18. Highfill, G. A., et al. 1994. *Okla. Agr. Exp. Sta.*, P-939:169.

19. *Feed Additive Compendium*. 1995. Minnetonka, MN: Miller Publishing.

20. Horn, G. W., et al. 1995. *J. Animal Sci.* 73:45.

21. Sainz, R. D., F. De la Torre, and J. W. Oltjen. 1995. *J. Animal Sci.* 73:2971.

22. Gill, D. R., et al. 1993. *Okla. Agri. Exp. Sta.*, 933:197.

23. Gill, D. R., et al. 1993. *Okla. Agr. Exp. Sta.*, 933:204.

24. Van Koevering, M. T., et al. 1995. *J. Animal Sci.* 73:21.

25. Williams, C. B., G. L. Bennett, and J. W. Keele. 1995. *J. Animal Sci.* 73:674.

26. USDA-APHIS. 1994. Report N134. 594. Fort Collins, CO: USDA-APHIS.

27. Blecha, F., S. L. Boyles, and J. G. Riley. 1984. *J. Aniaml Sci.* 59:576.

28. Cole, N. A. 1996. Review of bovine respiratory disease: Nutrition and disease interactions. In: R. A. Smith(ed.), *Bovine respiratory disease: Sourcebook for the veterinary professional*, pp. 57—84. Trenton, NJ: Veterinary Learning Systems.

29. Galyean, M. L., and M. E. Hubbert. 1995. *Okla. Agr. Exp. Sta.*, p-942:226.

30. Lofgreen, G. P. 1983. *Veterinary clinics of North America: Large animal practice* 5(1):87—101.

31. Lofgreen, G. P. 1988. *Veterinary clinics of North America: Food animal practice* 4(3):509—522.

32. Fluharty, F. L., and S. C. Loerch. 1995. *J. Animal Sci.* 73:1585.

33. Galyean, M. L., et al. 1993. *Clayton livestock Res. Ctr. Prog. Rep.* 88. N. Mex. Agr. Exp. Sta., Las Cruces.

34. Cole, N. A. 1993. *Proc. Southwest Nutr. Mgmt. Conf.*, pp. 1—9. Univ. of Arizona, Tucson.

35. Cole, N. A. 1993. *Publ. No. TAMUS-AREC*-95-2. pp. 33-45. Texas A & M Univ. Res. and Ext. Ctr., Amarillo.

36. Galyean, M. L., L. J. Perino, and G. C. Duff. 1999. *J. Animal Sci.* 77:1 120.

37. Hays, V. S., et al. 1987. *Okla. Agr. Exp. Sta.*, MP-119:198.

38. Duff, G. C., et al. 1995. *Clayton livestock Res. Ctr. Prog. Rep.* 96. N. Mex. Agr. Exp. Sta., Las Cruces.

39. Duff, G. C., et al. 1999. *Clayton livestock Res. Ctr. Prog. Rep.* 103. N. Mex. Agr. Exp. Sta., Las Cruces.

40. Lofgreen, G. P. 1983. *J. Animal Sci.* 56:529.

41. Galyean, M. L., S. A. Gunter. and K. J. Malcolm-Callis. 1995. *J. Animal Sci.* 73:1 219.

42. Galyean, M. L., M. E. Hubbert. and S. A. Cunter. 1994. *Proc. Calif. Animal Nutr. Conf.*, pp. 25-34. California Grain and Feed Assoc., Sacramento.

43. Kreikemeier. K. K., et al. 1990. *J. Animal Sci.* 68:2 310.

44. Stock, R. A., et al. 1990. *J. Animal Sci.* 68:3 441.

45. Glayean, M. L., et al. 1991. *Clayton livestock Res. Ctr. Prog. Rep.* 69. N. Mex. Agr. Exp. Sta., Las Cruces.

46. Milton. C. T., R. T. Brandt, Jr., and S. A Shuey. 1994. *J. Animal Sci.* 72 (Suppl. 2): 70(Abstr.).

47. Mader, T. L., J. M. Dahlquist, and L. D. Schmidt. 1991. *J. Animal Sci.* 69:462.

48. Owens, F. N., and A. L. Goetsch. 1986. Digesta passage and microbial protein synthesis. In: L. P. Milligan, W. L. Grovum, and A. Dobson (eds.), *Control of digestion and metabolism in ruminants*, pp. 196-223. Englwood Cliffs,

NJ: Prentice-Hall.

49. Wylie. M. J., et al. 1990. *J. Animal Sci.* 68:3 843.
50. Moore, J. A., M. H. Poore, and R. S. Swingle. 1990. *J. Animal Sci.* 68:3 412.
51. Owens, F. N., R. A. Zinn, and Y. K. Yim. 1986. *J. Animal Sci.* 63:1 634.
52. Kreikemeier, K. K., et al. 1990b. *J. Animal Sci.* 68:2 916.
53. Ladely, S. R., et al. 1995. *J. Animal Sci.* 73:228.
54. Rooney, L. W., and R. L. Pflugfelder. 1986. *J. Animal Sci.* 63:1 607.
55. Theurer, C. B. 1986. *J. Animal Sci.* 63:1 649
56. Swingle. R. S., J. Moore. M. Poore, and T. Eck. 1990. *Proc. Southwest Nutr. Mgmt. Conf.*, pp. 52—64. Univ. of Arizona, Tucson.
57. Xiong, Y., S. J. Bartle, and R. L. Preston. 1991. *J. Animal Sci.* 69: 1 707.
58. Zinn, R. A. 1990. *J. Animal Sci.* 68:767.
59. Galyean, M. L., D. G. Wagner, and F. N. Owens. 1981. *J. Dairy Sci.* 64:1 804.
60. Ewing, D. L. D., E. Johnson, and W. V. Rumpler. 1986. *J. Animal Sci.* 63:1 509.
61. Galyean, M. L., D. G. Wagner, and F. N. Owens. 1979. *J. Animal Sci.* 49:204.
62. Lee, R. W., M. L. Galyean, and G. P. Lofgreen. 1982. *J. Animal Sci.* 55:475.
63. Zinn, R. A., and A. Plascencia. 1993. *J. Animal Sci.* 71:11.
64. Weigel, J. C. 1995. *Proc. 56th Minn. Nutr. Conf.* and Alltech, Inc., pp. 93—95. Minn. Ext. Serv., Univ. of Minn., St. Paul.
65. Hussein, H. S., and L. L. Berger. 1995. *J. Animal Sci.* 73:3 246.
66. Ham, G. A., et al. 1995. *J. Animal Sci.* 73:353.
67. Krehbiel, C. R., et al. 1995. *J. Animal Sci.* 73:2 931.
68. Larson, E. M., et al. 1993. *J. Animal Sci.* 71:2 228.
69. Ludden, P. A., M. J. Cecava, and K. S. Hendrix. 1995. *J. Animal. Sci.* 73:2 706.
70. Galyean, M. L. 1996. *J. Animal Sci.* 74:2 860.
71. Arnold, R. N., et al. 1992. *J. Animal Sci.* 70:3 055.
72. Fox, D. G., and T. C. Perry. 1995. *Publ. No. TAMUS-AREC*-95-1, PP. 38_47. Texas A & M Univ. Res. and Ext. Ctr., Amarillo.
73. Byers, F. M., et al. 1994. *J. Animal Sci.* 72(Suppl. 1):325(Abstr.).
74. Rumsey, T. S., A. C. Hammond, and J. P. McMurtry. 1992. *J. Animal Sci.* 70: 995.
75. Fox, D. G., et al. 1992. *J. Animal Sci.* 70:3 578.
76. Trenkle, A. 1992. A. S. leaflet R919. *Beef and sheep Res. Rep.*, pp. 102—107. Iowa State Univ., Ames.
77. Glayean, M. L., and M. E. Hubbert. 1989. *Proc. Southwest Nutr. Mgmt. Conf.*, pp. 64—81. Univ. of Arizona, Tucson.
78. Minson, D. J. 1990. *Forage in ruminant nutrition*. San Diego, CA: Academic Press.
79. Males, J. R. 1990. *J. Animal Sci.* 68(Suppl. 1):504(Abstr.).
80. Stock, R. A., et al. 1995. *J. Animal Sci.* 73:39.
81. Orskov, E. R. 1986. *J. Animal Sci.* 63:1 624.
82. Brink, D. R., et al. 1990. *J. Animal Sci.* 68:1 201.
83. Blood, D. C., and O. M. Radostits. 1989. *Veterinary medicine. A textbook of the disease of cattle, sheep, pigs, goats and horses*. 7th ed. Bailere Tindall, London, England.
84. Branine, M. E., and M. L. Galyean. 1990. *J. Animal Sci.* 68:1 139.
85. Gould, D. H. 1998. *J. Animal Sci.* 76:309.
86. Brazle, F. K. 1994. *Prof. J. Animal Sci.* 10:169.

第4篇
其他家养品种的饲养

FEEDING OTHER DOMESTICATED SPECIES

第 19 章　马的饲养
Feeding Horses

作者:Laurie Lawrence
译者:张辉
校对:乔富强和张元庆

毫无疑问,饲养过程或饮水不当引起马的消化紊乱已占到了半数以上。因此,读者必须认识到,掌握与此主题相关的一些基础知识十分重要。

Ch. B. Michener[14]

1　消化系统

马的消化起始于口腔,其牙齿状况会影响采食和消化的能力。切齿在切断或撕断饲草的过程中起着十分重要的作用。臼齿用于磨碎食物,增加饲料的表面积,这有利于后肠道酶和微生物的消化。当以整粒形式饲喂种皮坚硬的谷物(如玉米或高粱)饲料时,马对饲料进行磨碎的能力尤为重要。臼齿通常会形成锋利的边缘(尖端),这些尖锐的臼齿能对舌头或面颊产生伤害。因此,兽医师常会挫掉臼齿的尖端,这同时也可提高马磨碎食物的能力,我们将这个挫平牙齿的过程称之为"修整"(floating)牙齿。

虽然饲料在马的胃内发生真正消化的比例很小,但是一些消化特征也值得关注。首先,马胃的容积相对于整个马体相对较小,因而,虽然作为草食家畜,但马的饲喂也应遵循少喂勤添的原则,而不是每日饲喂一两次;其次,马不能进行呕吐(反刍的一个过程),因此在某些情况下容易发生胃臌胀,甚至破裂。

淀粉、蛋白质和脂肪的消化通常在小肠内酶的作用下完成的。然而,马如果采食大量的谷物或其他淀粉含量高的饲料,就会超过小肠消化和吸收淀粉的能力,进而使一部分淀粉直接进入大肠消化。大肠包括盲肠、大结肠、小结肠和直肠。马的盲肠与大结肠中的微生物区系与牛羊瘤胃微生物区系相似。如果大量淀粉进入大肠,就会对微生物区系产生不良影响,引起急性腹痛、腹泻等消化道疾病,甚至发生蹄叶炎。

大肠微生物区系的主要功能是消化饲料(如牧草或干草)中的纤维素。虽然大肠微生物对纤维的降解作用不及瘤胃微生物大,但它们在马的营养供应中仍然占有十分重要的地位。纤维素被微生物发酵产生挥发性脂肪酸(VFA),主要是乙酸和丙酸,这些挥发性脂肪酸通过大肠壁吸收。乙酸可直接用于供能或脂肪合成;丙酸也可用于供能或合成葡萄糖。由于马可利用纤维饲料供能,因此,饲喂干草或牧草就能满足其维持的需要。

2　营养需要

2.1　水

水是维持动物生存的最关键营养物质。通常来讲,马采食每千克饲料干物质,就需要饮水 2.5~3.5 kg。在运动、泌乳或环境温度升高时,马的饮水量会增加。表 19-1 所示的是不同类型马的日饮水量的估测值。如果饲料中含有大量干的粗饲料，盐分含量或蛋白含量过高时，马的饮水量也会增加。

可以通过水桶、水槽、池塘或小溪提供清洁、新鲜的饮水(图19-1)。不流动的池塘或冰雪融水不宜用做水源。除刚刚经历过高强度役用的马外，其他马都应该保证随时有饮水供应。经过役用后的马应逐渐“给水”(通常需要约1 h以上)。在此期间，每隔5～10 min允许马饮少量的水。如果对马进行长时间(几个小时)的役用，为防止脱水，应使动物每间隔30～40 min停下来饮1次水。

表19-1 日饮水量的预测值

马的类型	所需饮水量(加仑)[b]
维持(体重500 kg)(热中环境)	6～8
维持(体重500 kg)(温暖环境[a])	8～15
泌乳母马(体重500 kg)	10～15
役用马(体重500 kg)(中等强度)	10～12
役用马(体重500 kg)(中等强度，温暖环境[a])	12～18
幼驹(体重300 kg)(热中环境)	6～8

[a]周围环境温度为30～35℃。水的需要量也受环境湿度和凉棚有无的影响。

[b]1加仑 = 3.785 L。

2.2 能量

马的日能量需要量可用消化能(*DE*)表示(见附表45和附表47)。附表45中所列的是不同体重马匹的维持消化能需要量。能量摄入量通常也需要根据动物个体间的差异进行调整。我们常用“易养的动物”(easy keeper)一词来形容像马这样的维持需要低于平均维持需要的家畜；相反，“难养的动物”(hard keeper)则是指饲粮能量需要量高出平均值才能维持正常体重的家畜。气候条件对马匹的维持能量需要量影响很大，尤其是对那些无棚饲养的马匹影响更为严重。图19-2所示的是冷应激对马匹消化能需要量的影响。马能够适应相当低的温度。但是，当温度低于最低临界温度(LCT)时，马的能量需要将会增加。当环境温度低于最低临界温度，或寒冷、刮风和降雨同时发生时，都会使动物产生冷应激。冷应激对于处于维持状态体重为500 kg的马匹饲料需要量的预期影响如表19-2所示。

马通过消化各种饲料来获得能量。在维持状态下，纤维在大肠中的消化可提供马匹绝大部分能量需要。但是仅靠纤维消化通常不能满足泌乳、生长或使役马的能量需要。因此，在马匹饲粮中必须添加谷物饲料。谷物中的主要能量来源是淀粉。大多数淀粉在小肠中消化，并以葡萄糖的形式被吸收。用谷物替代部分干草，会提高饲粮的能量浓度(也即每千克饲料可提供更多的消化能)；提高饲粮浓度的另一办法是在饲粮中添加脂肪。脂肪所含的消化能大约是淀粉的2.25倍，约为纤维的4倍。许多企业生产的精料中含有4%～8%的外加脂肪。

图19-1 自动饮水器

注：自动饮水器是一种能够给马厩饲养或放牧饲养的马匹提供清洁、新鲜饮水的便捷方式。饮水器需要每日至少检查1次，以确保其清洁和运行正常。

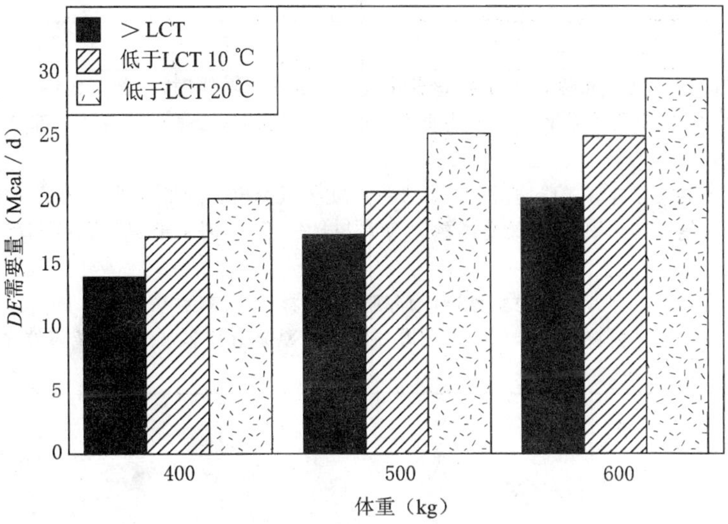

图 19-2　冷应激对成年马消化能需要量的影响

注：实心柱表示处于热中性环境的马的消化能需要量。条形柱和点形柱分别表示低于最低临界温度 10℃和 20℃时的消化能需要量。对于已适应冷环境的马，其最低临界温度可低至－10℃或－15℃。冷应激可由刮风和降雨再加上较低的环境温度引起。

表 19-2　冷应激对体重为 500 kg 的成年马的维持所需饲料量的影响[a]

天气条件	饲料供应量	注　释
热中性	9～12 kg 干草	受干草种类和成熟度的影响。早熟干草比晚熟干草的饲喂价值高
－20℃（比 LCT 低 10℃）	增加 2～3 kg 干草（在热中性基础上）或增加 1～2 kg 谷物	若使用中熟或早熟干草，可只饲喂干草。若使用晚熟干草，就必须使用谷物
－15℃（有雪和风）	增加 4～5 kg 干草（在热中性基础上）或增加 3 kg 谷物	若饲喂晚熟干草，则需要更多的谷物

[a]非马棚中饲养的马：最低临界温度为－10℃。

虽然单独饲喂谷物饲粮也能满足马的能量需求，但这种类型饲粮并不适用于马的消化习性。谷物饲粮中含有大量淀粉和少量纤维，因而会增加马急性腹痛和蹄叶炎的发病率。马饲粮中合适的最低粗纤维水平尚未确定，可能为 12％～15％。

成年未孕马的能量缺乏会导致体重和体况下降。在生长马中，能量缺乏会导致体重下降（严重的能量限制）或生长速度降低。在种母马中，能量缺乏会导致体重减轻、妊娠期增重速度下降以及繁殖率降低。如果不能对马进行定期称重，则要根据一种主观体况评分系统监控其体况。最常用的系统之一是按照体脂沉积情况将马分为 1～9 个等级，1 分表示最瘦，9 分表示最肥[4]。表 19-3 所示的是该体系的概要。多数马需要维持体况在 4 分以上而不超过 7 分的范围内（图 19-3）。种母马则应维持体况在 5 分或 5 分以上[15]。体况分数的变化意味着脂肪沉积的增加或减少，可以作为衡量饲粮能量浓度的标志之一。

表 19-3　体况评分系统

分数	描　述
1	肋骨、脊骨、盆骨等无脂肪覆盖，躯干部骨骼结构非常明显，颈部骨骼可见
2	肋骨、肩部、脊骨和盆骨结构明显突出，颈部很瘦
3	肋骨、肩部、脊骨和盆骨结构明显可辨，感觉有些脂肪，颈部较瘦

续表 19-3

分数	描　述
4	肋骨稍微可见。能感觉到肋骨、脊骨和尾基部覆盖一些脂肪，颈部不太瘦
5	肋骨、肩部、脊骨和盆骨覆盖一些脂肪。肋骨不可见，后腰平坦。身体各部分可区分，且平滑地融合在一起
6	肋骨和尾根部有许多脂肪沉积。后腰平坦或稍微突出。颈部丰满
7	肋骨和尾根部沉积脂肪，感觉柔软。身体各部分（颈部到肩部、肩部到肋骨）界限不清楚。颈部填满赘肉
8	很难触摸到肋骨。后腰明显突出，颈部肥厚，尾根部肥厚、柔软
9	肋骨、肩膀和尾根部堆积着柔软、肥厚的脂肪。颈部脂肪非常厚，肩隆部位失去界限。脂肪沉积于腿部、腰部和后肩部

资料来源：引自 Henneke 等[4]。

2.3　蛋白质

马对蛋白质的需要常用每日所需粗蛋白（CP）的千克数表示（附表 45 和附表 47）。处于维持状态的成年马匹对蛋白质的需要量相对较低。如果能量需要能够满足，蛋白质缺乏的现象很少见。一匹体重为 500 kg 的马匹每日约需要 660 g 粗蛋白，粗蛋白含量为 8.25%的干草只需 8 kg 就能满足其蛋白质的需要量。青年马、泌乳母马或处于妊娠后期的母马需要的蛋白质数量较多，而且需要的蛋白质质量也相对较高。蛋白质质量（必需氨基酸的数量及其相互间的平衡搭配）是影响生长马的一项重要因素。赖氨酸通常是生长马的第一限制性氨基酸，苏氨酸为第二限制性氨基酸。给青年马饲喂低赖氨酸饲粮时，其生长会受到抑制。马匹可以从大肠中以氨的形式吸收一些氮素，用于合成非必需氨基酸。大肠微生物也可合成一些必需氨基酸，但马合成这些氨基酸的能力有限。因此，必须在饲粮中补充必需氨基酸。

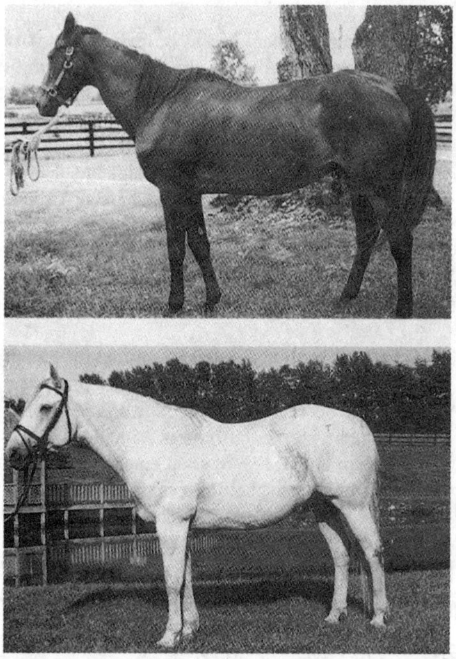

图 19-3　具有不同体况分值的马匹图示

注：上图为母马，体况评分可得 4 分。尽管其肋骨不易看到，但能看到其肩部、鬐甲、脊骨和臀部突出的骨骼结构，其颈部较瘦。下图为骟马，体况评分可得 7 分。有关详细体况评分系统的内容，请参见表 19-3。

种母马饲粮中的蛋白质用于胎儿组织沉积及产奶。因此，估计母马饲粮粗蛋白需要量时，必须考虑胎儿生长或泌乳对蛋白质的需要量。而且，由于饲粮蛋白转换成胎儿蛋白或乳蛋白的效率不高，因此，维持所需的饲粮蛋白量比实际沉积到胎儿或乳中的蛋白要高得多。

2.4　矿物质

附表 45 至附表 48 列出了马的矿物质需要量。马的骨骼中约含有 35%的钙和 16%的磷。由于马匹主要供役用，因此相对其他家畜品种来说，提高其骨骼质量更为重要。饲粮钙、磷不足或二者的比例不当，会导致多种骨骼疾病。高水平磷会减弱钙的吸收，饲粮中磷的浓度不应超过钙的浓度。各阶段马匹都要求饲粮中含有钙和磷，但钙和磷的需要量(占饲粮的比例)在生长马和泌乳母马中最高。附表45和附表47中所示的钙、磷推荐量考虑了美国常用马饲料中钙、磷的利用率。大多数马饲料中的钙利用率为50%～70%，而磷的利用率为35%～45%。在使用非常规饲料时，必须考虑钙、磷利用率方面的差异。如果某一特定饲料中钙的利用率仅为25%(而不是50%)，那么必须提高饲粮中钙的总量，以确保马体能够获得足够的钙。

作为电解质的钠、钾、氯等是各阶段马匹都必需的营养素。电解质在维持体液平衡中起着非常重要的作用，为神经和肌肉发挥功能所必需。大量电解质会随汗液损失。如果能自由舔食食盐舔块(或盐砖)或散盐，那么多数非役用马就能获得足量的钠和氯，来满足其正常需要量。干草和牧草中所含的天然钾，就能满足马对钾的需要。使役马、泌乳马和处于高温环境中的马对这些营养素的需要量高，因而需要额外补充。如果这些营养素缺乏，马的采食量和饮水量将会下降。而且，马可能会出现舔食畜栏等异常行为。使役马的电解质损耗，会使肌肉机能减退，以及体液平衡受到影响。

马需要其他家畜所需要的全部微量矿物元素。碘是形成甲状腺激素所必需的一种元素，马匹碘缺乏和碘中毒的例子都有报道。常规的马饲料中碘的含量受土壤中碘含量的影响。盐砖中常含有少量的碘；一些非常规补充料，例如海藻，也可能含有大量的碘。因而，要慎重选用。

血红素参与体内氧的转运，其形成需要铁的参与。据估计，饲粮中铁的需要量为每千克饲料干物质中含40～50 mg[15]，利用普通饲料原料进行饲粮配制一般可达到这一要求。例如，苜蓿干草中铁含量很高(每千克干物质中铁含量在200 mg以下)。虽然谷物和粗饲料中铁的利用率可能很低，但鲜见铁缺乏的报道。通过对比试验研究发现，给马额外补铁没有益处，但在养马业中这种做法仍很普遍。

铜参与软骨的形成和发育，因此在生长马中作用重大。1989年版NRC推荐铜的用量为每千克饲料干物质中含10 mg[15]。1989年以来的几项研究表明，低铜饲粮与生长马的渐进性骨骼疾病的日益增多有关。由于许多粗饲料中铜的含量和利用率都很低，因此常用的方法是将几种谷物混合后，使铜的含量为每千克饲料干物质中不低于20～30 mg。粗饲料中锌的含量很低，而锌是动物机体内几个生化过程所必需的元素。锌缺乏可导致青年马生长缓慢。目前锌的推荐量是为每千克饲料干物质中含40 mg[15]，但谷物混合物一般能提供80～100 mg锌。

北美许多地区土壤中硒的水平较低，因此生产的饲料中硒的水平也较低。硒缺乏可导致幼驹发生白肌病，维生素E缺乏会使此病更加严重。因此，必须在饲粮中补充硒。但补硒时也要小心，因为摄入高硒(每千克饲料干物质中含2 mg硒)会引起中毒[15]。慢性硒中毒的症状包括：被毛粗糙、毛发脱落和裂蹄。全价饲粮中硒的最低推荐量为每千克饲料干物质中含0.1 mg[15]。

2.5 维生素

脂溶性维生素(维生素A、维生素D、维生素E和维生素K)中，维生素A和维生素E在马饲粮中的实际意义尤为重要。尽管维生素D是骨骼发育所必需的，但对于饲养于室外的马匹，通常不必补充维生素D。只要它们暴露在阳光下，就能自身合成维生素D。对于不能暴露在阳光下的马匹，饲粮中维生素D的推荐用量为每千克饲料干物质中含300～800 IU [15]。马对维生素K的需要量尚未确定，肠道微生物区系可合成含有维生素K的活性化合物，而且马可以从干草和牧草中获得含维生素K的活性物质。

维生素A对于动物视觉、骨骼发育及维持皮肤和其他组织的完整性十分必要。马匹采食含天然β-胡萝卜素成分的饲粮时，可以通过β-胡萝卜素在肠壁部位的裂解获得维生素A。饲料成分表中通常列出的是饲料中β-胡萝卜素的含量，而不是维生素A的活性。据估计，在马饲料中，1 mg β-胡萝卜素可转换成大约400 IU的维生素A[15]。人工合成的β-胡萝卜素，尤其是水中可扩散的β-胡萝卜素，不能有效的被马体转换成维生素A[3]。

在马的饲粮中，鲜绿牧草是β-胡萝卜素最丰富的来源之一。一些研究表明，马在暮春和夏季采食牧草时，血浆中维生素A的浓度最高；而在冬季采食干草和谷物时，血浆中维生素A的浓度最低；在青草或豆类收割后制作成干草的过程中，维生素A活性迅速下降。在以干草和谷物为饲粮的舍饲马饲养中，必须补充维生素A。在马饲粮中补充的维生素A有几种形式，包括视黄醇乙酸盐和视黄醇棕榈酸盐。马饲粮中维生素A的最低推荐量为：种母马每千克饲料干物质中含3 000 IU，其他阶段马为每千克饲料干物质中含2 000 IU[15]。然而，通过补充添加的维生素A与绿色牧草提供的维生素A，不能获得相同的效果，在种母马中尤为如此[3]。有人建议，生长马中维生素A的最佳用量为每千克饲料干物质中含7 000 IU[7]。维生素A缺乏症状包括：生长缓慢、繁殖效率降低、夜盲症和过度角化。饲喂高水平补充料时，可发生维生素A中毒。

维生素E是马营养中的另一种有益脂溶性维生素。维生素E具有抗氧化作用，有助于保持细胞膜的完整性。维生素E可能也有助于动物发挥其最佳的免疫功能。维生素E缺乏和硒缺乏都可引起幼驹的白肌病。维生素E的最小推荐量为：处于维持状态阶段每千克饲料干物质中含50 mg，其他阶段为每千克饲料干物质中含80 mg[15]。患有退化性脑脊髓通路疾病(degenerative myeloencephalophathy，一种特殊的神经肌肉传导障碍性疾病)的马匹对维生素E的要求较高。对诊断患有马退化性脑脊髓通路疾病的马匹，建议每日使用6 000 IU的维生素E。饲料中活性维生素E来自于几种生育酚和生育三烯酚，但*α*-生育酚的生物活性最大。处于成熟早期的植物中维生素E活性最高，每千克干牧草中可能含400 IU维生素E。作物收割用于制作干草后，维生素E活性会下降。干草中维生素E含量的变化范围为每千克饲料干物质中含10～200 IU。多数谷物中维生素E的含量相对较低(每千克干物质中小于30 IU)。马匹在只采食储存干草而不补充谷物饲粮的情况下，很可能会出现维生素E缺乏。饲粮中添加的维生素E有几种形式：*DL-α*-生育酚乙酸酯、*D-α*-生育酚乙酸酯、*D-α*-生育酚琥珀酸酯及*D-α*-生育酚烟酸酯。目前对这些化合物在马体中的相对生物学利用率尚未明确。总的来说，我们认为，1 mg *DL-α*-生育酚醋酸酯与1 IU维生素E的活性等价。

目前，关于马对水溶性维生素需要量的报道很少。饲粮中维生素C的需要量尚未确定。大肠中微生物区系通常可以合成几种B族维生素，因此仅列出了核黄素和硫胺素的饲粮需要量[15]。大多数B族维生素以辅酶形式参与产能反应。因此，当能量需要增加时，马对维生素的需要量也可能增加。若在马的饲粮中每日添加10～30 mg生物素持续几个月，某些马的蹄质可以得到改善。

3 饲料

3.1 粗饲料

粗饲料是饲养马的基础，它能够为动物提供多种必需营养素。粗饲料中的纤维有助于维持马的胃肠道健康。马的日采食量应为每100 kg体重1.0～2.5 kg优质干草(或牧草当量)。

在草场以放牧形式养马可减少劳动力的投入，而且草场又有优质的饲料来源，因此应尽可能利用草场养马。在中等质量或优质的草场，马每小时可采食0.5～1.0 kg牧草干物质。在第一次进入草场或在牧草非常茂盛时，马的采食量会更高。为防止过度采食，应将马匹逐步带入茂盛的、生长快速的草场。过度采食青绿牧草，会引起马的腹泻、急性腹痛或蹄叶炎。我们很难估计采食牧草对马饲粮采食量的贡献程度，但有一个实用指南，即在中等草场放牧时，每小时消耗的牧草数量相当于0.5～1.0 kg优质干草；若在质量非常好的草场放牧，每小时消耗的牧草数量相当于1～1.5 kg优质干草。在生长季节的早期，牧草纤维含量很低，因而需要提供一些干草来补充马的纤维采食量。当受到天气条件影响而使牧草生长受阻，或干草的库存量很大时，应给马匹提供适当的干草。

适当的放牧强度(马匹数量/英亩)取决于牧草的生长条件、草场管理强度以及草场的植物种类。在牧草生长旺盛期，一般是2～4英亩草场养活1匹马，但在管理良好的草场，则每英亩可饲养1匹以上。

在气候干旱或劣质土壤地区，每匹马所需的牧草面积更多。泌乳母马比其他阶段的马匹需要更多的牧草面积。因为过度放牧会损害有益牧草的生活力，进而促进杂草生长，因而应该避免过度放牧。通过对杂草控制并合理施肥，可使草场的生产力（每英亩草场可利用营养物质千克数）达到最大。另外，因为刈割是一种有效的控制杂草的方法，也有助于维持作物较高的营养浓度，因而有规律的刈割对许多草场有益。随着作物花序的结种，进而逐步达到成熟，营养物质利用率和适口性也逐渐下降（图 19-4）。通过刈割牧草，延迟牧草成熟的起始时间（形成种子），可以提高草场的生产力。

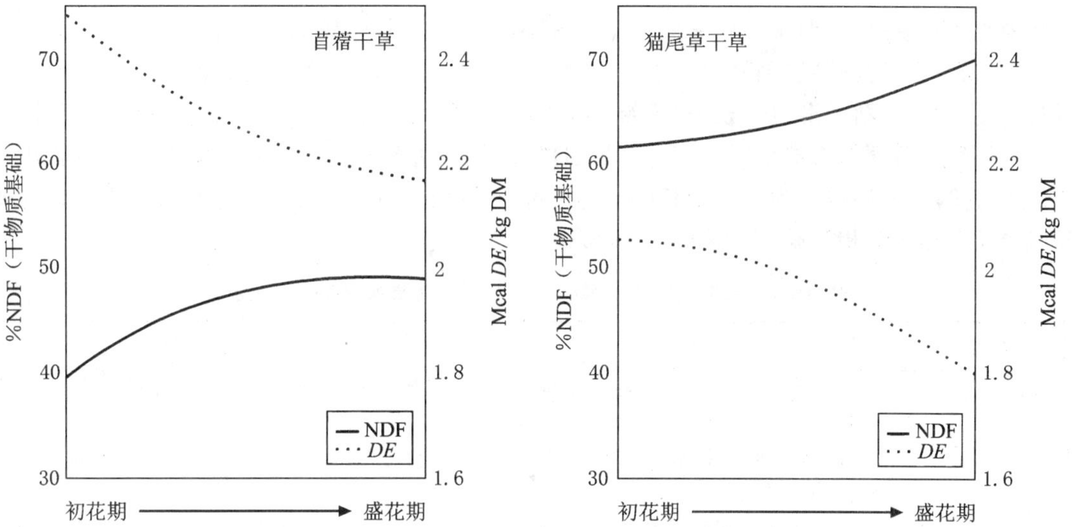

图 19-4　植物成熟度对苜蓿和猫尾草中性洗涤纤维（NDF）和消化能（*DE*）的影响

注：随着植物成熟度的增加，中性洗涤纤维含量增加，消化能含量下降。

引自 NRC[15]。

在牧马的草场中，最适合种植的作物种类随着气候和土壤条件的变化而变化。在美国南部，多年生暖季牧草，如狗牙根和巴哈雀稗，很受欢迎。在美国其他地区，牧马草场则常种植多年生冷季草，如鸭茅、草地早熟禾（肯塔基蓝草）、雀麦草和高羊茅。雀麦草、高羊茅和鸭茅是疏丛性禾本科牧草，而草地早熟禾是草坪草。鸭茅和雀麦草比高羊茅或草地早熟禾牧草耐热，但它们不耐放牧。高羊茅是一种硬质、高产的粗饲料，常会被植物内寄生真菌（*Acremonium coenophialum*）侵袭。怀孕母马采食被寄生真菌侵袭的高羊茅后会延迟妊娠，导致死胎、难产并使产乳量下降。如果母马在妊娠的最后 90 d 离开含有被寄生真菌侵袭的高羊茅草场，那么相关的问题就会降至最低。被寄生真菌侵袭的高羊茅可被其他阶段的马匹所利用，而且这种牧草通常会比其他牧草品种更硬，产量更高。常将某些类型的豆类，通常是苜蓿，间播于草场中（图 19-5）。当冷季草生长受阻时，苜蓿在温暖气候条件下产量很高。红苜蓿有时会受霉菌侵害，而且这种霉菌可引起马匹流涎。

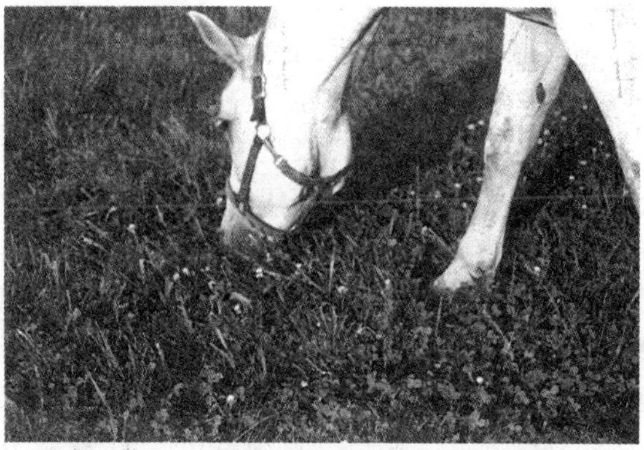

图 19-5　牧草是许多营养物质的优质来源

注：该草场为冷季多年生牧草和苜蓿的混播草场。

一年生牧草也可用做牧马草场。黑麦草是一年生越冬植物，在美国南部地区，黑麦草经常在寒冷季节使用，而在那时暖季多年生牧草正处于休眠期。一年生牧草也可用于临时性草场建植，用于临时性草场建植的一年生夏季植物包括高粱、苏丹草、约翰逊草和某些粟类。当受到干旱胁迫、霜冻或大量施用氮肥时，这些一年生植物可能会发生硝酸盐富积，进而引起氢氰酸中毒。有报道称，高粱和苏丹草有时会导致动物的肾脏和/或尿道功能不畅。由于许多夏季一年生牧草存在某些潜在问题，因此有时要避免使用。

如果没有草场提供饲草，则必需给马匹饲喂干草或其他粗饲料。可给马匹饲喂不同类型的干草，但所有牧草不可有灰尘和被霉菌感染。马采食含有灰尘或霉菌感染的干草会产生过敏反应，引起慢性肺气肿或慢性阻塞性肺病。患有慢性肺气肿的马匹通常会表现为缺乏耐力，不可从事任何激烈运动。在高湿环境中进行牧草打捆，通常会导致干草发霉，打捆时喷洒化学防腐剂会防止干草中霉菌的形成。用含有丙酸和乙酸混合物的防腐剂处理干草，不会影响周岁马的饲料采食量或增重速度[8]。

对马来说，紫花苜蓿的适口性较好，营养价值较高。它是最普通的豆科干草，其粗蛋白和钙的含量都很高。如果紫花苜蓿在成熟早期（初花期）收割，那么其能量含量高于其他类型的干草。紫花苜蓿干草可用于所有阶段的马，但是为了充分利用紫花苜蓿干草，马匹饲养员必须使干草的营养含量与所饲特定马（马群）的营养需要相匹配（表 19-4）。

表 19-4 紫花苜蓿干草的营养价值与马的营养需要匹配情况

干草类型	描述[a,b]	马匹类型
开花期前	叶片很多，茎秆很细，营养浓度很高，适口性很好	断奶马驹、某些周岁马、某种竞技用马、食欲差的马
初花期	叶多，茎秆相对较细，营养浓度高，适口性好	断奶马驹、周岁马、泌乳母马、某种竞技用马
中花期	茎梗感明显，茎粗中等，营养浓度中等，适口性中等	某些断奶马驹、周岁马、泌乳或妊娠母马、某种竞技用马及处于维持状态的马
晚花期和盛花期	茎梗感极明显、茎秆粗，适口性差（尤其是对于青年马）	妊娠早期母马、轻度使役母马及处于维持状态的马

[a]喂给马的所有牧草都应没有杂草、灰尘和霉菌污染。

[b]当饲喂紫花苜蓿干草时，钙和蛋白质含量将超过许多马的需要量。

对维持状态的成年马、妊娠早期的母马和轻度使役的成年马，紫花苜蓿干草可提供过量的粗蛋白和钙。对于这些类型的马来说，紫花苜蓿干草在成熟后期收割（中花期到全花期）更为合适。如果初花期的紫花苜蓿干草任由上述类型的马自由采食，那么很可能会使动物的采食超过能量需要量，从而使马体变肥。初花期紫花苜蓿干草很适合用作营养需要量较高的马匹的饲料来源，也可作为生长马、役马和妊娠晚期或泌乳早期种母马的干草来源。当用紫花苜蓿饲喂生长马时，必须平衡全价饲粮中的钙磷比例。因为紫花苜蓿中的钙含量高，而磷的含量相对较低，因此，为平衡钙磷比例必须添加磷。因为芫菁科甲虫含有对马匹有毒的化学成分（斑蝥素），因而受芫菁科甲虫污染的紫花苜蓿不能用来喂马匹。在开花期前后收割的初夏或晚夏收割的及收获时没有卷曲的紫花苜蓿，含芫菁科甲虫的可能性不大[12]。可用于饲喂马的其他豆科干草，还有红三叶草、胡枝子和百脉根等。

几种类型的禾本科牧草也可制成干草用于马的饲喂。禾本科干草的蛋白质含量和钙含量通常大大低于紫花苜蓿干草，但钙磷比例更为合理。如果禾本科干草在成熟早期收获，其适口性和消化率相当于在中花期或盛花期收获的紫花苜蓿干草。但如果禾本科干草在成熟晚期收获，其纤维含量将会增加，消化率也大大降低（图 19-4）。由于成熟晚期的禾本科干草适口性下降，因此会导致干草的浪费比例增加。

猫尾草是用于马匹饲喂的传统的禾本科干草，可通过其特征性的圆柱形穗头加以辨认。穗头较大，说明其在成熟晚期收割，饲喂价值相对较低。鸭茅、雀麦草和狗牙根同猫尾草一样，也可用于制备干草，这些牧草的饲喂价值随牧草的成熟迅速降低，成熟牧草可能只含有 7%～8%的粗蛋白，且每千克饲料干物质的代谢能为1.8 Mcal。巴哈雀稗生长缓慢，不用于制作干草。高羊茅也可用于制作干草，但若感染了内寄生真菌，也会像高羊茅草场一样，对母畜产生不良影响。对马而言，高羊茅的适口性通常比猫尾草、鸭茅或雀麦草差。

优质的禾本科干草可用于所有类型的马，但饲喂生长马、种母马和役用马时必须同时补充能量、蛋白质和矿物质。补充料的多少取决于植物收获的成熟阶段和马的营养需要量。精料或补充料的组成在饲喂禾本科干草与饲喂紫花苜蓿干草时不同。当饲喂紫花苜蓿时，所需的补充料中粗蛋白和钙含量需要降低。

不同类型马匹应饲喂的干草确切数量随干草质量、作物种类和马匹个体差异而有所变化。适于不同年龄和不同生理阶段的马匹的干草饲喂指南如表19-5所示。饲喂马匹通常采用长干草，而非切短的干草。长干草一般要包装成25～35 kg的长方形大包。如果在干燥条件下打包和储存，也可做成大的圆形包。在冬季草场饲喂大群马时，圆形包非常有用。在英国，切短的干草（或切细的干草）也有少量使用，但这种情况在美国并不常见。通常将紫花苜蓿制成干草压块，在美国可用于饲喂马匹，饲喂量以重量为基础应与长草相当。干草压块比长草价格昂贵，但便于处理和储存。另外，同饲喂长草相比，饲喂干草压块浪费较多。半干青贮饲料偶尔也用来饲喂马匹，但不常见。

表19-5 成年平均体重为500 kg的马匹日消耗干草近似量

马匹类型	干草采食量[a]（kg/d）	注 释
维持、轻度役用、妊娠早期	9～12	寒冷时需要更多的干草；如果饲喂的是苜蓿干草，通常不需要浓缩料
妊娠晚期	7～11	母马越接近妊娠末期，干草用量越少，浓缩料用量越多。浓缩料的用量范围为1～4 kg/d
泌乳	9.5～13	多数泌乳母马需在饲喂干草之外，再补充3～4 kg浓缩料
周岁马	7～11	浓缩料的用量（2～6 kg）随年龄、干草类型和所处状态（准备出售阶段、训练阶段等）的变化而变化
断奶马	3～7	浓缩料的用量（2～4 kg）随年龄和干草类型而变化
竞赛用马	7～12	干草和谷物的用量随使役强度而变化；多数马匹每日采食3～6 kg谷物

[a]假定马匹不能够接近草场。当附近有草场时，干草的用量要适当降低。

3.2 能量饲料

当仅仅给马匹饲喂粗饲料不能满足其能量需要时，就必须在饲粮中添加能量饲料。最常见的能量饲料是谷物及其谷物副产品。表19-6比较了几种常用能量饲料的营养成分。在谷物饲料和谷物副产品中，玉米的能值最高；玉米的纤维含量低，淀粉含量高，蛋白质含量相对较低，且必需氨基酸——赖氨酸的含量低。在某些条件下，玉米可能会受霉菌——串珠镰刀菌污染，这种霉菌可产生一种称之为烟曲霉毒素B_1的霉菌毒素。烟曲霉毒素B_1可引起马匹脑白质软化，造成脑组织退化，最终导致马死亡。含有烟曲霉毒素B_1的玉米不能用来饲喂马匹。

燕麦作为马的传统饲料，其能量含量较玉米稍低，但蛋白质含量及其质量均比玉米略高。有些养马人认为，燕麦所引起的消化问题要比玉米少的多。燕麦的纤维含量比玉米稍高，这使得其被誉为马的"安全"饲料。影响燕麦能量含量的因素之一是其容重（即每蒲式耳的重量）小，优质燕麦（>32 lb/bu）比常规燕麦的纤维含量低，所以消化能含量高。大麦的营养成分同燕麦相似。在大麦产区，大麦价格低廉，是最受欢迎的马饲料。小麦和黑麦不能大量的用于饲喂马匹，但有时可用高粱来饲喂马匹。蜀黍（高粱）是小粒谷物，有坚硬的种皮，因此，饲喂前必须进行加工处理。

表 19-6　用来饲喂马匹的谷物和谷物副产品的化学组成(以100%干物质为基础)[a]

饲料	DE(Mcal/kg)	CP(%)	Ca(%)	P(%)	Cu(ppm)	Zn(ppm)	CF(%)
大麦	3.68	13.2	0.05	0.38	9.2	19	5.6
玉米	3.84	10.4	0.05	0.31	4.2	22	2.5
燕麦	3.20	13.3	0.09	0.38	6.0	35	10.7
高粱	3.56	12.7	0.04	0.36	6.0	30	2.8
小麦	3.86	14.6	0.05	0.42	5.5	37	2.8
粗小麦粉	3.47	17.3	0.11	1.13	20.6	109	9.1
小麦麸	3.3	17.4	0.14	1.27	14.2	110	11.3
植物油	9.0	—	—	—	—	—	—

[a]资料来源：NRC[15]。

数量巨大的谷物副产品也可用作马的饲料。小麦中麸可用于制作颗粒饲料，是经济的能量和蛋白质饲料。小麦麸通常被认为是能量饲料，但它的纤维含量相当高。小麦麸的主要用途是作为热加工湿混料的成分之一。热加工施混料由小麦麸、热水和其他饲料成分所组成，适口性很好，常用于饲喂食欲不好的马。有些玉米副产品(如玉米蛋白饲料)，可用于饲喂马匹，但玉米的筛下物残渣不可用于饲喂马匹，因其烟曲霉毒素 B_1 含量比整粒玉米中更高，因此，引起脑白质软化的危险性更大。

表 19-6 中所列的所有谷物和谷物副产品中钙含量均较低，且钙磷比例不平衡。小麦麸和小麦中麸的磷含量特别高。如果给马匹大量饲喂谷物或谷物副产品而不补充钙，会导致骨骼疾病，其中青年马的发病率尤其较多。几年前，有一种称之为“大头马”的疾病在马中发生得比较普遍。患有该病症的马匹通常与饲喂了谷物加工厂副产品有关，因而这一病症也称为“面粉加工厂疾病”。该病的根源可追溯到饲粮的高磷低钙组成上。由于饲粮缺钙，动物就会动员骨钙来维持其血钙水平。当马匹长期饲喂低钙饲粮时，面部骨钙被动员，继而由结缔组织替代已动员的钙，从而导致马面部肿胀。出现“大头马”的马匹也常会出现跛行。目前，在养马业中的“大头马”已相当少见，但缺钙现象仍时有发生。在给马饲喂禾本科干草和谷物而不补充钙时，最易发生缺钙。缺钙症状包括关节肿大、跛行和四肢弓状弯曲(弯腿病)。在饲喂含有苜蓿干草饲粮的马匹中，缺钙现象不常见。

动物脂肪和植物油脂也可用作马的能量饲料。马匹能够很好地消化脂肪，但脂肪的适口性比谷物差，尤其是饲粮中脂肪含量很高时更是如此。脂肪摄入总量通常限制在总采食量的10%以下。玉米油和大豆油的适口性优于动物脂肪。

3.3　蛋白质补充料

在马匹饲粮中常会添加一定量的蛋白质补充料。豆粕所含的蛋白质质量很高，易于被利用。棉籽粕和菜籽粕也可用于马的饲粮，但二者的蛋白质质量和含量要低于豆粕。棉籽粕中含有棉酚。因而，棉籽粕常对其他家畜造成不良影响，但棉酚引起马中毒的现象尚未见报道。青年马饲粮中棉酚的最大添加量不应超过0.03%[12]。乳制品是极好的蛋白质饲料，但它们通常比豆粕贵。乳蛋白很少用于成年马的饲粮，但常用作马驹的饲粮成分。

3.4　矿物质补充料

粗饲料是很好的钾来源，但其钠和氯的含量低。提供钠和氯的最简便方法就是利用食盐舔块(盐砖)或散放的啖盐。为满足其维持需要，马匹每日必须采食28 g左右的食盐。如果马每日的自由摄取盐量少于28 g，就必须在谷物中添加食盐。食盐舔块/啖盐可以用纯净盐(NaCl)、碘盐或微量矿物盐。食盐舔块中的微量矿物元素通常包括铁、铜、锌、锰和碘。有些食盐舔块中还含有钴和硒。在高硒土壤的地区或有其他硒源补充时，使用含硒食盐舔块要特别谨慎。

含有特定微量矿物元素的补充料也可用于马的饲粮。微量矿物元素能够以无机或有机螯合物的形式添加。一些常见的无机微量矿物元素有氯化锌、硫酸锌、亚硒酸钠、硫酸铜等。

如果饲粮中钙和/或磷含量低，可在饲粮中添加磷酸二氢钙或骨粉。石灰石（石粉）用于补钙，磷酸二氢钠用于补磷。石灰石也可为饲粮提供部分镁源。

3.5　其他饲料成分

一些非常规的副产品，如米糠、甜菜渣、玉米蛋白粉、稻壳、柑橘渣和大豆皮，也可用于饲喂马匹。这些饲料原料提供的数量及其成本会影响其利用的程度。有些原料中可能会存在营养不均衡或适口性不好的问题，进而限制了它们在饲料中的添加量。近年来，甜菜渣作为一种饲料原料，受到了人们的普遍关注。由于纤维含量相对较高，而且该纤维能够被马匹完全消化，因此，甜菜渣的能值相当高。另外，由于纤维含量较高，甜菜渣也常用于替代患有呼吸过敏症（如马慢性肺气肿）的马匹饲粮中的干草。稻壳和大豆皮也是马匹饲料的纤维来源，但它们的饲喂价值比成熟禾本科干草低。

3.6　加工的饲料

可以用来喂马的配合饲料种类很多，这些饲料可分为三类：强化谷物混合料、补充饲料和全价配合饲料。强化谷物混合料在养马业中广泛使用。为满足以粗饲料饲喂的马匹的营养需要，就必须配制强化谷物混合料。其成分包括谷物或谷物副产品混合物、蛋白质补充料、钙源、磷源、微量矿物元素、维生素和盐等。有些强化谷物混合料还含有外加脂肪，通常是植物油。为提高适口性，在谷物混合料中经常添加糖蜜，以提高适口性和使所有饲料成分均匀混合。在特定饲料中，每种原料的用量由相应的马的营养需要量来决定。大多数饲料加工厂商通常至少提供3种独立的配方产品：第1种饲料产品适用于维持状态或轻度使役的马，其粗蛋白含量通常为10%～12%；第2种饲料产品适用于运动用马、种母马及周岁马等，其粗蛋白含量为12%～14%；第3种产品适用于泌乳母马、断奶马驹和周岁马等，其粗蛋白含量为15%～16%，维生素和矿物质含量也最高。为满足更为特殊的需求，多数饲料加工厂商也能提供其他特殊的饲料配方。

强化谷物混合料除了有几种配方以外，其物理形态也有多种形式。最常见的形式是粗混合料，有时也称为美食料（sweet feed）或特定结构饲料（textured feed）。粗混合料包括整粒或部分加工过的饲料（破碎玉米、燕麦压片等）和其他原料（豆粕、磷酸氢二钙、盐），并与糖蜜充分混合。通常，粗混合料也含有由蛋白补充料、维生素及矿物质组成的某些颗粒料或碎屑状料。粗混合料的一个缺点是某些马会挑食。通过饲喂颗粒料可以减少马的挑食现象。粉碎的副产品饲料不易与粗混合料相混合，但可制作颗粒料。在制粒过程中，通常在水蒸气的作用下，粉碎料及其混合成分通过环模压制成颗粒状（见第11章）。在制粒过程所使用的水蒸气会破坏某些维生素。因此，为弥补制粒过程中活性物质的损失，颗粒料通常会进行额外的维生素强化加工。良好的饲料颗粒应牢固地粘结在一起，不散开，但硬度也不应过硬。颗粒直径为1/4～1/2英寸。颗粒大的饲料（有时称为饲料压块）更容易使马从粉碎料中选择采食，因而可能会减少饲料浪费。

强化谷物混合料也可以通过挤压方式加工出来。在挤压过程中，粉碎的和混合的成分在一定压力下接受处理。生产的终产品在外观上趋向于一个膨胀的结构，在密度方面小于其他外形的饲料（单位体积的重量更小）。挤压加工使强化谷物混合料的消化率有一定提高。

虽然强化谷物混合料在养马业中的应用越来越广泛，但某些管理者仍倾向于手工混合饲料原料，或向由干草和谷物组成的饲粮中添加一种或多种补充料。含任何营养物质的补充料的使用如果超过其需要量，都可能对马产生一定程度的不利影响；过量添加补充料甚至可能导致中毒。因此，应针对特定物质的缺乏进行补充。在给动物饲喂含有干草加谷物组成的饲粮，或放牧并补饲谷物饲粮时，可能会出现矿物质和/或维生素缺乏症（表19-7）。我们通过估计常用干草-谷物饲粮或放牧牧草-谷物饲粮中可能缺乏某些营养物质，然后配制出特定的营养补充料。通过使用多种单一营养物质补充料或一种多营养物质补充料，就可以避免某些营养物质缺乏症的发生。例如，当牧草丰富、能够满足马匹能量需要时，每日可饲喂少量补充料，以满足其矿物质、蛋白质和维生素的需要。

表 19-7　给体重为 500 kg 的重型、中等使役强度的马匹饲喂由 6 kg 成熟中期的雀麦干草和 4 kg 燕麦组成的饲粮时，饲粮中可能会缺乏的营养物质

成分	需要量[a]	饲粮含量[b]	评述意见
DE (Mcal/d)	24.6	25.6	充足
CP (g/d)	984	1 300	充足
Ca (g/d)	30	21	缺乏
P (g/d)	21	32	钙磷比例不平衡
Mg (g/d)	11.3	12	充足
Na (g/d)	30	3	70 g NaCl 可满足需要
K (g/d)	37.4	135	充足
S (g/d)	15	16	充足
Fe (mg/d)	400	$>$ 800	充足
Mn (mg/d)	400	400	刚刚够
Cu (mg/d)	100	175	
Zn (mg/d)	400	340	临界值
I (mg/d)	1	$>$0.52[c]	充足
Co (mg/d)	1	3.5	充足
Se (mg/d)	1	1	刚刚够
维生素 A(IU/d)	22 000	$>$60 000	充足
维生素 E(IU/d)	800	200	介于临界值/缺乏之间
维生素 B_1(mg/d)	50	26	经后肠合成可能满足需要
维生素 B_2(mg/d)	20	7	经后肠合成可能满足需要

[a]NRC[15]。

[b]根据 NRC[15]报道的平均值计算得出。

[c]燕麦草中无法计算碘含量的数值。

全价饲料是指包含有粗饲料的加工饲料，不需添加任何粗饲料即可用于动物的饲喂。全价饲料中的纤维含量通常不少于 12%，有时在 20%以上。脱水苜蓿和甜菜渣是全价饲料中常见的纤维来源，但含有甜菜渣的全价饲料可以加工成结构性饲料。在没有优质干草或放牧草场的情况下，全价饲料对马十分适用。同时，全价饲料也适用于那些不易采食普通粗饲料的马匹，如牙齿不好、年龄较大、不适于放牧或对干草有呼吸性过敏反应的马。

4　饲养指导

4.1　种母马

多数母马要长到 3～4 岁才能进入配种群，优良的竞赛用马在 8 岁以上才可用于繁殖。为保证其生产效率的最大化，母马最好每年产 1 头马驹。由于母马一般不表现泌乳性休情，因此通常在产驹后的几周之内就可发情配种，这一时期大约是母马的泌乳高峰期。合理的饲粮营养配合，对维持种母马的较高繁殖率十分重要。如果母马在妊娠和泌乳期间不能从饲粮中获得足够的营养，那么就会动用其自身的储备来满足胎儿的生长以及泌乳的需要。母马的失重或体况下降，说明饲粮中营养物质含量不能满足其能量需要。通常认为，过肥的母马比瘦马的繁殖率低。事实上，反之才是正确的。体况评分值（表

19-3)低于 5 的马，其繁殖率低于体况评分更高的马[5]。因此，在整个妊娠和泌乳期间，种母马的体况分数应当至少保持在 5 以上；在冬季寒冷地区，母马的体况分数至少应达到 6，才能确保其身体储备能满足最寒冷时期体温调节和妊娠的需要。另外，在泌乳期间，当饲粮钙不充足时，母马将动员其骨钙以满足泌乳的钙需要。多数母马会长期处于繁殖状况，直到十几岁甚至将近 20 岁，大概共生产约 12 头马驹。经过多次妊娠及泌乳的周期，钙缺乏的累积效应将会显著影响母马的健康。

种母马的泌乳期和妊娠期经常重叠，它通常是在分娩后的几周之内又怀上另一头马驹。母马的妊娠期约为 340 d。在妊娠最初的 2/3 时间里，胎儿组织的沉积量很小，因此母马的营养需要不会由于胎儿生长的持续增长而大大超过其维持需要。如果中等体况的马在泌乳期和妊娠头 3 个月失重，那么其营养摄入量应在维持需要基础上增加 10%～20%。这样，在妊娠 3 个月的末期，体况分数就可达到 5。

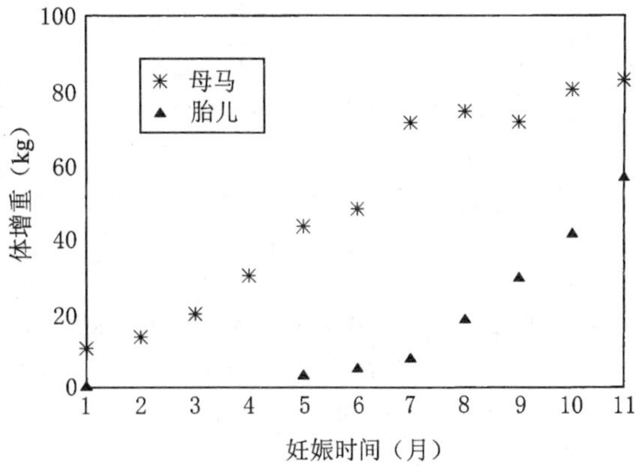

图 19-6　妊娠期间胎儿和母马体重的增加变化

注：母马的增重[11]与胎儿的增重[13]不完全一致。某些重量差异与胎盘组织和体液重量有关。

母马的体重变化与胎儿的生长曲线并不完全一致(图 19-6)。胎儿生长主要发生在妊娠期最后 3 个月，而母马则在妊娠期中间 3 个月中出现最大增重。目前，我们尚不清楚这种体重增加是否与胎盘组织和体液的增加有关，还是确实增加了身体重量？但是，这种增重的模式表现很正常[11]。经过 340 d 的妊娠期，体重为 500 kg 的母马会增重 50～70 kg。分娩后，胎儿的体重为 40～55 kg。其余增重是胎盘组织和体液的重量。妊娠期间，定期对母马进行称重，将有助于管理者对饲粮转化效率进行计算。这也有助于妊娠期间定期对母马进行体况评分。如果妊娠母马动用身体储备以满足胎儿生长发育的需要，那么尽管其体重有所增加，但体况将会下降。母马体况下降或失重，说明饲粮中有某种或多种营养物质不能满足其正常需要(尤其是能量需要)。

妊娠母马的营养需要见附表 45 和附表 46。母马在妊娠的最后 2 个月对营养需要量最高。通过增加母马的饲料量，可能会满足妊娠后期的营养需要。但是，许多母马在妊娠后期消耗的饲料量会比其他时期少。这样，通常就需要调整饲粮组成来满足其需要。通常来讲，这些调整包括减少粗纤维量，增加精料量(表 19-5)。

4.2　生长马

小马驹出生几天后就开始少量啃食固体饲料，2 月龄时可采食相当数量的干草、草地牧草或谷物。图 19-7 所示的是纯血马(Thoroughbred)和夸特马(Quarter)的马驹从出生到 4 月龄的生长速度。在最初 1 个月内，其平均日增重为 1.2～1.6 kg/d，之后逐渐下降，在 4 月龄时大约 1.0 kg/d(或 2.2 lb/d)。若马驹的生长速度不很理想，一个明智的做法是在大约 2 月龄时给马驹提供充足的饲料，饲粮配方的设计应该能充分满足其需要，而不与母马的饲粮配方相同。在用于养育马驹的可接受精料配方中，应含 16%粗蛋白、0.9%钙和 0.6%磷，且应选用优质的蛋白源[12]。马驹应限制精料的供给量，精料饲喂量的范围应控制在每月龄 0.2～0.5 kg/d。例如，3 月龄马驹的日采食精料量应维持在 0.6～1.5 kg。当母马有优质的粗饲料供应且产奶量正常时，应采用较低的给料量；如果优质粗饲料不能获得或母马产奶量不足时，则应给予较高的饲料量。可能的话，母马与其马驹应每日至少分开饲喂 1 次，马驹应该有自己的料槽。必要时，母马要拴在其料槽附近，而马驹的料槽放置在母马接触不到的地方。如果几匹母马及其马驹在一起饲养，就要设置幼畜补料栏。幼畜补料栏的建造有多种设计，但其主要特征应保证有 1 个仅允许马驹通过而不允许母马通过的通道(图 19-8)。我们要注意观察马驹，以确保每匹马驹接触饲料的机会均等。

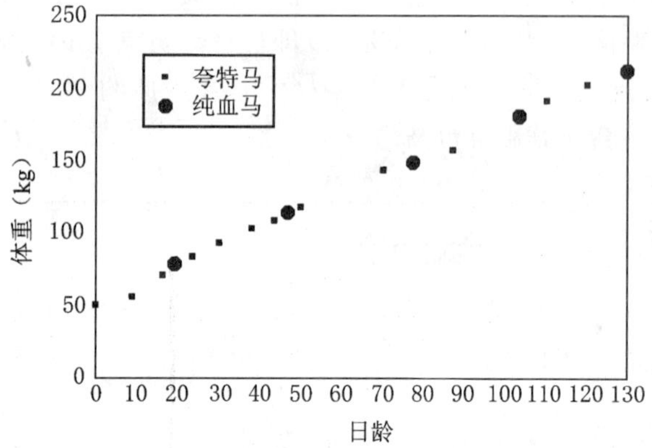

图 19-7　估测成年体重达 500～600 kg 马驹的典型生长曲线

注：该曲线展示了 4 月龄断奶前夸特马[9]和纯血马幼驹[18]的生长情况。

图 19-8　典型的幼驹补料栏

注：它只允许马驹而不允许母马接触到饲料。

大多数马驹在 4～6 月龄断奶(图 19-9)。到 4 月龄，母乳对马驹营养需要量的贡献开始下降，即使马驹没有断奶，补充料也是必需的。到 6 月龄时，乳汁提供的营养不足马驹日营养摄入量的 50%(图 19-10)。如果母马已再次妊娠，这时将进入妊娠中期，断奶可确保其将营养物质直接用于胎儿生长发育以及补充身体储备。断奶对多数马驹而言均是一种应激，通常会有一个体重显著降低的时期。如果马驹在断奶前就可采食大量牧草、干草或谷物，那么增重的降低只需 1 周时间就会得到改善(图 19-11)。断奶后的马驹饲粮应达到或超过附表 47 和附表 48 中所规定的营养需要指标。马驹的增重速度受其能量摄入量的影响。要达到理想的增重速度，其他营养素的摄入量也必须适量增加。附表 47 和附表 48 列出了青年马在 2 种增重速度(中速和快速生长)下的营养物质推荐量。计划在断奶或周岁时展出或进行出售的马，应按快速生长进行饲喂。马驹在最初 2 年的增重速度，不会影响其最终成年体重的大小，但可能会影响动物达到成熟的时间。另外，如果马驹生长速度过快，可能会与日渐增多的骨骼和关节疾病有关。要使马驹达到快速生长，则所喂饲粮中全部所需的营养物质(不仅是能量)都应充足，这也将使所患疾病的程度达到最小化。

图 19-9　3 月龄马驹已能断奶，多数马驹在 4～6 月龄断奶

注：此图中的母马带着防蝇面罩。

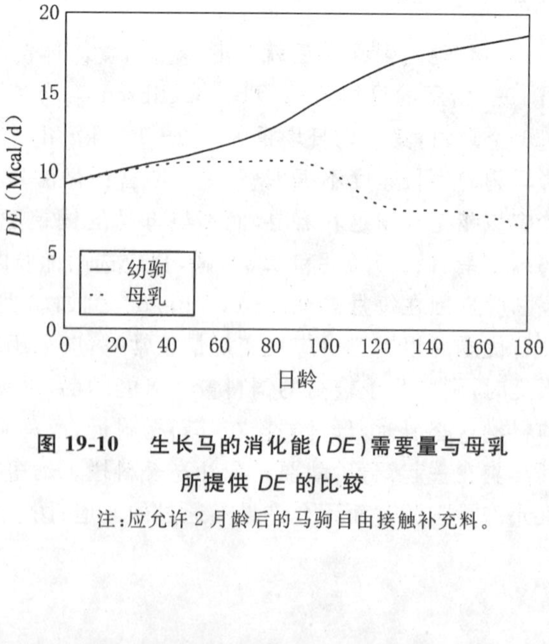

图 19-10　生长马的消化能(*DE*)需要量与母乳所提供 *DE* 的比较

注：应允许 2 月龄后的马驹自由接触补充料。

骨骼和关节疾病常指发育的整形外科性疾患(DOD)以及包括软骨病、长骨炎(physitis)、颈椎畸形、四肢角状畸形在内的疾病。软骨病和长骨炎是 2 种最常见的疾病。青年家畜的生长软骨不能正常矿化时,就会发生软骨病。软骨病最常见的是影响到长骨关节,导致明显的跛行。长骨炎最常见于前肢长骨的生长板。患有长骨炎的马关节增生(尤其是球节和膝盖部位),疼痛异常。引起 DOD 的营养因素主要有低钙、低磷或高磷、钙磷比例不合理、低铜、高锌或能量过量等。给青年马提供平衡饲粮,会使软骨病和长骨炎的发病率降至最低,但不能防止这些疾病的发生。其他如环境因素和遗传因素,也具有重要的影响。

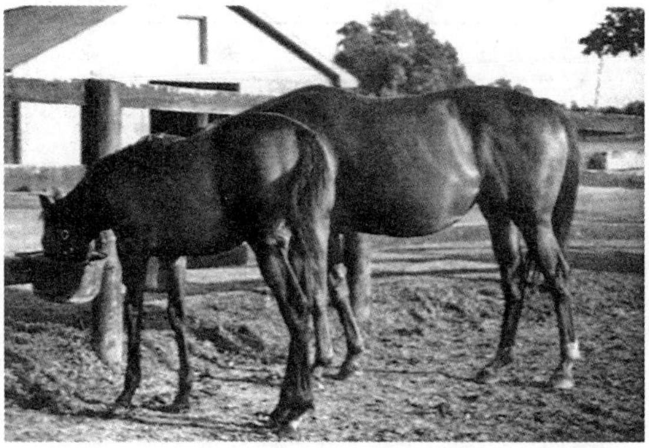

图 19-11　如果马驹断奶前已习惯于采食适量的粗饲料和精料,那么断奶时生长速度降低可能性会最小

注:这匹马驹正开始习惯从料槽中采食精料,断奶后,它将同其他马驹一起在此处饲喂。

4.3　竞技用马

竞技用马的饲养管理和营养需要随其活动的类型和强度不同而异。竞技马种类很多,从夸特马(在约 400 码就能达到最大速度)到 50～100 英里长距离比赛的阿拉伯耐力马。对竞技用马的饲养计划必须考虑诸如环境、训练阶段和年龄等因素。附表 45 和附表 46 所列的推荐量,就是基于活动强度(轻度、中度或重度)而制定的,同时也考虑了上述因素。自 1989 年对竞技用马的营养推荐量出版以来,已进行了许多这方面的研究。目前,已经能够为不同活动量的竞技用马提供更为详细而精确的推荐量。

竞技用马所需能量的多少主要取决于 2 个因素:每日活动强度和持续时间。如果明确其运动速度,那么通过公式就能准确地计算出运动所需的消化能(超过维持部分的能量):

$$DE_{(\mathrm{kcal/(kg \cdot min)})}=\frac{\mathrm{e}^{(3.02+0.0065x)}-13.92}{0.57}$$

式中:kg 表示马的重量(包括骑马者),x 表示运动速度,单位为 m/min[17]。这个公式在某些情况下很有用,但也确实存在一些缺陷:首先,这个公式是以在平面上从慢到中等速度为基础推导出来的,如果以赛马或接近赛马时的速度活动、翻坡越岭、在泥泞或沙地中运动、拉重物或跳跃,用这个公式就会低估马的能量需要量;另外,大多数竞技用马的日活动量不能确定,因此不宜以日为基础计算其能量需要量。所以,为满足马匹在厩舍内增加的活动、频繁运动和体温调节所需的营养需要,有必要额外补充饲料。

附表 45 中所推荐的消化能摄入量是以三类活动强度为基础进行计算的:轻度活动强度指悠闲自得地骑马;中等活动强度包括了某些运动,如农场跑动或跳跃;重活动强度包括赛跑训练和马球比赛等。据估计,轻度、中度和重度活动的消化能需要量应在正常维持需要量的基础上分别提高 25%,50%和 100%。实际上,大多数竞技用马的饲喂能使动物保持一个能与其运动类型和竞技强度相适应的体况即可。表 19-8 所列的是对从事不同运动的马匹体况评分的几项研究结果。所有调查人员使用的体况评分系统都与前面已讨论的相同。表 19-8 中的值不一定代表最佳的体况评分值,但其代表了所列活动中常见的分值范围。

表 19-8 进行不同活动量比赛的马的体况评分

活动类型	平均体况分数	分数范围	活动类型	平均体况分数	分数范围
纯血马赛跑[a]	5.0	5～6	耐力马赛跑[c]	4.67	3.6～5.2
标准马赛跑[b]	5.7	5～7	3 d 全能比赛[d]	4.9	3.5～6.0

[a]Gallagher 等[1]。

[b]Gallagher 等[2]。

[c]Lawrence 等[10]。

[d]Taylor. L.(私人交谈)。

竞技马的总干物质采食量通常为体重的2.0%～2.5%。因此,为了满足能量需要,中度或重度活动的竞技马不能采食大量粗料。轻度使役的马所需要的精料量较少,但随着日活动量的增加,饲粮中所需的精料量也需要增加。在重强度活动时,每日消化能的需要量相当高,精料将占到饲粮的绝大部分。为防止可能发生的过量淀粉进入大肠,精料摄入量应控制在每100 kg体重1.25 kg以下,或饲粮总干物质的50%以下。如果饲喂由50%粗饲料和50%精料组成的饲粮不能维持其正常体重时,可以对饲粮进行几种调整。首先,尽可能提高粗饲料的质量。成熟早期的干草比成熟晚期的干草能量浓度高,适口性更好。如果干草质量和摄入量都已达到最高,那么就要考虑在饲粮中补充脂肪。在精料中添加脂肪会大大提高饲粮能量浓度,但不会增加淀粉采食量。现在,许多商业性加工的马用饲料通常都含有4%～8%的补充脂肪,其添加形式适于马的采食。在饲粮精料部分中喷洒植物油,也是一种将脂肪直接添加到饲粮中的形式;逐步将植物油引入饲粮的方式,能增加植物油对于马的适口性。如果改变干草质量和/或添加脂肪仍不能改善饲粮的能量平衡,则需要添加更多的精料;如果日精料饲喂量超过6 kg,那么,至少要分3次进行饲喂,使每次都不超过3 kg。同竞赛马饲粮相比,耐力马的饲粮更需要以粗饲料提供能量。因为粗饲料饲粮能刺激动物饮水,这样有助于长距离运动中使马保持其水分饱和状态。动物在长距离运动中常会有大量的汗液损失,因而有必要进行饮水补充。另外,粗饲料在大肠中发酵可持续提供VFA,而VFA在长期运动中可进行能量供应。在纯血马和标准竞技马的饲喂方案中,为减少肠道中纤维物质的利用,竞赛前一天晚上或当天早晨常要限制其粗饲料的摄入量。

有人建议,竞技马应比活动量少的马采食更多的饲粮蛋白质(见附表45)。蛋白质会随汗液损失。一些数据显示:运动过程中会有少量蛋白质被分解。另外,马在训练状态比维持状态要消耗较多的氮。因此,常规运动可能会增加动物对饲粮蛋白质的需要,但其增加幅度相对较小,附表45中的数据可能过高估计了轻度活动的马匹蛋白质需要量。当通过增加采食量来提高动物的能量供给量时,也同时满足了动物对蛋白质的需要。如果不增加采食量,而只是通过调整饲粮中粗精比来满足动物的能量需要,那么,为满足动物对蛋白质的需要,就必须增加饲粮粗蛋白质的浓度,使其略高于维持需要。

运动会显著影响马对电解质的需要量。因为汗液中含有非常高的钠、钾和氯,任何导致汗液大量损失的运动,都会影响到动物对这些矿物质的需要量。电解质不能在体内储存,因此必须每日补充。马汗液的确切组成随运动类型、个体、采样地点及其他因素的不同而变化。动物对矿物质的需要量很难准确分析,表19-9中所示的是对不同运动量马的钠、钾和氯损失的一些相对估计。这些数值是利用使役过程中估计的汗液损失量及汗液的组成(钠含量为142 mmol/L,钾含量为35 mmol/L及氯含量为170 mmol/L)计算得出的。耐力马经过长距离的运动后(尤其在炎热天气),汗液损失量达到最大。长时间骑马时,间隔固定距离就需要补充少量平衡补充料,这是补充电解质损失的最佳方法。在大多数耐力比赛中,每间隔固定的距离,就设有强制性的停留站,让马匹饮水和接受兽医检查,因而很容易完成电解质的补充。

有关运动对其他矿物质需要量的影响方面,目前了解得还不多。由于许多刚开始进行训练的马还处于生长阶段,而且,常规训练还可能包括促进骨骼的再造作用,因此钙和磷对这些刚开始接受训练的马十分重要。矿物质采食量(g/d)的增加量,应与能量采食量的增加保持一定比例,这也是制定运动马矿物质需要量的指导原则。例如，马需要 30%以上的消化能以满足其运动的能量需要，那么钙的数量也应相应增加 30%。运动可能会引起其他矿物质需要量的增加。对于马，尚未进行更多的研究。我们曾尝试利用对照试验研究使用铁补充料来增加电解质数量或提高血中血色素水平，但尚未取得广泛成功。

同运动量很少的马相比，竞技马饲粮中所需的某些维生素较高。尽管多数 B 族维生素可在马的大肠中可以由微生物合成，但谨慎的做法是：确保 50%的预计需要量由饲粮提供。表 19-10 中列出了几种对竞技马至关重要的维生素的估计需要量。硫胺素、烟酸、核黄素、泛酸、胆碱和生物素在能量代谢中起辅助因子的作用；叶酸和维生素 B_{12} 对血细胞的形成至关重要。

维生素 E 保护细胞膜免受氧化侵害。运动过程中产生的某些物质可能对肌肉造成损害，维生素 E 能影响肌肉对这些物质的敏感性。对于马来说，我们尚未证实运动引起的肌肉损害与维生素 E 的摄入量之间存在直接关系，建议使役马每日采食每千克饲料干物质含 80 mg 维生素 E 的饲料[15]。

表 19-9 不同运动类型马的电解质损失量的估计[a] g

运动类型	钠	钾	氯
纯血竞技用马(日常活动)	13	6	24
标准竞技用马(比赛)	32	14	60
3 d 全能马术比赛用马(第 2 天)	64	28	120
耐力马(50～60 英里的比赛)	77	34	144

[a]汗液组成大约为：钠 142 mmol/L，钾 35 mmol/L，氯 170 mmol/L。纯种马、标准竞赛用马、3 d 全能马术比赛马和耐力马的水分损失分别为 4 kg，10 kg，20 kg 和 24 kg。

表 19-10 所需 B 族维生素的需要量估测

维生素	需要量估测[a]	备 注
硫胺素(mg)	36	重度活动马需要量可达 60 mg/d
核黄素(mg)	60	
烟酸(mg)	300	
泛酸(mg)	150	
叶酸(mg)	10	
生物素(mg)	2	据报道，补充 10～30 mg/d 生物素可改善马蹄质量
胆碱(mg)	10 000	
维生素 B_{12}(μg)	200	

[a]过量的[16]。

5 与饲料有关的常见问题

部分(非全部)急性腹痛可能是由饲粮因素引起的。急性腹痛的主要特征是马的腹部剧烈疼痛。患病马有时自踢其腹部、打滚，并不时排尿。一般症状包括出汗、焦急及全身不适。有些急性腹痛并不严重，可很快治愈，而某些急性腹痛则需要手术治疗，有时会导致死亡。24 h 可采食到牧草的马发生急性腹痛的比率较低，而精料摄入水平很高的马发生急性腹痛的比率较高[19]。提高急性腹痛发病率的其他饲粮因素还包括突然更换饲粮和缺水。饲粮以外的很多因素也可引起急性腹痛。为减少该病的发生，应给马提供充足的饮水和粗饲料，饲粮成分的调整也要逐渐进行。

过度饲喂精料或生长的绿色牧草，可能会引起蹄叶炎或增加患蹄叶炎的可能性。患急性蹄叶炎的动物会表现疼痛、蹄部发热和不愿运动。蹄叶炎常导致动物的永久性跛行，有时甚至引起死亡。为减少蹄叶炎的发生，应尽量避免马采食过多的青绿牧草或精饲料。若马需要大量精料以满足能量需要时，应该逐渐调整饲粮配方，且每次精料的饲喂量不应超过 3 kg。马一旦患蹄叶炎后，在极少数病因作用下就很容易并发一系列其他疾病。

马易受来自于各种树木、杂草和观赏灌木的毒素侵害，而发生中毒[6]。某些植物如蓟、荨麻和灌木，可引起马的机械性损伤，损害马的口、鼻等部位。黑点叶金丝桃和荞麦可使马发生光敏反应和皮炎，光敏作用最常见于不着色的地方，如面部或四肢部，出现白色斑点。山月桂、杜鹃花、曼陀罗、橡树、田边旋花类植物、毛茛科及其他一些植物，也可能引起马的蹄叶炎或腹泻。上述植物如果采食过量，甚至会导致马的死亡。其他可造成马死亡的植物还有花楸果、接骨木、毛地黄、夹竹桃和紫杉等。若把从树木或观赏植物上修剪下来的枝叶混于牧草中，可能会引起马的中毒。另外，如果牧草质量较差，马会采食厩舍的树木或灌木叶或杂草，这些往往未引起人们的重视。谷物配合饲料若混合错误，也常会引起中毒，最常见的是将其他家畜的谷物饲料误添加于马饲料中而引起中毒。牛饲料中含有的离子载体不能应用于马的饲料中。同样，其他家畜的混合饲料中含有的抗生素，也不能用于饲喂马。

6 饲养管理

多数娱乐用马和竞技用马是在厩舍或围栏中饲喂，很少进行放牧。舍饲为针对每一匹马提供满足其需要量的饲粮提供了方便，但却也剥夺了马匹正常的放牧活动。马在自然状态下放牧时，采食与不采食的时间相互交替，2 次采食很少间隔 2～3 h 及以上。另外，放牧马会花费 50%～60%的时间用于采食。而在厩舍中饲养的马，通常每日仅采食 2 或 3 次，这就导致采食的间隔拉长。与在草场环境中每日要花费 12～14 h 采食的马相比，采食特定干草和精料的马每日用于采食的时间少于 6 h。为使厩舍中的马有一个更自然安逸的采食环境，应尽量多提供干草。尽可能在饲喂精料前，让马匹采食 1 h 的干草。成年马(体重约为 500 kg)每次的精料饲喂量不应超过 3 kg。如果马每日必须采食 6 kg 以上的精料，那么精料应至少分 3 次饲喂。

在饲喂优质牧草的成年马群中，某些马匹不需要饲喂谷物精料。如果草场上牧草质量差或马的营养需求高(青年马或种母马)，就必须补加优质干草和/或精料。给同一草场上的几匹马提供精料的理想方法是，每日将这些马匹带到厩舍中，分别饲喂一两次。当这种方法不能实施时，可将营养需要相近的几匹马放在一起补充精料。将营养需要量相近的马分在一组，常会简化其饲养管理。按营养需要量进行分组后，可将某些忘记饲喂与饲喂过量情况的发生率降至最低。

在草场环境中，马匹可以在独立的栅栏喂料器、分体型地上式喂料器或料槽中采食精料。使用栅栏喂料器或地上式喂料器时，为限制马匹的相互争斗，喂料器的放置间距应足够远。成年马的喂料器可间隔 5～8 m，青年马间隔 3～5 m。如果使用长料槽饲喂群马，有必要进行近距离观察，确保不出现某匹占统治地位马消耗掉所有精料的现象发生。由于成年马已经有了更确定的社会地位，因此青年马获得饲槽空间来采食饲料比对成年马来说更为有效。精料也可直接放置在地面(如果没有喂料器时)上，但这种方法会使饲料的浪费更为严重，同时也增加了寄生虫感染的机会。

如果马在围栏场中饲养或放牧草场的牧草数量不充足时，需要补饲干草。以组为单位饲喂干草时，浪费问题可能更为严重，因而饲喂量应在单独饲喂需要量的基础上至少增加 10%～20%。干草则应放置在料槽中饲喂，但料槽要足够大，以满足放牧草场中所有马匹同时采食。为马设计的干草喂料器通常应当比为牛或其他家畜设计的喂料器更为安全些。

参考文献

1. Gallagher, K., et al. 1992. *J. Equine Vet*. Sci. 12:43.
2. Gallagher, K., et al. 1992. *J. Equine Vet*. Sci. 12:382.
3. Griewe-Crandell, et al. 1997. *J. Animal. Sci.* 75:2 684.

4. Henneke, D. R., et al. 1983. *Equine Vet. J.* 15:371.
5. Henneke, D. R., G. D. Potter, and J. L. Kreider. 1984. *Theriogenology* 21:297.
6. Knight, A. P. 1995. In: *Equine clinical nutrition*. Media, PA: Williams and Wilkens.
7. Kronfeld, D. S., T. N. Meacham, and S. Donoghue. 1990. *Veterinary clinics of North America: Equine practice* 6:451.
8. Lawrence, L. M., et al, 1987. *Can. J. Animal Sci.* 67:217.
9. Lawrence, L. M., et al. 1991. *Equine Pract.* 13:19.
10. Lawrence, L. M., et al. 1992. *J. Equine Vet. Sci.* 12:320.
11. Lawrence, L. M., et al. 1992. *J. Equine Vet. Sci.* 12:355.
12. Lewis, L. D. 1995. *Equine clinical nutrition*. Media. PA: Williams and Wilkens.
13. Meyer, H., and L. Ahlswede. 1978. *Anim. Res. Dev.* 8:86.
14. Michener, Ch. B. 1907. In: *Diseases of the horse*. Washington, DC: U.S. Government Printing Office.
15. NRC. 1989. *Nutrient requirements of horses*. Washington, DC: National Academy Press.
16. Ott, E. A. 1991. In: *Feeds and feeding*. Englewood Cliffs, NJ: Prentice Hall.
17. Pagan, J. D., and H. F. Hintz. 1986. *J. Animal Sci.* 63:822.
18. Ruff, S. J., et al. 1993. *J. Equine Vet. Sci.* 13:596.
19. White, N. A., et al. 1993. *Proc. Amer. Assoc. Equine Pract.* 39:97.

第 20 章　绵羊营养
Sheep Nutrition

作者：Rodney Kott
译者：张辉
校对：张淑枝和赵芸君

前言

从根本上来说，绵羊生产是由它们将可利用的饲料资源转变成有经济价值产品（即肉、毛和奶）的效率所决定的。大多数情况下，可利用饲料资源表明了生产力水平。全世界绵羊生产的共同特征是利用牧草和粗饲料。草场、牧场或饲料作物的生产率在很大程度上表明了绵羊饲养者能够达到的最高生产水平。这些作物的生产水平变化很大，覆盖了从非洲沙漠上的生产水平到地中海沿岸国家的商品化奶用绵羊生产系统，再到英国、中欧和美国以羊肉为主要目标的集约化羔羊生产系统。在所有这些情况中，终产物生产目标都与土地的牧草生产能力紧密相关（图 20-1 和图 20-2）。

图 20-1　在西部山间草场放牧的母羊

图 20-2　农作物-绵羊综合生产系统

注：不适合农作物生长或没有进行牧草轮作的土地与农作物秸秆和农场生产的饲料一起被绵羊利用。

世界上绝大多数绵羊都生长于干旱、半干旱的生态系统，如澳大利亚、非洲、南美和美国西南部的干旱牧地。这些地区中许多地方的降雨量非常少，导致饲料资源有限，刚好足够维持繁殖和羔羊生长。在这种情况下，羊毛生产对绵羊企业来讲在经济上更重要。由于产品产量的期望值很低，因此这些生产系统是属于粗放型的系统，系统的外部投入量很小，绵羊数量一般很大，因此足以掩盖了每一动物单位的低产出情况。

约 5％的母羊不产羔，15％～20％的羔羊在出生至断奶期间死亡。尽管造成生产低效的原因有许多，但不完善的营养供应一定是最主要的原因。在绵羊饲养总成本中，提供营养需要的成本是最大的支出部分。正因为如此，为减少每年的生产成本，维持最佳生产水平，我们有必要充分理解营养问题。美国全国科学研究委员会（NRC）和英国农业研究委员会（ARC）[2]总结了世界的科学研究结果，为不同生产阶段和不同生产水平的绵羊确定了一系列相当精确的营养需要量。为达到明确的既定生产目标，NRC 和 ARC 代表了绵羊对特定营养如能量、蛋白质、矿物质和维生素需要的最新理解。本章的目的不是重申这些出版物已提供的信息，而是要强化一种理解，即理解如何将这些基本原理应用到处于不同生态系统中的生产系统。而在这些生态系统中，进行绵羊生产可能是切实可行的。这些出版物中的需要量应作为参照指南来使用，而不是做僵化的理解。在任何羊群中，绵羊个体大小不同、体况水平不同、生产阶段不同；了解每次饲喂的每种饲料的确切营养组成是不太可能的。对这些推荐量最常见的曲解，就是每个生产系统都必须提供这种营养水平，并有相应的饲粮重量。但在实际条件下，这是不太可能的。背离此系统，也可能不会对绵羊生产造成太大影响；然而，要想维持最佳的生产效果，短期的系统背离的损失必须由整个生产周期的其他过程来弥补。最佳饲养策略通常不是仅仅满足母羊在生产周期的每一个阶段的精确营养需要量，而恰恰是要在经过一个生产年度后应该使动物体组成达到一个平衡。优质和充足的饲料供应，加上良好的管理，是实现羊群最佳生产的基础。

1　营养需要

在绵羊营养中，最重要的营养物质是水；能量用总可消化养分（TDN）、代谢能（*ME*）或净能（*NE*）来衡量；蛋白质用粗蛋白或可消化粗蛋白指标衡量；矿物质中以食盐、钙和磷最重要；维生素中维生素 A 最重要。

1.1　水

水，虽然经常被忽略，但它是生命所需的最重要的营养素之一。提供清洁、新鲜的饮水是绵羊高效生产所必需的。饮水不足会导致饲料和牧草采食量降低，降低生产性能。实际上，缺水导致的死亡比缺乏其他营养物质更迅速。同其他家畜相比，水的质量对绵羊可能更重要。如果水不流动或质量差，或水的气味、温度或细菌数量不达标，即使水量供应充足，通常也不能给绵羊饮用。水中盐分或矿物质含量超过 1.3%时适口性不好，因此会影响动物的饮水量和生产性能。

母羊每日饮水量差异很大，冬季寒冷月份为 0.72 加仑，晚冬时气温开始上升，这时日饮水量为 1.5 加仑，当绵羊采食干燥的粗饲料如滨藜（含盐灌木），日饮水量则升至 2.2 加仑。当自由饮水时，显著影响绵羊饮水量的因素包括所采食饲料或植物的类型、蛋白质摄入量、矿物质摄入量、环境温度、水温、生产阶段和降雨量、降雪量及含露量等[3]。

1.1.1　干物质采食量

饮水量随干物质采食量的增加而增加。一般来说，饮水量通常约为采食干物质重的 2 或 3 倍。实用的经验是：每采食 4 lb 风干饲料（90%干物质）需饮水 1 加仑。

1.1.2　蛋白质采食量

蛋白质采食量若超过动物的需要量，就会增加水的需要量。所增加的水量是代谢和排泄那些没有被动物利用合成自身蛋白质的多余氮所必需的。

1.1.3　矿物质采食量

过多采食矿物质也会显著增加饮水量。肾脏只能将矿物质浓缩至某一特定的比例，因此需要水的参与才能将矿物质分泌或排泄到尿中。有时可用食盐量来控制草场上绵羊对补饲精料的采食量。采用这种做法时，由于肾脏必须排除多余的盐分，因此必须保证随时都有充足的饮水。

1.1.4 环境温度

体温调节的方法之一是通过皮肤和肺蒸发水分。当环境温度升至 70 ℉(21.1℃)以上时,绵羊对水的需要量会大幅度增加。相反,在极端寒冷的时期,水的摄入量会减少。

1.1.5 水温

在极端炎热和极端寒冷的季节,水温直接影响水的摄入量。家畜一般更喜欢温度在 40～50 ℉的饮水。如果温度偏离这一范围太多,水的摄入量会减少。在炎热天气,动物更喜欢到位于阴凉处的水源地饮水。在北部地区的冬季月份,应该使用热水器给动物提供不结冰的水。

1.1.6 生产阶段

在妊娠晚期和泌乳期,母羊需水量急剧增加(表 20-1)。为达到最佳生产性能,应该为母羊无限量地提供优质清洁的水源,使其能在妊娠后期和泌乳期自由饮用。

1.1.7 其他来源水

绵羊可从饲料、雪和露水中获得水,也可从营养物质氧化(代谢水)和饮水中获得水。草场上几乎每日都有阵雨,每日早晨都有大量的露水,因此草场上的母羊和羔羊仅需补充少量的水即可。动物在采食水分含量很高的青贮、多汁牧草或一些潮气很重的粗饲料时,水的摄入量会减少。如果存在大量柔软、湿润的积雪,那么妊娠早期和中期的绵羊在冬季放牧时,即使不用额外补充饮水通常也能满足它们的水分需要量[4]。

表 20-1 绵羊的饮水量估测

环境温度(℉)	怀单羔的母羊每采食单位干物质的饮水量(lb)[a]				
	妊娠月份				
	1	2	3	4	5
＜59	2.0	2.8	3.0	3.6	4.4
59～68	2.5	3.5	3.8	4.5	5.5
＞68	3.0	4.2	4.5	5.4	6.6

资料来源:农业研究委员会(Agricultural Research Council)[2]。

[a]怀双羔母羊的饮水量高于怀单羔的母羊,大约在妊娠第 3 个月高 20%,在第 4 个月高 25%,最后 1 个月高 75%。

1.2 能量

缺乏能量比缺乏其他营养素更能限制绵羊的生产性能[5]。缺乏能量可能是由于饲料不充足或饲料质量差所造成的。母羊的能量需要量随生产阶段的不同变化很大。

在妊娠晚期和泌乳期,充足的能量供应至关重要。蛋白质或矿物质的缺乏,会使能量缺乏变得更为复杂。能量缺乏引起生长减慢、繁殖力下降、羊毛的质量和数量下降(包括纤维断裂),如果严重缺乏能量,还会导致动物死亡。在大多数情况下,饲喂优质牧草、干草或青贮,能够满足绵羊的能量需要。产羔前后,考虑到种母羊或种公羊及肥育羔的身体状况,一般需立即补充能量。当需要补充料时,一般可用谷物如大麦、玉米、小麦、燕麦和高粱来提高能量水平。妊娠期间,通过降解自身的脂肪储备,绵羊至少可部分满足母羊代谢能的需要量。

但饲喂小麦时尤其需要注意。小麦比其他谷物需要更长的适应期。过多饲喂小麦,羔羊似乎更容易患急性消化不良。因此,如果使用小麦,应该以相对较低的水平饲喂(低于饲粮中谷物的 50%),或缓慢增加小麦在饲粮中的比例。

1.3 蛋白质

多数情况下，饲粮中所提供的蛋白质的数量比蛋白质的质量更重要[5]。反刍动物通过瘤胃微生物的活动，可将低质蛋白质来源转变成优质蛋白质。瘤胃微生物利用蛋白质中的氮源合成细菌和原虫的蛋白质，然后这些蛋白质在肠道中被消化。因此，小肠中的蛋白质包括微生物蛋白质和躲过瘤胃微生物降解的饲料蛋白质。如果提供充足的前体物，除了高产母羊的泌乳期和瘤胃活动受限的年幼羔羊之外，合成的微生物蛋白质足够满足绵羊的蛋白质需要。

当包含全价料时，绿色牧草可为多数种类的绵羊提供充足的蛋白质。当牧草成熟、变白，或已经过了长期干燥，以及饲喂牧草干草或高谷物饲粮时，就需要补充蛋白质。由于高蛋白饲粮通常适口性很好，可刺激食欲和消化活动，因此经常添加到幼畜补充料中。在有些情况下，它对过瘤胃价值高的饲料蛋白质有好处。

油粕（如大豆粕、棉籽粕）含有 35%～45%的蛋白质，是优质的蛋白质补充料来源。恰当收割的禾本科干草（如紫花苜蓿）通常蛋白质含量较高（粗蛋白高达 25%），能够用来为绵羊提供有效的蛋白质补充。当补充蛋白质作为主要目标时，其补充料的单位成本或每磅蛋白质成本，就是最重要的考虑因素。

有时，绵羊可利用相对廉价的非蛋白氮（NPN），如尿素来满足蛋白质需求。如果为微生物生长和蛋白质合成提供充足的能量和硫源，瘤胃微生物可将 NPN 转变成微生物蛋白质。在绵羊饲粮中使用尿素时，要遵循一定的经验规则。尿素用量不应超过饲粮总氮的 1/3，不应超过总饲粮的 1%或饲粮精料的 3%[1]。尿素不应用于幼龄羔羊的饲粮或幼畜补充料中。当瘤胃还不具备完善的机能时，也不能有效地利用尿素。通常，也不推荐在以下情况使用尿素：放牧绵羊的饲粮；饲喂低能饲料，如秸秆或低质干草的绵羊；或饲料供应受到限制的羔羊。在这些情况下，可能没有充足的能量用于瘤胃微生物蛋白质的合成。

蛋白质补充料有自动喂料或手工喂料 2 种方式。以颗粒料或饼状方式饲喂时，手工饲喂补充料最为方便。蛋白质舔块或液体蛋白质补充料可采用自动喂料方式完成。后者通常设备成本高，但可节约劳动力。有时利用食盐来限制自动饲喂蛋白质补充料时的采食量。在干旱时期饮水供应短缺时，采用蛋白质补充料饲喂是非常必要的。增加食盐的采食量，需要增加饮水量。

1.4 矿物质

已经证明，在绵羊营养中，15 种矿物元素是必需的，即 Na，Cl，Ca，P，Mg，K，S，Co，Cu，I，Fe，Mn，Mo，Se 和 Zn。尽管还没有出版不同矿物质相对精确的需要量，但我们应该认识到，在实际生产中，饲粮矿物质的真正需要量变化很大，这取决于饲粮中矿物质及相关矿物质的种类和数量。在特定条件下当确定动物的实际需要量时，要考虑各种矿物质间的平衡关系（如 Ca 和 P，Cu 和 Mo，Se 和维生素 E）。

正常的放牧和饲喂能够满足多数矿物质的需要。有时，动物生产性能低下可归因于矿物质缺乏，而实际上这可能是由于其他原因所造成。在正常放牧条件下，最可能缺乏的矿物质是食盐（氯化钠）和磷。

微量矿物盐通常供绵羊自由采食。然而需要注意的是，必须保证供绵羊所需的混合微量矿物质添加剂一定是绵羊专用的，不能含有高剂量的铜。而含高铜剂量的微量矿物质添加剂在肉牛、奶牛、猪和鸡饲养中经常使用。大多数为绵羊设计的微量矿物盐混合添加剂可提供 15 种必需矿物质中的 7 种（Na，Cl，I，Co，Fe，Mn 和 Zn）。正常情况下，天然饲料就可提供足够量的矿物质，包括 K，Mg，Fe，Cu 和 Mn。需着重指出的是，微量矿物盐通常不提供 P。

1.4.1 食盐

食盐在动物体内有许多功能。当不喂食盐时，绵羊饲料采食量和饮水量降低，结果生长速度和产奶量降低。按一般规则，绵羊饲养者应为绵羊提供含食盐的补充料。母羊的食盐饲喂量一般为0.25～0.4盎司/(头·d)。食盐可以自由采食，也可以按全饲粮0.5%或精料部分1%的比例添加到饲料中。在盐碱地区，水中含有足够的盐分，可满足动物对食盐的需要。

1.4.2 钙和磷

泌乳期母羊对钙的需要量最高。大多数牧草、干草和其他粗饲料中含有绵羊所需的足够水平的钙。大多数绵羊饲粮含有过量的钙，通常不会发生钙缺乏，所以很少需要钙补充料。当草地牧草缺钙时，通常磷和蛋白质含量也很低，这些营养素的缺乏也掩盖了钙缺乏的影响。然而，谷物中钙含量也低，因此，当绵羊采食主要由谷物或玉米青贮组成的饲粮时，使用含钙的补充料常常是有利的。

成熟牧草和牧草青贮经常缺磷。然而，谷物中磷的含量相对较高。在妊娠晚期和泌乳期，绵羊磷的需要量最高；如果饲喂缺磷饲粮，母羊会动用骨中的磷，以保证胎儿和羔羊需要。然而，长期缺磷会导致繁殖性能低下。在多数情况下，由于绵羊饲粮的很大比例是来源于粗饲料或牧草，因此含磷补充料的使用通常是有用的。磷的适口性不太好，因此通常要与绵羊喜欢采食的成分混合，以便保证足够的采食量。当需要补充磷时，最理想的方法就是将外加磷源直接添加到混合饲料中。然而，这种方法并非总是实用或可行。有时，为绵羊饲粮添加含有高磷的矿物质预混料更为方便。

在平衡绵羊饲粮时，必须考虑钙磷比。尽管(5～6)∶1的钙磷比似乎是满意的，但2∶1是大多数情况下绵羊的理想比例。当肥育羔羊或生长公羊采食谷物含量高的饲粮时，易于形成尿结石。在这种情况下，将钙磷比提高到(3～4)∶1，可降低尿结石的发病率。

1.4.3 铜

在绵羊饲粮中，铜需要量与铜中毒量之间存在着细微的平衡关系。绵羊比其他家畜更容易发生铜中毒。绵羊的铜需要量与铜中毒量之间的差异非常小。如果饲料混合错误，经常由于铜中毒而导致动物死亡。

绵羊铜的需要量取决于饲粮和遗传因素。因此，要建立一套定义明确的需要量，几乎是不可能的。实际上已经证明，在第1种条件下饲粮中铜是充足的，而在第2种条件下可能是缺乏的，在第3种条件下可能会发生中毒[6]。钼的含量是影响母羊铜需要量的主要饲粮因素。钼与铜形成一种不可溶的化合物，降低铜的吸收。因此，需要增加饲粮中的铜含量来满足其需要。其他元素，如硫、锌和铁，也影响铜的吸收。美利奴绵羊从饲料中吸收铜的效率比英国品种绵羊低。

尽管不可能给出饲粮中铜的确切需要量和中毒剂量，但我们还是做了几种估测(表20-2)。需要强调的是，它们只是一个参考指南，情况的不同，可能变化很大。当为绵羊选择微量矿物质预混料时，一般推荐选择不含铜的预混料。有时，饲料公司为了避免任何潜在的铜中毒问题，会在绵羊的矿物质预混料中添加少量的钼。如果绵羊是放牧饲养，采食的粗饲料含有正常量的铜(8～12 mg/kg)和含量不是非常低的钼(>1.0 mg/kg)，那么在没有其他外源铜(如在蛋白质补充料或饮用水中)的情况下，饲喂含有相对少量铜的微量矿物盐预混料通常是安全的。在一些新的肉牛矿物质供应计划中，涉及饲喂含有相对高浓度铜的矿物质补充料，但这些补充料不能用来饲喂绵羊。

在美国大部分地区，铜的含量充足。据报道，缺乏铜的地区是佛罗里达和东南部沿海平原地区。在钼过量的西部几个州，可能会引起铜的缺乏[7]。

表20-2 绵羊铜供给量推荐值

饲粮中钼含量	每千克干物质中铜的推荐量(mg)		
(mg/kg)	生长	妊娠	泌乳
<1.0	8～10	9～11	7～8
>3.0	17～21	19～23	14～17

资料来源：NRC[1]。

1.4.4　硒

美国有些地区粗饲料中硒的含量低于绵羊的饲粮需要量。另一方面，有些地区硒含量很高，会引起硒中毒。对于绵羊，饲粮中硒的需要量和中毒剂量之间的范围非常窄。饲粮中硒含量低于0.1 ppm时硒缺乏；而当超过 2 ppm 时则超过了最大耐受剂量[1]。羔羊的白肌病是硒缺乏和可能的维生素 E 缺乏所引起的。硒含量处于临界缺乏时，会导致繁殖性能下降，死亡率上升。注射含硒和维生素 E 的商业性产品，可防止这种缺乏症的发生。硒和维生素 E 也可添加到绵羊的全价日粮、补充料或食盐-矿物质混合物中。给绵羊补充硒的最实用和有效的方法是，饲喂含硒的食盐-矿物质混合料。市场上有许多非常好的可选产品。最好不要尝试自己混合。在补硒时(饲喂或注射)，饲养者要严格遵循生产商或兽医师的建议。绵羊营养实践中有许多例子说明"多多益善"的好处，但添加过量的硒是会致死的。

1.5　维生素

成年羊需要全部的脂溶性维生素 A、维生素 D、维生素 E 和维生素 K。由于 B 族维生素可在瘤胃中合成，因此通常不需要添加。粗饲料和精饲料一般可提供足够量的所有维生素。如果绵羊长期采食干草或冬季牧草，会缺乏维生素 A。但是，绵羊可长期储存维生素 A；如果母羊采食绿色粗饲料或优质豆类干草，通常不会缺乏维生素 A。维生素 D 缺乏可能会发生在舍饲绵羊中。在舍外饲养的绵羊由于有充分的光照，会在体内储存维生素 D，因此通常不会缺乏。

2　体况评分

母羊的体况组成在某一给定时间点可以影响其对不同营养水平的反应程度。在任何一个羊群中，具有最高生产力的羊既不能太瘦，也不能过肥。尽管我们度量动物的活体组成只有凭估测完成，但饲养者必须学会利用最好的估测系统。由于不同品种间以及同一品种内不同个体间成年羊体重大小存在明显差异，因此，只靠体重指标来衡量绵羊的体况是不合理的。体重和体况评分一起使用，有助于饲养者完成重要的饲养管理决策的制定。体况评分系统能够帮助饲养者根据获得最佳性能所需的饲料质量和数量来制定科学的管理决策，其优点是不仅简单，而且实用。

体况评分系统是根据繁殖家畜体脂沉积的相对差异对其进行描述或分级的一个系统(表 20-3)。它虽然是一个主观的评分系统，但它提供了相当可靠的关于动物体组成的估测信息。尽管可以使用1～10的分级制度，但全美国普遍接受的绵羊体况评分方法还是 1～5 分制系统[8]。在这个系统中，体况评分低分值表示母羊脂肪沉积最少，而高分值表示母羊沉积脂肪最多。具有平均体况分值的母羊应当是 3 分。通常，90%的母羊会处于 2，3 或 4 分的范围内，70%～80%的母羊通常会在 2 个分值之间。

表 20-3　母羊体况评分系统的描述

体况分数	描　述
1	母羊极端消瘦，皮肤和骨骼间没有脂肪沉积。具有此种体况的母羊没有脂肪，肌肉中能量储备非常有限。表现为虚弱和生长发育不良。被毛通常柔软、干燥和无光泽
2	此种体况的母羊皮下仅有少量可见的脂肪沉积。脊骨相对明显。这些母羊外观生长发育良好，但仅有少量的脂肪储备
3	此种体况的母羊肌肉发育中等，但没有过量的脂肪储备。这一体况评分的母羊为平均体况
4	这一体况分数包括肥胖度适中的母羊。中等程度的脂肪沉积使绵羊呈现出一个背腰平直的外观
5	母羊过度肥胖。在胸部、肋部和尾根部有过量的脂肪沉积。这些母羊的脂肪沉积程度已经达到使其生产力受损的程度

绵羊饲养者一定会发现，进行绵羊的体况评分相对较容易实现，因此很快就会对自己的能力产生自

信。体况评分包括视觉评价和触觉评价。评分是通过用手去触及腰部的脊骨及其周围的肌肉丰满程度和脂肪厚度来完成的。当母羊以水平、放松的姿势站立时，用四指和拇指感觉位于最后一根肋骨后缘和髋骨前端部位的脊椎脊突和横突的锐度（图 20-3）。另外，触摸肋部脂肪的覆盖程度，会进一步帮助准确把握体况分值的确定。待所有考虑因素的评价进行完毕，也就确定了一个整体的体况分数。一般的经验做法是，成年母羊体况评分值每变化 0.5 个单位，体重变化 6%～7%[9]。例如，一只母羊体况评分为 3，重 150 lb，如果它的体况评分值为 4 分，则体重在 165～175 lb 之间。有关不同体况评分的例子，参见图 20-4 和图 20-5。

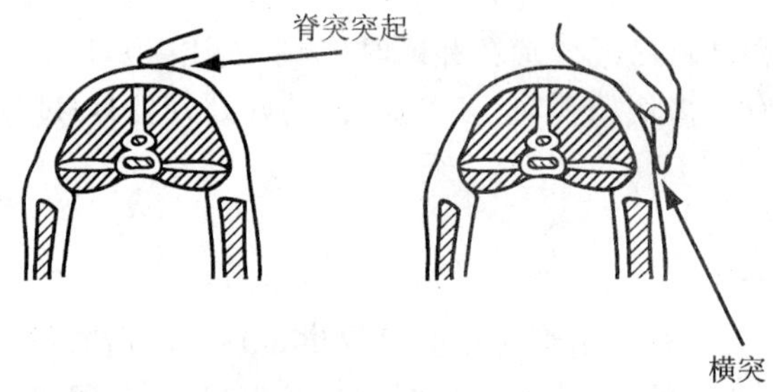

图 20-3　用手触摸绵羊背部中央脊椎的脊突，并触摸绵羊腰部脊椎的横突（最后一根肋骨之后，髋骨之前的部位）

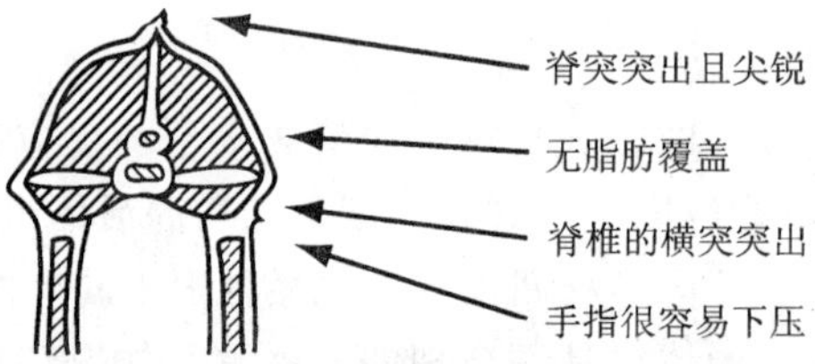

体况分数1：母羊消瘦，发育不良。骨骼结构突出，且没有脂肪覆盖。脊椎骨的脊突突出，且尖锐。横突也很尖锐，而且在两块脊椎骨的横突间感觉明显。在横突末端下面，手指可轻松通过。

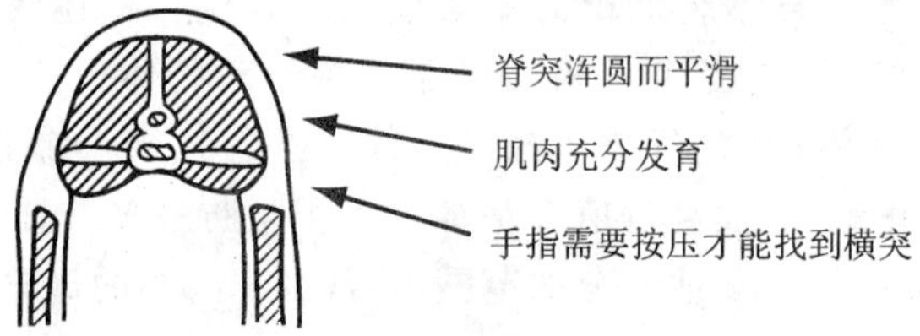

体况分数3：绵羊发育良好，在肋部具有有限的脂肪沉积，而在肩部、脊椎骨和尾基部上面，具有脂肪覆盖。脊突和横突平滑，有明显的脂肪覆盖，需要用力压迫，才可触摸到其末端。腰肌丰满，脂肪覆盖程度适中。

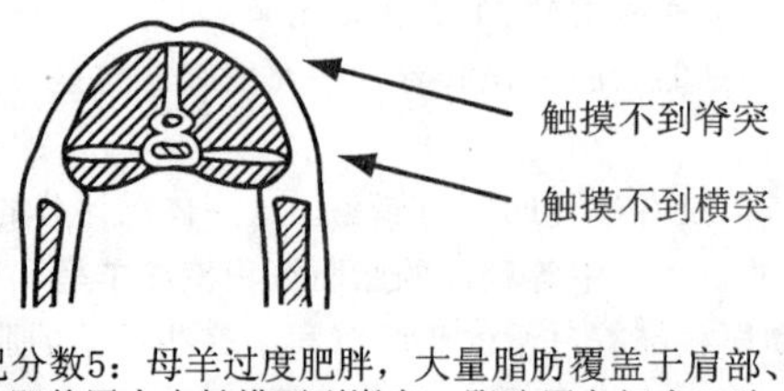

体况分数5：母羊过度肥胖，大量脂肪覆盖于肩部、脊椎、臀部和肋部。即使用力也触摸不到脊突。脂肪层之间有凹陷，在那里一般可触到脊突，但触摸不到横突。腰肌丰满，覆盖有很厚的脂肪层。

图 20-4　母羊的体况评分

图 20-5　体重相似的母羊，体况分数分别为 2(左)和 4(右)

体况评分很容易学习和使用。总的来说，青年母羊、生长母羊、繁殖母羊(如母羊从产羔到 2 岁阶段)比年老的母羊个体差异小。大型绵羊饲养企业对所有母羊都进行体况评分可能是不现实的，但是，如果他们能对羊群中 10%～20%的母羊进行体况评分，就足以对整个羊群的体况做出估测。经常对羊群进行体况评分，并针对评分结果进行体况调整，将会使自己的羊群更健康，每年销售的羔羊体重更重，所产的羊毛产量会更高。

3　母羊营养

为了实现最佳生产性能，绵羊饲养者必须认识到，在生产周期的所有阶段中，母羊的营养状况都是至关重要的。由于对此缺乏了解，已经在绵羊饲养者中产生了很大困惑。绵羊业的最佳饲养体系变化很大，包括从完全依赖收获牧草和谷物的极端饲养，到主要依赖大群草地放牧和精料补充的饲养。最佳饲养体系是一种有计划的营养制度，它可以帮助企业实现预期的生物学和经济学效应。

在全年的任何时候，母羊的营养状况对生产力都有影响。配种前后几周的营养状况，决定了所怀羔羊的数量。妊娠期间的营养，决定了成活羔羊的数量和羔羊初生重，而羔羊初生重与随后的羔羊存活率又直接相关。泌乳期间良好的营养状况，对充足的泌乳是至关重要的。断奶后，营养的重要性在于补充身体储备和为下一个繁殖周期做准备。

对于绵羊营养需要的直接观察，已经为形成最佳饲养策略提供了一个总体框架。然而，这些策略确实很少考虑到如何满足母羊在整个繁殖周期的各个阶段对营养确切需要的问题。相反，出于经济、实际应用和维持良好生理状况等方面的原因，这些策略考虑了营养摄入量超过需要量以及营养消耗量低于需要量的一些阶段。在生产周期中，某一给定时间点的绵羊体组成会影响动物在该点的生产性能反应，以及动物对不同营养水平的反应。我们的目标是，在繁殖周期中实现绵羊身体组成的平衡。

母羊的营养需要不是静态的，而是随生产阶段的变化而变化的。母羊的生物钟可分为几个明显的营养需要不同的阶段(表 20-4)。

表 20-4　母羊的生物学周期

阶段	持续时间(d)
配种[a](催情补饲)	34
妊娠	
早期和中期(妊娠的最初 15 周)	85
晚期(妊娠的最后 6 周)	42
分娩	1
泌乳[b]	
早期(泌乳的最初 6～8 周)	53
晚期(泌乳的最后 4～6 周)	35
断奶后[b]	115

[a]此阶段包括 14 d 预配种阶段和 20 d 的配种阶段。

[b]泌乳和断奶后的持续时间随管理策略的不同而变化。例如,集约化饲养羔羊可能在 6～8 周龄阶段断奶,而粗放型饲养可能直到 6～8月龄才给羔羊断奶。

确定母羊如何饲养的最佳方法之一,就是监测其体重变化。理想状态是,母羊在泌乳期间损失体重的 5%～7%,并在断奶后恢复体重,然后在妊娠期增重(图 20-6)。

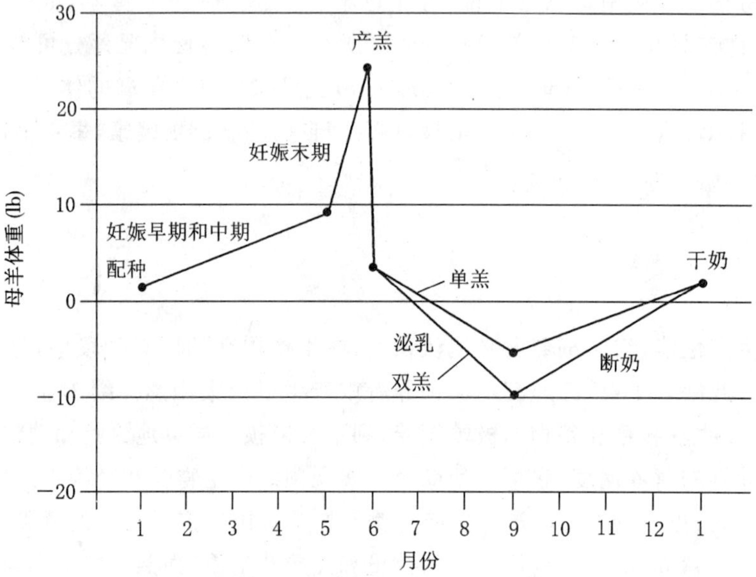

图 20-6　体重 150 lb 的母羊在一年的生产周期或生物学周期内的不同阶段的预测体重变化

选自 NRC[1]。

150 lb 体重的母羊对干物质、能量和蛋白质的营养需要量分别见图 20-7 至图 20-9。当利用这些需要量规律时,用户必须牢记生产单位的最终目标。任何特定的需要量建议都必须考虑以下几点要求:当地的条件、粗放与集约型放牧饲养计划、推荐需要量值的经济效益果与期望的生产性能反应。

一个羊群是由不同大小、不同体况和不同生产水平的母羊组成的,因此,营养需要量也不同。尽管分别满足每头母羊的营养需要是不可能,但有时将羊群分组,也就是将有相近需要量的母羊分成一组,并给予相同饲养计划是有好处的。

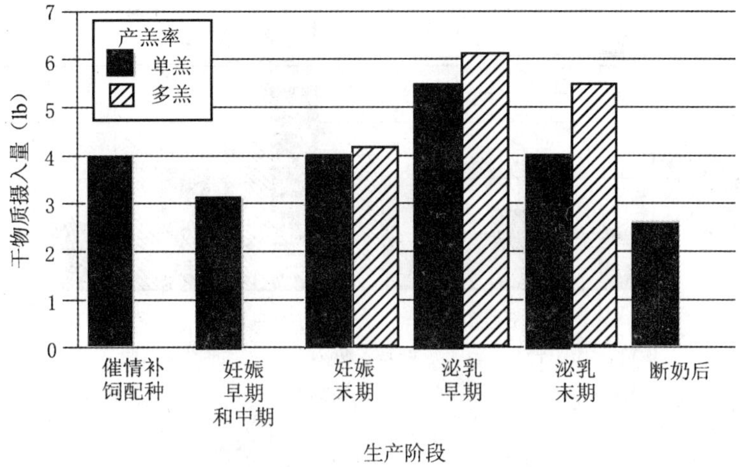

图 20-7　体重 150 lb 的母羊在生物学周期不同阶段的预测干物质采食量

选自 NRC[1]。

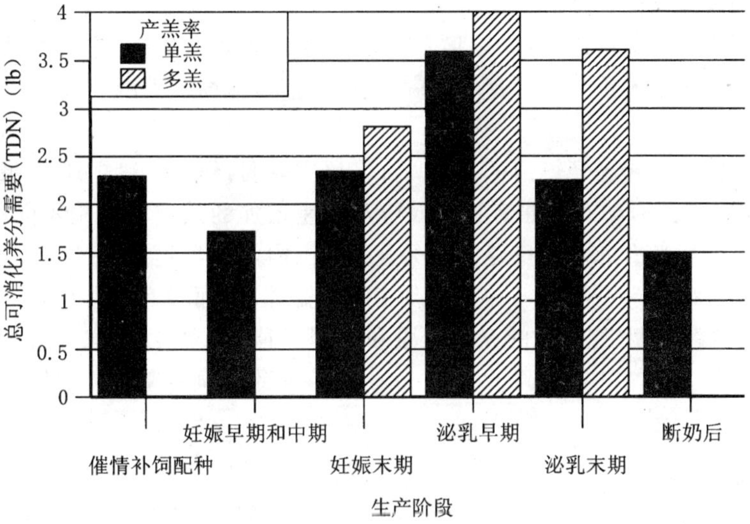

图 20-8　体重 150 lb 母羊在生物学周期不同阶段的能量需要量

选自 NRC[1]。

3.1　配种和催情补饲

在配种以前和配种期间，催情补饲(flushing)是增加母羊采食量的一种措施，其目的是提高排卵率及随后的产羔率。在配种前将母羊转移到茂盛的优质草场，就可实现催情补饲。如果没有这样的草场，则可通过给母羊以常规饲粮按每头每日补充 1/4～1/2 lb 谷物或颗粒料，也能达到同样的效果。通常，催情补饲是在与公羊放在一起的大约 2 周前开始，进入配种季节后持续 2～3 周，总的催情补饲期为 4～6周。

由于催情补饲效应似乎易与母羊的年龄、在一年中所处的时间相混淆，最重要的是和母羊体况或体重相混淆，因此，我们对于配种期间增加营养对排卵率的相对重要性存在疑惑[1]。成年母羊对催情补饲

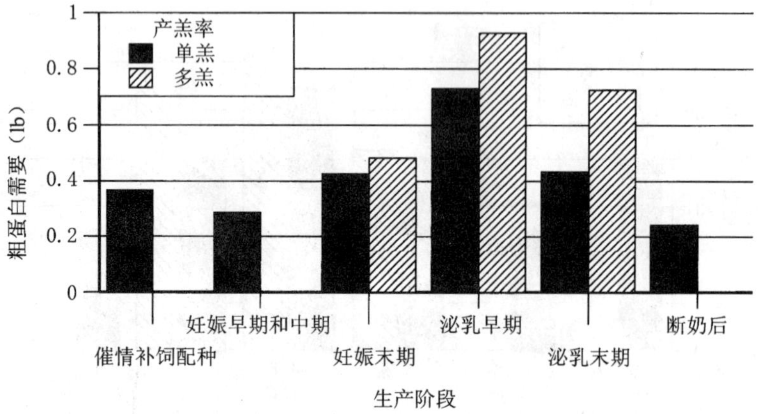

图 20-9 体重 150 lb 母羊在生物学周期不同阶段的蛋白质需要量

选自 NRC[1]。

的反应似乎好于周岁羊。许多数据显示，催情补饲对母羔和去年未产羔的初产周岁母羊没有经济上的益处。如果饲养者想在配种季节的早期或晚期，而不是排卵率最高的月份配种，那么催情补饲似乎更有益。肥羊对催情补饲没有反应。

对催情补饲的反应可分成两部分：一是增加体重或体况的静态效应，它与配种季节没有特别的关系；二是动态效应，它是在配种季节才特有的效应。有时，催情补饲过程由于太短，以至于不能对体重或体况产生巨大的影响。

体重增加对产羔率的影响已经得到了证实。许多研究表明，作为一般规律，体重每增加 10 lb，可使产羔率增加 5%～6%。另外，动态的催情补饲效应与体重增加的效应显然是不同的，它是在随后立即进行的预交配和交配期所特有的。在特定的体况分数范围内，排卵率会对短期增加的营养产生反应[10]（图 20-10）。体况高于和低于此范围，增加营养改变的只是体况，而没有另外的正面或负面效应。据估计[11]，对于 6 周的催情补饲期（配种前的 3 周阶段和 3 周配种期）来讲，动态催情补饲对产羔率的效应相当于在维持饲养基础上催情补饲提高了 6%～8%，或在半维持饲养基础上催情补饲提高了 12%。

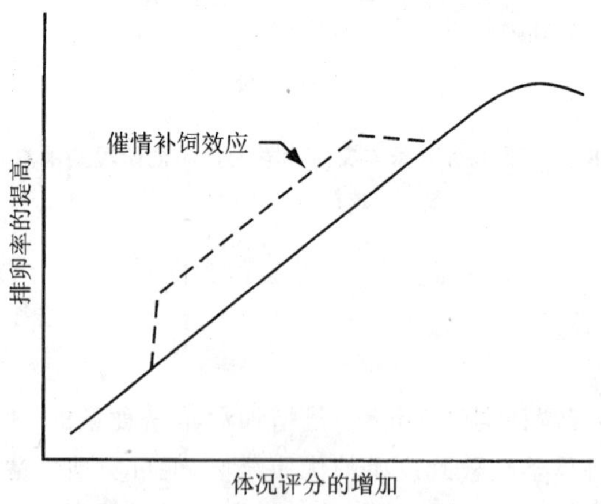

图 20-10 体况增加对排卵率的影响

选自 Gunn[10]。

尽管结果变化很大，但许多研究[12]表明，催情补饲会使产羔率提高 10%～20%。在一个为期 3 年的研究中，蒙大拿州的研究人员[13]发现，大约在和公羊放在一起之前 20 d 和之后的 20 d，通过给成年放牧母羊成熟牧草饲粮，同时每头每日补充 20%～30%的蛋白质颗粒料 0.5 lb，结果发现母羊体重和产羔率发生了明显的变化。在一个类似的研究中，怀俄明州的研究人员[14]发现，如果在配种前 2 周和配种的最初 3 周给母羊每日每头补充高能补充料 0.25 lb 和 0.75 lb，这会使产羔总数分别增加 7.5%和 7.7%。

关于蛋白质和能量对催情补饲现象的相对作用，似乎存在不同的观点。能量摄入量[10]是涉及的一个最重要的因素。饲粮蛋白质应限制在一个较低的水平，但提供超过维持需要量的蛋白质水平也不会产生较大的反应[10]。美国的研究[15]表明，同时增加能量和蛋白质摄入量，可能会有益处。

经常问到的另一个问题是，催情补饲期的长短对产羔数量的影响，以及相对于配种开始时间的催情补饲，处理时间对羔羊产量的影响。位于爱达荷州迪布瓦的美国农业部绵羊试验站的研究人员[16]发现，配种前 17 d 即刻开始催情补饲，可显著增加产羔量。配种期间将此时期延长 17 d，只能略微进一步提高产羔量。同较短的催情补饲期相比，进一步延长 17 d 时，产羔量明显下降。研究人员认为，为产生催情补饲效应，需要一个确定的、最短的补料时间。这一饲喂时间必须在卵巢周期中某个确定的、相当早的预排卵阶段之前；催情补饲处理一旦对卵泡发育产生影响，那么这种影响就将持续到那个周期的排卵完成为止。

我们不必故意把母羊体况降低到断奶后时期的体况[11]。尽管催情补饲效应对较瘦的母羊比对体况良好的母羊更显著（12%与 5%或 6%）。同体况适宜或良好的母羊相比，通常瘦羊不孕症的发病率要高 2%或 3%，产羔率低 4%～5%（产羔总数降低 7%）。在这种情况下，使用催情补饲处理的效果是使产羔数净增长大约 5%（7%～12%）。这一增长与全期体况维持适宜或良好，并接受催情补饲处理的母羊所得到的效果基本一致。从这一点我们可以得出，没必要为了从催情补饲中获益就故意在断奶后的时期去保持母羊较瘦的体况。

尽管催情补饲的全部益处不可能在所有的条件下都能充分实现，但一般认为，这项措施会导致排卵更多，由此获得更高的产羔率，母羊更迅速地进入发情期，怀孕更确定、更准时，而且在产羔季节的早期就可产羔。

3.2　妊娠期

由于大量复杂的营养互作关系，妊娠期营养不良会导致产前、产中和产后短时间内羔羊死亡。许多出生后短时间内羔羊的死亡，是由于妊娠期营养不良影响了胎盘生长、胎儿发育和母羊的乳腺发育所致。我们经常抱怨天气寒冷是大量羔羊死亡的原因，而实际上起主要作用的因素是妊娠期间营养供应不充足。胎盘发育、胎儿生长和乳腺发育的关键时期，分别是妊娠的第 30～90天、妊娠 90 d 以后和妊娠 120 d 以后（图 20-11）。

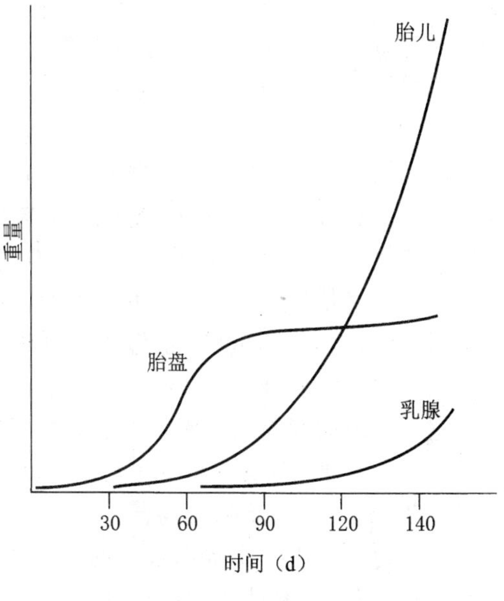

图 20-11　妊娠期间胎盘、胎儿和乳腺的生长

3.2.1　妊娠早期和中期

妊娠期间母羊必须营养充足，能够满足下列功能的需要：维持、产毛、胎儿和相关组织的发育，以及没有完全发育成熟的母羊的自身生长。由于在妊娠头 15 周内胎儿生长幅度最小，因此这段时间母羊的营养需要只是稍高于维持需要。但一些重要的机能发育通常发生在该阶段，因此我们也不能忽视营养的作用。在此期间，胎儿开始在子宫壁着床（妊娠的头 45 d）。此时营养的极端状况（如严重的营养不良或营养过度），都会对这一过程有害[17]。而且，胎盘发育大部分在这段时期(妊娠的30～90 d)完成。胎盘发育不良，会导致胎儿生长速度缓慢，降低羔羊成活率。如果胎盘发育不充分，即使妊娠后期营养良好也是浪费。

一条经验法则是，进入生物学周期这一阶段的母羊如果身体状况良好，通常能承受妊娠中期5～6 lb的失重而不影响羔羊生产，但妊娠后期营养供应必须充足。然而，如果体重损失达到10～15 lb，就会影响生产力。

3.2.2 妊娠晚期

妊娠期最后6周是母羊营养中非常重要的阶段。胎儿生长大约有70%发生在这一阶段(图20-12)。妊娠后期营养不良，导致羔羊初生重降低，双羔和三羔中初生重不均衡，毛囊发育程度下降和新生羔羊能量储备减少。新生羔羊的较低能量储备，会导致围产期羔羊死亡率增加，尤其是在寒冷天气。严重的营养不良，会导致妊娠毒血症，母羊可能会死亡。

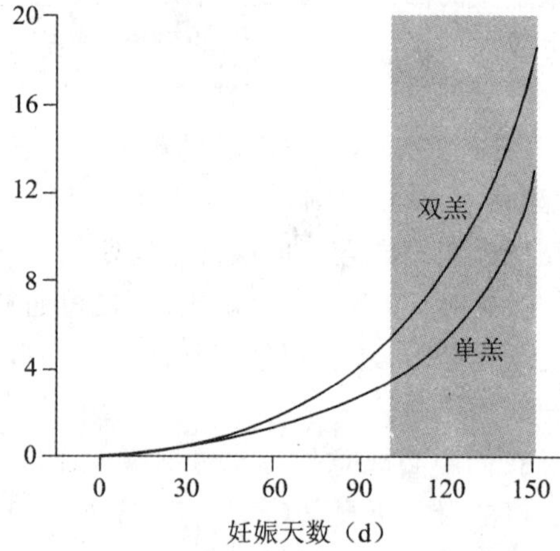

图 20-12 妊娠期间胎儿的生长

羔羊初生重[18]是影响羔羊死亡率的主要因素(图20-13)。初生重变化范围为3.5～20 lb。尽管这种差异与品种、母羊年龄和一胎的羔羊数量有关，但是它们在很大程度上取决于母羊营养，尤其是妊娠最后1个月的能量摄入量。在这个阶段，能量摄入不足就会降低初生重，进而初生重又是影响羔羊死亡率的主要因素。羔羊初生重每降低2 lb，羔羊死亡率会升高12%。但是，另一方面，如果过度饲喂，又可能会由于增加了羔羊的初生重而导致难产。

饲粮中能量转换成胎儿能量的效率仅约13%[9]。再加上妊娠最后几周胎儿的能量沉积迅速增加，这就导致了母羊能量需要量的大量增加。当母羊处于不能安全地动用体内脂肪储备来提供其大量能量需要的生物周期时，就会表现出能量需要量的增加。

同妊娠早期相比，怀单羔的母羊在妊娠晚期的饲料需要量提高50%，怀双羔的母羊需要提高饲料量75%。如果母羊饲喂高粗料饲粮，那么它通常不能采食足够多的饲料来满足能量需要。当饲喂高粗料饲粮时，一般建议是在妊娠的最后3～4周在基础饲粮基础上补充0.5～1 lb谷物。在预计有大量多胎母羊的情况下，在产羔前6周就开始补充谷物通常是可取的办法。所有的饲料变化都要逐步进行。

这段时期动员体脂储备的程度要有一个限制，因为脂肪的过量动员会导致妊娠毒血症。妊娠毒血症(妊娠病、双羔病或酮病)是母羊在妊娠晚期饲养不当的结果。患病母羊大多数常怀多羔。

这个阶段的营养水平对母羊的产奶量有一个加性效应。大部分乳腺发育发生在妊娠的最后30 d，对营养不良极其敏感。产后提高营养水平，不能改善乳房的产奶能力。另外，分娩时母羊的体况会显著影响它的产奶能力。一般来说，饲养者应在妊娠晚期提供充足的营养来储备一些脂肪，可供妊娠早期利用。

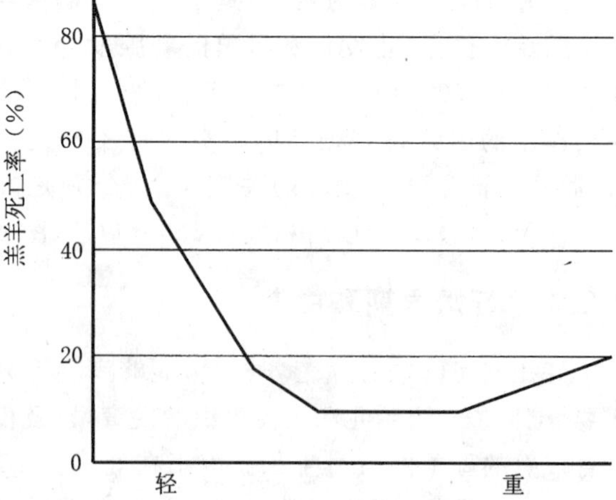

图 20-13 初生重和从出生到断奶的死亡率

选自 Villette 和 Brelurut[18]。

3.3　分娩

对母羊来讲，分娩是一个创伤很大的时期。许多激素水平都异常升高。母羊还需要一些时间从产羔的应激中恢复过来。在正常情况下，母羊需要若干天才能达到最大产奶量，同样，羔羊也需若干天后才能有大量奶水供应。一般推荐，为母羊提供优质粗饲料和大量新鲜的饮水，在产羔 12～24 h 后开始饲喂谷物精料或补充料。

3.4　泌乳

产羔后，应根据母羊的需要增加饲料供给量。母羊通常在分娩后 2～3 周达到最大产奶量。其后产奶量[19]一般下降很快(图 20-14)。假设母羊有产奶能力，它就将按这个水平产奶，除非受到羔羊的影响。由于正常情况下单羔不能吃完母羊所产的全部奶，因此母羊会调整它的产奶量，降低至羔羊的消耗水平。哺育多羔的母羊比哺育单羔的产奶量高 20%～40%，因此营养需要量也高。为了让羔羊以最大速度、最高效率增重，应将多羔母羊与单羔母羊分开饲喂，根据各自的营养需要给予饲料。

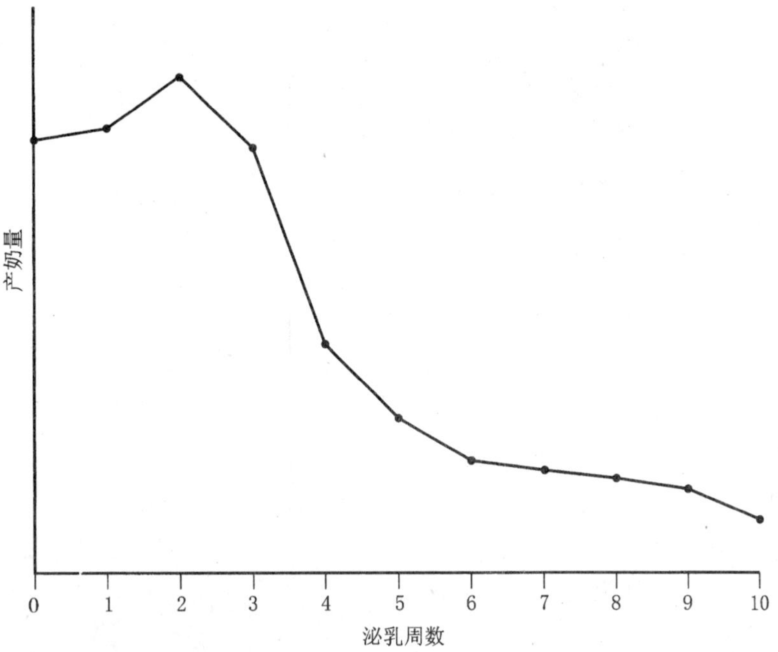

图 20-14　母羊的产奶曲线

选自 Cowan 等[19]。

3.4.1　泌乳早期

产后的第 1 个月，羔羊生长主要依靠母乳。在羔羊生命的最初 3～4 周，母乳的供应至关重要。这个阶段母乳摄入量和体增重之间的相关性大约为 0.90[20]。当母羊泌乳量不足时，羔羊通过增加对补充料的消耗可在一定程度上弥补一部分。然而，由于母乳与饲料的消化率不同，因此母乳摄入量减少一个单位，补充料干物质采食量就必须增加 3～5 个单位[9]才能补偿。

如果哺育 2 只羔羊，羔羊增重速度为 0.6 lb/d，那么这只母羊与每日产 65 lb 牛奶的奶牛一样高产。为防止体组织失重，体重 165 lb 的母羊每日应摄入 7.2 Mcal 以上的代谢能(维持需要的 3 倍)[21]。但在实践中很少能达到这个水平。同高产奶牛一样，高产母羊很难通过采食足够多的饲料来防止泌乳早期的体重损失。幸运的是，在泌乳早期，可安全地动用体脂肪来满足部分泌乳对高能量的需要。倘若母羊在产羔时体况良好(3.5分以上),那么在泌乳早期体况分数减少1.0是完全可以接受的。然而,母羊必须有足够的体脂储备可动用,并可用于产奶[22]。

如果母羊可从饲粮中吸收充足的氨基酸,那么脂肪可以有效地用于合成乳[19]。因此,如果高产母羊要达到最大产奶量,这个阶段的蛋白质摄入量[23]是至关重要的(图20-15)。蛋白质增加看来可以导致产奶量的增加,这可能是因为添加的蛋白质可以增加体脂肪损失的速度,进而增加了可利用能量的数量。

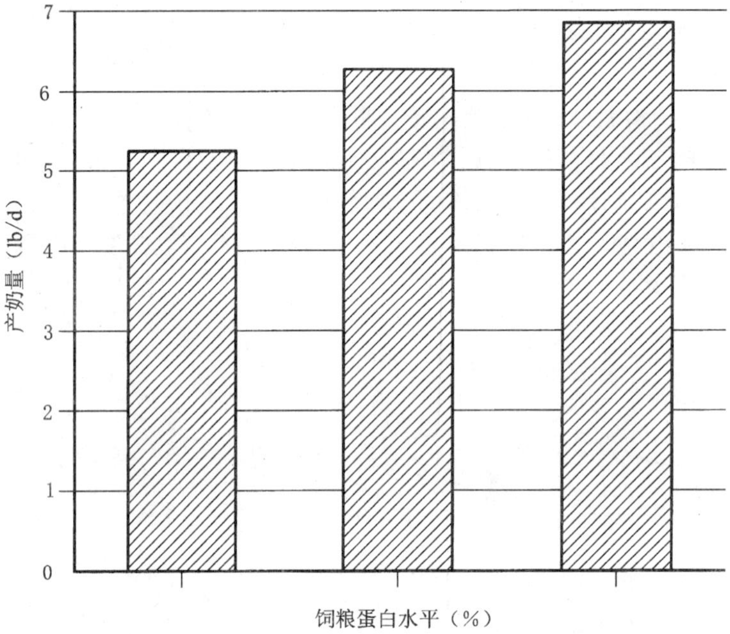

图20-15　泌乳期蛋白质水平对产奶量的影响

选自Robinson等[23]。

NRC计算母羊每日失重0.1 lb,在此基础上给出了泌乳早期母羊饲喂水平的推荐值。在泌乳的最初8周内,在许多情况下,为满足这些需要,必须补充可利用的粗饲料。在整个美国,产羔计划早期尤其是这样。在这些情况下,基于预计体重损失0.25 lb/d而制定的饲养制度可能更有效。每日损失0.25 lb的母羊比每日损失0.1 lb体重的母羊需要更少的饲粮能量,大约少12%[9]。

图20-16　在茂盛草地放牧的母羊和羔羊

3.4.2　泌乳晚期(最后4～6周)

尽管有些母羊整个哺育期持续产出大量奶,但大多数母羊的产奶量在2～3周后急剧下降,8～10周后产奶量已不重要。泌乳晚期产奶量相对较低,且营养需要量大大低于泌乳早期。通常优质草场或牧场就能满足这个时期母羊的需要量(图20-16)。

3.5　断奶后

这是母羊体况的恢复时期。这段时间母羊的体况可得到调整,以便在下一个配种期能有一个适宜的体况。按照一般规律，在此阶段，多数母羊可以充分饲喂。我们应该充分饲喂好成年母羊，以便它们能将泌乳期损失的体重增加回来。母羊有 5 个月的妊娠期和 2～4 个月的泌乳期，因此在下一个配种期到来之前，母羊有充足的时间(3～5 个月)来恢复泌乳期的体重损失。在这个阶段饲喂质量较差的牧草或饲料，节省优质粗饲料用于生产周期中营养要求更高的阶段是值得的。

4　羔羊营养

4.1　新生羔羊

羔羊出生时不具备瘤胃发酵功能，所需的营养物质主要由母乳或代用乳提供。羔羊在生命的头几周内的良好生长发育在很大程度上依赖于母乳的消耗。如果羔羊在出生后立即接触干饲料，那么一定程度的瘤胃功能将在 2 周龄时表现出来[24]。持续接触干饲料，将有助于瘤胃发育成为一个厌氧的微生物系统，能够消化饲料和合成蛋白质。到 45～60 日龄时，乳对于羔羊的生长已经不再是必需的。表 20-5显示了瘤-网胃与瓣-皱胃组织的重量如何随年龄而发生变化的数据[25]。

表 20-5　不同年龄羔羊的瘤-网胃与瓣-皱胃组织重量比的变化

年龄	瘤-网胃与瓣-皱胃重量比	年龄	瘤-网胃与瓣-皱胃重量比
出生	1∶2	60 日龄	2.6∶1
30 日龄	1.4∶1	成年	2.7∶1

资料来源：Church [25]。

初乳对于每一个新生羔羊都是必需的。初乳提供免疫球蛋白，这是任何人工合成产品所不能提供的。在羔羊生命头几个小时内，从初乳所获得的抗体主要是防御传染性微生物，直到羔羊自己的免疫系统充分发育和起作用(大约 3 周龄时)为止。另外，初乳具有通便作用，这似乎是维持良好的消化功能所必需的。12～18 h 后，新生羔羊从肠道吸收抗体的能力开始消失。

如果没有足够的母羊初乳，也可利用牛的初乳哺育羔羊。由于母牛初乳中抗体含量在产后 24 h 内急剧下降，所以为了能够使初乳有效发挥作用，应该在产犊后立即采集牛的初乳。多余的羊初乳或牛初乳可以用小容器盛装冷冻保存，以备将来之用。当解冻初乳时，需缓慢地升温，并注意加热时温度不要超过体温。在多数情况下，在羔羊出生的头 18 h 内，4～6 盎司的初乳足够满足羔羊的需要。

4.2　羔羊的人工饲养

使用代用乳饲养羔羊通常费时和代价昂贵。应该尽一切努力实行母畜饲喂，或者是转移给代育母羊。但是，在某些情况下，如果没有合适的选择，羔羊还必须依赖于代用乳。使用手工控制的奶瓶饲喂羔羊不太可行。在正常情况下，羔羊代用乳中只需少量乳即可。当今的养羊企业还无法支付因“奶瓶”的复杂操作所需的时间[26]。成功饲养因母羊死亡而致的孤儿羔羊，必须借助现代技术和知识。从经济学角度做好羔羊饲养的关键，是让它们迅速采食干饲料，并使哺乳期尽可能缩短(图 20-17)。

图 20-17　羔羊 1 日龄断奶通过安装在羊圈远端的成排奶嘴摄食冷的代用乳

承蒙渥太华 ARI 主任惠赠。

4.2.1 选择代用乳

通常，最经济实惠的代用乳是以奶粉为原料，将其与所需的水量充分混合而制作的。选择合适的代用乳，对于确保羔羊人工饲养计划的成功是必不可少的措施。羔羊代用乳的营养含量，应当与表 20-6 中所示的相类似。犊牛代用乳中所含的营养物质和能量浓度一般比羔羊代用乳低，因此不应采用犊牛代用乳饲喂羔羊。优良的羔羊代用乳价格非常昂贵，但是，它们所产生的较高的羔羊存活率和生长速度，将能够补偿这部分额外的花费。

表 20-6 羔羊代用乳的典型营养物质含量 %

成分	含量范围(干物质基础)	成分	含量范围(干物质基础)
粗脂肪	30～32	乳糖	22～25
粗蛋白	22～24	灰分	5～10
粗纤维	0～1		

资料来源：Frederiksen(未出版)。

4.2.2 代用乳的饲喂

为减少劳动力和保证代用乳的最大采食量，应使用自动饲喂系统饲喂羔羊。自动饲喂系统的规模和类型，主要由所饲羔羊的数量所决定。自动饲喂系统所提供的代用乳应该是冷藏(33～40 ℉)的产品。喂给羔羊低温代用乳主要有 3 个原因：

(1)每次哺乳羔羊采食很少，但要经常采食。这模仿了母羊哺育羔羊的方式，可防止在任何给定的哺乳时间过量摄入代用乳。

(2)保持代用乳的低温，可以减少变质问题的发生，也可减少清洁设备的频率。

(3)温度的降低，减少了代用乳中各成分的分离。

靠自动喂料系统喂养的羔羊，每日消耗 0.5～1 lb 代用乳。饲喂优质代用乳，并且随时可以自由采食固体饲料的健康羔羊，每日大约增重 0.5 lb 以上。

4.3 补饲

补饲是一种为哺乳羔羊提供机会采食补充料的措施。它是使羔羊尽快出栏上市的第一步。如果给羔羊实施早期断奶，那么补饲计划是必需的。补饲能够确保羔羊成为一头功能完全的反刍动物，即在相对较小的年龄阶段就能很好地采食混合饲料。

补饲计划所包含的优点如下：

(1)体重增加，尤其是双羔和三羔的羔羊。羔羊实行补饲通常日增重达 0.25 lb 以上。

(2)羔羊在哺乳阶段饲喂补充料比在断奶后饲喂效果更好。

(3)羔羊在较小的年龄就可上市。正常情况下，补饲羔羊可提前 1～2 个月达到上市体重。羔羊经常在价格较高时上市，否则每日还需要一定量的饲料来满足维持需要。减少上市天数，可减少羔羊所需的用于维持需要的饲料总量。减少上市所需的天数，也可降低羔羊死亡、患病或受伤的机会。冬季出生的羔羊如果能在炎热的夏季来临之前上市将会更有利。

(4)羔羊年龄较小就进入肥育场，可使饲养企业利用现有的草场饲养更多的母羊。

大约在 1 周龄时羔羊开始咀嚼食物，但直到 3～4 周龄还是靠母乳提供大部分营养。因此，每日补充料的消耗量通常少于平均每日体重增加的量，也就是单位补充料采食量的饲料转化效率相当高。尽管羔羊直到 3～4 周龄才开始消耗大量饲料，但是它所消耗的少量补充料对于建立正常瘤胃功能和养成采食习惯是至关重要的。10～120 日龄的羔羊一般平均每日消耗 1.5 lb 补充料[5]，其中 3 周龄时消耗

0.15 lb/d，40～50 日龄时消耗 1～1.5 lb/d，120 日龄时 3 lb/d。

若要使补饲成功，关键是羔羊要尽可能早地开始采食补充料。补充料不必很复杂。羔羊采食牧场配制的单一饲粮与采食复合饲粮的效果通常是相同的。但是，配合补充料时适口性是个主要的考虑因素。表 20-7 显示了羔羊喜食的常见饲料。幼龄羔羊似乎更喜欢豆粕、甜味的饲料、玉米和麸皮。配合补充料时应尽量选择这些饲料作为饲粮的原料。一旦羔羊开始采食补充料，补充料的原料组成要逐渐调整到与其原料相对成本相一致的程度。

羔羊在 7～10 日龄就应该开始补饲，地点一般应设立在绵羊经常活动的区域。幼畜补饲栏的地点应该是羔羊容易靠近，而母羊无法接近的地方。在补饲地点，母羊和羔羊应该很容易看到对方。任何时候都不要让羔羊感觉到它们被圈起来而与母亲分开。羔羊补饲地点应尽可能对羔羊具有诱惑性。母羊和羔羊通常趋向于生活在一起，而不分开。由于我们的目的是希望分开它们，而鼓励羔羊呆在幼畜补饲栏内，因此，我们必须认识到，我们的目标与母羊和羔羊的意愿之间存在一些冲突。阳光充足、温暖、干燥的地方可能对羔羊有吸引力。幼畜补饲区应放有铺设垫草的羊床，饲槽应保持清洁。在补饲区或尽可能靠近补饲区的地方，应有饮水设施。已经证明，饲槽上方设置照明设备可提高饲料的采食。如果羔羊补饲区设置合理，那么我们经常会发现羔羊在里面躺卧休息。

表 20-7 从出生到 10 周龄期间羔羊对常用饲料的自由采食量

饲料	每 2 周羔羊的采食量（lb）				
	0～2 周	2～4 周	4～6 周	6～8 周	8～10 周
燕麦	0.12	0.29	1.46	1.65	1.25
玉米[a]	0.11	0.30	2.77	7.83	8.02
苜蓿干草	0.23	0.41	1.43	1.12	1.05
苜蓿颗粒	0	0.14	1.35	4.06	1.98
麸皮	0.27	0.55	2.01	3.17	1.08
大豆粕	0.81	1.70	6.94	11.01	10.63
甜味饲料	0.27	0.75	3.54	4.08	2.19

资料来源：明尼苏达州 Jordan 大学（未发表）。

[a] 提供给羔羊的是整粒玉米；如果玉米经过压扁或破碎（不是粉碎）处理，羔羊通常采食量会更高。

有一个可使羔羊采食补充料的诀窍，即在晚上将母羊和羔羊赶到补饲栏周围相对小的空间里。羔羊不喜欢被母羊挤压，否则就会将补饲栏作为避难所。有些饲养者将一只或两只母羊放在补饲栏中较短时间，通过这种方法也能诱使羔羊进入补饲栏。要确信，母羊只能采食到很有限的饲料。

对于在西部草场饲养的羊群实行羔羊补饲的经济效益和性能问题，一直为绵羊饲养者所争论。未取得一致的结果的原因很可能是由于饲料供应和羔羊及饲料价格的不同造成的。在传统饲养的概念上，大多数牧场主不去补饲羔羊，因为他们的目标是最大限度地利用低成本的夏季牧草。牧场中补饲利润最大的条件如下：羔羊价格相对高于补充料的价格；牧草质量和数量开始下降，如干旱季节；母羊生双羔或三羔时；或依靠母乳和天然牧草不能满足羔羊生长潜力的任何其他情况。

多数研究结果认为，当夏季牧草质量和利用率都很好，并且羔羊计划在相对大的日龄（5～6 月龄）上市时，给放牧羔羊补饲的利润最小。在这种管理体制下，羔羊增重不会接近它的最大潜力，而且到 5～6月龄时未补饲的羔羊似乎也能赶上。

在正常管理体制下，即母羊和羔羊共同靠采食牧草生存的体制，已经证明补饲是有作用的，尤其在产双羔和三羔时及粗饲料质量和利用率较低的干旱季节。在蒙大拿州立大学[27]进行的研究发现，采食干旱条件下没有经过灌溉改良的牧草，在 100 日龄断奶时补饲羔羊的体重比未补饲的羔羊重 12.76 lb（0.13 lb/d）。在明尼苏达州[28]和弗吉尼亚州[29]进行的类似研究也表明，补饲羔羊平均日增重分别为 0.16 lb/d 和 0.20 lb/d。非常有趣的是，在蒙大拿州的研究中，补饲羔羊 50%以上的增重优势发生在 8

月份，原因是那时粗饲料的质量和数量急剧下降，并且母羊处于泌乳晚期。使用蒙大拿州的实验数据(消耗 70.18 lb 补充料，补饲羔羊比未补饲的羔羊重 12.76 lb)，在不同饲料成本和羔羊价格关系的基础上，可以计算超过饲料成本的收益(表 20-8)。按这个性能水平，如果羔羊售价为每 100 lb 70 美元(cwt)，补充料成本 140 美元/t，那么，除去饲料成本每只羊可收益 3.92 美元。如果羔羊价格跌至每 100 lb 60 美元，那么除去饲料成本，每只羊的收益会降至 2.75 美元。这个表格强调了一点，即当羔羊价格相对于补充料价格较高时，补饲利润最大。

表 20-8 在不同饲料成本和羔羊价格关系的基础上超过饲料成本的收益[a]

每 100 lb 羔羊价格(美元)	饲料成本(美元/t)					
	100	120	140	160	180	200
50	2.87	2.17	1.47	0.77	0.06	−0.64
60	4.15	3.45	2.75	2.05	1.34	0.64
70	5.32	4.62	3.92	3.22	2.51	1.81
80	6.70	6.00	5.30	4.60	3.89	3.19
90	7.97	7.27	6.57	5.87	5.16	4.46
100	9.25	8.55	7.85	7.15	6.44	5.74

[a]以补饲 70.18 lb 饲料获得 12.76 lb 额外增重为基础。

草原放牧饲养者的另一个管理策略是补饲早期断奶的羔羊，然后直接送到肥育场。在这个方案中，羔羊从来不放牧，或只是短期放牧。这可使饲养者利用较高的价格优势，提早出售羔羊。按传统，西部草原的绵羊在春末产羔(3～5 月份)，在秋末上市(9～10 月份)。正常情况下，羔羊价格在 9 月份和 10 月份下降(这是大多数草原羔羊上市的月份)。补饲结合短期肥育，可使草原上的羔羊以相似的体重提前 1～2 个月上市。

食肉动物可掠夺草原绵羊，造成巨大的损失，补饲-肥育战略对遭受这种损失的绵羊经营者来说是一个选择。不把羔羊送入草原放牧，通常可将由食肉动物造成的损失降至最低。羔羊可放在实施食肉动物控制计划的地方。而且，通过实行早期断奶和把羔羊送入肥育场，饲养者仅需将夏季牧场用于母羊。这使饲养者能在可利用的草原上承载更多的母羊。当牧草资源有限时，这也是减少放牧压力的一个好办法。

5 羔羊的生长和肥育

“羔羊饲养”这一术语通常包括大量的管理和饲养策略，以及饲喂断奶羔羊达到足够体重，实现为美国市场生产可接受的屠宰羔羊的共同目标。在粗饲料条件非常好的情况下，羔羊可能会在哺乳阶段达到屠宰体重和体况。这是西部山区的高山草场所特有的。然而，美国生产的大部分羔羊在断奶时都没达到屠宰体重或屠宰等级。在这些羔羊中，一小部分由饲养者在自己所有的土地上肥育，而大部分都卖给了商业化羔羊肥育场或农场式肥育场，在那里进行高精料饲粮肥育。其中，许多在短期肥育前被置于优质牧场或二茬作物如紫花苜蓿地、芸薹饲料作物或甜菜茎叶进行饲养。

多数肥育羔羊在秋季可以出栏，此时它们从西部和西南部的农场上市。这些羔羊通常 5～6 月龄，体重 60～90 lb。许多饲养企业在更小的月龄就开始进行断奶，并出售这些羔羊。秋季或冬季出生的羔羊更是如此。有些饲养企业发现，早期断奶后自己先饲喂再作为待宰羔羊出售是有利润的。当谷物价格相对较低时，这是出售自产谷物的绝好方法。表 20-9 中给出了确定体重范围的早期和晚期断奶羔羊饲喂高精料饲粮时估计的饲料转化效率。

表 20-9　饲喂高精料饲粮的早期和晚期断奶羔羊在确定体重范围内的预期饲料转化效率(F/G)

体重(lb)	预期饲料转化效率	
	早期断奶(6～10 周龄)	晚期断奶(5～7 月龄)
40～60	3.50	
60～80	4.75	5.00
80～100	5.75	6.50
100～120	8.00	8.50
>120	9.00	10.00

资料来源:SID[5]。

屠宰时,理想的上市羔羊应有 0.1～0.2 英寸的背膘。由于羔羊之间存在骨架差异,理想的屠宰体重为 95～145 lb。当羔羊的膘情已经适当时,肥育者就应该考虑将其上市,而不需考虑体重。小骨架羔羊上市体重应该为 95～105 lb,中等骨架羔羊为 105～120 lb,大骨架羔羊为 120～145 lb。超过相应骨架类型体重的肥育是非常浪费的,因为饲料转化效率下降,并且胴体脂肪含量增加。

为了使羔羊肥育更加经济,可使用多种饲料来提供所需的全部营养。从全粗料到几乎全精料的饲粮,都可以实现这一目标。高精料饲粮通常增重速度最快,但可能不是最经济的。尽管利用草场放牧或利用各种二茬作物增重速度较慢,但通常在经济上更可行。体重较轻的羔羊(50～70 lb)能利用更多的粗饲料,而体重较重的羔羊(70～80 lb)则需要更多的精饲料和更短的肥育期。体重较轻羔羊更适合在草场肥育,而体重较重羔羊在肥育场肥育效果最好。最经济的方案取决于饲料的相对价格、肥育羔羊的类型和体重、管理的强制与否以及肥育者想要出售终产品的市场定位。

5.1　新生羔羊的管理

羔羊肥育系统成功的关键,取决于到达肥育场后最初 2～3 周的管理。通常进入肥育场之前羔羊要经过长途运输,可能会受到惊吓、劳累、饥饿和口渴。这个阶段羔羊的死亡损失相当高。一旦到达肥育场,就要卸下羔羊将其送入干燥、清洁的地方,并适当休息,然后再接受各种处理。我们应为羔羊提供躲避风、雨和雪的场所。为其提供禾本科干草或禾本科-豆类混合干草。保证随时可喝到清洁、新鲜、凉爽的饮水,以便刺激饲料消耗,并最大程度地提高饲粮消化率和营养物质消化代谢。让羔羊饮水是促使羔羊尽快采食的关键。这是西部草场饲养羔羊经常面临的问题。由于西部肥育羔羊经常不用水槽饮水,因此肥育者有时使用流水系统,让羔羊通过流水声而被吸引到水槽处饮水。饲料消耗量与水的消耗量密切相关。如果羔羊不饮水,它们就不会采食,进而也就不能增重。

给肥育羔羊饲喂开食料的方法差别很大,影响因素有劳动力的多少、饲料运送系统的类型(动物每日用来采食的料槽和自动喂料器)、饲粮类型和羔羊理想的生产水平等。开食料中通常粗饲料含量较高,谷物要逐渐添加,以避免消化障碍(酸中毒)和肠毒血症引起的死亡。羔羊对新饲粮适应较慢。如果计划在肥育场中肥育羔羊,那么就要按重量进行分类,分开饲养。每日将患病和虚弱的羔羊进行隔离。如果管理良好,那么整个肥育期的死亡损失接近 2%;但如果管理不当,则死亡率将远远超过这个数字。

在饲养期间,多数肥育场的经营者试图在一定时间给所有羔羊进行剪毛。剪毛可防止羔羊沾污泥土,也可剪去羊身上纠结在一起的脏毛。剪毛也会使饲料消耗量和增重量增加,尤其是在温暖的天气。产 1 等毛皮的羔羊(毛长 0.5～1 英寸)通常比全毛羔羊售价高。通常,剪毛后生产 1 等毛皮需要 40～60 d。以预期增重为基础,肥育企业能够估计羔羊适于屠宰的大概时间,并安排剪毛进程,这样他们就能够获得 1 等毛皮。

5.2　草场上的生长或肥育羔羊

将羔羊送入肥育场前,肥育企业利用草场或农田的作物秸秆很经济地进行肥育或实现低成本增重

(图 20-18)。体重较轻的羔羊能有效利用牧草。它们可以在杂草丛生的地块、护栏草地、收获大豆和玉米的农田里放牧。草木茂盛的冷季草或紫花苜蓿形成非常好的秋季草场(以及某些地区的冬季牧场)。在早秋季节可以使用油菜和其他芸薹。在西北部某些地区,甜菜茎叶或萝卜为生长羔羊提供了非常好的秋季牧草。

依靠预计上市日期,在整个肥育期或肥育期最后 30～40 d,可自由采食精料补充料。放牧采食冷季牧草或紫花苜蓿的羔羊,只需要能量饲料如整粒谷物。那些清洁杂草地、篱笆、大豆茬或玉米地的羔羊通常从谷物蛋白质补充料中受益。

图 20-18 饲喂粗饲料饲粮的肥育羔羊

承蒙密歇根州东兰辛市密歇根州立大学 M. E. Benson 惠赠。

图 20-19 饲喂高精料饲粮的肥育羔羊

承蒙 Harper Livestock 公司和 Eaton 公司惠赠。

在美国许多地区,利润最大的牧场是种植冬小麦、燕麦或黑麦的草场。但是,这些饲料存在的硝酸盐中毒的潜在危险限制了它们的放牧使用。尽管羔羊在种植小粒谷物的草场上也能肥育,但是,通过补充整粒谷物可以显著提高增重量。为生产最理想的肥育羔羊,整个肥育期要限制谷物的饲喂,或仅在肥育最后 30～40 d 让其自由采食。谷物的选择取决于其相对价格。只要羔羊在茂盛的青绿草场上放牧,就不需要饲喂蛋白质补充料。

5.3 肥育场羔羊肥育

肥育场形式各异,有带自动喂料器的大型开放式肥育场(图 20-19),也有带漏缝地板的全舍饲肥育场。羔羊饲养所用的设备变异也很大,有自动化喂料槽、每日饲喂 2 次的栅栏式喂料槽、自行喂料槽以及适于手工饲喂干草和谷物的手工喂料器。

永远没有最好的肥育羔羊饲粮可言,但确有许多实用的饲喂计划。可根据当地的饲料资源和价格关系类配制饲粮。取决于饲料成本和可达到的理想增重速度的不同,饲粮可以由任何一种干草和谷物组成,可以全部由干草组成,或由 20%干草及 80%谷物组成。在美国,大部分羔羊靠高谷物饲粮来肥育。

尽管苜蓿干草是最常用的干草来源,但其他粗饲料,如各种类型的干草、青贮饲料或半干青贮饲料,也可以使用。玉米、大麦、高粱或小麦可用作饲粮的谷物部分。根据所用粗饲料和精料的类型,有时要添加蛋白质饲料。饲料混合物中经常也添加矿物质和维生素混合物及一些类型的抗生素。100 lb 的羔羊饲喂不同精粗比的饲粮时,预计的采食量、平均日增重和饲料效率见表 20-10。当提高精粗比时,羔羊的生产性能,包括增重速度和饲料效率都有改善的趋势。自由采食干草和谷物时,羔羊消耗的饲粮一般含 60%～70%谷物和 30%～40%粗饲料。大多数肥育场中肥育后期的高精饲粮中含 70%～80%谷物是相当普遍的。

手工饲喂羔羊通常饲喂干草并补充谷物及精料混合物。表 20-11 为手工饲喂饲粮(由玉米或大麦、蛋白质补充料和干草[30]组成)提供了一个指南。这个指南的基础是饲喂紫花苜蓿干草和 34%～36%的蛋白质补充料(定量饲喂 0.5 lb/(只·d))及谷物(随羔羊长大,用量增加)。随羔羊年龄增大、体重增加,此饲粮体制中的蛋白质水平降低,能量水平增加。这个制度满足了生长-肥育羔羊的基本需要。

大多数肥育饲粮如果不含青贮饲料或半干青贮饲料,就可以每日使用料槽饲喂或自由采食。2 种饲喂类型都要防雨或防雪,以便保持采食量稳定。如果用料槽饲喂,每只羔羊需要 12 英寸的饲槽空间。如果自动喂料,每英尺的直线距离可供应 6～10 只羔羊饲喂。羔羊可在开放场地肥育。冬季肥育时提供防风设备或开放的庇护所,夏季肥育时提供阴凉地,这些有助于实现生长最快和饲料利用效率最高。理想的肥育场土地有一定坡度便于排水。每个畜栏中不应超过 500 只羔羊。在这种环境下饲喂的羔羊,需要 15～20 平方英尺的畜栏空间。

表 20-10 重 100 lb、饲喂不同精粗比饲粮的羔羊的预计生产性能[a]

谷物[b](%)	干草[c](%)	采食量(lb 饲料)	平均日增重(lb/d)	饲料转化(饲料/增重)
0	100	7.40	0.38～0.43	17.17～19.24
20	80	6.50	0.51～0.57	11.50～12.86
40	60	5.75	0.60～0.67	8.64～9.66
60	40	5.20	0.68～0.75	6.89～7.70
80	20	4.75	0.74～0.83	5.73～6.39

[a]根据 NRC1985[1]所报道的净能等式计算。

[b]本例中谷物以大麦为例。

[c]本例中干草以紫花苜蓿为例。

表 20-11 人工饲喂生长-肥育羔的饲养指南和简化饲粮

羔羊重(lb)	日采食量(lb/d)	紫花苜蓿干草(lb/d)	蛋白质补充料(lb/d)	增重(lb/d)	计算的营养含量(%)			
					CP	TDN	Ca	P
50	2.0	0.4	0.5	1.1	18.4	73.4	0.85	0.46
70	2.5	0.5	0.5	1.5	16.7	75.4	0.73	0.43
80	3.0	0.6	0.5	1.9	15.6	76.1	0.65	0.40
90	3.5	0.7	0.5	2.3	14.8	76.6	0.60	0.39
100	4.0	0.8	0.5	2.7	14.2	77.0	0.55	0.37
105	4.5	0.9	0.5	3.1	13.8	77.3	0.52	0.36

资料来源:Thomas,1990[30]。

6 潜在的营养问题

肥育羔羊营养问题发生的几率取决于应激的严重程度、羔羊先天的抗应激能力和肥育饲养者的管理水平。

D 型肠毒血病(enterotoxemia type D)是最常见的营养问题。应激和突然改变饲粮促发这种综合病症。早期断奶的羔羊应该在断奶前进行预防性接种。转移到肥育地的年老羔羊不管它们是预计在草场还是在肥育场进行肥育,都应该在到场后的 2 周内进行接种。当羔羊采食的饲料其精料比例增加时,我们应在饲粮中混合缓冲液通过减少酸中毒的发生几率,从而缩短饲粮调整时间。我们随时可在饲喂精料的过程中提供广谱抗生素,这样有助于羔羊保持身体健康,从而更好地抵抗肥育过程的任何应激。

肥育场的公羊或阉公羊经常发生尿结石。保持合适的钙磷比有助于防止其发生[31]。比例越接近 1∶1,发生尿结石的可能性越大。大多数肥育者配制饲粮时都保持 3～4 份钙对应 1 份磷。持续提供新鲜、清洁、凉爽和充足的饮水空间有助于防止尿结石。在饲粮中补充食盐或微量矿物盐可刺激饮水,从而也有助于防止尿结石。在全价饲粮中添加0.5%氯化铵或硫酸铵，有助于降低尿结石的发生率[32]。即使钙磷比最佳、食盐的摄入量充足、有持续高质量的饮水，也应该考虑添加氯化铵或硫酸铵。

饲喂颗粒状的高粗料饲粮会增加直肠脱垂的发生几率。饲粮粉尘过度会引起咳嗽，这会导致直肠脱垂。由于脱垂的趋势是由遗传控制的，因此，即使不考虑饲粮因素，脱垂仍会发生。短尾巴的羔羊比长尾羔羊更易于发生直肠脱垂。

7 饲料加工

除了颗粒料以外，加工肥育羊饲料不能显著改善饲料消化性或提高羔羊增重速度。颗粒较大的饲粮可增加饲料消耗量，从而提高增重速度。如果饲喂大量干草，粒化会增加采食量，提高生产性能[33]。如果将干草制成颗粒，它能与饲粮中的整粒谷物部分有效混合。通常将肥育羔羊的全部饲粮都制成颗粒不是一个明智的选择，因为增加的利润通常不够抵消制粒成本。含有50%以上精料的颗粒料通常不会大幅度提高羔羊的生产性能。肥育羔羊饲喂整粒大麦、燕麦、玉米和小麦[34~36]通常会减少消化障碍(尤其是酸中毒)。整粒玉米、大麦和燕麦的饲料效率经常高于其粉碎后的同样产品。另一方面，破碎、粉碎或高粱压片都趋于提高利用效率。

在决定肥育羔羊用谷物是否需要加工时，需要考虑的最重要的因素是全价料的物理形状。如果蛋白质、矿物质和维生素补充料完全是颗粒料，那么，为防止在喂料器中分级和动物挑食，它们应该与整粒谷物混合。相反，如果这些补充料是以粉状的形式提供，那么为促进所有营养素的理想采食量，在混合前应将谷物进行粉碎或破碎。

与饲粮精料混合的干草应该切短或进行粗粉碎，这样便于混合，促进饲粮各成分的消耗量一致及减少浪费(与饲喂长草相比)。干草粉碎过细，会增加饲粮粉尘，降低采食量，并导致生产性能下降。

8 后备母羊的营养管理

绵羊生产的经济效益由饲养母羊的日常管理成本决定。后备母羔断奶后的营养需要随其初次配种的年龄变化。对于种用后备母羊，生产者有2个方案选择：使种用母羔在1岁时产羔，或遵循种用母羊更传统的管理方法，即在周岁时配种，2岁时产羔。

给母羔配种增加了母羊的繁殖力，但比传统管理的母羊需要更高水平的管理和饲养。母羔在作为羔羊时配种，可以提高它终生产量的15%～20%。但是给母羔配种并非总是具有经济优势。如果母羊要在12～14月龄成功产羔，营养是很重要的。每头母羊投入大量资金(集约型)的绵羊经营从母羔配种中获利较高，而相比之下每头母羊投入较低(粗放型)的经营则从中从母羔配种中获利。

8.1 母羔的配种

母羔只要在繁殖季节达到了临界体重就可成功交配，而不会对未来的繁殖性能产生有害影响。为使母羔在1岁龄产羔，给母羔配种是多数农场群养绵羊管理的典型管理战略。要想母羔配种并在1岁时产羔成功地进行，需要特殊的处理。许多管理因素影响母羔配种的成功。由于许多因素影响母羔怀孕的比例，因此有的绵羊生产者可能有95%～100%的母羔配种成功，而有些仅能获得10%～40%的成功率。

初情期的年龄受品种和营养影响，因为营养影响羔羊的生长速度。良好的营养管理对于羔羊成熟和性发育是必需的。制定一套现实可行的有效的饲养计划对确保配种成功和较高的繁殖力是非常重要的。母羔配种没有惟一正确的管理计划。管理计划的变化取决于管理者的目标和农场或牧场资源(可利用的劳动力和饲料)。

一般为确保羔羊较高的配种比例，在配种季节开始时母羔必须达成熟体重的 65%左右。但对更多的传统品种，如兰布莱绵羊、塔尔基羊、哥伦比亚杂交羊和萨福克羊，达成年体重的 70%可产生更满意的结果。相反，某些品种和/或含 1/4 或更少种(多元)的杂交种达成年体重的 60%～65%就可以了。例如，如果绵羊生产者饲喂哥伦比亚杂交羊，母羊的成年体重为 165 lb，那么母羔在配种季节开始时平均体重应达 115 lb(165 lb×70%)。如果管理良好，受孕率可达 75%～90%。如果母羔是 1/4 杂交种，成年母羔重 145 lb，那么配种开始时他们的体重需要达到 87～94 lb。

牧场的绵羊生产者经常认为母羔饲喂良好，在配种季节开始时达到满意的目标体重不是经济可行的，他们可能会接受较低的目标体重。制定这一管理决策的生产者必须做好准备去接受较低的受胎率。牧场经营中最大的羔羊大多是单羔的，因此选择羔羊进行配种时就可能会促使选择产单羔的，而不选择产多羔的。这可能会对将来整个羊群的生产力产生不良影响。

充足的营养对达到早期配种所需要的个体大小和性发育是至关重要的。断奶后，为确保羔羊充分发育，以便在较小的年龄就进入初情期，需要保持较高的营养水平。所需饲养计划的类型取决于羔羊的平均断奶重和预期的配种日期。多数饲养计划应该实现平均日增重 0.4～0.5 lb。这只靠优质粗饲料是无法实现的；必须添加一些谷物。一般来讲，如果母羔只饲喂优质粗饲料如紫花苜蓿干草，那么其增重为 0.25～0.33 lb/d。

如果可能，保持母羔与成年母羊分群饲养是很重要的。132 lb 的母羔在妊娠最后 6 周需 2.4 lb TDN，而 154 lb 成年母羊只需 2.3 lb TDN。因此，妊娠母羔单位体重所需要的能量显著高于成年母羊。如果母羔和成年母羊一起饲养，成年母羊经常饲喂过量，而母羔饲喂不足。母羔和成年母羊一起饲养时，正常情况下母羔无法在饲槽中得到它们应得的份额。

刚结束配种后，母羔应饲喂与配种时期相同的饲粮。配种后 2～3 周，如果母羔体况超过过多(体况分数为 4 的增加了 1，达到 5)，应减少谷物。发育阶段体况超标会缩短产奶时间。多数情况下，谷物每日减少 0.5～0.75 lb，饲喂 3～4 lb 优质干草，直到产羔。产羔后，青年母羊的饲粮与产羔时体况良好的成年母羊的饲粮相同。如果它们体况较差，应补充额外的饲料。

有些品种较其他品种成熟较早，更容易受孕[37]。兰布莱绵羊成熟较慢，若想羔羊成功配种，就需要非常好的营养。塔尔基羊和哥伦比亚杂交羊如果营养良好，可实现早期配种成功。有些品种如多元杂交品种或与 25%芬兰品种进行杂交有很高的受孕率。品种选择受性早熟以外的许多因素影响，所有品种如果营养良好都能达到一个理想的受孕率。

8.2 周岁母羊的配种

在放牧条件下，饲养企业一般不愿尝试去给母羔早期配种。后备母羊通常在 18～19 月龄时首次配种，在 2 岁时产第 1 羔。按照这个管理计划，营养就不是那么重要了。在配种前，母羊有机会经历一个绿色饲料生长季节。

尽管这些母羊的营养需要不如计划 1 岁产羔时的配种那么重要，但它们也需要良好的照顾和管理。在放牧羊群中，母羔在 1 岁前剪毛时的体重与曾经断奶时的体重相等是普遍的。这些母羊达到成年体重需要一个非常艰难的时期，配种时也可能不在排卵高峰期。不管首次配种时年龄多大，那些配种时没有达到性成熟的母羊在首次产羔和一生中，其生产力都要降低。

一般来说，母羔的营养需要很容易满足，除非母羔在冬季成熟或风化的草场上放牧。有些母羔被移到农场，放牧采食作物二茬作物或牧草，或送到肥育场中饲喂同等粗饲料。这些母羔通常生长充分，在 18～19 月龄时配种是没有问题的。当母羔在肥育牧场过冬时，经常需要补饲。

9 放牧母羊的营养

牧场为许多西南和西部的绵羊饲养企业提供了基本饲料。在西部山区的牧场通常只在夏季可用来放牧，因此非常适合成群绵羊的经营。相反的，其他西部和西南部的牧场通常可全年放牧。

牧场绵羊企业的目标是最大程度地利用牧场的牧草，最小程度地使用收获的饲料。在放牧条件下，放牧季节时母羊的营养素采食量变化很大，最佳的生产力经常低于遗传潜力。由于经济和实际原因，绵羊的饲粮中包括营养素采食量低于需要量的阶段，接着是营养素采食量相对较高的阶段。体脂肪的增加和减少是动物自然的、理想的过程，这些动物已很好的适应了放牧条件。

只有在放牧的绵羊生产性能不高时，才需要饲喂补充料。所需补充料的类型和数量在不同牧场、不同年份之间变化很大。许多决策取决于天气和湿度条件。在高营养需要时(如泌乳期)或冬季天气非常恶劣时，就需要额外的补充料。干旱条件下，绵羊可能全年需要补充料。

能量、蛋白质、磷和维生素A可能是放牧绵羊的限制性营养元素。常用蛋白质饲料如棉籽粕或豆粕，比以能量为基础的补充料如玉米、小麦或大麦更理想。能量补充料的饲喂量超过体重的0.3%可能会降低粗饲料的采食量和消化率，因此可能不会增加总的能量摄入量。当饲喂相对少量的精料(每日每头少于0.33 lb)就能实现补充目标时，能量补充料是有效的。

10　营养和羊毛生产

尽管绵羊的羊毛生产能力由它的基因组成决定，但环境因素对其影响很大。澳大利亚的一项研究[38]表明，基因来源相似的绵羊羊毛生长速度变化范围为1.6～20.2 g/d。羊毛生产的这些变化在很大程度上是绵羊营养状态的一个反映。

能量采食量的增加通常会对羊毛生长产生直接的积极影响，除非饲粮中的蛋白质含量非常低[39]。多数研究试验[38]表明，可消化干物质采食量增加会增加羊毛产量。据Allden[40]报道，澳大利亚南部的美利奴阉公羊饲料采食量变化很大，导致其日羊毛生长速度为3.1～16.8 g/d，后者接近了18.6 g/d的最大遗传潜力[41]。他发现，这些公羊每采食100 g可消化干物质可生产2.04 g羊毛。其他研究人员[42]认为，饲料向羊毛的转化效率在低采食量时比高采食量时略高。Willams和Winston[43]注意到，当绵羊体重损失5%时，100 g饲料可生产1.07 g羊毛，当体重增加5%时，100 g饲料只能生产0.78 g羊毛。

在一项试验[44]中，使用蛋白质含量为NRC推荐量的100%，80%和60%的饲粮，用于研究蛋白质水平对羊毛生产的影响。临界的蛋白质水平似乎接近推荐量的80%，或处于维持状态母羊的含7%～8%的粗蛋白的饲粮。尽管饲料采食量可分成蛋白质和能量的营养供应，但很难确定这些成分对羊毛生产的独立作用。然而一般认为，羊毛生长取决于能量摄入量，而不是蛋白质摄入量，这可能是由于蛋白质在瘤胃中的正常降解，因此，在一项过瘤胃试验中或饲粮中含有高浓度的非瘤胃降解蛋白质的试验中，报道了羊毛生长对蛋白质水平的显著反应[39]。羊毛生长对于能量摄入量的表面反应，可能是对到达十二指肠的微生物氨基酸和未发酵的饲粮蛋白质量增加的反应。

羊毛蛋白质中含有高比例的含硫氨基酸——胱氨酸，我们已经知道，毛囊中含硫氨基酸可利用性的变异影响纤维的生长速度和纤维组成[45]。含硫氨基酸对羊毛生长具有重要作用。

羊毛生长的最佳蛋白能量比大约为每兆卡消化能对应1.88 g可消化含硫氨基酸。这个比例表明，可吸收氨基酸尤其是含硫氨基酸的供应，是饲料采食量的主要部分，决定了羊毛的生长速度。这个比例也暗示了蛋白质吸收增加，羊毛生长也增加。

缺乏未发酵饲粮蛋白质，只提供微生物蛋白质能满足维持、缓慢生长和妊娠早期的需要，但不能满足快速生长、泌乳或羊毛生长的需要[46]。因此，为使羊毛生长达到最大，必须为绵羊提供未发酵饲粮蛋白质，用量大约等同于微生物蛋白质所提供的营养。

一般来说，营养对羊毛生长的限制作用主要是影响羊毛的产量[42]。每个纤维的长度和直径都降低，也就是说，如果某阶段营养严重不足，所有的羊毛都表现为所有纤维的相应部位显著变细。营养的正常变化导致纤维直径2～3 μm及以上的差异，营养水平降低导致纤维变细。严重营养不足时，这种变细会引起羊毛断裂或弱化，严重降低羊毛的生产价值。

动物的生理状态显著影响羊毛生长[46]。雌性动物的繁殖周期会显著降低羊毛生长。据报道，在妊娠晚期羊毛生长速度降低 20％～40％。如果不限制采食量，那么妊娠期的自由采食量除了在分娩前短时间内可能会降低外，在其他时间是不会降低的，因此羊毛生长的下降可能与所吸收营养的分配有关，这一观点是可以接受的。在泌乳母羊中，尽管由于泌乳自由采食量适当增加，但羊毛生长也降低了 30％或更多。像妊娠期一样，我们可以认为，泌乳期羊毛生长下降是受营养分配改变的影响。

妊娠期和泌乳期母羊的营养不仅直接影响其当时的羊毛生产，而且影响其所产羔羊终生的羊毛生产[47]。绵羊所产的羊毛量受毛囊的数量、大小和类别影响。初级毛囊通常在妊娠的第 19 周完全发育，而次级毛囊的发育是从那时开始直到羔羊出生。毛囊的原始细胞及其随后的发育与胎儿生长密切相关。出生以前低水平的营养供应会限制身体大小和毛囊总数。出生以后限制营养采食量会降低每个毛囊生产纤维的能力。已经证明，在生命早期剥夺营养会永远降低产毛纤维的数量，因此影响将来的生产力。在生命后期营养不良只会引起活性纤维数量的暂时降低[47]。

参 考 文 献

1. NRC. 1985. *Nutrient requirements of sheep*. 6th ed. Washington, DC: National Academy Press.
2. ARC. 1980. *The nutrient requirements of farm livestock*. *No. 2*: *Ruminants*. 2nd ed. Slough, England: Commonwealth Agr. Bureaux.
3. Forbes, J. M. 1968. *Br. J. Nutr*. 22:33.
4. Butcher, J. E. 1970. *Natl. Wool Grower* 60:28.
5. SID. 1987. *Sheep production handbook*. American Sheep Industry Association, Production, Research and Education Council, Englewood, CO.
6. Wiener, G. 1979. *Livestock Prod. Sci*. 6:223.
7. Kubota, J. 1975. *J. Range Manage*. 28:252.
8. Russel, A. J. F., J. M. Doney, and R. G. Gunn. 1969. *J. Agri. Sci*. 72:451.
9. MLC. 1983. *Feeding the ewe*. Meat and Livestock Commission. Sheep Improvement Services, Queensway House, Bletchley, England.
10. Gunn, T. G. 1983. The influence of nutrition on the reproductive performance of ewes. In: *Sheep production*. W. Haresign, England: Butterworths.
11. Coop, I. E. 1966. *J. Agri. Sci*. 67:305.
12. Cole. H. H., and P. T. Cupps. 1977. *Reproduction in domestic animals*. 3rd ed, New York: AcademicPress, Inc.
13. Hoversland, A. S., et al. 1956. *Proe. West. Sec. Amer. Sd. Animal Sci*. 7:1
14. Kercher, C. J. 1980. *Forage and management systems for maximizing efficiency of western ewes*. Technical Report, Animal Sci. Division. University of Wyoming, Laramie, WY.
15. Torell, D. I., I. D. Hume, and W. C. Weir. 1972. *J. Animal Sci*. 34:479.
16. Hulet, C. V., et al. 1962. *J. Animal Sci*. 21:505.
17. Robinson, J. J. 1983. Nutrition of the pregnant ewe. In: *Sheep production*. W. Haresign, England: *Butterworths*.
18. Villettee, Y., and A. Brelurut. 1980. *Bull. Tech. CRZV Theix. INRA* 40:5.
19. Cowan, R. T., et al. 1981. *Animal Prod*. 33:111.
20. Wallace, L. R. 1948. *J. Agri. Sci., Cambridge* 38:93.
21. Robinson, J. J. 1987. Nutrition of housed sheep. In: *New techniques in sheep production*. I. Fayez, M. Marai, and J. B. Owen, England: Butterworths.
22. Cowan, R. T., et al. 1980. *J. Agri. Sci., Cambridge* 95:497.
23. Robinson, J. J., et al. 1974. *J. Animal Prod*. 19:331.
24. Poe, S. E., et al. 1972. *J. Animal Sci*. 34:826.
25. Church, D. C., ed. 1975. *Digestive physiology and nutrition of ruminants*. *Vol. 1*: *Digestive physiology* 2d ed.

Corvallis, OR:O&B Books.

26. Frederiksen, K. R., R. M. Jordan, and C. E. Terrill. 1980. *Rearing lambs on milk replacer diets*. Farmers Bulletin No. 2270. USDA.

27. Thomas, V. M. ,and R. W. Kott. 1989. *Sheep research J*. 5:2, p. 1.

28. Jordan, R. M., and G. C. Marten. 1963. *J. Animal Sci*. 19:1307.

29. Carter, R. C., and J. S. Copenhaver. 1965. *Intensive lamb production methods*. Va. Agric. Exp. Sta. Livestock Res. Rpt.

30. Thomas, V. M. 1980. Feeding ewes and lambs. In: *A Practical guide to sheep disease management* by N. Gates, Moscow, ID: News-Review Publishing Co.

31. Emerick, R. J., and L. B. Embry. 1963. *J. Animal Sci*. 22:510.

32. Crookshank, H. R. 1970. *J. Animal Sci*. 30:1 002.

33. Thomas, V. M., and J. J. Dahmen. 1986. *SID Research Digest* 2:2, pp. 11-16.

34. Barns, B. J., and E. R. Φrskov. 1982. *World Animal Rev*. 42:38.

35. Φrskov, E. R., et al. 1974. *Brit. J. Nutr*. 32:59.

36. Φrskov, E. R. 1979. *Livestock Prod. Sci*. 6:335.

37. Hulet, C. V., and S. K. Ercanbrack. *Increasing market lamb production*. U. S. Sheep Station. Dubois, Idaho.

38. Black, J. L., and P. J. Reis. 1979. *Physiological and environmental limitations to wool growth*. Armidale, ID: Univ. of New England Publishing Unit.

39. Doney, J. M. 1983. Factors affecting the production and quality of wool. In: *Sheep Production*. W. Haresign, England: Butterworths.

40. Allden, W. G. 1968. *Aust. J. Agri. Sci*. 19:639.

41. Hogan, J. P., N. M. Elliott, and A. D. Hughes. 1978. Maximum wool growth rates from Australian Merino genotypes. In: *Physiological and environmental limitations to wool growth*, p. 43, eds. J. L. Black and P. J. Reis. Armidale, England: Univ, of New England PublishingUnit.

42. Allden, W. G. 1978. Feed intake, diet composition and wool growth. In: *Physiological and environmental limitations to wool growth*, p. 61, eds. J. L. Black and P. J. Reis. Armidale. England: Univ, of New England Publishing Unit.

43. Williams, A. J., and R. J. Winston. 1965. *Aust. J. Exp. Agri. Aminal Husbandry*:5:390.

44. Ferguson, K. A. 1959. *Nature* 184:907.

45. Reis, P. J. 1978. Effects of amino acids on the growth and properties of wool. In: *Physiological and environmental limitations to wool growth*, p. 223, eds. J. L. Black and P. J. Reis, Armidale, England: Univ, of New England Publishing Unit.

46. Corbett, J. L. 1979. Variation in wool growth with physiological state, In: *Physiological and environmental limitations to wool growth*, p. 79, eds. J. L. Black and P. J. Reis, Armidale, England: Univ, of New England Publishing Unit.

47. Lyne, A. G. 1964. *Aust. J. Agri. Res*. 15:788.

第 21 章　山羊和山羊营养
Goats and Goat Nutrition

作者:J. E. Huston
译者:张辉
校对:张淑枝和赵芸君

前言

山羊是小反刍动物,广泛分布于全世界。尽管山羊最适合的是气候干燥、地形崎岖和稀疏植被分布的干草原地区,但它能很快适应环境,如果管理良好,它们几乎在任何环境下都是高产的。

美国的山羊包括奶山羊(多为集约化生产)、安哥拉山羊(多为粗放型)和肉山羊(多为粗放型)。安哥拉山羊是小型肉用山羊,主要分布在得克萨斯州的爱德华高原地区。通过销售纤维(马海毛)和山羊肉,为那个地区创造价值;通过延缓灌木侵蚀,山羊在稳定植被的过程中也是很重要的。奶山羊业正在迅速发展,但同奶牛业相比仍然很微不足道。多数大型山羊乳品厂位于大城市附近。许多小型的羊群(5～20 只山羊)实行庭院式经营,所产的奶一般出售给邻居和朋友。

由于山羊的社会经济效益(主要在发展中国家),因此在全世界都很重要,但山羊最独特之点是它们奇特的饲养行为,仅这一点,我们就有足够的理由单列山羊和山羊营养这一章。

1　采食行为

山羊在选择和采食饲粮时与其他家畜品种不同。它们能区别那些看起来一样的植物片段或饲料颗粒,表现为选择采食一种而剩下另外一种。它们坚持采食新鲜、清洁和从未被动物碰过的饲料。它们在饲粮选择方面是奇特的。

1.1　舍饲喂养

山羊对它们吃什么非常好奇,甚至是在料槽中采食干草或配合饲料时也是如此。灵巧的嘴唇和精确的舌部运动[33]使山羊能够在所提供的饲料中进行挑选成为可能,精确地把不吃的作物碎段和饲料颗粒推到一边,然后只采食最喜欢的那部分(图 21-1)。

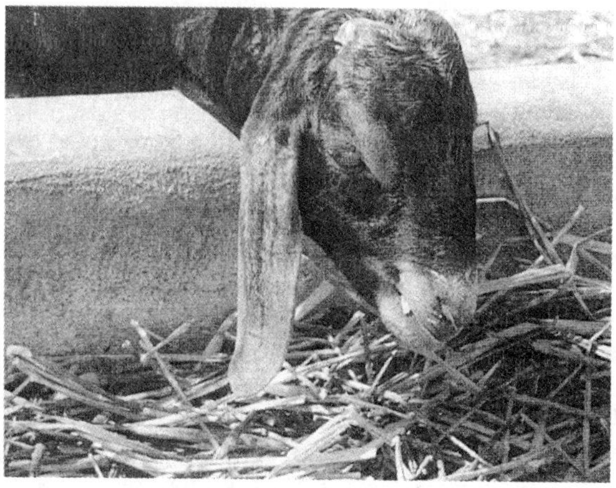

图 21-1　奶山羊在放有过去剩余干草的茎秆的食槽旁

这种特殊采食行为对饲粮产生了 2 个重要影响。第 1 个影响是,饲粮组成不同于所提供的饲料。表 21-1 中的数据显示了所提供的和被拒绝采食的干草之间的差异。在这种情况下,山羊饲粮的净能和净蛋白含量分别比所提供的干草高出 12.5%和 16.5%。尽管高度进化的选择性对山羊有利,但挑食所造成的营养不平衡会导致较低的生产力或健康问题。在颗粒料中这种不平衡的风险会降低。

山羊特殊采食习惯的第 2 个影响是，山羊的选择性越强，它们吃得会越多(图 21-2)。在较低的饲养水平下，山羊拒绝采食的只是少量。随着饲养水平的提高，拒绝采食的和净采食的数量都会增加。因此，限制这种拒食积累是很重要的。一旦饲料被拒绝采食，以后如果对生产力没有严重影响的话，动物也很少(如果有的话)会再次采食它们。

表 21-1 紫花苜蓿干草在奶山羊饲喂前、拒绝采食物和进食部分的饲喂价值比较

	饲喂前	拒绝采食物	进食部分
叶(%)	46.2	23.9	59.9
茎秆(%)	53.8	76.1	41.4
营养价值			
每千克干物质能量(Mcal)	0.88	0.7	0.99
可消化粗蛋白(%)	12.1	8.5	14.1

资料来源：按 Morand-Fehr 和 Sauvant 所提供的数据计算[41]。

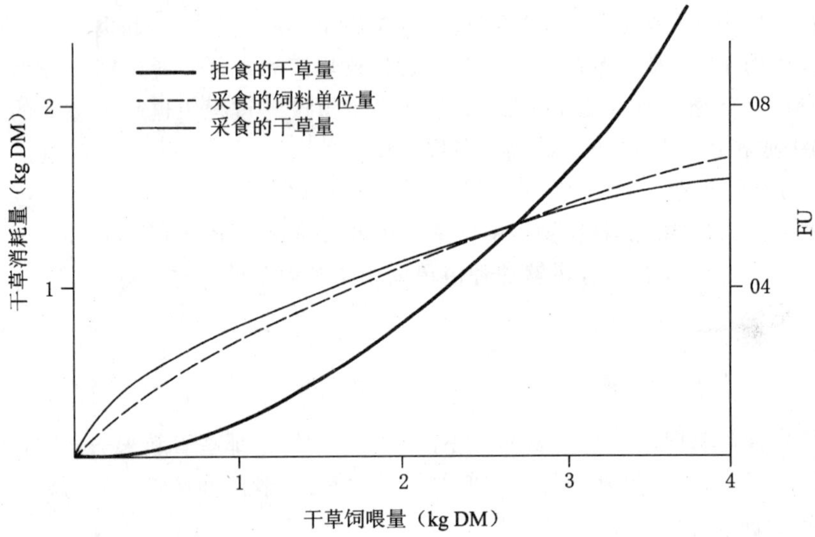

图 21-2 紫花苜蓿干草的饲喂水平对成年阿尔卑斯山羊拒绝采食部分和采食干草的相对数量及所采食的饲料单位(FU)的影响

选自 Morand-Fehr[39]。

1.2 牧场中的饲粮选择和组成

山羊采食行为活跃，具有好奇心。如果有选择机会，山羊会尝试采食所有的植物类型(树木、灌木、草本双子叶植物和牧草)以及每个植物类型的几乎所有品种。有时山羊识别一株植物并吃光叶子，而同品种的另一株却完好无损。但是，从相对大的范围内选择多样化的饲料是山羊的一般模式(pattern)，上述二者相对于一般模式而言都属例外。山羊以灵巧著称，经常站在很高的悬崖上或爬到低悬的树枝上。山羊吃草的常见姿势是只用后腿站立，前腿和头部藏在较矮的树枝间。啃食线(browse line)一词描绘了草地过度放牧的情景(图 21-3)。树木和灌木丛出现一条平平的沟线区，距地面 4～6 英寸，这一高度正好是山羊两腿站立时所能达到的范围。

尽管山羊可选择所有的植物类型，但它们尤其喜欢乔木和灌木。这种行为特征在所有家畜品种中是独一无二的，有些国家已利用这种行为特征来控制不理想的灌木或杂草的生长。取决于环境条件的不同，山羊能从草场中除去[37]不理想的木本品种[26]，以减少其存在和防止其对草场的侵害[8,27,45,65]，或可以改善这些木本品种对于其他家畜采食的价值[47]。同其他家畜一样(尤其是绵羊)，山羊喜欢沿不规则的路线采食。因此，围栏设施可以作为一种工具，促使山羊增加在目标地区的放牧强度。肉用山羊的放牧效率比安哥拉山羊稍高[60]。在有些情况下，将山羊在灌木草场上放牧的收入最高，此时就应该利用山羊来维持和利用灌木，但注意不要过度利用，以免其达到不可恢复的死亡之点[55]。

山羊所选饲粮的营养价值通常比平均可利用植物的营养价值更高、更稳定。一般认为，禾本科牧草和草本豆科植物的营养价值高于灌木和乔木的叶子，它们经常是山羊饲粮的主要组成部分。有时，饲粮中含有最柔软和适口性最好的乔木树叶、灌木叶尖、散落在地上的树木坚果(如橡树果实)、旱生植物的花和(或)芽、牧草的穗头等。所有这些微小的植物部分都含有高浓度的一种或多种所需营养物质。如果牧场中的植物是由复杂的植物群落组成的，那么山羊的饲粮组成也会很复杂。而且，因为大批植物同时生长、成熟、结实、衰老、落叶等，饲粮组成每日的变化都很剧烈[61]。其结果是，山羊所选择饲粮的营养价值高于可获得植物营养价值的平均值；与适应性较差家畜的饲粮相比，选择饲粮的营养组成也更稳定。但是，在植物多样性较差或多样性缺乏时，山羊、绵羊和牛所选的饲粮都很相似。

图 21-3　得克萨斯州的爱德华高原地区放牧的肉用山羊

注：在乔木和相关灌木区形成了啃食线。

照片由 Kenneth Bales 提供。

2　山羊的生产力

山羊可提供奶、肉和纤维(和皮革)。尽管每种山羊类型的作用存在部分重叠(肉和奶、纤维和肉)，但山羊已经发展成为提供某种主要产品的专用品种。

2.1　肉用山羊

肉用山羊分为多种，从外表就可以区分开来。世界上有些国家偶尔也将肉用山羊品种选育成具有特征性的外表。非洲的波尔山羊是已确立的肉用山羊品种的代表。至今，美国肉用山羊很少得到控制性选择；因此，它们具有各种各样的毛色、角型、步型、产奶能力、羊毛特征和体型结构。1993 年，三方面的发展使人们对肉用山羊的态度发生了根本性转变：即美国对肉用山羊的需求增大，且不断增长[31]；羊毛法案的颁布曾为马海毛的生产提供了契机，但好景不长，随即开始了三年一度的衰败期[31]；波尔山羊被引入美国。尽管山羊肉可以来自安哥拉山羊或奶山羊，但一般意义上的肉用山羊主要(如果不是绝对的)是指用于产肉而饲养的山羊。在 1995 年，大部分肉用山羊是没有典型特征的西班牙山羊。在随后的 5 年中，美国的大部分山羊外表都发生了转变，与波尔山羊非常相像。

肉用山羊的繁殖率相对较高[7,28]，除了 3 月和 4 月份不发情期外，这些山羊可全年配种[54]。产双羔现象较常见，但产三羔或四羔的情况也时有发生。尽管在 12 个月内产 2 胎在理论上是可能的，但繁殖率的合理期望值是 100 只母羊每年大约产 180 只活羔。

母羊在泌乳高峰期(产后 21 d)的产奶量为 2～4 lb/d，有波尔山羊血统的大型个体产奶量处于此范围的高限值[6,11]。在泌乳 120 d 期间，产奶量逐渐下降到低于高峰期产奶量的一半。大量引入奶山羊品种基因的肉用山羊，可期望获得更高的产奶量。

新生羔羊重 5～8 lb，120 日龄前增重为 0.25～0.50 lb/d。因此羔羊在 6 月龄断奶时体重可达 35～60 lb，这取决于繁殖(有波尔山羊血统的山羊增重潜力更大)、羔羊性别(公羔稍重)、每窝羔羊的数量和环境(主要是营养)条件。

同绵羊相比，供屠宰的山羊加工率较低(低于产量的 50%)[58,62]，这部分是因为它沉积脂肪的趋势较小(图 21-4)。山羊肌肉柔软度差[5]，但风味好，尤其是用于加工肉品，如法兰克福香肠、墨西哥辣味牛肉沫(chili)和相似产品时更是如此，而与山羊年龄无关[34]。大部分山羊肉，尤其是青年羊羊肉(羔山羊肉)以全羊形式用于室外篝火烧烤。

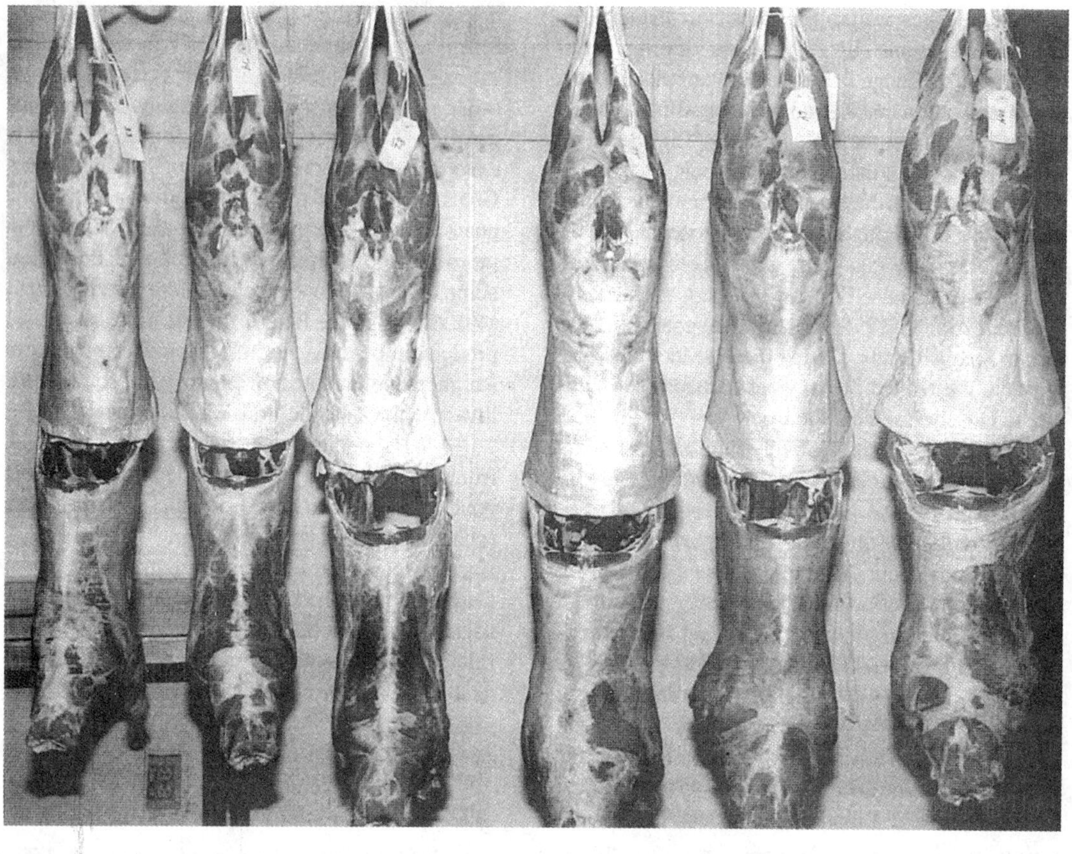

图 21-4 西班牙山羊×安哥拉山羊(左 1)杂种、西班牙山羊(左 2,3,4)、西班牙山羊×波尔山羊(右边 2 个)杂种的胴体

注：它们年龄大致相同，且在相似的饲养制度下饲养。但西班牙山羊×波尔山羊杂种的胴体更大，肌肉更多，西班牙山羊×安哥拉山羊杂种的胴体膘情增加的迹象很小。

照片由 D. F. Waldron 惠赠。

据报道，在南非，波尔山羊的繁殖率大约为 180%，与美国的西班牙山羊相媲美[7,9]。与美国的西班牙山羊进行杂交，杂交 F_1 代山羊的初生重稍高于纯种西班牙山羊，营养良好时生长速度大约快 30%，而特定年龄的胴体更大[46,64]。不同品种山羊胴体的其他数量和质量性状相似，但安哥拉山羊稍肥[46]。山羊不会长得像绵羊一样肥[62]。与放牧条件下生长的山羊相比，饲喂高能饲料的舍饲山羊将沉积更多的脂肪和更高比例的不饱和脂肪[49]。尽管具有波尔山羊血统可增加山羊的生长速度和生产潜力，但生产力的提高需要依靠较高水平营养的支持，高生产性能在低于或在临界状态营养水平时不可能实现[3,36,60]。

肉用山羊的羊毛与安哥拉山羊的马海毛明显不同(图 21-5)。多数肉用山羊生产 2 种毛：一种是没有市场价值的非常粗的毛(针毛)；另一种是目前需求很大而非常纤细的毛(山羊绒)。羊绒产量在肉用山羊中变异很大,通常很低(少于 50 g/年)。然而,从肉用山羊中选择一些个体生产羊绒来发展羊绒产业,通常具有更大的利润。

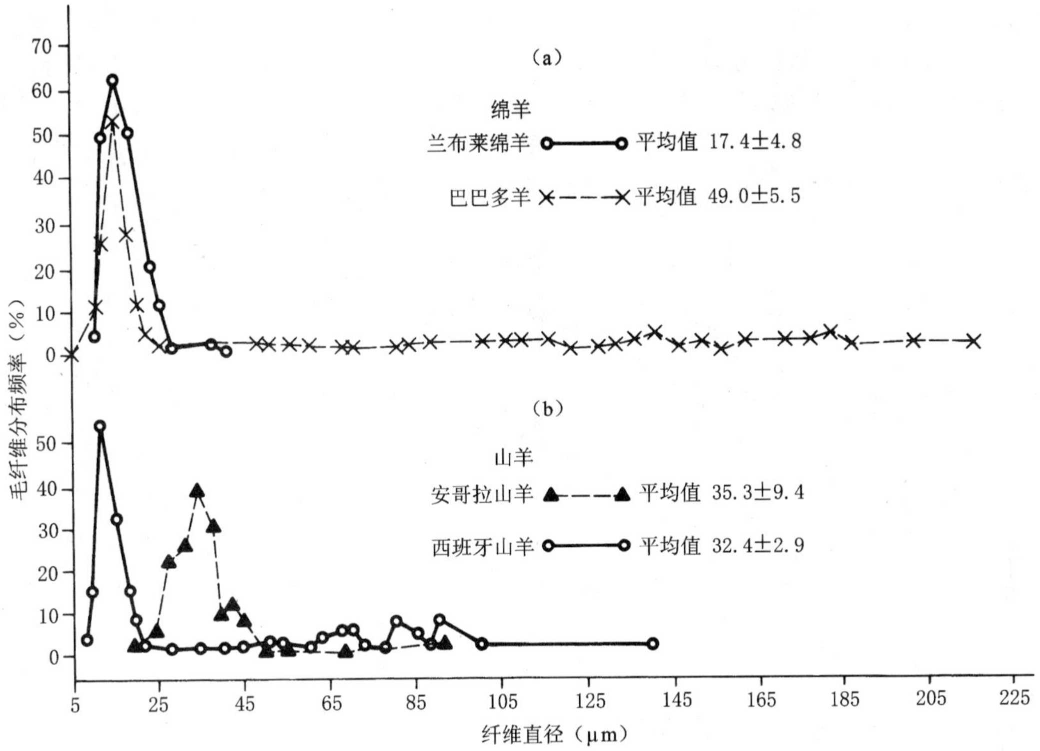

图 21-5　兰布莱绵羊和巴巴多羊毛纤维直径的分布状态(a)及安哥拉山羊和肉用山羊的羊毛纤维直径的分布状态(b)

选自 Gallagher 和 Shelton[11]。

2.2　安哥拉山羊

安哥拉山羊是对单一性状——马海毛生产进行长期遗传选择的产物。这种山羊的体形比其他多数品种都小,营养物质需要量更高,尤其是蛋白质,因此这些营养物质的供应往往处于最佳营养需要水平之下。安哥拉山羊更容易受寄生虫病和恶劣环境条件的影响[51]。

与肉用山羊相比,安哥拉山羊的繁殖率较低。公羊和母羊都存在严格的繁殖季节。母羊发情周期的开始和公羊发情通常是在夏末天气转凉到冬季中期的时间内;对于母羊,则包括怀孕期。最活跃的配种季节是在 9 月中旬至 11 月中旬。尽管排卵率通常超过 125%,但一些不利因素可将排卵率下降 1/2[53]。主要损失包括:受孕失败、胚胎死亡、流产、围产期损失和被食肉动物所食。其中一些损失可通过良好的营养管理加以避免或减少。

出生时,羔羊的体重大小与肉用山羊相当(5～7 lb);但出生时个体小、虚弱的羔羊在营养不良的羊群中常发生死亡。羔羊体重达 25～45 lb 时断奶(6 月龄),体重为 50～60 lb 时进行初次配种(18～20 月龄)。断奶到初配这段时期非常关键,发育不完全的周岁羔羊会降低终生的生产力[56]。

尽管安哥拉山羊的肉品质与其他品种相当[46],但青年安哥拉山羊很少在数量达到稳定时期屠宰。由于安哥拉山羊繁殖率低,损耗率高,因此,实际上所有的母羔都作为后备母羊饲养。那些不适合用于繁殖的公羔(6～18 月龄)都进行阉割处理,作为阉公羊或生产马海毛的"肉用"山羊饲养。因此,只有淘汰的或年老的安哥拉山羊才以可观的数量进入羊肉市场。

饲养安哥拉山羊是为了生产马海毛。这种纤维的直径大于羊绒和细毛，但小于肉用山羊和奶山羊的粗糙针毛及长毛品种绵羊的毛（图 21-5）。安哥拉山羊羊群（包括羔羊和周岁羊）的平均产毛量约为每只山羊年产 7 lb（以洁净毛为基础）[59]，但年龄较小的成年羊（2～5 岁）会超过这一产量（图 21-6）。随着年龄的增长，马海毛的产量增加到一个峰值后下降，纤维直径增加，增加的速度下降，但纤维长度保持相对稳定[32]。安哥拉山羊每年剪 2 次毛，分别在冬末和夏末。马海毛以细度（纤维直径）为基础来销售，等级越高价格越高。美国的马海毛产业使用 3 个主要等级。羔羊毛（小于 30 μm）的直径最细，价格也最高，接下来分别是年轻的成年羊（30～34 μm）和成年羊（大于 34 μm）。世界贸易中有些地区使用客观量度（纤维直径、纤维长度、强度等）代替等级系统来进行价值估测。

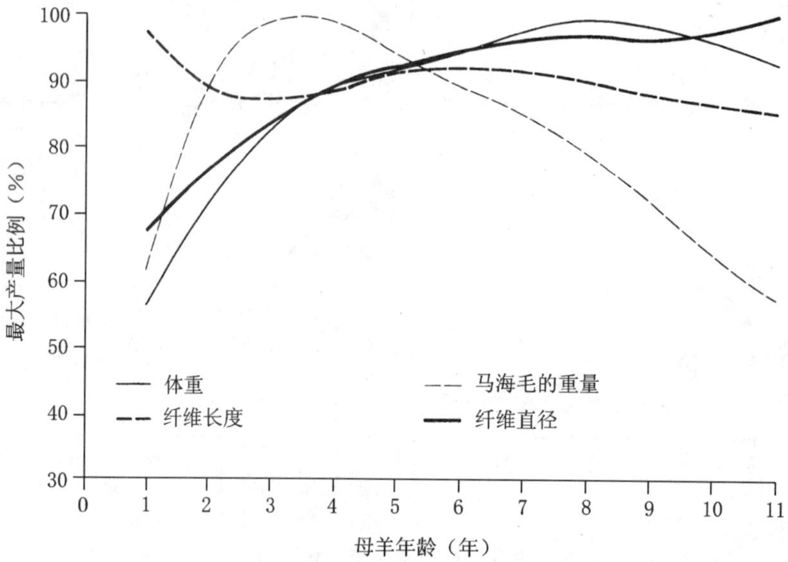

图 21-6 马海毛的重量、纤维长度、纤维直径和体重与安哥拉母山羊年龄的关系

选自 Shelton[52]。

2.3 奶山羊

在美国，山羊乳品业是一个充满竞争但很具前景的行业[17]。山羊经常被描述为“穷人的奶牛”，它在发展中国家是相当重要的。在美国，奶山羊的初级产品（全奶、奶酪、奶粉、酸奶等）在位于大城市附近的专业市场出售，或被山羊饲养者和他的朋友及邻居消费。现代化挤奶设备见图 21-7。1986—1993 年间，平均有 792 个乳畜群，每个畜群中平均有 15 只山羊参加了乳畜群改善联合会计划（DHIA）中的山羊部分[10]。有人认为，美国预计有 150 万只奶山羊，而参与计划的少于总数的 1%[17]。各州奶山羊数量排名中第 1 位的是加利福尼亚（遥遥领先），然后是得克萨斯州、俄亥俄州、纽约州、宾夕法尼亚州、俄勒冈州、华盛顿和威斯康星州。

图 21-7 正在给奶山羊挤奶

奶山羊的品种包括阿尔卑斯山羊、拉美查、努比亚、萨能奶山羊和托根伯格山羊。最普遍的是努比亚，它是真正的兼用型品种。由于其乳脂率相对较高，因此经常与泽西种乳牛相比拟[17]。据报道，萨能奶山羊、阿尔卑斯山羊和托根伯格山羊（瑞士品种）是更好的乳品生产者[10]。拉美查山羊是在美国逐渐形成的品种，由于其只具有未完全发育的外耳，因此很容易辨认。

选择安哥拉山羊是为了生产马海毛。与之相似的是，选择奶山羊常是为了其产奶量，而很少重视其他性状。奶山羊的繁殖率比安哥拉山羊高，但可能比肉用山羊低[50]。然而，奶山羊的繁殖与产犊有关，因此也与产奶量有密切关系。繁殖的季节性对液态乳品市场的乳制品供应是一个显著的制约[3]。在春季，通过光照改变增加光照时间会有助于配种，否则此时山羊是不发情的。

奶山羊不同品种间羔羊的初生重和生长速度变化很大，但都有稍高于肉用山羊的趋势。初生重为8～9 lb 的羔羊应增重 0.28 lb/d，6 月龄时达 55～60 lb[40]。除了胴体更大产量更高外，肉用特征与肉用山羊相似。

奶山羊的产奶量变化很大。报道的 1 300～1 600 lb[10,35]的产量远低于个体山羊的报道值，被认为具有潜在的产奶量[16]。据报道，山羊奶中的脂肪含量为 4.2%[10]。同奶牛一样，山羊奶的产量和成分受产前和泌乳期营养水平的影响很大[35,42]。

3　营养需要

通常，同其他反刍家畜的饲粮需要相比，山羊必须消耗更多的干物质（相对于体重而言），或者所消耗的干物质必须含有更高浓度的营养物质。按占身体比例来说，山羊的瘤-网胃体积较小，饲料颗粒的存留时间趋向于更短（表 21-2）。因此，同绵羊或牛相比，山羊对消化潜力相似的饲粮可能消化得更不充分，这是食糜在山羊瘤-网胃中存留时间更短的缘故。这使得饲料颗粒的周转速度更快，消耗量增加。最终结果是采食量较高，消化率较低；但与其他反刍家畜相比，山羊对可消化养分的消耗量更高[19]。有报道，在潮湿的热带和沙漠环境下，山羊比其他家畜品种具有更高的纤维消化能力，这可能是因为它重复利用氮的能力更高[36]。

表 21-2　得克萨斯州的爱德华高原地区的牛、绵羊和山羊中所采食饲粮的瘤胃存留时间（RT）、周转速度（TR）和饲粮消化率（四季的平均值）

品种	RT (h)	TR (%/h)	消化率（%）	
			活体外[a]	活体内[b]
牛	36	5.2	55	51
绵羊	34	5.2	57	50
山羊	28	7.1	56	45

资料来源：Huston 等[22]。
[a]根据 Van Soest 等计算[63]。
[b]根据 Lippke 等计算[29]。

3.1　能量需要

动物的维持、生长、繁殖、泌乳、毛纤维生长和活动都需要能量。动物的身体机能的维持和相应的营养需要都会影响干物质随意采食量（图 21-8）。可能没有其他任何家畜品种的能量需要量变化像山羊这样大。营养需要量的这种变化可能与其极端的生产类型、生产力和活动水平有关。NRC 颁布的第 1 版山羊营养需要[44]试图去解释这种可见的变化。附表 21 给出了 NRC 营养需要量表格。能量需要量的计算依据为：100 kcal 总能（GE）= 76 kcal 消化能（DE） = 62 kcal 代谢能（ME） = 35 kcal 净能（NE）。而且，1 kg 可消化有机物（DOM）= 1.05 kg 总可消化养分（TDN）= 4.62 Mcal 消化能（DE）。这种计算方法保证了用户在使用时可以根据山羊体重大小、活动水平、生理状态（妊娠或非妊娠）、生长速度、产奶量和乳成分及羊毛生产的实际情况进行选择应用。

维持的能量需要随体重大小而变化,可表示成下列关系:

$$DE = 124\ \text{kcal}/W^{0.75}$$

由于不同饲料原料中 DE 的利用效率不同,因此有人认为,这个表达式应有一个明确的限制范围。而且,分数幂(0.75)对于种间比较是可以接受的值,但要区别于 Brody [6]所报道的平均值 0.64。舍饲的、在相对较小的草场或在起伏不平地形上粗放型放牧时,山羊活动所需的额外能量可分别表示为维持的 0.25,0.50 或 0.75 倍。当活动量最小时(如拴系条件),山羊维持的能量需要与其他家畜相当;在更粗放的条件下,维持的能量需要量会有所增加。这反映了山羊活跃的放牧行为。山羊生长的能量需要估计为每增重 1 g 体重需消耗 8.84 kcal DE[44]。而且,取决于山羊类型、环境和不同的饲粮,这个值应该解释为是相对大范围的平均值。

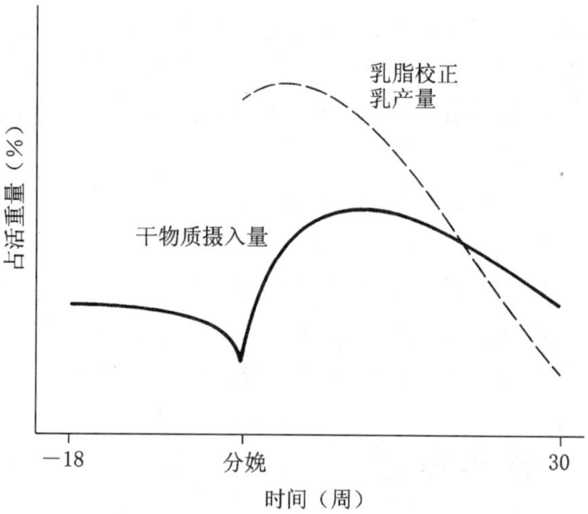

图 21-8　每个泌乳期产奶 750 kg 的奶山羊干物质采食量的变化情况

选自 Morand-Fehr 和 Sauvant[41]。

山羊成功的配种需要在配种前和配种时有充足的能量摄入,妊娠最后 2 个月要提高能量摄入量。这 2 个月时间对安哥拉山羊尤为重要,因为它们常常遭受营养性应激而流产[66]。不考虑妊娠母羊的体型大小,NRC 估计妊娠最后 2 个月的能量需要为 1.74 Mcal DE[44]。这一能量水平通常很难达到,尤其在较小的山羊中。作者认为,这一妊娠需要量略微高估了繁殖山羊的平均需要量。怀单羔的中、小体型山羊只需要大约估计值的一半即可。但估计值或许可以应用于较大的山羊和(或)多羔率较高的山羊。

图 21-9　在得克萨斯州草场上正在给典型的成年安哥拉母山羊剪马海毛

表示泌乳的能量需要可考虑以每千克脂肪含量为 2.5%～6%的乳为基础。这个考虑的根据是每千克 4%脂肪校正奶(FCM)的 DE 含量为 1.52 Mcal,乳脂含量每变化 0.5% 单位,能量调整值为19.9 kcal[44]。

尽管人们对绒山羊表现出越来越多的兴趣,但山羊的毛纤维生产的能量需要仍然特指安哥拉山羊生产的马海毛所需的能量(图 21-9)。相对于其他身体机能,投入到毛纤维中的能量较少,这使得直接测量其能量需要很困难。图 21-9 中所列的值在某种程度上来自于直观的估计[20]。然而,提高能量摄入量可能对具有较高毛纤维生产能力的山羊有利。

3.2　蛋白质需要

附表 21 中蛋白质的需要量表示为不同大小的山羊和不同代谢机能所需的总粗蛋白(TP)和可消化粗蛋白(DP)[44]。维持的估计值反映了能量与蛋白质的比率为 1 Mcal DE 对应于 22 g DP。尽管没有提供山羊活动时蛋白需要量的数据,但蛋白质估计值随着能量需要量的增加而增加,蛋白质需要量的估计值也相应增加。生长的蛋白质需要量为体重每增重 1 g 需消耗 0.195 g DP。所有妊娠母羊妊娠最后 2 个月的蛋白质需要量估计为每日 57 g DP。正如在能量中建议的一样，妊娠的蛋白水平适用于较大的山羊和(或)产多羔的山羊。体重较小的山羊和产单羔的山羊需要大约妊娠蛋白推荐量的 1/2。泌乳的可消化蛋白需要量估计值为每千克 4% FCM 的 DP 51 g，它可根据奶牛的推荐量对乳脂率进行调整[43]。这个值可以很好地与 Lu 等[30]确定的数值进行比较。毛纤维生长的需要量是基于 Huston 等[20]的研究结果。

3.3　矿物质需要

NRC 报道的山羊的矿物质需要量是根据一些实验数据总结归纳的，而这些数据是在其他家畜上获得的[44]。山羊和其他品种在矿物质新陈代谢的某些方面肯定存在细微的差异，但直到目前为止，还没有人认为有理由改变 NRC 所列的推荐量。

3.3.1　常量矿物质

钙和磷是 2 种主要的矿物质，在饲粮配方时应给予足够的重视。这 2 种矿物质的日推荐需要量见附表 21。二者在骨的发育和维持以及奶的合成中都很重要。对于年轻动物来说，钙、磷中任 1 种或 2 种缺乏都会导致骨骼发育不良和骨骼畸形(软骨病)。对于成年家畜，尤其在泌乳期，通常会动用骨钙和磷来满足其优先需要(如乳的合成)。正常情况下，一旦饲粮摄入量超过当前需要量，骨沉积就会完全。如果饲粮中钙、磷缺乏，就会持续动用骨中的钙和磷，从而导致骨质疏松、骨骼强度降低(骨软化)和脆性增加。

钙磷比例应保持在 1.2～2.5 之间，较低的钙磷比例(低于 1∶1)容易使动物形成尿结石(或肾结石)，尤其在公畜中更易发生。摄入大量的钙，不会导致急性危害，但可能会干扰钙的吸收，并引起磷和某些二价阳离子(镁、锰及其他)的缺乏。

高产奶山羊会发生产后瘫痪(产乳热)，这是由代谢性低血钙症(血钙较低)所致。尽管这种情况可能与饲粮钙的供应有关，但甲状旁腺素参与了骨钙的释放，它的活动会使情况变得更糟。当泌乳开始时，甲状旁腺素的活性缺乏或延迟，会导致血钙浓度下降，其直接的外部表现为产乳热。这种情况在奶山羊中比在奶牛中少见。当发生产后瘫痪时，处理方法相似，即通过静脉注射含钙和葡萄糖(葡萄糖酸钙)的注射液。

磷是维持适宜的饲料(特别是粗饲料)采食量和瘤胃内代谢过程的一种极其重要的矿物元素。在放牧牛中，与低磷相联系的症状有被毛粗糙、生长不良、失重、食欲下降及繁殖率低。为减少或消除这些症状，以各种无机磷形式补充磷是非常有效和有益的。山羊受低磷影响较小，但磷元素的合理摄入仍是满足生产所必需的。山羊所具有的精明的选择能力毫无疑问会导致饲粮中磷含量高于总粗饲料分析值，也高于识别力差的草食动物所获得的磷量。在使用收获或合成饲料配制全价饲料时，注意磷的水平(和钙磷比例)显得尤为重要。

其他常量矿物质包括钠、氯、镁、钾和硫。在这些元素当中，只有钠和氯(食盐)应该保证自由采食。在茂盛的草场上可能会发生镁的缺乏，引起草痉挛。当放牧家畜采食休眠植物时，最可能发生钾缺乏。在这种情况下，动物的采食量和生产性能都会降低。对于安哥拉山羊来说，硫的供应可能会不足，因为它们对含硫氨基酸的需要量很大。大部分常见牧草和饲料中都含有充足的镁，钾和硫。

3.3.2　微量元素

主要关注的微量元素有铁、碘、铜、钼、锌、钴、锰和硒。这些元素通常不会缺乏。潜在的缺乏具有地区性分布特点，配制饲料时是否包括这些元素要考虑地域性。由于有些微量元素缺乏症和发生中毒的剂量之间的范围很窄，因此在山羊饲粮中大量添加微量元素时，应先考虑特殊的环境。许多人怀疑山羊对铜中毒的敏感性。但作者认为，山羊比绵羊较不易发生铜中毒，但配制山羊饲粮时也要避免铜含量不要超过15 mg/kg。

3.4 维生素需要量

对于单胃动物(非反刍动物),维生素必须由饲粮提供。在山羊(反刍动物)中,由于大多数维生素都可由瘤胃微生物合成,因此只有几种可能成为一种周期性的限制。脂溶性维生素中,其中只有维生素A可能缺乏,成为限制山羊生产的关键点。瘤胃微生物可合成足够数量的全部B族维生素,可能由于有些地区缺乏钴,从而使维生素B_{12}的合成受限除外。

植物组织中不含维生素A,但植物中存在维生素A的前体物,动物可利用维生素A的前体物合成维生素A。这些前体物的水平通常与植物色素(叶绿素、叶黄素等)成比例。生长旺盛的植物维生素A前体物活性也高,风化干燥的植株中含量则很低。维生素A一旦合成,可储存在动物的肝脏中,需要时再进行代谢。粗饲料生长的季节性、周期性和山羊所表现的选择性采食行为,几乎排除了自由放牧山羊维生素A缺乏的可能性。舍饲山羊和在非常干燥和(或)寒冷的条件下,在维生素A储备被耗尽、很少或没有绿色植物可采食条件下饲养的山羊,可能会缺乏维生素A。NRC估测了维生素A和维生素D的需要量[44],见附表21。

维生素B_{12}是一个很大的化合物,钴位于其结构中心。因此,如果动物采食低钴饲粮,会发生维生素B_{12}缺乏。而且,这是一个极具地域性的问题,在多数情况下不可能发生。

3.5 水的需要量

在山羊的健康和营养中,水的数量、质量和地点是非常重要的。由于饮水量与饲料采食量有关,而饲料采食量与生产力密切相关,因此,一般建议山羊应自由饮水,使饮水量达到最大,从而不会限制饲料(粗饲料)的采食量。山羊比其他动物品种对水的质量更敏感,通常拒绝饮用被粪尿污染的水。这是一个很有趣的行为特征,在家畜品种中,山羊可能是受到被直接排出的粪和尿所污染的饲料和饮水影响最严重的品种之一。值得重视的是,应当设计一种饮水设施,保证给动物提供容易获得的饮水,并保护饮水不受污染。

饮水的数量和频率随山羊类型、所处位置和相关饲粮的不同变化很大。据报道[57],以色列沙漠上的小型黑色的贝多因山羊在严重缺水后可以饮用大量的水(饮水量达到干体重的47%),这可以作为在将山羊放牧范围扩大到距离水源2 d路程的一种战略[57]。以代谢体重为基础计,一般认为,山羊比绵羊和牛所消耗的水量要少[57],但这可能会受饲粮的影响。Huston等[23]发现,当同样饲喂小麦秸时,山羊比绵羊的饮水量少;但当饲粮为燕麦干草(高蛋白、高消化率)时,山羊的饮水量会较高。在这种情况下,饮水量与饲料采食量密切相关。也就是说,当采食质量较差的粗饲料时,山羊采食量的相对水平低于绵羊;当采食优质粗饲料时,饮水量则较高。

泌乳影响饮水量。Giger等[14]发现,在气候温和条件下,泌乳山羊水的维持需要为145.6 $g/kg^{0.75}$;每产1 kg奶,需要增加1.43 kg饮水量。

其他因素,如作物的含水量、盐的摄入量、环境温度、水温和水中电解质含量都会影响饮水量。但是,我们仍然建议,应该允许山羊自由饮用尽可能不受污染的清洁、凉爽的水。

4 饲养和管理

我们只有以可接受的方式提供充足、均衡的营养,动物才能实现其潜在的生产力。这种情况在动物饲养业中是很少见的。更实际的是,我们研究的是最经济的收益,这涉及确定正确的管理策略,其间产品价值与产品成本的差异被最大化。本部分将讨论山羊饲粮中饲料原料的相对价值和影响生产力的营养和管理因素。

4.1 饲料

山羊可利用任何对反刍动物食用安全的饲料。世界上任何国家山羊饲粮组成成分都是使用当地可获得的饲料原料，而且通常是那些人类对其需求很低的原料。最经济的生产力获得应当是将最大化利用牧草或粗饲料产品与适量的但却是数量最少的利用精饲料间的组合。表 21-3 中的饲料原料都是配合饲料中常用的成分，作为营养含量变异较大的例子。

表 21-3　一些常见饲料的营养水平

饲料	能量		蛋白质		矿物质		胡萝卜素[a]
	TDN(%)	*DE*(Mcal/lb)	CP(%)	DP(%)	Ca(%)	P(%)	(mg/lb)
干草料或粗饲料							
狗牙根干草	50	1.0	15	11	0.43	0.16	53
一年生黑麦草干草	53	1.1	9	5	0.53	0.29	113
紫花苜蓿干草	57	1.1	18	14	1.38	0.26	83
小麦秸	39	0.8	4	0	0.16	0.04	1
能量饲料							
燕麦(谷物)	68	1.4	12	8	0.07	0.33	—
高粱(谷物)	78	1.6	10	7	0.03	0.28	—
玉米(谷物)	77	1.6	9	7	0.06	0.24	1
糖蜜(甘蔗)	54	1.1	4	2	0.75	0.08	—
蛋白质饲料							
鱼粉	67	1.3	61	49	5.20	2.9	—
豆粕	79	1.6	45	41	0.30	0.6	—
棉籽粕	69	1.4	41	37	0.20	1.1	—
葵子饼粉	60	1.2	46	42	0.40	1.0	—

资料来源：NRC [44]。

[a]有些饲料的胡萝卜素含量没有报道。这些饲料中胡萝卜素的期望水平通常忽略不计，但鱼粉中维生素 A 含量可能相对较高。

4.1.1 牧草

牧草的化学组成变异很大，因此其营养含量变异也很大。草场的植物具有高度季节性。也就是说，在快速生长期（通常在春季和夏季）营养和适口性都很好，在休眠期则适口性差营养低。在得克萨斯州的爱德华高原地区，牧场作物是由 5 种功能成分组成的（表 21-4）。山羊从这些植物群中挑选和选择。如果牧场足够多样化的话，那么非产奶的山羊只采食这些植物就能满足其营养需要。在干旱、过牧或类似情况造成的资源已耗尽的环境下，饲粮的选择变得有限，饲粮质量遵循有限的选择模式。如果只剩下饲粮的某一种原料，那么饲粮的质量将随这种原料的营养成分变化而变化。因此，只有补饲精料使全部饲粮质量达到满意的水平，才能获得高生产力。世界其他地区的牧场也拥有多种植物的集合，这些植物不同于所描述的得克萨斯州爱德华高原地区的植物，但质量变动的原理和多样性的重要性适合于所有的牧场。

在气候温和地区，牧草可能生长在人工草场（单一牧草栽培），可以相对高的载畜量直接放牧采食，或者收获后作为干草饲喂。与牧场的牧草以及喂给奶山羊的典型饲料相比，这些牧草的特征是质量高。这些牧草的代表是紫花苜蓿、三叶草和黑麦草。

表 21-4 得克萨斯州爱德华高原地区牧场中作物的营养成分

项目	植物类型	营养状况描述
产量	多年生，暖季草	蛋白质（3%～13%）和消化率（25%～63%）含量为低等到中等水平
质量	多年生，暖季非禾本科牧草、豆科植物和灌木	适口性好时，蛋白质（10%～30%）和消化率（50%～89%）为中等到高等水平
水平	常年生长或常绿植物	蛋白质（6%～12%）和消化率（40%～60%）中低等到中高等
其他	所有理想的常年生植物	蛋白质含量高（15%～30%），消化率高（60%～80%）
毒性	对家畜有毒或有害的所有植物或植物部分	按所有营养素含量从低到高的顺序分布

资料来源：Huston 等[21]。

4.1.2 粗饲料

为降低胃肠道紊乱的风险，山羊饲粮中需要包括粗饲料，它作为稀释剂可以将混合饲料的营养浓度降至理想的水平。山羊饲粮中不是绝对需要粗饲料，但当粗饲料含量降至饲粮 30%～40%及以下时，需要更多关注可能的消化功能紊乱情况发生。诸如棉籽壳、花生壳、谷类秸秆和玉米穗轴等，其营养价值较低，但可提供良好的粗饲料因素。

4.1.3 高能饲料

诸如玉米、大麦、高粱、其他谷物以及富含可溶性碳水化合物（淀粉和蔗糖）的糖蜜等，都含有高浓度的消化能。为最大程度地利用谷物，需要某种机械加工（粉碎、破碎）；但谷物加工对山羊的重要程度不如对牛那样重要。这些高能饲料中的蛋白质含量相对较低（通常粗蛋白低于 12%）。

4.1.4 高蛋白饲料

蛋白质饲料通常是榨油工业的副产品。棉籽粕、豆粕、亚麻仁饼、花生粕、葵花粕和其他产品都是它们的原料经榨油后的残渣。使用这些植物副产品，通常（并非总是）比动物副产品（如鱼粉和肉粉）更经济。这些产品中任何一种都可被山羊有效利用，但由于山羊的特殊习性，任何含有难闻气味的成分都会降低其采食量，因此它们在饲粮中应保持较低的比例。蛋白质饲料的能量含量中等。

4.1.5 非蛋白氮（尿素）

任何可释放氨的化合物都可用来满足山羊的至少一部分蛋白需要。尿素是最常用的非蛋白氮产品。我们建议，尿素所提供的蛋白质应不超过山羊饲粮中蛋白质的 1/3。更高的用量虽然也行得通，但也许不会产生满意的生产性能，在某些情况下可能会发生中毒。

4.2 根据需要量饲养山羊

在很窄的安全范围内，使山羊的营养需要量与饲粮所提供的营养相匹配是很重要的。无论是干物质的量还是某些营养素的精料饲喂不足时都会使动物的生产水平低于期望值。饲喂过度则造成浪费，也可降低生产力。由于储存组织的损耗和更新是正常的代谢过程，因此，不应太关注那些轻微的偏差。饲养计划应该根据生产阶段（干乳期、妊娠期、泌乳期）、饲养水平和饲粮组成（或饲粮配方）来考虑营养需要。

表 21-5 中的信息来自更大、更详细的 NRC 需要量表（附表 21）。其中，*DE* 和 CP 需要量是为以下几种羊计算的：干奶和妊娠山羊（安哥拉山羊除外），低泌乳量（肉用山羊）和高泌乳量（奶山羊）的母羊，

以 3 种速度生长的羔羊，每年产 8.8 lb 马海毛的泌乳期安哥拉母羊。表 21-5 右侧 6 列是能量浓度增加时所需要的饲养水平和饲粮蛋白含量。

大量营养浓度较低的饲粮或少量营养浓度较高的饲粮都能满足山羊的营养需要。60 lb 干奶母羊（表 21-5）从 1.7 lb 55%TDN(1.5 Mcal/lb)，7.7%CP 的饲料或 1.2 lb75%TDN(1.5 Mcal/lb)，10.7% CP 的饲料中可获得等量的蛋白质和能量。需要量随动物增长和代谢活动加强而增加。100 lb 体重的母羊比 80 lb 体重的母羊需要更多的营养物质；20 lb 的羔羊如果增重为 150 g/d，那么与 50 g/d 的增重相比，则需要更多的营养物质。但是，处于泌乳期的 60 lb 体重的母羊比干乳期 100 lb 体重的母羊需要的营养物质多（*DE* 分别为 3.24 和 2.72 Mcal）。通过饲喂更多的饲料获得最大的自由采食量，可以满足更高的营养物质需要量。一旦达到了最大自由采食量，就必须增加饲料的营养物质浓度来实现营养物质的额外摄入。

自由采食量(self-feeding)是许多（如果不是大多数）山羊生产系统管理战略的目标。在牧场和草场，山羊可自由接触未收割的粗饲料（青草、非禾本牧草、灌木、橡实），采食饲料直到自由采食量的上限。是否能满足营养需要取决于所选饲料的营养成分。如果一种或多种营养成分太低，则可提供这些营养物质的补料。舍饲山羊取决于管理者决定合适配方的技能，这样自由采食量（自由择食）就可以导致适当的营养物质摄入量。遗憾的是，自由采食量受许多因素（饲粮消化率、遗传因素、环境因素等）的影响，因此很难估计。出于讨论的目的，下面给出了最大自由采食量的经验法则[24]。

表 21-5　肉用山羊、奶山羊和安哥拉山羊的营养需要和饲养水平（举例）

分类和状态	体重(lb)	日增重(g/d)	*DE* (Mcal/d)	CP (g/d)	不同能量水平所需的采食量 (lb/d)			不同能量水平所需的CP[a](%)		
					1.1[b]	1.3[b]	1.5[b]	1.1[b]	1.3[b]	1.5[b]
母羊（干奶或妊娠早期）	60		1.85	59	1.7	1.4	1.2	7.7	9.2	10.7
	70		2.08	67	1.9	1.6	1.4	7.7	9.2	10.7
	80		2.30	74	2.1	1.8	1.5	7.7	9.2	10.7
	90		2.51	80	2.3	1.9	1.7	7.7	9.2	10.7
	100		2.72	87	2.5	2.1	1.8	7.7	9.2	10.7
母羊（妊娠晚期）	60		2.83	90	2.6	2.2	1.9	7.7	9.2	10.7
	70		3.06	98	2.8	2.4	2.0	7.7	9.2	10.7
	80		3.28	105	3.0	2.5	2.2	7.7	9.2	10.7
	90		3.49	111	3.2	2.7	2.3	7.7	9.2	10.7
	100		3.70	118	3.4	2.8	2.5	7.7	9.2	10.7
母羊（低泌乳量）	60		3.24	104	2.9	2.5	2.2	7.7	9.2	10.7
	70		3.47	111	3.2	2.7	2.3	7.7	9.2	10.7
	80		3.69	118	3.4	2.8	2.5	7.7	9.2	10.7
	90		3.90	125	3.5	3.0	2.6	7.7	9.2	10.7
	100		4.10	131	3.7	3.2	2.7	7.7	9.2	10.7
母羊（高泌乳量）	80		6.46	207	5.9	5.0	4.3	7.7	9.2	10.7
	100		6.88	220	6.3	5.3	4.6	7.7	9.2	10.7
	120		7.28	233	6.6	5.6	4.9	7.7	9.2	10.7
	140		7.66	245	7.0	5.9	5.1	7.7	9.2	10.7
	160		8.03	257	7.3	6.2	5.4	7.7	9.2	10.7
羔羊（生长）	20	50	1.25	40	1.1	1.0	0.8	7.7	9.2	10.7
		100	1.69	54	1.5	1.3	1.1	7.7	9.2	10.7
		150	2.13	68	1.9	1.6	1.4	7.7	9.2	10.7

续表 21-5

分类和状态	体重(lb)	日增重(g/d)	*DE*(Mcal/d)	CP(g/d)	不同能量水平所需的采食量(lb/d)			不同能量水平所需的CP[a](%)		
					1.1[b]	1.3[b]	1.5[b]	1.1[b]	1.3[b]	1.5[b]
	30	50	1.54	49	1.4	1.2	1.0	7.7	9.2	10.7
		100	1.98	63	1.8	1.5	1.3	7.7	9.2	10.7
		150	2.42	77	2.2	1.9	1.6	7.7	9.2	10.7
	40	50	1.81	58	1.6	1.4	1.2	7.7	9.2	10.7
		100	2.25	72	2.0	1.7	1.5	7.7	9.2	10.7
		150	2.69	86	2.4	2.1	1.8	7.7	9.2	10.7
安哥拉母羊	60		3.39	121	3.1	2.6	2.3	8.5	10.0	11.5
低泌乳量	70		3.62	128	3.3	2.8	2.4	8.5	10.0	11.5
(马海毛为	80		3.84	135	3.5	3.0	2.6	8.5	10.0	11.5
8.8 lb/年)	90		4.05	142	3.7	3.1	2.7	8.5	10.0	11.5
	100		4.25	148	3.9	3.3	2.8	8.5	10.0	11.5

资料来源:NRC[44]。

[a]为了在较低的饲养水平提供充足的蛋白质,蛋白含量必须随能量的增加而增加。

[b]饲料能量水平 1.1,1.3 和 1.5 Mcal/lb 大约分别相当于 55%,65%和 75%TDN。

表 21-6 中的这些数据的实际价值在于为特定大小、特定生产阶段的山羊确定合适的最低饲粮能量浓度。

表 21-6 山羊最大自由采食量 %

山羊种类	最大自由采食量占体重的比例	山羊种类	最大自由采食量占体重的比例
羔羊	4.5	妊娠晚期母羊	2.7
干奶母羊	2.8	泌乳期母羊,低采食量	4.0
妊娠早期母羊	3.0	泌乳期母羊,高采食量	5.0

【例 1】

干奶母羊体重 80 lb

最大采食量= 80 lb×2.8% = 2.2 lb/d

所需营养:*DE* = 2.3 Mcal/d

CP = 74 g/d

所需采食量为:2.1 lb/d(日粮 *DE* 为 1.1 Mcal/lb)

1.8 lb/d(日粮 *DE* 为 1.3 Mcal/lb)

1.5 lb/d(日粮 *DE* 为 1.5 Mcal/lb)

结论:由于 2.1 lb 采食量小于 2.2 lb 的最大采食量限制,因此含 1.1 Mcal/lb *DE* 和 7.7%CP 的饲粮能充分满足干奶母羊所需的能量和蛋白质需要。

【例 2】

羔羊体重 30 lb,日增重 100 g/d

最大采食量= 30 lb×4.5% = 1.35 lb/d

所需营养:*DE* = 1.98 Mcal/d

CP = 63 g/d

所需采食量为:1.8 lb/d(日粮 *DE* 为 1.1 Mcal/lb)

1.5 lb/d(日粮 *DE* 为 1.3 Mcal/lb)

1.3 lb/d(日粮 *DE* 为 1.5 Mcal/lb)

结论：由于 1.3 lb/d 与 1.35 lb/d 的最大采食量限制相接近，因此含 1.5 Mcal/lb *DE* 和 10.5%CP 的饲粮完全可以实现 100 g/d 的理想增重。

【例 3】

泌乳期安哥拉母羊体重 70 lb，马海毛产量 8.8 lb/年

最大采食量=70 lb×4.0% = 2.8 lb/d

所需营养：*DE* = 3.62 Mcal/d

CP = 128 g

所需采食量为：3.3 lb/d(日粮 *DE* 为 1.1 Mcal/lb)

2.8 lb/d(日粮 *DE* 为 1.3 Mcal/lb)

2.4 lb/d(日粮 *DE* 为 1.5 Mcal/lb)

结论：由于 2.8 lb/d 与所需采食量相等，因此含 1.3 Mcal/lb*DE* 和 10%CP 的饲粮能够为泌乳期安哥拉山羊提供近似其所需的能量和蛋白质。

对于例 1，可使用表 21-3 中的成分按下列方法提供推荐的能量和蛋白质需要量。

A：一年生黑麦草，自由采食(2.2 lb/d)

DE = 2.2 lb/d×1.1 Mcal/lb = 2.4 Mcal/d

CP = 2.2 lb/d×9% = 90 g/d

(注：1 lb = 454 g)

DE 和 CP 都超过了需要量。

B：紫花苜蓿干草，自由采食(2.2 lb/d)

DE = 2.4 Mcal/d

CP = 180 g/d

DE 和 CP 都超过了需要量。

C：狗牙根干草-玉米混合料(2.2 lb/d)

	lb	*DE* (Mcal)	CP (g)
狗牙根干草	2.0	2.0	136
玉米	0.2	0.3	8
总计	2.2	2.3	144

DE 与需要量相等，CP 超过需要量。

D：小麦秸-玉米-豆粕混合料(2.2 lb/d)

	lb	*DE* (Mcal)	CP (g)
小麦秸	1.50	1.2	27
玉米	0.59	0.9	24
豆粕	0.11	0.2	22
总计	2.20	2.3	73

DE 和 CP 都近似于需要量。

一年生黑麦草和紫花苜蓿干草对自由采食的体重为 80 lb 的干奶母羊来说，都含有充足的能量和

过量的蛋白质。狗牙根干草含有过量的蛋白质，但能量含量稍低。0.2 lb 玉米所提供的营养物质与2 lb狗牙根干草所提供的营养物质结合起来，可满足能量和蛋白质的需要。小麦秸能量和蛋白含量都低，有必要通过提供高能高蛋白的饲料原料才能达到最佳的平衡。能满足例2和例3中能量和蛋白质需要的饲粮如下：

30 lb 羔羊，增重 100 g/d

	lb	DE (Mcal)	CP (g)
紫花苜蓿干草	0.35	0.38	29
玉米	1.00	1.60	41
总计	1.35	1.98	70

70 lb 安哥拉母羊(泌乳)

	lb	DE (Mcal)	CP (g)
紫花苜蓿干草	0.28	0.31	23
小麦秸	0.84	0.67	15
玉米	1.54	2.46	63
豆粕	0.14	0.22	29
总计	2.80	3.66	130

这些实例只考虑到山羊所需要的和饲粮所提供的能量和蛋白质。尽管在选择合适饲料时应主要考虑这些营养物质，但也不应该忽略矿物质和维生素的提供。有人建议，钙和磷是应该考虑的最重要矿物质元素。NRC表(附表21)列出了不同种类山羊的实际需要量。如果饲粮中钙磷比至少也是1.5，食盐(NaCl)自由采食，那么多数情况下山羊不会出现矿物质不平衡的情况。建议大型商业性饲养企业应该制作更精确的饲粮配方。同样的，如果饲粮包含青绿多汁的牧草，由于其胡萝卜素含量很高(见表18-3)，那么维生素营养可能很充足。如果饲喂全价、配合饲粮，建议添加维生素A 2 000 IU/lb。

4.3 天然草场山羊的补饲

只有天然牧草与补充料结合准确提供所需的营养物质才能实现正确补饲(图21-10)。通常，蛋白质是低生产水平动物(非妊娠、非泌乳)饲养的第一限制性营养。因此少量的(100～300 g/d)高蛋白饲料(32%～45%)通常就足以满足需要。优质粗饲料(紫花苜蓿)偶尔可作为很好的替代品，但在天然草场上动物很少采食劣质牧草。处于高生产水平阶段的动物可能需要同时补充蛋白质和能量。很难估计出什么水平为适宜的营养平衡。为保证蛋白质不成为限制因素，作者宁愿在饲喂蛋白质补充料时给予一个安全系数。在处于休眠状态的草场上饲养的羔羊和周岁山羊平均每日应饲喂350 g蛋白质含量为30%～35%的精料补充料。同样条件下，生长公羊、配种母羊和妊娠晚期母羊每日应饲喂25%蛋白质含量的精料补充料500 g。干奶母羊以及处于配种和妊娠头4个月期间的母羊为防止失

图 21-10 正在地上吃玉米的蓄毛5个月的成年安哥拉母羊

照片由 Kenneth Bales 惠增。

重，应饲喂少量高蛋白精料补充料。

4.4　奶山羊的饲养计划

由于奶山羊在每年的生产周期中营养需要量变化很大，因此需要特殊考虑[42]。奶山羊饲养中要进行良好的营养管理，并需要很好地理解粗饲料和精饲料以及它们在提供（但不要过度供给）所需营养中的作用。

干乳期和妊娠早期的营养物质需要量最低。泌乳早期到中期的营养需要量最高。实际上，泌乳高峰期的能量需要超过了山羊的能量摄入能力。所以，快速动用沉积的体脂可提供能量。由于妊娠后期和泌乳早期食欲经常下降，因此必须在低需要量时期（泌乳晚期、妊娠早期）进行脂肪的沉积。

良好的饲养计划与泌乳稍后阶段（妊娠早期）体脂的密切监控同时开始。如果母羊太瘦，则应通过以下措施增加饲粮营养水平（尤其是能量）：饲喂优质干草，在优良草地上放牧，自由采食精料或将这些措施适当组合。一旦母羊体况增加到理想水平（体况良好但不太肥），就通过改变上述策略（如饲喂低质干草、较低的精料饲喂量等）降低营养物质摄入量，这样体重才会保持不变或稍微增加。

下一个决策点大约是在产羔前 6 周。为适应胎儿发育、不断增加的营养需要和母羊食欲降低的趋势，营养水平应该再次提高。应饲喂优质干草和精料，开始饲喂量大约为 1/3 lb/d，然后缓慢增加到产羔时的 1 lb/d。产羔后，应继续饲喂精料，大约 3 周后一般母羊的饲喂量应该达到 2 lb/d，高产母羊达 3 lb/d。优质干草（或牧草）的饲喂应继续。正好在分娩前和分娩后的精料饲喂分别对防止妊娠毒血症和酮症是很重要的。泌乳高峰期（3～4 个月）过后，精料可缓慢减少，为刺激持续产奶允许增加饲粮中的粗饲料比例。

蛋白质-谷物饲粮成分的确定，应该以饲粮中干草比例为基础。表 21-7 列出了含 12%～20%蛋白含量的配合料。其他具有价格优势和容易获得的饲料成分也可替代表中成分。如果饲喂禾本科干草，由于干草质量有高有低，因此浓缩料中应分别占 16%和 20%。不应饲喂劣质禾本科干草。如果饲喂优等到良好质量的豆科牧草，12%～14%的精料就已足够。

表 21-7　泌乳山羊谷物配合饲料的例子　lb/t

成分	成品配合料中的蛋白水平(%)				
	12	14	16	18	20
压扁玉米	1 000	900	800	720	656
破碎燕麦	451	421	300	240	200
甜菜-柑橘渣	195	200	200	200	200
干啤酒糟	—	—	150	200	200
40%蛋白补料	170	300	—	516	—
大豆粕	—	—	356	—	600
糖蜜	150	150	150	100	100
微量矿物盐	10	10	20	10	20
磷酸钙	—	—	10	10	20
磷酸氢钠	20	15	10	—	—
氧化镁	4	4	4	4	4

资料来源：选自 Adams 等[1]。

4.5　种用公羊的饲养

种用公羊应该以良好、健壮但不要过肥的体况进入繁殖季节。繁殖公羊的采食次数自然会减少，因此其体重可能会降低。尽管有些失重是可以接受的，但高度的损耗状态会导致很低的繁殖效率。建议在繁殖季节开始之前的3～4周饲喂精料(1～1.5 lb/d),一直到配种结束体况恢复为止。繁殖季节之间的饲养可处在维持水平。

4.6　安哥拉山羊的特殊管理需要

安哥拉山羊早期的身体发育对其良好的终身生产力是很重要的[52]。母羔应该在6月龄时达到35 lb(15.9 kg)的最小体重,18月龄(初配)时达60 lb(27.2 kg)。最理想的发育(图21-11)根据羊群的正常成年体重而变化,但在初配时发育不良的山羊在其生产期间都将是低效率的生产者。

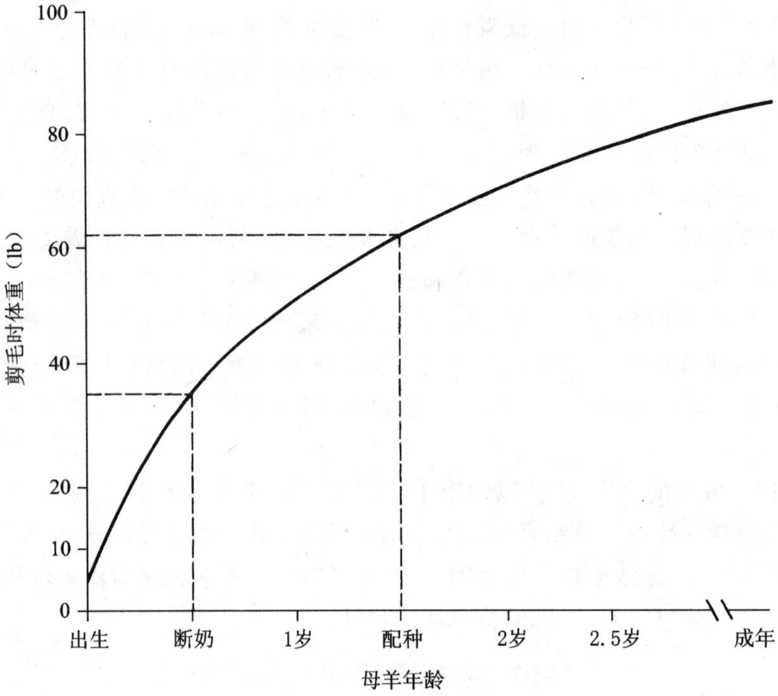

图21-11　安哥拉母羊最佳生长曲线

选自 Huston 等[20]。

通过催情补饲(flushing),即配种前3周增加饲养水平或营养状态,进入配种季节后再持续3周,可提高安哥拉母羊的繁殖率,通过以下几种途径可实现催情补饲:提高饲养率,增加精料水平,增加在天然草场或人工草地上放牧时的精料饲喂数量,将动物转移到牧草质量更高的新牧场,驱除动物体内寄生虫等。催情补饲产生的反应通常不一致。当母羊处于较好到良好体况(而不是从差到非常好的体况)或略微饲喂不足时,催情补饲最可能出现积极反应。但山羊处于良好到非常好体况、饲喂状况很好时,可能不会对增加的精料产生积极反应[18]。

安哥拉山羊对环境条件的快速变化非常敏感。在妊娠第4个月的流产和剪毛后体温降低导致的死亡至少与营养和环境的互作有关。当葡萄糖水平下降并触发内分泌机制时,就会发生流产[66]。由于山羊对迅速改变如此敏感,因此饲粮、地点或天气、剪毛或药浴(drenching)的改变,可能会引发母羊改变采食模式或拒绝采食,从而导致血糖浓度下降。妊娠后第80～120天不应改变安哥拉母羊的习惯,尤其是饲养惯例。120 d以后所发生的改变,不会增加山羊的营养应激。

剪毛后体温降低导致的死亡在夏末与在冬季的危险性一样。温度(不仅是低温)的改变(下降)、潮湿环境和气流速度的改变(下降),会导致动物受惊吓。8月寒冷的暴风雨(在70°F以上)就可冻死刚剪过毛的山羊。当刚剪过毛或已经几个小时未采食的山羊,在寒冷的暴风雨来临之前毫无保护地返回草场时尤为危险。刚剪过毛的山羊要么受到保护，免于气候（搭个棚）影响，要么进行饲喂，或者转移到有天然保护物（洞穴、悬崖、浓密的灌木地），并有足够时间吃饱优质的饲料或粗饲料。

本章小结

山羊是具有好奇心、勇敢和放牧-吃草行为强的反刍动物。它们特别喜爱采食树枝和灌木，所以山羊的饲养经常可以减少或防止那些不理想的灌木植物的疯长。山羊身体灵活，能够到达对于其他家畜品种来说太偏僻或不能到达的地方。

3 个主要山羊种类包括奶山羊、安哥拉山羊和肉用山羊。山羊的营养需要量是根据同时进行的不同生理阶段（维持、妊娠和泌乳）需要量的总和确定的。泌乳奶山羊是最高产的，所需的营养水平最高。安哥拉山羊对饲粮和环境变化最敏感。肉用山羊比安哥拉山羊更强壮，繁殖力更强，趋向于是一个更具进攻性、更有效的草食动物。将波尔山羊品种引入肉用山羊提高了产肉潜力，但同时也可能增加营养物质的需要量，降低地域适应性。不同类型和种类的山羊的营养需要和饲粮范例已经计算和讨论过。

年周期中的某一特定时期至关重要，尤其对于安哥拉山羊更是如此，需要饲养企业给予特殊的管理和关注。早期的生命发育（配种前）对实现理想的成年体型大小和较高的终身生产力是很重要的。为保证正常的排卵和受孕，配种时动物的营养状况要好。当山羊处于临界体况时，应该提高配种时的饲养水平（催情补饲）。在妊娠 90～100 d 时，安哥拉山羊极易发生营养应激性流产。在这个时期应避免改变饲养习惯（如饲喂、饮水、放牧场地改变等）。如果母羊在妊娠后期饲喂不足，会导致羔羊围产期体重损失。奶山羊在分娩时应相对肥一些，以便于准备动用能量来支持泌乳早期的高能需要。

由于较大体型反刍动物的维持费用更高，管理更加困难，因此山羊在科学研究中经常选作模型动物。现代生物技术的进步已经显示了山羊在人类医药和营养上的新用途[2]。这些进步应该促进山羊数量的增加，从而使依赖于它的世界各种团体从中受益。

参考文献

1. Adams, R. S., et al. 1984. In: G. F. W. Haenlein and D. L. Ace, eds. *Extension goat handbook*: C-1. *Washington*, DC: USDA Extension Service.
2. Amoah, E. A., and S. Gelaye. 1997. *J. Animal Sci*. 75:578.
3. Ashbrook, P. F. 1982. *Proc. 3rd Int. Conf. Goat Prod. Dis.*:153.
4. Blackburn, H. D. 1995. *J. Animal Sci*. 73:302.
5. Bowling, R. A., et al. 1976. *Tex. Agric. Exp. Sta.* PR-3 408:48.
6. Brody, S. 1938. *Mo. Agric. Exp. Sta. Res. Bull*. 291.
7. Casey, N. H., and W. A. Van Niekerk. 1988. *Small Rum. Res.* 1:291.
8. Davis. G. D., L. E. Bartell, and C. W. Cook. 1975. *J. Range Manage*. 28:216.
9. Devendra, C., and G. B. McLeroy. 1982. *Goat and sheep production in the tropics*:271. New York: Longman.
10. DHIA. 1995. *National cooperative dairy herd improvement program handbook*. Washington. DC: USDA Extension Service.
11. Gallagher. J. R., and M. Shelton. 1973. *Tex. Agric. Exp. Sta.* PR-3 190:36.
12. Gathuka, Z. G., et al. 1982. *Tex. Agric. Exp. Sta.* CPR-4 026:23.
13. Ghosh, T. K. 1987. *Proc. IV Int. Conf. on Goats* 2:1 267, Brasilia, Brazil.
14. Giger, S., et al. 1981. In: P. Morand-Fehr, A. Bourbouze, and M. de Simiane (eds.), Nutrition and systems of goat feeding, *Proc. Int. Symp.* (May 12-15):254. Tours, France.
15. Glimp H. A. 1995. *J. Animal Sci*. 73:291.
16. Haenlein, G. F. W. 1980. Nutrient requirements of dairy goats—past and present. *Int. Goat and Sheep Res.* 1:79.
17. Haenlein, G. F. W. 1996. *J. Animal Sci*. 74:173.
18. Hunt, L. J., et al. 1987. *SID Research Digest* (Summer):18.

19. Huston, J. E. 1978. *J. Dairy Sci.* 61:988.

20. Huston, J. E., M. Shelton, and W. C. Ellis. 1971. *Tex. Agric. Exp. Sta. Bull.* 1 105.

21. Huston, J. E., et al. 1981. *Tex. Agric. Exp. Sta. Bull.* B-1 357:16.

22. Huston, J. E., et al. 1986. *J. Animal Sci.* 62:208.

23. Huston, J. E., B. S. Engdahl, and K. W. Bales. 1988. *Small Rum. Res.* 1:81.

24. Huston, J. E. 1989. Unpublished data.

25. Huston, J. E., and D. F. Waldron. 1996. *Proc. Southeast. Reg. Meat Goat Prod. Symp.* :12(Feb. 21—24), Tallahassee, FL.

26. Kronberg, S. L., and J. W. Walker. 1993. *J. Chem. Ecol.* 19:2 007.

27. Lambert. M. G., D. A. Clark, and K. Betteridge. 1987. *Proc. IV Int. Conf. on Goats* 2:1 307, Brasilia, Brazil.

28. Lawson. J. L., D. W. Forrest, and Maurice Shelton. 1983. *Tex. Agric. Exp. Sta.* CR-4 171:3.

29. Lippke, H., W. C. Ellis. and B. F. Jacobs. 1986. *J. Dairy Sci.* 69:403.

30. Lu, C. D., T. Sahlu. and J. M. Fernandez. 1987. *Proc. IV Int. Conf. on Goats* 2:1 229, Brasilia, Brazil.

31. Lupton. C. J. 1996. *J. Animal Sci.* 74:1 164.

32. Lupton. C. J., et al. 1996. *J. Animal Sci.* 74:545.

33. Mahler, C. 1945. *East Afr. Agric. J.* 11:115.

34. Marshall, W. H., et al. 1976. *Tex. Agric. Exp. Sta.* PR-3 410:51.

35. Martinez Parra, R. A., et al. 1981. *Proc. Int. Symp. Nutr. Syst. Goat Feed*:369.

36. Masson, C., R. Rubino, and V. Fedele. 1991. In: P. Morand-Fehr, ed. *Goat nutrition*:145. Wageningen:Pudoc.

37. McGee, A. C. 1957. *Tex. Agric. Exp. Sta.* MP-208:8.

38. McGowan. C. H., and A. McKenzie-Jakes. 1996. *Proc. Southeast. Reg. Meat Goat Prod. Symp.* :12(Feb. 21-24), Tallahassee, FL.

39. Morand-Fehr, P. 1981. In: C. Gall, ed., *Goat production*:193. New York: Academic Press.

40. Morand-Fehr, P., et al. 1982. *Proc. 3rd Int. Conf. Goat Prod. Dis.* :90.

41. Morand-Fehr, P., and D. Sauvant. 1985. In: D. C. Church(ed.), *Livestock feeds and feeding*, 2nd ed:372., Englewood Cliffs, NJ: Prentice Hall.

42. Morand-Fehr, P., and D. Sauvant. 1987. *Proc. 4th Int. Conf. Goats*:1275.

43. NRC. 1978. *Nutrient requirements of dairy cattle*. 5th ed. Washington, DC: National Academy Press.

44. NRC. 1981. *Nutrient requirements of goats*. Washington, DC: National Academy Press.

45. Oates, A. V. 1956. *Rhodesia Agric. J.* 53:68.

46. Oman, J. S., et al. 1996. *Proc. Southeast. Reg. Meat Goat Prod. Symp.* :15(Feb. 21-24), Tallahassee, FL.

47. Provenza, F. D., et al. 1983. *Utah Science* (Winter): 91.

48. Rector, B. S. 1983. Diet selection and dietary forage intake by cattle, sheep and goats grazing in different combinations. Ph. D. dissertation:173. Texas A&M Univ., College Station.

49. Rhee, K. S., et al, 1997. *J. Food Sci.* 62:949.

50. Riera, S. 1982. *Proc, 3rd Int. Conf. Goat Prod. Dis.* : 162.

51. Shelton, M. 1993. *Angora goat and mohair production*. San Angelo, TX: Anchor Publishing Co.

52. Shelton, M. 1961. *Tex. Agric. Exp. Sta.* MP-496.

53. Shelton, M., and J. R. Stewart. 1973. *Tex. Agric. Exp. Sta.* PR-3187:28.

54. Shelton, M., and D. Spiller. 1977. *Tex. Agric. Exp. Sta.* PR-3445:1.

55. Shelton, M., et al. 1982. *Tex. Agric. Exp. Sta*. CPR-4026:83.

56. Shelton, M., and J. Groff. 1984. *Tex. Agric. Exp. Sta.* B-1485.

57. Shkolnik, A., and N. Silanikove. 1981. In: P. Morand-Fehr, A. Bourbouze, and M. de Simiane(eds.), Nutrition and systems of goat feeding. *Proc. Int. Symp.* (May 12-15):236, Tours, France.

58. Smith, G. C., B. W. Berry, and Z. L. Carpenter. 1972. *Tex. Agric. Exp. Sta.* PR-3027:31.

59. TDA. 1985. *Texas livestock, dairy and poultry statistics*. Austin, TX: Tex. Dept. Agric.

60. Taylor, C. A., Jr. 1985. Multispecies grazing research overview. Proc. *Conf. on Multispecies Grazing*: 65. Morrilton, AR: Winrock. Int.

61. Taylor, C. A., Jr. 1983. Foraging strategies of goats as influenced by season, vegetation and management. Ph. D. dissertation: 129. Texas A&M Univ., College Station.

62. Van Niekerk, W. A., and N. H. Casey. 1988. *Small Rum. Res.* 1:355.

63. Van Soest. P. J., R. H. Wine, and L. A. Moore. 1966. *Proc. 10th Int. Grassl. Congr.* 10:438.

64. Waldron, D. F., et al. 1995. *J. Animal Sci.* 73(Suppl. 1): 253.

65. Walker, J. W., et al. 1994. *J. Range Manage.* 47:429.

66. Wentzel, D. 1987. *Proc. IV Int. Conf. on Goats* 2:571, Brasilia, Brazil.

第 22 章　犬和猫的饲养和营养

Feeding and Nutrition of the Dog and Cat

作者：Diane A. Hirakawa
译者：张辉
校对：张志强和赵芸君

前言

犬和猫作为人类的伴侣动物已有几千年的历史。家犬和家猫都是食肉目动物的成员，这是一类以肉为主要食物的哺乳动物。它们分别属于食肉目中现存的犬科和猫科，即我们通常说的犬科动物和猫科动物。

食肉类动物在进化过程中逐渐获得了能够将其采食行为发挥到最大极限的解剖学特征（图 22-1）。食肉动物可以通过犬齿，成功地捕捉并吃掉猎物；而裂齿（carnasside）或扁平的臼齿，则有助于将食物磨碎至便于吞咽的颗粒状。

图 22-1　家犬的进化图

承蒙俄亥俄州 Dayton 镇的 Iams 公司惠赠。

现代行为学、形态学以及分子学科（遗传学）方面的证据已经证实，狼——确切的说是犬科的灰狼——是现代犬类最初的野生祖先。最有可能的情况是，世界各地的人们同时将狼的几个亚种分别加以驯化，逐渐形成了今天的犬。而考古学的记录显示，早在 12 000 年，犬已与人类的生活密切相关；还有，最近的线粒体 DNA 证据表明，犬与狼在遗传学上的差异在 100 000 年前就已出现[1]。这些考古学证据来自几个已经出土的墓穴。考古学家认为，这些证据足以表明人与犬之间存在伴侣关系。在以色列北部一个距今 12 000 年的墓穴中，人们发现了一个男孩和一只年轻犬的遗骸同时在一起[2]。

多数研究人员认为，人类对犬的驯化和选育是始于原始社会（那时人们获得食物的主要方式是狩猎和采集果实），而非农业社会。在更新世时期，人类还没有开始发展农业，人们以小部落群的方式聚集在一起，共同捕猎大型的有蹄类动物（有蹄的哺乳动物），作为食物来源之一。在那段时期还存在另外一种以捕猎为生的肉食动物——狼。最有可能的情况是：人和狼在同一片地区竞争相同的食物来源，彼此的活动范围非常接近。狼学会了打扫人类捕猎后丢弃的残渣，而人类可能也研究了狼的行为，以帮助自己寻找猎物。更加有可能的情况是，某个狼崽在偶然的情况下被人类收养并抚养长大，人们对其进行驯养，结果使这只狼被驯化成为犬。

古罗马首次对犬进行了系统的育种，并且记录了他们使用过的每种类型犬的功能。公元前 5 世纪的记录描述了犬可用于放牧、运动、战争、斗兽场上的打斗、嗅觉捕猎和视觉捕猎。有钱有势的人也会在家里养几只小犬，这可能是犬第一次真正成为玩赏动物。他们还确定了犬的 5 种早期类型：獒(mastiff)、狼犬(或称斯皮茨犬)、灰犬、猎犬和牧羊犬。

今天，不同品种的犬之间存在巨大的身体差异，这是由于多个世纪以来人们为了获得皮毛类型、体型大小、身体构造以及行为特征不同的犬而进行人工选择(有计划的交配)和特异性选择的结果。今天在我们所看到的犬中，最大体重可重达 80 kg，而最小的则只有 1 kg。毛的长度范围变化也很大，阿富汗猎犬的长毛轻柔飘逸；而墨西哥无毛犬浑身没有明显的毛。鼻子的形状也形态各异，柯利犬的鼻子尖而长，而巴哥犬的鼻子既宽又扁。衔回犬等某些品种仍然保留着它们捕猎的天性，而另外一些玩赏犬品种则更习惯于被娇生惯养。

猫作为人类宠物的历史没有犬那么久远。埃及距今 4 000～5 000 年的考古学发现表明，人们最初饲养猫的目的只是为了控制啮齿类动物。猫最初的野生祖先是非洲野猫(*Felis silvestris libyca*)。由于在被驯化的过程中猫身体的解剖学结构变化很小，因此我们很难确定它们开始与人类建立了如此密切关系的具体时间。但众所周知的是，截止到公元前 1 600 年的时候，家猫已经成为了一个品种，而且在埃及，人们还将猫作为神来崇拜和敬仰。在那里，猫被认为是巴斯塔特神(Bastet)的化身，代表着富饶和健康。

尽管犬和猫都被归为食肉目，但食肉目动物在进化早期就产生了进化方式上的分化，因此今天的家犬和家猫存在相当大的差异。家猫(*Felis catus*)是严格意义上的食肉动物，它的营养需要一直相当特殊。而另一方面，家犬(*Canis familiaris*)从本质上讲则更倾向于杂食动物。这些进化过程中出现的分化转换成若干营养需要上的重要差异，就对犬和猫的饲养管理产生了显著的影响。

1　饲养犬和猫的经济学和社会学意义

今天，美国大约有 31.6%的家庭至少饲养一条犬，而犬的总数约为 530 万只[2]。比较犬和猫的总数发现，近年来猫在数量上已经超过了犬，越来越多的人将猫作为自己的宠物，有的还养了 2 只或 2 只以上的猫。每年宠物主人在宠物食品方面的花费超过 800 万美元，同时用于宠物医疗的费用与此相当。

近来，许多研究关注于人类与动物关系的重要性，并且这种重要性早已被广大宠物主人所认同，即饲养犬和猫有利于维护人的健康！伴侣动物是我们这个社会的宝贵成员，这一点毋庸置疑。犬的传统职责包括捕猎、警卫，为视力或听力不佳的人引路，为残疾人服务，根据气味寻找毒品、爆炸物和失踪者；除此之外，饲养犬和猫还具有降低主人血压的作用，并且对疾病的康复有积极作用，另外还可以改善人的心理健康状况。例如，需要长期护理的老人、智障儿童以及在接受药物治疗的病人的治疗方案中，都经常考虑到有伴侣动物的参与。

1996 年，美国宠物食品和原料通过杂货店和大宗货物批发商的市场销售额超过了 115 亿美元[4]，这与 1986 年的 51 亿美元形成了鲜明的对比[5]。宠物食品厂家名录中列出的生产商超过了 300 家。据估计，不同的宠物食品商标可能多达 3 000 种。

只有确立了伴侣动物在人类社会中的经济和社会重要性之后，才能证明继续研究犬和猫营养需要量及其影响因素和最佳饲养方案是正确的。评价一种宠物饲粮的营养功效，主要是看它能否让动物获得最佳的生长速度，身体得到完全的发育以及终生的健康。目前，人们研究的主要方向是，开发宠物各个特殊生命阶段的饲粮和饲养方案，以及治疗某些疾病时的处方饲粮。

2 犬和猫的营养需要

犬和猫的饲粮需要量最初是由国家科学研究委员会(NRC)制定的。这些推荐量分别在1985和1986年进行了修订和完善[7,8]。NRC对每一种独立营养素的推荐量是以最小饲粮需要量为基础的,而最小饲粮需要量主要是建立在对生长期幼犬或幼猫研究的基础上。人们经常在组成上对实验饲粮进行纯化,使其含有结晶氨基酸、维生素和矿物质,因此实验饲粮可以提供利用率很高的营养素。同时,这些研究提供了有关犬和猫可利用营养素最小需要量的有用信息,但是在未确定安全范围之前,它们不能被用于指导商品化宠物饲粮的配合。生产商必须合理运用安全范围来解决实际成分中营养可利用性下降,成分之间营养可利用性差异或者是加工造成的营养损失等问题。

美国饲料控制官协会(AAFCO)是一个顾问机构,由各州的质量控制人员组成。在宠物食品业内,AAFCO的作用是确保在全国市场销售的宠物食品营养充足并有统一的标签。20世纪90年代初期,AAFCO成立了宠物营养委员会,委员会的成员主要来自各大学的犬、猫营养学家和宠物食品厂家[9]。委员们以商业食品中的常见成分为基础,提出了2套标准营养方案:一套是专门针对犬的;另一套是针对猫的。方案从生长和繁殖期、成年维持量2个角度规定了宠物食品的最低营养水平。如果某种营养素已经被证明具有潜在的毒性,或者在增加其用量时需要谨慎行事,委员们在方案中对其最高水平进行了限定。这些营养方案已经替代了NRC的推荐量,成为宠物食品厂商的使用标准。同NRC的推荐量一样,AAFCO方案也提供了犬、猫营养需要量的估计值,但二者之间的主要区别是,AAFCO方案提供的是食品中营养素的推荐范围,而不是最小营养需要量(表22-1和表22-2)。

我们不能将营养需要量简单地定义为一个简单水平;AAFCO方案中给出的需要量应该是一个能够提供合理营养的水平范围,从而避免动物发生营养缺乏或中毒。犬、猫的最佳营养需要量经常会高于其最低需要量。这些需要量是由许多因素共同作用决定的,如饲粮中的其他营养物质,被饲喂的每种动物本身以及宠物主人预期达到的标准等。

如果能够考虑到不同品种犬之间的体型差异,那么我们就不会对方案中的营养需要推荐范围如此之宽而感到惊讶了。犬的成年体重差异非常大,吉娃娃犬的体重只有1 kg,而大丹犬的重量则超过了75 kg。另外,骨骼的长度和密度、毛的类型和长度、主人期望的皮肤状况、肌肉的紧张性以及其他一些生理学上的差异,都给人们想要准确地估计其营养需要量造成了很大困难。此外,我们还必须要考虑动物所处的生长、妊娠、泌乳等生理阶段和环境因素造成的应激等因素对需要量的影响。例如,最近研究表明,应该适当降低大型和巨型犬幼犬饲粮中能量和钙含量;而雪橇犬的运动量极大,因此,从能量需要的角度出发,雪橇犬必然需要消化率和能量浓度均更高的饲粮。

人们已经确定了犬、猫营养需要量的估计值,其中包括能量、蛋白质、脂肪、维生素和矿物质,当然还有水。我们不仅将营养物质分为六大类,并给出每类物质的最低需要量,而且还分别列出了犬(表22-1)和猫(表22-2)各自的营养需要量。本章所强调的营养学知识是想要加强读者对犬、猫营养的基本认识,并让大家了解一些关于猫饲粮的营养特殊性方面的知识。

表22-1　AAFCO营养方案:犬粮[a]

营养物质	单位(DMB)[b]	生长和繁殖(最低)	成年维持(最低)	最高量
蛋白质	%	22.0	18.0	
精氨酸	%	0.62	0.51	
组氨酸	%	0.22	0.18	
异亮氨酸	%	0.45	0.37	
亮氨酸	%	0.72	0.59	
赖氨酸	%	0.77	0.63	

续表 22-1

营养物质	单位(DMB)[b]	生长和繁殖(最低)	成年维持(最低)	最高量
蛋氨酸-胱氨酸	%	0.53	0.43	
苯丙氨酸-酪氨酸	%	0.89	0.73	
苏氨酸	%	0.58	0.48	
色氨酸	%	0.20	0.16	
缬氨酸	%	0.48	0.39	
脂肪	%	8.0	5.0	
亚油酸	%	1.0	1.0	
矿物质				
钙	%	1.0	0.6	2.5
磷	%	0.8	0.5	1.8
钙磷比	%	1∶1	1∶1	2∶1
钾	%	0.6	0.6	
钠	%	0.3	0.06	
氯	%	0.45	0.09	
镁	mg/kg	0.04	0.04	0.3
铁	mg/kg	80	80	3 000
铜	mg/kg	7.3	7.3	250
锰	mg/kg	5.0	5.0	
锌	mg/kg	120	120	1 000
碘	mg/kg	1.5	1.5	50
硒	mg/kg	0.11	0.11	2
维生素				
维生素 A	IU/kg	5 000	5 000	60 000
维生素 D	IU/kg	500	500	5 000
维生素 E	IU/kg	50	50	1 000
维生素 B_1	mg/kg	1.0	1.0	
维生素 B_2	mg/kg	2.2	2.2	
泛酸	mg/kg	10	10	
烟酸	mg/kg	11.4	11.4	
维生素 B_6	mg/kg	1.0	1.0	
叶酸	mg/kg	0.18	0.18	
维生素 B_{12}	mg/kg	0.022	0.022	
胆碱	mg/kg	1 200	1 200	

资料来源：获准再版 1994 年 AAFCO 官方出版物。1994 年版权归美国饲料控制官协会所有[9]。

[a]假设每克干物质中能量浓度为 3.5 kcal *ME*/g DM。能量浓度超过 4.0 kcal/g 应予以校正。

[b]干物质基础。

表 22-2　AAFCO 营养框架：猫粮[a]

营养物质	单位(DMB)[b]	生长和繁殖(最小)	成年维持(最小)	最大量
蛋白质	%	30.0	26.0	
精氨酸	%	1.25	1.04	
组氨酸	%	0.31	0.31	
异亮氨酸	%	0.52	0.52	
亮氨酸	%	1.25	1.25	
赖氨酸	%	1.20	0.83	

续表 22-2

营养物质	单位(DMB)[b]	生长和繁殖(最小)	成年维持(最小)	最大量
蛋氨酸-胱氨酸	%	1.10	1.10	
蛋氨酸	%	0.62	0.62	1.5
苯丙氨酸-酪氨酸	%	0.88	0.88	
苯丙氨酸	%	0.42	0.42	
牛磺酸(挤压的)	%	0.10	0.10	
牛磺酸(封装的)	%	0.20	0.20	
苏氨酸	%	0.73	0.73	
色氨酸	%	0.25	0.16	
缬氨酸	%	0.62	0.62	
脂肪	%	9.0	9.0	
亚油酸	%	0.5	0.5	
花生四烯酸	%	0.02	0.02	
矿物质				
钙	%	1.0	0.6	
磷	%	0.8	0.5	
钾	%	0.6	0.6	
钠	%	0.2	0.2	
氯	%	0.3	0.3	
镁	mg/kg	0.08	0.04	
铁	mg/kg	80	80	
铜	mg/kg	5	5	
碘	mg/kg	0.35	0.35	
锌	mg/kg	75	75	2 000
锰	mg/kg	7.5	7.5	
硒	mg/kg	0.1	0.1	
维生素				
维生素 A	IU/kg	9 000	5 000	750 000
维生素 D	IU/kg	750	500	10 000
维生素 E	IU/kg	30	30	
维生素 K	mg/kg	0.1	0.1	
维生素 B_1	mg/kg	5.0	5.0	
维生素 B_2	mg/kg	4.0	4.0	
维生素 B_6	mg/kg	4.0	4.0	
烟酸	mg/kg	60	80	
泛酸	mg/kg	5.0	5.0	
叶酸	mg/kg	0.8	0.8	
生物素	mg/kg	0.07	0.07	
维生素 B_{12}	mg/kg	0.02	0.02	
胆碱	mg/kg	2 400	2 400	

资料来源：获准再版 1994 年 AAFCO 官方出版物。1994 年版权归美国官方饲料管制协会所有[9]。

[a]在 Atwater 校正值的基础上，蛋白质、脂肪和碳水化合物(无氮提取物 NFE)分别为 3.5，8.5 和 3.5 kcal/g，假设能量浓度为 4.0 kcal/g *ME*。饲粮的能量浓度超过 4.5 kcal/g 时应予以校正；低于 4.0 kcal/g 时不用进行校正。

[b]干物质基础。

2.1　水

尽管水经常被人们忽视，但它在生命中的作用是至关重要的。动物在没有食物的情况下可以存活的时间大约是没有水时的 10 倍。身体的总水量与身体的脂肪含量成反比，或者说与肌肉含量成正比。由此可见，处于生长期的犬、猫及参加比赛的雪橇犬体内肌肉比例较高，因此其身体的含水量也高，这是非常正常的。因此，这些动物的水合和/或脱水程度是我们首先要关注的问题。

动物可以通过食物中的水分、代谢水（主要是氧化作用）和饮水来满足机体对水的需要量。商品化饲粮的含水量范围可以从少于 10%到 84%；因此，动物的饮水量变化也很大。动物需要摄入的水与体温调节过程中（主要通过肺排泄）和通过尿液排泄代谢废物时损失的水量有关。饮用水的性质与饲粮中的营养物质含量一样重要。例如，硬水和软水可能会含有高水平的某些特殊矿物质，对饲粮的矿物质平衡会产生不利影响。

2.2　能量

除水之外，能量是动物饲粮中需要量最大的营养物质。影响能量需要的因素包括动物的代谢效率、环境因素（温度、湿度）、身体运动和活动的水平、动物的年龄（图 22-2）以及动物所处的繁殖阶段（图 22-3）。另外，同任何其他温血动物一样，犬、猫单位体重的能量需要随体型的增加而减少。

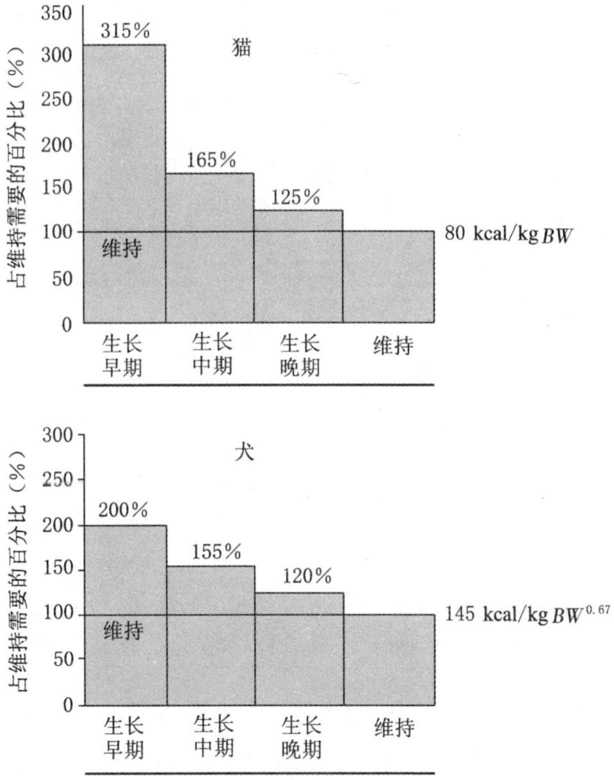

图 22-2　猫和犬用于生长的代谢能需要

商品化宠物食品的传统分析方法是便于列出食物中主要营养物质的百分含量。这种分析方法虽然考虑了食物的化学降解，但它不能将各种营养物质之间的均衡完全解释为公因数（common factor）的结果，还需要考虑“饲喂量”或干物质的因素。

大约 25 年前，有人将营养物质消化率的概念引入了宠物食品市场。我们在评价宠物食品的质量时，必须要考虑到宠物食品的消化率。消化率越高的饲粮营养价值就越高(见第2和第3章)，这一规律对所有的营养物质都适用。有些宠物饲粮生产商还以代谢能(*ME*)为基础提出动物的营养需要量。代谢能这个概念在营养学领域已经流传了几十年，但最近还仍有必要让消费者也明白代谢能的意义(见第3章)。

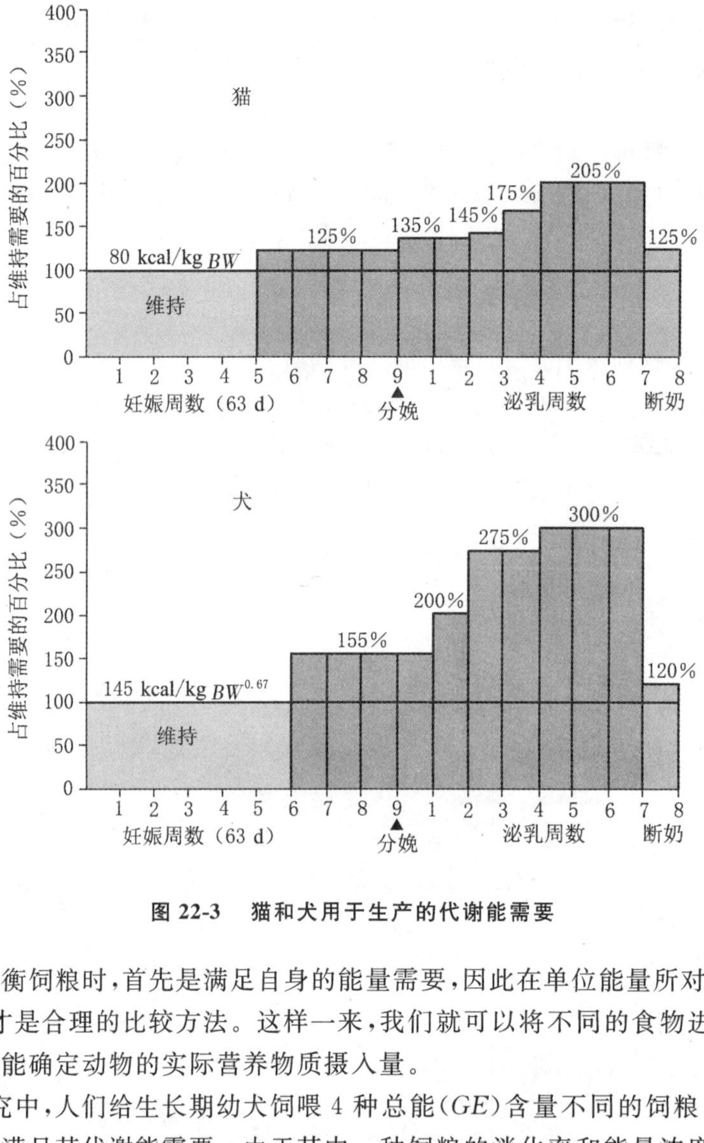

图22-3　猫和犬用于生产的代谢能需要

动物在吃一种均衡饲粮时，首先是满足自身的能量需要，因此在单位能量所对应的营养物质的基础上对饲粮进行评价，才是合理的比较方法。这样一来，我们就可以将不同的食物进行更加精确的比较，知道了能量含量也就能确定动物的实际营养物质摄入量。

例如，在一项研究中，人们给生长期幼犬饲喂4种总能(*GE*)含量不同的饲粮，结果表明，幼犬采食每种食品的量都恰好满足其代谢能需要。由于其中一种饲粮的消化率和能量浓度过低，幼犬不得不多摄入高达23%的总能来补偿其代谢能的损失。

2.3　碳水化合物

大多数宠物饲粮都将谷物淀粉作为一种重要的和经济的能量食品原料。宠物食品的淀粉来源包括玉米、水稻、小麦、燕麦和大麦。尽管这些谷物都能够作为能量来源，但它们在采食后增加血糖水平(称作食后糖血症效应)的作用程度不同。例如，最近的研究表明，当给犬饲喂含30%淀粉的饲粮(淀粉分别来自于玉米、小麦、大麦、水稻或高粱)时，饲喂水稻的犬食后血糖和胰岛素反应最为剧烈[11]。与之相比，饲喂高粱后导致的糖血症反应最轻微，而饲喂大麦、小麦或玉米的则全部导致中度的糖血症反应。除此之外，将谷物充分研磨或进行适当的热处理(见第11章)也可以显著加强谷物中淀粉的利用率。适当的热处理使淀粉分子膨胀，提高了食品的消化率。但不正确的热处理会在食品中遗留下生淀粉，这些生淀粉可能会在肠道中发酵，并由此导致胃肠臌气和产生对消化过程不利的副产物。

多数杂食动物(包括家犬)的肝脏中有 2 种可以代谢葡萄糖的酶：一种是己糖激酶，当低水平的葡萄糖被运到肝脏时，它发挥作用；另一种是葡萄糖激酶，在肝脏接收到大量葡萄糖时发挥作用。但猫并不是这样，因为猫体内只有己糖激酶有活性，而葡萄糖激酶则没有活性[12]。有人曾经假定，具有上述 2 种酶的动物消化葡萄糖含量较高饲粮的能力强于仅有一种酶的物种。我们由此更加确定了应该对猫实施食肉类动物的饲养方案，即饲喂高蛋白、高脂肪、低碳水化合物的饲粮。

饲粮纤维可以归为碳水化合物类。虽然纤维不是每餐必需的营养物质，但伴侣动物的饲粮中必需含有一些纤维，以保障其胃肠道的正常功能。根据其组成不同，饲粮纤维可以增加饲粮的体积，维持食物通过肠道的时间和使胃肠动力正常，保证胃肠道黏膜结构的完整性以及提供短链脂肪酸作为肠道内皮细胞的能量来源。商品化宠物食品中常见的纤维来源有小麦粗粉、番茄、柑橘渣和葡萄渣、甜菜渣及大豆皮和花生壳。玉米、水稻、小麦和大麦在提供可消化的碳水化合物之余，也能提供少量的纤维。另外，在以豆类为基础的宠物食品中，蛋白质原料也为饲粮增加了数量不定的纤维。

然而，犬和猫却无法直接消化饲粮纤维，在大肠中发现的某些微生物能够不同程度地降解(发酵)饲粮中的纤维。细菌发酵产生短链脂肪酸和其他终产物。纤维降解的程度差别很大。例如，在犬和猫体内，胶质和其他可溶纤维被高度发酵，甜菜渣被中度发酵，而纤维素则不被发酵。最近的研究表明，犬、猫体内纤维发酵产生的短链脂肪酸是覆盖于肠道内皮细胞的重要能量来源，适量的短链脂肪酸可促进肠道健康。但是，高度发酵的纤维也产生短链脂肪酸，仅含有这种类型纤维的饲粮可能会引起动物的腹泻。由此可见，对伴侣动物来说，最好的纤维来源应该是那些在体内进行中度发酵，并能为肠道提供充足短链脂肪酸的物质[13～15]。

研究还表明，某些类型的纤维可能有助于治疗犬、猫的胃肠道疾病[16,17]。果寡糖(FOS)是一种天然的碳水化合物。由于它不能被胃肠道中的酶消化，因此被列入纤维类碳水化合物。目前已经证明，给宠物饲喂含有果糖低聚糖和相关纤维的饲粮，会引起肠道细菌组成的预期变化。需要特别注意的是，这些变化是使有益菌的数量增加，而使那些可能引起疾病的细菌数量减少[18,19]。有科学研究正在分析这些纤维在犬、猫胃肠道疾病治疗中的应用潜力。

虽然有些纤维是动物所必需的，而且有利于犬、猫的健康，但太多的纤维则会产生对机体不利的副作用。摄入过多的饲粮纤维，会通过干扰脂类、钙、锌和铁的吸收，进而降低营养物质的消化率和利用率，还会增加排泄物中的能量损失和氮损失。纤维的类型和物理组成不同决定了其功效的不同。当饲粮中含有大量无法发酵的纤维时，粪便干燥坚硬，可能会导致动物便秘。相反，如果饲喂太多的可发酵纤维，则可能会导致动物排出松软、含水量高的粪便，甚至还会导致动物腹泻。摄入过多的纤维，还可能引起动物由于产气增加而频繁排便。虽然这些副作用并不一定总会导致宠物的健康问题，但它们也一定不受大多数主人的欢迎。

例如，给犬分别饲喂甜菜渣含量为 0～12.5％的饲粮，当甜菜渣含量超过 10％时会降低其蛋白质和能量的消化率。有关成年猫的一项研究显示，给猫饲喂含有高度可发酵纤维的饲粮时，其粪便的坚固性较差，同时饲粮消化率降低[21]。然而，如果给犬饲喂同样的纤维，虽然犬的粪便质量较差，但饲粮的消化率却没有降低，说明猫耐受高度可发酵纤维的能力不如犬。

饲喂高纤维水平的饲粮还会增加氨基酸的损失，降低饲粮氨基酸可利用性，这 2 种情况都会影响动物对氨基酸的需要量。肠道黏膜细胞脱落和黏膜生成加剧，是导致氨基酸损失增加的 2 个主要原因。据推测，纤维可以在氨基酸周围形成凝胶或者是吸收消化酶，从而降低酶的活性，也就降低了氨基酸的利用率。出于这些原因，在配制低能量和高不可发酵纤维的宠物食品中，饲粮中营养物质的利用率是一个值得关注的问题。

2.4 脂肪

在商品化宠物食品中，脂肪的作用是作为浓缩的能量来源、脂溶性维生素的载体和必需脂肪酸的来源，此外脂肪还可以增强饲粮的适口性。脂肪是浓缩度很高的能量来源，其能量含量是蛋白质或碳水化合物的2倍多。据估计，宠物饲粮中每克脂肪所含的代谢能为8.5 kcal。而与之相比，每克蛋白质或可消化碳水化合物的代谢能含量仅为3.5 kcal。而且，脂肪通常也比多数碳水化合物和蛋白质更容易消化。由于脂肪具有上述这些特征，增加商品化宠物食品中的脂肪含量，可以显著提高食物的能量浓度，并有助于提高其消化率。

犬粮或猫粮中的最佳脂肪含量是由动物对必需脂肪酸和脂溶性维生素的需要量以及动物的能量需要决定的。饲粮中的脂肪含量低、质量差、不稳定，可能会限制脂溶性维生素的吸收，导致脂溶性维生素缺乏。与之类似，饲粮中必需脂肪酸数量不足也可能会导致动物出现这些营养物质缺乏的症状。

和大多数动物一样，犬和猫的必需脂肪酸也是亚油酸。此外，猫还需要另一种必需脂肪酸——花生四烯酸。这是由于猫的肝脏中缺乏足够数量的δ-6-脱氢饱和酶和δ-5-脱氢饱和酶，而δ-8-和δ-4-脱氢饱和酶活性也相对较低[22~24]。猫不能将亚油酸转化成花生四烯酸，因此必须在猫的饲粮中为其提供花生四烯酸。在许多其他严格食肉的动物中，也发现了类似猫对花生四烯酸的这种特殊需求。

亚油酸和花生四烯酸都是ω-6脂肪酸。根据分子中第1个双键在碳链中的位置，可以将多不饱和脂肪酸分成几个系列。ω-6脂肪酸的第1个双键位于碳链甲基端的第6个碳原子上。在伴侣动物营养中的的另一类非常重要的脂肪酸是ω-3脂肪酸，它的第1个双键位于碳链甲基端的第3个碳原子上。ω-3脂肪酸——α-亚麻酸在某些物种中似乎具有必需脂肪酸的性质[25]。另外，当饲粮中含有长链ω-3脂肪酸，并且其水平与ω-6脂肪酸达到均衡时，我们可以看到长链ω-3脂肪酸对动物机体的有利影响。

商品化宠物饲粮中常见的脂肪来源有牛羊脂、猪脂、鸡脂以及植物油(如玉米油、红花油和豆油)。这些脂肪来源中必需脂肪酸的含量及其提供ω-6和ω-3脂肪酸的能力变化很大。由于整粒亚麻籽粉碎后是非常好的α-亚麻酸来源，因此亚麻籽是饲粮中脂肪的重要植物来源。琉璃苣油是α-亚麻酸和ω-6脂肪酸γ-亚麻酸的来源，它可以用于调节宠物饲粮中ω-6脂肪酸与ω-3脂肪酸的比例。鱼油是最丰富的花生四烯酸来源，另外它还可以提供长链ω-3脂肪酸。鸡脂和猪脂都含有一定数量的花生四烯酸，但不能作为ω-3脂肪酸的来源。植物油中缺乏完整的花生四烯酸。

对于犬、猫来说，维持皮肤的正常功能、动物体的正常生长、保持皮毛的状态以及油脂在血液当中的传输，都需要亚油酸。而对猫来讲，饲粮中的花生四烯酸在体内形成一种称为十二烷酸的化合物，是维持机体正常的繁殖机能和血小板聚集所必需的。缺乏必需脂肪酸会导致动物出现生长不良、毛皮质量差、皮肤病变、创伤愈合能力减弱、被感染的几率增加以及繁殖性能下降等症状。

近年来，人们已经研究了脂肪酸在伴侣动物的医疗保健作用，研究的焦点集中于饲粮中ω-6脂肪酸与ω-3脂肪酸的适宜平衡问题。这些脂肪以最佳比例混合，会对宠物的某些炎症起到预防和治疗的作用。如果增加饲粮中ω-3脂肪酸的数量，并调整ω-6与ω-3脂肪酸的比例，会引起机体组织中这些脂肪酸和其产生的致炎因子浓度发生改变。最近的研究还证实，当饲粮中ω-6与ω-3脂肪酸的比例为(5～10)：1时，对治疗犬的过敏性皮肤病有一定帮助，对猫可能也同样有效[26,27]。

2.5 蛋白质

早期的研究发现，大多数动物所需要的氨基酸种类是非常相似的。19世纪80年代，犬、猫纯化结晶氨基酸饲粮的产生使得人们对犬、猫的氨基酸需要量进行了更为精确的定量估计，并将最终得到的最低氨基酸需要量列入了1985年和1986年修订的NRC应用指南。由于这些数值只能代表纯化饲粮中的最低需要量，AAFCO营养方案在考虑到实际成分中养分利用率下降、各成分之间养分消化率的差异、加工过程中营养物质损失等影响因素，因此又在此基础上增加了需要量的安全范围。

犬粮和猫粮中的蛋白质可以由动物性蛋白和植物性蛋白(谷物)分别或共同提供。一般来说,与谷物蛋白提供的氨基酸相比,优质动物蛋白提供的氨基酸更为均衡。然而,动物性蛋白饲料性质不够稳定,一旦变质,原本优质蛋白就变为劣质蛋白质[28]。相反,谷物性蛋白饲料在质量稳定性和提供氨基酸的能力方面则相对一致。虽然谷物中的蛋白质不可能达到优质动物蛋白的均衡性或利用率,但至少比劣质的动物蛋白高。

商品化宠物食品中常见的动物性蛋白饲料有牛肉、鸡肉、鸡肉副产品粉、鸡肉干粉、蛋粉、鱼肉和鱼粉、肉骨粉、肉类副产品及肉粉。近年来,某些犬粮和猫粮中还使用了羔羊肉、兔肉和鹿肉等动物性蛋白质来源。宠物食品中常见的植物性蛋白饲料有玉米蛋白粉、大豆粉、大豆粗磨粉、豆粕、紫花苜蓿粉、亚麻籽粕和麦芽等。以谷物产品为主的宠物食品中,通常是将豆类产品与玉米蛋白粉混合后共同作为蛋白质来源。

影响特定蛋白饲料营养功效的因素有蛋白质的品质和氨基酸组成、蛋白质的消化率以及饲粮的能量浓度。动物的蛋白质需要量与蛋白质饲料的消化率成反比,还与其能够以正确的数量和比例提供所有必需氨基酸的能力成反比。如果蛋白质的品质和消化率升高,则为了满足动物的需要量而在饲粮中必须添加的蛋白质水平(和必需氨基酸)会有所降低。例如,当给成年犬饲喂含有优质蛋白饲料的饲粮时,蛋白质需要量可以低至代谢能(ME)的 4%～7%[29];然而,当饲粮中的蛋白饲料品质较低时,需要量则可能会增加到 ME 的 20%以上[30]。

下面这个例子证明了蛋白质的品质和利用率对必需氨基酸需要量的影响。在一项测定生长幼犬赖氨酸需要量的研究中,研究人员使用了 2 种饲粮:一种是添加了纯化结晶氨基酸的饲粮;另一种则是全蛋白质饲粮,其中也含有赖氨酸的成分。试验结果表明,达到最大生长速率和饲料转化效率时的赖氨酸需要量,在纯化 L-氨基酸饲粮情况下约为 0.7%,而在全蛋白质饲粮条件下则为 0.8%。对这种差异的最佳解释是纯化结晶赖氨酸可以被机体 100%地利用,而全蛋白质中的赖氨酸则不是。全蛋白质饲粮中赖氨酸的生物学利用率较低,因而机体对赖氨酸的需要量显著增加[31]。

动物的年龄、活动水平、生理状态以及前营养状态也都会对蛋白质需要量造成影响。对于处于生长期的幼犬和幼猫来说,随着其逐渐接近成熟,机体的生长速率降低,蛋白质的需要量也随之略有下降[32,33]。与此类似的是,必需氨基酸的需要量也随着年龄的增长而逐渐降低[34,35]。根据目前 AAFCO 推荐的犬粮营养方案,在干物质基础上成年犬粮的蛋白质水平应不低于 18%,而生长和繁殖期犬粮中则为 22%。这些值相当于每克含有 3 500 kcal ME 的食物的 18%和 22%。如果饲粮的能量浓度再提高,则必须对蛋白质含量作适当的调整。

猫作为严格意义上的食肉类动物,在蛋白质和氨基酸需要方面有几个特殊点。首先,它的蛋白质需要量远远高于更倾向于杂食动物的犬,其代谢方面的原因是猫的肝脏中氨基酸分解酶的活性非常高。由于这些酶属于非诱导型酶,因此,在给猫饲喂低蛋白饲粮或让其禁食时,会存在专性氮的损失[36]。这一点应尤其引起那些将犬粮拿来喂猫的宠物主人的注意。尽管个别犬粮提供了较高水平的饲粮蛋白质,但我们认为,其他大多数犬粮对猫来说是缺乏蛋白质的。

其次,猫对精氨酸的缺乏表现出高度敏感性(虽然这一点的实际意义不大)。精氨酸是尿素循环的中间产物。在这个循环中,精氨酸使动物采食高蛋白质饲粮后产生的大量氨转变成尿素排出体外。采食了不含精氨酸的饲粮后,猫在几个小时内就会出现高氨血症的临床症状[37]。其他食肉动物采食了不含精氨酸的饲粮后,也会出现类似反应,但不会像猫那么严重。

与对精氨酸缺乏的敏感程度相比,猫比其他哺乳动物需要更多的含硫氨基酸(SAAs),这一点似乎更值得在实际生产当中引起我们的注意。猫之所以需要大量的含硫氨基酸,可能是由于要产生一种称为猫尿氨酸的化合物。猫尿氨酸利用含硫氨基酸半胱氨酸合成,并随猫的尿液排出体外,在未阉割的公猫尿液中排泄浓度最高。尽管还不知道它的确切作用,但已经有人提出,猫尿氨酸可能是尿液中的一种成分,并与猫有效识别自己领地的特性有关。猫对含硫氨基酸需要量较高还可能有其他原因,如用于其浓密毛皮的维持需要以及用于不断增加的甲基化反应(此反应是合成磷脂所必需的)。正常情况下,猫粮中含有高水平的脂肪,而吸收和转运这些脂肪就必须增加磷脂的合成量[36]。

猫对牛磺酸(一种β-氨基磺酸)的特殊需要,已经受到了科学家和公众相当广泛的关注。由于其特殊的结构,牛磺酸不能被合成为大分子蛋白质,而是作为组织中的游离氨基酸或小肽的成分被人们发现。多数哺乳动物能够利用蛋氨酸和半胱氨酸合成足够的牛磺酸。现在已知,牛磺酸在胆汁酸的结合、维持视网膜功能和正常的心肌功能中,都起到了重要的作用[38,39]。这种营养物质对于雌猫的正常繁殖功能也是必要的[40]。猫在生理上对牛磺酸的需要量很高,但猫自身合成牛磺酸的能力却非常有限[41]。结果就是猫需要从饲粮中摄取足够的牛磺酸[41]。牛磺酸缺乏会引起猫的中间视网膜变性(CRD)、充血性心肌病以及繁殖性能下降。牛磺酸仅存在于动物性来源的蛋白质饲料中,在甲壳类动物和软体动物中的含量最高。因此,给猫饲喂含有大量植物产品和豆类谷物的饲粮,可能无法满足其对牛磺酸的需要。需要特别注意的是,以豆类为基础的犬粮中蛋白质和牛磺酸的含量都很低。

检查牛磺酸含量时,考虑所饲喂饲粮的种类也是很重要的。用以维持体内牛磺酸的动态均衡时,饲粮中牛磺酸的需要量取决于所饲喂的饲粮种类[42]。目前,AAFCO用于宠物干粮的最小需要量是每千克干物质1 000 mg牛磺酸,而用于罐装食品的最小需要量是每千克干物质2 000 mg牛磺酸。给猫饲喂罐装食品时需要更多的牛磺酸,这是因为饲喂这些产品会使牛磺酸在体内的损失更多。而罐装猫粮的加工方法和其中某些成分的影响,是造成这种情况的原因[43]。

2.6　维生素A

和所有哺乳动物一样,猫的饲粮中也需要添加维生素A。这种脂溶性维生素在自然界中有几种不同的化学形式。β-胡萝卜素(一种类胡萝卜素)是在植物中被发现的,它是维生素A的前体。多数哺乳动物可以通过肠黏膜上的2种酶将β-胡萝卜素转变成有活性的维生素A。然而,猫与犬不同,由于其肠道中缺乏β-胡萝卜素-15-15'-双氧化酶,因而无法将β-胡萝卜素转变成有活性的维生素A。所以,猫粮中需要添加只存在于动物组织中现成的维生素A[44]。宠物饲粮中可以提供维生素A的成分有鸡肝、猪肝及全脂奶。鱼油(如来自鳕鱼的鱼肝油)是维生素A最丰富的来源。

由于猫采食的现成维生素A不像β-胡萝卜素那样可以受到肠黏膜的调控,因此,猫很容易吸收达到中毒剂量的维生素A。如果家猫的实际饲养方案中包括含有过高水平的维生素A的成分,如肝脏、肾脏和各种鱼油等,那么可能会加剧猫维生素A中毒的易感性。长期采食过量的现成维生素A,可能会引起猫的变形性颈椎病而发生跛行。

2.7　烟酸

猫似乎对水溶性维生素中的烟酸有着特殊的需要。多数哺乳动物可以利用饲粮中的色氨酸来部分地满足其对烟酸需要。而猫却不能通过摄入色氨酸来满足其对烟酸的生理需要,因此必须在猫粮中添加现成的烟酸。

2.8　钙和磷

钙(Ca)占总体重的1.5%～2%,是体内含量最丰富的阳离子。动物体内的钙99%以上存在于骨骼和牙齿中。骨骼中的钙磷比例为2∶1。饲粮中的钙磷比例也会影响钙的吸收。饲粮中任何一种矿物质过量,都会影响其他矿物质的吸收。

有些犬主人认为,为了预防慢性骨骼疾病的发生,需要在生长幼犬的饲粮中额外添加钙。犬的AAFCO营养方案规定,处于生长和繁殖期的犬所需钙的最低水平为0.8%,而成年犬的维持需要量为0.5%[9]。这一方案也颁布了所有犬粮中钙的最高水平为2.5%,因为已出版的数据指出,生长期间过量钙的摄入,可能造成骨骼的异常发育[45]。但有研究指出,饲粮中钙水平过高可能会导致动物发生软骨病、关节增生、跗关节脱落、姿势不正、羔羊的成角畸形、摇摆综合征或发育迟缓[45,46]。

3　犬、猫的商品化饲粮

在美国，大部分宠物主人给犬和猫饲喂现成的商品化宠物食品。根据采用的加工方法、包含的成分以及保存方法不同，商品化产品可以分为几种类型。也可以根据食物的营养物质种类、配制目的及所含成分的品质对其进行分类。根据加工方法、保存方法和含水量的不同进行分类是商品化宠物食品中应用最广泛的分类方法之一。根据这种方法，可以将食物分为干粮、罐头和半湿食物。还有一种方法是根据食物的品质和市场销售模式对其进行分类，可以将宠物食品分为普通、流行和优质品牌食品。

3.1　干性宠物食品

美国的宠物主人最常购买的宠物食品类型是干性食品。这些食品中含有 6%～12%的水分和 88%以上的干物质[10]。粗粒、饼干、粉剂和膨化食品都属于干性宠物食品，其中最受欢迎的是膨化(挤压)食品。干性食品中最常见的原料组成是植物和动物来源的蛋白粉，如玉米蛋白粉、豆粕、鸡肉和肉粉及其副产品，还有新鲜的动物蛋白饲料等。其中碳水化合物来源是未经加工的玉米、小麦和水稻等谷物或谷物副产品；脂肪来源是动物脂肪或植物油。为了保证食物在混合过程中能够达到更加均质和完全，可在搅拌时再加入维生素和矿物质。

今天，大部分宠物干性食品是通过挤压进行加工生产的(见第 11 章)。挤压是一个瞬时高温过程，可以将谷物煮熟、成形并进行膨化，同时糊化蛋白质。高温、高压、成形后使膨胀和淀粉糊化的效果达到最佳。此外，高温处理还可以作为消灭致病微生物的一种灭菌技术。然后将挤压后的饲粮进行干燥、冷却和打包。还有，可以选择使用脂肪及其挤压后的干性或液态降解物，以增强食物的适口性。

加工生产犬饼干和猫、犬粗粒食品的过程需要烘烤工艺。这一工艺过程是将所有的原料都混合在一起形成均质的生面团，然后进行烘烤。制作饼干时，可将生面团做成或切成想要的形状，烘烤后的饼干更像是曲奇或薄脆饼。在生产粗粒猫、犬粮时，工人将生面团摊在一个大的平底焙锅上进行烘烤，冷却后将其分解成小块，最后再进行包装。

干性宠物食品在营养组成、原料组成、加工方法和外观上差异很大。它们的共同点是含水量都相对较低，但蛋白质含量的变化范围可以从 12%到高达 30%以上；而脂肪含量的变化在 6%到超过 25%(饲喂基础)。在评估不同的干性食品时必须考虑原料组成、营养物质含量和能量浓度等参数，正是由于这些参数的差异，一杯干性食品中提供的代谢能范围为 200～500 kcal。

3.2　半湿宠物食品

近年来半湿宠物食品的受欢迎程度有所下降。这些食品的含水量为 15%～30%，其主要原料是新鲜或冷冻的动物组织、谷物、脂肪和单糖。它的质地比干性食品更为柔软，这使其更容易被动物接受，适口性也有所提高。同干性食品一样，大多数半湿食品在其加工过程中也要经过挤压处理。根据原料组成不同，可以在挤压前先将食物进行蒸煮。生产半湿食品还有一些特殊要求，由于半湿食品的含水量较高，所以必须添加其他成分以防止产品变质。为了固定产品中水分，使其不能被细菌用于生长，需要在半湿食品中添加食糖、玉米糖浆和盐。许多半湿宠物食品中含有大量的单糖，这有助于提高其适口性和消化率。1992 年时，丙二醇也作为保湿剂被应用于半湿宠物食品。然而，美国食品药品管理局(FDA)判定这种化合物对猫存在潜在的危险，已经禁止将其用于猫粮的生产。山梨酸钾等防腐剂可以防止酵母菌和霉菌的生长，因此可以为产品提供进一步的保护。少量的有机酸可以降低产品的 pH 值，也可用于防止细菌生长。由于一般情况下半湿食品的气味比罐装食品小，独立包装也更加方便，因此，受到一些宠物主人的青睐。半湿宠物食品在开封前不需要冷藏，保质期也相对较长。以干物质重量为基础进行比较时,半湿食品的价格通常介于干性食品和罐装食品之间。

3.3 罐装宠物食品

罐装过程是一个高温蒸煮的过程。将各种原料进行混合、蒸煮并装入封盖的热金属罐中,并根据罐的类型和容器,在230~275℉下蒸煮15~25 min。罐装食品可以保留84%的水分。高含水量使得罐装产品的适口性很好,这对于那些喂养过分挑剔的宠物的消费者很有吸引力,但是,由于其加工成本较高,因而价格也更高。

目前有2种类型的罐装食品:一种可以提供全价均衡的营养;另一种则只是作为饲粮的补充或仅以罐装肉或肉类副产品的形式用于医疗方面。全价均衡的罐装食品可能包含各种原材料,如精肉、禽类或鱼的副产品、谷物、挤压过的植物蛋白质以及维生素和矿物质等;也有些只含有1种或2种精肉或动物副产品,并加入足量的维生素和矿物质添加剂以确保饲粮营养全面。而第2种罐装食品经常指那些由上述所列的肉类组成的罐装肉产品,但不含维生素或矿物质添加剂。这种食品不是为了提供全面营养而配制的,只用作为全价、均衡的饲粮的一种补充或用于医疗。

3.4 普通宠物食品

普通宠物食品是那些没有商标的产品。由于这些产品具有一定的经济吸引力,因而能被引入市场。普通宠物食品的制造商应该考虑的最重要的问题就是生产低成本产品。出于这种原因,生产者可以使用价廉质低的原料;不进行或只进行少量的饲喂试验。有些产品设计甚至不能提供全价的营养,因此无法获得产品标志[47]。对犬的饲喂试验发现,普通宠物食品的消化率和营养物质利用率显著低于流行和优质级商标的宠物食品。例如,一项研究证实,饲喂普通宠物食品的犬会出现与缺锌相关的皮肤问题[48]。最后需要说明的是,由于这类食品的原料品质差且脂肪含量较低,因此适口性较差。普通宠物食品代表了宠物主人所能购买到的最便宜、品质最差的宠物食品。

3.5 流行宠物食品

流行品牌包括那些只在全国或部分地区杂货店或某些销售量很大的宠物连锁店中销售的食品。生产商投入大量的精力和财力做广告,以提高其产品的知名度。销售这些产品的主要市场战略是提高饲粮的适口性及其对宠物主人的吸引力。总的来说,宠物食品的流行品牌比优质食品的消化率略低,但比普通宠物食品含有品质更高的组分,其消化率也更高。不同品牌或同一厂商生产的不同产品之间的成分、适口性和消化率的差异可能很大。

3.6 优质宠物食品

"优质"一词是指该产品能为犬、猫的各个生理阶段提供最佳营养的产品。多数优质宠物食品的制造厂商针对动物的不同生理阶段和不同生活方式配制产品。例如,现在已经开发出专门针对运动量大的犬(工作饲粮)、维持期成年犬、不同体型的生长期幼犬以及泌乳和妊娠期母犬的饲粮。这些宠物食品的消费对象是那些非常关注动物健康和营养的宠物主人。一般来讲,生产优质宠物食品需要使用那些消化率、营养物质利用率高或极高的原材料。这些食品通过宠物用品商店、饲料销售点、兽医院和一些大宗销售渠道进行销售[49]。

多数优质宠物食品的制造商通过AAFCO饲喂试验来验证其产品标识,他们反对用计算配方的方法设计产品(见下文)。他们向宠物主人保证自己的产品已经通过了实际动物饲喂试验。由于优质宠物食品使用了品质更好的原材料,并且还要对产品进行检验,因此其单位重量的价格通常更高。然而,这些产品的消化率和营养物质浓度通常也更高,所以饲喂量较少,其每餐的成本与许多流行品牌的宠物食品基本相当。

4　整个生活周期的饲养

4.1　幼犬和幼猫

犬和猫生长速度最快的阶段是出生后的前 6 个月。中型犬大约需要 12 个月的时间达到成年体型；而小型犬和猫需要的时间为 9～12 个月[50]。而大型和巨型犬要到 18～24 月龄时才能达到成年体型。因此，它们都需要在一个相对较短的时期内快速地生长、发育。在生长期为它们提供全面均衡的饲粮，对其能否充分发育并达到正常的成年体型是很重要的。

然而，各个品种的犬和猫在生长期的营养需要不尽相同，实际上不同品种类型的犬在成年体型和体重上的差异很大。例如，体重 5 磅的吉娃娃犬和 150 磅的纽芬兰犬在相对接近的时间内都实现各自完全的发育和生长。这 2 种犬的成年体重相差 30 倍，也就意味着纽芬兰犬的生长速度和组织合成速度远远超过了吉娃娃犬。不同品种猫的成年体重相差相对较小，因此看不到这种巨大的差异。由于不同品种犬的生长速度和成年体重均不同，因此其在生长期内饲喂的食物也应该能够反映出这种差异。

动物在生长期的营养和能量需要超过了除泌乳或超负荷运动以外的其他任何生理阶段。如果不考虑配种的因素，青年生长期幼犬的能量需要大约是同等体型成年犬的 2 倍。6 月龄以后的需要量随动物生长速度的下降开始下降。与之类似，生长期猫的能量需要也显著高于成年猫的维持需要。尽管活动量适中的成年猫每千克需要 50～70 kcal *ME* 的能量，但幼猫在生长高峰期的能量需要比这还要多。

最近的研究已经表明，给生长期幼犬饲喂过多富含能量和营养的饲粮，可以使其生长速度达到最大。但研究也同时说明，过快的生长速度并不能与骨骼的最佳发育达到一致，尤其对于大型品种犬更是如此[51,52]。生长速度最快的幼犬会发生软骨病、肥大性骨营养不良和髋关节发育不良等骨骼病变。除此之外，钙也是影响幼犬骨骼发育的重要营养物质。大型犬幼犬的饲粮或含钙添加剂中的钙含量过高，会对骨骼发育产生不利影响[53,54]。由于大型和巨型犬本身就有骨骼发育不良的遗传倾向，再加上其快速生长的空间较大，因此必须保证所提供的饲粮既能控制幼犬的生长速度不致过快，又能促进骨骼的正常发育。比较理想的大型和巨型犬幼犬饲粮应该是能量浓度和脂肪稍低于一般幼犬饲粮，含有优质蛋白质，而且钙和磷的水平也应稍低于一般小型犬幼犬的饲粮。

生长期犬、猫的蛋白质需要量高于成年动物。除正常的维持需要外，青年动物需要更多的蛋白质来合成与生长有关的新组织。由于青年动物摄入的能量及采食量高于成年动物，因此它们摄入的蛋白质总量自然也比较高。生长期犬、猫的宠物食品中蛋白质水平应稍高于那些仅用于维持的饲粮。更重要的是，饲粮中的蛋白质品质和饲粮的消化率要高。饲粮中蛋白质和能量达到均衡比蛋白质的实际百分比更为重要。生长期幼犬的饲粮中，蛋白质提供的能量的最小比例是 22%（以每千克 *ME* 计），而生长期幼猫为 26%。幼犬的最佳水平范围是 25%～29%，而幼猫的最佳水平范围是30%～36%。

4.2　成年犬猫的维持需要

如果一只犬或猫已经达到体成熟，而且没有妊娠、泌乳或过量工作，那么我们就认为其处于维持状态。大多数家庭饲养的成年犬、猫都处于这一状态。成年犬的理想饲粮应该是专门为其配制，并经过长期的饲喂试验已经证明足以满足其维持量的优质食品。饲喂这种饲粮的理想目标是促进宠物的健康，延长其寿命，维持适宜的体重和体况以及防止肥胖。主人可以通过宠物食品标签上所印的使用说明来估算生活在室内、运动量适中的犬的需要量。虽然主人可以以这些推荐量为标准进行饲喂，但每个宠物都有自己的特点，应该根据犬、猫的具体活动水平、性情、体况、体重等状态作出相应的调整。

4.3　过量工作和应激

阿拉斯加雪橇犬传统上的作用是作为交通运输工具，但由于犬拉雪橇赛跑很受欢迎，因此雪橇犬近来也越来越受到人们的关注。由于阿拉斯加雪橇犬需要在赛程为1 000英里的埃迪塔拉赛道上穿过阿拉斯加崎岖的地形，并忍受那里恶劣的天气，犬在比赛过程中所承受的生理应激是所有有组织的赛事中最大的应激，因此毫无疑问，其营养需要也是最高的(图22-4)。近来的研究表明，比赛时雪橇犬穿梭于阿拉斯加的灌木丛中，每日要消耗1 0000～11 000 kcal的能量。如果对犬的耐力要求较高，在为犬配制饲粮时，还必须考虑到能量浓度和饲粮消化率这2个最重要的营养因素。向饲粮中多添加一些脂肪，是补充犬所需额外能量的最有效方法。已经有研究表明，高消化率、高脂肪的饲粮能够为工作犬提供所需的额外的能量，会对犬的耐力产生有利影响。

图22-4　在残酷的阿拉斯加埃迪塔拉比赛中全力奔跑的雪橇犬

照片由Trot-A-Long Kennels(Two rivers，AK)提供。

耐力竞赛的类型不同于短跑或跳跃类型(如灰犬赛跑或追赶猎物)。灰犬赛跑是赛程最短但速度最快的比赛。这些犬在比赛时的速度一般可以达到每小时36～38英里，但只能维持30～40 s的时间。这种运动所需的能量主要来源于碳水化合物的无氧代谢[57]；而在耐力比赛中脂肪和碳水化合物都可以为正在工作的肌肉提供能量。灰犬可以很好地适应这种类型的运动，但非常重要的一点是，要给参赛犬饲喂富含能量和消化率高的饲粮。比赛用灰犬的饲粮中还应该包含适量的高消化率碳水化合物，以确保犬体内的糖原储备维持在一个最佳水平上，并且保证犬能在紧张的训练或比赛后尽快恢复体力。

4.4　老龄宠物

据估计，犬最长的寿命约为27岁，而平均寿命仅为13岁。一般来讲，小型犬的寿命显著长于大型和巨型犬，品种和成年体型决定了犬进入老龄阶段的时间[58]。我们认为，小型犬和中型犬在大约10岁时进入老龄期，而大型和巨型犬的老龄期则在8～9岁时开始。由于猫比大多数犬的寿命长，而且品种间没有差异，因此我们一般认为，健康猫在10～12岁进入老龄期[59]。

人们通常认为，老龄犬与青年犬的饲粮需要量有很大差别，但事实并非如此[60]。老龄犬与成年犬的营养需要基本相同，但其单位体重所需的某些营养素的数量可能会发生变化，因此，为其提供营养的方式也需要作出相应的调整。我们一般是根据其能量需要的变化和退行性疾病的程度来进行调整。

随着年龄的增长，宠物身体的代谢速度和生理活性会自然降低，因此能量需要也会相应减少[61]。由于老龄宠物的能量需要差异很大，因此必须精心监控其能量摄入，以确保在为动物提供充足能量和营养摄入的同时又能防止其发生肥胖。实现这一目的最简单的方法就是，选择含有较少能量但仍能以最理想的水平提供必需营养的饲粮。有些为老龄宠物配制的商品化饲粮，通过增加饲粮的纤维含量来减少食物中的能量。但是，由于不溶性(不能发酵的)纤维的含量较高，因此这种饲粮所含营养的生物学利用率可能并不高。减少能量最有效、最健康的方法，是减少饲粮中的脂肪，并增加可消化碳水化合物的含量。这样做既可以使食物的能量浓度降至理想水平，又不会影响其消化性和营养物质的可利用性。

与年龄相关的生理变化显示，老龄动物对蛋白质的需求应该等于，甚至稍稍高于青年动物的需要量[62]。事实上，肌肉生长量减少、氮代谢率降低、特殊氨基酸的需要量增加以及免疫功能的变化等因素，都会使动物所需蛋白质的数量和质量增加。例如，最新的证据表明：随着年龄的增长，犬的免疫功能会轻微下降[63]。因此，老龄犬、猫食物中的能量应该有一部分是由蛋白质来提供的，所以其饲粮中的蛋白质含量应该稍高于成年维持期的最低需要量。用于成年维持或专为老龄宠物配制的优质食品中含有高质量蛋白质来源，因此能为年老宠物提供足够数量和质量的蛋白质。相反，只含有少量劣质的蛋白质的饲粮品牌是不可能为宠物提供充足的蛋白质营养的。

关于饲粮蛋白质和老龄动物肾功能的关系问题，一直存在许多争议。有些为老龄宠物配制的饲粮中蛋白质含量较低。这一做法的根据是，饲粮中的蛋白质可能会加快老龄动物慢性肾病的发生和发展，但这一观点尚未得到科学证实。最近的研究表明，提高老龄犬饲粮中的蛋白质水平，不会增加发生肾病的危险[64]。这些发现在青年犬中也曾有过报道[65]。虽然在动物出现某种程度的肾功能紊乱时减少蛋白质摄入量会改善其慢性肾衰竭的临床症状，但并没有证据支持必须减少健康老龄宠物饲粮中的蛋白质。有人建议，不应该仅仅因为其进入老龄期就限制老龄宠物饲粮中的蛋白质含量。但如果诊断出患有慢性肾病，则应该按需要实行适当的蛋白质限制，并对饲粮的其他成分作出相应调整。

总的来说，老龄宠物的营养需要似乎必须根据动物的具体情况进行分析。饲养和照顾老龄犬、猫的主要目标应该是，维持其健康和最佳体重，减少或防止慢性疾病的发生，以及减少或改善已发生疾病的临床症状。在为健康老龄宠物配置饲粮时，应该保障正常水平的优质蛋白质，减少脂肪含量并提高其他营养物质的利用率。同时饲粮的味道也应该是鲜美可口的，而且质地柔软易于咀嚼和吞咽。我们可以通过控制能量摄入和制定有规律的运动计划，来让老龄宠物维持其最佳体重，防止肥胖的发生，这样做是非常明智的。

5　宠物食品的选择和评价

商品化宠物饲粮通常是动物惟一的营养来源，因此人们希望它能维持动物最佳的健康，并让其感受到最大的幸福。宠物主人可以用几种方法来评估商业食品的质量，包括检查宠物食品标签所提供的信息、评估食品的物理形状以及估计食物的可接受程度和适口性等。

5.1　宠物食品的标签

标签是商品化宠物食品非常重要的组成部分，这是因为消费者需要依靠标签来获得有关产品营养是否充足及其适口性的信息。目前的规定要求，所有在美国生产和销售的宠物食品的标签都应包含以下几项：产品名称，净重，生产厂商的名称及地址，粗蛋白、粗脂肪、粗纤维和水分的保证分析值，按重量大小降序排列的成分表，“犬粮或猫粮”字样，以及对营养充分性或产品目的的说明（图 22-5）。宠物食品的生产厂商也必须做一个声明，说明为证实其产品的营养充分性所使用的方法，无论是通过了 AAFCO 的饲养试验，还是所配制的饲粮满足了 AAFCO 的营养方案都可以。

保证分析值部分提供的信息，可以保证产品中蛋白质和脂肪的含量。规定要求厂商提供犬粮和猫粮中粗蛋白和粗脂肪的最低含量及水分和粗纤维的最高含量。还有一些可以列出的非强制性保证分析值，如镁（最低含量）、牛磺酸（最高含量）、亚油酸（最低含量）和灰分（最高含量）。此外，生产厂商还可以列出产品的代谢能含量，但并没有人要求厂商这样做。

消费者可以通过保证分析值粗略估计某一种产品中的蛋白质、脂肪、纤维和水分含量。然而，当比较不同的产品或品牌时，则只能将这些数据看作是一个评判的依据，不能用其来代替食品中营养物质的真实水平。另外，当参考宠物食品的保证分析值时，消费者必须时刻牢记产品中的水分（水）含量。由于大部分宠物食品是以饲喂量（AF）为基础，而不是以干物质为基础（DMB）来表示营养水平的，因此食品中的含水量会显著影响保证分析表中所列的数值。宠物食品的含水量变化范围很大。因此，为了有效比较含水量不同的食品的营养价值，必须先将营养物质的量转换成以代谢能为基础的营养浓度。

图 22-5　仿真标签上列出了对宠物食品标签的要求

成分表经常位于标签上比较醒目的位置，以方便消费者的查找。AAFCO 规定要求，成分表必须按含量大小降序排列。成分表标明了宠物食品中主要营养物质是属于动物来源还是植物来源。一般情况下，如果动物性来源的成分列在了罐装宠物食品的第 1 位或第 2 位，或者是干性宠物食品中的前 3 位，那么就认为此食品是以动物性产品作为主要的蛋白质来源。尽管成分表中提供了食物中所含成分类型的大致信息，但并没有标明其质量。宠物食品中所使用的成分在其消化率、氨基酸含量和利用率、矿物质利用率以及所含的可消化物的含量方面变化很大。遗憾的是，我们通常无法从成分表中确定所含成分的质量。实际上，有些优质食物中各种成分的品质和利用率都很高，而普通品牌的食品中各种成分的品质却较差，消化率和营养物质利用率也低，但二者的成分表却可能几乎相同[66]。由此我们知道，各种成分的品质间可能存在很大差异，因此，我们永远也不能单凭成分表来比较 2 种宠物食品。在这些例子中，消费者可以通过宠物食品生产商的声誉以及有关营养检测和动物饲养研究的信息来选择产品。

消费者可以在宠物食品商标上看到的最后一个声明是营养充分性声明。除了处方食品和零食，美国州际贸易中所有宠物食品的标签都必须含有营养充分性的声明和确认。如果厂家声明它的产品是“全价和均衡营养”时，它就必须同时指出一个方法来加以证实。如果标签声明食物对“对所有阶段都是全价和均衡的”，则还必须包括饲养试验的说明。

目前，AAFCO 规定，允许宠物食品厂商以下列 2 种方法中的一种来验证其全价、均衡的饲粮或用于特殊生命阶段的特定饲粮的营养充分性说明。厂商必须实行 AAFCO 认可的食品饲养试验或必须配制饲粮来满足 AAFCO 中针对犬、猫的营养方案。第 1 种方法即通过一系列饲养试验来验证食品，这是最全面、可靠的评估方法。已经通过这些测试的宠物食品商标常用如下的术语来表达：“使用 AAFCO 程序的动物饲养试验证明它可以（商标）为（生活阶段）提供全价和均衡的营养。”商标说明中包含的术语“饲养测试”、“AAFCO 饲养测试方案”或“AAFCO 饲养研究”都证明产品已经用犬或猫进行了全面的饲养试验。

第 2 种证实方法通常是指一种“计算方法”，因为它允许厂商使用成分的标准组成来计算饲粮配方中的营养含量，而不用进行试验室分析或真的用食物饲喂任何动物，仅仅通过这种方法，厂商就能证实“全价和均衡”的声明。消费者应该了解，如果厂商使用证实方法中的计算方法，是不需要进行饲养试验的。虽然有些使用这种证实方法的厂商可能也会进行一些自己的饲养试验，但消费者仅通过标签是无法知道这一点，除非厂商使用了 AAFCO 的饲养试验方案。

1994 年，AAFCO 通过了一个决议，允许(但不是要求)在商标上标明能量浓度。通过这个浓度，配方将能量来源分为脂肪、碳水化合物和蛋白质三部分的方法，可以判断适宜宠物不同生活阶段的食物。例如，提高饲粮中由脂肪提供的能量比例，可能有利于过量工作的犬；而饲喂由脂肪提供的能量比例稍低的饲粮时，活动量小的成年犬的状态最佳。由于根据碳水化合物、蛋白质和脂肪所提供的能量比例比通过这些营养物质的重量比例进行比较更加精确，因此这种变化更有利于主人对不同的宠物食品进行比较。

5.2　宠物食品的物理评估

对宠物食品及其包装的物理评估，可以提供大量有关产品质量的信息。干性和半湿食品应当进行多层的密封包装。内侧要有防止水分丢失、脂肪吸收和虫害的内衬。内衬还可以保留产品的气味，维持适口性。罐装食品的包装若出现凹陷或臌胀，则意味着已被细菌发酵，不能食用。

产品的颜色、大小和形状及诱人的气味，都是主人应该考虑的因素。食物中有异物、颗粒碎末、头发和毛屑都是次品的标志，应该尽量避免购买这些产品。

5.3　适口性和可接受性

宠物食品的适口性和可接受性是非常重要的因素，因为宠物食物必须首先被宠物所接受，然后才能提供最佳的营养。宠物每日摄入的必需营养物质是所采食食物的消化产物，是食物中各种可利用营养物质的集合。犬或猫不会采食适口性不好的食物，无论它所含的营养物质水平有多高，配比有多均衡。同样地，有些饲粮虽然适口性很好，但某些营养物质的含量却不足。

适口性的概念是根据其测试方法来定义的。进行适口性测试时，宠物食品制造商为动物提供 2 种产品，其中一种是已知适口性的对照组(图 22-6)。采用的标准是食物的采食量，假设一种食物比另一种食物采食量高，就意味着其适口性更好[67]。如果实验动物采食第 1 种食物的量更大，那么这种特定食物的适口性就比第 2 种食物要好。因此，我们不应把适口性看作是食物固有的特性，而应将其当作动物对食物感知的特性和选择一种特定食物而不选择另一种的趋向性。

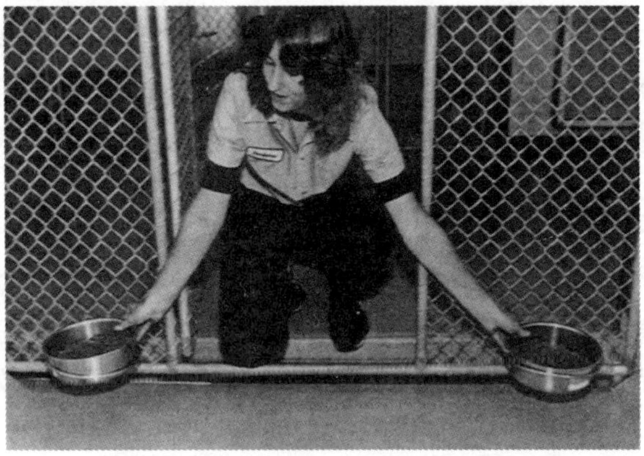

图 22-6　适口性评价由动物护理师完成

承蒙俄亥俄州 Dayton 镇的 Iams 公司惠增。

气味在犬和猫选择食物的过程中是非常重要的，仅通过食物的气味就能改变其饲喂行为[68]。这是因为犬和猫嗅觉的敏感程度都非常高。气味与味道可能在本质上有所关联，是犬、猫在选择食物的过程中仅次于适口性的第 2 个重要感觉。犬、猫的舌头上分布着极为丰富的嗅觉传感器，这些传感器对氨基酸很敏感，这可能反映了它们食肉动物的天性，并使它们能区别不同来源和不同品质的肉。尽管气味和味道是最主要的感觉，但食物的外形和质地也对犬、猫选择食物造成了一定的影响。其他影响适口性和食物选择的因素还包括：原料的品质和食物蒸煮、加工以及储存的方式[67]。

由于只有适口性好的食物才具有市场价值，因此今天市场上销售的多数食品都十分受宠物的欢迎。如果不注意监控采食量，可能会导致饲喂过度和动物的体重增加。因此，一旦适口性达到了动物可以接受的程度，宠物主人就应该对饲粮的其他因素进行衡量，以使自己的宠物能够获得最佳营养。虽然适口性很重要，但也不应将其视为评价食物时的惟一标准，不应将其认作是食物营养充分的指标。

5.4 食物的消化率

宠物食品的消化率是食物中可以吸收的部分,直接反应了食物中各营养物质的比例。随着食物原料品质量的提高,食物中的干物质和营养物质的消化性也会相应提高。商品化宠物食品的消化性和营养利用率差异很大。虽然2种食品的成分表和保证分析值可能完全相同,但饲喂时的消化率可能不同。这种差异会直接影响每种饲粮为动物提供充足营养的能力。虽然真实消化率和表观消化率仅能通过对照饲养试验来衡量,但宠物主人通过给宠物饲喂食物后观察胃肠道健康状况、粪便性状和排粪频率,可以粗略地估计出食物的消化率。

一般情况下,在宠物饲粮中添加大量纤维、灰分、植酸和劣质蛋白质,会降低其消化率。加工不当或过热的处理也会降低饲粮的消化率。相反,如果宠物饲粮中原料的品质都很好,脂肪含量较高,而且能够采用正确的加工技术,则可以提高食物的消化率。

采食消化率高的食物时,动物排出的粪便量小、形状很好且稳定,排粪频率相对较低;肠运动有规律、持续。少量食物就能维持动物正常的生长速度和体重,长期饲喂还会保持皮肤和毛发的健康。相反,消化率低的宠物食品中含有大量胃肠道中酶无法消化的成分。这些成分直接通过胃和小肠进入大肠,并在大肠中部分或全部被结肠细菌发酵。快速或大量的细菌发酵会产生气体(肠胃气胀),使动物的粪便稀松,偶尔也会引起便秘。除了这些副作用以外,由于宠物只能吸收食物中的少部分营养,因此必须大量采食。在这个极端的例子中,如果动物不能采食足够多的低消化率食物来满足其每日的营养需要量,就会损害其生长和健康。

6 剩饭菜和补充食品

多数商品化宠物食品的生产厂商保证:他们的产品中含有动物所需的全部的且适量的营养。只要使用很均衡的商品化食品,就不用给犬、猫饲喂其他补充食品、剩饭菜和“人的食物”。实际上,不加选择地饲喂其他补充食品,会打乱商品化宠物食品中的营养均衡性,使动物反而达不到最佳营养状况。

6.1 蛋类产品

蛋类产品是蛋白质、铁、维生素A、维生素D以及多种B族维生素的良好来源。许多宠物主人都相信,在食物中添加蛋类产品可以改善动物的毛皮质量,提高饲粮的蛋白质水平和可接受性。尽管蛋类产品可以改善劣质商业产品的性能,但它也可能导致一些潜在的问题。

蛋清中含有抗生物素蛋白和胰蛋白酶抑制剂。抗生物素蛋白具有与生物素(B族维生素的一种)结合,使其不能被动物体吸收的作用。当然,由于蛋黄中含有大量生物素,因此可以解决这个问题。但如果只饲喂生的蛋清,则可能会引起动物的生物素缺乏。胰蛋白酶抑制剂会降低正常的蛋白质消化率。将未加工的蛋类产品作为饲粮的补充,会降低饲粮中蛋白质的消化率。蒸煮的加工过程可以破坏抗生物素蛋白和胰蛋白酶抑制剂的活性,消除这些潜在问题。

6.2 奶和奶制品

虽然奶是非常好的蛋白质、钙、磷和几种维生素的来源,但摄入量过多经常会引起犬和猫的腹泻。这是因为奶中含有乳糖,它需要乳糖酶才能将其消化。但许多犬和猫不能产生足够多的乳糖酶来消化奶中的乳糖,导致它们无法完全消化添加到饲粮中的奶,随即引起消化不良和腹泻。奶制品如奶酪、脱脂乳和酸奶中的乳糖含量稍低。虽然动物能够耐受这些奶制品,但它们仍有可能导致动物腹泻和饲粮营养的不均衡。

6.3　鱼

对于大多数猫来讲，鱼的适口性非常好。因此，有些猫主人就用各种各样的海产品来作为猫饲粮的补充。虽然鱼是很好的蛋白质来源，但多数去骨鱼缺乏钙、钠、铜和某些维生素。人们常用金枪鱼来喂猫。金枪鱼罐头中有很多油，含有大量的多不饱和脂肪酸，加之其维生素 E 含量低，摄入过量会导致维生素 E 的缺乏。这可能会导致猫产生脂肪组织炎或“黄脂病”。金枪鱼中含有大量镁，虽然摄入过量的镁不是引发猫发生下泌尿道疾病（FLUTD）的主要原因，但在此病的发病过程中起到一定的作用。另外，不应该用生鱼来喂猫。某些鱼（如鲤鱼或青鱼）含有硫胺素酶，可以破坏饲粮中的硫胺素，导致猫的硫胺素缺乏。

6.4　肝脏

肝脏是优质的蛋白质、铁、铜、维生素 D 和几种 B 族维生素的来源，但是它严重缺钙，而维生素 A 的含量却过高。这 2 种营养的不均衡，都可能会引起猫的骨骼疾病。那些定期饲喂新鲜肝脏，将其作为主要蛋白质来源的猫，经过几年时间会发生慢性维生素 A 中毒。维生素 A 中毒会逐渐导致骨骼的畸形，但也可能在几年内都没有症状。

6.5　油和脂肪

为了提高其适口性，生产商经常向商品化宠物食品中添加动物脂肪和鱼油。虽然鱼油是非常好的维生素 A、维生素 D 和 ω-3 脂肪酸的来源，但采食过量却会导致动物的中毒。这 2 种维生素都可以在肝脏中储存——摄入过量所导致的影响会累加起来，动物可能经过很长一段时间才会发病。另外，给动物提供过多的脂肪可能会导致肥胖，或由于动物采食少量食物就能满足其能量需要而最终导致采食量降低，结果就会导致其他营养物质的缺乏。

6.6　巧克力

大多数犬都喜欢吃巧克力。但是，巧克力中含有可可碱，而可可碱是对犬和猫都有毒性的一种化合物。可可碱含量在不加糖的烘焙巧克力中最高，而在牛奶巧克力中最低。采食 3 盎司烘焙巧克力，就有可能引起体重为 25 磅的犬死亡。由于添加甜味剂和奶制品，可以稀释可可碱的含量，因此其他巧克力食品毒性较小。然而，摄取大约 1.5 磅牛奶巧克力对 25 磅重的犬来讲，也可能潜在着致命的危险。动物可可碱中毒的症状，包括精神沉郁、呕吐、腹泻、排尿增加和肌肉震颤。

6.7　洋葱

一般的观点认为，在犬的饲粮中添加洋葱可以起到防止跳蚤或寄生虫的作用，但事实并非如此。虽然许多犬都喜欢洋葱的味道，但洋葱中却含有一种可引起动物严重贫血的化合物。犬摄入脱水洋葱的数量占其体重的 0.5%或以上时，在 1～3 d 内就会出现溶血性贫血的症状。

6.8　维生素 C

像大多数动物一样，伴侣动物对饲粮中的维生素 C（或称抗坏血酸）没有要求。但是，有些人经常向犬、猫的饲粮中添加维生素 C，认为这样做能够防止肥大性骨营养不良（HOD）或髋关节发育异常等骨骼疾病的发生。然而这种说法还没有通过对比实验进行科学证实。几项研究已经表明，在犬饲粮中补充维生素 C 对防止和治疗骨骼疾病没有效果[69,70]。同样，尽管应激会增加动物对维生素 C 的需要量，但维生素 C 添加剂却无法提高犬的耐力或工作能力。实际上，过量补充维生素 C，还会增加肾或膀胱结石的危险。

6.9 复合维生素B和酿酒酵母

有人向动物的饲粮当中添加复合维生素B或酿酒酵母形式的复合维生素B，是希望控制跳蚤或提高动物的运动性能。但是科学研究已经证明，在饲喂均衡饲粮的情况下，这种添加剂对防止跳蚤感染或提高动物性能没有效果。

7 饲喂方法

除了挑选适当的食品之外，选择最佳的饲喂方法也会对动物的健康产生有益的影响。饲喂方法可能会受饲粮种类，动物的年龄和身体条件，环境因素和社会相互作用，以及主人的态度和生活方式等因素的影响。

对于犬和猫来说，有2种基本的饲喂方法。第1种是随意(或称自由)采食；第2种是定量控制的按顿饲喂。随意采食法提供的食物多于动物一次所能采食的数量，允许动物自己控制采食量。相反，部分控制法则限量提供食品，每日按一餐或多餐饲喂。

7.1 猫的饲养管理

由于猫天生吃东西就是零叼碎咬的，在24 h内可以进行10～20次的少量进食，因此随意采食法对猫来说很合适。让能够自己控制采食量并维持最佳身体状况的成年猫，随意采食干性食品是一种有效的饲喂方法。然而，由于现在许多家养猫的运动少，加之猫粮的适口性大都很好，因此许多猫在自由采食时会采食过量，导致体重增加。在这种情况下，建议使用定量控制的按顿饲喂制度(每日2～3餐)。

猫天生具有领地性，因此它对于邻近环境的改变非常敏感。最近搬到一个新家、家中多了陌生人或宠物，甚至改变其食盆和水盆的位置，都可能引起猫的应激，导致采食量下降或厌食。同一个家中的猫之间的社会相互作用，也可能会对饲喂行为造成不利影响。在那些饲养了2只以上(含2只)猫的家庭中，每只猫都应有自己单独的食盆，并将这些盆分放在不同的位置。这样做不仅能够对每只猫的采食量进行评估，还可以防止竞争采食和较强壮的猫对其他猫的威胁。

7.2 犬的饲养管理

如果成年犬能通过采食适当的食物来满足其自身的能量需要，实现自主控制，就可以使用随意采食法进行饲喂。干性宠物食品是最适合自由采食的食物；而罐装食品则不适宜用作随意采食，因为其中的水分含量高，容易滋生细菌，而且此类食物在变干后可接受性也会有所下降。随意饲喂时许多犬都会采食过量，因此推荐对大多数犬使用定量控制的饲喂方法。主人可以将饲粮分成两顿，早晚各一顿。另外，一般应将定量控制的饲养方法用于生长期幼犬，因为随意采食可能会导致动物的生长和增重过快。

如果一个家庭中养有几只犬，那么一只犬在其同伴在场时可能会吃得更多。这种反应称为“社会促进作用”，是社会群体中的常见行为。为了防止犬在进餐时相互之间的竞争，我们应该分别在不同的地方放置独立的食盆，进行按顿饲喂。

8 常见的营养代谢病

8.1 猫下泌尿道疾病

尿结石或膀胱炎后引起家猫的泌尿道下段疾病，目前普遍的说法是猫下泌尿道疾病(FLUTD)。这种疾病先前称为猫泌尿道综合征(FUS)，但由于FLUTD一词能够更充分地描述这种疾病，因此以后应该避免使用 FUS 这个名称。猫下泌尿道疾病的临床症状有尿频、滴尿和/或在不适当的地点排尿。主人还经常可以观察到血尿(尿中有血),闻到尿中强烈的氨味。有些病例还可能会出现部分或全部的尿道堵塞,甚至危急动物的生命。

过去,大部分猫下泌尿道疾病都是由于出现了主要成分为鸟粪石(struvite,磷酸铵镁)的尿结石。然而近年来,草酸钙结石在猫下泌尿道疾病中所占的比例越来越高[71]。由于人们已经发现鸟粪石晶体是导致猫下泌尿道疾病的普遍原因,所以有很多研究都致力于防止猫的尿中形成这种晶体,并针对患有鸟粪石性下泌尿道疾病的猫进行了强化有效的饲粮管理。近几年,又有另外一些研究调查了患有草酸钙性下泌尿道疾病的猫的饲粮管理。

存在足够量的镁、磷和铵是尿中形成鸟粪石的必要条件之一。由于猫对蛋白质的需要量和摄入量均较高,因此猫尿道中铵的浓度总是很高。无论饲粮中磷的摄入量是多少,正常情况下,健康猫的尿中含磷量都很高,足够形成鸟粪石。而另一方面,正常情况下猫的尿液中镁的浓度却相当低,且直接受到饲粮摄入量的影响[72]。早期研究已经证实,高镁饲粮与鸟粪石形成的高发生率有关。然而,在这些研究中使用的饲粮中镁的含量显著高于商品化猫粮。另外,这种由试验诱发的结石类型经常在组成上不同于自发的猫下泌尿道疾病中看到的结石。

后来的研究发现,猫采食的镁的总量比饲粮中的镁含量更为重要。饲粮中可利用镁的含量只要达到了 0.016%就能满足家猫用于生长和维持的需要。AAFCO 营养方案要求猫粮中至少含有 0.04%的镁。大多数商品化猫粮中的镁含量稍高于这个值,但都不超过 0.1%。人们现在已经认识到,摄入过多的镁并不是导致鸟粪石猫下泌尿道疾病的惟一因素,尿液 pH 值、动物饮水量和饲粮消化率等都可能是导致结石形成更重要的原因。

由于鸟粪石晶体在酸性尿液中的溶解度比在碱性尿液中大,因此猫尿液的 pH 值将会对下泌尿道疾病的发生产生重要的影响。人们已经证实尿液中 pH 值和鸟粪石晶体形成之间存在线性关系。猫尿液的 pH 值达 7.0 或 7.0 以上时,鸟粪石结石形成;而当 pH 值降到 6.6 或更低时,则其溶解性显著增加[73]。饲粮对猫尿液 pH 值的影响十分明显。同杂食或草食动物的饲粮相比,真正肉食动物的饲粮会增加动物尿液中排泄的酸量,降低尿液的 pH 值[74]。形成这种尿液酸化作用的主要原因是肉中含有大量的含硫氨基酸,这些氨基酸的氧化导致硫从尿液中排泄,并导致尿液的 pH 值降低[75]。

饲粮的能量浓度和消化率与水的转运密切相关,因此也很重要[76]。采食能量和消化率均较高的食物,会导致总干物质摄入量的降低,随之而来的是粪便量和粪便含水量降低,以及排尿量增加;这可能会有利于防止下泌尿道疾病的发生,因为尿中那些容易引起下泌尿道疾病的矿物质成分含量相对较低。另外,排尿量增加会导致排尿频次数的增多,这样就减少了结石在下泌尿道形成的时间。

用来防止鸟粪石结石复发的饲粮中应含有相对少量的镁,并能够将尿液稍微酸化。尿液 pH 值为 6.6 或更低时,可防止鸟粪石晶体的形成。因此,最好能将猫尿液的 pH 值范围长期维持在 6.0～6.5 之间。饲粮中的动物性蛋白质(含硫氨基酸含量很高),以及那些可以提高氯化物、磷酸盐或硫酸盐吸收率的化合物,都具有增加尿液酸性物质排泄的作用。相反,大多数谷物中则含有大量可以使动物产生碱性尿液的钾盐。

8.2　草酸钙下泌尿道疾病

在过去 10 年里,草酸钙结石引起的猫下泌尿道疾病越来越多的受到人们的关注[77]。有人认为,可能是人们大量使用含镁量低,并能使尿液酸化的饲粮导致了这种趋势的发生。虽然酸性尿液可以使鸟粪石晶体溶解,但却会导致草酸钙晶体的沉淀。

饲粮中有几种成分是促使猫的草酸钙结石形成的潜在危险因素[78]。食物中包含的重要因素可能使尿液酸化的物质有镁以及钙、钠和维生素 B_6 的水平[79]。同鸟粪石结石一样,问题的焦点集中在那些能增加或减少尿中结石化合物(在这里指钙和草酸)浓度和影响草酸钙晶体溶解度的因素。

对患有草酸钙下泌尿道疾病的猫进行饲粮管理的目标，是降低尿液中钙和草酸盐的浓度，并将这种被稀释尿液的酸度维持在适当的范围内(pH 值为 6.3～6.9)。我们所选择的食物应该包括那些消化率高的成分，且钙和镁的含量为最佳水平，但我们并不推荐对饲粮中的钙进行额外的限制。由于摄入过量的钠可能会增加钙从肾排出的量，因此我们建议适当限制饲粮中钠的浓度。正如处理鸟粪石下泌尿道疾病一样，饲喂消化率和含水量高的饲粮，可以使动物产生较稀的尿液。

8.3　肥胖症

肥胖症是目前美国伴侣动物中最常见的营养代谢病。有调查指出，成年犬的发病率在 24%～34% 之间，而猫的发病率则可能超过 40%[80,81]。肥胖症可定义为，宠物的体重超过正常值 20%或 20%以上时的一种身体状况。超重的犬、猫患慢性健康疾病(如糖尿病、肺和心血管病、骨骼疾病)的危险增加，这些疾病是由与体重过大相关的压力造成的。缺乏运动、安逸的生活方式、饲喂过量、阉割后的激素和行为变化以及年龄增长等，都是造成犬、猫体重增加的原因。

饲喂超重宠物的目标首先是减少动物体内的脂肪储备，使其达到正常体重，然后是在以后的时间里保持这种状态。有 2 种方法可以达到限制能量，减轻宠物体重的目的：一是减少宠物常规饲粮的饲喂量；二是提供一种特殊配制的饲粮，这种饲粮虽然能量浓度较低，但仍然能够提供维持所需的必需营养物质。

如果饲喂的饲粮仅能提供维持目前体重所需能量的 60%～70%，那么通常足以导致动物的体重减轻。在对犬、猫饲粮的能量进行限制的同时，为了满足宠物总的营养需要，还必须提供足够量的饲粮。如果在限制能量时维持饲粮的量减少太多，动物就会发生营养不良。商品化的低能量浓度宠物食品含有足够多的营养物质，但能量较低。因此，遇到患有中度或严重肥胖症的宠物时，建议将其饲粮改为商品化的低能量浓度饲粮。

有些用于减肥的商品化宠物食品通过用不溶性(不可发酵的)纤维替换脂肪的方法来稀释食物的能量浓度。然而，维持胃肠道正常功能所需的饲粮纤维以外的并不是适当控制体重所必需的。而且，已经证实，肠道中的纤维过多，会降低饲粮中其他必需营养物质的利用率。另外，摄入过量的纤维，还会增加排粪频率和粪便量，改变粪便的硬度。

有效降低能量浓度更好的方法是减少脂肪的比例和增加可消化碳水化合物含量。高质量的可消化碳水化合物为低脂肪的宠物食品提供了非常好的能量来源，但其能量浓度却不足脂肪的一半。另外，含有高碳水化合物、低脂肪和正常纤维量的饲粮，仍然保持很高的消化率，动物采食这种饲粮后产生粪便的量和硬度都很正常。减肥饲粮中还必须含有一定量的蛋白质，以提供必需氨基酸，将宠物在损失体脂时的肌肉损失量降至最低程度。低脂肪、高碳水化合物的减肥饲粮中代谢能的能量分配，应是 20%～25%来自蛋白质，20%来自脂肪，55%～60%来自碳水化合物。

本章小结

犬、猫的营养可以由不同成分、不同形式和不同技术加工的各种食品组合来提供。要想为犬、猫提供最佳的营养，要求我们对其营养需要、影响食品营养物质质量和功效的因素，以及适当饲养方法的选择，有一个最基本的了解。为犬、猫提供适当的饲粮，不应该只是简单地提供充足的营养，还应该能够保证宠物有健康幸福的最佳状态。

参考文献

1. Vila, C., et al. 1997. Multiple and ancient origins of the domestic dog. *Science* 276:1687－1689.
2. Davis, S. J., and F. R. Valls, 1978. Evidence for domestication of the dog 12 000 years ago in the natufian of Israel. *Nature* 276:608－610.

3. Arkow, P. 1994. A new look at overpopulation. *Anthrozoos.* 3:202—205.
4. Harlow, J. 1997. U. S. pet food trends. *Proc. Pet Food Forum*:355—364. Chicago. IL:Watts Publishing.
5. Maxwell. J. C. 1995. *Pet Food Industry* (July—Aug.).
6. Phillips. T. 1990. Top ten retail U. S. pet food sales. *Pet Food Industry* (Jan. —Feb.):4—8.
7. NRC. 1985. *Nutrient requirements of dogs.* Washington. DC: National Academy Press.
8. NRC. 1986. *Nutrient requirements of cats.* Washington. DC: National Academy Press.
9. Association of American Food Control Officials. 2000. *AAFCO Official Publication*, Atlanta, GA.
10. Hirakawa, D. A. , and D. H. Baker. 1988. *Comp. Animal Prac.* 2:25.
11. Sunvold. G. D. , and G. F. Bouchard, 1998. The glycemic response to dietary starch. In: G. A. Reinhart and D. P. Carey (eds.), *Recent advances in canine and feline nutrition*, Vol. Ⅱ, PP. 123—131. Proc. IAMS Int. Nutr. Symp. , Wilmington, OH:Orange Frazer Press.
12. Ballard, F. J. 1965. *Comp. Biochem. Physiol.* 14:437.
13. Hallman. J. E. , et al. 1995. *Vet. Clin. Nutr.* 2:137.
14. Sunvold. G. D. , et al. 1993. *FASEB J.* 7:A740.
15. Reinhart, G. A. , R. A. Moxley, and E. T. Clements. 1994. *J. Nutr.* 124:2701S—2703S.
16. Sunvold, G. D. , and G. A. Reinhart. 1997. *Proc. WASVA*:7—12.
17. Wiillard, M. D. , et al. 1994. *Am. J. Vet. Res.* 55:654—659.
18. Sparkes, A. H. , et al. 1999. *Am. J. Vet. Res.* 59:10—16.
19. Terada, A. , et al. 1992. *Micro. Ecol. Healt Diseas* 5:87—92.
20. Fahey, G. C. Jr. , et al. 1990. Dietary fiber for dogs. Part I. Effects of graded levels of dietary beet pulp on nutrient intake, digestibility, metabolizable energy and digesta mean retention time. *J. Animal Sci.* 68:4229—4235.
21. Sunvold, G. D. , et al. 1995. *J. Animal Sci.* 73:2329—2339.
22. Sinclair, A. J. , W. Slattery, J. G. McLean. and E. A. Monger. 1981. *Br. J. Nutr.* 46:93—96.
23. Reveis, J. P. W. 1982. *J. Small Animal Prac.* 23:563.
24. Davidson, B. C. , and C. S. Traher. 1987. The importance of essential fatty acid evaluation and supplementation in feline diets. *J. South Af. Vet. Assoc.* 58:39B41.
25. Carlson, S. E. 1990. Are n-3 polyunsaturated fatty acids essential for growth and development? In: G. J. Nelson (ed.), *Health effects of dietary fatty acids*, pp. 42—49. Champaign, IL.
26. Schick, M. P. , R. P. Schick, and G. A. Reinhart. 1996. The role of polyunsaturated fatty acids in the canine epidermis: Normal structural and functional components, inflammatory disease state components, and as therapeutic dietary components . In: *Recent advances in canine and feline nutritional research.* pp. 267—276. Proc. IAMS Int. Nutr. Symp. , Wilmington, Orange Frazer Press.
27. Miller, W. H. Jr, D. W. Scott, and J. R. Wellington. 1993. Efficacy of DVM derm caps liquid in the management of allergic and inflammatory dermatoses of the cat. *J. Am. Animal Hosp. Assoc.* 29:37—40.
28. Fathey, G. and S. H. Hussein. 1997. The nutritional value of alternative raw materials used in petfoods. *Proc. Pet Food Forum*:12—24. Chicago, IL: Watts Publishing.
29. Kade, C. F. Jr, J. H. Phillips, and W. A. Phillips. 1948. The determination of the minimum requirement of the adult dog for maintenance of nitrogen balance. *J. Nutr.* 36:109—121.
30. Schaeffer, M. C. , Q. R. Rogers, and J. G. Morris. 1989. Protein in the nutrition of dogs and cats. In: I. H. Burger and J. P. W. Rivers (eds.), *Nutrition of the dog and cat.* pp. 159—205. New York: Cambridge University Press.
31. Hirakawa, D. A. , and D. H. Baker. 1986. *Nutr. Rec.* 6:527.
32. Case, L. P. , and G. L. Czarnecki-Maulden. 1990. Protein requirements of growing pups fed practical dry-type diets containing mixed-protein sources. *Am. J. Vet. Res.* 51:808—812.
33. Rogers, Q. R. , J. G. Morris. 1980. Why does the cat require a high protein diet? In: R. S. Anderson (ed.), *Nutrition of the dog and cat.* pp. 45—66. New York: Pergamon Press.

34. Czarnecki, G. L., and D. H. Baker. 1982. *J. Animal Sci.* 55:1405.
35. Milner, J. A. 1981. *J. Nutr.* 111:40.
36. MacDonald, M. L., Q. R. Rogers, and J. G. Morris. 1984. *Ann. Rev. Nutr.* 4:521.
37. Morris, J. G., and Q. R. Rogers. 1978. *Science*199:431.
38. Pion, P. D., et al. 1987. Myocardial failure in cats associated with low plasma taurine: A reversible cardiomyopathy. *Science* 237:764—768.
39. Rabin. A. R., R. T. J. Nicolosi, and K. C. Hayes. 1976. Dietary influence of bile acid conjugation in the cat. *J. Nutr.* 106:1241—1246.
40. Sturman. J. A., et al. 1986. Feline maternal taurine deficiency: Effect on mother and offspring. *J. Nutr.* 116: 655—657.
41. J. G. Morris, and Q. R. Rogers. 1992. The metabolic basis for the taurine requirement of cats. In: J. B. Lombardine, S. W. Schaffer, and J. Azuma (eds.), Taurine: Nutritional value and mechanisms of action. *Adv. Exp. Med. Bio.* 315:33—44.
42. Morris, J. G., Q. R. Rogers, S. W. Kim, and R. C. Backus. 1994. *Vet. Clin. Nutr.* 1(3):118—127.
43. Hickman, M. A., J. G. Morris, and Q. R. Rogers. 1992. Intestinal taurine and the enterohepatic circulation of taurocholic acid in the cat. *Adv. Exp. Med. Biol.* 315:45—54.
44. Gershoff, S. N., et al. 1957. *Lab. Invest.* 6:227.
45. Hzewinkel, H. A. W., et al. 1985. Influences of chronic calcium excess on the skeletal development of growing Great Danes. *J. Am. Animal Hosp. Assoc.* 21:377—391.
46. Hedhammer. A., et al. 1974. Overnutrition and skeletal disease in growing Great Dane dogs. *Cornell Vet.* 64(Suppl 5):1—159.
47. Huber, T. L., R. C. Wilson, and S. A. McGarityu. 1986. *J. Am. Animal Hosp. Assoc.* 22:571—575.
48. Sousa. C. A., et al. 1988. *JAVMA* 192—676.
49. Kallfelz, F. A. 1989. *Vet. Clin. North Am. :Small Animal Prac.* 19:387—403.
50. Allard, R. L., G. M. Douglass, and W. W. Kerr. 1988. The effects of breed and sex on dog growth. *Comp. Animal Prac.* 2:15—19.
51. Hedhammer, A., et al, 1974. Overnutrition and skeletal disease: An experimental study in growing Great Dane dogs. *Cornell Vet.* 64(Suppl 5):1—159.
52. Dammrich, K. 1991. Relationship between nutrition and bone growth in large and giant dogs. *J. Nutr.* 121: S114—S121.
53. Hazewinkel, H. A. W., et al. 1985. Influences of chronic calcium excess on the skeletal development of growing Great Danes. *J. Am. Animal Hosp. Assoc.* 21:377—391.
54. Goodman, S. A., et al. 1998. Serial orthopedic examinations of growing Great Dane puppies fed three diets varying in calcium and phosphorus. In: G. A. Reinhart and D. P. Carey (eds.), *Recent advances in canine and feline nutrition*. Vol. Ⅱ. pp. 3—12. Proc. IAMS Int. Nutr. Symp., Wilmington, OH: Orange Frazer Press.
55. Hinchcliff, K. W., R. A. Swenson. C. J. Schreier, and J. R. Burr. 1997. Metabolizable energy intake and sustained energy expenditure of Alaskan sled dogs during heavy exertion in the cold. *Am. J. Vet. Res.* 58:1457—1462.
56. Reynolds, A. J. 1995. *Proc. IAMS Perf. Dog Nutr. Symp.*, April 18, Colorado State Univ., Fort Collins, CO.
57. Rose, R. J. and M. S. Bloomberg. 1983. *Int. Greyhound Symp.*, Orlando, FL.
58. Deeb, B. J., and N. S. Wolf. 1994. Studying longevity and morbidity in giant and small breeds of dogs. *Vet. Med.* (Suppl. 7): 702—709.
59. Griffith, B. C. R. 1968. The geriatric cat. *J. Small Animal Prac.* 9:343—355.
60. Sheffy, B. E., et al. 1985. *Cornell Vet.* 75:324—347.
61. Taylor, E. J., C. Adams, and R. Neville. 1995. Some nutritional aspects of aging in dogs and cats. *Proc. Nutr. Soc.* 54:645—656.
62. Davenport, G. M., C. C. Williams, K. A. Cummins, and M. G. Hayek. 1998. Protein metabolism and aging. In:

C. A. Reinhart and D. P. Carey (eds.), *Recent advances in canine and feline nutrition*, Vol. Ⅱ. pp. 63—377. Proc. IAMS Int. Nutr. Symp., Wilmington, OH: Orange Frazer Press.

63. Greeley, E. H., et al. 1996. The influence of age on the canine immune system. *Vet. Immunol. Immunopath.* 55: 1—10.
64. Finco, D. R., et al. 1994. *Am. J. Vet. Res.* 55:1282—1290.
65. Finco, D. R., et al. 1992. *Am. J. Vet. Res.* 53:157—163.
66. Huber, T. L., R. C. Wilson, and S. A. McGarity. 1986. *J. Am. Animal Hosp. Assoc.* 22:571—575.
67. Thorne, C. J. 1997. Behaviour and palatability testing. *Proc. Pet Food Forum*: 45—49. Chicago, IL: Watts Publishing.
68. Mugford, R. A. 1977. External influences on the feeding of carnivores. In: M. R. Kare and O. Maller (eds.), *The chemical senses and nutrition*. New York: Academic Press.
69. Grondalen, J. 1975. *J. Small Animal Prac.* 17:721—735.
70. Teare, J. A., L. Krook, A. Kallfelz, and H. F. Hintz. 1979. *Cornell Vet.* 69:384—401.
71. Kruger, J. M., et al., 1998. Canine struvite urolithiasis: Contrasts, changes and challenges. *Vet. Clin. Nutr.* 5: 18—21.
72. Sauer, L. S., D. Hamar, and L. D. Lewis. 1985. *Feline Prac.* 15:10.
73. Osborne, C. A., et al. 1996. Feline urolithiasis: Etiology and pathophysiology. *Vet. Clin. North Am.: Small Animal Prac.* 26:217—233.
74. Chan, J. C. M. 1981. Nutrition and acid-base metabolism. *Fed, Proc.* 40: 2423—2428.
75. Kane, E. and G. M. Douglas. 1986. *Feline Prac.* 16:9.
76. Thrall, B. E. and L. G. Miller. 1976. *Feline Prac.* 6:10—17.
77. Osborne, C. A., et al. 1995. Etiopathogenesis and therapy of feline calcium oxalate uroliths. *Proc. 13th ACVIM Forum*:487-489.
78. Ling, G. V. 1995. Urinary stone disease. In: G. V. Ling(ed.), *Lower urinary tract disease of dogs and cats*, pp. 143-177. St. Louis: Mosby-Year Book.
79. Osborne, C., et al, 1994. Feline calcium oxalate uroliths: Pathophysiology, clinical findings, diagnosis, treatment, and prevention. *Vet Clin. Nutr.* 1:105—114.
80. Glickman L. T., et al. 1995. Pattern of diet and obesity in female adult pet dogs. *Vet. Clin. Nutr.* 2:6—13.
81. Armstrong, J., and E. M. Lund, 1997. Obesity: Research update. *Proc. Pet Food Forum*. Chicago. IL: Watts Publishing

第 23 章 兔的饲养
Feeding Rabbits

作者：Luc Maertens
译者：张辉
校对：郭望山和张元庆

前言

养兔的主要目的是生产兔肉，其次是毛或皮。在有些国家，兔也是重要的宠物和展示动物，而且被广泛地用于生物医学研究。近年来，利用转基因兔生物技术生产与蛋白相关的物质，越来越受到人们的关注。雌兔的奶中富含蛋白质(12%)，且每千克活重产量很高(50 g/d)，因而适于生产人类的药物。

商业性兔肉生产主要集中在欧洲，以意大利、法国和西班牙为代表[1]。欧洲每年生产的兔肉大约为 100 万 t，约占世界产量的 65%。在中国及中美洲和南美洲的某些地区，对兔肉生产的兴趣也越来越大。实际上，中国是最大的兔肉生产国，每年约为 350 000 t。另外，中国在安哥拉兔毛的生产中占据统治地位(占世界产量的 90%)。

在很大程度上，兔仍以小单位饲养为主。大约 1/3 的兔以少于 10 只母兔(雌兔)为单位进行饲养。成年兔和生长兔主要以当地可获得的粗饲料饲养，并根据需要补充精料。另一方面，商业生产单位则拥有 250 只到几千只母兔。正常情况下，育种兔和肥育兔可在同一牧场中饲养，主要使用颗粒料。

同其他商业性动物生产一样，兔的饲养成本至少占总生产成本的 65%。众所周知，兔对消化紊乱非常敏感。肥育期间平均死亡率为 11%，这主要与腹泻发病率的增加有关。合理的营养和饲养，对于减少兔的消化紊乱、维持兔生产单位的成功有效是至关重要的。

1 商业兔肉生产的特征

青年母兔在 16 周龄时开始配种。多数商业化农场使用的配种计划是在产后 11 d 再次配种。雌兔以组为单位确定配种时间并严格执行 42 d 配种计划。仔兔在 4～5 周龄断奶，断奶后日增重约40 g/d，10～11 周龄时达上市体重。

近 10 年来，人工授精(AI)技术得到了广泛的应用。绝大部分商业农场都使用这种技术。有许多农场仍使用新西兰白兔或杂交兔，但利用杂交兔进行育种的人员越来越多。母兔和肥育兔饲养在金属笼子里。表 23-1 中列出了在法国获得的平均生产记录。

表 23-1　法国商业化农场的平均生产记录

标准	1998 年	标准	1998 年
被调查的农场数量	814	窝产仔兔(总计)	9.9
成年母兔/农场	346	断奶时窝产仔兔	7.8
更新比率(%)	126	断奶前死亡率(%)	17.7
生育兔/配种兔(%)	76.4	断奶后死亡率(%)	11.5
已产仔兔数	6.74	仔兔数/(母兔·年)	46.7

续表 23-1

标准	1998 年	标准	1998 年
生育间隔(d)	54.6	生长兔的上市体重(kg)	2.41
		饲料/群兔(kg)[a]	3.86

资料来源：选自 Ponson[2]。

[a] 总的饲料采食量，包括公兔、青年后备兔、母兔和肥育兔的饲料消耗。

2　消化系统

兔是严格的草食动物，因此很适合利用高粗料饲粮。与其他反刍动物不同，兔的消化道很独特，它们能将纤维从肠道快速排出，而使得非纤维性物质在肠道中进行降解。一旦兔达到了 4～5 周龄，盲肠和结肠的容积快速增加。到 8～9 周龄，兔的消化系统几乎发育完全。

兔消化道的一般特征见图 23-1。其消化道的特征是包含 2 个大室(胃和盲肠)，这一结构使得兔

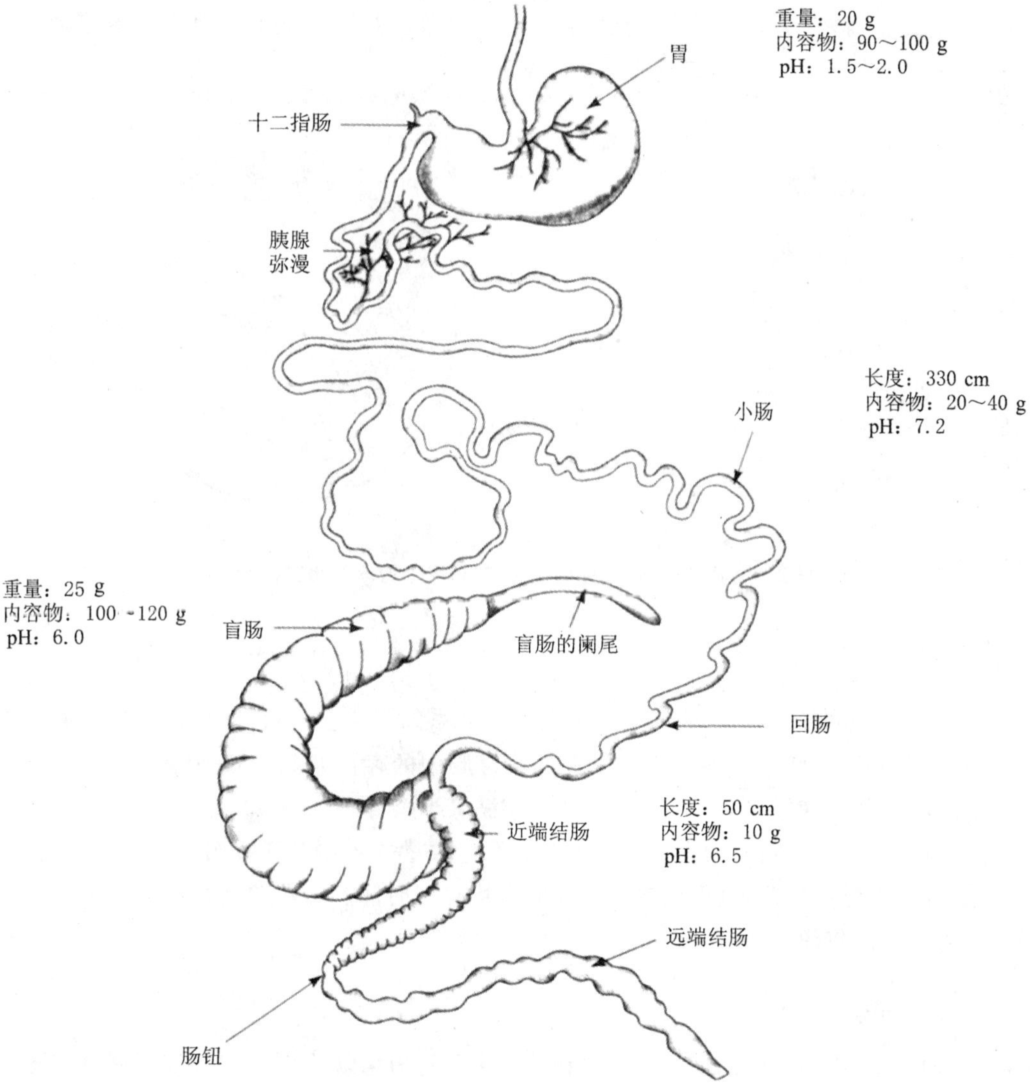

图 23-1　10 周龄兔消化道的示意图[22]

适合利用大体积粗饲料和植物来源的饲料。胃和盲肠中含有接近80%的食糜。整个消化系统占据了大部分体腔，大约占生长兔活重的20%。

兔的胃中酸度较高(pH值为1～2)，可作为抵抗细菌和其他微生物的壁垒。在4周龄前，胃中pH值较高，这使得最初的微生物区系能在后肠繁殖。前肠(胃和小肠)和后肠(盲肠和结肠)的肠壁都很薄，因而运动性很好，这一特点可以有效地避免消化道紊乱。成年兔的小肠非常长，壁上有一排小的突起，称为微绒毛。这些微绒毛显著增加了营养物质的吸收面积。结肠由两部分组成，近轴结肠在兔特殊的消化道中起着至关重要的作用。后面我们将会介绍后段结肠中食糜选择性的分离过程。

3　消化过程

消化系统的功能是通过物理、化学和微生物的作用消化食物并将营养物质转运到身体的各个部位用以维持、生长和生产。20日龄以前，仔兔靠以奶为基础的饲粮生存。肠道中的脂肪酶和蛋白水解酶活性很高，负责对富含脂肪和蛋白质的奶进行有效的酶消化。肠道中的发酵过程是随固体饲料的摄入开始的，在20日龄时发酵异常显著(图23-2)。固体饲料的摄入使兔的后肠段开始发育，微生物发酵主要发生在盲肠[3]。而且，在小肠中的酶消化发生了非常显著的变化，胰腺消化代替了肠道消化[4]。

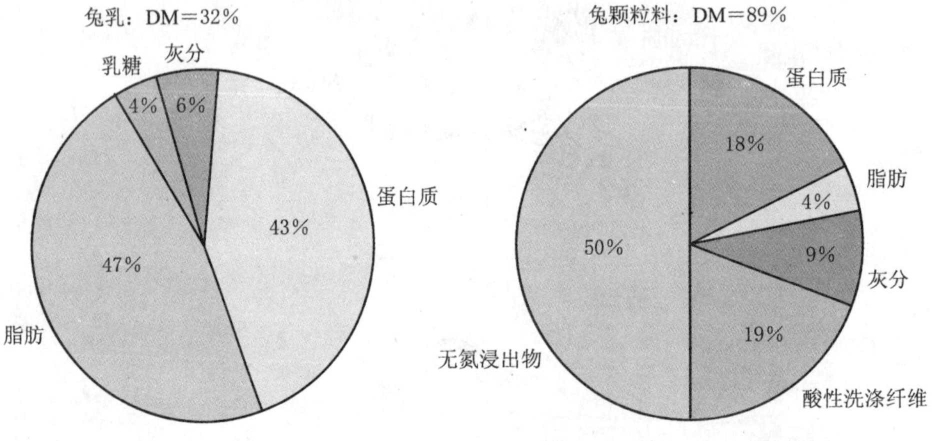

图23-2　兔乳和兔饲粮(平均水平)在组成上的差异比较(DM基础)

3.1　存留时间

兔的消化能力不仅取决于内源酶的活性和微生物区系的消化，还与饲料的流通速度有关。平衡饲粮在消化道的平均存留时间为18～20 h[5]。在胃和盲肠中的存留时间最长，而在小肠中流通却很快。兔的胃永远不会全空，即使在绝食24 h后，食糜仍充满着半个胃。

饲粮纤维含量是决定存留时间最重要的一个因素。大量木质化的纤维刺激消化道运动，主要通过减少食糜在回直肠的存留时间，进而减少了食糜的平均存留时间[6]。颗粒大小也是一个显著的影响因素，大颗粒的存留时间较短(>0.3 mm)，而小颗粒的存留时间较长。

3.2　盲肠发酵

与单胃动物不同，兔所采食的饲料经过胃和小肠中的酶消化以后，未消化的部分进入盲肠。盲肠中的微生物区系使得兔可以消化一些消化程度差的饲料成分，进而获得额外的能量、氨基酸和维生素。然而，由于在结肠近端存在饲料的选择性分离作用，兔能够在这里将来自肠道的纤维物质尽快降解，并通过盲肠和结肠的发酵作用使非纤维成分降解。盲肠中的主要微生物区系是拟杆菌属(*Bacteroides*)的某些种。

盲肠中微生物发酵产生的挥发性脂肪酸(VFA)比例为:C_2 类(乙酸)60～80 mol、C_4 类(丁酸)8～20 mol 和 C_3 类(丙酸)3～10 mol。与反刍动物相比,其丁酸浓度超过丙酸。发酵产生的 VFA 所提供能量约占维持能量需要的 40%。

除碳水化合物外,进入盲肠的含氮物质通过蛋白分解菌进行分解代谢。主要的终产物是氨,氨可用于微生物蛋白的合成。微生物蛋白大约相当于每日摄入蛋白总量的 20%,生物学价值很高。另外,微生物活动也能够合成维生素 K 和 B 族维生素。

3.3　粪便类型和食粪性

如果没有一种特殊的消化生理过程,盲肠发酵的终产物将会随着粪便排泄而丢失。然而,兔食糜在结肠近端分离,并选择性排泄。结肠通过持续的末端收缩,使大颗粒(>0.3 mm)在肠腔沉积,而小颗粒和液体则在近端结肠的肠袋内沉积。富含纤维的大颗粒通过兔的正常粪便而排泄。由于结肠袋的逆蠕动,细小颗粒和液体又不断地返回盲肠[7]。

这种机械性分离取决于兔的采食模式。在自由采食的兔中,从早晨直到下午 2～3 时,不会发生逆蠕动。此时,盲肠的内容物进入结肠近端,并被一层黏液膜所覆盖。这种排泄物松软,因此称作软粪。软粪中的水、电解质和氮含量高于硬粪,但纤维含量则低于硬粪。

软粪由一些成串排泄的小颗粒组成,可被兔识别。兔识别软粪,并直接在肛门部位采食,这称为食粪性。软粪不经兔咀嚼就被吞下,完整储存于胃中,直到黏液脱水。最后,它与其他食糜混合,并被正常消化。

兔从来不会采食硬粪或掉在笼子底部的软粪。兔产生 2 种类型的粪便,但只重新摄食一种类型的粪便,这一点使兔的食粪性区别于食粪动物。因此,在金属笼子中饲养的兔不影响其食粪性[8]。软粪的排泄模式与采食饲料、排泄硬粪的模式相对立(图 23-3)。

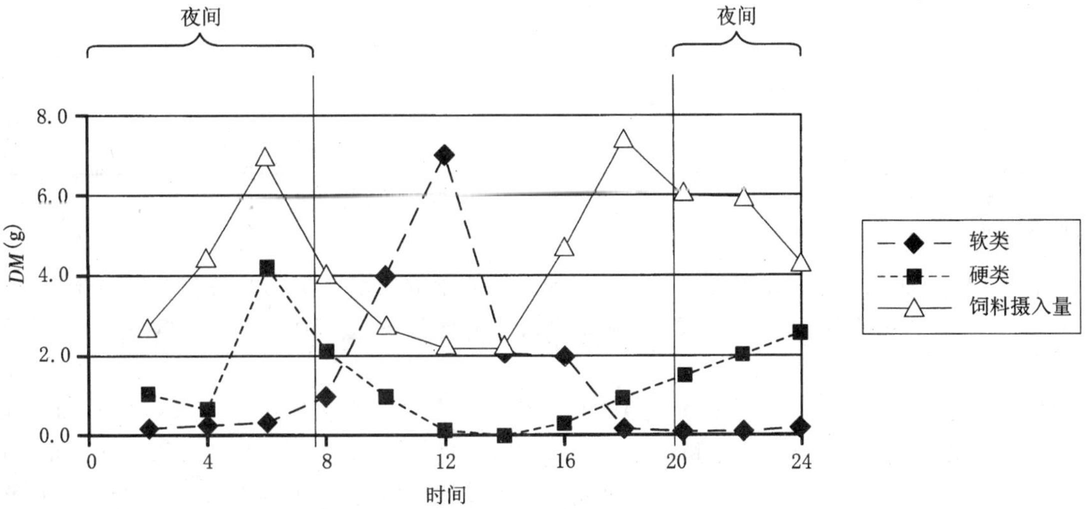

图 23-3　兔 1 d 中软粪和硬粪的排泄以及干物质采食情况[1]

4 饲养行为

采食量和饮水量

对饲料和饮水的摄入量进行量化不仅是决定养兔业经济效益的一个至关重要的因素，而且也有助于兔健康问题的早期监测。在多数情况下，疾病的第1个症状就是食欲丧失或过量饮水。产后的最初20 d，母兔每日仅哺乳1或2次。随着年龄增长，母乳不能满足最大生长的需要，仔兔开始采食固体饲料。接着，兔从每日采食1次变成几次。兔完成这种转换所需的时间较短，且取决于断奶的年龄。对于28日龄断奶的仔兔，乳的摄入量仅可代替干物质摄入总量的20%，到5周龄时，乳的摄入量很低，仔兔实际上已经断奶。

成年兔和生长兔自由采食，每日少量采食（饲料和水）20～30次，通常的采食时间为3～4 h/d。接近断奶的仔兔的采食次数略多于成年兔。采食模式取决于光周期，多集中在傍晚和午夜进行采食（图23-3）。多次采食减少了动物之间对喂料器和饮水器的竞争。在自由采食的情况下，生长兔与饲喂器的比例达到3∶4就已足够。

生长兔的平均采食量和饲料转化效率见表23-2。一般认为，兔的正常断奶时间是30日龄。由于兔易发生消化紊乱，因此在发育和肥育阶段，生长和采食量的曲线经常不规律。生长速度约在7周龄时达最大，此时单位活重（LW）的饲料采食量也最大。

表23-2 生长兔增重、饲料消耗量和饲料转化效率的平均值

年龄(d)	体重(g)	日增重(g)	饲料采食量		饲料/增重	
			g/d	g/kg LW	每周	累计
21～30	380～680	33	30+乳	—	—	—
30～37	680～953	38	74	91	1.90	1.90
37～44	953～1 247	42	102	93	2.43	2.17
44～51	1 247～1 583	49	132	94	2.69	2.39
51～58	1 583～1 905	46	147	85	3.20	2.60
58～65	1 905～2 199	42	165	81	3.93	2.86
65～72	2 199～2 479	40	176	76	4.40	3.10

资料来源：选自 Maertens and Villamide[9]。

温度条件适中，杂种兔，饲粮含2 400 kcalDE/kg。

泌乳母兔的采食量与泌乳量相关。产奶量和饲料消耗量的比率在泌乳的最初3周为1∶6，在第4周为2∶1。这意味着在泌乳高峰期（19 d）每日的饲料消耗量超过450 g，到断奶时总的消耗量约为10 kg[9]。

饲喂干饲粮的兔对水的需要量超过其DM采食量。采食量与饮水量的比率约为1.7∶1。在适宜的温度条件下，对于青年兔，这一比率稍低；而对于成年兔，这一比率则接近2∶1。如果没有水，饲料采食量将急剧下降，并在24 h内将停止采食。限制饮水量或饮水时间，会导致饲料采食量与饮水量呈比例性下降[10]。饮水量和采食量随环境温度和湿度的变化而变化。当昼夜温度均升高到20℃以上时，采食量趋于下降，而饮水量增加。高温时（30℃或30℃以上），兔的采食量和饮水量下降，进而影响生长和泌乳动物的生产性能[11]。

5 营养需要

5.1 水

尽管水的特性和功能与饲粮中的其他营养素显著不同，但通常来讲，水也是应该考虑的重要营养素之一。水是兔体的主要成分，约占体内瘦肉重的 70%。由于水具有许多功能，且是机体的最大组成成分，因此水是极其重要的营养素。家兔缺水比缺料更难维持生命。

水的来源有饮用水、饲料水和代谢水。当只饲喂青绿粗饲料时，可能不需饮水。然而，由于兔可根据饲料和环境温度调节饮水量，因此建议自由饮水。饮用水应该清洁、新鲜、不含生物和化学物质。饮水装置的示例见图 23-4。

图 23-4 饮水装置示意图

5.2 蛋白质

兔对粗蛋白(CP)没有特殊的需要，然而，它们需要用以合成体蛋白的氨基酸(AA)。因而，在实践中规定粗蛋白的需要量是有用的。由于蛋白浓缩料的蛋白消化率(±80%)和谷物及粗饲料的蛋白消化率(45%～60%)存在显著差异，因此利用可消化粗蛋白(DCP)对蛋白质进行评估会更加准确。尽管饲粮氨基酸的需要量(AAs)以取决于能量浓度的氨基酸回肠末端消化率表示更为理想，但是，由于兔的食粪性，使其回肠末端消化率很难测定，所以饲粮氨基酸的需要量仍以占饲粮百分比(%)来表示。

尽管兔通过采食盲肠排泄物获得的优质微生物蛋白可占到蛋白总采食量的 20%，但生长兔和泌乳兔的 AA 需要量仍然很高。其必需氨基酸种类与其他动物相同。通过试验确定的氨基酸需要量仅限于赖氨酸、蛋氨酸＋胱氨酸，有时也包含精氨酸、苏氨酸和色氨酸。在表 23-3 列出的饲粮最低氨基酸推荐量中，部分数据来源于对可以产生满意生产性能的饲粮的分析。

表 23-3 兔饲粮蛋白质和氨基酸的最低推荐量

饲粮水平(89%～90%的 DM)	繁殖母兔	断奶小兔	肥育兔
消化能(kcal/kg)	2 500	2 275	2 400
粗蛋白(%)	17.5	16.0	15.5
可消化蛋白质(%)	12.7	11.0	10.8
精氨酸(%)	0.85	0.90	0.90
组氨酸(%)	0.43	0.35	0.35
异亮氨酸(%)	0.70	0.65	0.60
亮氨酸(%)	1.25	1.10	1.05
赖氨酸(%)	0.85	0.75	0.70
蛋氨酸＋胱氨酸(%)	0.62	0.65	0.65
苯丙氨酸＋酪氨酸(%)	1.40	1.20	1.20
苏氨酸(%)	0.65	0.60	0.60
色氨酸(%)	0.15	0.13	0.13
缬氨酸(%)	0.85	0.70	0.70

资料来源：选自 Maertens[17]。

在使用普通饲料原料时，赖氨酸、含硫氨基酸和苏氨酸是第一限制性氨基酸。近来研究发现，氨基酸需要量取决于兔的年龄，并随母兔的繁殖周期而变化。在生长早期(4～7周龄)，兔需要更多的可消化CP和AA[12]。同样，在泌乳高峰期使用高AA水平的饲粮更为有效[13,14]。

由于兔的采食量随饲粮消化能(*DE*)的含量而变化，因此CP(或DCP)的饲粮需要量应表示成与饲粮中能量含量相关的值。对于生长兔，一般认为每1 000 kcal *DE* 46 g DCP。假定平均的饲粮蛋白质消化率为70%，饲粮 *DE* 含量为2 400 kcal/kg时，就可计算CP含量：

$$\text{最低的饲粮 CP}=46\times 2.4/0.70=158(\text{g/kg})\text{或 }15.8\%$$

由于乳汁的合成需要蛋白质，因此泌乳母兔的蛋白质需要量高于生长兔。对妊娠期、泌乳期或泌乳-妊娠期的氮平衡研究清楚表明，当饲粮中蛋白/能量比平衡时，蛋白质是充足的。然而，由于胎儿组织中蛋白质含量高，且转化效率低，因此妊娠-泌乳期的蛋白质需要量增加[15]。但是，如果饲粮中蛋白质的消化率高(由于母兔饲粮中的精料比例高，因此可假设饲粮蛋白质的平均消化率为73%)，蛋白质需要量则不是为了获得满意生产性能的饲粮中的第一限制性因素。对繁殖母兔来讲，每1 000 kcal *DE* 需51 g DCP。根据繁殖计划，产后或半强化配种时的蛋白能量比可以稍高或稍低。

$$\text{泌乳的最低饲粮 CP}=51\times 2.5/0.73=175(\text{g/kg})\text{或 }17.5\%$$

成年兔用于维持的粗蛋白质需要量很低，13%的比例就足以满足其需要了。对于产皮和产毛的兔，由于其终产品(皮和毛)中的含氮化合物和含硫氨基酸含量高，因而对它们的蛋白质营养需要应特别关注。饲粮中的蛋白质含量最少应为16%，含硫氨基酸(蛋氨酸、胱氨酸)最少为1.8%。考虑到环境污染，我们不希望饲粮中的蛋白质过量。由于蛋白质摄入量与氮的排出量之间线性相关，因此饲喂蛋白质含量高的饲粮时，兔排向环境中的氮也会相应增加[12]。

5.3 能量

兔所需的能量多数由碳水化合物供给，少量由脂肪提供，有时也可由过量的蛋白质提供。兔可根据饲粮的能量浓度调整采食量。然而，只有在饲粮的消化能(*DE*)浓度超过2 250 kcal/kg时，兔才可能通过调节采食量来实现稳定的饲粮能量摄入量[16]。由于采食量与能量浓度间的这种密切关系，所有其他营养素的推荐量必须考虑到饲粮能量水平。所以，饲粮能量水平是配制饲粮的基础。

影响兔能量需要量的因素包括生产类型(生长、泌乳、维持等)、年龄、性别、体型大小和环境(温度、湿度、空气流动)。下面，我们将讨论利用析因法来计算兔的能量需要问题。

5.3.1 生长兔

生长兔的平均维持需要约为100 kcal $DE/\text{kg}^{0.75}$[17]。由于以蛋白质形式存储能量比以脂肪形式存储能量的效率低，因此用于生长的能量利用效率受生长组成的影响。兔用于合成蛋白质和脂肪的能量转化效率分别为38%～45%和64%～70%。

利用析因法，用上述已知的维持需要、能量转化效率及断奶体重和屠宰体重即可估算 *DE* 的需要量。下面以0.8～2.4 kg的兔为例[18]。

【例】

断奶时 *LW* 为0.8 kg，上市时 *LW* 为2.4 kg

平均代谢体重 $=(2.4-0.8)^{0.75}=1.42(\text{kg})$

用于合成蛋白质和脂肪的 *DE* 转化效率分别 = 0.40 和 0.65

蛋白质增加 = 7.3 g/d　脂肪增加 = 5.2 g/d

以蛋白质形式储存的能量(体蛋白中的能值) = 7.3×5.5 kcal/g = 40 kcal/d

以脂肪形式储存的能量(体脂肪中的能值)$= 5.2\times8.6$ kcal/g = 45 kcal/d

生长所需的 $DE = 40/0.40+45/0.65 = 169$ kcal/d

维持所需的 $DE = 100$ kcal/($kg^{0.75}$ · d)$\times1.42 = 142$ kcal/d

总 DE 需要=维持+生长= 311 kcal/d

以单位代谢体重表示,用于最大生长的日能量需要为 219 kcal/$kg^{0.75}$。这意味着每日50%以上的采食量用于增重。

5.3.2 繁殖母兔

母兔的需要量=维持需要+泌乳需要+妊娠需要+仔兔生长需要。如果母兔处于妊娠或泌乳期间,其维持需要量不同。为了计算全部的能量需要,要使用下面的参考值:妊娠母兔和泌乳母兔的能量需要分别为100和110 kcal DE/($kg^{0.75}$ · d)。

妊娠需要在很大程度上取决于母兔所处妊娠阶段。妊娠早期(最初的3周),胎儿生长有限,其需要能值为33 kcal DE/$kg^{0.75}$(据 Kamphues[19])。此后,胎儿和胎盘生长迅速,而饲料的采食量下降。在妊娠的最后1周,母兔动用体内储备的能量来满足胎儿生长的绝大部分能量需要。据估计,妊娠晚期的平均需要量相当于维持需要。

泌乳需要是产奶量和乳组成的函数。乳中的能量含量取决于泌乳阶段,随产奶量下降和乳脂率增加而升高。在泌乳的最初3周,平均约为每千克乳需1 910 kcal 能量。根据母兔的妊娠状态,在泌乳的第4周平均能量含量增至2 390 kcal/kg。在传统饲粮中,能量用于产奶的利用效率估计为63%~69%。

产奶量取决于泌乳天数、未断奶仔兔的数量、母兔的生理状态(是否受孕)和饲粮或饲料的采食量[20]。其他重要的影响因素还包括:品种、已产仔兔数以及母兔的个体差异[21]。为了计算不同生理阶段高产母兔总的能量需要(表23-4),还使用了本研究所测定的平均产奶量数据(图23-5)。

表23-4 高产母兔在繁殖周期不同阶段的能量需要量(计算所得)(4 kg标准母兔的需要量) kcal/d

阶段	维持	妊娠	泌乳	总计	饲料[a]
青年母兔(妊娠)(3.2 kg)	240	130[b]	—	370	148
妊娠母兔					
0~23 d	285	95	—	385	154
23~31 d	285	285	—	570	228
泌乳母兔					
10 d	310	—	690[c]	1 000	400
17 d	310	—	850	1 160	464
25 d	310	—	730	1 040	416
泌乳+妊娠					
10 d	310	—	690	1 000	400
17 d	310	95	850	1 255	502
25 d	310	95	730	1 135	454

资料来源:选自 Maertens[17]。

[a]假定每千克饲粮能量含量为2 500 kcal DE。

[b]妊娠+生长。

[c]产奶量:10 d时,235 g;17 d时,290 g;25 d时,220 g。

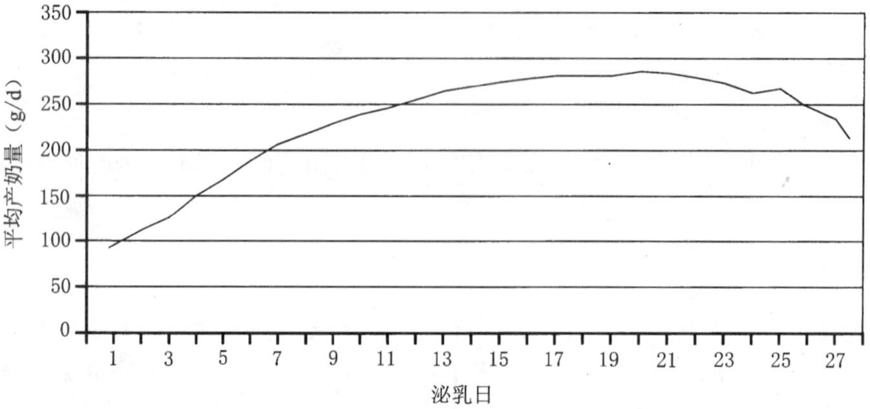

图 23-5　杂种母兔在不同泌乳阶段的产奶量[34]

青年妊娠母兔或非泌乳母兔的能量需要很容易得到满足。为防止它们采食过量和过肥，在妊娠早期有必要进行限饲。体况过肥或采食过量，会导致母兔在产仔期死亡率提高，而且抑制泌乳早期的自由采食量。因此，对于这些母兔应少喂精饲料。

泌乳早期，母兔的饲料消耗量逐渐增加，由于它处于能量的正平衡，因此仍有增重。然而，随着产奶量增加，母兔越来越多地动用体内的能量用于产奶，就会出现失重。由于母兔在泌乳高峰期每日总能量需要量约为 1 160 kcal*DE*，若以采食量表示，这意味着每日采食 464 g 精饲料或 500 g 以上的质量较差的精饲料，而绝大多数母兔不能进食如此大的饲料量，尤其是当饲喂较差的精饲料和体内能量持续缺乏时，因此此时出现失重现象是很正常的。

初产母兔的采食能力也是有限的，因而在泌乳期间它们体内的能量储备很容易出现大幅度降低（−20%）。因此，它们很容易由于失重过多而变得太瘦。如果不给它们休息的时间，那么较差的体况会影响到它们未来的繁殖能力。经产母兔则有较大的采食能力，尽管产奶量随每胎产仔数的增加而增加，但增加并不显著，因此经产母兔仍能较好地维持能量平衡。

尤其在集中配种时，考虑饲喂浓缩的泌乳饲粮显得很有必要。在长期的试验中，饲喂高能饲粮可获得明显高的生产性能。这种差异在初产母兔中最为显著。添加脂肪可提高饲粮能量浓度，进而增加每日消化能的摄入量。但是，此种方法所添加的能量主要是用于增加产奶量，在泌乳期间母兔仍然处于能量缺乏状态[22,23]。

5.4　饲粮纤维

虽然纤维由于其消化率低（平均消化率低于 20%）而不能作为兔所需的真正营养素，但它是维持肠道正常蠕动的营养物质。对于木质素含量低的饲料（甜菜渣或柑橘渣）或幼嫩植物，其细胞壁各成分的消化率显著高于那些高度木质化的饲料原料，前者消化率为 40%～70%，后者为 5%～20%。

许多试验已经表明，细胞壁成分（粗纤维或 ADF）含量高的饲粮可以降低兔的死亡率。纤维的保护性作用表现为刺激回-盲肠运动，避免食糜存留时间过长。饲粮中的纤维不仅在调节食糜流动中起重要作用，而且也决定了盲肠微生物增殖的范围。

近来，法国的 INRA 小组已经证实了饲粮木质素（ADL）对流通速度的重要作用及其防止腹泻的保护作用[6,24,25]。消化紊乱所导致的死亡率与他们试验饲粮中的 ADL 水平密切相关（$r=0.99$）。关系式表示如下：

$$死亡率(\%)=15.8-1.08ADL(\%)(n>2\,000\ 只兔)$$

这个研究小组利用不同纤维素(ADF-ADL)水平的饲粮研究也察到了非常相似的结果[26,27]。他们明确表示,考虑到饲粮安全的原因,纤维推荐量不能以简单的纤维组分来表示。

此外,饲粮纤维的推荐量取决于兔的年龄。由于青年兔采食量低,为减少肠炎的发生,其所需要的最低饲粮纤维水平高于肥育或繁殖兔。饲粮纤维水平太高也不可取,因为这样会使饲粮的 *DE* 含量降低,进而导致蛋白能量比过高。这种状态虽然对产氨的蛋白分解菌有利,但增加了消化紊乱的危险性[28,29]。

除了饲粮纤维、淀粉在营养与肠炎的互作中也起着重要的作用。青年兔的胰腺酶系统还不完善。因此,当饲喂淀粉含量高的饲粮时,可能会导致大量淀粉进入盲肠。尤其是抗水解能力很强的饲粮淀粉(玉米)可能会导致淀粉在盲肠中过量。在回肠中,如果纤维摄入量的增加不能与淀粉的增加同步,就可能造成盲肠微生物区系的不稳定[30]。

为确保食糜以正常流通速度通过消化道,表 23-5 中给出了饲粮中纤维含量的最小值。纤维推荐量以平均水平为基础。根据健康状况,这个值可适当增加或减少。

纤维的最佳平衡也包括对颗粒大小的推荐值。为达到兔的最佳生产性能、降低消化紊乱的风险,饲粮中必须有足够数量的较大颗粒。据 De Blas 结果[31]得出,饲粮中大颗粒(<0.315 mm)的最低比例是25%。由于粉碎条件或使用一些颗粒细小的木质化副产品(如稻壳或红辣椒粉),饲粮中即使含有大量木质素,也可能会出现大颗粒含量的不足。

表 23-5 饲粮中纤维和淀粉的推荐量

饲粮水平(89%~90% DM)	繁殖母兔	断奶的青年兔	肥育兔
淀粉	自由采食	< 13.5	< 18.0
酸性洗涤纤维(ADF)	16.5	21	18
酸性洗涤木质素(ADL)	4.2	5.0	4.5
纤维素(ADF-ADL)	12	16	13.5

资料来源:选自 Maertens[36]。

5.5 脂肪

兔需要从食物中获得必需脂肪酸(亚油酸和亚麻酸)。由于兔的饲粮主要由植物组成,因而饲粮中的油脂水平低(2.5%),但因为兔的粗饲料中不饱和脂肪酸的比例较高,所以通常假定其脂肪酸含量能满足兔的需要量。

脂肪和油可以在小肠中消化,其消化方式与其他单胃动物相类似。饲粮中补充动物脂肪和植物油可略微提高其他营养素的消化率。当使用低能基础饲粮时,这种互作关系在脂肪、粗纤维和无氮浸出物的消化中最为显著。大量文献报道,在鸡和猪中,脂肪的消化率与饱和脂肪酸的含量存在负相关,这在兔中也得到了证明[32]。由于在热环境下,饲粮中添加脂肪可使能量摄入量增加,因此添加脂肪表现出了减少热应激的潜力[33,11]。

兔的饲粮具有纤维属性,因而很有必要用脂肪来维持其能量含量。因此,为获得高能饲粮,可在一定程度上使用含脂肪的饲料如大豆或添加脂肪。在泌乳母兔中,添加脂肪可获得较高的日 *DE* 摄入量(+4%*DE*/1%脂肪)并使产奶量增加。所摄入的额外能量主要用于增加产奶量[22]。

在等热量基础上,用脂肪替代淀粉可以略微增加 *DE* 摄入量,但也增加了胴体油脂含量。添加脂肪在很大程度上决定了体内脂肪酸的模式[34]。在饲粮中混入不饱和油类(如大豆或豆油),可使所生产的兔肉的不饱和度更高。然而,这种添加也会增加产生过氧化或软脂肪的危险[35]。

制粒时,为保持颗粒料的质量,基于加工工艺的要求,需要添加脂肪和油脂,但添加量须限定在2%~3%之间。只有将脂肪喷到颗粒料上时,其用量才可能更高。使用优质脂肪、油类或含脂肪的饲料，不会对生产性能或饲粮的适口性产生不利影响[36,37]。

5.6 矿物质

饲粮中矿物质需要量可分成两类，即常量元素(Ca,P,Mg,Na,K,Cl)和微量元素(Mn,Zn,Fe,Cu,Mo,Se,I,Co,Cr,F)。常量元素的需要量大于微量元素。其缺乏症的研究一般都是在实验室条件下进行的[38]。

针对商业化养兔，对其饲粮矿物质水平的研究很少。主要原因是在多数情况下，兔的矿物质需要量很容易满足。但这只说明兔不易发生与矿物质相关的营养问题，而不应该被理解为可以忽略矿物质的需要。

在世界上大部分地区，紫花苜蓿是兔饲粮的主要成分。紫花苜蓿是非常好的钙、镁和微量元素的来源。谷物和部分谷物磨成的副产品如麦麸、小麦粗粉和稻糠都是非常好的磷源。由于兔有食粪性，通过食粪所食入的食糜经再循环，有利于矿物质的吸收和储存。因此，多数情况下，常规饲料成分就可以满足兔的矿物质需要。另外，矿物质与盐一样，通常是通过预混料添加到兔饲粮的中。

泌乳母兔对饲粮中矿物质的需要量高于肥育兔。矿物质通过乳的排出量相当大。然而，采食过量的钙($>$ 40 g/kg)或磷($>$ 19 g/kg)会导致繁殖能力显著变化，发生多产性或增加死胎率。饲粮中磷的摄入总量维持在0.45%～0.76%之间不会影响母兔的任何繁殖性能[39]。后代的性能与母畜的饲粮无关。在肥育兔中已经证实了低磷饲粮所引起的缺乏症[40]。适宜钙磷比对于兔似乎并不重要[40]，钙磷通常为2∶1，但兔可忍受更高的钙磷比。

为减少环境污染，应避免饲粮中矿物质的过量。此时，最低的饲粮矿物质推荐量显得十分重要。表23-6中给出了不同矿物质的最低饲粮推荐量。正如前面提出的，有些推荐量可能太高，但由于未加工原料的消化率和利用率差别很大，或存在不同的矿物质比率，因此安全系数应宽一些。

表23-6 兔饲粮中的最低矿物质需要量

矿物质	生长	泌乳	矿物质	生长	泌乳
钙(%)	0.80	1.2	镁(ppm)	0.30	0.30
磷(%)	0.50	0.55	钴(ppm)	0.1	0.1
钾(%)	0.8	1.0	铜(ppm)	10	10
钠(%)	0.25	0.25	锌(ppm)	25	50
氯化物(%)	0.30	0.30	碘(ppm)	0.2	0.2
锰(ppm)	8.5	8.5			

资料来源：选自Lebas[29]。

5.7 维生素

维生素可分成两类：脂溶性维生素和水溶性维生素。水溶性维生素包括B族维生素和维生素C，都可由兔后肠的微生物合成。兔通过食入盲肠排泄物可以利用这些合成的维生素。实际生产中，饲粮中不需要添加B族维生素。然而，在应激状态下和高生产性能时，可能会发生B族维生素的缺乏[41]。

紫花苜蓿和其他粗饲料、谷物及谷物副产品都是非常好的B族维生素来源。强化生产和处于生产高峰期时，微生物合成的B族维生素数量可能不够。因此，维生素-矿物质预混料中一般也要混入少量的B族维生素。

有多种因素影响饲粮中维生素的添加量，如饲粮配制不当、维生素补充料质量差、饲料储存不当或长期储存，以及温度和湿度等环境条件。高温高湿条件下的维生素质量下降。由于维生素质量的迅速下降，饲粮中的推荐量要超过需要量。同时，建议饲料最长在1～4个月内必须用完。

饲粮中维生素 A 的含量为 3 000 IU/kg 就可以满足肥育兔和母兔的需要。然而，维生素 A 很容易发生氧化，因此建议实际添加量为 6 000～10 000 IU/kg。对维生素 A 的需要也可由 β-胡萝卜素满足。1 IU 维生素 A 相当于 0.3 μg 视黄醇和 0.6 μg β-胡萝卜素。应激条件下建议使用维生素 C(抗坏血酸)补充料[42]。

维生素 D 的需要量估计约为 12 IU/kg 活体重。1 000 IU/kg 的饲粮推荐量大约为需要量的 3 倍。为满足需要，饲粮中维生素 E 的最低添加量为 25 mg/kg。在饲粮中建议添加 40～50 mg/kg 的维生素 E。由于维生素 E 价格昂贵，因此兔饲粮中的维生素 E 含量可能低，而维生素 E 的缺乏会引起兔的肌肉营养不良或母兔繁殖力的下降。

与维生素 E 相反，几篇报道已经明确提出高水平维生素 A 和维生素 D 具有毒性。育种人员和饲料加工者建议，兔饲粮不必经常补充维生素，但人们普遍将维生素理解为一种奇妙的药物，因此这种建议受到了质疑。然而，我们也知道，在饮水中添加维生素已经发生了多起事故。推荐量(表 23-7)已经相当于估计需要量的 3 倍，据报道，当饲粮中添加 5～10 倍的推荐水平时，会出现维生素 A 和维生素 D 的严重的中毒反应[43]。

表 23-7　生长和成年兔的维生素补料推荐量

维生素	饲粮补料	维生素	饲粮补料
维生素 A(IU/kg)	10 000	维生素 B_{12}(mg/kg)	10
维生素 D(IU/kg)	1 000	烟酸(mg/kg)	50
维生素 E(mg/kg)	50	泛酸(mg/kg)	20
维生素 K(mg/kg)	2	氯化胆碱(mg/kg)	100
维生素 B_1(硫胺素)(mg/kg)	2	叶酸(mg/kg)	5
维生素 B_2(核黄素)(mg/kg)	2	生物素(mg/kg)	0.2
维生素 B_6(吡哆醇)(mg/kg)	2		

资料来源：选自 Lebas[29]。

5.8　添加剂

有些时候，尤其是控制疾病时，在兔饲粮中使用添加剂的效果很明显。最常见的添加剂是抗生素、生长促进剂、球虫抑制剂、抗氧化剂和益生素。在任何饲粮中使用添加剂都应该符合 FDA 的要求。

青年兔很容易感染球虫。常规做法是，在它们的饲粮中添加抗球虫药。但应该注意，兔对离子载体类抗球虫药具有敏感性，这种药物的使用会降低兔的采食量，甚至引起死亡。兔非常易感肠炎。由于缺乏有权威认证的或有效的抗生素，因此市场上出现了消费者更容易接受的、对抗亚临床肠炎的新一代产品——益生素。益生素是含有有益的或能再生的活的微生物补充料，具有保持微生物平衡功效。但是，其作用效果并不总是有效，且对高致病性疾病治疗无效。

6　兔饲料

配合兔饲粮通常比其他动物饲粮应用更广泛的饲料原料。为确保最佳的生产性能，减少消化紊乱的发生，就需要配合能量饲料、蛋白质饲料和纤维饲料，这使得饲粮变得更加复杂。本文将简要讨论主要的原料成分。原料的选择应建立在其利用率、质量、营养含量、价格和适口性的基础上。

6.1　能量饲料

谷物广泛地用作能量饲料。大麦和小麦使用最多，燕麦、玉米、高粱和小黑麦也可作为兔的饲粮原料。玉米淀粉对肠道消化的高抗性,可能会在盲肠中形成碳水化合物的过载。因而,玉米在青年兔的饲粮中不应大量使用。谷物加工副产品的用量可占饲粮总量的1/3。它们提供部分纤维和大部分蛋白质。

木薯粉和甘薯可替代谷物,但应注意它们的淀粉含量高。由于甜菜渣和柑橘渣的纤维消化率很高,因此也可用作能量饲料。这2种副产品都可加到兔饲粮中,用量可达20%,但在计算饲粮纤维的需要量时,不应该考虑这2种副产品的纤维含量。

6.2 蛋白质饲料

兔饲粮中所使用的蛋白质补料几乎全部是植物来源的。动物蛋白质补料(鱼粉和肉粉)也可使用,但在含量较低时会降低饲粮的适口性。而且,植物蛋白质饲料通常比动物来源的价格便宜。

最常见的蛋白质补充料是豆粕、葵花子饼粉、菜籽粕(堪诺拉菜籽粕)、棉籽粕、花生粕和芝麻粕。由于棉籽粕中含有大量棉酚,降低饲粮的适口性,且有潜在的毒性,因此在饲喂棉籽粕时要特别小心。菜籽的新品种(堪诺拉)具有较低的芥酸含量,因此与菜籽粕有关的问题也大大减少了。花生粕和芝麻籽粕有时会含有大量黄曲霉毒素,兔对其非常敏感。

全脂大豆和其他豆类(如羽扇豆)也可用作蛋白质饲料。由于有些未加工的豆类含有大量的抗胰蛋白质酶和其他抑制生长的化合物,因此会影响动物的生产性能。合理的加热可使豆类和豆粕中这类化合物失活。

6.3 纤维饲料

用于兔饲粮的粗饲料主要是提供饲粮纤维。它们可直接与全价颗粒饲料混合或用作颗粒料的补充料。从加工处理角度和对动物采食的了解来看,将粗饲料包含在颗粒料中使用更为方便。然而,在农户庭院饲养和其他小型企业饲养的情况下,直接使用可能更方便。当粗饲料没有包括在颗粒料中时,为避免饲料发霉,最好以干草形式提供粗饲料。

饲喂兔时最常用的纤维饲料是紫花苜蓿。这种豆类可提供兔所需的大部分蛋白质和钙。由于幼嫩的紫花苜蓿富含蛋白质(>20%),但木质纤维素含量很低,因此使用时要谨慎。三叶草和脱水草粉可替代紫花苜蓿粉。有时可从这2种纤维饲料中选择一种来满足ADL推荐量。来源于向日葵、燕麦、稻谷和大豆的外壳或亚麻壳、秸秆和葡萄种子粉,也可用于满足兔的ADL需要量,但它们也大大稀释了饲粮的能量浓度。

Varela-Alvares[44]列出的不适合用作兔饲料的作物如下:海韭菜、欧洲蕨、褐色草、七叶树、牛蒡、蓖麻子、楝树、野莴苣、毛地黄、一枝黄花、毒芹、夏至草、曼陀罗、石茅高粱、飞燕草、月桂树、羽扇豆、牧豆树、马利筋、莴苣、橡树、夹竹桃、罂粟、草木犀和麻迪菊。

6.4 非常规饲料

热带植物已在兔饲料中部分替代了常规谷物和粗饲料。在比例较低时,*Leucaena leucocephala* 可成功地用于兔饲粮。含羞草氨酸是一种有毒的氨基酸,大量使用可引起动物生长受阻[45]。已经证明可能用作兔饲料的其他热带植物有桑树叶、野葛、整株玉米粉、香蕉叶和四棱豆。这些原料在饲粮中大量使用(>20%)时,很少有资料表明会使生产性能大幅度降低[38]。

饲喂新鲜粗饲料如卷心菜、胡萝卜、豆类、三叶草或牧草的主要问题是,它们的干物质含量低。兔采食不到足够数量的干物质,就会导致其生产性能降低。因此可将精料(颗粒料或谷物)与新鲜蔬菜混合饲喂。然而,即使饲喂高消化率的饲料如块根、卷心菜或牧草青贮时,仍会大幅度降低饲粮的干物质含量，结果导致增重速度下降20%～40%[46]。有些地区也可利用啤酒、水果或豆类加工工业的残渣。脱水的残渣如啤酒糟和果渣(来自于苹果、番茄或葡萄)，可以用于生长兔和成年兔的饲粮中，且无不利影响。

7 饲养管理

7.1 饲粮配方

在饲料配合时，应将可获得饲料的营养价值与兔养分需要量的信息相结合。商业化饲料配方中最常见的方法是利用线性规划原理进行最低饲粮成本配方运算。需要用到的信息如下。

- 饲料的营养价值：能量、蛋白质、氨基酸、粗纤维、矿物质等。
- 可利用组分的限制：其最终的最小和最大值取决于其抗营养因子含量高低或适口性好坏。
- 饲料的实际价格。
- 要计算的饲粮的约束条件：蛋白质、能量、氨基酸等。它们以最小值或一个范围给出。
- 将这些信息输入了计算机中，即可计算最低成本饲粮配方。

附表1中列出了不同饲料的营养价值。由于能量是饲粮的主要成本，因此使用精确的消化能或代谢能值十分重要。本章前面的表中已经给出了饲粮的推荐值。饲粮的营养水平是以线性规划中的约束条件方式给出的。由于同种饲料不同批次间的组成、消化率和利用率间存在差异，因此饲粮需要量要增加10%～30%的安全量，以确保满足饲粮推荐值。饲粮配合时，必须考虑安全系数，以避免饲粮中营养素的缺乏。

生产者自己配制饲料时，即使以饲喂牧草或谷物作为饲粮的一部分，也应遵循与饲料厂相同的程序。他们趋向于对一些适口性好且安全的饲料原料进行限量使用，这就要求他们去计算一种营养平衡的饲粮，以给目标动物(处于繁殖、生长或维持阶段的动物)提供合理的营养成分。饲料原料的质量会直接影响兔的健康和生产性能，因此在配制兔饲粮时，必须考虑到这个重要因素。

饲粮颗粒料的类型取决于兔的类型和所使用的饲养管理方法。商业化养兔业几乎全部使用全价颗粒料，而小型企业则将颗粒料作为精料补充料。全谷物颗粒料要求补充干草，而蛋白质精料则要求同时补充干草和粗饲料。

遵照州和联邦政府的法律要求，饲料加工厂应提供饲料标签，列出饲料的有关成分和营养组成信息。养兔企业应仔细阅读这些标签，但是由于所需提供的信息并不充分，有时候标签保证值并不能代表与产品一致的营养水平或生产性能。最好的方法是，购买那些在兔饲料业中享有良好信誉的企业生产的饲料。

7.2 饲粮的外观

在集约化兔场中，为生产营养平衡的配合饲粮，可使用干的粉碎饲料原料。由于兔非常喜好颗粒料，而不太喜欢粉状或破碎形式的同种饲粮，因此通常要对精饲料进行制粒。兔饲粮的制粒加工成本一般可以通过收益的增加而获得补偿。兔对粉状饲粮的采食量显著降低，导致了较低的增重速度、饲料转化效率和屠宰体重。当兔在粉料和颗粒料之间进行选择饲喂时，颗粒料的消耗量可占总采食量的97%[47]。

与其他动物相似，兔饲粮的制粒还有其他好处：避免了不同饲料原料间的分级现象以及动物的挑食，可应用更多的副产品及减少饲料浪费。颗粒料进一步减少了养兔业的粉尘问题，而且与粉料或破碎料相比，颗粒料更利于自动或半自动的喂料器的操作。

当将数量有限的饲料原料混合饲喂时，兔将根据原料的适口性进行挑食。而采食的不平衡，往往导致生产性能的下降[48]。如果在谷物和蛋白质饲料表面涂一层糖蜜，兔就不会在不同的饲粮成分间进行挑选了。

当谷物价格较低时，要尽量饲喂大量的全谷物饲粮，同时饲喂浓缩型颗粒料。Rommer[49]用颗粒料与85%颗粒料+15%小麦或大麦的混合物对肥育兔进行饲喂比较，结果发现肥育兔的生物学性能没有显著差异。然而，由于兔更喜欢颗粒料，因此会导致谷物在料槽中剩余。而料槽的结构往往使人们观察不到饲料的浪费，因而得出了颗粒料与谷物混合饲喂可以降低饲养成本的结论。在养兔生产中，避免饲料的浪费并尽量饲喂同质饲料混合物，是值得引起关注的。

也可将兔饲粮进行挤压来替代制粒。如果挤压饲粮的稳定性和硬度适当，兔也能够接受这种饲粮，但生产性能趋于下降，在青年兔中尤其如此。挤压过程中的高温会引起蛋白质质量下降，可能导致日增重的下降。而且，由于不能获得预期的较高的淀粉消化率，因此挤压不能降低高淀粉饲粮所导致的死亡率。

在集约化养兔生产中，颗粒状的平衡饲粮可以使生产性能最大化。所有的"替代"方法（如粉状、破碎的、粗饲料、原料混合物等饲喂）都会降低干物质的采食量。而且，这些替代方法中多数是劳动力密集型的，必须每日饲喂，很难实现自动分配，因此不适用于大型生产企业使用。

7.3　粉碎和制粒

在兔饲粮中使用的饲料的物理形式多种多样，有颗粒形式（如脱水的紫花苜蓿）、细粉形式（如木薯粉）和谷物形式。为了使饲粮混合均匀并利于制粒加工，必须将原料粉碎。已有很多文章论述了兔饲粮中使用原料的粉碎技术。在本书中关于加工的章节（见第11章）中也提到，粉碎过细对饲粮的安全性不利。因此，对纤维饲料的粉碎要小心。然而，在粉碎过程中使用商业化筛子（3～7 mm）得到的颗粒大小差异很小，且没有发现对饲粮在肠道中的存留时间和健康紊乱产生任何不良影响[50]。

颗粒长度最好为0.8～1 cm。如果太长，颗粒在处理时容易被折断，而造成其损失频率的增加。最理想的颗粒直径是3～4 mm。直径超过5 mm也会增加颗粒浪费的可能性。颗粒太小（直径<2.5 mm）则可能降低采食量，而且采食时间也会延长[9]。

由于兔不喜欢吃细粉状饲料，因此颗粒的稳定性和硬度是兔颗粒料的主要质量特征。现在已经有几种类型的设备可以用于度量颗粒的质量。通常来讲，这些设备可以分为两类：检验颗粒对挤压的抵抗力（硬度），或检验颗粒在摩擦及摇动时对破碎的抵抗力（稳定性）。气动式硬度测量仪可用于测定挤压颗粒的抗压力（用千克表示）。这种方法很迅速，但是为了获得良好的重复性，测试的颗粒数量必须足够（>10）。代替手动测试仪的电机驱动测试仪排除了操作者的影响，性能更稳定。如果加工和处理合理，那么在运输过程中、料仓或储藏器及软管和喂料器中产生的"细粉料"不会超过2%。

蒸汽通常可使制粒过程更简洁。为增加颗粒的稳定性，经常使用1%～2%的黏合剂如木素磺酸盐、膨润土或海泡石，当添加大量脂肪时，黏合剂的使用更为重要。木素磺酸钙和木素磺酸钠会增加兔发生结肠溃疡的死亡率，因而木素磺酸镁更适合用作黏合剂[44]。糖蜜也是一种良好的颗粒黏合剂，其推荐添加水平一般为4%～6%。

二次制粒增加了颗粒的硬度（从5.5 kg增加到10.3 kg），尽管表面上看兔更喜欢最硬的颗粒，但日增重和采食量却保持不变[9]。而且，当颗粒料的抗压力为7～13 kg时，其硬度不影响生产性能。制粒后，颗粒必须立即冷却，并在最后打包前过筛。冷却增加了颗粒的稳定性，避免了对环模的依赖性。

7.4　饲料储存

随着养兔业规模的不断扩大，饲料主要是以散装形式递送。但以袋子包装的形式仍在小型饲料厂或特殊饲料（如断奶饲粮）中应用。储存时间应限制在3～4周内，尤其是在室外的料仓中。因为温度的变化可能会使饲料发霉、返潮。拥有100只母兔和相应的肥育兔的企业每周的饲料消耗量约为1 t，当所有的兔均使用一种饲粮时，为使用散装饲料，该企业的料仓容积必须达到 4 000 kg。当提供不同饲粮时（泌乳饲粮和生长饲粮），料仓的大小则应考虑母兔和肥育兔所消耗饲料量的差异（表 23-8）。

如果将 DM 含量在 89％以上的兔饲料储存在干燥的地方，该饲料可储存几个月。这就意味着对于一个生长周期来讲，饲粮的变化较小。兔笼里应该安装料槽，其中至少应有可供每日消耗的饲料量。当使用自动喂料器时，最好使用能为大量兔笼使用的联管式料槽，而非独立料槽。在此系统中，每日应多次分发饲料。对于饲喂新鲜饲料是否会增加兔的采食量，还未见报道。

表 23-8　封闭兔场中饲料采食量的分布情况

总兔场		肥育单元	
分类		断奶后的周数	
母兔＋断奶前的小兔	28％	0～2 周	22％
肥育兔	65％	2～4 周	36％
青年母兔＋后备栏中的母兔	7％	4～6 周	42％

资料来源：选自 Maertens[51]。

7.5　饲粮种类

随着对不同种类兔的特定需要量认识的不断增加，我们可以提出一系列的特定饲粮。然而，从实际出发，不同饲粮间的营养浓度差异相对较小，因此，应限制饲粮的种类。

实际中，中型兔场拥有 2～3 个料仓（即饲粮种类）可获得最大经济效益；如果数量太少，将会使散装饲料无法运行。而且，越来越多的大厂家使用自动或半自动的喂料系统，他们不会为每种动物分发不同的饲粮。目前，兔的经营管理正在由个人操作转向批量作业系统。这样，处于同一繁殖阶段或同一年龄的动物将被分在一组中一起饲养。这样的管理系统可以实施阶段饲养管理。母兔和肥育兔所消耗的饲料约占总饲料的 90％以上（表 23-8）。青年父母代、公兔和后备母兔营养需要相似，都可以饲喂肥育饲粮，但有时要限饲。

断奶后，肥育后期阶段的饲料消耗量约为总饲料消耗的 65％。特殊的肥育饲粮（提高能量水平，降低蛋白质含量）可提高饲料转化效率，减少向环境排泄的氮量。

8　饲养实践

在商业化兔场中，兔通常是自由采食。一方面是出于实际需要的考虑，另一方面是由于兔的繁殖速度较快，它们可以根据饲粮能量浓度的变化来调整自由采食量。然而，为防止过肥，有些种类的兔需要限饲。表 23-9 所示的商业兔肉生产的一个饲养计划。

当实行限饲或每日饲喂粗饲料时，为避免采食模式紊乱，需要考虑有规律的喂料时间。兔在下午和晚上更活泼，因此最好在下午较早时候装满喂料器。尤其当饲喂干草或牧草时，增加日饲喂次数可以减少浪费。在有规律的喂料时间中，下午和晚上应提供最大的喂料量。

表 23-9　商业化兔肉生产的饲养计划

种　类	数　　量	日粮
年轻母兔		
早期配种（15～16 周）	随意	肥育
晚期配种（17～20 周）	限制（40 g/kg，受精前进行 4 d 的诱使发情）	肥育
母兔		
妊娠晚期	随意	泌乳
泌乳期	随意：幼畜＜3 周	泌乳

续表 23-9

种　类	数　量	日粮
	幼畜＞3 周	断奶
在妊娠前笼养	随意	肥育
妊娠早期除外	限制(40 g/kg)	肥育
公兔		
青年(直到 18 周)	随意	
成年		肥育
断奶兔	限制(40 g/kg)	肥育/育成
3～6/7 周	随意(在腹泻时限制)	肥育
6/7～10/11 周	随意	肥育/育成

资料来源:选自 Maertens[17]。

8.1　青年父母代

青年种用动物的合理饲养十分重要,因为这将会影响到动物的繁殖寿命。青年母兔的最佳饲养计划在很大程度上取决于预期的适配年龄。文献中一般认为,自由采食并进行早期配种(成年体重的 75%～80%)可获得较为理想的第 1 胎仔兔。但在实践中,专家建议对青年母兔进行限饲,并使其初配时间推迟到 17 周龄[17],这会增加母兔的繁殖寿命,并可降低后备母兔的比例。

如果在配种或受精前 5 d 进行诱导发情,不仅可以提高妊娠率和幼畜数量,还能引导同期发情[17]。母兔超重不仅会降低其繁殖性能,而且还可能会发生代谢问题(青年母兔综合征)。

8.2　妊娠和成年兔

青年后备母兔配种较晚,可能会导致其妊娠期过肥,接近成年体重。在妊娠期的前半段进行限饲,可以缓解这个问题。由于品种不同,因此限饲最好以每千克活重表示。当饲喂中等精饲料(每千克饲料提供 2 300 kcal *DE*)时,每千克活重 40 g 的饲粮饲喂量就足以满足母兔的营养需要。在妊娠的第 2 阶段,由于体内胎儿的发育,需要量和采食量都会增加。此后,要实行自由采食。

断奶后,为防止过度肥胖(会导致围产期死亡率较高)和泌乳早期饲料采食量的下降,应对非妊娠或妊娠早期的母兔应进行限饲[52]。建议饲喂与青年母兔等量的饲料。妊娠晚期则不再需要限饲。非种用母兔的营养需要量相当低,每日仅饲喂 40 g 颗粒料,就可能导致其过肥。因此,对有些动物来说,可以减少日饲喂量,甚至还可以饲喂干草、秸秆或粗饲料和精料补充料(每千克活重 25 g)。

在 5 月龄前,公兔的自由采食量一直都在增加。此后,采食量下降约 30%或出现自然限饲。与同窝出生的限饲(自由采食量的 75%)仔兔相比,自由采食不会影响性欲或精液品质[53]。我们不提倡对公畜进行限饲。然而,在金属笼子中饲养的体重处于超重边际的公畜,经常表现出跗关节疼痛。限饲可以使公畜的成年体重减轻约 0.5 kg,因此预计对其使用寿命有利。

8.3　泌乳母兔和仔兔

由于泌乳母兔要分泌浓稠的奶,因此其营养需要量高。高热量精饲料饲粮可提高泌乳母兔的日营养摄入量,减少泌乳末期能量缺乏状况的发生。适当的采食量,可以保证适当的营养摄入量,而营养摄入量可以在产奶量上有所反映,因此,仔兔最初的生长和存活率可以体现母兔的营养摄入量。21 日龄及断奶时的幼畜体重与母兔的产奶量密切相关($r=0.9$)[21,54]。幼畜的体重和生长速度很好地反映了母兔的营养摄入量和利用率。断奶前的生长速度与断奶后的生长速度以及饲料转化效率直接相关。对泌乳母兔饲喂不当,不仅影响产奶量和幼畜的生长性能,而且也会对母兔未来的繁殖性能和繁殖寿命产生不利影响。

随着产奶量的增加,母兔的采食量也逐渐增加。为满足泌乳母兔较高的营养需求量,通常采用自由采食方式饲喂。有时,为避免消化道过载,在分娩前后要进行限饲。然而,如果母兔早已适应了精饲料,这种情况极少发生。

8.4　生长兔

泌乳母兔和它的仔兔在同一料槽中采食。在仔兔的饲养中,没有类似于为乳猪准备的那种特殊的开食料(幼畜料)。在泌乳期的最初 3 周,要饲喂与母兔的需要相适应的泌乳饲粮。在仔兔开始采食固体饲料后,应优先供给仔兔。从 3 周龄开始,要饲喂与其需要量相适应的饲粮。

仔兔通过了 6～7 周龄这段重要的阶段,就开始饲喂肥育料。增加能量浓度可以提高饲料转化效率。在集约化生产中,全部自由采食颗粒料。然而,中度限饲(10%～15%)可略微提高饲料转化效率,减少胴体的脂肪含量。有报道指出,限饲可以预防肠炎的发生。但是,由于肥育兔不是单笼饲养,因此很难进行精确限饲。为降低死亡率、提高生产性能和减少矿物质向环境中的排泄量,人们设计了肥育期间的阶段饲养计划。然而,这一计划是为大群饲养兔而设计的。

兔是啮齿类动物,因而,它们喜欢抓挠,所以料槽的设计应能避免饲料的浪费。如果兔的头部和前腿同时进入了料槽,就会抓出大量饲料。为防止饲料变湿,水槽和料槽应放在笼子中相对的两侧。料槽的高度也很重要,因为当高度＜9 cm 时,兔就会在料槽中便溺。

在非集约化饲养中,人们大量饲喂粗饲料。为获得最佳的结果,首先,这些粗饲料不应粉碎,而应作为干草切短至 7～10 cm 进行饲喂。当饲喂根茎、胡萝卜、嫩叶或其他适口性好的饲料时,为避免腹泻,需要一段适应期,并且应逐渐增加饲喂量。同时,为了提供必需的木质化纤维素,应使兔自由采食优质秸秆或干草。

9　健康问题

动物的健康与合理的饲养和营养有关。合理的饲养和营养是动物产生抵抗力和维持免疫系统正常的基础。

前面已经提到,动物营养的不平衡会引起一系列与饲养有关的健康问题。随着兔场中发生疾病的增加,兔对营养不平衡的敏感性也逐渐增加。常规的清洁和消毒已被证明可减少疾病的发生。由于缺少治疗肠炎的有效药物,因此当外来兔进入畜群时,应进行预防。埃希式大肠杆菌(*E. coli*)分布广泛,是肠炎综合征的最主要致病菌[55]。

某些诸如出血性、败血症的健康问题,可能与颗粒料的质量及其颗粒大小有关。微小的粉尘可进入呼吸系统,成为致病微生物的载体。因此,颗粒料在离开生产厂之前必须过筛,条件允许的话,在从容器中倒出时要进行第 2 次过筛。

最后,由于产毛兔(如安哥拉兔)从每单位饲料中摄取的毛多于商业肉兔,因此它可能发生胃毛球症,甚至死亡。兔摄取的毛在胃中聚集成球,会堵塞于幽门部。建议将这些兔禁食至少 1 周,以确保胃部的食糜清空,进而有效地减少摄入毛在胃中的累积。

10　饲料转化效率

兔肉生产的目标就是尽可能使饲料的利用经济合理。饲料的转化效率(*FC*)应根据一段时间内总的饲料消耗量和总的增重量进行计算。集约化生产中,*FC* 是最常用的估计饲料转化效率的参数。实际情况下,根据最终生产目标的不同,可使用不同的计算方法。因而,在母兔的研究试验中,常用的理论

FC没有考虑到淘汰兔(和/或生长速度很低的兔)所消耗的饲料。表23-2中所示的是年龄对FC的影响。

在商业性兔场中,FC可表示为兔生长期间总的饲料消耗量与上市兔和断奶兔的重量差的比值。对饲养企业,最重要的指标则是“总体FC”,它可表示整个兔场的饲料转化效率。同样,总体FC可以定义为兔场(母兔和肥育兔)中总的饲料消耗量除以上市兔的重量。这样,母兔的繁殖性能和其他管理方法(淘汰率、更新)都会对FC产生显著影响。表23-10中所示的FC是以相同的平均死亡率为基础计算的。高死亡率将导致生产效率降低,也就是兔场的总体FC值将提高(饲料转化效率下降)。

饲料的能量浓度对FC的影响最大。在4~11周龄的兔中,FC与DE线性相关($FC = 6.6 - 0.33 DE$)。但是这种线性关系只有在饲喂平衡颗粒料且饲粮的最低DE含量为2 250 kcal/kg时才有效。

其他因素如季节、畜舍和环境条件也会影响FC,因为这些因素会影响体温调节所需的能量以及采食量。尽管兔在夏季的生长速度最低,但饲料转化效率最高。另一方面,在冬季可同时获得最高的生长速度和FC。另外,为防止饲料浪费对FC的影响,设计畜舍时应考虑动物的密度、兔笼类型以及每只兔的饲槽空间。

表23-10 兔场中不同屠宰体重的综合FC和每只母兔年产仔兔的数量

屠宰体重(kg)	每只母兔年产仔兔的数量			
	35	40	45	50
2.00	3.9	3.6	3.4	3.2
2.25	4.0	3.7	3.5	3.3
2.50	4.3	4.0	3.8	3.6

资料来源:选自Maertens[56]。

本章小结

兔的饲养和营养主要取决于生产体系的类型、繁殖阶段和环境条件。兔的特殊消化生理包括几个特征,例如结肠对不同大小颗粒的机械性分离和通过食粪性产生的软粪再循环。两者都具有特殊的营养学和生理学意义。

兔要求较高的饲粮营养和能量摄入量,但由于它是啮齿类动物,为确保最佳性能并降低消化紊乱的发生,也要求饲粮中含有大量纤维。蛋白质和能量需要是生产状态的函数。一般认为能量是泌乳期间的第一限制性营养素。

本章介绍了生产优质颗粒饲粮的一些限制性条件,讨论了不同类型兔的实用计划。饲料转化效率主要取决于兔的年龄,但饲粮的能量浓度也很重要。由于对腹泻敏感,因此兔的营养和饲养必须考虑饲粮的安全性。

参考文献

1. Colin. M., and F. Lebas. 1995. *Le lapin dans le monde*. Association Francaise de Cuniculture (ed.), p. 330. BP50. 63370 Lempdes, France.
2. Ponsot, J. F. 2000. Bilan GTE 98: Quasi stabilité. *Cuniculture*27(1): 3.
3. Lebas, F., P. Coudert, R. Rouvier, and H. De Rochambeau. 1984. *Le lapin: Elevage et pathology*. FAO(ed.), Rome.
4. Marounek, M., S. J. Vovk, and V. Skrivanova. 1995. Distribution of activity of hydrolytic enzymes in the digestive tract of rabbits. *Br. J. Nutr.* 73: 463.
5. Gidenne, T. 1992. Effect of fiber leveL, particle size and adaptation period on digestibility and rate of passage as measured at the ileum and in the feces in the adult rabbit. *Br. J. Nutr.* 67: 133.

6. Gidenne, T., and J. M. Perez. 1994, Apports de lignines et alimentation du lapin en croissance. I, Conse quences sur la digestion et le transit. *Ann. Zootech.* 43:313.

7. Ruckeb ush, Y., and H. Hornicke. 1977. Motility of the rabbit's colon and caecotrophy. *Physiology and Behaviour* 18:871.

8. Carabano, R., and J. M. Merino. 1996. In: *Proc. 6th World Rabbit Cong.* Vol. 1:121 (July9－12), Toulouse, France.

9. Maertens, L., and M. Villamide. 1998. Feeding systems for intensive production. In: C. De Blas and J. Wiseman (eds.), *The nutrition of the rabbit.* CAB Publishing, pp. 255.

10. Szendro, Z. S., S. Szabo, and I. Hullar. 1988. Effect of reduction of eating time on production of growing rabbits. *Proc. 4th World Rabbit Cong.*, Vol. 3:104, Budapest.

11. Fernandez-Carmona, J., C. Cervera, and E. Blas. 1996. High fat diets for rabbit breeding does housed at 30℃. *Proc. 6th World Rabbit Cong.*, Vol. 1:167 (July 9-12), Toulouse, France.

12. Maertens, L., F. Luzi, and G. De Groote. 1997. Effect of dietary protein and amino acids on the performance, carcass composition and N-excretion of growing rabbits. *Ann. Zootech.* 46:255.

13. Taboada, E., J. Mendez, G. G. Mateos. and J. C. De Blas. 1994. The response of highly productive rabbits to dietary lysine content. *Livestock Prod. Sci.* 40:329.

14. Taboada, E., J. Mendez, and J. C. De Blas. 1996. The response of highly productive rabbits to dietary sulphur amino acid content for reproduction and growth. *Repro. Nutr. Develop.* 36:191.

15. Xiccato, G. 1996. Nutrition of lactating does. In: *Proc. 6th World Rabbit Cong.*, Vol. 1:29 (July 9-12), Toulouse, France.

16. Partridge, G. G., P. H. Garthwaite, and M. Findlay, 1989. Protein and energy retention by growing rabbits offered diets with increasing proportions of fibre. *J. Agr. Sci. Camb.* 112:171.

17. Maertens. L. 1992. Rabbit nutrition and feeding: A review of some recent developments. *J. Appl. Rabbit Res.* 15:889.

18. Parigi-Bini, R., and G. Xiccato. 1998. Energy metabolism and requirements. In: C. De Blas and J. Wiseman (eds.), *The nutrition of the rabbit.* CAB Publishing, pp. 103.

19. Kamphues, J. 1985. Untersuchungen zum Energie-und Nâ hrstoffbedarf gravider Kaninchen. *Zuchtungskunde* 57:207.

20. Lebas, F. 1987. Influence de la taille de la portée et de La production Laitière sur La quantité d'aliment ingerée parl-La lapine allaitante. *Repro. Nutr. D velop.* 27:207.

21. Lukefahr, S. D., W. Hobenboken, P. R. Cheeke, and N. M. Patton. 1981. Characterization of straightbred and crossbred rabbits for milk production and associative traits. *J. Animal Sci.* 57:1100.

22. Fortun-Lamothe, L. 1997. Effects of dietary fat on reproductive performance of rabbit does: A review. *World Rabbit Sci.* 5:33.

23. Xiccato, G., et al. 1995. Effect of dietary energy level, addition of fat and physiological state on performance and energy balance of lactating and pregnant rabbit does. *Animal Sci.* 61:387.

24. Lebas. F., T. Gidenne, J. M. Perez and D. Licois. 1998. Nutrition and pathology. In: C. De Blas and J. Wiseman (eds.), *The nutrition of the rabbit.* CAB publishing. pp. 197.

25. Perez, J. M., et al. 1994. Apports de lignines et alimentation du lapin en croissance. Ⅱ. Conséquences sur les performances et la mortalité. *Ann. Zootech.* 43:323.

26. Gidenne, T., and J. M. Perez. 1996. Apports de cellulose dans l' alimentation du lapin en croissance. Ⅰ. Conséquences sur la digestion et le transit. *Annl. Zootech.* 45:289.

27. Perez, J. M., et al. 1996. Apports de cellulose dans l'alimentation du lapin en croissance. Ⅱ. Conséquences sur les performances et la mortalité. *Ann. Zootech.* 45:299.

28. De Blas, J. C., et al. 1981. Effect of diet on feed intake and growth of rabbits from weaning to slaughter at different ages and weights. *J. Animal Sci.* 52:1225.

29. Lebas, F. 1989. Besoins nutritionnels des lapins. *Cuni-Sciences* 5:1.

30. Gidenne, T. 1996. Nutritional and ontogenic factors affecting rabbit caeco-colic digestive physiology. *Proc. 6th World Rabbit Cong.*, Vol. 1:13. Toulouse, France.

31. De Blas, C., J. Garcia, and R. Carabano. 1999. Role of fiber in rabbit diets. A review. *Ann. Zootech.* 48:3.

32. Maertens, L., G. Huyghebaert, and G, De Groote, 1986. Digestibility and ditestible energy content of various fats for growing rabbits. *Cuni-Sciences* 3:7.

33. Cervera, C., E. Blas, and J. Fernandez-Carmona. 1997. Growth of rabbits under different environmental temperatures using high fat diets. *World Rabbit Sci.* 5:71.

34. Cobos, A., M. I. Cambero. J. A. Ordonez, and L. De La Hoz. 1993. Effect of fat-enriched diets on rabbit meat fatty acid composition. *J. Sci. Food Agr.* 62:83.

35. Cavani, C., et al. 1996. Effects of soybeans on growth performance and body fat composition in rabbits. In: *Proc. 6th World Rabbit Cong.*, Vol. 1:127(July 9-12), Toulouse, France.

36. Maertens, L. 1998. Fats in rabbit nutrition: A review. *World Rabbit Sci.* 6(3-4):341.

37. Partridge. G., M. Findlay, and R. A. Fordyce. 1986. Fat supplementation of diets for growing rabbits. *Animal Feed Sci.* 18:173.

38. Cheeke, P. R. 1987. *Rabbit feeding and nutrition.* Orlando, FL: Academic Press.

39. Lebas, F., and J. Y. Jouglar. 1990. Influence du taux de phosphore alimentaire sur les performances de lapines reproductrices. 5é mes *J. Rech. Cunicole.* ITAVI, (ed.). 12-13 Déc., Commun. 48. Paris.

40. Lebas, F., B. Lamboley. D. Delmas, and A. Auvergne. 1998. Incidence du taux de phosphore alimentaire sur la croissance des lapins, leurs caracté ristiquesàl'abattage et la rě sistance m écanique de os. 7è mes *J. Rech. Cunicole.* INRA-ITAVT(ed.):141, Lyon, France.

41. Ismail, A. M., et al, 1992. Hypervitaminosis A in rabbits, *J. Appl, Rabbit Res.* 15:1196.

42. Verde, M. T., and J. Piquer. 1986. Effect of stress on the corticosterone and ascorbic acid (vitamin C) content of the blood plasma of rabbits. *J. Appl, Rabbit Res.* 9:181.

43. Deeb, B. J., R. F. Di Giacomo, and R. J. Anderson. 1992. Reproductive abnormalities in rabbits due to Vitamin A toxicity. *J. Appl, Rabbit Res.* 15:973.

44. Varela-Alvarez. H. 1998. *Livestock feeds and feeding.* 4th ed. Prentice Hall. Upper Saddle River. NJ 07458 pp. 453.

45. Parigi-Bini, R., M. Cinetto, and N. Carotta. 1988. Digestibility and nutritive value of *Leucaena leucocephala* in growing rabbits. *Proc. 4th World Rabbit Cong.*, Vol. 1:399, Budapest.

46. Partridge, G. G., S. J. Allan, and M. Findlay. 1985. Studies on the nutritive value of roots, cabbage and grass silage for growing rabbits. *Animal Feed Sci. Tech.* 13:299.

47. Harris, D. J., P. Cheeke, and N. M. Patton. 1984. Feed preference and growth performance of rabbits fed pelleted versus unpelleted diets. *J. Appl, Rabbit Res.* 6:15.

48. Schlolaut, W. 1995. *Das große Buch vom Kaninchen.* Frankfurt am Main: DLG-Verlag. pp. 396.

49. Rommers. J. M., R. Meijerhof, G. Van Someren, and M. Kranenburg. 1996. Effecten van het bijvoeren van granen aan vleeskonijnen. *NOK-kontakt-blad* 14:212.

50. Lebas. F., I. Maitre, M. Seroux, and T. Franck. 1986. Influence du broyage des matières premières avant l'agglomēration de 2 aliments àtaux variable de constituents membranaires: Digestibilité et performances zootechniques, 4è mes *J. Rech. Cunicole. Vol.* 1. comm.. 9.

51. Maertens, L. 1999. Towards reduced feeding costs, dietary safety and minimal mineral excretion in rabbits: A review and opinion article. *World Rabbit Sci.* 7:65.

52. Partridge. G. Y. Daniels, and R. Foryce. 1986. The effects of energy intake during pregnancy in doe rabbits on pup birth weight, milk, output and material body composition change in the ensuing lactation. *J. Agr. Sci. Camb.* 107: 697.

53. Luzi, F., L. Maertens, P. Mijten, and F. Pizzi. 1996. Effect of feeding level and dietary protein content on libido

and semen characteristics of bucks. *Proc. 6th World Rabbit Cong.*, Vol. 2:87, Toulouse, France.

54. Lebas, F. 1969. Alimentation lacté e et croissance pondé rale du lapin avant sevrage,. *Ann. Zootech.* 18:197.

55. Milon, A. 1996. Weaned rabbit colibacillosis: A model for study of enteropathogenic *Escherichia coli* (APEC). *Proc. 6th World Rabbit Cong.*, Vol. 3:13. Toulouse, France.

56. Maertens, L. and G. De Groote. 1988. The influence of the dietary energy content on the performances of post-partum breeding does. *Proc. 4th World Rabbit Sci. Cong*,. Vol. 3:42, Budapest.

第 5 篇
附表和术语表

APPENDIX TABLES AND GLOSSARY

附　表
Appendix

译者:姜成钢
校对:孟庆翔和何文娟

附表主要给出了美国国家科学研究委员会(NRC)中各分委员会规定的一些家畜饲料原料的营养价值和家畜营养需要量方面的资料,以便读者查阅。

附表1给出了反刍动物、马和兔所用的牧草和其他饲料原料的营养组成。为了便于识别类似的饲料产品,本版本还加入了国际饲料编号(IFN)。在NRC出版物中,常常基于各种不同类型的能量单位给出相应的数据。但是,附表1中所列的许多饲料原料的可利用能量(特别是净能)的评定,并没有进行动物试验,而是使用了以化学分析为基础的回归方程而推算的。

在对其中的一些数据进行细查后可以明显地发现,表中所列的肉牛和奶牛的数据有许多差异。依据作者的观点,我们认为,这是一种退步,因为现在有必要引用肉牛的数据来配制肉牛的日粮或计算肉牛的营养需要量,而如果引用奶牛或羊的数据则是不合适的。之所以如此,是因为各个分委员会都坚持各自的观点,他们重新计算了饲料能值和动物的需要量,结果不但没有使数据间更加接近,反而使差异扩大了。

读者应当注意的是,表中所列的饲料原料营养成分的数据是平均值。所有饲料原料的组成都存在差异,平均值可能适用于(也可能不适用于)特定的饲料、特定的动物或者在一些条件下环境可能改变营养物质的利用率,尤其是对于表中所列的各种能值。

附表中也包含了其他一些可能对读者有用的表格。例如,附表2给出了天然饲料原料中各种蛋白质在瘤胃中未降解的比率。附表3是家禽和猪常用饲料原料的成分表(以喂时状态为基础,因为NRC出版物是这样规定的)。附表4是一些饲料的氨基酸含量数据。附表5是部分饲料的维生素含量数据。附表6是矿物质补充料的成分含量数据。剩下的大部分附表给出的或者是饲料采食量,或者是营养需要量的估计值。更详细的相关信息可以参阅NRC出版物或其他资料。

附表1 牛、羊、马和兔常用饲料原料成分表(数据来自NRC出版物)

饲料名称及说明	国际饲料编号	典型干物质(%)	组成,干物质基础(%)						可利用能量,干物质基础(Mcal/kg) 肉牛				
			CP	CF	NDF	ADF	Ca	P	*DE*	*ME*	NE_m	NE_g	TDN[a] (%)
1. 苜蓿,鲜草,生长晚期	2-00-181	21	20.0	23	38	29	2.19	0.33	2.78	2.28	1.41	0.83	63
2. 苜蓿,鲜草	2-00-196	24	20.0	26	—	—	1.96	0.30	2.69	2.27	1.31	0.61	61
3. 苜蓿,干草,S-C,初花期	1-00-059	90	18.0	23	42	31	1.41	0.22	2.43	1.99	1.14	0.58	60
4. 苜蓿,干草,S-C,成熟	1-00-071	91	13.0	38	58	44	1.13	0.18	2.21	1.81	0.97	0.42	50
5. 苜蓿,草粉,脱水处理,CP 17%	1-00-023	92	18.9	26	45	35	1.52	0.25	2.69	2.21	1.34	0.77	61
6. 苜蓿,青贮,萎蔫,中花期	3-00-217	38	15.5	30	47	35	—	—	2.56	2.10	1.24	0.68	58
7. 苜蓿,青贮,30%~50%干物质	3-08-150	43	9.8	19	—	—	1.39	0.27	—	—	—	—	—
8. 面包房下脚料,干燥	4-00-466	92	10.7	1	18	13	0.14	0.26	3.92	3.22	2.21	1.52	89
9. 大麦	4-00-549	88	13.5	6	19	7	0.05	0.38	3.70	3.04	2.06	1.40	84
10. 大麦,太平洋沿岸	4-07-939	89	10.8	7	21	9	0.06	0.39	3.79	3.11	2.12	1.45	86
11. 大麦秸	1-00-498	91	4.3	42	80	49	0.30	0.07	1.76	1.45	0.60	0.08	40
12. 海军豆,籽实	5-00-623	89	25.3	5			0.18	0.59	3.70	3.04	2.06	1.40	84
13. 甜菜渣,脱水	4-00-669	91	9.7	20	54	33	0.69	0.10	3.26	2.68	1.76	1.14	74
14. 狗牙草,鲜草	2-00-712	34	12.0	26	—	—	0.53	0.21	2.65	2.17	1.31	0.74	60
15. 狗牙草,干草,SC	1-00-703	90	6.0	31	78	38	0.43	0.20	2.16	1.77	0.93	0.39	49
16. 早熟禾(肯塔基),鲜草,生长早期	2-00-777	31	17.4	25	55	29	0.50	0.44	3.17	2.60	1.70	1.08	72
17. 须芒草,鲜草,生长早期	2-00-821	27	12.8	25	—	—	0.63	0.20	3.00	2.46	1.57	0.97	68
18. 脱水啤酒糟	5-02-141	92	29.4	14	46	24	0.33	0.55	2.91	2.39	1.51	0.91	66
19. 雀麦草,鲜草,生长早期	2-00-892	34	18.0	24	56	31	0.50	0.30	3.26	2.68	1.76	1.14	74
20. 雀麦草干草,晚花期,S-C	1-00-888	89	10.0	37	68	43	0.30	0.35	2.43	1.99	1.14	0.58	55
21. 柑橘渣,脱水	4-01-237	91	6.7	13	23	22	1.84	0.12	3.62	2.97	2.00	1.35	77

	可利用能量，干物质基础(Mcal/kg)													
	奶牛					羊					马		兔	
	DE	*ME*	NE_m	NE_g	NE_l	*DE*	*ME*	NE_m	NE_g	TDN(%)	*DE*	TDN(%)	*DE*	可消化蛋白(%)
1.	—	—	—	—	—	—	—	—	—	—	2.94	—	—	—
2.	—	—	—	—	—	2.56	2.10	1.24	0.68	58	2.51	57	—	—
3.	2.65	2.22	1.31	0.74	1.35	2.47	2.03	1.18	0.61	56	2.48	55	2.05	64
4.	—	—	—	—	—	2.38	1.95	1.11	0.55	54	—	—	1.50	60
5.	2.69	2.27	1.34	0.77	1.38	2.65	2.17	1.34	0.77	60	2.36	—	2.10	64
6.	—	—	—	—	—	—	—	—	—	—	—	—	—	—
7.	—	—	—	—	—	2.56	2.10	1.24	0.68	58	—	—	—	—
8.	3.92	3.51	2.20	1.52	2.06	—	—	—	—	—	—	—	—	—
9.	3.70	3.29	2.06	1.40	1.94	3.79	3.11	2.12	1.45	86	3.60	82	3.41	67
10.	3.79	3.38	2.12	1.45	1.99	3.88	3.18	2.18	1.50	88	3.68	79	3.35	65
11.	2.16	1.73	0.93	0.53	1.08	2.12	1.74	0.90	0.35	48	1.62	37	0.75	20
12.	3.70	3.29	2.06	1.40	1.94	3.84	3.15	2.15	1.48	87	—	—	3.55	80
13.	3.44	3.02	1.88	1.24	1.79	2.96	2.43	1.60	1.04	67	2.56	65	2.72	50
14.	—	—	—	—	—	—	—	—	—	—	2.07	50	—	—
15.	—	—	—	—	—	1.97	1.62	0.85	0.35	45	—	—	—	—
16.	3.17	2.76	1.69	1.08	1.64	2.87	2.35	1.47	0.88	65	2.09	56	—	—
17.	—	—	—	—	—	—	—	—	—	—	—	—	—	—
18.	2.91	2.49	1.51	0.91	1.50	3.09	2.53	1.63	1.03	70	2.75	68	2.85	76
19.	3.26	2.85	1.75	1.13	1.69	3.53	2.89	1.94	1.30	80	3.00	68	—	—
20.	2.60	2.18	1.27	0.70	1.33	—	—	—	—	—	2.38	54	—	—
21.	3.40	2.98	1.86	1.22	1.77	3.70	3.04	2.06	1.40	84	2.99	68	3.15	60

续附表 1

饲料名称及说明	国际饲料编号	典型干物质(%)	组成,干物质基础(%)						可利用能量,干物质基础(Mcal/kg) 肉牛				
			CP	CF	NDF	ADF	Ca	P	*DE*	*ME*	NE_m	NE_g	TDN[a] (%)
22. 白三叶,干草,S-C	1-01-328	87	18.4	30	—	—	1.40	0.22	2.51	2.06	1.21	0.64	57
23. 白三叶,鲜草,营养生长早期	2-01-380	19	27.2	14	—	—	1.93	0.35	3.00	2.46	1.57	0.97	68
24. 白三叶,干草,S-C	1-01-378	90	22.0	21	36	32	1.35	0.31	2.65	2.17	1.31	0.74	65
25. 红三叶,鲜草,初花期	2-01-428	20	19.4	23	40	31	2.26	0.38	3.04	2.50	1.60	1.00	69
26. 红三叶,干草,S-C	1-01-415	89	16.0	29	56	36	1.53	0.25	2.43	1.99	1.14	1.58	55
27. 玉米,马齿型,饲用	1-28-231	81	8.9	25	55	33	0.50	0.25	2.87	2.35	1.47	0.88	65
28. 玉米穗轴,粉碎	1-28-234	90	3.2	36	89	35	0.57	0.10	2.21	1.81	0.97	0.42	50
29. 玉米酒精糟,脱水	5-28-235	94	23.0	12	43	17	0.11	0.43	3.79	3.11	2.12	1.45	86
30. 玉米穗,粉碎	4-28-238	87	9.0	9	28	11	0.07	0.27	3.66	3.00	2.03	1.37	83
31. 玉米蛋白粉	5-28-241	91	46.8	5	37	9	0.16	0.50	3.79	3.11	2.12	1.45	86
32. 玉米蛋白饲料	5-28-243	90	25.6	10	45	12	0.36	0.82	3.66	3.00	2.03	1.37	83
33. 玉米籽粒,2 级	4-02-931	88	10.1	2	9	3	0.02	0.35	3.97	3.25	2.24	1.55	90
34. 玉米籽粒,压片	4-28-244	86	11.2	1	9	3	0.03	0.29	4.19	3.44	2.38	1.67	95
35. 玉米籽粒,高水分	4-20-770	72	10.7	3	9	3	0.02	0.32	4.10	3.36	2.33	1.62	93
36. 青贮玉米,带穗	3-28-250	33	8.1	24	51	28	0.23	0.22	3.09	2.53	1.63	1.03	70
37. 棉籽壳	1-01-599	91	4.1	48	90	64	0.15	0.09	1.85	1.52	0.68	0.15	42
38. 全棉籽	5-01-614	92	23.9	21	39	29	0.16	0.75	4.23	3.47	2.41	1.69	96
39. 棉籽饼,压榨,41%蛋白质	5-01-617	93	44.3	13	28	20	0.21	1.16	3.44	2.82	1.88	1.24	78
40. 棉籽粕,溶剂浸提,CP 41%	5-01-621	91	45.2	13	26	19	0.18	1.21	3.35	2.75	1.82	1.19	76
41. 脂肪,动物-家禽	4-00-409	99	—	—	—	—	—	—	7.80	6.40	4.75	3.51	177

	可利用能量，干物质基础(Mcal/kg)													
	奶牛					羊					马		兔	
	DE	ME	NE_m	NE_g	NE_l	DE	ME	NE_m	NE_g	TDN(%)	DE	TDN(%)	DE	可消化蛋白(%)
22.	2.51	2.09	1.21	0.64	1.28	2.43	1.99	1.14	0.58	55	2.16	49	—	—
23.	3.00	2.58	1.57	0.97	1.55	—	—	—	—	—	2.50	—	—	—
24.	2.87	2.45	1.47	0.88	1.47	2.91	2.39	1.51	0.91	66	2.56	51	—	—
25.	3.04	2.62	1.60	1.00	1.57	3.00	2.46	1.57	0.47	68	2.01	57	—	—
26.	2.43	2.00	1.14	0.58	1.23	2.65	2.17	1.31	0.74	60	2.22	49	—	—
27.	—	—	—	—	—	2.78	2.28	1.41	0.83	63	2.06	—	—	—
28.	2.21	1.78	0.97	0.42	1.11	2.25	1.84	1.07	0.45	51	1.36	31	—	—
29.	3.79	3.38	2.12	1.45	1.99	3.84	3.15	2.12	1.48	87	3.08	70	—	—
30.	3.66	3.25	2.03	1.37	1.91	3.66	3.00	2.03	1.37	83	3.49	74	—	—
31.	3.79	3.38	2.12	1.45	1.99	3.88	3.18	2.18	1.50	88	3.29	—	—	—
32.	3.66	3.25	2.03	1.37	1.91	3.66	3.00	2.03	1.37	83	—	—	3.15	70
33.	3.53	3.12	1.94	1.30	1.84	3.84	3.15	2.15	1.48	87	3.84	88	3.56	65
34.	3.88	3.47	2.18	1.50	2.04	—	—	—	—	—	—	—	—	—
35.	3.88	3.47	2.18	1.50	2.06	—	—	—	—	—	—	—	—	—
36.	3.09	2.67	1.63	1.03	1.60	3.09	2.53	1.63	1.03	70	2.68	—	—	—
37.	1.98	1.55	0.78	0.25	0.98	2.16	1.77	0.93	0.39	49	1.89	33	1.90	25
38.	4.23	3.83	2.41	1.69	2.23	—	—	—	—	—	—	—	4.10	75
39.	3.44	3.02	1.88	1.24	1.79	3.31	2.71	1.79	1.16	75	—	—	—	—
40.	3.35	2.93	1.82	1.19	1.74	3.13	2.57	1.67	1.06	71	3.01	—	—	—
41.	7.30	7.30	5.84	5.84	5.84	—	—	—	—	—	8.00	—	8.10	—

续附表1

饲料名称及说明	国际饲料编号	典型干物质（%）	组成，干物质基础（%）						可利用能量，干物质基础（Mcal/kg）				
									肉牛				
			CP	CF	NDF	ADF	Ca	P	*DE*	*ME*	NE_m	NE_g	TDN[a]（%）
42.羊茅草（肯塔基31），鲜草，生长早期	2-01-900	28	22.1	21	—	—	0.53	0.39	—	—	—	—	67
43.羊茅干草，S-C，初花期	1-09-186	91	20.2	25	59	32	0.35	0.24	—	—	—	—	64
44.羊茅干草，S-C晚花期	1-01-871	92	9.5	37	72	39	0.30	0.26	2.12	1.74	0.90	0.35	48
45.亚麻籽，溶剂浸提（亚麻仁粕）	5-02-048	90	38.3	10	25	19	0.43	0.89	3.44	2.82	1.88	1.24	78
46.禾本科-豆科青贮	3-02-303	29	11.3	32	—	—	0.25	0.08	—	—	—	—	—
47.胡枝子属，普通鲜草，生长晚期	2-26-028	32	16.4	32	—	—	—	—	2.60	2.13	1.28	0.71	—
48.鲜牛奶	5-01-168	12	26.7	—	—	—	0.95	0.76	5.60	5.43	3.80	3.80	129
49.鲜羊奶	5-08-510	19	24.7	—	—	—	1.05	0.79	—	—	—	—	—
50.狐尾草，鲜草	2-03-101	28	9.5	32	—	—	0.32	0.19	2.78	2.28	1.41	0.83	63
51.甜菜糖蜜	4-00-668	78	8.5	—	—	—	0.17	0.03	3.48	2.86	1.91	1.27	75
52.柑橘糖蜜	4-01-241	68	8.2	—	—	—	1.72	0.13	3.31	2.71	1.79	1.16	75
53.甘蔗糖蜜	4-04-696	75	5.8	6	—	—	1.00	0.11	3.17	2.60	1.70	1.08	72
54.燕麦籽实	4-03-309	89	13.3	12	32	16	0.07	0.38	3.40	2.78	1.85	1.22	77
55.燕麦籽实，太平洋沿岸	4-07-999	91	10.0	12	—	—	0.11	0.34	3.44	2.82	1.88	1.24	78
56.燕麦干草，S-C	1-03-280	91	9.3	30	66	42	0.24	0.22	2.43	1.99	1.14	0.58	55
57.燕麦青贮，蜡熟期	3-03-296	35	10.0	33	—	—	0.47	0.33	2.51	2.06	1.21	0.64	—
58.燕麦秸	1-03-283	92	4.4	40	70	54	0.24	0.06	1.98	1.63	0.79	0.25	45
59.鸭茅，鲜草，生长早期	2-03-439	23	18.4	25	55	31	0.58	0.54	3.17	2.60	1.70	1.08	72
60.鸭茅，干草，晚花期	1-03-428	91	8.4	37	72	45	0.26	0.30	2.38	1.95	1.11	0.55	54
61.豌豆籽粒	5-03-600	89	25.3	7	—	—	0.15	0.44	3.84	3.15	2.15	1.48	87
62.马铃薯，块茎，新鲜	4-03-787	23	9.5	2	—	—	0.04	0.24	3.57	2.93	1.97	1.32	81

	可利用能量,干物质基础(Mcal/kg)													
	奶牛					羊					马		兔	
	DE	*ME*	NE_m	NE_g	NE_l	*DE*	*ME*	NE_m	NE_g	TDN(%)	*DE*	TDN(%)	*DE*	可消化蛋白(%)
42.	2.91	2.49	1.51	0.92	1.50	3.22	2.64	1.73	1.11	73	2.22	—	—	—
43.	2.82	2.40	1.44	0.85	1.45	2.73	2.24	1.38	0.80	62	—	—	—	—
44.	2.12	1.69	0.90	0.36	1.06	—	—	—	—	—	—	—	—	—
45.	3.44	3.02	1.88	1.24	1.79	3.48	2.86	1.91	1.27	79	3.04	69	—	—
46.	—	—	—	—	—	2.73	2.24	1.38	0.80	62	—	—	—	—
47.	—	—	—	—	—	—	—	—	—	—	1.89	—	—	—
48.	5.69	5.29	3.34	2.16	3.04	—	—	—	—	—	—	—	—	—
49.	—	—	—	—	—	6.00	5.82	4.07	1.61	—	—	—	—	—
50.	2.78	2.36	1.41	0.83	1.42	—	—	—	—	—	—	—	—	—
51.	3.31	2.89	1.79	1.16	1.72	3.40	2.78	1.85	1.22	77	3.40	72	3.17	70
52.	3.31	2.89	1.79	1.16	1.72	—	—	—	—	—	3.40	—	—	—
53.	3.17	2.76	1.69	1.08	1.64	3.48	2.86	1.91	1.27	79	3.50	74	3.10	60
54.	3.40	2.98	1.86	1.22	1.77	3.40	2.78	1.85	1.22	77	3.36	76	2.95	75
55.	3.44	3.02	1.88	1.24	1.79	3.44	2.82	1.88	1.24	78	3.20	77	—	—
56.	2.43	2.00	1.14	0.58	1.23	2.34	1.92	1.14	0.58	53	1.92	47	—	—
57.	—	—	—	—	—	—	—	—	—	—	—	—	—	—
58.	—	—	—	—	—	2.07	1.70	0.79	0.25	47	1.76	40	0.80	20
59.	3.17	2.76	1.69	1.08	1.64	2.95	2.42	1.54	0.94	67	2.42	55	—	—
60.	2.38	1.96	1.11	0.55	1.20	—	—	—	—	—	1.90	—	—	—
61.	3.84	3.42	2.16	1.48	2.01	—	—	—	—	—	3.45	—	—	—
62.	3.57	3.16	1.97	1.32	1.87	—	—	—	—	—	—	—	—	—

续附表1

饲料名称及说明	国际饲料编号	典型干物质(%)	组成,干物质基础(%)						可利用能量,干物质基础(Mcal/kg) 肉牛				
			CP	CF	NDF	ADF	Ca	P	*DE*	*ME*	NE_m	NE_g	TDN[a] (%)
63. 马铃薯,块茎,青贮	4-03-768	25	7.6	4	—	—	0.04	0.23	3.62	2.97	2.00	1.35	82
64. 家禽羽毛,水解工艺	5-03-795	93	91.3	1	—	—	0.28	0.72	3.09	2.53	1.63	1.03	—
65. 家禽粪便,脱水	5-14-015	90	28.2	13	38	15	9.31	2.52	2.29	1.88	1.04	0.49	—
66. 草原植物,中西部,干草,S-C	1-03-191	92	5.8	34	—	—	0.43	0.15	2.25	1.84	1.00	0.45	51
67. 油菜,新鲜,初花期	2-03-866	11	23.5	16	—	—	—	—	3.31	2.71	1.79	1.16	75
68. 菜籽粕,溶剂浸提	5-03-871	91	40.6	13	—	—	0.67	1.04	3.04	2.50	1.60	1.00	69
69. 红顶草,鲜草	2-03-897	29	11.6	27	64	—	0.46	0.29	2.78	2.28	1.41	0.83	63
70. 红顶草,干草 S-C 中花期	1-03-886	94	11.7	31	—	—	0.63	0.35	2.51	2.06	1.21	0.64	57
71. 稻糠	4-03-928	91	14.1	13	33	18	0.08	1.70	3.09	2.53	1.63	1.03	70
72. 稻谷,粉碎	4-03-938	89	8.9	10	—	—	0.07	0.32	3.48	2.86	1.91	1.27	79
73. 稻草	1-03-925	91	4.3	35	71	55	0.21	0.08	1.81	1.48	0.64	0.11	41
74. 黑麦,鲜草	2-04-018	24	15.9	28	—	—	0.39	0.33	3.04	2.50	1.60	1.00	69
75. 黑麦籽实	4-04-047	88	13.8	3	—	—	0.07	0.37	3.70	3.04	2.06	1.40	84
76. 黑麦秸	1-04-007	90	3.0	43	—	—	0.24	0.09	1.37	1.12	0.26	—	31
77. 黑麦草(意大利),鲜草	2-04-073	25	14.5	24	—	—	0.65	0.41	2.65	2.17	1.31	0.74	60
78. 黑麦草(意大利),干草,S-C 初花期	1-04-066	88	11.4	36	69	45	0.62	0.34	2.38	1.95	1.11	0.55	54
79. 黑麦草,多年生,鲜草	2-04-086	27	10.4	23	—	—	0.55	0.27	3.00	2.46	1.57	0.97	68
80. 黑麦草,多年生,干草 S-C	1-04-077	86	8.6	30	41	30	0.65	0.32	2.65	2.17	1.31	0.74	60
81. 红花籽粕,溶剂浸提	5-04-110	92	25.4	32	58	41	0.37	0.81	2.51	2.06	1.21	0.64	57
82. 红花籽粕,溶剂浸提	5-07-959	92	46.9	15	—	—	0.38	1.40	3.22	2.64	1.73	1.11	73

	可利用能量，干物质基础(Mcal/kg)													
	奶牛					羊					马		兔	
	DE	*ME*	NE_m	NE_g	NE_l	*DE*	*ME*	NE_m	NE_g	TDN(%)	*DE*	TDN(%)	*DE*	可消化蛋白(%)
63.	3.62	3.20	2.01	1.35	1.89	—	—	—	—	—	—	—	—	—
64.	—	—	—	—	—	—	—	—	—	—	—	—	—	—
65.	—	—	—	—	—	—	—	—	—	—	—	—	—	—
66.	—	—	—	—	—	—	—	—	—	—	1.62	46	—	—
67.	—	—	—	—	—	3.31	2.71	1.79	1.16	75	—	—	—	—
68.	3.04	2.62	1.60	1.00	1.57	3.26	2.68	1.76	1.14	74	—	—	2.55	78
69.	2.78	2.36	1.41	0.83	1.42	—	—	—	—	—	—	—	—	—
70.	2.51	2.09	1.21	0.64	1.28	2.47	2.03	1.18	0.61	56	1.97	—	—	—
71.	3.09	2.67	1.63	1.03	1.60	3.26	2.68	1.76	1.14	74	—	—	3.20	65
72.	3.48	3.07	1.91	1.27	1.82	—	—	—	—	—	2.51	—	3.40	70
73.	—	—	—	—	—	—	—	—	—	—	—	—	—	—
74.	—	—	—	—	—	—	—	—	—	—	—	—	—	—
75.	3.70	3.29	2.06	1.40	1.94	3.75	3.07	2.09	1.43	85	3.84	80	—	—
76.	—	—	—	—	—	1.98	1.63	0.79	0.25	45	—	—	—	—
77.	—	—	—	—	—	—	—	—	—	—	1.73	—	—	—
78.	2.38	1.96	1.11	0.55	1.20	2.51	2.06	1.21	0.64	57	1.94	—	—	—
79.	—	—	—	—	—	—	—	—	—	—	—	—	—	—
80.	2.82	2.40	1.44	0.85	1.45	—	—	—	—	—	—	—	—	—
81.	2.51	2.09	1.21	0.64	1.28	2.47	2.03	1.18	0.61	56	—	—	—	—
82.	3.22	2.80	1.73	1.11	1.67	—	—	—	—	—	—	—	—	—

续附表1

饲料名称及说明	国际饲料编号	典型干物质(%)	组成,干物质基础(%)						可利用能量,干物质基础(Mcal/kg) 肉牛				
			CP	CF	NDF	ADF	Ca	P	*DE*	*ME*	NE_m	NE_g	TDN[a] (%)
83.鼠尾草,黑,嫩枝叶,鲜草	2-05-564	65	8.5	—	—	—	0.81	0.17	2.16	1.77	0.93	0.39	49
84.盐草属,干草,S-C	1-04-168	89	8.9	32	—	—	—	—	2.25	1.84	1.00	0.45	51
85.莎草,干草,S-C	1-04-193	89	9.4	32	—	—	—	—	2.29	1.88	1.04	0.49	52
86.高粱,饲用	1-07-960	89	7.5	27	—	—	0.52	0.13	2.56	2.10	1.24	0.68	58
87.高粱,籽粒,CP 8%～10%	4-20-893	87	10.1	3	18	9	0.04	0.34	3.70	3.04	2.06	1.40	84
88.高粱,压片	4-16-295	85	10.1	3	—	—	0.04	0.34	4.06	3.33	2.30	1.60	92
89.高粱,籽粒,着水还原	4-16-296	70	10.1	3	—	—	0.04	0.34	4.10	3.36	2.33	1.62	93
90.买罗高粱,穗	4-04-446	90	10.0	9	—	—	0.13	0.25	—	—	—	—	—
91.高粱,青贮	3-04-323	30	7.5	28	—	38	0.35	0.21	2.65	2.17	1.31	0.74	60
92.高粱属苏丹草,鲜草,生长早期	2-04-484	18	16.8	23	55	29	0.43	0.41	3.09	2.53	1.63	1.03	70
93.高粱属苏丹草,干草,S-C	1-04-480	91	8.0	36	68	42	0.55	0.30	2.47	2.03	1.18	0.61	56
94.高粱属苏丹草,青贮	3-04-499	28	10.8	33	—	—	0.46	0.21	2.43	1.99	1.14	0.58	55
95.大豆,干草,S-C	1-04-538	94	17.8	30	—	40	1.26	0.27	—	—	—	—	53
96.大豆皮	1-04-560	91	12.1	40	67	50	0.49	0.21	2.34	1.92	1.07	0.52	57
97.大豆籽粒	5-04-610	92	42.8	6	—	10	0.27	0.65	4.01	3.29	2.27	1.57	91
98.大豆粕,溶剂浸提,CP 44%	5-20-637	89	49.9	7	—	10	0.33	0.71	3.70	3.04	2.06	1.40	84
99.大豆秸	1-04-567	88	5.2	44	70	54	1.59	0.06	1.85	1.52	0.68	0.15	42
100.葵籽粕,溶剂浸提	5-09-340	90	25.9	35	40	33	0.23	1.03	1.94	1.59	0.75	0.22	44
101.葵花籽,溶剂浸提	5-04-739	93	49.8	12	—	—	0.44	0.98	2.87	2.35	1.47	0.88	65
102.猫尾草,鲜草,生长晚期	2-04-903	26	18.0	32	—	—	0.39	0.32	3.17	2.60	1.70	1.08	72

	可利用能量，干物质基础(Mcal/kg)													
	奶牛					羊					马		兔	
	DE	*ME*	NE_m	NE_g	NE_l	*DE*	*ME*	NE_m	NE_g	TDN(%)	*DE*	TDN(%)	*DE*	可消化蛋白(%)
83.	—	—	—	—	—	2.16	1.77	0.93	0.39	49	—	—	—	—
84.	—	—	—	—	—	2.25	1.84	1.00	0.45	51	—	—	—	—
85.	—	—	—	—	—	—	—	—	—	—	—	—	—	—
86.	2.56	2.13	1.25	0.68	1.30	2.56	2.10	1.24	0.68	58	—	—	—	—
87.	3.53	3.12	1.94	1.30	1.84	—	—	—	—	—	3.56	80	3.50	77
88.	—	—	—	—	—	—	—	—	—	—	—	—	—	—
89.	—	—	—	—	—	—	—	—	—	—	—	—	—	—
90.	—	—	—	—	—	3.70	3.04	2.06	1.40	84	—	—	—	—
91.	2.65	2.22	1.31	0.74	1.35	2.51	2.06	1.21	0.64	57	—	—	—	—
92.	3.09	2.67	1.63	1.03	1.60	2.78	2.28	1.41	0.83	68	—	—	—	—
93.	2.47	2.04	1.18	0.62	1.25	2.43	1.99	1.14	0.58	55	—	—	—	—
94.	2.43	2.00	1.14	0.58	1.23	2.34	1.92	1.07	0.52	53	—	—	—	—
95.	2.34	1.91	1.08	0.52	1.18	—	—	—	—	—	—	—	—	—
96.	—	—	—	—	—	2.51	2.06	1.21	0.64	57	1.88	48	1.95	50
97.	4.01	3.60	2.27	1.57	2.11	4.14	3.40	2.35	1.65	94	4.05	92	4.70	85
98.	3.70	3.29	2.06	1.40	1.94	3.88	3.18	2.18	1.50	88	3.52	82	3.55	83
99.	—	—	—	—	—	1.90	1.56	0.72	0.18	43	—	—	—	—
100.	1.94	1.51	0.75	0.22	0.96	1.98	1.63	0.75	0.25	45	—	—	1.95	70
101.	2.87	2.45	1.47	0.88	1.47	3.35	2.75	1.82	1.19	76	3.12	71	2.90	76
102.	—	—	—	—	—	2.69	2.21	1.34	0.77	61	1.70	—	—	—

续附表1

饲料名称及说明	国际饲料编号	典型干物质(%)	组成,干物质基础(%)						可利用能量,干物质基础(Mcal/kg) 肉牛				
			CP	CF	NDF	ADF	Ca	P	*DE*	*ME*	NE_m	NE_g	TDN[a](%)
103.猫尾草,干草,S-C,生长晚期	1-04-881	89	17.0	27	55	29	0.66	0.34	2.73	2.24	1.38	0.80	62
104.猫尾草,干草,S-C,中花期	1-04-883	89	9.1	31	67	36	0.48	0.22	2.51	2.06	1.21	0.64	57
105.角果百脉根,鲜草	2-20-786	24	21.0	25	—	—	1.91	0.22	2.91	2.39	1.51	0.91	66
106.黑小麦,籽粒	4-20-362	90	17.6	4	—	8	0.06	0.33	3.70	3.04	2.06	1.40	84
107.芜菁根,鲜样	4-05-067	9	11.8	12	44	34	0.59	0.26	3.75	3.07	2.09	1.43	85
108.尿素,CP 281%	5-05-070	99	280.0	—	—	—	—	—	—	—	—	—	—
109.野豌豆,鲜草,生长晚期	2-05-108	22	20.8	28	—	—	—	—	—	—	—	—	—
110.野豌豆,干草,S—C	1-05-106	89	20.8	31	48	33	1.18	0.32	2.51	2.06	1.21	0.64	57
111.小麦麸	4-05-190	89	17.1	11	51	15	0.13	1.38	3.09	2.53	1.63	1.03	70
112.混合小麦次粉	4-05-205	89	18.4	8	37	10	0.13	0.99	3.04	2.50	1.60	1.00	69
113.小麦,鲜草,生长早期	2-05-176	22	28.6	17	52	30	0.42	0.40	3.22	2.64	1.73	1.11	73
114.硬红春小麦	4-05-258	88	17.2	3	—	—	0.04	0.43	3.92	3.22	2.21	1.52	89
115.硬红冬小麦	4-05-268	88	14.4	3	—4	0.05	0.43	3.88	3.18		2.18	1.50	88
116.软红冬小麦	4-05-294	88	13.0	2	—	—	0.05	0.43	3.92	3.22	2.21	1.52	89
117.软白冬小麦	4-05-337	89	11.3	3	14	4	0.07	0.36	3.92	3.22	2.21	1.52	89
118.软白冬小麦,太平洋沿岸	4-08-555	89	11.2	3	—	—	0.10	0.34	3.88	3.18	2.18	1.50	88
119.小麦麸皮	4-05-206	90	17.2	9	—	—	0.11	0.13	3.48	2.86	1.91	1.27	79
120.小麦,青贮,盛花期	3-05-185	25	8.1	31	—	—	—	—	2.60	2.13	1.28	0.71	59
121.小麦秸	1-05-175	89	3.6	42	70	54	0.18	0.05	1.81	1.48	0.64	0.11	41
122.冰草属,有冠													

	可利用能量，干物质基础(Mcal/kg)													
	奶牛					羊					马		兔	
	DE	*ME*	NE_m	NE_g	NE_l	*DE*	*ME*	NE_m	NE_g	TDN(%)	*DE*	TDN(%)	*DE*	可消化蛋白(%)
103.	2.91	2.49	1.51	0.92	1.50	2.87	2.35	1.47	0.88	65	—	—	—	—
104.	2.56	2.13	1.25	0.68	1.30	2.65	2.17	1.31	0.74	60	1.99	45	—	—
105.	2.91	2.49	1.31	0.92	1.50	2.78	2.28	1.41	0.83	63	2.18	—	—	—
106.	3.70	3.29	2.06	1.40	1.94	—	—	—	—	—	—	—	3.50	75
107.	3.75	3.34	2.10	1.43	1.96	3.79	3.11	2.12	1.45	86	—	—	—	—
108.	—	—	—	—	—	—	—	—	—	—	—	—	—	—
109.	—	—	—	—	—	2.60	2.13	1.28	0.71	59	—	—	—	—
110.	2.51	2.09	1.21	0.64	1.28	2.43	1.99	1.14	0.58	55	—	—	—	—
111.	3.09	2.67	1.63	1.03	1.60	3.13	2.57	1.67	1.06	71	2.94	67	2.75	73
112.	3.04	2.62	1.60	1.00	1.57	3.62	2.97	2.00	1.35	82	3.42	—	2.85	79
113.	3.22	2.80	1.73	1.11	1.67	3.31	2.71	1.79	1.16	75	2.88	—	—	—
114.	—	—	—	—	—	3.97	3.25	2.24	1.55	90	—	—	—	—
115.	3.88	3.47	2.18	1.50	2.04	3.88	3.18	2.18	1.50	88	3.86	87	—	—
116.	3.92	3.51	2.20	1.52	2.06	3.88	3.18	2.18	1.50	88	3.86	87	3.60	77
117.	3.92	3.51	2.20	1.52	2.06	—	—	—	—	—	3.92	87	3.50	77
118.	—	—	—	—	—	3.92	3.22	2.21	1.52	89	—	—	—	—
119.	3.48	3.07	1.91	1.27	1.82	—	—	—	—	—	—	—	2.85	75
120.	—	—	—	—	—	—	—	—	—	—	—	—	—	—
121.	1.94	1.51	0.75	0.22	0.96	1.81	1.48	0.64	0.11	41	1.62	34	0.75	20

续附表1

饲料名称及说明	国际饲料编号	典型干物质(%)	组成,干物质基础(%)						可利用能量,干物质基础(Mcal/kg) 肉牛				
			CP	CF	NDF	ADF	Ca	P	*DE*	*ME*	NE_m	NE_g	TDN[a] (%)
122a. 鲜草,生长早期	2-05-420	28	21.5	22	—	—	0.46	0.34	3.31	2.71	1.79	1.16	75
122b. 鲜草,完熟	2-05-428	80	3.1	40	—	—	0.27	0.07	2.16	1.77	0.93	0.39	49
122c. 干草,S-C	1-05-418	93	12.4	33	—	36	0.33	0.21	2.34	1.92	1.07	0.52	53
123. 牛乳清粉	4-01-182	93	14.2	—	—	—	0.92	0.82	3.57	2.93	1.97	1.32	81
124. 牛乳清,新鲜	4-08-134	7	13.0	—	—	—	0.73	0.65	4.14	3.40	2.35	1.65	94
125. 啤酒酵母,脱水	7-05-527	93	46.9	3	—	—	0.13	1.49	3.48	2.86	1.91	1.27	79

	可利用能量，干物质基础(Mcal/kg)													
	奶牛					羊					马		兔	
	DE	*ME*	NE_m	NE_g	NE_l	*DE*	*ME*	NE_m	NE_g	TDN(%)	*DE*	TDN(%)	*DE*	可消化蛋白(%)
122.	—	—	—	—	—	3.31	2.71	1.79	1.16	75	2.54	—	—	—
	—	—	—	—	—	2.38	1.95	1.11	0.55	54	—	—	—	—
	—	—	—	—	—	2.34	1.92	1.07	0.52	53	—	—	—	—
123.	3.57	3.16	1.97	1.32	1.87	—	—	—	—	—	4.06	—	—	—
124.	3.57	3.16	1.97	1.32	1.87	—	—	—	—	—	—	—	—	—
125.	3.48	3.07	1.91	1.27	1.82	—	—	—	—	—	3.30	75	—	—

[a] TDN 值对肉牛和奶牛都适用。

附表2　部分饲料蛋白质的过瘤胃非降解比例

（引自1989版奶牛NRC）

饲料	测定数	非降解比例		
		平均值	S. D.[a]	C. V.[b]
苜蓿，脱水	8	0.59	0.17	29
苜蓿干草	12	0.28	0.07	25
苜蓿青贮	6	0.23	0.08	36
苜蓿-雀麦混播草	1	0.21		
大麦	16	0.27	0.10	37
大麦，压片	1	0.67		
大麦，超微粉碎	1	0.47		
大麦青贮	1	0.27		
豆饼渣	1	0.46		
菜豆	2	0.16	0.02	14
甜菜渣	4	0.45	0.14	30
甜菜渣-糖蜜	2	0.35	0.03	8
甜菜	3	0.20	0.03	16
血粉	2	0.82	0.01	1
干啤酒糟	9	0.49	0.13	27
雀麦草	1	0.44		
酪蛋白	3	0.19	0.06	32
酪蛋白，甲醛处理	2	0.72	0.08	11
红三叶草，	3	0.31	0.04	12
红三叶草，青贮	1	0.38		
白三叶草	1	0.33		
三叶草-禾草	2	0.54	0.11	21
三叶草-禾草青贮	7	0.28	0.06	22
椰子	1	0.57		
椰子粕	5	0.63	0.07	11
玉米	11	0.52	0.18	34
玉米，0%棉籽壳	1	0.46		
玉米，7%棉籽壳	1	0.43		
玉米，14%棉籽壳	1	0.59		
玉米，21%棉籽壳	1	0.48		
玉米，10.5%蛋白质，0%小苏打	1	0.36		
玉米，10.5%蛋白质，3.5%小苏打	1	0.30		
玉米，12%蛋白质，0%小苏打	1	0.29		
玉米，12%蛋白质，3.5%小苏打	1	0.24		
玉米，干法碾压	6	0.60	0.07	12
玉米，干碾压，0%粗饲料	1	0.54		
玉米，干碾压，21%粗饲料	1	0.49		
玉米，压片处理	1	0.58		
玉米，片状	1	0.65		
玉米，高水分酸处理	1	0.56		
玉米，高水分粉碎	1	0.80		
玉米，超微粉碎	1	0.29		
玉米，蒸汽压片	1	0.68		
玉米，蒸汽压片，0%粗饲料	1	0.51		

续附表 2

饲料	测定数	非降解比例		
		平均值	*S. D.*[a]	*C. V.*[b]
玉米，蒸汽压片，21％粗饲料	1	0.47		
玉米蛋白饲料	1	0.25		
干玉米蛋白饲料	2	0.22	0.11	51
湿玉米蛋白饲料	1	0.26		
玉米蛋白粉	3	0.55	0.08	14
玉米青贮	3	0.31	0.06	20
棉籽粕	21	0.43	0.11	25
棉籽粕，甲醛处理	2	0.64	0.15	23
棉籽粕，预压榨	2	0.36	0.02	6
棉籽粕，螺旋压榨	2	0.50	0.10	20
棉籽粕，溶剂浸提	6	0.41	0.13	32
含可溶物酒精糟	4	0.47	0.18	39
干白酒糟	1	0.54		
湿白酒糟	1	0.47		
羽毛粉，水解法	1	0.71		
鱼粉	26	0.60	0.16	26
鱼粉，陈旧	1	0.48		
鱼粉，保存良好	1	0.78		
葡萄籽粕	1	0.45		
禾本科牧草	4	0.40	0.10	26
禾本科牧草颗粒	2	0.46	0.05	11
禾本科牧草青贮	20	0.29	0.06	20
古柯粉	1	0.34		
亚麻籽	1	0.18		
亚麻籽粕	5	0.35		
羽扇豆粉	1	0.35		
木薯粉	1	0.36		
肉骨粉	5	0.49	0.18	37
肉粉	1	0.76		
燕麦	4	0.17	0.03	15
棕榈粕	6	0.66	0.06	9
花生粕	8	0.25	0.11	45
豌豆	4	0.22	0.03	15
菜籽粕	10	0.28	0.09	31
菜籽粕，过瘤胃保护	1	0.70		
黑麦	1	0.19		
黑麦草，脱水	4	0.22	0.14	66
黑麦草，人工干燥	1	0.71		
黑麦草，人工干燥，切碎	1	0.30		
黑麦草，人工干燥，粉碎	1	0.73		
黑麦草，人工干燥，制粒	1	0.54		
黑麦草，鲜草	1	0.48		
黑麦草，鲜草或冻草	3	0.41	0.18	44
黑麦草，冻草	1	0.52		

续附表2

饲料	测定数	非降解比例		
		平均值	S. D.[a]	C. V.[b]
黑麦草青贮,甲醛处理	1	0.93		
黑麦草青贮,甲醛处理并干燥	1	0.83		
黑麦草青贮,未萎蔫	1	0.22		
驴喜豆	1	0.81		
高粱	2	0.54	0.02	4
高粱,干粉碎	1	0.49		
高粱,干碾压	2	0.64	0.08	12
高粱,超微粉碎	1	0.64		
高粱,着水还原	2	0.42	0.32	75
高粱,蒸汽压片	2	0.47	0.07	15
大豆粕	39	0.35	0.12	33
大豆粕,120℃烘干	1	0.59		
大豆粕,130℃烘干	1	0.71		
大豆粕,140℃烘干	1	0.82		
大豆粕,35%精料	1	0.18		
大豆粕,65%精料	1	0.46		
大豆粕,甲醛处理	3	0.80	0.11	14
大豆粕,未加热	1	0.14		
大豆粕-菜籽粕,甲醛处理	2	0.78	0.02	3
全脂大豆	2	0.26	0.11	40
地三叶	2	0.40	0.18	45
向日葵粕	9	0.26	0.05	20
猫尾草,人工干燥,切碎	1	0.32		
猫尾草,人工干燥,制粒	1	0.53		
小麦籽实	4	0.22	0.06	27
小麦麸	4	0.29	0.10	34
小麦蛋白	1	0.17		
小麦中麸	3	0.21	0.02	11
酵母	1	0.42		
玉米醇溶蛋白	1	0.60		

[a]S. D. =标准差。

[b]C. V. =变异系数。

附表 3　家禽和猪常用饲料组成

（NRC 猪和家禽营养需要）

饲料类别和原料名称	国际饲料编号	组成，喂时状态					喂时状态基础				
							家禽[a]	猪[b]			
		干物质（%）	粗蛋白（%）	粗纤维（%）	Ca（%）	P（%）	*ME*（kcal/kg）	可消化粗蛋白（%）	*DE*（kcal/kg）	*ME*（kcal/kg）	TDN（%）
粗饲料											
苜蓿，脱水，＞17%粗蛋白	1-00-023	92.0	17.5	24.1	1.44	0.22	1 200	8.3	1 880	1 705	32
苜蓿，脱水，＞20%粗蛋白	1-00-024	92.0	20.0	20.2	1.67	0.28	1 630	—	—	—	—
苜蓿，脱水，＞22%粗蛋白	1-00-851	92.9	22.5	18.5	1.48	0.28	1 764	—	—	—	—
苜蓿干草，S-C，粉碎	1-00-111	92.2	16.7	25.8	—	—	—	—	—	—	—
苜蓿叶粉	1-00-246	88.8	21.3	14.6	2.11	0.26	1 580	—	—	—	—
草地牧草，连续放牧		20.0	5.2	3.4	—	—	—	—	—	—	—
能量饲料（粗蛋白＜20%）											
动物脂肪	4-00-409	99.5	—	—	—	—	7 090	—	8 130	7 900	199
大麦	4-00-549	89.0	11.0	5.5	0.03	0.36	2 640	8.2	3 120	3 040	70
荞麦	4-00-994	88.0	11.1	9.0	0.11	0.33	2 712	—	—	—	—
玉米胚芽粉	5-02-898	93.0	18.0	12.0	0.10	0.40	1 700	—	—	—	—
玉米	4-02-935	89.0	8.5	2.2	0.02	0.28	3 350	7.0	3 488	3 275	79
玉米麸	4-02-887	90.6	10.7	5.0	0.05	0.53	2 866	8.5	3 595	3 365	82
粟	4-03-098	90.0	12.0	8.0	0.05	0.28	—	8.8	2 897	2 703	66
甜菜糖蜜	4-00-668	77.0	6.7	—	0.16	0.03	1 962	—	—	—	—
甘蔗糖蜜	4-04-696	75.0	3.2	—	0.89	0.08	1 962	—	2 464	2 343	56
燕麦	4-03-309	89.0	11.4	10.8	0.06	0.27	2 550	9.9	2 860	2 668	65
脱壳燕麦籽粒	4-03-331	91.0	16.7	3.0	0.07	0.43	3 549	14.0	3 250	2 999	74
马铃薯，蒸煮	4-03-784	22.5	2.2	0.7	0.01	0.05	—	1.6	863	811	20
马铃薯粉	4-07-850	90.3	5.9	1.4	0.07	0.20	3 527	5.0	3 345	3 168	76
脱脂米糠	4-03-928	91.0	13.5	11.0	0.06	1.82	1 630	10.2	3 256	3 028	74
脱壳稻谷，粉碎	4-03-938	89.0	7.3	9.0	0.04	0.26	2 668	5.5	2 511	2 367	57

续附表 3

饲料类别和原料名称	国际饲料编号	组成，喂时状态					喂时状态基础				
							家禽[a]	猪[b]			
		干物质（%）	粗蛋白（%）	粗纤维（%）	Ca（%）	P（%）	ME (kcal/kg)	可消化粗蛋白(%)	DE (kcal/kg)	ME (kcal/kg)	TDN（%）
黑麦	4-20-894	88.0	11.0	2.3	0.04	0.32	3 212	9.6	3 300	3 079	75
买罗高粱	4-04-444	89.0	11.0	2.0	0.04	0.29	3 250	7.8	3 453	3 229	78
小麦麸	4-05-190	89.0	15.7	11.0	0.14	1.15	1 300	12.2	2 512	2 321	57
小麦	4-05-211	89.0	12.7	3.0	0.05	0.36	3 071	11.7	3 520	3 277	80
粗小麦粉	4-05-203	89.0	18.0	2.0	0.08	0.52	2 756	16.0	3 212	2 952	73
小麦麸皮	4-05-206	90.0	15.3	8.0	0.09	1.02	1 764	12.2	3 168	2 934	72
次麦粉	4-05-201	90.0	18.4	5.0	0.11	0.76	2 646	15.4	3 168	2 912	72
乳清粉，干燥	4-01-182	93.0	13.0	—	0.97	0.76	1 900	12.6	3 432	3 191	78
植物蛋白质饲料（粗蛋白＞20%）											
麦芽根	5-00-545	93.0	26.2	14.0	0.22	0.73	1 411	20.7	1 558	1 406	35
干啤酒糟	5-02-141	92.0	25.9	15.0	0.27	0.50	2 513	20.4	1 892	1 708	43
椰子粕，溶剂浸提	5-01-573	92.0	21.3	15.0	0.17	0.61	1 540	15.5	3 123	2 852	71
含可溶物玉米酒精糟，脱水	5-02-843	92.0	27.4	9.0	0.09	0.37	2 425	—	—	—	—
玉米酒糟可溶物，脱水	5-02-844	92.0	26.9	4.0	0.35	1.37	2 932	16.1	3 300	2 976	75
玉米蛋白粉	5-28-242	90.0	62.0	—	—	0.50	3 720	—	—	—	—
棉籽粕，预挤压溶剂浸提	5-07-874	92.5	50.0	8.5	0.16	1.01	2 150	45.0	3 018	2 569	68
豌豆籽粒，粉碎	5-03-598	91.0	22.5	9.0	0.17	0.50	2 601	19.3	3 531	3 213	80
花生粕，溶剂浸提	5-04-650	92.0	47.4	13.0	0.20	0.65	2 205	44.5	3 408	2 920	77
菜籽粕，溶剂浸提	5-03-871	90.3	39.4	13.8	0.40	0.90	—	32.3	2 747	2 396	62
大豆粕，溶剂浸提	5-04-604	89.0	44.0	7.0	0.29	0.65	2 230	41.7	3 300	2 825	75
脱壳大豆粕，溶剂浸提	5-04-612	89.8	50.9	2.8	0.26	0.62	2 425	46.3	3 405	2 881	77
向日葵粕，溶剂浸提	5-04-739	93.0	45.4	12.2	0.37	1.00	2 060	42.1	3 034	2 604	69
小麦胚芽粉	5-05-218	90.0	26.2	3.0	0.07	1.04	3 086	23.6	3 770	3 397	86

续附表 3

饲料类别和原料名称	国际饲料编号	组成，喂时状态					喂时状态基础				
							家禽[a]	猪[b]			
		干物质 (%)	粗蛋白 (%)	粗纤维 (%)	Ca (%)	P (%)	*ME* (kcal/kg)	可消化粗蛋白(%)	*DE* (kcal/kg)	*ME* (kcal/kg)	TDN (%)
啤酒干酵母	7-05-527	93.0	44.6	3.0	0.13	1.43	2 425	39.2	3 076	2 654	70
动物和鱼蛋白质饲料											
血粉	5-00-380	94.0	81.1	0.5	0.55	0.42	2 830	62.3	2 684	2 101	61
细血粉	5-00-381	91.0	82.2	1.0	0.45	0.37	—	64.1	2 608	2 029	59
乳酪(干燥)	5-01-160	93.0	32.0	—	1.34	0.94	2 756	29.8	3 388	3 015	77
酪蛋白(干燥)	5-01-162	93.0	87.8	—	0.61	1.00	4 130	76.0	3 532	2 740	80
凤尾鱼鱼粉	5-02-985	93.0	66.0	1.0	4.50	2.85	2 900	60.7	2 994	2 446	68
青鱼鱼粉	5-02-000	93.0	72.3	0.7	2.29	1.70	2 976	66.3	3 650	2 938	83
鲱鱼鱼粉	5-02-009	92.0	61.3	1.0	5.49	2.81	2 866	56.4	3 123	2 580	71
鱼汁(干燥)	5-01-971	92.0	62.8	1.0	—	—	2 866	60.3	3 408	2 801	77
肉粉	5-00-385	93.5	53.4	2.4	7.94	4.03	1 984	47.5	3 010	2 543	68
肉杂	5-00-386	92.0	59.8	2.0	5.94	3.17	2 646	37.1	2 475	2 052	56
肉骨粉	5-00-388	93.0	50.4	2.8	1.03	5.10	2 150	45.0	2 859	2 434	65
脱脂奶粉	5-01-175	94.0	33.5	—	1.26	1.03	2 513	32.8	3 784	3 360	86

[a]家禽营养需要(NRC,1994)。

[b]猪营养需要(NRC,1988)。

附表 4 常用饲料的氨基酸成分

%

常用饲料	粗蛋白	氨基酸(喂时状态基础)												
		精氨酸	胱氨酸	甘氨酸	组氨酸	异亮氨酸	亮氨酸	赖氨酸	蛋氨酸	苯丙氨酸	苏氨酸	色氨酸	酪氨酸	缬氨酸
牧草-粗饲料														
苜蓿,脱水,15%粗蛋白	15.2	0.60	0.17	0.70	0.30	0.68	1.10	0.60	0.20	0.80	0.60	0.40	0.40	0.70
苜蓿,脱水,20%粗蛋白	20.6	0.90	—	1.00	0.40	0.80	1.50	0.90	0.30	1.10	0.90	0.50	0.70	1.19
苜蓿叶粉,S-C	21.3	0.90	0.34	0.90	0.33	0.90	1.25	0.95	0.30	0.80	0.70	0.25	0.60	0.90
禾本科牧草,脱水	14.8	0.99	0.19	0.72	0.46	1.38	1.98	1.06	0.31	1.30	0.89	0.31	0.46	1.57
能量饲料														
大麦	11.6	0.53	0.18	0.36	0.27	0.53	0.80	0.53	0.18	0.62	0.36	0.18	0.36	0.62
玉米麸	10.7	0.50	0.18	0.50	0.20	0.40	0.80	0.40	0.18	0.30	0.40	0.10	0.50	0.50
玉米胚芽粉	18.0	1.20	0.32	—	—	—	1.70	0.90	0.35	0.80	0.90	0.30	1.50	1.30
玉米	8.8	0.50	0.09	0.43	0.20	0.40	1.10	0.20	0.17	0.50	0.40	0.10	—	0.40
粟	12.0	0.35	0.08	—	0.23	1.23	0.49	0.25	0.30	0.59	0.44	0.17	—	0.62
燕麦	11.8	0.71	0.18	—	0.18	0.53	0.89	0.36	0.18	0.62	0.36	0.18	0.53	0.62
马铃薯粉	8.2	0.43	—	—	0.11	0.48	0.30	0.47	0.07	0.29	0.21	0.15	—	0.39
脱壳稻谷	7.3	0.53	0.10	0.80	0.09	0.27	0.53	0.27	0.17	0.27	0.18	0.10	0.60	0.51
黑麦	11.9	0.53	0.18	—	0.27	0.53	0.71	0.45	0.18	0.62	0.36	0.09	0.27	0.62
买罗高粱	11.0	0.36	0.18	0.40	0.27	0.53	1.42	0.27	0.09	0.45	0.27	0.09	0.36	0.53
小麦	12.7	0.71	0.18	0.89	0.27	0.53	0.89	0.45	0.18	0.62	0.36	0.18	0.45	0.53
小麦粗麸	18.4	0.95	0.20	0.40	0.32	0.70	1.20	0.70	0.18	0.70	0.50	0.20	0.40	0.77
乳清粉	13.8	0.40	0.30	0.30	0.20	0.90	1.40	1.10	0.20	0.40	0.80	0.20	0.30	0.70
植物蛋白质饲料														
干啤酒糟	25.9	1.30	—	—	0.50	1.50	2.30	0.90	0.40	1.30	0.90	0.40	1.20	1.60
含可溶物玉米酒精糟,脱水	26.9	1.00	0.60	1.10	0.70	1.50	2.10	0.90	0.60	1.50	1.00	0.20	0.70	1.50
玉米蛋白粉	42.9	1.40	0.60	1.50	1.00	2.30	7.60	0.80	1.00	2.90	1.40	0.20	1.00	2.20
棉籽粕,溶剂浸提	50.0	4.75	1.00	2.35	1.25	1.85	2.80	2.10	0.80	2.75	1.70	0.70	0.80	2.05
花生粕,溶剂浸提	47.4	4.69	—	—	1.00	2.00	3.10	1.30	0.60	2.30	1.40	0.50	—	2.20

续附表 4

常用饲料	粗蛋白	氨基酸(喂时状态基础)												
		精氨酸	胱氨酸	甘氨酸	组氨酸	异亮氨酸	亮氨酸	赖氨酸	蛋氨酸	苯丙氨酸	苏氨酸	色氨酸	酪氨酸	缬氨酸
菜籽粕,溶剂浸提	39.4	2.16	—	1.88	1.05	1.43	2.63	2.09	0.76	1.49	1.65	0.48	0.83	1.90
大豆粕,溶剂浸提	45.8	3.20	0.67	2.10	1.10	2.50	3.40	2.90	0.60	2.20	1.70	0.60	1.40	2.40
向日葵粕,溶剂浸提	46.8	3.50	0.70	2.70	1.10	2.10	2.60	1.70	1.50	2.20	1.50	0.50	—	2.30
啤酒干酵母	44.6	2.20	0.50	1.70	1.10	2.10	3.20	3.00	0.70	1.80	2.10	0.50	1.50	2.30
动物和鱼蛋白饲料														
血粉	79.9	3.50	1.40	3.40	4.20	1.00	10.30	6.90	0.90	6.10	3.70	1.10	1.80	6.50
乳酪(干燥)	32.0	1.10	0.40	0.60	0.90	2.70	3.40	2.40	0.70	1.50	1.60	0.50	1.00	2.80
酪蛋白(干燥)	81.8	3.40	0.30	1.50	2.50	5.70	8.60	7.00	2.70	4.60	3.80	1.00	4.70	6.80
凤尾鱼鱼粉	66.0	4.46	1.00	5.10	1.84	3.40	7.01	5.40	2.19	2.48	3.04	0.80	1.77	3.54
青鱼鱼粉	70.6	4.00	1.60	5.00	1.30	3.20	5.10	7.30	2.00	2.60	2.60	0.90	2.10	3.20
鲱鱼鱼粉	61.3	4.00	0.94	4.40	1.60	4.10	5.00	5.30	1.80	2.70	2.90	0.60	1.60	3.60
肝粉	66.5	4.10	0.90	5.60	1.50	3.40	5.40	4.80	1.30	2.90	2.60	0.60	1.70	4.20
肉粉	53.4	3.70	0.60	2.20	1.10	1.90	3.50	3.80	0.80	1.90	1.80	0.30	0.90	2.60
肉骨粉	50.6	4.00	0.60	6.60	0.90	1.70	3.10	3.50	0.70	1.80	1.80	0.20	0.80	2.40
肉杂	59.8	3.60	—	—	1.90	1.90	5.10	4.00	0.80	2.70	2.40	0.70	—	4.20
脱脂奶粉	33.5	1.20	0.50	0.20	0.90	2.30	3.30	2.80	0.80	1.50	1.40	0.40	1.30	2.20

附表5 一些饲料维生素含量(鲜重基础)

ppm

常用饲料	胡萝卜素	维生素 E	胆碱	烟酸	泛酸	核黄素	硫胺素	维生素 B_6	维生素 B_{12}
植物饲料									
苜蓿,脱水,15%粗蛋白	102	98	1 550	42	21	11	3.0	6.5	—
苜蓿叶粉,S-C	62	—	1 600	55	33	15	—	11	—
大麦	—	11	1 030	57	6.5	2.0	5.1	2.9	—
干啤酒糟	—	—	1 587	43	8.6	1.5	0.7	0.7	—
玉米酒糟可溶物,脱水	1	55	4 818	115	21	17	6.8	10	—
玉米籽粒	4	22	5 37	23	5	1.1	4.0	7.2	—
棉籽粕,41%粗蛋白	—	15	2 860	40	14	5.0	6.5	6.4	—
燕麦	—	36	1 073	16	13	1.6	6.2	1.2	—
花生粕,溶剂浸提	—	3	2 000	170	53	11	7.3	10	—
脱壳稻谷	—	14	800	30	3.3	1.1	2.8	—	—
黑麦	—	15	—	1.2	6.9	1.6	3.9	—	—
西非高粱	—	12	678	43	11	1.2	3.9	4.1	—
大豆粕,溶剂浸提,45%粗蛋白	—	3	2 743	27	14	3.3	6.6	8.0	—
小麦	—	34	830	57	12	1.2	4.9	—	—
小麦粗麸	—	58	1 100	53	14	1.5	19	11	—
啤酒干酵母	—	—	3 885	447	110	35	92	43	—
动物饲料									
干燥乳酪	—	6	1 808	9	30	31	3.5	2.4	0.02
青鱼鱼粉	—	27	4 004	89	11	9.0	—	3.7	219
鲱鱼鱼粉	—	9	3 080	56	9	4.8	0.7	—	0.1
肉粉	—	1	1 955	57	4.8	5.3	0.2	3.0	51
肉骨粉	—	1	2 189	48	3.7	4.4	1.1	2.5	45
肝粉	—	—	—	204	45	46	0.2	—	501
干燥脱脂奶粉(牛奶)	—	9	1 426	11	34	20	3.5	3.9	42
干燥乳清粉	—	—	20	11	48	30	3.7	2.5	0.03

附表 6　用于动物饲料的矿物质补充料成分(干物质基础)

(NRC 奶牛营养需要,1989)[a]

饲料名称说明	国际饲料编号	干物质(%)	蛋白质等价物(N×6.25)(%)	常量元素(%)							微量元素(mg/kg)							
				钙	氯	镁	磷	钾	钠	硫	钴	铜	氟	碘	铁	锰	硒	锌
氨																		
磷酸盐,一元碱,$(NH_4)H_2PO_4$	6-09-338	97	70.9	0.28	—	0.46	24.74	0.01	0.06	1.46	10	10	2 500	—	17 400	400	—	100
磷酸盐,二元碱,$(NH_4)_2HPO_4$	6-00-370	97	115.9	0.52	—	0.46	20.60	0.01	0.05	2.16	—	10	2 100	—	12 400	400	—	100
硫酸盐	6-09-339	100	134.1	—	—	—	—	—	—	24.10	—	1	—	—	10	1	—	—
骨																		
碳(骨碳黑,骨黑)	6-00-402	90	9.4	30.11	—	0.59	14.14	0.16	—	—	—	—	—	—	—	—	—	—
骨粉,蒸煮	6-00-400	97	13.2	30.71	—	0.33	12.86	0.19	5.69	2.51	—	—	—	—	26 700	—	—	100
钙																		
碳酸盐,$CaCO_3$	6-01-069	100	—	39.39	—	0.05	0.04	0.06	0.06	—	—	—	—	—	300	300	—	—
磷酸盐,一元碱,脱氟磷酸	6-01-082	97	—	16.40	—	0.61	21.60	0.08	0.06	1.22	10	10	2 100	—	15 800	360	—	90
磷酸盐,二元碱,脱氟磷酸(磷酸氢钙)	6-01-080	97	—	22.00	—	0.59	19.30	0.07	0.05	1.14	10	10	1 800	—	14 400	300	—	100
硫酸盐,二水合物,$CaSO_4 \cdot 2H_2O$,cp[b]	6-01-089	97	—	23.28	—	—	—	—	—	18.62	—	—	—	—	—	—	—	—
胶质黏土																		
黏土(软磷酸岩);见磷酸	6-03-947	100[c]	—	17.00	—	0.38	9.00	—	0.10	—	—	—	15 000	—	19 000	1 000	—	—
钴																		
碳酸盐,$CoCO_3$	6-01-566	99[c]	—	—	—	—	—	—	—	0.20	460 000	—	—	—	500	—	—	—
铜(二价)																		

续附表6

饲料名称说明	国际饲料编号	干物质(%)	蛋白质等价物(N×6.25)(%)	常量元素(%)							微量元素(mg/kg)							
				钙	氯	镁	磷	钾	钠	硫	钴	铜	氟	碘	铁	锰	硒	锌
硫酸盐,五水合物,$CuSO_4 \cdot 5H_2O$,cp[b]	6-01-720	100	—	—	—	—	—	—	—	12.84	—	254 500	—	—	—	—	—	—
寇拉苏磷盐	6-05-586	99[c]	—	34.34	—	0.81	14.14	—	0.20	—	—	—	5 500	—	350	—	—	—
二氰碘酸乙二胺	6-01-842	98[c]	—	—	—	—	—	—	—	—	—	—	—	803 400	—	—	—	—
铁(二价)																		
硫酸盐,七水合物	6-20-734	98[c]	—	—	—	—	—	—	—	12.35	—	—	—	—	218 400	—	—	—
碳酸钙																		
碳酸钙,粉碎	6-02-632	100	—	34.00	0.03	2.06	0.02	0.12	0.06	0.04	—	—	—	—	3 500	—	—	—
镁矿石(白云灰岩)	6-02-633	99[c]	—	22.30	0.12	9.99	0.04	—	—	—	—	—	—	—	770	—	—	—
镁																		
碳酸盐,$MgCO_3$ $Mg(OH)_2$	6-02-754	98[c]	—	0.02	—	30.81	—	—	—	—	—	—	—	—	220	—	—	—
氧化物,MgO	6-02-756	98	—	3.07	—	56.20	—	—	—	—	—	—	200	—	—	100	—	—
锰(二价)																		
氧化物,MnO, cp[b]	6-03-056	99[c]	—	—	—	—	—	—	—	—	—	—	—	—	—	774 500		
碳酸盐,$MnCO_3$	6-03-036	97	—	—	—	—	—	—	—	—	—	—	—	—	—	478 000	—	—
贝壳																		
粉碎(粉末)	6-03-481	99	—	38.00	0.01	0.30	0.07	0.10	0.21	—	—	—	—	—	2 870	100	—	—
磷酸盐																		
脱氟磷酸盐	6-01-780	100	—	32.00	—	0.42	18.00	0.08	4.90	—	10	20	1 800	—	6 700	200	—	60
磷酸岩	6-03-945	100	—	35.00	—	0.41	13.00	0.06	0.03	—	10	10	35 000	—	16 800	200	—	100
磷酸岩,低氟	6-03-946	100	—	36.00	—	—	14.00	—	—	—	—	—	—	—	—	—	—	—
软磷酸岩	6-03-947	100	—	17.00	—	0.38	9.00	—	0.10	—	—	—	15 000	—	19 000	1 000	—	—

续附表 6

饲料名称说明	国际饲料编号	干物质(%)	蛋白质等价物(N×6.25)(%)	常量元素(%)							微量元素(mg/kg)							
				钙	氯	镁	磷	钾	钠	硫	钴	铜	氟	碘	铁	锰	硒	锌
磷酸盐，一元碱，一水合物，$NaH_2PO_4 \cdot H_2O$	6-04-288	97	—	—	—	—	22.50	—	16.68	—	—	—	—	—	—	—	—	—
磷酸																		
H_3PO_4	6-03-707	75	—	0.05	—	0.51	31.60	0.02	0.04	1.55	10	10	3 100	—	17 500	500	—	130
钾																		
碳酸氢盐，$KHCO_3$, cp[b]	6-29-493	99[c]	—	—	—	—	—	39.05	—	—	—	—	—	—	—	—	—	—
氯化物，KCl	6-03-755	100	—	0.05	47.30	0.34	—	50.00	1.00	0.45	—	—	—	—	600	—	—	—
碘化物，KI	6-03-759	100[c]	—	—	—	—	—	21.00	—	—	—	—	—	681 700	—	—	—	—
硫酸盐，K_2SO_4	6-06-098	98[c]	—	0.15	1.55	0.61	—	41.84	0.09	17.35	—	—	—	—	710	10	—	—
钠																		
碳酸氢盐，$NaHCO_3$	6-04-272	100	—	—	—	—	—	—	27.00	—	—	—	—	—	—	—	—	—
氯化物，NaCl	6-04-152	100	—	—	60.66	—	—	—	39.34	—	—	—	—	—	—	—	—	—
磷酸盐，一元碱，一水合物，$NaH_2PO_4 \cdot H_2O$	6-04-288	97	—	—	—	—	22.50	—	16.68	—	—	—	—	—	—	—	—	—
亚硒酸盐，Na_2SeO_3	6-26-013	98[c]	—	—	—	—	—	—	26.60	—	—	—	—	—	—	—	456 000	—
硫酸盐（十水合物），$Na_2SO_4 \cdot 10H_2O$, cp[b]	6-04-292	97[c]	—	—	—	—	—	—	14.27	9.95	—	—	—	—	—	—	—	—
三聚磷酸盐，$Na_5P_3O_{10}$	6-08-076	96	—	—	—	—	25.00	—	31.00	—	—	—	—	—	40	—	—	—
锌																		

续附表 6

饲料名称说明	国际饲料编号	干物质（%）	蛋白质等价物（N×6.25）（%）	常量元素（%）							微量元素（mg/kg）							
				钙	氯	镁	磷	钾	钠	硫	钴	铜	氟	碘	铁	锰	硒	锌
氧化物，ZnO	6-05-533	100	—	—	—	—	—	—	—	—	—	—	—	—	—	—	—	780 000
硫酸盐，一水合物 $ZnSO_4 \cdot H_2O$	6-05-555	99[c]	—	0.02	0.015	—	—	—	—	17.68	—	—	—	—	10	10	—	363 600

[a]水合矿物质原料的组成中包含了水合的水（如 $CaSO_4 \cdot 2H_2O$）。饲料级矿物质补充料的组成随来源、采矿地点和制造商的不同而不同。使用时应使用制造商的分析结果。
[b]cp＝化学纯。
[c]这些矿物质的干物质值已经做了估计。

附表 7　一些常见微量元素和饲料添加剂及其活性成分的浓度

（来源于预混料制造商或供应商）

活性成分	制造商标示的浓度	预混合料中使用的典型浓度
脂溶性维生素		
维生素 A 醋酸盐[a]，明胶包被饲料级	325 000，500 000 或 600 000 IU/g	30 000，325 000，500 000，600 000 IU/g
维生素 A 棕榈酸盐[a]，明胶包被	325 000 IU/g	325 000 IU/g
维生素 D_3 醋酸盐，干饲料级	500 000 ICU/g[b]	26 455，500 000 ICU/g
维生素 E 醋酸盐，干饲料级	250 IU/g	44，250 IU/g
维生素 K，甲萘醌硫酸氢钠复合物	纯	16 g/lb，纯
维生素 A 醋酸盐 维生素 D_3 醋酸盐混合物	500 000 IU/g 维生素 A 167 000 IU/g 维生素 D_3	50 000 IU/g 16～20 000 IU/g
维生素 A、维生素 D_3、维生素 E 预混合料		维生素 A，40 000～50 000 IU/g； 维生素 D_3，10 000 IU/g； 维生素 E，50 IU/g
B 族维生素		
核黄素	0.50 g/g	0.5 g/g，60 g/lb
硫胺素	纯	纯
吡哆醇	纯	纯
烟酸	0.98 g/g	0.98 g/g
DL-泛酸钙	*D*-泛酸 0.414 g/g	0.414 g/g
氯化胆碱	0.435 g/g 胆碱	0.435 g/g
钴胺素（B_{12}）	1.32 mg/g	1.32 mg/g
叶酸	0.45 g/g	0.45 g/g
生物素	纯	多种
氨基酸		
DL-蛋氨酸	0.995 g/g	0.995 g/g
蛋氨酸羟基类似物，钙盐	0.93 g/g	0.93 g/g
L-赖氨酸	0.769 g/g	0.769 g/g
抗生素		
土霉素	10，50 g/lb	10，50 g/lb
金霉素	10，50 g/lb	10，50 g/lb
新霉素	20 g/lb	20 g/lb
杆菌肽锌	40 g/lb	40 g/lb
红霉素	50 g/lb	50 g/lb
青霉素	136 g/lb	136 g/lb
瘤胃素（莫能菌素钠）	60 g/lb	60 g/lb
磷酸泰乐菌素	10 g/lb	10 g/lb
其他		
阿散酸	20，40，227 g/lb	20，40，227 g/lb
阿散酸钠	纯	纯
对氨苯基胂酸	45.4 g/lb	45.4 g/lb
二氰碘酸乙二胺	0.99 g/g	42 g/lb
美仑孕酮醋酸盐	100，500 mg/lb	0.4，0.5 mg/lb

[a]制造商处尚有其他浓度的供应；维生素 A 还有水分散性和明胶包被的制剂，水溶性的、油溶性的或者可注射制剂。

[b]ICU＝国际雏鸡单位。

附表 8 生长肥育肉牛的净能需要量(Mcal/d)

(NRC 肉牛营养需要,1984)

体重(kg)	150	200	250	300	350	400	450	500	550	600
NE_m 需要量(Mcal/d)	3.30	4.10	4.84	5.55	6.24	6.89	7.52	8.14	8.75	9.33
日增重(kg)	NE_g 需要量(Mcal/d)									
中型阉犊牛										
0.2	0.41	0.50	0.60	0.69	0.77	0.85	0.93	1.01	1.08	
0.4	0.87	1.08	1.28	1.47	1.65	1.82	1.99	2.16	2.32	
0.6	1.36	1.69	2.00	2.29	2.57	2.84	3.11	3.36	3.61	
0.8	1.87	3.32	2.74	3.14	3.53	3.90	4.26	4.61	4.95	
1.0	2.39	2.96	3.50	4.02	4.51	4.98	5.44	5.89	6.23	
1.2	2.91	3.62	4.28	4.90	5.50	6.69	6.65	7.19	7.73	
大型阉牛,与中型周岁阉牛和中型公牛相当										
0.2	0.36	0.45	0.53	0.61	0.68	0.75	0.82	0.89	0.96	1.02
0.4	0.77	0.96	1.13	1.30	1.46	1.61	1.76	1.91	2.05	2.19
0.6	1.21	1.50	1.77	2.03	2.28	2.52	2.75	2.98	3.20	3.41
0.8	1.65	2.06	2.43	2.78	3.12	3.45	3.77	4.08	4.38	4.68
1.0	2.11	2.62	3.10	3.55	3.99	4.41	4.81	5.21	5.60	5.98
1.2	2.58	3.20	3.78	4.34	4.87	5.38	5.88	6.37	6.84	7.30
1.4	3.06	3.79	4.48	5.14	5.77	6.38	6.97	7.54	8.10	8.64
1.6	3.53	4.39	5.19	5.95	6.68	7.38	8.07	8.73	9.38	10.01
大型小公牛,与大型周岁阉牛相当										
0.2	0.32	0.40	0.47	0.54	0.60	0.67	0.73	0.79	0.85	0.91
0.4	0.69	0.85	1.01	1.15	1.29	1.43	1.56	1.69	1.82	1.94
0.6	1.07	1.33	1.57	1.80	2.02	2.23	2.44	2.64	2.83	3.02
0.8	1.47	1.82	2.15	2.47	2.77	3.06	3.34	3.62	3.88	4.15
1.0	1.87	2.32	2.75	3.15	3.54	3.91	4.27	4.62	4.96	5.30
1.2	2.29	2.84	3.36	3.85	4.32	4.77	5.21	5.64	6.06	6.47
1.4	2.71	3.36	3.97	4.56	5.11	5.65	6.18	6.68	7.18	7.66
1.6	3.14	3.89	4.60	5.28	5.92	6.55	7.15	7.74	8.31	8.87
1.8	3.56	4.43	5.23	6.00	6.74	7.45	8.13	8.80	9.46	10.10
中型小母牛										
0.2	0.49	0.60	0.71	0.82	0.92	1.01	1.11	1.20	1.29	
0.4	1.05	1.31	1.55	1.77	1.99	2.20	2.40	2.60	2.79	
0.6	1.66	2.06	2.44	2.79	3.13	3.46	3.78	4.10	4.40	
0.8	2.29	2.84	3.36	3.85	4.32	4.78	5.22	5.65	6.07	
1.0	2.94	3.65	4.31	4.94	5.55	6.14	6.70	7.25	7.79	
大型小母牛,与中型周岁青年母牛相当										
0.2	0.43	0.53	0.63	0.72	0.81	0.90	0.98	1.06	1.14	1.21
0.4	0.93	1.16	1.37	1.57	1.76	1.95	2.13	2.31	2.47	2.64
0.6	1.47	1.83	2.16	2.47	2.78	3.07	3.35	3.63	3.90	4.16
0.8	2.03	2.62	2.98	3.41	3.83	4.24	4.63	5.01	5.38	5.74
1.0	2.61	3.23	3.82	4.38	4.92	5.44	5.94	6.43	6.91	7.37
1.2	3.19	3.97	4.69	5.37	5.03	6.67	7.28	7.88	8.47	9.03

附表 8A　生长肥育牛日粮评价

（NRC 肉牛营养需要，1996）

体重（小大理石纹）	533 kg
品种代码	安格斯

日粮	eNDF（%DM）	TDN（%DM）	NE_m（Mcal/kg）	NE_g（Mcal/kg）	CP（%DM）	DIP（%CP）	体重类别	*NE* 校正系数
A	57	50	1.00	0.45	7.4	88	325	100%
B	43	60	1.35	0.77	10.1	78	350	100%
C	30	70	1.67	1.05	12.6	72.4	375	100%
D	5	80	1.99	1.33	14.4	48.5	400	100%
E	3	90	2.29	1.59	16.6	44.2	425	100%

体重(kg)	DMI 校正系数	DMI kg/d	ADG kg/d	DIP 平衡(g/d)	UIP 平衡(g/d)	MP 平衡(g/d)	Ca 需要量(%DM)	P 需要量(%DM)
300-A	100%	7.9	0.32	1	0	0	0.22%	0.13%
-B	100%	8.4	0.89	0	0	0	0.35%	0.18%
-C	100%	8.2	1.35	2	0	0	0.48%	0.24%
-D	100%	7.7	1.69	1	2	1	0.60%	0.29%
-E	100%	7.1	1.90	1	2	1	0.71%	0.34%
325-A	100%	8.4	0.32	1	14	11	0.21%	0.13%
-B	100%	8.9	0.89	0	38	30	0.33%	0.18%
-C	100%	8.7	1.36	2	57	46	0.45%	0.22%
-D	100%	8.2	1.69	1	73	58	0.55%	0.27%
-E	100%	7.6	1.90	1	82	66	0.65%	0.31%
350-A	100%	8.9	0.32	1	27	22	0.20%	0.13%
-B	100%	9.4	0.89	0	75	60	0.31%	0.17%
-C	100%	9.2	1.36	2	114	91	0.42%	0.21%
-D	100%	8.7	1.59	1	143	114	0.51%	0.25%
-E	100%	8.0	1.90	1	180	128	0.60%	0.29%
375-A	100%	9.4	0.32	1	40	32	0.20%	0.13%
-B	100%	9.9	0.89	0	111	89	0.30%	0.16%
C	100%	9.7	1.36	2	169	135	0.39%	0.20%
-D	100%	9.1	1.69	1	212	169	0.48%	0.24%
-E	100%	8.4	1.90	1	238	190	0.56%	0.28%
400-A	100%	9.8	0.32	1	53	43	0.19%	0.12%
-B	100%	10.4	0.89	0	147	118	0.28%	0.16%
-C	100%	10.2	1.35	2	223	178	0.37%	0.19%
-D	100%	9.8	1.69	2	279	223	0.44%	0.23%
-E	100%	8.8	1.90	1	314	251	0.52%	0.26%
425-A	100%	10.3	0.32	1	66	53	0.19%	0.12%
-B	100%	10.9	0.89	0	182	146	0.27%	0.15%
-C	100%	10.6	1.36	2	276	221	0.35%	0.19%
-D	100%	10.0	1.69	2	346	277	0.42%	0.22%
-E	100%	9.3	1.90	1	388	311	0.48%	0.25%

续附表 8A

		生长肥育牛营养需要量					
体重(小大理石纹)		533 kg					
体重范围		200～450 kg					
日增重范围		0.50～2.50 kg					
品种代码		安格斯					
体重(kg)		200	250	300	350	400	450
维持需要量							
NE_m	Mcal/d	4.1	4.84	5.55	6.23	6.89	7.52
MP	g/d	202	239	274	307	340	371
Ca	g/d	6	8	9	11	12	14
P	g/d	5	6	7	8	10	11
生长需要量(平均日增重)			增重的 NE_g 需要量(Mcal/d)				
0.5	kg/d	1.27	1.50	1.72	1.93	2.14	2.33
1.0	kg/d	2.72	3.21	3.68	4.13	4.57	4.99
1.5	kg/d	4.24	5.01	5.74	6.45	7.13	7.79
2.0	kg/d	5.81	6.87	7.88	8.84	9.77	10.68
2.5	kg/d	7.42	8.78	10.06	11.29	12.48	13.64
			增重的 MP 需要量(g/d)				
0.5	kg/d	154	155	158	157	145	133
1.0	kg/d	299	300	303	298	272	246
1.5	kg/d	441	440	442	432	391	352
2.0	kg/d	580	577	577	581	505	451
2.5	kg/d	718	712	710	687	616	547
			增重的钙需要量(g/d)				
0.5	kg/d	14	13	12	22	10	9
1.0	kg/d	27	25	23	21	19	17
1.5	kg/d	39	36	33	30	27	25
2.0	kg/d	52	47	43	39	35	32
2.5	kg/d	64	59	53	48	43	38
			增重的磷需要量(g/d)				
0.5	kg/d	6	5	5	4	4	4
1.0	kg/d	11	10	9	8	8	7
1.5	kg/d	16	15	13	12	11	10
2.0	kg/d	21	19	18	16	14	13
2.5	kg/d	26	24	22	19	17	15

附表 8B　生长期公牛营养需要量

（NRC 肉牛营养需要，1996）

成年体重		890 kg					
体重范围		300～800 kg					
日增重范围		0.50～2.50 kg					
品种代码		安格斯					
体重(kg)		300	400	500	600	700	800
维持需要							
NE_m	Mcal/d	6.39	7.92	9.36	10.73	32.05	13.32
MP	g/d	274	340	402	461	517	572
Ca	g/d	9	12	15	19	22	25
P	g/d	7	10	12	14	17	19
生长需要量 ADG							
		增重的 NE_g 需要量(Mcal/d)					
0.5	kg/d	1.72	2.13	2.52	2.89	3.25	3.59
1.0	kg/d	3.68	4.56	3.39	6.18	6.94	7.67
1.5	kg/d	5.74	7.12	8.42	9.65	10.83	11.97
2.0	kg/d	7.87	9.76	11.54	13.23	14.85	16.41
2.5	kg/d	10.05	12.47	14.74	16.90	18.97	20.97
		增重的 MP 需要量(g/d)					
0.5	kg/d	158	145	122	100	78	58
1.0	kg/d	303	272	222	175	130	86
1.5	kg/d	442	392	314	241	170	102
2.0	kg/d	577	506	400	299	202	109
2.5	kg/d	710	617	481	352	228	109
		增重的钙需要量(g/d)					
0.5	kg/d	12	10	9	7	6	4
1.0	kg/d	23	19	16	12	9	6
1.5	kg/d	33	27	22	17	12	7
2.0	kg/d	43	35	28	21	14	8
2.5	kg/d	53	43	34	25	16	8
		增重的磷需要量(g/d)					
0.5	kg/d	5	4	3	3	2	2
1.0	kg/d	9	8	6	5	4	2
1.5	kg/d	13	11	9	7	5	3
2.0	kg/d	18	14	11	8	6	3
2.5	kg/d	22	17	14	10	6	3

续附表 8B

体重(成熟)	890 kg							
品种代码	安格斯							
日粮	eNDF (%DM)	TDN (%DM)	NE_m (Mcal/kg)	NE_g (Mcal/kg)	CP (%DM)	DIP (%CP)	体重类别	NE 校正系数
A	43	50	1.00	0.45	8.2	80	325	100%
B	37	65	1.51	0.92	10.9	78	350	100%
C	30	70	1.67	1.06	12.0	76	375	100%
D	20	75	1.83	1.20	13.4	73	400	100%
E	5	80	1.99	1.33	13.8	51	425	100%
体重(kg)	DMI 校正系数	DMI kg/d	ADG kg/d	DIP	UIP	MP	Ca	P
				平衡(g/d)			需要量(%DM)	
300-A	100%	7.9	0.22	5	103	83	0.18%	0.12%
-B	100%	8.3	1.02	4	8	6	0.39%	0.20%
-C	100%	8.2	1.23	2	−3	−2	0.45%	0.23%
-D	100%	8.0	1.41	3	10	8	0.51%	0.25%
-E	100%	7.7	1.56	5	−2	−2	0.56%	0.27%
325-A	100%	8.4	0.22	5	119	95	0.18%	0.12%
-B	100%	8.8	1.02	5	51	41	0.36%	0.19%
-C	100%	8.7	1.23	2	49	39	0.42%	0.21%
-D	100%	8.5	1.41	3	70	56	0.47%	0.24%
-E	100%	8.2	1.56	6	63	51	0.52%	0.26%
350-A	100%	8.9	0.22	5	134	107	0.18%	0.12%
-B	100%	9.4	1.02	5	94	75	0.34%	0.18%
-C	100%	9.2	1.23	2	100	80	0.39%	0.20%
-D	100%	9.0	1.41	3	129	103	0.44%	0.22%
-E	100%	8.7	1.56	6	128	102	0.48%	0.24%
375-A	100%	9.4	0.22	6	149	119	0.18%	0.12%
-B	100%	9.8	1.02	5	136	109	0.32%	0.17%
-C	100%	9.7	1.23	2	150	125	0.37%	0.19%
-D	100%	9.4	1.41	3	187	149	0.41%	0.21%
-E	100%	9.1	1.56	6	191	153	0.45%	0.23%
400-A	100%	9.8	0.22	6	161	131	0.17%	0.12%
-B	100%	10.3	1.02	5	177	142	0.31%	0.17%
-C	100%	10.2	1.23	2	199	159	0.35%	0.19%
-D	100%	9.9	1.41	3	244	195	0.39%	0.20%
-E	100%	9.6	1.56	7	253	202	0.42%	0.22%
425-A	100%	10.3	0.22	6	169	143	0.17%	0.12%
-B	100%	10.8	1.02	6	218	174	0.29%	0.16%
-C	100%	10.6	0.23	2	247	198	0.33%	0.18%
-D	100%	10.4	1.41	3	300	240	0.36%	0.19%
-E	100%	10.0	1.56	7	314	251	0.40%	0.21%

附表 9　生长肥育牛蛋白质需要量

（NRC 肉牛营养需要，1984）　　g/d

体重(kg)	150	200	250	300	350	400	450	500	550	600
中型阉犊牛日增重(kg)										
0.2	343	399	450	499	545	590	633	675	715	
0.4	428	482	532	580	625	668	710	751	790	
0.6	503	554	601	646	688	728	767	805	842	
0.8	575	621	664	704	743	780	815	849	883	
1.0	642	682	720	755	789	821	852	882	911	
1.2	702	735	766	794	822	848	873	897	921	
大型阉犊牛，与中型周岁阉牛相当										
0.2	361	421	476	529	579	627	673	719	762	805
0.4	441	499	552	603	651	697	742	785	827	867
0.6	522	576	628	676	722	766	809	850	890	930
0.8	598	650	698	743	786	828	867	906	944	980
1.0	671	718	762	804	843	881	918	953	988	1 021
1.2	740	782	822	859	895	929	961	993	1 023	1 053
1.4	806	842	877	908	938	967	995	1 022	1 048	1 073
1.6	863	892	919	943	967	989	1 011	1 031	1 052	1 071
中型公牛										
0.2	345	401	454	503	550	595	638	680	721	761
0.4	430	485	536	584	629	673	716	757	797	835
0.6	509	561	609	655	698	740	780	819	856	893
0.8	583	632	677	719	759	798	835	871	906	940
1.0	655	698	739	777	813	849	881	914	945	976
1.2	722	760	795	828	860	890	919	947	974	1 001
1.4	782	813	841	868	893	917	941	963	985	1 006
大型青年母牛，与大型周岁阉牛相当										
0.2	355	414	468	519	568	615	661	705	747	789
0.4	438	494	547	597	644	689	733	776	817	857
0.6	519	574	624	672	718	761	803	844	884	923
0.8	597	649	697	741	795	826	866	905	942	979
1.0	673	721	765	807	847	885	922	958	994	1 027
1.2	745	789	830	868	904	939	973	1 005	1 037	1 067
1.4	815	854	890	924	956	986	1 016	1 045	1 072	1 099
1.6	880	912	943	971	998	1 024	1 048	1 072	1 095	1 117
1.8	922	942	962	980	997	1 013	1 028	1 043	1 057	1 071
中型青年母牛										
0.2	323	374	421	465	508	549	588	626	662	
0.4	409	459	505	549	591	630	669	706	742	
0.6	477	522	563	602	638	674	708	741	773	
0.8	537	574	608	640	670	700	728	755	781	
1.0	562	583	603	621	638	654	670	685	700	
大型青年母牛，与中型周岁青年母牛相当										
0.2	342	397	449	497	543	588	631	672	712	751
0.4	426	480	530	577	622	665	707	747	787	825
0.6	500	549	596	639	681	721	759	796	832	867
0.8	568	613	654	693	730	765	799	833	865	896

续附表9

体重(kg)	150	200	250	300	350	400	450	500	550	600
1.0	630	668	703	735	767	797	826	854	881	907
1.2	680	708	734	758	781	803	824	844	864	883

附表10　生长肥育牛钙和磷的需要量

(NRC肉牛营养需要,1984)　g/d

体重(kg)	矿物质	150	200	250	300	350	400	450	500	550	600
中型阉犊牛日增重(kg)											
0.2	Ca	11	12	13	14	15	16	17	19	20	
	P	7	9	10	12	13	15	16	18	19	
0.4	Ca	16	17	17	18	19	19	20	21	22	
	P	9	10	12	13	14	16	17	18	20	
0.6	Ca	21	21	21	22	22	22	22	23	23	
	P	11	12	13	14	15	17	18	19	20	
0.8	Ca	27	26	25	25	25	25	24	24	24	
	P	12	13	14	15	16	17	19	20	21	
1.0	Ca	32	31	29	29	28	27	26	26	25	
	P	14	15	16	16	17	18	19	20	21	
1.2	Ca	37	35	33	32	31	29	28	27	26	
	P	16	16	17	17	18	19	20	21	21	
1.4	Ca	42	39	37	35	33	32	30	29	27	
	P	17	18	18	19	19	20	20	21	22	
大型阉犊牛,与中型周岁阉牛和中型公牛相当											
0.2	Ca	11	12	13	14	16	17	18	19	20	22
	P	7	9	10	12	13	15	16	18	20	21
0.4	Ca	17	17	18	19	19	20	21	22	23	24
	P	9	10	12	13	15	16	17	19	20	22
0.6	Ca	22	22	23	23	23	24	24	24	25	25
	P	11	12	13	15	16	17	18	20	21	22
0.8	Ca	28	27	27	27	27	27	27	27	27	27
	P	13	14	15	16	17	18	19	20	22	23
1.0	Ca	33	32	31	31	30	30	29	29	29	28
	P	14	15	16	17	18	19	20	21	22	23
1.2	Ca	38	37	36	35	34	33	32	31	30	30
	P	16	17	18	18	19	20	21	22	23	24
1.4	Ca	44	42	40	38	37	36	34	33	32	31
	P	18	18	19	20	20	21	22	22	23	24
1.6	Ca	49	47	44	42	40	38	37	35	34	32
	P	20	20	20	21	21	22	22	23	24	24
大型公犊牛,与大型周岁阉牛相当											
0.2	Ca	11	12	13	15	16	17	18	20	21	22
	P	7	9	10	12	13	15	17	18	20	21
0.4	Ca	17	18	19	19	20	21	22	23	24	25
	P	9	11	12	13	15	16	18	19	21	22
0.6	Ca	23	23	23	24	24	25	25	26	27	27
	P	11	12	14	15	16	18	19	20	22	23

续附表 10

体重(kg)	矿物质	150	200	250	300	350	400	450	500	550	600
0.8	Ca	28	28	28	28	28	29	29	29	29	30
	P	13	14	15	16	18	19	20	21	22	24
1.0	Ca	34	34	33	33	32	32	32	32	32	32
	P	15	16	17	18	19	20	21	22	23	24
1.2	Ca	40	39	38	37	36	36	35	35	34	34
	P	17	17	18	19	20	21	22	23	24	25
1.4	Ca	45	44	42	41	40	39	38	37	36	36
	P	18	19	20	20	21	22	23	24	25	26
1.6	Ca	51	49	47	45	44	42	41	40	39	38
	P	20	21	21	22	23	23	24	25	25	26
1.8	Ca	56	54	51	49	47	45	44	42	41	39
	P	22	22	22	23	23	24	25	25	26	26
中型青年母牛											
0.2	Ca	10	11	12	13	14	16	17	18	19	
	P	7	9	10	11	13	14	16	17	19	
0.4	Ca	15	16	16	16	17	17	18	19	19	
	P	9	10	11	12	14	15	16	18	19	
0.6	Ca	20	20	19	19	19	19	19	19	19	
	P	10	11	12	13	14	16	17	18	19	
0.8	Ca	25	23	23	22	21	20	20	19	19	
	P	12	12	13	14	15	16	17	18	19	
1.0	Ca	29	27	26	24	23	22	20	19	19	
	P	13	14	14	15	16	16	17	18	19	
大型青年母牛,与中型周岁青年母牛相当											
0.2	Ca	11	12	13	14	15	16	17	18	20	21
	P	7	9	10	12	13	15	16	18	19	21
0.4	Ca	16	16	17	17	18	19	19	20	21	22
	P	9	10	11	13	14	15	17	18	20	21
0.6	Ca	21	21	21	21	21	21	21	21	22	22
	P	10	12	13	14	15	16	17	19	20	21
0.8	Ca	26	25	24	24	23	23	23	22	22	22
	P	12	13	14	15	16	17	18	19	20	21
1.0	Ca	31	29	28	27	26	25	24	23	23	22
	P	14	14	15	16	17	18	18	19	20	21
1.2	Ca	35	33	31	30	28	27	25	24	23	22
	P	15	16	16	17	17	18	19	20	20	21

附表 11 肉牛每日估计饮水量

(NRC肉牛营养需要,1984)

体重		温度°F(℃)[a]											
		40(4.4)		50(10.0)		60(14.4)		70(21.1)		80(26.6)		90(32.2)	
kg	lb	L	加仑	L	加仑	L	加仑	L	加仑	L	加仑	L	加仑
生长期青年母牛,阉牛和公牛													
182	400	15.1	4.0	16.3	4.3	18.9	5.0	22.0	5.8	25.4	6.7	36.0	9.5
273	600	20.1	5.3	22.0	5.8	25.0	6.6	29.5	7.8	33.7	8.9	48.1	12.7
364	800	23.8	6.3	25.7	6.8	29.9	7.9	34.8	9.2	40.1	10.6	56.8	15.0
肥育牛													
273	600	22.7	6.0	24.6	6.5	28.0	7.4	32.9	8.7	37.9	10.0	54.1	14.3
364	800	27.6	7.3	29.9	7.9	34.4	9.1	40.5	10.7	46.6	12.3	65.9	17.4
454	1 000	32.9	8.7	35.6	9.4	40.9	10.8	47.7	12.6	54.9	14.5	78.0	20.6
越冬妊娠奶牛[b]													
409	900	25.4	6.7	27.3	7.2	31.4	8.3	36.7	9.7				
500	1 100	22.7	6.0	24.6	6.5	28.0	7.4	32.9	8.7				
泌乳奶牛													
409+	900+	43.1	11.4	47.7	12.6	54.9	14.5	64.0	16.9	67.8	17.9	61.3	16.2
成年公牛													
636	1 400	30.3	8.0	32.6	8.6	37.5	9.9	44.3	11.7	50.7	13.4	71.9	19.0
727+	1 600+	32.9	8.7	35.6	9.4	40.9	10.8	47.7	12.6	54.9	14.5	78.0	20.6

[a]在特定的管理制度下,特定类别牛的饮水量取决于干物质采食量和环境温度。在温度达到40°F(4.4℃)时,牛的饮水量很稳定。

[b]干物质采食量对饮水量有重要影响。一般认为体重较大的母牛体况较好,并且干物质需要量较少,因此饮水量较少。

附表 12 种牛营养需要量(公制)

(NRC 肉牛营养需要,1984)

体重[a] (kg)	日增重[b] (kg)	日干物质采食量[c] (kg)	能量								日粮中						
			每日需要量				日粮干物质中需要量				总蛋白质		钙		磷		维生素 A[d]
			ME (Mcal)	TDN (kg)	NE_m (Mcal)	NE_g (Mcal)	ME (Mcal/kg)	TDN (%)	NE_m (Mcal/kg)	NE_g (Mcal/kg)	日需要量 (%)	DM (%)	日需要量 (%)	DM (%)	日需要量 (%)	DM (%)	日需要量 (1 000 IU)
周岁妊娠青年母牛(妊娠后期)																	
325	0.4	7.1	14.2	3.9	8.04	NA[e]	2.00	55.2	1.15	NA[e]	591	8.4	19	0.27	14	0.20	20
325	0.6	7.3	15.7	4.3	8.04	0.77	2.15	59.3	1.29	0.72	649	8.9	23	0.32	15	0.21	20
325	0.8	7.3	17.2	4.8	8.04	1.67	2.35	64.9	1.47	0.88	697	9.5	27	0.37	16	0.22	20
350	0.4	7.5	14.8	4.1	8.38	NA	1.99	55.0	1.14	NA	616	8.3	20	0.27	15	0.21	21
350	0.6	7.7	16.5	4.6	8.38	0.81	2.14	59.1	1.28	0.71	674	8.8	24	0.32	16	0.21	21
350	0.8	7.8	18.1	5.0	8.38	1.76	23.4	64.6	1.46	0.88	720	9.3	27	0.35	17	0.22	22
375	0.4	7.8	15.5	4.3	8.71	NA	1.98	54.7	1.13	NA	641	8.2	21	0.27	15	0.19	22
375	0.6	8.1	17.2	4.8	8.71	0.86	2.13	58.8	1.27	0.70	697	8.6	25	0.31	17	0.21	23
375	0.8	8.2	19.0	5.2	8.71	1.86	2.32	64.1	1.45	0.86	743	9.1	27	0.33	18	0.22	23
400	0.4	8.2	16.1	4.5	9.04	NA	1.97	54.4	1.12	NA	664	8.1	22	0.27	16	0.20	23
400	0.6	8.5	18.0	5.0	9.04	0.90	2.12	58.6	1.26	0.69	721	8.5	25	0.30	18	0.21	24
400	0.8	8.6	19.8	5.5	9.04	1.95	2.31	63.8	1.44	0.85	764	8.9	28	0.33	18	0.20	24
425	0.4	8.6	16.8	4.6	9.36	NA	1.96	54.1	1.11	NA	687	8.0	23	0.27	17	0.20	24
425	0.6	8.9	18.7	5.2	9.36	0.94	2.11	58.3	1.25	0.69	743	8.4	26	0.30	18	0.20	25
425	0.8	9.0	20.7	5.7	9.36	2.04	2.30	63.5	1.43	0.84	786	8.8	28	0.31	19	0.21	25
450	0.4	8.9	17.3	4.8	9.67	NA	1.95	53.9	1.10	NA	710	8.0	23	0.26	18	0.20	25
450	0.6	9.2	19.4	5.4	9.67	0.98	2.10	58.0	1.25	0.68	765	8.3	26	0.29	19	0.21	26
450	0.8	9.4	21.5	5.9	9.67	2.13	2.29	63.3	1.42	0.84	807	8.6	28	0.30	20	0.21	26

续附表 12

体重[a] (kg)	日增重[b] (kg)	日干物质采食量[c] (kg)	能量								日粮中						
			每日需要量				日粮干物质中需要量				总蛋白质		钙		磷		维生素 A[d]
			ME (Mcal)	TDN (kg)	NE_m (Mcal)	NE_g (Mcal)	*ME* (Mcal/kg)	TDN (%)	NE_m (Mcal/kg)	NE_g (Mcal/kg)	日需要量 (%)	DM (%)	日需要量 (%)	DM (%)	日需要量 (%)	DM (%)	日需要量 (1 000 IU)
干奶成年妊娠奶牛(妊娠中期)																	
350	0.0	6.8	11.9	3.3	6.23	NA	1.76	4.86	0.92	NA	478	7.1	12	0.16	12	0.18	19
400	0.0	7.5	13.1	3.6	6.89	NA	1.76	4.86	0.92	NA	525	7.0	13	0.17	13	0.17	21
450	0.0	8.2	14.3	4.0	7.52	NA	1.76	4.86	0.92	NA	570	7.0	15	0.17	15	0.18	23
500	0.0	8.8	15.5	4.3	8.14	NA	1.76	4.86	0.92	NA	614	7.0	17	0.19	17	0.19	25
550	0.0	9.5	16.7	4.6	8.75	NA	1.76	4.86	0.92	NA	657	6.9	18	0.19	18	0.19	27
600	0.0	10.1	17.8	4.9	9.33	NA	1.76	4.86	0.92	NA	698	6.9	20	0.20	20	0.20	28
650	0.0	10.7	18.9	5.2	9.91	NA	1.76	4.86	0.92	NA	739	6.9	22	0.21	22	0.21	30
干奶成年妊娠奶牛(妊娠后期)																	
350	0.4	7.4	14.7	4.1	8.38	NA	1.98	54.7	1.13	NA	609	8.2	20	0.27	15	0.20	21
400	0.4	8.2	16.0	4.4	9.04	NA	1.96	54.1	1.11	NA	657	8.0	22	0.27	16	0.20	23
450	0.4	8.9	17.2	4.8	9.67	NA	1.94	53.6	1.10	NA	703	7.9	23	0.26	18	0.21	24
500	0.4	9.5	18.3	5.1	10.29	NA	1.92	53.1	1.08	NA	746	7.8	25	0.26	20	0.21	27
550	0.4	10.2	19.5	5.4	10.90	NA	1.91	52.8	1.07	NA	790	7.8	26	0.25	21	0.21	29
600	0.4	10.8	20.6	5.7	11.48	NA	1.90	52.5	1.06	NA	832	7.7	28	0.26	23	0.21	30
650	0.4	11.5	21.7	6.0	12.06	NA	1.89	52.2	1.05	NA	872	7.6	30	0.26	25	0.22	32
2 岁龄哺乳青年母牛(产后最初 3～4 个月产奶 5.0 kg/d)																	
300	0.2	6.9	16.6	4.6	9.30[f]	0.72	2.41	66.6	1.53	0.93	814[g]	11.8	26	0.38	17	0.25	27
325	0.2	7.3	17.4	4.8	9.64[f]	0.77	2.37	65.5	1.49	0.90	841[g]	11.5	27	0.37	18	0.25	28
350	0.2	7.8	18.1	5.0	9.98[f]	0.81	2.34	64.6	1.46	0.88	866[g]	11.2	27	0.35	19	0.24	30

续附表 12

体重[a] (kg)	日增重[b] (kg)	日干物质采食量[c] (kg)	能量								日粮中						
			每日需要量				日粮干物质中需要量				总蛋白质		钙		磷		维生素 A[d]
			ME (Mcal)	TDN (kg)	NE_m (Mcal)	NE_g (Mcal)	ME (Mcal/kg)	TDN (%)	NE_m (Mcal/kg)	NE_g (Mcal/kg)	日需要量 (%)	DM (%)	日需要量 (%)	DM (%)	日需要量 (%)	DM (%)	日需要量 (1 000 IU)
400	0.2	8.6	19.7	5.4	10.64[f]	0.90	2.29	63.3	1.42	0.84	916[g]	10.7	28	0.33	20	0.23	34
425	0.2	9.0	20.4	5.6	10.96[f]	0.94	2.27	62.7	1.40	0.82	939[g]	10.5	29	0.32	21	0.23	35
450	0.2	9.4	21.1	5.8	11.27[f]	0.98	2.25	62.2	1.38	0.80	963[g]	10.3	29	0.31	22	0.23	37
哺乳母牛(平均泌乳能力——产后最初 3～4 个月产奶 5.0 kg/d)																	
350	0.0	7.7	16.6	4.6	9.98	NA	2.15	59.4	1.29	NA	814[g]	10.6	23	0.30	18	0.23	30
400	0.0	8.5	17.9	4.9	10.64[f]	NA	2.11	58.3	1.25	NA	864[g]	10.2	25	0.29	19	0.22	33
450	0.0	9.2	19.1	5.3	11.27[f]	NA	2.08	57.5	1.23	NA	911[g]	9.9	26	0.28	21	0.23	36
500	0.0	9.9	20.3	5.6	11.89[f]	NA	2.05	56.6	1.20	NA	957[g]	9.7	28	0.28	22	0.22	39
550	0.0	10.6	21.5	5.9	12.50[f]	NA	2.03	56.1	1.18	NA	1 001[g]	9.5	29	0.27	24	0.23	41
600	0.0	11.2	22.6	6.2	13.08[f]	NA	2.01	55.5	1.16	NA	1 044[g]	9.3	31	0.28	26	0.23	44
650	0.0	11.9	23.9	6.6	13.66[f]	NA	2.00	55.3	1.15	NA	1 086[g]	9.1	33	0.28	27	0.23	46
哺乳母牛(上等泌乳能力——产后最初 3～4 个月产奶 10.0 kg/d)																	
350	0.0	6.2	18.5	5.1	13.73[f]	NA	3.00	82.9	2.03	NA	1 009[g]	16.4	36	0.58	24	0.39	24
400	0.0	7.6	21.4	5.9	14.39[f]	NA	2.80	77.4	1.86	NA	1 099[g]	14.4	37	0.49	25	0.33	30
450	0.0	9.1	23.2	6.4	15.02[f]	NA	2.56	70.7	1.66	NA	1 186[g]	13.1	39	0.43	26	0.29	35
500	0.0	10.0	24.6	6.8	15.64[f]	NA	2.45	67.7	1.56	NA	1 246[g]	12.4	40	0.40	28	0.28	39
550	0.0	10.9	25.8	7.1	16.25[f]	NA	2.38	65.8	1.50	NA	1 299[g]	12.0	42	0.39	30	0.27	42
600	0.0	11.6	27.0	7.5	16.83[f]	NA	2.32	64.1	1.45	NA	1 348[g]	11.6	43	0.37	31	0.27	45
650	0.0	12.4	28.2	7.8	17.41[f]	NA	2.28	63.0	1.41	NA	1 394[g]	11.3	45	0.36	33	0.26	48

续附表 12

体重[a] (kg)	日增重[b] (kg)	日干物质采食量[c] (kg)	能量								日粮中						
			每日需要量				日粮干物质中需要量				总蛋白质		钙		磷		维生素 A[d]
			ME (Mcal)	TDN (kg)	NE_m (Mcal)	NE_g (Mcal)	ME (Mcal/kg)	TDN (%)	NE_m (Mcal/kg)	NE_g (Mcal/kg)	日需要量 (%)	DM (%)	日需要量 (%)	DM (%)	日需要量 (%)	DM (%)	日需要量 (1 000 IU)
公牛(维持和恢复体况)																	
<650	公牛的生长需要量请按附表 8 至附表 10 的量																
650	0.4	12.3	24.3	6.7	9.91	2.06	1.98	54.8	1.13	0.57	904	7.4	25	0.20	23	0.19	48
650	0.6	12.6	26.7	7.4	9.91	3.21	2.11	58.4	1.25	0.69	957	7.6	27	0.21	24	0.19	49
650	0.8	12.8	28.7	7.9	9.91	4.40	2.24	62.0	1.37	0.79	998	7.8	29	0.23	25	0.20	50
700	0.4	13.0	25.7	7.1	10.48	2.18	1.98	54.8	1.13	0.57	942	7.3	26	0.20	25	0.20	51
700	0.6	13.4	28.3	7.8	10.48	3.40	2.11	58.4	1.25	0.69	994	7.4	29	0.22	26	0.20	52
700	0.8	13.5	30.3	8.4	10.48	4.66	2.24	62.0	1.37	0.79	1 032	7.6	30	0.22	26	0.19	53
800	0.0	12.9	22.6	6.3	11.58	NA	1.75	48.4	0.91	NA	882	6.8	27	0.21	27	0.21	50
800	0.2	13.7	25.5	7.1	11.58	1.12	1.86	51.5	1.02	0.47	956	7.0	27	0.20	27	0.20	53
900	0.0	14.1	24.7	6.8	12.65	NA	1.75	48.4	0.91	NA	958	6.8	30	0.21	30	0.21	55
900	0.2	15.0	27.9	7.7	12.65	1.23	1.86	51.5	1.02	0.47	1 031	6.9	31	0.21	31	0.21	58
1 000	0.0	15.3	26.8	7.4	13.69	NA	1.75	48.4	0.91	NA	1 032	6.8	33	0.22	33	0.22	60

[a]饲养期间的平均体重。

[b]妊娠后期，妊娠内容物的近似日增重为(0.4±0.1) kg。如果犊牛初生重为 36 kg，母牛 NE_m 需要量为 2.15 Mcal/d，蛋白质需要量为 55 g/d。

[c]干物质的采食量由日粮能量浓度和环境温度而决定。这些采食量以表中所示的能量浓度为基础，并假定处于一个无雪或泥泞的热中环境下。如果日粮能量浓度超过表中值，就需要限饲。

[d]妊娠青年母牛和奶牛日粮中维生素 A 的需要量为 2 800 IU/kg，泌乳奶牛和种公牛的需要量为 3 900 IU/kg。

[e]不可用。

[f]每千克奶中含 NE_m0.75 Mcal。

[g]每千克奶中含蛋白质 33.5 g。

附表 12A 肉用母牛营养需要量

（NRC 肉牛营养需要，1996）

成年体重	533 kg	乳脂率	4.0%
犊牛初生重	40 kg	乳蛋白率	3.4%
产犊月龄	60 月	产犊间隔	12 月
断奶周龄	30 周	产奶高峰期	8.5 周
高峰期产奶量	8 kg	非脂固形物	8.3%
品种代码	安格斯		

	自产犊起月数											
	1	2	3	4	5	6	7	8	9	10	11	12
NE_m 需要量因子	100%	100%	100%	100%	100%	100%	100%	100%	100%	100%	100%	100%
NE_m 需要量(Mcal/d)												
维持	10.25	10.25	10.25	10.25	10.25	10.25	8.54	8.54	8.54	8.54	8.54	8.54
生长	0.00	0.00	0.00	0.00	0.00	0.00	0.00	0.00	0.00	0.00	0.00	0.00
泌乳	4.78	5.75	5.17	4.13	3.10	2.23	0.00	0.00	0.00	0.00	0.00	0.00
妊娠	0.00	0.00	0.01	0.03	0.07	0.16	0.32	0.64	1.18	2.08	3.44	5.37
总计	15.03	15.99	15.43	14.41	13.42	12.64	8.87	9.18	9.72	10.62	11.98	13.91
MP 需要量(g/d)												
维持	422	422	422	422	422	422	422	422	422	422	422	422
生长	0	0	0	0	0	0	0	0	0	0	0	0
泌乳	349	418	376	301	226	163	0	0	0	0	0	0
妊娠	0	0	1	2	4	7	14	27	50	88	151	251
总计	770	840	799	724	651	591	436	449	471	510	573	672
钙需要量(g/d)												
维持	16	16	16	16	16	16	16	16	16	16	16	16
生长	0	0	0	0	0	0	0	0	0	0	0	0
泌乳	16	20	18	14	11	8	0	0	0	0	0	0
妊娠	0	0	0	0	0	0	0	0	0	12	12	12
总计	33	36	34	31	27	24	16	16	16	29	29	29

续附表 12A

	自产犊起月数											
	1	2	3	4	5	6	7	8	9	10	11	12
磷需要量(g/d)												
维持	13	13	13	13	13	13	13	13	13	13	13	13
生长	0	0	0	0	0	0	0	0	0	0	0	0
泌乳	9	11	10	8	6	4	0	0	0	0	0	0
妊娠	0	0	0	0	0	0	0	0	0	5	5	5
总计	22	24	23	21	19	17	13	13	13	18	18	18
ADG(kg/d)												
生长	0.00	0.00	0.00	0.00	0.00	0.00	0.00	0.00	0.00	0.00	0.00	0.00
妊娠	0.00	0.00	0.02	0.03	0.05	0.08	0.12	0.19	0.28	0.40	0.57	0.77
总计	0.00	0.00	0.02	0.03	0.05	0.08	0.12	0.19	0.28	0.40	0.57	0.77
产奶量(kg/d)	6.7	8.0	7.2	5.8	4.3	3.1	0.0	0.0	0.0	0.0	0.0	0.0
体重(kg)												
绝食体重	533	533	533	533	533	533	533	533	533	533	533	533
孕体	0	0	1	1	3	4	7	12	19	29	44	64
总计	533	533	534	534	536	537	540	545	552	562	577	597

肉牛日粮评价

成年重	533 kg	乳脂率	4.0%
犊牛初生重	40 kg	乳蛋白率	3.4%
产犊月龄	60 月	产犊间隔	12 月
断奶周龄	30 周	产奶高峰期	8.5 周
高峰期产奶	8 kg	非脂固形物	8.3%
品种代码	安格斯		

续附表 12A

日粮	TDN (%DM)	*ME* (Mcal/g)	NE_m (Mcal/g)	CP (%DM)	DIP (%CP)	DMI 因子
A	50	1.84	1.00	7.9	82.5	100%
B	60	2.21	1.35	7.8	100.0	100%
C	70	2.58	1.67	9.1	100.0	100%

	自产犊起月数											
	1	2	3	4	5	6	7	8	9	10	11	12
NE_m	100%	100%	100%	100%	100%	100%	100%	100%	100%	100%	100%	100%
产奶量(kg/d)	6.7	8.0	7.2	5.8	4.3	3.1	0.0	0.0	0.0	0.0	0.0	0.0
A DM(kg)	11.14	11.40	12.12	11.83	11.54	11.30	10.68	10.66	10.68	10.68	10.68	10.68
能量平衡(Mcal/d)	−3.90	−4.59	−3.31	−2.58	−1.88	−1.34	1.81	1.50	0.95	0.06	−1.30	−3.24
DIP 平衡(g/d)	7	7	7	7	7	7	6	6	6	6	6	6
UIP 平衡(g/d)	−200	−270	−169	−96	−24	34	175	170	142	93	14	−110
MP 平衡(g/d)	−161	−216	−136	−77	−19	27	149	136	113	75	11	−88
Ca(%DM)	0.55%	0.70%	0.68%	0.57%	0.52%	0.47%	0.34%	0.34%	0.34%	0.59%	0.59%	0.59%
P(%DM)	0.20%	0.21%	0.19%	0.18%	0.16%	0.15%	0.12%	0.13%	0.12%	0.17%	0.17%	0.17%
体贮流量/月(Mcal)	−148	−154	−126	−98	−71	−51	55	46	29	2	−50	−123
B DM(kg)	11.98	12.23	12.72	12.43	12.14	11.90	11.28	11.28	11.28	11.28	11.28	11.28
能量平衡(Mcal/d)	1.07	0.47	1.69	2.23	2.92	3.38	6.32	6.00	5.46	4.56	3.20	1.27
DIP 平衡(g/d)	5	5	5	5	5	5	5	5	5	5	5	5
UIP 平衡(g/d)	18	−47	44	114	183	233	221	221	221	221	209	55
MP 平衡(g/d)	14	−38	35	91	146	189	304	291	269	230	167	66
Ca(%DM)	0.27%	0.30%	0.27%	0.25%	0.22%	0.20%	0.15%	0.15%	0.15%	0.25%	0.25%	0.25%
P(%DM)	0.19%	0.20%	0.18%	0.17%	0.16%	0.14%	0.11%	0.11%	0.11%	0.16%	0.16%	0.16%
体贮流量/月(Mcal)	32	14	51	71	89	103	192	183	166	139	97	39

续附表 12A

	自产犊起月数											
	1	2	3	4	5	6	7	8	9	10	11	12
NE_m	100%	100%	100%	100%	100%	100%	100%	100%	100%	100%	100%	100%
C DM(kg)	13.16	13.42	13.79	13.50	13.21	12.97	12.35	12.35	12.35	12.35	12.35	12.35
能量平衡(Mcal/d)	6.99	6.48	7.65	8.18	8.69	9.07	11.80	11.49	10.95	10.05	8.69	6.76
DIP 平衡(g/d)	3	3	3	3	3	3	2	2	2	2	2	2
UIP 平衡(g/d)	295	233	314	308	301	296	282	282	282	282	282	282
MP 平衡(g/d)	236	187	256	308	360	401	509	496	473	435	371	272
Ca(%DM)	0.25%	0.27%	0.35%	0.33%	0.20%	0.19%	0.13%	0.13%	0.13%	0.23%	0.23%	0.23%
P(%DM)	0.17%	0.18%	0.17%	0.15%	0.14%	0.13%	0.10%	0.10%	0.10%	0.14%	0.14%	0.14%
体贮流量/月(Mcal)	212	197	233	249	264	276	359	349	333	306	264	305

附表 12B　妊娠后备母牛营养需要量

（NRC 肉牛营养需要，1996）

成年体重	533 kg								
犊牛初生重	40 kg								
初配月龄	15 月								
品种代码	安格斯								
	自怀孕起月数								
	1	2	3	4	5	6	7	8	9
NE_m 需要量(Mcal/d)									
维持	5.98	6.14	6.30	6.46	6.61	6.77	6.92	7.07	7.23
生长	2.29	2.36	2.42	2.48	2.54	2.59	2.65	2.71	2.77
妊娠	0.03	0.07	0.16	0.32	0.64	1.18	2.08	3.44	5.37
总计	8.31	8.57	8.87	9.26	9.79	10.55	11.65	13.23	15.37
MP 需要量(g/d)									
维持	295	303	311	319	326	334	342	349	357
生长	118	119	119	119	119	117	115	113	110
妊娠	2	4	7	18	27	50	88	151	251
总计	415	425	437	457	472	501	545	613	718
矿物质									
钙需要量(g/d)									
维持	10	11	11	11	12	12	12	13	13
生长	9	9	9	8	8	8	8	8	8
妊娠	0	0	0	0	0	0	12	12	12
总计	19	19	20	20	20	20	33	33	33
磷需要量(g/d)									
维持	8	8	8	9	9	9	10	10	10
生长	4	4	3	3	3	3	3	3	3
妊娠	0	0	0	0	0	0	7	7	7
总计	12	12	12	12	12	13	20	20	20

续附表 12B

	自怀孕起月数								
	1	2	3	4	5	6	7	8	9
ADG(kg/d)									
生长	0.39	0.39	0.39	0.39	0.39	0.39	0.39	0.39	0.39
妊娠	0.03	0.05	0.08	0.12	0.19	0.28	0.40	0.57	0.77
总计	0.42	0.44	0.47	0.51	0.58	0.67	0.79	0.96	1.16
体重(kg)									
减缩体重	332	343	355	367	379	391	403	415	426
妊娠子宫重	1	3	4	7	12	19	29	44	64
总计	333	346	360	375	391	410	432	459	491

妊娠后备母牛日粮评价

成年重	533 kg
犊牛初生重	40 kg
初配月龄	15 月
品种代码	安格斯

日粮	TDN (%DM)	*ME* (Mcal/g)	NE_m (Mcal/g)	CP (%DM)	DIP (%CP)	DMI 因子
A	50	1.00	0.45	8.2	80	100%
B	60	1.35	0.77	9.8	80	100%
C	70	1.67	1.06	11.4	80	100%

续附表 12B

	自怀孕起月数								
	1	2		4	5	6	7	8	9
NE_m 需要量因子	100%	100%	100%	100%	100%	100%	100%	100%	100%
A DM(kg)	8.5	8.8	9.0	9.2	9.4	9.7	9.9	10.1	10.3
净能允许的 ADG	0.35	0.34	0.33	0.31	0.28	0.22	0.12	0.00	
DIP 平衡(g/d)	5	5	5	6	6	6	6	6	6
UIP 平衡(g/d)	75	79	83	87	90	92	90	66	−53
MP 平衡(g/d)	60	63	67	69	72	74	72	52	−42
Ca(%DM)	0.22%	0.21%	0.21%	0.20%	0.19%	0.18%	0.28%	0.25%	0.25%
P(%DM)	0.17%	0.17%	0.16%	0.16%	0.15%	0.14%	0.19%	0.16%	0.16%
B DM(kg)	9.0	9.3	9.5	9.7	10.0	10.2	10.4	10.7	10.9
净能允许的 ADC(kg)	0.96	0.96	0.95	0.92	0.88	0.82	0.71	0.54	0.30
DIP 平衡(g/d)	4	4	4	4	4	4	4	4	4
UIP 平衡(g/d)	5	14	22	30	38	49	54	46	18
MP 平衡(g/d)	4	11	18	24	31	40	43	37	14
Ca(%DM)	0.36%	0.35%	0.33%	0.32%	0.31%	0.29%	0.38%	0.34%	0.29%
P(%DM)	0.27%	0.27%	0.26%	0.26%	0.25%	0.23%	0.27%	0.24%	0.20%
C DM(kg)	8.8	9.1	9.3	9.5	9.8	10.0	10.2	10.4	10.7
净能允许的 ADC(kg)	1.47	1.46	1.45	1.42	1.38	1.31	1.19	1.02	0.77
DIP 平衡(g/d)	2	2	2	2	2	2	2	2	2
UIP 平衡(g/d)	−66	−54	−43	−32	−19	−1	10	8	−18
MP 平衡(g/d)	−53	−43	−34	−26	−15	−1	8	6	−14
Ca(%DM)	0.48%	0.47%	0.45%	0.43%	0.41%	0.39%	0.48%	0.43%	0.38%
P(%DM)	0.37%	0.36%	0.35%	0.35%	0.33%	0.31%	0.35%	0.32%	0.28%

注:本表的净能需要量为实现平均日增重(ADC)和目标体重的净能需要量。净能允许的 ADC 是指不包含孕体增重外的体增重。

附表 13　生长期奶牛和成年公牛每日营养需要量

（NRC 奶牛营养需要，1989）

活重 (kg)	增重 (g)	干物质 采食量[a] (kg)	能量 NE_m (Mcal)	能量 NE_g (Mcal)	能量 ME (Mcal)	能量 DE (Mcal)	能量 TDN (kg)	蛋白质 UIP (g)	蛋白质 DIP (g)	蛋白质 CP (g)	矿物质 Ca (g)	矿物质 P (g)	维生素 A (1 000 IU)	维生素 D (1 000 IU)
大型品种生长犊牛（只饲喂乳或代用乳）														
40	200	0.48	1.37	0.41	2.54	2.73	0.62	—	—	105	7	4	1.70	0.26
45	300	0.54	1.49	0.56	2.86	3.07	0.70	—	—	120	8	5	1.94	0.30
大型品种生长犊牛（饲喂乳和犊牛料）														
50	500	1.30	1.62	0.72	5.90	6.42	1.46	—	—	290	9	6	2.10	0.33
75	800	1.98	2.19	1.30	8.98	9.78	2.22	—	—	435	16	8	3.20	0.50
小型品种生长犊牛（只饲喂乳或代用乳）														
25	200	0.38	0.96	0.37	2.01	2.16	0.49	—	—	84	6	4	1.10	0.16
30	300	0.51	1.10	0.52	2.70	2.90	0.66	—	—	112	7	4	1.30	0.20
小型品种生长犊牛（饲喂乳和犊牛料）														
50	500	1.43	1.62	0.72	6.49	7.06	1.60	—	—	315	10	6	2.10	0.33
75	600	1.76	2.19	0.96	7.98	8.69	1.97			387	14	8	3.20	0.50
生长小白牛肉用犊牛（只饲喂乳或代用乳）														
40	200	0.45	1.37	0.55	1.89	2.07	0.47	—	—	100	7	4	1.70	0.26
50	400	0.57	1.62	0.57	2.39	2.63	0.59	—	—	125	9	5	2.10	0.33
60	540	0.80	1.85	0.81	2.84	3.17	0.71	—	—	176	13	8	2.60	0.40
75	900	1.36	2.19	1.47	4.82	5.39	1.21	—	—	300	16	9	3.20	0.50
100	1 250	2.00	2.72	2.26	6.22	7.06	1.58	—	—	440	20	11	4.20	0.66
125	1 250	2.38	3.21	2.44	7.40	8.40	1.88	—	—	524	22	13	5.30	0.82
150	1 100	2.72	3.69	2.29	8.46	9.60	2.15	—	—	598	24	15	6.40	0.99
大型品种生长母牛														
100	600	2.63	2.72	1.22	7.03	8.13	1.84	317	57	421	17	9	4.24	0.66
100	700	2.82	2.72	1.44	7.54	8.72	1.98	346	75	452	18	9	4.24	0.66
100	800	3.02	2.72	1.66	8.06	9.32	2.11	374	92	483	18	10	4.24	0.66
150	600	3.51	3.69	1.45	9.14	10.61	2.41	283	150	562	19	11	6.36	0.99

续附表 13

活重 (kg)	增重 (g)	干物质采食量[a] (kg)	能量					蛋白质			矿物质		维生素	
			NE_m (Mcal)	NE_g (Mcal)	*ME* (Mcal)	*DE* (Mcal)	TDN (kg)	UIP (g)	DIP (g)	CP (g)	Ca (g)	P (g)	A (1 000 IU)	D (1 000 IU)
150	700	3.75	3.69	1.71	9.76	11.33	2.57	307	173	600	19	12	6.36	0.99
150	800	3.99	3.69	1.97	10.39	12.07	2.74	331	196	639	20	12	6.36	0.99
200	600	4.39	4.57	1.65	11.14	12.99	2.95	254	239	631	20	14	8.48	1.32
200	700	4.68	4.57	1.95	11.87	13.84	3.14	274	267	686	21	14	8.48	1.32
200	800	4.97	4.57	2.25	12.62	14.71	3.34	294	295	741	22	15	8.48	1.32
250	600	5.31	5.41	1.84	13.10	15.33	3.48	229	326	637	22	16	10.60	1.65
250	700	5.65	5.41	2.18	13.94	16.32	3.70	246	359	678	23	17	10.60	1.65
250	800	5.99	5.41	2.51	14.79	17.32	3.93	263	393	726	24	17	10.60	1.65
300	600	6.26	6.20	2.02	15.05	17.69	4.01	209	413	752	23	17	12.72	1.98
300	700	6.66	6.20	2.39	16.00	18.81	4.27	223	452	799	24	18	12.72	1.98
300	800	7.06	6.20	2.77	16.97	19.95	4.52	236	490	848	25	19	12.72	1.98
350	600	7.29	6.96	2.20	17.01	20.09	4.56	193	501	874	24	18	14.84	2.31
350	700	7.75	6.96	2.60	18.09	21.36	4.84	204	545	930	25	19	14.84	2.31
350	800	8.21	6.96	3.01	19.18	22.64	5.14	214	590	985	26	20	14.84	2.31
400	600	8.39	7.69	2.37	19.03	22.58	5.12	182	592	1 007	25	19	16.96	2.64
400	700	8.92	7.69	2.80	20.23	24.00	5.44	190	641	1 070	26	20	16.96	2.64
400	800	9.46	7.69	3.24	21.44	25.44	5.77	198	692	1 135	26	21	16.96	2.64
450	600	9.59	8.40	2.53	21.12	25.18	5.71	176	686	1 151	28	19	19.08	2.97
450	700	10.20	8.40	2.99	22.46	26.78	6.07	182	742	1 224	28	20	19.08	2.97
450	800	10.82	8.40	3.46	23.81	28.40	6.44	187	799	1 298	29	21	19.08	2.97
500	600	10.93	9.09	2.69	23.32	27.96	6.34	175	785	1 311	28	20	21.20	3.30
500	700	11.63	9.09	3.18	24.81	29.74	6.75	179	848	1 395	28	20	21.20	3.30
500	800	12.33	9.09	3.68	26.32	31.55	7.16	182	913	1 480	29	21	21.20	3.30
550	600	12.42	9.77	2.84	25.67	30.95	7.02	180	891	1 490	28	20	23.32	3.63

续附表 13

活重 (kg)	增重 (g)	干物质采食量[a] (kg)	能量					蛋白质			矿物质		维生素	
			NE_m (Mcal)	NE_g (Mcal)	ME (Mcal)	DE (Mcal)	TDN (kg)	UIP (g)	DIP (g)	CP (g)	Ca (g)	P (g)	A (1 000 IU)	D (1 000 IU)
550	700	13.22	9.77	3.37	27.33	32.95	7.47	183	963	1 587	28	20	23.32	3.63
550	800	14.04	9.77	3.90	29.02	34.99	7.94	185	1 035	1 685	29	21	23.32	3.63
600	600	14.11	10.43	3.00	28.23	34.24	7.77	193	1 007	1 694	28	20	25.44	3.96
600	700	15.05	10.43	3.55	30.09	36.50	8.28	194	1 088	1 805	28	21	25.44	3.96
600	800	15.99	10.43	4.11	31.98	38.79	8.80	195	1 170	1 919	29	21	25.44	3.96
小型品种生长母牛														
100	400	2.41	2.72	0.91	6.34	7.35	1.67	249	38	386	15	8	4.24	0.66
100	500	2.64	2.72	1.16	6.92	8.03	1.82	275	59	422	16	8	4.24	0.66
100	600	2.86	2.72	1.40	7.51	8.71	1.98	300	80	458	17	9	4.24	0.66
150	400	3.31	3.69	1.09	8.39	9.78	2.22	222	129	512	17	10	6.36	0.99
150	500	3.60	3.69	1.39	9.12	10.63	2.41	243	156	567	18	11	6.36	0.99
150	600	3.89	3.69	1.69	9.86	11.50	2.61	263	185	622	19	11	6.36	0.99
200	400	4.24	4.57	1.26	10.38	12.16	2.76	201	217	513	19	13	8.48	1.32
200	500	4.60	4.57	1.60	11.25	13.19	2.99	217	251	562	20	13	8.48	1.32
200	600	4.96	4.57	1.95	12.14	14.23	3.23	232	286	611	20	14	8.48	1.32
250	400	5.24	5.41	1.41	12.36	14.57	3.30	185	305	629	21	15	10.60	1.65
250	500	5.68	5.41	1.80	13.38	15.78	3.58	197	346	681	21	16	10.60	1.65
250	600	6.12	5.41	2.20	14.43	17.01	3.86	209	389	735	22	16	10.60	1.65
300	400	6.34	6.20	1.56	14.48	17.06	3.87	176	395	761	22	16	12.72	1.98
300	500	6.87	6.20	1.99	15.57	18.48	4.19	184	445	824	23	17	12.72	1.98
300	600	7.40	6.20	2.43	16.79	19.92	4.52	192	495	888	23	17	12.72	1.98
350	400	7.57	6.96	1.71	16.50	19.71	4.47	173	490	909	23	17	14.84	2.31

续附表 13

活重 (kg)	增重 (g)	干物质采食量[a] (kg)	能量					蛋白质			矿物质		维生素	
			NE_m (Mcal)	NE_g (Mcal)	*ME* (Mcal)	*DE* (Mcal)	TDN (kg)	UIP (g)	DIP (g)	CP (g)	Ca (g)	P (g)	A (1 000 IU)	D (1 000 IU)
350	500	8.20	6.96	2.18	17.87	21.35	4.84	178	548	985	23	18	14.84	2.31
350	600	8.85	6.96	2.66	19.28	23.03	5.22	183	608	1 062	24	18	14.84	2.31
400	400	8.98	7.69	1.84	18.77	22.58	5.12	177	592	1 078	24	18	16.96	2.64
400	500	9.74	7.69	2.35	20.36	24.50	5.56	181	661	11 692	41	91	6.96	2.64
400	600	10.52	7.69	2.87	21.98	26.45	6.00	183	730	1 263	25	19	16.96	2.64
450	400	10.64	8.40	1.98	21.27	25.80	5.85	191	706	1 276	27	18	19.08	2.97
450	500	11.56	8.40	2.52	23.12	28.04	6.36	193	786	1 387	28	18	19.08	2.97
450	600	12.50	8.40	3.08	25.01	30.33	6.88	194	867	1 500	28	19	19.08	2.97
大型品种生长公牛														
100	800	2.80	2.72	1.42	7.48	8.66	1.96	401	65	448	18	10	4.24	0.66
100	900	2.97	2.72	1.60	7.92	9.16	2.08	433	79	475	19	10	4.24	0.66
100	1 000	3.13	2.72	1.79	8.36	9.67	2.19	465	93	501	20	11	4.24	0.66
150	800	3.60	3.69	1.64	9.52	11.03	2.50	364	155	576	20	12	6.36	0.99
150	900	3.80	3.69	1.85	10.03	11.63	2.64	393	172	607	21	13	6.36	0.99
150	1 000	3.99	3.69	2.07	10.55	12.22	2.77	422	190	639	22	13	6.36	0.99
200	800	4.43	4.57	1.84	11.48	13.34	3.03	333	241	709	22	15	8.48	1.32
200	900	4.66	4.57	2.08	12.06	14.02	3.18	359	262	745	23	15	8.48	1.32
200	1 000	4.89	4.57	2.33	12.66	14.71	3.34	385	284	782	24	16	8.48	1.32
250	800	5.27	5.41	2.03	13.37	15.58	3.53	305	325	778	24	17	10.60	1.65
250	900	5.53	5.41	2.30	14.03	16.35	3.71	329	350	837	25	18	10.60	1.65
250	1 000	5.80	5.41	2.57	14.70	17.13	3.89	352	375	897	26	18	10.60	1.65
300	800	6.13	6.20	2.21	15.22	17.80	4.04	281	408	771	25	19	12.72	1.98
300	900	6.43	6.20	2.51	15.96	18.66	4.23	302	436	827	25	19	12.72	1.98
300	1 000	6.73	6.20	2.80	16.70	19.53	4.43	323	464	884	26	20	12.72	1.98

续附表 13

活重 (kg)	增重 (g)	干物质采食量[a] (kg)	能量					蛋白质			矿物质		维生素	
			NE_m (Mcal)	NE_g (Mcal)	ME (Mcal)	DE (Mcal)	TDN (kg)	UIP (g)	DIP (g)	CP (g)	Ca (g)	P (g)	A (1 000 IU)	D (1 000 IU)
350	800	7.02	6.96	2.38	17.06	20.02	4.54	261	490	843	26	20	14.84	2.31
350	900	7.36	6.96	2.70	17.88	20.98	4.76	280	522	883	26	20	14.84	2.31
350	1 000	7.70	6.96	3.02	18.70	21.94	4.98	298	554	924	27	21	14.84	2.31
400	800	7.96	7.69	2.55	18.91	22.27	5.05	244	572	955	26	21	16.96	2.64
400	900	8.34	7.69	2.89	19.80	23.32	5.29	260	608	1 001	27	21	16.96	2.64
400	1 000	8.72	7.69	3.24	20.71	24.39	5.53	277	644	1 046	28	22	16.96	2.64
450	800	8.95	8.40	2.71	20.78	24.56	5.57	230	656	1 074	29	21	19.08	2.97
450	900	9.37	8.40	3.08	21.76	25.72	5.83	245	696	1 125	29	22	19.08	2.97
450	1 000	9.80	8.40	3.44	22.75	26.89	6.10	259	736	1 176	29	23	19.08	2.97
500	800	10.00	9.09	2.87	22.69	26.92	6.11	220	742	1 201	29	21	21.20	3.30
500	900	10.48	9.09	3.25	23.76	28.19	6.39	233	786	1 257	29	22	21.20	3.30
500	1 000	10.95	9.09	3.64	24.84	29.47	6.68	246	830	1 314	29	23	21.20	3.30
550	800	11.14	9.77	3.02	24.66	29.38	6.66	213	831	1 336	29	21	23.32	3.63
550	900	11.66	9.77	3.43	25.82	30.76	6.98	225	879	1 399	29	22	23.32	3.63
550	1 000	12.19	9.77	3.84	27.00	32.16	7.29	236	927	1 463	29	23	23.32	3.63
600	800	12.36	10.43	3.17	26.71	31.95	7.25	211	923	1 483	29	21	25.44	3.96
600	900	12.95	10.43	3.60	27.97	33.47	7.59	221	976	1 554	29	22	25.44	3.96
600	1 000	13.54	10.43	4.03	29.25	34.99	7.94	231	1 029	1 624	30	23	25.44	3.96
650	800	13.69	11.07	3.32	28.86	34.67	7.86	212	1 020	1 643	29	21	27.56	4.29
650	900	14.35	11.07	3.77	30.24	36.33	8.24	222	1 078	1 722	29	22	27.56	4.29
650	1 000	15.01	11.07	4.22	31.63	38.00	8.62	230	1 137	1 801	30	23	27.56	4.29
700	800	15.16	11.70	3.46	31.14	37.59	8.52	219	1 124	1 820	29	22	29.68	4.62
700	900	15.90	11.70	3.93	32.64	39.40	8.94	227	1 187	1 907	29	22	29.68	4.62
700	1 000	16.63	11.70	4.40	34.16	41.23	9.35	235	1 252	1 996	30	23	29.68	4.62

续附表 13

活重 (kg)	增重 (g)	干物质采食量[a] (kg)	能量					蛋白质			矿物质		维生素	
			NE_m (Mcal)	NE_g (Mcal)	ME (Mcal)	DE (Mcal)	TDN (kg)	UIP (g)	DIP (g)	CP (g)	Ca (g)	P (g)	A (1 000 IU)	D (1 000 IU)
750	800	16.79	12.33	3.60	33.59	40.73	9.24	232	1 235	2 015	29	22	31.80	4.95
750	900	17.62	12.33	4.C9	35.23	42.73	9.69	239	1 305	2 114	29	23	31.80	4.95
750	1 000	18.45	12.33	4.58	36.89	44.74	10.15	246	1 376	2 213	30	23	31.80	4.95
800	800	17.56	12.94	3.74	35.12	42.59	9.66	216	1 303	2 107	29	22	33.92	5.28
800	900	18.41	12.94	4.25	36.83	44.67	10.13	221	1 377	2 210	29	23	33.92	5.28
800	1 000	19.28	12.94	4.76	38.55	46.76	10.61	227	1 451	2 313	30	23	33.92	52.8
小型品种生长公牛														
100	500	2.45	2.72	1.02	6.54	7.56	1.72	287	41	392	16	8	4.24	0.66
100	600	2.64	2.72	1.23	7.04	8.15	1.85	316	58	422	17	9	4.24	0.66
100	700	2.83	2.72	1.45	7.55	8.74	1.98	345	75	453	18	9	4.24	0.66
150	500	3.28	3.69	1.20	8.55	9.92	2.25	257	129	525	18	11	6.36	0.99
150	600	3.52	3.69	1.46	9.16	10.64	2.41	282	151	563	19	11	6.36	0.99
150	700	3.76	3.69	1.71	9.78	11.36	2.58	306	174	601	19	12	6.36	0.99
200	500	4.12	4.57	1.37	10.45	12.18	2.76	232	213	573	20	13	8.48	1.32
200	600	4.40	4.57	1.66	11.17	13.02	2.95	252	241	629	20	14	8.48	1.32
200	700	4.69	4.57	1.96	11.90	13.87	3.15	273	268	684	21	14	8.48	1.32
250	500	4.99	5.41	1.53	12.31	14.41	3.27	210	296	598	21	16	10.60	1.65
250	600	5.32	5.41	1.86	13.14	15.38	3.49	228	328	638	22	16	10.60	1.65
250	700	5.66	5.41	2.19	13.97	16.35	3.71	245	361	679	23	17	10.60	1.65
300	500	5.89	6.20	1.68	14.15	16.64	3.77	193	378	707	23	17	12.72	1.98
300	600	6.28	6.20	2.04	15.09	17.74	4.02	207	415	754	23	17	12.72	1.98
300	700	6.68	6.20	2.41	16.04	18.85	4.28	221	453	801	24	18	12.72	1.98
350	500	6.86	6.96	1.82	16.01	18.91	4.29	180	461	823	23	18	14.84	2.31
350	600	7.13	6.96	2.22	17.06	20.15	4.57	191	503	877	24	18	14.84	2.31

续附表 13

活重 (kg)	增重 (g)	干物质 采食量[a] (kg)	能量 NE_m (Mcal)	能量 NE_g (Mcal)	能量 ME (Mcal)	能量 DE (Mcal)	能量 TDN (kg)	蛋白质 UIP (g)	蛋白质 DIP (g)	蛋白质 CP (g)	矿物质 Ca (g)	矿物质 P (g)	维生素 A (1 000 IU)	维生素 D (1 000 IU)
350	700	7.76	6.96	2.62	18.13	21.41	4.86	203	547	932	25	19	14.84	2.31
400	500	7.90	7.69	1.96	17.91	21.25	4.82	171	545	947	24	19	16.96	2.64
400	600	8.41	7.69	2.39	19.08	22.64	5.14	180	594	1 010	25	19	16.96	2.64
400	700	8.94	7.69	2.82	20.27	24.06	5.46	189	644	1 073	26	20	16.96	2.64
450	500	9.03	8.40	2.10	19.87	23.70	5.37	166	634	1 083	28	19	19.08	2.97
450	600	9.62	8.40	2.55	21.18	25.26	5.73	174	689	1 155	28	19	19.08	2.97
450	700	10.23	8.40	3.01	22.51	26.84	6.09	180	744	1 227	28	20	19.08	2.97
500	500	10.28	9.09	2.23	21.93	26.29	5.96	167	726	1 233	28	19	21.20	3.30
500	600	10.96	9.09	2.71	23.39	28.04	6.36	173	788	1 315	28	20	21.20	3.30
500	700	11.65	9.09	3.20	24.87	29.81	6.76	177	851	1 398	28	20	21.20	3.30
550	500	11.67	9.77	2.36	24.12	29.08	6.60	174	825	1 400	28	19	23.32	3.63
550	600	12.46	9.77	2.87	25.75	31.05	7.04	178	895	1 495	28	20	23.32	3.63
550	700	13.26	9.77	3.39	27.40	33.03	7.49	181	966	1 591	28	20	23.32	3.63
600	500	13.25	10.43	2.48	26.50	32.14	7.29	187	933	1 590	28	19	25.44	3.96
600	600	14.16	10.43	3.02	28.32	34.35	7.79	190	1 012	1 699	28	20	25.44	3.96
600	700	15.08	10.43	3.57	30.17	36.59	8.30	192	1 091	1 810	28	21	25.44	3.96
成年种用公牛的维持需要量														
500	—	7.89	9.09	—	15.79	19.15	4.34	161	472	789	20	12	21.20	3.30
600	—	9.05	10.43	—	18.10	21.95	4.98	155	573	905	24	15	25.44	3.96
700	—	10.16	11.70	—	20.32	24.64	5.59	148	670	1 016	28	18	29.68	4.62
800	—	11.23	12.94	—	22.46	27.24	6.18	142	764	1 123	32	20	33.92	5.28
900	—	12.27	14.13	—	24.53	29.76	6.75	135	854	1 227	36	22	38.16	5.94
1 000	—	13.28	15.29	—	26.55	32.20	7.30	129	943	1 328	41	25	42.40	6.60
1 100	—	14.26	16.43	—	28.52	34.59	7.85	122	1 029	1 426	45	28	46.64	7.26

续附表 13

活重 (kg)	增重 (g)	干物质采食量[a] (kg)	能量					蛋白质			矿物质		维生素	
			NE_m (Mcal)	NE_g (Mcal)	ME (Mcal)	DE (Mcal)	TDN (kg)	UIP (g)	DIP (g)	CP (g)	Ca (g)	P (g)	A (1 000 IU)	D (1 000 IU)
1 200	—	15.22	17.53	—	30.44	36.92	8.37	115	1 113	1 522	49	30	50.88	7.92
1 300	—	16.16	18.62	—	32.32	39.21	8.89	108	1 196	1 616	53	32	55.12	8.58
1 400	—	17.09	19.68	—	34.17	41.45	9.40	102	1 277	1 709	57	35	59.36	9.24

注：表格中使用了以下缩写：NE_m，维持净能；NE_g，增重净能；ME，代谢能；DE，消化能；TDN，总可消化养分；UIP，非降解进食饲料蛋白；DIP，可降解进食饲料蛋白；CP，粗蛋白。

[a]与维持净能、增重净能和吸收蛋白质需要量不同，干物质采食量的数据并不就是需要量。日粮能量浓度降低将增加干物质采食量、代谢能、消化能和总可消化养分以及粗蛋白的需要量。而日粮能量浓度增加对这些需要量的影响则相反。

附表 13A　饲喂乳或代用乳的幼龄后备犊牛的每日能量和蛋白质需要量

体重 (kg)	增重 (g)	干物质采食量[a] (kg)	能量				蛋白质		维生素 A[h] (IU)
			NE_m^b (Mcal)	NE_g^c (Mcal)	ME^d (Mcal)	DE^e (Mcal)	ADP[f] (g)	CP[g] (g)	
25	0	0.24	0.96	0	1.12	1.17	18	20	2 750
	200	0.32	0.96	0.26	1.50	1.56	65	70	2 750
	400	0.42	0.96	0.60	2.00	2.08	113	121	2 750
30	0	0.27	1.10	0	1.28	1.34	21	23	3 300
	200	0.36	1.10	0.28	1.69	1.76	68	73	3 300
	400	0.47	1.10	0.65	2.22	2.31	115	124	3 300
40	0	0.34	1.37	0	1.59	1.66	26	28	4 400
	200	0.43	1.37	0.31	2.04	2.13	73	79	4 400
	400	0.55	1.37	0.72	2.63	2.74	120	129	4 400
	600	0.69	1.37	1.16	3.28	3.41	168	180	4 400
45	0	0.37	1.49	0	1.74	1.81	28	30	4 950
	200	0.46	1.49	0.32	2.21	2.30	76	81	4 950
	400	0.59	1.49	0.75	2.82	2.94	123	132	4 950
	600	0.74	1.49	1.21	3.50	3.64	170	183	4 950
50	0	0.40	1.62	0	1.88	1.96	31	33	5 500
	200	0.45	1.62	0.34	2.37	2.47	78	84	5 500
	400	0.63	1.62	0.77	3.00	3.13	125	135	5 500
	600	0.78	1.62	1.26	3.70	3.86	173	185	5 500

[a]满足饲喂代用乳犊牛 *ME* 所必需的干物质采食量主要由乳蛋白组成，*ME* 水平为 4.75 Mcal/kg 干物质。

[b]$NE_m(\text{Mcal})=0.086\ LW^{0.75}$

式中 *LW* 指体重，单位为千克。

[c]$NE_g(\text{Mcal})=(0.84\ LW^{0.355}\times LW_g^{1.2})\times 0.69$

式中 *LW* 和 LW_g(活体增重)的单位为千克。

[d]$ME(\text{Mcal})=0.1\ W^{0.75}+(0.84\ LW^{0.355}\times LW_g^{1.2})$

式中 *LW* 和 LW_g 单位为千克。

[e]$DE(\text{Mcal})=\text{ME}/0.96$

[f]ADP(表观可消化蛋白质，g/d)$=6.25[1/BV(E+G+M\times D)-M\times D]$

假定 BV(生物学价值)为 0.8；*E*(内源尿氮)等于 $0.2\ LW^{0.75}$/d；*LW* 的单位为千克；*M*(代谢粪氮)为 1.9 g/kg 干物质采食量(*D*)；*G*(活体氮增重)为 30 g/kg LW_g。

[g]CP(粗蛋白)＝ADP/0.93

假定未变性乳蛋白质的消化率为 93%。

[h]维生素 A＝110 IU/kg *LW*(见第 7 章)。

附表 13B　饲喂乳和开食料或者代用乳和开食料犊牛的每日能量和蛋白质需要量

体重 (kg)	增重 (g)	干物质采食量[a] (kg)	能量				蛋白质		维生素 A[h] (IU)
			NE_m^b (Mcal)	NE_g^c (Mcal)	ME^d (Mcal)	DE^e (Mcal)	ADP[f] (g)	CP[g] (g)	
30	0	0.32	1.10	0	1.34	1.43	23	26	3 300
	200	0.42	1.10	0.28	1.77	1.89	72	84	3 300
	400	0.56	1.10	0.65	2.33	2.49	122	141	3 300
35	0	0.36	1.24	0	1.50	1.61	25	29	3 850
	200	0.47	1.24	0.30	1.96	2.09	75	87	3 850

续附表 13B

体重 (kg)	增重 (g)	干物质采食量[a] (kg)	能量 NE_m^b (Mcal)	NE_g^c (Mcal)	ME^d (Mcal)	DE^e (Mcal)	蛋白质 ADP[f] (g)	CP[g] (g)	维生素 A[h] (IU)
	400	0.61	1.24	0.68	2.55	2.73	125	145	3 850
40	0	0.40	1.37	0	1.66	1.78	25	33	4 400
	200	0.51	1.37	0.31	2.14	2.29	78	90	4 400
	400	0.66	1.37	0.72	2.76	2.95	128	148	4 400
	600	0.83	1.37	1.16	3.44	3.68	178	205	4 400
45	0	0.44	1.49	0	1.81	1.94	31	36	4 950
	200	0.56	1.49	0.32	2.31	2.47	80	93	4 950
	400	0.71	1.49	0.75	2.96	3.16	130	151	4 950
	600	0.88	1.49	1.21	3.67	3.93	180	209	4 950
50	0	0.47	1.62	0	1.96	2.10	33	38	5 500
	200	0.60	1.62	0.34	2.48	2.65	83	96	5 500
	400	0.76	1.62	0.77	3.15	3.37	133	154	5 500
	600	0.94	1.62	1.26	3.89	4.17	183	212	5 500
	800	1.13	1.62	1.78	4.69	5.02	233	270	5 500
55	0	0.51	1.74	0	2.11	2.25	36	41	6 050
	200	0.63	1.74	0.35	2.64	2.83	85	99	6 050
	400	0.80	1.74	0.80	3.33	3.57	135	157	6 050
	600	0.99	1.74	1.30	4.10	4.39	185	215	6 050
	800	1.18	1.74	1.84	4.93	5.27	236	273	6 050
60	0	0.54	1.85	0	2.25	2.41	38	44	6 600
	200	0.67	1.85	0.36	2.80	3.00	88	102	6 600
	400	0.84	1.85	0.83	3.51	3.76	138	159	6 600
	600	1.04	1.85	1.34	4.31	4.61	188	217	6 600
	800	1.24	1.85	1.90	5.16	5.52	238	275	6 600

[a]这些数据适用于饲喂代用乳(MR)和开食料的犊牛。MR 的代谢能含量为每千克干物质 4.75 Mcal,开食料的代谢能为 3.28 Mcal/kg。假定 MR 和开食料分别提供60%和40%的采食量;那么犊牛采食干物质的代谢能水平为 4.16 Mcal/kg。此处的干物质采食量是指满足 *ME* 需要量所需的总量,不能用于预测自由采食量。

[b]$NE_m(\text{Mcal})=0.086\ LW^{0.75}$

式中 *LW* 指体重,单位为千克。

[c]$NE_g(\text{Mcal})=(0.84\ LW^{0.355}\times LW_g^{1.2})\times 0.69$

式中 *LW* 和 LW_g(活体增重)的单位为千克。

[d]*ME*(Mcal)的计算如下:$ME(\text{维持})=NE_m/0.825$

式中 *ME* 用于维持的效率(0.825),是 *MR*(0.86)和开食料的(0.75)效率的平均值,根据每种饲料所提供的 *ME* 进行加权。

$ME(\text{增重})=NE_g/0.652$

式中 *ME* 用于增重的效率(0.652),是 *MR*(0.69)和开食料的(0.57)效率的加权平均值。

[e]$DE(\text{Mcal})=ME/0.934$

式中假定 *MR* 和开食料的 *DE* 转化为 *ME* 的效率分别为 0.96 和 0.88。

[f]ADP(表观可消化蛋白,g/d)$=6.25[1/BV(E+G+M\times D)-M\times D]$

式中 BV(生物学价值)=0.764(MR(0.8)和开食料的(0.70)的加权平均值);*E*(内源尿氮,g)$=0.2\ LW^{0.75}$;*G*(增重的氮含量,g)=30 g/kg 增重;*M*(代谢粪氮,g/d)=2.64×干物质采食量(D,kg)。假定 MR 的代谢粪氮为 1.9 g/kg 干物质采食量,开食料的代谢粪氮为 3.3 g/kg 干物质采食量。

[g]CP(粗蛋白)=ADP/0.8645

式中:假定蛋白质的消化率为 *MR*(93%)和开食料(75%)的加权平均值;假定 *MR* 的 CP 含量为 21%,开食料的 CP 为 18%。

[h]维生素 A=110 IU/kg *LW*(见第 7 章)

附表 13C 只饲喂乳或代用乳的生产小白牛肉的犊牛每日能量和蛋白质需要量

体重 (kg)	增重 (g)	干物质采食量[a] (kg)	能量				蛋白质		维生素 A[h] (IU)
			NE_m^b (Mcal)	NE_g^c (Mcal)	ME^d (Mcal)	DE^e (Mcal)	ADP[f] (g)	CP[g] (g)	
40	0	0.34	1.37	0	1.59	1.66	26	28	4 400
	300	0.49	1.37	0.51	2.3	22.42	97	104	4 400
	600	0.69	1.37	1.16	3.28	3.41	168	180	4 400
50	0	0.40	1.62	0	1.88	1.96	31	33	5 500
	300	0.56	1.62	0.55	2.67	2.79	102	109	5 500
	600	0.78	1.62	1.26	3.71	3.86	172	185	5 500
	900	1.02	1.62	2.05	4.85	5.05	244	262	5 500
60	0	0.45	1.85	0	2.16	2.25	35	38	6 600
	300	0.63	1.85	0.58	3.00	3.13	106	114	6 600
	600	0.86	1.85	1.34	4.10	4.27	177	190	6 600
	900	1.12	1.85	2.18	5.32	5.54	248	267	6 600
70	0	0.51	2.08	0	2.42	2.52	39	42	7 700
	300	0.70	2.08	0.62	3.32	3.45	110	119	7 700
	600	1.94	2.08	1.42	4.48	4.66	181	195	7 700
	900	1.21	2.08	2.31	5.76	6.01	253	272	7 700
	1 200	1.50	2.08	3.26	7.14	7.44	324	348	7 700
80	0	0.56	2.30	0	2.68	2.79	44	47	8 800
	300	0.76	2.30	0.65	3.61	3.76	115	123	8 800
	600	1.02	2.30	1.49	4.83	5.03	186	200	8 800
	900	1.30	2.30	2.42	6.18	6.44	257	276	8 800
	1 200	1.61	2.30	3.42	7.63	7.95	328	353	8 800
90	0	0.62	2.51	0	2.92	3.04	48	51	9 900
	300	0.82	2.51	0.68	3.90	4.06	119	128	9 900
	600	1.09	2.51	1.55	5.17	5.39	190	204	9 900
	900	1.38	2.51	2.55	6.62	6.85	263	283	9 900
	1 200	1.70	2.51	3.56	8.09	8.42	332	357	9 900
100	0	0.67	2.72	0	3.16	3.29	52	55	11 000
	300	0.88	2.72	0.70	4.18	4.35	122	132	11 000
	600	1.16	2.72	1.61	5.50	5.72	194	208	11 000
	900	1.46	2.72	2.62	6.96	7.25	265	285	11 000
	1 200	1.80	2.72	3.70	8.52	8.88	336	362	11 000
	1 500	2.14	2.72	4.84	10.17	10.59	408	438	11 000
110	0	0.72	2.92	0	3.40	3.54	55	60	12 100
	300	0.94	2.92	0.72	4.45	4.63	126	136	12 100
	600	1.22	2.92	1.66	5.81	6.05	198	212	12 100
	900	1.54	2.92	2.71	7.32	7.63	269	289	12 100
	1 200	1.88	2.92	3.83	8.94	9.32	340	366	12 100
	1 500	2.24	2.92	5.00	10.65	11.09	412	443	12 100
120	0	0.76	3.12	0	3.63	3.78	59	64	13 200
	300	0.99	3.12	0.75	4.71	4.91	130	140	13 200
	600	1.29	3.12	1.72	6.12	6.39	201	217	13 200
	900	1.62	3.12	2.80	7.68	8.00	273	293	13 200
	1 200	1.97	3.12	3.69	9.34	9.74	329	353	13 200

续附表 13C

体重 (kg)	增重 (g)	干物质采食量[a] (kg)	能量				蛋白质		维生素 A[h] (IU)
			NE_m^b (Mcal)	NE_g^c (Mcal)	ME^d (Mcal)	DE^e (Mcal)	ADP[f] (g)	CP[g] (g)	
	1 500	2.34	3.12	5.16	11.10	11.56	416	447	13 200
130	0	0.81	3.31	0	3.85	4.01	63	67	14 300
	300	1.05	3.31	0.77	4.97	5.17	134	144	14 300
	600	1.35	3.31	1.77	6.41	6.68	205	220	14 300
	900	1.69	3.31	2.88	8.02	8.35	276	297	14 300
	1 200	2.05	3.31	4.06	9.74	10.14	348	374	14 300
	1 500	2.43	3.31	5.31	11.54	12.02	420	451	14 300
140	0	0.86	3.50	0	4.07	4.24	66	71	15 400
	300	1.10	3.50	0.79	5.22	5.43	137	148	15 400
	600	1.41	3.50	1.82	6.70	6.98	209	224	15 400
	900	1.76	3.50	2.95	8.35	8.70	280	301	15 400
	1 200	2.13	3.50	4.17	10.11	10.53	352	378	15 400
	1 500	2.52	3.50	5.45	11.97	12.45	423	455	15 400
150	0	0.90	3.69	0	4.29	4.46	70	75	16 500
	300	1.15	3.69	0.81	5.46	5.69	141	152	16 500
	600	1.47	3.69	1.86	6.98	7.27	212	228	16 500
	900	1.82	3.69	3.02	8.67	9.03	284	305	16 500
	1 200	2.21	3.69	4.27	10.48	10.91	355	382	16 500
	1 500	2.61	3.69	5.58	12.38	12.90	427	459	16 500

[a] 采食量为生产小白牛肉的犊牛采食 *ME* 为每千克干物质 4.75 Mcal 的代用乳时满足 *ME* 需要所必需。

[b] $NE_m(\text{Mcal})=0.086\ LW^{0.75}$

式中 *LW* 指体重，单位为 kg。

[c] $NE_g(\text{Mcal})=(0.84\ LW^{0.355}\times LW_g^{1.2})\times 0.69$

式中 *LW* 和 LW_g（活体增重）的单位为 kg。

[d] $ME(\text{Mcal})=0.1\ W^{0.75}+(0.84\ LW^{0.355}\times LW_g{}^{1.2})$

式中 *LW* 和 LW_g 单位为 kg。

[e] $DE(\text{Mcal})=ME/0.93$

[f] ADP(表观可消化蛋白)$=6.25[1/BV(E+G+M\times D)-M\times D]$

式中：假定 BV(生物学价值)为 0.8；*E*(内源尿氮)等于 $0.2\ LW^{0.75}$/d；此处 *LW* 的单位为 kg。*M*(代谢粪氮)为每千克干物质采食量 1.9 g(*D*)。*G*(活体氮增重)为每千克 LW_g30 g。

[g] CP(粗蛋白)＝ADP/0.93。ADP 单位为 g/d 假定未变性乳蛋白质的消化率为 93%。

[h] 维生素 A＝110 IU/kg *LW*(见第 7 章)

附表 13D　断奶犊牛(反刍动物)日能量和蛋白质需要

体重 (kg)	增重 (g)	干物质采食量[a] (kg)	能量				蛋白质		维生素 A[h] (IU)
			NE_m^b (Mcal)	NE_g^c (Mcal)	ME^d (Mcal)	DE^e (Mcal)	ADP[f] (g)	CP[g] (g)	
50	0	0.70	1.62	0	2.16	2.58	40	53	5 500
	400	1.13	1.62	0.77	3.51	3.92	151	201	5 500
	500	1.27	1.62	1.01	3.93	4.35	179	238	5 500
	600	1.86	1.62	1.26	4.36	4.77	207	276	5 500
60	0	0.80	1.85	0	2.47	2.89	46	61	6 600

续附表 13D

体重 (kg)	增重 (g)	干物质采食量[a] (kg)	能量				蛋白质		维生素 A[h] (IU)
			NE_m[b] (Mcal)	NE_g[c] (Mcal)	ME[d] (Mcal)	DE[e] (Mcal)	ADP[f] (g)	CP[g] (g)	
	400	1.26	1.85	0.83	3.92	4.33	156	209	6 600
	500	1.41	1.85	1.08	4.36	4.77	185	246	6 600
	600	1.56	1.85	1.34	4.83	5.23	213	284	6 600
	700	1.71	1.85	1.62	5.31	5.70	241	322	6 600
	800	1.87	2.08	1.90	5.80	6.19	269	359	6 600
70	0	0.90	2.08	0	2.77	3.19	51	68	7 700
	400	1.39	2.08	0.87	4.31	4.71	163	217	7 700
	500	1.54	2.08	1.14	4.77	5.17	191	254	7 700
	600	1.70	2.08	1.42	5.26	5.66	219	292	7 700
	700	1.86	2.08	1.71	5.77	6.16	247	330	7 700
	800	2.03	2.30	2.00	6.29	6.67	275	367	7 700
80	0	0.99	2.30	0	3.07	3.48	57	75	8 800
	400	1.51	2.30	0.92	4.67	5.07	168	224	8 800
	500	1.66	2.30	1.20	5.16	5.56	196	262	8 800
	600	1.83	2.30	1.49	5.68	6.07	225	300	8 800
	700	2.00	2.30	1.79	6.21	6.59	253	337	8 800
	800	2.18	2.51	2.10	6.75	7.13	281	375	8 800
90	0	1.16	2.51	0	3.35	3.76	62	82	9 900
	600	2.09	2.51	1.55	6.07	6.46	231	309	9 900
	700	2.28	2.51	1.87	6.62	7.00	260	346	9 900
	800	2.48	2.51	2.19	7.19	7.57	288	385	9 900
	900	2.68	2.72	2.52	7.78	8.15	317	423	9 900
100	0	1.25	2.72	0	3.63	4.04	68	90	11 000
	600	2.22	2.72	1.61	6.45	6.83	237	316	11 000
	700	2.42	2.72	1.94	7.02	7.40	265	354	11 000
	800	2.63	2.72	2.27	7.62	7.99	294	392	11 000
	900	2.84	2.72	2.62	8.22	8.59	323	430	11 000

[a]这些数据适用于体重为 50～80 kg，日增重为 0.4～0.5 kg 的小体型母犊牛和体重为 60～100 kg 和日增重为 0.6～0.9 kg 的大体型犊牛。

[b]$NE_m = 0.086\ LW^{0.75}$

式中 LW 指体重，单位为千克(kg)。

[c]$NE_g = (0.84\ LW^{0.355} \times LW_g^{1.2}) \times 0.69$

式中 LW 和 LW_g(活体增重)的单位为千克(kg)。

[d]$ME = NE_m / 0.75$

式中体重为 60，70 和 80 kg 犊牛的日粮 ME 值为 3.10 Mcal/kg，体重为 90 和 100 kg 犊牛的日粮 ME 值为 2.90 Mcal/kg。

$ME = NE_g / 0.57$

式中维持和增重的 ME 和等于总的 ME 需要量。

[e]$DE = (ME + 0.45)/1.01$(见第 2 章)

[f]ADP(表观可消化粗蛋白)的计算：$ADP = 6.25[1/BV(E+G+M \times D) - M \times D]$

此处 BV(生物学价值)设为 0.70；E(内源尿氮)等于 $0.2\ LW^{0.75}$/d；G 为增重的氮含量，假定为每千克增重 30 g；M 为代谢粪氮，以每千克干物质(D)3.3 g 计算。ADP 单位为 g/d。

[g]CP(粗蛋白)＝ADP/0.75

[h]维生素 A＝110 IU/kg LW(见第 7 章)

附表 14　泌乳和妊娠奶牛日营养需要

(NRC 奶牛营养需要,1989)

体重 (kg)	能量				粗蛋白总量 (g)	矿物质		维生素	
	*NE*l (Mcal)	*ME* (Mcal)	*DE* (Mcal)	TDN (kg)		Ca (g)	P (g)	A (1 000 IU)	D (1 000 IU)
成年泌乳母牛维持需要量[a]									
400	7.16	12.01	13.80	3.13	318	16	11	30	12
450	7.82	13.12	15.08	3.42	341	18	13	34	14
500	8.46	14.20	16.32	3.70	364	20	14	38	15
550	9.09	15.25	17.53	3.97	386	22	16	42	17
600	9.70	16.28	18.71	4.24	406	24	17	46	18
650	10.30	17.29	19.86	4.51	428	26	19	49	20
700	10.89	18.28	21.00	4.76	449	28	20	53	21
750	11.47	19.25	22.12	5.02	468	30	21	57	23
800	12.03	20.20	23.21	5.26	486	32	23	61	24
成年干奶牛维持和妊娠最后 2 个月需要量[b]									
400	9.30	15.26	18.23	4.15	890	26	16	30	12
450	10.16	16.66	19.91	4.53	973	30	18	34	14
500	11.00	18.04	21.55	4.90	1 053	33	20	38	15
550	11.81	19.37	23.14	5.27	1 131	36	22	42	17
600	12.61	20.68	24.71	5.62	1 207	39	24	46	18
650	13.39	21.96	26.23	5.97	1 281	43	26	49	20
700	14.15	23.21	27.73	6.31	1 355	46	28	53	21
750	14.90	24.44	29.21	6.65	1 427	49	30	57	23
800	15.64	25.66	30.65	6.98	1 497	53	32	61	24
产奶——每千克乳脂率不同的奶所含的营养物质(乳脂百分含量)									
3.0	0.64	1.07	1.23	0.280	78	2.73	1.68	—	—
3.5	0.69	1.15	1.33	0.301	84	2.97	1.83	—	—
4.0	0.74	1.24	1.42	0.322	90	3.21	1.98	—	—
4.5	0.78	1.32	1.51	0.343	96	3.45	2.13	—	—
5.0	0.83	1.40	1.61	0.364	101	3.69	2.28	—	—
5.5	0.88	1.48	1.70	0.385	107	3.93	2.43	—	—
泌乳期体重改变——每千克体重变化所需的营养物质[c]									
失重	−4.92	−8.25	−9.55	−2.17	−320	—	—	—	—
增重	5.12	8.55	9.96	2.26	320	—	—	—	—

注意:表中使用了以下缩写:NE_l,泌乳净能;*ME*,代谢能;*DE*,消化能;TDN,总消化养分。

[a]考虑到青年泌乳奶牛的生长,在第 1 和第 2 个泌乳期内,除维生素 A 和维生素 D 之外的所有营养物质的维持供给量应分别增加 20%和 10%。

[b]假定妊娠的最后 2 个月奶牛处于钙平衡状态。如果奶牛不处于钙平衡状态,那么钙的需要量应从 25%增加到 33%。

[c]未对失重或增重造成动员的钙和磷的量做出规定。假定每日可从失重获得的最大氮量为 30 g 或 234 g 粗蛋白。

附表 14A 小体型非种用青年母牛(成年体重 450 kg)日营养需要(干物质基础)

体重 (kg)	ADG (kg/d)	DMI (kg/d)	TDN (%)	NE_m (Mcal/d)	NE_g (Mcal/d)	ME (Mcal/d)	RDP (g/d)	RUP (g/d)	RDP (%)	RUP (%)	CP[a] (%)	Ca (g/d)	P (g/d)
100	0.3	3.0	56.5	2.64	0.47	6.0	255	110	8.6	3.7	12.4	14	7
	0.4	3.0	58.6	2.64	0.64	6.4	270	143	9.0	4.7	13.7	18	8
	0.5	3.1	60.7	2.64	0.82	6.7	284	175	9.3	5.7	15.0	21	10
	0.6	3.1	62.9	2.64	1.00	7.0	298	207	9.6	6.7	16.3	25	11
	0.7	3.1	65.2	2.64	1.19	7.3	310	239	10.0	7.7	17.7	28	12
	0.8	3.1	67.7	2.64	1.37	7.6	323	270	10.4	8.7	19.0	31	13
150	0.3	4.0	56.5	3.57	0.63	8.2	346	95	8.6	2.4	11.0	15	8
	0.4	4.1	58.6	3.57	0.87	8.7	366	124	9.0	3.0	12.0	19	10
	0.5	4.1	60.7	3.57	1.11	9.1	385	152	9.3	3.7	12.9	22	11
	0.6	4.2	62.9	3.57	1.36	9.5	403	180	9.6	4.3	13.9	25	12
	0.7	4.2	65.3	3.57	1.61	9.9	421	207	10.0	4.9	14.9	28	13
	0.8	4.2	67.7	3.57	1.86	10.3	437	234	10.4	5.5	15.9	31	14
200	0.3	5.0	56.5	4.44	0.79	10.2	429	81	8.6	1.6	10.3	17	10
	0.4	5.1	58.6	4.44	1.08	10.7	454	106	9.0	2.1	11.1	20	11
	0.5	5.1	60.7	4.44	1.38	11.3	478	131	9.3	2.6	11.8	23	12
	0.6	5.2	62.9	4.44	1.68	11.8	500	156	9.6	3.0	12.6	26	13
	0.7	5.2	65.3	4.44	1.99	12.3	522	179	10.0	3.4	13.4	29	14
	0.8	5.2	67.7	4.44	2.31	12.8	543	202	10.4	3.9	14.2	32	15
250	0.3	5.9	56.5	5.24	0.93	12.0	508	69	8.6	1.2	9.8	19	11
	0.4	6.0	58.6	5.24	1.28	12.7	537	91	9.0	1.5	10.5	21	12
	0.5	6.1	60.7	5.24	1.63	13.4	565	113	9.3	1.9	11.1	24	13
	0.6	6.1	62.9	5.24	1.99	14.0	592	135	9.6	2.2	11.8	27	14
	0.7	6.2	65.3	5.24	2.36	14.6	617	155	10.0	2.5	12.5	30	15
	0.8	6.2	67.7	5.24	2.73	15.2	642	175	10.4	2.8	13.2	32	16
300	0.3	6.7	56.5	6.01	1.07	13.8	582	58	8.6	0.9	9.5	20	12
	0.4	6.9	58.6	6.01	1.46	14.6	616	79	9.0	1.1	10.1	23	13
	0.5	7.0	60.7	6.01	1.87	15.3	648	98	9.3	1.4	10.7	26	14
	0.6	7.0	62.9	6.01	2.28	16.0	678	117	9.6	1.7	11.3	28	15
	0.7	7.1	65.3	6.01	2.70	16.7	707	135	10.0	1.9	11.9	31	16
	0.8	7.1	67.7	6.01	3.13	17.4	736	151	10.4	2.1	12.5	34	17

[a] 只有日粮中 RDP 和 RUP 完全平衡时才需要粗蛋白。

附表 14B　大体型非种用母牛(成年体重 650 kg)日营养需要(干物质基础)

体重 (kg)	ADG (kg/d)	DMI (kg/d)	TDN (%)	NE_m (Mcal/d)	NE_g (Mcal/d)	ME (Mcal/d)	RDP (g/d)	RUP (g/d)	RDP (%)	RUP (%)	CP[a] (%)	Ca (g/d)	P (g/d)
150	0.5	4.1	58.4	3.57	0.84	8.6	364	167	8.9	4.1	13.0	23	11
	0.6	4.1	60.0	3.57	1.03	9.0	379	199	9.2	4.8	14.0	26	12
	0.7	4.2	61.7	3.57	1.22	9.3	393	230	9.4	5.5	14.9	30	13
	0.8	4.2	63.4	3.57	1.41	9.6	407	261	9.7	6.2	15.9	33	15
	0.9	4.2	65.3	3.57	1.61	9.9	421	292	10.0	6.9	16.9	37	16
	1.0	4.2	67.2	3.57	1.80	10.3	434	322	10.3	7.6	17.9	40	17
	1.1	4.2	69.2	3.57	2.00	10.6	446	352	10.6	8.3	18.9	43	18
200	0.5	5.1	58.4	4.44	1.05	10.7	452	148	8.9	2.9	11.9	24	12
	0.6	5.1	60.0	4.44	1.28	11.1	470	177	9.2	3.4	12.6	27	13
	0.7	5.2	61.7	4.44	1.51	11.5	488	205	9.4	4.0	13.4	30	14
	0.8	5.2	63.4	4.44	1.75	11.9	505	233	9.7	4.5	14.2	34	15
	0.9	5.2	65.3	4.44	1.99	12.3	522	260	10.0	5.0	15.0	37	17
	1.0	5.2	67.2	4.44	2.24	12.7	538	287	10.3	5.5	15.8	40	18
	1.1	5.2	69.2	4.44	2.49	13.1	554	314	10.6	6.0	16.6	43	19
250	0.5	6.0	58.4	5.24	1.24	12.6	534	131	8.9	2.2	11.1	25	13
	0.6	6.1	60.0	5.24	1.51	13.1	556	156	9.2	2.6	11.8	28	14
	0.7	6.1	61.7	5.24	1.79	13.6	577	182	9.4	3.0	12.4	31	15
	0.8	6.2	63.4	5.24	2.07	14.1	597	207	9.7	3.4	13.1	34	16
	0.9	6.2	65.3	5.24	2.36	14.6	617	232	10.0	3.7	13.7	37	17
	1.0	6.2	67.2	5.24	2.65	15.0	636	256	10.3	4.1	14.4	40	18
	1.1	6.2	69.2	5.24	2.94	15.5	655	280	10.6	4.5	15.1	43	19
300	0.5	6.9	58.4	6.01	1.42	14.5	612	114	8.9	1.7	10.6	27	14
	0.6	6.9	60.0	6.01	1.73	15.1	637	138	9.2	2.0	11.2	30	15
	0.7	7.0	61.7	6.01	2.05	15.6	661	161	9.4	2.3	11.7	33	16
	0.8	7.1	63.4	6.01	2.38	16.2	685	183	9.7	2.6	12.3	35	17
	0.9	7.1	65.3	6.01	2.70	16.7	707	205	10.0	2.9	12.9	38	18
	1.0	7.1	67.2	6.01	3.03	17.2	729	227	10.3	3.2	13.5	41	19
	1.1	7.1	69.2	6.01	3.37	17.7	751	248	10.6	3.2	14.1	44	20
350	0.5	7.7	58.4	6.75	1.59	16.2	687	99	8.9	1.3	10.2	28	15
	0.6	7.8	60.0	6.75	1.94	16.9	715	121	9.2	1.5	10.7	31	16
	0.7	7.9	61.7	6.75	2.30	17.6	742	141	9.4	1.8	11.2	34	17
	0.8	7.9	63.4	6.75	2.67	18.2	769	162	9.7	2.0	11.7	37	18
	0.9	8.0	65.3	6.75	3.03	18.8	794	181	10.0	2.3	12.3	40	19
	1.0	8.0	67.2	6.75	3.41	19.4	819	200	10.3	2.5	12.8	42	20
	1.1	8.0	69.2	6.75	3.78	19.9	843	218	10.6	2.7	13.3	45	21
400	0.5	8.5	58.4	7.46	1.76	18.0	760	86	8.9	1.0	9.9	30	16
	0.6	8.6	60.0	7.46	2.15	18.7	791	105	9.2	1.2	10.4	33	17
	0.7	8.7	61.7	7.46	2.55	19.4	821	124	9.4	1.4	10.9	35	18
	0.8	8.8	63.4	7.46	2.95	20.1	850	142	9.7	1.6	11.3	38	19
	0.9	8.8	65.3	7.46	3.35	20.7	878	159	10.0	1.8	11.8	41	20
	1.0	8.8	67.2	7.46	3.76	21.4	905	176	10.3	2.0	12.3	44	21
	1.1	8.8	69.2	7.46	4.18	22.0	931	192	10.6	2.2	12.8	46	22

[a] 只有日粮中 RDP 和 RUP 完全平衡时才需要粗蛋白。

附表 14C 小体型种用母牛(成年体重 450 kg)日营养需要(干物质基础)

体重 (kg)	ADG (kg/d)	DMI (kg/d)	TDN (%)	NE_m (Mcal/d)	NE_g (Mcal/d)	ME (Mcal/d)	RDP (g/d)	RUP (g/d)	RDP (%)	RUP (%)	CP[a] (%)	Ca (g/d)	P (g/d)
妊娠期 240 d(孕体重 39 kg,平均日增重 0.4 kg/d)													
300	0.3(0.7)[b]	7.7	56.5	5.42	0.96	15.7	663	291	8.6	3.8	12.4	36	19
	0.4(0.8)	7.7	58.6	5.42	1.32	16.4	693	310	9.0	4.0	13.0	39	20
	0.5(0.9)	7.7	60.8	5.42	1.68	17.0	721	329	9.3	4.2	13.5	41	21
	0.6(1.0)	7.7	63.1	5.42	2.06	17.7	748	346	9.7	4.5	14.1	44	22
	0.7(1.1)	7.7	65.5	5.42	2.44	18.3	774	364	10.0	4.7	14.7	47	23
	0.8(1.2)	7.7	68.1	5.42	2.82	18.9	798	380	10.4	5.0	15.4	49	24
	0.9(1.3)	7.6	70.9	5.42	3.21	19.4	822	395	10.8	5.2	16.1	52	24
350	0.3(0.7)	8.6	56.2	6.18	1.10	17.5	739	282	8.6	3.3	11.9	38	20
	0.4(0.8)	8.7	58.3	6.18	1.50	18.3	773	299	8.9	3.4	12.4	40	21
	0.5(0.9)	8.7	60.5	6.18	1.92	19.0	805	315	9.3	3.6	12.9	43	22
	0.6(1.0)	8.7	62.8	6.18	2.35	19.8	836	330	9.6	3.8	13.4	46	23
	0.7(1.1)	8.7	65.3	6.18	2.78	20.4	865	345	10.0	4.0	14.0	48	24
	0.8(1.2)	8.6	67.8	6.18	3.22	21.1	893	358	10.4	4.2	14.5	51	25
	0.9(1.3)	8.5	70.6	6.18	3.66	21.8	921	371	10.8	4.3	15.1	53	25
400	0.3(0.7)	9.5	56.0	6.91	1.23	19.2	813	275	8.6	2.9	11.5	40	21
	0.4(0.8)	9.6	58.1	6.91	1.68	20.1	851	291	8.9	3.0	11.9	42	22
	0.5(0.9)	9.6	60.3	6.91	2.15	21.0	887	305	9.2	3.2	12.4	45	23
	0.6(1.0)	9.6	62.6	6.91	2.62	21.8	921	319	9.6	3.3	12.9	47	24
	0.7(1.1)	9.6	65.0	6.91	3.11	22.5	953	331	9.9	3.5	13.4	50	25
	0.8(1.2)	9.5	67.6	6.91	3.60	23.3	985	342	10.3	3.6	13.9	52	26
	0.9(1.3)	9.4	70.3	6.91	4.09	24.0	1 015	352	10.8	3.7	14.5	55	26
450	0.3(0.7)	10.4	55.8	7.62	1.35	20.9	884	273	8.5	2.6	11.2	41	22
	0.4(0.8)	10.5	57.9	7.62	1.85	21.9	926	288	8.9	2.8	11.6	44	23
	0.5(0.9)	10.5	60.1	7.62	2.37	22.8	965	301	9.5	3.0	12.5	49	25
	0.7(1.1)	10.5	64.8	7.62	3.42	24.5	1 038	324	9.9	3.1	13.0	51	26
	0.8(1.2)	10.4	67.4	7.62	3.96	25.4	1 073	333	10.3	3.2	13.5	54	27
	0.9(1.3)	10.3	70.1	7.62	4.51	26.1	1 106	341	10.7	3.3	14.0	56	28

[a] 只有日粮中 RDP 和 RUP 完全平衡时才需要粗蛋白。

[b] 圆括号中的值为平均日增重(ADG)(lb/d)。

附表 14D　大体型种用母牛(成年体重 650 kg)日营养需要(干物质基础)

体重 (kg)	ADG (kg/d)	DMI (kg/d)	TDN (%)	NE_m (Mcal/d)	NE_g (Mcal/d)	ME (Mcal/d)	RDP (g/d)	RUP (g/d)	RDP (%)	RUP (%)	CP[a] (%)	Ca (g/d)	P (g/d)
妊娠 240 d(孕体重 48 kg,平均日增重 0.6 kg/d)													
450	0.5(1.1)[b]	10.5	59.3	7.49	1.77	22.5	951	402	9.1	3.8	12.9	47	25
	0.6(1.2)	10.5	61.1	7.49	2.16	23.2	981	418	9.3	4.0	13.3	50	25
	0.7(1.3)	10.5	62.9	7.49	2.55	23.9	1 010	433	9.6	4.1	13.7	53	26
	0.8(1.4)	10.5	64.8	7.49	2.96	24.5	1 038	448	9.9	4.3	14.2	55	27
	0.9(1.5)	10.4	66.8	7.49	3.37	25.2	1 066	462	10.2	4.4	14.7	58	28
	1.0(1.6)	10.4	68.9	7.49	3.78	25.8	1 092	475	10.5	4.6	15.1	61	29
	1.1(1.7)	10.3	71.2	7.49	4.19	26.4	1 118	488	10.9	4.8	15.6	63	30
500	0.5(1.1)	11.3	59.0	8.17	1.93	24.2	1 024	391	9.0	3.4	12.5	49	26
	0.6(1.2)	11.4	60.8	8.17	2.36	25.0	1 057	405	9.3	3.6	12.9	52	27
	0.7(1.3)	11.4	62.6	8.17	2.79	25.7	1 088	419	9.6	3.7	13.3	54	27
	0.8(1.4)	11.3	64.5	8.17	3.23	26.4	1 119	432	9.9	3.8	13.7	57	28
	0.9(1.5)	11.3	66.5	8.17	3.67	27.2	1 149	444	10.2	3.9	14.1	59	29
	1.0(1.6)	11.2	68.6	8.17	4.13	27.8	1 177	455	10.5	4.1	14.5	62	30
	1.1(1.7)	11.1	70.8	8.17	4.58	28.5	1 206	465	10.8	4.2	15.0	65	31
550	0.5(1.1)	12.2	58.8	8.84	2.09	25.9	1 094	382	9.0	3.1	12.1	51	27
	0.6(1.2)	12.2	60.5	8.84	2.55	26.7	1 130	395	9.3	3.2	12.5	53	28
	0.7(1.3)	12.2	62.3	8.84	3.02	27.5	1 164	407	9.5	3.3	12.9	56	29
	0.8(1.4)	12.2	64.2	8.84	3.49	28.3	1 197	418	9.8	3.4	13.3	58	29
	0.9(1.5)	12.1	66.2	8.84	3.98	29.1	1 229	428	10.1	3.5	13.7	61	30
	1.0(1.6)	12.1	68.3	8.84	4.46	29.8	1 260	437	10.4	3.6	14.1	64	31
	1.1(1.7)	12.0	70.5	8.84	4.95	30.5	1 291	445	10.8	3.7	14.5	66	32
600	0.5(1.1)	13.0	58.6	9.50	2.24	27.5	1 163	375	9.0	2.9	11.8	53	28
	0.6(1.2)	13.0	60.3	9.50	2.74	28.4	1 202	387	9.2	3.0	12.2	55	29
	0.7(1.3)	13.0	62.1	9.50	3.24	29.3	1 238	397	9.5	3.0	12.5	58	30
	0.8(1.4)	13.0	64.0	9.50	3.75	30.1	1 274	407	9.8	3.1	12.9	60	30
	0.9(1.5)	13.0	66.0	9.50	4.27	30.9	1 308	416	10.1	3.2	13.3	63	31
	1.0(1.6)	12.9	68.0	9.50	4.79	31.7	1 342	423	10.4	3.3	13.7	65	32
	1.1(1.7)	12.8	70.2	9.50	5.32	32.5	1 374	430	10.7	3.4	14.1	68	33
650	0.5(1.1)	13.8	58.4	10.14	2.39	29.1	1 231	371	8.9	2.7	11.6	54	29
	0.6(1.2)	13.8	60.1	10.14	2.92	30.1	1 272	382	9.2	2.8	12.0	57	30
	0.7(1.3)	13.8	61.9	10.14	3.46	31.0	1 311	392	9.5	2.8	12.3	59	31
	0.8(1.4)	13.8	63.8	10.14	4.00	31.9	1 349	400	9.8	2.9	12.7	62	31
	0.9(1.5)	13.8	65.8	10.14	4.56	32.7	1 385	408	10.1	3.0	13.0	64	32
	1.0(1.6)	13.7	67.8	10.14	5.11	33.6	1 421	414	10.4	3.0	13.4	67	33
	1.1(1.7)	13.6	70.0	10.14	5.68	34.4	1 456	418	10.7	3.1	13.8	69	34

[a] 只有日粮中 RDP 和 RUP 完全平衡时才需要粗蛋白。

[b] 圆括号中的值为平均日增重(ADG)(lb/d)。

附表15　泌乳母牛采用可吸收蛋白质体系的日营养需要

（NRC奶牛营养需要，1989）

体重（kg）	乳脂率（%）	产奶量（kg）	体重变化（kg）	DMI（kg）	能量			蛋白质		矿物质	
					NE_l（Mcal/kg DM）	NE_l（Mcal）	TDN（kg）	UIP（g）	DIP（g）	Ca（g）	P（g）
100%维持，泌乳和体增重需要时的采食量											
400	4.5	8.0	0.220	10.14	1.43	14.55	6.44	511	753	44	28
400	4.5	14.0	0.220	12.66	1.52	19.26	8.48	710	1 052	65	41
400	4.5	20.0	0.220	14.91	1.61	23.96	10.51	880	1 355	85	54
400	4.5	26.0	0.220	16.94	1.69	28.67	12.54	1 026	1 662	106	67
400	4.5	32.0	0.220	19.41	1.72	33.37	14.58	1 220	1 962	127	80
400	5.0	8.0	0.220	10.36	1.44	14.94	6.60	525	778	46	30
400	5.0	14.0	0.220	13.00	1.53	19.93	8.77	730	1 096	68	43
400	5.0	20.0	0.220	15.35	1.62	24.93	10.93	902	1 419	90	57
400	5.0	26.0	0.220	17.44	1.72	29.92	13.07	1 048	1 745	112	71
400	5.0	32.0	0.220	20.30	1.72	34.91	15.25	1 277	2 061	134	84
400	5.5	8.0	0.220	10.57	1.45	15.32	6.77	538	803	48	31
400	5.5	14.0	0.220	13.33	1.55	20.61	9.07	748	1 140	71	45
400	5.5	20.0	0.220	15.77	1.64	25.89	11.34	923	1 483	95	60
400	5.5	26.0	0.220	18.13	1.72	31.17	13.62	1 091	1 826	118	75
400	5.5	32.0	0.220	21.20	1.72	36.45	15.92	1 334	2 160	142	89
500	4.0	9.0	0.275	11.59	1.42	16.49	7.30	540	883	49	32
500	4.0	17.0	0.275	14.78	1.51	22.38	9.86	797	1 257	75	48
500	4.0	25.0	0.275	17.62	1.61	28.27	12.40	1 015	1 635	101	64
500	4.0	33.0	0.275	20.14	1.70	34.15	14.93	1 201	2 018	126	80
500	4.0	41.0	0.275	23.29	1.72	40.04	17.49	1 453	2 392	152	95
500	4.5	9.0	0.275	11.84	1.43	16.92	7.49	556	911	51	33
500	4.5	17.0	0.275	15.20	1.53	23.20	10.21	821	1 310	79	50
500	4.5	25.0	0.275	18.16	1.62	29.47	12.92	1 043	1 715	107	68
500	4.5	33.0	0.275	20.79	1.72	35.74	15.61	1 230	2 124	134	85
500	4.5	41.0	0.275	24.44	1.72	42.02	18.35	1 526	2 519	162	102
500	5.0	9.0	0.275	12.08	1.44	17.36	7.68	571	939	53	35
500	5.0	17.0	0.275	15.60	1.54	24.01	10.57	844	1 364	83	53
500	5.0	25.0	0.275	18.68	1.64	30.67	13.44	1 069	1 795	113	71
500	5.0	33.0	0.275	21.71	1.72	37.33	16.31	1 289	2 226	142	89
500	5.0	41.0	0.275	25.58	1.72	43.99	19.21	1 599	2 646	172	108
600	3.0	10.0	0.330	12.52	1.42	17.79	7.87	533	974	52	34
600	3.0	20.0	0.330	16.20	1.49	24.18	10.67	845	1 375	79	51
600	3.0	30.0	0.330	19.37	1.58	30.58	13.43	1 102	1 784	106	68
600	3.0	40.0	0.330	22.21	1.67	36.98	16.19	1 323	2 198	133	84
600	3.0	50.0	0.330	25.23	1.72	43.38	18.95	1 565	2 608	161	101
600	3.5	10.0	0.330	12.86	1.42	18.27	8.08	557	1 004	54	35
600	3.5	20.0	0.330	16.70	1.51	25.15	11.08	874	1 438	84	54
600	3.5	30.0	0.330	20.04	1.60	32.03	14.06	1 137	1 879	113	72
600	3.5	40.0	0.330	23.00	1.69	38.90	17.01	1 360	2 326	143	90
600	3.5	50.0	0.330	26.63	1.72	45.78	20.00	1 654	2 763	173	109
600	4.0	10.0	0.330	13.20	1.42	18.75	8.30	581	1 034	56	37
600	4.0	20.0	0.330	17.19	1.52	26.11	11.50	902	1 501	89	57

续附表 15

体重 (kg)	乳脂率 (%)	产奶量 (kg)	体重变化 (kg)	DMI (kg)	能量			蛋白质		矿物质	
					NE_l (Mcal/kg DM)	NE_l (Mcal)	TDN (kg)	UIP (g)	DIP (g)	Ca (g)	P (g)
600	4.0	30.0	0.330	20.69	1.62	33.47	14.68	1 170	1 975	121	77
600	4.0	40.0	0.330	23.78	1.72	40.83	17.84	1 395	2 454	153	96
600	4.0	50.0	0.330	28.03	1.72	48.19	21.05	1 744	2 918	185	116
700	3.0	12.0	0.385	14.46	1.42	20.54	9.09	607	1 154	61	40
700	3.0	24.0	0.385	18.75	1.50	28.21	12.44	968	1 638	94	60
700	3.0	36.0	0.385	22.48	1.60	35.89	15.76	1 269	2 129	127	81
700	3.0	48.0	0.385	25.80	1.69	43.57	19.05	1 525	2 627	159	101
700	3.0	60.0	0.385	29.81	1.72	51.25	22.39	1 857	3 114	192	121
700	3.5	12.0	0.385	14.86	1.42	21.11	9.34	636	1 190	64	42
700	3.5	24.0	0.385	19.34	1.52	29.37	12.94	1 002	1 713	100	64
700	3.5	36.0	0.385	23.26	1.62	37.62	16.50	1 309	2 244	135	86
700	3.5	48.0	0.385	26.72	1.72	45.88	20.04	1 567	2 781	171	108
700	3.5	60.0	0.385	31.48	1.72	54.13	23.65	1 964	3 300	207	130
700	4.0	12.0	0.385	15.20	1.43	21.69	9.60	658	1 227	67	44
700	4.0	24.0	0.385	19.92	1.53	30.52	13.44	1 035	1 789	105	68
700	4.0	36.0	0.385	24.02	1.64	39.35	17.25	1 347	2 359	144	91
700	4.0	48.0	0.385	28.03	1.72	48.19	21.05	1 648	2 930	182	115
700	4.0	60.0	0.385	33.16	1.72	57.02	24.91	2 071	3 485	221	139
800	3.0	14.0	0.440	16.36	1.42	23.24	10.29	682	1 331	71	46
800	3.0	27.0	0.440	20.93	1.51	31.56	13.91	1 064	1 857	106	68
800	3.0	40.0	0.440	24.95	1.60	39.88	17.50	1 388	2 390	142	90
800	3.0	53.0	0.440	28.54	1.69	48.20	21.08	1 665	2 928	177	112
800	3.0	66.0	0.440	32.87	1.72	56.51	24.69	2 022	3 457	213	134
800	3.5	14.0	0.440	16.78	1.42	23.92	10.58	710	1 374	74	49
800	3.5	27.0	0.440	21.59	1.52	32.86	14.47	1 102	1 942	113	72
800	3.5	40.0	0.440	25.82	1.62	41.80	18.33	1 432	2 517	151	96
800	3.5	53.0	0.440	29.57	1.72	50.75	22.17	1 711	3 099	190	120
800	3.5	66.0	0.440	34.72	1.72	59.69	26.07	2 140	3 661	228	144
800	4.0	14.0	0.440	17.17	1.43	24.59	10.88	734	1 418	77	51
800	4.0	27.0	0.440	22.24	1.54	34.16	15.03	1 139	2 027	119	76
800	4.0	40.0	0.440	26.66	1.64	43.73	19.16	1 474	2 644	161	102
800	4.0	53.0	0.440	31.00	1.72	53.29	23.28	1 800	3 263	203	128
800	4.0	66.0	0.440	36.56	1.72	62.86	27.46	2 259	3 865	244	154
85%维持和泌乳需要量时的采食量											
400	4.5	20.0	−0.696	11.62	1.67	19.41	8.49	687	1 066	85	54
400	4.5	26.0	−0.840	14.02	1.67	23.41	10.24	931	1 310	106	67
400	4.5	32.0	−0.938	16.41	1.67	27.41	11.99	1 187	1 554	127	80
400	5.0	20.0	−0.726	12.11	1.67	20.23	8.85	720	1 118	90	57
400	5.0	26.0	−0.878	14.65	1.67	24.47	10.71	987	1 377	112	71
400	5.0	32.0	−1.030	17.20	1.67	28.72	12.56	1 255	1 635	134	84
400	5.5	20.0	−0.755	12.60	1.67	21.05	9.21	761	1 169	95	60
400	5.5	26.0	−0.916	15.29	1.67	25.54	11.17	1 042	1 443	118	75
400	5.5	32.0	−1.077	17.98	1.67	30.03	13.14	1 323	1 717	142	89

续附表 15

体重(kg)	乳脂率(%)	产奶量(kg)	体重变化(kg)	DMI(kg)	能量			蛋白质		矿物质	
					NE_l(Mcal/kg DM)	NE_l(Mcal)	TDN(kg)	UIP(g)	DIP(g)	Ca(g)	P(g)
500	4.0	25.0	−0.819	13.67	1.67	22.83	9.99	810	1 286	101	64
500	4.0	33.0	−0.998	16.67	1.67	27.83	12.18	1 134	1 590	126	80
500	4.0	41.0	−1.178	19.66	1.67	32.84	14.37	1 458	1 894	152	95
500	4.5	25.0	−0.856	14.28	1.67	23.85	10.44	864	1 350	107	68
500	4.5	33.0	−1.047	17.48	1.67	29.18	12.77	1 205	1 674	134	85
500	4.5	41.0	−1.238	20.67	1.67	34.52	15.10	1 546	1 998	162	102
500	5.0	25.0	−0.892	14.89	1.67	24.87	10.88	917	1 414	113	71
500	5.0	33.0	−1.095	18.28	1.67	30.53	13.36	1 275	1 758	142	89
500	5.0	41.0	−1.298	21.67	1.67	36.19	15.83	1 633	2 103	172	108
600	3.0	30.0	−0.881	14.71	1.67	24.56	10.74	860	1 399	106	68
600	3.0	40.0	−1.076	17.96	1.67	30.00	13.12	1 223	1 728	133	84
600	3.0	50.0	−1.271	21.22	1.67	35.44	15.50	1 585	2 057	161	101
600	3.5	30.0	−0.952	15.44	1.67	25.79	11.28	924	1 476	113	72
600	3.5	40.0	−1.135	18.94	1.67	31.63	13.84	1 308	1 830	143	90
600	3.5	50.0	−1.344	22.44	1.67	37.48	16.40	1 692	2 184	173	109
600	4.0	30.0	−0.969	16.17	1.67	27.01	11.82	988	1 552	121	77
600	4.0	40.0	−1.193	19.92	1.67	33.27	14.55	1 393	1 932	153	96
600	4.0	50.0	−1.418	23.67	1.67	39.52	17.29	1 798	2 311	185	116
700	3.0	36.0	−1.034	17.26	1.67	28.83	12.61	1 054	1 669	127	81
700	3.0	48.0	−1.268	21.17	1.67	35.36	15.47	1 489	2 064	159	101
700	3.0	60.0	−1.502	25.08	1.67	41.88	18.32	1 924	2 458	192	121
700	3.5	36.0	−1.087	18.15	1.67	30.30	13.26	1 131	1 761	135	86
700	3.5	48.0	−1.339	22.35	1.67	37.32	16.33	1 591	2 186	171	108
700	3.5	60.0	−1.590	26.55	1.67	44.34	19.40	2 052	2 611	207	130
700	4.0	36.0	−1.140	19.03	1.67	31.78	13.90	1 208	1 853	144	91
700	4.0	48.0	−1.409	23.52	1.67	39.28	17.19	1 694	2 308	182	115
700	4.0	60.0	−1.678	28.02	1.67	46.79	20.47	2 180	2 764	221	139
800	3.0	40.0	−1.147	19.15	1.67	31.98	13.99	1 176	1 871	142	90
800	3.0	50.0	−1.342	22.41	1.67	37.42	16.37	1 538	2 200	169	107
800	3.0	60.0	−1.537	25.66	1.67	42.86	18.75	1 900	2 529	196	124
800	3.5	40.0	−1.206	20.13	1.67	33.62	14.71	1 261	1 973	151	96
800	3.5	50.0	−1.416	23.63	1.67	39.46	17.27	1 645	2 327	181	114
800	3.5	60.0	−1.625	27.13	1.67	45.31	19.82	2 028	2 682	211	133
800	4.0	40.0	−1.264	21.11	1.67	35.25	15.42	1 346	2 075	161	102
800	4.0	50.0	−1.489	24.86	1.67	41.51	18.16	1 751	2 455	193	122
800	4.0	60.0	−1.713	28.60	1.67	47.76	20.90	2 156	2 835	225	142

注：本表使用了以下缩写：NE_l，Mcal/kg；DMI，泌乳净能/kg 干物质；NE_l，泌乳净能；TDN，总消化养分；UIP，非降解进食饲料蛋白；DIP，可降解进食饲料蛋白。

附表 15A　小体型奶牛(体重 454 kg)泌乳早期(采食量为泌乳第 11 天时的估计值)日营养需要

(适用于 TDN 低于 78%的日粮[a])

产奶量 (kg)	乳脂率 (%)	真蛋白含量(%)	DMI (kg)	体重变化 (kg)	NE_l (Mcal)	RDP (g)	RUP (g)	RDP (%)	RUP (%)	CP (%)
15	4.0	3.0	9.4	−0.3	19.0	1 060	500	11.3	5.3	16.6
15	4.0	3.5	9.4	−0.3	19.4	1 060	630	11.3	6.7	18.0
15	4.0	4.0	9.4	−0.4	19.8	1 060	760	11.3	8.1	19.4
15	4.5	3.0	9.7	−0.3	19.7	1 090	490	11.2	5.1	16.3
15	4.5	3.5	9.7	−0.4	20.1	1 090	620	11.2	6.4	17.6
15	4.5	4.0	9.7	−0.5	20.5	1 090	750	11.2	7.7	18.9
15	5.0	3.0	9.9	−0.4	20.4	1 110	480	11.2	4.8	16.0
15	5.0	3.5	9.9	−0.5	20.8	1 110	610	11.2	6.2	17.4
15	5.0	4.0	9.9	−0.5	21.2	1 110	740	11.2	7.5	18.7
30	4.0	3.0	12.9	−1.4	30.1	1 410	1 170	10.9	9.1	20.0
30	4.0	3.5	12.9	−1.6	30.9	1 410	1 430	10.9	11.1	22.0
30	4.0	4.0	12.9	−1.7	31.8	1 410	1 690	10.9	13.1	24.0
30	4.5	3.0	13.5	−1.5	31.5	1 460	1 150	10.8	8.5	19.3
30	4.5	3.5	13.5	−1.7	32.3	1 460	1 410	10.8	10.4	21.2
30	4.5	4.0	13.5	−1.9	33.2	1 460	1 670	10.8	12.4	23.2
30	5.0	3.0	14.0	−1.6	32.8	1 510	1 140	10.8	8.1	18.9
30	5.0	3.5	14.0	−1.8	33.7	1 510	1 400	10.8	10.0	20.8
30	5.0	4.0	14.0	−2.0	34.6	1 510	1 660	10.8	11.9	22.7

[a]表中所使用的日粮由 15%未成熟豆科青贮、33%普通玉米青贮、34%高水分玉米粉、12%大豆粕(粗蛋白 48%)、2.5%牛脂、1.5%鲱鱼粉和 2%的矿物质和维生素混合物组成。需要量取决于饲料采食量。表中所示的需要量不包括体重变化的营养物质。体重改变的营养需要量假定为 NE_l 采食量减去需要量。RUP 需要量不包含动用体储存所分解的体蛋白以及体增重所需的蛋白质。假定 RDP 和 RUP 已满足 CP 需要量。如果 RDP 需要量不足时,应提高总 CP 需要量。

附表 15B　小体型奶牛(体重 454 kg)泌乳中期(采食量为泌乳第 90 天时的估计值)日营养需要

(适用于 TDN 低于 78%的日粮[a])

产奶量 (kg)	乳脂率 (%)	真蛋白含量(%)	DMI (kg)	体重变化 (kg)	NE_l (Mcal)	RDP (g)	RUP (g)	RDP (%)	RUP (%)	CP (%)
20	4.0	3.0	16.0	1.0	22.7	1 680	560	10.5	3.5	14.0
20	4.0	3.5	16.0	0.8	23.2	1 680	740	10.5	4.6	15.1
20	4.0	4.0	16.0	0.7	23.8	1 680	910	10.5	5.7	16.2
20	4.5	3.0	16.5	0.9	23.6	1 730	550	10.5	3.3	13.8
20	4.5	3.5	16.5	0.8	24.2	1 730	720	10.5	4.4	14.9
20	4.5	4.0	16.5	0.7	24.8	1 730	900	10.5	5.5	16.0
20	5.0	3.0	17.0	0.9	24.5	1 770	540	10.4	3.2	13.6
20	5.0	3.5	17.0	0.8	25.1	1 770	710	10.4	4.2	14.6
20	5.0	4.0	17.0	0.6	25.7	1 770	880	10.4	5.2	15.6
30	4.0	3.0	19.5	0.4	30.1	1 980	1 010	10.2	5.2	15.4
30	4.0	3.5	19.5	0.2	30.9	1 980	1 270	10.2	6.5	16.7
30	4.0	4.0	19.5	0	31.8	1 980	1 530	10.2	7.8	18.0
30	4.5	3.0	20.3	0.3	31.5	2 040	990	10.0	4.9	14.9
30	4.5	3.5	20.3	0.1	32.3	2 040	1 250	10.0	6.2	16.2
30	4.5	4.0	20.3	−0.1	33.2	2 040	1 510	10.0	7.4	17.4
30	5.0	3.0	21.1	0.2	32.8	2 100	980	10.0	4.6	14.6

续附表15B

产奶量(kg)	乳脂率(%)	真蛋白含量(%)	DMI(kg)	体重变化(kg)	NE_l(Mcal)	RDP(g)	RUP(g)	RDP(%)	RUP(%)	CP(%)
30	5.0	3.5	21.1	0	33.7	2 100	1 240	10.0	5.9	15.9
30	5.0	4.0	21.1	−0.2	34.6	2 100	1 500	10.0	7.1	17.1
40	4.0	3.0	23.1	−0.3	37.5	2 240	1 470	9.7	6.4	16.1
40	4.0	3.5	23.1	−0.6	38.6	2 240	1 820	9.7	7.9	17.6
40	4.0	4.0	23.1	−0.8	39.8	2 240	2 160	9.7	9.4	19.1
40	4.5	3.0	24.2	−0.5	39.3	2 310	1 460	9.5	6.0	15.5
40	4.5	3.5	24.2	−0.7	40.5	2 310	1 800	9.5	7.4	16.9
40	4.5	4.0	24.2	−1.0	41.7	2 310	2 150	9.5	8.9	18.4
40	5.0	3.0	25.2	−0.7	41.2	2 390	1 450	9.5	5.8	15.3
40	5.0	3.5	25.2	−0.9	42.3	2 390	1 790	9.5	7.1	16.6
40	5.0	4.0	25.2	−1.1	43.5	2 390	2 140	9.5	8.5	18.0

[a]表中所使用的日粮由15%未成熟豆科青贮、33%普通玉米青贮、34%高水分玉米粉、12%大豆粕(粗蛋白48%)、2.5%牛脂、1.5%鲱鱼粉和2%的矿物质和维生素预混料组成。需要量取决于饲料采食量。表中所示的需要量不包括体重变化的营养物质。体重改变的营养需要量假定为NE_l采食量减去需要量。RUP需要量不包含动用体储存所分解的体蛋白以及体增重所需的蛋白质。假定RDP和RUP已满足CP需要量。如果RDP需要量不足时,应提高总CP需要量。

附表15C　小体型奶牛(体重454 kg)泌乳中期(采食量为泌乳第90天时的估计值)日营养需要

(适用于TDN低于68%的日粮[a])

产奶量(kg)	乳脂率(%)	真蛋白含量(%)	DMI(kg)	体重变化(kg)	NE_l(Mcal)	RDP(g)	RUP(g)	RDP(%)	RUP(%)	CP(%)
10	4.0	3.0	12.4	0.9	15.3	1 240	230	10.0	1.9	11.9
10	4.0	3.5	12.4	0.8	15.6	1 240	320	10.0	2.6	12.6
10	4.0	4.0	12.4	0.8	15.9	1 240	420	10.0	3.4	13.4
10	4.5	3.0	12.7	0.9	15.7	1 270	230	10.0	1.8	11.8
10	4.5	3.5	12.7	0.8	16.0	1 270	320	10.0	2.5	12.5
10	4.5	4.0	12.7	0.8	16.3	1 270	410	10.0	3.2	13.2
10	5.0	3.0	12.9	0.9	16.2	1 290	220	10.0	1.7	11.7
10	5.0	3.5	12.9	0.8	16.5	1 290	310	10.0	2.4	12.4
10	5.0	4.0	12.9	0.8	16.8	1 290	400	10.0	3.1	13.1
20	4.0	3.0	16.0	0.4	22.7	1 560	680	9.8	4.3	14.1
20	4.0	3.5	16.0	0.3	23.2	1 560	860	9.8	5.4	15.2
20	4.0	4.0	16.0	0.2	23.8	1 560	1 040	9.8	6.5	16.3
20	4.5	3.0	16.5	0.4	23.6	1 610	660	9.8	4.0	13.8
20	4.5	3.5	16.5	0.3	24.2	1 610	840	9.8	5.1	14.9
20	4.5	4.0	16.5	0.2	24.8	1 610	1 030	9.8	6.2	16.0
20	5.0	3.0	17.0	0.4	24.5	1 660	650	9.8	3.8	13.6
20	5.0	3.5	17.0	0.2	25.1	1 660	830	9.8	4.9	14.7
20	5.0	4.0	17.0	0.1	25.7	1 660	1 010	9.8	5.9	15.7
30	4.0	3.0	19.5	−0.1	30.1	1 870	1 130	9.6	5.8	15.4
30	4.0	3.5	19.5	−0.3	30.9	1 870	1 400	9.6	7.2	16.8
30	4.0	4.0	19.5	−0.4	31.8	1 870	1 670	9.6	8.6	18.2
30	4.5	3.0	20.3	−0.2	31.5	1 940	1 110	9.6	5.5	15.1
30	4.5	3.5	20.3	−0.3	32.3	1 940	1 380	9.6	6.8	16.4

续附表 15C

产奶量 (kg)	乳脂率 (%)	真蛋白含量(%)	DMI (kg)	体重变化 (kg)	NE_l (Mcal)	RDP (g)	RUP (g)	RDP (%)	RUP (%)	CP (%)
30	4.5	4.0	20.3	−0.5	33.2	1 940	1 650	9.6	8.1	17.7
30	5.0	3.0	21.1	−0.2	32.8	2 000	1 090	9.5	5.2	14.7
30	5.0	3.5	21.1	−0.4	33.7	2 000	1 360	9.5	6.4	15.9
30	5.0	4.0	21.1	−0.6	34.6	2 000	1 630	9.5	7.7	17.2

[a]表中所使用的日粮由 40%中等成熟的豆科干草、27%普通玉米青贮、23%破碎玉米、8%大豆粕(粗蛋白 48%)、2%的矿物质和维生素预混料组成。需要量取决于饲料采食量。表中所示的需要量不包括体重变化的营养物质。体重改变的营养需要量假定为 NE_l 采食量减去需要量。RUP 需要量不包含动用体储存所分解的体蛋白以及体增重所需的蛋白质。假定 RDP 和 RUP 已满足 CP 需要量。如果 RDP 需要量不足时,应提高总 CP 需要量。

附表 15D 大体型奶牛(体重 680 kg)泌乳早期(采食量为泌乳第 11 天时的估计值)日营养需要

(适用于 TDN 低于 78%的日粮[a])

产奶量 (kg)	乳脂率 (%)	真蛋白含量(%)	DMI (kg)	体重变化 (kg)	NE_l (Mcal)	RDP (g)	RUP (g)	RDP (%)	RUP (%)	CP (%)
20	3.0	2.5	12.0	0	23.0	1 360	500	11.3	4.2	15.5
20	3.0	3.0	12.0	−0.2	23.6	1 360	670	11.3	5.6	16.9
20	3.0	3.5	12.0	−0.3	24.2	1 360	850	11.3	7.1	18.4
20	3.5	2.5	12.4	−0.1	23.9	1 400	480	11.3	3.9	15.2
20	3.5	3.0	12.4	−0.2	24.5	1 400	660	11.3	5.3	16.6
20	3.5	3.5	12.4	−0.4	25.1	1 400	840	11.3	6.8	18.1
20	4.0	2.5	12.7	−0.2	24.9	1 440	470	11.3	3.7	15.0
20	4.0	3.0	12.7	−0.3	25.4	1 440	650	11.3	5.1	16.5
20	4.0	3.5	12.7	−0.4	26.0	1 440	820	11.3	6.5	17.8
30	3.0	2.5	14.0	−0.6	29.2	1 570	860	11.2	6.1	17.4
30	3.0	3.0	14.0	−0.8	30.1	1 570	1 130	11.2	8.1	19.3
30	3.0	3.5	14.0	−1.0	30.9	1 570	1 390	11.2	9.9	21.1
30	3.5	2.5	14.5	−0.7	30.6	1 620	850	11.2	5.9	17.0
30	3.5	3.0	14.5	−0.9	31.4	1 620	1 110	11.2	7.7	18.8
30	3.5	3.5	14.5	−1.1	32.3	1 620	1 370	11.2	9.4	20.6
30	4.0	2.5	15.1	−0.9	32.0	1 670	830	11.1	5.5	16.6
30	4.0	3.0	15.1	−1.0	32.8	1 670	1 090	11.1	7.2	18.3
30	4.0	3.5	15.1	−1.2	33.7	1 670	1 350	11.1	8.9	20.0
40	3.0	2.5	16.0	−1.2	35.3	1 760	1 230	11.0	7.7	18.7
40	3.0	3.0	16.0	−1.5	36.5	1 760	1 580	11.0	9.9	20.9
40	3.0	3.5	16.0	−1.7	37.7	1 760	1 930	11.0	12.1	23.1
40	3.5	2.5	16.7	−1.4	37.2	1 830	1 210	11.0	7.2	18.2
40	3.5	3.0	16.7	−1.6	38.4	1 830	1 560	11.0	9.3	20.3
40	3.5	3.5	16.7	−1.9	39.6	1 830	1 910	11.0	11.4	22.4
40	4.0	2.5	17.4	−1.6	39.1	1 900	1 190	10.9	6.8	17.8
40	4.0	3.0	17.4	−1.8	40.2	1 900	1 540	10.9	8.9	19.8
40	4.0	3.5	17.4	−2.0	41.4	1 900	1 890	10.9	10.9	21.8

[a]表中所使用的日粮由 15%未成熟豆科青贮、33%普通玉米青贮、34%破碎玉米、12%大豆粕(粗蛋白 48%)、2.5%牛脂、1.5%鲱鱼粉和 2%的矿物质和维生素预混料组成。需要量取决于饲料采食量。表中所示的需要量不包括体重变化的营养物质。体重改变的营养需要量假定为 NE_l 采食量减去需要量。RUP 需要量不包含动用体储存所分解的体蛋白以及体增重所需的蛋白质。假定 RDP 和 RUP 已满足 CP 需要量。如果 RDP 需要量不足时,应提高总 CP 需要量。

附表 15E 大体型奶牛(体重 680 kg)泌乳中期(采食量为泌乳第 90 天时的估计值)日营养需要

(适用于 TDN 低于 78%的日粮[a])

产奶量(kg)	乳脂率(%)	真蛋白含量(%)	DMI(kg)	体重变化(kg)	NE_l(Mcal)	RDP(g)	RUP(g)	RDP(%)	RUP(%)	CP(%)
35	3.0	2.5	22.7	1.3	32.2	2 370	820	10.4	3.6	14.1
35	3.0	3.0	22.7	1.1	33.2	2 370	1 130	10.4	5.0	15.4
35	3.0	3.5	22.7	0.9	34.2	2 370	1 430	10.4	6.3	16.7
35	3.5	2.5	23.6	1.2	33.8	2 450	800	10.4	3.4	13.8
35	3.5	3.0	23.6	1.0	34.8	2 450	1 110	10.4	4.7	15.1
35	3.5	3.5	23.6	0.8	35.9	2 450	1 410	10.4	6.0	16.4
35	4.0	2.5	24.5	1.1	35.4	2 520	780	10.3	3.2	13.5
35	4.0	3.0	24.5	0.9	36.5	2 520	1 090	10.3	4.4	14.7
35	4.0	3.5	24.5	0.7	37.5	2 520	1 390	10.3	5.7	16.0
45	3.0	2.5	25.7	0.8	38.3	2 620	1 190	10.2	4.6	14.8
45	3.0	3.0	25.7	0.5	39.7	2 620	1 580	10.2	6.1	16.3
45	3.0	3.5	25.7	0.3	41.0	2 620	1 970	10.2	7.7	17.9
45	3.5	2.5	26.9	0.7	40.4	2 710	1 170	10.1	4.3	14.4
45	3.5	3.0	26.9	0.4	41.8	2 710	1 560	10.1	5.8	15.9
45	3.5	3.5	26.9	0.2	43.1	2 710	1 950	10.1	7.2	17.3
45	4.0	2.5	28.1	0.5	42.5	2 800	1 150	10.0	4.1	14.1
45	4.0	3.0	28.1	0.3	43.8	2 800	1 540	10.0	5.5	15.4
45	4.0	3.5	28.1	0	45.2	2 800	1 930	10.0	6.9	16.8
55	3.0	2.5	28.7	0.3	44.5	2 850	1 570	9.9	5.5	15.4
55	3.0	3.0	28.7	0	46.1	2 850	2 060	9.9	7.2	17.1
55	3.0	3.5	28.7	−0.4	47.7	2 850	2 540	9.9	8.9	18.8
55	3.5	2.5	30.2	0.1	47.1	2 960	1 560	9.8	5.2	15.0
55	3.5	3.0	30.2	−0.2	48.7	2 960	2 040	9.8	6.8	16.6
55	3.5	3.5	30.2	−0.6	50.7	2 960	2 510	9.8	8.3	18.1
55	4.0	2.5	31.7	−0.1	49.6	3 060	1 540	9.7	4.9	14.5
55	4.0	3.0	31.7	−0.5	51.2	3 060	2 020	9.7	6.4	16.0
55	4.0	3.5	31.7	−0.8	52.8	3 060	2 490	9.7	7.9	17.5

[a]表中所使用的日粮由 15%未成熟豆科青贮、33%普通玉米青贮、34%破碎玉米、12%大豆粕(粗蛋白 48%)、2.5%牛脂、1.5%鲱鱼粉和 2%的矿物质和维生素预混料组成。需要量取决于饲料采食量。表中所示的需要量不包括体重变化的营养物质。体重改变的营养需要量假定为 NE_l 采食量减去需要量。RUP 需要量不包含动用体储存所分解的体蛋白以及体增重所需的蛋白质。假定 RDP 和 RUP 已满足 CP 需要量。如果 RDP 需要量不足时,应提高总 CP 需要量。

附表 15F　大体型奶牛(体重 680 kg)泌乳中期(采食量为泌乳第 90 天时的估计值)日营养需要

(适用于 TDN 低于 68%的日粮[a])

产奶量 (kg)	乳脂率 (%)	真蛋白含量(%)	DMI (kg)	体重变化 (kg)	NE_l (Mcal)	RDP (g)	RUP (g)	RDP (%)	RUP (%)	CP (%)
25	3.0	2.5	19.6	1.0	26.0	1 940	620	9.9	3.2	13.1
25	3.0	3.0	19.6	0.8	26.8	1 940	840	9.9	4.3	14.2
25	3.0	3.5	19.6	0.7	27.5	1 940	1 070	9.9	5.5	15.4
25	3.5	2.5	20.3	0.9	27.2	2 000	600	9.9	3.0	12.9
25	3.5	3.0	20.3	0.8	27.9	2 000	820	9.9	4.0	13.9
25	3.5	3.5	20.3	0.6	28.7	2 000	1 050	9.9	5.2	15.1
25	4.0	2.5	21.0	0.9	28.4	2 060	580	9.8	2.8	12.6
25	4.0	3.0	21.0	0.7	29.1	2 060	810	9.8	3.9	13.7
25	4.0	3.5	21.0	0.6	29.8	2 060	1 030	9.8	4.9	14.7
35	3.0	2.5	22.7	0.6	32.2	2 210	990	9.7	4.4	14.1
35	3.0	3.0	22.7	0.4	33.2	2 210	1 300	9.7	5.7	15.4
35	3.0	3.5	22.7	0.2	34.2	2 210	1 620	9.7	7.1	16.8
35	3.5	2.5	23.6	0.5	33.8	2 290	960	9.7	4.1	13.8
35	3.5	3.0	23.6	0.3	34.8	2 290	1 280	9.7	5.4	15.1
35	3.5	3.5	23.6	0.1	35.9	2 290	1 600	9.7	6.7	16.4
35	4.0	2.5	24.5	0.4	35.4	2 730	940	9.7	3.8	13.5
35	4.0	3.0	24.5	0.2	36.5	2 730	1 260	9.7	5.1	14.8
35	4.0	3.5	24.5	0	37.5	2 730	1 570	9.7	6.4	16.1
45	3.0	2.5	25.7	0.1	28.3	2 470	1 370	9.6	5.3	14.9
45	3.0	3.0	25.7	−0.1	39.7	2 470	1 780	9.6	6.9	16.5
45	3.0	3.5	25.7	−0.4	41.0	2 470	2 180	9.6	8.5	18.1
45	3.5	2.5	26.9	0	40.4	2 570	1 340	9.6	5.0	14.6
45	3.5	3.0	26.9	−0.2	41.8	2 570	1 750	9.6	6.5	16.1
45	3.5	3.5	26.9	−0.5	43.1	2 570	2 160	9.6	8.0	17.6
45	4.0	2.5	28.1	−0.1	42.5	2 670	1 310	9.5	4.7	14.2
45	4.0	3.0	28.1	−0.3	43.8	2 670	1 720	9.5	6.1	15.6
45	4.0	3.5	28.1	−0.6	45.2	2 670	2 130	9.5	7.6	17.1

[a]表中所使用的日粮由 40%中等成熟的豆科干草、27%的普通玉米青贮、23%的破碎玉米、8%的大豆粕(粗蛋白 48%)、2%的矿物质和维生素预混料组成。需要量取决于饲料采食量。表中所示的需要量不包括体重变化的营养物质。体重改变的营养需要量假定为 NE_l 采食量减去需要量。RUP 需要量不包含动用体储存所分解的体蛋白以及体增重所需的蛋白质。假定 RDP 和 RUP 已满足 CP 需要量。如果 RDP 需要量不足时,应提高总 CP 需要量。

附表16 奶牛在泌乳中期和后期为达到维持、产奶和正常体增重所需的营养供给量的干物质采食量

4%校正乳[a] (kg)	体重[b,c] (kg)				
	400	500	600	700	800
10	2.7	2.4	2.2	2.0	1.9
15	3.2	2.8	2.6	2.3	2.2
20	3.6	3.2	2.9	2.6	2.4
25	4.0	3.5	3.2	2.9	2.7
30	4.4	3.9	3.5	3.2	2.9
35	5.0	4.2	3.7	3.4	3.1
40	5.5	4.6	4.0	3.6	3.3
45	—	5.0	4.3	3.8	3.5
50	—	5.4	4.7	4.1	3.7
55	—	—	5.0	4.4	4.0
60	—	—	5.4	4.8	4.3

注：在计算表中所示的需要量时做了如下假定：

(1)计算中参考奶牛的体重为600 kg，所产奶的乳脂率为4%。其他奶牛的活重和相应的乳脂率分别为400 kg和5%，500 kg和4.5%以及700 kg或800 kg和3.5%。

(2)产奶量等于或小于10 kg/d奶牛的日粮能量浓度为每千克干物质1.42 Mcal NE_l，产奶量等于或大于40 kg/d奶牛的日粮能量浓度直线增加到每千克干物质1.72 Mcal NE_l。

(3)假定所有其他奶牛的日粮浓度随产奶的能量需要量线性变化，维持的能量浓度与600 kg奶牛产奶量从10 kg/d增加到40 kg/d时的变化相同。

(4)为了奶牛能有充足的能量保证每日的增重达到其体重的0.055%，应该给奶牛提供足够的干物质。如果奶牛的干物质采食量小于表中计算的需要量，那么奶牛的能量摄入量将小于它们的需要量。结果奶牛出现失重，产奶量下降，或两者兼有。如果奶牛的干物质采食量高于表中的预期需要量，那么就应该降低日粮中的能量能度否则奶牛将变得过肥。

[a]4%校正乳(kg)＝0.4×非标准乳的重量＋15×非标准乳的含脂量。

[b]泌乳早期干物质采食量可能低于18%。

[c]如果日粮中主要为发酵饲料且日粮中水分含量在50%以上，那么此时日粮中水分每增加1%，干物质采食量占体重的百分比就减少0.02%。

附表 17 奶牛日粮养分含量推荐量

（NRC 奶牛营养需要，1989）

体重(kg)	乳脂率(%)	体增重(kg/d)	泌乳奶牛产奶量(kg/d)				
400	5.0	0.220	7	13	20	26	33
500	4.5	0.275	8	17	25	33	41
600	4.0	0.330	10	20	30	40	50
700	3.5	0.385	12	24	36	48	60
800	3.5	0.440	13	27	40	53	67

	泌乳奶牛产奶量(kg/d) 7/8/10/12/13	13/17/20/24/27	20/25/30/36/40	26/33/40/48/53	33/41/50/60/67	泌乳早期 0～3周	干奶期，妊娠奶牛	犊牛代用乳	犊牛开食料	生长期青年母牛和公牛[a] 3～6个月	6～12个月	12个月	成年公牛	最大耐受水平[b,c]
能量														
NE_l(Mcal/kg)	1.42	1.52	1.62	1.72	1.72	1.67	1.25	—	—	—	—	—	—	—
NE_m(Mcal/kg)	—	—	—	—	—	—	—	2.40	1.90	1.70	1.58	1.40	1.15	—
NE_g(Mcal/kg)	—	—	—	—	—	—	—	1.55	1.20	1.08	0.98	0.82	—	—
ME(Mcal/kg)	2.35	2.53	2.71	2.89	2.89	2.80	2.04	3.78	3.11	2.60	2.47	2.27	2.00	—
DE(Mcal/kg)	2.77	2.95	3.13	3.31	3.31	3.22	2.47	4.19	3.53	3.02	2.89	2.69	2.43	—
TDN(%DM)	63	67	71	75	75	73	56	95	80	69	66	61	55	—
蛋白质当量														
粗蛋白(%)	12	15	16	17	18	19	12	22	18	16	12	12	10	—
UIP(%)	4.4	5.2	5.7	5.9	6.2	7.0	—	—	—	8.2	4.4	2.1	—	—
DIP(%)	7.8	8.7	9.6	10.3	10.4	9.7	—	—	—	4.6	6.4	7.2	—	—
纤维含量(不低于)[d]														
粗纤维(%)	17	17	17	15	15	17	22	—	—	13	15	15	15	—
酸性洗涤纤维(%)	21	21	21	19	19	21	27	—	—	16	19	19	19	—
中性洗涤纤维(%)	28	28	28	25	25	28	35	—	—	23	25	25	25	—
乙醚浸提物(不低于)(%)	3	3	3	3	3	3	3	10	3	3	3	3	3	—
矿物质														
钙(%)	0.43	0.51	0.58	0.64	0.66	0.77	0.39[e]	0.70	0.60	0.52	0.41	0.29	0.30	2.00
磷(%)	0.28	0.33	0.37	0.41	0.41	0.48	0.24	0.60	0.40	0.31	0.30	0.23	0.19	1.00
镁(%)[f]	0.20	0.20	0.20	0.25	0.25	0.25	0.16	0.07	0.10	0.16	0.16	0.16	0.16	0.50
钾(%)[g]	0.90	0.90	0.90	1.00	1.00	1.00	0.65	0.65	0.65	0.65	0.65	0.65	0.65	3.00

续附表 17

体重(kg)	乳脂率(%)	体增重(kg/d)	泌乳奶牛产奶量(kg/d)					泌乳早期0～3周	干奶期,妊娠奶牛	犊牛代用乳	犊牛开食料	生长期青年母牛和公牛[a]			成年公牛	最大耐受水平[b,c]
												3～6个月	6～12个月	12个月		
钠(%)			0.18	0.18	0.18	0.18	0.18	0.18	0.10	0.10	0.10	0.10	0.10	0.10	0.10	—
氯(%)			0.25	0.25	0.25	0.25	0.25	0.25	0.20	0.20	0.20	0.20	0.20	0.20	0.20	—
硫(%)			0.20	0.20	0.20	0.20	0.20	0.25	0.16	0.29	0.20	0.16	0.16	0.16	0.16	0.40
铁(ppm)			50	50	50	50	50	50	50	100	50	50	50	50	50	1 000
钴(ppm)			0.10	0.10	0.10	0.10	0.10	0.10	0.10	0.10	0.10	0.10	0.10	0.10	0.10	10.00
铜(ppm)[h]			10	10	10	10	10	10	10	10	10	10	10	10	10	100
锰(ppm)			40	40	40	40	40	40	40	40	40	40	40	40	40	1 000
锌(ppm)			40	40	40	40	40	40	40	40	40	40	40	40	40	500
碘(ppm)[i]			0.60	0.60	0.60	0.60	0.60	0.60	0.25	0.25	0.25	0.25	0.25	0.25	0.25	50.00[j]
硒(ppm)			0.30	0.30	0.30	0.30	0.30	0.30	0.30	0.30	0.30	0.30	0.30	0.30	0.30	2.00
维生素[k]																
维生素 A(IU/kg)			3 200	3 200	3 200	3 200	3 200	4 000	4 000	3 800	2 200	2 200	2 200	2 200	3 200	66 0000
维生素 D(IU/kg)			1 000	1 000	1 000	1 000	1 000	1 000	1 200	600	300	300	300	300	300	1 000
维生素 E(IU/kg)			15	15	15	15	15	15	15	40	25	25	25	25	15	2 000

注:表中的数值用于专业人员配制日粮时的指南。由于这些数值受许多因素的影响,因此它们不是并且不应用做法律或法规的基础。

[a]生长母牛和公牛 3～6 个月时的近似体重为 150 kg;6～12 个月时为 250 kg;12 个月以后为 400 kg。近似平均日增重为 700 g/d。

[b]许多矿物质元素的最大安全水平并没有很好地规定,并且它可能受具体饲养条件的影响。更多的信息可参考《家畜矿物质耐受量》(NRC,1980)。

[c]维生素的耐受量在《动物维生素耐受量》中有详细讨论(NRC,1987)。

[d]根据推荐,泌乳奶牛日粮中 75%的 NDF 应由粗饲料来提供。否则将出现乳脂率下降。

[e]对于钙值假定在奶牛干奶初期奶牛处于钙平衡状态。如果奶牛不是处于钙平衡状态,那么日粮钙的需要量应增加 25%～33%。

[f]在易于发生缺镁症的条件下,镁的量应增加到 0.25%～0.30%。

[g]在热应激条件下,钾的量应增加到 1.2%。

[h]奶牛对铜的需要量受日粮中钼和硫的影响。

[i]如果日粮中强烈致甲状腺肿饲料高达干物质的 25%,那么碘的量应增加到 2 倍或 2 倍以上。

[j]尽管牛能耐受这一水平的碘,但是为了减少乳中的碘,较低碘的可能较理想。

[k]每单位代用乳中 B 族维生素的最小推荐量如下:烟酸,2.6 mg/kg;泛酸,13 mg/kg;核黄素,6.5 mg/kg;叶酸,0.5 mg/kg;生物素,0.1 mg/kg;维生素 B_{12},0.07 mg/kg;硫胺素,6.5 mg/kg;胆碱,0.26%。当犊牛瘤胃有功能时,通过瘤胃合成和天然饲料似乎可以为犊牛提供足量的 B 族维生素。

附表 17A 泌乳奶牛营养需要(采用典型日粮测定)

泌乳时间(d) 干物质采食量输入值	荷斯坦奶牛,成年体重 680 kg,BCS 为 3.0,65 月龄,乳脂率 3.5%,乳蛋白 3.0%,乳糖率 4.8%,环境条件缺省				娟姗牛,成年体重 454 kg,BCS 为 3.0,65 月龄,乳脂率 4.2%乳蛋白 3.6%,乳糖率 4.8%,环境条件缺省					
	90 预测模型	90 预测模型	90 预测模型	90 预测模型	90 预测模型	90 预测模型[h]	90 预测模型	50 预测模型[h]	120 预测模型[h]	90 预测模型+5%[h]
产奶量(kg)	25	35	45	54.4	25	35	40	35	35	35
产奶量(lb)	55	77	99	120	55	77	88	77	77	77
干物质采食量(kg)	20.3	23.6	26.9	30	18	21.7	23.5	19.8	22.2	22.7
干物质采食量(lb)	44.7	51.9	59.2	66	39.6	47.7	51.7	43.6	48.8	49.9
每日体重变化(kg)	0.5	0.3	0.1	−0.2	0	−0.2	−0.5	−0.7	−0.1	0
增加一个单位体况评分值所需时间(d)	221	316	1 166		3 777				4 247	
减少一个单位体况评分所需时间(d)				544		241	110	80	532	
能量[a]										
NE_l(Mcal/d)	27.9	34.8	41.8	48.3	27.7	35.6	39.5	35.6	35.6	35.6
NE_l(Mcal/kg)	1.37	1.47	1.55	1.61	1.54	1.64	1.68	1.8a①	1.6	1.57
NE_l(Mcal/lb)	0.62	0.67	0.7	0.73	0.7	0.74	0.76	0.82	0.73	0.71
蛋白质										
代谢蛋白质(g/d)	1 862	2 407	2 954	3 476	1 991	2 639	2 965	2 579	2 656	2 672
日粮 MP 含量(%)	9.2	10.2	11	11.6	11.1	12.2	12.6	13	12	11.8
瘤胃降解蛋白质(g/d)	1 937	2 298	2 636	2 947	1 747	2 125	2 288	1 971	2 167	2 206
日粮 RDP 含量(%)	9.5	9.7	9.8	9.8	9.7	9.8	9.7	10	9.8	9.7
瘤胃未降解蛋白质(g/d)	933	1 291	1 677	2 089	1 151	1 632	1 865	1 670	1 619	1 611
日粮 RUP 含量(%)	4.6	5.5	6.2	6.9	6.4	7.5	7.9	8.4	7.3	7.1
(粗蛋白)[b]中 RDP 和 RUP 总量	14.1	15.2	16.0	16.7	16.1	17.3	17.6	18.4	17.1	16.8

续附表 17A

泌乳时间(d) 干物质采食量输入值	荷斯坦奶牛，成年体重 680 kg，BCS 为 3.0，65 月龄，乳脂率 3.5%，乳蛋白 3.0%，乳糖率 4.8%，环境条件缺省				娟姗牛，成年体重 454 kg，BCS 为 3.0，65 月龄，乳脂率 4.2%乳蛋白 3.6%，乳糖率 4.8%，环境条件缺省					
	90	90	90	90	90	90	90	50	120	90
	预测模型	预测模型	预测模型	预测模型	预测模型	预测模型[h]	预测模型	预测模型[h]	预测模型[h]	预测模型+5%[h]
纤维和碳水化合物[c]										
最低 NDF(%)	25～33	25～33	25～33	25～33	25～33	25～33	25～33	25～33	25～33	25～33
最低 ADF(%)	17～21	17～21	17～21	17～21	17～21	17～21	17～21	17～21	17～21	17～21
最高 NFC(%)	36～44	36～44	36～44	36～44	36～44	36～44	36～44	36～44	36～44	36～44
矿物质										
可吸收钙(g/d)	52.1	65	76.5	88	50.7	65.2	72.4	65.2	65.2	65.2
日粮钙含量(%)	0.62	0.61	0.67	0.6	0.57	0.57	0.63	0.66	0.54	0.53
可吸收磷(g/d)	44.2	56.5	68.8	80.3	41.4	54.1	60.4	52.2	54.6	55.1
日粮磷含量(%)	0.32	0.35	0.36	0.38	0.33	0.37	0.36	0.44	0.35	0.34
Mg[d](%)	0.18	0.19	0.2	0.21	0.18	0.19	0.2	0.21	0.19	0.19
Cl(%)	0.24	0.26	0.28	0.29	0.24	0.26	0.27	0.28	0.25	0.25
K[e](%)	1	1.04	1.06	1.07	1.02	1.03	1.04	1.07	1.03	1.02
Na(%)	0.22	0.23	0.22	0.22	0.2	0.2	0.2	0.22	0.2	0.19
S(%)	0.2	0.2	0.2	0.2	0.2	0.2	0.2	0.2	0.2	0.2
Co(mg/kg)	0.11	0.11	0.11	0.11	0.11	0.11	0.11	0.11	0.11	0.11
Cu[f](mg/kg)	11	11	11	11	10	10	10	11	10	9
I[g](mg/kg)	0.6	0.5	0.44	0.4	0.44	0.4	0.34	0.4	0.36	0.35
Fe(mg/kg)	12.3	15	17	18	14	16	17	18	16	15
Mn(mg/kg)	14	14	13	13	12	12	12	13	12	12
Se(mg/kg)	0.3	0.3	0.3	0.3	0.3	0.3	0.3	0.3	0.3	0.3
Zn(mg/kg)	43	48	52	55	45	49	51	54	48	47

续附表 17A

泌乳时间(d) 干物质采食量输入值	荷斯坦奶牛，成年体重 680 kg，BCS 为 3.0，65 月龄，乳脂率 3.5%，乳蛋白 3.0%，乳糖率 4.8%，环境条件缺省				娟姗牛，成年体重 454 kg，BCS 为 3.0，65 月龄，乳脂率 4.2%乳蛋白 3.6%，乳糖率 4.8%，环境条件缺省					
	90 预测模型	90 预测模型	90 预测模型	90 预测模型	90 预测模型	90 预测模型[h]	90 预测模型	50 预测模型[h]	120 预测模型[h]	90 预测模型+5%[h]
维生素 A(IU/d)	75 000	75 000	75 000	75 000	49 500	49 500	49 500	49 500	49 500	49 500
维生素 D(IU/d)	21 000	21 000	21 000	21 000	13 500	13 500	13 500	13 500	13 500	13 500
维生素 E(IU/d)	545	545	545	545	360	360	360	360	360	360
维生素 A(IU/kg)	3 685	3 169	2 780	2 500	2 772	2 300	2 123	2 520	2 247	2 198
维生素 D(IU/kg)	1 004	864	758	680	755	627	579	687	613	600
维生素 E(IU/kg)	27	23	20	18	20	17	16	18	16	16
表中模型所用的典型日粮组成及 DM 采食量(kg/d)										
玉米青贮(普通)	8.48	8.21	56.1	12.02	8.96	7.77	7.39	7.1	7.96	8.15
大豆粕(浸提)(CP 为 48%)	1.01	1.62	1.41	2.39	2.16	2.78	1.67	2.54	2.85	2.91
豆科牧草青贮(中熟)	3.85	4.57			2.67	3.1		2.83	3.18	3.25
玉米籽实(蒸汽压片)	1.8	4.33	7.08	6.35	2.6	4.19	5.88	4.48	5.03	5.15
碳酸钙	0.04	0.07	0.09	0.02	0.06	0.04	0.03	0.04	0.04	0.04
磷酸二氢钠(含一个结晶水)	0.02	0.02	0.04	0.06	0.01	0.01	0.03	0.01	0.01	0.01
大豆饼(螺旋压榨)							1.16			
豆科粗饲料干草(未成熟)			6.16	5.42			4.59			
氯化钠	0.12	0.011	0.12	0.14	0.1	0.1	0.12	0.09	0.1	0.1
禾本科干草 C-3(中熟)	4.47	3.21	0.98	0.93	0.85	0.95	0.97			
维生素和矿物质预混料	0.54	0.49	0.51	0.49	0.5	0.5	0.5	0.45	0.51	0.52
狗牙草干草(沿海)			0.87							
棉籽(整粒，未脱绒)			2.53	2.24		1.02	1.64	0.94	1.05	1.07

续附表 17A

泌乳时间(d) 干物质采食量输入值	荷斯坦奶牛,成年体重 680 kg,BCS 为 3.0,65 月龄,乳脂率 3.5%,乳蛋白 3.0%,乳糖率 4.8%,环境条件缺省				娟姗牛,成年体重 454 kg,BCS 为 3.0,65 月龄,乳脂率 4.2%乳蛋白 3.6%,乳糖率 4.8%,环境条件缺省					
	90	90	90	90	90	90	90	50	120	90
	预测模型	预测模型	预测模型	预测模型	预测模型	预测模型[h]	预测模型	预测模型[h]	预测模型[h]	预测模型+5%[h]
动物油脂				0.29		0.24	0.21	0.22	0.24	0.25
脂肪酸钙				0.29		0.18	0.21	0.17	0.19	0.19
血粉(连续干燥)			0.23	0.31		0.11	0.1	0.1	0.11	0.12
青贮饲用高粱、苏丹草型			2.26							
试验饲料评估										
NE_l(Mcal/kg)	1.49	1.55	1.57	1.58	1.54	1.59	1.57	1.62	1.58	1.57
无折扣 TDN(%)	65	69	71	74	69	73	75	73	73	73

* 此表中的上标(a,b,c,d,e,f,g,h)由译者注。附表 17B 至 17E 同。

① 原版书如此。

[a] 泌乳早期奶牛饲粮能量含量的推荐值应该加以限定,从而防止瘤胃酸中毒的发生。因此,在达到最高产奶量时,奶牛必须动员体贮来满足泌乳能量需要。

[b] 只有 RDP 和 RUP 完全平衡才等于粗蛋白需要量。

[c] 这些数据是维持瘤胃健康和乳脂率所需要的最低纤维含量(或最高非纤维性碳水化合物)。

[d] 假定镁通过瘤胃壁的主动运输机制未受破坏。高钾饲粮和过量的非蛋白氮通常会抑制镁的吸收。在这些情况下,饲粮镁含量应增加到 0.3%~0.35%。

[e] 热应激可能会增加钾的需要量。

[f] 饲粮中的钼、硫和铁的含量过高会妨碍铜的吸收,从而使铜的需要量增加。

[g] 饲粮中高浓度的致甲状腺肿物质会导致碘的需要量增加。

[h] 产奶量为 35 kg 的娟姗牛的 4 个饲粮处理组的饲料组成相同。干物质采食量随着奶牛泌乳天数而改变,并且随采用模型预测值或实际值的不同而有所差异。

附表 17B 根据典型日粮估测的产后母牛营养需要及日粮营养物质浓度

泌乳时间干物质采食量	荷斯坦牛，成年体重 680 kg，BCS 为 3.3，58 月龄，乳脂率3.5%，乳蛋白 3.0%，乳糖率 4.8%，环境条件缺省			娟姗牛，成年体重 454 kg，BCS 为 3.3，58 月龄，乳脂率 4.2%，乳蛋白 3.6%，乳糖率 4.8%，环境条件缺省		
	11 预测模型	11 预测模型＋20%	11 预测模型	11 预测模型＋20%	11 预测模型	11 预测模型＋20%
产奶量(kg)	25	25	35	35	25	25
产奶量(lb)	55	55	77	77	55	55
干物质采食量(kg)	13.5	16.1	15.6	18.8	11.9	14.3
干物质采食量(lb)	29.7	35.4	34.3	41.4	26.2	31.5
每日体重变化(kg)	−0.9	0	−1.6	−0.6	−1.4	−0.7
增加一个单位体况评分所需天数(d)						
减少一个单位体况评分所需天数(d)	99	4 886	55	143	41	83
能量[a]						
NE_l(Mcal/d)	27.9	27.9	34.8	34.8	27.7	27.7
NE_l(Mcal/kg)	2.06	1.73	2.23	1.85	2.33	1.93
NE_l(Mcal/lb)	0.94	0.79	1.01	0.84	1.06	0.88
蛋白质[b]						
代谢蛋白质(g/d)	1 643	1 725	2 157	2 254	1 801	1 875
日粮 MP 含量(%)	12.2	10.7	13.8	12.0	15.1	13.1
瘤胃降解蛋白质(g/d)	1 421	1 683	1 634	1 931	1 244	1 469
日粮 RDP 含量(%)	10.5	10.5	10.5	10.3	10.5	10.3
瘤胃未降解蛋白质(g/d)	949	863	1 405	1 045	1 265	1 202
日粮 RUP 含量(%)	7.0	5.4	9.0	5.6	10.6	8.4
(粗蛋白)[c]中 RDP 和 RUP 总量(%)	17.5	15.9	19.5	15.9	21.1	18.7
纤维和碳水化合物[d]						
最低 NDF(%)	25～33	25～33	25～33	25～33	25～33	25～33
最低 ADF(%)	17～21	17～21	17～21	17～21	17～21	17～21

续附表 17B

泌乳时间干物质采食量	荷斯坦牛，成年体重 680 kg，BCS 为 3.3，58 月龄，乳脂率3.5%，乳蛋白 3.0%，乳糖率 4.8%，环境条件缺省			娟姗牛，成年体重 454 kg，BCS 为 3.3，58 月龄，乳脂率 4.2%，乳蛋白 3.6%，乳糖率 4.8%，环境条件缺省		
	11 预测模型	11 预测模型＋20%	11 预测模型	11 预测模型＋20%	11 预测模型	11 预测模型＋20%
最高 NFC 含量(%)	36～44	36～44	36～44	36～44	36～44	36～44
矿物质						
可吸收钙(g/d)	52.1	52.1	64	64	51	51
日粮钙(%)	0.74	0.65	0.79	0.68	0.80	0.70
可吸收磷(g/d)	37.3	40.0	49.0	52.0	35.0	37.7
日粮磷(%)	0.38	0.34	0.42	0.37	0.40	0.36
Mg[e](%)	0.27	0.23	0.29	0.24	0.27	0.22
Cl(%)	0.36	0.30	0.40	0.33	0.36	0.30
K[f](%)	1.19	1.11	1.24	1.14	1.19	1.10
Na(%)	0.34	0.29	0.34	0.28	0.31	0.26
S(%)	0.2	0.2	0.2	0.2	0.2	0.2
Co(mg/kg)	0.11	0.11	0.11	0.11	0.11	0.11
Cu[g](mg/kg)	16	13	16	13	15	12
I[h](mg/kg)	0.88	0.74	0.77	0.64	0.67	0.56
Fe(mg/kg)	19	16	22	19	21	17
Mn(mg/kg)	21	17	21	17	19	15
Se(mg/kg)	0.3	0.3	0.3	0.3	0.3	0.3
Zn(mg/kg)	65	54	73	60	67	56
维生素 A(IU/d)	75 000	75 000	75 000	75 000	49 900	49 900
维生素 D(IU/d)	21 000	21 000	21 000	21 000	13 600	13 600
维生素 E(IU/d)	545	545	545	545	363	363
维生素 A(IU/kg)	5 540	4 646	4 795	3 978	4 193	3 490
维生素 D(IU/kg)	1 511	1 267	1 308	1 085	1 143	951
维生素 E(IU/kg)	40	34	35	29	31	25

[a] 泌乳早期奶牛饲粮能量含量的推荐值应该加以限定，从而防止瘤胃酸中毒的发生。因此，在达到量高产奶量时，奶牛必须动员体贮来满足泌乳能量需要。

[b] 由于高产奶牛在泌乳早期采食量不足并且很难配制如此高 RUP 的饲粮配方，所以几乎很难满足泌乳初期奶牛可代谢蛋白质的需要量，

[c] 只有 RDP 和 RUP 完全平衡才等于粗蛋白需要量。

[d] 这些数据是维持瘤胃健康和乳脂率所需要的量低纤维含量（或量高非纤维性碳水化合物）。

[e] 假定镁通过瘤胃壁的方动运输机制未受破坏。高钾饲粮和过量的非蛋白氮通常会抑制镁的吸收。在这些情况下，饲粮镁含量应增加到 0.3%～0.35%。

[f] 热应激可能会增加钾的需要量。

[g] 饲粮中的钼、硫和铁的含量过高会妨碍铜的吸收，从而使铜的需要量增加。

[h] 饲粮中高浓度的致甲状腺肿物质会导致碘的需要量增加。

附表 17C 利用典型日粮估测的干奶母牛营养需要以及饲粮浓度

	满足组织需要的日粮营养需要量荷斯坦奶牛，无孕体成熟体重 680 kg；BCS 为 3.3，犊牛体重 45 kg，妊娠期日增重 0.67 kg(含孕体)		
妊娠天数	240	270	279
当前体重(含孕体)(kg)	730	751	757
月龄	57	58	58
干物质采食量(kg)	14.4	13.7	10.1
干物质采食量(lb)	31.7	30.1	22.2
能量			
NE_l(Mcal/d)	14.0	14.4	14.5
NE_l(Mcal/kg)	0.97	1.05	1.44
蛋白质			
代谢蛋白质(g/d)	871	901	810
日粮 MP 含量(%)	6.0	6.6	8.0
瘤胃降解蛋白质(g/d)	1 114	1 197	965
日粮 RDP 含量(%)	7.7	8.7	9.6
瘤胃未降解蛋白质(g/d)	317	292	286[a]
日粮 RUP 含量(%)	2.2	2.1	2.8[a]
(粗蛋白)[b]中 RDP 和 RUP 总量(%)	9.9	10.8	12.4
纤维和碳水化合物[c]			
最低 NDF(%)	33	33	33
最低 ADF(%)	21	21	21
最高 NFC(%)	42	42	42
矿物质			
可吸收钙(g)	18.1	21.5	22.5
日粮钙(%)	0.44	0.45	0.48
可吸收磷(g)	19.9	20.3	16.9
日粮磷(%)	0.22	0.23	0.26
Mg[d](%)	0.11	0.12	0.16
Cl(%)	0.13	0.15	0.20
K(%)	0.51	0.52	0.62
Na(%)	0.10	0.10	0.14
S(%)	0.2	0.2	0.2
Co(mg/kg)	0.11	0.11	0.11
Cu[e](mg/kg)	12	13	18
I[f](mg/kg)	0.4	0.4	0.5
Fe(mg/kg)	13	13	18
Mn(mg/kg)	16	18	24
Se(mg/kg)	0.3	0.3	0.3
Zn(mg/kg)	21	22	30
维生素 A(IU/d)	80 300	82 610	83 270
维生素 D(IU/d)	21 900	21 530	22 710
维生素 E(IU/d)	1 168	1 202	1 211
维生素 A(IU/kg)	5 576	6 030	8 244
维生素 D(IU/kg)	1 520	1 645	2 249
维生素 E(IU/kg)	81	88	120
表中模型所用的典型日粮组成及 DM 采食量(kg/d)			
成分(干物质基础)(kg)			

续附表 17C

	满足组织需要的日粮营养需要量荷斯坦奶牛，无孕体成熟体重 680 kg；BCS 为 3.3，犊牛体重 45 kg，妊娠期日增重 0.67 kg(含孕体)		
玉米青贮(普通)		4.32	4.03
大豆粕(浸提，CP48%)			0.27
禾本科牧草青贮 C-3(中熟)	8.1	7.35	3.73
玉米籽实(高水分，粉碎)			0.31
甜菜渣(干燥)			1.42
小麦秸秆	5.79	1.56	
氯化钠	0.02	0.02	0.02
维生素和矿物质预混料	0.46	0.41	0.31
碳酸钙磷			
酸二氢钠(含一个结晶水)			
氧化镁			
磷酸氢钙			

[a] 如果饲粮是以满足 RDP 需要量来配制的，应调整模型中 RUP 含量来满足实际的 RUP 的需要。很多情况下，干奶期奶牛只有在代谢蛋白质的需要得到满足之后，RDP 才能达到平衡，在这种情况下，应增加模型中的 RUP 需要量来补偿微生物蛋白质的损失。当 RDP 不足时，由于瘤胃微生物活性的降低可导致营养物质的不完全消化，饲粮降解所获得的能量可能要少于模型预测的值。

[b] 只有 RDP 和 RUP 在饲料中达到完全平衡，RDP 和 RUP 总和才等于所需的粗蛋白。尽管在较低 CP 水平下牛的需要也能得到满足，但干奶牛饲粮的粗蛋白质应该为 12%以保证瘤胃的功能。

[c] 这些数据是维持瘤胃健康和乳脂率所需要的量低纤维含量(或最高非纤维性碳水化合物)。根据母牛的能量需求，实际的纤维浓度和最高的需要量，并且保证饲 NE_l 达到 1.60 Mcal/kg。

[e] 饲粮中的钼、硫和铁的含量过高会妨碍铜的吸收，从而使铜的需要量增加。

[f] 饲粮中高浓度的致甲状腺肿物质会导致碘的需要量增加。

附表 17D　使青年母牛(进入产奶初期)适应产奶日粮和减少代谢疾病的干奶后期的日粮方案

作为后备母牛，为了适应生长需要，该动物必须纳入模型。青年母牛(妊娠 270 d，含孕体体重 625 kg，成年体重 680 kg，日干物质采食量 10.6 kg，每日体增重 300 g 和孕体增重 660 g，当前体况评分 3.3)组织的需要量和典型日粮的营养浓度遵循以下的推荐值

	干奶后期青年母牛日粮标准	体组织的营养需要(根据典型饲粮估测)	干奶后期青年母牛日粮示例
	不同于需要量的推荐量		营养物质供给
能量			
NE_l(Mcal/d)		14.8	16.9
NE_l(Mcal/kg)	1.54～1.62[a]	1.40	1.59
蛋白质			
代谢蛋白质(g/d)		888	1 027
日粮 MP 含量(%)		8.4	9.7
瘤胃降解蛋白质(g/d)		1 052	1 067
日粮 RDP 含量(%)		9.9	10.2
瘤胃未降解蛋白质(g/d)		336	511
日粮 RUP 含量(%)		3.2	4.9
(粗蛋白)[b]中 RDP 和 RUP 总量(%)	13.5～15.0[c]	13.1	15.0
纤维和碳水化合物[c]			
最低 NDF(%)	33[c]	25～33	39.1
最低 ADF(%)	21[c]	17～21	23.4

续附表 17D

作为后备母牛，为了适应生长需要，该动物必须纳入模型。青年母牛（妊娠 270 d，含孕体体重 625 kg，成年体重 680 kg，日干物质采食量 10.6 kg，每日体增重 300 g、孕体增重 660 g，当前体况评分 3.3）组织的需要量和典型日粮的营养浓度遵循以下的推荐值

	干奶后期青年母牛日粮标准	体组织的营养需要（根据典型饲粮估测）	干奶后期青年母牛日粮示例
	不同于需要量的推荐量		营养物质供给
最高 NFC(%)	43[c]	36～43	39.4
矿物质			
可吸收钙(g)		22.4	24.5
日粮钙(%)		0.40	0.44
可吸收磷(g)		16.6	25.4
日粮磷(%)	0.3～0.4[e]	0.23	0.37
Mg(%)	0.35～0.40[f]	0.14	0.40
Cl(%)		0.16	0.44
K[f](%)	0.55[g]	0.55	1.54
Na(%)		0.12	0.13
S(%)		0.20	0.19
Co(mg/kg)		0.11	0.11
Cu(mg/kg)		16	16
I(mg/kg)		0.4	0.4
Fe(mg/kg)		26	26
Mn(mg/kg)		22	22
Se(mg/kg)		0.3	0.3
Zn(mg/kg)		30	30
维生素 A(IU/d)	75 000[h]	68 750	75 000
维生素 D(IU/d)	20 000[h]	18 750	20 000
维生素 E(IU/d)	1 200[h]	848	1 200
维生素 A(IU/kg)		6 486	7 075
维生素 D(IU/kg)		1 769	1 887
维生素 E(IU/kg)		80	113
饲粮阴阳离子差(Na+K)—(Cl+S)(meq/kg)		24	203

[a] 增加饲粮能量浓度以使瘤胃适应产奶饲粮，提高饲粮采食量、减少产犊后真胃移位的危险。

[b] 只有 RDP 和 RUP 在饲料中达到完全平衡，RDP 和 RUP 总和才等于所需的粗蛋白。

[c] 只有在动物的代谢蛋白质得到满足之后，RDP 才可能达到平衡。在这种情况下，要增加 RUP 需要量来补偿微生物蛋白的损失。另外，由于瘤胃微生物的活性降低可导致营养物质消化不完全，因此来自饲粮的能量可能会减少。

[d] 为减少真胃移位而推荐的碳水化合物组成。

[e] 该水平能够保证具有足够的磷，即使是产犊当天 DMI 很低的时候，也能保证足够的磷。

[f] 该水平能够满足通过瘤胃壁的被动吸收来满足血液镁的含量。

[g] 目的是限制母牛钾的摄入量以减少乳房水肿发生的几率（但很难达到）。

[h] 该水平能够为经产母牛（不是后备奶牛）提供足够的维生素需要，即使是产犊当天 DMI 很低的时候，也能满足。

附表 17E　使母牛(进入第 2 胎或 2 胎以上)在妊娠最后几周开始适应产奶日粮和减少代谢病的日粮方案

为满足母牛(妊娠 270 d,含孕体体重 751 kg,成年体重 680 kg,日干物质采食量 13.7 kg,当前体况评分 3.3)的组织需要量所使用的典型日粮遵循以下推荐的营养指标

	可满足组织需要的营养含量(用典型日粮测定)	干奶后期日粮标准	干奶后期“阴离子盐”日粮标准	干奶后期标准日粮示例	干奶后期“阴离子盐”日粮示例
		不同于仅满足组织需要的推荐量	不同于仅满足组织需要的推荐量	提供的营养物质	提供的营养物质
能量					
NE_l(Mcal/d)	14.4			22.0	21.5
NE_l(Mcal/kg)	1.05	1.54～1.62[a]	1.54～1.62[a]	1.61	1.58
蛋白质					
代谢蛋白质(g/d)	910			164	1 133
日粮 MP 含量(%)	6.6			8.5	8.3
瘤胃降解蛋白质(g/d)	1 358			1 104	1 075
日粮 RDP 含量(%)	9.9			8.1	7.8
瘤胃未降解蛋白质(g/d)	172[b]			640	621
日粮 RUP 含量(%)	1.3[b]			4.7	4.5
(粗蛋白)[c]中 RDP 和 RUP 总量(%)	10.2	12.0[d]	12.0[d]	12.8	12.3
纤维和碳水化合物[e]					
最低 NDF(%)	25～33	33	33	38.2	37.2
最低 ADF(%)	17～21	21	21	22.4	21.8
最高 NFC(%)	36～44	43	43	42.8	41.6
矿物质					
可吸收钙(g)	21.5			32.0	95.0
日粮钙(%)	0.45		0.6～1.5[f]	0.43	0.98
可吸收磷(g)	20.3			28	36
日粮磷(%)	0.23	0.3～0.4[g]	0.3～0.4	0.3	0.37
Mg(%)	0.12	0.35～0.40[h]	0.35～0.40[h]	0.39	0.38
Cl(%)	0.15		0.8～1.2[i]	0.42	0.89
K[j](%)	0.52			1.35	1.32
Na(%)	0.1			0.16	0.15
S(%)	0.2		0.3～0.4[i]	0.18	0.31
Co(mg/kg)	0.11			0.11	0.11
Cu[f](mg/kg)	13			13	13
I[g](mg/kg)	0.4			0.4	0.4
Fe(mg/kg)	13			13	13
Mn(mg/kg)	18			18	18
Se(mg/kg)	0.3			0.3	0.3
Zn(mg/kg)	22			22	22
维生素 A(IU/d)	82 610	100 000[k]	100 000[k]	100 000	100 000
维生素 D(IU/d)	22 530	25 000[k]	25 000[k]	25 000	25 000
维生素 E(IU/d)	1 202	1 200[k]	1 200[k]	1 803	1 803
维生素 A(IU/kg)	6 030			7 300	7 300
维生素 D(IU/kg)	1 644			1 824	1 824

续附表 17E

为满足母牛(妊娠 270 d,含孕体体重 751 kg,成年体重 680 kg,日干物质采食量 13.7 kg,当前体况评分 3.3)的组织需要量所使用的典型日粮遵循以下推荐的营养指标

	可满足组织需要的营养含量(用典型日粮测定)	干奶后期日粮标准	干奶后期"阴离子盐"日粮标准	干奶后期标准日粮示例	干奶后期"阴离子盐"日粮示例
		不同于仅满足组织需要的推荐量	不同于仅满足组织需要的推荐量	提供的营养物质	提供的营养物质
维生素 E(IU/kg)	88			132	132
饲粮阴阳离子差 (Na+K)—(Cl+S)(meq/kg)	10	10	−75～0[l]	185	−41

[a] 增加饲粮能量浓度以使瘤胃适应产奶饲粮,提高饲粮采食量、减少产犊后真胃移位的危险。

[b] 如果饲料能满足 RDP 需要,可调整预测模型的 RUP 来满足 RUP 的需要。

[c] 只有 RDP 和 RUP 在饲料中达到完全平衡,RDP 和 RUP 总和才等于所需的粗蛋白。

[d] 很多情况下,只有动物的代谢蛋白质得到满足之后,RDP 才可能达到平衡。在这种情况下,要增加 RUP 需要量来补偿微生物蛋白质的损失。另外,由于瘤胃微生物的活性降低可导致营养物质消化不完全,因此来自饲料的能量可能会减少。为了改善瘤胃的消化性,满足瘤胃的 RDP 需要,可代谢蛋白质的推荐量一般大于母牛的需要量。

[e] 为减少真胃移位而推荐的碳水化合物组成。

[f] 利用调整 DCAD 的方法来预防产乳热,不必限制饲料中钙的水平。

[g] 该水平能够保证具有足够的磷,即使是产犊当天 DMI 很低的时候,也能保证足够的磷。

[h] 该水平能够满足通过瘤胃壁的被动吸收来满足血液镁的含量。

[i] 饲料中添加阴离子减少低血钙症。

[j] 饲粮中添加阴离子的目的是限制母牛钾的摄入量(但很难达到)。

[k] 该水平即使是产犊当天 DMI 很低的时候,也能提供足够的维生素。

[l] 监控尿液的 pH 值有助于用滴定法正确检测饲料中的 DCAD 含量。

附表 18　绵羊每日营养物质需要(100%干物质基础)

(NRC 绵羊营养需要,1985)

体重		增重或失重		干物质[a]			每只绵羊的营养需要										
				单位动物			能量										
(kg)	(lb)	(g)	(lb)	(kg)	(lb)	占活重比例(%)	TDN (kg)	*DE*[b] (Mcal)	*ME* (Mcal)	总蛋白质 (g)	DP[c] (g)	每 1 Mcal *DE* 中 DP 含量	Ca (g)	P (g)	胡萝卜素(mg)	维生素 A(IU)	维生素 D(IU)
母羊[d]																	
维持																	
50	110	10	0.02	1.0	2.2	2.0	0.55	2.42	1.98	89	48	20	3.0	2.8	1.9	1 275	278
60	132	10	0.02	1.1	2.4	1.8	0.61	2.68	2.20	98	53	20	3.1	2.9	2.2	1 530	333
70	154	10	0.02	1.2	2.6	1.7	0.66	2.90	2.38	107	58	20	3.2	3.0	2.6	1 785	388
80	176	10	0.02	1.3	2.9	1.6	0.72	3.17	2.60	116	63	20	3.3	3.1	3.0	2 040	444
妊娠的最初 15 周(非泌乳)																	
50	110	30	0.07	1.1	2.4	2.2	0.60	2.64	2.16	99	54	20	3.0	2.8	1.9	1 275	278
60	132	30	0.07	1.3	2.9	2.1	0.72	3.17	2.60	117	64	20	3.1	2.9	2.2	1 530	333
70	154	30	0.07	1.4	3.1	2.0	0.77	3.39	2.78	126	69	20	3.2	3.0	2.6	1 785	388
80	176	30	0.07	1.5	3.3	1.9	0.82	3.61	2.96	135	74	20	3.3	3.1	3.0	2 040	444
妊娠最后 6 周或哺育单羔时泌乳的最后 8 周[e]																	
50	110	175(+45)	0.39	1.7	3.7	3.3	0.99	4.36	3.58	158	88	20	4.1	3.9	6.2	4 250	278
60	132	180(+45)	0.40	1.9	4.2	3.2	1.10	4.84	3.97	177	99	20	4.4	4.1	7.5	5 100	333
70	154	185(+45)	0.41	2.1	4.6	3.0	1.22	5.37	4.40	195	109	20	4.5	4.3	8.8	5 950	388
80	176	190(+45)	0.42	2.2	4.8	2.8	1.28	5.63	4.62	205	114	20	4.8	4.5	10.0	6 800	444
哺育单羔时泌乳的最初 8 周或哺育双羔时泌乳的最后 8 周[f]																	
50	110	−25(+80)	−0.06	2.1	4.6	4.2	1.36	5.98	4.90	218	130	22	10.9	7.8	6.2	4 250	278
60	132	−25(+80)	−0.06	2.3	5.1	3.9	1.50	6.60	5.41	239	143	22	11.5	8.2	7.5	5 100	333
70	154	−25(+80)	−0.06	2.5	5.5	3.6	1.63	7.17	5.88	260	155	22	12.0	8.6	8.8	5 950	388
80	176	−25(+80)	−0.06	2.6	5.7	3.2	1.69	7.44	6.10	270	161	22	12.6	9.0	10.0	6 800	444
哺育双羔时泌乳的最初 8 周																	
50	110	−60	−0.13	2.4	5.3	4.8	1.56	6.86	5.63	276	173	25	12.5	8.9	6.2	4 250	278
60	132	−60	−0.13	2.6	5.7	4.3	1.69	7.44	6.10	299	187	25	13.0	9.4	7.5	5 100	333

续附表 18

体重		增重或失重		干物质[a]			每只羊的营养需要										
				单位动物			能量										
(kg)	(lb)	(g)	(lb)	(kg)	(lb)	占活重比例(%)	TDN (kg)	*DE*[b] (Mcal)	*ME* (Mcal)	总蛋白质 (g)	DP[c] (g)	每 1 Mcal *DE* 中 DP 含量	Ca (g)	P (g)	胡萝卜素(mg)	维生素 A(IU)	维生素 D(IU)
70	154	−60	−0.13	2.8	6.2	4.0	1.82	8.01	6.57	322	202	25	13.4	9.5	8.8	5 950	388
80	176	−60	−0.13	3.0	6.6	3.7	1.95	8.58	7.04	345	216	25	14.4	10.2	10.0	6 800	444
后备羔羊与周岁成羊[g]																	
30	66	180	0.40	1.3	2.9	4.3	0.81	3.56	2.92	130	75	21	5.9	3.3	1.9	1 275	166
40	88	120	0.26	1.4	3.1	3.5	0.82	3.61	2.96	133	74	20	6.1	3.4	2.5	1 700	222
50	110	80	0.18	1.5	3.3	3.0	0.83	3.65	2.99	133	73	20	6.3	3.5	3.1	2 125	278
60	132	40	0.09	1.5	3.3	2.5	0.82	3.61	2.96	133	72	20	6.5	3.6	3.8	2 550	333
公羊																	
后备羔羊与周岁成羊[g]																	
40	88	250	0.55	1.8	4.0	4.5	1.17	5.15	4.22	184	108	21	6.3	3.5	2.5	1 700	222
60	132	200	0.44	2.3	5.1	3.8	1.38	6.07	4.98	219	122	20	7.2	4.0	3.8	2 550	333
80	176	150	0.33	2.8	6.2	3.5	1.54	6.78	5.56	249	134	20	7.9	4.4	5.0	3 400	444
100	220	100	0.22	2.8	6.2	2.8	1.54	6.78	5.56	249	134	20	8.3	4.6	6.2	4 250	555
120	265	50	0.11	2.6	5.7	2.2	1.43	6.29	5.16	231	125	20	8.5	4.7	7.5	5 100	666
羔羊																	
肥育羔羊[h]																	
30	66	200	0.44	1.3	2.9	4.3	0.83	3.65	2.99	143	87	24	4.8	3.0	1.1	765	166
35	77	220	0.48	1.4	3.1	4.0	0.94	4.14	3.39	154	94	23	4.8	3.0	1.3	892	194
40	88	250	0.55	1.6	3.5	4.0	1.12	4.93	4.04	176	107	22	5.0	3.1	1.5	1 020	222
45	99	250	0.55	1.7	3.7	3.8	1.19	5.24	4.30	187	114	22	5.0	3.1	1.7	1 148	250
50	110	220	0.48	1.8	4.0	3.6	1.26	5.54	4.54	198	121	22	5.0	3.1	1.9	1 275	278
55	121	200	0.44	1.9	4.2	3.5	1.33	5.85	4.80	209	127	22	5.0	3.1	2.1	1 402	305
早期断奶羔羊[i]																	
10	22	250	0.55	0.6	1.3	6.0	0.44	1.94	1.59	96	69	36	2.4	1.6	1.2	850	67
20	44	275	0.60	1.0	2.2	5.0	0.73	3.21	2.63	160	115	36	3.6	2.4	2.5	1 700	133
30	66	300	0.66	1.4	3.1	4.7	1.02	4.49	3.68	196	133	30	5.0	3.3	3.8	2 550	200

[a]将干物质转化为喂时状态基础时，用干物质除以干物质百分比。

[b]1 kg TDN＝4.4 Mcal *DE*（消化能），*DE* 乘以 82％转化为 *ME*（代谢能）。

[c]DP 为可消化蛋白质。

[d]此值是指在现代饲养条件下既不过肥也不过瘦的母羊。肥母羊应以下一较小体重的需要量来饲养，而瘦母羊应以下一较大体重的需要量来饲养。一旦维持体重确定，那么这一体重就将适用于所有的生产阶段。

[e]圆括号中是哺育单羔的母羊处于泌乳最后 8 周的值。

[f]圆括号中是哺育双羔的母羊处于泌乳最后 8 周的值。

[g]羔羊断奶后开始使用后备羔羊（母羊和公羊）的需要量。

[h]预期最大增重。如果羔羊随后用于上市出售，那么它们应同后备母羔羊一样饲喂。增重速度比表中所示快的羔羊应喂给更高水平的日粮。当羔羊自由采食时，它们的肥育速度最快。

[i]40 kg 早期断奶羔羊应同相同体重的肥育羔羊一样饲喂。

附表 19 绵羊日粮营养物质含量(日粮干物质营养浓度)

(NRC 绵羊营养需要,1985)

体重		增重或失重		每日干物质需要量[a]			每只绵羊的营养需要									
				单位动物			能量									
(kg)	(lb)	(g)	(lb)	(kg)	(lb)	占活重百分比(%)	TDN (kg)	DE[b] (Mcal/kg)	ME (Mcal/kg)	总蛋白质(%)	DP[c] (%)	Ca (%)	P (%)	胡萝卜素(mg/kg)	维生素A(IU/kg)	维生素D (IU/kg)
母羊[d]																
维持																
50	110	10	0.02	1.0	2.2	2.0	55	2.4	2.0	8.9	4.8	0.30	0.28	1.9	1 275	278
60	132	10	0.02	1.1	2.4	1.8	55	2.4	2.0	8.9	4.8	0.28	0.26	2.0	1 391	303
70	154	10	0.02	1.2	2.6	1.7	55	2.4	2.0	8.9	4.8	0.27	0.25	2.2	1 488	323
80	176	10	0.02	1.3	2.9	1.6	55	2.4	2.0	8.9	4.8	0.25	0.24	2.3	1 569	342
妊娠的最初15周(非泌乳)																
50	110	30	0.07	1.1	2.4	2.2	55	2.4	2.0	9.0	4.9	0.27	0.25	1.7	1 159	253
60	132	30	0.07	1.3	2.9	2.1	55	2.4	2.0	9.0	4.9	0.24	0.22	1.7	1 177	256
70	154	30	0.07	1.4	3.1	2.0	55	2.4	2.0	9.0	4.9	0.23	0.21	1.9	1 275	277
80	176	30	0.07	1.5	3.3	1.9	55	2.4	2.0	9.0	4.9	0.22	0.21	2.0	1 369	296
妊娠最后6周或哺育单羔时泌乳的最后8周[e]																
50	110	175(+45)	0.39	1.7	3.7	3.3	58	2.6	2.1	9.3	5.2	0.24	0.23	3.6	2 500	164
60	132	180(+45)	0.40	1.9	4.2	3.2	58	2.6	2.1	9.3	5.2	0.23	0.22	3.9	2 684	175
70	154	185(+45)	0.41	2.1	4.6	3.0	58	2.6	2.1	9.3	5.2	0.21	0.20	4.2	2 833	185
80	176	190(+45)	0.42	2.2	4.8	2.8	56	2.6	2.1	9.3	5.2	0.21	0.20	4.5	3 091	202
哺育单羔羊时泌乳的最初8周或哺育双羔羊时泌乳的最后8周[f]																
50	110	−25(+80)	−0.06	2.1	4.6	4.2	65	2.9	2.4	10.4	6.2	0.52	0.37	3.0	2 024	132
60	132	−25(+80)	−0.06	2.3	5.1	3.9	65	2.9	2.4	10.4	6.2	0.50	0.36	3.3	2 217	145
70	154	−25(+80)	−0.06	2.5	5.5	3.6	65	2.9	2.4	10.4	6.2	0.48	0.34	3.5	2 380	155
80	176	−25(+80)	−0.06	2.6	5.7	3.2	65	2.9	2.4	10.4	6.2	0.48	0.34	3.8	2 615	171
哺育双羔羊时泌乳的最初8周																
50	110	−60	−0.13	2.4	5.3	4.8	65	2.9	2.4	11.5	7.2	0.52	0.37	2.6	1 771	116
60	132	−60	−0.13	2.6	5.7	4.3	65	2.9	2.4	11.5	7.2	0.50	0.36	2.9	1 962	128

续附表 19

体重		增重或失重		每日干物质需要量[a]			每只绵羊的营养需要									
				单位动物			能量									
(kg)	(lb)	(g)	(lb)	(kg)	(lb)	占活重量(%)	TDN (kg)	DE[b] (Mcal/kg)	ME (Mcal/kg)	总蛋白质 (%)	DP[c] (%)	Ca (%)	P (%)	胡萝卜素 (mg/kg)	维生素 A(IU/kg)	维生素 D (IU/kg)
70	154	−60	−0.13	2.8	6.2	4.0	65	2.9	2.4	11.5	7.2	0.48	0.34	3.1	2 125	139
80	176	−60	−0.13	3.0	6.6	3.7	65	2.9	2.4	11.5	7.2	0.48	0.34	3.3	2 267	148
后备羔羊与周岁成羊[g]																
30	66	180	0.40	1.3	2.9	4.3	62	2.7	2.2	10.0	5.8	0.45	0.25	1.5	981	128
40	88	120	0.26	1.4	3.1	3.5	60	2.6	2.1	9.5	5.3	0.44	0.24	1.8	1 214	159
50	110	80	0.18	1.5	3.3	3.0	55	2.4	2.0	8.9	4.8	0.42	0.23	2.1	1 417	185
60	132	40	0.09	1.5	3.3	2.5	55	2.4	2.0	8.9	4.8	0.43	0.24	2.5	1 700	222
公羊																
后备羔羊与周岁成羊[g]																
40	88	250	0.55	1.8	4.0	4.5	65	2.9	2.4	10.2	6.0	0.35	0.19	1.4	944	123
60	132	200	0.44	2.3	5.1	3.8	60	2.6	2.1	9.5	5.3	0.31	0.17	1.7	1 109	145
80	176	150	0.33	2.8	6.2	3.5	55	2.4	2.0	8.9	4.8	0.28	0.16	1.8	1 214	159
100	220	100	0.22	2.8	6.2	2.8	55	2.4	2.0	8.9	4.8	0.30	0.17	2.2	1 518	198
120	265	50	0.11	2.6	5.7	2.2	55	2.4	2.0	8.9	4.8	0.33	0.18	2.9	1 962	256
羔羊																
肥育羔羊[h]																
30	66	200	0.44	1.3	2.9	4.3	64	2.8	2.3	11.0	6.7	0.37	0.23	0.8	588	128
35	77	220	0.48	1.4	3.1	4.0	67	3.0	2.4	11.0	6.7	0.34	0.21	0.9	637	139
40	88	250	0.55	1.6	3.5	4.0	70	3.1	2.5	11.0	6.7	0.31	0.19	0.9	638	139
45	99	250	0.55	1.7	3.7	3.8	70	3.1	2.5	11.0	6.7	0.29	0.18	1.0	675	147
50	110	220	0.48	1.8	4.0	3.6	70	3.1	2.5	11.0	6.7	0.28	0.17	1.1	708	154
55	121	200	0.44	1.9	4.2	3.5	70	3.1	2.5	11.0	6.7	0.26	0.16	1.1	738	161
早期断奶羔羊[i]																
10	22	250	0.55	0.6	1.3	6.0	73	3.2	2.6	16.0	11.5	0.40	0.27	2.0	1 417	112
20	44	275	0.60	1.0	2.2	5.0	73	3.2	2.6	16.0	11.5	0.36	0.24	2.5	1 700	133
30	66	300	0.66	1.4	3.1	4.7	73	3.2	2.6	14.0	9.5	0.36	0.24	2.7	1 821	143

[a]将干物质转化为喂时状态基础时，用干物质除以干物质百分比。

[b]1 kg TDN=4.4 Mcal *DE*（消化能），*DE* 乘以 82%转化为 *ME*（代谢能）。

[c]DP 为可消化蛋白质。

[d]此值是指在现代饲养条件下既不过肥也不过瘦的母羊。肥母羊应以下一较小体重的需要量来饲养，而瘦母羊应以下一较大体重的需要量来饲养。一旦维持体重确定，那么这一体重就将适用于所有的生产阶段。

[e]圆括号中是哺育单羔的母羊处于泌乳最后 8 周的值。

[f]圆括号中是哺育双羔的母羊处于泌乳最后 8 周的值。

[g]羔羊断奶后开始使用后备羔羊（母羊和公羊）的需要量。

[h]预期最大增重。如果羔羊随后用于上市出售，那么它们应同后备母羔羊一样饲喂。增重速度比表中所示快的羔羊应喂给更高水平的日粮。当羔羊自由采食时，它们的肥育速度最快。

[i]40 kg 早期断奶羔羊应同相同体重的肥育羔羊一样饲喂。

附表 20　60 kg 母羊年干物质、能量和蛋白质需要[a]

（NRC 绵羊营养需要，1985）

	维持（15 周）	妊娠早期（15 周）	妊娠后期（6 周）	泌乳早期（8 周[b]）	泌乳后期（8 周[b]）	全年总量
干物质						
kg/d	1.1	1.3	1.9	2.3(S)	1.9(S)	
				2.6(T)	2.3(T)	
kg/时期	115.5	136.5	79.8	128.8(S)	106.4(S)	567.0
				145.6(T)	128.8(T)	606.2
代谢能						
Mcal/d	2.20	2.60	3.97	5.41(S)	3.97(S)	
				6.10(T)	5.41(T)	
Mcal/时期	231.0	273.0	166.7	303.0(S)	222.3(S)	1 196.0
				341.6(T)	303.0(T)	1 312.3
可消化蛋白质						
g/d	53	64	99	143(S)	99(S)	
				187(T)	143(T)	
kg/时期	5.6	6.7	4.2	8.0(S)	5.5(S)	30.0
				10.5(T)	8.0(T)	35.0

[a]参考 NRC 出版物中图 1 的每日和累积体重变化。

[b]S 为哺育单羔的母羊；T 为哺育双羔的母羊。

附表21 山羊日营养需要

(NRC山羊营养需要,1981)

体重	饲料能量				粗蛋白		Ca	P	维生素A	维生素D	每只山羊干物质需要			
											1 kg *DM* 含 2.0 Mcal*ME*		1 kg *DM* 含 2.4 Mcal*ME*	
(kg)	TDN (g)	*DE* (Mcal)	*ME* (Mcal)	*NE* (Mcal)	TP (g)	DP (g)	(g)	(g)	(1 000 IU)	(IU)	总量 (kg)	占体重百分比(%)	总量 (kg)	占体重百分比(%)
只用于维持(包括安定的饲养条件,最小活动量及妊娠早期)														
10	159	0.70	0.57	0.32	22	15	1	0.7	0.4	84	0.28	2.8	0.24	2.4
20	267	1.18	0.96	0.54	38	26	1	0.7	0.7	144	0.48	2.4	0.40	2.0
30	362	1.59	1.30	0.73	51	35	2	1.4	0.9	195	0.65	2.2	0.54	1.8
40	448	1.98	1.61	0.91	63	43	2	1.4	1.2	243	0.81	2.0	0.67	1.7
50	530	2.34	1.91	1.08	75	51	3	2.1	1.4	285	0.95	1.9	0.79	1.6
60	608	2.68	2.19	1.23	86	59	3	2.1	1.6	327	1.09	1.8	0.91	1.5
70	682	3.01	2.45	1.38	96	66	4	2.8	1.8	369	1.23	1.8	1.02	1.5
80	754	3.32	2.71	1.53	106	73	4	2.8	2.0	408	1.36	1.7	1.13	1.4
90	824	3.63	2.96	1.67	116	80	4	2.8	2.2	444	1.48	1.6	1.23	1.4
100	891	3.93	3.21	1.81	126	86	5	3.5	2.4	480	1.60	1.6	1.34	1.3
维持加低活动量(为25%的增量,集约化管理,热带草场及妊娠早期)														
10	199	0.87	0.71	0.40	27	19	1	0.7	0.5	108	0.36	3.6	0.30	3.0
20	334	1.47	1.20	0.68	46	32	2	1.4	0.9	180	0.60	3.0	0.50	2.5
30	452	1.99	1.62	0.92	62	43	2	1.4	1.2	243	0.81	2.7	0.67	2.2
40	560	2.47	2.02	1.14	77	54	3	2.1	1.5	303	1.01	2.5	0.84	2.1
50	662	2.92	2.38	1.34	91	63	4	2.8	1.8	357	1.19	2.4	0.99	2.0
60	760	3.35	2.73	1.54	105	73	4	2.8	2.0	408	1.36	2.3	1.14	1.9
70	852	3.76	3.07	1.73	118	82	5	3.5	2.3	462	1.54	2.2	1.28	1.8
80	942	4.16	3.39	1.91	130	90	5	3.5	2.6	510	1.70	2.1	1.41	1.8
90	1 030	4.54	3.70	2.09	142	99	6	4.2	2.8	555	1.85	2.1	1.54	1.7
100	1 114	4.91	4.01	2.26	1.53	107	6	4.2	3.0	600	2.00	2.0	1.67	1.7

续附表 21

体重 (kg)	饲料能量				粗蛋白		Ca (g)	P (g)	维生素 A (1 000 IU)	维生素 D (IU)	每只山羊干物质需要			
											1 kg*DM* 含 2.0 Mcal*ME*		1 kg*DM* 含 2.4 Mcal*ME*	
	TDN (g)	*DE* (Mcal)	*ME* (Mcal)	*NE* (Mcal)	TP (g)	DP (g)					总量 (kg)	占体重百分比(%)	总量 (kg)	占体重百分比(%)
维持加中等活动量(为 50%增量,半干旱草场,缓坡牧场及妊娠早期)														
10	239	1.05	0.86	0.48	33	23	1	0.7	0.6	129	0.43	4.3	0.36	3.6
20	400	1.77	1.44	0.81	55	38	2	1.4	1.1	216	0.72	3.6	0.60	3.0
30	543	2.38	1.95	1.10	74	52	3	2.1	1.5	294	0.98	3.3	0.81	2.7
40	672	2.97	2.42	1.36	93	64	4	2.8	1.8	363	1.21	3.0	1.01	2.5
50	795	3.51	2.86	1.62	110	76	4	2.8	2.1	429	1.43	2.9	1.19	2.4
60	912	4.02	3.28	1.84	126	87	5	3.5	2.5	492	1.64	2.7	1.37	2.3
70	1 023	4.52	3.68	2.07	141	98	6	4.2	2.8	552	1.84	2.6	1.53	2.2
80	1 131	4.98	4.06	2.30	156	108	6	4.2	3.0	609	2.03	2.5	1.69	2.1
90	1 236	5.44	4.44	2.50	170	118	7	4.9	3.3	666	2.22	2.5	1.85	2.0
100	1 336	5.90	4.82	2.72	184	128	7	4.9	3.6	723	2.41	2.4	2.01	2.0
维持加大活动量(为 75%增量,干旱草场,植被稀疏、多山牧场及妊娠早期)														
10	278	1.22	1.00	0.56	38	26	2	1.4	0.8	150	0.50	5.0	0.42	4.2
20	467	2.06	1.68	0.94	64	45	2	1.4	1.3	252	0.84	4.2	0.70	3.5
30	634	2.78	2.28	1.28	87	60	3	2.1	1.7	342	1.14	3.8	0.95	3.2
40	784	3.46	2.82	1.59	108	75	4	2.8	2.1	423	1.41	3.5	1.18	3.0
50	928	4.10	3.34	1.89	128	89	5	3.5	2.5	501	1.67	3.3	1.39	2.7
60	1 064	4.69	3.83	2.15	146	102	6	4.2	2.9	576	1.92	3.2	1.60	2.7
70	1 194	5.27	4.29	2.42	165	114	6	4.2	3.2	642	2.14	3.0	1.79	2.6
80	1 320	5.81	4.74	2.68	182	126	7	4.9	3.6	711	2.37	3.0	1.98	2.5
90	1 442	6.35	5.18	2.92	198	138	8	5.6	3.9	777	2.59	2.9	2.16	2.4
100	1 559	6.88	5.62	3.17	215	150	8	5.6	4.2	843	2.81	2.8	2.34	2.3

续附表 21

体重(kg)	饲料能量				粗蛋白		Ca(g)	P(g)	维生素A(1 000 IU)	维生素D(IU)	每只山羊干物质需要			
											1 kg*DM* 含 2.0 Mcal*ME*		1 kg*DM* 含 2.4 Mcal*ME*	
	TDN(g)	*DE*(Mcal)	*ME*(Mcal)	*NE*(Mcal)	TP(g)	DP(g)					总量(kg)	占体重百分比(%)	总量(kg)	占体重百分比(%)
妊娠后期的额外需要量(所用体型的山羊)														
					82	57	2	1.4	1.1	213	0.71		0.59	
生长的额外需要量——日增重 50 g(所用体型的山羊)														
	100	0.44	0.36	0.20	14	10	1	0.7	0.3	54	0.18		0.15	
生长的额外需要量——日增重 100 g(所用体型的山羊)														
	200	0.88	0.72	0.40	28	20	1	0.7	0.5	108	0.36		0.30	
生长的额外需要量——日增重 150 g(所用体型的山羊)														
	300	1.32	1.08	0.60	42	30	2	1.4	0.8	162	0.54		0.45	
产 1 kg 不同乳脂率乳的额外需要量(包括在各自不同的泌乳水平下哺育单羔、双羔、三羔的需要量)														
乳脂率(%)														
2.5	333	1.47	1.20	0.68	59	42	2	1.4	3.8	760				
3.0	337	1.49	1.21	0.68	64	45	2	1.4	3.8	760				
3.5	342	1.51	1.23	0.69	68	48	2	1.4	3.8	760				
4.0	346	1.53	1.25	0.70	72	51	3	2.1	3.8	760				
4.5	351	1.55	1.26	0.71	77	54	3	2.1	3.8	760				
5.0	356	1.57	1.28	0.72	82	57	3	2.1	3.8	760				
5.5	360	1.59	1.29	0.73	86	60	3	2.1	3.8	760				
6.0	365	1.61	1.31	0.74	90	63	3	2.1	3.8	760				
不同产毛量水平安哥拉山羊产毛的额外需要量														
年产毛量(kg)														
2	16	0.07	0.06	0.03	9	6								
4	34	0.15	0.12	0.07	17	12								
6	50	0.22	0.18	0.10	26	18								
8	66	0.29	0.24	0.14	34	24								

附表 22　生长猪在自由采食情况下每日对矿物质、维生素及脂肪酸的需要(90%干物质)[a]

(NRC 猪营养需要,1998)

	体重(kg)					
	3～5	5～10	10～20	20～50	50～80	80～120
该范围的平均体重(kg)	4	7.5	15	35	65	100
消化能(kcal/kg)	3 400	3 400	3 400	3 400	3 400	3 400
代谢能(kcal/kg)[b]	3 265	3 265	3 265	3 265	3 265	3 265
摄入消化能估计值(kcal/d)	855	1 690	3 400	6 305	8 760	10 450
摄入代谢能估计值(kcal/d)[b]	820	1 620	3 265	6 050	8 410	10 030
采食量估计值(g/d)	250	500	1 000	1 855	2 575	3 075
	需要量(或每千克日粮的量)					
矿物质元素						
钙(%)[c]	0.90	0.80	0.70	0.60	0.50	0.45
总磷(%)[c]	0.70	0.65	0.60	0.50	0.45	0.40
有效磷(%)[c]	0.55	0.40	0.32	0.23	0.19	0.15
钠(%)	0.25	0.20	0.15	0.10	0.10	0.10
氯(%)	0.25	0.20	0.15	0.08	0.08	0.08
镁(%)	0.04	0.04	0.04	0.04	0.04	0.04
钾(%)	0.30	0.28	0.26	0.23	0.19	0.17
铜(mg)	6.00	6.00	5.00	4.00	3.50	3.00
碘(mg)	0.14	0.14	0.14	0.14	0.14	0.14
铁(mg)	100	100	80	60	50	40
锰(mg)	4.00	4.00	3.00	2.00	2.00	2.00
硒(mg)	0.30	0.30	0.25	0.15	0.15	0.15
锌(mg)	100	100	80	60	50	50
维生素						
维生素 A(IU)[d]	2 200	2 200	1 750	1 300	1 300	1 300
维生素 D_3(IU)[d]	220	220	200	150	150	150
维生素 E(IU)[d]	16	16	11	11	11	11
维生素 K(mg)	0.50	0.50	0.50	0.50	0.50	0.50
生物素(mg)	0.08	0.05	0.05	0.05	0.05	0.05
胆碱(g)	0.60	0.50	0.40	0.30	0.30	0.30
叶酸(mg)	0.30	0.30	0.30	0.30	0.30	0.30
可利用尼克酸(mg)[e]	20.00	15.00	12.50	10.00	7.00	7.00
泛酸(mg)	12.00	10.00	9.00	8.00	7.00	7.00
核黄素(mg)	4.00	3.50	3.00	2.50	2.00	2.00
维生素 B_1(mg)	1.50	1.00	1.00	1.00	1.00	1.00
维生素 B_6(mg)	2.00	1.50	1.50	1.00	1.00	1.00
维生素 B_{12}(μg)	20.00	17.50	15.00	10.00	5.00	5.00
亚油酸(%)	0.10	0.10	0.10	0.10	0.10	0.10

[a] 去势公猪和青年母猪混合饲养(公母比 1∶1)。对于瘦肉生长速度快(胴体无脂瘦肉增重大于 325 g/d)的猪而言,某些矿物质和维生素的需要量可能要高一些,但本处未予区分。

[b] 假定代谢能为消化能的 96%。在玉米-豆粕型日粮中,代谢能一般为消化能的 94%～96%。这取决于粗蛋白质水平的高低。

[c] 对于发育公猪和后备母猪,在 50～120 kg 体重阶段,钙、磷和有效磷的需要量应提高 0.03～0.1 个百分点。

[d] 换算关系:1 IU 维生素 A=0.344 μg 维生素 A 醋酸酯;1 IU 维生素 D_3=0.025 μg 胆钙化醇;1 IU 维生素 E=0.67 mg *D-α-*生育酚或 1 mg *DL-α-*生育酚醋酸酯。

[e] 玉米、高粱、小麦和大麦中的尼克酸不可利用。同样,这些谷物粒副产品中的尼克酸的利用率也很低,除非将这些副产品进行发酵或湿法粉碎处理。

附表 23 生长猪在自由采食情况下日氨基酸需要(90%干物质基础)[a]

(NRC 猪营养需要,1998)

	体重(kg)					
	3～5	5～10	10～20	20～50	50～80	80～120
该范围的平均体重(kg)	4	7.5	15	35	65	100
消化能(kcal/kg)	3 400	3 400	3 400	3 400	3 400	3 400
代谢能(kcal/kg)[b]	3 265	3 265	3 265	3 265	3 265	3 265
摄入消化能估计值(kcal/d)	855	1 690	3 400	6 305	8 760	10 450
摄入代谢能估计值(kcal/d)[b]	820	1 620	3 265	6 050	8 410	10 030
采食量估计值(g/d)	250	500	1 000	1 855	2 575	3 075
粗蛋白质(%)[c]	26.0	23.7	20.9	18.0	15.5	13.2
			氨基酸需要量[d]			
			以真回肠可消化氨基酸为基础(g/d)			
精氨酸	1.4	2.4	4.2	6.1	6.2	4.8
组氨酸	1.1	1.9	3.2	4.9	5.5	5.1
异亮氨酸	1.8	3.2	5.5	8.4	9.4	8.8
亮氨酸	3.4	6.0	10.3	15.5	7.2	15.8
赖氨酸	3.4	5.9	10.1	15.3	17.1	15.8
蛋氨酸	0.9	1.6	2.7	4.1	4.6	4.3
蛋氨酸+胱氨酸	1.9	3.4	5.8	8.8	10.0	9.5
苯丙氨酸	2.0	3.5	6.1	9.1	10.2	9.4
苯丙氨酸+酪氨酸	3.2	5.5	9.5	14.4	16.1	15.1
苏氨酸	2.1	3.7	6.3	9.7	11.0	10.5
色氨酸	0.6	1.1	1.9	2.8	3.1	2.9
缬氨酸	2.3	4.0	6.9	10.4	11.6	10.8
			以表观回肠可消化氨基酸为基础(g/d)			
精氨酸	1.3	2.3	3.9	5.7	5.7	4.3
组氨酸	1.0	1.8	3.1	4.6	5.2	4.8
异亮氨酸	1.7	3.0	5.2	7.8	8.7	8.0
亮氨酸	3.2	5.7	9.8	14.8	16.5	15.3
赖氨酸	3.2	5.5	9.4	14.2	15.8	14.4
蛋氨酸	0.9	1.5	2.6	3.9	4.4	4.1
蛋氨酸+胱氨酸	1.8	3.1	5.3	8.2	9.3	8.8
苯丙氨酸	1.9	3.3	5.7	8.5	9.4	8.6
苯丙氨酸+酪氨酸	3.0	5.2	8.9	13.4	15.0	13.9
苏氨酸	1.9	3.3	5.6	8.5	9.6	9.1
色氨酸	0.5	1.0	1.6	2.4	2.7	2.5
缬氨酸	2.1	3.7	6.3	9.5	10.6	9.8
			以总氨基酸为基础(g/d)[e]			
精氨酸	1.5	2.7	4.6	6.8	7.1	5.7
组氨酸	1.2	2.1	3.7	5.6	6.3	5.9
异亮氨酸	2.1	3.7	6.3	9.5	10.7	10.1
亮氨酸	3.8	6.6	11.2	16.8	18.4	16.6
赖氨酸	3.8	6.7	11.5	17.5	19.7	18.5
蛋氨酸	1.0	1.8	3.0	4.6	5.1	4.8
蛋氨酸+胱氨酸	2.2	3.8	6.5	9.9	11.3	10.8
苯丙氨酸	2.3	4.0	6.8	10.2	11.3	10.4
苯丙氨酸+酪氨酸	3.5	6.2	10.6	16.1	18.0	16.8

续附表 23

	体重(kg)					
	3～5	5～10	10～20	20～50	50～80	80～120
苏氨酸	2.5	4.3	7.4	11.3	13.0	12.6
色氨酸	0.7	1.2	2.1	3.2	3.6	3.4
缬氨酸	2.6	4.6	7.9	11.9	13.3	12.4

[a]具有中-高瘦肉生长速度(体重 20～120 kg 期间胴体无脂瘦肉增重为 325 g/d)的公母混养猪群(阉公猪和青年母猪 1∶1)。

[b] 假定代谢能为消化能的 96%。在这些不同蛋白质水平的玉米-豆粕型日粮中,代谢能为消化能的 94%～96%。

[c] 粗蛋白质水平适用于玉米-豆粕型日粮。在 3～10 kg 体重仔猪日粮中使用血浆或奶粉时,蛋白质水平将比表中低 2%～3%。

[d] 总氨基酸需要量是以下列类型日粮为基础:3～5 kg 仔猪,含有 5%血浆粉和 25%～50%奶粉的玉米-豆粕型日粮;5～10 kg 仔猪,含有 5%～25%奶粉的玉米-豆粕型日粮;10～120 kg 猪,玉米-豆粕型日粮。

[e]3～20 kg 猪的总赖氨酸需要量等于表 10-1 中的百分率(根据经验数据估计的)乘以采食量估测值。其他氨基酸需要量是基于其与赖氨酸(真可消化基础)的比例;但支持这些比例的经验数据很少。20～120 kg 猪氨基酸需要量是根据生长模型估计的。

附表 24　妊娠和哺乳母猪对日粮矿物质、维生素和脂肪酸的需要量(90%干物质基础)[a]

(NRC 猪营养需要,1998)

	妊娠	泌乳
日粮消化能含量(kcal/kg)	3 400	3 400
日粮代谢能含量(kcal/kg)[b]	3 265	3 265
摄入消化能估计值(kcal/d)	6 290	17 850
摄入代谢能估计值(kcal/d)[b]	6 040	17 135
采食量估计值(kg/d)	1.85	5.25
	需要量(或每千克日粮中含量)	
矿物质		
钙(%)	0.75	0.75
总磷(%)	0.60	0.60
有效磷(%)	0.35	0.35
钠(%)	0.15	0.20
氯(%)	0.12	0.16
镁(%)	0.04	0.04
钾(%)	0.20	0.20
铜(mg)	5.00	5.00
碘(mg)	0.14	0.14
铁(mg)	80	80
锰(mg)	20	20
硒(mg)	0.15	0.15
锌(mg)	50	50
维生素		
维生素 A(IU)[c]	4 000	2 000
维生素 D_3(IU)[c]	200	200
维生素 E(IU)[c]	44	44
维生素 K(mg)	0.50	0.50
生物素(mg)	0.20	0.20
胆碱(g)	1.25	1.00
叶酸(mg)	1.30	1.30
可利用尼克酸(mg)[d]	10	10
泛酸(mg)	12	12

续附表 24

	妊娠	泌乳
核黄素(mg)	3.75	3.75
维生素 B_1(mg)	1.00	1.00
维生素 B_6(mg)	1.00	1.00
维生素 B_{12}(μg)	15	15
亚油酸(%)	0.10	0.10

[a] 需要量的制定分别以每日采食 1.85 kg 和 5.25 kg 饲料为基础。如果采食量较低,应提供这些养分在日粮中的比例。

[b] 假定代谢能为消化能的 96%。

[c] 换算:1 IU 维生素 A=0.344 μg 维生素 A 醋酸酯;1 IU 维生素 D_3=0.025 μg 胆钙化醇;1 IU 维生素 E=0.67 mg *D-α*-生育酚或 1 mg *DL-α*-生育酚醋酸酯。

[d] 玉米、高粱、小麦和大麦中的尼克酸不可利用。同样,这些谷粒副产品中的尼克酸的利用率也很低,除非将这些副产品进行发酵或湿法粉碎加工。

附表 25　不同瘦肉生长速度的去势公猪和青年母猪在自由采食情况下对日粮氨基酸的需要(90%干物质基础)[a]

(NRC 猪营养需要,1998)

体重范围	50～80 kg 体重						80～120 kg 体重					
瘦肉增重(g/d)	300	300	325	325	350	350	300	300	325	325	350	350
性别	公猪	母猪	公猪	母猪	公猪	母猪	公猪	母猪	公猪	母猪	公猪	母猪
该范围内平均体重(kg)	65	65	65	65	65	65	100	100	100	100	100	100
消化能(kcal/kg)	3 400	3 400	3 400	3 400	3 400	3 400	3 400	3 400	3 400	3 400	3 400	3 400
代谢能(kcal/kg)[b]	3 265	3 265	3 265	3 265	3 265	3 265	3 265	3 265	3 265	3 265	3 265	3 265
摄入消化能估计值(kcal/d)	9 360	8 165	9 360	8 165	9 360	8 165	11 150	9 750	11 150	9 750	11 150	9 750
摄入代谢能估计值(kcal/d)[b]	8 985	7 840	8 985	7 840	8 985	7 840	10 705	9 360	10 705	9 360	10 705	9 360
采食量估计值(g/d)	2 750	2 400	2 755	2 400	2 755	2 400	3 280	2 865	3 280	2 865	3 280	2 865
粗蛋白质(%)[c]	14.2	15.5	14.9	16.3	15.6	17.1	12.2	13.2	12.7	13.8	13.2	14.4
氨基酸需要量[d]												
以真回肠可消化氨基酸为基础(%)												
精氨酸	0.20	0.23	0.22	0.26	0.25	0.28	0.13	0.15	0.15	0.17	0.16	0.19
组氨酸	0.18	0.21	0.20	0.23	0.21	0.24	0.14	0.16	0.15	0.18	0.17	0.19
异亮氨酸	0.32	0.36	0.34	0.39	0.37	0.42	0.25	0.29	0.27	0.31	0.29	0.33
亮氨酸	0.58	0.66	0.62	0.72	0.67	0.77	0.45	0.51	0.48	0.55	0.52	0.59
赖氨酸	0.58	0.66	0.62	0.71	0.67	0.76	0.45	0.51	0.48	0.55	0.52	0.59
蛋氨酸	0.16	0.18	0.17	0.19	0.18	0.21	0.12	0.14	0.13	0.15	0.14	0.16
蛋氨酸＋胱氨酸	0.34	0.39	0.36	0.42	0.39	0.44	0.27	0.31	0.29	0.33	0.31	0.35
苯丙氨酸	0.34	0.39	0.37	0.42	0.40	0.46	0.27	0.30	0.29	0.33	0.31	0.35
苯丙氨酸＋酪氨酸	0.54	0.62	0.59	0.67	0.63	0.72	0.43	0.49	0.46	0.52	0.49	0.56
苏氨酸	0.37	0.43	0.40	0.46	0.43	0.49	0.30	0.34	0.32	0.37	0.34	0.39
色氨酸	0.11	0.12	0.11	0.13	0.12	0.14	0.08	0.10	0.09	0.10	0.10	0.11
缬氨酸	0.39	0.45	0.42	0.48	0.45	0.52	0.30	0.35	0.33	0.38	0.35	0.40
以表观回肠可消化氨基酸为基础(%)												
精氨酸	0.19	0.21	0.21	0.24	0.23	0.26	0.12	0.13	0.13	0.15	0.15	0.17
组氨酸	0.17	0.20	0.19	0.21	0.20	0.23	0.14	0.15	0.15	0.17	0.16	0.18
异亮氨酸	0.29	0.34	0.31	0.36	0.34	0.39	0.23	0.26	0.24	0.28	0.26	0.30

续附表 25

体重范围	50～80 kg 体重						80～120 kg 体重					
瘦肉增重(g/d)	300	300	325	325	350	350	300	300	325	325	350	350
性别	公猪	母猪	公猪	母猪	公猪	母猪	公猪	母猪	公猪	母猪	公猪	母猪
亮氨酸	0.56	0.64	0.60	0.69	0.65	0.74	0.43	0.50	0.47	0.53	0.50	0.57
赖氨酸	0.53	0.61	0.57	0.66	0.61	0.71	0.41	0.47	0.44	0.51	0.47	0.54
蛋氨酸	0.15	0.17	0.16	0.18	0.17	0.20	0.12	0.13	0.13	0.14	0.13	0.15
蛋氨酸+胱氨酸	0.31	0.36	0.34	0.39	0.36	0.41	0.25	0.29	0.27	0.31	0.29	0.33
苯丙氨酸	0.32	0.36	0.34	0.39	0.37	0.42	0.24	0.28	0.26	0.30	0.28	0.32
苯丙氨酸+酪氨酸	0.50	0.58	0.54	0.62	0.58	0.67	0.39	0.45	0.42	0.49	0.45	0.52
苏氨酸	0.32	0.37	0.35	0.40	0.37	0.43	0.26	0.30	0.28	0.32	0.30	0.34
色氨酸	0.09	0.10	0.10	0.11	0.10	0.12	0.07	0.08	0.07	0.09	0.08	0.09
缬氨酸	0.36	0.41	0.38	0.44	0.41	0.47	0.28	0.32	0.30	0.34	0.32	0.37
	以总氨基酸为基础(%)											
精氨酸	0.24	0.27	0.26	0.29	0.28	0.32	0.16	0.18	0.18	0.20	0.19	0.22
组氨酸	0.21	0.24	0.23	0.26	0.24	0.28	0.17	0.19	0.18	0.20	0.19	0.22
异亮氨酸	0.36	0.41	0.39	0.45	0.72	0.83	0.46	0.54	0.31	0.35	0.33	0.37
亮氨酸	0.61	0.71	0.67	0.77	0.72	0.83	0.46	0.54	0.50	0.58	0.54	0.63
赖氨酸	0.67	0.76	0.72	0.82	0.77	0.88	0.53	0.60	0.57	0.64	0.60	0.69
蛋氨酸	0.17	0.20	0.19	0.21	0.20	0.23	0.14	0.15	0.15	0.17	0.16	0.18
蛋氨酸+胱氨酸	0.38	0.44	0.41	0.47	0.44	0.50	0.31	0.35	0.33	0.38	0.35	0.40
苯丙氨酸	0.38	0.44	0.41	0.47	0.44	0.51	0.29	0.34	0.32	0.36	0.34	0.39
苯丙氨酸+酪氨酸	0.61	0.70	0.65	0.75	0.70	0.80	0.48	0.54	0.51	0.59	0.55	0.63
苏氨酸	0.44	0.50	0.47	0.54	0.51	0.58	0.36	0.41	0.38	0.44	0.41	0.46
色氨酸	0.12	0.14	0.13	0.15	0.14	0.16	0.10	0.11	0.10	0.12	0.11	0.13
缬氨酸	0.45	0.51	0.48	0.55	0.52	0.59	0.35	0.40	0.38	0.43	0.40	0.46

[a] 具有中、中-高和高瘦肉生长速度的猪是指体重在 20～120 kg 间，胴体无脂瘦肉平均生长速度分别为 300,325 和 350 g/d。

[b] 假定代谢能为消化能的 96%。

[c] 粗蛋白质和总氨基酸需要量是以玉米-豆粕型日粮为基础确定的。

[d] 由生长模型确定。

附表 26　妊娠母猪日粮氨基酸需要(90%干物质基础)[a]

(NRC 猪营养需要,1998)

	配种体重(kg)					
	125	150	175	200	200	200
	妊娠期体增重[b](kg)					
	55	45	40	35	30	35
	预期窝产仔数					
	11	12	12	12	12	14
日粮消化能含量(kcal/kg)	3 400	3 400	3 400	3 400	3 400	3 400
日粮代谢能含量(kcal/kg)[c]	3 265	3 265	3 265	3 265	3 265	3 265
摄入消化能估计值(kcal/d)	6 660	6 265	6 405	6 535	6 115	6 275
摄入代谢能估计值(kcal/d)[c]	6 395	6 015	6 150	6 275	5 870	6 025
采食量估计值(kg/d)	1.96	1.84	1.88	1.92	1.80	1.85
粗蛋白质(%)[d]	12.9	12.8	12.4	12.0	12.1	12.4
	氨基酸需要量					
	以真回肠可消化氨基酸为基础(%)					
精氨酸	0.04	0.00	0.00	0.00	0.00	0.00
组氨酸	0.16	0.16	0.15	0.14	0.14	0.15
异亮氨酸	0.29	0.28	0.27	0.26	0.26	0.27
亮氨酸	0.48	0.47	0.44	0.41	0.41	0.44
赖氨酸	0.50	0.49	0.46	0.44	0.44	0.46
蛋氨酸	0.14	0.13	0.13	0.12	0.12	0.13
蛋氨酸+胱氨酸	0.33	0.33	0.32	0.31	0.32	0.33
苯丙氨酸	0.29	0.28	0.27	0.25	0.25	0.27
苯丙氨酸+酪氨酸	0.48	0.48	0.46	0.44	0.44	0.46
苏氨酸	0.37	0.38	0.37	0.36	0.37	0.38
色氨酸	0.10	0.10	0.09	0.09	0.09	0.09
缬氨酸	0.34	0.33	0.31	0.30	0.30	0.31
	以表观回肠可消化氨基酸为基础(%)					
精氨酸	0.03	0.00	0.00	0.00	0.00	0.00
组氨酸	0.15	0.15	0.14	0.13	0.13	0.14
异亮氨酸	0.26	0.26	0.25	0.24	0.24	0.25
亮氨酸	0.47	0.46	0.43	0.40	0.40	0.43
赖氨酸	0.45	0.45	0.42	0.40	0.40	0.42
蛋氨酸	0.13	0.13	0.12	0.11	0.12	0.12
蛋氨酸+胱氨酸	0.30	0.31	0.30	0.29	0.30	0.31
苯丙氨酸	0.27	0.26	0.24	0.23	0.23	0.24
苯丙氨酸+酪氨酸	0.45	0.44	0.42	0.40	0.41	0.43
苏氨酸	0.32	0.33	0.32	0.31	0.32	0.33
色氨酸	0.08	0.08	0.08	0.07	0.07	0.08
缬氨酸	0.31	0.30	0.28	0.27	0.27	0.28
	以总氨基酸为基础[d](%)					
精氨酸	0.06	0.03	0.00	0.00	0.00	0.00
组氨酸	0.19	0.18	0.17	0.16	0.17	0.17
异亮氨酸	0.33	0.32	0.31	0.30	0.30	0.31
亮氨酸	0.50	0.49	0.46	0.42	0.43	0.45
赖氨酸	0.58	0.57	0.54	0.52	0.52	0.54

续附表 26

	配种体重(kg)					
	125	150	175	200	200	200
	妊娠期体增重[b](kg)					
	55	45	40	35	30	35
	预期窝产仔数					
	11	12	12	12	12	14
蛋氨酸	0.15	0.15	0.14	0.13	0.13	0.14
蛋氨酸+胱氨酸	0.37	0.38	0.37	0.36	0.36	0.37
苯丙氨酸	0.32	0.32	0.30	0.28	0.28	0.30
苯丙氨酸+酪氨酸	0.54	0.54	0.51	0.49	0.49	0.51
苏氨酸	0.44	0.45	0.44	0.43	0.44	0.45
色氨酸	0.11	0.11	0.11	0.10	0.10	0.11
缬氨酸	0.39	0.38	0.36	0.34	0.34	0.36

[a] 根据妊娠模型估计每日消化能饲料摄入量及氨基酸需要量。

[b] 体增重包括母体增重和妊娠产物重两方面。

[c] 假定代谢能为消化能的96%。

[d] 粗蛋白质和总氨基酸需要量是以玉米-豆粕型日粮为基础确定的。

附表 27　哺乳母猪每日氨基酸需要(90%干物质基础)[a]

(NRC 猪营养需要,1998)

	母猪产后体重(kg)					
	175	175	175	175	175	175
	泌乳期体重变化(kg)[b]					
	0	0	0	—10	—10	—10
	猪只日增重(g)[b]					
	150	200	250	150	200	250
日粮消化能含量(kcal/kg)	3 400	3 400	3 400	3 400	3 400	3 400
日粮代谢能含量(kcal/kg)[c]	3 265	3 265	3 265	3 265	3 265	3 265
摄入消化能估计值(kcal/d)	14 645	18 205	21 765	12 120	15 680	19 240
摄入代谢能估计值(kcal/d)[c]	14 060	17 475	20 895	11 635	15 055	18 470
采食量估计值(kg/d)	4.31	5.35	6.40	3.56	4.61	5.66
粗蛋白质(%)[d]	16.3	17.5	18.4	17.2	18.5	19.2
	氨基酸需要量					
	以真回肠可消化氨基酸为基础(g/d)					
精氨酸	15.6	23.4	31.1	12.5	20.3	28.0
组氨酸	12.2	17.0	21.7	10.9	15.6	20.3
异亮氨酸	17.2	23.6	30.1	15.6	22.1	28.5
亮氨酸	34.4	48.0	61.5	31.0	44.5	58.1
赖氨酸	30.7	42.5	54.3	27.6	39.4	51.2
蛋氨酸	8.0	11.0	14.1	7.2	10.2	13.2
蛋氨酸+胱氨酸	15.3	20.6	26.0	13.9	19.2	24.5
苯丙氨酸	16.8	23.3	29.7	14.9	21.4	27.9
苯丙氨酸+酪氨酸	34.6	47.9	61.1	31.4	44.6	57.8
苏氨酸	19.5	26.4	33.3	17.7	24.6	31.5

续附表 27

	母猪产后体重(kg)					
	175	175	175	175	175	175
	泌乳期体重变化(kg)[b]					
	0	0	0	—10	—10	—10
	猪只日增重(g)[b]					
	150	200	250	150	200	250
色氨酸	5.5	7.6	9.7	5.2	7.3	9.4
缬氨酸	25.8	35.8	45.8	23.6	33.6	43.6
	以表观回肠可消化氨基酸为基础(g/d)					
精氨酸	14.6	22.0	29.3	11.7	19.1	26.4
组氨酸	11.5	16.0	20.5	10.2	14.7	19.2
异亮氨酸	15.9	21.9	27.9	14.5	20.5	26.5
亮氨酸	33.0	45.9	58.7	29.7	42.6	55.4
赖氨酸	28.4	39.4	50.4	25.5	36.5	47.5
蛋氨酸	7.6	10.5	13.4	6.8	9.7	12.6
蛋氨酸＋胱氨酸	14.2	19.2	24.1	12.9	17.8	22.8
苯丙氨酸	15.5	21.6	27.6	13.8	19.9	25.9
苯丙氨酸＋酪氨酸	32.3	44.7	57.1	29.3	41.7	54.1
苏氨酸	17.1	23.1	29.2	15.5	21.6	27.7
色氨酸	4.7	6.6	8.4	4.5	6.3	8.1
缬氨酸	23.6	32.8	42.0	21.6	30.8	40.0
	以总氨基酸为基础(g/d)[d]					
精氨酸	17.4	25.8	34.3	14.0	22.4	30.8
组氨酸	13.8	19.1	24.4	12.2	17.5	22.8
异亮氨酸	19.5	26.8	34.1	17.7	25.0	32.3
亮氨酸	37.2	52.1	67.0	33.7	48.6	63.5
赖氨酸	35.3	48.6	61.9	31.6	44.9	58.2
蛋氨酸	8.8	12.2	15.6	7.9	11.3	14.6
蛋氨酸＋胱氨酸	17.3	23.4	29.4	15.7	21.7	27.8
苯丙氨酸	18.7	25.9	33.2	16.6	23.9	31.1
苯丙氨酸＋酪氨酸	38.7	53.4	68.2	35.1	49.8	64.6
苏氨酸	23.0	31.1	39.1	20.8	28.8	36.9
色氨酸	6.3	8.6	11.0	5.9	8.2	10.6
缬氨酸	29.5	40.9	52.3	26.9	38.4	49.8

[a]根据泌乳模型估计每日消化能和饲料摄入量及氨基酸需要量。

[b] 假设每窝 10 头仔猪，哺乳期为 21 d。

[c] 假定代谢能为消化能的 96%。在这些不同蛋白质水平的玉米-豆粕型日粮中，代谢能为消化能的 94%～96%。

[d] 粗蛋白质和总氨基酸需要量以玉米-豆粕型日粮为基础确定。

附表 28 配种公猪对日粮和每日氨基酸、矿物元素、维生素和脂肪酸的需要(90%干物质基础)[a]

(NRC 猪营养需要,1998)

日粮消化能含量(kcal/kg)	3 400	3 400
日粮代谢能含量(kcal/kg)	3 265	3 265
消化能摄入量(kcal/d)	6 800	6 800
代谢能摄入量(kcal/d)	6 530	6 530
采食量(kg/d)	2.00	2.00
粗蛋白质(%)[b]	13.0	13.0
	需要量(或每千克中含量)	每日需要量
氨基酸(总量基础)[b]		
精氨酸	—	—
组氨酸	0.19 %	3.8 g
异亮氨酸	0.35 %	7.0 g
亮氨酸	0.51 %	10.2g
赖氨酸	0.60 %	12.0 g
蛋氨酸	0.16 %	3.2 g
蛋氨酸+胱氨酸	0.42 %	8.4 g
苯丙氨酸	0.33 %	6.6 g
苯丙氨酸+酪氨酸	0.57 %	11.4 g
苏氨酸	0.50 %	10.0 g
色氨酸	0.12 %	2.4 g
缬氨酸	0.40 %	8.0 g
矿物质		
钙	0.75 %	15.0 g
总磷	0.60 %	12.0 g
有效磷	0.35 %	7.0 g
钠	0.15 %	3.0 g
氯	0.12 %	2.4 g
镁	0.04 %	0.8 g
钾	0.20 %	4.0 g
铜	5 mg	10 mg
碘	0.14 mg	0.28 mg
铁	80 mg	160 mg
锰	20 mg	40 mg
硒	0.15 mg	0.3 mg
锌	50 mg	100 mg
维生素		
维生素 A[c]	4 000 IU	8 000 IU
维生素 D[c]	200 IU	400 IU
维生素 E[c]	44 IU	88 IU
维生素 K	0.50 mg	1.0 mg
生物素	0.20 mg	0.4 mg
胆碱	1.25 g	2.5 g
叶酸	1.30 mg	2.6 mg
可利用尼克酸[d]	10 mg	20 mg
泛酸	12 mg	24 mg
核黄素	3.75 mg	7.5 mg
维生素 B_1	1.0 mg	2.0 mg

续附表 28

维生素 B_6	1.0 mg	2.0 mg
维生素 B_{12}	15 μg	30 μg
亚油酸	0.1 %	2.0 g

[a]需要量的制定以每日采食 2.0 kg 饲料为基础。采食量应根据公猪的体重和期望的增重而调整。

[b]假设所用的是玉米-豆粕型日粮，赖氨酸的需要量设定为 0.60%(12 g/d)。其他氨基酸的需要量按照与哺乳母猪的相似的比例(以总氨基酸)计算。

[c]换算：1 IU 维生素 A=0.344 μg 维生素 A 醋酸酯；1 IU 维生素 D_3=0.025 μg 胆钙化醇；1 IU 维生素 E=0.67 mg *D-α*-生育酚或 1 mg *DL-α*-生育酚醋酸酯。

[d]玉米、高粱、小麦和大麦中的尼克酸不可利用。同样，这些谷粒副产品中的尼克酸的利用率也很低，除非将这些副产品进行发酵或湿法粉碎加工。

附表 29　莱航鸡幼雏和中雏营养需要的文献资料

(NRC 家禽营养需要，1994)

营养物质和需要量估计值	日龄(d)	评定标准	品种	参考文献
蛋白质				
20%	0～14	生长	白莱航	Grau 和 Kamei，1950
21.1%	0～42	生长	白莱航和洛岛红	Edwards 等，1956
14%～20%	84～140	生长	白莱航	McNaughton 等，1977b
15%～18%	0～42	生长	白莱航	McNaughton 等，1977b
12%	0～56	生长	白莱航	Leeson 和 Summers，1979
16%	56～84	生长	白莱航	Leeson 和 Summers，1979
19%	84～104	生长	白莱航	Leeson 和 Summers，1979
14%和 21%	56～140	生长	白莱航	Douglas 和 Harms，1982
12%或 13.6%	0～42	生长	商品褐壳蛋鸡	Maurice 等，1982
16%或 13.6%	42～140	生长	商品褐壳蛋鸡	Maurice 等，1982
18%	0～28	生长或肌纤维	白莱航	Timson 等，1983
18%	0～42	生长	白莱航	Keshavarz，1984
12%	42～140	生长	白莱航	Keshavarz，1984
16.5%	140～504	产蛋	白莱航	Keshavarz，1984
22%	0～28	生长	白莱航	Leeson 和 Summers，1984
18%	0～140	生长	白莱航	Chi，1985
异亮氨酸				
0.5%	8～18	生长	白莱航	Mori 和 Okumura，1984
亮氨酸				
1.2%	8～18	生长	白莱航	Mori 和 Okumura，1984
赖氨酸				
0.9%～1.1%	0～42	生长	白莱航	Edwards 等，1956
0.9%	1～21	生长，饲料转化效率	白莱航	Chung 等，1973
0.70%	35～49	生长，饲料转化效率	白莱航	Chung 等，1973
<0.5%	56～98	生长	白莱航	Berg，1976
<0.45%	98～147	生长	白莱航	Berg，1976
0.68%	0～504	生长，产蛋量	白莱航	Keshavarz，1984
蛋氨酸				
0.8%	0～14	生长	白莱航	Grau 和 Kamei，1950
蛋氨酸和胱氨酸				
0.8%	0～14	生长	白莱航	Grau 和 Kamei，1950

续附表 29

营养物质和需要量估计值	日龄(d)	评定标准	品种	参考文献
0.59%	0～504	生长,产蛋	白莱航	Keshavarz,1984
0.45%	0～42	生长	白莱航	Chi,1985
苏氨酸				
0.72%	7～21	生长,饲料转化效率	白莱航	Davis 和 Austic,1982
缬氨酸				
0.8%	8～18	生长	白莱航	Mori 和 Okumura,1984
综述文章中的必需氨基酸需要量	各个时期	生长	主要是白莱航	Almquist,1952
综述文章中的必需氨基酸需要量	各个时期	生长	白莱航	Waldroup 等,1980
综述文章中的必需氨基酸需要量	各个时期	生长,产蛋量	白莱航	Harms,1984
钙				
0.78%	0～153	生长	白莱航	Hamilton 和 Cipera,1981
3.19%	154～439	产蛋量	白莱航	Hamilton 和 Cipera,1981
0.89%	35～126	生长	白莱航	Classen 和 Scott,1982
2.08%	12～154	生长,随后产蛋量	白莱航	Classen 和 Scott,1982
3.50%	177～255	产蛋量	白莱航	Classen 和 Scott,1982
2.0%～3.5%	133 d 到产第 4 枚蛋	生长,骨骼发育	白莱航	Leeson 等,1986
0.8%	98～140	生长,随后产蛋量	白莱航	Keshavarz,1987
3.5%	98～140	产蛋量	白莱航	Keshavarz,1987
3.55%	140～420	产蛋量	白莱航	Keshavarz,1987
4.0%	>112	产蛋量	白莱航	Leeson 和 Summers,1987b
非植酸磷				
0.4%～0.6%	7～28	生长	白莱航	Gillis 等,1949
0.25%～0.30%	0～140	生长	褐壳蛋鸡	Carew 和 Foss,1980
0.31%	112～140	生长	白莱航	Douglas 和 Harms,1986
钾				
0.20%～0.24%	0～28	生长,骨骼钙化	白莱航	Gillis,1948
钠				
0.10%～0.30%	0～28	生长	白莱航	Burns 等,1953
0.13%	0～21	生长	白洛克	Hurwitz 等,1973
0.15%	0～140	生长	白莱航	Manning 和 McGinnis,1980
氯				
0.13%	0～14	生长,饲料转化效率	肉仔鸡	Nam 和 McGinnis,1981
氯化钠				
0.25%	0～140	生长,性成熟	白莱航	Leeson 和 Summers,1980
镁(mg/kg)				
300	0～28	缺乏,神经病	白莱航	Bird,1949
250	0～28	生长	肉仔鸡	Gardiner 等,1960
594	0～21	生长	白洛克	Nugara 和 Edwards,1963
锰(mg/kg)				
50	0～140	生长,雏鸡锰缺乏症	新汉夏	Gallup 和 Norris,1939a
20	0～28	生长	白莱航	Watson 等,1971

续附表 29

营养物质和需要量估计值	日龄(d)	评定标准	品种	参考文献
35	0～42	生长，出羽，骨骼发育	白洛克	O'Dell 等，1958
20	0～42	生长	白洛克	Edwards 等，1959
20	至产第 1 枚蛋	生长，饲料转化效率	白莱航	Rahman 等，1961
78	0～7	生长，出羽	白莱航	Sunde，1972
52	7～21	生长，出羽	白莱航	Sunde，1972
铁(mg/kg)				
40	0～56	生长	洛岛红	Hill 和 Matrone，1961
4	0～56	生长	洛岛红	Hill 和 Matrone，1961
56	0～21	生长，饲料转化效率	肉仔鸡	Waddell 和 Sell，1964
75～80	0～28	生长	新汉夏	Davis 等，1968
铜(mg/kg)				
4	0～56	生长	洛岛红	Hill 和 Matrone，1961
碘(mg/kg)				
0.300	0～56	生长，甲状腺组织	白莱航和肉仔鸡	Creek 等，1957
0.400	0～56	生长，甲状腺组织	白莱航和肉仔鸡	Creek 等，1957
0.075	0～35	生长	肉仔鸡	Rogler 和 Parker，1978
硒(mg/kg)				
0.01～0.05	0～24	生长	洛克	Thompson 和 Scott，1969
(取决于日粮维生素 E 的浓度)				
0.01～0.05	0～14	生长	洛克	Gries 和 Scott，1972c
(取决于日粮维生素 E 的浓度)				
维生素 A(IU/kg)				
800～1 600	0～56	生长，无缺乏症	白莱航	Record 等，1937
1 200～2 000	70～84	治疗饲养	白莱航	Record 等，1937
2 650	0～189	生长	白莱航	Taylor 和 Russell，1947
1 760～7 000	0～56	生长	白莱航	Thornton 和 Whittet，1962
4 400	0～113	生长，*E. acervulina*	白莱航	Coles 等，1970
维生素 D_3(IU/kg)				
180	0～84	生长，骨骼发育	褐壳蛋鸡	Baird 和 Greene，1935
132	0～21	生长，骨骼发育	肉仔鸡	McNaughton 等，1977a
198	0～21	生长，骨骼发育	肉仔鸡	McNaughton 等，1977a
500	成年	产蛋量，蛋壳品质	各品种	Ameenuddin 等，1985
维生素 E(IU/kg)				
60	各个时期	防止渗出性素质，脑软化，肌肉退化	各品种	Machlin 和 Gordon，1962
30～50	0～35	生长	白洛克	Combs 和 Scott，1974
维生素 K(mg/kg)				
0.524～0.528	0～28	生长	白洛克	Nelson 和 Norris，1960
0.515	0～84	生长	白洛克	Nelson 和 Norris，1961a
0.524～0.528	0～28	生长	白洛克	Nelson 和 Norris，1961b
核黄素(mg/kg)				
3.5 递减到 1.0	0～7	生长	白莱航	Heuser 等，1938
3.5 递减到 1.0	49～56	生长	白莱航	Heuser 等，1938
3	0～56	生长，防止麻痹性弯趾症	白莱航	Bethke 和 Record，1942

续附表 29

营养物质和需要量估计值	日龄(d)	评定标准	品种	参考文献
2.3	0～42	生长,防止麻痹性弯趾症	白莱航	Bootwalla 和 Harms,1990
泛酸(mg/kg)				
6	0～42	生长	白莱航	Bauernfeind 等,1942
6.6	0～150	生长,蛋壳品质,孵化率	新汉夏	Balloun 和 Phillips,1957b
4.8	0～42	生长	白莱航	Bootwalla 和 Harms,1991
烟酸(mg/kg)				
28	0～56	生长	横斑洛克	Childs 等,1952
1.8	42～77	生长	白莱航	Sunde,1955
17.5～20	0～28	生长	白莱航	Patterson 等,1956
维生素 B_{12}(mg/kg)				
4.4	0～77	生长	白莱航	Davis 和 Briggs,1951
27	0～23	生长	白莱航	Ott,1951
2.5	0～42	生长	白莱航	Miller 等,1956
10	0～21	生长	白莱航	Patel 和 McGinnis,1980
氯(mg/kg)				
2 000	0～147	生长,产蛋量	白莱航	Nesheim 等,1971
1 000	0～126	生长	白莱航	Tsiagbe 等,1982
生物素(μg/kg)				
260	0～18	生长,饲料转化效率	肉仔鸡	Anderson 和 Warnick,1970
叶酸(mg/kg)				
0.80	0～35	生长,饲料转化效率	白莱航	March 和 Biely,1955
0.30	0～28	生长	肉仔鸡	Young 等,1955
0.33～1.45	0～35	生长	新汉夏	March 和 Biely,1956
(取决于蛋白质水平)				
0.30	0～18	生长	肉仔鸡	Creek 和 Vasaitis,1963
硫胺素(mg/kg)				
0.6～0.8	0～35	生长	白莱航	Arnold 和 Elvehjem,1938
0.88	0～28	生长	白莱航	Thornton,1960
0.88	0～28	生长,饲料转化效率	白莱航	Thornton 和 Shutze,1960
吡哆醇(mg/kg)				
2.8～3.0	0～28	生长	白莱航	Briffs 等,1942
5.7	0～56	生长	白洛克	Fuller 和 Kifer,1959
5	0～21	生长	肉仔鸡	Kazemi 和 Kratzer,1980

附表 30　未成年莱航鸡体重和饲料消耗

（NRC 家禽营养需要，1994）

周龄（周）	白壳蛋鸡		褐壳蛋鸡	
	体重[a]（g）	饲料消耗量（g/周）	体重[a]（g）	饲料消耗量（g/周）
0	35	50	37	70
2	100	140	120	160
4	260	260	325	280
6	450	340	500	350
8	660	360	750	380
10	750	380	900	400
12	980	400	1 100	420
14	1 100	420	1 240	450
16	1 220	430	1 380	470
18	1 375	450	1 500	500
20	1 475	500	1 600	550

[a]自由采食饲料时的平均遗传潜力。不同的商品品种可能表现出不同的生长速度和不同的最终成年体重。

附表 31 上市肉仔鸡幼雏和中雏营养需要的文献资料

（NRC家禽营养需要，1994）

营养物质和需要量估计值	日龄阶段(d)	评定标准	品种	参考文献
精氨酸(%)				
1.2	10～20	生长	不定	Almquist,1947
≤1.11	7～21	生长，饲料转化效率	新汉夏×哥伦比亚	Snyder 等,1956
≤0.85	7～28	生长，饲料转化效率	横斑洛克	Krautmann 等,1957
1.08	7～14	生长，饲料转化效率	不定	Klain 等,1960
0.92	7～21	生长，饲料转化效率 氮平衡(校正到23%日粮粗蛋白质)	白洛克×浅花苏赛克斯	Lewis 等,1963
1.10	7～14	生长，饲料转化效率	新汉夏×哥伦比亚	Dean 和 Scott,1965
0.78	7～14	生长，饲料转化效率	新汉夏×哥伦比亚	Allen 和 Baker,1972
0.85	7～21	生长，饲料转化效率	肉仔鸡品系	Hewitt 和 Lewis,1972
≤0.76	14～28	计算机模型	不定	Woodham 和 Deans,1975
1.13(公)	28～49	生长，饲料转化效率，掉羽毛	哈巴德肉鸡×哈巴德肉鸡	Kessler 和 Thomas,1976
0.98(母)	28～49	生长，饲料转化效率，掉羽毛	哈巴德肉鸡×哈巴德肉鸡	Kessler 和 Thomas,1976
1.33	7～14	计算机模型	不定	Hurwitz 等,1978
1.19	14～21	计算机模型	不定	Hurwitz 等,1978
1.16	21～28	计算机模型	不定	Hurwitz 等,1978
1.10	28～35	计算机模型	不定	Hurwitz 等,1978
0.99	35～42	计算机模型	不定	Hurwitz 等,1978
0.96	42～49	计算机模型	不定	Hurwitz 等,1978
1.05	49～56	计算机模型	不定	Hurwitz 等,1978
1.4	1～28	生长，饲料转化效率	肉仔鸡品系	Burton 和 Waldroup,1979
1.25	8～29	生长，饲料转化效率	法国 ISA 公司的维德特	Alimentation Equilibree Commnetri,1981
0.91	29～50	生长，饲料转化效率	法国 ISA 公司的维德特	Alimentation Equilibree Commnetri,1981
1.25	0～21	生长，饲料转化效率	皮特森×爱拔益加肉鸡	Cuca 和 Jensen,1990

续附表 31

营养物质和需要量估计值	日龄阶段(d)	评定标准	品种	参考文献
甘氨酸+丝氨酸(%)				
1.6	8～16	生长,饲料转化效率	新汉夏×哥伦比亚	Dean 和 Scott,1965
≤0.3	8～16	生长,饲料转化效率	新汉夏×哥伦比亚	Baker 等,1968
0.5～1.0	1～10	生长,饲料转化效率	不定	Coon 等,1974
≤1.8	1～23	生长,饲料转化效率	考伯肉鸡	Ngo 和 Coon,1976
0.60	8～16	生长,饲料转化效率	新汉夏×哥伦比亚	Baker 等,1979
组氨酸(%)				
0.4	8～13 或 15	生长,饲料转化效率	新汉夏×哥伦比亚	Klain 等,1960
0.3	8～16	生长,饲料转化效率	新汉夏×哥伦比亚	Dean 和 Scott,1965
≤0.34	14～28	总蛋白质效率	罗丝肉鸡	Woodham 和 Deans,1975
0.33	8～16	生长,饲料转化效率	新汉夏×哥伦比亚	Baker 等,1979
0.32	8～22	生长	新汉夏×哥伦比亚	Han 等,1991
异亮氨酸(%)				
0.60	10～24	生长	不定	Almquist,1947
0.73	8～15	生长	新汉夏×哥伦比亚	Klain 等,1960
0.80	8～16	生长	新汉夏×哥伦比亚	Dean 和 Scott,1965
≤0.52	7～21	生长,血浆氨基酸水平	不定	D'Mello,1974
0.48	14～28	总蛋白质效率	罗丝肉鸡	Woodham 和 Deans,1975
0.60	8～16	生长,饲料转化效率	新汉夏×哥伦比亚	Baker 等,1979
0.81	7～21	生长,饲料转化效率	罗丝肉鸡×爱拔益加肉鸡	Farram 和 Thomas,1990
亮氨酸(%)				
1.4	10 或 24	生长	不定	Almquist,1947
1.68	8～13 或 15	生长,饲料转化效率	新汉夏×哥伦比亚	Klain 等,1960
1.2	8～16	生长,饲料转化效率	新汉夏×哥伦比亚	Dean 和 Scott,1965
1.10	7～21	生长,血浆氨基酸水平	不定	D'Mello,1974
≤1.05	14～28	总蛋白质效率	罗丝肉鸡	Woodham 和 Deans,1975

续附表 31

营养物质和需要量估计值	日龄阶段(d)	评定标准	品种	参考文献
1.00	8～16	生长,饲料转化效率	新汉夏×哥伦比亚	Baker 等,1979
1.16	7～21	生长,饲料转化效率	罗丝肉鸡×爱拔益加肉鸡	Farram 和 Thomas,1990
赖氨酸(%)				
0.90	2～14	生长	不定	Almquist 和 Mecchi,1942
0.96	14～28	生长	不定	Grau 等,1946
0.90	10～20	生长	不定	Almquist,1947
1.00	0～42	生长	洛岛红×白莱航	Milligan 等,1951
0.72	56～63	生长,饲料转化效率	洛岛红	Bird,1953
1.10	1～28	生长,饲料转化效率	洛岛红×横斑洛克	Edwards 等,1956
1.01	7～14	生长,饲料转化效率	不定	Klain 等,1960
0.83	7～14	生长,饲料转化效率,血浆氨基酸水平	新汉夏×哥伦比亚	Zimmerman 和 Scott,1965
0.70	14～21	生长,饲料转化效率,血浆氨基酸水平	新汉夏×哥伦比亚	Zimmerman 和 Scott,1965
0.67	21～28	生长,饲料转化效率,血浆氨基酸水平	新汉夏×哥伦比亚	Zimmerman 和 Scott,1965
0.59	28～35	生长,饲料转化效率,血浆氨基酸水平	新汉夏×哥伦比亚	Zimmerman 和 Scott,1965
0.92	35～56	生长,饲料转化效率	肉仔鸡	Bornstein,1970
0.85	7～21	生长,饲料转化效率	肉仔鸡	Hewit 和 Lewis,1972
1.05	14～28	生长,饲料转化效率	新汉夏×哥伦比亚	Boomgaardt 和 Baker,1973a
1.06	14～21	生长,饲料转化效率	新汉夏×哥伦比亚	Boomgaardt 和 Baker,1973b
0.92	42～56	生长,饲料转化效率	新汉夏×哥伦比亚	Boomgaardt 和 Baker,1973b
0.68	49～63	生长,饲料转化效率	肉仔鸡	Twining 等,1973
1.12	7～14	生长,饲料转化效率	不定	Woodham 和 Deans,1975
0.64(母)	49～63	生长,饲料转化效率	王杰斯×爱拔益加肉鸡	Thomas 等,1977
0.69(公)	49～63	生长,饲料转化效率	王杰斯×爱拔益加肉鸡	Thomas 等,1977
1.18	7～14	计算机模型	不定	Hurwitz 等,1978
1.00	14～21	计算机模型	不定	Hurwitz 等,1978
0.95	21～28	计算机模型	不定	Hurwitz 等,1978

续附表 31

营养物质和需要量估计值	日龄阶段(d)	评定标准	品种	参考文献
0.87	28～35	计算机模型	不定	Hurwitz 等,1978
0.78	35～42	计算机模型	不定	Hurwitz 等,1978
0.76	42～49	计算机模型	不定	Hurwitz 等,1978
0.84	49～56	计算机模型	不定	Hurwitz 等,1978
1.10	14～28	生长,饲料转化效率	肉仔鸡	McNaughton 等,1978
1.18	1～21	生长,饲料转化效率	肉仔鸡	Attia 和 Latshaw,1979
1.10	1～28	生长,饲料转化效率	肉仔鸡	Burton 和 Waldroup,1979
0.99	35～42	生长,饲料转化效率	考尼什×白洛克	Holsheimer 等,1981
蛋氨酸(%)				
0.50	10～20	生长	不定	Almquist,1947
0.45	7～14	生长,饲料转化效率	新汉夏×哥伦比亚	Dean 和 Scott,1965
0.18	7～14	生长,饲料转化效率	不定	Klain 等,1960
0.39	7～21	生长,饲料转化效率	肉仔鸡	Hewit 和 Lewis,1972
0.39	7～14	计算机模型	不定	Hurwitz 等,1978
0.34	14～21	计算机模型	不定	Hurwitz 等,1978
0.34	21～28	计算机模型	不定	Hurwitz 等,1978
0.31	28～35	计算机模型	不定	Hurwitz 等,1978
0.27	35～42	计算机模型	不定	Hurwitz 等,1978
0.27	42～49	计算机模型	不定	Hurwitz 等,1978
0.29	49～56	计算机模型	不定	Hurwitz 等,1978
0.57	1～21	生长,饲料转化效率	考伯肉鸡	Waldroup 等,1979
0.44	8～21	生长,饲料转化效率	新汉夏×哥伦比亚	Robbins 和 Baker,1980a
0.46	1～14	生长,饲料转化效率,出羽	白山鸡×哈巴德肉鸡	Moran,1981
0.36(公)	35～56	生长,饲料转化效率	白山鸡×哈巴德肉鸡	Moran,1981
0.29(母)	35～49	生长,饲料转化效率	白山鸡×哈巴德肉鸡	Moran,1981

续附表 31

营养物质和需要量估计值	日龄阶段（d）	评定标准	品种	参考文献
0.49	7～21	生长，饲料转化效率	肉仔鸡	Thomas 等，1985
0.55	1～21	生长，饲料转化效率	肉仔鸡	Tillman 和 Pesti，1985
蛋氨酸＋胱氨酸（%）				
0.90	10～20	生长	不定	Almquist，1947
0.80	7～14	生长，饲料转化效率	新汉夏×哥伦比亚	Dean 和 Scott，1960
0.47	7～14	生长，饲料转化效率	新汉夏×哥伦比亚	Klain 等，1960
0.70	0～42	饲料转化效率	王杰斯×新汉夏	Nelson 等，1960
0.81	0～28	饲料转化效率	王杰斯×新汉夏	Nelson 等，1960
0.5	28～56	生长	哈巴德肉鸡	Adams 等，1962
0.6～0.7	28～56	饲料转化效率	哈巴德肉鸡	Adams 等，1963
0.81	0～35	生长，饲料转化效率	考尼什×白洛克	Bornstein 和 Lipstein，1964
0.90	0～35	生长，饲料转化效率	考尼什×白洛克	Bornstein 和 Lipstein，1964
0.67	35～56	生长，饲料转化效率	考尼什×白洛克	Bornstein 和 Lipstein，1964
0.60	7～14	生长，饲料转化效率	新汉夏×哥伦比亚	Graber 等，1971
0.63	35～42	生长，饲料转化效率	新汉夏×哥伦比亚	Graber 等，1971
0.65	49～56	生长，饲料转化效率	新汉夏×哥伦比亚	Graber 等，1971
0.79	7～21	生长，饲料转化效率	肉仔鸡	Hewit 和 Lewis，1972
0.70	14～21	生长，饲料转化效率	新汉夏×哥伦比亚	Boomgaardt 和 Baker，1973b
0.51	42～56	生长，饲料转化效率	新汉夏×哥伦比亚	Boomgaardt 和 Baker，1973b
0.92	8～21	生长，饲料转化效率，氮存留	新汉夏×哥伦比亚	Boomgaardt 和 Baker，1973c
0.58	14～28	生长，饲料转化效率	不定	Woodham 和 Deans，1975
0.93	0～28	生长，饲料转化效率	考伯肉鸡	Murillo 等，1976
0.61	35～49	计算机模型	不定	Hurwitz 等，1978
0.84	7～14	计算机模型	不定	Hurwitz 等，1978
0.78	14～21	计算机模型	不定	Hurwitz 等，1978
0.79	21～28	计算机模型	不定	Hurwitz 等，1978

续附表 31

营养物质和需要量估计值	日龄阶段(d)	评定标准	品种	参考文献
0.76	28～35	计算机模型	不定	Hurwitz 等,1978
0.68	35～42	计算机模型	不定	Hurwitz 等,1978
0.69	42～49	计算机模型	不定	Hurwitz 等,1978
0.39	49～56	计算机模型	不定	Hurwitz 等,1978
0.86	1～21	生长,饲料转化效率	肉仔鸡	Attia 和 Latshaw,1979
0.90	1～21	生长,饲料转化效率	考伯肉鸡	Waldroup 等,1979
0.80	8～21	生长,饲料转化效率	新汉夏×哥伦比亚	Robbins 和 Baker,1980a
0.52	8～21	生长,饲料转化效率	新汉夏×哥伦比亚	Robbins 和 Baker,1980a
0.55	8～21	生长,饲料转化效率	哈巴德肉鸡	Robbins 和 Baker,1980b
0.57	8～16	生长,饲料转化效率	新汉夏×哥伦比亚	Willis 和 Baker,1980
0.70	35～42	生长,饲料转化效率	考尼什×白洛克	Holsheimer,1981
0.87(公)	1～14	生长,饲料转化效率,出羽	白山鸡×哈巴德肉鸡	Moran,1981
0.92(母)	1～14	生长,饲料转化效率,出羽	白山鸡×哈巴德肉鸡	Moran,1981
0.81(公)	35～52	生长,饲料转化效率,出羽	白山鸡×哈巴德肉鸡	Moran,1981
0.82	1～21	生长,饲料转化效率	考伯肉鸡	Wheeler 和 Latshaw,1981
0.70～0.76	21～42	生长,饲料转化效率	考伯肉鸡	Wheeler 和 Latshaw,1981
0.65	8～16	生长,饲料转化效率	新汉夏×哥伦比亚	Willis 和 Baker,1981a
0.50	7～17	生长,饲料转化效率	新汉夏×哥伦比亚	Baker 等,1983
0.87	7～24	生长,饲料转化效率	新汉夏×哥伦比亚	Baker 等,1983
0.80	1～21	生长,饲料转化效率	哈巴德肉鸡	Mitchell 和 Robbins,1983
0.72	21～42	生长,饲料转化效率	哈巴德肉鸡	Mitchell 和 Robbins,1983
0.77	7～21	生长,饲料转化效率	肉仔鸡	Thomas 等,1985
0.78	21～42	生长,饲料转化效率,胴体脂肪	皮特森×爱拔益加肉鸡	Jensen 等,1989
苯丙氨酸+酪氨酸(%)				
1.6	10～20 或 40	生长	不定	Almquist,1947
≤1.0	4～10	生长,饲料转化效率	新汉夏×哥伦比亚	Fisher 等,1957

续附表 31

营养物质和需要量估计值	日龄阶段(d)	评定标准	品种	参考文献
1.30	8～13 或 15	生长,饲料转化效率	新汉夏×哥伦比亚	Klain 等,1960
1.31	8～16	生长,饲料转化效率	新汉夏×哥伦比亚	Dean 和 Scott,1965
0.87	8～14	生长,饲料转化效率	新汉夏×哥伦比亚	Sasse 和 Baker,1972
1.09～1.12	14～28	总蛋白质效率	罗丝肉鸡	Woodham 和 Deans,1975
0.95	8～16	生长,饲料转化效率	新汉夏×哥伦比亚	Baker 等,1979
苏氨酸(%)				
0.60	10～20	生长,饲料转化效率	不定	Almquist,1947
0.45	1～14	生长,饲料转化效率	白莱航	Grau,1947
0.55～0.60	7～21	生长,饲料转化效率	横斑洛克	Krautmann 等,1958
0.58	7～14	生长,饲料转化效率	不定	Klain 等,1960
0.65	7～14	生长,饲料转化效率	新汉夏×哥伦比亚	Dean 和 Scott,1965
0.70	1～18	生长,饲料转化效率	新汉夏×白莱航	Bhargava 等,1971
0.53	7～21	生长,饲料转化效率	肉仔鸡	Hewitt 和 Lewis,1972
0.52	14～28	生长,饲料转化效率	不定	Woodham 和 Deans,1975
0.80	7～14	计算机模型	不定	Hurwitz 等,1978
0.71	14～21	计算机模型	不定	Hurwitz 等,1978
0.71	21～28	计算机模型	不定	Hurwitz 等,1978
0.67	28～35	计算机模型	不定	Hurwitz 等,1978
0.60	35～42	计算机模型	不定	Hurwitz 等,1978
0.60	42～49	计算机模型	不定	Hurwitz 等,1978
0.64	49～56	计算机模型	不定	Hurwitz 等,1978
0.73～0.75	1～21	生长,饲料转化效率	ISA JV 715	Uzu,1986
0.68	22～42	生长,饲料转化效率	ISA JV 715	Uzu,1986
0.85	3～14	生长,饲料转化效率(粗蛋白质校正到23%)	皮特森	Robbins,1987
0.72(公)	7～21	生长,饲料转化效率	肉仔鸡	Thomas 等,1987
0.67(母)	7～21	生长,饲料转化效率	肉仔鸡	Thomas 等,1987

续附表 31

营养物质和需要量估计值	日龄阶段(d)	评定标准	品种	参考文献
0.79	1～27	生长,饲料转化效率	海布罗肉鸡	Bertram 等,1988
0.79	7～20	生长,饲料转化效率	王杰斯×爱拔益加肉鸡	Smith 和 Waldroup,1988a
0.70～0.77	1～14	生长,饲料转化效率	肉仔鸡	Austic 和 Rangel-Lugo,1989
色氨酸(%)				
0.25	10～20	生长	不定	Almquist,1947
0.18	10～24	生长,饲料转化效率	新汉夏×白莱航	Wilkeing 等,1947
0.143	10～20	生长,饲料转化效率	新汉夏×哥伦比亚	Griminger 等,1956
0.17	7～14	生长,饲料转化效率	不定	Klain 等,1960
0.225	7～14	生长,饲料转化效率	新汉夏×哥伦比亚	Dean 和 Scott,1965
0.20	8～14	生长,饲料转化效率(粗蛋白质校正到 23%)	新汉夏×哥伦比亚	Boomgaardt 和 Baker,1971
0.17	7～21	生长,饲料转化效率	肉仔鸡	Hewitt 和 Lewis,1972
≤0.14	14～28	生长,饲料转化效率	不定	Woodham 和 Deans,1975
0.179	28～49	生长,饲料转化效率,羽毛评分	爱拔益加肉鸡	Hunchar 和 Thomas,1976
0.163	7～14	计算机模型	不定	Hurwitz 等,1978
0.144	14～21	计算机模型	不定	Hurwitz 等,1978
0.141	21～28	计算机模型	不定	Hurwitz 等,1978
0.134	28～35	计算机模型	不定	Hurwitz 等,1978
0.118	35～42	计算机模型	不定	Hurwitz 等,1978
0.122	42～49	计算机模型	不定	Hurwitz 等,1978
0.128	49～56	计算机模型	不定	Hurwitz 等,1978
0.17	7～56	生长	考伯肉鸡	Freeman,1979
0.24	0～7	生长,饲料转化效率	考伯肉鸡	Freeman,1979
0.19	7～34	生长,饲料转化效率	罗曼	Steinhart 和 Kirchgessner,1984
≤0.16	7～20	生长,饲料转化效率	王杰斯×爱拔益加肉鸡	Smith 和 Waldroup,1988b
0.22	8～22	生长	新汉夏×哥伦比亚	Han 等,1991

续附表 31

营养物质和需要量估计值	日龄阶段(d)	评定标准	品种	参考文献
缬氨酸(%)				
0.80	10～20 或 24	生长	不定	Almquist,1947
0.83	8～13 或 15	生长,饲料转化效率	新汉夏×哥伦比亚	Klain 等,1960
0.82	8～16	生长,饲料转化效率	新汉夏×哥伦比亚	Dean 和 Scott,1965
0.75	7～21	生长,血浆氨基酸水平	不定	D'Mello,1974
0.69～0.71	14～28	总蛋白质效率	罗丝肉鸡	Woodham 和 Deans,1975
0.69	8～16	生长,饲料转化效率	新汉夏×哥伦比亚	Baker 等,1979
>0.72	21～42	饲料转化效率,腹部脂肪	肉仔鸡	Mendonca 和 Jensen,1989a
0.90	7～21	生长,饲料转化效率	罗丝肉鸡×爱拔益加肉鸡	Farran 和 Thomas,1990
脯氨酸(%)				
≤0.5	9～15	生长,饲料转化效率	新汉夏×哥伦比亚	Green 等,1962
0.4～0.8	8～14	生长,骨骼灰分	新汉夏×哥伦比亚	Graber 等,1970
0.40	8～16	生长,饲料转化效率	新汉夏×哥伦比亚	Baker 等,1979
亚油酸(%)	各个时期,引自综述	生长,组织中三烯与四烯比值	多个品种	Balnave,1970
钙(%)				
0.90	29～56	生长,饲料转化效率	肉仔鸡	Waldroup 等,1963a
0.74	0～28	生长,骨骼灰分	王杰斯×爱拔益加肉鸡	Twining 等,1965
0.80	42～56	生长,饲料转化效率,骨骼灰分	王杰斯×爱拔益加肉鸡	Twining 等,1965
0.80	28～56	生长,饲料转化效率,胫骨灰分,骨折断力	肉仔鸡	Waldroup 等,1947a
1.30	0～21	最大趾骨灰分含量	白考尼什×白洛克	Yoshida 和 Hoshii,1982a
1.18	21～56	最大趾骨灰分含量	白考尼什×白洛克	Yoshida 和 Hoshii,1982b
非植酸磷(%)				
0.43	0～21	生长,骨骼灰分	新汉夏×白莱航	O'Rourke 等,1952
0.35	14～35	生长,骨骼灰分	新汉夏×白莱航	O'Rourke 等,1952

续附表 31

营养物质和需要量估计值	日龄阶段(d)	评定标准	品种	参考文献
0.27	28～70	生长,骨骼灰分	新汉夏×白莱航	O'Rourke 等,1952
0.45	0～28	生长,骨骼灰分	各个品种	Almquist,1954
0.55	0～21	生长,骨骼灰分	新汉夏×白莱航	O'Rourke 等,1955
0.33	28～70	生长,骨骼灰分	新汉夏×白莱航	O'Rourke 等,1955
0.45	0～28	生长,骨骼灰分,血清碱性磷酸	洛岛红	Gardiner,1962
0.45	0～28	生长,骨骼灰分	王杰斯×白洛克	Waldroup 等,1962
0.24	28～56	生长,饲料转化效率	肉仔鸡	Waldroup 等,1962a
0.39	0～28	生长,骨骼灰分	肉仔鸡	Waldroup 等,1963a
0.35	0～28	生长,饲料转化效率	Vantress×爱拔益加肉鸡	Twining 等,1965
0.24	42～56	生长,饲料转化效率,骨骼灰分	Vantress×爱拔益加肉鸡	Twining 等,1965
0.43	0～21	生长,骨骼灰分	白洛克	Fritz 等,1969
0.24	28～56	生长,饲料转化效率,胫骨灰分,骨折断力	肉仔鸡	Waldroup 等,1974a
0.53	0～28	最大骨骼灰分	肉仔鸡	Waldroup 等,1975
0.35	28～56	生长,饲料转化效率	哈巴德肉鸡	Sauveur,1978
0.50	0～28	生长,饲料转化效率,骨骼灰分	肉仔鸡	El Boushy,1979
0.50	8～22	生长,饲料转化效率,胫骨灰分	新汉夏×哥伦比亚	Willis 和 Baker,1981b
0.75	0～21	最大趾灰分	白考尼什×白洛克	Yoshida 和 Hoshii,1982a
0.35	21～56	最大趾灰分	白考尼什×白洛克	Yoshida 和 Hoshii,1982b
0.38	0～28	生长,趾灰分	哈巴德肉鸡	Nys 等,1983
0.29	35～53	生长,饲料转化效率,胫骨灰分,骨长度	肉仔鸡	Tortuero 和 Diez Tardon,1983
钾(%)				
0.25～0.30	13～41	生长,死亡率	Vantress×洛克	Leach 等,1959
钠(%)				
0.11～0.20	1～28	生长,饲料转化效率	新汉夏×哥伦比亚	McWard 和 Scott,1961a

续附表 31

营养物质和需要量估计值	日龄阶段(d)	评定标准	品种	参考文献
0.13	7～23	生长,血液 pH 值	白洛克	Hurwitz 等,1973
0.07	49～63	生长,血液 pH 值	白洛克	Hurwitz 等,1974
>0.23	1～21	生长	肉仔鸡	Ross,1977
0.2～0.25	7～21	生长	考伯肉鸡×哈巴德肉鸡	Ross,1979
0.35	1～21	生长	皮特森×哈巴德肉鸡	Edwards,1984
氯(%)				
0.315～0.340	2～28	生长,死亡率,血液氯	白洛克	Leach 和 Nesheim,1963
0.13	7～23	生长,血液 pH 值	白洛克	Hurwitz 等,1973
0.07	49～63	生长,血液 pH 值	白洛克	Hurwitz,1973
0.12	1～21	生长,死亡率	罗丝肉鸡	Gardiner 和 Dewar,1976
0.42	1～21	生长	皮特森×哈巴德肉鸡	Edwards,1984
镁(mg/kg)				
350～400	7～24	生长	不定	Almquist,1947
100～300	1～21	生长,死亡率	白洛克	Edwards 等,1960
250	1～28	生长,血液镁,死亡率	王杰斯×哈巴德肉鸡	Gardner 等,1960
200	1～14	生长,死亡率	新汉夏×哥伦比亚	McWard 和 Scott,1961b
577	1～21	生长,死亡率,骨骼镁	白洛克	Nugara 和 Edwards,1963
≤350	1～27	生长,饲料转化效率	新汉夏×哥伦比亚	Baker 和 Molitoris,1975
锰(mg/kg)				
50	1～42	生长,雏鸡锰缺乏症	新汉夏	Gallup 和 Norris,1939a
14	8～22	生长	新汉夏×哥伦比亚	Southern 和 Baker,1983a
锌(mg/kg)				
35	12～26	生长,饲料转化效率	白洛克	Morrison 和 Sarett,1958
35	1～42	生长,骨骼完整性	白洛克或考尼什×白洛克	O'Dell 等,1958
30	1～28	生长	白米特×白洛克	Roberson 和 Shaible,1958
47～57	1～14	生长,胫骨灰分	白洛克	Edwards 等,1959

续附表 31

营养物质和需要量估计值	日龄阶段(d)	评定标准	品种	参考文献
>52	1～28	生长,腿畸形	新汉夏×哥伦比亚	Lease 等,1960
>40	1～28	生长,跗关节肿大	白洛克	Zeigler 等,1961
14	8～22	生长	新汉夏×哥伦比亚	Southern 和 Baker,1983b
18	1～21	生长	肉仔鸡	Dewar 和 Downie,1984
>45	8～22	胫骨锌	新汉夏×哥伦比亚	Wedekind 等,1960
铁(mg/kg)				
56	7～21	生长,血红蛋白,肝铁	不定	Waddel 和 Shell,1964
75～80	1～28	生长,血红蛋白	新汉夏和白洛克	Davis 等,1968
80	1～21	生长,血红蛋白,红细胞压积	不定	McNaughton 和 Day,1979
40	8～22	生长,血红蛋白,红细胞压积	新汉夏×哥伦比亚	Southern 和 Baker,1982
铜(mg/kg)				
8	1～21	生长,血红蛋白,红细胞压积	不定	McNaughton 和 Day,1979
碘(mg/kg)				
0.3～0.4	28～56	生长,甲状腺组织	横斑洛克	Creek 等,1957
硒(mg/kg)				
>0.02	1～24	死亡率,渗出性素质	洛克×王杰斯	Thompson 和 Scott,1969
0.1	1～31	胰腺萎缩和胰腺纤维变性	白洛克×王杰斯	Gries 和 Scott,1972c
>0.1	1～63	谷胱甘肽过氧化物酶活性	哈巴德肉鸡	Binnerts 和 El Boushy,1985
0.14～0.17	1～21	生长,血液甲状腺激素	哈巴德肉鸡和爱拔益加肉鸡	Jensen 等,1986
维生素 A(IU/kg)				
2 200	各个时期	生长	多个品种	Almquist,1953
1 320	1～28	生长,饲料转化效率	哥伦比亚洛克	Olsen 等,1959
≤1 100	7～63	生长	不定	Marusich 和 Bauernfeind,1963
900	1～56	生长,球虫发病率	肉仔鸡	Ogunmodede,1981
维生素 D_3(IU/kg)				
200～396	1～28	生长	不定	Waldroup 等,1963a

续附表 31

营养物质和需要量估计值	日龄阶段(d)	评定标准	品种	参考文献
198	1～28	生长,胫骨灰分	不定	Waldroup 等,1965
200	1～54	生长,胫骨灰分	不定	Biely 和 March,1967
≤200	1～14	生长,骨盐沉积	不定	McAuliffe 等,1976
198	1～21	生长,胫骨灰分	不定	McNaughton 等,1977a
400	1～56	生长,胫骨灰分	不定	Lofton 和 Saores,1986
维生素 E(IU/kg)				
15～24	1～28	防止脑软化	横斑洛克×洛岛红	Singsen 等,1955
5～60	各个时期,引自综述	脑软化,渗出性素质,肌肉退化	多个品种	Machlin 和 Gordon,1962
5.4～7.4	2～33	死亡率,脑软化,发生率	白洛克	Bartov 和 Bornstein,1972
30～50	1～14 和 1～35	生长,肝脏微粒体过氧化作用	王杰斯×洛克	Combs 和 Scott,1974
维生素 K(mg/kg)				
0.588	1～14	前凝血酶时间	白洛克	Nelson 和 Norris,1960
0.479	1～28	前凝血酶时间	白洛克	Nelson 和 Norris,1960
0.515	1～84	前凝血酶时间	白洛克	Nelson 和 Norris,1961a
0.500	1～14	前凝血酶时间	白洛克	Nelson 和 Norris,1961b
0.370	1～28	前凝血酶时间	白洛克	Nelson 和 Norris,1961b
核黄素(mg/kg)				
2.5	1～56	生长	横斑洛克×新汉夏	Bethke 和 Record,1942
3.0	14～42	生长,饲料转化效率	白温多得	Bolton,1944
3.0～3.5	14～42	生长	白温多得	Bolton,1947
2.3	1～56	生长	哈巴德肉鸡×爱拔益加肉鸡	Wyatt 等,1973a
5.1	1～56	生长	Harco	Ogunmodede,1977
3.6	1～21	生长,饲料转化效率	考伯肉鸡和考伯肉鸡×爱拔益加肉鸡	Ruiz 和 Harms,1988b
2.6	8～22	生长,腿麻痹	新汉夏×哥伦比亚	Chung 和 Baker,1990

续附表 31

营养物质和需要量估计值	日龄阶段 (d)	评定标准	品种	参考文献
泛酸(mg/kg)				
14	不定	生长	不定	Jukes,1939
10	不定	生长	不定	Jukes 和 McElroy,1943
5	不定	生长	新汉夏×哥伦比亚	Staten 等,1980
烟酸(mg/kg)				
26～28	7～42	生长,雏鸡锰缺乏症	横斑洛克	Childs 等,1952
37	1～21	生长	白考尼什	Yoshida 等,1966
20	7～20	生长,舌损伤发病率	新汉夏×哥伦比亚	Baker 等,1973
≤22	8～50	生长,饲料转化效率	新汉夏×哥伦比亚	Yen 等,1977
>55	1～53	生长,饲料转化效率	不定	Waldroup 等,1985b
28～36	1～21	生长,腿异常	考伯肉鸡	Ruiz 和 Harms,1988
32	1～21	生长,腿异常	爱拔益加肉鸡×考伯肉鸡	Ruiz 等,1990
≤22	21～49	生长	考伯肉鸡	Ruiz 和 Harms,1990
维生素 B_{12}(mg/kg)				
0.01	7～29	生长,能量效率	多米白×白洛克	Looi 和 Renner,1974
≤0.01	1～28	生长,饲料转化效率	苏赛丝×白洛克	Rys 和 Koreleski,1974
胆碱(mg/kg)				
1 000	14～42	生长,雏鸡锰缺乏症	横斑洛克	West 等,1951
1 540～1 760	1～56	生长,饲料转化效率	白洛克	Quillen 等,1961
1 119	1～21	生长	白洛克	Fritz 等,1967
358	44～55	生长	新汉夏×哥伦比亚	Molitoris 和 Baker,1976
800	7～28	生长	白洛克	Lipstein 等,1977
≤1 171	7～35	生长,雏鸡锰缺乏症	不定	Derilo 和 Balnave,1980
1 910～4 100	1～21	生长,饲料转化效率	不定	Pesti 等,1980
1 200	8～25	生长	新汉夏×哥伦比亚	Baker 等,1983

续附表 31

营养物质和需要量估计值	日龄阶段(d)	评定标准	品种	参考文献
625	8～17	生长	新汉夏×哥伦比亚	Lowry 等,1987
>1 300	1～21	生长,饲料转化效率	不定	Tsiagbe 等,1987
生物素(mg/kg)				
>0.26	1～25	生长,死亡率,腿畸形	不定	Anderson 和 Warnick,1970
0.14	1～24	生长,脂肪肾肝综合征死亡率	不定	Payne 等,1974
0.14～0.18	1～35	生长	罗丝肉鸡	Whitehead 和 Bannister,1980
0.17～0.18	1～56	脂肪肾肝综合征发病率	罗丝肉鸡	Whitehead 和 Randall,1982
≤0.20	1～21	生长,腿异常,皮炎	哈巴德肉鸡	Watkins,1988
叶酸(mg/kg)				
≤0.5	1～28	生长	不定	Saxena 等,1954
≤0.3	1～21 和 1～28	生长,雏鸡锰缺乏症	洛岛红×白洛克	Young 等,1955
0.40～0.65	1～35	生长	新汉夏	March 和 Biely,1956
0.3～0.45	1～20	生长,雏鸡锰缺乏症	爱拔益加肉鸡	Creek 和 Vasaitis,1963
0.34～0.49	1～28	生长,腿异常	不定	Saxena 等,1954
硫胺素(mg/kg)				
0.75	3～28	生长,多发性神经炎	新汉夏×哥伦比亚	Thornton,1960
1.0～1.3	不定	生长,饲料转化效率	新汉夏×哥伦比亚	Thornton 和 Shutze,1960
吡哆醇(mg/kg)				
3～5	12～42	生长,雏鸡锰缺乏症,贫血,皮炎	白洛克	Hogan 等,1941
2	7～28	生长,饲料转化效率	不定	Kratzer 等,1947
<5.7	1～56	生长,饲料转化效率	白洛克	Fuller 和 Kifer,1959
3.3	1～14	生长	白洛克	Fuller 和 Dunahoo,1963
2.2～2.6	1～28	生长,肌胃糜烂,血清谷氨酸草酰乙酸转氨酶	王杰斯×爱拔益加肉鸡	Daghir 和 Balloun,1963
2.8～3.6	1～14 或 35	生长,饲料转化效率	不定	Kirchgessner 和 Friesecke,1963

续附表 31

营养物质和需要量估计值	日龄阶段(d)	评定标准	品种	参考文献
3	不定	生长,饲料转化效率	不定	Maier 和 Kirchgessner,1968
>3.1	7～28	生长,天冬氨酸转氨酶	不定	Daghir 和 Shah,1973
3.2～3.4	1～28	生长,雏鸡锰缺乏症	白洛克×王杰斯	Gries 和 Scott,1972a
≤1.0	1～20	生长,饲料转化效率	罗丝肉鸡	Lee 等,1976
1.1	8～17	生长	新汉夏×哥伦比亚	Yen 等,1976
1.75	3～49	生长,血浆氨基酸	不定	Aboaysha 和 Kratzer,1979
1.3～2.7	1～21	生长	不定	Kazemi 和 Kratzer,1980
≤1.48	1～49	生长	不定	Blalock 等,1984

附表 32　肉仔鸡典型体重、饲料需要量和能量消耗量

(NRC 家禽营养需要,1994)

周龄(周)	体重(g)		每周饲料消耗量(g)		累积饲料消耗量(g)		每周能量消耗量(kcal *ME*/只)		累积能量消耗量(kcal *ME*/只)	
	公	母	公	母	公	母	公	母	公	母
1	152	144	135	131	135	131	432	419	432	419
2	376	344	290	273	425	404	928	874	1 360	1 293
3	686	617	487	444	912	848	1 558	1 422	2 918	2 715
4	1 085	965	704	642	1 616	1 490	2 256	2 056	5 174	4 771
5	1 576	1 344	960	738	2 576	2 228	3 075	2 519	8 249	7 290
6	2 088	1 741	1 141	1 001	3 717	3 229	3 651	3 045	11 900	10 335
7	2 590	2 134	1 281	1 081	4 998	4 310	4 102	3 459	16 002	13 794
8	3 077	2 506	1 432	1 165	6 430	5 475	4 585	3 728	20 587	17 522
9	3 551	2 842	1 577	1 246	8 007	6 721	5 049	3 986	25 636	21 508

注:这些是饲喂代谢能为 3 200 kcal *ME*/kg 平衡日粮肉仔鸡的典型数值。

附表 33 肉用青年母鸡和种母鸡营养需要的文献资料

（NRC 家禽营养需要，1994）

营养物质和需要量估计值	周龄时期（周）	评定标准	品种	参考文献
蛋白质（g/（只・d））				
20	24～52	产蛋量、蛋重、体重、存活率	考伯	Waldroup 等，1976b
15.6～16.5	不定	模型估计	不定	Bornstein 等，1979
19.5	21～64	产蛋量、蛋重、繁殖力	马塞尔	Pearson 和 Herron，1981
23.1	31～60	产蛋量	泰特拉	Jeroch 等，1982
19	19～40	体重、骨骼生长、产蛋量、蛋重、孵化率	哈巴德	Spratt 和 Leeson，1987
18～19	31～60	产蛋量、蛋重、体重、蛋品质、孵化率	泰特拉	Schloffel 等，1988
精氨酸（mg/（只・d））				
1 111	产蛋高峰期	体重、产蛋量	数学模型	Waldroup 等，1976c
1 111	产蛋高峰期	体重、产蛋量	数学模型	Bornstein 等，1979
<1 226	24～64	产蛋量、蛋重、繁殖力、孵化率、蛋比重	考伯	Wilson 和 Harms，1984
组氨酸（mg/（只・d））				
209	产蛋高峰期	体重、产蛋量	数学模型	Waldroup 等，1976c
200	产蛋高峰期	体重、产蛋量	数学模型	Bornstein 等，1979
异亮氨酸（mg/（只・d））				
853	产蛋高峰期	体重、产蛋量	数学模型	Waldroup 等，1976c
850	产蛋高峰期	体重、产蛋量	数学模型	Bornstein 等，1979
亮氨酸（mg/（只・d））				
1 247	产蛋高峰期	体重、产蛋量	数学模型	Waldroup 等，1976c
1 250	产蛋高峰期	体重、产蛋量	数学模型	Bornstein 等，1979
赖氨酸（mg/（只・d））				
773	产蛋高峰期	体重、产蛋量	数学模型	Waldroup 等，1976c
760	产蛋高峰期	体重、产蛋量	数学模型	Bornstein 等，1979
<808	24～64	产蛋量、蛋重、繁殖力、孵化率、蛋比重	考伯	Wilson 和 Harms，1984
蛋氨酸（mg/（只・d））				
558	产蛋高峰期	体重、产蛋量	数学模型	Waldroup 等，1976c
570	产蛋高峰期	体重、产蛋量	数学模型	Bornstein 等，1979
400	24～64	产蛋量、体重、繁殖力、孵化率	考伯	Harms 和 Wilson，1980

续附表 33

营养物质和需要量估计值	周龄时期(周)	评定标准	品种	参考文献
蛋氨酸＋胱氨酸(mg/(只·d))				
819	产蛋高峰期	体重、产蛋量	数学模型	Waldroup 等,1976c
830	产蛋高峰期	体重、产蛋量	数学模型	Bornstein 等,1979
723	24～64	产蛋量、蛋重、繁殖力、孵化率	考伯	Harms 和 Wilson,1980
<682	24～64	产蛋量、蛋重、繁殖力、孵化率、蛋比重	考伯	Wilson 和 Harms,1984
694	产蛋高峰期	氮平衡	泰特拉	Halle 等,1984
苯丙氨酸＋酪氨酸(mg/(只·d))				
1 126	产蛋高峰期	体重、产蛋量	数学模型	Waldroup 等,1976c
1 110	产蛋高峰期	体重、产蛋量	数学模型	Bornstein 等,1979
苯丙氨酸(mg/(只·d))				
610	产蛋高峰期	体重、产蛋量	数学模型	Bornstein 等,1979
苏氨酸(mg/(只·d))				
717	产蛋高峰期	体重、产蛋量	数学模型	Waldroup 等,1976c
720	产蛋高峰期	体重、产蛋量	数学模型	Bornstein 等,1979
色氨酸(mg/(只·d))				
189	产蛋高峰期	体重、产蛋量	数学模型	Waldroup 等,1976c
190	产蛋高峰期	体重、产蛋量	数学模型	Bornstein 等,1979
<223	24～64	产蛋量、蛋重、繁殖力、孵化率、蛋比重	考伯	Wilson 和 Harms,1984
缬氨酸(mg/(只·d))				
979	产蛋高峰期	体重、产蛋量	数学模型	Waldroup 等,1976c
920	产蛋高峰期	体重、产蛋量	数学模型	Bornstein 等,1979
钙(g/(只·d))				
3.91	26～53	产蛋量、蛋比重、孵化率	考伯	Wilson 等,1980
非植酸磷(mg/(只·d))				
338	26～53	产蛋量、蛋比重、孵化率	考伯	Wilson 等,1980
钠(mg/(只·d))				
<154	32～64	产蛋量、蛋重、繁殖力、蛋比重、孵化率	考伯	Damron 等,1983
氯(mg/(只·d))				
208	32～60	产蛋量、蛋重、孵化率	考伯	Harms 和 Wilson,1984
生物素(μg/(只·d))				
16	20～58	产蛋量、蛋重、孵化率	马塞尔	Whitehead 等,1985

附表 34 肉用种公鸡营养需要(以占每只公鸡日百分比或单位表示)(90%干物质基础)

		周龄(周)		
	单位	0～4	4～20	20～60
代谢能[a]	kcal	—	—	350～400
蛋白质和氨基酸				
蛋白质[b]	%	15.00	12.00	—
赖氨酸[c]	%	***0.79***	***0.64***	—
蛋氨酸[c]	%	***0.36***	***0.31***	—
蛋氨酸+胱氨酸[c]	%	***0.61***	***0.49***	—
矿物质				—
钙	%	***0.90***	***0.90***	—
非植酸磷	%	***0.45***	***0.45***	—
蛋白质和氨基酸				—
蛋白质	g	—	—	12
精氨酸[c]	mg	—	—	***680***
赖氨酸[c]	mg	—	—	***475***
蛋氨酸[c]	mg	—	—	***340***
蛋氨酸+胱氨酸[c]	mg	—	—	***490***
矿物质		—	—	
钙	mg	—	—	***200***
非植酸磷	mg	—	—	110

注:对于表中未列出的营养物质,请参考蛋用小母鸡营养需要量(附表 33)。表中缺失的试验数据可根据其他周龄或相关品种鸡的值估计得到,并以粗斜体表示。

[a]能量需要受环境和房舍系统影响。这些因素必须根据需要校正以维持育种者推荐的体重。

[b]肉仔鸡本身需要的不是粗蛋白。然而,为了保证有足够的合成非必需氨基酸的氮源,日粮中应有充足的粗蛋白。粗蛋白的推荐量主要由玉米-豆粕日粮提供,当日粮中添加合成氨基酸时,粗蛋白的水平可适当降低。

[c]氨基酸需要量使用 Smith 的模型估计得到(1978)。

附表 35 根据体重和产蛋率估计的母鸡代谢能需要量 kcal

体重	产蛋率(%)					
(kg)	0	50	60	70	80	90
1.0	130	192	205	217	229	242
1.5	177	239	251	264	276	289
2.0	218	280	292	305	317	330
2.5	259	321	333	346	358	371
3.0	296	358	370	383	395	408

注:有很多公式被推荐用来预测鸡的每日能量需要量。此处所用的公式源自《环境对营养需要量的影响》(NRC,1981c)。

每日每只母鸡的 $ME=W^{0.75}(173-1.95T)+5.5\Delta W+2.07EE$

式中:W 为体重(kg);T 为环境温度(℃);ΔW 为体重变化(g/d);EE 为每日产蛋量(g)。在计算中使用的温度为 22℃,蛋重为 60 g 并且体重无变化。

附表 36　火鸡营养需要量(以占每千克日粮中百分比或单位表示)(90%干物质)

(NRC 家禽营养需要,1994)

营养物质	单位	生长火鸡(公和母)						种火鸡	
		0～4 周[a]；0～4 周[b]，2 800[c]	4～8 周[a]；4～8 周[b]，2 900[c]	8～12 周[a]；8～11 周[b]，3 000[c]	12～16 周[a]；11～14 周[b]，3 100[c]	16～20 周[a]；14～17 周[b]，3 200[c]	20～24 周[a]；17～20 周[b]，3 300[c]	休产母鸡；2 900[c]	产蛋母鸡；2 900[c]
蛋白质和氨基酸									
蛋白质[d]	%	28.0	26	22	19	16.5	14	12	14
精氨酸	%	1.6	***1.4***	***1.1***	***0.9***	***0.75***	***0.6***	***0.5***	***0.6***
甘氨酸＋丝氨酸	%	1.0	***0.9***	***0.8***	***0.7***	***0.6***	***0.5***	***0.4***	***0.5***
组氨酸	%	0.58	***0.5***	***0.4***	***0.3***	***0.25***	***0.2***	***0.2***	0.3
异亮氨酸	%	1.1	***1.0***	***0.8***	***0.6***	***0.5***	***0.45***	***0.4***	***0.5***
亮氨酸	%	1.9	***1.75***	***1.5***	***1.25***	***1.0***	***0.8***	***0.5***	***0.5***
赖氨酸	%	1.6	1.5	1.3	1.0	0.8	0.65	***0.5***	***0.6***
蛋氨酸	%	0.55	0.45	0.4	0.35	0.25	***0.25***	***0.2***	***0.2***
蛋氨酸＋半胱氨酸	%	1.05	0.95	0.8	0.65	0.55	***0.45***	***0.4***	***0.4***
苯丙氨酸	%	1.0	***0.9***	***0.8***	***0.7***	***0.6***	***0.5***	***0.4***	***0.55***
苯丙氨酸＋酪氨酸	%	1.8	***1.6***	***1.2***	***1.0***	***0.9***	***0.9***	***0.8***	***1.0***
苏氨酸	%	1.0	***0.95***	***0.8***	***0.75***	***0.6***	***0.5***	***0.4***	***0.45***
色氨酸	%	0.26	***0.24***	***0.2***	***0.18***	***0.15***	***0.13***	***0.1***	***0.13***
缬氨酸	%	1.2	***1.1***	***0.9***	***0.8***	***0.7***	***0.6***	***0.5***	***0.58***
脂肪									
亚油酸	%	1.0	***1.0***	***0.8***	***0.8***	***0.8***	***0.8***	***0.8***	1.1
常量元素									
钙[e]	%	1.2	1.0	0.85	0.75	0.65	0.55	0.5	2.25
非植酸磷[f]	%	0.6	0.5	0.42	0.38	0.32	0.28	0.25	0.35
钾	%	0.7	***0.6***	***0.5***	***0.5***	***0.4***	***0.4***	***0.4***	***0.6***
钠	%	0.17	***0.15***	***0.12***	***0.12***	***0.12***	***0.12***	***0.12***	***0.12***
氯	%	0.15	***0.14***	***0.14***	***0.12***	***0.12***	***0.12***	***0.12***	***0.12***
镁	mg	500	***500***	***500***	***500***	***500***	***500***	***500***	***500***

续附表 36

营养物质	单位	生长火鸡(公和母)						种火鸡	
		0～4 周[a]； 0～4 周[b]； 2 800[c]	4～8 周[a]； 4～8 周[b]； 2 900[c]	8～12 周[a]； 8～11 周[b]； 3 000[c]	12～16 周[a]； 11～14 周[b]； 3 100[c]	16～20 周[a]； 14～17 周[b]； 3 200[c]	20～24 周[a]； 17～20 周[b]； 3 300[c]	休产母鸡； 2 900[c]	产蛋母鸡； 2 900[c]
微量元素									
锰	mg	60	***60***	***60***	***60***	***60***	***60***	***60***	***60***
锌	mg	70	***65***	***50***	***40***	***40***	***40***	***40***	***65***
铁	mg	***80***	***60***	***60***	***60***	***50***	***50***	***50***	***60***
铜	mg	***8***	***8***	***6***	***6***	***6***	***6***	***6***	***8***
碘	mg	***0.4***	***0.4***	***0.4***	***0.4***	***0.4***	***0.4***	***0.4***	***0.4***
硒	mg	0.2	***0.2***	***0.2***	***0.2***	***0.2***	***0.2***	***0.2***	***0.2***
脂溶性维生素									
维生素 A	IU	5 000	5 000	***5 000***	***5 000***	***5 000***	***5 000***	***5 000***	***5 000***
维生素 D_3^g	ICU	1 100	***1 100***	***1 000***	***1 000***	***1 000***	***1 000***	***1 000***	***1 100***
维生素 E	IU	12	***12***	***10***	***10***	***10***	***10***	***10***	25
维生素 K	mg	1.75	***1.5***	***1.0***	***0.75***	***0.75***	***0.5***	***0.5***	***1.0***
水溶性维生素									
维生素 B_{12}	mg	0.003	0.003	***0.003***	***0.003***	***0.003***	***0.003***	***0.003***	***0.003***
生物素[h]	mg	0.25	0.2	***0.125***	***0.125***	***0.100***	***0.100***	***0.100***	***0.20***
胆碱	mg	1 600	1 400	***1 100***	***1 100***	***950***	***800***	***800***	***1 000***
叶酸	mg	1.0	1.0	***0.8***	***0.8***	***0.7***	***0.7***	***0.7***	1.0
烟酸	mg	60.0	60.0	***50.0***	***50.0***	***40.0***	***40.0***	***40.0***	***40.0***
泛酸	mg	10.0	9.0	***9.0***	***9.0***	***9.0***	***9.0***	***9.0***	16.0
吡哆醇	mg	***4.5***	***4.5***	***3.5***	***3.5***	***3.0***	***3.0***	***3.0***	***4.0***
核黄素	mg	4.0	3.6	***3.0***	***3.0***	***2.5***	***2.5***	***2.5***	***4.0***
硫胺素	mg	2.0	2.0	***2.0***	***2.0***	***2.0***	***2.0***	***2.0***	***2.0***

注：当表中的试验数据缺少时，使用根据其他周龄或相关品种家禽所得到的，或者是来自试验模型的估计值，并以斜黑体表示。

[a]公火鸡营养需要的年龄间隔根据先前研究的实际阶段划分。火鸡增重的遗传改良导致了在家禽业中这些营养水平分别在 0～3，3～6，6～9，9～12，12～15 和 15～18 周的提前应用。

[b]母火鸡营养需要的年龄间隔根据先前研究的实际阶段划分。火鸡增重的遗传改良导致了在家禽业中这些营养水平分别在 0～3，3～6，6～9，9～12，12～14 和 14～16 周的提前应用。

[c]典型玉米-豆粕日粮代谢能(ME)近似值,以 ME_n(kcal/ kg)表示。在推荐的营养水平时,这一能量能保证火鸡的接近于最大生长,尤其是对于颗粒饲料。

[d]火鸡本身不需要粗蛋白质。然而,为了保证有足够的合成非必需氨基酸的氮源日粮中应有充足的粗蛋白质。粗蛋白质的推荐量主要由玉米-豆粕日粮提供,当日粮中添加合成氨基酸时粗蛋白质的水平可适当降低。

[e]当日粮中的植酸磷含量高时,钙的需要量可能增加(Nelson,1984)。

[f]通常认为有机磷与植酸结合因此其有效性低。

[g]当使用相应水平的钙和磷时,认为这一维生素 D 的浓度能满足需要。

[h]对于小麦基础日粮,生物素的需要量可能增加。

附表 37 大型火鸡的生长速度及饲料和能量消耗量

(NRC 家禽营养需要,1994)

周龄	体重(kg)		每周饲料消耗量(kg)		累计饲料消耗量(kg)		每周代谢能消耗量(Mcal)	
(周)	公	母	公	母	公	母	公	母
1	0.12	0.12	0.10	0.10	0.10	0.10	0.28	0.28
2	0.25	0.24	0.19	0.18	0.29	0.28	0.53	0.5
3	0.50	0.46	0.37	0.34	0.66	0.62	1.0	1.0
4	1.0	0.9	0.70	0.59	1.36	1.21	2.0	1.7
5	1.6	1.4	0.85	0.64	2.21	1.85	2.5	1.9
6	2.2	1.8	1.10	0.80	3.31	2.65	3.2	2.3
7	3.1	2.3	1.40	0.98	4.71	3.63	4.1	2.8
8	4.0	3.0	1.73	1.21	6.44	4.84	5.0	3.5
9	5.0	3.7	2.00	1.42	8.44	6.26	6.0	4.3
10	6.0	4.4	2.34	1.70	10.78	7.96	7.0	5.1
11	7.1	5.2	2.67	1.98	13.45	9.94	8.0	5.9
12	8.2	6.0	2.99	2.18	16.44	12.12	9.0	6.8
13	9.3	6.8	3.20	2.44	19.64	14.56	9.9	7.6
14	10.5	7.5	3.47	2.69	23.11	17.25	10.8	8.4
15	11.5	8.3	3.73	2.81	26.84	20.06	11.6	9.0
16	12.6	8.9	3.97	3.00	30.81	23.06	12.3	9.6
17	13.5	9.6	4.08	3.14	34.89	26.20	13.1	10.1
18	14.4	10.2	4.30	3.18	39.19	29.38	13.8	10.5
19	15.2	10.9	4.52	3.31	43.71	32.69	14.5	10.9
20	16.1	11.5	4.74	3.40	48.45	36.09	15.2	11.2
21	17.0	[a]	4.81	[a]	53.26	[a]	15.9	[a]
22	17.9	[a]	5.00	[a]	58.26	[a]	16.5	[a]
23	18.6	[a]	5.15	[a]	63.41	[a]	17.1	[a]
24	19.4	[a]	5.28	[a]	68.69	[a]	17.4	[a]

[a]由于母火鸡在20周龄后通常不用于上市销售所以没有数据。

附表 38 大型火鸡在休产期和产蛋期间的体重和饲料消耗量

(NRC 家禽营养需要,1994)

年龄(周)	母			公	
	体重(kg)	产蛋量(%)	火鸡日饲料消耗量(g)	体重(kg)	火鸡日饲料消耗量(g)
20	8.4	0	260	14.3	500
25	9.8	0	320	16.4	570
30	11.1	0[a]	310	19.1	630
35	11.1	68	280	20.7	620
40	10.8	64	280	21.8	570
45	10.5	58	280	22.5	550
50	10.5	52	290	23.2	560
55	10.5	45	290	23.9	570
60	10.6	38	290	24.5	580

注:这些数值是根据包括商品鸡在内的发情期产蛋量(如11月到次年7月)试验数据得出的。据估计夏季种火鸡的产蛋量和饲料采食量分别是发情期种火鸡的70%～90%和60%～80%。

[a]从这点起开始实行光照刺激。

附表 39 不同周龄各种类型鸡和火鸡的饮水量

(NRC 家禽营养需要,1994)

周龄(周)	肉仔鸡 (mL/(周·只))[a]	白莱航母鸡 (mL/(周·只))[a]	褐壳产蛋母鸡 (mL/(周·只))[a]	大型白火鸡(mL/(周·只))[a,b]	
				公	母
1	225	200	200	385	385
2	480	300	400	750	690
3	725	—	—	1 135	930
4	1 000	500	700	1 650	1 274
5	1 250	—	—	2 240	1 750
6	1 500	700	800	2 870	2 150
7	1 750	—	—	3 460	2 640
8	2 000	800	900	4 020	3 180
9	—	—	—	4 670	3 900
10	—	900	1 000	5 345	4 400
11	—	—	—	5 850	4 620
12	—	1 000	1 100	6 220	4 660
13	—	—	—	6 480	4 680
14	—	1 100	1 100	6 680	4 700
15	—	—	—	6 800	4 720
16	—	1 200	1 200	6 920	4 740
17	—	—	—	6 960	4 760
18	—	1 300	1 300	7 000	—
19	—	—	—	7 020	—
20	—	1 600	1 500	7 040	—

注:短线表示无信息。

[a]根据环境温度、日粮组成、生长速度或产蛋量以及使用设备类型的不同差别也很大。表中给出的数据适用于适中的(20～25℃)环境条件下。

[b]根据商品火鸡生产单位所得的数据。

附表 40 鹅的营养需要(以占每千克日粮中百分比或单位表示)(90%干物质)

营养物质	单位	0～4 周 2 900[a]	4 周后 3 000[a]	种用 2 900[a]
蛋白质和氨基酸				
蛋白质	%	***20***	***15***	***15***
赖氨酸	%	1.0	0.85	***0.6***
蛋氨酸+胱氨酸	%	0.60	0.50	***0.50***
常量元素				
钙	%	***0.65***	***0.60***	***2.25***
非植酸磷	%	***0.30***	***0.3***	***0.3***
脂溶性维生素				
维生素 A	IU	***1 500***	***1 500***	***4 000***
维生素 D_3	IU	***200***	***200***	***200***
水溶性维生素				
胆碱	mg	***1 500***	***1 000***	?[b]
烟酸	mg	***65.0***	***35.0***	***20.0***
泛酸	mg	***15.0***	***10.0***	***10.0***
核黄素	mg	3.8	***2.5***	***4.0***

注:对于没有列出的营养物质或者是没有给出数值的,请参考鸡的营养需要(附表 31)。当表中的试验数据缺少时,使用根据其他年龄或相关品种家禽所得到的估计值,并以斜黑体表示。

[a]这些是典型的日粮能量浓度,以 ME_n(kcal/kg)表示。

[b]问号表示没有估计值。

附表 41 北京白鸭营养需要量(以占每千克日粮百分比或单位表示)(90%干物质)

营养物质	单位	0～2 周 2 900[a]	2～7 周 3 000[a]	种用 2 900[a]
蛋白质和氨基酸				
蛋白质	%	***22***	16	***15***
精氨酸	%	***1.1***	***1.0***	
异亮氨酸	%	***0.63***	***0.46***	***0.38***
亮氨酸	%	***1.26***	***0.91***	***0.76***
赖氨酸	%	***0.90***	***0.65***	***0.60***
蛋氨酸	%	0.40	***0.30***	***0.27***
蛋氨酸+胱氨酸	%	0.70	0.55	***0.50***
色氨酸	%	***0.23***	***0.17***	***0.14***
缬氨酸	%	***0.78***	***0.56***	***0.47***
常量元素				
钙	%	***0.65***	***0.60***	***2.75***
氯	%	0.12	***0.12***	***0.12***
镁	mg	***500***	***500***	***500***
非植酸磷	%	***0.40***	***0.30***	
钠	%	0.15	***0.15***	***0.15***
微量元素				
锰	mg	***50***	?[b]	?
硒	mg	0.20	?	?
锌	mg	***60***	?	?
脂溶性维生素				
维生素 A	IU	***2 500***	***2 500***	***4 000***
维生素 D_3	IU	***400***	***400***	***900***
维生素 E	IU	***10***	***10***	***10***
维生素 K	mg	***0.5***	***0.5***	***0.5***
水溶性维生素				
烟酸	mg	***55***	***55***	***55***
泛酸	mg	***11.0***	***11.0***	***11.0***
吡哆醇	mg	***2.5***	***2.5***	***2.5***
核黄素	mg	***4.0***	***4.0***	***4.0***

注:对于没有列出的营养物质或者是没有给出数值的,请参考肉仔鸡的营养需要(附表 31)。当表中的试验数据缺少时,使用根据其他年龄或相关品种家禽所得到的估计值,并以斜黑体表示。

[a]这些是典型的日粮能量浓度,以 ME_n(kcal/kg)表示。

[b]问号表示没有估计值。

附表 42　0～8 周龄北京白鸭近似体重和饲料消耗量　kg

周龄(周)	体重		每周饲料消耗量		累积饲料消耗量	
	公	母	公	母	公	母
0	0.06	0.06	0.00	0.00	0.00	0.00
1	0.27	0.27	0.22	0.22	0.22	0.22
2	0.78	0.74	0.77	0.73	0.99	0.95
3	1.38	1.28	1.12	1.11	2.11	2.05
4	1.96	1.82	1.28	1.28	3.40	3.33
5	2.49	2.30	1.48	1.43	4.87	4.76
6	2.96	2.73	1.63	1.59	6.50	6.35
7	3.34	3.06	1.68	1.63	8.18	7.98
8	3.61	3.29	1.68	1.63	9.86	9.61

附表 43　环颈雉营养需要(以占每千克日粮中百分比或单位表示)(90%干物质)

营养物质	单位	0～4 周 2 800[a]	4～8 周 2 800[a]	9～17 周 2 700[a]	种用 2 800[a]
蛋白质和氨基酸					
蛋白质	%	28	24	18	15
甘氨酸＋丝氨酸	%	***1.8***	***1.55***	***1.0***	***0.50***
亚油酸	%	***1.0***	***1.0***	***1.0***	***1.0***
赖氨酸	%	***1.5***	***1.40***	***0.8***	***0.68***
蛋氨酸	%	***0.50***	***0.47***	***0.30***	***0.30***
蛋氨酸＋胱氨酸	%	***1.0***	***0.93***	***0.6***	***0.60***
蛋白质	%	28	***24***	***18***	15
常量元素					
钙	%	1.0	***0.85***	***0.53***	2.5
氯	%	***0.11***	***0.11***	***0.11***	***0.11***
非植酸磷	%	0.55	***0.50***	***0.45***	***0.40***
钠	%	***0.15***	***0.15***	***0.15***	***0.15***
微量元素					
锰	mg	***70***	***70***	***60***	***60***
锌	mg	60	***60***	***60***	***60***
水溶性维生素					
胆碱	mg	***1 430***	***1 300***	***1 000***	***1 000***
烟酸	mg	70.0	***70***	***40.0***	***30.0***
泛酸	mg	10.0	***10.0***	***10.0***	***16.0***
核黄素	mg	3.4	***3.4***	***3.0***	***4.0***

注：当表中的试验数据缺少时，使用根据其他年龄或相关品种家禽所得到的估计值，并以斜黑体表示。

对于没有列出的营养物质或者是没有给出数值的，请参考火鸡的营养需要(附表 31)。

[a]这些是典型的日粮能量浓度，以 ME_n(kcal/kg)表示。

附表 44 日本鹌鹑营养需要(以占每千克日粮百分比或单位表示)(90%干物质)

营养物质	单位	幼雏和中雏 2 900[a]	种用 2 900[a]
蛋白质和氨基酸			
蛋白质	%	24.0	20.0
精氨酸	%	1.25	***1.26***
甘氨酸+丝氨酸	%	1.15	***1.17***
组氨酸	%	0.36	***0.42***
异亮氨酸	%	0.98	***0.90***
亮氨酸	%	1.69	***1.42***
赖氨酸	%	1.30	***1.00***
蛋氨酸	%	0.50	0.45
蛋氨酸+胱氨酸	%	0.75	0.70
苯丙氨酸	%	0.96	***0.78***
苯丙氨酸+酪氨酸	%	1.80	***1.40***
苏氨酸	%	1.02	***0.74***
色氨酸	%	0.22	***0.19***
缬氨酸	%	0.95	***0.92***
脂肪			
亚油酸	%	***1.0***	***1.0***
常量元素			
钙	%	0.8	2.5
氯	%	***0.14***	***0.14***
镁	mg	300	***500***
非植酸磷	%	0.30	***0.35***
钾	%	***0.4***	***0.4***
钠	%	0.15	***0.15***
微量元素			
铜	mg	***5***	***5***
碘	mg	***0.3***	***0.3***
铁	mg	***120***	***60***
锰	mg	***60***	***60***
硒	mg	***0.2***	***0.2***
锌	mg	25	***50***
脂溶性维生素			
维生素 A	IU	1 650	***3 300***
维生素 D_3	ICU	750	***900***
维生素 E	IU	***12***	***25***
维生素 K	mg	***1***	***1***
水溶性维生素			
维生素 B_{12}	mg	***0.003***	***0.003***
生物素	mg	***0.3***	***0.15***
胆碱	mg	***2 000***	***1 500***
叶酸	mg	***1***	***1***
烟酸	mg	40	***20***
泛酸	mg	***10***	***15***
吡哆醇	mg	***3***	***3***
核黄素	mg	***4***	***4***
硫胺素	mg	***2***	***2***

注：当表中的试验数据缺少时，使用根据其他年龄或相关品种家禽所得到的估计值，并以斜黑体表示。

对于没有列出的幼雏-中雏期的数值，请参考火鸡的营养需要(附表 31)。

[a]这些是典型的日粮能量浓度，以 ME_n(kcal/kg)表示。

附表 45　马每日营养需要

(NRC 马营养需要，1989)

项目	体重		*DE*	粗蛋白	赖氨酸	Ca	P	Mg	K	Na
	(kg)	(lb)	(Mcal)	(g)	(g)	(g)	(g)	(g)	(g)	(g)
维持										
	400	880	13.4	536	18.8	16.0	11.2	6.0	20	6.7
	500	1 100	16.4	656	23.0	20.0	14.0	7.5	25	8.2
	600	1 320	19.4	776	27.2	24.0	16.8	9.0	30	9.7
妊娠母马										
第 9 个月	400	880	14.9	654	22.9	28.3	21.4	7.1	24	6.6
	500	1 100	18.2	801	28.0	34.6	26.2	8.7	29	8.1
	600	1 320	21.5	947	33.2	40.9	31.0	10.3	34	9.6
第 10 个月	400	880	15.1	666	23.3	28.8	21.8	7.3	24	6.7
	500	1 100	18.5	815	28.5	35.2	26.7	8.9	30	8.2
	600	1 320	21.9	965	33.8	41.7	31.6	10.5	35	9.7
第 11 个月	400	880	16.1	708	24.8	30.6	23.2	7.7	26	6.7
	500	1 100	19.7	866	30.3	37.4	28.3	9.4	31	8.2
	600	1 320	23.3	1 024	35.9	44.2	33.5	11.2	37	9.7
泌乳母马										
泌乳早期	400	880	22.9	1 141	39.9	44.8	28.9	8.7	37	8.8
	500	1 100	28.3	1 427	49.9	56.0	36.1	10.9	46	10.9
	600	1 320	33.7	1 712	59.9	67.2	43.3	13.0	55	12.9
泌乳后期	400	880	19.7	839	29.4	28.8	17.8	6.9	26	8.1
	500	1 100	24.3	1 049	36.7	36.0	22.2	8.6	33	9.9
	600	1 320	28.9	1 259	44.1	43.2	26.7	10.3	40	11.8
役用马										
轻度使役	400	880	16.7	670	23.4	20.4	14.6	7.7	25	20.5
	500	1 100	20.5	820	28.7	25.0	17.8	9.4	31	25.1
	600	1 320	24.2	970	33.9	29.6	21.1	11.2	37	29.7
中度使役	400	880	20.1	804	28.1	24.5	17.5	9.2	31	22.8
	500	1 100	24.6	984	34.4	30.0	21.4	11.3	37	27.8
	600	1 320	29.1	1 164	40.7	35.5	25.3	13.4	44	32.9
重度使役	400	880	26.8	1 072	37.5	32.7	23.3	12.3	41	28.2
	500	1 100	32.8	1 312	45.9	40.0	28.5	15.1	50	34.5
	600	1 320	38.8	1 552	54.3	47.3	33.8	17.8	59	40.8

附表 46　马每日营养需要

(NRC 马营养需要，1989)

项目	体重		Fe	Mn	Zn	Cu	Co	I	Se	维生素 A	维生素 D	维生素 E
	(kg)	(lb)	(mg)	(mg)	(mg)	(mg)	(mg)	(mg)	(mg)	(IU)	(IU)	(IU)
维持												
	400	880	268	268	268	67	0.7	0.7	0.7	12 000	2 010	335
	500	1 100	328	328	328	82	0.8	0.8	0.8	15 000	2 460	410

续附表 46

项目	体重 (kg)	体重 (lb)	Fe (mg)	Mn (mg)	Zn (mg)	Cu (mg)	Co (mg)	I (mg)	Se (mg)	维生素 A (IU)	维生素 D (IU)	维生素 E (IU)
	600	1 320	388	388	388	97	1.0	1.0	1.0	18 000	2 910	485
妊娠母马												
第9个月	400	880	331	264	264	66	0.7	0.7	0.7	24 000	3 966	529
	500	1 100	405	324	324	81	0.8	0.8	0.8	30 000	4 854	647
	600	1 320	479	383	383	96	1.0	1.0	1.0	36 000	5 742	766
第10个月	400	880	336	269	269	67	0.7	0.7	0.7	24 000	4 038	538
	500	1 100	412	329	329	82	0.8	0.8	0.8	30 000	4 942	659
	600	1 320	487	390	390	97	1.0	1.0	1.0	36 000	5 846	779
第11个月	400	880	335	268	268	67	0.7	0.7	0.7	24 000	4 020	536
	500	1 100	410	328	328	82	0.8	0.8	0.8	30 000	4 920	656
	600	1 320	485	388	388	97	1.0	1.0	1.0	36 000	5 820	776
泌乳母马												
泌乳早期	400	880	440	352	352	88	0.9	0.9	0.9	24 000	5 286	705
	500	1 100	544	435	435	109	1.1	1.1	1.1	30 000	6 526	870
	600	1 320	647	518	518	129	1.3	1.3	1.3	36 000	7 767	1 036
泌乳后期	400	880	403	322	322	81	0.8	0.8	0.8	24 000	4 833	644
	500	1 100	496	397	397	99	1.0	1.0	1.0	30 000	5 956	794
	600	1 320	590	472	472	118	1.2	1.2	1.2	36 000	7 079	944
役用马												
轻度使役	400	880	273	273	273	68	0.7	0.7	0.7	12 000	2 051	547
	500	1 100	335	335	335	84	0.8	0.8	0.8	15 000	2 510	669
	600	1 320	396	396	396	99	1.0	1.0	1.0	18 000	2 969	792
中度使役	400	880	303	303	303	76	0.8	0.8	0.8	12 000	2 275	607
	500	1 100	371	371	371	93	0.9	0.9	0.9	15 000	2 785	743
	600	1 320	439	439	439	110	1.1	1.1	1.1	18 000	3 294	878
重度使役	400	880	376	376	376	94	0.9	0.9	0.9	12 000	2 821	752
	500	1 100	460	460	460	136	1.4	1.4	1.4	18 000	4 048	1 089
	600	1 320	545	545	545	136	1.4	1.4	1.4	18 000	4 048	1 089

附表 47 生长马每日需要量

(NRC马营养需要,1989)

月龄 (月)	体重 (kg)	日增重 (kg)	*DE* (Mcal)	粗蛋白 (g)	赖氨酸 (g)	钙 (g)	磷 (g)	镁 (g)	钾 (g)	钠 (g)
4	145[a]	0.75	12.6	630	26.4	29.8	16.5	3.1	9	4.3
6	180[a]	0.55	12.9	643	27.0	24.8	13.7	3.4	11	4.4
		0.70	14.5	725	30.5	29.6	16.4	3.6	11	5.0
12	265[a]	0.40	15.6	700	29.6	23.4	12.9	4.5	14	5.6
		0.50	17.1	770	32.5	26.6	14.7	4.6	15	6.1
18	330[a]	0.25	15.9	716	30.2	21.2	11.7	5.3	17	6.4
4	175[b]	0.85	14.4	720	30.2	34.2	19.0	3.7	11	5.0
6	215[b]	0.65	15.0	750	31.5	29.4	16.3	4.0	13	5.2
		0.85	17.2	860	36.1	35.8	19.9	4.3	13	5.9
12	325[b]	0.50	18.9	851	35.9	29.0	16.0	5.5	18	6.8
		0.65	21.2	956	40.4	33.8	18.7	5.7	18	7.6

续附表 47

月龄（月）	体重（kg）	日增重（kg）	*DE*（Mcal）	粗蛋白（g）	赖氨酸（g）	钙（g）	磷（g）	镁（g）	钾（g）	钠（g）
18	400[b]	0.35	19.8	893	37.7	27.2	15.0	6.4	21	7.9
4	200[c]	1.00	16.5	826	34.7	40.0	22.2	4.2	13	5.7
6	245[c]	0.75	17.0	850	35.7	33.8	18.7	4.6	14	5.9
		0.95	19.2	960	40.3	40.2	22.3	4.9	15	6.6
12	375[c]	0.65	22.7	1 024	43.2	35.8	19.8	6.4	21	8.1
		0.80	25.1	1 129	47.7	40.6	22.5	6.6	21	9.0
18	475[c]	0.45	23.9	1 077	45.5	33.4	18.5	7.7	25	9.6

[a]预期成年体重 400 kg。

[b]预期成年体重 500 kg。

[c]预期成年体重 600 kg。

附表 48 生长马每日营养需要

（NRC 马营养需要，1989）

月龄（月）	体重（kg）	日增重（kg）	铁（mg）	锰（mg）	锌（mg）	铜（mg）	钴（mg）	碘（mg）	硒（mg）	维生素 A（IU）	维生素 D（IU）	维生素 E（IU）
4	145[a]	0.75	217	174	174	43	0.4	0.4	0.4	4 350	3 474	347
6	180[a]	0.55	222	177	177	44	0.4	0.4	0.4	5 400	3 545	355
		0.70	250	200	200	50	0.5	0.5	0.5	5 400	4 000	400
12	265[a]	0.40	278	222	222	56	0.6	0.6	0.6	7 950	4 447	445
		0.50	306	245	245	61	0.6	0.6	0.6	7 950	4 891	489
18	330[a]	0.25	318	254	254	64	0.6	0.6	0.6	9 900	5 089	509
4	175[b]	0.85	248	199	199	50	0.5	0.5	0.5	5 250	3 973	397
6	215[b]	0.65	259	207	207	52	0.5	0.5	0.5	6 450	4 138	414
		0.85	297	237	237	59	0.6	0.6	0.6	6 450	4 745	475
12	325[b]	0.50	338	270	270	68	0.7	0.7	0.7	9 750	5 405	541
		0.65	379	304	304	76	0.8	0.8	0.8	9 750	6 071	607
18	400[b]	0.35	397	318	318	79	0.8	0.8	0.8	12 000	6 351	635
4	200[c]	1.00	285	228	228	57	0.6	0.6	0.6	6 000	4 558	456
6	245[c]	0.75	293	235	235	59	0.6	0.6	0.6	7 350	4 690	469
		0.95	331	265	265	66	0.7	0.7	0.7	7 350	5 297	530
12	375[c]	0.65	406	325	325	81	0.8	0.8	0.8	11 250	6 500	650
		0.80	448	358	358	90	0.9	0.9	0.9	11 250	7 166	717
18	475[c]	0.45	479	383	383	96	1.0	1.0	1.0	14 250	7 660	766

[a]预期成年体重 400 kg。

[b]预期成年体重 500 kg。

[c]预期成年体重 600 kg。

附表 49　度量衡表

体积	
1立方英寸	=16.387立方厘米
1立方英尺	=1 728.0立方英寸=0.028 3立方米
1立方码	=270立方英尺=0.764 6立方米
1立方厘米	=1.0毫升=0.061立方英寸
1立方米	=35.315立方英尺=1.308立方码
1品脱(美)	=28.875立方英寸=0.5夸脱=0.473 16升
1夸脱(美)	=57.75立方英寸=0.946 3升
1加仑(美)	=231立方英寸=4.0夸脱=3.785 3升
1升	=1.057夸脱(美)=0.264 2加仑(美)
1蒲式耳	=2 150.42立方英寸=1.244立方英尺=9.309加仑(美)=4配克
重量	
1盎司	=28.50克=16打兰
1磅	=16.0盎司=453.6克=7 000格令
1千克	=1 000克=2.205磅
1吨	=2 000磅=907.0千克
1公吨	=1 000千克=2 205磅=1.102吨
长度	
1英寸	=2.54厘米=25.4毫米
1英尺	=12.0英寸=30.48厘米=0.304 8米
1码	=3.0英尺=0.914 4米
1毫米	=0.039 37英寸
1厘米	=0.393 7英寸=10毫米
1米	=39.37英寸=3.280 8英尺=1.093 61码=100厘米
1千米	=1 000米=0.641 2英里
1英里	=1.609 3千米
面积	
1平方英寸	=6.452平方厘米
1平方厘米	=0.155平方英寸
1平方英尺	=0.929平方米
1平方米	=1 550.0平方英寸=10.764英尺
1平方码	=9.0平方英尺=0.836 1平方米
1英亩	=43 560平方英尺=4 840.0平方码=0.404 7公顷
1平方英里	=640.0英亩=259.0公顷
1公顷	=10 000平方米=2.471英亩
1平方千米	=247.1英亩=0.386平方英里
温度	
摄氏温度	=5/9(华氏温度—32)
华氏温度	=(9/5×摄氏温度)+32

附表 50A　饲料成分表——化学分析值

饲料编号	通用名称	DM %AF	NDF %DM	eNDF %NDF	木质素 %NDF	CP %DM	可溶性 CP %CP	NPN %可溶性 CP	NDFIP %CP	ADFIP %CP	淀粉 %NSC	脂肪 %DM	灰分 %DM
	禾本科牧草												
101	巴哈雀稗(30%干物质)	30.0	68.00	41	10.29	8.90	41.0	2.40	14.50	2.00	5	2.10	10.00
103	狗牙根草(生长晚期)	91.0	76.60	98	8.57	7.80	25.9	25.4	34.20	8.90	6	2.70	8.00
105	雀麦草干草(中花期)	88.0	57.70	98	6.06	14.40	25.0	96.00	31.00	6.50	44	2.20	10.90
107	雀麦草干草(成熟)	92.0	70.50	98	11.27	6.00	25.0	96.00	31.00	6.50	42	2.00	7.20
109	阿尔塔羊茅草(干草)	89.0	70.00	98	9.29	10.20	25.0	96.00	31.00	6.50	44	2.00	10.00
111	羊茅草 K31(干草，盛花期)	91.0	67.00	98	7.46	12.90	25.9	25.40	34.20	8.90	44	5.30	8.00
112	羊茅草 K31(成熟)	91.0	70.00	98	10.00	10.80	25.9	25.40	34.20	8.90	42	4.70	6.80
113	紫狼尾草(鲜草,30 d DM)	20.0	70.00	41	14.29	8.70	46.0	2.20	10.00	2.20	8	3.00	9.00
115	鸭茅干草(初花期)	89.0	59.60	98	7.70	12.80	25.0	96.00	31.00	5.70	44	2.90	8.50
116	鸭茅干草(晚花期)	90.6	65.00	98	11.40	8.40	25.0	96.00	31.00	6.10	42	3.40	10.10
117	俯仰马唐(鲜草)	21.0	70.00	41	11.40	9.10	42.0	4.80	24.00	2.20	5	2.30	7.60
119	草芦(干草)	89.0	64.00	98	6.25	10.30	25.0	96.00	31.00	6.10	44	3.10	10.00
121	苏丹高粱(干草)	91.0	66.00	98	6.06	11.30	20.0	95.00	40.00	11.00	43	1.80	9.60
122	苏丹高粱(牧草)	18.0	55.00	41	5.45	16.80	45.0	11.11	30.00	5.00	90	3.90	9.00
124	猫尾草干草(生长晚期)	89.0	55.00	98	5.45	14.00	25.0	96.00	31.00	5.70	46	3.00	8.00
126	猫尾草干草(中花期)	89.0	63.70	98	7.46	9.70	25.0	96.00	31.00	6.10	44	2.70	7.00
128	猫尾草干草(结实期)	89.0	72.00	98	12.50	6.00	25.0	96.00	31.00	6.50	42	2.00	6.00
129	冰草(有冠,干草)	92.0	65.00	98	9.23	9.00	25.0	96.00	31.00	6.10	44	2.30	9.00
137	禾本科草地干草(秋季)	24.0	67.00	41	6.50	22.00	43.0	2.33	16.40	2.00	45	3.70	10.00
138	混播牧草(春季)	21.0	41.50	41	7.00	26.00	43.0	2.33	12.40	2.10	50	3.20	10.25
139	混播牧草(夏季)	22.0	46.50	41	7.80	19.50	44.0	3.41	12.50	2.60	48	3.20	9.40
140	草原(6 月日粮)	20.0	65.60	41	5.00	11.00	42.0	5.00	24.00	2.00	38	3.00	10.00
141	草原(7 月日粮)	20.0	67.70	41	5.50	10.50	42.0	5.00	24.00	2.00	38	3.00	10.00
142	草原(8 月日粮)	20.0	63.70	41	8.00	9.70	42.0	5.00	24.00	2.00	38	3.00	10.00

续附表 50A

饲料编号	通用名称	DM %AF	NDF %DM	eNDF %NDF	木质素 %NDF	CP %DM	可溶性 CP %CP	NPN %可溶性 CP	NDFIP %CP	ADFIP %CP	淀粉 %NSC	脂肪 %DM	灰分 %DM
143	草原(9月日粮)	20.0	66.60	41	9.00	6.90	42.0	5.00	24.00	2.00	38	3.00	10.00
144	草原(冬季)	80.0	66.10	41	11.00	4.70	42.0	5.00	24.00	2.00	38	3.00	10.00
148	高禾草原(干草)	91.0	72.70	98	6.00	5.30	25.0	5.00	2.00	1.00	38	3.00	8.00
	豆科牧草												
202	苜蓿干草(生长早期-N)	91.0	36.00	92	14.72	23.40	30.0	96.00	15.00	10.00	64	3.20	10.00
206	苜蓿干草(初花期-N)	91.0	42.00	92	16.90	19.90	29.0	93.00	18.00	11.00	64	2.90	9.20
208	苜蓿干草(中花期-N)	91.0	49.00	92	18.91	17.00	28.0	93.00	25.00	14.00	64	2.39	8.57
210	苜蓿干草(盛花期-N)	91.0	51.00	92	20.39	13.00	27.0	93.00	29.00	16.00	64	1.80	9.00
213	苜蓿干草(成熟-S)	91.0	58.00	92	24.83	14.00	25.0	92.00	36.00	20.00	64	1.30	7.00
214	苜蓿干草(结籽)	91.0	70.00	92	24.30	12.00	25.0	92.00	36.00	20.00	64	1.00	7.00
215	苜蓿干草(风化)	89.0	58.00	92	25.86	10.00	15.0	100.00	45.00	25.00	64	1.00	8.00
216	苜蓿草粉(脱水 15%粗蛋白质)	90.0	55.40	6	26.00	17.30	28.0	100.00	25.00	17.00	64	2.40	9.90
217	苜蓿青贮(初花期)	35.0	43.00	82	23.26	19.00	50.0	100.00	27.00	15.00	89	3.20	9.50
218	苜蓿青贮(中花期)	38.0	47.00	82	23.40	17.00	45.0	100.00	32.00	18.00	89	3.10	9.00
219	苜蓿青贮(盛花期)	40.0	51.00	82	23.53	16.00	40.0	100.00	37.00	21.00	89	2.70	8.00
221	三叶草(拉地诺干草)	89.0	36.00	92	19.44	22.40	30.0	96.00	15.00	10.00	60	2.70	9.40
222	红三叶草(干草)	88.0	46.90	92	17.86	15.00	25.0	92.00	35.60	20.00	60	2.80	7.50
230	豆科牧草(春季)	20.0	33.00	41	8.00	28.00	46.0	2.17	10.00	2.15	60	2.70	10.00
231	豆科牧草(夏季)	21.0	38.00	41	8.50	22.20	46.0	2.17	12.00	3.00	60	2.90	10.20
301	大麦青贮	39.0	56.80	65	5.44	11.90	70.0	100.00	7.70	6.10	70	2.92	8.30
	谷类作物粗饲料												
304	玉米青贮(25%谷物-N)	29.0	52.00	81	9.62	8.30	55.0	100.00	16.00	9.00	80	2.10	8.00
307	玉米青贮(40%谷物)	33.0	45.00	81	8.89	9.2	50.0	100.00	16.00	8.00	80	3.10	4.00

续附表 50A

饲料编号	通用名称	DM %AF	NDF %DM	eNDF %NDF	木质素 %NDF	CP %DM	可溶性 CP %CP	NPN %可溶性 CP	NDFIP %CP	ADFIP %CP	淀粉 %NSC	脂肪 %DM	灰分 %DM
313	玉米青贮(50%谷物)	35.0	41.00	71	7.00	8.00	50.0	100.00	16.40	7.88	80	3.50	4.20
314	玉米青贮 50%+，NPN+CA	35.0	41.00	71	7.00	13.00	63.0	100.00	16.00	4.85	80	3.50	5.80
315	玉米青贮，未成熟(无穗)	25.0	60.00	81	5.00	9.00	45.0	100.00	16.00	4.50	80	3.10	11.00
316	玉米秸秆青贮	30.0	68.00	81	10.29	6.30	45.0	100.00	16.00	4.50	59	2.10	9.00
317	干玉米秸(放牧)	50.0	65.00	100	10.00	6.50	20.0	95.00	31.43	13.57	10	2.10	7.20
318	燕麦(蜡熟青贮)	36.4	58.10	61	16.07	12.70	50.0	100.00	30.00	10.00	53	3.12	10.10
319	燕麦秸	92.2	74.40	98	20.00	4.40	20.0	95.00	75.00	65.00	5	2.20	7.80
320	燕麦干草	91.0	63.00	98	9.09	9.50	30.0	93.00	30.00	10.00	90	2.40	7.90
321	高粱青贮	30.0	60.80	81	9.38	9.39	45.0	100.00	50.00	5.00	56	2.64	5.90
322	小麦(蜡熟青贮)	35.0	60.70	61	14.81	12.50	45.0	100.00	27.00	8.00	70	2.50	7.50
323	小麦秸	89.0	78.90	98	16.47	3.50	20.0	95.00	75.00	65.00	100	2.00	7.70
	能量饲料												
402	重质大麦	88.0	18.10	34	10.53	13.20	17.0	29.00	8.00	5.00	90	2.20	2.40
403	轻质大麦	88.0	28.00	34	10.36	14.00	17.0	29.00	8.00	5.00	90	2.30	4.00
404	玉米皮	90.0	23.00	9	3.64	11.50	18.0	78.00	8.00	5.00	90	7.30	1.71
405	玉米(压碎)	88.0	10.80	30	2.22	9.80	11.0	73.00	15.00	5.00	90	4.06	1.46
407	干玉米(穗 56 lb/bu)	87.0	28.00	56	7.10	9.00	16.0	69.00	18.00	3.00	90	3.70	1.90
409	玉米粉(籽实 56 lb/bu)	88.0	9.00	0	2.22	9.80	11.0	73.00	15.00	5.00	90	4.30	1.60
410	干玉米(籽实 56 lb/bu)	88.0	9.00	60	2.22	9.80	11.0	73.00	15.00	5.00	90	4.30	1.60
411	玉米(压片)	86.0	9.00	48	2.22	9.80	8.0	73.00	15.00	5.00	90	4.30	1.60
412	高水分玉米(穗 56 lb/bu)	72.0	28.00	56	7.10	9.00	30.0	80.00	18.72	8.28	95	3.70	1.90

续附表 50A

饲料编号	通用名称	DM %AF	NDF %DM	eNDF %NDF	木质素 %NDF	CP %DM	可溶性 CP %CP	NPN %可溶性 CP	NDFIP %CP	ADFIP %CP	淀粉 %NSC	脂肪 %DM	灰分 %DM
414	高水分玉米(谷物 56 lb/bu)	72.0	9.00	0	2.22	9.80	40.0	100.00	15.90	5.30	95	4.30	1.60
415	整粒棉籽(黑色)	92.0	40.00	100	15.00	23.00	40.0	2.50	6.00	6.00	90	17.50	5.00
417	棉籽饼(机械压榨)	92.0	28.00	36	21.40	44.00	20.0	40.00	10.00	8.00	90	5.00	7.00
418	棉籽粕(溶剂浸提 CP 41%)	92.0	28.90	36	20.80	46.10	20.0	40.00	10.00	8.00	90	3.15	7.00
420	甜菜糖蜜	77.9	0.00	0	0.00	8.50	100.0	100.00	0.00	0.00	0	0.00	11.40
421	甘蔗糖蜜	74.3	0.00	0	0.00	5.80	100.0	100.00	0.00	0.00	0	0.00	13.30
422	燕麦(32 lb/bu)	91.0	42.00	34	9.52	13.60	53.0	19.00	11.00	5.00	90	4.90	5.00
423	燕麦(38 lb/bu)	89.0	29.30	34	9.38	13.60	53.0	19.00	11.00	5.00	90	5.20	3.30
428	干高粱	89.0	23.00	34	6.09	12.40	12.0	33.00	10.00	5.00	90	3.10	2.00
429	高粱(碾压)	90.0	23.00	34	6.09	12.60	12.0	33.00	10.00	5.00	90	3.03	1.87
430	高粱(蒸汽压片)	70.0	23.00	34	6.09	12.00	8.0	80.00	10.00	5.00	100	3.10	2.00
432	小麦(粉碎)	89.0	11.80	0	6.25	14.20	30.00	25.00	4.00	2.00	90	2.34	2.01
433	小麦中麸	89.0	35.00	2	5.95	18.40	40.00	75.00	4.00	3.00	90	3.20	2.87
434	硬粒红皮春小麦	88.0	11.70	0	6.25	14.20	30.00	73.00	4.00	2.00	90	2.00	2.00
435	软粒白皮春小麦	90.0	9.70	2.6	4.29	11.30	30.00	73.00	4.00	2.00	90	1.90	2.00
	蛋白质饲料												
501	啤酒糟(21%干物质)	21.0	42.00	18	9.52	26.00	8.0	50.00	38.00	10.00	100	6.50	10.00
502	啤酒糟(脱水)	92.0	48.70	18	13.04	29.20	4.0	75.00	40.00	12.00	100	10.80	4.00
503	菜籽饼	92.0	27.20	23	12.76	40.90	32.4	65.00	10.64	6.38	90	3.47	7.10
505	玉米蛋白粉	90.0	36.20	36	2.22	23.80	49.0	100.00	8.00	2.00	100	3.91	6.90
506	玉米蛋白粉	91.0	37.00	36	2.70	46.80	4.0	75.00	11.00	2.00	100	2.40	3.00
507	玉米蛋白粉(CP 60%)	91.0	8.90	36	7.14	66.30	4.0	75.00	11.00	2.00	100	2.56	2.86
508	酒精糟+可溶物	91.0	46.00	4	9.09	29.50	19.0	89.00	62.00	21.00	100	10.30	5.20

续附表 50A

饲料编号	通用名称	DM %AF	NDF %DM	eNDF %NDF	木质素 %NDF	CP %DM	可溶性 CP %CP	NPN %可溶性 CP	NDFIP %CP	ADFIP %CP	淀粉 %NSC	脂肪 %DM	灰分 %DM
509	酒精糟(脱水,轻质)	91.0	46.00	4	10.00	30.40	6.0	67.00	40.00	13.00	100	9.80	5.20
510	酒精糟(脱水,中等)	91.0	46.00	4	10.00	30.40	6.0	67.00	44.00	18.00	100	10.70	5.20
511	酒精糟(脱水,黑)	91.0	46.00	4	10.00	30.40	6.0	67.00	45.00	21.00	100	9.80	5.20
512	酒精糟(脱水,很黑)	91.0	46.00	4	10.00	30.40	6.0	67.00	47.00	36.00	100	9.80	5.20
513	酒精糟(脱水,脱水残液)	91.0	23.00	4	4.35	29.70	44.0	100.00	55.00	13.00	100	9.20	8.00
514	酒精糟(脱水,湿)	25.0	40.00	4	10.00	29.70	25.0	68.00	55.00	12.00	100	9.90	5.20
517	大豆粕-44	89.0	14.90	23	2.14	49.90	20.0	55.00	5.00	2.00	90	1.60	7.20
518	大豆粕-49	90.0	7.79	23	2.50	54.00	20.0	55.00	5.00	2.00	90	1.10	6.70
519	整粒大豆	90.0	14.90	30	1.54	40.34	44.0	22.73	4.00	3.00	90	18.20	4.56
520	整粒烘烤大豆	90.0	13.40	30	10.00	42.80	5.7	100.00	23.60	7.29	90	18.80	5.80
521	葵籽饼	90.0	40.00	23	30.00	25.90	30.0	37.00	8.00	5.00	90	2.90	8.10
522	尿素	99.0	0.00	0	0.00	281.00	100.0	100.00	0.00	0.00	0	0.00	0.00
	食品加工副产品												
602	面包房下脚料	92.0	18.00	0	5.56	9.00	40.0	75.00	6.00	3.00	85	12.70	5.00
604	甜菜渣(脱水)	91.0	44.60	33	3.70	9.80	27.0	96.00	53.00	11.00	90	0.60	5.30
605	柑橘渣(脱水)	91.0	23.00	33	13.04	6.70	27.0	96.00	53.00	11.00	90	3.70	6.60
607	大豆皮	91.0	66.30	2	2.99	12.20	18.0	72.00	20.00	14.00	90	2.10	4.90
608	亚麻籽饼粉	90.0	25.00	23	24.00	38.30	20.0	10.00	10.00	2.40	90	1.50	6.50
609	棉籽壳	91.0	90.00	100	24.00	4.10	20.0	50.00	13.00	13.00	60	1.70	4.00
610	小麦麸	89.0	51.00	19	5.88	17.10	29.4	45.00	35.00	6.40	94.6	4.40	6.90
701	血粉	90.0	0.94	0	0.00	93.79	5.0	0.00	1.00	1.00	0	1.70	2.62
702	羽毛粉	90.0	42.90	23	0.00	85.80	9.0	89.00	50.00	32.00	90	7.21	4.52
703	鱼粉	90.0	0.68	10	0.00	67.90	21.0	0.00	1.00	1.00	90	10.70	20.60
704	肉粉	95.0	32.84	0	0.00	58.20	13.4	26.50	56.41	3.16	0	11.00	21.30

续附表 50A

饲料编号	通用名称	DM %AF	NDF %DM	eNDF %NDF	木质素 %NDF	CP %DM	可溶性 CP %CP	NPN %可溶性 CP	NDFIP %CP	ADFIP %CP	淀粉 %NSC	脂肪 %DM	灰分 %DM
705	牛脂	99.0	0.00	0	0.00	0.00	0.0	0.00	0.00	0.00	0	99.00	1.00
	矿物质												
804	骨粉	97.0	0.00	0	0.00	13.20	40.0	0.00	0.00	0.00	0	0.00	100.00
805	碳酸钙	100.0	0.00	0	0.00	0.00	0.0	0.00	0.00	0.00	0	0.00	100.00
806	硫酸钙	97.0	0.00	0	0.00	0.00	0.0	0.00	0.00	0.00	0	0.00	100.00
809	磷酸氢钙	97.0	0.00	0	0.00	0.00	0.0	0.00	0.00	0.00	0	0.00	100.00
815	氧化镁	98.0	0.00	0	0.00	0.00	0.0	0.00	0.00	0.00	0	0.00	100.00
820	脱氟磷酸盐	100.0	0.00	0	0.00	0.00	0.0	0.00	0.00	0.00	0	0.00	100.00
828	硫酸钾	98.0	0.00	0	0.00	0.00	0.0	0.00	0.00	0.00	0	0.00	100.00
829	食盐	100.0	0.00	0	0.00	0.00	0.0	0.00	0.00	0.00	0	0.00	100.00
830	碳酸氢钠	100.0	0.00	0	0.00	0.00	0.0	0.00	0.00	0.00	0	0.00	100.00
835	氯化钾	100.0	0.00	0	0.00	0.00	0.0	0.00	0.00	0.00	0	0.00	100.00
837	三聚磷酸钠	96.0	0.00	0	0.00	0.00	0.0	0.00	0.00	0.00	0	0.00	100.00

附表 50B 饲料成分表——饲料生物学价值

饲料编号	通用名称	碳水化合物 Kd A	B1	B2	蛋白质 Kd B1	B2	B3	TDN 模型 1×	2×	3×	*ME* 模型 1×	2×	3×	NE_m 模型 1×	2×	3×	NE_g 模型 2×	3×
		(%h)						(%DM)			(Mcal/kg)			(Mcal/kg)			(Mcal/kg)	
	禾本科牧草																	
101	巴哈雀稗(30%干物质)	250	30	3.0	135	11	0.09	50.5	45.2	41.7	1.83	1.63	1.51	0.99	0.80	0.67	0.26	0.14
103	狗牙根草(生长晚期)	250	30	3.0	135	11	0.09	55.4	49.6	45.5	2.00	1.79	1.65	1.15	0.95	0.81	0.41	0.27
105	雀麦草干草(中花期)	250	30	3.0	135	11	0.09	61.0	56.4	53.2	2.21	2.04	1.92	1.34	1.19	1.08	0.62	0.52
107	雀麦草干草(成熟)	250	30	3.0	135	11	0.09	53.6	48.6	45.1	1.94	1.76	1.63	1.09	0.92	0.79	0.37	0.25
109	阿尔塔牛毛草(干草)	250	30	3.0	135	11	0.09	54.2	49.0	45.3	1.96	1.77	1.64	1.11	0.93	0.80	0.39	0.26
111	羊茅草 K31(干草,盛花期)	250	30	3.0	135	11	0.09	63.0	57.9	54.3	2.28	2.09	1.96	1.41	1.24	1.12	0.67	0.56
112	羊茅草 K31(成熟)	250	30	3.0	135	11	0.09	59.1	54.1	50.6	2.14	1.96	1.83	1.28	1.11	0.99	0.55	0.44
113	紫狼尾草(鲜草 30 d,DM)	250	30	3.0	135	11	0.09	46.8	42.0	38.8	1.69	1.52	1.40	0.85	0.68	0.56	0.15	0.03
115	鸭茅干草(初花期)	250	30	3.0	135	11	0.09	61.9	57.2	54.0	2.24	2.07	1.95	1.37	1.22	1.11	0.65	0.55
116	鸭茅干草(晚花期)	250	30	3.0	135	11	0.09	54.5	50.0	46.8	1.97	1.81	1.69	1.12	0.97	0.85	0.42	0.31
117	俯仰马唐(鲜草)	250	30	3.0	135	11	0.09	50.9	45.7	42.3	1.84	1.65	1.53	1.00	0.82	0.69	0.28	0.16
119	草芦(干草)	250	30	3.0	135	11	0.09	60.9	55.7	52.0	2.20	2.01	1.88	1.34	1.17	1.04	0.60	0.49
121	苏丹高粱(干草)	250	20	3.0	135	11	0.09	59.0	53.7	50.0	2.13	1.94	1.81	1.28	1.10	0.97	0.54	0.42
122	苏丹高粱(牧草)	300	20	9.0	200	14	2.00	71.7	68.3	65.5	2.59	2.47	2.37	1.69	1.58	1.49	0.98	0.90
124	猫尾草干草(生长晚期)	250	30	4.0	135	11	0.09	68.2	64.1	61.0	2.47	2.32	2.21	1.58	1.44	1.34	0.86	0.77
126	猫尾草干草(中花期)	250	30	3.0	135	11	0.09	61.9	56.9	53.3	2.24	2.06	1.93	1.37	1.20	1.08	0.64	0.53
128	猫尾草干草(结实期)	250	30	3.0	135	11	0.09	52.5	47.6	44.2	1.90	1.72	1.60	1.06	0.88	0.76	0.34	0.22
129	冰草(有冠,干草)	250	30	3.0	135	11	0.09	56.9	52.0	48.6	2.06	1.88	1.76	1.21	1.04	0.92	0.49	0.37
137	禾本科牧草(秋季)	350	45	7.0	200	12	2.00	65.9	61.5	58.0	2.38	2.22	2.10	1.50	1.36	1.24	0.78	0.68
138	混播牧草(春季)	350	45	9.0	200	14	2.00	72.3	69.8	67.9	2.62	2.52	2.45	1.71	1.63	1.57	1.02	0.97
139	混播牧草(夏季)	350	45	9.0	200	14	2.00	70.5	67.8	65.6	2.55	2.45	2.37	1.65	1.56	1.49	0.96	0.90
140	草原(6月日粮)	250	30	7.0	135	12	3.00	66.6	62.0	58.4	2.41	2.24	2.11	1.53	1.38	1.26	0.80	0.69
141	草原(7月日粮)	250	30	7.0	135	12	2.00	65.4	60.7	57.1	2.36	2.19	2.06	1.49	1.33	1.21	0.76	0.65
142	草原(8月日粮)	250	30	7.0	135	10	0.75	62.8	58.7	55.5	2.27	2.12	2.01	1.40	1.27	1.16	0.70	0.60

续附表 50B

饲料编号	通用名称	碳水化合物 Kd A	碳水化合物 Kd B1	碳水化合物 Kd B2	蛋白质 Kd B1	蛋白质 Kd B2	蛋白质 Kd B3	TDN 模型 1×	TDN 模型 2×	TDN 模型 3×	ME 模型 1×	ME 模型 2×	ME 模型 3×	NE_m 模型 1×	NE_m 模型 2×	NE_m 模型 3×	NE_g 模型 2×	NE_g 模型 3×
		(%h)						(%DM)			(Mcal/kg)			(Mcal/kg)			(Mcal/kg)	
143	草原(9月日粮)	250	30	7.0	135	12	0.75	60.4	56.2	53.0	2.18	2.03	1.91	1.32	1.18	1.07	0.62	0.52
144	草原(冬季)	250	30	7.0	135	10	0.20	57.6	53.7	50.6	2.08	1.94	1.83	1.23	1.10	0.99	0.54	0.44
148	高禾草原(干草)	250	30	3.5	135	3.5	0.09	62.4	56.4	52.1	2.25	2.04	1.88	1.39	1.19	1.04	0.63	0.49
	豆科牧草																	
202	苜蓿干草(生长早期-N)	250	30	5.5	150	9	1.25	65.5	63.5	62.1	2.37	2.30	2.25	1.49	1.43	1.38	0.84	0.80
206	苜蓿干草(初花期-N)	250	30	5.5	150	9	1.25	61.2	59.2	57.7	2.21	2.14	2.09	1.35	1.28	1.23	0.71	0.67
208	苜蓿干草(中花期-N)	250	30	5.5	150	9	1.25	55.5	53.4	51.8	2.01	1.93	1.87	1.16	1.09	1.03	0.53	0.48
210	苜蓿干草(盛花期-N)	250	30	5.5	150	9	1.25	51.7	49.6	48.1	1.87	1.79	1.74	1.03	0.96	0.90	0.41	0.36
213	苜蓿干草(成熟-S)	250	30	5.5	150	9	1.25	43.3	41.6	40.3	1.56	1.50	1.46	0.73	0.66	0.62	0.13	0.09
214	苜蓿干草(结籽)	250	30	5.5	150	9	1.25	36.3	34.2	32.6	1.31	1.24	1.18	0.46	0.38	0.32	0.00	0.00
215	苜蓿干草(风化)	250	30	5.5	150	9	1.25	40.6	39.0	37.8	1.47	1.41	1.37	0.63	0.57	0.52	0.04	0.00
216	苜蓿草粉(脱水15%粗蛋白质)	300	37	10.0	150	8	0.15	42.2	40.8	39.7	1.53	1.48	1.44	0.69	0.64	0.59	0.11	0.07
217	苜蓿青贮(初花期)	10	25	5.5	150	11	1.75	54.7	53.2	52.1	1.98	1.93	1.88	1.13	1.08	1.04	0.53	0.49
218	苜蓿青贮(中花期)	10	25	5.5	150	11	1.75	52.1	50.5	49.3	1.88	1.83	1.78	1.04	0.99	0.94	0.44	0.40
219	苜蓿青贮(盛花期)	10	25	5.5	150	11	1.75	49.6	48.0	46.7	1.79	1.73	1.69	0.95	0.90	0.85	0.35	0.31
221	三叶草(拉地诺干草)	250	30	5.5	150	9	1.25	62.0	60.4	59.3	2.24	2.18	2.14	1.38	1.32	1.28	0.75	0.71
222	红三叶草(干草)	250	30	5.5	150	9	1.25	58.3	56.3	54.8	2.11	2.04	1.98	1.25	1.19	1.13	0.62	0.57
230	豆科牧草(春季)	350	45	9.0	200	20	2.00	73.6	71.6	70.0	2.66	2.59	2.53	1.75	1.68	1.63	1.07	1.03
231	豆科牧草(夏季)	350	45	9.0	200	18	2.00	71.2	69.0	67.2	2.58	2.49	2.43	1.67	1.60	1.54	1.00	0.95
	谷物粗饲料																	
301	大麦青贮	10	50	4.0	300	10	0.50	66.4	61.5	58.1	2.40	2.22	2.10	1.52	1.36	1.25	0.78	0.68
304	玉米青贮(25%谷物-N)	10	25	6.0	300	10	0.20	65.2	61.9	59.3	2.36	2.24	2.14	1.48	1.37	1.29	0.79	0.71

续附表 50B

饲料编号	通用名称	碳水化合物 Kd			蛋白质 Kd			TDN 模型			ME 模型			NE_m 模型			NE_g 模型	
		A	B1	B2	B1	B2	B3	1×	2×	3×	1×	2×	3×	1×	2×	3×	2×	3×
		(%h)						(%DM)			(Mcal/kg)			(Mcal/kg)			(Mcal/kg)	
307	玉米青贮(40%谷物)	10	30	6.0	300	10	0.20	73.2	70.2	67.8	2.65	2.54	2.45	1.74	1.64	1.56	1.03	0.97
313	玉米青贮(50%谷物)	10	30	6.0	300	10	0.20	76.1	73.1	70.7	2.75	2.64	2.56	1.82	1.73	1.66	1.11	1.05
314	玉米青贮 50%+NPN+CA	10	30	6.0	300	10	0.20	75.0	72.0	69.7	2.71	2.60	2.52	1.79	1.70	1.62	1.08	1.02
315	玉米青贮,未成熟(无穗)	10	30	4.0	300	10	0.20	64.4	59.4	55.7	2.33	2.15	2.01	1.45	1.29	1.17	0.72	0.60
316	玉米秸秆青贮	10	25	4.0	300	10	0.20	56.1	51.3	47.8	2.03	1.86	1.73	1.18	1.01	0.89	0.46	0.35
317	干玉米秸(放牧)	250	30	5.0	135	4	0.09	60.5	56.6	53.5	2.19	2.04	1.94	1.33	1.19	1.09	0.63	0.53
318	燕麦(蜡熟青贮)	10	50	5.0	300	12	0.20	53.4	50.5	48.3	1.93	1.82	1.75	1.09	0.98	0.91	0.44	0.36
319	燕麦秸	250	30	3.0	135	11	0.09	37.0	33.5	31.0	1.34	1.21	1.12	0.49	0.35	0.26	0.00	0.00
320	燕麦干草	250	30	4.0	135	11	0.09	60.7	56.4	53.1	2.20	2.04	1.92	1.33	1.19	1.08	0.62	0.52
321	高粱青贮	10	20	5.0	300	8	0.20	64.9	61.1	58.2	2.35	2.21	2.10	1.47	1.35	1.25	0.77	0.68
322	小麦(蜡熟青贮)	10	50	6.0	300	14	0.20	56.4	53.4	51.0	2.04	1.93	1.84	1.19	1.09	1.00	0.53	0.45
323	小麦秸	250	50	3.0	135	11	0.09	40.3	35.8	32.6	1.46	1.29	1.18	0.61	0.44	0.32	0.00	0.00
	能量饲料																	
402	重质大麦	300	30	5.0	300	12	0.35	81.0	79.0	77.6	2.93	2.86	2.80	1.97	1.91	1.87	1.27	1.23
403	轻质大麦	300	30	5.0	300	12	0.35	75.7	73.0	71.1	2.74	2.64	2.57	1.81	1.73	1.67	1.11	1.06
404	玉米皮	150	20	5.0	150	4	0.09	88.6	85.5	83.3	3.20	3.09	3.01	2.20	2.11	2.04	1.44	1.38
405	玉米(压碎)	200	15	5.0	135	6	0.09	88.6	86.3	84.7	3.20	3.12	3.06	2.20	2.13	2.08	1.46	1.42
407	干玉米(穗 56 lb/bu)	150	18	5.0	135	7	0.10	81.4	78.2	75.9	2.94	2.83	2.74	1.98	1.89	1.82	1.25	1.19
409	玉米粉(籽实 56 lb/bu)	250	25	6.0	135	10	0.10	89.5	87.8	86.6	3.23	3.18	3.13	2.22	2.18	2.14	1.50	1.46
410	干玉米(籽实 56 lb/bu)	150	10	4.0	135	4	0.10	88.7	86.3	84.5	3.21	3.12	3.06	2.20	2.13	2.08	1.46	1.41
411	玉米籽实(压片)	300	25	6.0	135	5	0.08	89.6	88.0	86.8	3.24	3.18	3.14	2.23	2.18	2.14	1.50	1.47
412	高水分玉米(穗 56 lb/bu)	25	30	6.0	135	10	0.10	81.6	78.8	76.8	2.95	2.85	2.78	1.99	1.91	1.84	1.27	1.21
414	高水分玉米(籽实 56 lb/bu)	50	30	6.0	135	10	0.15	89.5	88.0	86.8	3.24	3.18	3.14	2.22	2.18	2.14	1.50	1.47

续附表 50B

饲料编号	通用名称	碳水化合物 Kd			蛋白质 Kd			TDN 模型			*ME* 模型			NE_m 模型			NE_g 模型	
		A	B1	B2	B1	B2	B3	1×	2×	3×	1×	2×	3×	1×	2×	3×	2×	3×
		(%h)						(%DM)			(Mcal/kg)			(Mcal/kg)			(Mcal/kg)	
415	整粒棉籽(黑色)	300	25	6.0	175	8	0.25	87.0	84.4	82.6	3.14	3.05	2.99	2.15	2.08	2.02	1.41	1.36
417	棉籽饼(机械压榨)	300	25	6.0	175	8	0.25	71.0	69.8	68.9	2.57	2.52	2.49	1.66	1.63	1.60	1.02	1.00
418	棉籽粕(溶剂浸提,CP 41%)	300	25	6.0	175	8	0.25	68.6	67.3	66.4	2.48	2.43	2.40	1.59	1.55	1.52	0.95	0.92
420	甜菜糖蜜	500	30	3.0	300	11	0.25	77.4	77.4	77.5	2.80	2.80	2.80	1.86	1.86	1.87	1.23	1.23
421	甘蔗糖蜜	500	30	20.0	350	11	0.25	75.3	75.4	75.4	2.72	2.72	2.73	1.80	1.80	1.80	1.17	1.18
422	燕麦(32 lb/bu)	300	35	5.0	325	12	0.35	73.1	69.4	66.8	2.64	2.51	2.41	1.73	1.61	1.53	1.01	0.94
423	燕麦(38 lb/bu)	300	35	5.0	325	12	0.35	80.0	77.2	75.2	2.89	2.79	2.72	1.94	1.86	1.80	1.22	1.17
428	干高粱	150	10	5.0	135	6	0.12	82.1	78.7	76.4	2.97	2.85	2.76	2.01	1.90	1.83	1.26	1.20
429	高粱(碾压)	200	10	5.0	135	6	0.12	82.1	78.8	7.64	2.97	2.85	2.76	2.01	1.90	1.83	1.26	1.20
430	高粱(蒸汽压片)	250	15	5.0	160	8	0.15	82.3	79.1	76.8	2.97	2.86	2.78	2.01	1.91	1.85	1.27	1.21
432	小麦(粉碎)	300	40	9.0	300	12	0.35	86.3	84.8	83.7	3.12	3.07	3.03	2.13	2.09	2.05	1.42	1.39
433	小麦中麸	300	70	6.0	250	6	0.35	78.8	75.4	73.0	2.85	2.73	2.64	1.91	1.80	1.73	1.17	1.11
434	硬粒红皮春小麦	300	40	6.0	300	12	0.35	85.3	83.8	82.6	3.08	3.03	2.99	2.10	2.06	2.02	1.39	1.36
435	软粒白皮春小麦	300	40	6.0	300	12	0.35	86.0	84.5	83.4	3.11	3.06	3.02	2.12	2.08	2.05	1.41	1.38
	蛋白质饲料																	
501	啤酒糟(21%干物质)	300	38	6.0	150	8	0.50	70.3	67.6	65.6	2.54	2.44	2.37	1.64	1.56	1.49	0.96	0.90
502	啤酒糟(脱水)	300	38	6.0	150	6	0.50	75.0	72.4	70.5	2.71	2.62	2.55	1.79	1.71	1.65	1.09	1.04
503	菜籽饼	300	40	6.0	230	12	0.20	74.5	72.7	71.5	2.69	2.63	2.58	1.77	1.72	1.68	1.10	1.07
505	玉米蛋白粉	300	50	5.0	150	4	0.10	78.5	74.6	71.9	2.84	2.70	2.60	1.90	1.78	1.69	1.15	1.08
506	玉米蛋白粉	300	50	5.0	150	4	0.10	81.6	78.1	75.8	2.95	2.82	2.74	1.99	1.88	1.81	1.25	1.18
507	玉米蛋白粉(CP 60%)	300	50	5.0	150	4	0.10	90.0	89.8	89.6	3.25	3.25	3.24	2.24	2.23	2.23	1.54	1.54
508	酒精糟+可溶物	300	17	7.0	150	6	0.50	75.7	73.2	71.5	2.74	2.65	2.58	1.81	1.73	1.68	1.12	1.07
509	酒精糟(脱水,轻质)	300	17	7.0	150	6	0.50	76.5	73.6	71.6	2.77	2.66	2.59	1.84	1.75	1.68	1.13	1.07
510	酒精糟(脱水,中质)	300	17	7.0	150	6	0.50	76.2	73.4	71.5	2.75	2.65	2.58	1.83	1.74	1.68	1.12	1.07

续附表 50B

饲料编号	通用名称	碳水化合物 Kd A	B1	B2	蛋白质 Kd B1	B2	B3	TDN 模型 1×	2×	3×	*ME* 模型 1×	2×	3×	NE_m 模型 1×	2×	3×	NE_g 模型 2×	3×
		(%h)						(%DM)			(Mcal/kg)			(Mcal/kg)			(Mcal/kg)	
511	酒精糟(脱水,黑)	300	17	7.0	150	6	0.50	74.2	71.5	69.6	2.68	2.59	2.52	1.77	1.68	1.62	1.07	1.02
512	酒精糟(脱水,很黑)	300	17	7.0	150	6	0.50	70.1	67.4	65.6	2.53	2.44	2.37	1.64	1.55	1.49	0.95	0.90
513	酒精糟(脱水,脱水残液)	300	17	7.0	150	6	0.50	84.2	82.8	81.8	3.04	2.99	2.96	2.07	2.03	2.00	1.37	1.34
514	酒精糟(脱水,湿)	300	17	7.0	150	6	0.50	79.1	76.9	75.3	2.86	2.78	2.72	1.91	1.85	1.80	1.21	1.17
517	大豆粕-44	300	25	6.0	230	11	0.20	82.9	81.3	80.1	3.00	2.94	2.90	2.03	1.98	1.95	1.33	1.30
518	大豆粕-49	300	25	6.0	230	11	0.20	84.7	83.8	83.1	3.06	3.03	3.01	2.08	2.06	2.04	1.39	1.38
519	整粒大豆	300	30	5.0	200	10	0.20	104.5	102.8	101.7	3.78	3.72	3.68	2.65	2.61	2.57	1.85	1.82
520	整粒烘烤大豆	300	25	5.0	150	5	0.18	101.0	100.7	100.4	3.65	3.64	3.63	2.55	2.54	2.54	1.80	1.79
521	葵籽饼	300	35	4.0	160	10	0.15	53.0	51.7	50.9	1.92	1.87	1.84	1.07	1.03	1.00	0.48	0.45
522	尿素	0	0	0.0	400	0	0.00	0.0	0.0	0.0	0.00	0.00	0.00	0.00	0.00	0.00	0.00	0.00
	食品加工副产品																	
602	面包房下脚料	300	16	7.0	100	12	0.35	93.6	91.2	89.4	3.38	3.30	3.23	2.34	2.27	2.22	1.58	1.53
604	甜菜渣(脱水)	300	40	8.0	300	12	0.35	73.3	69.6	66.8	2.65	2.52	2.42	1.74	1.62	1.53	1.02	0.94
605	柑橘渣(脱水)	350	50	9.0	350	11	0.25	76.1	74.7	73.5	2.75	2.70	2.66	1.82	1.78	1.74	1.15	1.12
607	大豆皮	350	40	8.0	150	12	0.15	70.4	64.3	59.9	2.54	2.33	2.17	1.65	1.45	1.31	0.86	0.73
608	亚麻籽饼粉	300	35	6.0	230	11	0.20	69.4	68.4	67.7	2.51	2.47	2.45	1.62	1.58	1.56	0.98	0.96
609	棉籽壳	300	25	6.0	175	11	0.09	29.9	27.4	25.3	1.08	0.99	0.91	0.21	0.11	0.02	0.00	0.00
610	小麦麸	300	40	4.0	250	12	0.35	69.0	64.2	61.2	2.50	2.32	2.21	1.60	1.45	1.35	0.86	0.77
701	血粉	0	0	0.0	135	1.3	0.09	95.2	95.2	95.2	3.44	3.44	3.44	2.39	2.39	2.39	1.67	1.67
702	羽毛粉	0	0	0.0	125	3	0.09	66.4	66.4	66.3	2.40	2.40	2.40	1.52	1.52	1.52	0.92	0.92
703	鱼粉	0	0	0.0	150	1	0.80	86.6	86.6	86.6	3.13	3.13	3.13	2.14	2.14	2.14	1.46	1.46
704	肉粉	0	0	0.0	0	5	0.12	78.6	78.5	78.4	2.84	2.84	2.84	1.90	1.90	1.89	1.26	1.26
705	牛脂	0	0	0.0	0	0	0.00	208.1	208.1	208.1	7.52	7.52	7.52	5.85	5.85	5.85	4.38	4.38

续附表 50B

饲料编号	通用名称	碳水化合物 Kd			蛋白质 Kd			TDN 模型			ME 模型			NE_m 模型			NE_g 模型	
		A	B1	B2	B1	B2	B3	1×	2×	3×	1×	2×	3×	1×	2×	3×	2×	3×
		(%h)						(%DM)			(Mcal/kg)			(Mcal/kg)			(Mcal/kg)	
	矿物质																	
804	骨粉	0	0	0.0	500	0	0.00	0.0	0.0	0.0	0.00	0.00	0.00	0.00	0.00	0.00	0.00	0.00
805	碳酸钙	0	0	0.0	0	0	0.00	0.0	0.0	0.0	0.00	0.00	0.00	0.00	0.00	0.00	0.00	0.00
806	硫酸钙	0	0	0.0	0	0	0.00	0.0	0.0	0.0	0.00	0.00	0.00	0.00	0.00	0.00	0.00	0.00
809	磷酸氢钙	0	0	0.0	0	0	0.00	0.0	0.0	0.0	0.00	0.00	0.00	0.00	0.00	0.00	0.00	0.00
815	氧化镁	0	0	0.0	0	0	0.00	0.0	0.0	0.0	0.00	0.00	0.00	0.00	0.00	0.00	0.00	0.00
820	脱氟磷酸盐	0	0	0.0	0	0	0.00	0.0	0.0	0.0	0.00	0.00	0.00	0.00	0.00	0.00	0.00	0.00
828	硫酸钾	0	0	0.0	0	0	0.00	0.0	0.0	0.0	0.00	0.00	0.00	0.00	0.00	0.00	0.00	0.00
829	食盐	0	0	0.0	0	0	0.00	0.0	0.0	0.0	0.00	0.00	0.00	0.00	0.00	0.00	0.00	0.00
830	碳酸氢钠	0	0	0.0	0	0	0.00	0.0	0.0	0.0	0.00	0.00	0.00	0.00	0.00	0.00	0.00	0.00
835	氯化钾	0	0	0.0	0	0	0.00	0.0	0.0	0.0	0.00	0.00	0.00	0.00	0.00	0.00	0.00	0.00
837	三聚磷酸钠	0	0	0.0	0	0	0.00	0.0	0.0	0.0	0.00	0.00	0.00	0.00	0.00	0.00	0.00	0.00

附表 50C 饲料成分表——蛋白质降解率和矿物质效价

饲料编号	通用名称	DIP 模型			矿物质						
		1×	2×	3×	Ca	P	Mg	Cl	K	Na	S
		(%CP)			(%DM)						
	禾本科牧草										
101	巴哈雀稗(30%干物质)	79.0	75.0	71.6	0.46	0.22	0.25	0.00	1.45	0.00	0.00
103	狗牙根草(生长晚期)	63.2	60.0	57.6	0.26	0.18	0.13	0.00	1.30	0.08	0.21
105	雀麦草干草(中花期)	65.3	61.8	59.1	0.29	0.28	0.10	0.00	1.99	0.01	0.00
107	雀麦草干草(成熟)	65.8	62.5	59.9	0.26	0.22	0.12	0.00	1.85	0.01	0.00
109	阿尔塔牛毛草(干草)	65.8	62.5	59.9	0.39	0.24	0.23	0.06	2.38	0.00	0.00
111	羊茅草 K31(干草,盛花期)	62.8	59.6	57.0	0.43	0.32	0.17	0.00	2.30	0.00	0.26
112	羊茅草 K31(成熟)	62.9	59.7	57.2	0.41	0.30	0.16	0.00	1.96	0.02	0.00
113	紫狼尾草(鲜草 30 d,DM)	83.4	79.4	76.1	0.60	0.41	0.26	0.00	1.31	0.01	0.10
115	鸭茅干草(初花期)	65.4	62.0	59.3	0.27	0.34	0.11	0.41	2.91	0.01	0.26
116	鸭茅干草(晚花期)	65.6	62.3	59.6	0.26	0.30	0.11	0.00	2.67	0.01	0.00
117	俯仰马唐(鲜草)	71.6	68.2	65.4	0.38	0.22	0.18	0.00	1.43	0.00	0.00
119	草芦(干草)	65.6	62.2	59.5	0.36	0.24	0.22	0.00	2.91	0.02	0.00
121	苏丹高粱(干草)	57.4	54.2	51.7	0.51	0.31	0.37	0.00	2.08	0.02	0.06
122	苏丹高粱(牧草)	79.1	73.9	70.2	0.49	0.44	0.35	0.00	2.14	0.00	0.11
124	猫尾草干草(生长后期)	65.2	61.7	58.9	0.45	0.40	0.11	0.00	3.05	0.07	0.13
126	猫尾草干草(中花期)	65.6	62.2	59.5	0.48	0.23	0.13	0.00	1.82	0.01	0.13
128	猫尾草干草(结实期)	65.9	62.6	60.0	0.00	0.00	0.00	0.00	0.00	0.00	0.00
129	冰草(有冠,干草)	65.6	62.3	59.6	0.26	0.15	0.00	0.00	0.00	0.00	0.00
137	禾本科牧草(秋季)	85.1	80.0	76.1	0.00	0.00	0.00	0.00	0.00	0.00	0.00
138	混播牧草(春季)	86.3	81.5	77.8	0.00	0.00	0.00	0.00	0.00	0.00	0.00
139	混播牧草(夏季)	86.4	81.7	78.1	0.00	0.00	0.00	0.00	0.00	0.00	0.00
140	草原(6 月日粮)	84.3	78.6	74.2	0.26	0.15	0.00	0.00	0.00	0.00	0.00
141	草原(7 月日粮)	82.2	76.5	72.3	0.26	0.15	0.00	0.00	0.00	0.00	0.00
142	草原(8 月日粮)	76.2	70.9	67.2	0.26	0.15	0.00	0.00	0.00	0.00	0.00

续附表 50C

饲料编号	通用名称	DIP 模型			矿物质						
		1×	2×	3×	Ca	P	Mg	Cl	K	Na	S
			(%CP)					(%DM)			
143	草原(9 月日粮)	77.1	72.2	68.6	0.26	0.15	0.00	0.00	0.00	0.00	0.00
144	草原(冬季)	72.2	68.2	65.1	0.26	0.15	0.00	0.00	0.00	0.00	0.00
148	高禾草原(干草)	78.1	69.5	63.3	0.35	0.14	0.26	0.00	1.00	0.00	0.00
	豆科牧草										
202	苜蓿干草(生长早期-N)	78.0	72.7	68.5	1.50	0.33	0.21	0.34	2.51	0.12	0.54
206	苜蓿干草(初花期-N)	76.6	71.4	67.3	1.63	0.22	0.21	0.34	2.51	0.12	0.54
208	苜蓿干草(中花期-N)	72.7	67.6	63.8	1.39	0.24	0.35	0.00	1.56	0.12	0.28
210	苜蓿干草(盛花期-N)	70.2	65.1	61.3	1.19	0.24	0.27	0.00	1.56	0.07	0.30
213	苜蓿干草(成熟-S)	65.8	60.8	57.1	1.18	0.21	0.22	0.00	2.07	0.08	0.25
214	苜蓿干草(结籽)	66.5	61.7	58.1	1.18	0.21	0.22	0.00	2.07	0.08	0.25
215	苜蓿干草(风化)	58.5	52.9	49.0	2.29	0.23	0.27	0.00	2.42	0.06	0.00
216	苜蓿草粉(脱水,CP 15%)	64.3	59.0	55.2	1.38	0.25	0.29	0.00	2.46	0.08	0.21
217	苜蓿青贮(初花期)	75.9	72.6	70.3	1.32	0.31	0.26	0.00	2.85	0.02	0.28
218	苜蓿青贮(中花期)	72.1	68.6	66.1	1.74	0.27	0.33	0.41	2.35	0.16	0.31
219	苜蓿青贮(盛花期)	68.3	64.6	61.9	1.74	0.27	0.33	0.41	2.35	0.16	0.31
221	三叶草(拉地诺干草)	78.0	72.7	68.5	1.45	0.33	0.47	0.30	2.44	0.13	0.21
222	红三叶草(干草)	65.2	60.1	56.4	1.38	0.24	0.38	0.32	1.81	0.18	0.16
230	豆科牧草(春季)	88.9	85.1	81.9	1.71	0.30	0.36	0.00	2.27	0.21	0.36
231	豆科牧草(夏季)	87.4	83.4	80.2	1.71	0.30	0.36	0.00	2.27	0.21	0.36
	谷物粗饲料										
301	大麦青贮	89.4	87.5	86.0	0.52	0.29	0.19	0.00	2.57	0.12	0.24
304	玉米青贮(25%谷物-N)	80.7	78.2	76.2	0.31	0.27	0.22	0.18	1.22	0.03	0.12
307	玉米青贮(40%谷物)	79.8	76.9	74.5	0.31	0.27	0.22	0.18	1.22	0.03	0.12
313	玉米青贮(50%谷物)	79.2	76.1	73.7	0.31	0.27	0.22	0.18	1.22	0.03	0.12

续附表 50C

饲料编号	通用名称	DIP 模型 1×	2×	3×	矿物质 Ca	P	Mg	Cl	K	Na	S
			(%CP)					(%DM)			
314	玉米青贮 50%＋，NPN＋CA	81.8	79.7	78.1	0.31	0.27	0.22	0.18	1.22	0.03	0.12
315	玉米青贮，未成熟(无穗)	80.1	76.7	74.1	0.52	0.31	0.31	0.00	1.64	0.00	0.00
316	玉米秸秆青贮	80.4	77.1	74.5	0.00	0.00	0.00	0.00	0.00	0.00	0.00
317	干玉米秸(放牧)	57.4	51.5	47.3	0.62	0.09	0.00	0.00	1.63	0.00	0.00
318	燕麦(蜡熟青贮)	69.5	67.3	65.8	0.58	0.31	0.21	0.00	2.88	0.09	0.24
319	燕麦秸	25.1	24.6	24.2	0.23	0.06	0.17	0.78	2.53	0.42	0.22
320	燕麦干草	66.7	63.7	61.2	0.32	0.25	0.29	0.52	1.49	0.18	0.23
321	高粱青贮	54.4	52.0	50.8	0.49	0.22	0.28	0.13	1.72	0.01	0.12
322	小麦(蜡熟青贮)	71.9	69.4	67.6	0.44	0.29	0.17	0.00	2.24	0.04	0.21
323	小麦秸	25.2	24.6	24.2	0.17	0.05	0.12	0.32	1.41	0.14	0.19
	能量饲料										
402	重质大麦	80.2	72.6	66.6	0.05	0.35	0.12	0.13	0.57	0.01	0.15
403	轻质大麦	80.5	73.1	67.2	0.06	0.39	0.15	0.13	0.52	0.03	0.17
404	玉米皮	64.2	53.2	46.4	0.05	0.57	0.26	0.06	0.65	0.09	0.03
405	玉米(压碎)	64.3	54.0	47.1	0.03	0.32	0.12	0.05	0.44	0.01	0.11
407	干燥玉米(穗 56 lb/bu)	67.4	58.9	52.8	0.07	0.27	0.14	0.05	0.53	0.02	0.16
409	玉米粉(籽实 56 lb/bu)	70.7	62.1	55.8	0.03	0.31	0.11	0.06	0.33	0.01	0.14
410	干玉米(籽实 56 lb/bu)	58.1	47.0	40.1	0.03	0.31	0.11	0.06	0.33	0.01	0.14
411	玉米(压片)	60.3	49.5	42.3	0.03	0.31	0.11	0.06	0.33	0.01	0.14
412	高水分玉米(穗 56 lb/bu)	72.7	67.2	62.9	0.07	0.27	0.14	0.05	0.53	0.02	0.16
414	高水分玉米(籽实 56 lb/bu)	76.0	70.7	66.9	0.03	0.31	0.11	0.06	0.33	0.01	0.14
415	整粒棉籽(黑色)	84.1	78.2	73.5	0.16	0.62	0.35	0.00	1.22	0.03	0.26
417	棉籽饼(机械压榨)	74.8	66.3	60.0	0.16	0.76	0.35	0.00	1.22	0.03	0.26

续附表 50C

饲料编号	通用名称	DIP 模型			矿物质						
		1×	2×	3×	Ca	P	Mg	Cl	K	Na	S
			(%CP)					(%DM)			
418	棉籽粕(溶剂浸提 41%粗蛋白质)	74.9	66.4	60.1	0.20	1.16	0.65	0.00	1.65	0.07	0.42
420	甜菜糖蜜	100.0	100.0	100.0	0.15	0.03	0.29	1.64	6.06	1.48	0.60
421	甘蔗糖蜜	100.0	100.0	100.0	1.00	0.10	0.42	3.04	4.01	0.22	0.47
422	燕麦(32 lb/bu)	84.1	80.2	77.1	0.07	0.30	0.16	0.10	0.45	0.06	0.23
423	燕麦(38 lb/bu)	83.9	79.9	76.7	0.01	0.41	0.16	0.10	0.51	0.02	0.21
428	干高粱	68.7	58.0	50.7	0.05	0.34	0.14	0.09	0.47	0.04	0.12
429	高粱(碾压)	68.7	58.0	50.7	0.04	0.34	0.17	0.09	0.44	0.01	0.14
430	高粱(蒸汽压片)	72.1	62.2	54.9	0.05	0.34	0.14	0.09	0.35	0.04	0.12
432	小麦(粉碎)	84.8	77.8	72.3	0.05	0.44	0.13	0.09	0.40	0.01	0.14
433	小麦中麸	79.8	72.0	66.7	0.15	1.00	0.38	0.04	1.10	0.01	0.19
434	硬粒红皮春小麦	84.9	78.0	72.7	0.05	0.42	0.16	0.09	0.41	0.02	0.17
435	软粒白皮春小麦	84.9	78.1	72.7	0.07	0.33	0.11	0.00	0.43	0.02	0.13
	蛋白质饲料										
501	啤酒糟(21%干物质)	55.0	46.4	40.8	0.29	0.70	0.27	0.13	0.58	0.15	0.34
502	啤酒糟(脱水)	49.8	40.3	34.2	0.29	0.70	0.27	0.17	0.58	0.15	0.40
503	菜籽饼	80.4	74.6	70.0	0.70	1.20	0.57	0.00	1.37	0.03	1.17
505	玉米蛋白粉	77.2	70.8	66.8	0.07	0.95	0.40	0.25	1.40	0.26	0.47
506	玉米蛋白粉	59.7	47.1	39.2	0.16	0.51	0.06	0.07	0.03	0.10	0.22
507	玉米蛋白粉(CP 60%)	57.6	44.9	37.1	0.07	0.61	0.15	0.07	0.48	0.06	0.90
508	酒精糟+可溶物	39.5	34.1	31.1	0.32	0.83	0.33	0.28	1.07	0.24	0.40
509	酒精糟(脱水,轻质)	49.1	39.8	34.0	0.32	1.40	0.65	0.28	1.83	0.24	0.40
510	酒精糟(脱水,中质)	46.0	37.4	32.0	0.26	0.83	0.33	0.28	1.08	0.30	0.44
511	酒精糟(脱水,黑)	45.0	36.6	31.4	0.32	1.40	0.65	0.28	1.83	0.24	0.40

续附表 50C

饲料编号	通用名称	DIP 模型			矿物质						
		1×	2×	3×	Ca	P	Mg	Cl	K	Na	S
		(%CP)			(%DM)						
512	酒精糟(脱水,很黑)	41.3	34.1	29.4	0.32	1.40	0.65	0.28	1.83	0.24	0.40
513	酒精糟(脱水,脱水残液)	51.8	48.8	47.5	0.32	1.40	0.65	0.28	1.83	0.24	0.40
514	酒精糟(脱水,湿)	46.5	40.6	37.4	0.32	1.40	0.65	0.28	1.83	0.24	0.40
517	大豆粕-44	81.8	73.8	67.5	0.40	0.71	0.31	0.00	2.22	0.04	0.46
518	大豆粕-49	81.6	73.5	67.2	0.29	0.71	0.33	0.08	2.36	0.01	0.48
519	整粒大豆	85.8	79.7	75.0	0.27	0.65	0.27	0.03	2.01	0.04	0.35
520	整粒烘烤大豆	54.9	44.3	37.6	0.27	0.65	0.29	0.03	1.80	0.00	0.24
521	葵籽饼	80.6	73.7	68.3	0.45	1.02	0.70	0.11	1.27	0.03	0.33
522	尿素	100.0	100.0	100.0	0.00	0.00	0.00	0.00	0.00	0.00	0.00
	食品加工副产品										
602	面包房下脚料	84.9	79.0	74.5	0.15	0.24	0.18	1.61	0.43	1.12	0.02
604	甜菜渣(脱水)	49.9	45.6	43.1	0.68	0.10	0.28	0.04	0.22	0.20	0.22
605	柑橘渣(脱水)	47.7	43.9	41.6	1.88	0.13	0.17	0.00	0.77	0.08	0.08
607	大豆皮	69.8	63.3	58.3	0.53	0.18	0.22	0.00	1.29	0.03	0.11
608	亚麻籽饼粉	78.2	70.6	64.7	0.43	0.89	0.66	0.04	1.53	0.15	0.43
609	棉籽壳	80.6	76.9	73.5	0.15	0.09	0.14	0.02	0.87	0.02	0.09
610	小麦麸	63.2	58.0	54.5	0.13	1.38	0.60	0.05	1.56	0.04	0.25
701	血粉	37.3	25.9	20.4	0.40	0.32	0.04	0.33	0.31	0.40	0.80
702	羽毛粉	33.2	26.8	23.1	1.19	0.68	0.06	0.30	0.20	0.24	1.85
703	鱼粉	43.1	34.6	30.5	5.46	3.14	0.16	1.37	0.77	0.44	0.58
704	肉粉	35.9	30.4	27.0	9.13	4.34	0.27	0.00	0.49	0.80	0.51
705	牛脂	0.0	0.0	0.0	0.57	0.06	0.06	0.00	0.32	0.01	0.00
	矿物质										
804	骨粉	40.0	40.0	40.0	30.71	12.86	0.33	0.00	0.19	5.69	2.51

续附表 50C

饲料编号	通用名称	DIP 模型			矿物质						
		1×	2×	3×	Ca	P	Mg	Cl	K	Na	S
			(%CP)					(%DM)			
805	碳酸钙	0.0	0.0	0.0	39.39	0.04	0.05	0.00	0.06	0.06	0.00
806	硫酸钙	0.0	0.0	0.0	23.28	0.00	0.00	0.00	0.00	0.00	18.62
809	磷酸氢钙	0.0	0.0	0.0	22.00	19.30	0.59	0.00	0.07	0.05	1.14
815	氧化镁	0.0	0.0	0.0	3.07	0.00	56.20	0.00	0.00	0.00	0.00
820	脱氟磷酸盐	0.0	0.0	0.0	32.00	18.00	0.42	0.00	0.08	4.90	0.00
828	硫酸钾	0.0	0.0	0.0	0.15	0.00	0.61	1.55	41.84	0.09	17.35
829	食盐	0.0	0.0	0.0	0.00	0.00	0.00	60.66	0.00	39.34	0.00
830	碳酸氢钠	0.0	0.0	0.0	0.00	0.00	0.00	0.00	0.00	27.00	0.00
835	氯化钾	0.0	0.0	0.0	0.05	0.00	0.34	47.30	50.00	1.00	0.45
837	三聚磷酸钠	0.0	0.0	0.0	0.00	25.00	0.00	0.00	0.00	31.00	0.00

术语表

Glossary

译者:姜成钢

校对:孟庆翔

除此处列出并给出定义的术语外,在第 4 章中也列出很多在饲料加工中经常使用的术语并对它们下了定义。读者可能也注意到了,对于矿物质、氨基酸和维生素也没有单独列出,它们将在分别在矿物质、氨基酸和维生素的相关主题下分组列出。

皱胃 (abomasum) 反刍动物胃的第 4 腔室,其功能与非反刍动物含有腺体的胃相似。

吸收 (absorption) 营养物质(或其他化合物)由消化道(或经过其他组织,如皮肤)转运进入血液和/或淋巴系统的过程。

乙酸 (acetic acid) 青贮饲料、瘤胃内容物和食醋中常见的挥发性脂肪酸之一,它由微生物发酵产生。

添加剂 (additive) 一种添加在基础混合饲料中用于强化基础混合饲料中微量营养物质、药品或药物的单一组分或几种组分的混合物,其添加量通常很少。

酸性洗涤纤维 (ADF) 饲料原料中不溶于酸性洗涤剂的部分;大致相当于粗纤维与木质素之和。

自由采食 (ad libitum) 不限制饲料或饮水的采食。

需氧的 (aerobic) 有氧时才能存活或行使功能的。

白蛋白 (albumin) 球蛋白的一种,是血清蛋白质的主要成分。

营养的 (alimentary) 与饲料或食物相关的。

消化道 (alimentary tract) 消化道(digestive tract)或胃肠道(gastrointestinal tract)的同义词。

氨基酸 (amino acids) 形成蛋白质的最简单有机结构;它们的共性是相邻的碳原子上均含有一个羧基和一个氨基。

必需氨基酸 (amino acids, essential) 必须由日粮提供的氨基酸,包括精氨酸、组氨酸、异亮氨酸、亮氨酸、赖氨酸、蛋氨酸、苯丙氨酸、苏氨酸、色氨酸和缬氨酸。

非必需氨基酸 (amino acids, nonessential) 存在于普通蛋白质中的氨基酸,它可全部或部分由动物组织合成;它们包括丙氨酸、天冬氨酸、瓜氨酸、胱氨酸、谷氨酸、甘氨酸、羟脯氨酸、脯氨酸、丝氨酸和酪氨酸。

淀粉酶 (amylase) 能将淀粉水解为麦芽糖或葡萄糖的酶。

厌氧的 (anerobic) 在无氧时才能存活或行使功能的。

贫血 (anemia) 血液中缺乏红细胞或血红蛋白,或两者同时缺乏。

拮抗剂 (antagonist) 与某物质作用相反或使之无效的一种物质。

抗生素 (antibiotic) 由某种微生物产生的能对另一种微生物产生抑制作用的物质。

抗氧化剂 (antioxidant) 能抑制其他化合物氧化的物质。

抗维生素剂 (antivitamin) 影响维生素的合成或代谢的物质。

肛门 (anus) 胃肠道的终端开口。

食欲 (appetite) 采食饲料或食物的欲望;通常指一种长期现象,与短期的饱感相对应。

人工干燥 (artificially dried) 通过非自然手段去除水分(的过程)。

抗坏血酸 (ascorbic acid) 见维生素(Vitamin)。

除尘 (aspirated,aspirating) 利用空气去除谷壳、灰尘或其他轻质物体。

喂时状态 (as fed) 饲料在家畜采食时的状态。

灰分 (ash) 饲料或动物组织在500～600℃完全灰化后剩下的残渣。残渣中只含有金属氧化物或诸如土壤的杂质。

平衡日粮或饲粮 (balanced ration or diet) 按照营养需要比例为动物提供必需营养物质的饲料组合。

基础代谢率 (basal metabolic rate) 单位体重的基础代谢，以千卡表示；指动物处于安静、完全空腹和放松状态时的产热量。

脚气病 (beriberi) 硫胺素的一种(急性)缺乏症。

胆汁 (bile) 肝脏分泌物，其中含有诸如胆固醇和胆汁酸的代谢产物，有助于脂肪的消化。

生物学价值 (biological value) 蛋白质提供必需氨基酸需要量的效率，通常以百分比来表示。

活体检查 (biopsy) 从活体中取出组织或其他物质进行检查。

混合 (blending) 将2种或2种以上饲料原料混合的(过程)，但并不代表原料分布均匀。

压块 (blocked, blocking) 将单一或混合饲料原料压成大块(的过程)。

饲料块 (blocks) 一种实物形态，指成团的饲料被压缩成固体块，由于其具有足够的黏性可以保持形状，其重量超过2 lb，通常为30～50 lb。

食团 (bolus) 在反刍动物中指反刍过程中逆呕回重新咀嚼的固状食物团，与cud同义。

弹式量热器 (bomb calorimeter) 一种测量可燃物质总能(*GE*)的装置。

商标 (brand name) 用于标志商品饲料经销商并将其与其他经销商相区别的文字、名称、符号或图案，或者它们的组合。

缓冲剂 (buffer) 任何能减少添加酸或碱时pH值变化的物质。

丙酸 (butyric acid) 瘤胃内容物和低质青贮饲料中常见的挥发性脂肪酸之一。

副产品 (by-product) 主产品之外的次级产品部分。

饼 (cake) 一种实物形态，是指籽粒、肉类或鱼经压榨去除油、脂肪或其他液体之后剩余的物质。

卡 (calorie) 将1 g水从14.5℃升高到15.5℃时所需的能量。

量热器 (calorimeter) 用于测量系统内产生的热量的装置。

碳水化合物 (carbohydrate) 含有碳、氢、氧元素的有机物，其中氢、氧的比例与水的比例相同。植物组织中有许多种碳水化合物；其中一些碳水化合物对动物的代谢非常重要。

致癌物 (carcinogen) 任何能导致癌症的物质。

胡萝卜素 (carotene) 一种黄色有机化合物，是维生素A的前体。

载体 (carrier) 用于便于微量营养物质更容易添加到日粮中的一种可食物质。

软骨 (cartilage) 一种连接性组织，其特征是其中没有血管分布，具有牢固的组织性。

酪蛋白 (casein) 用酸和/或凝乳酶从乳中沉淀出来的蛋白质。

木薯(cassava) 一种大戟属的热带植物，其根部富含淀粉且可食。

催化剂 (catalyst) 能改变化学反应的速度，但其本身在反应中并不被消耗的物质。例如，在氢化不饱和脂肪酸过程中使用的铂。

盲肠 (cecum or caecum) 大肠的一部分，位于小肠和结肠连接处的一盲囊(在人上称为阑尾)。

纤维素 (cellulose) 葡萄糖聚合体，其葡萄糖分子间的连接可以抵抗大部分消化酶(一些微生物产生的酶除外)的水解。

谷壳或糠 (chaff) 颖、苞叶或其他籽粒的外壳以及在脱粒或加工过程中从籽粒上分离出来的植物其他部分。

胆固醇 (cholesterol) 在动物的血液和其他许多组织中的固醇类中的最常见成员，植物组织中不存在。

胆酸 (cholic acid) 由胆汁酸组成的一类固醇，它是胆固醇在肝中的代谢产物。

食糜 (chyme) 动物摄入的食物在胃酸作用下形成的一种半流体物质。

糜蛋白酶 (chymotrypsin) 胰腺分泌的蛋白水解酶。

清理（cleaned，cleaning） 使用筛选、抽吸、磁力分离或其他的任何方法除去饲料中杂质的过程。
清理物（cleaning） 从谷物中除去的谷壳、杂草籽粒、尘土以及其他杂质部分。
剪切（clipped，clipping） 除去整粒谷物末端的过程。
凝结的（coagulated） 凝固的(curdled)、凝结的(clotted)或是冻结的(congealed)。
辅酶（coenzyme） 某些酶产生酶活所需的有机分子；维生素辅酶包括烟酸、吡哆醇、硫胺素、核黄素、泛酸以及叶酸。
胶原质（collagen） 连接组织中的主要支持蛋白质。
结肠（colon） 大肠的一部分；分为横支、降支和升支。
初乳（colostrum milk） 动物在泌乳期第1天或第2天分泌的乳。
商品饲料（commercial feed） 统一饲料法规规定：商品饲料是指那些用作动物饲料或与动物饲料混合后用于销售的物质，这些物质不能用于人类食用，但是下列物质除外：(A)选项A，由完整籽粒直接制得的整粒或经加工的未混合籽粒；选项B，未混合或未加工的整粒籽粒。(B)(a)未粉碎的；(b)未与其他物质混合的干草、蒿秆、秸秆、青贮饲料、玉米芯、外壳、外皮。(C)未与其他物质混合的单一化合物。
全价饲料（complete feed） 作为某种动物惟一食物来源的一种饲料混合物。
精饲料（concentrate） 任何纤维含量低于20%而TDN高于60%的饲料。与粗饲料相对；也可指用作混合饲料补充料的含有一种或多种营养物质的浓缩饲料。
浓缩（condensed，condensing） 通过除去水分使物质更加浓稠(的过程)。
调制（conditioned，conditioning） 在饲料原料或其混合物进一步的加工之前，使其达到预定的水分或/和温度(的过程)。
抽搐（convulsion） 肌肉的一种非自主痉挛(spasm)或收缩，抽搐节律通常较快且易变。
蒸煮（cooked，cooking） 在有水分的情况下加热饲料以改变饲料的化学和/或物理特性或杀菌的过程。
冷却（cooled，cooling） 通过空气流动降低温度的过程，通常伴随着干燥作用。
压碎（cracked，cracking） 通过破碎或压碎的共同作用使饲料颗粒减小的过程。
粗脂肪（crude fat） 饲料(或其他物质)中溶于醚的部分；同时也称作乙醚浸出物。
粗纤维（crude fiber） 饲料中不容易降解的纤维性部分。
粗蛋白质（crude protein） 因为饲料蛋白质的含氮量平均为16%，因而粗蛋白质含量为总氨氮×6.25；粗蛋白质中包括许多非蛋白氮。
破碎（crumbled，crumbling） 使颗粒饲料减小成为小颗粒(的过程)。
粗屑饲料（crumbles） 一种实物形态，破碎为小颗粒的颗粒饲料。
饲料块（cubes） 一种实物形态，见颗粒饲料(Pellets)。
草原用饲料块（cubes，range） 一种实物形态，见颗粒饲料(Pellets)、草原用块状饲料(Range cubes)。
食团（cud） 在反刍过程中，逆呕后经重新咀嚼的固体食物团块，同反刍食团(bolus)。
凝乳（curd） 乳与酸或凝乳酶接触后形成的半固体状物质。
脱氨基作用（deamination） 将氨基酸的氨基脱去。
脱氟（defluorinated） 使氟含量降低到在正常饲喂情况下无毒的水平。
降解（degradation） 将化合物的化合程度降低的过程。
脱壳（dehulled，dehulling） 除去谷物或其他籽粒外壳的过程。
脱水（dehydrated，dehydrating） 用热处理方法将物质中所含水分除尽的过程。
皮炎（dermatitis） 一种皮肤炎症。
糊精（dextrin） 淀粉水解过程中产生的中间产物，是一种多糖。
饲粮（diet） 以连续或预定的方式提供按一定要求选择的混合饲料。
表观消化率（digestibility，apparent） 用采食量减去粪中排出量后所得的胃肠道表观吸收的饲料或营养物质的百分比;因为粪中含有来自体内的物质,如微生物产物、各种消化液和未消化的饲料,因此,所得的消化率与真消化率不同。

真消化率(digestibility, true)　消化道中实际吸收的饲料营养物质的百分比。

消化(digestion)　食物吸收前的准备过程。

稀释剂(dilute)　一种实物形态,指一种可食用物质,将它与营养物质和/或添加剂混合以降低营养物质和/或添加剂的浓度,使之更容易为动物所接受,使用更安全并且有利于在饲料中混合均匀。稀释剂也可以作为载体。

二糖(disaccharide)　含2个单糖分子的二聚体;如蔗糖,可降解产生葡萄糖和果糖。

非必要氨基酸(dispensable amino acid)　同非必需氨基酸(nonessential amino acid)。

清选(dressed, dressing)　通过破碎或筛理去除饲料中的团粒和/或使用液体使饲料的质地更均匀(的过程)。

干燥(dried, drying)　除去物体中的水分或其他液体(的过程)。

药物(drug)　是指FDA规定的可在饲料中使用的:(a)用于诊断、治疗、缓解、处理或预防人类或其他动物疾病的物质;(b)用于影响人类或其他动物结构或功能的除食物之外的物质。

干物质(dry matter)　饲料或组织在烘箱中干燥除去水分后的剩余部分。

十二指肠(duodenum)　小肠的第1段。

粉尘(dust)　通常是指谷物清理或粉碎过程中产生的干燥粉末状细颗粒。

水肿(edema)　体液在全身或局部的异常累积。

元素(element)　组成所有物质的任意一种化学原子。

瘦弱(emaciated)　极度虚弱;一种身体消瘦的状态。

乳化剂(emulsifier)　一种能使脂肪或油在液体中悬浮的物质。

乳化(emulsify)　使一种液体以小滴状均匀分散于另一种液体中。

地方病(endemic)　在某一特定地区长时间持续的低发病率疾病。

内分泌物(endocrine)　是指影响代谢过程或特定靶器官的内源分泌物。

内源的(endogenous)　源自生物体内部的。

青贮饲料(ensilage)　同青贮饲料(silage)。

青贮制作(ensiled)　使饲料经厌氧发酵制成青贮饲料。

肠炎(enteritis)　肠的炎症。

酶(enzyme)　是指植物或动物细胞中形成的起有机催化作用的蛋白质。

上皮(epithelial)　指那些形成皮肤表层或位于体腔表层的细胞。

麦角固醇(ergosterol)　一种主要存在于植物组织中的固醇;在紫外线辐射下可转变为维生素D。

嗳气(eructation)　反刍动物排出发酵产生气体的正常途径。

食管(esophagus)　从口腔到胃的通道。

雌激素(estrogens)　卵巢分泌的引起发情的激素。

蒸发(evaporated, evaporating)　通过蒸发或蒸馏使饲料浓缩、密度增大(的过程)。

排泄物(excreta)　排泄产物,主要是粪和尿。

外源的(exogenous)　源自身体外部的。

膨化(expanded, expanding)　在一定水分、压力和温度条件下使淀粉糊化的过程。饲料在挤压时,由于压力突然减小而使体积增大。

机械压榨(extracted, mechanical)　通过加热和机械挤压除去物体中脂肪或油的过程。类似的术语有螺旋式压榨(expeller extracted),液压压榨(hydraulic-extracted)和“传统工艺压榨”(old process)。

溶剂浸提(extracted, solvent)　通过使用有机溶剂除去物体中脂肪和油的过程。类似的术语有“新式工艺”(new process)。

挤压 (extruded) 饲料在压力的作用下被挤压,推进或突出模孔(的过程)。

脂溶性 (fat soluble) 溶于脂肪和脂肪溶剂但通常不溶于水。

肥育 (fattening) 过量的能量以脂肪组织(脂肪)的形式沉积。

粪 (feces) 从消化道经肛门排出的排泄物;包括未消化的食物残渣、微生物以及各种来自肝脏和肠道的物质。

饲料 (feed) 任何用作动物食物的物质;同 feedstuff。

饲料添加剂浓缩料 (feed additive concentrate) (根据 FDA 定义)饲料添加剂浓缩料是一种可以经过进一步稀释后用于生产全价饲料或饲料添加剂补充料的制品。在没有稀释的情况下,其不适于用作补充料或供动物自由采食。该浓缩料中除一些常见普通的饲料原料外,还含有一种或多种添加剂。因此10～100 磅(lb)的浓缩料在经过适当的稀释之后,可生产出 1 t 全价饲料。由于可能对动物健康存在危害,或者在用动物生产的人类食品中的残留量可能超过规定的安全水平,添加剂浓缩料不适宜直接供动物自由采食或直接用作饲料补充料。

饲料添加剂预混料 (feed additive premix) (根据 FDA 定义)饲料添加剂预混合料是指一种必须在饲料添加剂浓缩料、饲料添加剂补充料或全价饲料中稀释后才能安全使用的制品。它含有一种或多种高浓度的添加剂,100 lb 的此种添加剂预混料经过适当的稀释后,可生产 1 t 全价饲料。添加剂预混料所含的添加剂的水平对动物的安全性未经研究证明,并且采食了未经稀释的添加剂预混料的动物在用作生产人类食品后,其食品中的残留量超过规定的安全水平。

饲料添加剂补充饲料 (feed additive supplement) (根据 FDA 定义)饲料添加剂补充饲料是含有一种或多种添加剂的用作动物日粮的制品。(a)经过进一步稀释和混合后用于生产全价饲料;(b)作为其他饲料的补充饲料,可不经稀释直接饲喂;(c)与日粮中的其他单独供应的饲料成分一起供动物自由采食。注意:在严格按照正确方法饲喂的情况下,饲料添加剂补充料对动物是安全的,并且不会在动物生产的人类食品中形成超标的残留量。

饲料分级 (feed grade) 管理机构规定的可以在动物饲料中使用,但禁止在人类食品中使用的等级。

饲料原料 (feedstuff) 见饲料(feed)。

发酵 (fermentation) 由各种微生物产生的酶所引起的化学变化。

纤维性的 (fibrous) 纤维素和/或木质素(或细胞壁 NDF,ADF)的含量高。

粉末 (fines) 一种实物形态,指任何能通过孔径恰小于特定的最小颗粒料直径的筛孔的物质。

肥育 (finish) 将动物肥育以准备屠宰用作食物;同时也指这一动物的肥度。

瘘管 (fistula) 从身体的一个部位到另一部位或外部的非正常通道,有时通过手术插入。

压片 (flaked, flaking) 一种加工过程,见碾压(Rolled)。

压片 (flakes) 一种实物形态,预先经过或未经蒸汽调制的原料经碾压或切割形成的扁片。

面粉 (flour) 谷物和其他作物籽粒或某些饲料产品经碾磨得到的松软、细腻、经过筛分的粉末。主要由胚乳的中淀粉和面筋组成。

饲料 (fodder) 接近成熟的玉米或高粱的整个地上部分,可为新鲜或晒干形式。

食物 (food(s)) 用在动物上与饲料同义。见饲料(Feeds)。

粗饲料 (forage) 以牧草、干草、半干青贮、青贮饲料或青刈饲料等形式饲喂动物的作物。

配合饲料 (formula feed) 2 种或 2 种以上的饲料原料按说明以一定比例经指定加工工艺加工混合而成的饲料。

强化 (fortify) 在饲料中添加一种或多种营养物质以使其含量增加到所需的水平。

自由采食 (free choice) 动物可以随意选择采食饲料的饲喂方式。

新鲜 (fresh) 通常是指绿色或湿的饲料或粗饲料。

果糖 (fructose) 六碳单糖;蔗糖的成分之一。

半乳糖 (galactose) 六碳单糖;乳糖的成分之一。

胆囊 (gallbladder) 与家畜(马除外)肝脏连接的用来储存胆汁的膜囊。

胃液 (gastric juice) 胃壁分泌的清亮液体;其中含有 HCl、凝乳酶、胃蛋白酶和胃脂肪酶。

胃炎 (gastritis) 胃的炎症。

胃肠的 (gastrointestinal) 与胃和肠有关的。

糊化 (gelatinized, gelatinizing) 通过水分、热和压力(有时还使用机械剪切)的共同作用使淀粉颗粒完全破坏的过程。

胚芽 (germ) 作为一个饲料术语时,是指籽粒的胚。

葡萄糖 (glucose) 在血液中发现的一种六碳单糖;是蔗糖、麦芽糖及其他糖的组成成分。

甘油 (glycerol) 含有 3 个碳原子和 3 个羟基的醇;是脂肪的组成成分。

糖原 (glycogen) 在肝脏和肌肉中发现的一种多糖,用作快速利用能量的储备。

肿大 (goiter) 甲状腺的肿大,这种肿大有时是由于碘缺乏引起的。

棉酚 (gossypol) 棉籽和棉籽饼中的一种对猪和其他一些非反刍动物有毒的物质。

谷粒 (grain) 来自禾本科谷类作物的籽粒部分。

GRAS 短语"generally recognized as safe"的缩写,即那些有资格评定饲料预期使用安全性的专家公认为安全的物质。

青刈饲料 (green chop) 在植物绿色时收割并切碎饲喂的粗饲料。

粗磨粉 (grits) 指谷物经粗磨除去麦麸和胚,并经筛理后得到的均匀颗粒部分。

去壳谷粒 (groat) 谷物去除谷壳后的谷粒。

总能 (gross energy) 物体在弹式量热器中燃烧释放的总热量。

粉碎 (ground, grinding) 通过撞击、剪切或摩擦使颗粒的体积减小的过程。

生长 (growth) 肌肉、骨骼、器官及其连接组织相对于脂肪组织增长(脂肪沉积)的增长。

干草 (hay) 粗饲料作物的地上部分以干燥形式储存用于饲喂动物。

热增耗 (heat increment) 动物在营养物质的消化和利用过程中不可避免地产生的热量。

热不稳定性 (heat labile) 对热不稳定。

热处理 (heat processed, heat processing) 在有压力或无压力的条件下,用高温对饲料原料进行处理的方法。

血细胞压积 (hematocrit) 全血经离心后红细胞所占的体积。

血红蛋白 (hemoglobin) 红血球的载氧红蛋白质。

出血 (hemorrhage) 由于流血造成的血液大量损失。

肝炎 (hepatitis) 肝脏的炎症。

激素 (hormone) 内分泌腺体分泌于体液中对其他组织有特定作用的化学物质。

壳或皮 (hulls) 谷物或其他籽粒的外壳。

饥饿感 (hunger) 对食物的欲望;饱腹感的对立面。

氢化 (hydrogenation) 任何不饱和(含有双键)化合物,通常是脂肪酸的化学加氢。

水解 (hydrolysis) 化合物加水后裂解成更简单形式的化学过程。

维生素过多症 (hypervitaminosis) 由于一种或多种维生素的过量摄入而造成的异常状态。

回肠 (ileum) 小肠的第 3 段。

惰性的 (inert) 相当不活泼的。

摄入 (ingest) 通过嘴吞入或采食。

饲料成分 (ingredient, feed ingredient) 某种单一成分或是商品饲料中的化合物和混合物的组成成分。

胰岛素（insulin） 经胰腺分泌进入血液的一种激素；它与血糖的调节和利用有关。

肠道（intestinal tract） 小肠和大肠。

内因子（intrinsic factor） 正常胃中吸收维生素 B_{12} 所必需的一种化学物质。

菊粉（inulin） 在一些根用作物中发现的多糖，由果糖组成。

碘价（iodine number） 100 g 脂肪或脂肪酸所能吸收的碘的量（克数）；它是不饱和度的度量。

空肠（jejunum） 小肠的中段。

千卡(kcal) 千卡的缩写；1 000 卡。

角蛋白（keratin） 诸如发、毛、羽毛、角和蹄等组织中的含硫蛋白质。

酮（ketone） 包括丙酮、乙酰乙酸和 β-羟丁酸的一组化合物；它们是在碳水化合物代谢水平低而以脂肪代谢供能时产生的。

粗磨（kibbled, kibbling） 对在挤压前或挤压过程中经焙制的挤压饲料或面团进行破碎、压碎或烘焙处理的过程。

不稳定的(labile) 不稳定的；易受破坏的。

乳糖酶（lactase） 肠液中作用于乳糖并将其分解成葡萄糖和半乳糖的酶。

乳酸（lactic acid） 一种在乳酸和青贮饲料中常见的有机酸，同时也是机体厌氧酵解中重要的有机酸。

病变（lesion） 部分机体结构的不健康变化。

木质素（lignin） 植物细胞壁的主要成分，一种生物不可利用的多聚体。

亚油酸（linoleic acid） 一种广泛存在于植物甘油酯中的 18 碳不饱和脂肪酸；是一种必需脂肪酸。

脂肪酶（lipase） 脂肪分解酶，胃和胰中可产生各种不同的脂肪酶。

脂类（lipids） 一类化学组分上各异但均溶于脂溶剂的物质。

淋巴（lymph） 机体淋巴管中微黄的透明液体。

恶性的（malignant） 致命性的、破坏性的。

营养不良（malnutrition） 营养差的综合术语。

麦芽糖酶（maltase） 将麦芽糖分解为两分子葡萄糖的酶。

粪（manure） 来自动物圈舍的废物，包括动物的排泄物，有时也可包含垫草。

粉料（mash） 一种实物形态，指各种粉状饲料原料的混合物。类似的术语有粉料(mash feed)。

粉（meal） 一种实物形态，指经粉碎或其他方法处理颗粒变小的原料。

加药饲料（medicated feed） 任何含有药物成分的饲料。其目的是为了治疗、缓解、处理或预防除人类外的动物疾病，或者是为了影响除人类外的动物机体的结构和功能。

兆卡（megacalorie, Mcal） 1 000 千卡或 100 万卡；同克卡(therm)。

代谢体重（metabolic size） 体重的 3/4 幂($W^{0.75}$)；是一种将体重和动物的产热量联系在一起的方式。

代谢（metabolism） 生物体内发生的物理和化学过程的总和。

代谢产物（metabolite） 代谢过程中产生的任何化合物。

代谢能（metabolizable energy, *ME*） 消化能减去尿能和胃肠道可燃气体（主要是甲烷）后所得的能量。

甲烷（methane） 在瘤胃中发现的一种碳水化合物厌氧发酵的主要产物。

微量成分（microingredient） 通常以每千克日粮中的毫克数、微克数或百万分之一($\times 10^{-6}$)表示的任何成分。

饲料加工副产品（mill by-product） 随加工主要产品一起得到的次级产品。

粉尘（mill dust） 加工和处理饲料及饲料原料时产生的来源不定的细饲料颗粒。

饲料厂下脚料（mill run） 来自饲料加工厂的未分离且通常未经检查的部分。

矿物质化（mineralize, mineralized） 在饲料原料或混合物中添加无机矿物质化合物。

矿物质（minerals） 植物或动物的必需元素，在它们的组织中含有这些元素，在动物营养中也有应用。

常量矿物质（minerals，macro） 就日粮或体组织中的需要量而言，常量矿物质包括钙(Ca)、氯(Cl)、镁(Mg)、钾(K)、钠(Na)和硫(S)。

微量矿物质（minerals，micro） 动物组织所需的，在日粮中必需含有的微量元素，包括钴(Co)、铜(Cu)、铬(Cr)、氟(F)、碘(I)、铁(Fe)、锰(Mn)、钼(Mo)、镍(Ni)、硒(Se)、硅(Si)、钒(V)和锌(Zn)。

可混合的（miscible） 能够容易地与其他物质混合。

混合（mixing） 将2种或2种以上的物质混合搅拌以达到一定的分散度的过程。

单胃的（monogastric） 只有一个胃；通常用于非反刍动物，但在学术上这个词是不恰当的，因为反刍动物事实上也只有一个具有4个腔室的胃。

单糖（monosaccharide） 任何一种简单的糖。

病态（morbidity） 一种患病的状态。

垂死的（moribund） 奄奄一息的状态——接近死亡。

黏膜（mucosa） 消化道和体腔表层的膜。

黏液（mucus） 黏液腺和黏膜分泌的黏性液体。

霉菌毒素（mycotoxin） 一种真菌毒素；常常存在于饲料中，有时可达致死水平。

中性洗涤纤维（NDF） 其包含了大部分低生物利用率的细胞壁成分。

坏死（necrosis） 组成活组织的部分细胞的死亡。

肾炎（neuritis） 肾脏的炎症。

净能（*NE*） 指代谢能减去热增耗。

无氮浸出物（NFE） 主要由易利用的碳水化合物如糖和淀粉组成，是概略养分分析的一部分。

非蛋白氮（nonprotein nitrogen，NPN） 一类非真蛋白(可以从溶液中沉淀出来)的含氮化合物，如氨和尿素。

营养物质（nutrient） 能为机体提供营养的任何化学物质。

肥胖（obesity） 体脂沉积量超过身体健康的需要量。

油（oil） 纯脂肪的混合物，在室温下通常为液体。

油酸（oleic acid） 动植物脂肪中含有一个双键的18碳脂肪酸。

瓣胃（omasum） 反刍动物胃的第3腔室。

骨化（ossification） 骨盐在骨骼软骨中的沉积过程。

骨炎（osteitis） 骨骼的炎症。

骨质软化（osteomalacia） 由于Ca，P和/或维生素D的缺乏或者某些疾病引起的骨骼质量的减弱。

骨质疏松症（osteoporosis） 正常骨骼中的含盐量减少(常常伴随着年龄的变大)，以致骨骼变得多孔、脆弱。

氧化（oxidation） 物质与氧的结合；原子中正电荷增加而负电荷减少。

棕榈酸（palmitic acid） 一种16碳饱和脂肪酸。

胰腺（pancreas） 一个位于胃附近的器官；它能分泌胰液并使其通过胰腺管进入小肠。同时它也是一个能分泌胰岛素和胰高血糖素的内分泌腺体，这2种激素能调控葡萄糖的代谢。

病原体（pathogen） 任何能致病的微生物或物质。

制成小粒（pearled，pearling） 用机械刷将脱壳谷物制成更小的光滑颗粒的过程。

颗粒（pellets） 一种实物形态，指通过机械方法将饲料挤压并使其通过模孔所得到的粒状饲料。类似的术语有颗粒饲料(pelleted feed)和硬颗粒饲料(hard pellet)。

软质颗粒（pellet，soft） 一种实物形态，指含有充足液体的需要迅速喷涂和冷却的颗粒饲料。类似的术语有高糖蜜颗粒饲料(high-molasses pellets)。

制粒（pelleted，pelleting） 将成团的饲料压实并使其在压力的作用下通过模孔的过程。

戊聚糖（pentosan） 主要由五碳糖组成的多糖；如阿拉伯聚糖和木聚糖。

戊糖（pentose） 五碳糖，如阿拉伯糖、木糖或核糖。

胃蛋白酶（pepsin） 在胃中分泌产生的蛋白质水解酶。

可渗透的（permeable） 能够被渗透的。

生理学的（physiological） 与生物机体或其局部的功能科学有关的。

血浆（plasma） 血液的液体部分；血浆在血液凝结过程中除去纤维蛋白原即可得到血清。

多发性神经炎（polyneuritis） 包含许多末梢神经的炎症。

多尿症（polyuria） 尿的排泄量过多。

前体（precursor） 一种能被机体用来形成另一种化合物的化合物，如胡萝卜素可用来生成维生素 A。

预混合料（premix） 一种或多种微量成分与载体的均匀混合物，用来将微量成分引入到大批的饲料中。

预混合（premixing） 将各种原料与稀释剂和/或载体初步混合的过程。

产品（product） 一种或多种物质经化学或物理加工后得到的物质。

丙酸（propionic acid） 瘤胃内容物中常见的挥发性脂肪酸之一。

蛋白质（protein） 由各种氨基酸（有时也可是一些非蛋白成分）组合形成的复杂有机化合物。

概略养分分析（proximate analysis） 用于分析饲料、排泄物以及其他农产品的各种分析方法的组合。

粉碎（pulverized，pulverizing） 见粉碎（ground，grinding）。

腐败（putrefaction） 蛋白质在厌氧条件下被微生物分解。

发热（pyrexia） 一种发烧状态。

放射性的（radioactive） 在核裂变过程中发射粒子的元素；发射物包括 α、β 粒子和 γ 射线。

放射性同位素（radioisotope） 元素的放射形式；通常用在动植物试验研究中用于跟踪动物的代谢活性。

腐臭的（rancid） 用于描述脂肪部分分解的术语；腐臭的脂肪可能有令人不快的味道或气味，并且可能有毒。

草原用块状饼或粕（range cake） 见饼或粕（cake）。

草原用块状饲料（range cubes） 用于在草地上饲喂的大型颗粒状饲料，与草原用干草饼（range wafer）类似。

日粮（ration） 定量的饲料，通常以每日的供给量表示。

凝乳酶（rennin） 幼畜胃液中的乳凝聚酶。

网状沟（reticular groove） 食管末端的肌肉结构，其闭合时能形成管状，该管道能使乳直接从食管进入皱胃，有时也称食管沟。

网胃（reticulum） 反刍动物胃的第 2 个腔室。

碾压（rolled，rolling） 通过辊子间的挤压改变颗粒的形状和/或大小的过程。这一过程可能需要热处理或调制。

瘤胃（rumen） 反刍动物胃的第 1 个腔室。

反刍动物（ruminant） 具有 4 个腔室的胃，并且具有能反刍咀嚼食团功能的有蹄类哺乳动物。

反刍（rumination） 将已经食入的食物团块经逆呕、重新咀嚼、重新与唾液混合后再吞咽的过程。

沙门氏菌（salmonella） 有些时候存在于污染的饲料中的致痢疾病原微生物。

可皂化的（saponifiable） 具有与碱反应生成脂肪酸盐的能力。

肉瘤（sarcoma） 肉质状肿瘤，通常是高度恶性的。

饱腹感（satiety） 动物采食到满足的状态；与饥饿感相反。

饱和脂肪（saturated fat） 脂肪酸不含双键的脂肪。

清选（scalped，scalping） 通过筛选除去颗粒较大的物质的过程。

粗破碎料（scratch） 一种实物形态，指整粒的、压碎的或粗切的谷物。类似术语：粗破碎谷物（scratch grain），粗破碎料（scratch feed）。

筛选（screened，screening） 根据颗粒是通过筛子或是留在筛上将不同大小的颗粒分开的过程。

自饲（self-fed） 连续供给动物部分或全部日粮以便动物能随意采食。

分离（separating） 将饲料按颗粒大小、形状和/或密度分离的过程。

磁力分离（separating，magnetic） 利用磁性引力除去饲料中铁质的过程。

败血症（septicemia） 由血液中病原性细菌以及它们分泌的毒素造成的一种疾病状态。

血清（serum） 见血浆（plasma）。

青贮饲料（silage） 将湿的作物在厌氧条件下储藏和发酵而制成的饲料。

筛分（sizing） 一种过程，见筛选（screened，screening）。

稳定的（stabilized） 通过向物体中添加特定的物质使其对化学变化具有更强的抵抗力。

淀粉（starch） 在水解时可生成葡萄糖的一种多糖；在多数谷物籽实中含量很高。

蒸汽处理（steamed，steaming） 用蒸汽处理饲料原料以改变其物理和化学性质。类似的术语有蒸煮（steam cooked）、蒸汽提取（steam rendered）、蒸汽罐（tanked）。

硬脂酸（stearic acid） 18碳饱和脂肪酸。

固醇（sterol） 一种高分子量的醇，如胆固醇；是用于合成许多动植物中的重要化学物质的基础化合物。

胃（stomach） 消化道的一部分，通常位于食管和小肠之间，大多数动物的化学消化从此部位开始。

应激（stress） 破坏机体及其局部正常、稳定功能的环境。

蔗糖（sucrose） 由一分子葡萄糖和一分子果糖组成的二糖（普通蔗糖）。

补充饲料（supplement） 与其他饲料一起使用，用以改善营养平衡状况或总体营养价值的饲料。可以不经稀释而直接作为其他饲料的补充饲料，与其他单独供给的日粮成分一起供动物自由采食，或进一步稀释用于生产全价饲料。

综合征（syndrome） 医学术语，指同时发生的一组症状。

味道（taste） 区分日粮的固体或液体成分间不同风味的能力。

总可消化养分（total digestible nutrients，TDN） 表明饲料对于某种动物的相对能量价值的值。

热处理（tempered，tempering） 一种过程，见调制（conditioned，conditioning）。

甲状腺素（thyroxine） 甲状腺分泌产生的一种含碘激素。

烘烤（toasted） 用火、煤气或电加热使褐变、干燥和炒干的过程。

微量元素（trace minerals） 动物需要量很微小的矿物质营养成分（每磅饲料中以毫克计或更少）。

甘油三酸酯（脂）（triglyceride（fat）） 由甘油和3个脂肪酸组成的酯。

真蛋白质（true protein） 一种可沉淀的蛋白质而不是非蛋白质化合物。

胰蛋白酶（trypsin） 胰腺分泌产生的蛋白质水解酶。

不饱和脂肪（unsaturated fat） 含有1～3个脂肪酸并且脂肪酸中含有一个或多个双键的脂肪。

尿素（urea） 哺乳动物中蛋白质代谢的主要终产物；尿中的主要含氮成分；一种有时在反刍动物日粮中作为氮源的合成产品。

尿素酶（urease） 一种存在于很多瘤胃微生物中的，能将尿素分解为二氧化碳和氨的酶。

尿毒症（uremia） 由于肾脏的排泄障碍造成的尿中的毒性成分在血液中的累积导致的一种疾病。

尿酸（uric acid） 嘌呤代谢的含氮终产物；是鸟类尿液中的主要含氮成分。

VFA（volatile fatty acids） 挥发性脂肪酸。

绒毛（villi） 附着在小肠壁内表面的丝状突起，它可以增加小肠的吸收表面积。

内脏（viscera） 躯体大腔室内的器官，在屠宰时要去除。

黏性（viscosity） 液体流动的自由度。

维生素（vitamin） 是动物生命必需的，但是需要量很小的一类有机物质。

脂溶性维生素（vitamins，fat soluble） 溶于脂肪的维生素，包括维生素 A、维生素 D_2、维生素 D_3、维生素 E(生育酚)和维生素 K。

水溶性维生素（vitamins，water soluble） 溶于水的维生素，包括抗坏血酸(维生素 C)和 B 族维生素，如生物素、胆碱、钴铵素或维生素 B_{12}、叶酸、烟酸、泛酸、吡哆醇、核黄素和硫胺素。

干草块（wafer） 一种实物形态，指纤维饲料原料制成的块状饲料。其形状通常是直径或横切面大于长度。

制作干草块（wafered，wafering） 将纤维性饲料的压成块状的加工过程，压制成的形状通常是直径或横切面大于长度。

索　引

D

H

J